移动学习版

Pro/ENGINEER Wildfire 5.0 中文版 从入门到精通

占金青 贾雪艳 等编著

人民邮电出版社
北京

图书在版编目（CIP）数据

Pro/ENGINEER Wildfire 5.0中文版从入门到精通 / 占金青等编著. -- 北京 : 人民邮电出版社, 2018.4
ISBN 978-7-115-47335-6

Ⅰ. ①P… Ⅱ. ①占… Ⅲ. ①机械设计－计算机辅助设计－应用软件 Ⅳ. ①TH122

中国版本图书馆CIP数据核字(2017)第307142号

内 容 提 要

本书结合具体实例由浅入深、从易到难地讲述了 Pro/ENGINEER Wildfire 5.0 中文版知识的精髓，详细地讲解了 Pro/ENGINEER Wildfire 5.0 在工程设计中的应用。本书按知识结构分为 12 章，讲解了 Pro/ENGINEER Wildfire 5.0 基础、绘制草图、基准特征、基本特征建模、工程特征建模、高级特征建模、实体特征编辑、曲面造型、钣金设计、装配体设计、工程图绘制、变速箱设计等知识。

除传统的书面讲解外，还提供了多功能数字光盘和扫码看视频两种学习方式，附书光盘中还包括了书中实例源文件及所有实例操作过程的多媒体讲解动画。

本书适合作为各级学校和培训机构相关专业学员的教学和自学辅导书，也可以作为机械设计和工业设计相关人员的学习参考书。

◆ 编　　著　占金青　贾雪艳　等
责任编辑　俞　彬
执行编辑　任芮池
责任印制　马振武
◆ 人民邮电出版社出版发行　　北京市丰台区成寿寺路 11 号
邮编　100164　　电子邮件　315@ptpress.com.cn
网址　http://www.ptpress.com.cn
北京九州迅驰传媒文化有限公司印刷
◆ 开本：787×1092　1/16
印张：28.25　　2018 年 4 月第 1 版
字数：777 千字　　2024 年 7 月北京第 15 次印刷

定价：59.00 元（附光盘）

读者服务热线：(010) 81055410　印装质量热线：(010) 81055316
反盗版热线：(010) 81055315
广告经营许可证：京东市监广登字 20170147 号

前言

PREFACE

Pro/ENGINEER 三维实体建模设计系统是美国参数技术公司（Parametric Technology Corporation，PTC）的产品。PTC 提出的单一数据库、参数化、基于特征和完全关联的概念从根本上改变了机械 CAD/CAE/CAM 的传统概念，这种设计理念已经成为当今世界机械 CAD/CAE/CAM 领域的标准。从 PTC 1989 年发布 Pro/ENGINEER V1.0 版本，至今已有近 30 年。Pro/ENGINEER 在三维实体模型、完全关联性、数据管理、操作简单性、尺寸参数化、基于特征的参数化建模等方面具有独特的优势，特别是它操作的直观性和设计理念的优越性一直深入人心，许多机械设计人员都给予了正面的评价。

与此同时，PTC 一直致力于新产品的开发，定期推出新版本，新增各种实用功能。本书所介绍的 Pro/ENGINEER Wildfire 5.0 是 PTC 推出的一个具有突破性的版本。

Pro/ENGINEER Wildfire 5.0 在快速装配、快速绘图、快速草绘、快速创建钣金件、快速 CAM 等个人生产力功能方面有较大加强。在智能模型、智能共享、智能流程向导、智能互操作性等流程生产力方面的功能有所增强，紧密贴合工程应用，可以帮助用户更快、更轻松地完成工作。

一、本书特色

本书具有以下 5 大特色。

- 针对性强

本书编者根据多年计算机辅助设计领域的工作经验和教学经验，针对初级用户学习 Pro/ENGINEER 的难点和疑点，由浅入深、全面细致地讲解了 Pro/ENGINEER 在工业设计应用领域的功能和使用方法。

- 实例专业

本书中有很多实例本身就是工程设计项目案例，经过编者精心提炼和改编，不仅保证了读者能够学好知识点，更重要的是能帮助读者掌握实际的操作技能。

- 技能提升

本书从全面提升 Pro/ENGINEER 设计能力的角度出发，结合大量的案例来讲解如何利用 Pro/ENGINEER 进行工程设计，真正让读者懂得计算机辅助设计并能够独立地完成各种工程设计。

- 内容全面

本书在有限的篇幅内，讲解了 Pro/ENGINEER 的常用功能，内容涵盖了草图绘制、零件建模、曲面造型、钣金设计、装配建模、工程图绘制等知识。“秀才不出屋，能知天下事”，读者通过学习本书，可以较为全面地掌握 Pro/ENGINEER 相关知识。本书不仅有透彻的讲解，还有丰富的实例，通过这些实例的演练，能够帮助读者找到一条学习 Pro/ENGINEER 的捷径。

- 知行合一

本书结合大量的工业设计实例，详细讲解了 Pro/ENGINEER 的知识要点，让读者在学习案例的过程中能够潜移默化地掌握 Pro/ENGINEER 软件操作技巧，同时能得到工程设计实践能力的培养。

二、本书的组织结构和主要内容

本书以 Pro/ENGINEER Wildfire 5.0 版本为演示平台，全面介绍了 Pro/ENGINEER 软件从基础到实例制作的知识，帮助读者从入门走向精通。全书分为 12 章，各章的内容如下。

- 第 1 章主要介绍 Pro/ENGINEER Wildfire 5.0 基础。
- 第 2 章主要介绍绘制草图。
- 第 3 章主要介绍基准特征。
- 第 4 章主要介绍基本特征建模。
- 第 5 章主要介绍工程特征建模。
- 第 6 章主要介绍高级特征建模。
- 第 7 章主要介绍实体特征编辑。
- 第 8 章主要介绍曲面造型。
- 第 9 章主要介绍钣金设计。
- 第 10 章主要介绍装配体设计。
- 第 11 章主要介绍工程图绘制。
- 第 12 章主要介绍变速箱设计。

三、光盘使用说明

本书除利用传统的书面讲解外，还随书配送了多媒体学习光盘。光盘中包含了全书讲解实例和练习实例的源文件素材，并制作了全程实例动画同步 AVI 文件。为了增强教学的效果，更进一步方便读者的学习，编者亲自对实例动画进行了配音讲解，利用编者精心设计的多媒体界面，读者可以像看电影一样轻松愉悦地学习本书。

光盘中有两个重要的目录希望读者关注，“源文件”目录下是本书所有实例操作需要的原始文件和结果文件，以及上机实验实例的原始文件和结果文件；“动画演示”目录下是本书所有实例操作过程的视频 AVI 文件。

读者如果对本书提供的多媒体界面不习惯，也可以打开该文件夹，选用自己喜欢的播放器进行播放。

提示

由于本书多媒体光盘插入光驱后会自动播放，有些读者可能不知道怎样查看文件光盘目录。可以先退出本光盘自动播放模式，然后在计算机桌面上单击“我的电脑”图标，打开文件根目录，在光盘所在盘符上右击，在打开的右键快捷菜单中选择“打开”命令，查看光盘中的文件。

四、读者学习导航

本书突出了实用性及技巧性，使读者可以很快地掌握使用 Pro/ENGINEER 进行工程设计的方法和技巧，可供广大技术人员和工程设计专业的学生学习使用，也可作为大、中专院校的教学参考书。

本书既讲述了简要的基础知识，又讲述了各个行业的设计实例，学习内容导航如下。

- 如果没有任何基础：从头开始学习。
- 如果需要学习曲面造型设计：学习第 8 章。
- 如果需要学习钣金设计：学习第 9 章。
- 如果需要学习装配体设计：学习第 10 章。
- 如果需要学习工程图的绘制：学习第 11 章。
- 如果想成为 Pro/ENGINEER 设计高手：你就一直学到最后一页吧！

五、本书编写人员

本书由华东交通大学的占金青、贾雪艳老师主编，华东交通大学的沈晓玲、槐创锋、许玢、钟礼东老师参与了部分章节编写。其中，占金青执笔编写了第 1~ 第 4 章，贾雪艳执笔编写了第 5~ 第 7 章，沈晓玲执笔编写了第 8 章，槐创锋执笔编写了第 9 章，许玢执笔编写了第 10 章和第 12 章，钟礼东执笔编写了第 11 章。张亭、秦志霞、井晓翠、解江坤、吴秋彦、胡仁喜、毛瑢等也为本书的出版提供了必要的帮助，对他们的付出表示真诚的感谢。

由于时间仓促，加之作者水平有限，疏漏之处在所难免，希望广大读者登录网站 www. sjzswsw. com 或发邮件到 win760520@126.com 提出宝贵的批评意见。

读者可以登录三维书屋图书学习交流群（QQ：488722285），作者随时在线提供本书学习指导以及诸如软件下载、软件安装、授课 PPT 下载等一系列的后续服务，让读者无障碍地快速学习本书。

编 者

2017 年 7 月

目录

CONTENTS

Chapter 1

第1章 Pro/ENGINEER Wildfire 5.0 基础

Pro/ENGINEER Wildfire 是全面的一体化软件，有助于产品开发人员提高产品质量、缩短产品上市时间、减少成本、改善过程中的信息交流途径，同时为新产品的开发和制造提供了全新的方法。

Pro/ENGINEER Wildfire 不仅提供了智能化的界面，使产品设计操作更为简单，而且保留了 Pro/ENGINEER 将 CAD/CAM/CAE 3 个部分融为一体的一贯传统，为产品设计生产的全过程提供概念设计、详细设计、数据协同、产品分析、运动分析、结构分析、电缆布线、产品加工等功能模块。

学习要点

- 工作界面
- 文件的基本操作
- 系统环境的配置

1.1 Pro/ENGINEER Wildfire 5.0 工作界面介绍

扫码看视频

1.1.1 Pro/ENGINEER Wildfire 5.0 工作界面

双击桌面上的快捷方式图标，打开图 1-1 所示的 Pro/ENGINEER Wildfire 5.0 工作界面，系统将直接通过网络与 PTC 公司的 Pro/ENGINEER Wildfire 5.0 资源中心的网页链接。若想取消与资源中心的网络链接，可以在菜单栏中选择“工具”→“定制屏幕”命令，打开图 1-2 所示的“定制”对话框，单击“浏览器”选项卡，对话框显示如图 1-3 所示。取消勾选“缺省情况下，加载 Pro/E 时展开浏览器”复选框，单击“确定”按钮，这样以后再打开 Pro/ENGINEER Wildfire 5.0 时将不会链接到资源中心网页。

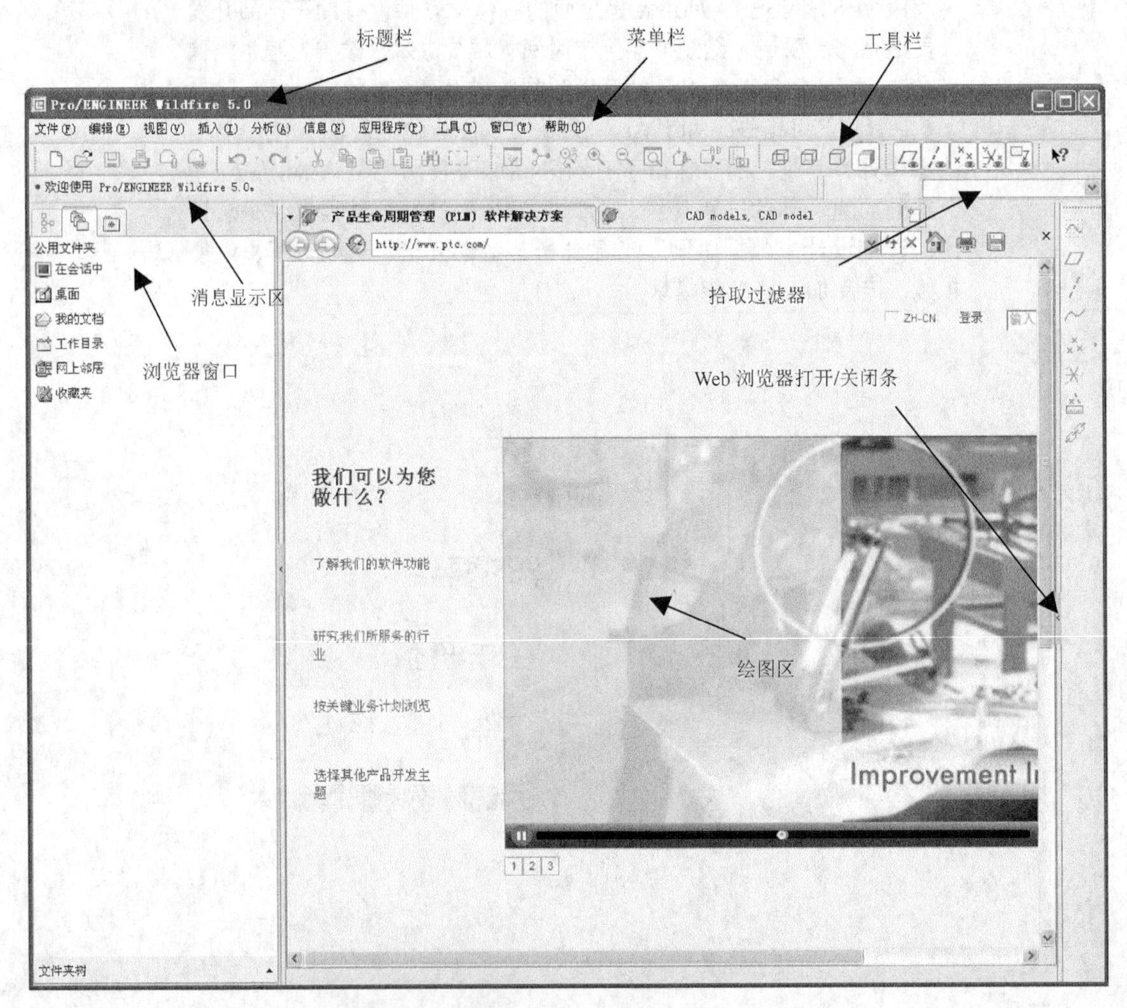

图 1–1　Pro/ ENGINEER Wildfire 5.0 工作界面

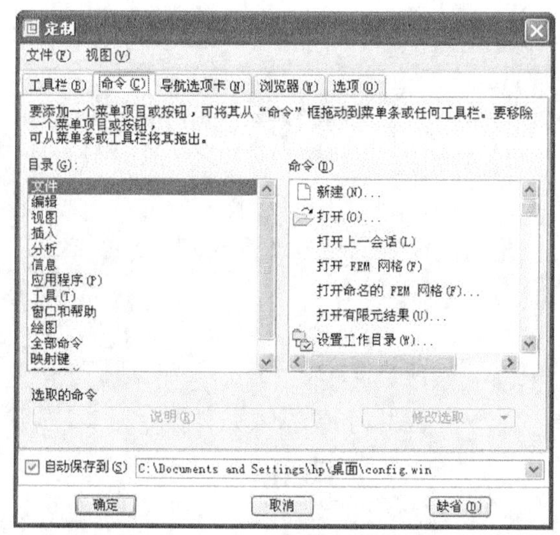

图 1–2　“定制”对话框

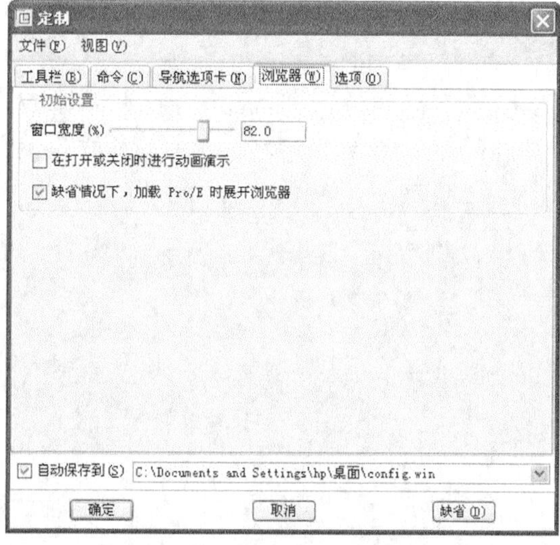

图 1–3　“浏览器”选项卡

Pro/ENGINEER Wildfire 5.0 的工作界面分为 8 个部分，根据工具栏放置位置的不同，分为上工具箱和右工具箱，即位于窗口上方的为上工具箱，位于窗口右侧的为右工具箱。单击 Web 浏览器打开 / 关闭条，可以打开或关闭 Web 浏览器窗口。

1.1.2　标题栏

标题栏用于显示当前活动窗口的名称，如果当前没有打开任何窗口，则显示系统名称。系统可以同时打开多个窗口，但只有一个处于活动状态，用户只能对活动窗口进行操作。如果需要激活其他窗口，可以在“窗口”菜单栏中选择需要激活的窗口，此时标题栏将显示被激活窗口的名称。

1.1.3　菜单栏

菜单栏的作用主要是使用户在操作过程中能够控制系统的整体环境，其中各菜单的功能介绍如下。

（1）“文件”菜单。用于文件的存取等操作，如图 1-4 所示。

（2）“编辑”菜单。用于特征的剪切、复制等操作，如图 1-5 所示。

（3）“视图”菜单。用于控制 3D 视角，如图 1-6 所示。

（4）“插入”菜单。用于插入各种特征，如图 1-7 所示。

（5）“分析”菜单。用于提供各种分析工具，如图 1-8 所示。

（6）“信息”菜单。用于显示模型的各种数据，如图 1-9 所示。

（7）“应用程序”菜单。用于选择标准模块及其他应用模块，如图 1-10 所示。

（8）“工具”菜单。用于提供各种应用工具，如图 1-11 所示。

（9）“窗口”菜单。用于对窗口进行控制，如图 1-12 所示。

（10）“帮助”菜单。用于显示各种帮助信息，如图 1-13 所示。

文件(F)
新建(N)... Ctrl+N
打开(O)... Ctrl+O
打开上一会话(L)
设置工作目录(W)...
关闭窗口(C)
Server Properties
保存(S) Ctrl+S
保存副本(A)...
备份(B)...
复制自(Y)
镜像零件
集成(I)
重命名(R)
安全(U)
拭除(E)
删除(D)
实例操作(I)
声明(D)
关联拓扑总线(T)
打印(P)... Ctrl+P
快速打印(Q)...
发送至(D)
属性(I)
退出(X)

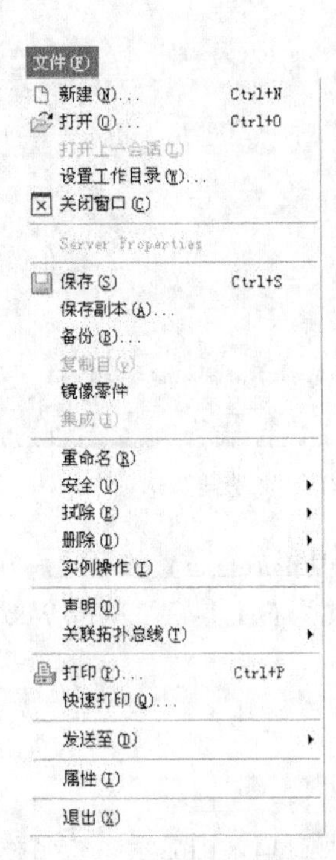

图 1-4 “文件”菜单

编辑(E)
再生(G) Ctrl+G
再生管理器(M)
撤消(U) Ctrl+Z
重做(R) Ctrl+Y
剪切(T) Ctrl+X
复制(C) Ctrl+C
粘贴(P) Ctrl+V
选择性粘贴(S)...
镜像(I)
反向法向(F)
填充(L)...
相交(I)
合并(G)
阵列(P)
投影(J)...
包络(E)...
修剪(T)
延伸(X)
偏移(O)
加厚(K)
实体化(Y)...
移除...
替换(A)
隐含(Z)
恢复(U)
删除(D)
参照(E)
定义(E)
阵列表(B)...
缩放模型(L)
UDF 操作
特征操作(O)
选取(S)
查找(F)... Ctrl+F
超级链接(H) Ctrl+K
只读

图 1-5 “编辑”菜单

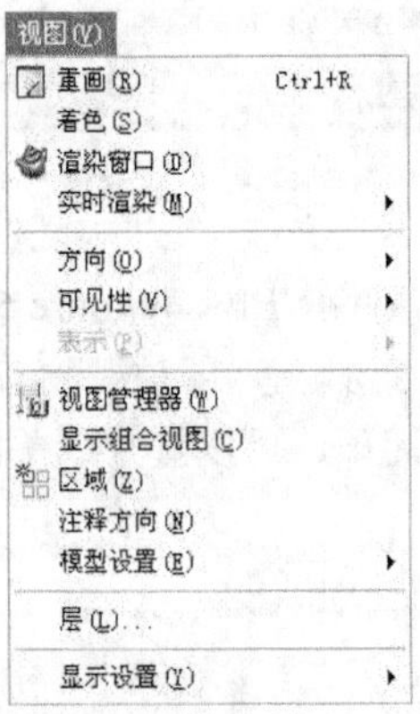

图 1-6 “视图”菜单

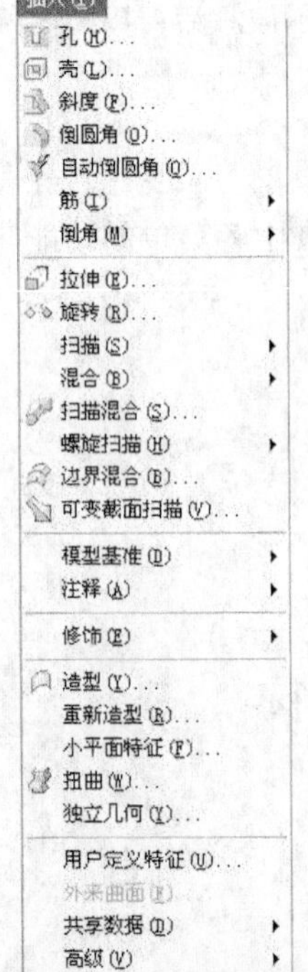

图 1-7 “插入”菜单

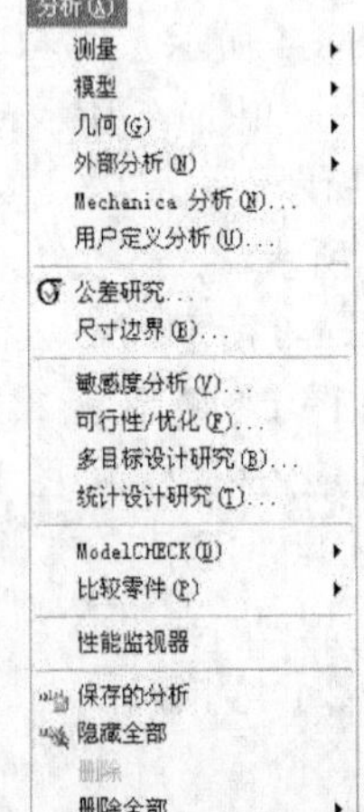

图 1-8 “分析”菜单

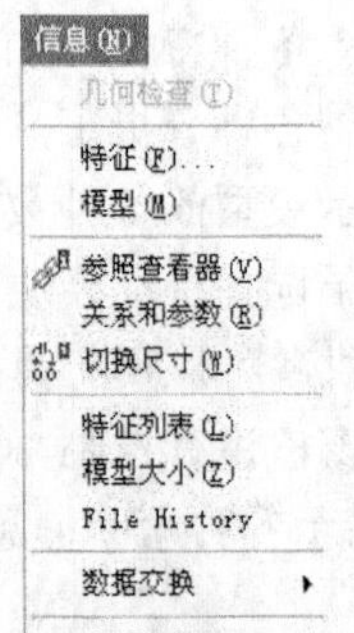

图 1-9 “信息”菜单

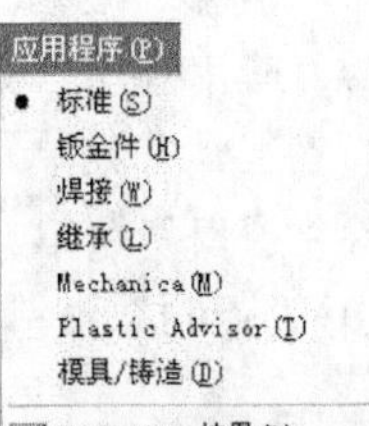

图 1-10 “应用程序”菜单

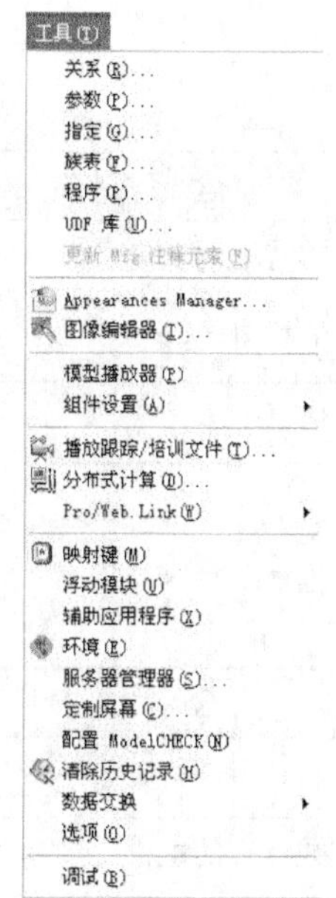

图 1–11　“工具”菜单

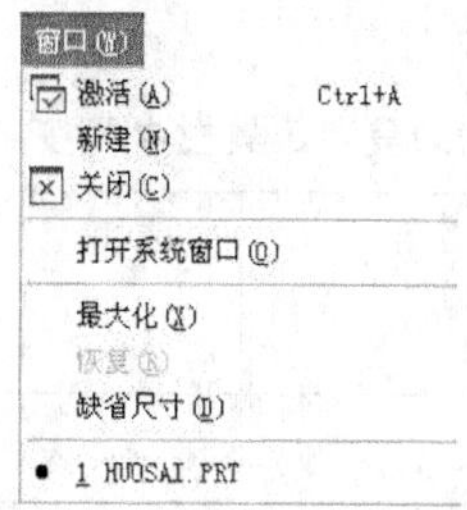

图 1–12　“窗口”菜单

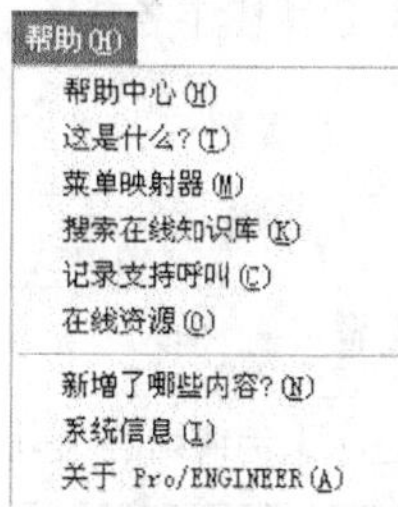

图 1–13　“帮助”菜单

1.1.4　工具栏

在工具栏区域的空白处右击，并在打开的右键快捷菜单中选择任一处于激活状态的命令，都可以打开相应的工具栏，如图 1-14 所示。

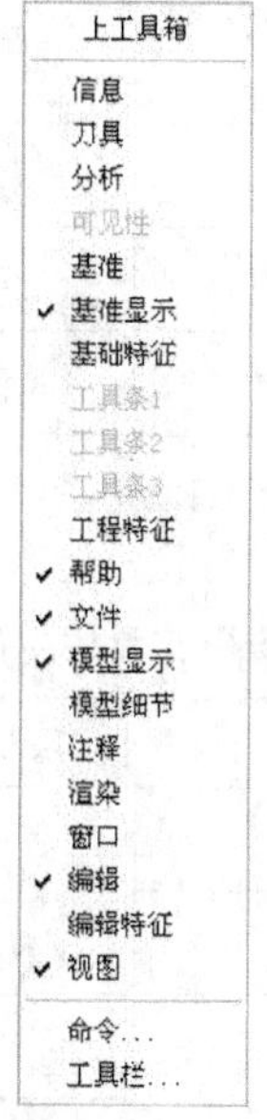

图 1–14　工具栏配置右键快捷菜单

工具栏名称前显示对勾标识的表示当前窗口中已打开此工具栏。工具栏名称为灰色的表示当前环境中无法使用此工具栏，故其处于未激活状态。各工具栏中按钮的功能介绍如下。

“信息”工具栏中各按钮的含义如表 1-1 所示。

表 1-1 “信息”工具栏中各按钮的含义

按钮	含　义	按钮	含　义
	显示指定特征的信息		显示模型的特征列表信息
	在尺寸值和名称间切换		生成组件的材料清单
	显示指定元件安装过程的信息		显示电缆信息

“刀具”工具栏中各按钮的含义如表 1-2 所示。

表 1-2 “刀具”工具栏中各按钮的含义

按钮	含　义	按钮	含　义
	设置各种环境选项		创建宏
	运行跟踪或培训文件		选取分布式计算的主机

“分析”工具栏中各按钮的含义如表 1-3 所示。

表 1-3 “分析”工具栏中各按钮的含义

按钮	含　义	按钮	含　义
	距离		角度
	区域		直径
	曲率（曲线的曲率、半径、相切选项；曲面的曲率、垂直选项）		截面（剖面的曲率、半径、相切、位置选项和加亮的位置）
	偏移曲线或曲面		着色曲率（高斯、最大、剖面选项）
	拔模检测		曲面节点分析
	显示“保存的分析”对话框		隐藏所有已保存的分析

“基准”工具栏中各按钮的含义如表 1-4 所示。

表 1-4 “基准”工具栏中各按钮的含义

按钮	含　义	按钮	含　义
	基准点工具		插入参照特征
	草绘工具		基准平面工具
	基准轴工具		插入基准曲线
	基准坐标系工具		插入分析特征

“基准显示”工具栏中各按钮的含义如表 1-5 所示。

表 1-5 “基准显示”工具栏中各按钮的含义

按钮	含 义	按钮	含 义
	基准平面开 / 关		基准轴开 / 关
	基准点开 / 关		坐标系开 / 关
	打开或关闭 3D 注释及注释元素		

“基础特征”工具栏中各按钮的含义如表 1-6 所示。

表 1-6 “基础特征”工具栏中各按钮的含义

按钮	含 义	按钮	含 义
	拉伸工具		旋转工具
	可变截面扫描工具		边界混合工具
	造型工具		

“工程特征”工具栏中各按钮的含义如表 1-7 所示。

表 1-7 “工程特征”工具栏中各按钮的含义

按钮	含 义	按钮	含 义
	孔工具		壳工具
	轮廓筋工具		拔模工具
	倒圆角工具		倒角工具
	轨迹筋工具		

“文件”工具栏中各按钮的含义如表 1-8 所示。

表 1-8 “文件”工具栏中各按钮的含义

按钮	含 义	按钮	含 义
	将活动窗口中的对象以电子邮件发送		将指向活动窗口中对象的链接以电子邮件发送
	创建新对象		打开现有对象
	保存活动对象		打印活动对象

“模型显示”工具栏中各按钮的含义如表 1-9 所示。

表 1-9 “模型显示”工具栏中各按钮的含义

按钮	含 义	按钮	含 义
	以线框形式显示模型		隐藏线后显示模型
	以消隐形式显示模型		着色后显示模型

“注释”工具栏中各按钮的含义如表 1-10 所示。

表 1-10 “注释”工具栏中各按钮的含义

按钮	含 义	按钮	含 义
	插入注释特征		创建基准目标注释特征以定义基准框
	插入注释元素传播特征		

“渲染”工具栏中各按钮的含义如表 1-11 所示。

表 1-11 “渲染”工具栏中各按钮的含义

按钮	含 义	按钮	含 义
	切换实时渲染效果		指定对象的光源
	打开场景调色板		将效果指定给视图（仅适用于 Photolux）
	用于图像的编辑器		为当前窗口激活渲染房间编辑器
	用于照片级逼真渲染参数的编辑器		渲染区域（仅用于 Photolux）
	使用当前渲染引擎渲染当前窗口		显示管理工具

“窗口”工具栏中各按钮的含义如表 1-12 所示。

表 1-12 “窗口”工具栏中各按钮的含义

按钮	含 义	按钮	含 义
	关闭窗口并将对象留在会话中	•	创建新的对象窗口
	激活窗口		

“编辑”工具栏中各按钮的含义如表 1-13 所示。

表 1-13 “编辑”工具栏中各按钮的含义

按钮	含 义	按钮	含 义
	撤销		重做
	复制		粘贴
	选择性粘贴		再生模型
	指定要再生的修改特征或元件的列表		选取框内部的项目
	将绘制图元、注解、表或草绘器组剪切到剪贴板		在“模型树”选项卡中按规则搜索、过滤及选取项目

“编辑特征”工具栏中各按钮的含义如表 1-14 所示。

表 1-14　“编辑特征”工具栏中各按钮的含义

按钮	含　　义	按钮	含　　义
	镜像工具		合并工具
	修剪工具		阵列工具

“视图”工具栏中各按钮的含义如表 1-15 所示。

表 1-15　“视图”工具栏中各按钮的含义

按钮	含　　义	按钮	含　　义
	启动视图管理器		重画当前视图
	旋转中心开 / 关		定向模式开 / 关
	放大图形		缩小图形
	重新调整对象使其完全显示在屏幕上		重定向视图
	保存的视图列表		设置层、层项目和显示状态
	启用 / 禁用透视图		外观库
	禁用实时渲染		

1.1.5　浏览器窗口

浏览器窗口中包含“模型树”“文件夹浏览器”和“收藏夹”3 个选项卡，各选项卡的功能介绍如下。

1. “模型树”选项卡

“模型树”选项卡用于显示当前模型的各种特征，如基准面、基准坐标系、插入的新特征等，如图 1-15 所示。用户可以在该选项卡中快速查找所需编辑的特征、查看各特征生成的先后次序等。

另外，“模型树”选项卡中还包含“显示”和“设置”两个选项。选择“显示”选项，打开图 1-16 所示的下拉菜单，当选择“加亮几何”命令时，所选的特征将以红色标识，便于用户识别。单击“视图”工具栏中的“层”按钮，或在菜单栏中选择“视图”→“层”命令，或选择“模型树”选项卡中的“显示”→“层树”命令，在“模型树”选项卡中显示“层”树，如图 1-17 所示。在“层”树中，可以控制层、层的项目及其显示状态。

在“层树”中使用以下符号指示与项目有关的层的类型。

- 隐藏项目。在“模型树”选项卡中临时隐藏的项目。
- 简单层。将项目手动添加到层中。
- 默认层。使用 def_layer 配置选项创建的层。
- 规则层。由规则定义的层。
- 嵌套层。包含其他层的层。
- 同名层。含有组件中所有元件的全部同名层。

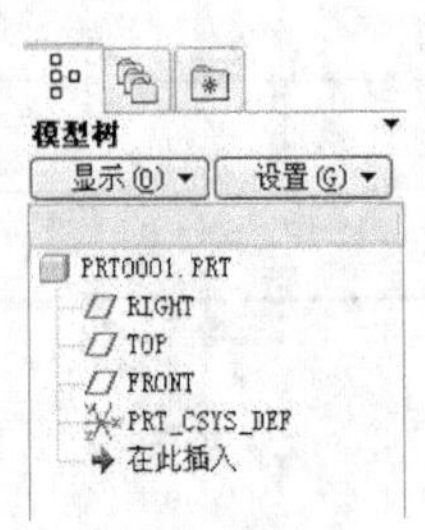

图 1-15 “模型树”选项卡

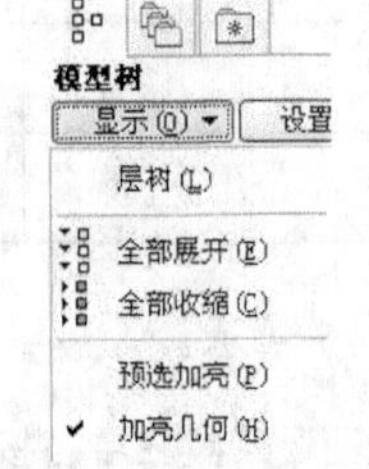

图 1-16 “显示”下拉菜单

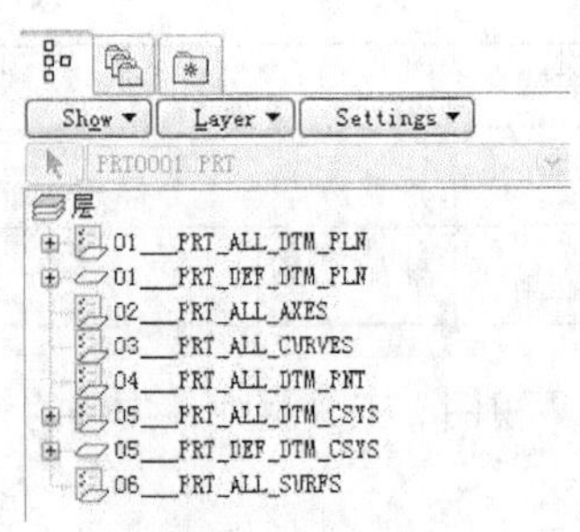

图 1-17 “层”树

2. “文件夹浏览器”选项卡

单击“文件夹浏览器”选项卡，浏览器窗口显示如图 1-18 所示。此选项卡刚打开时，默认的文件夹是当前系统的工作目录。工作目录是指系统在打开、保存、放置轨迹文件时默认的文件路径，可以由用户重新设置。

选择“文件夹浏览器”选项卡中的“在会话中”选项，浏览器窗口将显示当前设计文件，如图 1-19 所示，关闭软件，这些文件将会丢失。

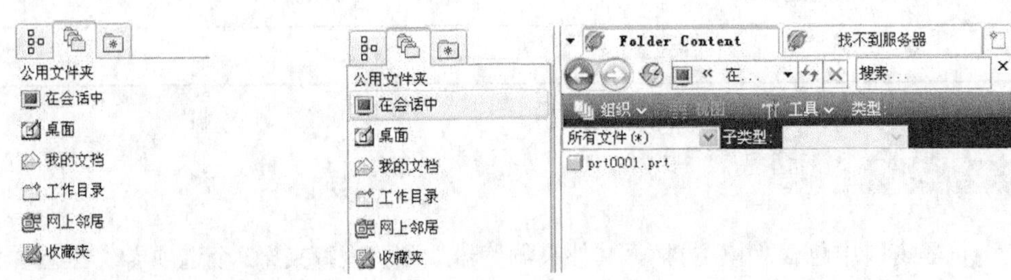

图 1-18 “文件夹浏览器”选项卡

图 1-19 显示当前设计文件

3. “收藏夹”选项卡

单击“收藏夹”选项卡，浏览器窗口显示如图 1-20 所示。该选项卡用于显示个人文件夹，通过该选项卡中的“添加”和“组织”按钮，可以进行文件夹的新建、删除、重命名等操作。

选择“个人收藏夹”选项，再选择“在线资源”选项，将显示在线资源信息，如图 1-21 所示，可以选择想要链接的对象，如 3D 模型空间、用户组、技术支持等。

图 1-20 “收藏夹”选项卡

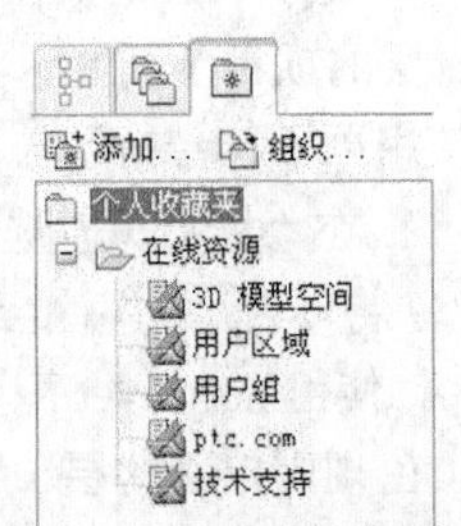

图 1-21 在线资源信息

1.1.6 操控板

操控板是 Pro/ENGINEER Wildfire 5.0 中命令执行的载体，很多命令的参数设定都需要在操控板中进行。操控板位于绘图区上方，可指导用户进行整个建模过程。在绘图区选取几何体并设置优先选项时，操控板会缩小可用选项的范围，便于用户操作。如图 1-22 所示的“拉伸”操控板由对话栏、下滑面板、消息提示区和控制区组成。

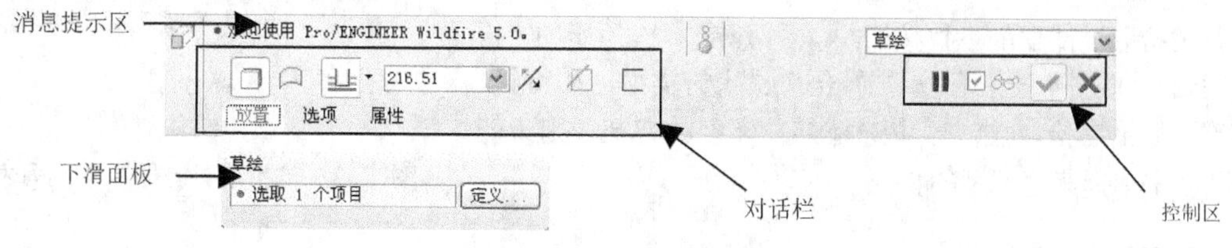

图 1-22 “拉伸”操控板

1. 对话栏

激活工具时，对话栏中将显示常用选项。在使用特征工具约束模型时，需要选取一定数量和类型的所需项目来创建特征，可以利用下滑面板和参照消息提示区中的提示信息进行操作。

2. 下滑面板

在执行高级建模操作或检索综合特征信息时，需要运用下滑面板。单击对话栏中的选项，可以打开其对应的下滑面板。需要关闭下滑面板时，只需再次单击该选项。

3. 消息提示区

处理模型时，Pro/ENGINEER Wildfire 5.0 通过对话栏消息提示区中的文本消息来确认用户的操作，并指导用户完成建模操作。消息提示区中包含当前建模进程的所有消息，要找到先前的消息，滚动消息列表或拖动框格即可显示。文本消息描述分为系统功能和建模操作两种情况。每个消息前有一个图标，用于指示消息的类型。

- ——提示。
- ——信息。
- ——警告。
- ——出错。
- ——危险。

4. 控制区

操控板的控制区中包含以下按钮。

- “暂停”按钮。用于暂停当前工具，临时返回可进行选取的默认系统状态。在工具暂停期间创建的任何特征，会在其完成后与原来的特征一起放置在“模型树”选项卡的一个选项组中。
- “开始”按钮。用于恢复暂停的工具。
- “预览”按钮。用于激活图形窗口中显示特征的预览模式。勾选该按钮前的复选框后，系统将激活动态预览，使用此功能可在更改模型时查看模型的变化。要关闭预览模式，单击或按钮即可。
- “完成”按钮。确认当前设置。
- “取消”按钮。取消当前设置。

1.1.7 绘图区

绘图区是 Pro/ENGINEER Wildfire 5.0 工作界面中面积最大的部分，在设计过程中设计对象就在这个区域显示，其他的一些基准，如基准面、基准轴、基准坐标系等也在这个区域显示。

1.1.8 拾取过滤器

单击拾取过滤器的下拉按钮，打开图 1-23 所示的“拾取过滤器”下拉列表，可以选择拾取过滤的类型，如特征、基准等。如果在拾取过滤器中选择某种类型的特征，则不能在绘图区中选择其他类型的特征。

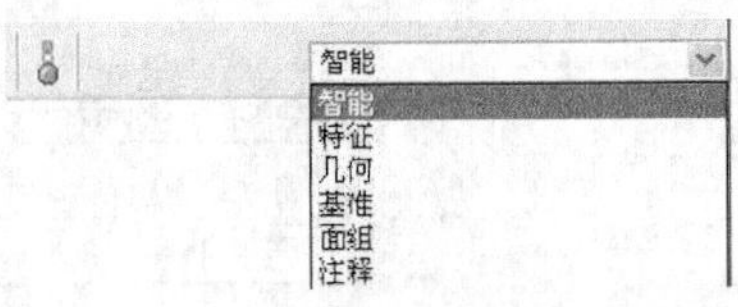

图 1-23 “拾取过滤器”下拉列表

1.1.9 消息显示区

消息显示区用于显示当前所进行的操作反馈消息，提示用户此步操作产生的结果，或提示下一步的操作信息。当选择命令，打开对应操控板时，提示信息将在操控板的消息显示区中显示，功能与消息提示区一致。

1.2 文件操作

本节主要介绍文件的基本操作，如新建文件、打开文件、保存文件等，注意硬盘文件和进程中文件的异同，以及删除和拭除的区别。

1.2.1 新建文件

单击“文件”工具栏中的“新建”按钮，系统打开“新建”对话框，如图 1-24 所示。从图中可以看到，Pro/ENGINEER Wildfire 5.0 提供了以下几种文件类型。

- 草绘。绘制 2D 剖面图文件，扩展名为“.sec”。
- 零件。创建 3D 零件模型，扩展名为“.prt”。
- 组件。创建 3D 组合件，扩展名为“.asm”。
- 制造。制作 NC 加工程序，扩展名为“.mfg”。
- 绘图。生成 2D 工程图，扩展名为“.drw”。
- 格式。生成 2D 工程图的图框，扩展名为“.frm”。
- 报告。生成一个报告，扩展名为“.rep”。
- 图表。生成一个电路图，扩展名为“.dgm”。
- 布局。组合规划产品，扩展名为“.lay”。
- 标记。为所绘组合件添加标记，扩展名为“.mrk”。

在“新建”对话框“类型”选项组中默认点选“零件”单选钮，“子类型”选项组中可点选“实体”“复合”“钣金件”和“主体”单选钮，默认选项为“实体”。

在该对话框中勾选“使用缺省模板”复选框，生成文件时将自动使用缺省模板，否则单击“新建”对话框中的“确定”按钮后将打开“新文件选项”对话框选择模板。如点选“零件”单选钮后的“新文件选项”对话框如图 1-25 所示。

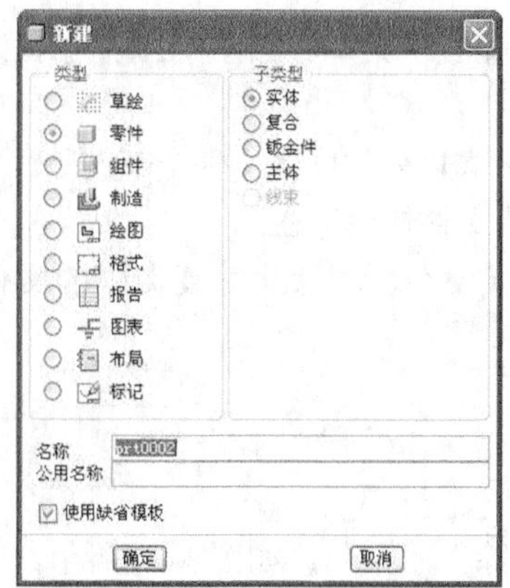

图 1-24 “新建”对话框

图 1-25 “新文件选项”对话框

1.2.2 打开文件

单击“文件”工具栏中的“打开”按钮，系统打开图 1-26 所示的“文件打开”对话框。单击该对话框中的“预览”按钮，则打开文件预览框，可以预览所选择的 Pro/ENGINEER 文件。单击“文件打开”对话框中的“在会话中”按钮，选择当前进程中的文件，单击“确定”按钮即可打开该文件。

图 1-26 “文件打开”对话框

1.2.3 保存文件

当前环境中如有设计对象时，单击“文件”工具栏中的“保存”按钮，系统打开“保存对象”对话框，在该对话框中可以选择保存目录、设定保存文件的名称等，单击“确定”按钮，即可保存当前文件。

1.2.4 删除文件

在菜单栏中选择“文件”→“删除”命令，打开“删除”子菜单，如图 1-27 所示，其中各命令的含义和功能如下。

（1）旧版本。删除同一个文件的旧版本，即将除最新版本以外的同名文件全部删除。使用“旧版本”命令可以删除数据库中的旧版本文件，而硬盘中这些文件依然存在。

（2）所有版本。删除选中文件的所有版本，包括最新版本。注意此时硬盘中的文件也将不存在。

1.2.5 删除内存中的文件

在菜单栏中选择“文件”→“拭除”命令，打开“拭除”子菜单，如图 1-28 所示，其中各命令的含义和功能如下。

（1）当前。用于擦除进程中的当前版本文件。

（2）不显示。用于擦除进程中除当前版本之外的所有同名版本文件。

图 1-27 “删除”子菜单

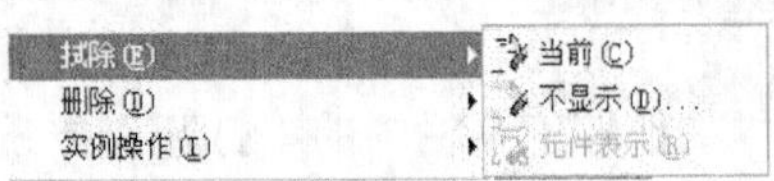

图 1-28 “拭除”子菜单

1.3 Pro/ENGINEER Wildfire 5.0 系统环境配置

1.3.1 定制工作界面

Pro/ENGINEER Wildfire 5.0 功能强大，命令菜单和工具按钮繁多，可以只显示常用的工具按钮。Pro/ENGINEER Wildfire 5.0 支持定制工作界面，可根据个人喜好进行设置。一般情况下，可以通过下列方法定制工作界面。

在菜单栏中选择“工具”→“定制屏幕”命令，或在工具栏区域的工具栏处右击，在打开的右键快捷菜单中选择“工具栏”命令，系统打开图 1-29 所示的“定制”对话框，在该对话框中可以定制菜单栏和工具栏。默认情况下，所有命令都将显示在“定制”对话框中。

勾选“定制”对话框下部的“自动保存到”复选框，可以保存当前设置，所有设置都将保存在 config.win 文件中；如果取消对“自动保存到”复选框的勾选，则定制的结果只应用于当前的进程中。该对话框中包含 2 个菜单和 5 个选项卡，分别介绍如下。

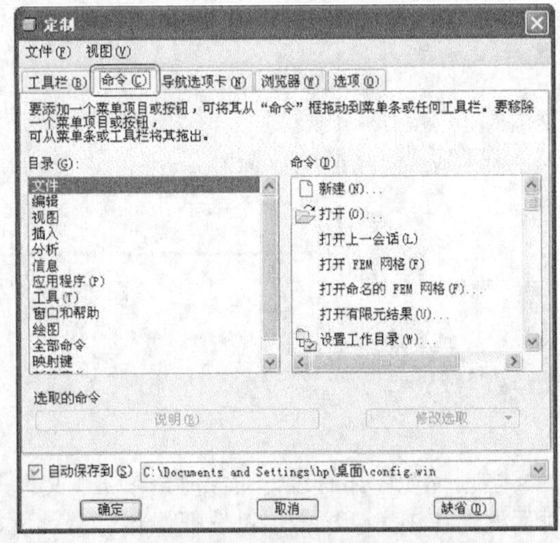

图 1-29 “定制”对话框

1. “文件”菜单

“文件”菜单中包含“打开设置”和“保存设置”两个命令。

（1）打开设置。选择该命令，可打开图 1-30 所示的“打开”对话框，在该对话框中可选择已存在的 config.win 文件，通过载入和编辑配置文件，即可完成对工作界面的设置。

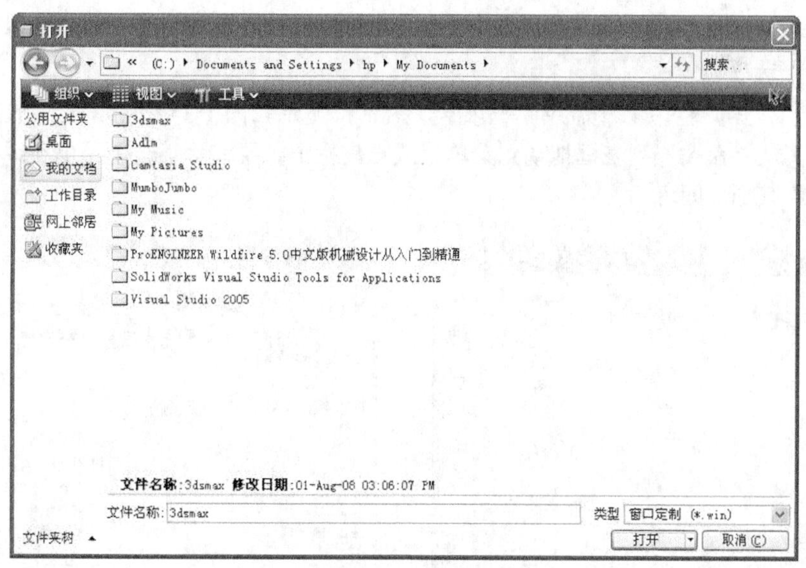

图 1-30　“打开”对话框

（2）保存设置。选择该命令，打开图 1-31 所示的“保存窗口配置设置”对话框，可以将当前工作界面的配置文件保存起来，以便下次启动时应用。保存时可以选择路径，并为配置文件重新命名。

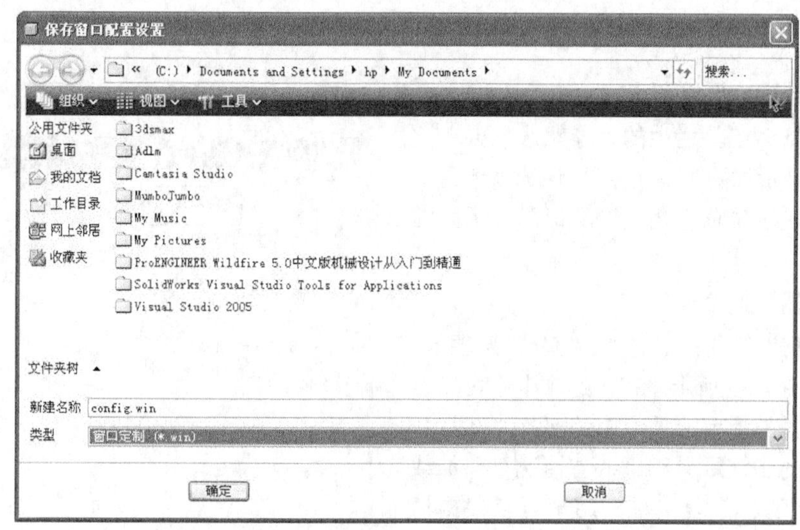

图 1-31　“保存窗口配置设置”对话框

2. “视图”菜单

在“视图”菜单中只包含“仅显示模式命令”命令，该命令可控制“命令”选项卡中命令的显示。选择该命令，则在“命令”选项卡中只显示模式命令，否则将显示所有命令。

3. “工具栏”选项卡

单击“定制”工具栏中的“工具栏”选项卡，对话框显示如图1-32所示，该选项卡主要包括两个部分，左侧部分用来控制在工作界面中显示哪些工具栏。该选项卡中包括所有工具栏，如果需要在工作界面中显示某工具栏，则勾选其前面的复选框；反之，取消勾选即可。当工具栏处于勾选状态时，可以在右侧的下拉列表中设置其在工作界面中的显示位置，可以显示在绘图区的顶部、右侧或左侧。

4. “命令”选项卡

单击“定制”工具栏中的“命令”选项卡，对话框显示如图1-33所示。要添加某一个菜单项或按钮，可将其从“命令”列表框拖动到菜单栏或工具栏中。要移除某一个菜单项或按钮，从菜单栏或工具栏中将其拖出即可。

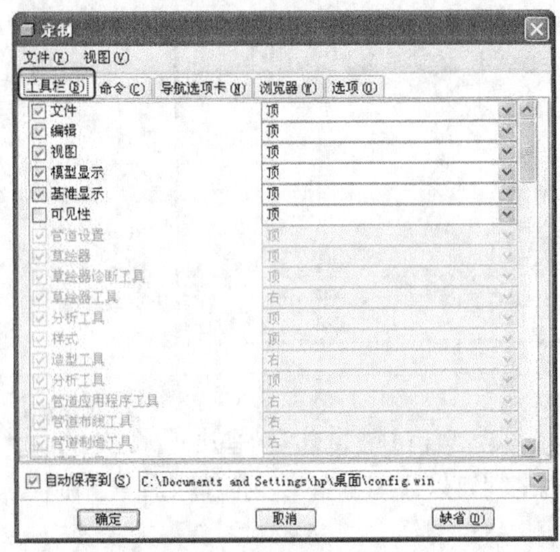

图1-32 “工具栏”选项卡

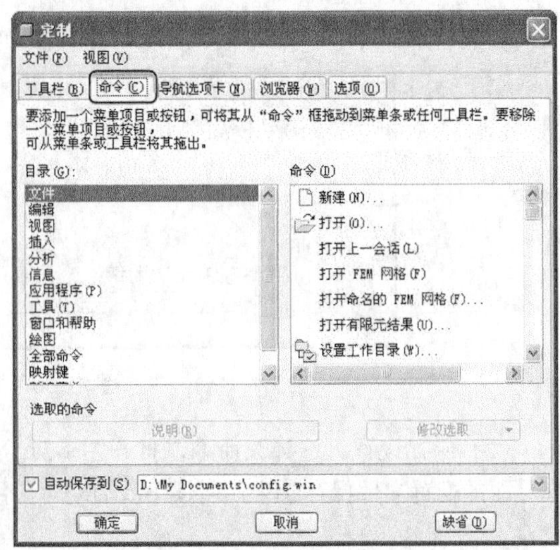

图1-33 “命令”选项卡

5. “导航选项卡”选项卡

单击“定制”工具栏中的“导航选项卡”选项卡，对话框显示如图1-34所示，该选项卡用于设定导航器的显示位置、宽度以及消息提示区的显示位置等。

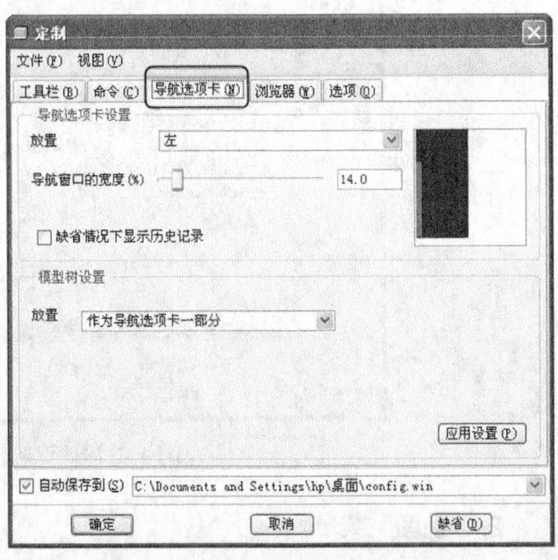

图1-34 “导航选项卡”选项卡

6. “浏览器”选项卡

单击“定制”工具栏中的“浏览器”选项卡，对话框显示如图1-35所示，在该选项卡中可以设置窗口宽度。另外，该选项卡中还包括“在打开或关闭时进行动画演示”和“缺省情况下，加载Pro/E时展开浏览器”复选框，用户可以根据情况自行选择。

7. “选项”选项卡

单击“定制”工具栏中的“选项”选项卡，对话框显示如图1-36所示，该选项卡用来设置次窗口的显示大小以及菜单的显示。

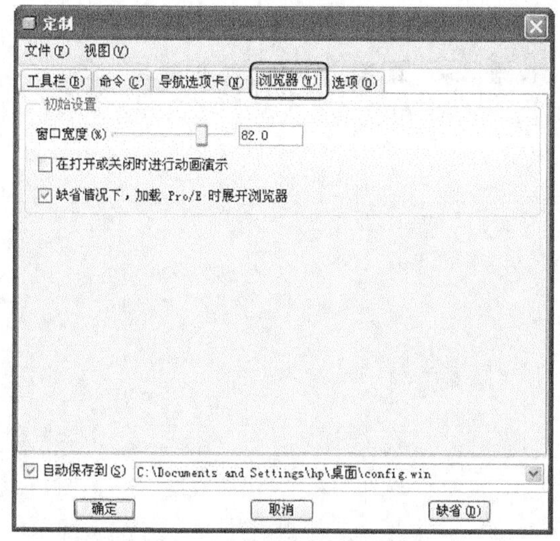

图 1–35　“浏览器”选项卡

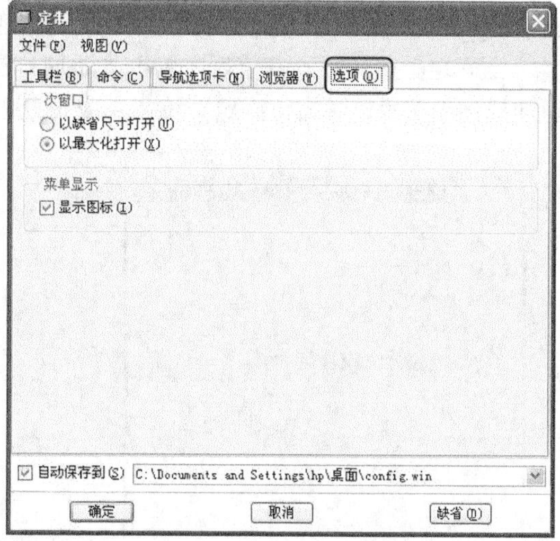

图 1–36　“选项”选项卡

技巧荟萃

使用“环境”对话框也可以更改 Pro/ENGINEER Wildfire 5.0 的环境设置。

1.3.2　配置文件

配置文件是 Pro/ENGINEER Wildfire 5.0 中最重要的工具，它保存和记录了所有参数设置的结果，默认配置文件名为“config.pro”。系统允许用户自定义配置文件，并以“.pro”为扩展名保存，大多数的参数都可以通过配置文件对话框来设置。

在菜单栏中选择“工具”→“选项”命令，系统打开“选项”对话框，如图 1-37 所示，系统优先读取当前工作目录下的配置文件。取消勾选该对话框中的“仅显示从文件加载的选项”复选框，然后在“排序”下拉列表中选择“按字母顺序”选项，系统将在列表框中列出所有选项，并列出对应选项的值、状态和来源。

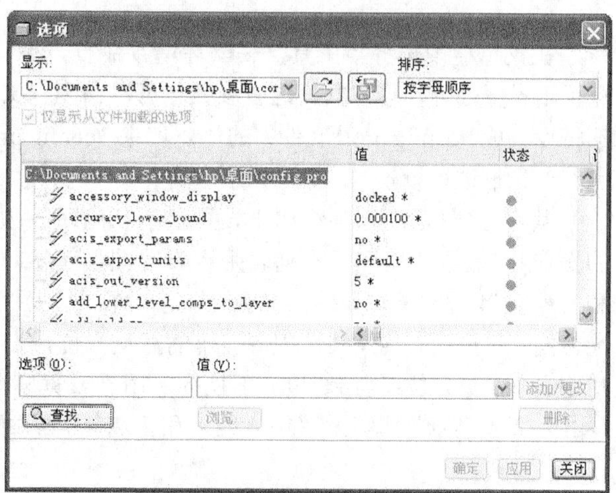

图 1–37　“选项”对话框

Pro/ENGINEER Wildfire 5.0 的系统配置文件选项有几百个，单击“查找...”按钮，系统打开图 1-38 所示的“查找选项”对话框。例如，需查找“layer”的相关选项，首先在“输入关键字”文本框中输入“layer”，然后在“查找范围”下拉列表中选择“所有目录”选项，单击“立即查找”按钮，系统将搜索出所有与 layer 相关的选项供用户选择。

“config.pro”文件中的选项通常由选项名和值组成，如图 1-39 所示的选项名为“create_drawing_dims_only”的选项，其值可为“no*”或“yes”，其中带“*”的值为系统默认值。

当确定配置选项及其值后，单击“添加 / 更改”按钮记录到配置文件中，然后单击“应用”按钮加载到系统中，单击“确定”按钮完成设置。

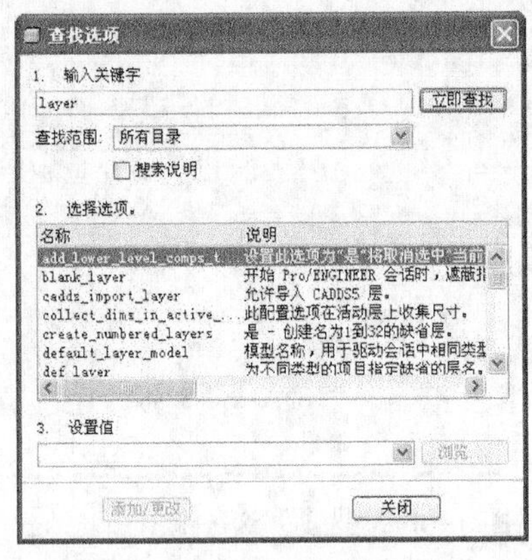

图 1-38 “查找选项”对话框

图 1-39 选项名和值

技巧荟萃

配置文件用于永久性地进行环境设置，大部分设置可以通过其他选项暂时改变，例如可以通过配置文件对话框来设置环境。

1.3.3 配置系统环境

在菜单栏中选择“工具”→“环境”命令，系统打开图 1-40 所示的“环境”对话框，该对话框用于设置部分环境参数。这些参数也可以在配置文件中设置，但每次重新启动软件后，环境参数都将设置成“config.pro”文件中的值。如果“config.pro”文件中没有所需的参数，可以直接进入“环境”对话框进行设置。

其中，“显示”选项组用于设置显示或隐藏各项；“缺省操作”选项组用于设置某些系统默认的操作；“显示样式”下拉列表用于设置图形起始时的显示类型，共有“线框”“隐藏线”“消隐”和“着色”4 种类型，如图 1-41 所示，在“模型显示”工具栏中对应的功能按钮如图 1-42 所示；“标准方向”下拉列表用于设置视图显示的默认方位，如图 1-43 所示，共有“等轴测”“斜轴测”和“用户定义”3 种方位；“相切边”下拉列表用于设置模型相切边界的显示形式，如图 1-44 所示，共有“实线”“不显示”“虚线”“中心线”和“灰色”5 种形式。

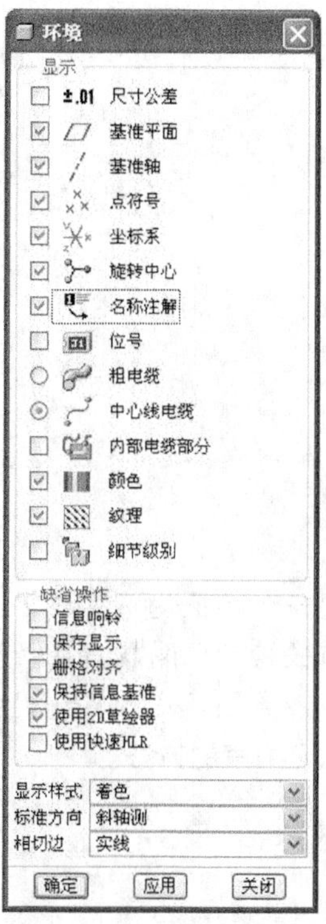

图 1–40　“环境”对话框

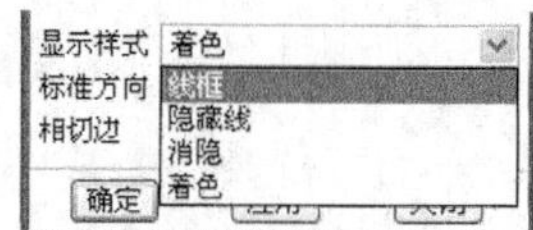

图 1–41　“显示样式”下拉列表

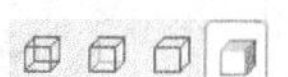

图 1–42　“模型显示”工具栏

图 1–43　“标准方向”下拉列表

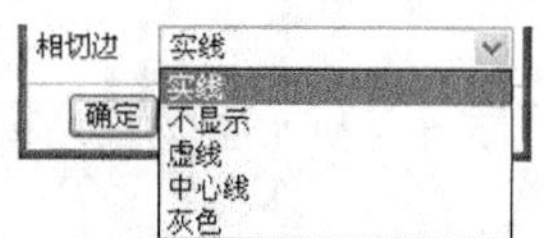

图 1–44　“相切边”下拉列表

Chapter 2

第 2 章 绘制草图

Pro/ENGINEER 是一个特征化、参数化、尺寸驱动的三维设计软件。创建特征时要首先绘制草图截面并修改其尺寸值。基准的创建和操作也需要进行草图绘制。本章将介绍绘制草图、编辑草图以及草图的尺寸标注和几何约束的方法。

学习要点

- 草绘环境的设置
- 基本草绘方法
- 编辑草绘图形
- 尺寸标注

2.1 基本概念

使用 Pro/ENGINEER 进行三维实体建模时，需首先绘制一个基础实体，然后在实体上进行各项操作，如添加实体、切除实体等，这也是使用 Pro/ENGINEER 进行三维设计的基本思路。可以通过多种方式生成三维实体，如拉伸、旋转等。拉伸、旋转等操作将会涉及 Pro/ENGINEER 中一个非常重要的环节——草图绘制。

在进行草图绘制时，需先绘制二维截面图，然后通过拉伸、旋转等特征生成实体。在 Pro/ENGINEER 中二维截面图属于参数化设计，所以初学者在进行二维草图绘制时要养成参数化的好习惯，并切实体会参数化精神。

二维截面图由二维几何图形（Geometry）数据、尺寸（Dimension）数据和二维几何约束（Alignment）数据 3 个要素构成。用户在草绘环境中，可先绘制大致的二维几何图形，然后再进行尺寸修改，系统会自动以正确的尺寸值来约束几何图形。除此之外，系统对二维截面上的某些几何图形会自动假设某些限制条件，如对称、对齐、相切等，以减少尺寸标注的困难，并达到整体约束截面外形的目的。

2.2 进入草绘环境

进入草绘环境的方法主要有以下两种。

（1）单击“文件”工具栏中的“新建”按钮，在打开的“新建”对话框中点选“草绘”单选钮，如图 2-1 所示，单击“确定”按钮，系统进入草绘环境。

（2）单击“文件”工具栏中的“新建”按钮，打开“新建”对话框，在“类型”选项组中点选“零件”单选钮，进入设计环境。单击“基准”工具栏中的“草绘”按钮，打开图 2-2 所示的“草绘”对话框，选取草绘平面，单击“确定”按钮，系统进入草绘环境。

可在“草绘”对话框中设置草绘平面和参照平面。一般来说，草绘平面和参照平面是相互垂直的两个平面。如图 2-3 所示，当选取基准平面 FRONT 作为草绘平面时，系统将默认选取基准平面 RIGHT 作为参照平面，方向为右。此时将在“草绘”对话框“放置”选项卡中显示所有的设置。

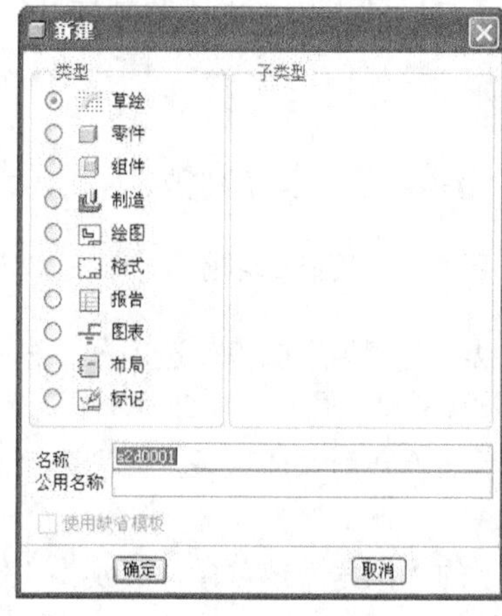

图 2-1 “新建”对话框

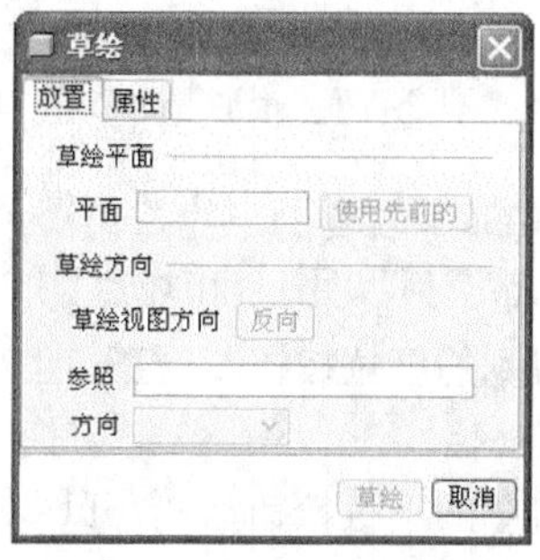

图 2-2 “草绘”对话框

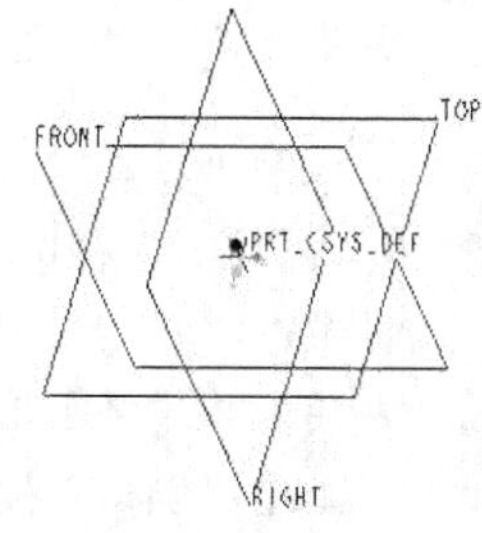

图 2-3 基准平面设置

单击“草绘”对话框中的“草绘”按钮，系统进入草绘环境，用户可以在此环境中绘制草图，绘制完成后，单击“草绘器工具”工具栏中的“完成”按钮✓生成二维截面图。

2.3 草绘环境中各工具栏按钮简介

通过2.2节中介绍的两种方法进入的草绘环境基本一致，第二种方法涉及草绘平面和参照平面等内容的设置，与第一种方法相比约束较多。我们通常使用第二种方法进入草绘环境，下面将对草绘环境中新增加的“草绘器”工具栏和“草绘器工具”工具栏进行详细介绍。

1. “草绘器”工具栏

“草绘器”工具栏中的按钮依次为“草绘方向”“显示尺寸”“显示约束”“显示栅格”和“显示顶点”，如图2-4所示。其中，“草绘方向”按钮主要用于在草绘过程中调整草绘平面的方向使其与屏幕平行。

2. “草绘器工具”工具栏

“草绘器工具”工具栏中的按钮依次为“选取”“线”“矩形”“圆心和点”“3点 / 相切端”“圆角”“倒角”“样条曲线”“点”“使用”“法向”“修改”“垂直”“文本”“调色板”“删除段”“镜像”“完成”“退出”，如图2-5所示。

图2–4 “草绘器”工具栏

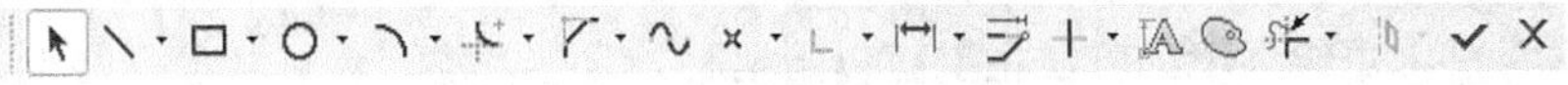

图2–5 “草绘器工具”工具栏

单击工具栏中的按钮可以直接使用。某些按钮右侧包含一个三角形下拉按钮，单击该下拉按钮，将打开相应的选项条。

- 单击“线”按钮右侧的下拉按钮，打开图2-6所示的“线”选项条，分别为“线”“直线相切”“中心线”和“几何中心线”4个按钮。
- 单击“矩形”按钮右侧的下拉按钮，打开图2-7所示的“矩形”选项条，分别为“矩形”“斜矩形”和“平行四边形”3个按钮。
- 单击“圆心和点”按钮右侧的下拉按钮，打开图2-8所示的“圆”选项条，分别为“圆心和点”“同心圆”“3点绘圆”“3相切圆”“轴端点椭圆”和“中心和轴椭圆”6个按钮。

图2–6 “线”选项条

图2–7 “矩形”选项条

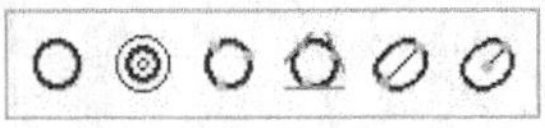

图2–8 “圆”选项条

- 单击“3点 / 相切端”按钮右侧的下拉按钮，打开图2-9所示的“圆弧”选项条，分别为“3点 / 相切端”“同心圆弧”“圆心和端点”“3相切圆弧”和“圆锥弧”5个按钮。
- 单击“圆角”按钮右侧的下拉按钮，打开图2-10所示的“圆角”选项条，分别为“圆角”和“椭圆角”按钮。
- 单击“倒角”按钮右侧的下拉按钮，打开图2-11所示的“倒角”选项条，分别为“倒角”和“倒角修剪”按钮。

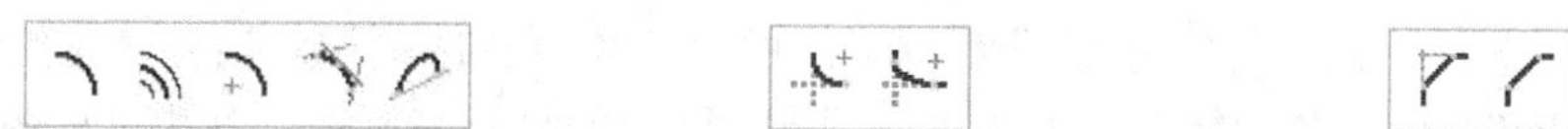

图 2-9 “圆弧”选项条　　图 2-10 “圆角”选项条　　图 2-11 “倒角”选项条

- 单击“点”按钮 右侧的下拉按钮，打开图 2-12 所示的“点”选项条，分别为“点”“几何点”“坐标系”和“几何坐标系”4 个按钮。
- 单击“使用”按钮 右侧的下拉按钮，打开图 2-13 所示的“使用”选项条，分别为“使用”“偏移”和“加厚”3 个按钮。
- 单击“法向”按钮 右侧的下拉按钮，打开图 2-14 所示的“尺寸”选项条，分别为“法向”“周长”“参照”和“基线”4 个按钮。

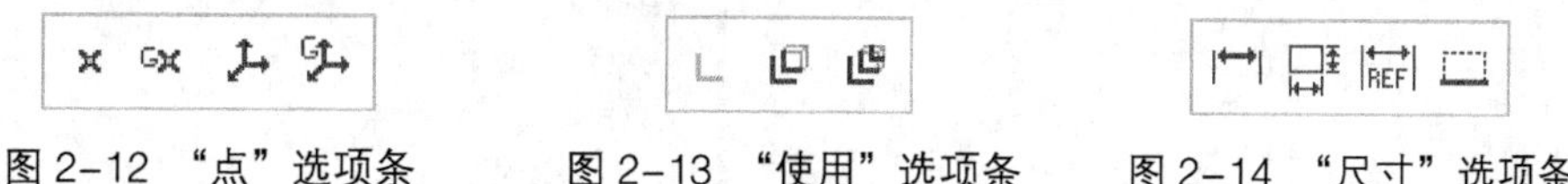

图 2-12 “点”选项条　　图 2-13 “使用”选项条　　图 2-14 “尺寸”选项条

- 单击“垂直”按钮 右侧的下拉按钮，打开图 2-15 所示的“约束”选项条，分别为“垂直（使线和两顶点垂直）”“水平”“垂直（使两图元正交）”“相切”“中点”“重合”“镜像”“相等”和“平行”9 个按钮。
- 单击“删除段”按钮 右侧的下拉按钮，打开图 2-16 所示的“修剪”选项条，分别为“删除段”“拐角”和“分割”3 个按钮。
- 单击“镜像”按钮 右侧的下拉按钮，打开图 2-17 所示的“镜像”选项条，分别为“镜像”按钮和“移动和调整大小”按钮。

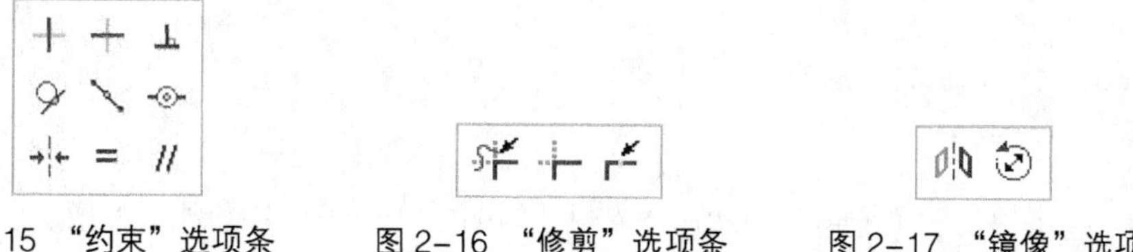

图 2-15 “约束”选项条　　图 2-16 “修剪”选项条　　图 2-17 “镜像”选项条

2.4 草绘环境中常用菜单简介

以 2.2 节中第二种方法进入的草绘环境，其菜单栏中将添加“草绘”菜单，并且“编辑”菜单中也发生了一些变化，这两个菜单提供了一些“草绘器”和“草绘器工具”工具栏中没有的功能，下面对这两个菜单进行简单介绍。

2.4.1 “草绘”菜单

“草绘”菜单如图 2-18 所示。通过此菜单，可以在草绘环境中绘制各种二维图形，添加基准、文本、尺寸和约束等内容。此菜单中的某些功能在介绍“草绘器工具”工具栏时已经介绍过，在此不再重复介绍。下面主要介绍部分“草绘器工具”工具栏中没有的功能。

（1）数据来自文件。用于选取已有的二维截面图，直接插入到当前草绘环境中。

（2）选项。选择该命令，将打开图 2-19 所示的“草绘器首选项”对话框。在此对话框中，可以设定二维设计环境中的各种特征，如栅格、顶点、约束的显示等；也可以选取具体的约束显示符号；还可以设定显示参数的精确度等，读者可在“草绘器首选项”对话框的“其它”选项卡中查看这些设置功能。

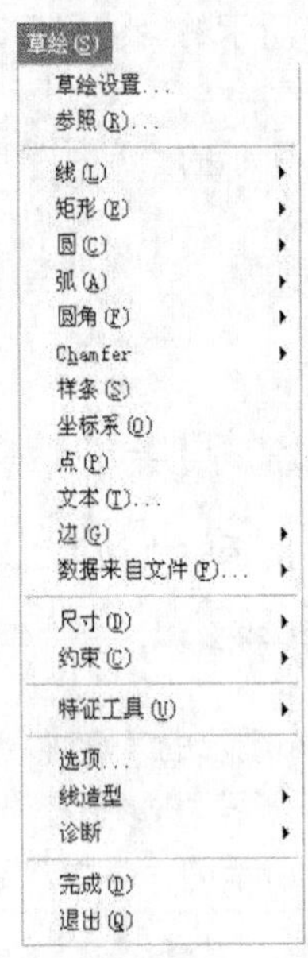

图 2-18 “草绘”菜单

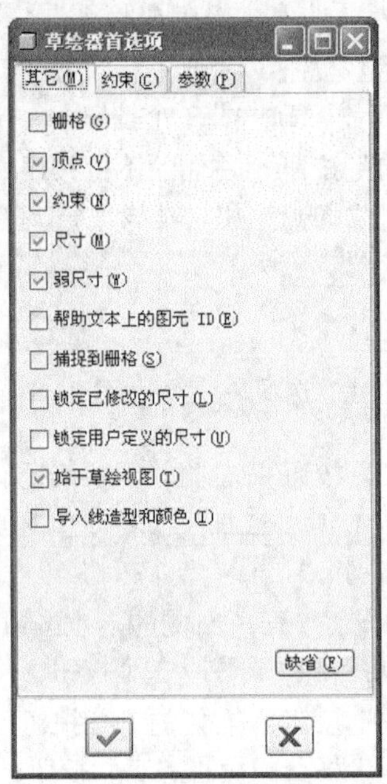

图 2-19 “草绘器首选项”对话框

2.4.2 “编辑”菜单

“编辑”菜单提供了“撤销”“复制”“粘贴”“镜像”“修剪”等功能，如图 2-20 所示。

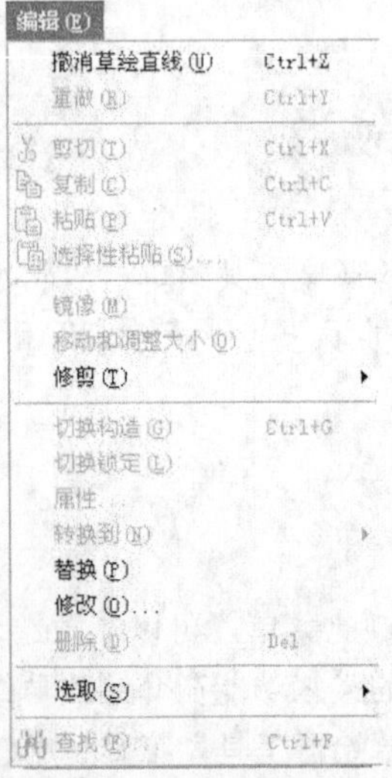

图 2-20 “编辑”菜单

2.5 设置草绘环境

本节将详细介绍二维草绘环境中网格及其间距、拾取过滤器和首选项的设置方法。

2.5.1 设置网格及其间距

在菜单栏中选择“草绘”→“选项”命令，打开“草绘器首选项”对话框，如图 2-21 所示。在此对话框的“其它”选项卡中勾选“栅格”复选框，将在二维草绘环境中显示栅格。

单击“参数”选项卡，对话框显示如图 2-22 所示。在“栅格间距”下拉列表中选择栅格间距的设置方式，其设置方式有两种，一是系统根据设计对象的具体尺寸自动调整栅格的间距；一是通过用户手动设定栅格的间距。

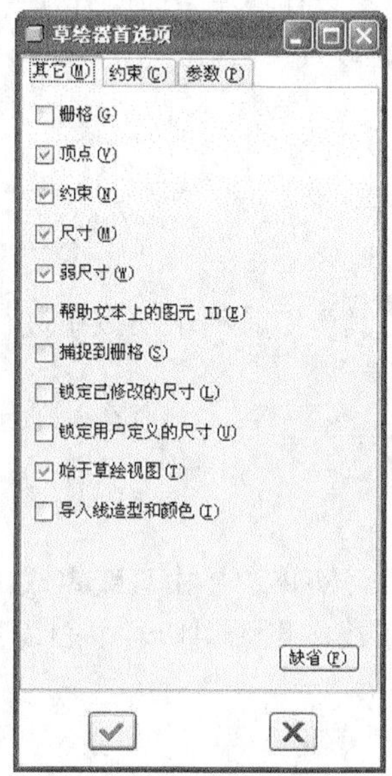

图 2-21　“其它”选项卡

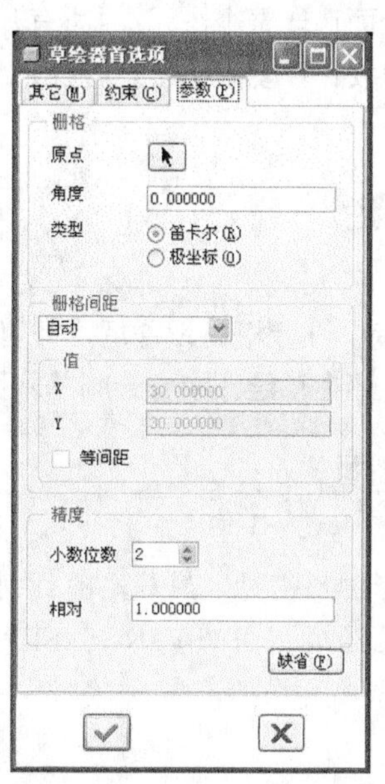

图 2-22　“参数”选项卡

2.5.2 设置拾取过滤器

单击当前工作界面中的“拾取过滤器”下拉列表，可从中选择过滤选项，系统默认选项为“全部”，如图 2-23 所示。

选择“全部”选项后，通过光标可以拾取全部特征；如果选择“几何”选项，则只能选取草绘环境中的几何特征，其他选项的含义读者可自己尝试，在此不再一一赘述。

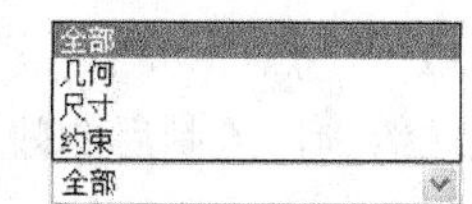

图 2-23　“拾取过滤器”下拉列表

2.5.3 设置首选项

在菜单栏中选择“编辑”→“选取”命令，打开“选取”子菜单，如图 2-24 所示。选择“首选项”命令，打开图 2-25 所示的“选取首选项”对话框。

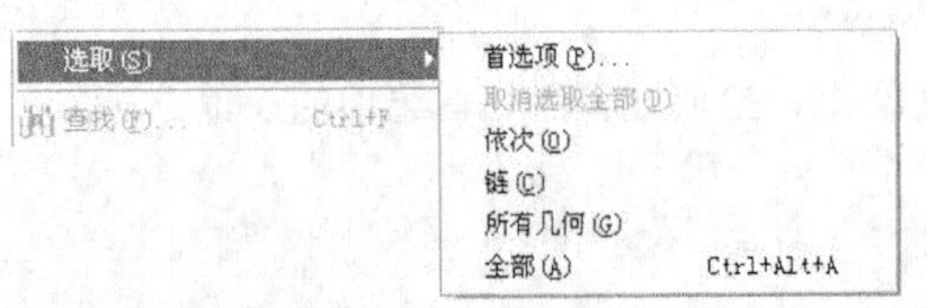

图 2-24 “选取”子菜单

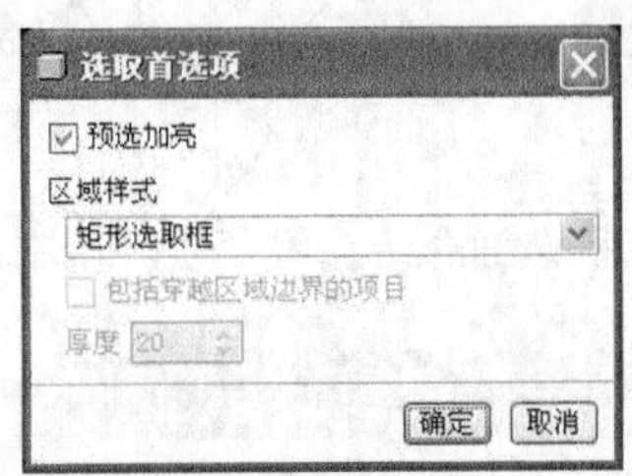

图 2-25 “选取首选项”对话框

勾选该对话框中的“预选加亮”复选框，当光标在草绘环境中移动并落在某个特征上时，如基准面、基准轴等，则此特征将加亮显示；取消勾选“预选加亮”复选框，则不会加亮显示。

在“选取”子菜单中选择“依次”命令，通过单击可以选取草绘环境中的每一个特征，需同时选择多个特征时可按住 <Ctrl> 键进行选择；“链”命令表示可以选取作为所需链的一端或所需环一部分的图元，从而选取整个图元；“所有几何”命令表示选中设计环境中的所有几何体；“全部”命令表示可以选中设计环境中的所有特征，包括几何体、基准以及尺寸等。

2.6 草绘命令

在草绘环境中进行相关设置后，即可使用“草绘器工具”工具栏中的按钮进行基本图形的绘制。下面详细介绍在草绘环境中绘制基本图元的方法和步骤。

2.6.1 绘制线

直线是图形中最常见、最基本的几何图元，50% 的几何实体边界由直线组成。一条直线由起点和终点两部分组成。在 Pro/ENGINEER 中，系统提供了线、直线相切、中心线和几何中心线 4 种直线绘制方式。

1. 线

通过“线”命令可以任意选取两点绘制直线，具体操作步骤如下。

（1）在菜单栏中选择“草绘”→“线”→“线”命令，或单击“草绘器工具”工具栏中的“线”按钮＼。

（2）在绘图区单击确定直线的起点，一条橡皮筋状的直线附着在光标上出现，如图 2-26 所示。

（3）单击确定终点位置，系统将在两点间绘制一条直线，同时，该点也是另一条直线的起点，再次选取另一点即可绘制另一条直线（Pro/ENGINEER 系统支持连续操作），单击鼠标中键，结束对直线的绘制，绘制后的效果如图 2-27 所示。

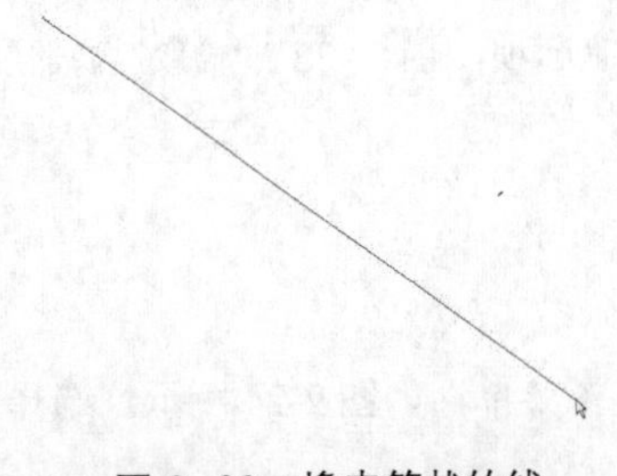

图 2-26 橡皮筋状的线

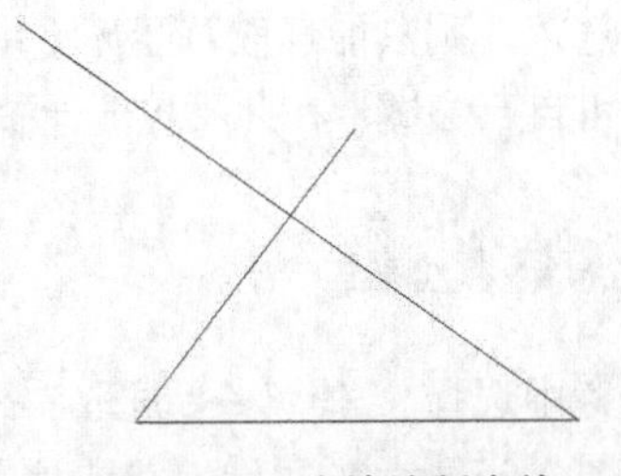

图 2-27 连续绘制直线

2. 相切直线

通过“直线相切”命令可以绘制一条与已存在的两个图元相切的直线，具体操作步骤如下。

（1）在菜单栏中选择“草绘”→“线”→“直线相切”命令，或单击“草绘器工具”工具栏中“线”按钮右侧的下拉按钮，在打开的“线”选项条中单击“直线相切”按钮。

（2）在已经存在的圆弧或圆上选取一个起点，此时选中的圆或圆弧将加亮显示，同时一条橡皮筋状的线附着在光标上出现，如图 2-28 所示。单击鼠标中键可取消该选择而进行重新选择。

（3）在另外的圆弧或圆上选取一个终点，在定义两个点后，可预览所绘制的切线。

（4）单击鼠标中键退出，绘制出一条与两个图元同时相切的直线段，如图 2-29 所示。

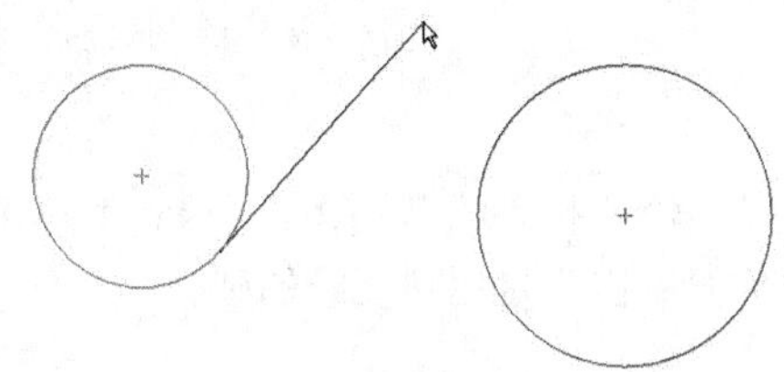

图 2–28　绘制相切线

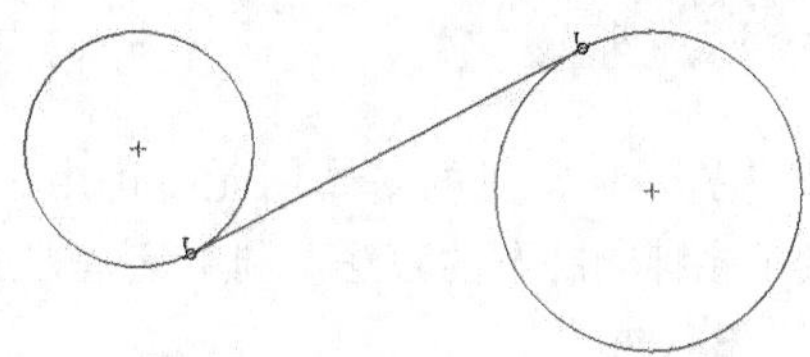

图 2–29　与两图元同时相切的直线段

3. 中心线

中心线用来定义一个旋转特征的旋转轴、在同一剖面内的一条对称直线，或用来绘制构造直线。中心线是无限延伸的线，不能用来绘制特征几何，绘制中心线的具体操作步骤如下。

（1）在菜单栏中选择“草绘”→“线”→“中心线”命令，或单击“草绘器工具”工具栏中“线”按钮右侧的下拉按钮，在打开的“线”选项条中单击“中心线”按钮。

（2）在绘图区选取中心线的起点位置，这时一条橡皮筋状的中心线附着在光标上出现，如图 2-30 所示。

（3）单击选取中心线的终点，系统将在两点间绘制一条中心线。当光标拖着中心线变为水平或者垂直时，会在线旁边出现一个“H”或“V”字样，表示当前位置处于水平或垂直状态，此时单击，即可绘制出水平或垂直中心线。

图 2–30　绘制中心线

4. 几何中心线

利用“几何中心线”命令可以任意绘制几何中心线，具体操作步骤如下。

（1）在菜单栏中选择“草绘”→“线”→“几何中心线”命令，或单击“草绘器工具”工具栏中“线”按钮右侧的下拉按钮，在打开的“选项条”中单击“几何中心线”按钮。

（2）绘制与已存在的两个图元相切的中心线，具体过程与直线相切类似。调用该按钮后在圆弧或圆上选取一个起点，然后在另外一个圆弧或圆上选取一个终点，即可绘制一条与所选图元相切的中心线，单击鼠标中键退出。

2.6.2 绘制矩形

在 Pro/ENGINEER 中可通过给定任意两条对角线绘制矩形，具体操作步骤如下。

（1）在菜单栏中选择“草绘”→“矩形”→“矩形”命令，或单击“草绘器工具”工具栏中的“矩形”按钮□。

（2）选取放置矩形的一个顶点单击。

（3）移动光标选取另一个顶点单击，即可完成矩形的绘制，如图 2-31 所示。

该矩形的 4 条线是相互独立的，可进行单独处理（如修剪、对齐等）。单击“草绘器工具”工具栏中的“选取”按钮↖，可选取其中任一条矩形的边，选取的边将以加亮形式显示。

图 2-31　绘制矩形

2.6.3　绘制圆

圆是另一种常见的基本图元，可用来表示圆柱、轴、轮、孔等的截面图。在 Pro/ENGINEER 中提供了多种绘制圆的方法，利用这些方法可以很方便地绘制出满足用户要求的圆。

1. 中心圆

通过确定圆心和圆上的一点绘制中心圆，具体操作步骤如下。

（1）在菜单栏中选择“草绘”→“圆”→“圆心和点”命令，或单击“草绘器工具”工具栏中的“圆心和点”按钮○，默认类型为“圆心和点”。

（2）在绘图区选取一点作为圆心，移动光标时圆拉成橡皮条状。

（3）将光标移动到合适位置作为圆上一点，单击即可绘制一个圆，光标的径向移动距离就是该圆的半径，如图 2-32 所示。

2. 同心圆

同心圆是以选取一个参照圆或圆弧的圆心为圆心绘制圆，具体操作步骤如下。

（1）在菜单栏中选择“草绘”→“圆”→“同心”命令或单击“草绘器工具”工具栏中“圆心和点”按钮○右侧的下拉按钮·，在打开的“圆”选项条中单击“同心圆”按钮◎。

（2）在绘图区选取参照圆或圆弧，移动光标在合适位置单击即可生成同心圆。选定的参照圆可以是一个草绘图元或一条模型边。如果选定的参照圆是一个草绘器“未知”的模型图元，则该图元会自动成为一个参照图元。

3. 通过 3 点绘制圆

3 点圆是通过在圆上给定 3 个点来确定圆的位置和大小，具体操作步骤如下。

（1）在菜单栏中选择“草绘”→“圆”→“3 点”命令，或单击“草绘器工具”工具栏中“圆心和点”按钮○右侧的下拉按钮·，在打开的“圆”选项条中单击“3 点绘圆”按钮○。

（2）在绘图区选取一个点，然后选取圆上的第二个点。在定义两点后，可以看到一个随光标移动的预览圆。

（3）选取圆上的第三个点即可绘制一个圆，如图 2-33 所示。

4. 通过 3 个切点绘制圆

通过 3 个切点绘制圆，首先需给定 3 个参考图元，然后绘制与之相切的圆，具体操作步骤如下。

（1）在菜单栏中选择“草绘”→“圆”→“3 相切”命令，或单击“草绘器工具”工具栏中“圆心和点”按钮○右侧的下拉按钮·，在打开的“圆”选项条中单击“3 相切圆”按钮○。

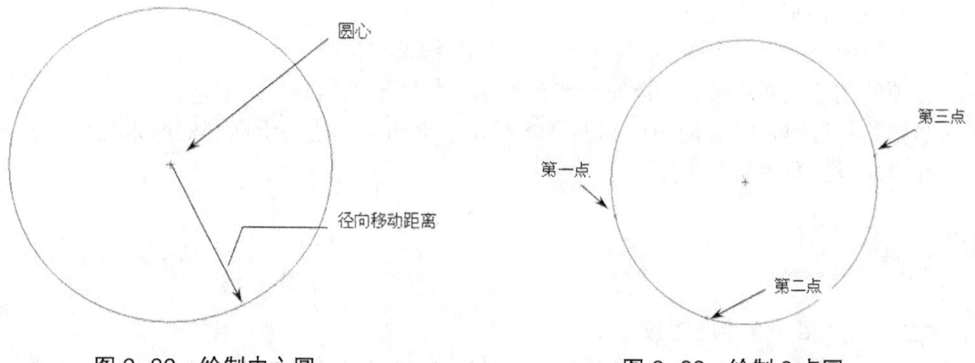

图 2-32 绘制中心圆　　　　图 2-33 绘制 3 点圆

（2）在参考的圆弧、圆或直线上选取一个起点，单击鼠标中键可取消选取。

（3）在第二个参考的圆弧、圆或直线上选取一个点，在定义两点后可预览圆，如图 2-34 所示。

（4）在作为第三个参考的弧、圆或直线上选取第三个点完成圆的绘制，如图 2-35 所示。

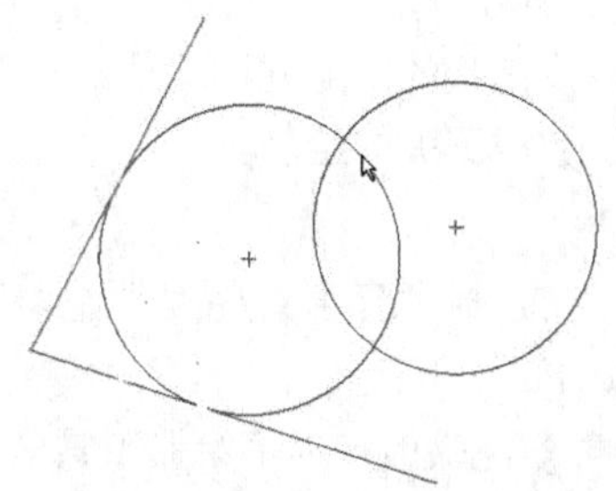

图 2-34 定义两点后预览圆

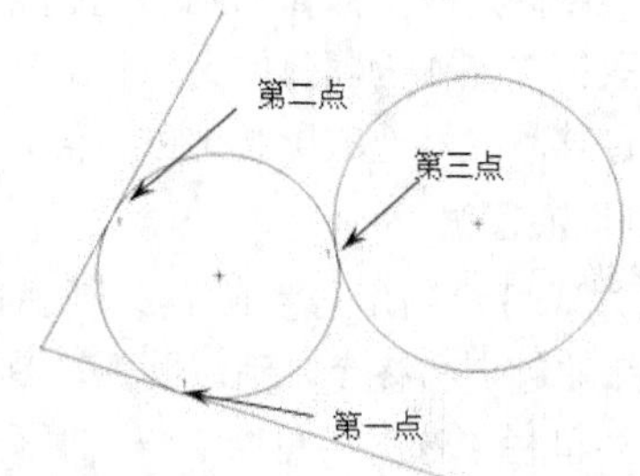

图 2-35 通过 3 个切点绘制圆

5. 通过长轴端点绘制椭圆

根据椭圆长轴端点绘制椭圆的操作步骤如下。

（1）在菜单栏中选择“草绘”→“圆”→“轴端点椭圆”命令或单击“草绘器工具”工具栏中“圆心和点”按钮右侧的下拉按钮，在打开的“圆”选项条中单击“轴端点椭圆”按钮。

（2）在绘图区选取一点作为椭圆的一个长轴端点，再选取另一点作为长轴的另一个端点，此时出现一条直线，向其他方向拖动鼠标光标绘制椭圆，如图 2-36 所示。

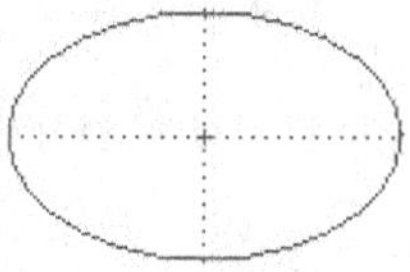

图 2-36 通过长轴端点绘制椭圆

（3）将椭圆拉至所需形状，单击鼠标左键即可完成椭圆的绘制。

6. 通过中心和轴绘制椭圆

根据椭圆的中心点和长轴的一个端点绘制椭圆的操作步骤如下。

（1）在菜单栏中选择“草绘”→“圆”→“中心和轴椭圆”命令，或单击“草绘器工具”工具栏中“圆心和点”按钮右侧的下拉按钮，在打开的“圆”选项条中单击“中心和轴椭圆”按钮。

（2）在绘图区选取一点作为椭圆的中心点，再选取一点作为椭圆的长轴端点，此时出现一条关于中心点对称的直线，向其他方向拖动鼠标光标绘制椭圆。

（3）移动光标确定椭圆的短轴长度，完成椭圆的绘制。

中心和轴椭圆具有以下特征。

- 椭圆的中心点相当于圆心，可以作为尺寸和约束的参照。
- 椭圆的轴可以任意倾斜，此时绘制的椭圆也将随轴的倾斜方向倾斜。
- 当草绘椭圆时，椭圆的中心和椭圆本身将捕捉约束。适用于椭圆的约束包含“相切”“图元上的点”和“相等半径”。

2.6.4 绘制圆弧

1. 通过 3 点 / 相切端绘制圆弧

此方式是通过给定的 3 点生成圆弧，可以沿顺时针或逆时针方向绘制圆弧。指定的第一点为起点，指定的第二点为圆弧的终点，指定的第三点为圆弧上的一点，通过该点可改变圆弧的弧长。可以沿顺时针或逆时针方向绘制圆弧。该方式为默认方式，具体操作步骤如下。

（1）在菜单栏中选择“草绘”→“弧”→“3 点 / 相切端”命令，或单击“草绘器工具”工具栏中的“3 点 / 相切端”按钮。

（2）在绘图区选取一点作为圆弧的起点。

（3）选取第二点作为圆弧的终点，此时将出现一个橡皮筋状的圆随光标移动。

（4）通过移动光标选取圆弧上的一点，单击鼠标中键完成圆弧的绘制。

2. 绘制同心圆弧

采用此方式可绘制出与参照圆或圆弧同心的圆弧，在绘制过程中首先要指定参照圆或圆弧，然后指定圆弧的起点和终点以确定圆弧，具体操作步骤如下。

（1）在菜单栏中选择“草绘”→“弧”→“同心”命令，或单击“草绘器工具”工具栏中“3 点 / 相切端”按钮右侧的下拉按钮，在打开的“圆弧”选项条中单击“同心圆弧”按钮。

（2）在绘图区选取参照圆或圆弧，即可出现一个橡皮筋状的圆，如图 2-37 所示。

（3）选取一点作为圆弧的起点绘制圆弧。

（4）选取另一点作为圆弧的终点，完成圆弧的绘制，如图 2-38 所示。绘制完成后又出现一个新的橡皮筋状圆，单击鼠标中键结束此操作。

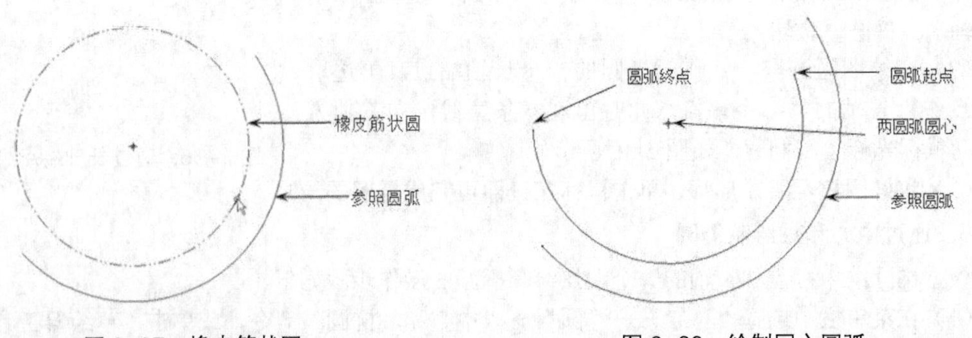

图 2-37 橡皮筋状圆

图 2-38 绘制同心圆弧

3. 通过圆心和端点绘制圆弧

采用此方式绘制圆弧首先需确定圆心，然后选取一个端点来绘制圆弧，具体操作步骤如下。

（1）在菜单栏中选择“草绘”→“弧”→“圆心和端点”命令，或单击“草绘器工具”工具栏中的“3 点 / 相切端”按钮右侧的下拉按钮，在打开的“圆弧”选项条中单击“圆心和端点”

按钮。

（2）在绘图区选取一点作为圆弧的圆心，即可出现一个橡皮筋状的圆随光标移动。

（3）拖动鼠标光标将圆拉至合适的大小，并在该圆上选取一点作为圆弧的起点。

（4）选取另一点作为圆弧的终点，完成圆弧的绘制。

4．绘制与 3 个图元相切的圆弧

采用此方式可以绘制一条与已知的 3 个参照图元均相切的圆弧，具体操作步骤如下。

（1）在菜单栏中选择“草绘”→“弧”→“3 相切”命令，或单击“草绘器工具”工具栏中“3 点 / 相切端”按钮右侧的下拉按钮，在打开的“圆弧”选项条中单击“3 相切圆弧”按钮。

（2）在第一个参照的圆弧、圆或直线上选取一点作为圆弧的起点，单击鼠标中键可取消选择。

（3）在第二个参照的圆弧、圆或直线上选取一点作为圆弧的终点，在定义两个点后可预览圆弧，如图 2-39 所示。

（4）在第三个参照的圆弧或直线上选取第三个点，即可完成圆弧的绘制，该圆弧与 3 个参照均相切，在图中以“T”表示，如图 2-40 所示。

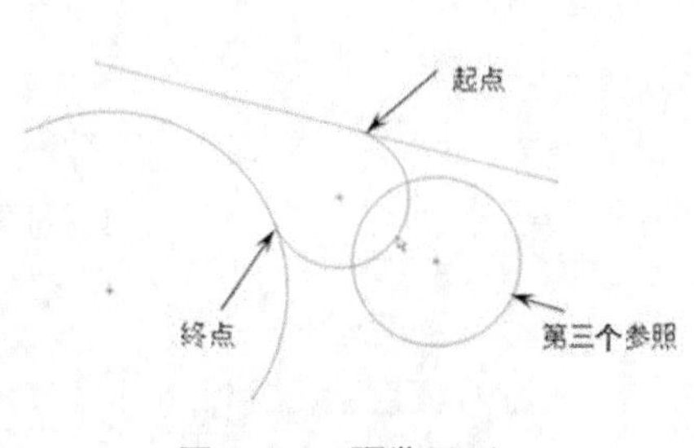

图 2-39　预览圆弧

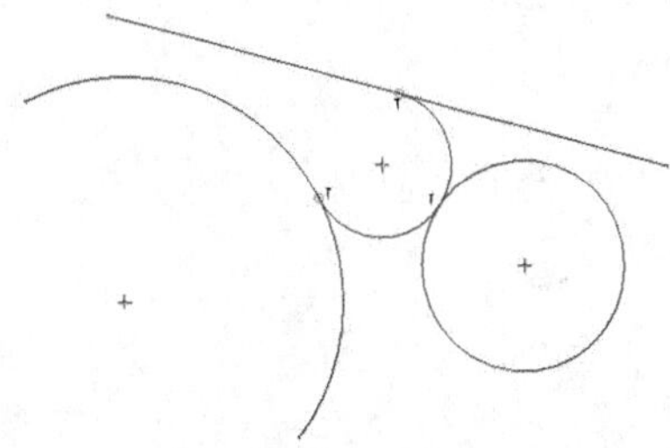

图 2-40　与 3 个图元相切的圆弧

5．绘制圆锥弧

采用此方式可以绘制一段锥形的圆弧，具体操作步骤如下。

（1）在菜单栏中选择“草绘”→“弧”→“圆锥”命令，或单击“草绘器工具”工具栏中“3 点 / 相切端”按钮右侧的下拉按钮，在打开的“圆弧”选项条中单击“圆锥弧”按钮。

（2）选取圆锥的起点。

（3）选取圆锥的终点，这时出现一条连接两点的参考线和一段呈橡皮筋状的圆锥，如图 2-41 所示。

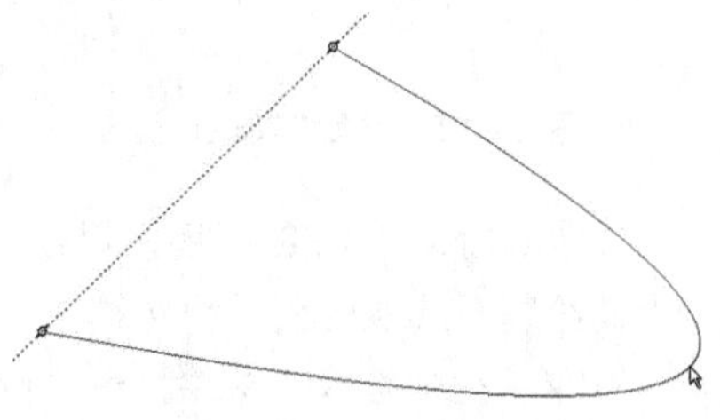

图 2-41　绘制圆锥弧

（4）当移动光标时，圆锥随之也将产生变化。单击拾取轴肩位置即可完成圆锥弧的绘制。

2.6.5　绘制样条曲线

样条曲线是通过任意中间点的平滑曲线。绘制样条曲线的具体操作步骤如下。

（1）在菜单栏中选择“草绘”→“样条”命令，或单击“草绘器工具”工具栏中的“样条曲线”按钮。

（2）在绘图区选取一个起点，一条橡皮筋状的样条附着在光标上出现。

（3）在绘图区选取下一个点，将出现一段样条曲线，并随光标出现一条新的橡皮筋状的样条曲线。

（4）重复步骤（2）～步骤（3）的操作，添加其他样条点，完成添加所有点后，单击鼠标中键结束绘制，如图 2-42 所示。

2.6.6 绘制圆角

使用“圆角”命令可在任意两个图元之间绘制一个圆角，圆角的大小和位置取决于选取位置。当在两个图元之间插入一个圆角时，系统将自动在圆角相切点处分割两个图元。如果在两条非平行线之间添加圆角，则这两条直线将自动修剪出圆角。如果在任何其他图元之间添加圆角，则必须手工删除剩余的段。平行线、一条中心线和另一个图元不能绘制圆角。绘制圆角的具体操作步骤如下。

（1）在菜单栏中选择“草绘”→“圆角”→“圆形”命令，或单击“草绘器工具”工具栏中的“圆角”按钮。

（2）选取第一个图元。

（3）选取第二个图元，系统将选取距离两条直线交点最近的点绘制一个圆角，并进行修剪，如图 2-43 所示。

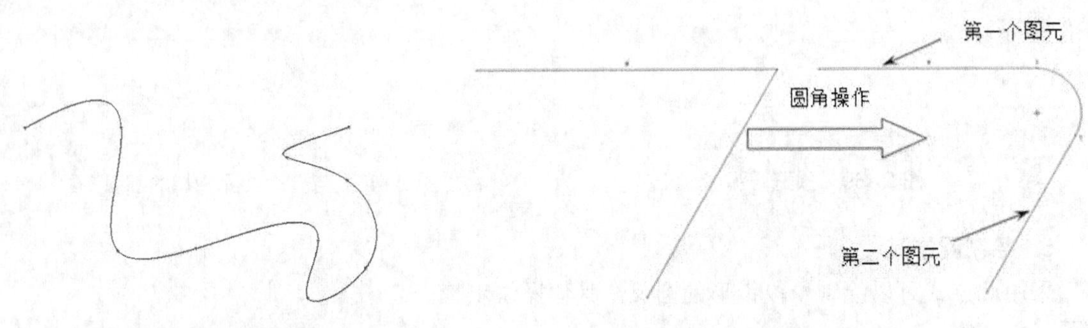

图 2-42　绘制样条曲线　　图 2-43　绘制圆角

在 Pro/ENGINEER 中还可以绘制椭圆角，椭圆角的轴为水平轴和竖直轴。椭圆角在其终点处与为其绘制而选取的图元相切。

在菜单栏中选择“草绘”→“圆角”→“椭圆形”命令，或单击“草绘器工具”工具栏中“圆形”按钮右侧的下拉按钮，在打开的“圆角”选项条中单击“椭圆角”按钮，然后选取要在其间绘制椭圆圆角的图元即可完成绘制。

2.6.7 绘制点和坐标系

点用来辅助其他图元的绘制。在菜单栏中选择“草绘”→“点”命令，或单击“草绘器工具”工具栏中的“点”按钮，然后在绘图区选取放置点的位置单击鼠标左键，即可定义点。继续单击鼠标左键可以定义一系列的点，如图 2-44 所示，单击鼠标中键结束操作。

坐标系用来标注样条曲线以及某些特征的生成过程，在菜单栏中选择“草绘”→“坐标系”命令，或单击“草绘器工具”工具栏中“点”按钮右侧的下拉按钮，在打开的“点”选项条中单击“坐标系”按钮，然后在绘图区的合适位置单击即可定义一个坐标系，如图 2-45 所示。

图 2-44　绘制点

图 2-45　绘制坐标系

2.6.8　调用常用截面

在 Pro/ENGINEER Wildfire 5.0 的草绘器中提供了一个预定义形状的定制库，包括常用的草绘截面，如 C 形、L 形、T 形截面等，可以将它们方便地输入到当前活动窗口中。单击"草绘器工具"工具栏中的"调色板"按钮，在打开的"草绘器调色板"对话框中显示这些形状，在使用过程中可以进行调整大小、平移和旋转等操作。

使用调色板中的形状类似于在当前活动窗口中输入相应的截面。调色板中的所有形状均以缩略图形式出现，并带有定义截面文件的名称。这些缩略图以草绘器几何特征的默认线型和颜色进行显示，可以在草绘环境中使用现有截面来表示用户定义的形状，也可在"零件"或"组件"模式下使用。

在菜单栏中选择"草绘"→"数据来自文件"→"调色板"命令，或单击"草绘器工具"工具栏中的"调色板"按钮，系统打开"草绘器调色板"对话框，如图 2-46 所示。

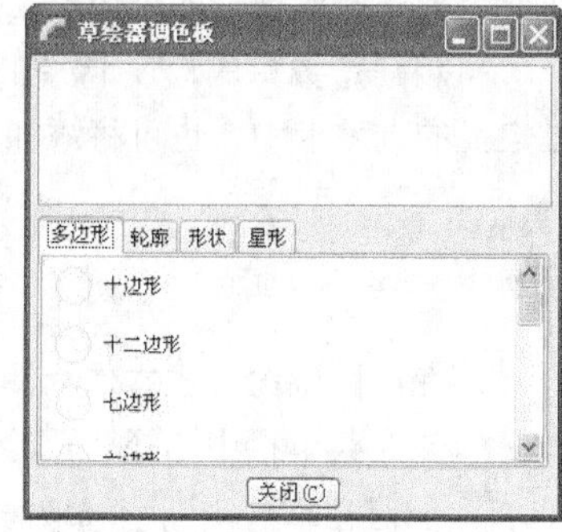

图 2-46　"草绘器调色板"对话框

在"草绘器调色板"对话框中包含以下 4 种表示截面类别的选项卡。

- "多边形"选项卡。包含常规多边形。
- "轮廓"选项卡。包含常见的轮廓。
- "形状"选项卡。包含其他常见形状。
- "星形"选项卡。包含常规的星形形状。

使用"草绘器调色板"对话框输入形状的具体操作步骤如下。

（1）在"草绘器调色板"对话框中选择所需截面类型的选项卡，如单击"轮廓"选项卡，对话框显示如图 2-47 所示。

（2）在列表框中选择所需形状的缩略图或标签可直接预览，如图 2-48 所示。

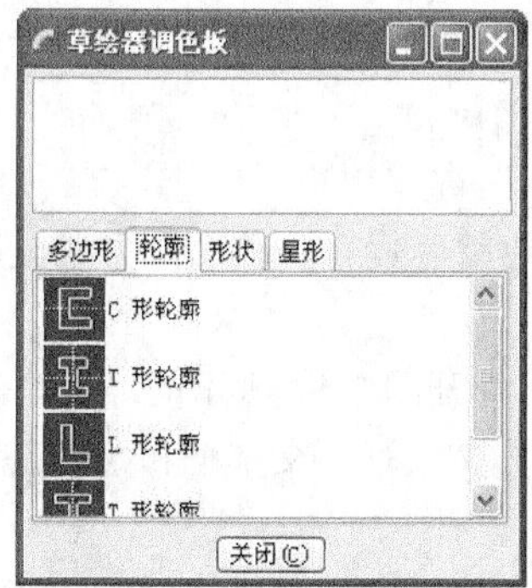

图 2-47　"轮廓"选项卡

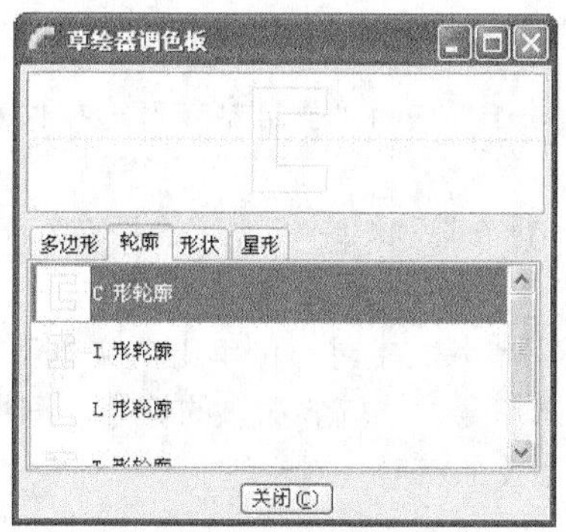

图 2-48　截面预览

（3）双击选中的形状，此时光标变为 状态，在绘图区选择适当的位置单击即可添加，此时添加的形状仍保留选中状态，同时打开图 2-49 所示的“移动和调整大小”对话框。

（4）在“移动和调整大小”对话框的“旋转 / 缩放”选项组中可调整其比例大小和旋转角度等。

（5）调整好位置和大小后，单击鼠标中键或单击“移动和调整大小”对话框中的“完成”按钮 ，插入结果如图 2-50 所示。

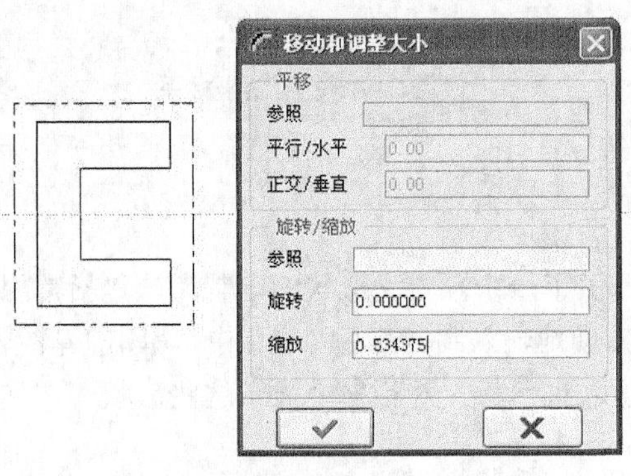

图 2-49 “移动和调整大小”对话框

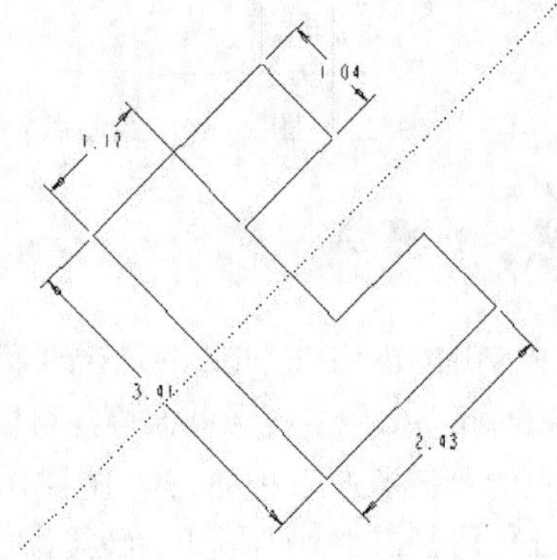

图 2-50 插入的截面

在放置截面时可以按住鼠标左键，指定形状位置，输入的形状将以非常小的尺寸出现在所选位置，拖动鼠标光标即可调整其大小。

可将任意数量的选项卡添加到“草绘器调色板”对话框中，并可将任意数量的形状放入每个经过定义的选项卡中，也可将添加的形状从预定义的选项卡中移除。

2.6.9 绘制文本

可在绘图区绘制文本作为图形的一部分。绘制文本的具体操作步骤如下。

（1）在菜单栏中选择“草绘”→“文本”命令，或单击“草绘器工具”工具栏中的“文本”按钮，然后在草绘平面上选取一个起点来设置文本的高度和方向。

（2）单击选取一个终点，在起点和终点之间生成一条构建线，构建线的长度决定文本的高度，角度决定文本的方向，同时打开图 2-51 所示的“文本”对话框。在文本的开始处将出现高亮显示的箭头以指示文本方向。

技巧荟萃

“文本”对话框中的“使用参数”选项仅在三维模式下可用。

（3）“文本行”选项组中包含“手工输入文本”和“使用参数”两种输入方式，用户可根据需要进行更改。

（4）在手工输入文本时，可单击“文本符号”按钮，打开图 2-52 所示的“文本符号”对话框以插入特殊文本符号。选取要插入的符号，符号将出现在“文本行”文本框和绘图区中，单击“关闭”按钮关闭“文本符号”对话框。

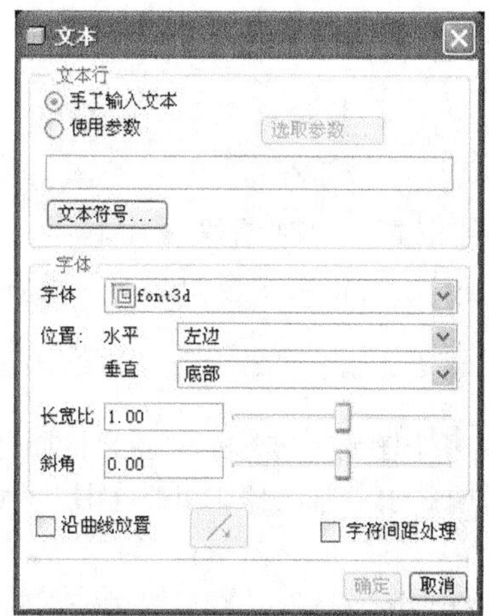

图 2-51　“文本”对话框

图 2-52　“文本符号”对话框

（5）在“字体”选项组中可对输入的文字进行属性设置，其中各参数的含义如下。

- 字体。可在 PTC 提供的字体和 TrueType 字体列表中选取一类。
- 位置。用于选取水平和竖直位置的任意组合以放置文本字符串的起点，包括“水平”和“竖直”两个下拉列表。
- 长宽比。用于调整文本的长宽比，也可使用滑动条调整。
- 斜角。用于调整文本的斜角，也可使用滑动条调整。

图 2-53　沿曲线放置文本

（6）勾选“沿曲线放置”复选框，将沿一条曲线放置文本。选取水平和垂直位置可以沿所选曲线放置文本字符串的起点，水平位置定义曲线的起点。沿曲线放置的文本如图 2-53 所示。

技巧荟萃

指定文本字符串起点的“水平”位置时，仅当选取的曲线为线性曲线时，才可选择“居中”选项。

（7）单击“反向”按钮可以更改文本方向。单击“反向”按钮后，构造线和文本字符串将被置于所选曲线对面一侧的另一端。

（8）勾选“字符间距处理”复选框，可对文本字符串的字符间距进行处理，这样可控制某些字符之间的空格，改善文本字符串的外观。字符间距处理属于特定字体的特征。

（9）设置完成，单击“确定”按钮，即可完成文本的创建。

如果要修改草绘文本，可在菜单栏中选择“编辑”→“修改”命令，然后选取要修改的文本，在打开的“文本”对话框中进行修改；如果要修改文本的高度和方向，可拖动构建线的起点或终点进行调整。

2.7 草图编辑

单纯地使用前面章节中所讲述的绘制图元按钮只能绘制一些简单的图形，要想获得复杂的截面图形，就必须借助于草图编辑工具对图元进行位置、形状的调整。

2.7.1 镜像

“镜像”功能用于镜像复制选取的图元，以提高绘图效率，减少重复操作。

在绘图过程中，经常会遇到一些对称的图形，这时就可以绘制半个截面，然后进行镜像。利用“镜像”功能镜像几何特征的具体操作步骤如下。

（1）绘制一条中心线和图 2-54 所示的截面草图。

（2）选取要镜像的图元，按住 <Ctrl> 键可以选择多个图元，被选中的图元将加亮显示。

（3）在菜单栏中选择“编辑”→“镜像”命令，或单击“草绘器工具”工具栏中的“镜像”按钮。

（4）根据提示选取中心线作为镜像的中心线，系统将所有选取的图元沿中心线镜像，镜像结果如图 2-55 所示。

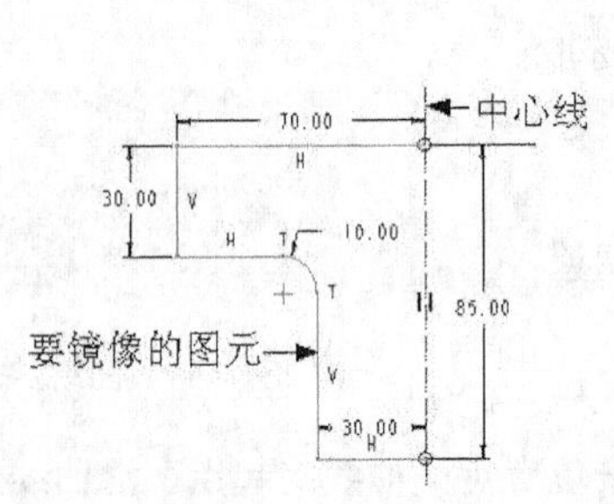

图 2-54 绘制截面草图

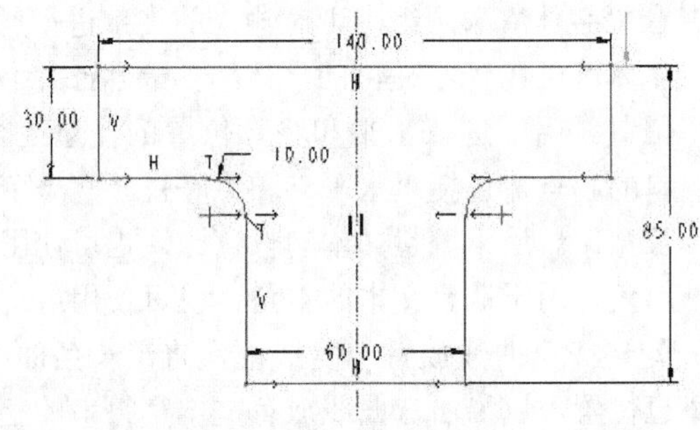

图 2-55 镜像结果

技巧荟萃

镜像功能只能镜像几何图元，无法镜像尺寸、文本图元、中心线和参照图元。

2.7.2 缩放与旋转

“缩放”功能用于对选取的图元进行比例缩放；“旋转”功能用于以某点为中心旋转图形。具体操作步骤如下。

（1）选取需要缩放或旋转的图元，可以是整个截面也可以是单个图元。按住 <Ctrl> 键可同时选取多个图元，选中的图元将加亮显示，如图 2-56 所示。

（2）在菜单栏中选择“编辑”→“缩放和旋转”命令，或单击“草绘器工具”工具栏中的“移动和调整大小”按钮，打开“移动和调整大小”对话框，同时图元上会出现缩放、旋转和平移图柄，如图 2-57 所示。

（3）除了对图形进行缩放和旋转操作以外，还可以进行平移。在“缩放 / 旋转”选项组中，输入一个缩放值和一个旋转值可以精确控制缩放比例和旋转角度。还可以通过手动方式进行调整，具体操作步骤如下。

- 拖动缩放图柄可修改截面的比例。

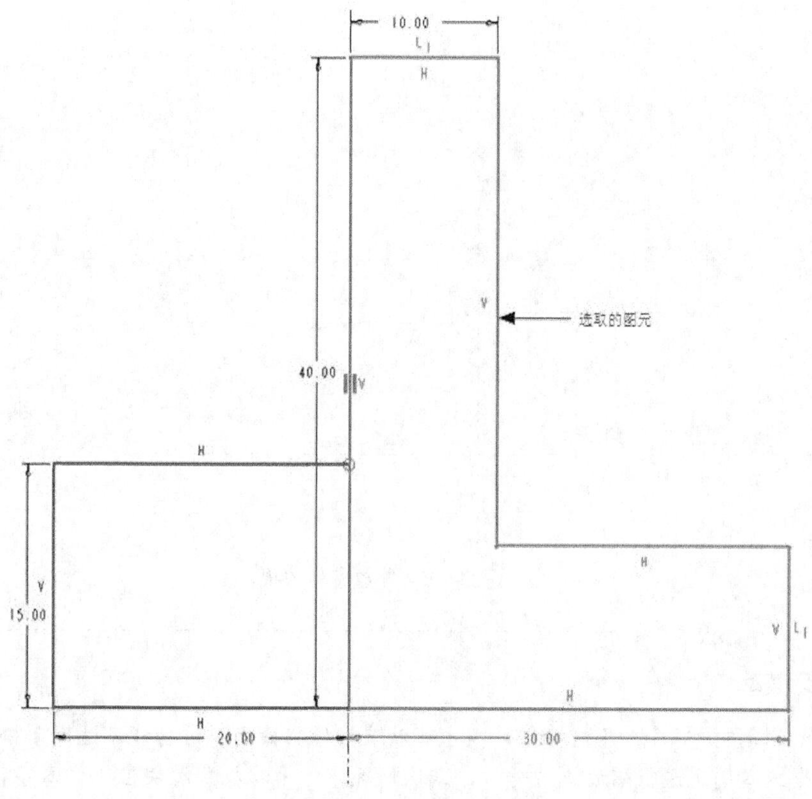

图 2-56　选取图元

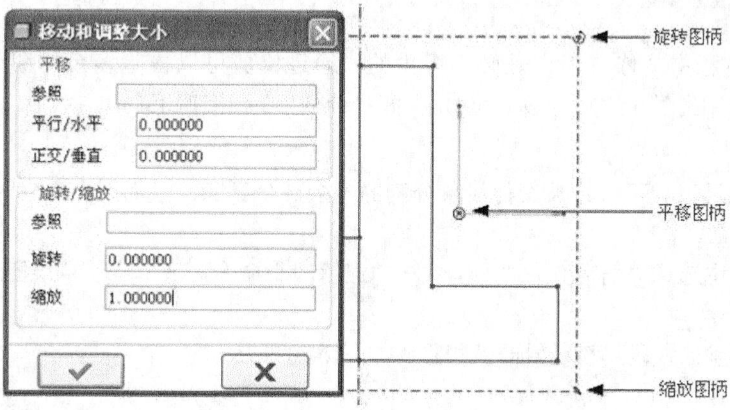

图 2-57　缩放和旋转图元

- 拖动旋转图柄可旋转截面。
- 拖动平移图柄可移动截面或使所选内容居中。

（4）调整完成后，在“移动和调整大小”对话框中单击“完成”按钮 ✓ ，或单击鼠标中键，关闭对话框。将图形进行 1.2 倍缩放，90° 旋转后的效果如图 2-58 所示。

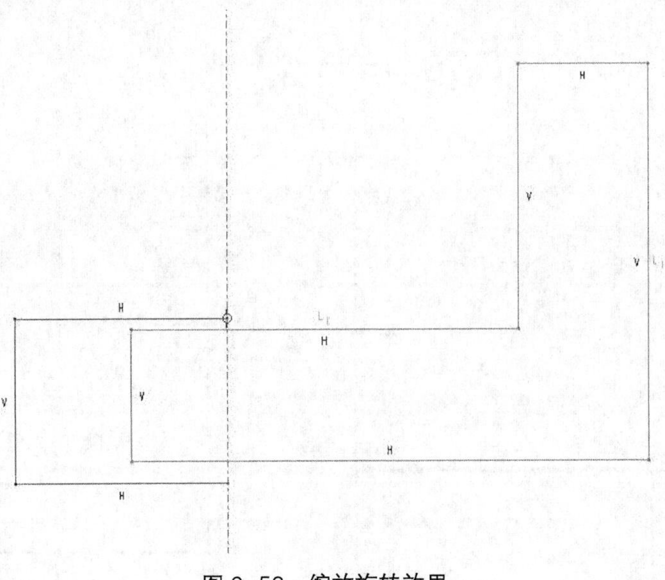

图 2–58 缩放旋转效果

技巧荟萃

只有在模型中不存在几何特征时，才可以缩放特征截面，该功能不适用于拾取角度尺寸。选取单个文本图元进行缩放或旋转时，默认情况下，平移控制滑块位于文本字符串的起点。

2.7.3 修剪与分割工具的应用

在绘制草图过程中，修剪工作是必不可少的，通过修剪可以去除多余的图元部分。在 Pro/ENGINEER 草绘器中提供了“删除段”“拐角”和“分割”3 种修剪工具。

1. 删除段

使用“删除段”工具可以将被其他线条分割的多余部分删除，下面以图 2-59 所示的图形为例来讲解该功能的用法。

（1）在菜单栏中选择“编辑”→“修剪”→“删除段”命令，或单击“草绘器工具”工具栏中的“删除段”按钮。

（2）单击要删除的线段，该线段即被删除，如图 2-60 所示。

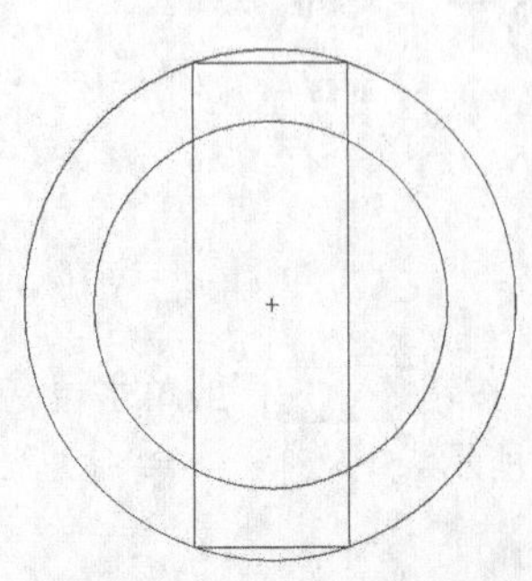

图 2–59 修剪前图形

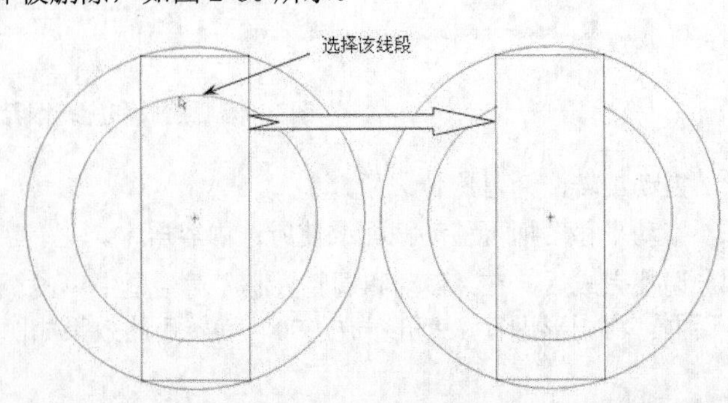

图 2–60 单个修剪

（3）如果要删除多个线段，可以按住左键，光标滑过所有要删除的线段，则这些部分将被删掉，如图 2-61 所示。

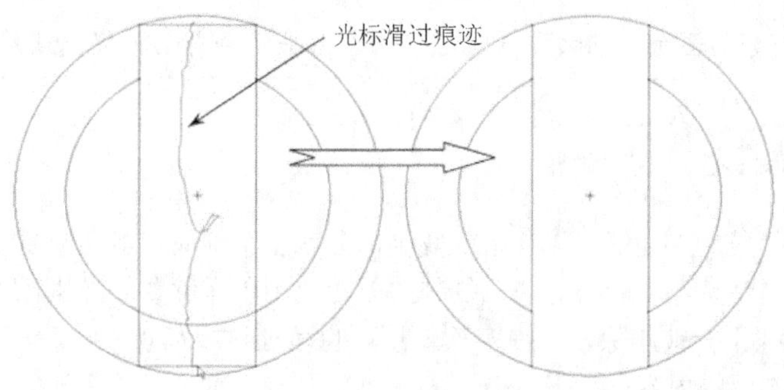

图 2-61　批量修剪

2. 相互修剪图元

（1）在菜单栏中选择“编辑”→“修剪”→“拐角”命令，或单击“草绘器工具”工具栏中的“拐角”按钮，系统提示选取要修剪的图元。

（2）若这两图元相交，在要保留的图元部分单击两个图元，则系统将这两个图元相交之后的部分一起修剪，如图 2-62 所示。

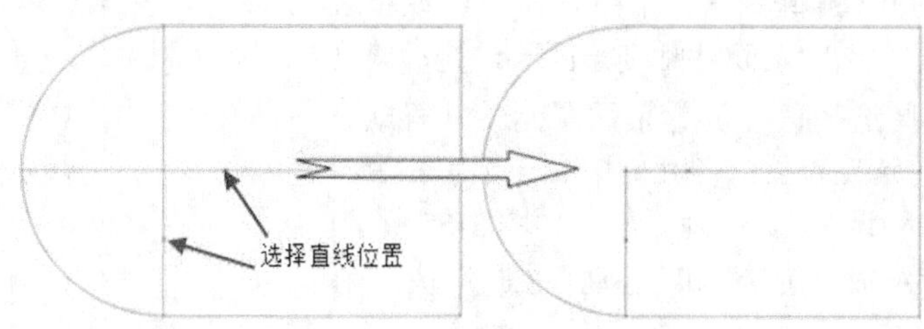

图 2-62　修剪相交图形

（3）在修剪过程中，若选择的是两个不相交的图元，则应用“拐角”命令后，会将两个图元自动延伸到相交状态再进行修剪，如图 2-63 所示。

3. 分割图元

在 Pro/ENGINEER 草绘器中可将一个截面图元分割成两个或多个新图元。如果该图元已被标注，则需要在使用“分割”命令之前将尺寸删除。在菜单栏中选择“编辑”→“修剪”→“分割”命令，或单击“草绘器工具”工具栏中的“分割”按钮，在要分割的位置单击，分割点显示为图元上高亮显示的点，系统将在指定的位置分割图元，如图 2-64 所示。

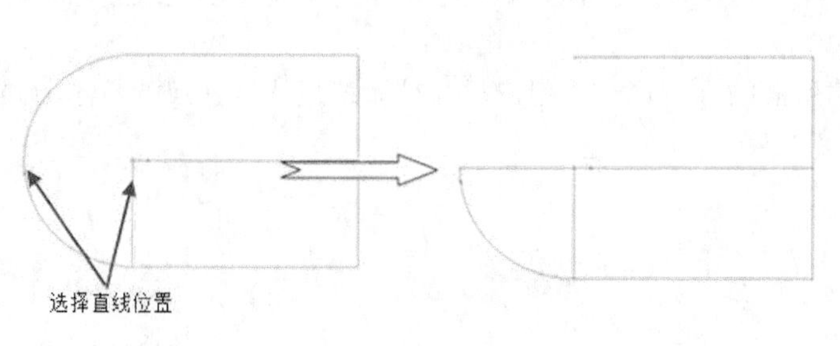

图 2-63　修剪不相交图元

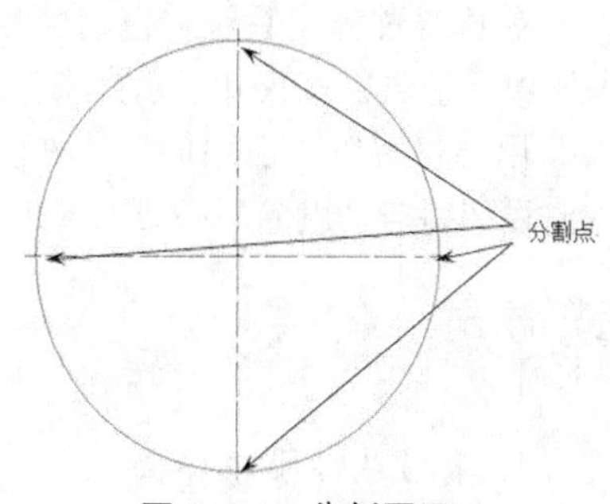

图 2-64　分割图元

技巧荟萃

要在某个交点处分割图元，在该交点附近单击，系统将会自动捕捉交点并进行分割。

2.7.4 剪切、复制和粘贴操作

通过“剪切”和“复制”功能可以移除或复制部分或整个剖面。剪切或复制的草绘图元将被置于剪贴板中。可通过“粘贴”功能将剪切或复制的图元放到所需位置。当执行“粘贴”命令时，剪贴板上的草绘几何特征不会被删除，允许多次使用。也可通过“剪切”“复制”和“粘贴”命令在多个剖面间移动某个剖面的内容。

选取一个或多个将要剪切或删除的几何图元，在菜单栏中选择“编辑”→“剪切”命令，或同时按住<Ctrl> + <X>键可以剪切选定的图元；在绘图区右击，在打开的右键快捷菜单中选择“剪切”命令，或单击“编辑”工具栏中的“剪切”按钮，也可以剪切图元。所有未被选取且与已选取图元的相关尺寸和约束将被删除，这些图元将被复制到剪贴板中。

“复制”与“剪切”的不同之处在于前者不删除原图元，是将与选定图元相关的尺寸和约束与图元一起复制到剪贴板中。

在菜单栏中选择“编辑”→“粘贴”命令，或按住<Ctrl> + <V>键将被复制的图元粘贴到绘图区，光标将变为状态，在绘图区选择任一位置粘贴图元。具有默认尺寸的图元将被置于选定位置，图元的中心与选定位置重合，同时打开“移动和调整大小”对话框，如图 2-65 所示，粘贴图元上将出现“缩放”“旋转”和“移动”控制滑块。“移动”控制滑块将与选定位置重合。

单击选取粘贴图元的位置、方向和尺寸，输入的尺寸和约束将被创建为强尺寸和约束。如果在同一草绘器进程中粘贴图元，则这些图元的尺寸是相同的，粘贴的图元将保持选定状态。

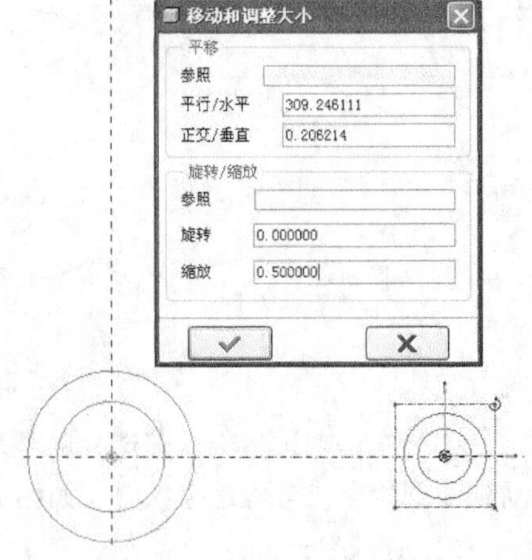

图 2-65 复制与粘贴图形

2.8 标注草图尺寸

在草绘过程中系统将自动标注尺寸，这些尺寸被称为弱尺寸，因为系统在创建或删除它们时并不给予警告，弱尺寸显示为灰色。

用户也可以自己添加尺寸来创建所需的标注形式。用户尺寸被系统默认为强尺寸，添加强尺寸时系统将自动删除不必要的弱尺寸和约束。

2.8.1 尺寸标注

1. 标注线性尺寸

在草绘环境中可使用“尺寸”命令来标注各种线性尺寸。在菜单栏中选择“草绘”→“尺

寸”→“垂直”命令，或单击“草绘器工具”工具栏中的“法向”按钮，可以标注线性尺寸。

线性尺寸标注的类型主要有以下几种。

（1）直线长度。单击“草绘器工具”工具栏中的“法向”按钮，选取线（或分别单击该线段的两个端点），然后单击鼠标中键以确定尺寸放置位置，如图 2-66 所示。

（2）两条平行线间的距离。单击“草绘器工具”工具栏中的“法向”按钮，选取两平行线，然后单击鼠标中键以放置该尺寸，如图 2-67 所示。

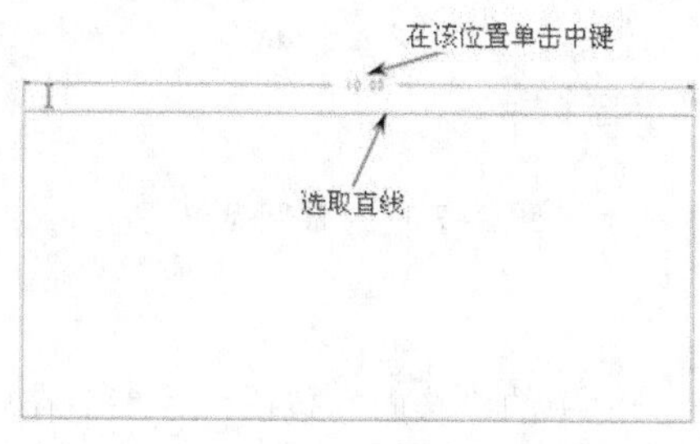

图 2–66　标注直线长度

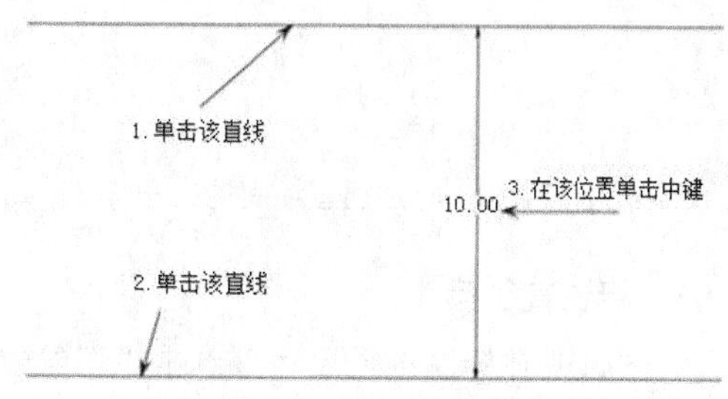

图 2–67　标注两平行线间的距离

（3）点到直线的距离。单击“草绘器工具”工具栏中的“法向”按钮，依次选取点和直线，然后单击鼠标中键以放置该尺寸，如图 2-68 所示。

（4）两点间的距离。单击“草绘器工具”工具栏中的“法向”按钮，依次选取两个点，然后单击鼠标中键以放置该尺寸，如图 2-69 所示。

技巧荟萃

不能标注中心线的长度，因为其无穷长。当在标注两个圆弧之间或圆的延伸段之间（切点）的尺寸时，仅可用水平和垂直标注。系统在距选取点最近的切点处标注尺寸。

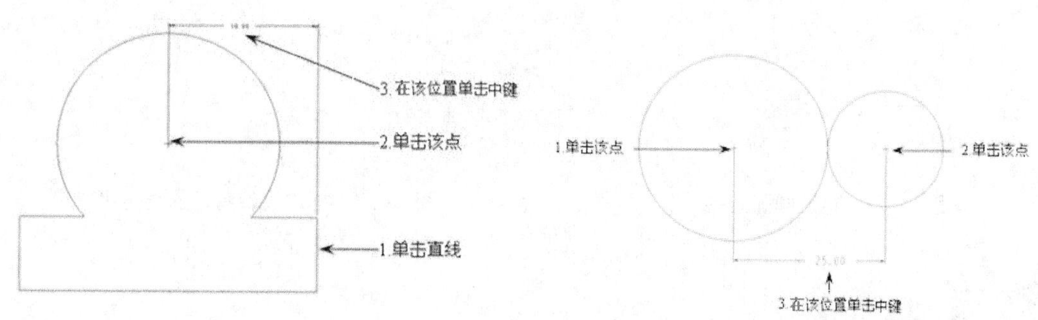

图 2–68　标注点到直线的距离

图 2–69　标注两点间的距离

2. 标注角度尺寸

角度尺寸用来度量两直线间的夹角或两个端点间圆弧的角度。单击“草绘器工具”工具栏中的“法向”按钮，依次选取两条直线，然后单击鼠标中键选择尺寸放置位置，即可标注角度尺寸，如图 2-70 所示。

如果要标注一段圆弧的角度尺寸，需首先选取圆弧的两个端点，然后选取该圆弧，最后单击鼠标中键放置该尺寸即可，如图 2-71 所示。

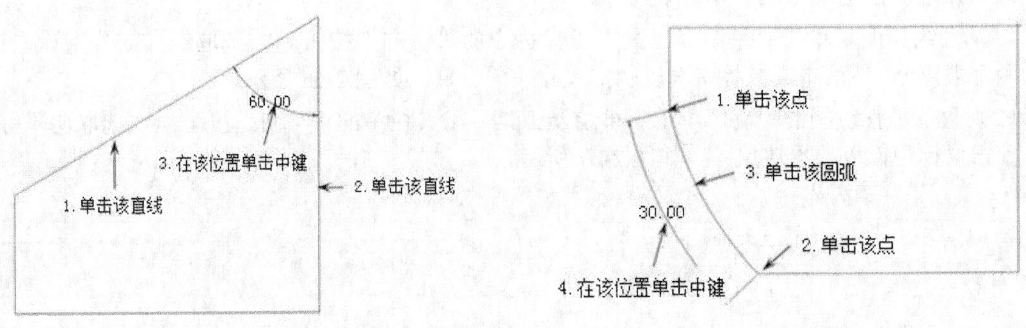

图 2-70　标注两直线间的夹角　　　图 2-71　标注圆弧角度

3. 标注直径尺寸

对圆弧或圆标注直径尺寸可单击“草绘器工具”工具栏中的“法向”按钮，然后在圆弧或圆上双击，并单击鼠标中键来放置该尺寸，如图 2-72 所示。

如果要标注旋转截面的直径尺寸，可单击“草绘器工具”工具栏中的“法向”按钮，选取图元，然后选取作为旋转轴的中心线，再选取图元，最后单击鼠标中键放置该尺寸，如图 2-73 所示。

技巧荟萃

旋转特征的直径尺寸延伸到中心线以外，则表示是直径尺寸而不是半径尺寸。

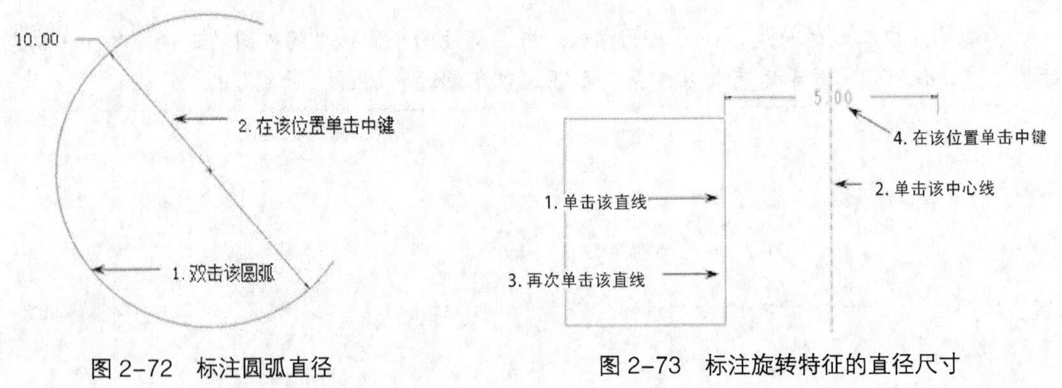

图 2-72　标注圆弧直径　　　图 2-73　标注旋转特征的直径尺寸

2.8.2 尺寸编辑

在进行尺寸标注之后，还可使用“修改”功能对尺寸值和尺寸位置进行修改。修改尺寸值的具体操作步骤如下。

（1）选取要修改的尺寸。

（2）在菜单栏中选择“编辑”→“修改”命令，或单击“草绘器工具”工具栏中的“修改”按钮，系统打开图 2-74 所示的“修改尺寸”对话框，所选取的图元尺寸值显示在尺寸列表中。

该对话框中包含“再生”和“锁定比例”两个复选框。勾选“再生”复选框，则在拖动轮盘或输入数值后，系统将动态更新几何特征；勾选“锁定比例”复选框，在修改一个尺寸时，其他相关的尺寸也将随之发生变化，从而可以保证草图轮廓整体形状不变。

（3）在“尺寸”列表中单击需要修改的尺寸，然后输入一个新值，即可修改尺寸。也可以单击并拖动要修改的尺寸右侧的轮盘，向右拖动增加尺寸值，向左拖动减少尺寸值。在更改尺寸值时，系统将动态地更改几何图形。

（4）重复步骤（3）的操作，修改列表中的其他尺寸。

（5）单击“完成”按钮 ，系统将再生截面并关闭对话框，如图 2-75 所示。

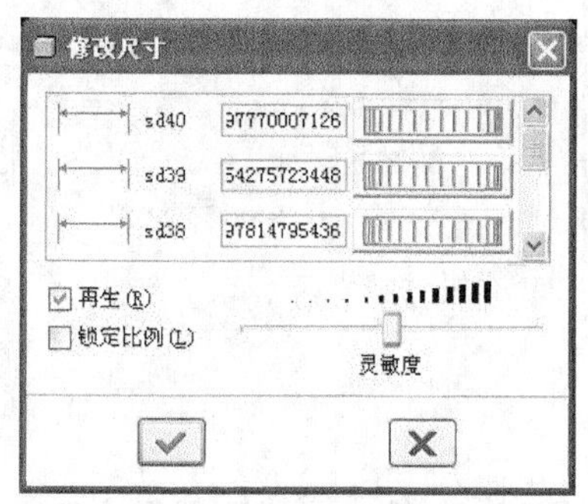

图 2–74　“修改尺寸”对话框

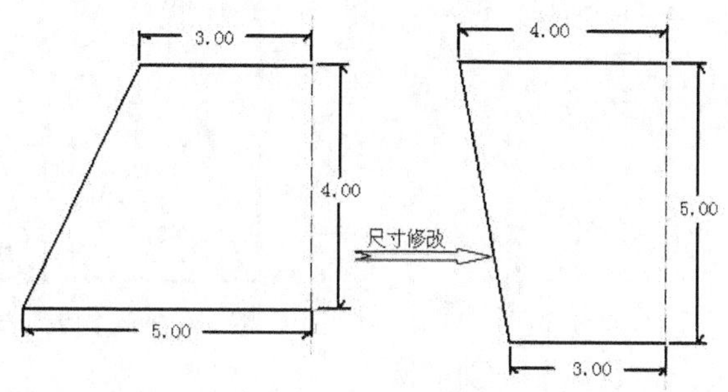

图 2–75　编辑尺寸

（6）在绘图区双击需要修改的尺寸，如图 2-76 所示，在打开的文本框中输入新尺寸值，然后按＜ Enter ＞键，也可以实现对尺寸的编辑修改，图形也会随之更新。用鼠标拖动尺寸线可修改尺寸的放置位置，如图 2-77 所示。

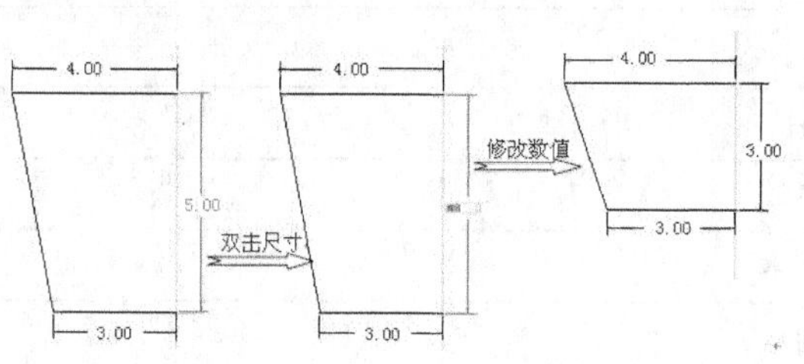

图 2–76　修改尺寸值

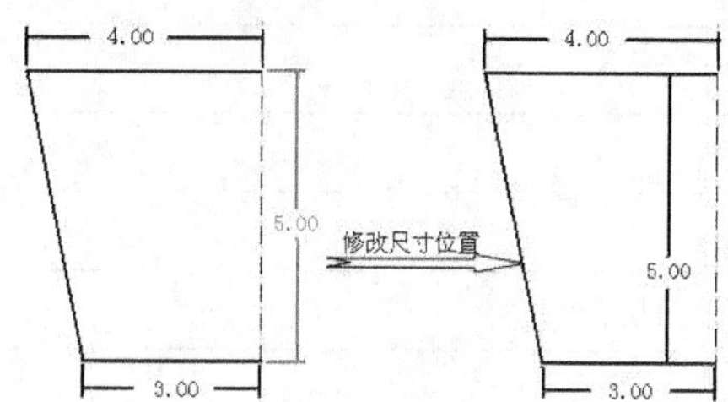

图 2–77　修改尺寸位置

2.9 几何约束

2.9.1 设定几何约束

几何约束是指草图对象之间的平行、垂直、共线和对称等几何关系。几何约束可以替代某些尺寸标注，在 Pro/ENGINEER 草绘环境中可自行设定智能几何约束，也可根据需要人工设定几何约束。

在菜单栏中选择“草绘”→“选项”命令，打开“草绘器首选项”对话框，单击“约束”选项卡，对话框显示如图 2-78 所示。

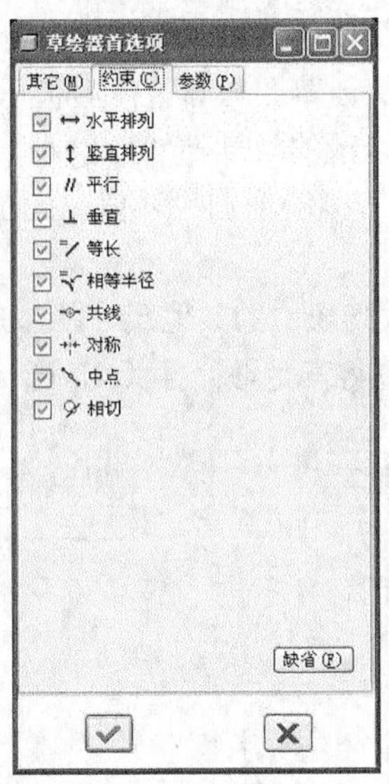

图 2–78 “约束”选项卡

该选项卡中包含多个复选框，每个复选框代表一种约束类型，勾选任一复选框系统将会开启相应的自动约束设置。每个约束类型对应的图形符号如表 2-1 所示。

表 2-1 约束符号

约 束 类 型	符 号
中点	M
相同点	○
水平	H
竖直	V
图元上的点	-○---
相切	T
垂直	⊥
平行	$//_1$
相等半径	带有一个下标索引的 R（如 R_1）
具有相等长度的线段	带有一个下标索引的 L（如 L_1）
对称	→←
图元水平或竖直排列	--¦
共线	=
边 / 偏移边	— ○

开启自动设定几何约束后，在绘制图形的过程中就会自动设定几何约束。如图 2-79 所示，在修改其中一个圆的直径时，其他圆的直径也将同时改变。

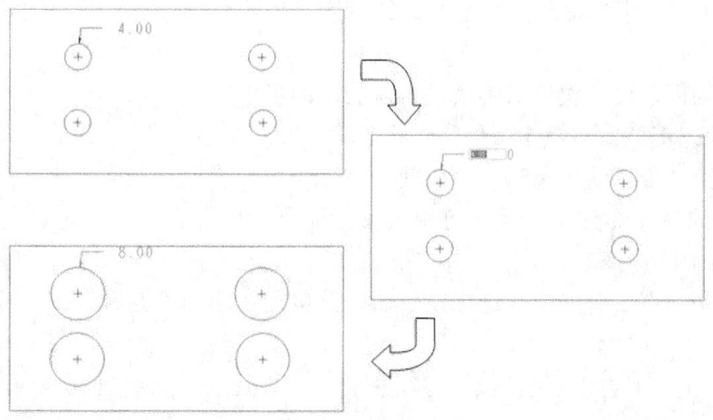

图 2-79　自动几何约束

可根据需要使用“草绘器工具”工具栏“约束”选项条中的各按钮添加约束（此约束为强约束），具体添加步骤如下。

（1）在菜单栏中选择“草绘”→“约束”命令，或单击“草绘器工具”工具栏中“垂直”按钮 ＋ 右侧的下拉按钮 ▸，系统打开图 2-80 所示的“约束”选项条。

（2）在“约束”选项条中单击“相切”按钮 。

（3）根据系统提示，选取图 2-81 所示圆和矩形的边。

（4）单击“选取”对话框中的“确定”按钮，系统将按新条件更新截面。

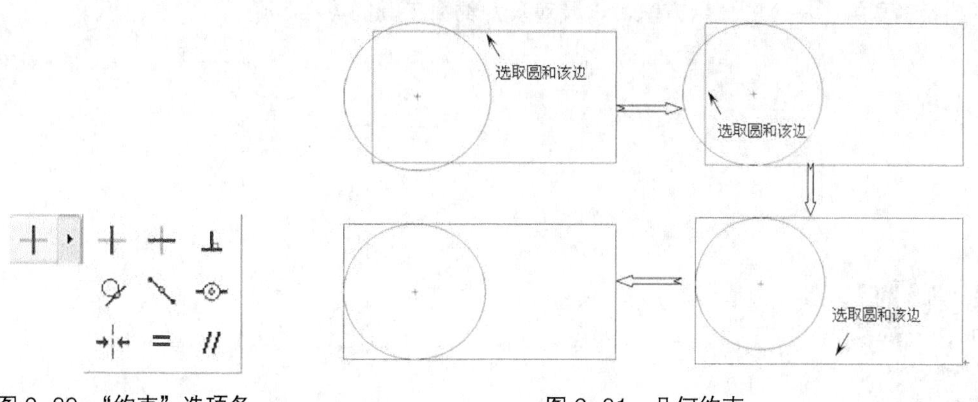

图 2-80 “约束”选项条　　　　图 2-81　几何约束

在不需要几何约束时可将其删除。单击或框选要删除的约束，在菜单栏中选择“编辑”→“删除”命令，即可将其删除，删除约束后系统将自动添加一个尺寸值使截面保持可求解状态。

技巧荟萃

选取要删除的约束后按 < Delete > 键，也可删除所选取的约束。

2.9.2　修改几何约束

在绘制图元过程中，系统将会根据鼠标指定的位置自动提示可能产生的几何约束，以约束符号方式进行提示，用户可根据提示进行绘制，绘制完成后约束符号会显示在图元旁边。修改几何约束的操作方法如下。

（1）右击禁用约束，要再次启用约束，再次右击即可。

（2）按住 <Shift> 键并右击锁定或解除锁定约束。

（3）当多个约束处于活动状态时，可以使用 <Tab> 键改变活动约束。

以灰色出现的约束为弱约束，系统可将其移除而不予以警告。用户可通过“草绘”菜单中的“约束”命令添加合适的约束。

若需要强化某些约束，首先将其选中，然后在菜单栏中选择“编辑”→“转换到”→“强”命令，约束即被强化。

技巧荟萃

加强某组中的一个约束时（如“相等长度”），整个组都将被加强。

2.10 综合实例——法兰盘截面

本例介绍法兰盘截面草图的绘制，如图 2-82 所示。法兰盘截面设计在机械设计中相当普遍而且完成比较简单，它的外形设计是通过草图绘制、约束等技巧完成的。本例的目的是帮助读者掌握各种草图绘制和编辑命令的使用方法，以及对尺寸约束工具的灵活运用。

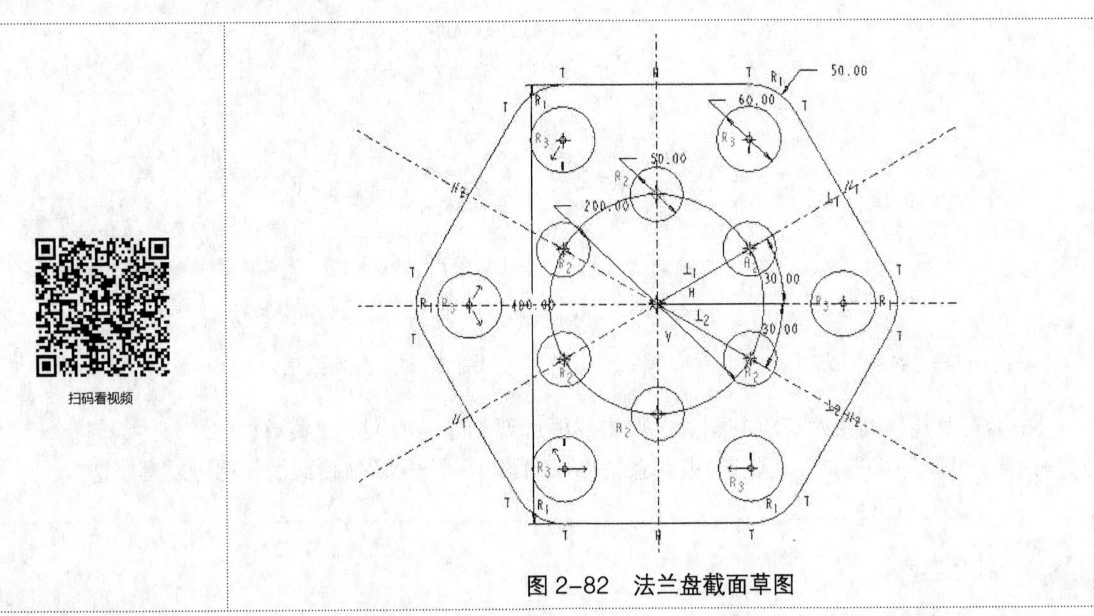

图 2–82　法兰盘截面草图

【创建步骤】

Step 1　新建文件

运行 Pro/ENGINEER Wildfire 5.0，单击“文件”工具栏中的“新建”按钮，系统打开图 2-83

所示的“新建”对话框，在“类型”选项组中点选“草绘”单选钮，并在“名称”文本框中输入“flan”，系统会自动添加后缀 .sec，单击“确定”按钮进入草绘环境。

Step 2 绘制水平和竖直中心线

单击“草绘器工具”工具栏中“线”按钮＼右侧的下拉按钮·，在打开的“线”选项条中单击“中心线”按钮┆。在绘图区单击以确定水平中心线上的一点，移动光标，当中心线受到水平约束时（绘图区出现“H”字样），中心线自动变为水平，单击以确定中心线的另一点，完成水平中心线的绘制。采用同样的方法绘制竖直中心线，绘图区出现“V”字样时，单击以生成竖直中心线。

Step 3 以中心线的交点为圆心绘制圆

单击“草绘器工具”工具栏中的“圆心和点”按钮○，捕捉两条中心线的交点，单击该点以确定圆心，在目标位置单击以确定圆的半径，系统将自动标注圆的直径尺寸，结果如图 2-84 所示。

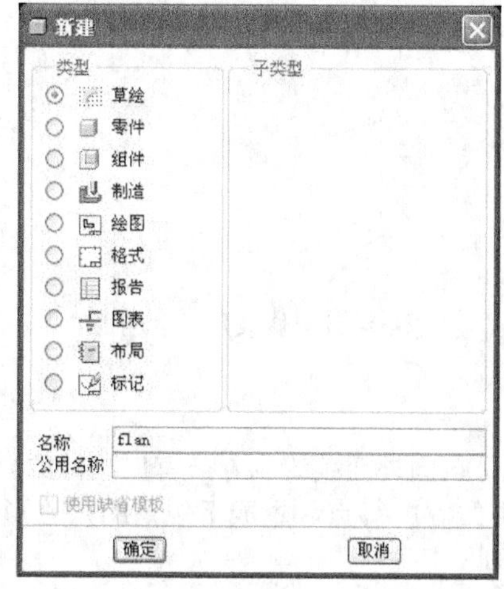

图 2-83　“新建”对话框

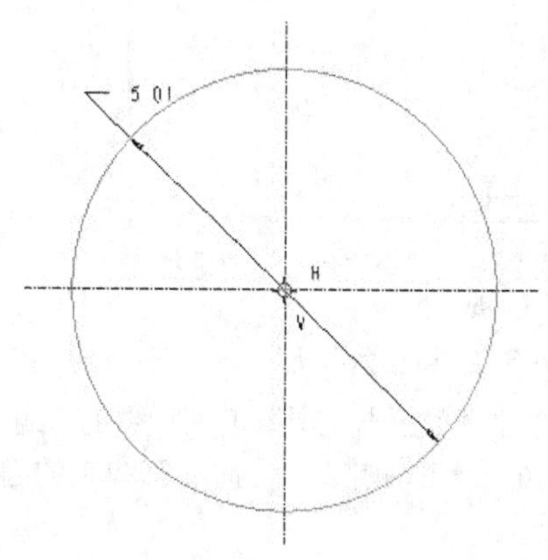

图 2-84　绘制水平、竖直中心线及圆

Step 4 绘制斜向中心线

采用与步骤 3 相同的方法，绘制两条过圆心的斜向中心线 1 和 2，结果如图 2-85 所示。

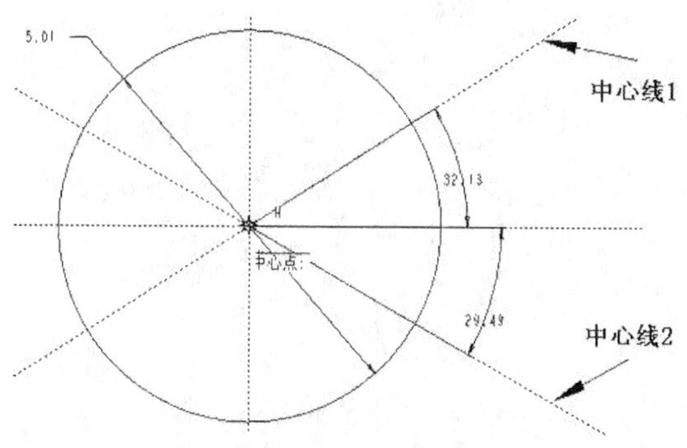

图 2-85　绘制斜向中心线

Step 5 修改标注尺寸

方法 1。双击现有尺寸标注，在打开的文本框中输入新尺寸值，按 <Enter> 键确定。本例中将圆的直径设为 200，斜向中心线 1、2 和水平中心线的夹角分别改为 30° 和 -30°。

方法2。单击“草绘器工具”工具栏中的“修改”按钮，然后再单击要修改的尺寸标注，比如圆的直径，系统弹出图2-86所示的“修改尺寸”对话框，在“sd0”文本框中输入圆的直径“200”，在“sd1”和“sd2”文本框中分别输入斜向中心线1、2和水平中心线的夹角值“30”，单击“确定”按钮完成尺寸标注。修改尺寸后的图形如图2-87所示。

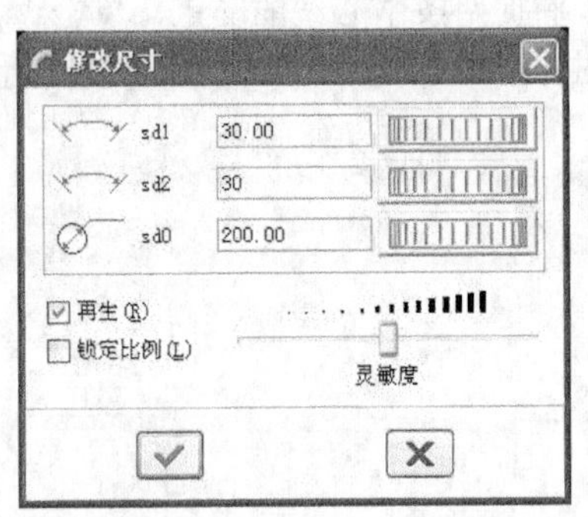

图2-86 “修改尺寸”对话框

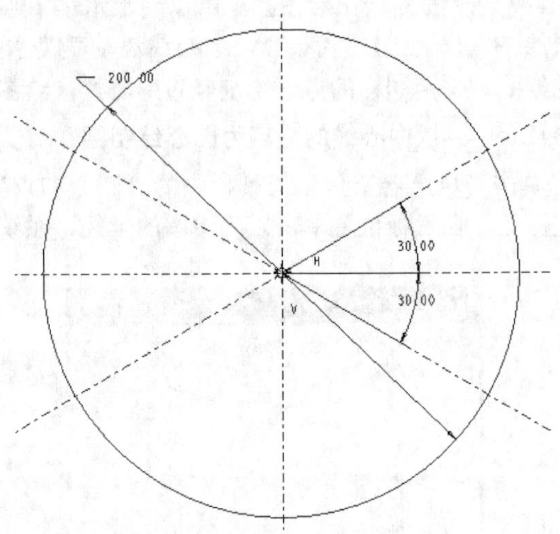

图2-87 修改尺寸后图形

Step 6 绘制正六边形

（1）单击“草绘器工具”工具栏中的“线”按钮，在圆外连续绘制6条首尾相接的直线1、2、3、4、5、6（顺时针排列），捕捉直线1的起点作为直线6的终点，生成不规则的六边形，结果如图2-88所示。

（2）单击“草绘器工具”工具栏中“垂直”按钮右侧的下拉按钮，打开图2-89所示的“约束”选项条，单击“水平”按钮，系统打开图2-90所示的提示框（正常选择，它会自动消失；放弃选择，单击“取消”即可），选取直线1和4，使其水平，如图2-91所示。

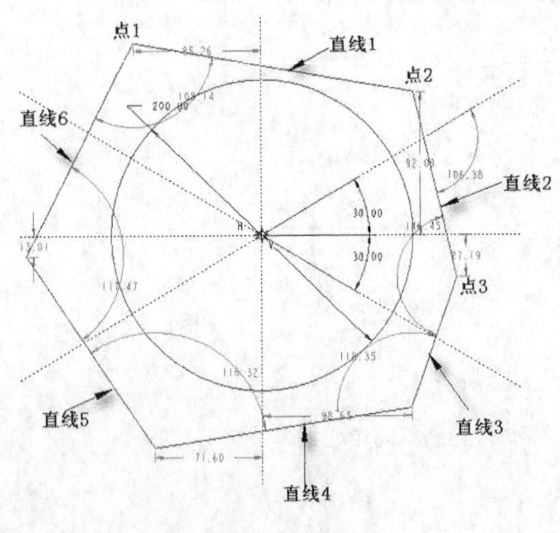

图2-88 绘制六边形

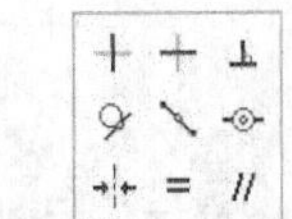

图2-89 “约束”选项条

图 2–90　提示框

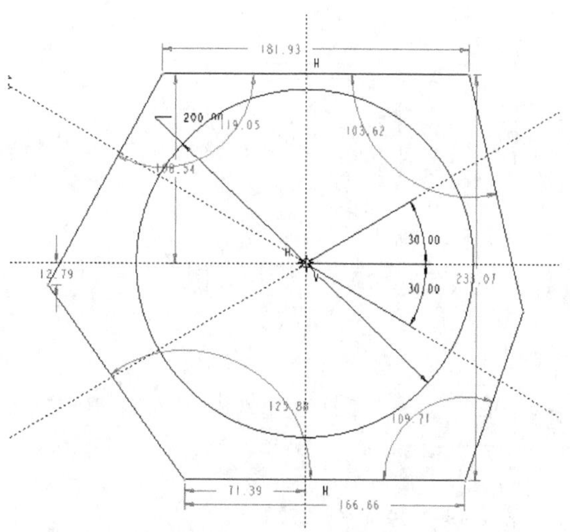

图 2–91　添加水平约束

（3）在“约束”选项条中单击“重合”按钮，选取点 3，再选取水平中心线，将点 3 移到水平中心线上。采用同样的方法移动点 6 至水平中心线上，结果如图 2-92 所示。

（4）在“约束”选项条中单击“垂直”按钮⊥，选取直线 2，再选取中心线 1，系统使直线 2 和斜向中心线 1 垂直。采用同样的方法使直线 3 和中心线 2 垂直，结果如图 2-93 所示。

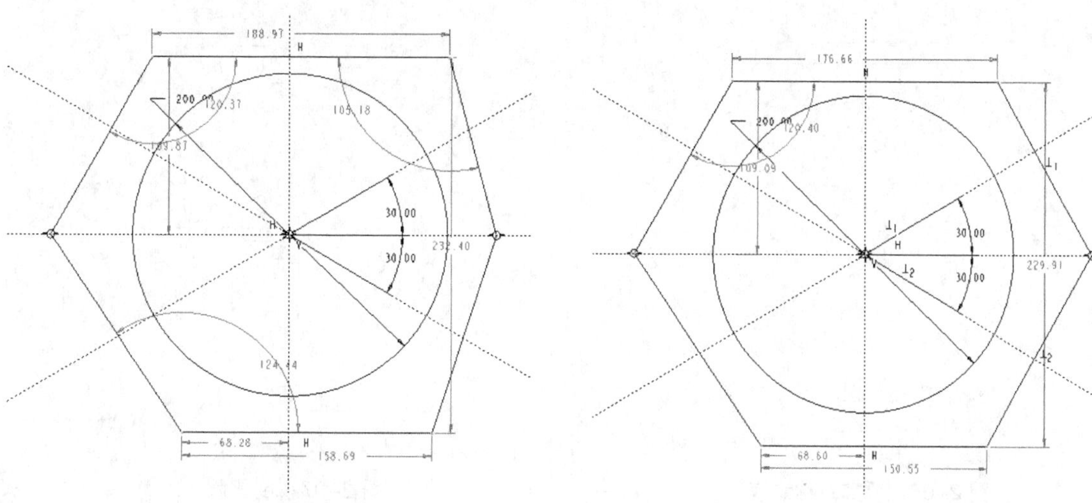

图 2–92　添加重合约束　　图 2–93　添加垂直约束

（5）在“约束”选项条中单击“平行”按钮//，再选取直线 2 和 5，使两直线相互平行。采用同样的方法使直线 3 和 6 平行，结果如图 2-94 所示。

（6）在“约束”选项条中单击“相等”按钮=，再选取直线 1 和 2，使两线段等长。采用同样的方法使直线 2 和 3 等长，结果如图 2-95 所示。

（7）在“约束”选项条中单击“对称”按钮，选取竖直中心线，然后选取点 4 和 5，使两点关于竖直中心线对称，结果如图 2-96 所示。这时如果再给图元增加约束，系统就会提示约束冲突，要求用户删除一个原有约束或撤销当前约束。

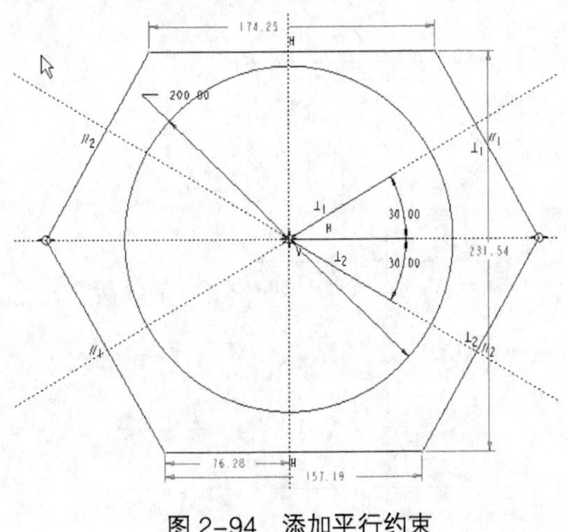

图 2-94　添加平行约束

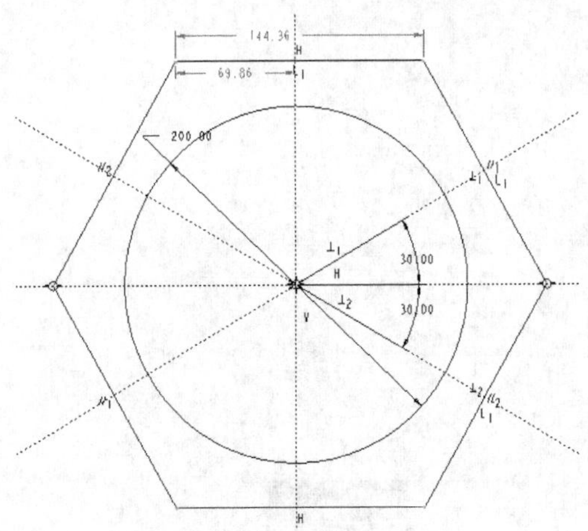

图 2-95　添加相等约束

Step 7 倒圆角

单击“草绘器工具”工具栏中“3 点 / 相切端”按钮右侧的下拉按钮，在打开的“圆弧”选项条中单击“圆角”按钮，依次选取相邻边进行倒圆角，如图 2-97 所示。单击“草绘器工具”工具栏中“垂直”按钮右侧的下拉按钮，在打开的“约束”选项条中单击“相等”按钮，依次选取圆弧，为圆弧添加相等约束，使圆弧半径相等，结果如图 2-98 所示。

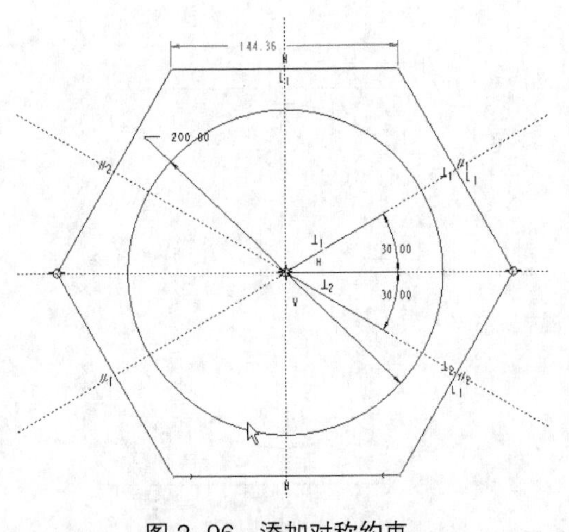

图 2-96　添加对称约束

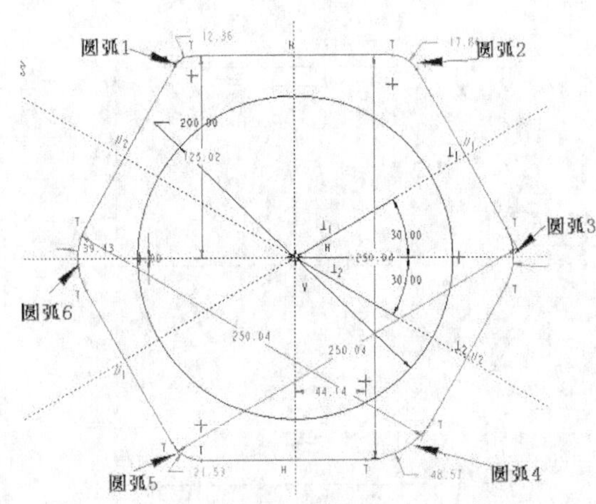

图 2-97　倒圆角

Step 8 合理设置圆弧圆心分布位置并修订尺寸

（1）在“约束”选项条中单击“垂直”按钮，再选取圆弧 1 和圆弧 5 的圆心。系统经过运算后使两圆心位于同一条竖直线上。采用同样的方法使圆弧 2 和 4 的圆心在一条直线上，结果如图 2-99 所示。

（2）在“约束”选项条中单击“镜像”按钮，使圆弧 4 和圆弧 5 的圆心关于竖直中心线对称，圆弧 5 和圆弧 6 的圆心关于中心线 1 对称，圆弧 6 和圆弧 1 的圆心关于中心线 2 对称。

（3）修改圆弧半径尺寸为 50，六边形高度为 400，结果如图 2-100 所示。

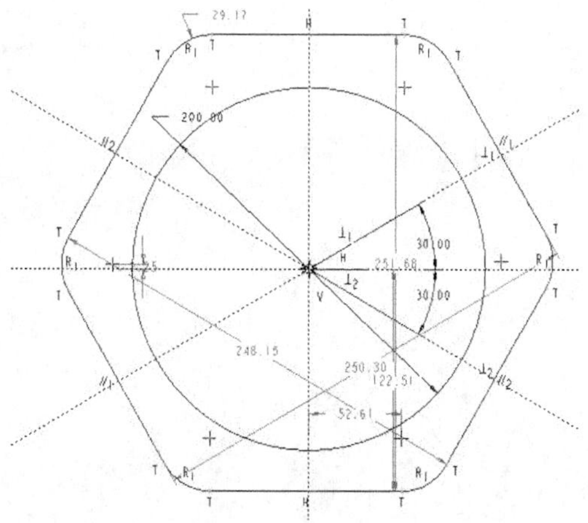

图 2-98　等曲率约束使圆弧半径相等

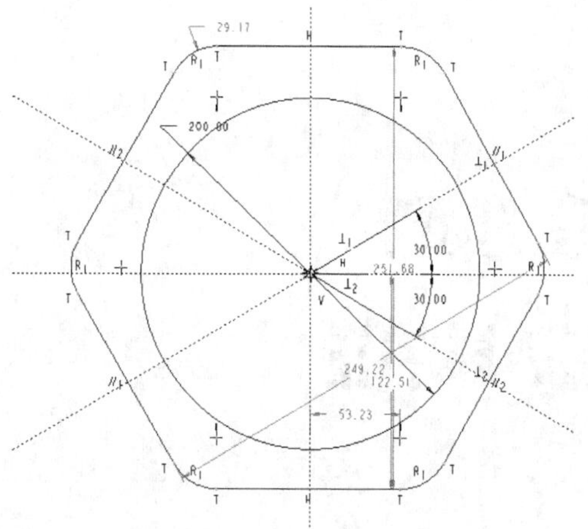

图 2-99　竖直约束使圆弧圆心共线

Step 9 绘制法兰盘圆孔

（1）单击“草绘器工具”工具栏中的“圆心和点”按钮，在圆与中心线交点处绘制 6 个直径为 50 的圆，以倒角圆弧的圆心为圆心绘制 6 个直径为 60 的圆。

（2）单击“草绘器工具”工具栏中的“显示尺寸”按钮，则图形将隐藏尺寸标注，最终绘制效果如图 2-101 所示；再次单击该按钮，可重新显示尺寸标注。

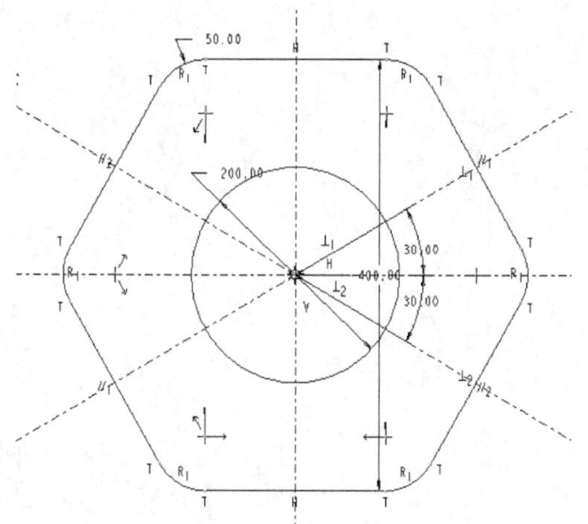

图 2-100　添加对称约束并修改尺寸

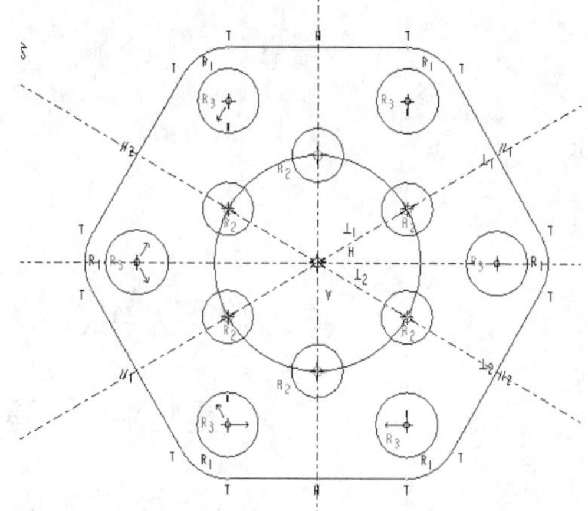

图 2-101　隐藏尺寸标注的图形

Chapter 3

第 3 章 基准特征

基准特征通常作为模型设计中的参照，也是创建和编辑复杂模型不可缺少的工具。基准特征作为单独特征或某一特征组的一个成员存在于模型中。本章将详细介绍各种常用基准特征的作用和创建方法。为了让读者更好地利用基准特征，最后还介绍了对基准特征显示状态和颜色的控制。

学习要点

- 基准平面、基准轴
- 基准点、基准曲线
- 基准坐标系
- 基准特征显示状态控制

3.1 常用的基准特征

扫码看视频

在绘制二维图形时，往往需要借助参照系。同样，在创建三维模型时也需要参照，如在进行旋转时要有一个旋转轴，这里的旋转轴称为基准。基准是特征的一种，但其不构成零件的表面或边界，只起一个辅助的作用。基准特征没有质量和体积等物理特征，可根据需要随时显示或隐藏，以防止基准特征过多而引起混乱。

在 Pro/ENGINEER 中有两种创建基准的方式：一种是通过“基准”命令单独创建，采用此方式创建的基准在“模型树”选项卡中以一个单独的特征出现；另外一种是在创建其他特征过程中临时创建的特征，采用此方式创建的特征包含在特征之内，作为特征组的一个成员存在。

Pro/ENGINEER 中有多种基准特征，图 3-1 所示为“基准”工具栏，在该工具栏中显示了各种基准的创建工具。

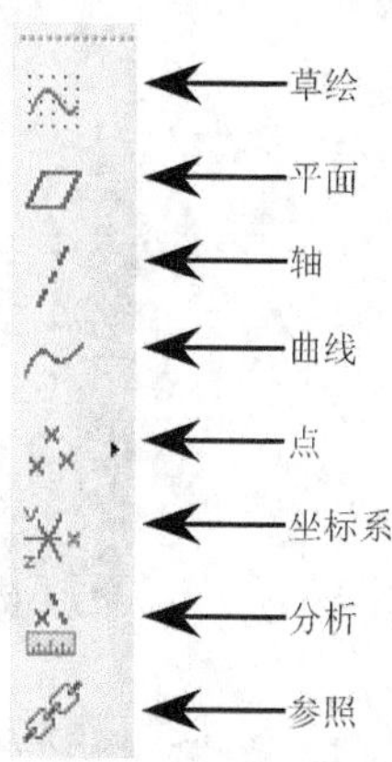

图 3–1　“基准”工具栏

在 Pro/ENGINEER 中常用的基准工具主要有以下几种。

- 平面。作为参照用在尚未创建基准平面的零件中。例如，当没有其他合适的平面曲面时，可以在基准平面上草绘或放置特征。也可将基准平面作为参照，以放置设置基准标签注释。
- 轴。如同基准平面一样，也可用作特征创建的参照，以放置设置基准标签注释。
- 点。在几何建模过程中可将基准点用作构造元素，或用作进行计算和模型分析的已知点。
- 曲线。基准曲线允许绘制二维截面，绘制的截面可用于创建其他特征（如拉伸或旋转特征）。此外，基准曲线也可用于创建扫描特征的轨迹。
- 坐标系。用于添加到零件或组件中作为参照特征。

3.2 基准平面

基准平面不是几何实体的一部分，在三维建模过程中只起到参考作用，是建模过程中使用最频繁的基准特征。

3.2.1 基准平面的作用

作为三维建模过程中最常用的参照，基准平面的用途有很多种，主要包括以下几个方面。

1. 作为放置特征的平面

在零件创建过程中可将基准平面作为参照，当没有其他合适的平面曲面时，也可在新创建的基准平面上草绘或放置特征。图 3-2 所示是放置在新创建的基准平面 DTM1 上的圆筒拉伸特征（本书所有示例模型文件都可以在光盘相应文件夹中找到）。因为圆筒拉伸特征左右不对称，所以不能放在已有的基准平面 RIGHT 上，因此只能创建一个新的基准平面来放置该特征。

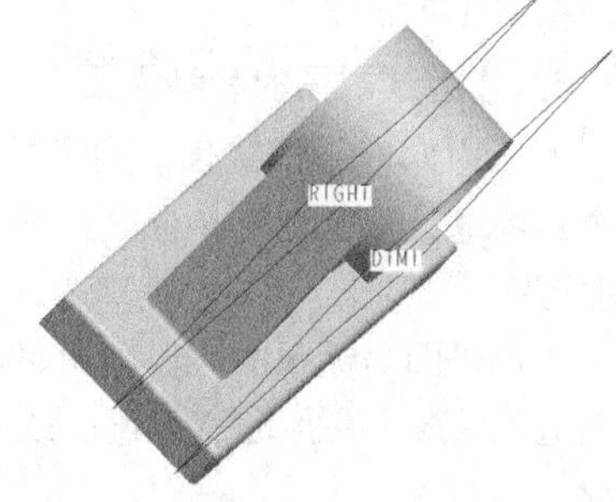

图 3–2　作为放置特征的基准平面

2. 作为尺寸标注的参照

可以根据一个基准平面对图元进行尺寸标注。在标注某一尺寸时，最好选择基准平面，因为这样可以避免造成不必要的父子关系特征。图 3-3 所示为以两个基准平面作为尺寸参照的圆柱体特征。

在这种情况下，圆柱体和拉伸平板之间不存在父子关系特征，这样即使修改拉伸平板特征，圆柱体特征也可保持不变，如图 3-4 所示。

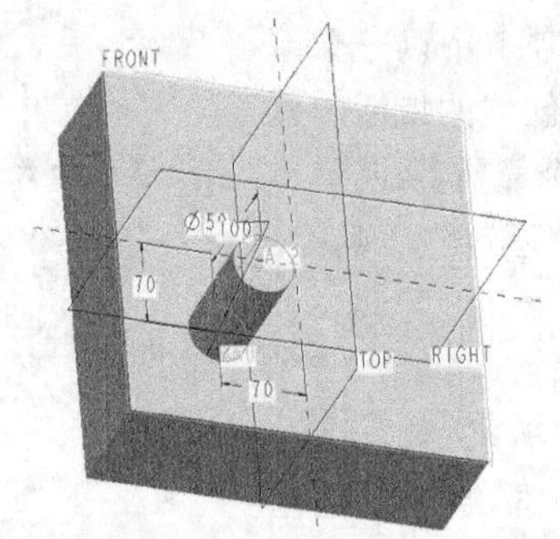

图 3–3　作为尺寸标注参照的基准平面

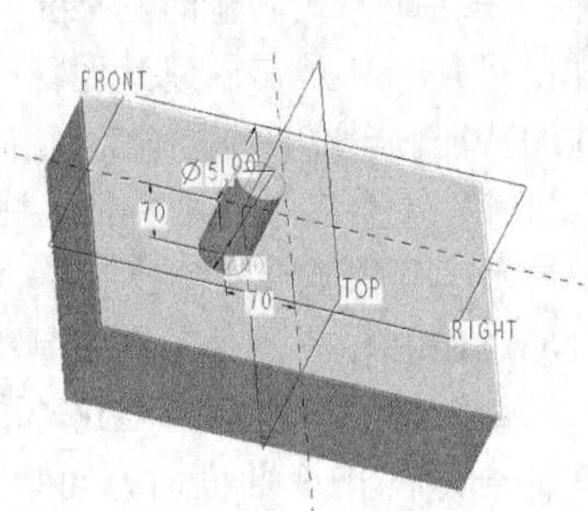

图 3–4　修改尺寸后

3. 作为视角方向的参考

在创建模型时，系统默认的视角方向往往不能满足用户的要求，用户需要根据要求自己定义视角方向。而定义三维物体的方向需要两个相互垂直的平面，有时特征中没有合适的平面相互垂直，此时就需要创建一个新的基准平面作为物体视角的参考平面。图 3-5 所示六棱柱的 6 个面均不互相垂直，因此需创建一个新的基准平面 DTM1，使其垂直于其中一个面并作为视角方向的定义参考平面。

4. 作为定义组件的参考面

在定义组件时可能需要利用许多零件的平面来定义贴合面、对齐面或方向，当没有合适的零件平面时，也可将基准平面作为其参考依据构建组件。

5. 放置标签注释

也可将基准平面用作参照，以放置标签注释。如果不存在基准平面，则选取与基准标签注释相关的平面曲面，系统将自动创建内部基准平面。设置基准标签将被放置在参照基准平面或与基准平面相关的共面曲面上。

6. 作为剖视图的参考平面

对于内部复杂的零件，为了看清楚其内部构造，必须利用剖视图进行观察。此时则需要定义一个参考基准平面，利用此基准平面剖切零件。图 3-6 所示为以 RIGHT 基准平面作为参考得到的剖面图。

基准平面是无限的，但可调整其大小，使其与零件、特征、曲面、边或轴相吻合；或指定基准平面显示轮廓的高度和宽度值；或使用显示的控制滑块拖动基准平面的边界重新调整其显示轮廓的尺寸。

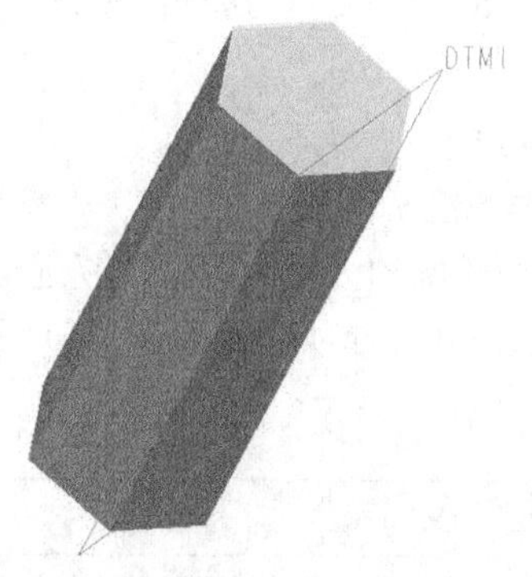

图 3-5　作为视角方向参考的基准平面

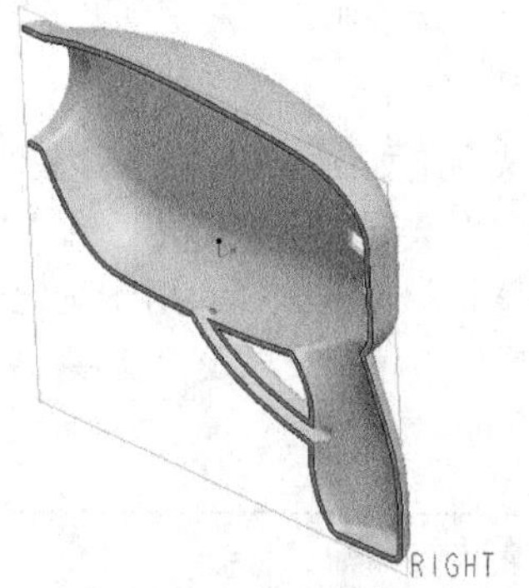

图 3-6　作为剖面图的参考平面

3.2.2　创建基准平面

在创建特征过程中，通过在菜单栏中选择“插入”→“模型基准”→“平面”命令，或单击“基准”工具栏中的“平面”按钮创建基准平面，系统打开图 3-7 所示的“基准平面”对话框。创建的基准平面将在“模型树”选项卡中以图标显示。

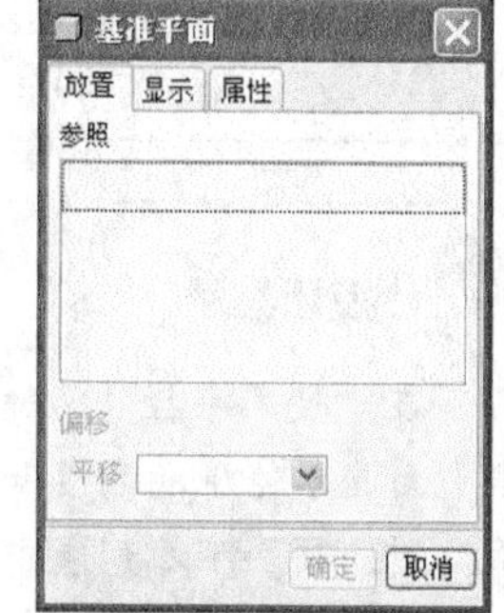

图 3-7　“基准平面”对话框

在“基准平面”对话框中包含“放置”“显示”和“属性”3 个选项卡，分别介绍如下。

1. “放置”选项卡

“放置”选项卡中包含下列各选项。

（1）“参照”列表框。允许通过参照现有平面、曲面、边、点、坐标系、轴、顶点、基于草绘的特征、平面小平面、边小平面、顶点小平面、曲线、草绘基准曲线和导槽来放置新基准平面，也可选取基准坐标系或非圆柱曲面作为创建基准平面的放置参照。此外，可为每个选定参照设置一个约束，约束类型如表 3-1 所示。

表 3-1　约束类型

约束类型	说　明
穿过	通过选定参照放置新基准平面。当选取基准坐标系作为放置参照时，屏幕会显示带有如下选项的“平面（Planes）”选项菜单 *XY*：通过 *XY* 平面放置基准平面 *YZ*：通过 *YZ* 平面放置基准平面，此为默认情况 *ZX*：通过 *ZX* 平面放置基准平面
偏移	按照选定参照的位置偏移放置新基准平面。它是选取基准坐标系作为放置参照时的默认约束类型。依据所选取的参照，可使用“约束”列表框输入新基准平面的平移偏移值或旋转偏移值
平行	平行于选定参照放置新基准平面
垂直	垂直于选定参照放置新基准平面
相切	相切于选定参照放置新基准平面。当基准平面与非圆柱曲面相切并通过选定为参照的基准点、顶点或边的端点时，系统会将“相切”约束添加到新创建的基准平面

（2）“偏移”选项组。可在其下的“平移”下拉列表中选择或输入相应的约束数据。

2. “显示”选项卡

“显示”选项卡如图 3-8 所示，该选项卡中包含下列各选项。

（1）“法向”选项组。单击其后的“反向”按钮可反转基准平面的方向。

（2）“调整轮廓”复选框。用于确定是否调整基准平面轮廓的大小。勾选该复选框后，将激活“轮廓类型选项”下拉列表以及“宽度”和“高度”文本框，其各选项含义如表 3-2 所示。

表 3-2　选项含义

选　项	含　义
参照	允许根据选定参照（如零件、特征、边、轴或曲面）调整基准平面的大小
大小	允许调整基准平面的大小，或将其轮廓显示尺寸调整到指定宽度和高度，此为默认设置。选中该项后，可使用宽度和高度选项
宽度	允许指定一个值作为基准平面轮廓显示的宽度。仅在勾选“调整轮廓”复选框和选择“尺寸”选项时可用
高度	允许指定一个值作为基准平面轮廓显示的高度。仅在勾选“调整轮廓”复选框和选择“尺寸”选项时可用

技巧荟萃

在对使用半径作为轮廓尺寸的继承基准平面进行重定义时，系统会将半径值更改为继承基准平面显示轮廓的高度和宽度值。当勾选“显示”选项卡中的“调整轮廓”复选框，并在“轮廓类型选项”下拉列表中选择“尺寸”选项时，这些值将显示在“宽度”和“高度”文本框中。

（3）“锁定长宽比”复选框。用于确定是否允许保持基准平面轮廓显示的高度和宽度比例。仅在勾选“调整轮廓”复选框和选择“尺寸”选项时可用。

3. “属性”选项卡

该选项卡可以显示当前基准特征的信息，也可对基准平面进行重命名，还可以通过浏览器查看关于当前基准平面特征的信息。单击“名称”文本框后面的“显示特征信息”按钮🛈，即可打开图 3-9 所示的浏览器以查看基准平面信息。

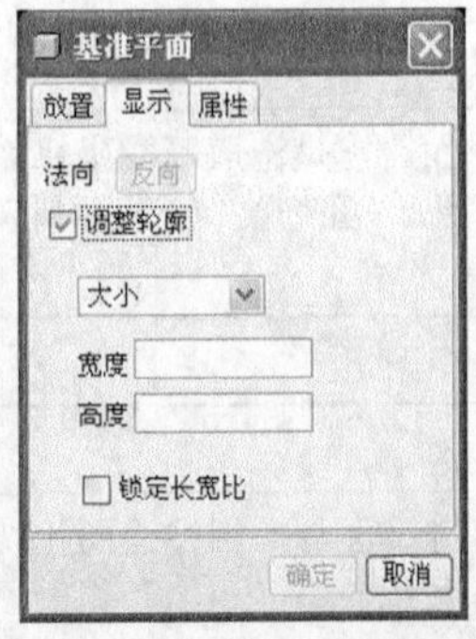

图 3-8　“显示”选项卡

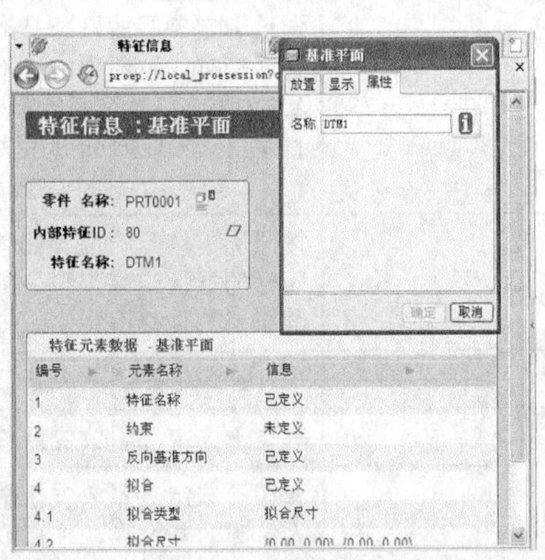

图 3-9　浏览基准平面信息

在 Pro/ENGINEER 中，系统可根据操作提示用户使用哪种方式生成基准平面。常用方式有以下几种。

（1）通过 3 点方式创建基准平面。选取 3 个基准点或顶点作为参照，通过这 3 点创建平面。具体操作步骤如下。

- 打开光盘中“\ 源文件 \ 第 3 章 \jizhun.prt”文件。在菜单栏中选择“插入”→“模型基准”→“平面”命令，或单击“基准”工具栏中的“平面”按钮，系统打开“基准平面”对话框。
- 选取基准平面通过的第一个点。
- 按住 <Ctrl> 键依次选取另外两个不重合的点，选取完成后即可看到高亮显示的基准平面，并且会出现一个高亮显示的箭头表示基准平面的方向，如图 3-10 所示。

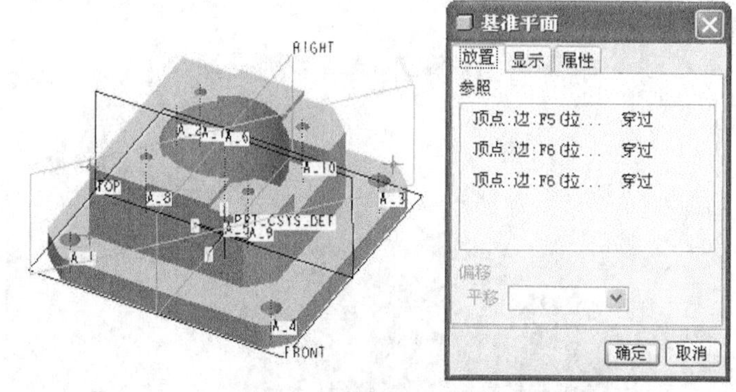

图 3-10　3 点确定基准平面

- 可通过单击“显示”选项卡中的“反向”按钮更改方向，完成设置后单击“确定”按钮即可完成基准平面的创建。

（2）通过一点和一条直线创建平面。与通过 3 点方式的创建步骤基本相同，打开“基准平面”对话框后，按住 <Ctrl> 键选取一条直线和一个点，单击“确定”按钮即可完成基准平面的创建。

（3）通过两条平行线创建基准平面。其操作步骤与通过一点和一条直线创建平面的步骤基本相同，这里不再赘述。

（4）创建偏移基准平面。即通过对现有的平面向一侧偏移一段距离而形成一个新的基准平面。

在菜单栏中选择“插入”→“模型基准”→“平面”命令，或单击“基准”工具栏中的“平面”按钮，系统打开“基准平面”对话框。选取现有的基准平面或曲面，偏移新的基准平面。所选参照及其约束类型均会在“参照”列表框中显示，如图 3-11 所示，并在其右侧的“约束”下拉列表中选择“偏移”选项。需要调整偏移距离时，可在绘图区拖动控制滑块，手动将基准曲面平移到所需位置；也可在“平移”文本框中输入距离值，或从最近使用值的列表中选取一个值。然后单击“确定”按钮即可偏移基准平面。

（5）创建具有角度偏移的基准平面。

在菜单栏中选择“插入”→“模型基准”→“平面”命令，或单击“基准”工具栏中的“平面”按钮，系统打开“基准平面”对话框。选取现有基准轴、直边或直线，所选取的参照将显示在“参照”列表框中，如图 3-12 所示，并在其右侧的“约束”下拉列表中选择“穿过”选项。按住 <Ctrl> 键选取垂直于选定基准轴的基准平面或平面，默认情况下约束类型为“偏移”。在绘图区拖动控制滑块将基准曲面手动旋转到所需位置，或在“旋转”文本框中输入角度值，或在最近常用的值列表中选取一个值，如图 3-13 所示。单击“确定”按钮创建具有角度偏移的基准平面。

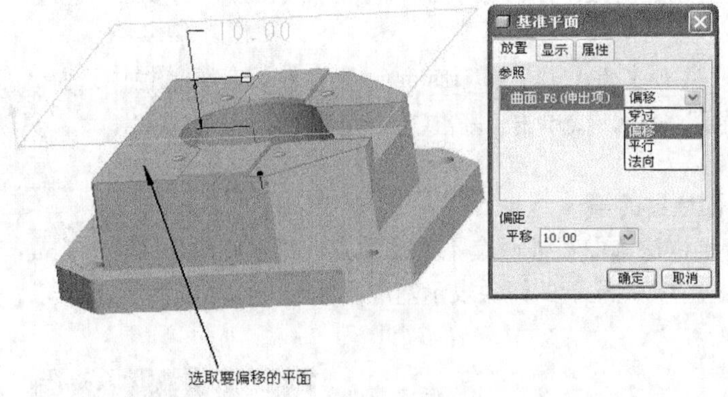

图 3-11　偏移方式创建基准平面

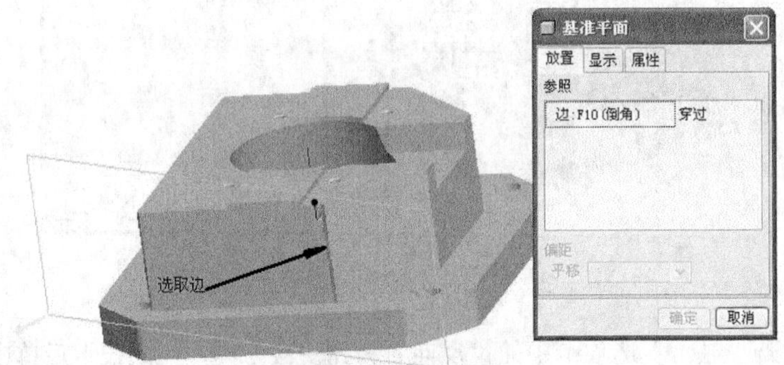

图 3-12　选取边

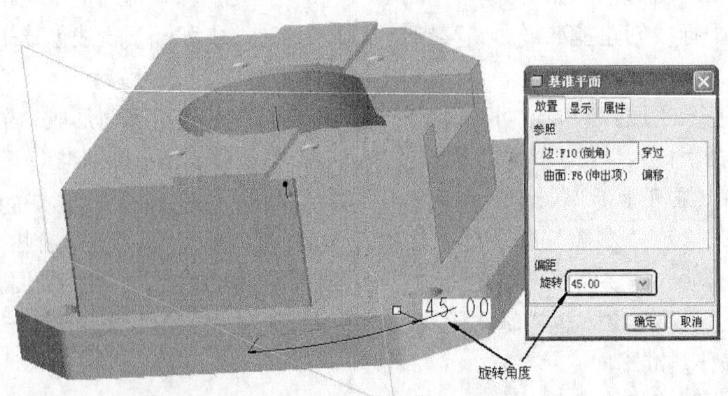

图 3-13　创建具有角度偏移的基准平面

（6）通过基准坐标系创建基准平面。

在菜单栏中选择“插入”→“模型基准”→“平面”命令，或单击“基准”工具栏中的“平面”按钮，系统打开“基准平面”对话框。选取一个基准坐标系作为放置参照。此时可使用的约束类型为“偏移”和“通过”。选定的基准坐标系及其约束类型均会出现在“参照”列表框中，如图 3-14 所示。在“参照”列表框中，若将约束类型更改为“通过”，则可选取以下平面选项之一。

- *XY*。通过 *XY* 平面放置基准平面并通过基准坐标轴的 *X* 轴和 *Y* 轴定义基准平面。
- *YZ*。通过 *YZ* 平面放置基准平面并通过基准坐标轴的 *Y* 轴和 *Z* 轴定义基准平面。此选项为系统默认设置。
- *ZX*。通过 *ZX* 平面放置基准平面并通过基准坐标轴的 *Z* 轴和 *X* 轴定义基准平面。

单击“确定”按钮，系统将按照指定方向偏移创建基准平面，如图 3-15 所示。

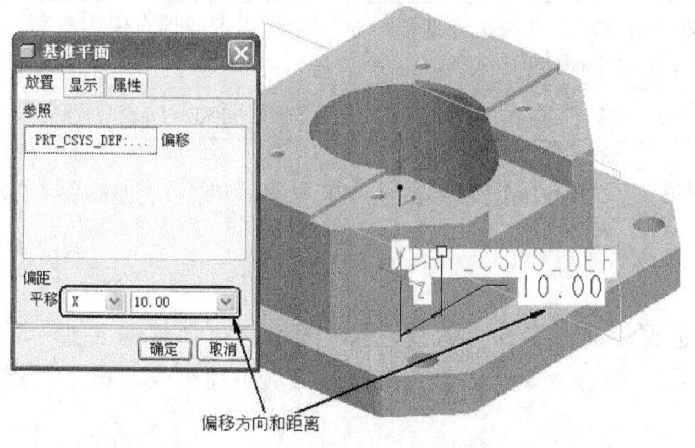

图 3–14　选择基准坐标系

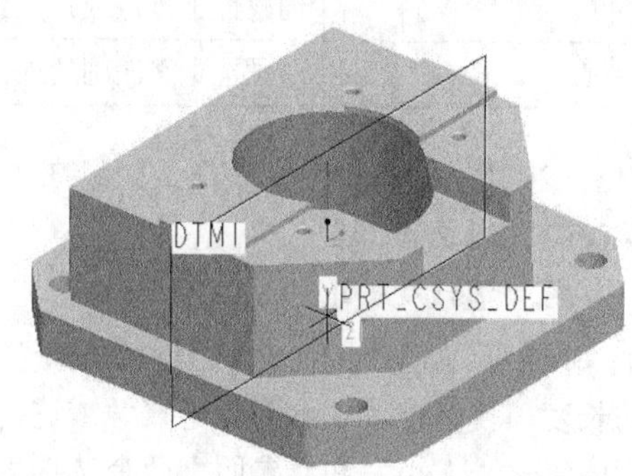

图 3–15　创建基准平面

3.3 基准轴

如同基准平面一样，基准轴常用于创建特征的参照。它经常用于制作基准平面、同轴放置项目和创建径向阵列等。基准轴可用作参照，以放置基准标签注释。如果不存在基准轴，则选取与基准标签相关的几何特征（如圆形曲线、边或圆柱曲面的边），系统会自动创建内部基准轴。

3.3.1 基准轴简介

与特征轴相反，基准轴是单独的特征，可以被重定义、隐含、遮蔽或删除。可在创建基准轴期间对其进行预览。可调整轴长度使其在视觉上与选定参照的边、曲面、基准轴、“零件”模式中的特征或“组件”模式中的零件相拟合，参照的轮廓用于确定基准轴的长度。Pro/ENGINEER 给基准轴命名为 A_#，此处 # 是已创建基准轴的编号。

在菜单栏中选择“插入”→“模型基准”→“轴”命令，或单击“基准”工具栏中的“轴”按钮 ，打开图 3-16 所示的“基准轴”对话框。

“基准轴”对话框中包含“放置”“显示”和“属性”3 个选项卡，分别介绍如下。

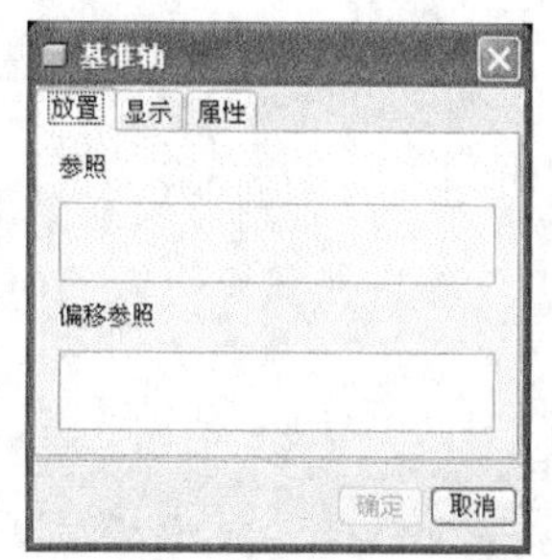

图 3–16　“基准轴”对话框

1. “放置”选项卡

“放置”选项卡中包含下列选项。

（1）“参照”列表框。用于显示选取的参照。使用绘图区选取放置新基准轴的参照，然后选取参照类型。要选取多个参照时，可按住 <Ctrl> 键进行选取，基准轴的参照类型如表 3-3 所示。

表 3-3　基准轴的参照类型

参照类型	说　明
穿过	基准轴通过指定的参照
垂直	用于放置垂直于指定参照的基准轴。此类型还需要用户在“参照”列表框中定义参照，或添加附加点或顶点来完全约束基准轴
相切	用于放置与指定参照相切的基准轴。此类型还需要用户添加附加点或顶点作为参照。创建位于该点或顶点处平行于切向量的轴
中心	通过选定平面圆边或曲线的中心，且垂直于指定曲线或边所在平面的方向放置基准轴

（2）“偏移参照”列表框。如果在“参照”列表框中指定“法向”作为参照类型，则激活“偏移参照”列表框。

2．“显示”选项卡

“显示”选项卡中包含“调整轮廓”复选框。通过勾选“调整轮廓”复选框可调整基准轴轮廓的长度，使基准轴轮廓与指定尺寸或选定参照相拟合。勾选该复选框后，激活下拉列表，该下拉列表中包含“大小”和“参照”两个选项。

（1）大小。用于调整基准轴长度。可手动通过控制滑块调整基准轴长度，或在“长度”文本框中给定长度值。

（2）参照。用于调整基准轴轮廓的长度，使其与选定参照（如边、曲面、基准轴、“零件”模式中的特征或“组件”模式中的零件）相拟合。“参照”列表框会显示选定参照的类型。

3．“属性”选项卡

在“属性”选项卡中，可显示或修改基准轴的名称。单击“名称”文本框后面的“显示特征信息”按钮，系统打开图 3-17 所示的浏览器，可显示当前基准轴的信息。

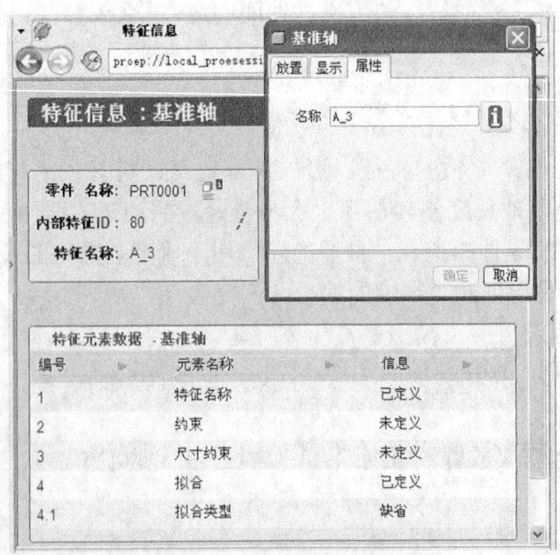

图 3-17　浏览基准轴信息

3.3.2　创建基准轴

在 Pro/ENGINEER 中可创建的基准轴种类很多，下面简单介绍常用的几种。

1. 垂直于曲面的基准轴

（1）在菜单栏中选择“插入”→“模型基准”→“轴”命令，或单击“基准”工具栏中的“轴”按钮，系统打开“基准轴”对话框。

（2）在图形窗口中选取一个曲面，选定曲面（约束类型设置为“法向”）将会显示在“参照”列表框中。可预览垂直于选定曲面的基准轴，曲面上将出现一个控制滑块，同时还将出现两个偏移参照控制滑块，如图 3-18 所示。

（3）拖动偏移参照控制滑块来选取两个参照或以图形方式选取两个参照，如两个平面或两条直边。所选取的两个偏移参照显示在“偏移参照”列表框中，如图 3-19 所示。

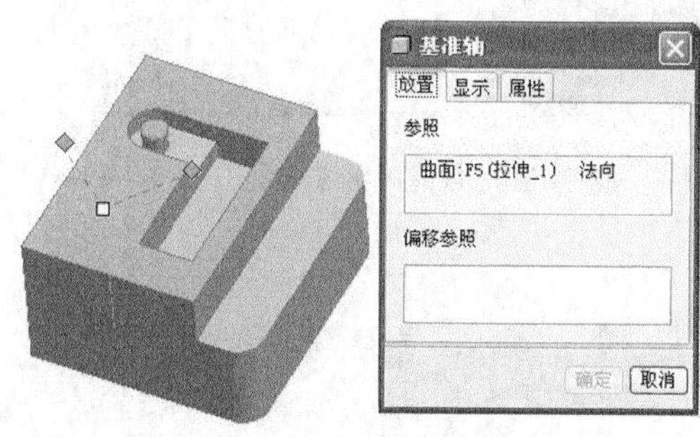

图 3-18　选取参照

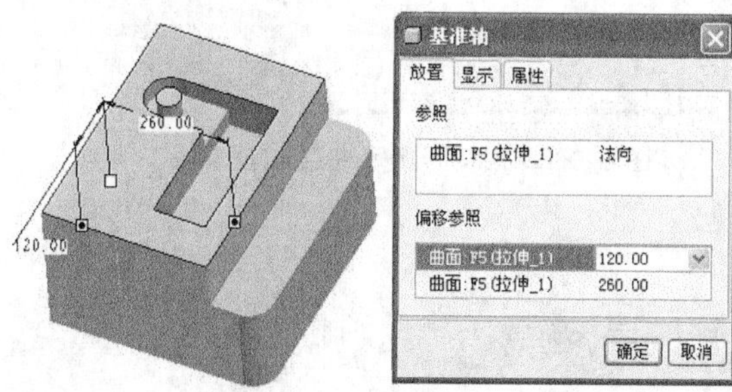

图 3-19　选取偏移参照

（4）可以在“偏移参照”列表框中修改偏移的距离。完成设置后单击“确定”按钮即可创建垂直于选定曲面的基准轴。

2. 通过一点并垂直于选定平面的基准轴

（1）在菜单栏中选择“插入”→“模型基准”→“轴”命令，或单击“基准”工具栏中的“轴”按钮，系统打开“基准轴”对话框。在绘图区选取一个曲面，选定曲面（约束类型设置为“法向”）将显示在“参照”列表框中。

（2）按住 <Ctrl> 键在绘图区选取一个非选定曲面上的点，选定点所在的边会显示在“偏移参照”列表框中。这时可以预览通过该点且垂直选定平面的基准轴，如图 3-20 所示。

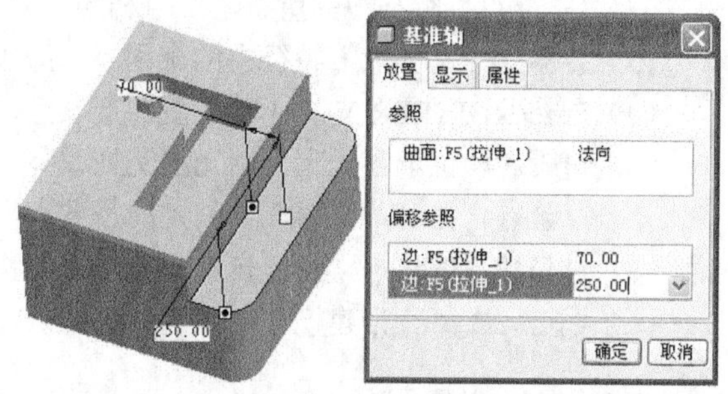

图 3-20　预览基准轴

（3）单击“确定”按钮即可创建通过选定点并垂直于选定曲面的基准轴。

3. 通过曲线上一点并相切于选定曲线的基准轴

（1）在菜单栏中选择“插入”→“模型基准”→“轴”命令，或单击“基准”工具栏中的“轴”按钮，系统打开“基准轴”对话框。然后在绘图区选取一条曲线，选定曲线会显示在“参照”列表框中。可预览相切于选定曲线的基准轴，如图 3-21 所示。

（2）按住 <Ctrl> 键在绘图区选取一个选定曲线上的点，选定点所在的边会显示在“偏移参照”列表框中。

（3）单击“确定”按钮即可创建通过选定点并与选定曲线相切的基准轴。

4. 通过圆柱体轴线的基准线

在菜单栏中选择“插入”→“模型基准”→“轴”命令，或单击“基准”工具栏中的“轴”按钮，系统打开“基准轴”对话框。然后在绘图区选取图 3-22 所示的圆柱面，然后单击“确定”按钮即可生成与该圆柱面轴线同线的基准轴。

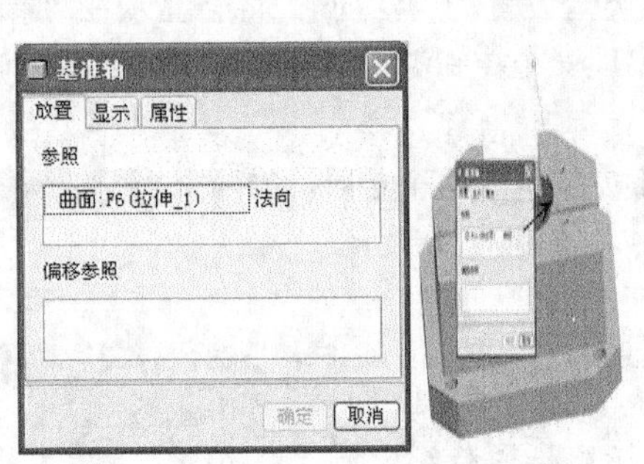

图 3-21 相切于选定曲线的基准轴

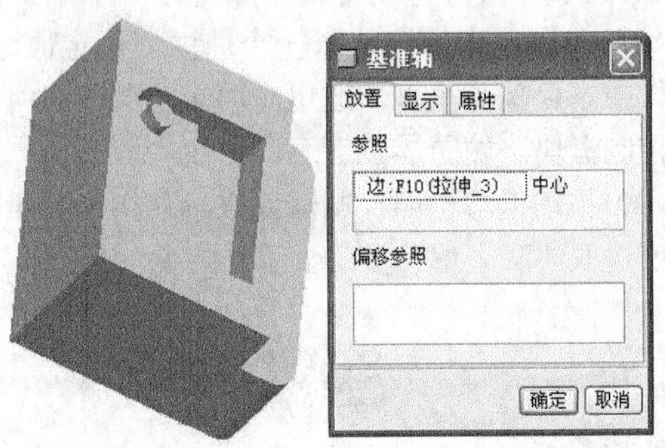

图 3-22 创建同线基准线

3.4 基准点

基准点在几何建模时可用作构造元素，或作为进行计算和模型分析的已知点。可使用“基准点”特征随时向模型中添加基准点。“基准点”特征可包含同一操作过程中创建的多个基准点。属于相同特征的基准点表现如下。

（1）在“模型树”选项卡中，所有的基准点均显示在一个特征节点下。

（2）“基准点”特征中的所有基准点相当于一个组，删除一个特征将会删除该特征中所有的点。

（3）要删除“基准点”特征中的个别点，必须先编辑该点的定义。

（4）Pro/ENGINEER 支持 4 种类型的基准点，这些点依据创建方法和作用的不同而各不相同。

- 一般点。位于图元上、图元相交处或某一图元偏移处所创建的基准点。
- 草绘点。在“草绘器”中创建的基准点。
- 自坐标系偏移点。通过自选定坐标系偏移所创建的基准点。
- 域点。在“行为建模”中用于分析的点，一个域点标识一个几何域。

3.4.1 创建基准点

可使用一般类型的基准点创建位于模型几何上或自其偏移的基准点。根据现有几何和设计意图，可使用不同方法指定点的位置。下面简单介绍常用的几种方法。

1. 平面偏移基准点

（1）在菜单栏中选择“插入”→“模型基准”→“点”→“点”命令，或单击“基准”工具栏中的“点”按钮，系统打开图 3-23 所示的“基准点”对话框。该对话框中包含“放置”和“属性”两个选项卡，前者用来定义点的位置，后者允许编辑特征名称并在 Pro/ENGINEER 浏览器中访问特征信息。

（2）新点将在“点”列表框中显示，根据系统提示选取模型的上表面作为参照。完成后选取的曲面显示在“参照”列表框中，同时“基准点”对话框中将增加“偏移参照”列表框，如图3-24所示。

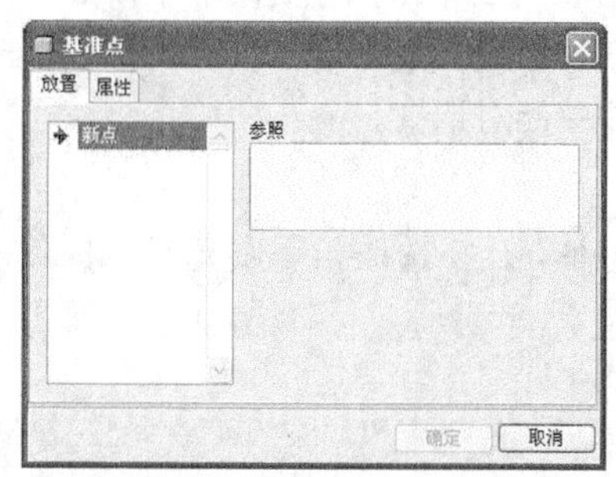

图 3-23　“基准点”对话框 1

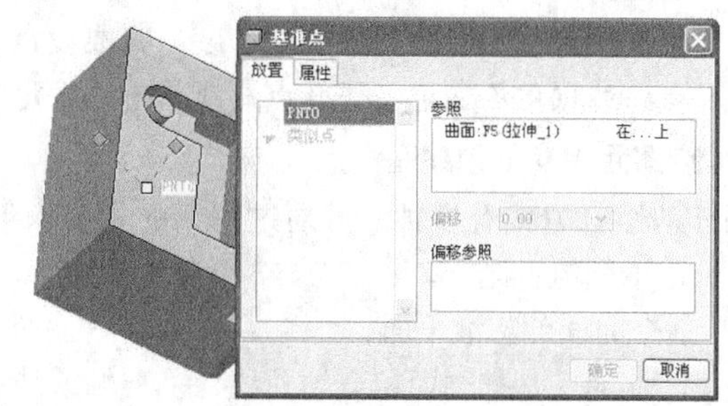

图 3-24　“基准点”对话框 2

（3）在“偏移参照”列表框中单击，然后按住 <Ctrl> 键在绘图区选取两个参考面，则选取的曲面将显示在此列表框中，将新点添加到模型中，如图 3-25 所示。

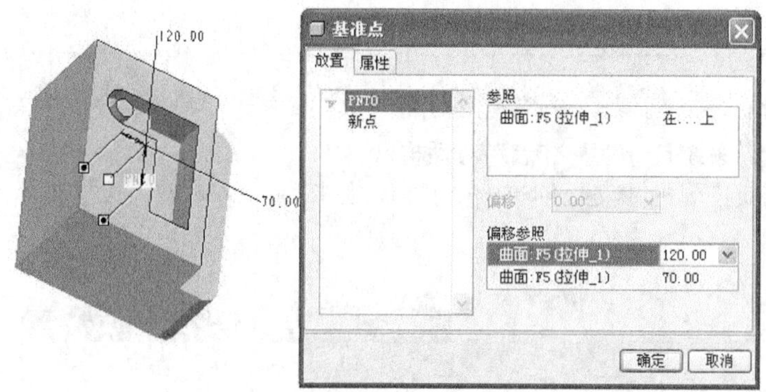

图 3-25　选取偏移参照

（4）需要调整放置尺寸时，可在绘图区双击某一尺寸值，然后在打开的文本框中输入新值，或通过“基准点”对话框调整尺寸；也可单击“偏移参照”列表框中的某个尺寸值，然后输入新值。调整完尺寸后，单击左侧列表框中的“新点”选项可添加更多点，或单击“确定”按钮关闭对话框。

2. 在曲线、边或基准轴上创建基准点

（1）要在曲线、边或基准轴上创建基准点，首先需要选取一条边、基准曲线或轴来放置基准点；然后在菜单栏中选择“插入”→“模型基准”→“点”→“点”命令，或单击“基准”工具栏中的“点”按钮；默认点被添加到选定图元中，同时系统打开“基准点”对话框，新点被添加到“点”列表框中，并为操作所收集的图元会显示在“参照”列表框中。

（2）可通过控制滑块手工调整点的位置，或使用“放置”选项卡定位该点。在“偏移参照”选项组中包含两个单选钮，分别介绍如下。

- 曲线末端。从曲线或边的选定端点测量距离。要使用另一端点，可单击“下一端点”。在选取曲线或边作为参照时，将默认点选“曲线末端”单选钮。
- 参照。选定参照图元测量距离。

指定偏移距离的方式有以下两种。

- 通过指定偏移比率。在“偏移”文本框中输入偏移比率。偏移比率是一个分数，为基准点到选定端点之间的距离与曲线或边总长度的比。可输入 0 ～ 1 之间的任意值，如输入偏移比率为 0.25 时，将在曲线长度的 1/4 位置处放置基准点。

- 通过指定实际长度。在下拉列表中选择“实际”选项。在“偏移”文本框中，输入从基准点到端点或参照的实际曲线长度。完成设置后，在“放置”选项卡左侧列表框中单击“新点”选项可添加更多基准点，或单击“确定”按钮关闭对话框。

3. 在图元相交处创建基准点

图元的组合方式有多种，可通过图元的相交来创建基准点。在选取相交图元时，按住 <Ctrl> 键，可选取下列组合之一。

- 3 个曲面或基准平面。
- 与曲面或基准平面相交的曲线、基准轴或边。
- 两条相交曲线、边或轴。

注意

可选取两条不相交的曲线。此时，系统将点放置在第一条曲线上与第二条曲线距离最短的位置。

（1）在菜单栏中选择“插入”→“模型基准”→“点”→“点”命令，或单击“基准”工具栏中的“点”按钮，系统打开“基准点”对话框。

（2）若要在选定图元的相交处创建一个新点。则按住 <Ctrl> 键，根据提示选取相交图元，如图 3-26 所示。

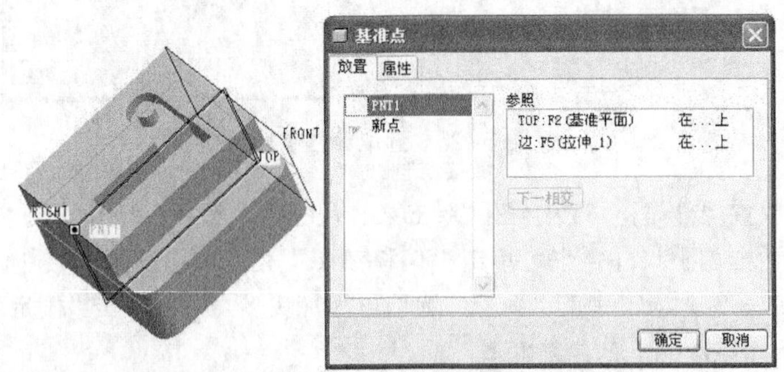

图 3-26　通过图元相交创建基准点

（3）单击“新点”继续创建点，或单击“确定”按钮完成基准点的创建。

3.4.2　偏移坐标系基准点

Pro/ENGINEER 中允许用户通过指定点坐标的偏移创建基准点。可使用笛卡儿坐标系、球坐标系或柱坐标系偏移创建基准点。具体操作步骤如下。

（1）在菜单栏中选择“插入”→“模型基准”→“点”→“偏移坐标系”命令，或单击“基准”工具栏中“点”按钮右侧的下拉按钮，在打开的“点”选项条中单击“偏移坐标系”按钮，系统打开图 3-27 所示的“偏移坐标系基准点”对话框。

在“偏移坐标系基准点”对话框中包含“放置”和“属性”两个选项卡。在“放置”选项卡中可通过指定参照坐标系、放置点偏移方法类型和沿选定坐标系轴的点坐标来定义点的位置，其中主要选项含义如下。（注：笛卡儿坐标系在图中为“笛卡尔”）

- “导入”按钮。单击该按钮，将数据文件输入到模型中。
- “更新值”按钮。单击该按钮，使用文本编辑器显示“点”列表框中列出的所有点的值，也可用来添加新点、更新点的现有值或删除点。重定义基准点偏移坐标系时，如果单击“更新值”按钮并使用文本编辑器编辑一个或所有点的值，则 Pro/ENGINEER 将为原始点指定新值。
- “保存”按钮。单击该按钮，将点坐标保存到扩展名为 .pts 的文件中。

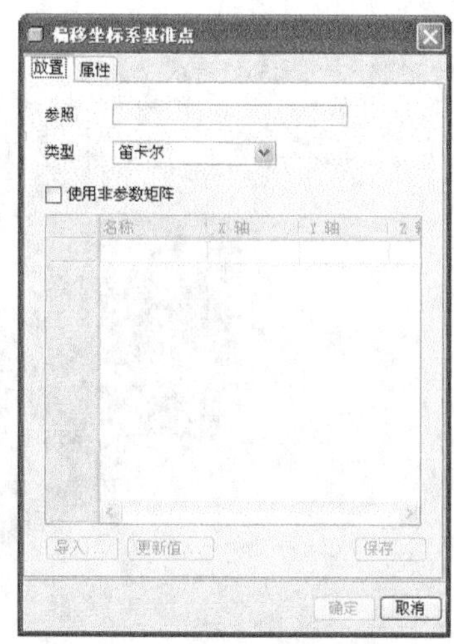

图 3–27　“偏移坐标系基准点”对话框

- “使用非参数矩阵”复选框。勾选该复选框将移除尺寸并将点数据转换为非参数矩阵。

注意

可通过“点”列表框或文本编辑器在非参数矩阵中添加、删除或修改点，而不能通过右键快捷菜单中的“编辑”命令来执行这些操作。

在“属性”选项卡中可重命名特征并在 Pro/ENGINEER 浏览器中显示特征信息。

（2）可在打开的“偏移坐标系基准点”对话框“类型”下拉列表中选择坐标系类型。然后在绘图区选取用于放置点的坐标系，如图 3-28 所示。

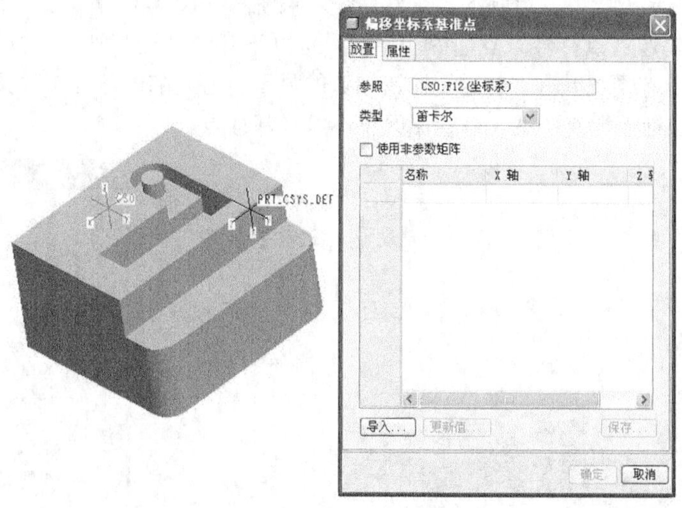

图 3–28　选取参照坐标系

若需要添加新点，则可单击列表框中的单元格，输入新点的坐标，如对于“笛卡儿”坐标系，必须指定 X、Y 和 Z 方向上的距离。若在上面的例子中继续指定点的坐标值为 30、75、−30，完成后，新点 PNT1 即出现在绘图区，并带有一个拖动控制滑块（以白色矩形标识），如图 3-29 所示。

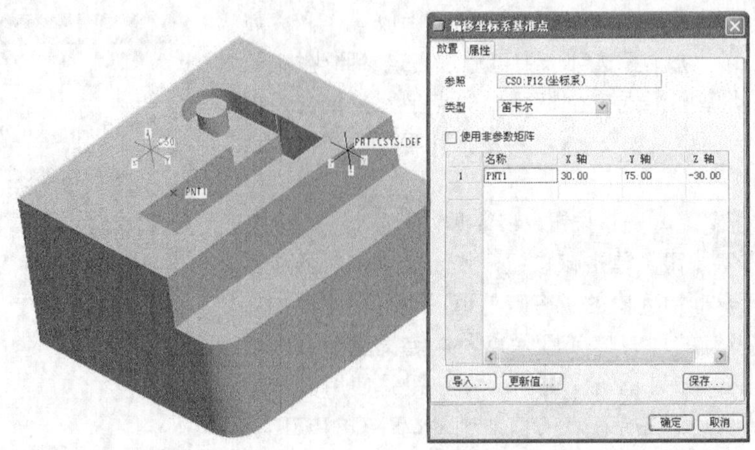

图 3–29　指定点坐标

通过沿坐标系的每个轴拖动该点的控制滑块可手工调整点的位置。需要添加其他点时，可单击列表框中的下一行，然后输入点的坐标，或单击“更新值”按钮，然后在文本编辑器中输入新值（各个值之间以空格进行分隔）。

完成点的创建后，单击“确定”按钮关闭该对话框，或单击“保存”按钮并指定文件名及位置，将这些点保存到一个单独文件中。

3.4.3　更改基准点的显示模式

每个基准点均用标签 PNT# 标识，其中 # 为基准点的连续编号。默认情况下，系统以十字叉形式显示基准点，图 3-30 所示为刚刚创建的基准点显示模式。

在 Pro/ENGINEER 中也可改变点的符号，使其显示为点、圆、三角形或正方形。在菜单栏中选择“视图”→“显示设置”→“基准显示”命令，系统打开图 3-31 所示的“基准显示”对话框。

在该对话框中勾选“点符号”复选框，激活对话框下部的“点符号”下拉列表，在“点符号”下拉列表中选择一个选项，单击“确定”按钮则点的显示符号就随即改变。如果取消勾选“基准显示”对话框中的“点标签”复选框，则绘图区将不显示基准点。

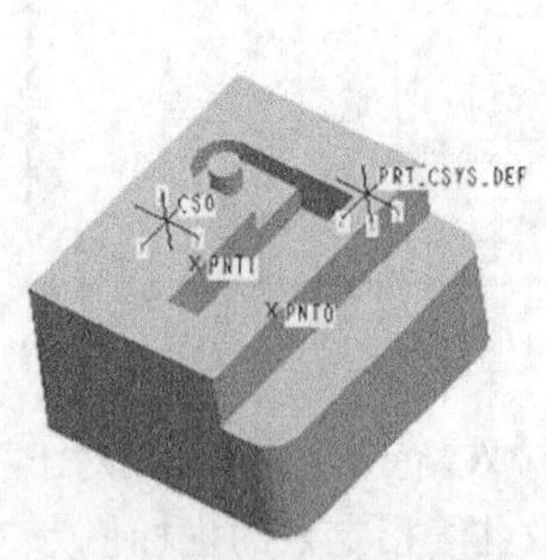

图 3–30　基准点显示模式

图 3–31　“基准显示”对话框

3.5 基准曲线

除了输入的几何模型之外，Pro/ENGINEER 中所有三维几何模型的创建均起始于二维截面。基准曲线允许在二维截面上插入，基准曲面可以迅速准确地插入许多其他特征，如拉伸或旋转特征。此外，基准曲线也可用于创建扫描特征的轨迹。

3.5.1 创建基准曲线

在 Pro/ENGINEER 中可以通过多种方式创建基准曲线。在菜单栏中选择“插入”→“模型基准”→“曲线”命令，或单击“基准”工具栏中的“曲线”按钮～，系统打开图 3-32 所示的菜单管理器。

在菜单管理器的“曲线选项”菜单中包含 4 个命令，其主要功能介绍如下。

- 通过点。用于创建通过点的基准曲线。
- 自文件。输入来自“.ibl”“.iges”“.set”或“.vda”文件格式的基准曲线。Pro/ENGINEER 读取所有来自“.iges”或“.set”文件的曲线，然后将其转化为样条曲线；当输入“.vda”文件时，系统只读取“.vda”样条图元。
- 使用剖截面。从平面横截面边界（即平面横截面与零件轮廓的相交处）创建基准曲线。
- 从方程。在曲线不自相交的情况下，从方程创建基准曲线。

使用常用的“通过点”方式创建基准曲线的操作步骤如下。

（1）在菜单栏中选择“插入”→“模型基准”→“曲线”命令，或单击“基准”工具栏中的“曲线”按钮～，系统打开菜单管理器。

（2）选择“通过点”命令，单击“完成”按钮，系统打开图 3-33 所示的“曲线：通过点”对话框，其中各选项含义如下。

- 属性。指出该曲线是否应该位于选定的曲面上。
- 曲线点。选取要连接的曲线点。
- 相切。可选项，设置曲线的相切条件。
- 扭曲。可选项，通过使用多面体处理修改通过两点的曲线形状。

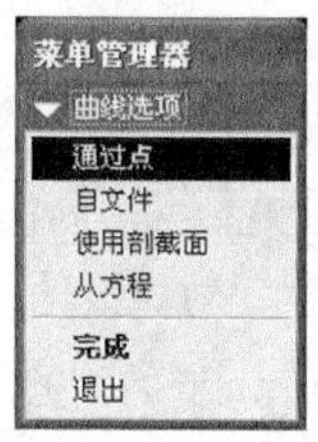

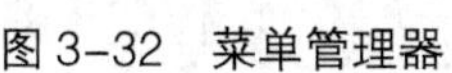
图 3-32 菜单管理器

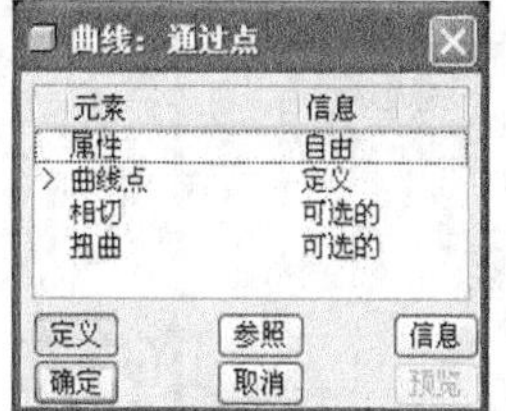

图 3-33 “曲线：通过点”对话框

（3）在“曲线：通过点”对话框中选择“曲线点”选项，单击“定义”按钮，系统打开“连结类型”菜单用来选取并连接点，按图 3-34 所示选择命令。

（4）单击“完成”按钮，然后单击“曲线：通过点”对话框中的“确定”按钮，创建的基准曲线如图 3-35 所示。

图 3–34 “连结类型”菜单

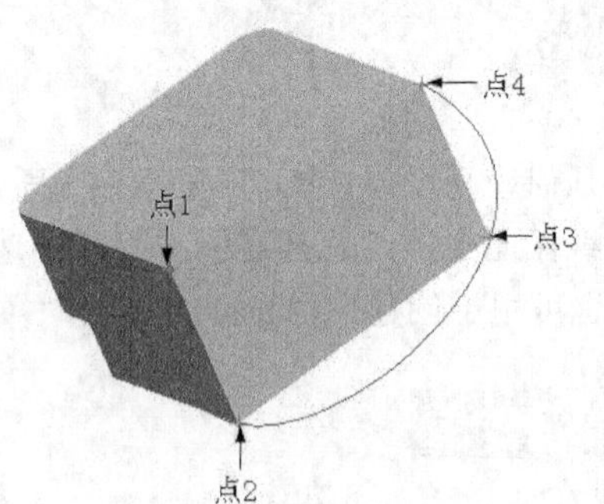

图 3–35 通过点的基准曲线

3.5.2 草绘基准曲线

可使用与草绘其他特征相同的方法草绘基准曲线。草绘曲线可以由一个或多个草绘段以及一个或多个开放或封闭的环组成。但是，将基准曲线用于其他特征，通常限定于开放或封闭环的单个曲线（它可以由许多段组成）。

要在草绘环境中草绘基准曲线，可在菜单栏中选择“插入”→“模型基准”→“草绘”命令，或单击“基准”工具栏中的“草绘”按钮，系统打开图 3-36 所示的“草绘”对话框。“放置”选项卡中各选项含义如下。

- “草绘平面”选项组。用于显示选取的草绘平面，包含“平面”列表框，可随时在该列表框中单击以选取或重定义草绘平面。
- “草绘方向”选项组。包含“反向”按钮、“参照”列表框和“方向”下拉列表。单击“反向”按钮切换草绘方向；可以在“参照”列表框中单击以选取或重定义参照平面（必须定义草绘平面并与其垂直，然后才能草绘基准曲线）；在“方向”下拉列表中选择合适的方向。

选取 FRONT 基准平面作为草绘平面，单击“草绘”按钮。如果存在未放置的参照，系统将会进入草绘环境并打开图 3-37 所示的“参照”对话框。

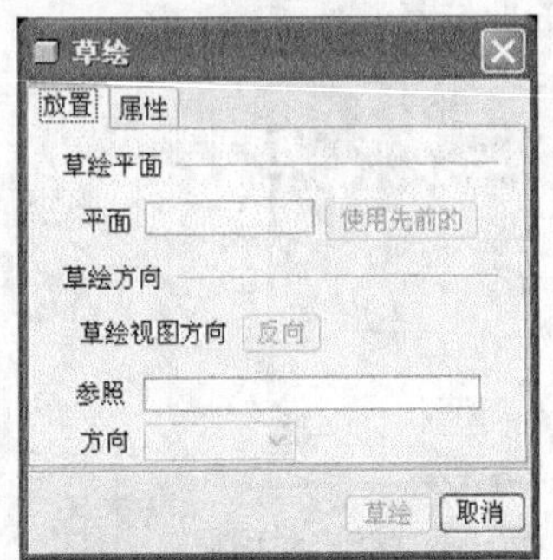

图 3–36 “草绘”对话框

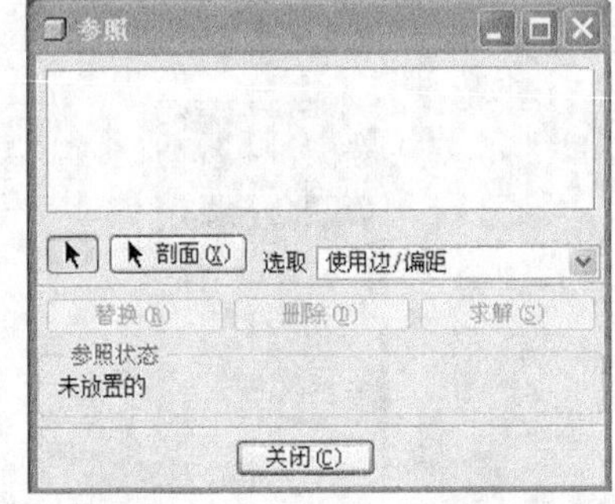

图 3–37 “参照”对话框

选取 TOP 或 RIGHT 基准平面作为参照平面，如果“参照状态”显示“完全放置的”，则单击“参照”对话框中的“关闭”按钮即可。草绘过程和第 2 章中讲述的过程相同，在此不再赘述。绘制完成后单击“草绘器工具”工具栏中的“完成”按钮✓完成基准曲线的绘制，如图 3-38 所示。

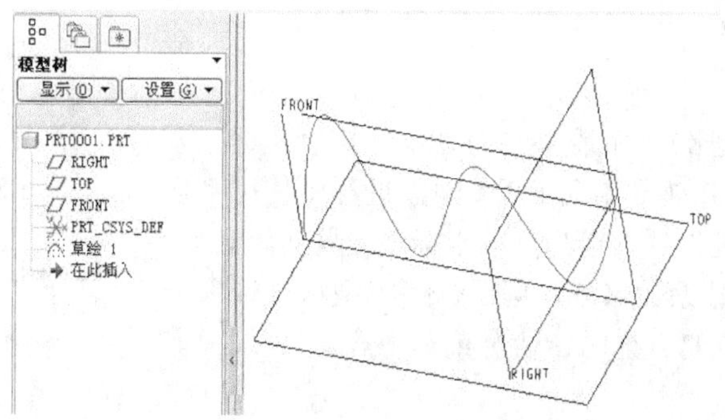

图 3-38　草绘基准曲线

3.6 基准坐标系

坐标系是可以添加到零件和组件中的参照特征，利用它可执行下列操作。

（1）计算质量属性。

（2）组装元件。

（3）为有限元分析放置约束。

（4）为刀具轨迹提供制造操作参照。

（5）用作定位其他特征的参照（坐标系、基准点、平面、输入的几何等）。

（6）对于大多数普通的建模任务，可使用坐标系作为方向参照。

3.6.1　坐标系种类

常用的坐标系有笛卡儿坐标系、柱坐标系和球坐标系 3 种。

1. 笛卡儿坐标系

笛卡儿坐标系即显示 *X*、*Y* 和 *Z* 轴的坐标系。笛卡儿坐标系用 *X*、*Y* 和 *Z* 表示坐标值，如图 3-39 所示。

2. 柱坐标系

柱坐标系用半径、角度和 *Z* 表示坐标值，如图 3-40 所示，在图中 r 表示半径，θ 表示角度，*Z* 表示 *Z* 轴坐标值。

3. 球坐标系

在球坐标系统中采用半径、两个角度表示坐标值，如图 3-41 所示。

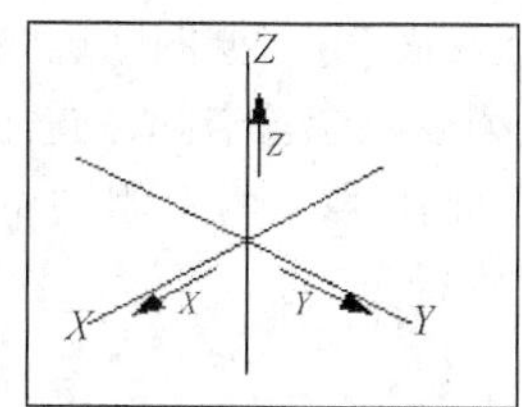

图 3-39　笛卡儿坐标系

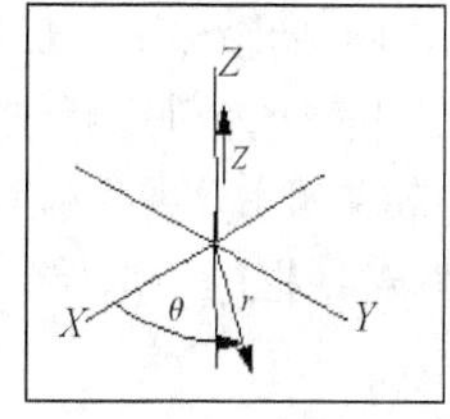

图 3-40　柱坐标系

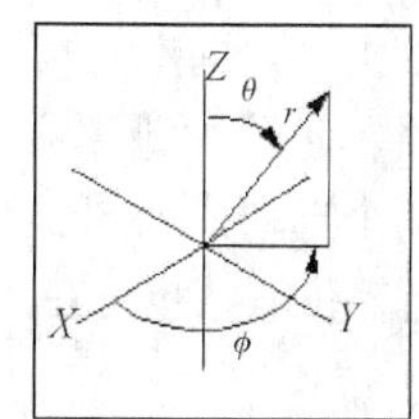

图 3-41　球坐标系

3.6.2 创建坐标系

Pro/ENGINEER 将基准坐标系命名为 CS#，其中 # 是已创建的基准坐标系的编号。如果需要，可在创建过程中使用“坐标系”对话框中的“属性”选项卡为基准坐标系设置初始名称。如果要改变现有基准坐标系的名称，则右击“模型树”选项卡中相应的坐标系名称，在打开的右键快捷菜单中选择“重命名”命令即可修改名称。

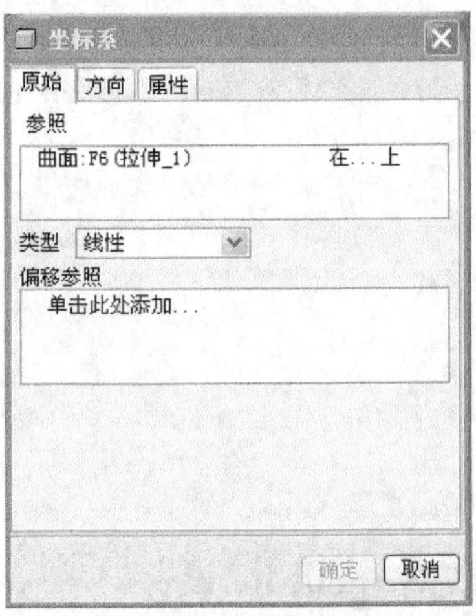

图 3-42 “坐标系”对话框

在菜单栏中选择“插入”→“模型基准”→“坐标系”命令，或单击“基准”工具栏中的“坐标系”按钮，系统打开图 3-42 所示的“坐标系”对话框。其中包含“原始”“方向”和“属性”3 个选项卡。

（1）“原始”选项卡中主要选项含义如下。

- “参照”选项组。用于显示选取的参照坐标系。可随时在该列表框中选取或重定义坐标系的放置参照。
- “偏移参照”列表框。在该列表框中的参照允许按表 3-4 中的方式偏移坐标系。

表 3-4 坐标系偏移类型

偏移类型	说明
笛卡儿	允许通过设置 X、Y 和 Z 值偏移坐标系
圆柱状	允许通过设置半径、角度和 Z 值偏移坐标系
球状	允许通过设置半径和两个角度值偏移坐标系
从文件	允许从转换文件输入坐标系的位置

（2）“方向”选项卡中主要选项含义如下。

- “参照选取”单选钮。点选该单选钮，允许通过选取坐标系中任意两根坐标轴的方向参照定向坐标系。
- “所选坐标轴”单选钮。点选该单选钮，允许定向坐标系绕作为放置参照使用坐标系的轴旋转新插入的坐标系。
- “设置 Z 轴垂直于屏幕”按钮。单击该按钮允许快速定向 Z 轴，使其垂直于查看的屏幕。此按钮只有在点选了“所选坐标轴”单选钮的状态下可用。

（3）“属性”选项卡，用于在 Pro/ENGINEER 嵌入浏览器中查看关于当前坐标系的信息。

在图形窗口中选取 3 个放置参照，此参照可包括平面、边、轴、曲线、基准点、顶点或坐标系，如图 3-43 所示。单击“坐标系”对话框中的“确定”按钮，可直接创建具有默认方向的新坐标系，或单击“定向”选项卡以手工定向新坐标系，如图 3-44 所示；也可在绘图区选取一个坐标系作为参照，此时，“偏移类型”下拉列表变为可用状态，该下拉列表包含笛卡儿、圆柱、球坐标和自文件 4 个选项，如图 3-45 所示。如果要调整偏移距离，可在绘图区拖动控制滑块将坐标系手动定位到所需位置，也可在“坐标系”对话框的“原始”选项卡中进行更改。

注意

位于坐标系中心的拖动控制滑块允许沿参照坐标系的任意一个轴拖动坐标系。要改变方向，可将光标悬停在拖动控制滑块上方，然后向其中的一个轴移动光标，在移动光标的同时，拖动控制滑块改变坐标方向。

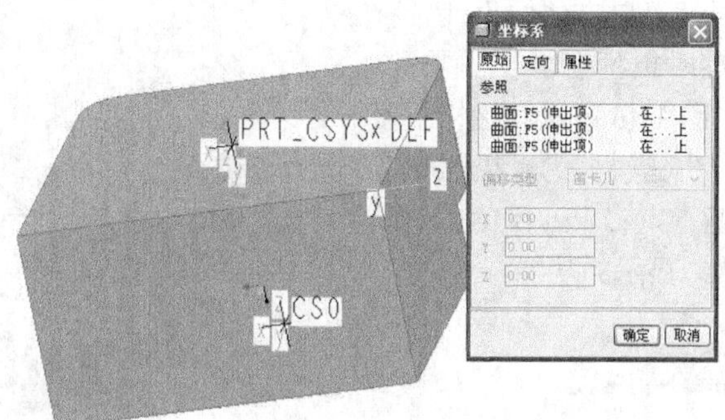

图 3-43 选取参照

图 3-44 手工定向新坐标系

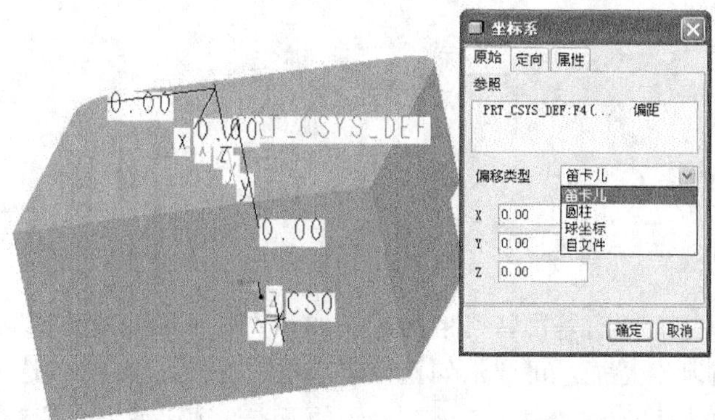

图 3-45 选取参照坐标系及偏移类型

设置完成后单击“坐标系”对话框中的“确定”按钮完成基准坐标系的创建。可创建多个默认基准坐标系，但不能编辑或定义其参数。需要时可定义其相对于默认基准平面的方向。

3.7 基准特征显示状态控制

在复杂的模型中，虽然可以方便地设计各种基准，但当显示所有基准时模型会显得非常乱，尤其是在组件设计中，如图 3-46 所示。这样不但速度变慢，而且还容易产生错误。为了更清晰地表现图形，更好地利用基准，在 Pro/ENGINEER 中提供了控制基准特征状态显示的功能。

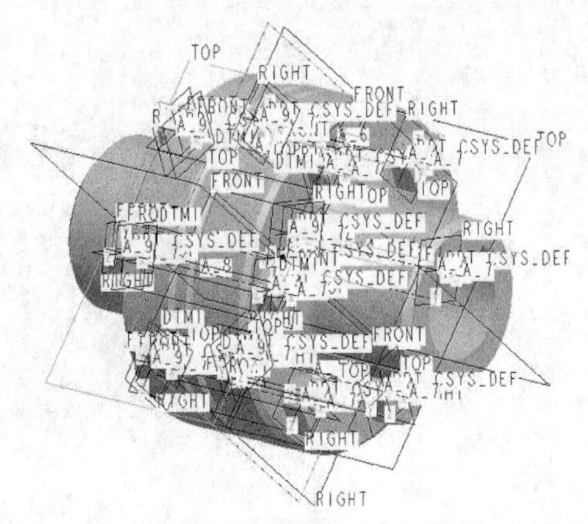

图 3–46　基准的显示

3.7.1 基准特征的显示控制

在“基准显示”工具栏中包含几种常用的基准工具显示控制按钮，如图 3-47 所示。单击不同的按钮将显示或隐藏不同类型的基准。

如果要对其他的基准工具进行显示控制可在菜单栏中选择“视图”→“显示设置”→“基准显示”命令，系统打开图 3-48 所示的“基准显示”对话框。

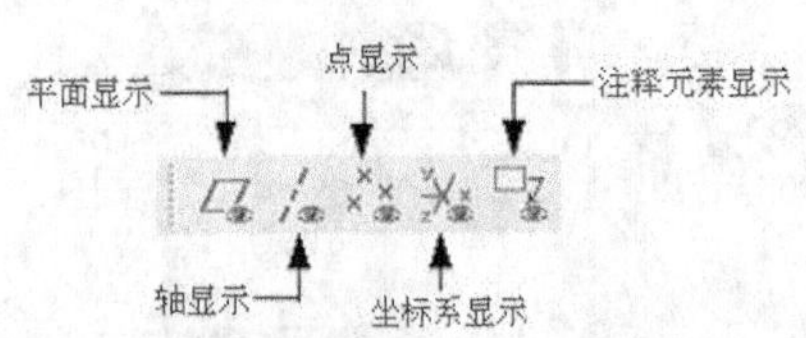

图 3–47　“基准显示”工具栏

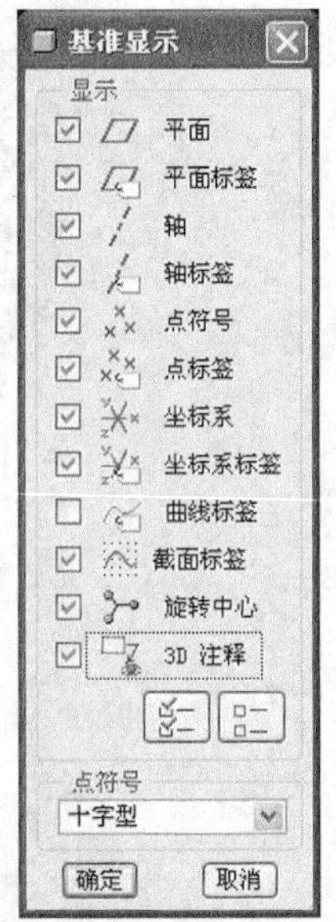

图 3–48　“基准显示”对话框

在该对话框中可以控制所有基准特征的显示，如果要显示某种基准特征只需勾选其前面的复选框；如果要隐藏某种基准特征，可取消勾选该复选框。另外，“显示”选项组还包含两个按钮，一是 按钮，单击该按钮可勾选“显示”选项组中的所有选项；另一个是 按钮，该按钮的功能是取消对所有选项的勾选。

3.7.2　基准特征的显示颜色

为了区分各种基准特征，Pro/ENGINEER 系统支持用户定制各种基准的显示颜色。在菜单栏中选择“视图”→“显示设置”→“系统颜色”命令，打开图 3-49 所示的“系统颜色”对话框，可通过“基准”选项卡来设置基准平面、轴、点和坐标系的颜色。

在“基准”选项卡中包含平面、轴、点和坐标系 4 个选项组。如果要修改基准特征中某一特性的显示颜色，则单击其前面的按钮，系统打开图 3-50 所示的选项菜单，选择相应的颜色，并单击“基准”选项卡中的“确定”按钮即可。

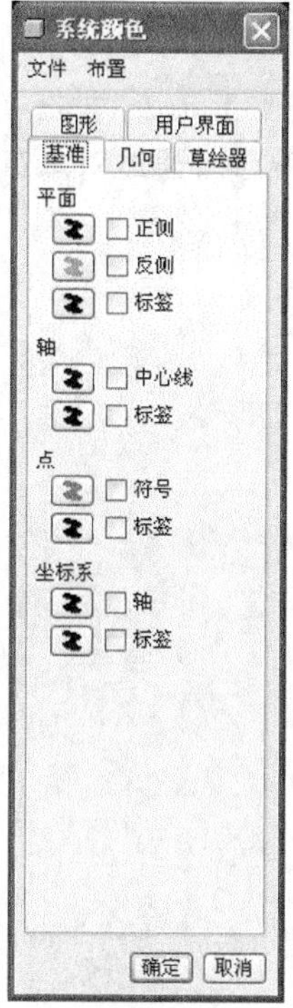

图 3-49　“系统颜色”对话框

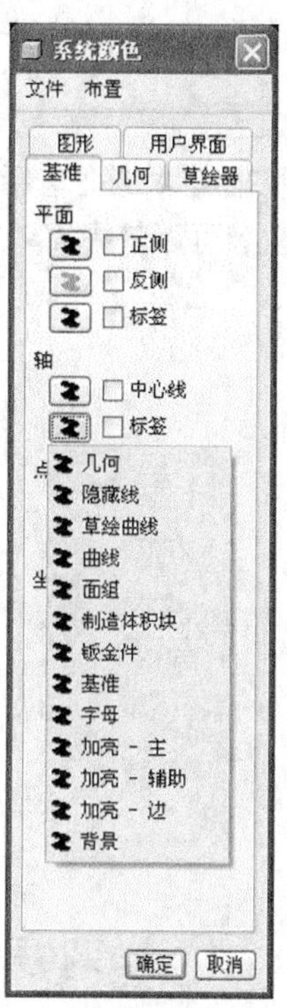

图 3-50　选项菜单

Chapter 4

第 4 章 基本特征建模

基础实体特征包括拉伸、旋转、扫描、混合。通过对本章的学习，读者可以掌握简单实体的建模方法。

学习要点

- 拉伸
- 旋转
- 扫描
- 混合

4.1 实体建模的一般流程

对于初学者来说，面对众多实体建模方法可能会有些不知所措。为了让用户有一个清晰的思路，下面通过实例来说明在 Pro/ENGINEER 中进行实体建模的一般流程。

（1）启动 Pro/ENGINEER 后，单击“文件”工具栏中的“新建”按钮，在“新建”对话框“类型”选项组中点选“零件”单选钮，用户可以接受系统自动编号“prt0001”，也可根据需要在“名称”文本框中输入新名称，如“shiti”，如图 4-1 所示。

（2）勾选“使用缺省模板”复选框，单击“确定”按钮，创建一个新的零件文件。

技巧荟萃

使用缺省模板，即接受系统默认的绘图单位模板。

如果用户按照第一章的介绍改变了单位设置，即选择模板为“mmns_part_soild”，如果没有改变设置，则系统默认为英制模板“inlbs_part_soild”。若需要使用公制模板，则可取消勾选“使用缺省模板”复选框，单击“确定”按钮，系统打开图 4-2 所示的“新文件选项”对话框。在对话框中选择所需要的模板。单击“确定”按钮完成新文件的创建，系统进入图 4-3 所示的设计环境。

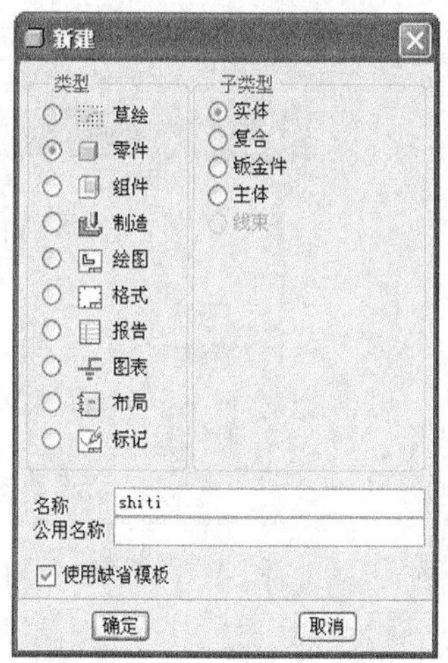

图 4-1 “新建”对话框

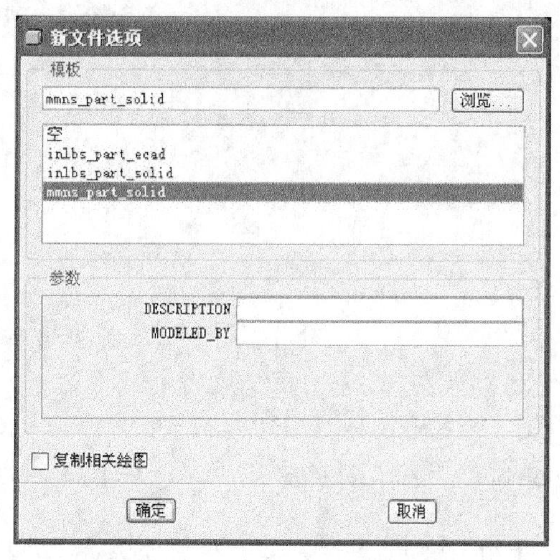

图 4-2 “新文件选项”对话框

（3）在 Pro/ENGINEER 设计环境的工具栏中有一些常用的实体建模工具，用户可通过单击工具栏中的按钮使用相应工具。对于工具栏中没有的零件实体建模按钮，可通过“插入”菜单调用。

（4）单击不同按钮可选择不同的工具，如单击“基础特征”工具栏中的“拉伸”按钮，系统打开图 4-4 所示的“拉伸”操控板。

（5）在“拉伸”操控板中单击“放置”按钮，系统打开图 4-5 所示的“放置”下滑面板。

（6）单击“定义”按钮，系统打开“草绘”对话框。在“模型树”选项卡或绘图区选取 FRONT 基准平面作为草绘平面，接受系统默认的参照平面和方向，如图 4-6 所示。

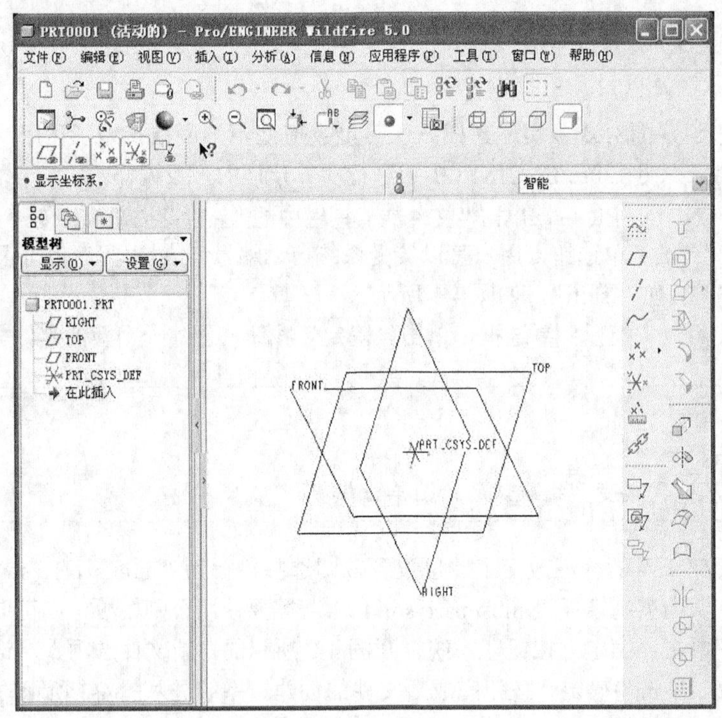

图 4-3　设计环境

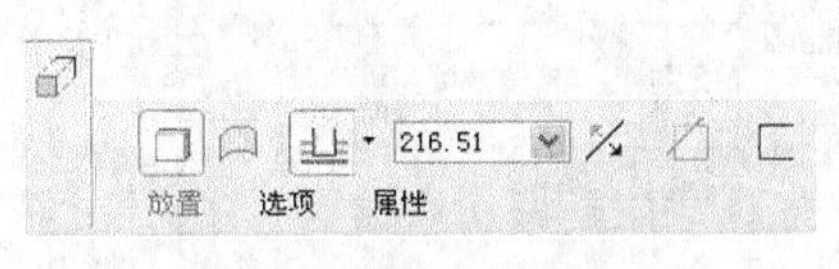

图 4-4　“拉伸”操控板

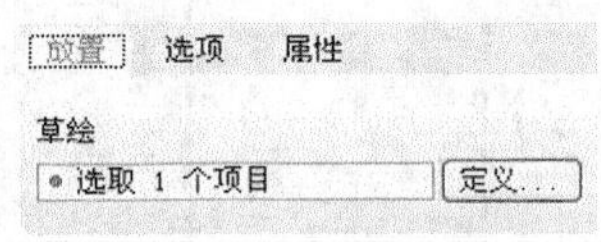

图 4-5　“放置”下滑面板

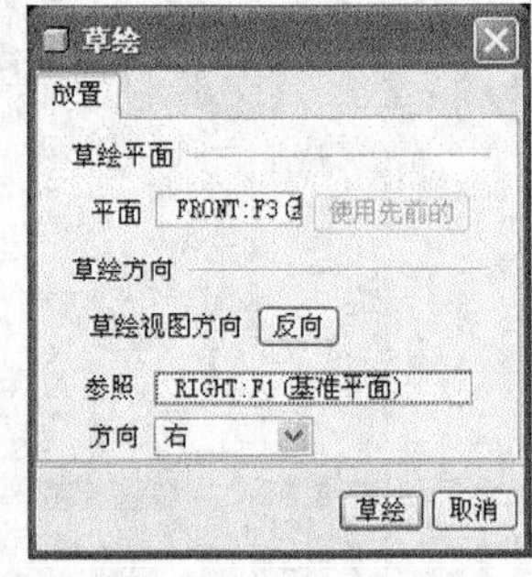

图 4-6　“草绘”对话框

（7）单击“草绘”按钮，进入草绘环境。绘制完成后，单击“草绘器工具”工具栏中的“完成”按钮✓退出草绘环境。

（8）单击“拉伸”操控板中的“完成”按钮✓生成拉伸特征；单击“取消”按钮✕放弃此次操作。

4.2 拉伸特征

拉伸是定义三维几何特征的一种基本方法，它是将二维截面延伸到垂直于草绘平面的指定距离处，进行拉伸生成实体。可使用“拉伸”工具作为创建实体或曲面以及添加或移除材料的基本方法之一。通常，要创建伸出项，需选取要用作截面的草绘基准曲线，然后激活“拉伸”工具。

4.2.1　操控板选项介绍

1. “拉伸”操控板

在菜单栏中选择“插入”→“拉伸”命令，或单击“基准特征”工具栏中的“拉伸”按钮，打开“拉伸”操控板，如图 4-7 所示。

图 4–7　“拉伸”操控板

“拉伸”操控板中各按钮含义如下。

（1）公共“拉伸”选项。

- “实体”按钮。用于创建拉伸实体。
- “曲面”按钮。用于创建拉伸曲面。
- “盲孔”按钮。用于约束拉伸特征的深度，也可在其后面的文本框中给定拉伸深度。
- “反向”按钮。用于设定相对于草绘平面拉伸特征方向。
- “去除材料”按钮。用于切换拉伸类型“切口”或“伸长”。

（2）用于创建“加厚草绘”选项。

- “加厚草绘”按钮。用于为截面轮廓指定厚度创建特征。
- “反向”按钮。用于改变添加厚度的一侧，或向两侧添加厚度。

2. 下滑面板

“拉伸”操控板中包含“放置”“选项”和“属性”3 个下滑面板，如图 4-8 所示。

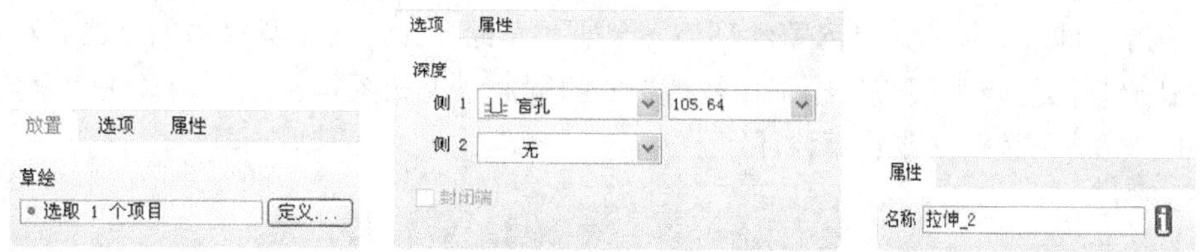

图 4–8　“拉伸”操控板下滑面板

（1）“放置”下滑面板。用于重定义特征截面。单击“定义”按钮可创建或更改截面。

（2）“选项”下滑面板。使用该下滑面板可进行下列操作。

- 重定义草绘平面每一侧的特征深度以及孔的类型（如盲孔或通孔）。
- 通过选择“封闭端”选项用封闭端创建曲面特征。

（3）“属性”下滑面板。用于编辑特征名称，并在 Pro/ENGINEER 浏览器中打开特征信息。

3. 深度选项

在拉伸操控板中单击“盲孔”按钮右侧的下拉按钮，在打开的“拉伸”选项条中包含以下拉伸模式。

- （盲孔）。从草绘平面以指定深度值拉伸截面。若指定一个负的深度值将会反转深度方向。
- （对称）。在给定的方向上以指定深度值的一半拉伸草绘平面的两侧。

- （到下一个）。拉伸至下一曲面。
- （穿透）。使拉伸截面与所有曲面相交。
- （穿至）。将截面拉伸，使其与选定曲面或平面相交。其终止曲面可选择如下选项。①由一个或几个曲面所组成的面组；②在一个组件中，可选择另一元件的几何，几何是指组成模型的基本几何特征，如点、线、面等几何特征。
- （到选定的）。将截面拉伸至一个选定点、曲线、平面或曲面。

技巧荟萃

（1）使用零件图元终止特征的规则：对于（到下一个）和（到选定的）两个选项，拉伸的轮廓必须位于终止曲面的边界内；在和另一图元相交处终止的特征不具有和其相关的深度参数；修改终止曲面可改变特征深度。

（2）基准平面不能被用作终止曲面。

4.2.2 创建拉伸特征的操作步骤

（1）启动 Pro/ENGINEER 后，单击“文件”工具栏中的“新建”按钮，在打开的“新建”对话框中点选“零件”单选钮，在“名称”文本框中输入“lashen”，接受系统默认模板，单击“确定”按钮，创建一个新文件。

（2）在菜单栏中选择“插入”→“拉伸”命令，或单击“基准特征”工具栏中的“拉伸”按钮。

（3）系统打开“拉伸”操控板，在操控板中依次单击“放置”→“定义”按钮。

（4）系统打开“草绘”对话框，选取 FRONT 基准平面作为草绘平面，其余选项接受系统默认设置，如图 4-9 所示。

（5）单击“草绘”按钮，进入草绘环境。单击“草绘器工具”工具栏中的“圆心和点”按钮，以默认坐标系原点为圆心，绘制直径为 200 的圆，结果如图 4-10 所示，单击“草绘器工具”工具栏中的“完成”按钮退出草绘环境。

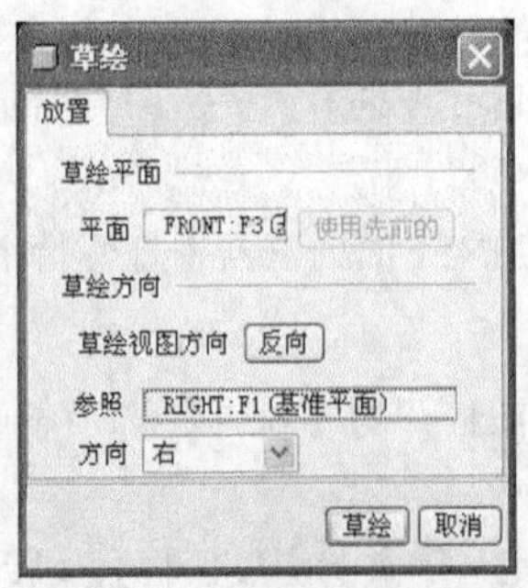

图 4-9 “草绘”对话框

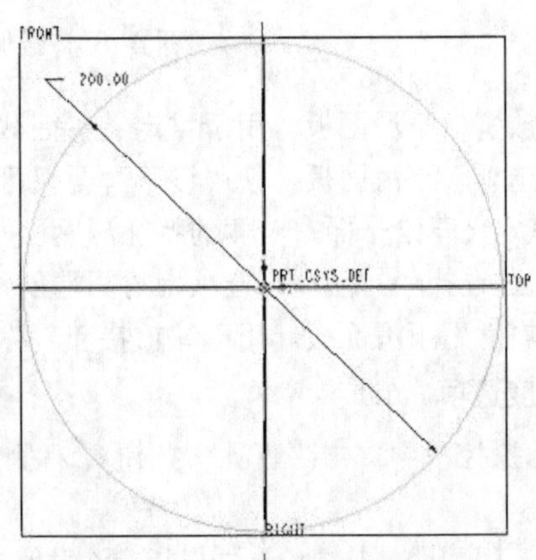

图 4-10 绘制拉伸截面草图

（6）设置拉伸方式为□（对称），在其后的文本框中给定拉伸深度值，本例中为 100。

（7）在 Pro/ENGINEER 中可显示特征的预览状态，单击操控板中的“预览”按钮□进行预览，如图 4-11 所示。用户可以观察当前建模是否符合设计意图，并可返回模型进行相应修改。单击“暂停”按钮□退出预览，继续对模型进行修改。

（8）设置拉伸方式为□（盲孔），拉伸深度仍为 100，单击“加厚草绘”按钮□，并在其后的文本框中输入“10”，参数设置如图 4-12 所示。

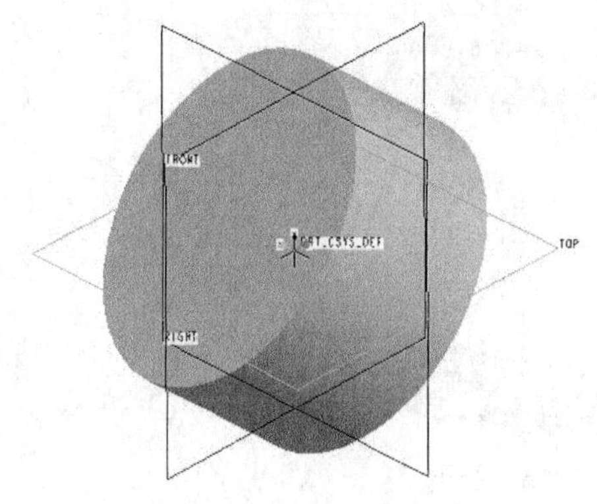

图 4-11　模型预览

图 4-12　拉伸参数设置

技巧荟萃

单击“加厚草绘”按钮□文本框后的“反向”按钮□，可改变加厚方向。

（9）单击操控板中的“完成”按钮□，生成的拉伸特征如图 4-13 所示。

（10）单击“文件”工具栏中的“保存”按钮□，系统打开图 4-14 所示的“保存对象”对话框，将完成的图形保存到计算机中。用户也可在菜单栏中选择“文件”→“保存副本”命令，在打开的“保存副本”对话框中输入零件的新名称，单击“确定”按钮即可将文件备份到相应的目录。

（11）在菜单栏中选择“文件”→“删除”→“旧版本”命令，此时系统提示“输入其旧版本要被删除的对象”，单击“接受值”按钮□，即可删除旧版本。

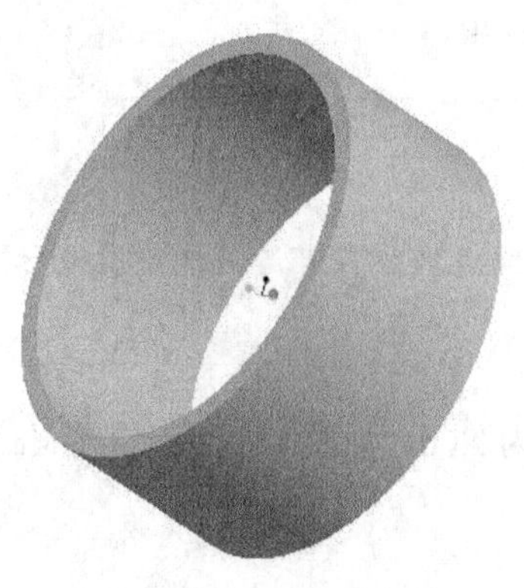

图 4-13　拉伸实体

图 4-14　“保存对象”对话框

4.2.3 实例——胶垫

本例通过胶垫的建模过程来介绍拉伸特征的具体使用方法，模型如图 4-15 所示。首先绘制胶垫的截面草图，再通过拉伸操作创建胶垫，最终形成模型。

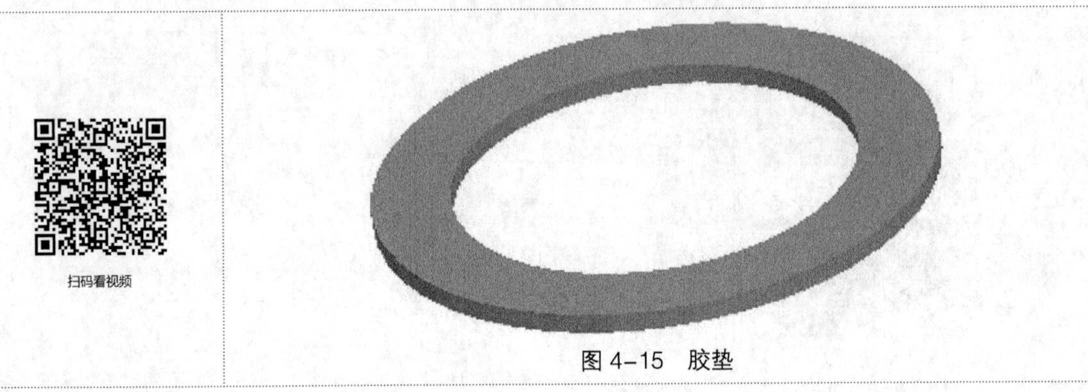

图 4-15 胶垫

【创建步骤】

Step 1 新建文件

单击“文件”工具栏中的“新建”按钮或选择菜单栏中的“文件”→“新建”命令，弹出“新建”对话框。在“类型”栏中选择“零件”选项，在“名称”文本框内输入 jiaodian.prt，单击“确定”按钮，弹出“新文件选项”对话框，选择 mmns_part_solid，单击“确定”按钮，进入绘图界面。

Step 2 拉伸胶垫

（1）单击“基础特征”工具栏上的“拉伸”按钮或选择菜单栏中的“插入”→“拉伸”命令，弹出“拉伸”操控板。

（2）在工作区上选择基准平面 FRONT 作为草绘平面，其余选项接受系统默认值，单击“确定”按钮进入草绘界面。

（3）单击“草绘器工具”工具栏中的“圆”按钮创建图 4-16 所示的圆。双击选择圆弧的直径尺寸值，然后将其修改。单击“完成”按钮，退出草绘环境。

技巧荟萃

在进行草绘时，不必在意系统创建的尺寸，绘制完成后修改尺寸即可。另外使用鼠标左键可定位尺寸标注界线，使用鼠标中键可放置尺寸线。

（4）在操控板上选择“盲孔”选项。输入可变深度值为 2.00，如图 4-17 所示。单击“确定”按钮，完成特征。

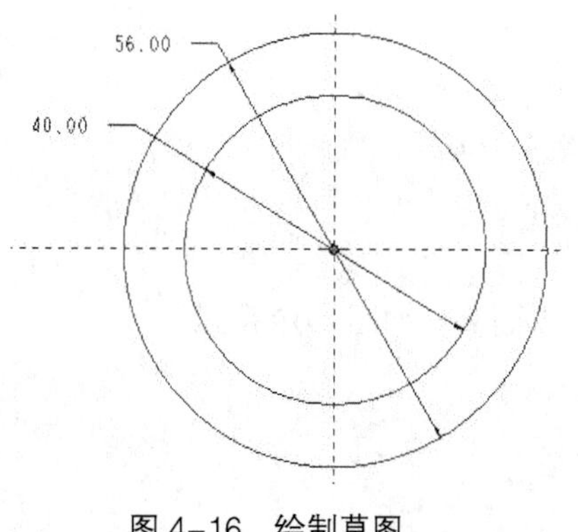

图 4-16　绘制草图

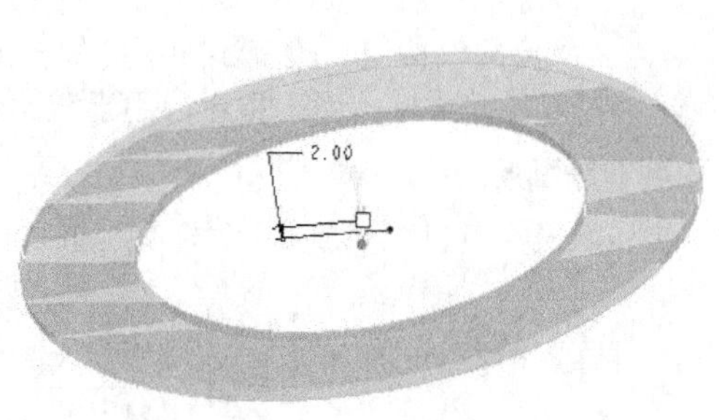

图 4-17　预览特征

4.3 旋转特征

旋转特征是将草绘截面绕定义的中心线旋转一定角度创建的特征。旋转工具也是创建实体的基本方法之一，它允许以实体或曲面的形式创建旋转几何特征，以及添加或去除材料。要创建旋转特征，通常可激活旋转工具并指定特征类型为实体或曲面，然后选取或创建草绘。旋转截面需要旋转轴，此旋转轴既可利用截面创建，也可通过选取模型几何进行定义。在预览特征几何模型后，可改变旋转角度，在实体或曲面、伸出项或切口间进行切换，或指定草绘厚度以创建加厚特征。

4.3.1 操控板选项介绍

1. "旋转"操控板

在菜单栏中选择"插入"→"旋转"命令，或单击"基准特征"工具栏中的"旋转"按钮，系统打开图 4-18 所示的"旋转"操控板。

图 4-18　"旋转"操控板

"旋转"操控板中各按钮含义如下。

（1）公共"旋转"选项。

- "实体"按钮。创建旋转实体特征。
- "曲面"按钮。创建旋转曲面特征。
- 旋转类型。用于设置模型的旋转方式，包含（指定）、（对称）和（到选定项）3 种旋转方式。
- "角度"文本框。用于指定旋转特征的角度值。
- "反向"按钮。相对于草绘平面反转特征创建方向。

（2）用于创建切口的选项。

- "去除材料"按钮。使用旋转特征体积块创建切口。
- "反向"按钮。创建切口时改变要移除的一侧。

（3）用于加厚草绘的选项。

- “加厚草绘”按钮。通过为截面轮廓指定厚度创建特征。
- “反向”按钮。改变添加厚度的一侧，或向两侧添加厚度。
- “厚度”文本框。用于指定应用于截面轮廓的厚度值。

2. 下滑面板

“旋转”操控板包含“放置”“选项”和“属性”3个下滑面板，如图4-19所示。

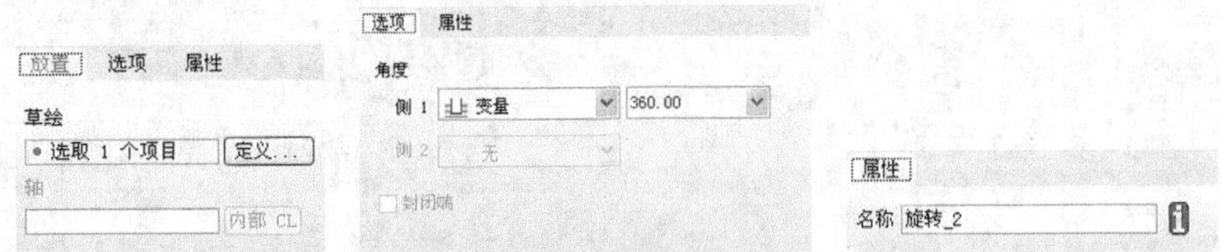

图4-19 “旋转”操控板下滑面板

（1）“放置”下滑面板。用于重定义草绘环境并指定旋转轴。单击“定义”按钮创建或更改截面。在“轴”列表框中单击并根据系统提示定义旋转轴。

（2）“选项”下滑面板。使用该下滑面板可进行下列操作。

- 重定义草绘的一侧或两侧的旋转角度及孔的性质。
- 通过选择“封闭端”选项创建曲面特征。

（3）“属性”下滑面板。用于编辑特征名称，并在Pro/ENGINEER浏览器中打开特征信息。

3. “旋转”特征截面

创建旋转特征需要定义旋转截面和旋转轴。该轴可以是线性参照也可以是草绘环境的中心线。

技巧荟萃

（1）可使用开放或闭合截面创建旋转曲面。

（2）只能在旋转轴的一侧草绘几何。

4. 旋转轴

（1）可使用下列特征定义旋转特征的旋转轴。

- 外部参照。使用现有有效类型的零件几何。
- 内部中心线。使用草绘环境中创建的中心线。

（2）使用模型几何作为旋转轴。可选取现有线性模型几何作为旋转轴，如基准轴、直边、直线、坐标系的轴。

（3）使用草绘中心线作为旋转轴。在草绘环境中，可绘制一条中心线作为旋转轴。

技巧荟萃

（1）如果截面包含一条中心线，则自动将其作为旋转轴。

（2）如果截面包含一条以上的中心线，则默认情况下将第一条中心线作为旋转轴。用户也可声明将任一条中心线用作旋转轴。

5. 将草绘基准曲线作为特征截面

可将现有的草绘基准曲线作为旋转特征的截面。默认特征类型由选定几何决定：如果选取的是一条开放草绘基准曲线，则“旋转”工具在默认情况下创建一个曲面；如果选取的是一条闭合草绘基准曲线，则“旋转”工具在默认情况下创建一个实体伸出项，随后可将实体几何改为曲面几何。

技巧荟萃

在将现有草绘基准曲线作为特征截面时，要注意下列相应规则。

（1）不能选取复制的草绘基准曲线。

（2）不能选取一条以上的有效草绘基准曲线，或“旋转”工具在打开时不带有任何几何特征，系统将显示一条出错消息，并要求用户选取新的参照。

6. 旋转角度

在旋转特征中，将截面绕一旋转轴旋转至指定角度。可通过以下选项定义旋转角度。

- （指定）。自草绘平面以指定角度值旋转截面。在“角度”文本框中输入角度值，或选取一个预定义的角度 (如 90° 、180° 、270° 、510°)，则系统将会创建角度尺寸。
- （对称）。在草绘平面的每一侧上以指定角度值的一半旋转截面。
- （到选定项）。旋转截面直至选定基准点、顶点、平面或曲面。

技巧荟萃

终止平面或曲面必须包含旋转轴。

7. 使用捕捉改变角度选项的提示

采用捕捉至最近参照的方法可将角度选项由（指定）改变为（到选定项），按住 <Shift> 键拖动图柄至要使用的参照以终止特征，重复操作可将角度选项更改为“指定”。注意拖动图柄时，显示角度尺寸。

8. “加厚草绘”选项

使用“加厚草绘”选项可通过将指定厚度应用到截面轮廓以创建薄实体。“加厚草绘”选项在以相同厚度创建简化特征时是很有用的。添加厚度的规则如下。

（1）可将厚度值应用到草绘的任一侧或应用到两侧。

（2）对于厚度尺寸，只可指定正值。

技巧荟萃

截面草绘中不能包括文本。

9. 创建旋转切口

使用“旋转”工具，通过绕中心线旋转草绘截面可去除材料。

要创建切口，可使用与用于伸出项选项相同的角度选项。对于实体切口，可使用闭合截面；对于使用“加厚草绘”创建的切口，闭合截面和开放截面均可使用。定义切口时，可在下列特征属性之间进行切换。

（1）对于切口和伸出项，可单击“去除材料”按钮。

（2）对于去除材料的一侧，可单击“反向”按钮切换去除材料的一侧。

（3）对于实体切口和薄壁切口，可单击“加厚草绘”按钮加厚草绘。

4.3.2 创建旋转特征的操作步骤

（1）单击“文件”工具栏中的“新建”按钮，打开“新建”对话框，在“类型”选项组中点选“零件”单选钮，在“名称”文本框中输入“xuanzhuan”，接受系统默认模板，单击“确定”按钮，创建一个新的零件文件。

（2）在菜单栏中选择“插入”→“旋转”命令，或单击“基准特征”工具栏中的“旋转”按钮，系统打开“旋转”操控板。

（3）依次单击操控板中的“放置”→“定义”按钮，系统打开“草绘”对话框。

（4）选取 FRONT 基准平面作为草绘平面，其余选项接受系统默认设置，单击“草绘”按钮，进入草绘环境。

（5）单击“草绘器工具”工具栏中的“中心线”按钮，绘制一条过坐标原点的竖直中心线作为旋转中心。

（6）单击“草绘器工具”工具栏中的“线”按钮和“圆角”按钮，绘制图 4-20 所示的旋转截面草图。

（7）截面绘制完成后，单击“草绘器工具”工具栏中的“完成”按钮退出草绘环境。在操控板中设置旋转角度为 270°，单击“预览”按钮，结果如图 4-21 所示。

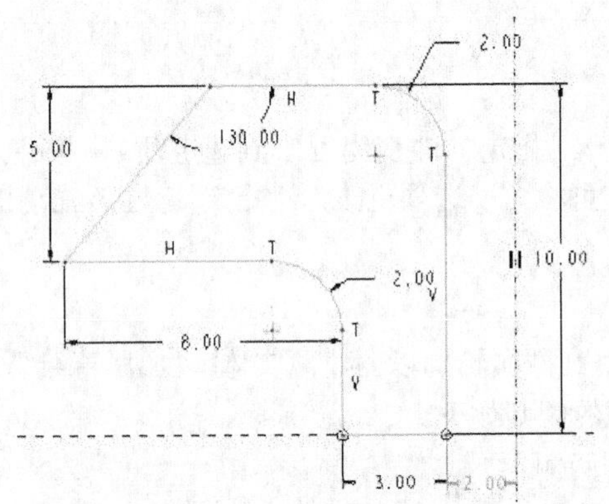

图 4-20 绘制旋转截面草图

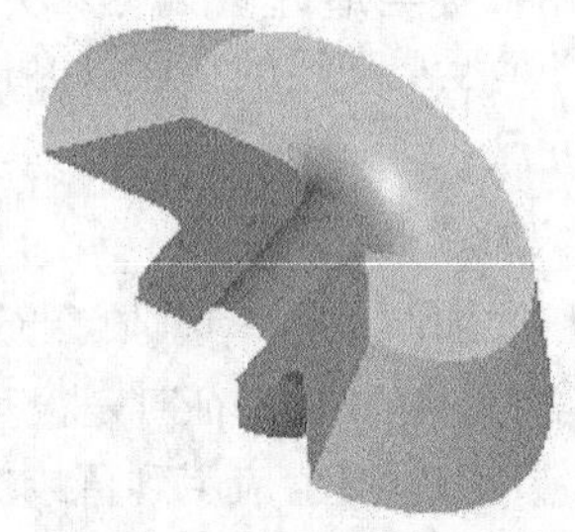

图 4-21 预览图形

（8）取消预览，修改旋转角度为 360°，单击操控板中的“完成”按钮，完成旋转实体的创建，结果如图 4-22 所示。

（9）如果需要对生成的模型进行修改，可右击“模型树”选项卡中的“旋转 1”选项，在打开的右键快捷菜单中选择“编辑定义”命令即可编辑该特征，如图 4-23 所示。

（10）单击操控板中的“放置”按钮，在打开的“放置”下滑面板中包含“草绘”和“轴”两个选项组，如图 4-24 所示。单击“编辑”按钮，重新编辑草绘截面；单击“内部 CL”按钮，重新选取旋转轴。

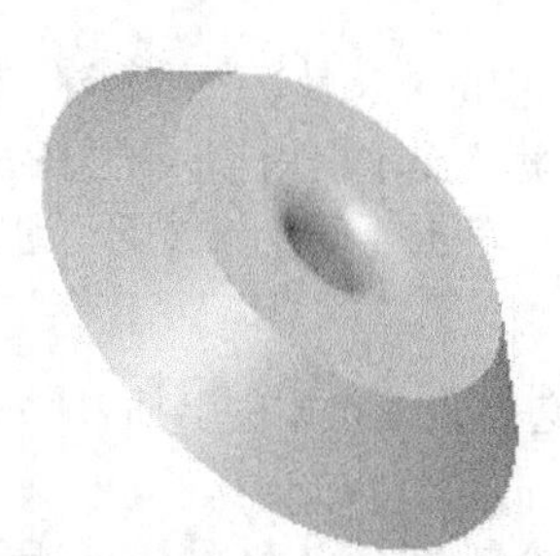

图 4-22　旋转实体

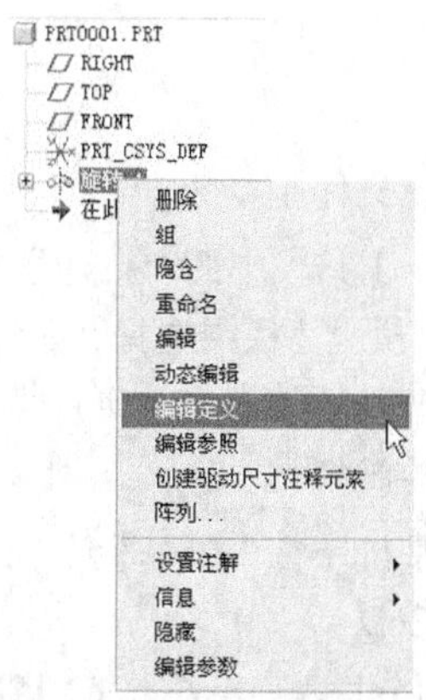

图 4-23　“模型树”选项卡

（11）单击操控板中的“加厚草绘”按钮，设置壁厚值为 0.5、旋转角度为 270°，单击“完成”按钮完成对模型的修改，生成的薄壁元件如图 4-25 所示。

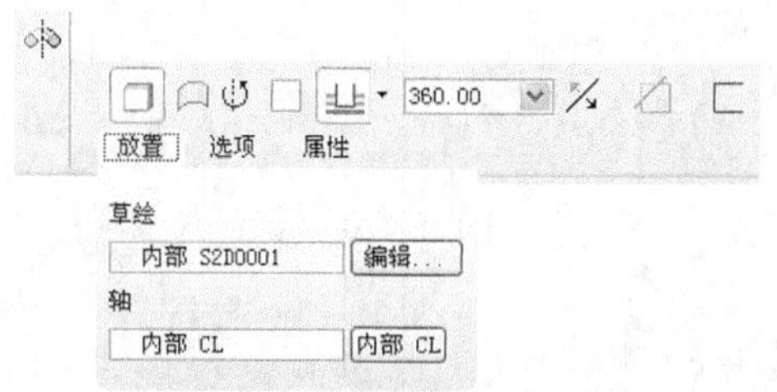

图 4-24　“放置”下滑面板

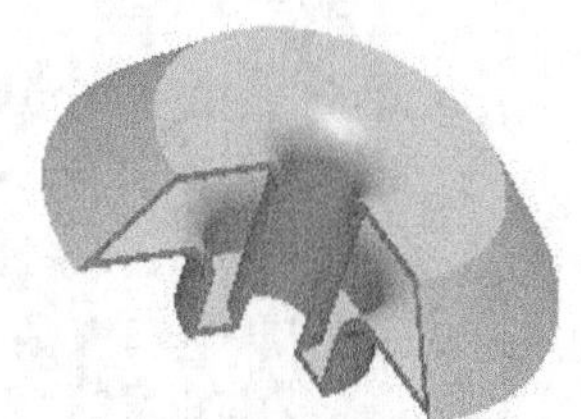

图 4-25　薄壁元件

（12）单击“文件”工具栏中的“保存”按钮保存文件到指定的目录。

4.3.3　实例——阀杆

本例通过阀杆的建模过程来介绍旋转特征的具体使用方法，模型如图 4-26 所示。首先绘制阀杆的母线，通过旋转母线创建阀杆，得到最终的模型。

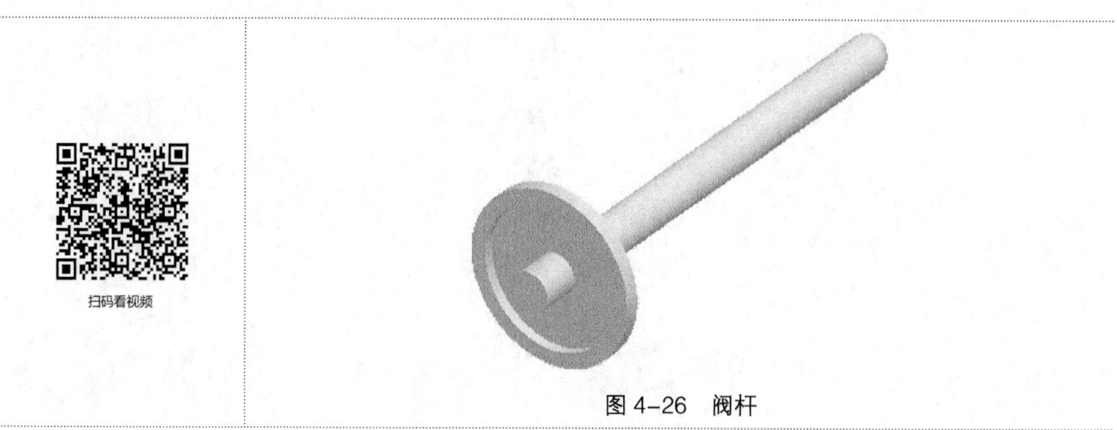

图 4-26　阀杆

【创建步骤】

Step 1 新建文件

单击“文件”工具栏中的“新建”按钮或选择菜单栏中的“文件”→“新建”命令，弹出“新建”对话框。在“类型”栏中选择“零件”选项，在“名称”文本框内输入 fagan.prt，单击“确定”按钮，弹出“新文件选项”对话框，选择 mmns_part_solid，单击“确定”按钮，进入绘图界面。

Step 2 旋转阀杆

（1）单击“基础特征”工具栏上的“旋转”按钮或选择菜单栏中的“插入”→“旋转”命令，弹出“旋转”操控板。

（2）在工作区上选择基准平面 TOP 作为草绘平面，绘制图 4-27 和图 4-28 所示的截面图。单击“完成”✔按钮，退出草绘环境。

（3）在操控板上设置旋转方式为“变量”，输入“360”作为旋转的变量角，如图 4-29 所示。单击“确定”按钮完成特征，如图 4-26 所示。

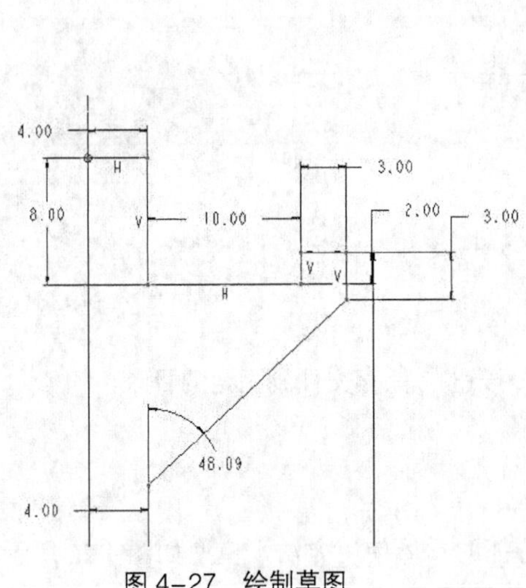

图 4-27　绘制草图

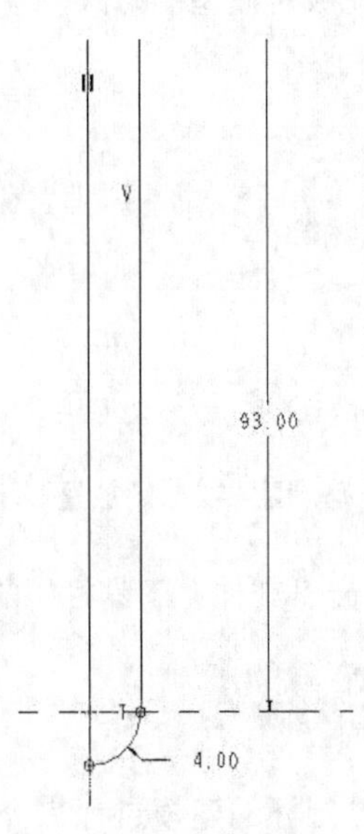

图 4-28　绘制草图

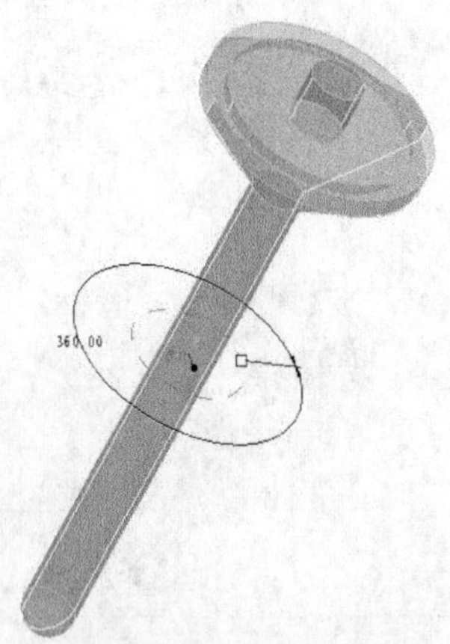

图 4-29　预览特征

4.4 扫描特征

扫描特征是通过草绘轨迹或选取轨迹，然后沿该轨迹对草绘截面进行扫描来创建实体。常规截面扫描可以是特征创建时的草绘轨迹，也可以是由选定基准曲线或边组成的轨迹。作为一般规则，该轨迹必须有相邻的参照曲面或平面。在定义扫描时，系统检查指定轨迹的有效性，并创建法向曲面。法向曲面是指一个曲面，其法向用来创建该轨迹的 Y 轴。轨迹指定模糊时，系统会提示选取一个法向曲面。

4.4.1 创建扫描特征的操作步骤

通过“扫描”特征可创建实体特征，也可创建薄壁特征。本节将分别讲述运用扫描特征创建实体特征和薄壁特征的具体操作过程。

1. 创建实体扫描特征的操作步骤

（1）以“草绘轨迹”方式创建实体扫描特征。

① 单击“文件”工具栏“新建”按钮，系统打开“新建”对话框，在“类型”选项组中点选“零件”单选钮，在“名称”文本框中输入“saomiao”，接受系统默认模板，单击“确定”按钮，创建一个新的零件文件。

② 在菜单栏中选择“插入”→“扫描”→“伸出项”命令，系统打开图 4-30 所示的“伸出项：扫描”对话框和图 4-31 所示的菜单管理器。

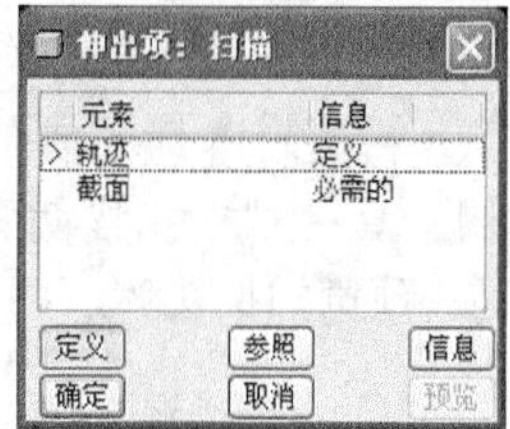

图 4-30　“伸出项：扫描”对话框 1

图 4-31　菜单管理器 1

③ 在“扫描轨迹”菜单中选择“草绘轨迹”命令，菜单管理器显示如图 4-32 所示，同时系统还打开了“选取”对话框，提示用户选取草绘平面。

④ 选取 FRONT 基准平面作为草绘平面，在图 4-33 所示的菜单中依次选择“确定”→“缺省”命令（缺省的草绘平面方向为正向），系统进入草绘环境。

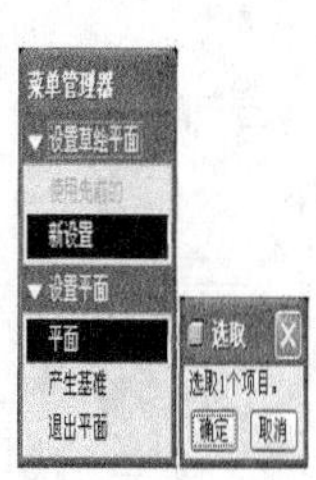

图 4-32　菜单管理器 2

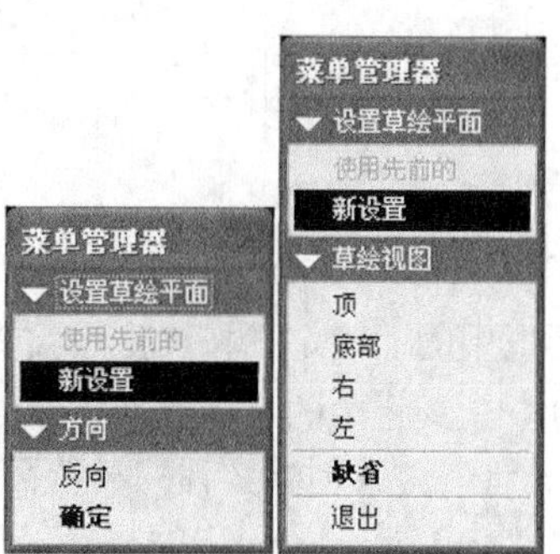

图 4-33　菜单管理器 3

⑤ 绘制图 4-34 所示的扫描轨迹。

⑥ 绘制完成后，单击“草绘器工具”工具栏中的“完成”按钮✓退出草绘环境。系统打开菜单管理器的“属性”菜单，如图 4-35 所示，依次选择“无内表面”→“完成”命令，进入扫描截面草绘。

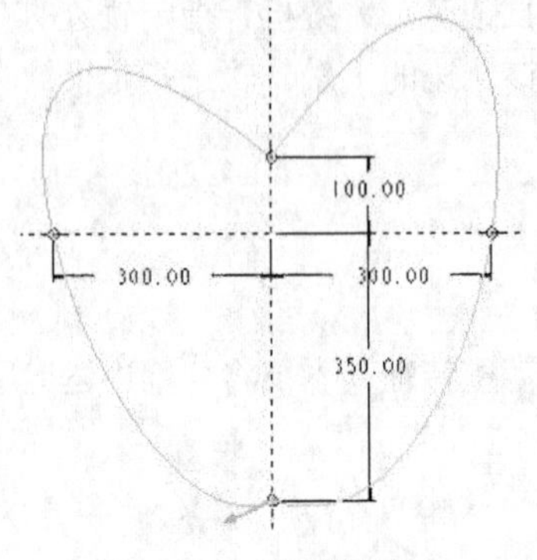

图 4-34　扫描轨迹 1

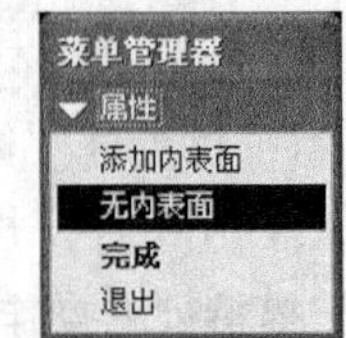

图 4-35　“属性”菜单

⑦ 以草绘参照中心为圆心，绘制图 4-36 所示的椭圆形截面，绘制完成后单击“草绘器工具”工具栏中的“完成”按钮✓退出草绘环境。

⑧ 绘制完成后，消息提示区将显示“所有元素已定义。请从对话框中选取元素或动作”。

⑨ 单击“伸出项：扫描”对话框中的“预览”按钮，如果没有生成任何实体，消息提示区将提示“不能构建特征几何图形”，这是由于相对于扫描轨迹来说扫描截面尺寸过大，使扫描模型不能被构建。

⑩ 双击“伸出项：扫描”对话框中的“截面”选项，再次进入扫描截面草绘环境，修改扫描截面尺寸，单击“草绘器工具”工具栏中的“完成”按钮✓，完成对扫描截面的编辑。

⑪ 单击“伸出项：扫描”对话框中的“预览”按钮，预览扫描实体，如图 4-37 所示。

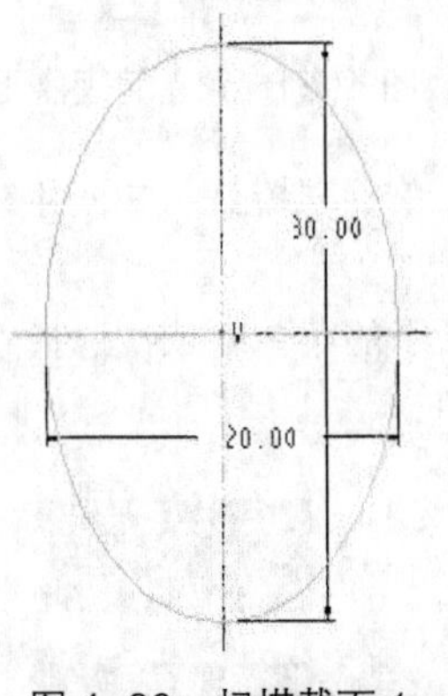

图 4-36　扫描截面 1

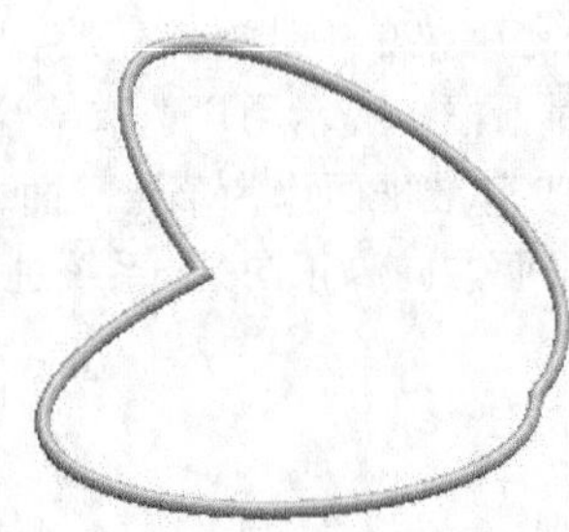

图 4-37　预览扫描实体 1

⑫ 单击该对话框中的“确定”按钮生成实体扫描特征。

⑬ 单击“文件”工具栏中的“保存”按钮保存文件到指定的目录。

（2）以“选取轨迹”方式创建实体扫描特征。

① 新建名称为“saomiaoban.prt”的文件。

② 单击“基准”工具栏中的“草绘”按钮，绘制扫描轨迹。

③ 系统打开“草绘”对话框，选取 RIGHT 基准平面作为草绘平面，其他选项接受系统默认设置，单击“草绘”按钮进入草绘环境。

④ 绘制图 4-38 所示的扫描轨迹，单击“草绘器工具”工具栏中的“完成”按钮✓退出草绘环境。

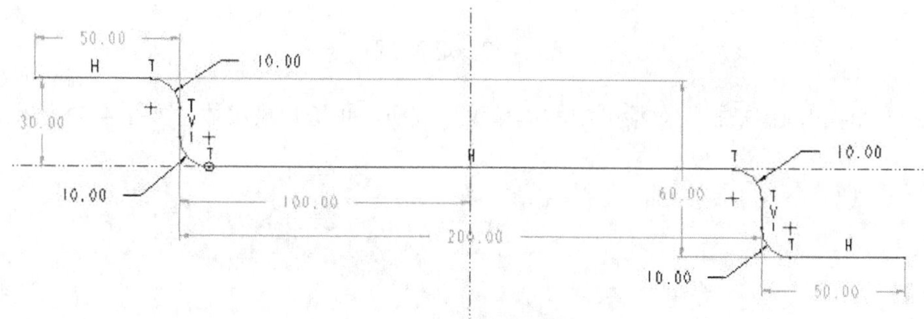

图 4-38　扫描轨迹 2

⑤ 在菜单栏中选择“插入”→“扫描”→“伸出项”命令，系统打开图 4-39 所示的“伸出项：扫描”对话框和图 4-40 所示的“扫描轨迹”菜单 。在菜单中选择“选取轨迹”命令，打开图 4-41 所示的“链”菜单，依次选择“依次”→“选取”命令，根据系统提示选取草绘曲线。

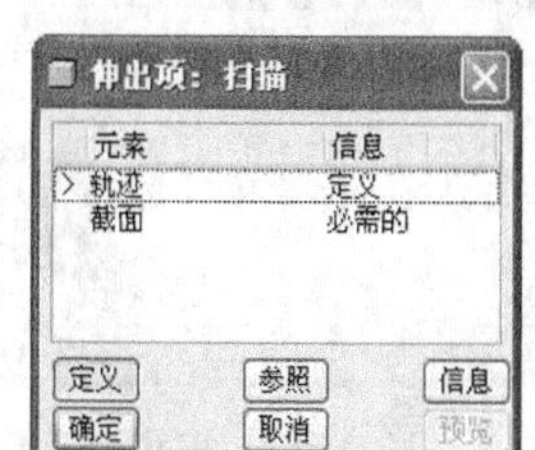

图 4-39　“伸出项：扫描”对话框 2

图 4-40　“扫描轨迹”菜单

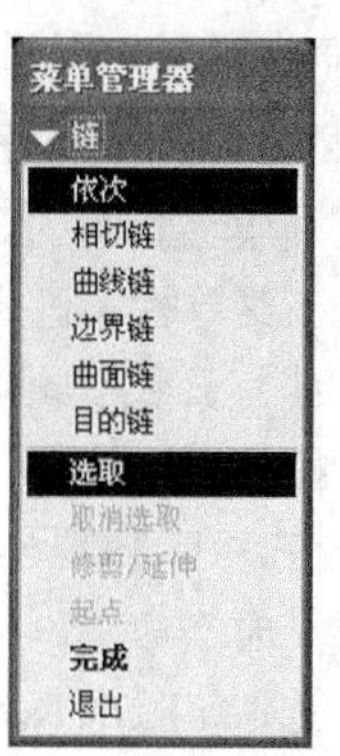

图 4-41　“链”菜单

⑥ 按住 <Ctrl> 键同时选取曲线，被选取的曲线将加粗并高亮显示，如图 4-42 所示。

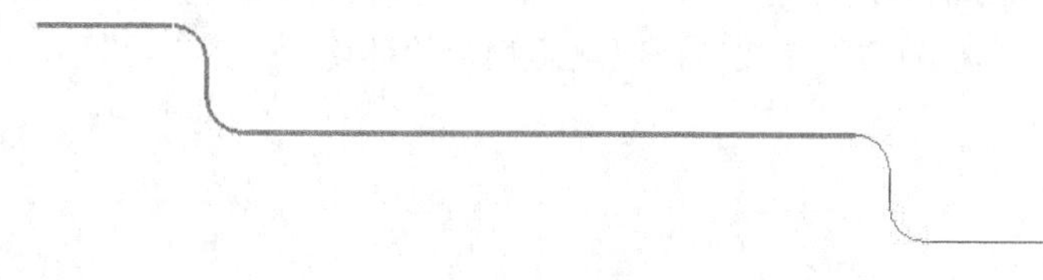

图 4-42　选取曲线

⑦ 选取完毕后，选择“链”菜单中的“完成”命令，进入扫描截面草绘。

⑧ 绘制图 4-43 所示的矩形截面，并使矩形关于草绘参照中心对称，绘制完成后单击“草绘器工具”工具栏中的“完成”按钮✓退出草绘环境。

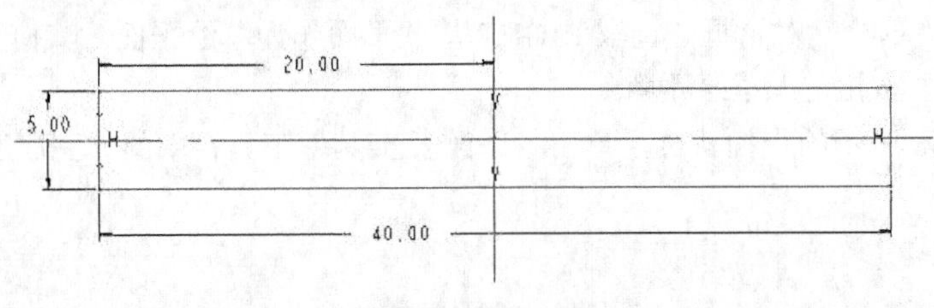

图 4-43　矩形截面

⑨ 单击“伸出项：扫描”对话框中的“预览”按钮，预览扫描实体，如图 4-44 所示。

图 4-44　预览扫描实体 2

⑩ 单击该对话框中的“确定”按钮生成实体扫描特征。

⑪ 单击“文件”工具栏中的“保存”按钮保存文件到指定目录。

2. 创建薄壁扫描特征的操作步骤

（1）新建名称为“smbaobi.prt”的文件。

（2）在菜单栏中选择“插入”→“扫描”→“薄板伸出项”命令，系统打开图 4-45 所示的“伸出项：扫描，薄板”对话框和“扫描轨迹”菜单。

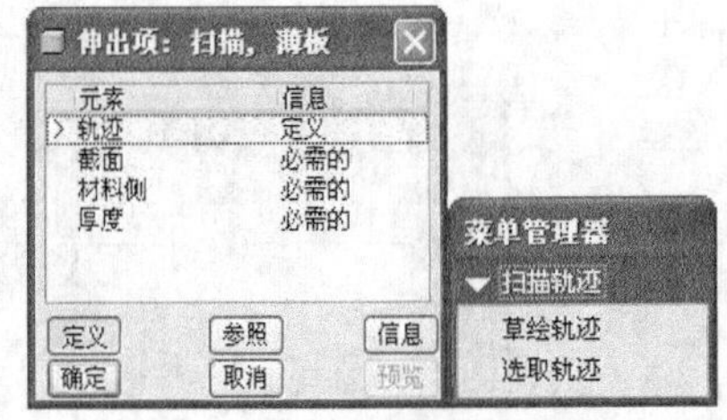

图 4-45　扫描选项设置

（3）在菜单管理器中依次选择“草绘轨迹”→“新设置”→“平面”命令。

（4）选取 FRONT 基准平面作为草绘平面，在打开的菜单管理器中依次选择“确定”→“缺省”命令，进入草绘环境。

（5）绘制图 4-46 所示的扫描轨迹，单击“草绘器工具”工具栏中的“完成”按钮退出扫描轨迹草绘。

（6）系统进入扫描截面草绘环境，以草绘参照中心为圆心，绘制图 4-47 所示的圆形截面，再单击“草绘器工具”工具栏中的“完成”按钮退出草绘环境。

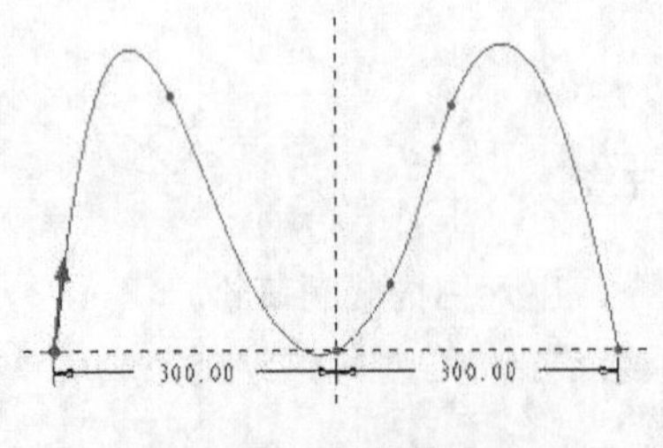

图 4-46　扫描轨迹 3

80.00

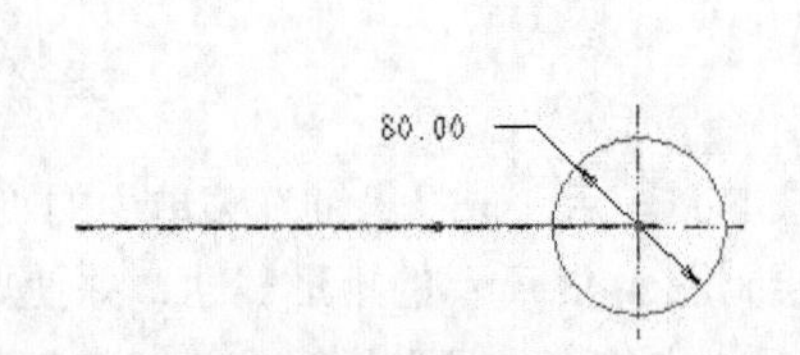

图 4-47　扫描截面 2

（7）系统打开“薄板选项”菜单，用于选择加材料的方向。箭头所指的方向为正向。如图 4-48 所示，若选择“定向”命令，则沿着扫描截面向外加材料；选择“反向”命令，则沿着扫描截面向内加材料；若选择“两者”命令，则以扫描截面为对称面，向两侧加材料。

（8）选择“两者”命令后，消息提示区将提示“输入薄板特征的宽度”，在其后面的文本框中输入壁厚度为“10”，单击“接受值”按钮✓完成各项设置。

（9）单击“伸出项：扫描，薄板”对话框中的“预览”按钮，预览薄壁扫描特征，如图 4-49 所示。

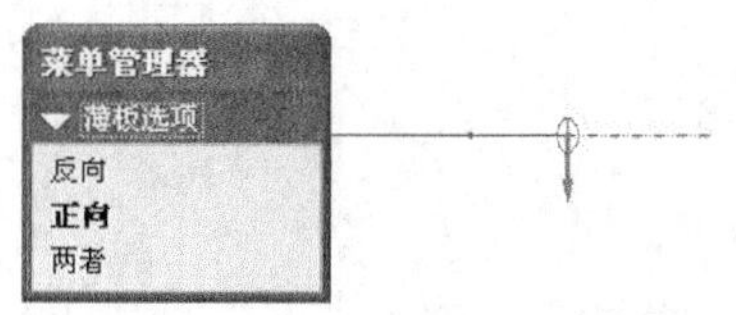

图 4–48　选择加材料方向

图 4–49　薄壁扫描特征

（10）单击该对话框中的“确定”按钮完成薄壁特征的创建。

（11）保存文件到指定的目录并关闭当前对话框。

4.4.2　实例——工字钢

本例通过工字钢轨道的建模过程来介绍扫描特征的具体使用方式，模型如图 4-50 所示。首先分别创建截面和轨迹线草图，然后通过扫描特征生成最后模型。

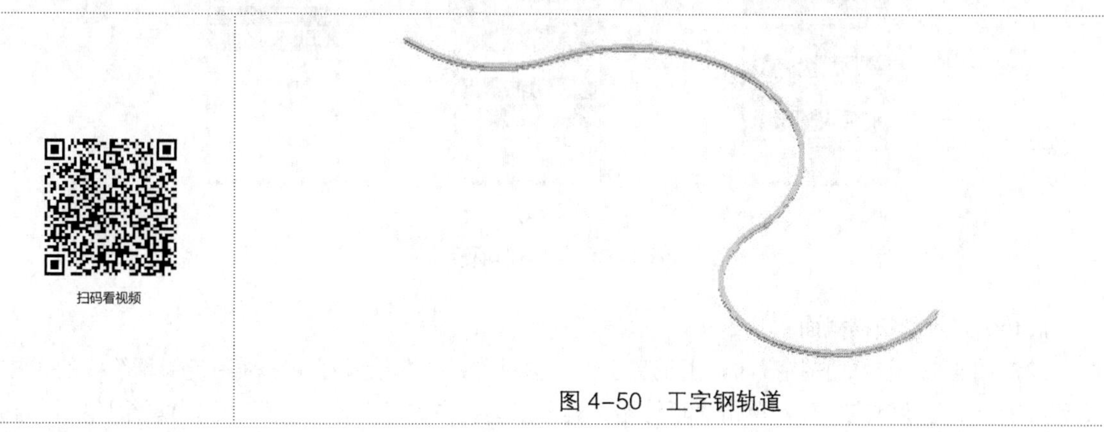

图 4–50　工字钢轨道

【创建步骤】

Step 1　新建文件

单击“文件”工具栏中的“新建”按钮，系统打开“新建”对话框。在“类型”选项组中点选“零件”单选钮，在“子类型”选项组中点选“实体”单选钮，在“名称”文本框中输入“gongzigang”，取消勾选“使用缺省模板”复选框，单击“确定”按钮，在打开的“新文件选项”对话框中选择“mmns_part_solid”选项，单击“确定”按钮，创建一个新的零件文件。

Step 2 创建扫描特征

在菜单栏中选择“插入”→“扫描”→“伸出项”命令，如图 4-51(a) 所示，系统打开图 4-51(b) 所示的“伸出项：扫描”对话框和图 4-51（c）所示的“扫描轨迹”菜单，在菜单中选择“草绘轨迹”命令，系统打开图 4-51（d）所示的“设置平面”菜单，选取 TOP 基准平面作为草绘平面，系统打开图 4-51（e）所示的“方向”菜单，选择“确定”命令，系统打开图 4-51（f）所示的“草绘视图”菜单，选择“缺省”命令，进入草绘环境。绘制的轨迹线如图 4-52 所示。由于轨迹线的曲线较多，在绘制过程中需注意两曲线相切，形成光滑的曲线段。

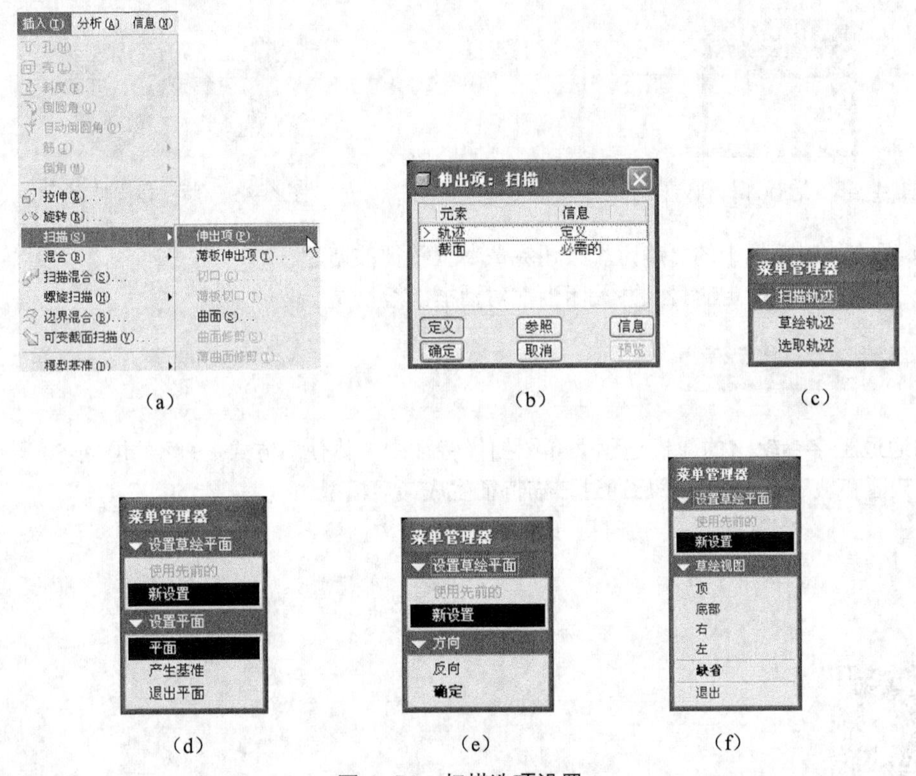

（a）（b）（c）

（d）（e）（f）

图 4-51 扫描选项设置

Step 3 绘制扫描截面

绘制图 4-53 所示的扫描截面。由于工字钢结构对称，在草绘过程中应采用镜像草绘线的方法，提高绘图效率。绘制完成后，单击“草绘器工具”工具栏中的“完成”按钮✓退出草绘环境。

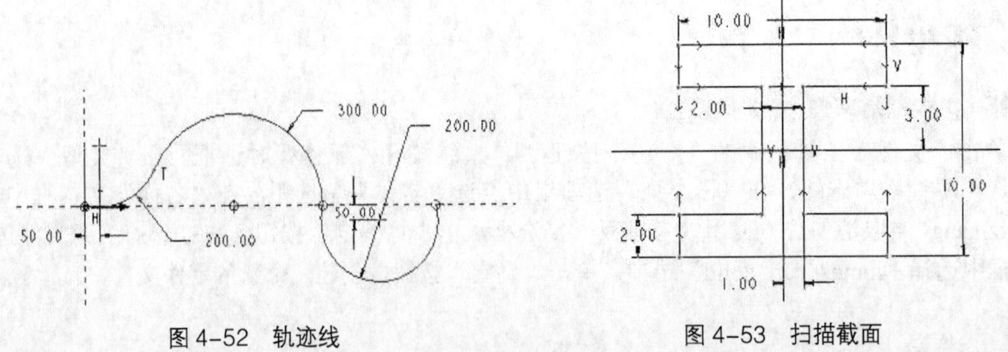

图 4-52 轨迹线　　图 4-53 扫描截面

Step 4　预览保存文件

单击“伸出项：扫描”对话框中的“预览”按钮，查看创建的扫描特征，确认无误后，单击“确定”按钮完成扫描特征的创建，如图 4-50 所示。单击“文件”工具栏中的“保存”按钮，将文件保存到指定目录。

4.5 混合特征

扫描特征是由截面沿轨迹扫描而成，但截面形状单一，而混合特征是由两个或两个以上的平面截面组成，通过将这些平面截面在其边处用过渡曲面连接形成的一个连续特征。混合特征可以满足用户实现在一个实体中出现多个不同截面的要求。

混合特征有平行、旋转和一般 3 种类型，其含义分别如下。

- 平行。所有混合截面都位于截面草绘中的多个平行平面上。
- 旋转。混合截面绕 Y 轴旋转，最大角度可达 120°。每个截面都单独草绘并与截面坐标系对齐。
- 一般。一般混合截面可绕 X 轴、Y 轴和 Z 轴旋转，也可沿这 3 个轴平移。每个截面都单独草绘，并与截面坐标系对齐。

4.5.1　创建混合特征的操作步骤

下面分别讲述创建上述 3 种类型混合特征的具体操作步骤。

1. 创建平行混合特征的操作步骤

（1）新建名称为“hunhe.prt”的文件。

（2）在菜单栏中选择“插入”→“混合”→“伸出项”命令，打开图 4-54 所示的“混合选项”菜单。通过该菜单，用户可以设置混合类型、剖面类型以及剖面获取方式等。该菜单中主要命令的含义如下。

- 规则截面。使用草绘截面或实体表面作为混合截面。
- 投影截面。使用选定曲面上的截面投影为混合截面。该选项只用于平行混合，而且只适用于在实体表面投影。
- 选取截面。用于选取截面图元。该选项对平行混合无效。
- 草绘截面。选取一个草绘平面创建草绘截面作为混合截面。

（3）在打开的菜单中依次选择“平行”→“规则截面”→“草绘截面”→“完成”命令，系统打开图 4-55 所示的“伸出项：混合，平行，规则截面”对话框和图 4-56 所示的“属性”菜单。

图 4-54　“混合选项”菜单

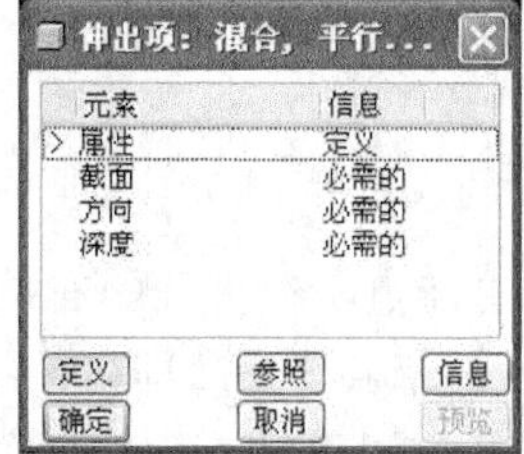

图 4-55　“伸出项：混合，平行，规则截面”对话框

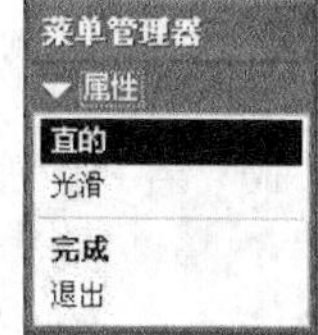

图 4-56　“属性”菜单

（4）在“属性”菜单中依次选择“直的”→“完成”命令，打开“设置草绘平面”菜单。

（5）在“设置草绘平面”菜单中选择“平面”命令，消息提示区提示“选取或创建一个草绘平面”，选取 TOP 基准平面作为草绘平面，然后在打开的菜单中依次选择“确定”→“缺省”命令（缺省为正向），各菜单中命令的选择如图 4-57 所示。

（6）系统进入草绘环境，绘制图 4-58 所示的半径为 100 的圆作为第一个平行混合截面。

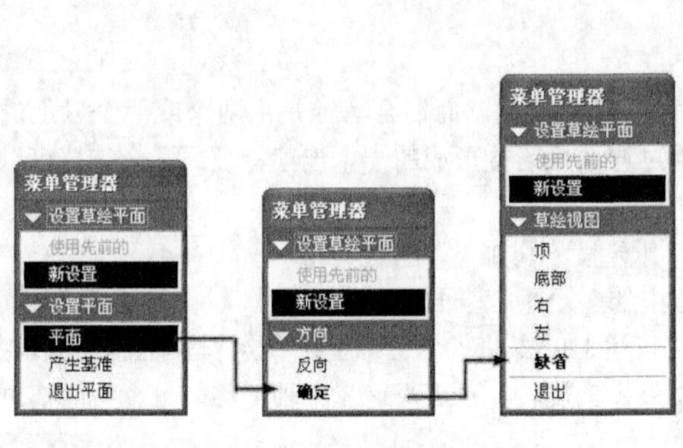

图 4-57　选择命令

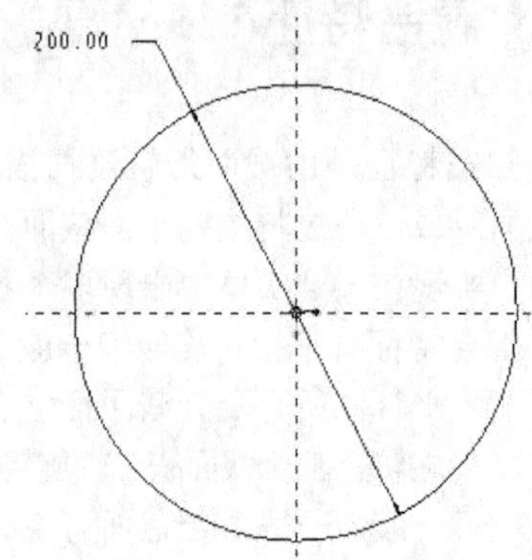

图 4-58　绘制第一个平行混合截面

（7）在绘图区右击，在打开的右键快捷菜单中选择“切换截面”命令，或在菜单栏中选择“草绘”→“特征工具”→“切换截面”命令，第一个截面图元将变为灰色。

（8）绘制图 4-59 所示的边长为 80 的正方形作为第二个截面平行。

（9）在混合特征中要求所有截面的图元数必须相等。第二个截面的图元数为 4，因此第一个截面的圆应该分为 4 段。在菜单栏中选择“草绘”→“特征工具”→“切换截面”命令，重复操作切换到第一个截面。单击“草绘器工具”工具栏中的“分割”按钮，在图 4-60 所示的位置将圆打断为 4 段圆弧，此时会在第一个打断点出现一个表示混合起点和方向的箭头（图中 A 处）。

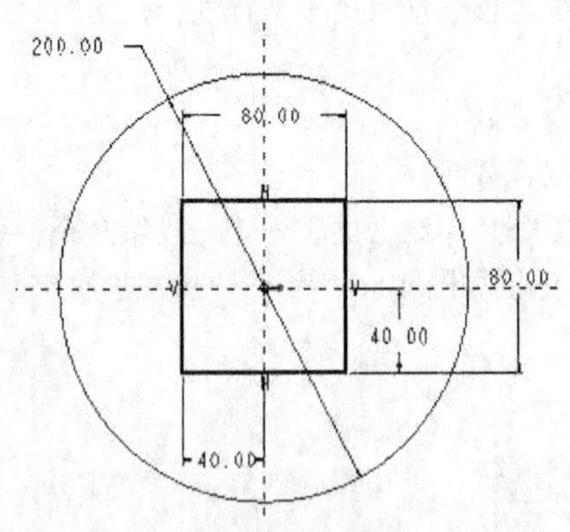

图 4-59　绘制第二个平行混合截面

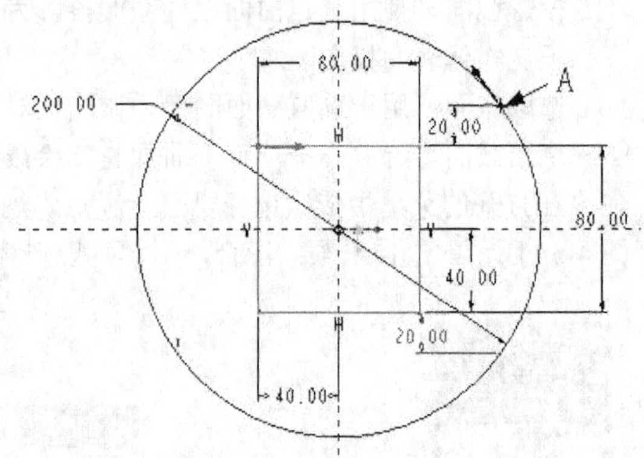

图 4-60　打断于点

（10）若要改变起点方向，则右击起点，在打开的右键快捷菜单中选择“起点”命令，或在菜单栏中选择“草绘”→“特征工具”→“起点”命令即可，结果如图 4-61 所示。若要改变起点位置，则选取另外一个将作为起点的点右击，在打开的右键快捷菜单中选择“起点”命令，或在菜单栏中选择“草绘”→“特征工具”→“起点”命令。

（11）在绘图区右击，在打开的右键快捷菜单中选择“切换截面”命令，第二个截面图元变为灰色。

（12）绘制图 4-62 所示的一个半径为 130 的圆作为第三个平行混合截面。

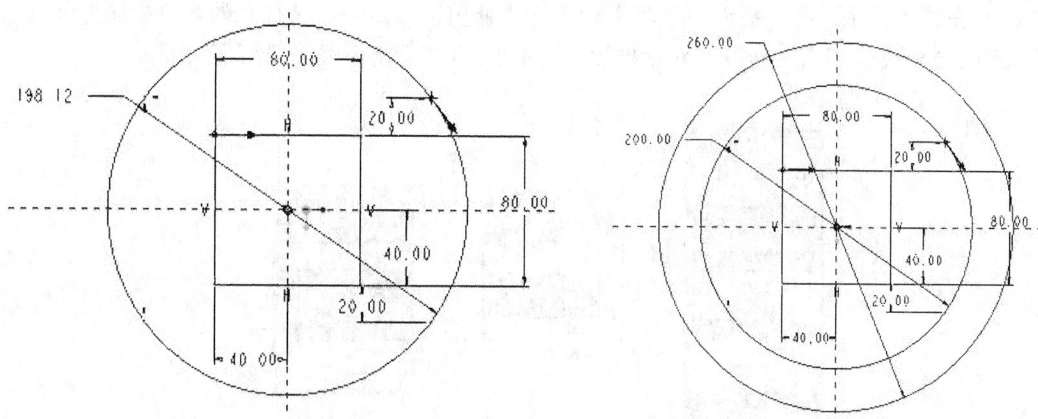

图 4-61　改变起点方向　　　　图 4-62　绘制第三个平行混合截面

（13）修改第三个截面的图元数。使用与步骤（9）相同的方法将圆分割为 4 段。

（14）单击“草绘器工具”工具栏中的“完成”按钮✔退出草绘环境。

（15）根据系统提示输入第一个截面和第二个截面的深度值为“100”。

（16）输入第二个截面和第三个截面的深度值为“100”。

（17）单击“伸出项：混合，平行，规则截面”对话框中的“预览”按钮，预览生成的平行混合特征，如图 4-63 所示。

（18）双击该对话框中的“截面”选项编辑草绘剖面。进入草绘环境后，在绘图区右击，在打开的右键快捷菜单中选择“切换截面”命令。切换到第二个截面，然后改变起点的位置和方向，单击“草绘器工具”工具栏中的“完成”按钮✔退出草绘环境。

（19）单击“伸出项：混合，平行，规则截面”对话框中的“预览”按钮，预览生成的平行混合特征，如图 4-64 所示。

（20）双击“伸出项：混合，平行，规则截面”对话框中的“属性”选项，编辑特征属性。在打开的菜单中选择“光滑”→“完成”命令。

（21）单击“伸出项：混合，平行，规则截面”对话框中的“预览”按钮，预览生成的平行混合特征，如图 4-65 所示。

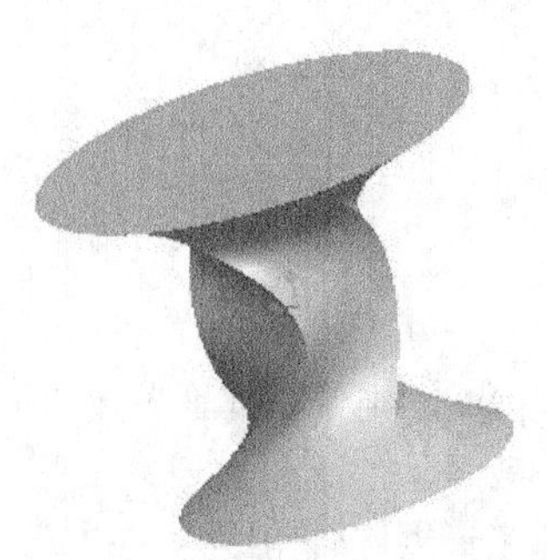

图 4-63　平行混合特征（直的）

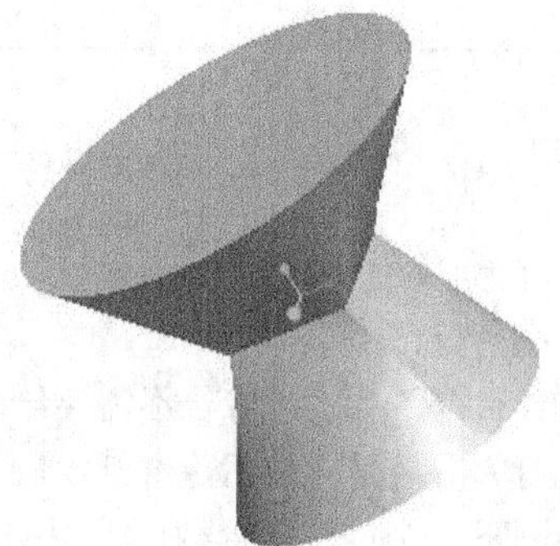

图 4-64　平行混合特征（反向）

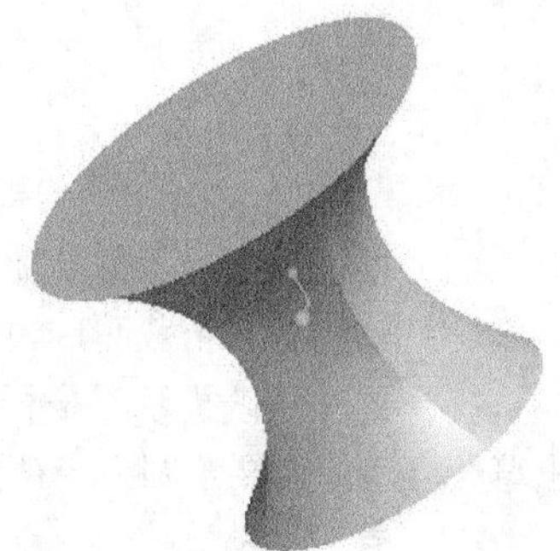

图 4-65　平行混合特征（光滑）

（22）单击该对话框的“确定”按钮完成混合特征的操作。

2．创建旋转混合特征的操作步骤

（1）新建名称为“hhxuanzhuan.prt”的文件。

（2）在菜单栏中选择“插入”→“混合”→“伸出项”命令，在打开的菜单中按图4-66所示选择旋转混合命令。打开“选取”对话框后，选取FRONT基准平面作为草绘平面。

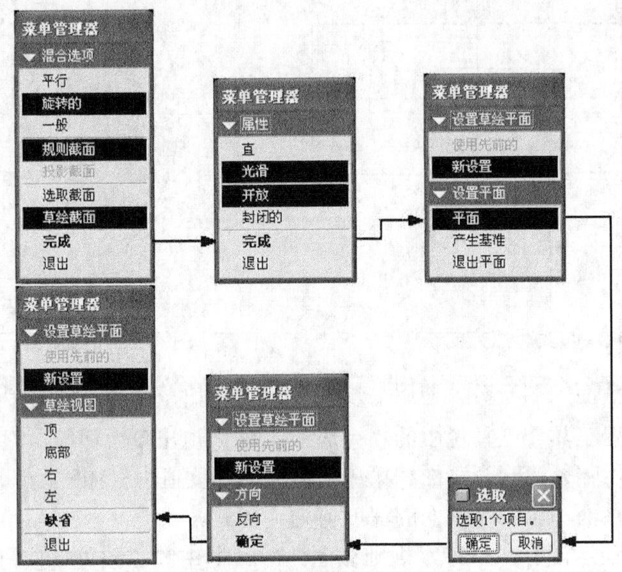

图4-66　旋转混合命令选择

（3）进入草绘环境后绘制第一个旋转混合截面。单击“草绘器工具”工具栏中的“坐标系”按钮，创建参照坐标系，再单击“草绘器工具”工具栏中的“圆心和点”按钮绘制一个椭圆，如图4-67所示。

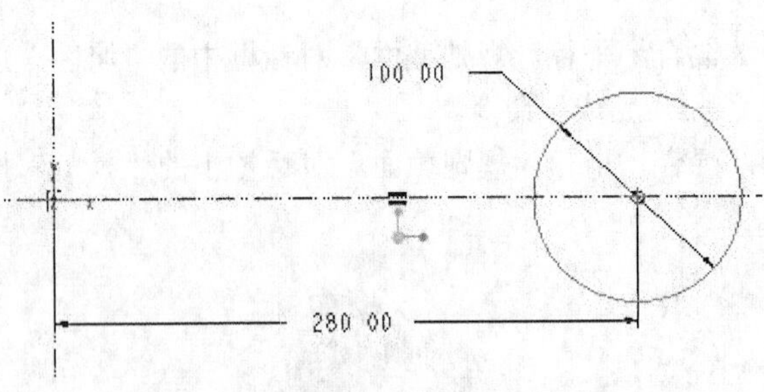

图4-67　绘制第一个旋转混合截面

（4）根据系统提示输入旋转角度为“60°”。

（5）绘制第二个截面，如图4-68所示。

（6）此时系统提示“是否继续绘制下一截面”，若不需要绘制其他截面，则单击“否”按钮退出草绘环境；若要绘制下一截面，则单击“是”按钮，继续绘制下一个截面。

（7）单击“是”按钮，继续绘制下一个旋转混合截面，根据系统提示设置旋转角度为“30°”。

（8）绘制第三个旋转混合截面，如图4-69所示。

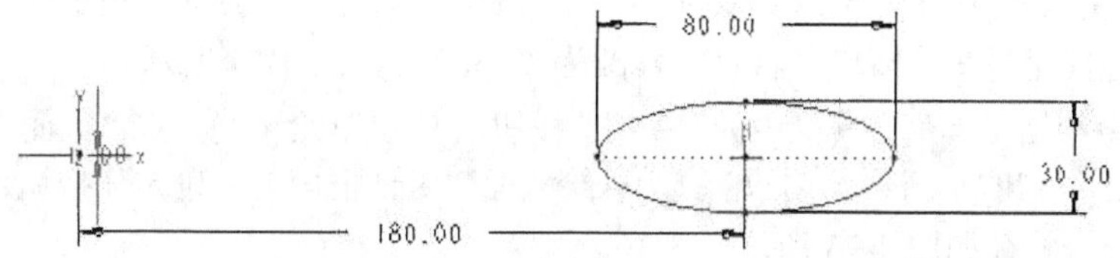

图 4-68　绘制第二个旋转混合截面

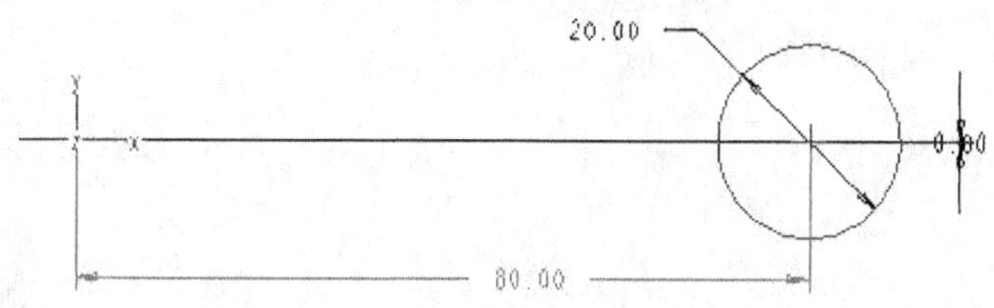

图 4-69　绘制第三个旋转混合截面

（9）消息提示区提示“是否继续绘制下一截面”，单击“否”按钮退出草绘环境。

（10）单击图 4-70 所示的“伸出项：混合，旋转的，草绘截面”对话框中的“预览”按钮，预览生成的旋转混合特征，如图 4-71 所示。

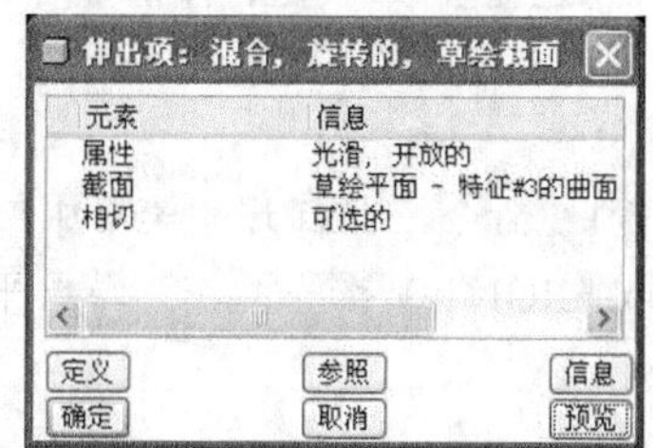

图 4-70　“伸出项：混合，旋转的，草绘截面”对话框

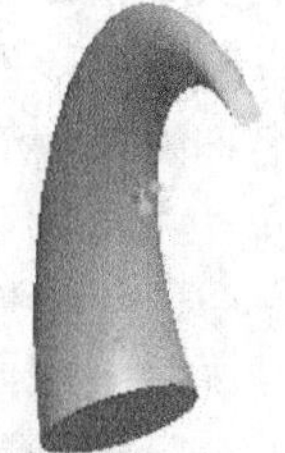

图 4-71　旋转混合特征（光滑的）

（11）双击“伸出项：混合，旋转的，草绘截面”对话框中的“属性”选项，在系统打开的“属性”菜单中依次选择“直”→“开放”→“完成”命令。

（12）单击“伸出项：混合，旋转的，草绘截面”对话框中的“预览”按钮，预览生成的旋转混合特征，如图 4-72 所示。

（13）双击“伸出项：混合，旋转的，草绘截面”对话框中的“截面”选项，系统打开图 4-73 所示的“截面”菜单。

图 4-72　旋转混合特征（直的）

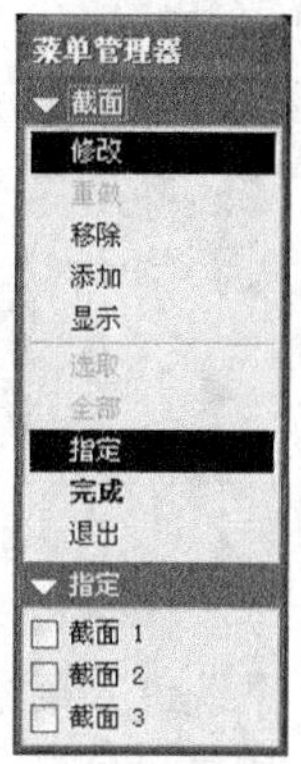

图 4-73　“截面”菜单

（14）在打开的菜单中依次选择“修改”→“指定”命令，并勾选“截面 1”复选框，系统进入第一个旋转混合截面的草绘环境，将直径修改为“150”，如图 4-74 所示。

（15）单击“草绘器工具”工具栏中的“完成”按钮✓退出草绘环境。在“截面”菜单中选择“完成”命令，再单击“伸出项：混合，旋转的，草绘截面”对话框中的“确定”按钮或单击鼠标中键，最终生成的旋转混合特征如图 4-75 所示。

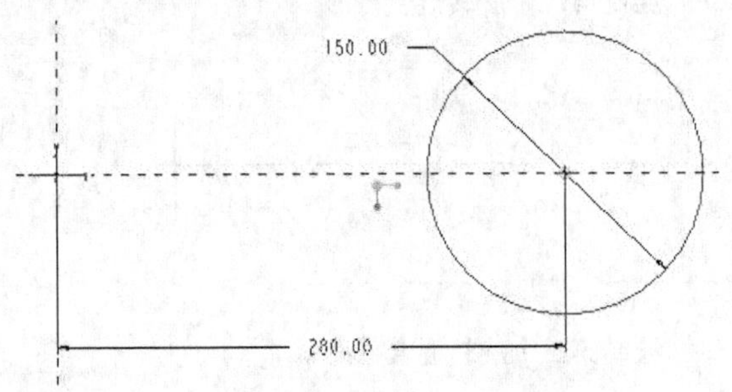

图 4-74　修改第一个旋转混合截面尺寸

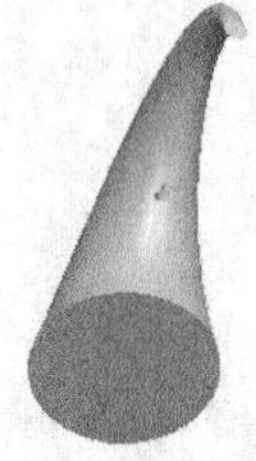

图 4-75　最终生成的旋转混合特征

3. 创建一般混合特征的操作步骤

一般混合特征的创建方法与旋转混合特征相似，不同之处在于一般混合特征中，草绘截面可以绕其坐标系中的 *X*、*Y*、*Z* 轴旋转，而在旋转混合特征中，草绘截面只能绕 *Y* 轴旋转。

（1）新建名称为“hhyiban.prt”的文件。

（2）在菜单栏中选择“插入”→“混合”→“伸出项”命令，在打开的菜单中按图 4-76 所示选择一般混合命令。当系统打开“选取”对话框后，选取 FRONT 基准平面作为草绘平面。

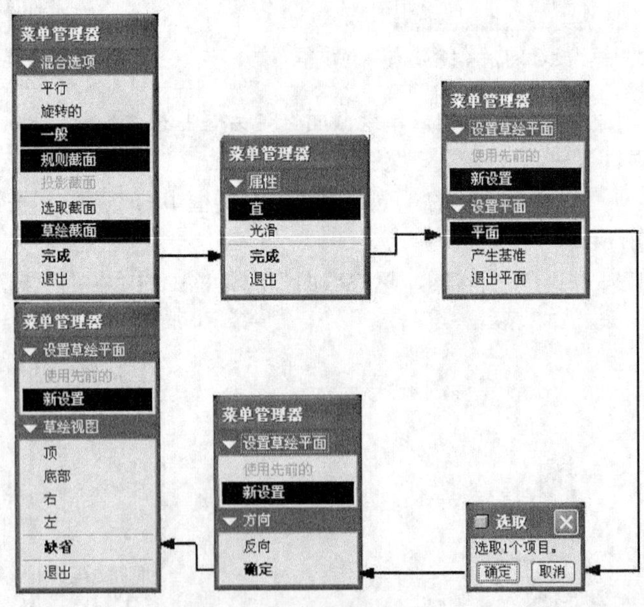

图 4-76　一般混合命令选择

（3）设置完成后，系统进入草绘环境。

（4）绘制第一个一般混合截面。单击“草绘器工具”工具栏中的“坐标系”按钮，在图中创建一个参照坐标系。再单击“草绘器工具”工具栏中的“矩形”按钮□，绘制图 4-77 所示的矩形。

（5）根据系统提示输入截面 2 绕 X 轴旋转的角度为“120°”。

（6）再依次给定截面 2 绕 Y、Z 轴的旋转角度为“120°”。

（7）绘制图 4-78 所示的图形，单击“草绘器工具”工具栏中的“完成”按钮✓，完成第二个一般混合截面的草绘。

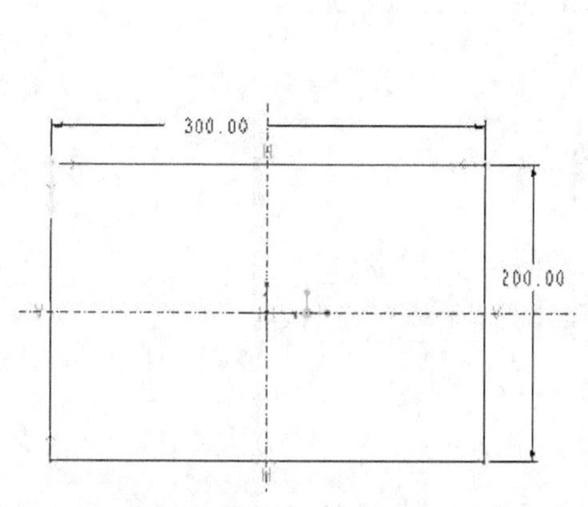

图 4-77　绘制第一个一般混合截面

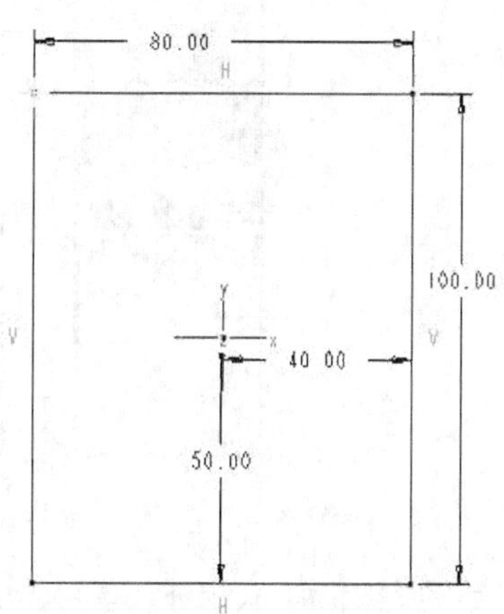

图 4-78　绘制第二个一般混合截面

（8）根据系统提示单击“是”按钮，继续绘制第三个一般混合截面。

（9）依次输入第三个截面绕 X、Y、Z 轴的旋转角度为“30°”。

（10）绘制的第三个一般混合截面如图 4-79 所示。

（11）根据系统提示单击“否”按钮不再绘制其他截面。

（12）根据系统提示输入截面 2 的深度值为“300”，单击“接受值”按钮✓或按 <Enter> 键确定。

（13）输入截面 3 的深度为“200”。

（14）单击“伸出项：混合，一般”对话框中的“确定”按钮，或单击鼠标中键完成一般混合特征的创建，如图 4-80 所示。

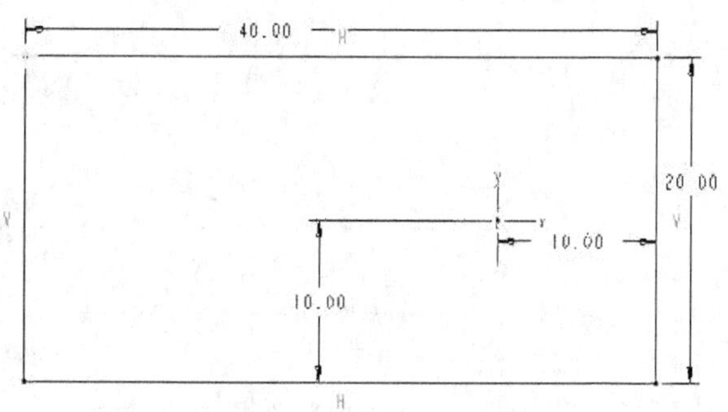

图 4-79　绘制第三个一般混合截面

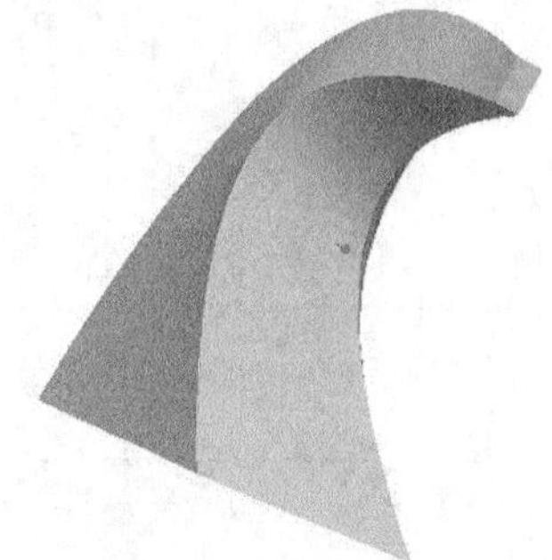

图 4-80　一般混合特征

4．创建薄壁混合特征的操作步骤

（1）新建名称为“hhbaoban.prt”的文件。

（2）在菜单栏中选择“插入”→“混合”→“薄板伸出项”命令，在打开的菜单中按图 4-81

所示进行命令选择。当系统打开“选取”对话框后，选取FRONT基准平面作为草绘平面。

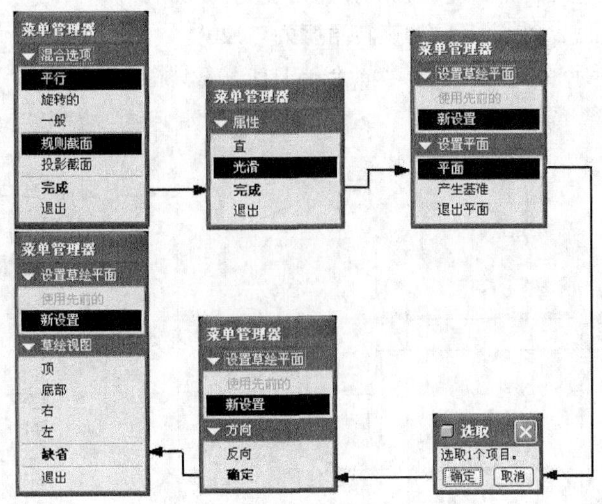

图4-81　选择命令

（3）设置完成后，系统进入草绘环境。

（4）绘制第一个薄壁混合截面，单击“草绘器工具”工具栏中的“线”按钮，绘制图4-82所示图形。

（5）在绘图区右击，在打开的右键快捷菜单中选择“切换截面”命令，或在菜单栏中选择“草绘”→“特征工具”→“切换截面”命令，第一个截面图元将变为灰色。

（6）绘制第二个薄壁混合截面。单击“草绘器工具”工具栏中的“圆心和点”按钮绘制直径为150的圆。

（7）单击“草绘器工具”工具栏中的“中心线”按钮，过矩形的对角线绘制两条中心线。

（8）单击“草绘器工具”工具栏中的“分割”按钮，在圆与中心线的交点处将圆打断为3部分，并调整起点位置和方向，如图4-83所示。

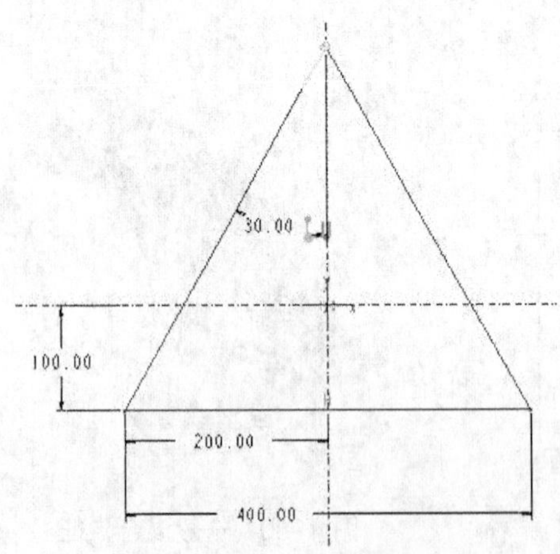

图4-82　绘制第一个薄壁混合截面

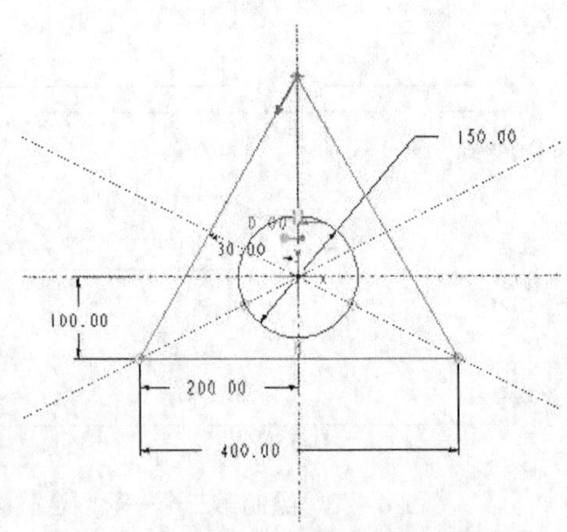

图4-83　绘制第二个薄壁混合截面

（9）在绘图区右击，在打开的右键快捷菜单中选择“切换截面”命令，第二个截面图元将变为灰色。

（10）绘制第三个薄壁混合截面。先绘制一个直径为100的圆，再重复步骤（7）～步骤（8）

的操作，将圆打断为 3 部分，结果如图 4-84 所示。

（11）草绘截面完成后，单击“草绘器工具”工具栏中的“完成”按钮✔退出草绘环境。

（12）系统提示“指明在实体的哪一侧创建特征”，在打开的“方向”菜单中选择“确定”命令，创建的实体将沿着草绘截面向外添加材料。

（13）确定添加材料方向后，根据系统提示输入薄板特征的宽度为“5”。

（14）根据系统提示输入截面 2 的深度值为“200”。

（15）输入截面 3 的深度值为“350”。

（16）单击“伸出项：混合，薄板”对话框中的“预览”按钮，预览薄壁混合特征，如图 4-85 所示。

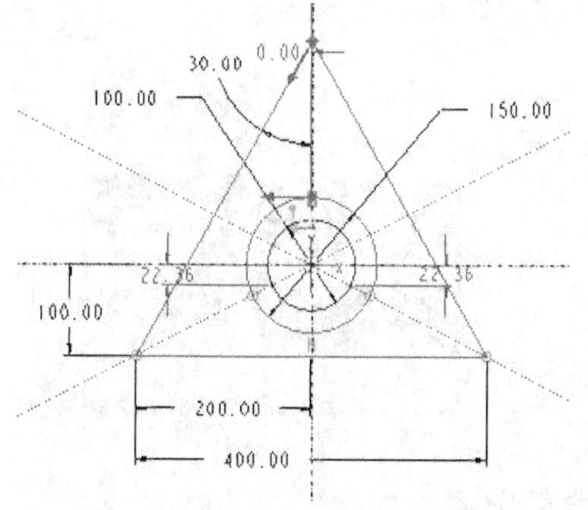

图 4-84　绘制第三个薄壁混合截面

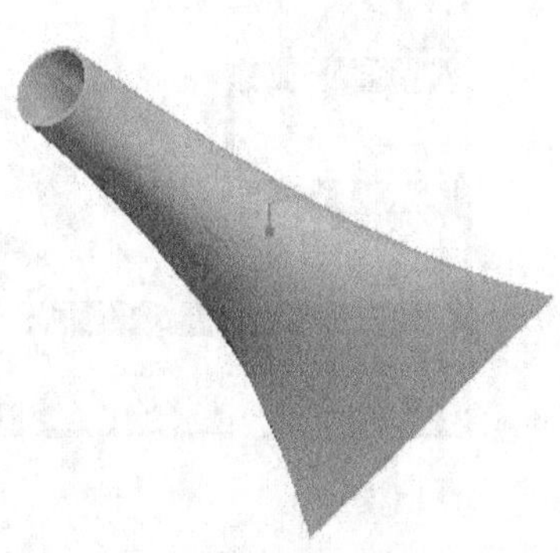
图 4-85　预览薄壁混合特征

（17）单击“伸出项：混合，薄板”对话框中的“确定”按钮，完成特征的创建。

（18）保存文件到指定的目录并关闭当前对话框。

4.5.2　实例——门把手

本例介绍门把手的建模过程，模型如图 4-86 所示。

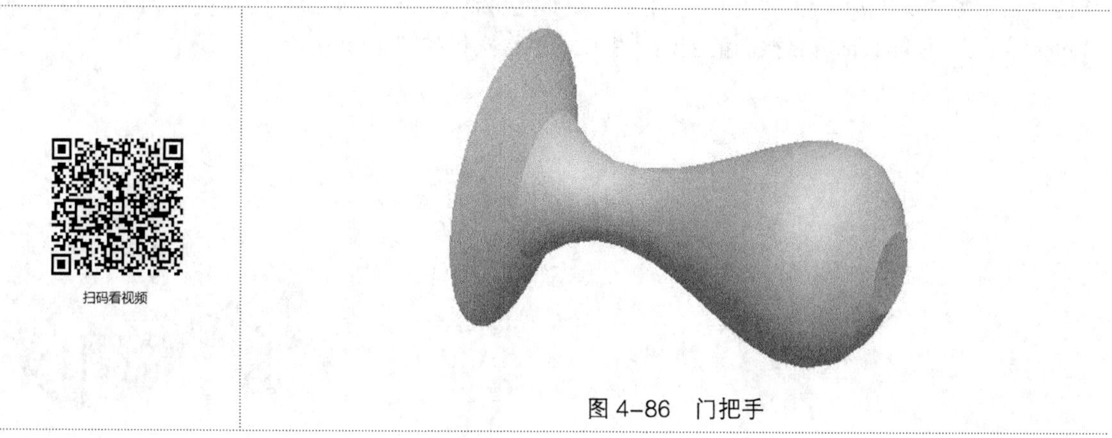

图 4-86　门把手

【创建步骤】

Step 1 新建文件

单击“文件”工具栏中的“新建”按钮，打开“新建”对话框，在“类型”选项组中点选“零件”单选钮，在“子类型”选项组中点选“实体”单选钮，在“名称”文本框中输入“doorknob”，其余选项接受系统默认设置，单击“确定”按钮，创建一个新的零件文件。

Step 2 创建顶端头部特征

（1）在菜单栏中选择“插入”→“混合”→“伸出项”命令，在打开的菜单中按图 4-87（a）所示选择命令，根据系统提示选取 TOP 基准平面作为草绘平面，接着在打开的菜单中按图 4-87（b）所示选择命令，系统进入草绘环境，接受系统提供的参照系。

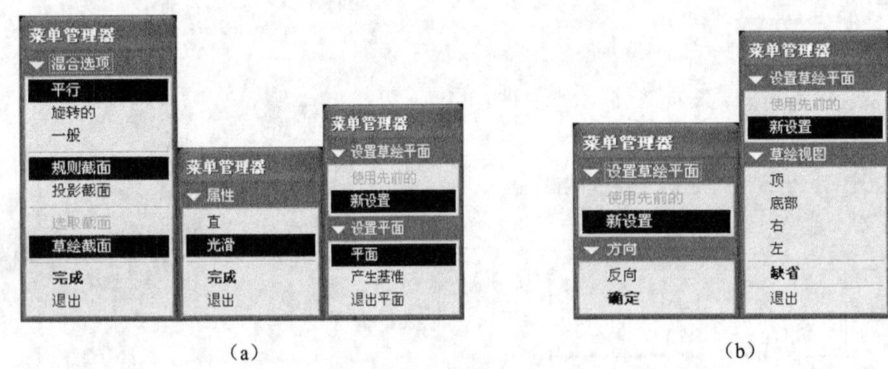

图 4-87　混合选项设置

（2）单击“草绘器工具”工具栏中的“圆心和点”按钮，以原点为圆心绘制直径为 11 的圆作为第一个截面，如图 4-88 所示。

（3）在菜单栏中选择“草绘”→“特征工具”→“切换截面”命令，第一个截面变为灰色。此时，再绘制此圆的同心圆，直径为 30，作为第二个截面。在菜单栏中选择“草绘”→“特征工具”→“切换截面”命令，第二个截面变为灰色，再绘制直径为 15 的同心圆作为第三个截面。采用同样的方法使第三个截面变为灰色，继续绘制直径为 20 的同心圆，如图 4-89 所示。

（4）绘制完成后，单击“草绘器工具”工具栏中的“完成”按钮退出草绘环境。根据系统提示给定截面 2 的深度值为“10”，然后依次给定截面 3 和给定截面 4 的深度值均为“20”，按 <Enter> 键完成顶端头部混合截面的创建，生成的混合实体如图 4-90 所示。

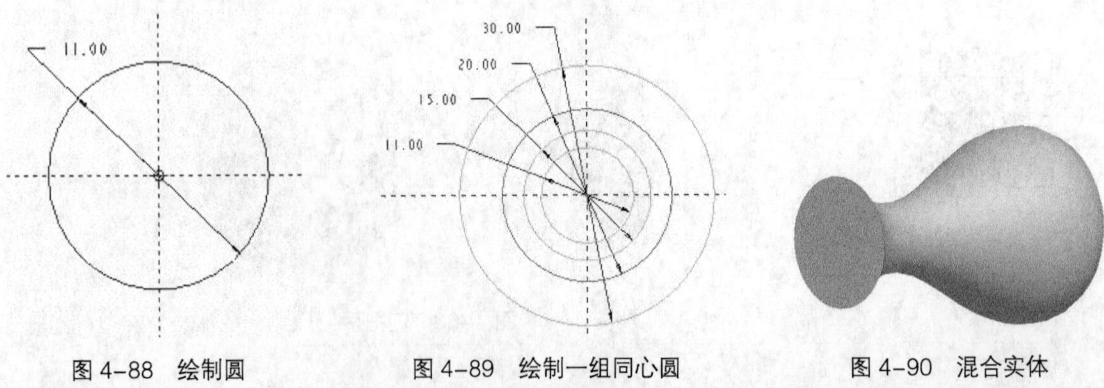

图 4-88　绘制圆　　图 4-89　绘制一组同心圆　　图 4-90　混合实体

Step 3 创建端部特征

（1）在菜单栏中选择“插入”→“混合”→“伸出项”命令，在打开的菜单中依次选择“平行”→“规则截面”→“草绘截面”→“完成”→“直”→“完成”命令，根据系统提示选取直径为 20 的圆所在平面作为草绘平面，然后在打开的菜单中依次选择“确定”→“缺省”命令，进入草绘环境，接受系统提供的参照系。

（2）单击“草绘器工具”工具栏中的“圆心和点”按钮○，以原点为圆心绘制直径为 20 的圆。在绘图区右击，打开图 4-91 所示右键快捷菜单，选择“切换截面”命令，第一个截面变为灰色。

（3）绘制图 4-92 所示直径为 40 的同心圆。绘制完成后，单击“草绘器工具”工具栏中的“完成”按钮✓。根据系统提示给定截面 2 的深度值为“5”，按 <Enter> 键完成端部特征的创建，最终绘制结果如图 4-86 所示。

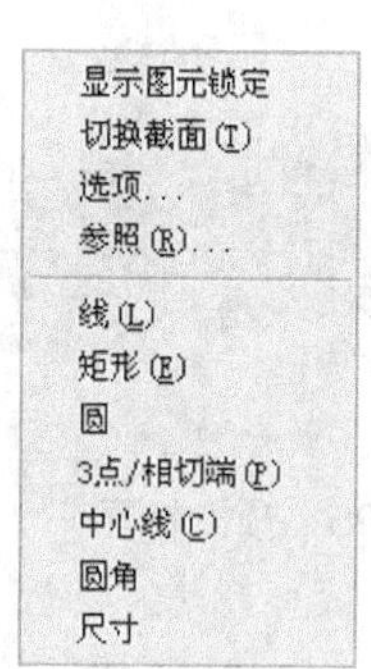

图 4-91　右键快捷菜单

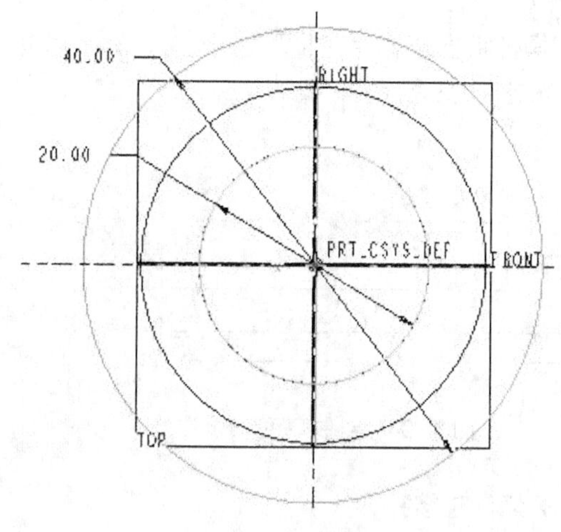

图 4-92　绘制同心圆

4.6 综合实例——销钉

本例介绍销钉的建模过程，模型如图 4-93 所示。首先绘制销钉杆的母线，通过旋转母线得到销钉体，拉伸切除连接孔，最终得到模型。

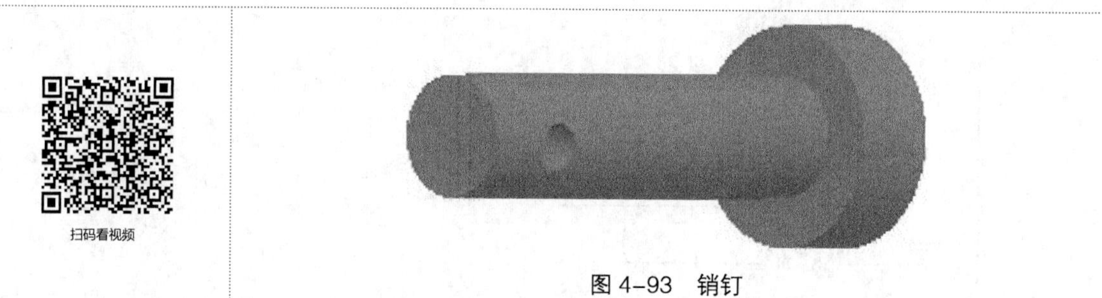

图 4-93　销钉

【创建步骤】

Step 1 新建文件

单击"文件"工具栏中的"新建"按钮或选择菜单栏中的"文件"→"新建"命令，弹出"新建"对话框。在"类型"栏中选择"零件"选项，在"名称"文本框内输入 xiaoding.prt，单击"确定"按钮，弹出"新文件选项"对话框，选择 mmns_part_solid，单击"确定"按钮，进入绘图界面。

Step 2 旋转销钉杆

（1）单击"基础特征"工具栏上的"旋转"按钮或选择菜单栏中的"插入"→"旋转"命令，弹出"旋转"操控板。

（2）选择基准平面 FRONT 作为草绘平面，绘制图 4-94 所示的截面图。单击"完成"按钮，退出草绘环境。

（3）在操控板上选择"变量"选项，输入"360"作为旋转的变量角，如图 4-95 所示。单击"确定"按钮完成特征。

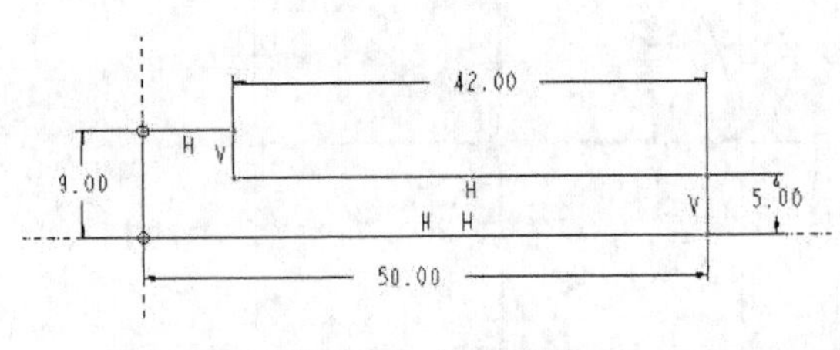

图 4-94 绘制草图

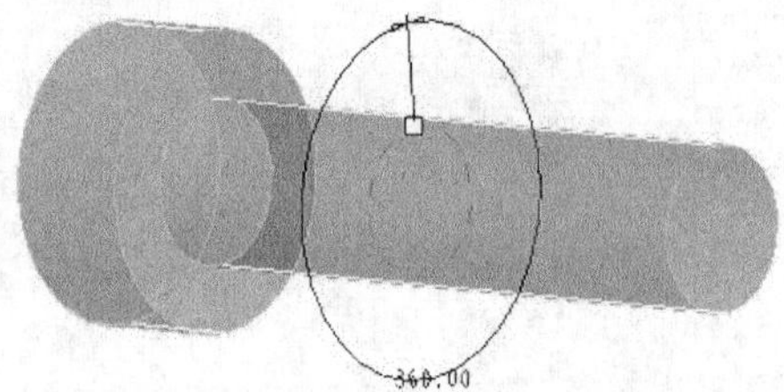

图 4-95 预览特征

Step 3 切除连接孔

（1）单击"基础特征"工具栏上的"拉伸"按钮或选择菜单栏中的"插入"→"拉伸"命令，弹出"拉伸"操控板。

（2）选择基准平面 FRONT 作为草绘平面，使用"圆"按钮创建图 4-96 所示的圆。单击"完成"按钮，退出草绘环境。

（3）在操控板上选择"对称"选项，输入"11.00"作为可变深度值，单击"切除材料"按钮，如图 4-65 所示。单击"确定"按钮完成特征，如图 4-97 所示。

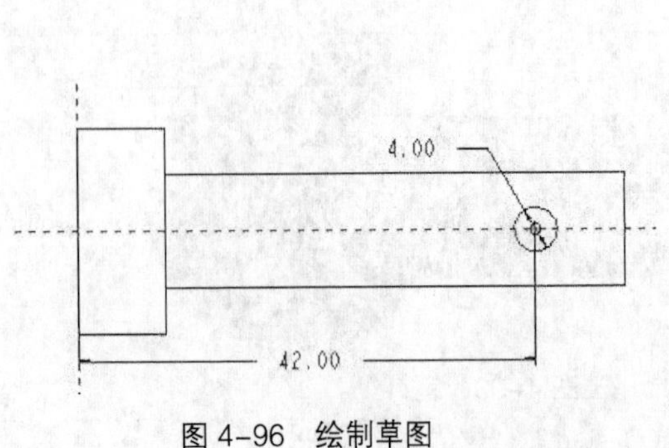

图 4-96 绘制草图

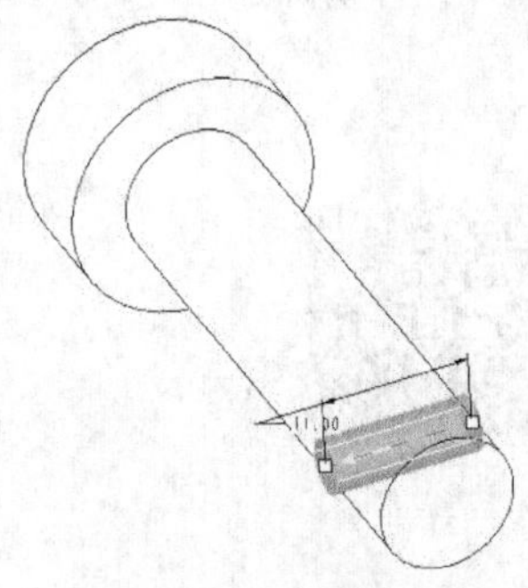

图 4-97 预览特征

5 Chapter

第 5 章 工程特征建模

工程实体特征包括倒圆角、倒角、孔、抽壳、筋和拔模特征。通过本章的学习，读者可以在基础特征的基础上对模型进行工程上的修饰。

学习要点

- 倒圆角特征
- 倒角特征
- 孔特征
- 抽壳特征
- 筋特征
- 拔模特征

5.1 倒圆角特征

在 Pro/ENGINEER 中可创建和修改倒圆角。倒圆角是一种边处理特征，通过向一条或多条边、边链或在曲面之间添加半径形成。曲面可以是实体模型曲面或常规的 Pro/ENGINEER 零厚度面组和曲面。

要创建倒圆角，需定义一个或多个倒圆角集。倒圆角集是一种结构单位，包含一个或多个倒圆角段（倒圆角几何）。在指定倒圆角放置参照后，Pro/ENGINEER 将使用默认过渡，并提供多种过渡类型，允许创建和修改过渡。

技巧荟萃

默认设置适于大多数建模情况，用户也可自定义倒圆角集或过渡以获得满意的倒圆角几何。

5.1.1 操控板选项介绍

1. “倒圆角”操控板

在菜单栏中选择“插入”→“倒圆角”命令，或单击“工程特征”工具栏中的“倒圆角”按钮，打开图 5-1 所示的“倒圆角”操控板。在绘图区选取倒圆角几何时将激活“切换至过渡模式”按钮。

图 5-1 “倒圆角”操控板

“倒圆角”操控板中包含以下选项。

（1）“切换至设置模式”按钮。用于处理倒圆角集。此选项为默认设置，用于具有“圆形”截面形状倒圆角的选项。

- 半径。用于控制当前“恒定”倒圆角的半径距离。可输入新值，也可在其下拉列表中选择最近使用的值。此选项仅适用于“恒定”倒圆角。

对于具有“圆锥形”截面形状的倒圆角，可单击操控板中的“集”按钮，打开图 5-2 所示的“集”下滑面板，在“截面形状”下拉列表中选择“D1×D2 圆锥”选项，此时“倒圆角”操控板如图 5-3 所示。

- 圆锥参数。用于控制当前倒圆锥角的锐度。可输入新值，也可在其下拉列表中选择最近使用过的值。“圆锥参数”下拉列表与“集”下滑面板中的“参数”列表框相对应。
- 圆锥距离。用于控制当前倒圆锥角的圆锥距离。可输入新值，也可在其下拉列表中选择最近使用过的值。“圆锥距离”下拉列表与“集”下滑面板“半径”列表框中的 D（圆锥）或 D1、D2（D1×D2 圆锥）列相对应。

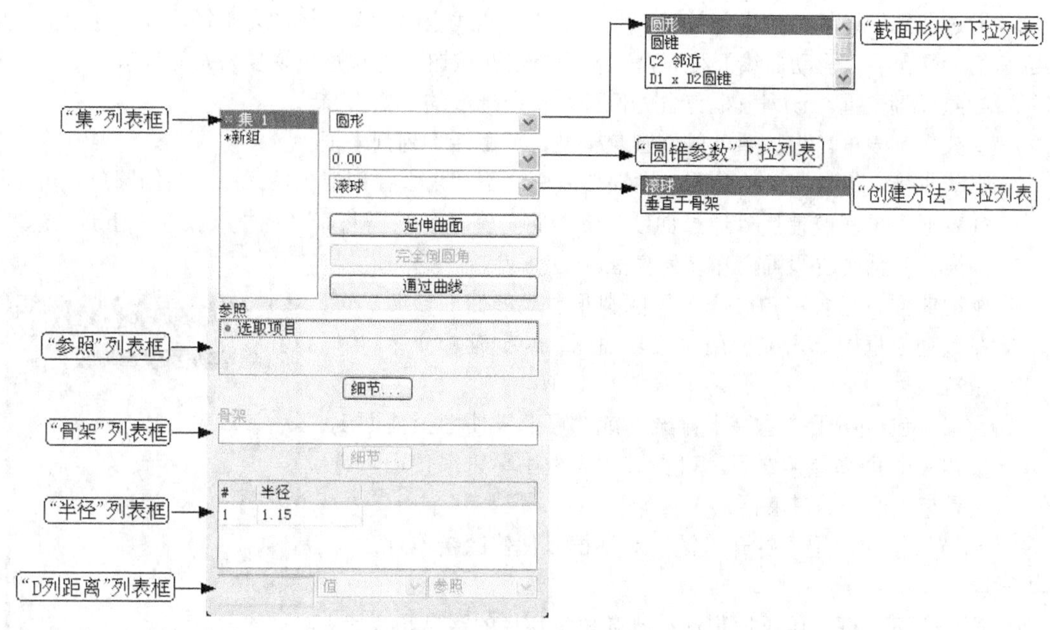

图 5-2 "集"下滑面板

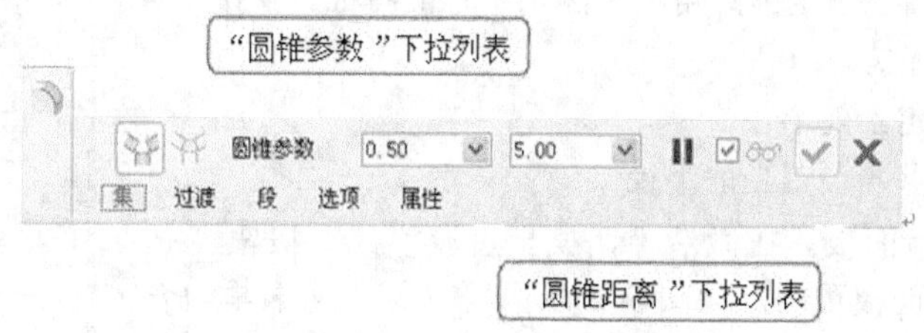

图 5-3 "倒圆角"操控板

（2）"切换至过渡模式"按钮 。用于定义倒圆角特征的所有过渡。"过渡"类型对话框可设置显示当前过渡的默认过渡类型，并包含基于几何环境的有效过渡类型的列表。

2. 下滑面板

"倒圆角"操控板包含"集""过渡""段""选项"和"属性"5 个下滑面板。

（1）"集"下滑面板。在激活"切换至设置模式"按钮 的状态下可使用"集"下滑面板，该下滑面板包含以下各选项。

①"集"列表框。包含当前倒圆角特征的所有倒圆角集，可用来添加、移除和修改倒圆角集。

②"截面形状"下拉列表。用于控制活动倒圆角集的截面形状。

③"圆锥参数"下拉列表。用于控制当前倒圆锥角的锐度。可输入新值也可在其下拉列表中选择最近使用过的值，默认值为 0.5。仅当选择"圆锥"或"D1×D2 圆锥"选项时，此下拉列表为可用状态。

④"创建方法"下拉列表。用于控制活动倒圆角集的创建方法。

⑤"完全倒圆角"按钮。单击此按钮可将活动倒圆角集切换为"完全"倒圆角，或允许使用第三个曲面驱动曲面到曲面"完全"倒圆角。再次单击此按钮可将倒圆角恢复为先前状态。

⑥“通过曲线”按钮。单击此按钮，允许由选定曲线驱动活动的倒圆角半径，以创建由曲线驱动的倒圆角。可激活“驱动曲线”列表框。再次单击此按钮可将倒圆角恢复为先前状态。

⑦“参照”列表框。该列表框包含为倒圆角集所选取的有效参照。

⑧“骨架”列表框。根据活动的倒圆角类型，可激活下列列表框。

- 驱动曲线。包含曲线的参照，由该曲线驱动倒圆角半径创建由曲线驱动的倒圆角。可在该列表框中单击或使用“通过曲线”命令将其激活。只需将半径捕捉（按住 <Shift> 键单击并拖动）至曲线即可打开该列表框。
- 驱动曲面。包含将由“完全”倒圆角替换的曲面参照。可在该列表框中单击或使用“移除曲面”快捷菜单命令将其激活。
- 骨架。包含用于“垂直于骨架”或“可变”曲面至曲面倒圆角集的可选骨架参照。可在该列表框中单击或使用“可选骨架”命令将其激活。

⑨“细节”按钮。用于打开“链”对话框以便修改链属性，如图 5-4 所示。

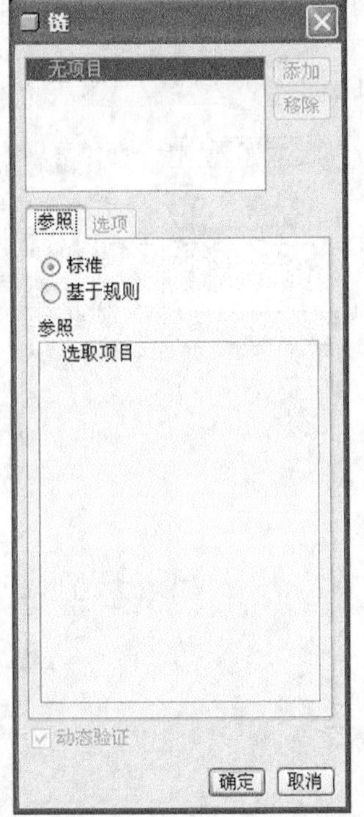

图 5–4 “链”对话框

⑩“半径”列表框。用于控制活动倒圆角集半径的距离和位置。对于“完全”倒圆角或由曲线驱动的倒圆角，该列表框不可用。“半径”列表框包含以下选项。

- D 列距离。用于指定倒圆角集中圆角半径的特征。位于“半径”列表框下方。
- 值。用于指定当前半径。
- 参照。使用参照设置当前半径。

（2）“过渡”下滑面板。在激活“切换至过渡模式”按钮的状态下“过渡”下滑面板可用，如图 5-5 所示。“过渡”列表框包含整个倒圆角特征的所有用户定义的过渡，可用来修改过渡。

（3）“段”下滑面板。“段”下滑面板可执行倒圆角段管理，如图 5-6 所示。可查看倒圆角特征的全部倒圆角集，查看当前倒圆角集中的全部倒圆角段，修剪、延伸或排除这些倒圆角段，以及处理放置模糊问题等。“段”下滑面板包含以下选项。

- “集”列表框。包含放置模糊的所有倒圆角集。此列表框针对整个倒圆角特征。
- “段”列表框。包含当前倒圆角集中放置不明确从而产生模糊的所有倒圆角段，并指示这些段的当前状态（包括、排除或已编辑）。

（4）“选项”下滑面板。“选项”下滑面板如图 5-7 所示，包含以下选项。

- “实体”单选钮。用于与现有几何相交的实体形式创建倒圆角特征。仅当选取实体作为倒圆角集的参照时，此单选钮为可用状态。
- “曲面”单选钮。用于与现有几何不相交的曲面形式创建倒圆角特征。仅当选取实体作为倒圆角集参照时，此单选钮为可用状态。
- “创建结束曲面”复选框。用于创建结束曲面，以封闭倒圆角特征的倒圆角段端点。仅当选择“有效几何”以及“曲面”或“新面组”连接类型时，此复选框才为可用状态。

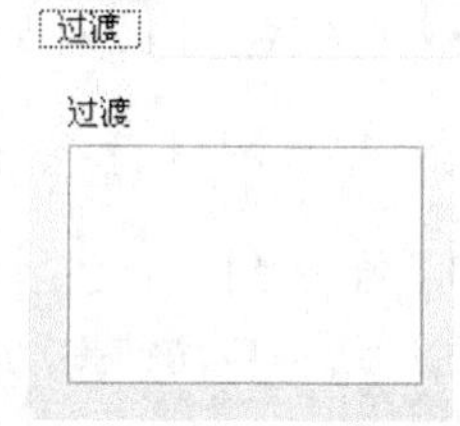

图 5-5　“过渡”下滑面板

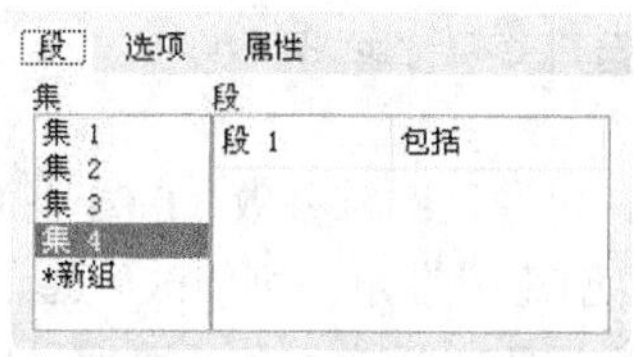

图 5-6　“段”下滑面板

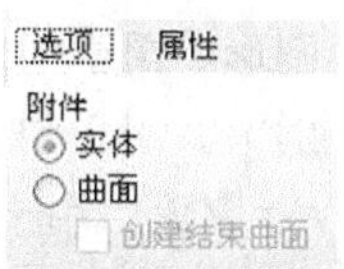

图 5-7　“选项”下滑面板

技巧荟萃

要进行延伸，必须存在侧面，并使用这些侧面作为封闭曲面。如果不存在侧面，则不能封闭倒圆角段端点。

（5）“属性”下滑面板。“属性”下滑面板包含以下选项。

- “名称”文本框。用于显示或更改当前倒圆角特征的名称。
- “浏览器”按钮。在系统浏览器中提供详细的倒圆角特征信息。

5.1.2　创建倒圆角特征的操作步骤

（1）打开光盘中的“\ 源文件 \ 第 5 章 \yuanjiao.prt”文件，原始模型如图 5-8 所示。

（2）在菜单栏中选择“插入”→“倒圆角”命令，或单击“工程特征”工具栏中的“倒圆角”按钮，打开的“倒圆角”操控板和“集”下滑面板如图 5-9 所示。

图 5-8　原始模型

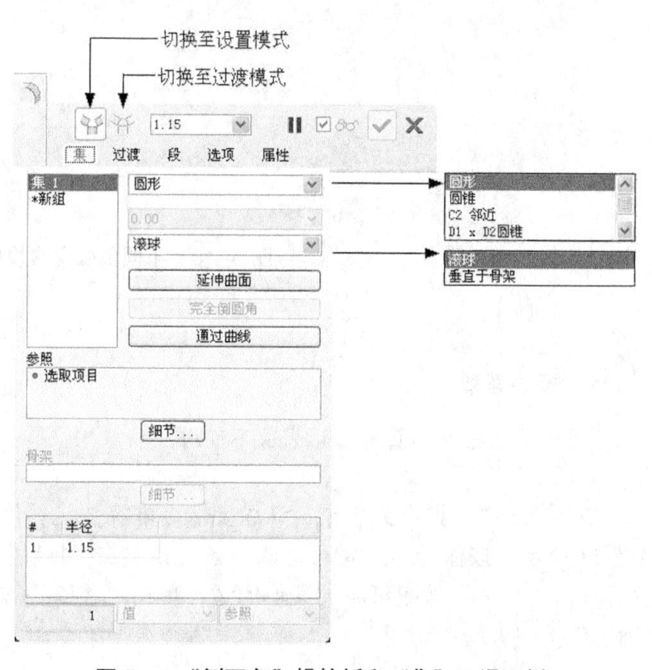

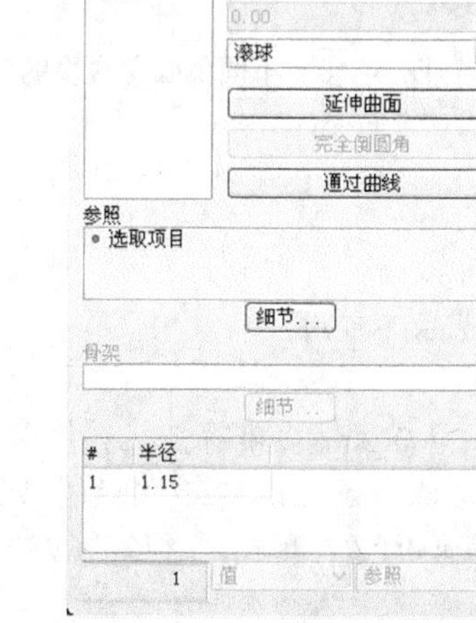

图 5-9　“倒圆角”操控板和“集”下滑面板

（3）单击“切换至设置模式”按钮，对实体进行多处倒圆角。

（4）单击操控板中的“集”按钮，在系统打开的“集”下滑面板“截面形状”下拉列表中选择“圆锥”选项，“截面形状”下拉列表包含以下选项。

- 圆形。用于创建圆形截面。
- 圆锥。用于创建圆锥截面。可通过圆锥参数（0.05 ～ 0.9）控制圆锥形状的锐度。
- C2 邻近。用于使用从属边创建圆锥角，可修改一边的长度，对应边会自动捕捉至相同长度，从属“圆锥”属性仅适用于“恒定”和“可变”倒圆角集。
- D1×D2 圆锥。用于使用独立边创建圆锥角，可分别修改每一边的长度，以限定圆锥角的形状范围，如果要反转边长度，单击“反向”按钮即可。独立“圆锥”属性仅适用于“恒定”倒圆角集。

（5）在“圆锥参数”下拉列表中设置倒圆角的锐度，数值越小过渡越平滑，图 5-10 所示为倒圆半径为 50，锐度分别为 0.2 和 0.8 的对比。此处设置倒圆角锐度为 0.5。

（6）在“创建方法”下拉列表中选择“垂直于骨架”选项，该下拉列表中包含以下选项。

- 滚球。通过沿着同球坐标系保持自然相切的曲面滚动一个球创建倒圆角。软件默认选择此选项。
- 垂直于骨架。通过扫描一段垂直于骨架的圆弧或圆锥形截面创建倒圆角。在创建过程中必须为此类倒圆角选择一个骨架。

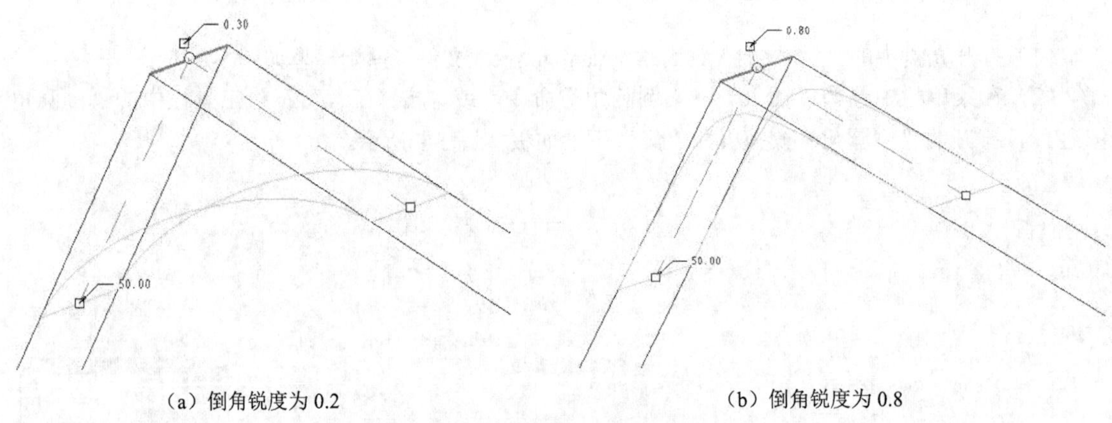

（a）倒角锐度为 0.2　　（b）倒角锐度为 0.8

图 5-10　不同倒圆角锐度的对比

技巧荟萃

对于“完全”倒圆角，此选项不可用。

（7）单击“参照”列表框，在绘图区选取需要进行倒圆角的边，被选取的边将高亮显示，如图 5-11 所示，按住 <Ctrl> 键可选取多条边。单击“细节”按钮，打开图 5-12 所示的“链”对话框，然后单击“添加”按钮可添加其他的边，单击“移除”按钮可去除多余的边，选取完毕后，单击“确定”按钮。

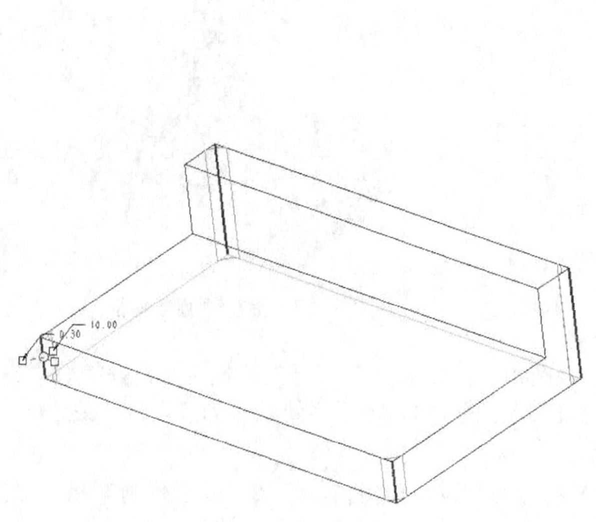

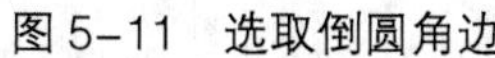
图 5-11　选取倒圆角边

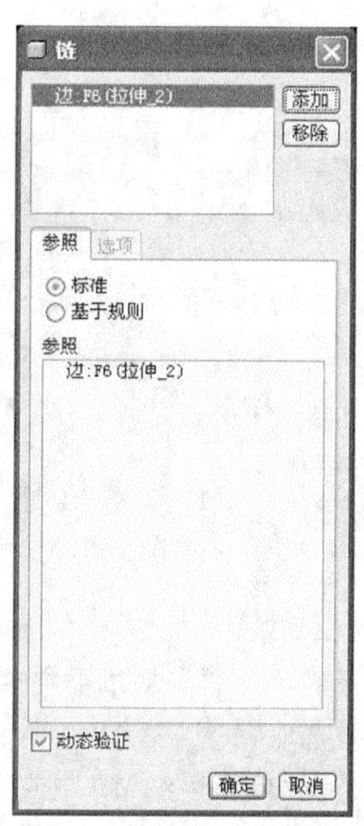

图 5-12　“链”对话框

（8）在“半径”文本框中输入倒圆角半径为“30”。设置完成后“集”下滑面板如图 5-13 所示。

（9）单击操控板中的“完成”按钮，生成的倒圆角特征如图 5-14 所示。

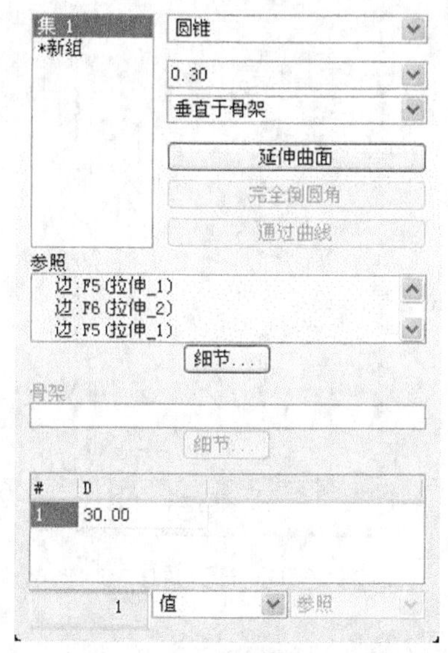

图 5-13　“集”下滑面板

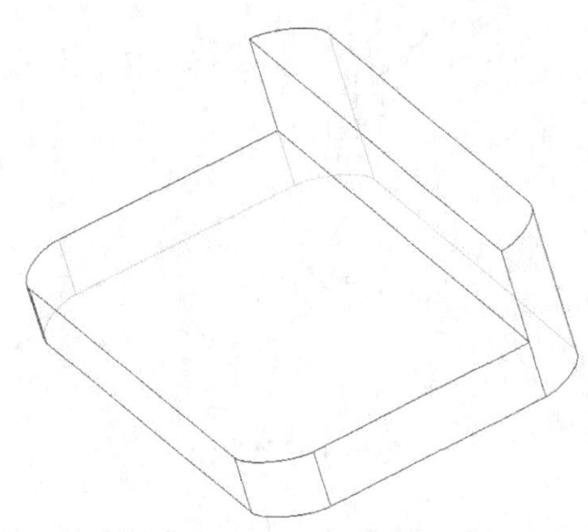

图 5-14　倒圆角特征

（10）单击“工程特征”工具栏中的“倒圆角”按钮，在打开的“倒圆角”操控板“集”下滑面板的“参照”文本框中单击，根据系统提示选取图 5-15 所示的曲面 1 和曲面 2。

（11）选取完毕后，单击“完全倒圆角”按钮。

（12）根据系统提示选取图 5-15 所示的曲面 3。

（13）单击操控板中的“完成”按钮，生成的完全倒圆角特征如图 5-16 所示。

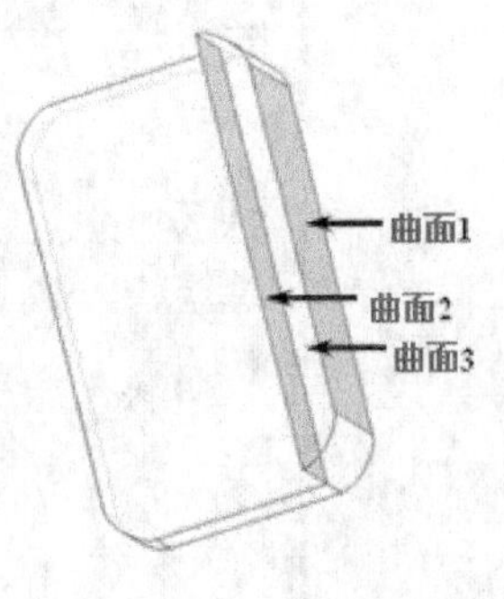

图 5-15　选取曲面

图 5-16　完全倒圆角特征

（14）单击“工程特征”工具栏中的“倒圆角”按钮，在打开的“倒圆角”操控板“集”下滑面板的“参照”文本框中单击，选取图 5-17 所示的边 1，由于系统默认为选取链，故边 2 和边 3 也将被选取。

（15）单击“细节”按钮，打开图 5-18 所示的“链”对话框，点选“基于规则”和“部分环”单选钮，然后单击“确定”按钮。

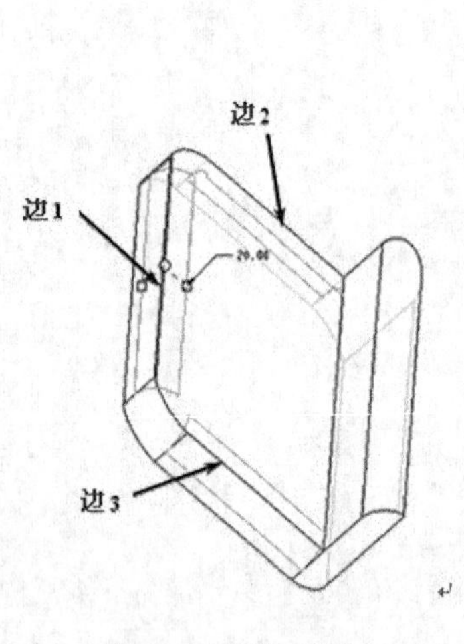

图 5-17　选取边

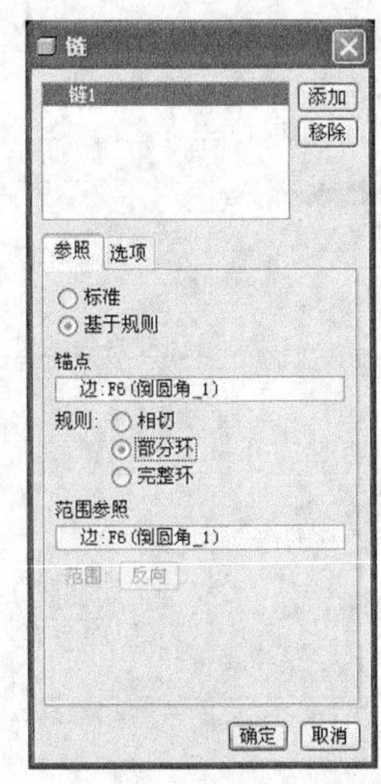

图 5-18　“链”对话框

（16）返回到“集”下滑面板，在“半径”文本框中指定圆角半径为“20”。

（17）单击操控板中的“设置过渡模式”按钮切换至过渡模式，在实体模型上显示出两个默认终止曲面，如图 5-19 所示。

（18）选取其中一个曲面，单击“切换至过渡模式”按钮，则下拉列表变为可编辑状态，如图 5-20 所示，在此下拉列表中选择“终止于参照”选项。

（19）根据系统提示，选取 FRONT 基准平面作为终止参照。

（20）单击操控板中的“完成”按钮，完成过渡倒圆角特征的创建，倒圆角特征创建终止于

FRONT 基准平面，结果如图 5-21 所示，最终效果如图 5-22 所示。

（21）保存文件到指定的目录并关闭当前窗口。

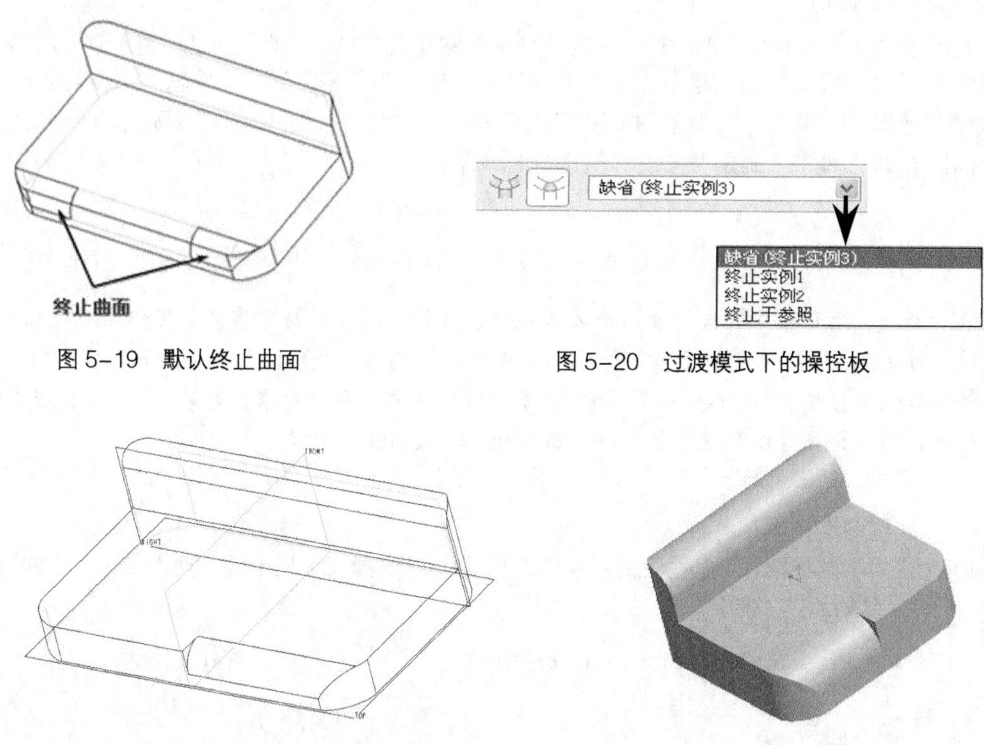

图 5-19　默认终止曲面

图 5-20　过渡模式下的操控板

图 5-21　过渡倒圆角特征

图 5-22　最终效果

5.1.3　实例——挡圈

本例介绍挡圈的建模过程，模型如图 5-23 所示。首先利用拉伸命令创建挡圈的主体，然后利用倒圆角命令对其进行倒圆角操作。

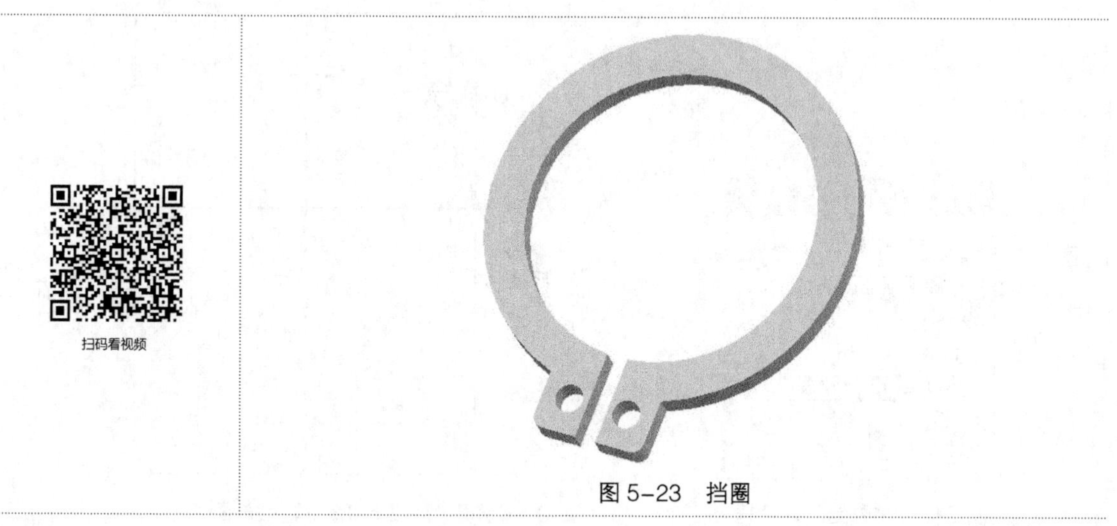

图 5-23　挡圈

【创建步骤】

Step 1 新建文件

单击“文件”工具栏中的“新建”按钮或选择菜单栏中的“文件”→“新建”命令，弹出“新建”对话框。在“类型”选项组中点选“零件”单选钮，在“名称”文本框输入“dangquan2.prt”，取消勾选“使用缺省模板”复选框，单击“确定”按钮，弹出“新文件选项”对话框，选择“mmns_part_solid”选项，单击“确定”按钮，创建新的零件文件。

技巧荟萃

在“新建”对话框中勾选“使用缺省模板”复选框，将使用特定零件文件作为新对象的种子文件。Pro/ENGINEER 中用于新零件的初始模板文件包括 3 个默认基准平面和默认坐标系，零件文件的默认单位设置为“英寸 - 磅 - 秒”。本书假定用户使用“毫米 - 千克 - 秒”的模板文件。零件的默认模板文件可以利用配置文件选项 template_solidpart 更改。

Step 2 绘制拉伸体

（1）单击“基础特征”工具栏上的“拉伸”按钮或选择菜单栏中的“插入”→“拉伸”命令，系统打开图 5-24 所示的“拉伸”操控板。

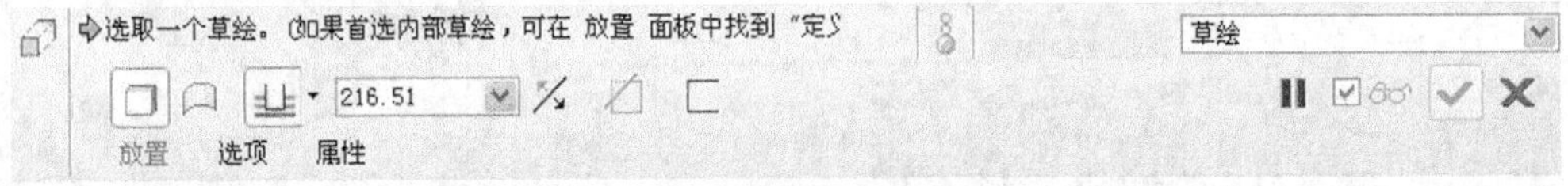

图 5-24 “拉伸”操控板

（2）单击“拉伸”操控板的“放置”下滑面板中的“定义”按钮。系统打开“草绘”对话框，如图 5-25 所示。在绘图区中点击 FRONT 面，则设定此面为草绘面，其他选项为系统默认，单击“草绘”按钮，进入草绘界面。

（3）绘制拉伸截面草图，如图 5-26 所示，单击✔按钮，退出草绘界面。

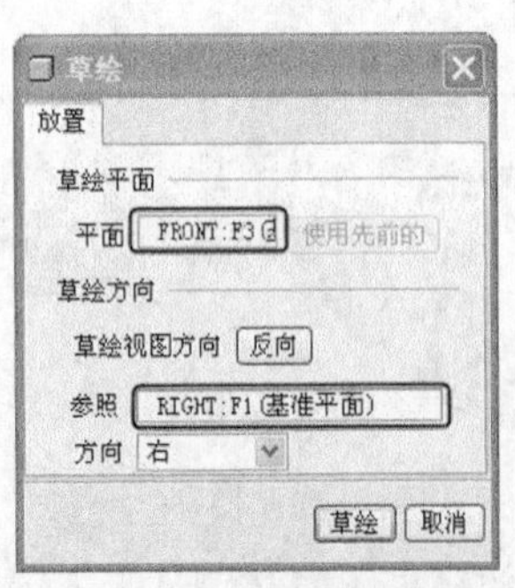

图 5-25 “草绘”对话框

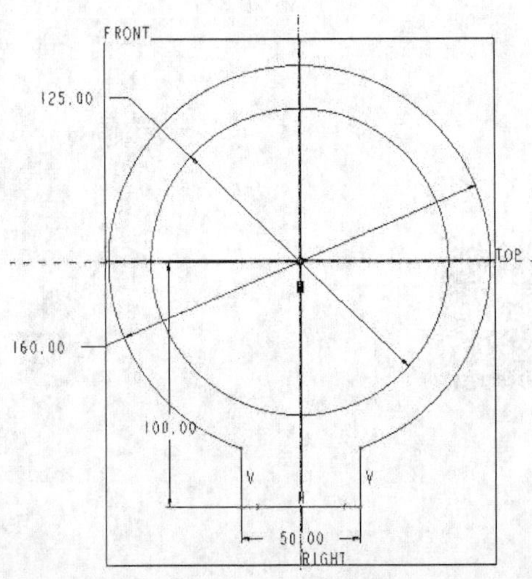

图 5-26 草绘截面

（4）在“拉伸”操控板中，单击按钮，并在拉伸值框输入拉伸值“10”，单击按钮，完成拉伸特征，如图 5-27 所示。

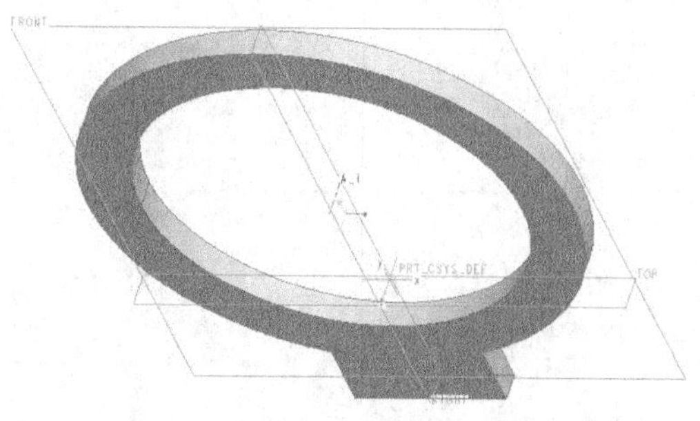
图 5-27　拉伸完成图

Step 3 创建孔

（1）单击“基础特征”工具栏上的“拉伸”按钮或选择菜单栏中的“插入”→“拉伸”命令，系统打开图 5-24 所示的“拉伸”操控板。

（2）单击“拉伸”对话框的“放置”下滑面板中的“定义”按钮，出现“草绘”对话框。在对话框中选定 FRONT 为草绘平面，其他选项为系统默认，单击“草绘”按钮，进入草绘界面。

（3）在草绘界面，绘制图 5-28 所示的草图，完成草绘后，单击✔按钮，退出草绘界面。

（4）在“拉伸”对话框中，单击按钮和按钮。单击按钮，完成剪切，如图 5-29 所示。

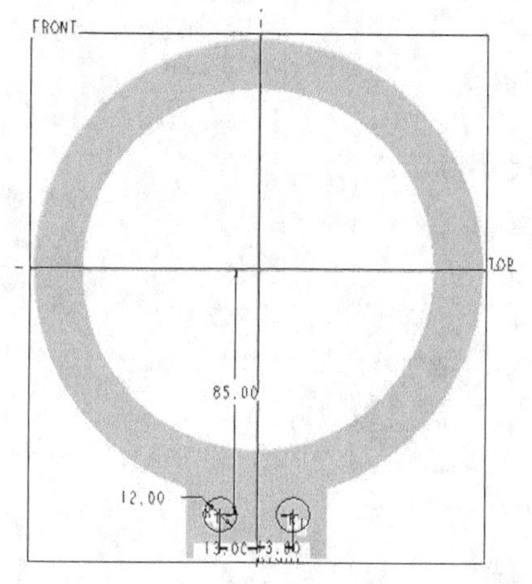

图 5-28　拉伸草绘截面

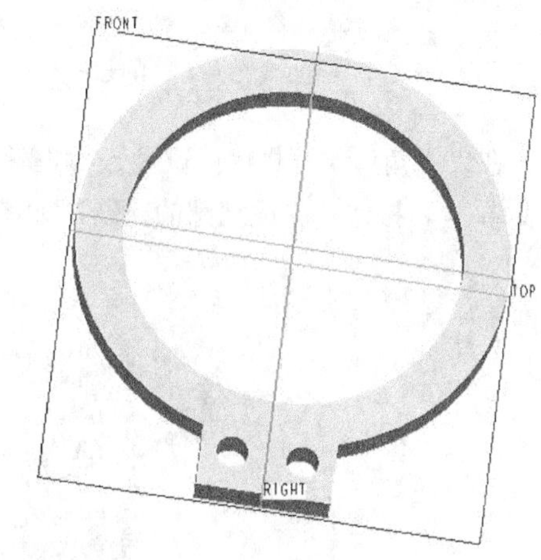

图 5-29　孔特征完成图

Step 4 绘制槽

（1）单击“基础特征”工具栏上的“拉伸”按钮或选择菜单栏中的“插入”→“拉伸”命令，系统打开图 5-24 所示的“拉伸”操控板。

（2）单击“拉伸”对话框的“放置”下滑面板中的“定义”按钮，出现“草绘”对话框。在对话框中选定 FRONT 为草绘平面，其他选项为系统默认，单击“草绘”按钮，进入草绘界面。

（3）在草绘界面，绘制图 5-30 所示的草图，完成草绘后，单击✔按钮，退出草绘界面。

（4）在“拉伸”对话框中，单击按钮和按钮。单击按钮，完成剪切，如图 5-31 所示。

Step 5 创建倒圆角

（1）选择菜单栏中的“插入”→“倒圆角”命令或单击“工程特征”工具栏中的“倒圆角”按钮，打开图 5-32 所示的“倒圆角”操控板。

（2）在绘图区选择需要倒圆角处的边线，如图 5-33 所示。

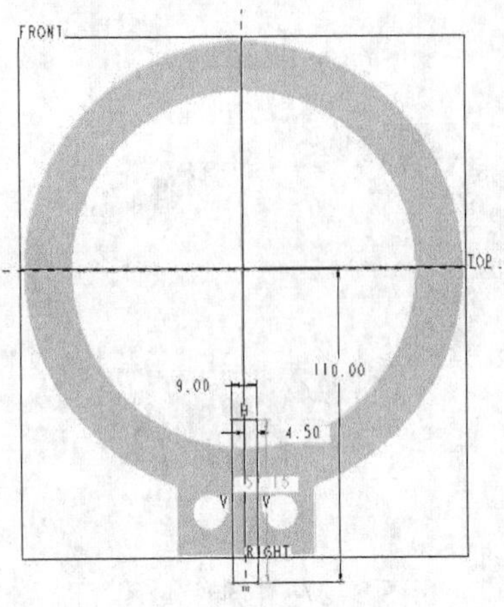

图 5-30 拉伸草绘截面

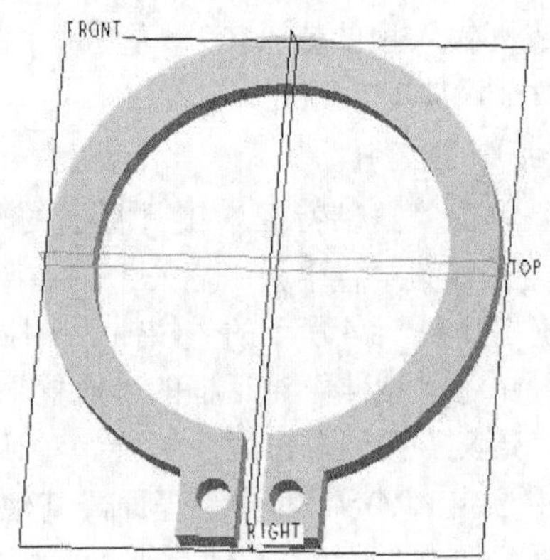

图 5-31 切口完成图

图 5-32 “倒圆角”操控板

（3）在“圆角”对话框中的圆角尺寸框输入倒圆角尺寸为“5”。

（4）单击✓按钮，完成挡圈的建造，如图 5-23 所示。

图 5-33 选择倒圆角的边

5.2 边倒角特征

边倒角特征是对边或拐角进行斜切削。倒角曲面可以是实体模型或常规的 Pro/ENGINEER 零厚度面组和曲面。在 Pro/ENGINEER 中根据选取的参照类型可创建不同的边倒角特征。

5.2.1 操控板选项介绍

1. “边倒角”操控板

选择菜单栏中的“插入”→“倒角”→“边倒角”命令，或单击“工程特征”工具栏中的“边倒角”按钮，系统打开“边倒角”操控板，如图 5-34 所示。该操控板包含以下选项。

（1）“切换至设置模式”按钮。用来设置倒角集，系统默认选择此选项。倒角类型包含“D×D”“D1×D2”、“角度 ×D”“45×D”“O×O”和“O1×O2”共 6 种。

（2）“切换至过渡模式”按钮。当在绘图区选取倒角特征时，该按钮被激活，单击该按钮，“边倒角”操控板如图 5-34 所示，可在“过渡类型”下拉列表中定义倒角特征的所有过渡。该下拉列表可用来改变当前过渡的过渡类型。

- 集。倒角段，由唯一属性、几何参照、平面角及一个或多个倒角距离组成，由倒角和相邻曲面所形成的三角边。
- 过渡。用于连接倒角段的填充几何。过渡位于倒角段或倒角集端点的相交或终止处。在最初创建倒角时，Pro/ENGINEER 使用默认过渡，并提供了多种过渡类型，允许用户创建和修改过渡。

图 5–34　“边倒角”操控板

（3）在 Pro/ENGINEER 中包含的倒角类型有以下 6 种。

- D×D。用于在各曲面上与边相距 D 处创建倒角。Pro/ENGINEER 默认选择此选项。
- D1×D2。用于在一个曲面距选定边 D1，在另一个曲面距选定边 D2 处创建倒角。
- 角度 ×D。用于创建一个倒角，它距相邻曲面的选定边距离为 D，与该曲面的夹角为指定角度。

技巧荟萃

只有符合下列条件时，前面 3 个方式才可使用“偏移曲面”创建方法：对边倒角，边链的所有成员必须正好由两个 90° 平面或两个 90° 曲面（如圆柱的端面）形成；对曲面到曲面倒角，必须选取恒定角度平面或恒定 90° 曲面。

- 45×D。用于创建一个与两个曲面的夹角均为 45°，且与各曲面上边的距离为 D 的倒角。

技巧荟萃

此方式仅适用于使用 90° 曲面和“相切距离”创建方法的倒角。

- O×O。用于在沿各曲面上的边偏移 O 处创建倒角。仅当“D×D”选项不适用时，Pro/ENGINEER 才会默认选择此选项。

技巧荟萃

仅当使用“偏移曲面”创建方法时，此方式才可用。

- O1×O2。用于在一个曲面距选定边的偏移距离 O1，在另一个曲面距选定边的偏移距离 O2 处创建倒角。

技巧荟萃

仅当使用“偏移曲面”创建方法时，此方式才可用。

2. 下滑面板

“边倒角”操控板中的下滑面板与前面介绍的“倒圆角”操控板中的下滑面板类似，故不再赘述。

5.2.2 创建倒角特征的操作步骤

1. 边倒角

（1）打开光盘中的“\ 源文件 \ 第 5 章 \daojiao.prt”文件。

（2）在菜单栏中选择“插入”→“倒角”→“边倒角”命令，或单击“工程特征”工具栏中的“边倒角”按钮，系统打开“边倒角”操控板。

（3）选取图 5-35 所示的倒角边。

（4）设置倒角方式为“D1×D2”，并设置 D1 为“15”、D2 为“30”。

（5）单击操控板中的“完成”按钮完成边倒角特征的创建，结果如图 5-36 所示。

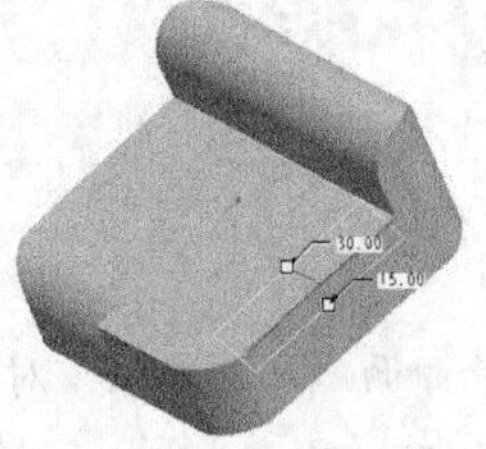

图 5-35 选取倒角边

图 5-36 边倒角特征

2. 拐角倒角

（1）在菜单栏中选择“插入”→“倒角”→“拐角倒角”命令，系统打开图 5-37 所示的“倒角（拐角）：拐角”对话框。

（2）选取图 5-38 所示 3 条相互垂直的边，系统打开图 5-39 所示的“选出 / 输入”菜单。

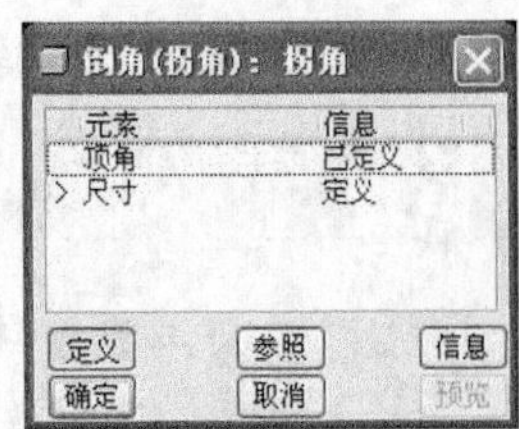

图 5-37 “倒角（拐角）：拐角”对话框

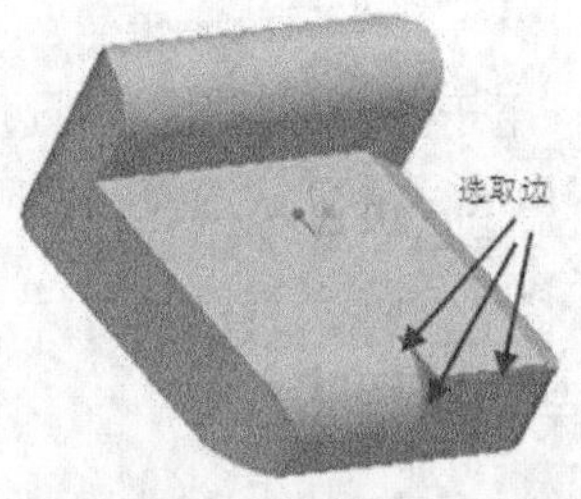

图 5-38 选取边

（3）选取 3 条边的交点后，选择“选出 / 输入”菜单中的“输入”命令，根据系统提示给定倒角尺寸为“5”，单击“接受值”按钮确定倒角尺寸。

（4）再分别给定其他两边的倒角尺寸为“8”和“10”。

（5）单击“倒角（拐角）：拐角”对话框中的“确定”按钮，完成拐角倒角的创建，结果如图 5-40 所示。

图 5–39　“选出 / 输入”菜单

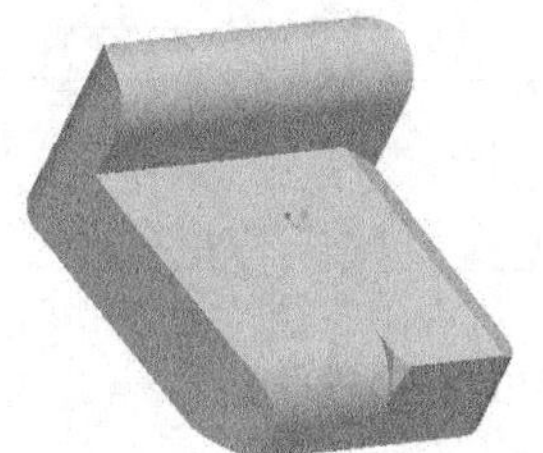

图 5–40　拐角倒角

（6）保存文件到指定的目录并关闭当前对话框。

5.2.3　实例——键

本例介绍键的建模过程，模型如图 5-41 所示。首先利用拉伸命令创建键的主体，然后利用边倒角命令对键进行倒角操作。

扫码看视频

图 5–41　键

Step 1　创建新文件

单击“文件”工具栏中的“新建”按钮或选择菜单栏中的“文件”→“新建”命令，弹出“新建”对话框。在“类型”选项组中点选“零件”单选钮，在“名称”文本框输入“jian.prt”，取消勾选“使用缺省模板”复选框，单击“确定”按钮，弹出“新文件选项”对话框，选择“mmns_part_solid”选项，单击“确定”按钮，创建新的零件文件。

Step 2　创建平键体

（1）单击“基础特征”工具栏上的“拉伸”按钮或选择菜单栏中的“插入”→“拉伸”命令，打开“拉伸”操控板。

（2）在绘图区中选择 TOP 基准面，则设定此面为草绘面，其他选项为系统默认，单击“草绘”按钮，进入草绘界面。

（3）单击“草绘器工具”工具栏中的“线”按钮 和“3 点 / 相切端”按钮，绘制草图，如图 5-42 所示。

（4）在操控板中，选择“实体”按钮，“对称拉伸”按钮，输入拉伸高度“3”，再单击按钮，完成拉伸特征，生成键体，如图 5-43 所示。

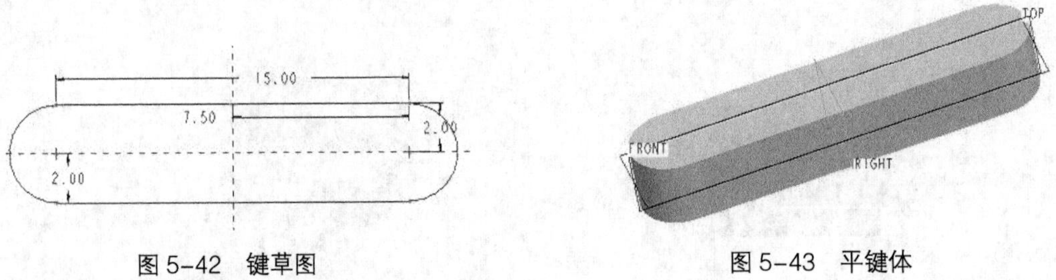

图 5-42　键草图　　　　图 5-43　平键体

Step 3 创建倒角

（1）选择菜单栏中的“插入”→“倒角”命令或单击“工程特征”工具栏中的“倒角”按钮，打开图 5-44 所示的“倒角”操控板。

图 5-44　“倒角”操控板

（2）在绘图区选择健体的上下两平面边线，如图 5-45 所示。

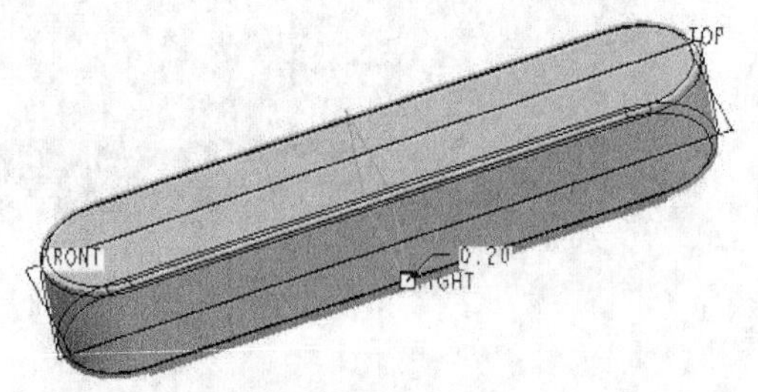

图 5-45　选择健体的上下两平面边线

（3）在操控板中选择倒角方式为“D×D”，输入倒角尺寸为“0.2”。单击按钮，完成倒圆角操作，如图 5-41 所示。

5.3 孔特征

利用“孔”工具可向模型中添加简单孔、定制孔和工业标准孔。通过定义放置参照、设置次（偏移）参照及定义孔的具体特征添加孔。

在 Pro/ENGINEER 中，将孔分为“简单”和“标准”2 种类型，均可以通过“孔”命令来创建。

1. 简单孔

由带矩形剖面的旋转切口组成。可创建以下 3 种“直”孔类型。

- 预定义矩形轮廓。使用 Pro/ENGINEER 预定义的（直）几何，缺省情况下，系统创建单侧矩形孔，可以使用“形状”上滑面板来创建双侧简单直孔，双侧简单孔通常用于组件中，允许同时格式化孔的两侧。
- 标准孔轮廓。使用标准孔轮廓作为钻孔轮廓，可以为创建的孔指定埋头孔、扩孔和刀尖角度。
- 草绘。使用草绘环境中的相关工具绘制的草图轮廓。

2. 标准孔

孔底部有实际钻孔时的底部倒角，由基于工业标准紧固件表的拉伸切口组成。Pro/ENGINEER 提供选择的紧固件的工业标准孔图表以及螺纹或间隙直径，也可创建自己的孔图表。对于“标准”孔，会自动创建螺纹注释。可以从孔螺纹曲面中分离出孔轴，并将螺纹放置在指定的层。可创建的标准孔有螺纹孔、锥形孔、间隙孔和钻孔。

5.3.1　操控板选项介绍

1. “孔”操控板

在菜单栏中选择“插入”→“孔”命令，或单击“工程特征”工具栏中的“孔”按钮，系统打开“孔”操控板，简要介绍如下。

（1）单击“直孔”按钮，其操控板如图 5-46 所示。

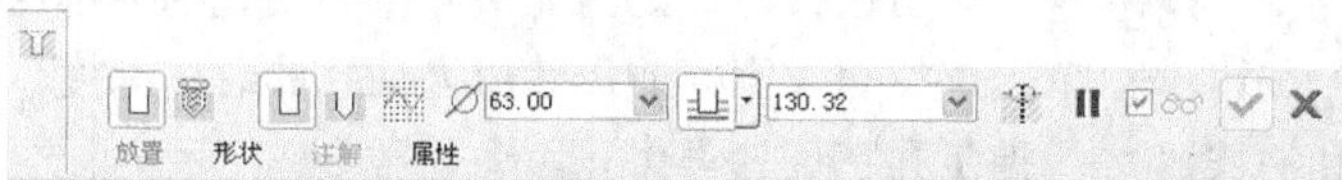

图 5-46　“直孔”状态下的操控板

- 孔轮廓选项。指示要用于孔特征轮廓的几何类型，主要有“矩形”、“标准孔轮廓”和“草绘” 3 种。其中，“矩形”孔使用预定义的矩形，“标准孔轮廓”孔使用标准轮廓作为钻孔轮廓，而“草绘”孔允许创建新的孔轮廓草绘或浏览选择目录中所需的草绘。
- “直径”文本框。用于控制简单孔的直径。“直径”文本框中包含最近使用的直径值，也可输入新值。
- 深度选项。显示直孔的可能深度选项，包括 6 种钻孔深度选项，如表 5-1 所示。

表 5-1　深度选项按钮介绍

按钮	名称	含　义
	指定深度	在放置参照以指定深度值在第一方向上钻孔
	到下一个	在第一方向上钻孔直到下一个曲面（在“组件”模式下不可用）
	穿透	在第一方向上钻孔，直到与所有曲面相交
	对称	在放置参照的两个方向上，以指定深度值的一半分别在各方向上钻孔
	到选定的	在第一方向上钻孔，直到选定的点、曲线、平面或曲面
	穿至	在第一方向上钻孔，直到与选定曲面或平面相交（在“组件”模式下不可用）

- “深度值”文本框。用于指示孔特征是延伸到指定的参照，还是延伸到用户定义的深度。对于“指定深度”和“对称”选项，“深度值”文本框会显示一个值，亦可更改；对

于“到选定的”和“穿至”选项，显示曲面 ID，而对于“到下一个”和“穿透”选项，则为空。

（2）单击“标准孔”按钮，其操控板如图 5-47 所示。

图 5-47 “标准孔”状态下的操控板

- “螺纹类型”列表框。用于显示可用的孔图表，其中包含螺纹类型 / 直径信息。初始时会列出工业标准孔图表（UNC、UNF 和 ISO）。
- “螺钉尺寸”列表框。根据在“螺纹类型”下拉列表中选择的孔图表，列出可用的螺纹尺寸。也可输入新值，或拖动直径图柄让系统自动选择最接近的螺纹尺寸。默认情况下，选择列表中的第一个值，“螺钉尺寸”文本框显示最近使用的螺钉尺寸。
- 深度选项。与直孔类型类似，不再重复。
- 深度值。与直孔类型类似，不再重复。
- “添加攻丝”按钮。用于指出孔特征是螺纹孔还是间隙孔，即是否添加攻丝。如果标准孔类型为“指定深度”，则不能清除螺纹选项。
- “钻孔肩部深度”按钮。单击该按钮，则其前尺寸值为钻孔的肩部深度。
- “钻孔深度”按钮。单击该按钮，则其前尺寸值为钻孔的总体深度。
- “深加埋头孔”按钮。指定孔特征为埋头孔。
- “深加沉孔”按钮。指定孔特征为沉孔。

2. 下滑面板

在“孔”操控板中包含“放置”“形状”“注释”和“属性”4 个下滑面板。

（1）“放置”下滑面板。用于选择和修改孔特征的位置与参照，如图 5-48 所示。

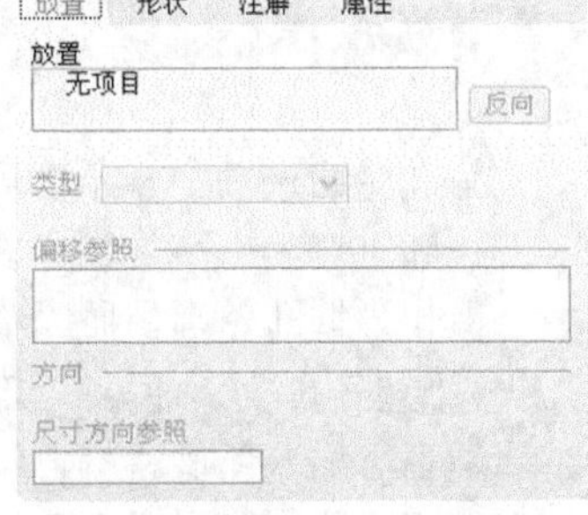

图 5-48 “放置”下滑面板

在“放置”下滑面板中包含下列选项。

①“放置”列表框。用于指示孔特征放置参照的名称，只能包含一个孔特征参照。该列表框处于活动状态时，用户可以选取新的放置参照。

②“反向”按钮。用于改变孔放置的方向。

③“类型”下拉列表框。用于指示孔特征使用偏移参照的方法。通过定义放置类型，可过滤可用偏移参照类型，如表 5-2 所示。

表 5-2 可用参照类型

放置主参照	类型列表
平面实体曲面 / 基准平面	线性 / 径向 / 直径 / 同轴
轴（Axis）	同轴（Coaxial）
点（Point）	在点上
圆柱实体曲面	径向 / 同轴
圆锥实体曲面	径向 / 同轴

④“偏移参照”列表框。用于指示在设计中放置孔特征的偏移参照。如果主放置参照是基准点，则该列表框不可用。该表分为以下 3 列。

- 第一列提供参照名称。
- 第二列提供偏移参照类型的信息。偏移参照类型的定义如下。对于线性参照类型，定义为“对齐”或“线性”；对于同轴参照类型，定义为“轴向”；对于直径和径向参照类型，则定义为“轴向”和“角度”。通过单击该列并从列表中选择偏移定义，可改变线性参照类型的偏移参照定义。
- 第三列提供参照偏移值。可输入正值和负值，但负值会自动反向于孔的选定参照侧，偏移值列包含最近使用的值。

孔工具处于活动状态时，可选取新参照以及修改参照类型和值。如果主放置参照改变，则仅当现有的偏移参照对于新的孔放置有效时，才能继续使用。

技巧荟萃

不能使用两条边作为一个偏移参照来放置孔特征；也不能选取垂直于主参照的边；更不能选取定义“内部基准平面”的边，而应该创建一个异步基准平面。

（2）“形状”下滑面板。用于预览当前孔的二维视图并修改孔特征属性，包括其深度选项、直径和全局几何。该下滑面板中的预览孔几何会自动更新，以反映所做的任何修改。直孔和标准孔有各自独立的下滑面板选项，如图 5-49 所示。

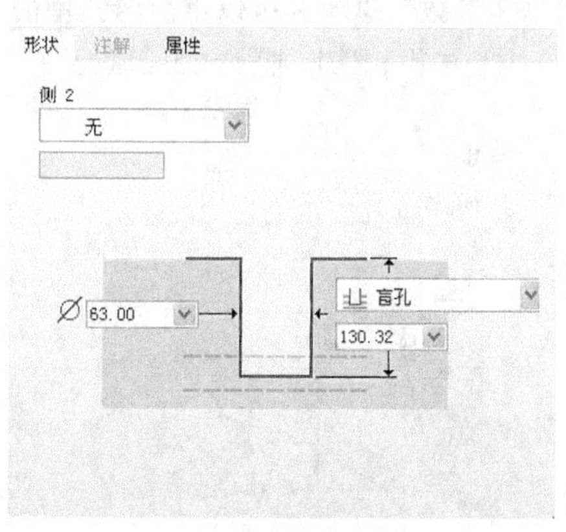

（a）直孔状态下

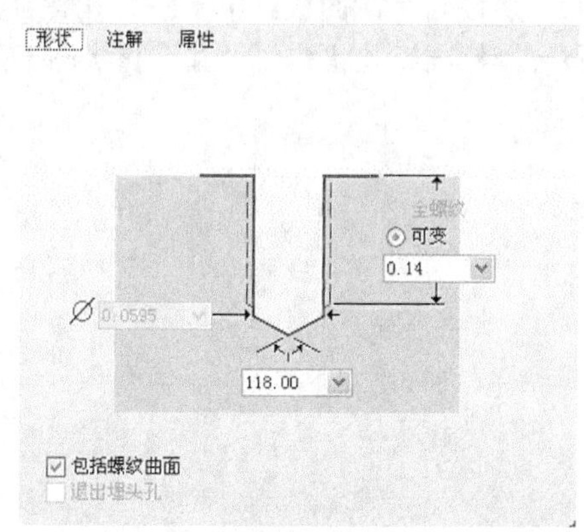

（b）标准孔状态下

图 5-49　“形状”下滑面板

创建直孔时的“形状”下滑面板如图 5-49（a）所示，其中“侧 2”下拉列表对于“简单”孔特征，可确定简单孔特征第二侧深度选项的格式。所有“简单”孔深度选项均可用。默认情况下，该下拉列表深度选项为“无”。注意，该下拉列表不可用于“草绘”孔。对于“草绘”孔特征，在打开“形状”下滑面板时，将会显示草绘几何。可在各参数下拉列表中选择前面使用过的参数值或输入新值。

创建标准孔时的下滑面板如图 5-49（b）所示，其中“包括螺纹曲面”复选框，用于创建螺纹曲面以代表孔特征的内螺纹；“退出埋头孔”复选框，用于在孔特征的底面创建埋头孔。孔所在的曲面应垂直于当前的孔特征。对于标准螺纹孔特征，还可定义以下螺纹特征。

- “全螺纹”单选钮。用于创建贯通所有曲面的螺纹。此选项对于“可变”“到下一个”孔以及在“组件”模式下，均不可用。
- “可变”单选钮。用于创建到达指定深度值的螺纹。可输入新值也可选择最近使用过的值。对于无螺纹的标准孔特征，可定义孔配合的标准 [不单击“添加攻丝”按钮，且设置孔深度为（穿透）]，如图 5-50 所示。

（3）“注释”下滑面板。仅适用于“标准”孔特征。在“标准孔”状态下，该下滑面板如图 5-51 所示。该下滑面板用于预览正在创建或重定义的“标准”孔特征的特征注释。

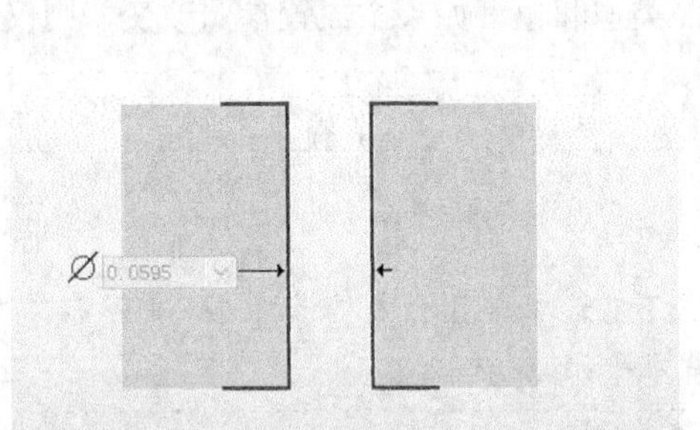

图 5–50　无螺纹标准孔特征的“形状”下滑面板

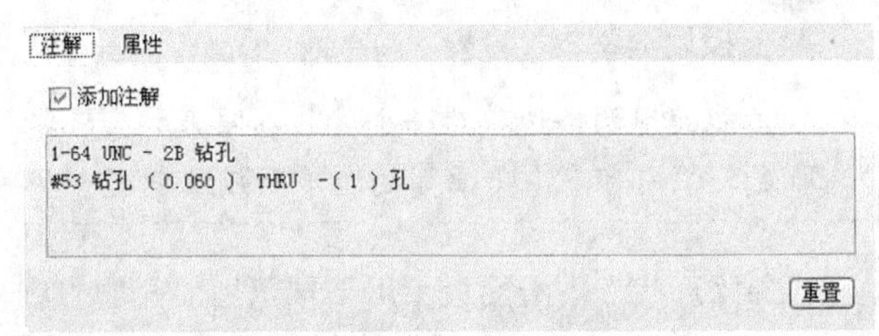

图 5–51　“注释”下滑面板

（4）“属性”下滑面板。用于获得孔特征的一般信息和参数信息，并可以重命名孔特征，如图 5-52 所示。“标准”孔状态与“直”孔状态下的“属性”下滑面板相比增加了一个参数表。

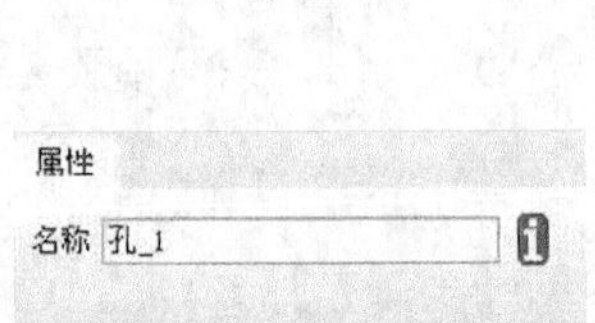

（a）“直”孔状态下

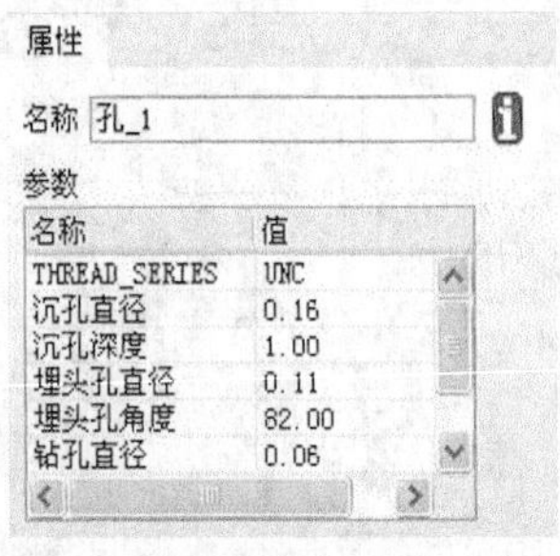

（b）“标准”孔状态下

图 5–52　“属性”下滑面板

- “名称”列表框。允许通过编辑名称来定制孔特征的名称。
- “浏览器”按钮。用于打开包含孔特征信息的嵌入式浏览器，如图 5-53 所示。
- “参数”列表框。允许查看在所使用的标准孔图表文件（.hol）中设置的定制孔数据。该列表框中包含“名称”列和“值”列，要修改参数名称和值，必须修改孔图表文件。

3. 创建草绘孔的操作步骤

（1）在模型上选择孔的近似位置，作为主放置参照，系统自动加亮该选择项。

（2）在菜单栏中选择“插入”→“孔”命令，或单击“工程特征”工具栏中的“孔”按钮，系统打开“孔”操控板。

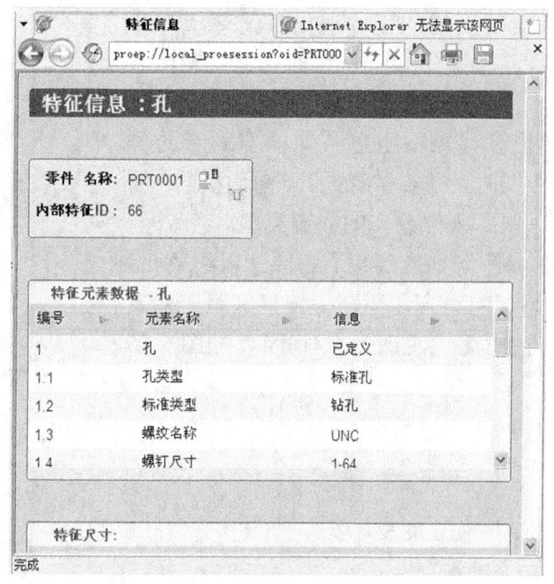

图 5-53　嵌入式浏览器

（3）单击操控板中的“简单孔”按钮创建简单孔，此选项为系统默认选项。

（4）单击操控板中的“草绘”按钮，系统显示“草绘”孔选项。

（5）在“孔”操控板中可以进行以下操作。

- 单击操控板中的“打开”按钮，系统打开“文件打开”对话框，如图 5-54 所示。可以选择现有草绘（.sec）文件。

图 5-54　“文件打开”对话框

- 单击“草绘器”按钮进入草绘环境，可创建一个新草绘剖面（草绘轮廓）。在新的绘图区中草绘并标注草绘剖面。绘制完成后，单击“草绘器工具”工具栏中的“完成”按钮

✓，系统完成草绘剖面的创建并退出草绘环境（注意：草绘时要有旋转轴即中心线，它的要求与旋转命令相似）。

（6）如果需要重新定位孔，需将主放置句柄拖到新的位置，或将其捕捉至参照。必要时，可在“放置”下滑面板的“放置”列表框中选择新放置，以此来修改孔的放置类型。

（7）将次放置（偏移）参照句柄拖到相应参照上以约束孔。

（8）如果要将孔与偏移参照对齐，需在“偏移参照”列表框中选择该偏移参照，并将“偏移”更改为“对齐”，如图 5-55 所示。

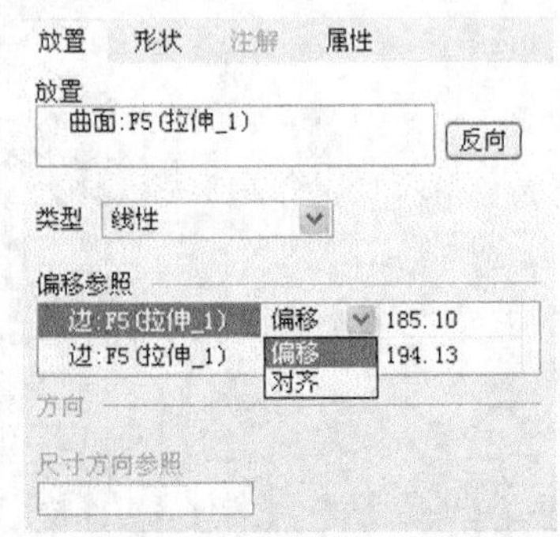

图 5-55 “放置”下滑面板

技巧荟萃

这只适用于使用“线性”放置类型的孔。

（9）如果要修改草绘剖面，单击操控板中的“草绘器”按钮，显示草绘剖面。

技巧荟萃

孔直径和深度由草绘驱动。“形状”下滑面板仅显示草绘剖面。

（10）单击“孔”操控板中的“完成”按钮✓，生成草绘孔特征。

5.3.2 创建孔特征的操作步骤

（1）新建一个名称为 kong.prt 的零件文件。

（2）单击“工程特征”工具栏中的“拉伸”按钮，以 FRONT 基准平面作为草绘平面，绘制图 5-56 所示的截面。

（3）单击“草绘器工具”工具栏中的“完成”按钮✓退出草绘环境。

（4）返回到“拉伸”操控板，参数设置如图 5-57 所示。

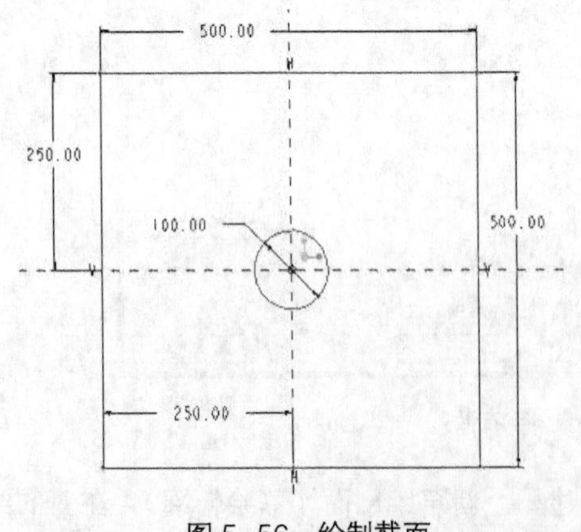

图 5-56 绘制截面

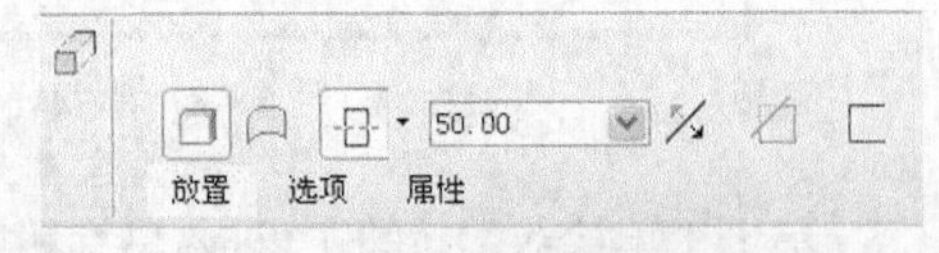

图 5-57 设置拉伸参数

（5）单击操控板中的“完成”按钮✓，完成拉伸特征的创建，结果如图 5-58 所示。

（6）单击“工程特征”工具栏中的“孔”按钮，选择拉伸实体的上表面放置孔，被选择的表面将加亮显示，并可预览孔的位置和大小，如图 5-59 所示，可通过孔的控制手柄调整其位置和大小。

（7）拖动控制手柄到合适的位置后，系统显示孔中心到参照边的距离，双击该尺寸值即可对其进行修改。设置孔中心到边 1、2 的距离分别为“60”和“50”，孔直径为“50”，如图 5-60 所示。

图 5-58　创建拉伸特征

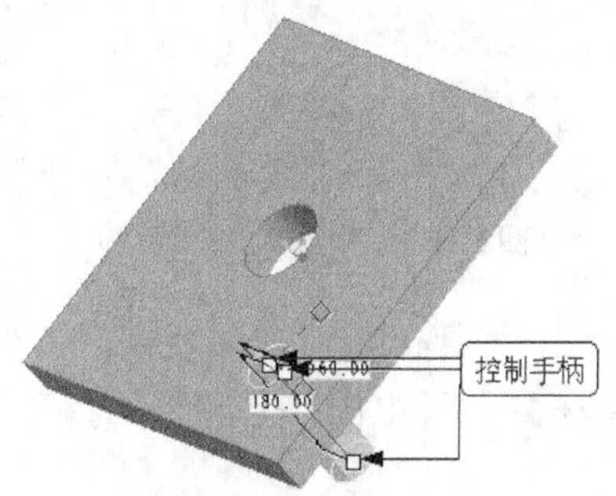

图 5-59　预览孔

（8）通过图 5-61 所示的“孔”操控板及“放置”下滑面板，同样可以设置孔的放置平面、位置和大小。

（9）单击“放置”列表框，选取拉伸实体的上表面作为孔的放置平面；单击“反向”按钮可改变孔的创建方向；单击“偏移参照”列表框，选取拉伸实体的一条参照边，被选取边的名称及孔中心到该边距离均显示在该列表框中；单击距离值文本框，可改变距离值。再单击“偏移参照”列表框中第二行文本框，按住 <Ctrl> 键在绘图区选取第二条参照边。

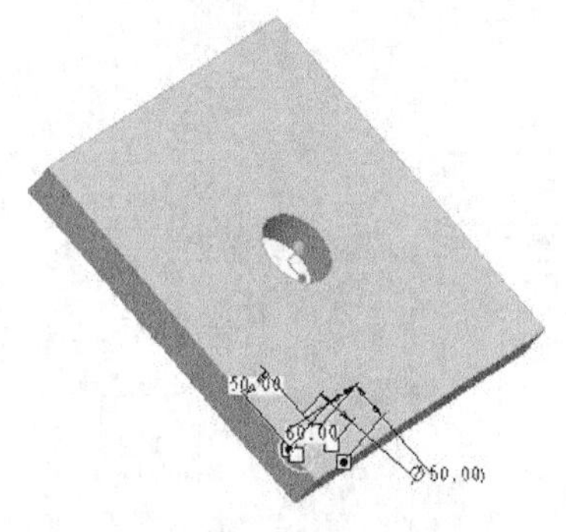

图 5-60　设置孔尺寸

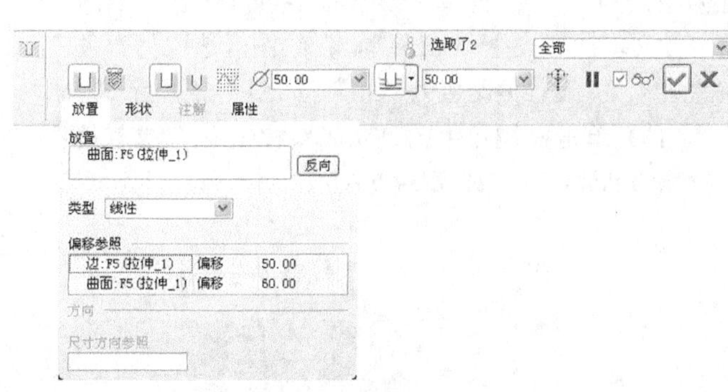

图 5-61　参数设置

（10）设置完成后，单击操控板中的“形状”按钮，在打开的图 5-62 所示的“形状”下滑面板中显示了当前孔形状。

（11）单击操控板中的“完成”按钮✓，生成的简单孔特征如图 5-63 所示。

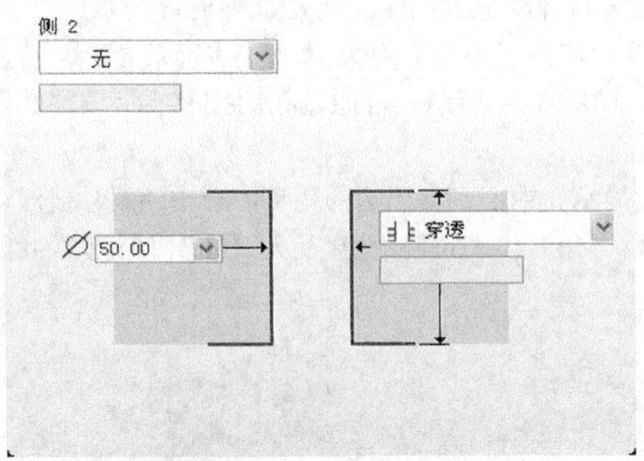

图 5-62 “形状”下滑面板

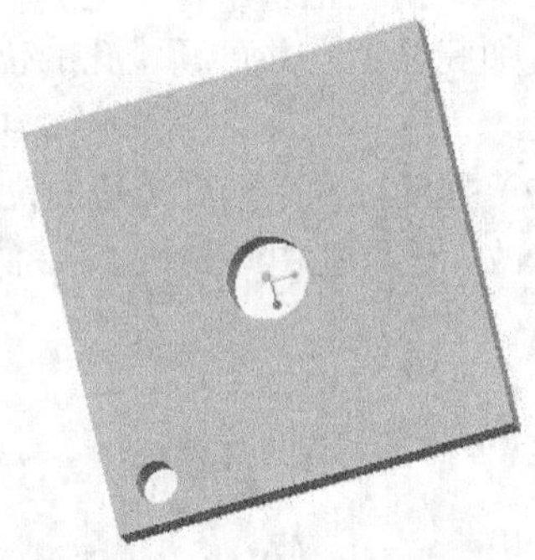

图 5-63 创建简单孔特征

（12）单击“工程特征”工具栏中的“孔”按钮，然后单击操控板中的“矩形”孔和“草绘”按钮。

（13）单击操控板中的“草绘器”按钮进入草绘环境，绘制图 5-64 所示的旋转截面，绘制完成后单击“草绘器工具”工具栏中的“完成”按钮，退出草绘环境。

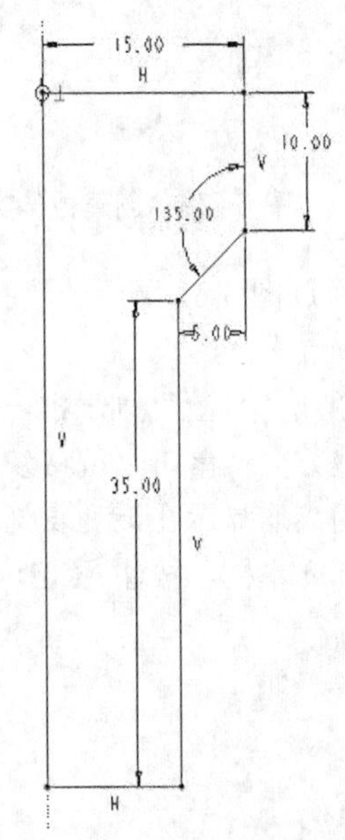

图 5-64 绘制旋转截面

（14）单击操控板中的“放置”按钮，打开“放置”下滑面板。激活“放置”列表框，在绘图区选取拉伸实体的上表面放置孔；激活“偏移参照”列表框，选取边 3 作为参照边，单击其后面的距离值文本框，设置偏距值为“30”；再单击“偏移参照”列表框中的第二行文本框，按住 <Ctrl> 键，在绘图区选取另一条参照边 4，并设置偏距值为“30”，如图 5-65 所示。

（15）单击操控板中的“完成”按钮完成草绘孔特征的创建，结果如图 5-66 所示。

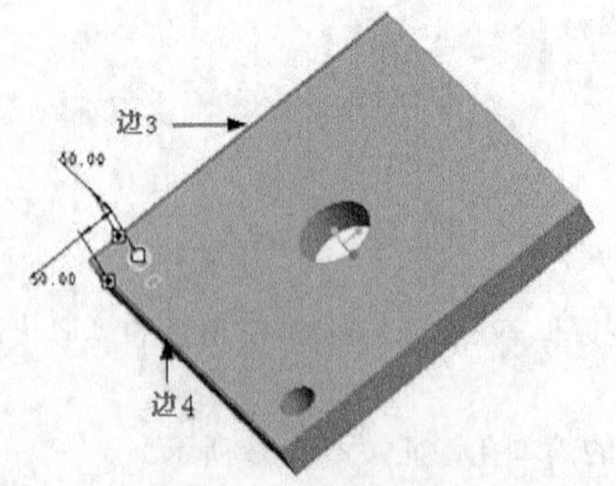

图 5-65 草绘孔特征的尺寸参数设置

图 5-66 创建草绘孔特征

（16）单击“工程特征”工具栏中的“孔”按钮，在打开的“孔”操控板中单击“标准孔”按钮。

（17）“孔”操控板设置如图 5-67 所示。

图 5-67　标准孔参数设置

（18）选取拉伸实体的上表面放置螺纹孔，选取图 5-65 所示的边 3 和边 4 作为参照边，偏距均为“50”，如图 5-68 所示。

（19）完成参数设置后，单击操控板中的“形状”按钮，在打开的图 5-69 所示的“形状”下滑面板中查看当前孔形状。图中文本框显示的尺寸为可变尺寸，用户可以根据自己的需要修改。

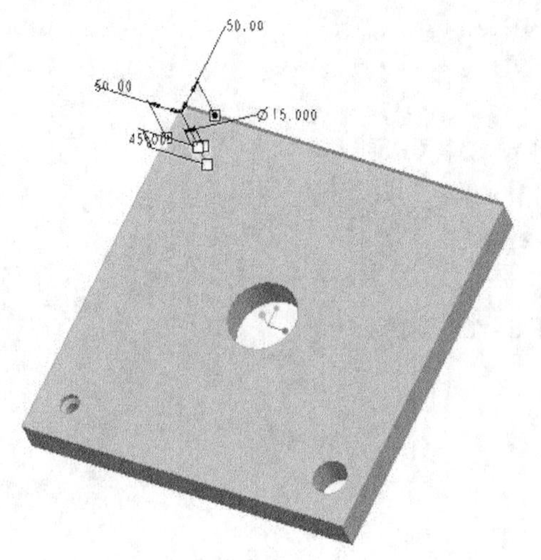

图 5-68　标准孔特征的尺寸参数设置

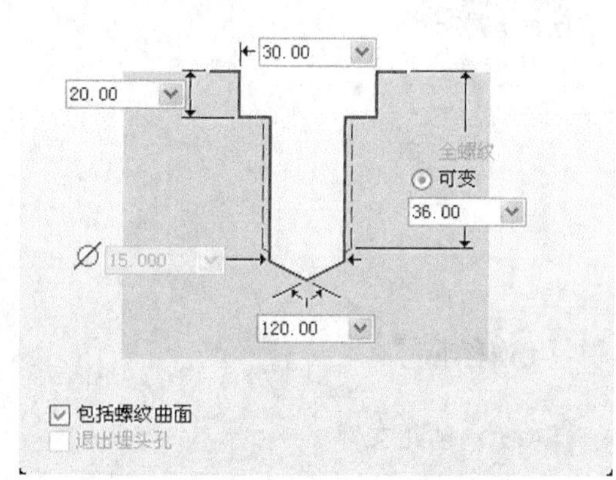

图 5-69　“形状”下滑面板

（20）单击操控板中的“注释”按钮，在打开的“注释”下滑面板中显示当前孔的信息，如图 5-70 所示。

（21）单击操控板中的“完成”按钮完成标准孔特征的创建，结果如图 5-71 所示。

（22）保存文件到指定的目录并关闭当前对话框。

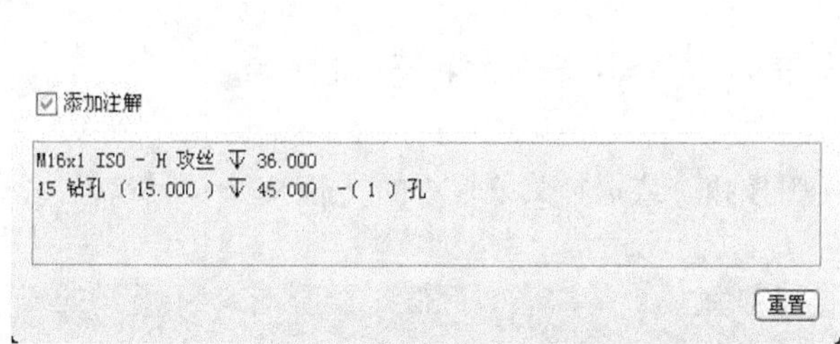

图 5-70　“注释”下滑面板

图 5-71　创建标准孔特征

5.3.3 实例——活塞

本例介绍活塞的建模过程，模型如图 5-72 所示。首先利用旋转命令创建活塞的实体特征，然后利用去除材料的方法形成活塞顶部凹坑，然后切割出活塞的内部孔及活塞孔，最后加工活塞的裙部特征。

扫码看视频

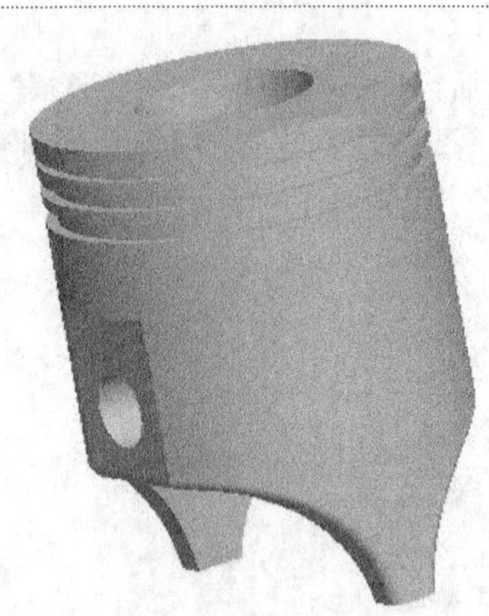

图 5–72 活塞

【创建步骤】

Step 1 创建文件

单击“文件”工具栏中的“新建”按钮或选择菜单栏中的“文件”→“新建”命令，弹出“新建”对话框。在“类型”选项组中点选“零件”单选钮，在“名称”文本框输入“huosai.prt”，取消勾选“使用缺省模板”复选框，单击“确定”按钮，弹出“新文件选项”对话框，选择“mmns_part_solid”选项，单击“确定”按钮，创建新的零件文件。

Step 2 创建活塞主体

（1）单击“基础特征”工具栏上的“旋转”按钮或选择菜单栏中的“插入”→“旋转”命令，打开旋转操控板。

（2）选择 FRONT 平面作为草绘平面，接受系统提供的缺省参照，进入草绘模式。草绘图 5-73 所示的截面，单击✔按钮，退出草绘界面。

（3）在操控板中输入旋转角度为“360”，单击☑按钮，完成旋转特征的创建。

Step 3 创建活塞凹坑

（1）单击“基础特征”工具栏上的“旋转”按钮或选择菜单栏中的“插入”→“旋转”命令，打开旋转操控板。

（2）选择 FRONT 平面作为草绘平面，接受系统提供的缺省参照线。绘制图 5-74 所示的截面，单击✔按钮，退出草绘。

（3）单击操控板中的“去除材料”按钮，单击☑按钮，生成顶部的凹坑。生成的活塞凹坑如图 5-75 所示。

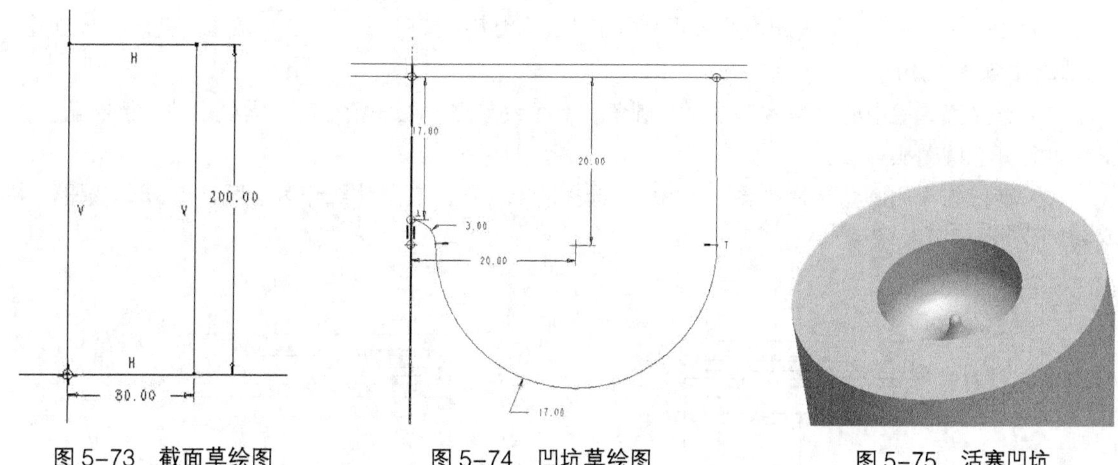

图 5–73　截面草绘图　　图 5–74　凹坑草绘图　　图 5–75　活塞凹坑

Step 4　创建隔热槽、气环槽、油环槽

（1）单击“基础特征”工具栏上的“旋转”按钮或选择菜单栏中的“插入”→“旋转”命令，打开旋转操控板。

（2）选择 FRONT 平面作为草绘平面，接受系统提供的缺省参照线。草绘隔热槽、气环槽及油环槽的截面，如图 5-76 所示，单击✔按钮，退出草绘。

（3）在操控板中输入旋转角度为“360”，单击“去除材料”按钮，单击按钮，完成特征创建，如图 5-77 所示。

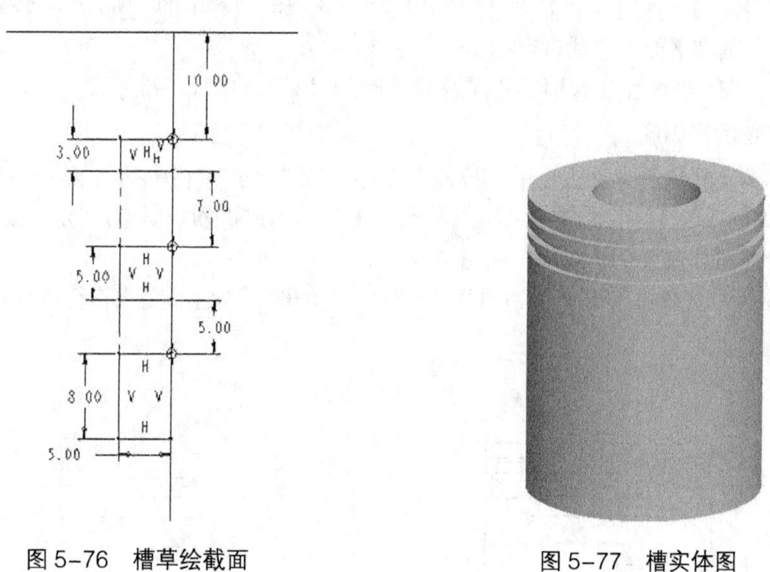

图 5–76　槽草绘截面　　图 5–77　槽实体图

Step 5　创建活塞内部孔

（1）单击“基础特征”工具栏上的“旋转”按钮或选择菜单栏中的“插入”→“旋转”命令，打开旋转操控板。

（2）选择 FRONT 平面作为草绘平面，接受系统提供的缺省参照线，进入草绘环境。绘制图 5-78 所示的截面，单击✔按钮，退出草绘。

（3）在操控板中输入旋转角度“360”，单击“去除材料”按钮，单击按钮，完成实体创建。

Step 6 倒圆角

（1）选择菜单栏中的“插入”→“倒圆角”命令或单击“工程特征”工具栏中的“倒圆角”按钮，打开倒圆角操控板。

（2）在操控板的圆角半径中输入“20”，选择活塞内部的圆形边线作为参照。单击按钮，生成圆角特征，如图 5-79 所示。

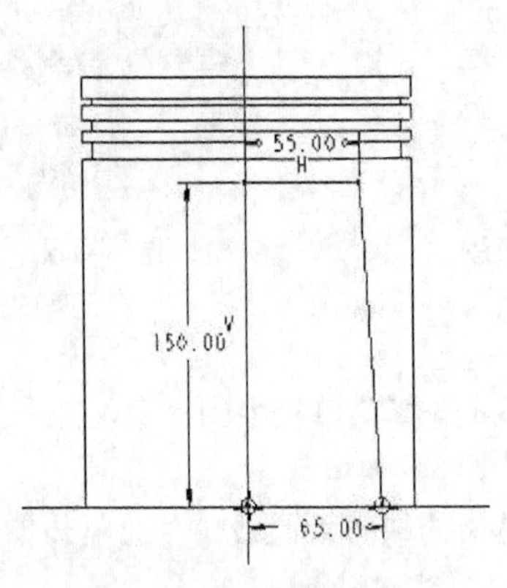

图 5-78　活塞孔草绘图

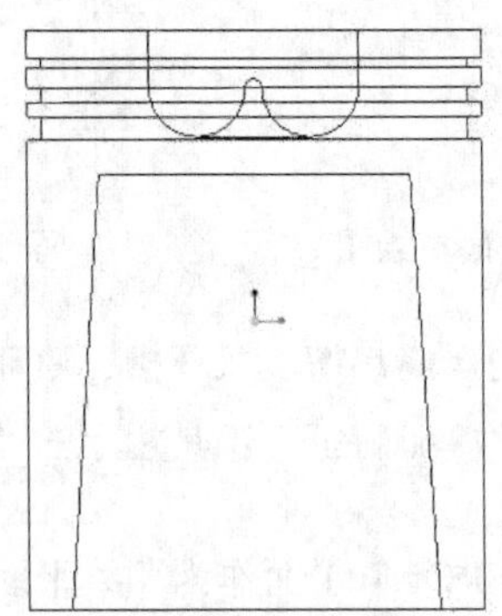

图 5-79　倒圆角

Step 7 创建基准面

（1）单击“基准”工具栏上的“基准平面”按钮或选择菜单栏中的“插入”→“模型基准”→“平面”命令，打开“基准平面”对话框。

（2）选择 RIGHT 平面作为参照，将平移量修改为“30”，生成基准平面。

Step 8 创建活塞销座

（1）单击“基础特征”工具栏上的“拉伸”按钮或选择菜单栏中的“插入”→“拉伸”命令。

（2）选择上步创建的基准平面作为草绘平面，接受系统提供的缺省参照线，进入草绘环境。绘制图 5-80 所示的截面，单击按钮，退出草绘。

（3）在操控板中选择拉伸形式为“到下一平面”，单击按钮，完成特征创建，实体如图 5-81 所示。

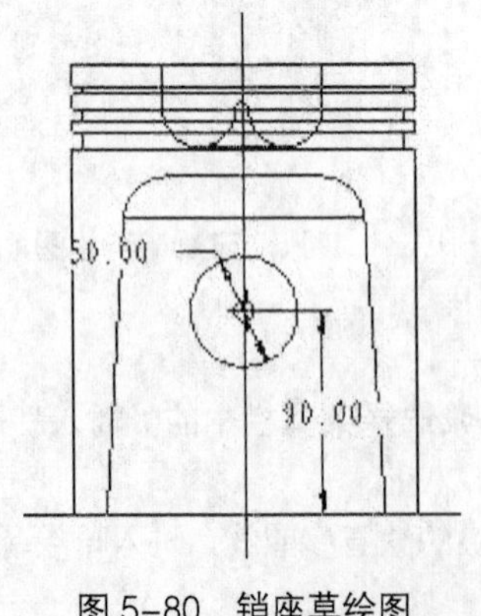

图 5-80　销座草绘图

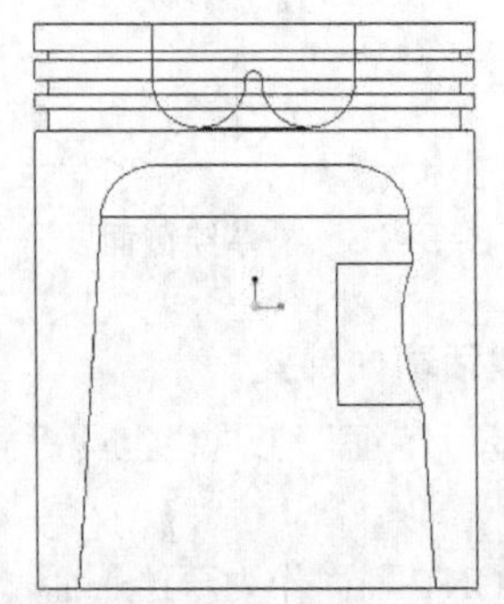

图 5-81　实体图

Step 9　重复步骤 7 ~ 步骤 8，在另一侧创建基准特征

Step 10　创建活塞孔

（1）单击“工程特征”工具栏中的“孔”按钮或选择菜单栏中的“插入”→“孔”命令。

（2）单击“放置”按钮，选择 RIGHT 平面作为主参照，将参照类型定义为同轴，选择活塞销座的轴线作为次参照。

（3）孔类型选择“穿透”，孔的直径修改为“30”，如图 5-82 所示，单击按钮，完成孔特征的创建。

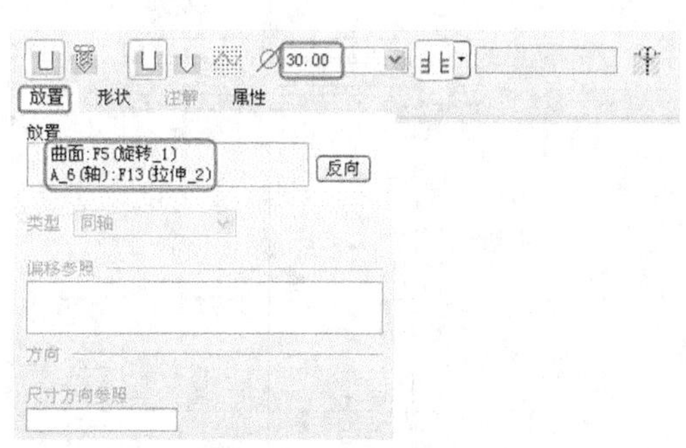

图 5-82　“孔”操控板

Step 11　活塞销孔倒角

（1）选择菜单栏中的“插入”→“倒角”命令或单击“工程特征”工具栏中的“倒角”按钮，打开倒角操控板。

（2）选择销孔的两个端面作为倒角边，选择 D×D 的倒角方式，尺寸修改为“2”。单击按钮，生成倒角特征。

Step 12　创建安装端面特征

（1）单击“基础特征”工具栏上的“拉伸”按钮或选择菜单栏中的“插入”→“拉伸”命令，打开拉伸操控板。

（2）选择 FRONT 平面作为草绘平面，接受系统提供的缺省参照线，绘制图 5-83 所示的草图，单击按钮，退出草绘。

（3）将拉伸类型选择为“对称”，单击“去除材料”按钮，单击按钮，生成安装端面，如图 5-84 所示。

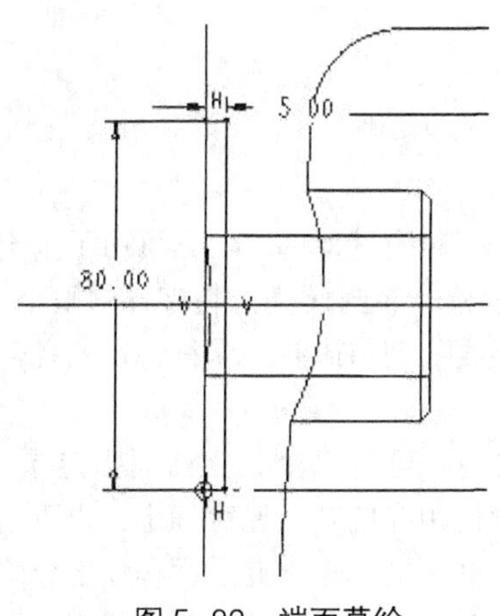

图 5-83　端面草绘

图 5-84　端面实体

Step 13　另一侧安装端面

采用同样的方法完成另一侧安装面的创建。

Step 14　切割活塞裙部

（1）单击“基础特征”工具栏上的“拉伸”按钮或选择菜单栏中的“插入”→“拉伸”命令。

（2）选择 FRONT 平面作为草绘平面，接受系统提供的缺省参照线，开始草绘。绘制的剖面如

图 5-85 所示，单击✔按钮，退出草绘。

（3）在拉伸工具操控板的选项中，将深度都选择为“对称”，输入距离为“200”，单击去除材料按钮，单击✔按钮，完成裙部草绘。

（4）采用同样的方法切割另一侧活塞裙部。实体如图 5-86 所示。

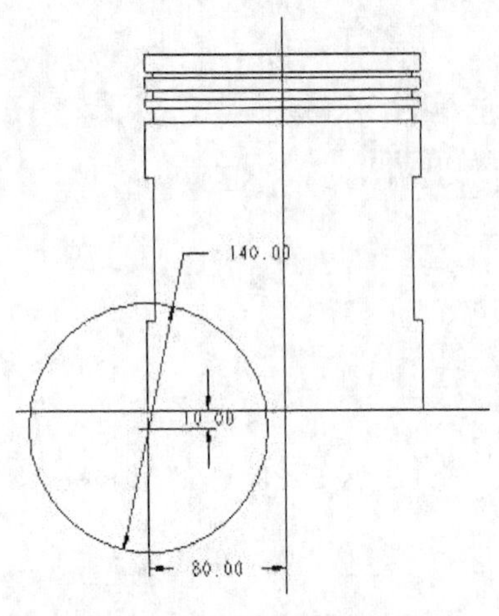

图 5-85　裙部草绘图

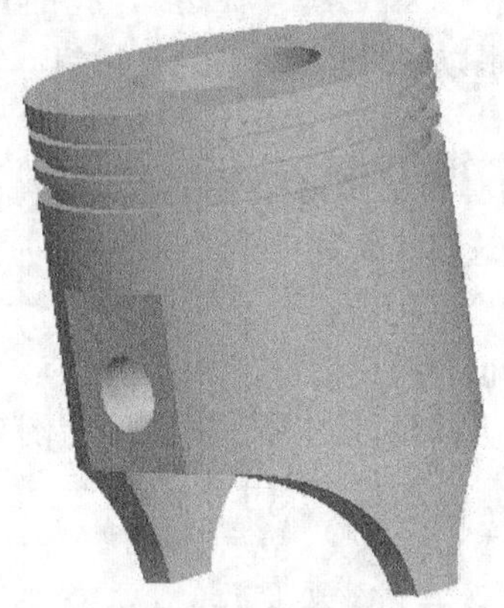

图 5-86　裙部实体图

Step 15　倒圆角特征

（1）选择菜单栏中的“插入”→“倒圆角”命令或单击“工程特征”工具栏中的“倒圆角”按钮，打开倒圆角操控板。

（2）选择活塞销座与活塞体的交线作为倒角边，将圆角半径修改为“5”。单击✔按钮，生成圆角特征如图 5-72 所示。

5.4 抽壳特征

对实体创建“壳”特征可将实体内部掏空，只留一个特定壁厚的壳。它可用于指定要从壳移除的一个或多个曲面。如果未选取要移除的曲面，则会创建一个封闭壳，将零件的整个内部都掏空，且空心部分没有入口。在这种情况下，可在以后添加必要的切口或孔来获得特定的几何。如果使厚度侧反向，壳厚度将被添加到零件的外部。

定义壳时，也可选取要在其中指定不同厚度的曲面。可为每个此类曲面指定单独的厚度值，但无法为这些曲面输入负的厚度值或反向厚度侧。厚度侧由壳的默认厚度确定。也可通过在“排除的曲面”列表框中指定曲面来排除一个或多个曲面，使其不被壳化，此过程称作部分壳化。要排除多个曲面，可在按住 <Ctrl> 键的同时选取这些曲面。不过，Pro/ENGINEER 不能壳化同在“排除的曲面”列表框中指定的曲面相垂直的材料。

5.4.1 操控板选项介绍

1. “壳”操控板

在菜单栏中选择“插入”→“壳”命令，或单击“工程特征”工具栏中的“壳”按钮，系统打开图 5-87 所示的“壳”操控板。

图 5-87　“壳”操控板

“壳”操控板中包含下列选项。

（1）“厚度”文本框。用于更改默认壳厚度值。可输入新值，或在其下拉列表中选择最近使用过的值。

（2）“反向”按钮。用于反向壳的创建侧。

2. 下滑面板

“壳”操控板中包含“参照”“选项”和“属性”3 个下滑面板。

（1）“参照”下滑面板。用于显示当前“壳”特征，如图 5-88 所示。该下滑面板中包含下列选项。

- “移除的曲面”列表框。用于选取要移除的曲面。如果未选取任何曲面，则会创建一个封闭壳，将零件的整个内部都掏空，且空心部分没有入口。
- “非缺省厚度”列表框。用于选取要在其中指定不同厚度的曲面。可为此列表框中的每个曲面指定单独的厚度值。

（2）“选项”下滑面板。用于设置排除曲面和细节，如图 5-89 所示。该下滑面板中主要选项作用介绍如下。

- “排除的曲面”列表框。用于选取一个或多个要从壳中排除的曲面。如果未选取任何要排除的曲面，则将壳化整个零件。
- “细节”按钮。单击该按钮打开图 5-90 所示的用来添加或移除曲面的“曲面集”对话框。注意，通过“壳”操控板访问“曲面集”对话框时不能选取面组曲面。
- “延伸内部曲面”单选钮。用于在壳特征的内部曲面上形成一个盖。
- “延伸排除的曲面”单选钮。用于在壳特征的排除曲面上形成一个盖。

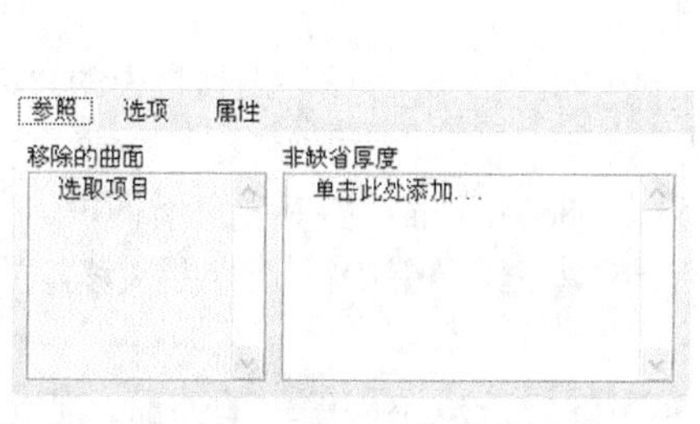

图 5-88　“参照”下滑面板

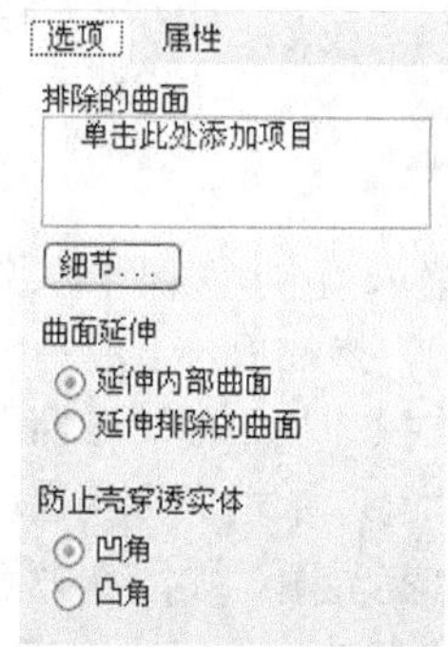

图 5-89　“选项”下滑面板

（3）“属性”下滑面板。用于设置壳的名称，如图 5-91 所示，与第 5.1.1 节中“倒圆角”操控板中的“属性”下滑面板类似，在此不再赘述。

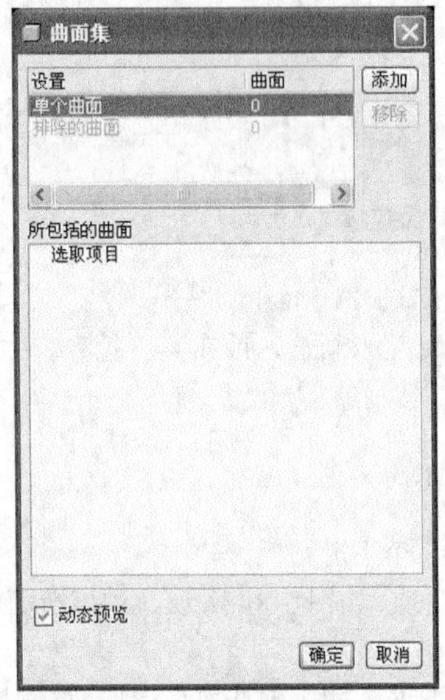

图 5-90 “曲面集”对话框

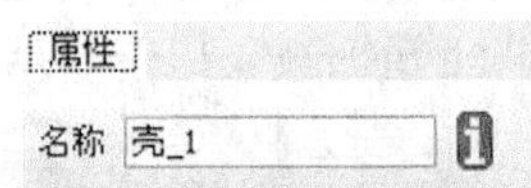

图 5-91 “属性”下滑面板

5.4.2 创建壳特征的操作步骤

（1）打开光盘中的“\ 源文件 \ 第 5 章 \chouke.prt”文件，原始模型如图 5-92 所示。

图 5-92 原始模型

（2）在菜单栏中选择“插入”→“壳”命令，或单击“工程特征”工具栏中的“壳”按钮，系统打开“壳”操控板。

（3）单击操控板中的“参照”按钮，系统打开图 5-88 所示的“参照”下滑面板。

（4）在“移除的曲面”列表框中单击可以激活该列表框，在实体上选取要被移除的曲面，被选取的曲面将加亮显示，如图 5-93 所示。

（5）在“非缺省厚度”列表框中单击，按住 <Ctrl> 键选取不同壁厚的曲面。被选取的曲面及其壁厚将显示在此列表框中，分别修改其壁厚为“50”和“15”。

（6）单击“壳”操控板中的“完成”按钮完成壳特征的创建，结果如图 5-94 所示。

（7）保存文件到指定的目录并关闭当前对话框。

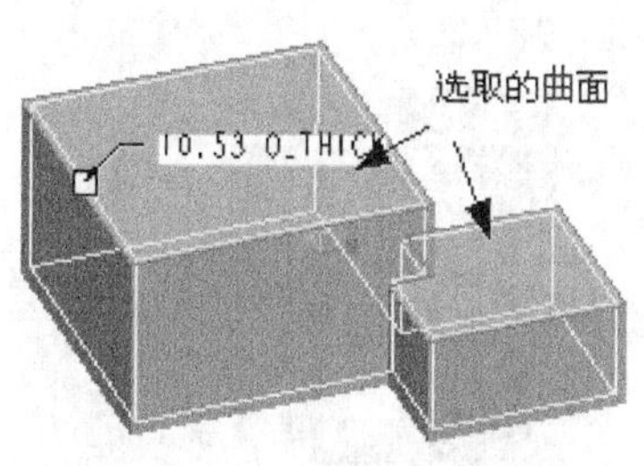

图 5-93　选取被移除的曲面

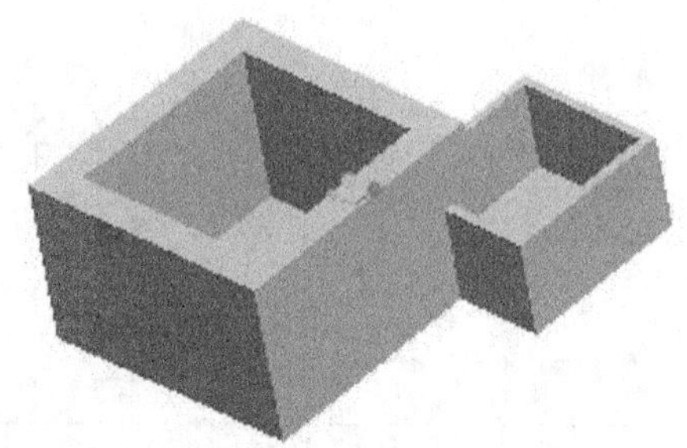

图 5-94　抽壳效果

5.4.3　实例——烟灰缸

本例介绍烟灰缸的建模过程，模型如图 5-95 所示。首先通过“旋转”特征生成基本形状，然后通过“拉伸切除”功能生成烟槽，通过“倒圆角”功能进行修饰，最后通过“抽壳”完成造型。

扫码看视频

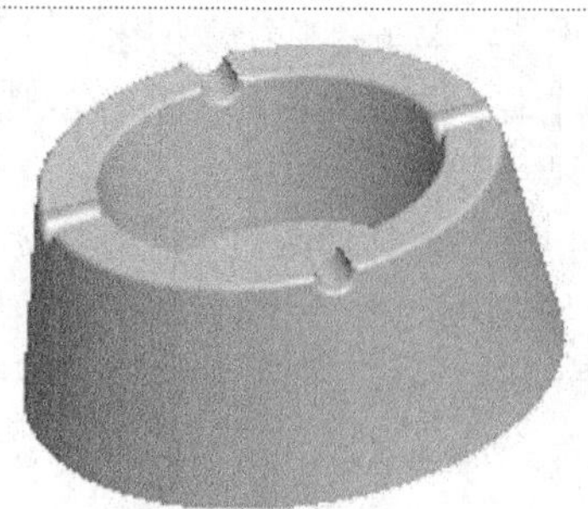

图 5-95　烟灰缸

【创建步骤】

Step 1　新建文件

单击“文件”工具栏中的“新建”按钮，打开“新建”对话框，在“类型”选项组中点选“零件”单选钮，在“子类型”选项组中点选“实体”单选钮，在“名称”文本框中输入“yanhuigang”，其余选项接受系统默认设置，单击“确定”按钮，创建一个新的零件文件。

Step 2　旋转基体

（1）单击“基础特征”工具栏中的“旋转”按钮，系统打开“旋转”操控板。在操控板中依次单击“放置”→“定义”按钮，系统打开“草绘”对话框，选取 FRONT 基准平面作为草绘平面，其余选项接受系统默认设置，单击“草绘”按钮，进入草绘环境。

（2）单击“草绘器工具”工具栏中的“中心线”按钮和“线”按钮，绘制图 5-96 所示的旋转截面并修改其尺寸值。

（3）绘制完成后，单击“草绘器工具”工具栏中的“完成”按钮退出草绘环境。

（4）在操控板中设置旋转方式为（指定），设定旋转角度为“360”，单击“预览”按钮预览旋转模型，如图 5-97 所示。

（5）单击操控板中的“完成”按钮生成旋转特征。

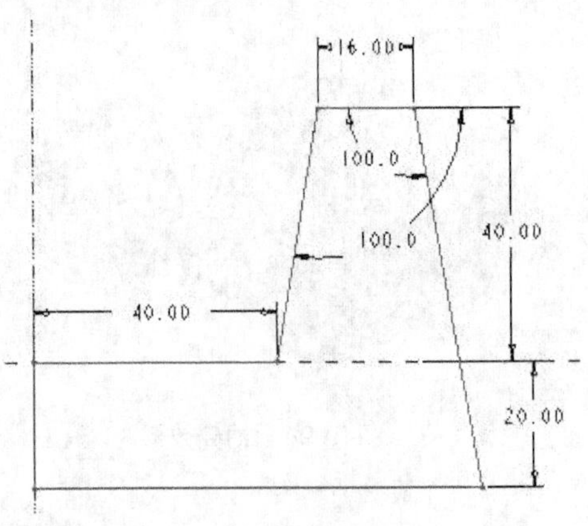

图 5-96　绘制旋转截面

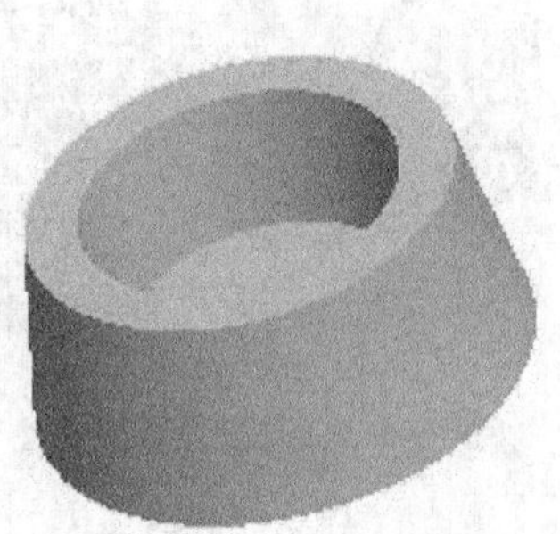

图 5-97　预览旋转特征

Step 3　拉伸切除烟槽

（1）单击“基础特征”工具栏中的“拉伸”按钮，系统打开“拉伸”操控板。在操控板中依次单击“放置”→“定义”按钮，系统打开“草绘”对话框，选取 FRONT 基准平面作为草绘平面，其余选项接受系统默认设置，单击“草绘”按钮，进入草绘环境。

（2）单击“草绘器工具”工具栏中的“圆心和端点”按钮和“线”按钮，绘制图 5-98 所示的拉伸截面并修改其尺寸值。

（3）单击“草绘器工具”工具栏中的“完成”按钮退出草绘环境。

（4）单击“拉伸”操控板中的“去除材料”按钮，再单击“反向”按钮调整拉伸方向，设置拉伸方式为“到选定项”，选取旋转体的外表面。单击“预览”按钮预览拉伸特征，如图 5-99 所示。

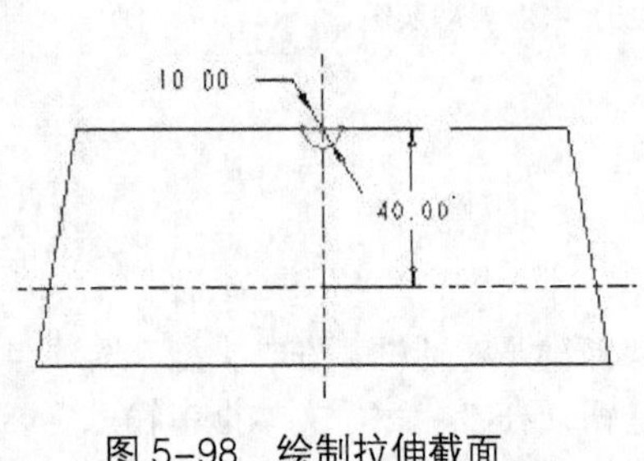

图 5-98　绘制拉伸截面

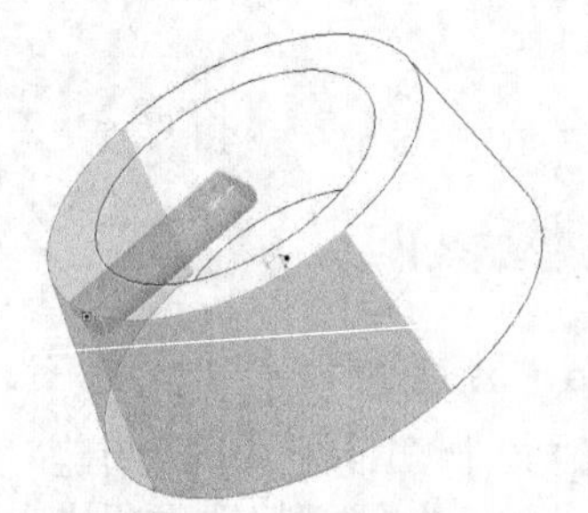

图 5-99　预览拉伸特征

技巧荟萃

在下面的步骤中，用户需要更改特征的创建方向。注意，操控板中有两个相似的按钮，一个是特征创建方向，一个是材料去除侧。

（5）单击操控板中的“完成”按钮生成拉伸特征。采用同样的方法绘制其余烟槽，结果如图 5-100 所示。

Step 4　创建倒圆角特征

（1）单击“工程特征”工具栏中的“倒圆角”按钮。按住 <Ctrl> 键，在旋转特征的顶面选取图 5-101 所示的所有边，设定圆角半径为“2”。

（2）设置完成后单击操控板中的“预览”按钮观察模型。

（3）单击“完成”按钮生成倒圆角特征。

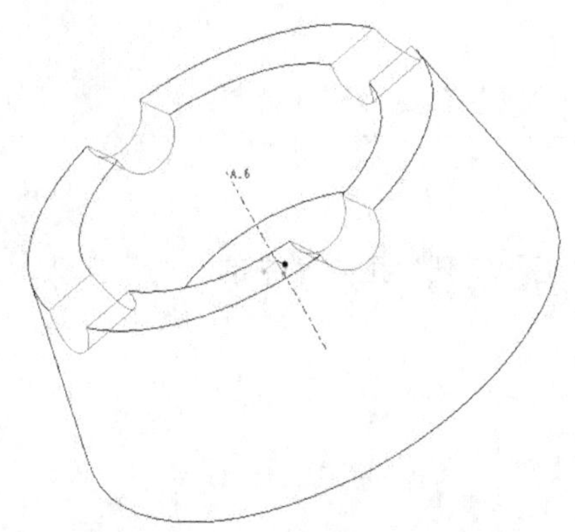

图 5-100　拉伸切除烟槽模型

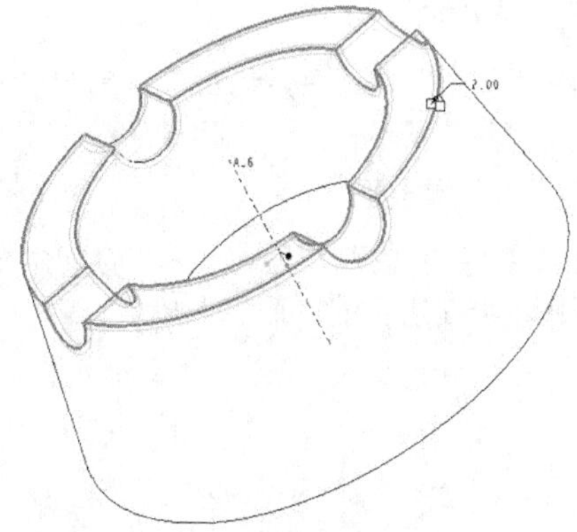

图 5-101　选取倒角边

Step5　创建壳特征

“壳”命令用于去掉选中的零件曲面，并以用户定义的壁厚保留剩余的表面。

（1）单击“工程特征”工具栏中的“壳”按钮。

（2）选取图 5-102 所示的曲面，选定的曲面将从零件中去掉。

（3）给定壁厚为“2.5”，然后单击“预览”按钮观察模型。

（4）单击操控板中的“完成”按钮完成壳特征的创建。

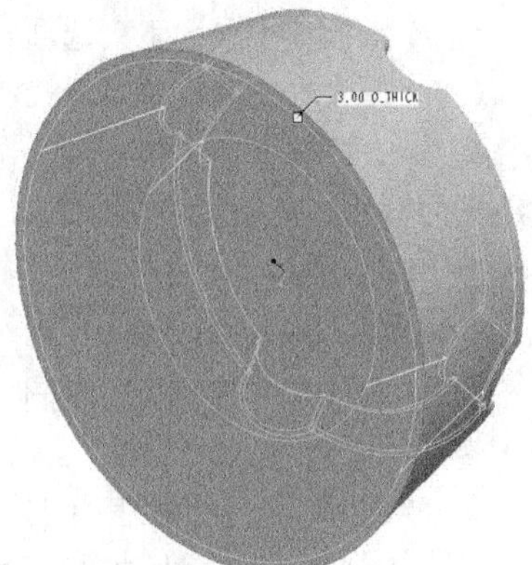

图 5-102　选取曲面

Step 6　保存零件文件

保存文件到指定的目录并关闭当前对话框。

5.5 筋特征

筋特征是连接到实体曲面的薄翼或腹板伸出项。筋通常用来加固设计中的零件，防止出现不需要的折弯。利用“筋”工具可快速开发简单或复杂的筋特征。

5.5.1　操控板选项介绍

在任意一种情况下，指定筋的草绘后，即对草绘的有效性进行检查，如果有效，则将其放置在列表框中。“参照”列表框一次只接受一个有效的筋草绘。指定筋特征的有效草绘后，在绘图区中将出现预览几何。可在绘图区、操控板或在这两者的组合中直接操纵并定义模型。预览几何会自动更新，以反映所做的任何修改。

可创建直筋和旋转筋两种类型的筋特征，但其类型会根据连接几何自动进行设置。对于筋特征，可执行普通的特征操作，这些操作包括阵列、修改、重定参照和重定义。

技巧荟萃

在“零件”模式中，能放置“筋”特征，但不能将“筋”创建为组件特征。

1. “筋”操控板

在菜单栏中选择“插入”→“筋”命令，或单击“工程特征”工具栏中的“筋”按钮，系统打开图 5-103 所示的“筋”操控板。

图 5-103 “筋”操控板

“筋”操控板中包含下列选项。

(1)“厚度”文本框。用于控制筋特征的材料厚度。文本框中包含最近使用的尺寸值。

(2) “反向”按钮。用于切换筋特征的厚度侧。单击该按钮可从一侧转换到另一侧，关于草绘平面对称。

2. 下滑面板

“筋”操控板包含“参照”和“属性”两个下滑面板。

(1)“参照”下滑面板。用于显示筋特征参照的相关信息并对其进行修改，如图 5-104 所示。该下滑面板中包含下列选项。

- “草绘”列表框。用于显示为筋特征选定的有效草绘特征参照。可使用快捷菜单（光标位于列表框中）中的“移除”命令移除草绘参照。“草绘”列表框每次只能包含一个有效的“筋”特征。
- “反向”按钮。用于切换筋特征草绘的材料方向。单击该按钮可改变特征方向。

(2)“属性”下滑面板。用于获取筋特征的信息并重命名筋特征，如图 5-105 所示。

图 5-104 “参照”下滑面板　　图 5-105 “属性”下滑面板

5.5.2 创建筋特征的操作步骤

(1) 打开光盘中的“\ 源文件 \ 第 5 章 \jiaqiangjin.prt”文件，原始模型如图 5-106 所示。

(2) 在菜单栏中选择“插入”→“筋”命令，或单击“工程特征”工具栏中的“筋”按钮，系统打开“筋”操控板。

(3) 在操控板中依次单击“参照”→“定义”按钮，系统打开“草绘”对话框，选取 DTM1

基准平面作为草绘平面，进入草绘环境。

（4）绘制图 5-107 所示的截面。

（5）绘制完成后单击“草绘器工具”工具栏中的“完成”按钮✓退出草绘环境。

（6）单击操控板中的“加厚草绘”按钮，设置筋厚度为“6”。

（7）设置完成后，单击操控板中的“完成”按钮✓，完成筋特征的创建，结果如图 5-108 所示。

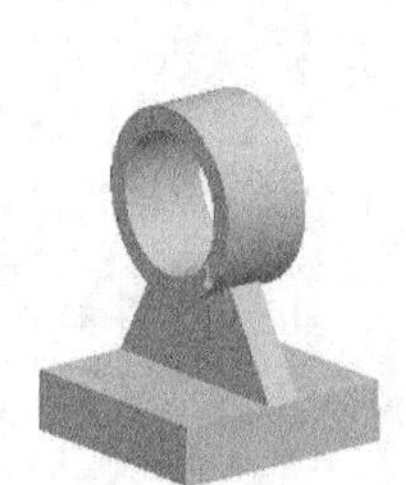

图 5-106　原始模型

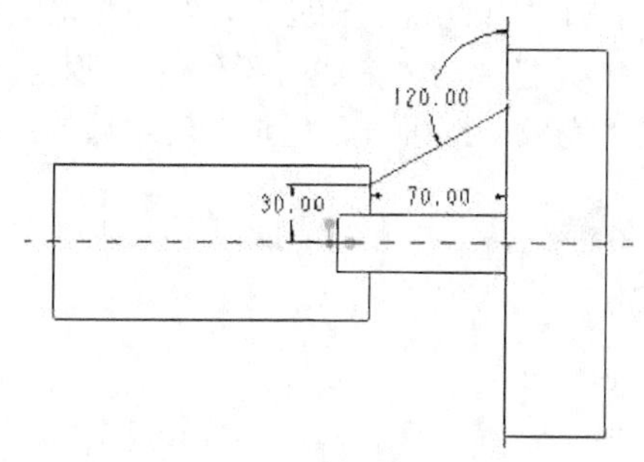

图 5-107　草绘截面

图 5-108　创建筋特征

（8）保存文件到指定目录并关闭当前对话框。

5.5.3　实例——法兰盘

本例介绍法兰盘的建模过程，模型如图 5-109 所示。首先通过“旋转”特征生成基本形状，然后通过“边倒角”和“倒圆角”功能进行修饰，再通过“加强筋”功能生成加强筋，最后通过“孔”特征完成造型。

扫码看视频

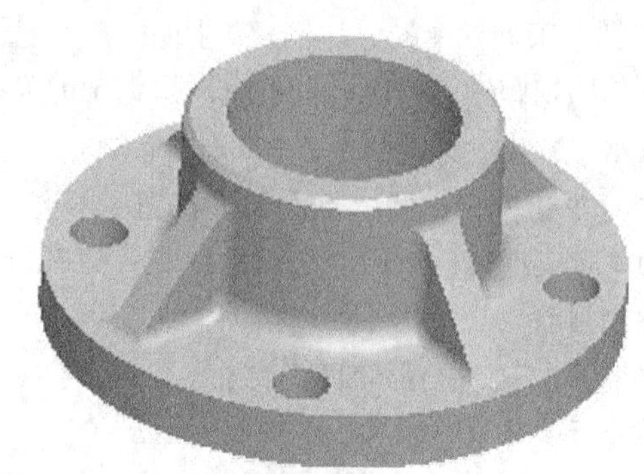

图 5-109　法兰盘

【创建步骤】

Step 1　新建文件

单击“文件”工具栏中的“新建”按钮，系统打开“新建”对话框，在“类型”选项组中点选“零件”单选钮，在“子类型”选项组中点选“实体”单选钮，在“名称”文本框中输入“falanpan”，取消勾选“使用缺省模板”复选框，单击“确定”按钮，在打开的“新文件选项”对话框中选择“mmns_part_solid”选项，单击“确定”按钮，创建一个新的零件文件。

Step 2 创建旋转实体

（1）单击“基础特征”工具栏中的“旋转”按钮，系统打开“旋转”操控板。在操控板中依次单击“参照”→“定义”按钮，系统打开“草绘”对话框，选取TOP基准平面作为草绘平面，其余选项接受系统默认设置，单击“草绘”按钮，进入草绘环境。

（2）单击“草绘器工具”工具栏中的“线”按钮，绘制图5-110所示的截面并修改其尺寸值。再单击“草绘器工具”工具栏中的“中心线”按钮，绘制与垂直参考线重合的旋转中心轴。

（3）单击“草绘器工具”工具栏中的“完成”按钮，返回“旋转”操控板。设定旋转角度为“360”，再单击操控板中的“完成”按钮，完成旋转实体的创建，如图5-111所示。

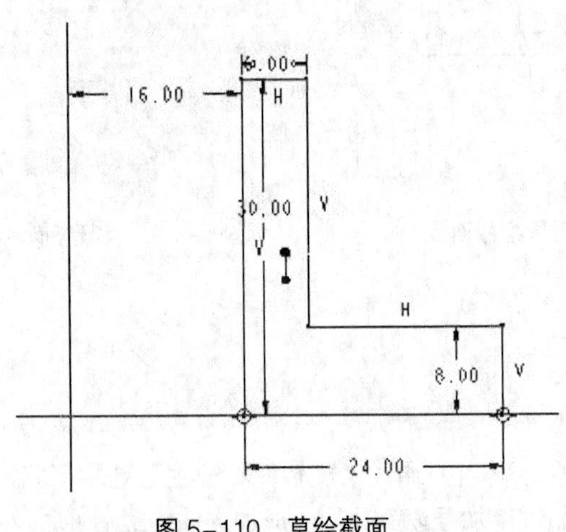

图5-110　草绘截面

图5-111　旋转实体

Step 3 边倒角

单击“工程特征”工具栏中的“边倒角”按钮，设置倒角方式为45×D，倒角直径为“1”。在绘图区选取要倒角的顶圆面的内外边，单击操控板中的“完成”按钮完成边倒角操作。

Step 4 倒圆角

单击“工程特征”工具栏中的“倒圆角”按钮，给定圆角直径为“4”，在绘图区选取两个圆柱面的过渡边后，单击操控板中的“完成”按钮完成倒圆角操作，结果如图5-112所示。

Step 5 创建加强筋

单击“工程特征”工具栏中的“筋”按钮，选取TOP基准平面作为草绘平面，选取实体边界线为参照，草绘图5-113所示的直线，绘制完成后单击“草绘器工具”工具栏中的“完成”按钮，返回到“筋”操控板，设定加强筋厚度为“6”，单击“完成”按钮完成加强筋的创建。

图5-112　实体倒圆角

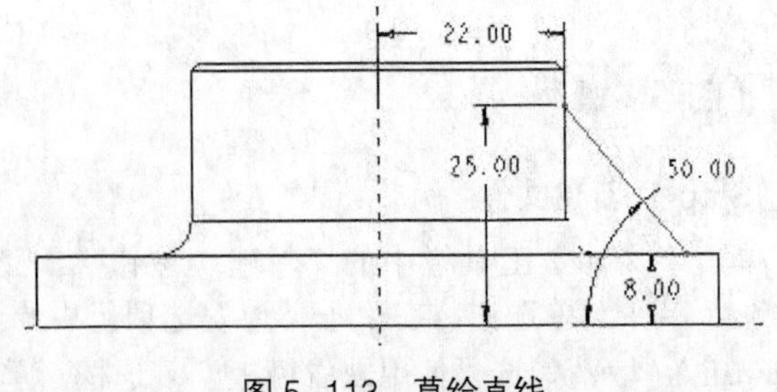

图5-113　草绘直线

Step 6　创建加强筋圆角

重复 Step 4 的操作，选取加强筋的两条过渡弧线，进行倒圆角，其圆角半径为“2”，生成的实体如图 5-114 所示。

Step 7　绘制其余加强筋特征

采用同样的方法绘制另外 3 个加强筋，结果如图 5-115 所示。

图 5-114　加强筋实体

图 5-115　创建其余加强筋

Step 8　创建孔特征

“孔”特征的创建在 5.3.2 节中已经介绍过，在此不再赘述，绘制图 5-116 所示草图并生成孔。

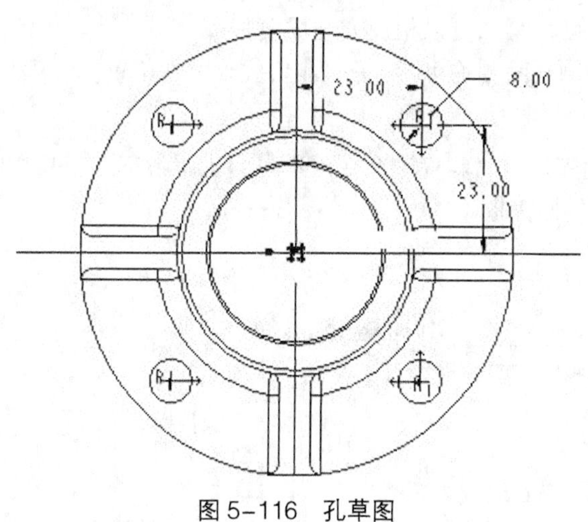

图 5-116　孔草图

Step 9　保存零件文件

将创建完成的法兰盘文件保存到指定的目录并关闭当前对话框。

5.6 拔模特征

拔模特征将向单独曲面或一系列曲面中添加一个介于 -30° ～ +30° 的拔模角度。仅当曲面是由列表圆柱面或平面形成时，才可拔模。曲面边的边界周围有圆角时不能拔模。不过，可以首先拔模，然后对边进行圆角过渡。

5.6.1 操控板选项介绍

对于拔模，Pro/ENGINEER 系统使用以下术语。

- 拔模曲面。要拔模的模型的曲面。
- 拔模枢轴。曲面围绕其旋转的拔模曲面上的线或曲线（也称作中立曲线）。可通过选取平面（在此情况下拔模曲面围绕它们与此平面的交线旋转）或选取拔模曲面上的单个曲线链来定义拔模枢轴。
- 拖动方向（也称作拔模方向）。用于测量拔模角度的方向，通常为模具开模的方向。可通过选取平面（在这种情况下拖动方向垂直于此平面）、直边、基准轴、两点（如基准点或模型顶点）或坐标系对其进行定义。
- 拔模角度。拔模方向与生成的拔模曲面之间的角度。如果拔模曲面被分割，则可为拔模曲面的每侧定义两个独立的角度。拔模角度必须在 -30° ～ +30° 。

拔模曲面可按拔模曲面上的拔模枢轴或不同的曲线进行分割，如与面组或草绘曲线的交线。如果使用不在拔模曲面上的草绘分割，系统会以垂直于草绘平面的方向将其投影到拔模曲面上。如果拔模曲面被分割，可以进行如下操作。

- 为拔模曲面的每一侧指定两个独立的拔模角度。
- 指定一个拔模角度，第二侧以相反方向拔模。
- 仅拔模曲面的一侧（两侧均可），另一侧仍位于中性位置。

1.“拔模”操控板

选择菜单栏中的“插入”→“斜度”命令或单击“工程特征”工具栏中的拔模按钮，系统打开图 5-117 所示的“拔模”操控板。

图 5-117 “拔模”操控板

“拔模”操控板由以下内容组成。

- “拔模枢轴”列表框。用来指定拔模曲面上的中性直线或曲线，即曲面绕其旋转的直线或曲线。单击列表框可将其激活。最多可选取两个平面或曲线链。要选取第二枢轴，必须先用分割对象分割拔模曲面。
- “拖动方向”列表框。用来指定测量拔模角所用的方向。单击列表框可将其激活。可以选取平面、直边或基准轴、两点（如基准点或模型顶点）或坐标系。
- “反转拖动方向”按钮。用来反转拖动方向（由黄色箭头指示）。

对于具有独立拔模侧的“分割拔模”，该对话框包含第二“角度”组合框和“反转角度”图标，以控制第二侧的拔模角度。

2. 下滑面板

“拔模”对话框中显示下列面板，如图 5-118 ～图 5-122 所示。

（1）参照。包含在拔模特征和分割选项中使用的参照列表框，如图 5-118 所示。

（2）分割。包含分割选项，如图 5-119 所示。

（3）角度。包含拔模角度值及其位置的列表，如图 5-120 所示。

（4）选项。包含定义拔模几何的选项，如图 5-121 所示。

（5）属性。包含特征名称和用于访问特征信息的图标，如图 5-122 所示。

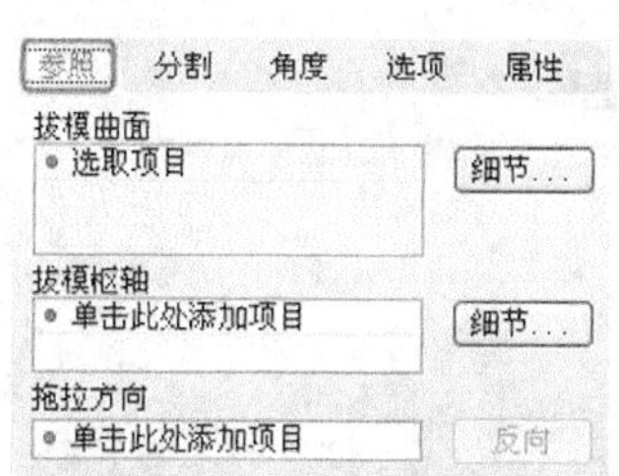

图 5-118 “参照”面板

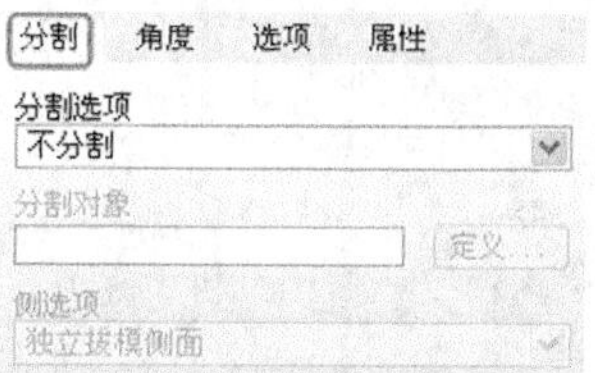

图 5-119 “分割”面板

图 5-120 “角度”面板

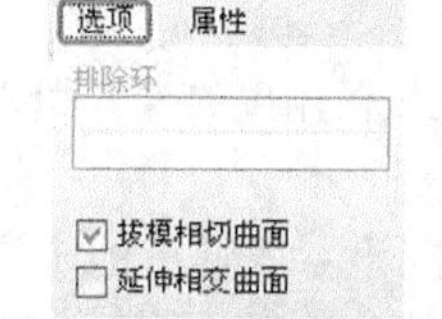

图 5-121 “选项”面板

图 5-122 “属性”面板

5.6.2 创建拔模特征的操作步骤

（1）打开文件。单击“文件”工具栏中的“打开”按钮或选择菜单栏中的“文件”→“打开”命令，打开光盘中的“\ 源文件 \ 第 5 章 \ lunkuojin.prt”文件。

（2）选择菜单栏中的“插入”→“斜度”命令或单击“工程特征”工具栏中的拔模按钮，弹出“拔模”操控板，如图 5-123 所示。

图 5-123 “拔模”操控板

（3）单击拔模枢轴后的收集器，然后在模型中选取图 5-124 所示的平面定义拔模枢轴。

（4）单击拔模枢轴后的收集器，然后在模型中选取图 5-125 所示的平面定义拔模角度的测量方向。此时会出现一个箭头指示测量方向，可以单击按钮，改变拖动方向。

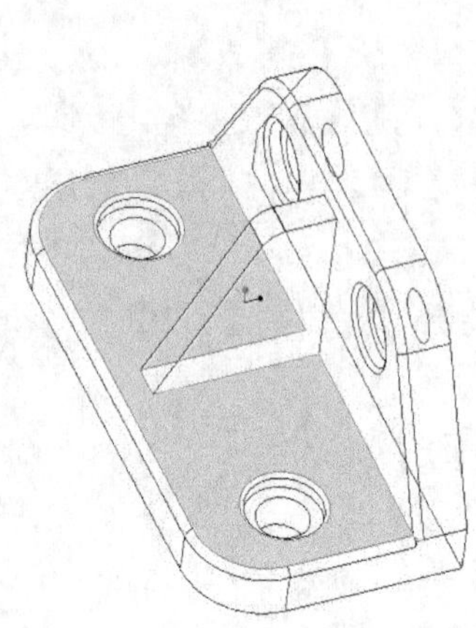

图 5-124　定义拔模枢轴的平面

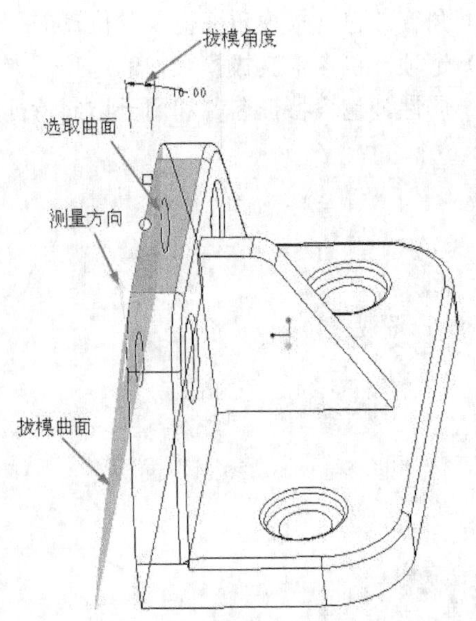

图 5-125　定义拔模角度的测量方向平面

（5）在按钮后的文本框中输入拔模角度“5”，可以单击该文本框后的按钮，使拔模角度反向。

（6）单击操控板上的“参照”按钮，在弹出的下滑面板中单击的“拔模曲面”收集器后，在模型上选取定义拔模枢轴的平面另一侧的平行平面作为拔模曲面。

（7）单击按钮完成拔模特征的创建，结果如图 5-126 所示。

图 5-126　拔模特征

5.6.3　实例——充电器

本例介绍充电器的建模过程，模型如图 5-127 所示。首先分 4 个部分进行拉伸，形成充电器的基体，对其中的两部分拉伸体进行拔模操作，然后拉伸形成插销部分，形成最终的实体。

扫码看视频

图 5-127　充电器

【创建步骤】

Step 1　创建新文件

单击“文件”工具栏中的“新建”按钮或选择菜单栏中的“文件”→“新建”命令，弹出“新建”对话框。在“类型”选项组中点选“零件”单选钮，在“名称”文本框输入“chongdianqi.prt”，取消勾选“使用缺省模板”复选框，单击“确定”按钮，弹出“新文件选项”对话框，选择“mmns_part_solid”选项，单击“确定”按钮，创建新的零件文件。

Step 2　拉伸后部基体

（1）单击“基础特征”工具栏上的“拉伸”按钮或选择菜单栏中的“插入”→“拉伸”命令。

（2）选择基准平面 FRONT 作为草绘平面，绘制截面，如图 5-128 所示。单击按钮，退出草绘环境。

（3）在操控板上选择“可变”深度选项。输入“4.00”作为可变深度值。单击按钮完成特征。

Step 3　创建偏移基准平面

（1）单击“基准”工具栏上的“基准平面”按钮或选择菜单栏中的“插入”→“模型基准”→“平面”命令，打开“基准平面”对话框。

（2）选择基准平面 FRONT 作为从其偏移的平面，偏移“0.5”，如图 5-129 所示。

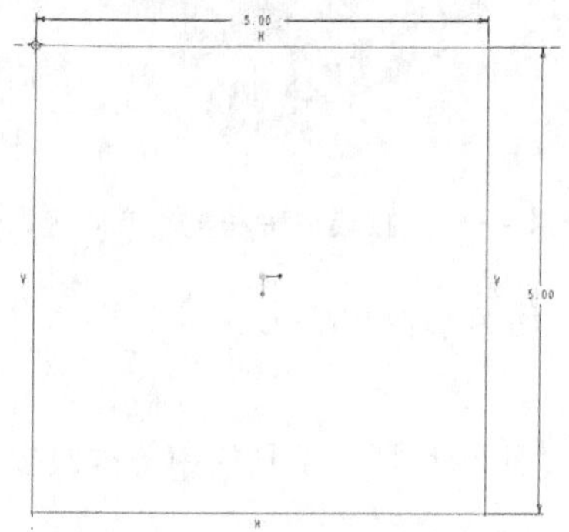

图 5-128　绘制矩形

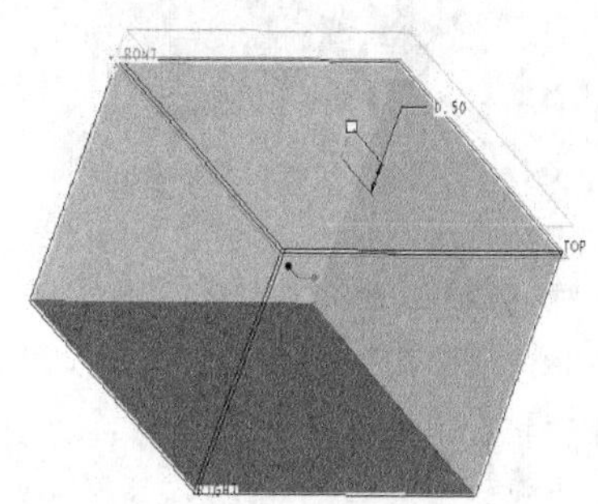

图 5-129　基准平面选取和偏移

Step 4　拉伸前部基体

（1）单击“基础特征”工具栏上的“拉伸”按钮或选择菜单栏中的“插入”→“拉伸”命令，打开拉伸操控板。

（2）在刚刚创建的面上，绘制图 5-130 所示的矩形。

（3）在操控板上输入可变深度值“2.00”，单击按钮，如图 5-131 所示。

Step 5　创建拔模面 1

（1）选择菜单栏中的“插入”→“斜度”命令或单击“工程特征”工具栏中的拔模按钮，打开拔模操控板。

（2）使用 <Ctrl> 键选择要拔模的曲面。选择图 5-132 所示的 4 个表面。选择零件的一个表面作为拔模枢轴（或中性面），如图 5-133 所示。

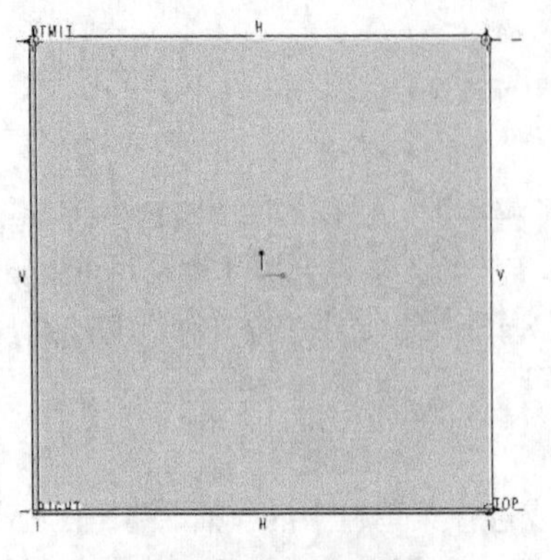
图 5-130　绘制草图

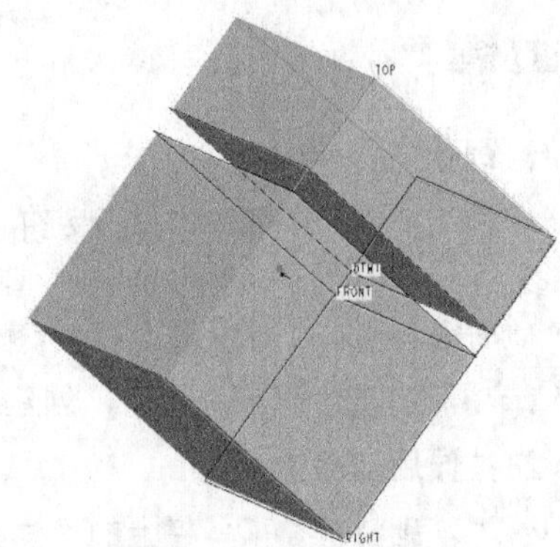
图 5-131　生成特征

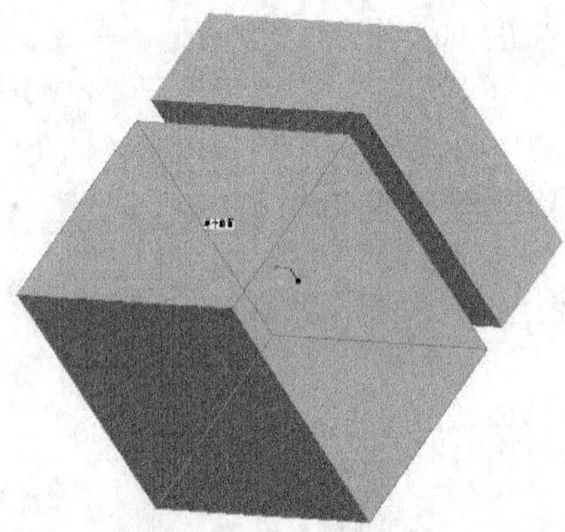
图 5-132　表面选取

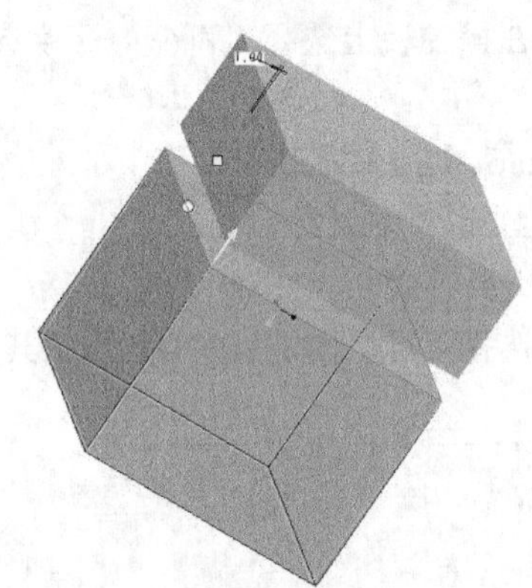
图 5-133　拔模枢轴和拖动方向选取

（3）输入拔模角度“10.0”，单击☑按钮，完成特征，如图 5-134 所示。

Step 6 创建拔模面 2

（1）选择菜单栏中的“插入”→“斜度”命令或单击“工程特征”工具栏中的拔模按钮，打开拔模操控板。

（2）使用 <Ctrl> 键选择要拔模的曲面，如图 5-135 所示，选择零件的一个表面作为拔模枢轴（或中性面），如图 5-136 所示。

（3）在操控板中输入拔模角度“30.0”，单击☑按钮。

图 5-134　生成特征

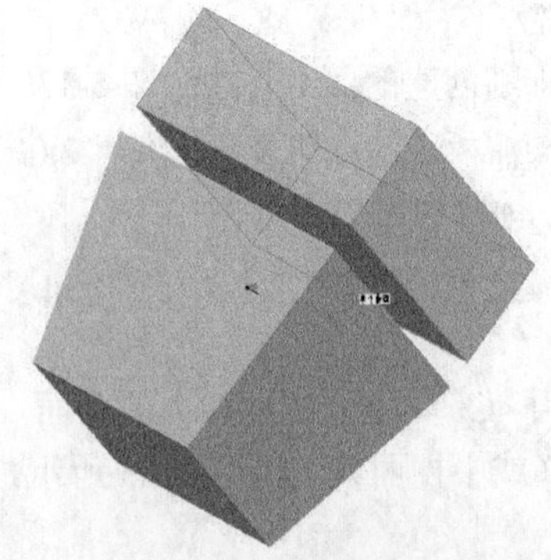
图 5-135　表面选取

Step 7　拉伸中间基体

（1）单击“基础特征”工具栏上的“拉伸”按钮或选择菜单栏中的“插入”→“拉伸”命令，打开拉伸操控板。

（2）选择基准平面 FRONT 为草图绘制面，选择矩形的四条边作为参照，绘制草图，如图 5-137 所示。

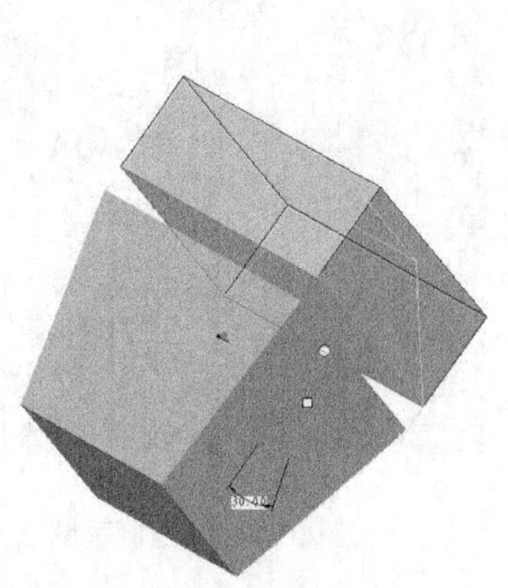

图 5-136　选择拔模方向

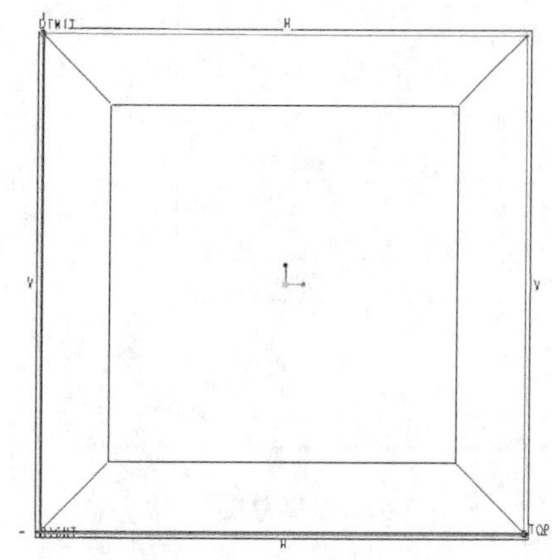

图 5-137　选择参照

（3）在操控板上输入可变深度值为“0.5”，单击按钮，结果如图 5-138 所示。

Step 8　拉伸凸出基体

（1）单击“基础特征”工具栏上的“拉伸”按钮或选择菜单栏中的“插入”→“拉伸”命令，打开拉伸操控板。

（2）在图 5-139 所示的端面上，绘制图 5-140 所示的草图截面。选择矩形的四条边作为参照。

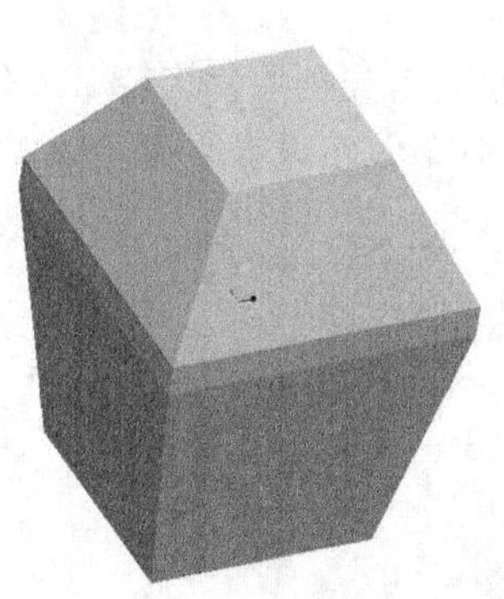

图 5-138　生成特征

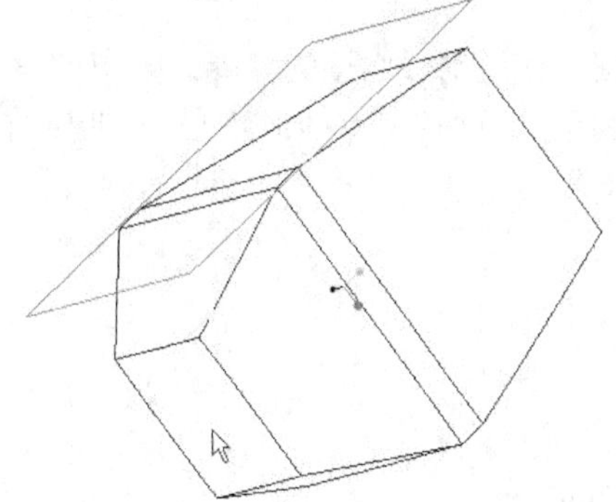

图 5-139　选择草绘平面

（3）在操控板上输入可变深度值为“0.3”，单击按钮，完成拉伸。

Step 9　拉伸插销

（1）单击“基础特征”工具栏上的“拉伸”按钮或选择菜单栏中的“插入”→“拉伸”命令，打开拉伸操控板。

（2）以基准平面 FRONT 为草图绘制平面，绘制截面，如图 5-141 所示。选择矩形的四条边作为参照。

（3）在操控板中输入可变深度值为 2.00，单击✔按钮。

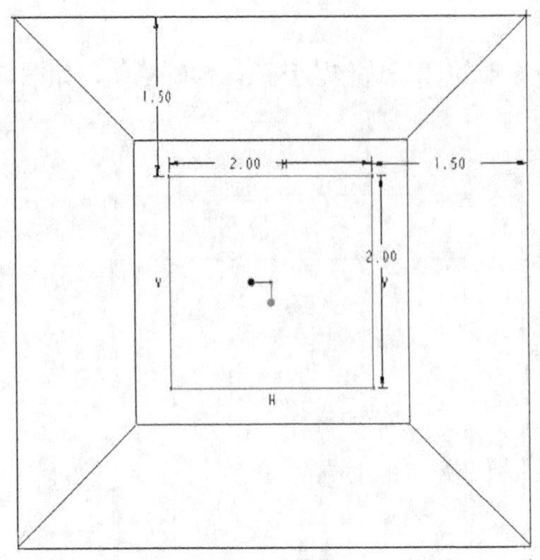

图 5-140　绘制草图

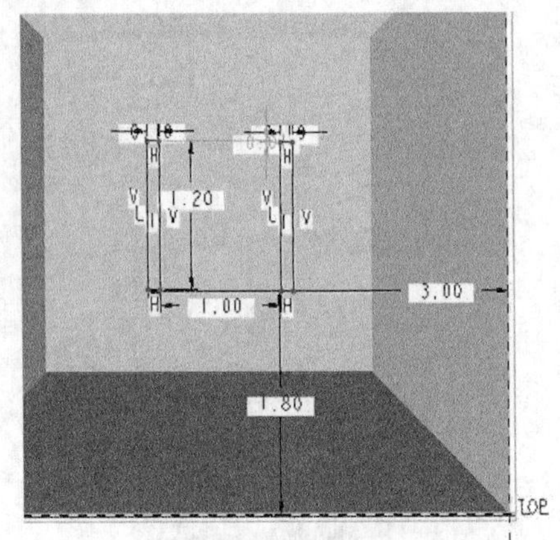

图 5-141　绘制草图

Step 10 倒圆角

（1）选择菜单栏中的“插入”→“倒圆角”命令或单击“工程特征”工具栏中的“倒圆角”按钮，打开“倒圆角”操控板。

（2）在绘图区选择上步创建的拉伸体边线，设置圆角尺寸为“0.6”，结果如图 5-127 所示。

5.7 综合实例——暖瓶

本例介绍如何绘制暖水瓶的外壳，模型如图 5-142 所示。首先利用“旋转”命令创建暖水瓶主体，然后利用“拉伸”命令创建细节，再利用“混合”命令创建暖水瓶嘴，最后利用“扫描”命令创建暖水瓶把。

图 5-142　暖水瓶

【创建步骤】

Step 1　创建新文件

单击“文件”工具栏中的“新建”按钮或选择菜单栏中的“文件”→“新建”命令，弹出“新建”对话框。在“类型”选项组中点选“零件”单选钮，在“名称”文本框输入“nuanshuiping.prt”，取消勾选“使用缺省模板”复选框，单击“确定”按钮，弹出“新文件选项”对话框，选择“mmns_part_solid”选项，单击“确定”按钮，创建新的零件文件。

Step 2　绘制主体

（1）单击“基础特征”工具栏上的“旋转”按钮或选择菜单栏中的“插入”→“旋转”命令，选取 RIGHT 平面草绘，绘制图 5-143 所示的图形。

（2）单击“草绘器工具”工具栏中的“圆形”按钮，对图中拐角处进行倒圆角过渡，结果如图 5-144 所示，其中右图为左图的局部放大效果。

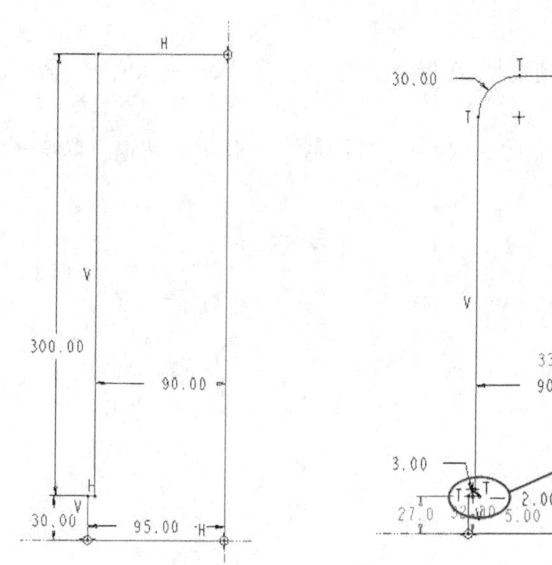

图 5-143　草绘图形

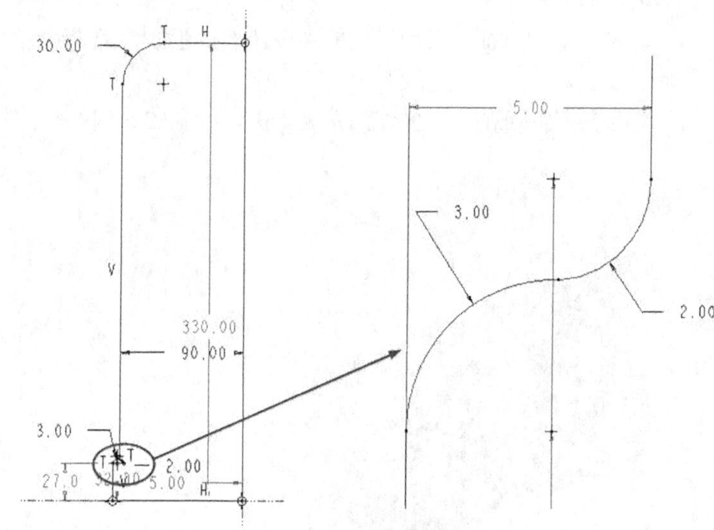

图 5-144　草图编辑

（3）单击工具箱上的“中心线”按钮，绘制一条与原始参考线重合的竖直中心线，然后单击“完成”按钮退出草绘器。

（4）在操控板上设置旋转角度“360”，然后单击按钮，完成旋转特征的创建，结果如图 5-145 所示。

图 5-145　旋转特征

Step 3　创建拉伸体 1

（1）单击“基础特征”工具栏上的“拉伸”按钮或选择菜单栏中的“插入”→“拉伸”命令，打开拉伸操控板。

（2）选取旋转特征的底平面作为草绘平面，绘制图 5-146 所示的图形，然后单击按钮退出草绘器。

（3）操控板的设置如图 5-147 所示，剪切材料的深度为“5”。

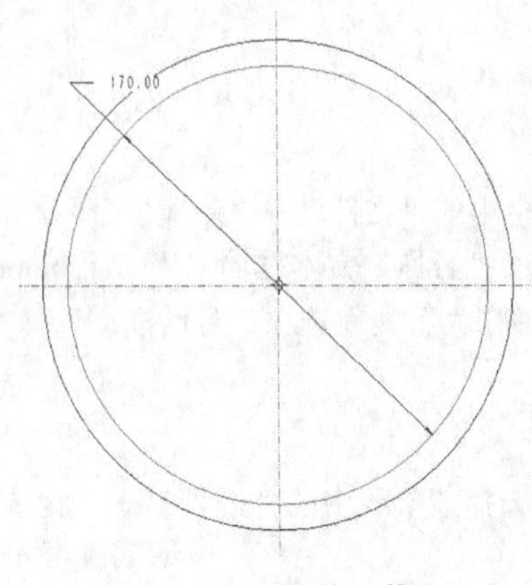

图 5–146 拉伸 1 截面

图 5–147 “拉伸”操控板设置

（4）单击按钮，完成拉伸特征的创建，结果如图 5-148 所示。

Step 4 创建拉伸体 2

（1）单击“基础特征”工具栏上的“拉伸”按钮或选择菜单栏中的“插入”→“拉伸”命令，打开拉伸操控板。

（2）选取旋转特征的上表面作为草绘平面，绘制图 5-149 所示的图形，单击按钮退出草绘器。

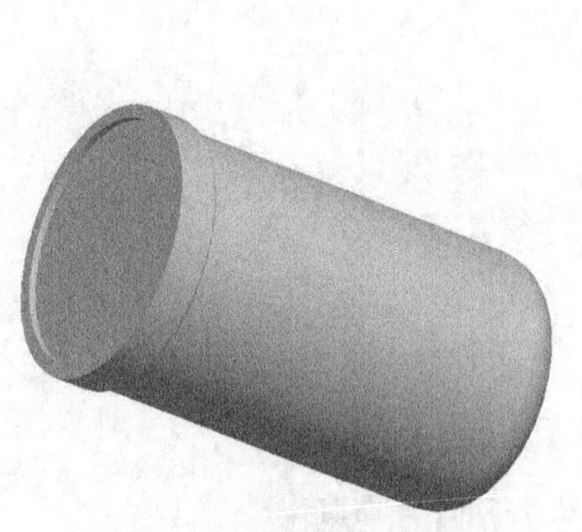

图 5–148 拉伸 1 去除材料

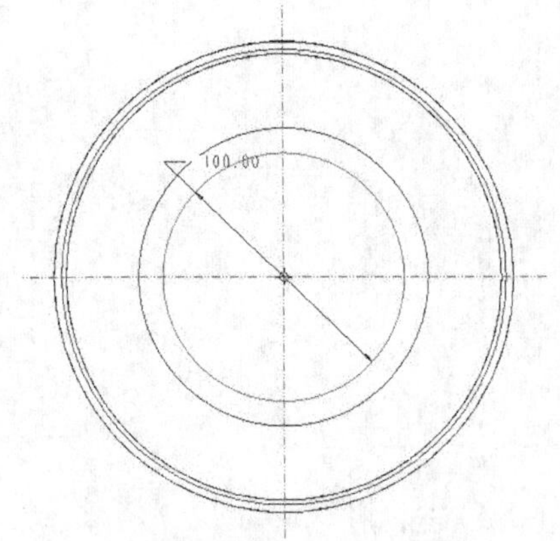

图 5–149 拉伸 2 截面

（3）在操控板上设置为拉伸实体、去除材料类型，拉伸深度为“10”。然后单击按钮，完成拉伸特征的创建，结果如图 5-150 所示。

Step 5 抽壳

（1）选择菜单栏中的“插入”→“壳”命令或单击“工程特征”工具栏中的“抽壳”按钮，打开抽壳操控板。

（2）单击操控板上的“参照”按钮。在弹出的下滑面板的“移除的曲面”选项下的收集器中单击，选取曲面“拉伸 2”为移除的曲面。

（3）单击“非缺省厚度”选项下的收集器，按住 <Ctrl> 键选取实体的底面和旋转曲面，并设置其厚度为分别为“10”和“5”，下滑面板的设置和选取后的实体模型分别如图 5-151 和图 5-152 所示。

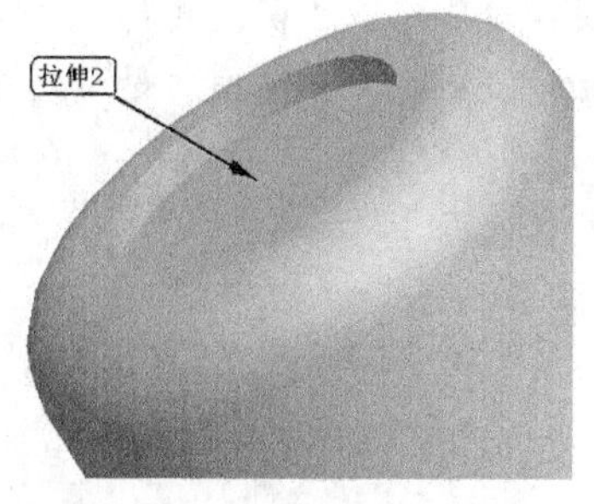

图 5-150　拉伸 2 去除材料

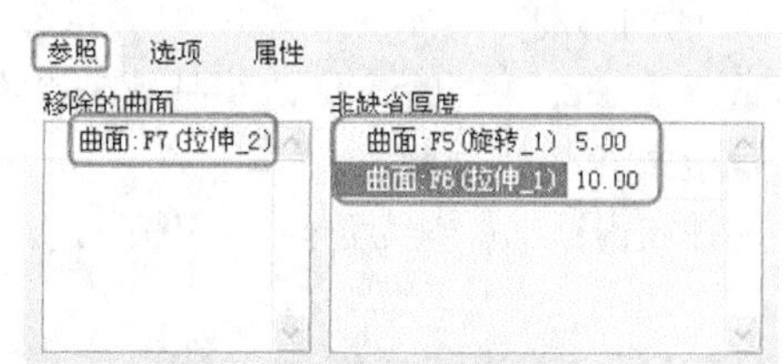

图 5-151　下滑面板的设置

（4）单击✓按钮，完成壳的创建，结果如图 5-153 所示。

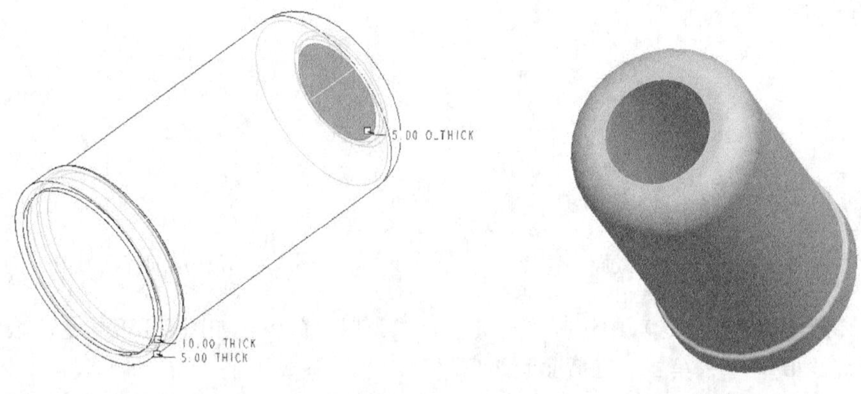

图 5-152　选取后的实体模型

图 5-153　抽壳

Step 6　倒圆角

（1）选择菜单栏中的“插入”→“倒圆角”命令或单击“工程特征”工具栏中的“倒圆角”按钮，打开倒圆角操控板。

（2）选取底面与旋转体间的过渡线，设置圆角半径为“5”，结果如图 5-154 所示。

Step 7　创建混合特征 1

（1）选择菜单栏中的“插入”→“混合”→“薄板伸出项”命令，在弹出的菜单管理器中“属性”选项设置为“平行的”→“光滑”。

（2）“截面”选项的设置如图 5-155 所示。其中选取旋转特征的上表面作为草绘平面。系统进入截面草绘，以参考线的交点为圆心绘制一个直径 100 的圆。

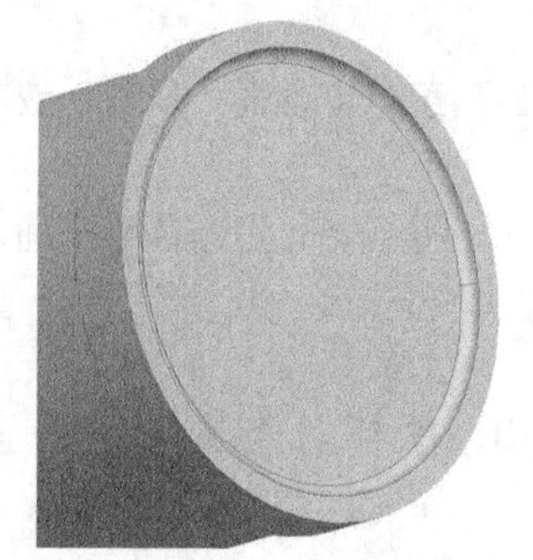

图 5-154　倒圆角

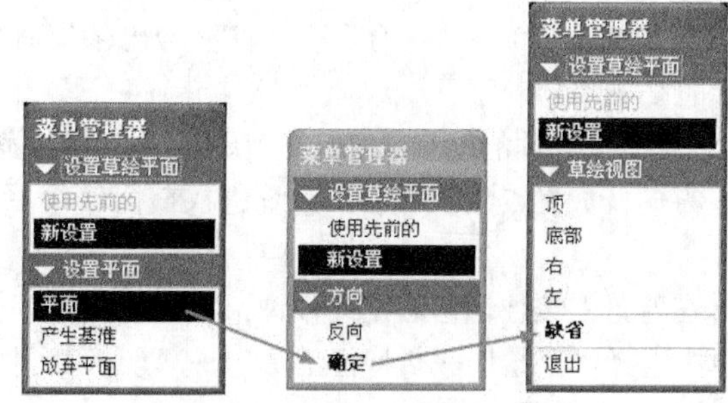

图 5-155　“截面”菜单的设置

（3）在背景上按住鼠标右键几秒钟，在弹出的右键快捷菜单中选取“切换截面”命令，或者在下拉菜单中选择“草绘”→“特征工具”→“切换截面”命令，第一个截面图元变为灰色。绘制一个直径为 80 的同心圆。

（4）重复步 Step 7 中的（3），绘制第三个截面，一个直径为 70 的圆，结果如图 5-156 所示，然后单击✔按钮退出草绘器。

（5）选择向内添加材料为正向，如图 5-157 所示。输入薄壁特征的厚度“5”。

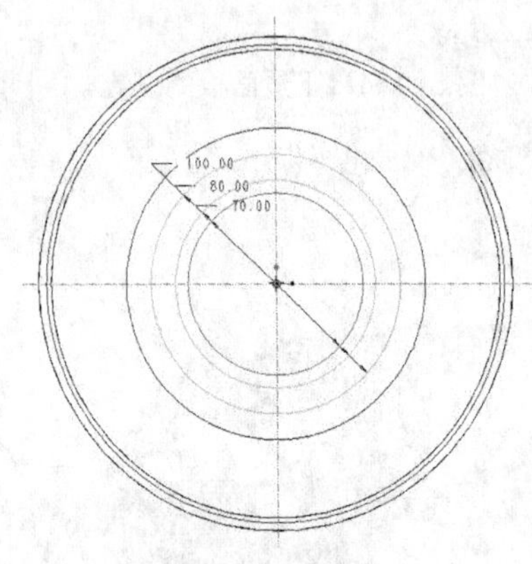

图 5-156　混合截面

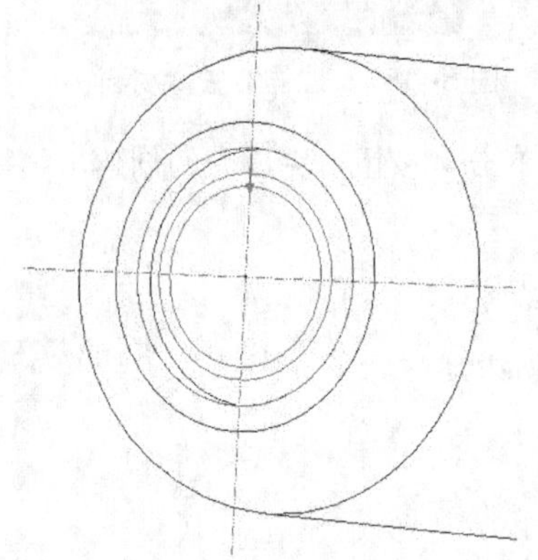

图 5-157　添加材料方向

（6）在弹出的“深度”选项中选择“盲孔”→“完成”命令，如图 5-158 所示。输入第一、二截面间的距离“20”。输入第二、三截面间距离“5”。

（7）单击“伸出项”对话框的“确定”按钮或鼠标中键完成混合特征的创建，结果如图 5-159 所示。

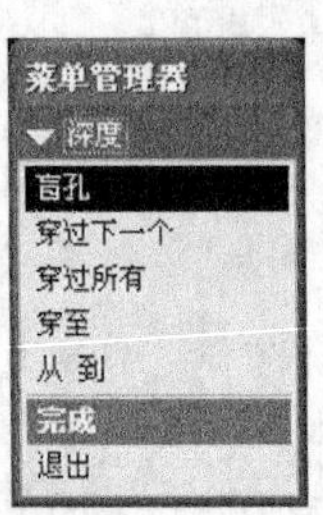

图 5-158　“深度”选项设置

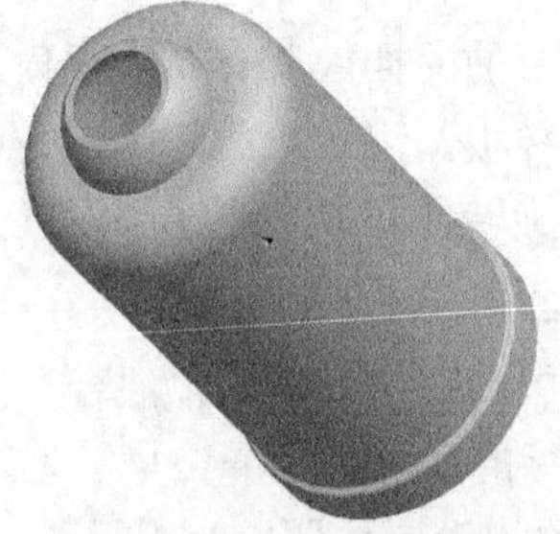

图 5-159　混合特征 1

Step 8　创建混合特征 2

（1）选择“插入”→“混合”→“薄板伸出项”命令，在弹出的菜单管理器“属性”选项设置为“平行的”→“光滑”。

（2）“截面”选项的设置同 Step 8 中的（1）。其中选取混合特征的上表面作为草绘平面，并以向上为正方向，如图 5-160 所示。系统进入截面草绘后，以参考线的交点为圆心绘制一个直径 60 的圆。

（3）在背景上按住鼠标右键几秒钟，在弹出的右键快捷菜单中选择“切换截面”命令，或者在下拉菜单中选择“草绘”→“特征工具”→“切换截面”命令，第一个截面图元变为灰色。绘制一个直径为 80 的同心圆，如图 5-161 所示。

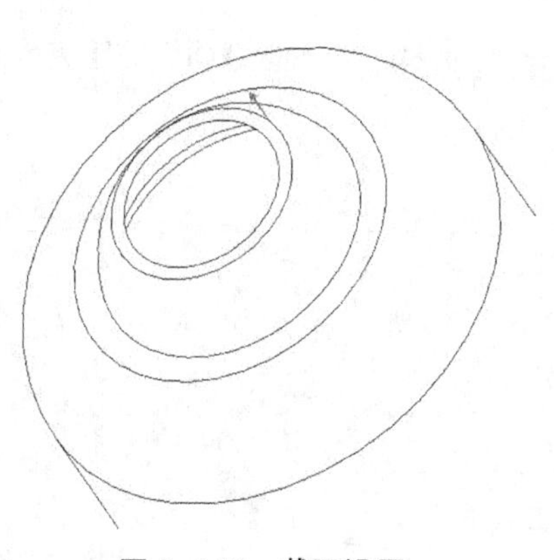

图 5-160　截面设置

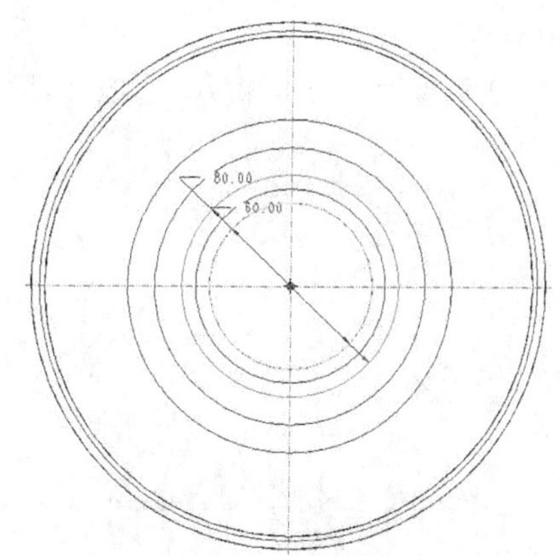

图 5-161　绘制圆形截面

（4）单击“草绘器工具”工具栏中的“线”按钮＼，绘制一条图 5-162 所示的切线。

（5）单击“草绘器工具”工具栏中的“中心线”按钮┆，绘制一条与原始参考线重合的竖直中心线。选取刚才绘制的切线，然后单击“草绘器工具”工具栏中的“镜像”按钮，选取中心线为镜像对称轴，镜像该直线。

（6）单击“草绘器工具”工具栏中的“圆形”按钮，对图中拐角处进行倒圆角过渡。圆角半径为“5”。

（7）单击“草绘器工具”工具栏中的“删除段”按钮，修剪掉切线包含的圆弧段，结果如图 5-163 所示。

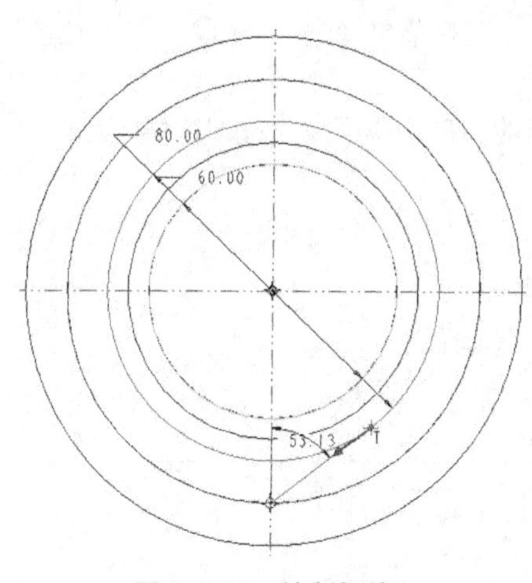

图 5-162　绘制切线

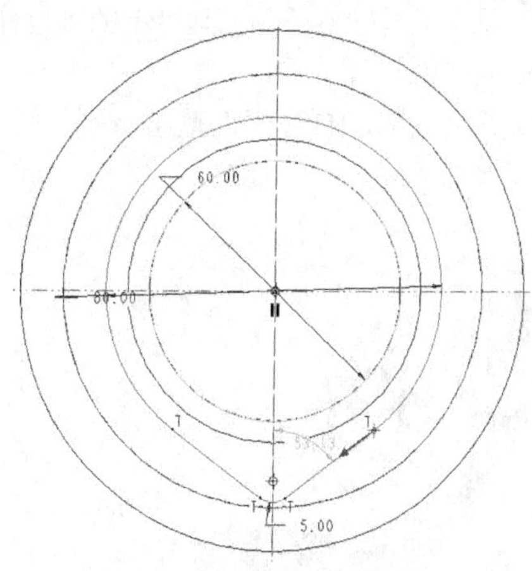

图 5-163　第二截面

（8）在背景上按住鼠标右键几秒钟，在弹出的右键快捷菜单中选取“切换剖面”命令，将剖面切换到截面 1。由于两截面的图元数不等，先需要将截面 1 分解。

（9）单击“草绘器工具”工具栏中的“中心线”按钮┆，过参考线交点和截面 2 切点绘制中心线，如图 5-164 所示。

（10）单击“草绘器工具”工具栏中的“分割”按钮，在图元与中心线的交点处单击，则靠近切点处的图元分割为两部分，如图 5-165 所示。

（11）重复上述步骤，在另外 3 个切点对应处也将图元分解。单击✔按钮退出草绘器。选择向外添加材料为正。

（12）在菜单管理器“深度”选项设置为“盲孔”→“完成”。输入量截面间的距离为“20”。

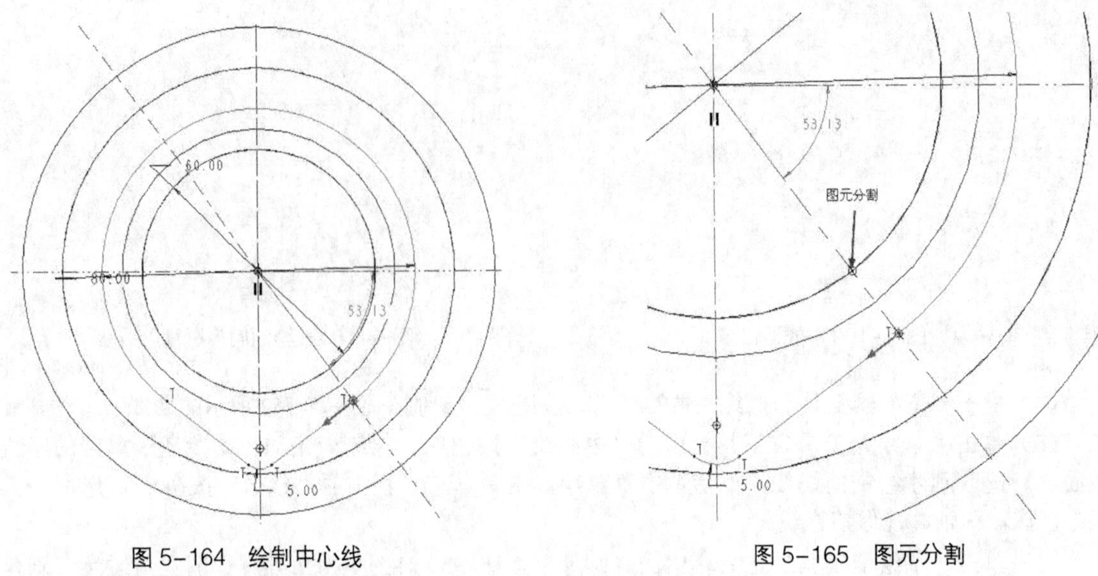

图 5-164　绘制中心线　　　　图 5-165　图元分割

（13）单击“伸出项”对话框的“确定”按钮或鼠标中键完成混合特征的创建，结果如图 5-166 所示。

Step 9　创建拉伸切除材料

（1）单击“基础特征”工具栏上的“拉伸”按钮或选择菜单栏中的“插入”→“拉伸”命令，打开拉伸操控板。

（2）选取“RIGHT”平面草绘，绘制图 5-167 所示的图形，单击✔按钮退出草绘器。

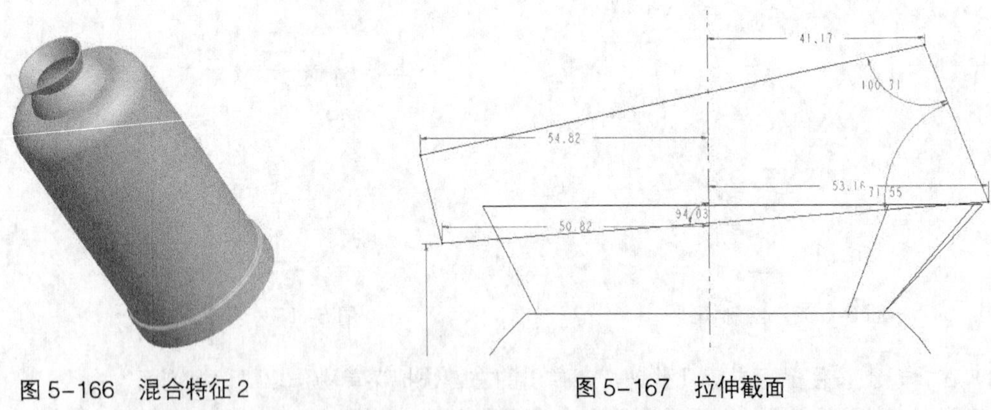

图 5-166　混合特征 2　　　　图 5-167　拉伸截面

（3）操控板的设置如图 5-168 所示。单击✔按钮，完成拉伸特征的创建，结果如图 5-169 所示。

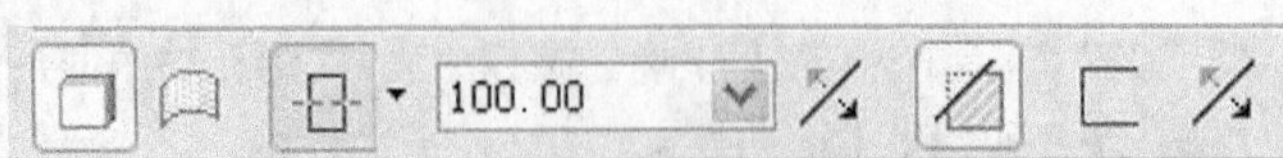

图 5-168　操控板的设置

Step 10 创建倒圆角

（1）选择菜单栏中的“插入”→“倒圆角”命令或单击“工程特征”工具栏中的“倒圆角”按钮，打开“倒圆角”操控板。

（2）选取两次混合实体的内外过渡线，设置圆角半径为“3”，单击按钮，结果如图 5-170 所示。

图 5-169　剪切材料

图 5-170　倒圆角

Step 11 创建扫描特征

（1）选择菜单栏中的“插入”→“扫描”→“伸出项”命令，弹出“伸出项：扫描”对话框和菜单管理器。

（2）从菜单管理器中选择扫描轨迹为“草绘轨迹”，选取 RIGHT 平面草绘。

（3）系统进入草绘界面，单击按钮，然后选取旋转部分的内壁，选取该直线作为草绘的边界，如图 5-171 所示。

（4）绘制图 5-172 所示的轨迹。对图中拐角处进行倒圆角过渡，结果如图 5-173 所示。

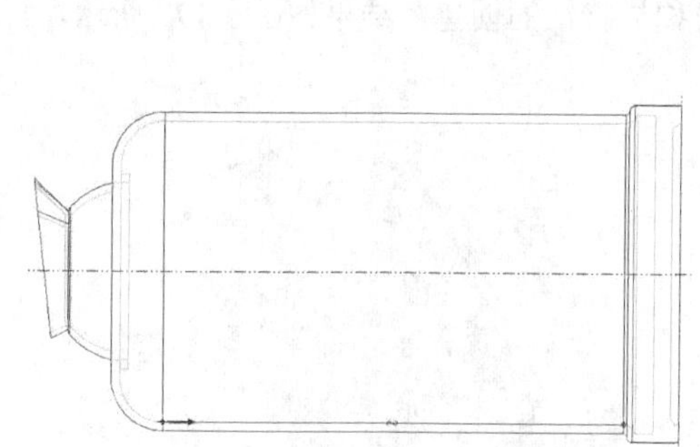
图 5-171　通过边创建图元

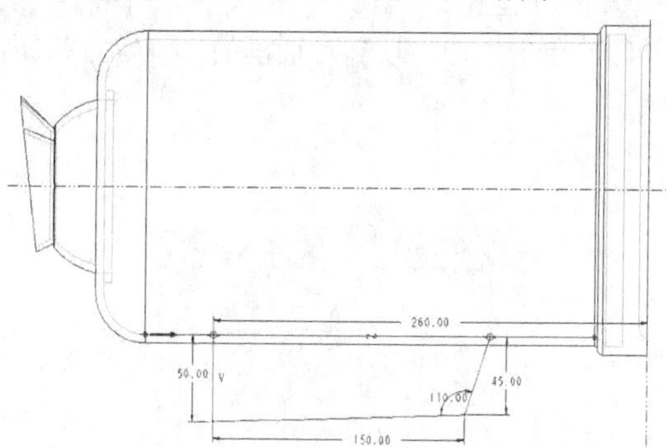

图 5-172　初步草绘

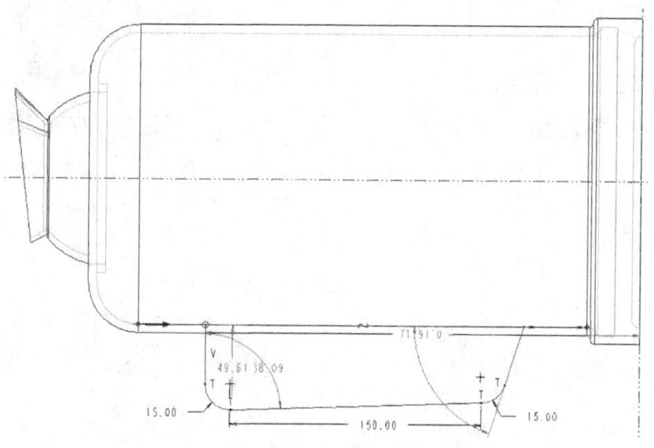

图 5-173　编辑草绘

（5）单击“草绘器工具”工具栏中的“删除段”按钮，修剪掉图 5-170 中选取的直线。单击✔按钮退出草绘器。

（6）弹出的菜单管理器“属性”选项设置如图 5-174 所示。系统进入扫面截面草绘，单击“草绘器工具”工具栏上的“调色板”按钮，在弹出的“草绘器调色板”对话框中选取“I 形轮廓”，如图 5-175 所示。

图 5-174 “属性”选项设置

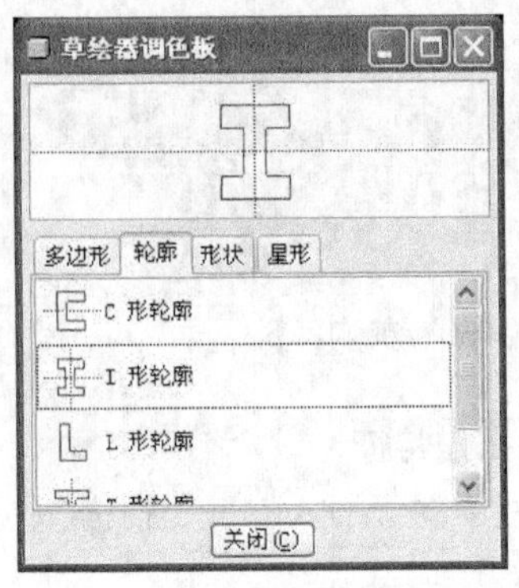

图 5-175 “草绘器调色板”对话框

（7）双击该选项，然后移动鼠标至绘图平面两参考线交点，并在该点单击，将轮廓放置在该处。

（8）通过图 5-176 所示的“移动和调整大小”对话框调整轮廓的大小和方向。调整好截面后，单击✔按钮退出草绘器。

（9）单击“伸出项”对话框的“确定”按钮，完成扫描特征的创建，结果如图 5-177 所示。

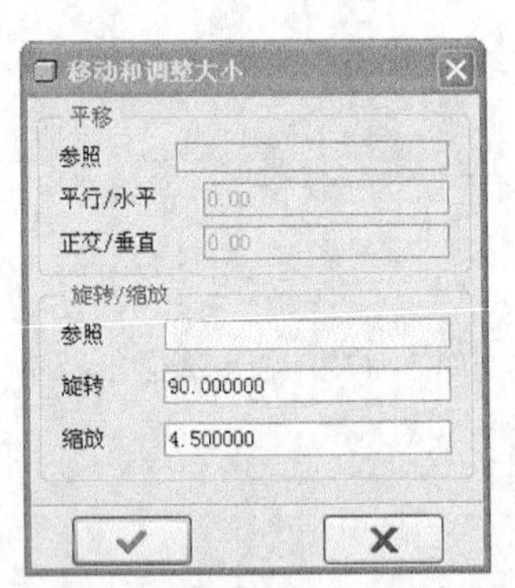

图 5-176 “移动和调整大小”对话框

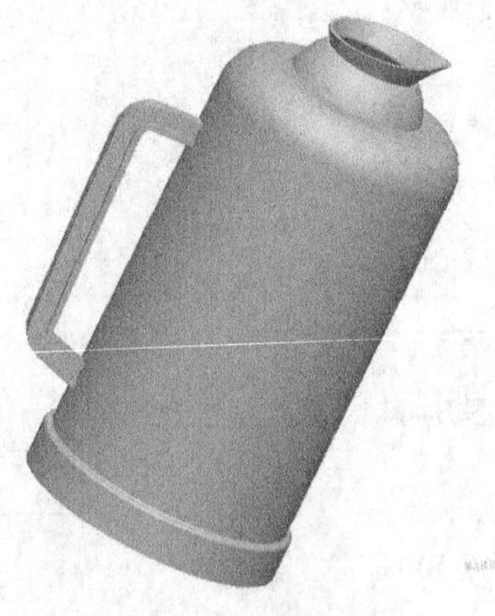

图 5-177 扫描特征

6 Chapter

第 6 章 高级特征建模

在介绍过零件的基础特征和工程特征之后，这一章将讲述零件建模的高级特征。一些复杂的零件造型只通过基础特征和工程特征是无法完成的，这时就要用到高级特征，包括扫描混合、螺旋扫描和可变截面扫描特征。

学习要点

- 扫描混合
- 螺旋扫描
- 可变截面扫描

6.1 扫描混合

扫描混合特征是使截面沿着指定轨迹进行延伸，生成实体，但由于沿轨迹的扫描截面是可变的，因此该特征又兼备混合特征的特性。扫描混合可以具有两种轨迹：原点轨迹（必选）和第二轨迹（可选）。每个轨迹特征必须至少有两个剖面，且可在这两个剖面间添加剖面。要定义扫描混合的轨迹，可选取一条草绘曲线、基准曲线或边的链。每次只有一个轨迹是活动的。

6.1.1 创建扫描混合特征的操作步骤

（1）新建一个名称为“saomiaohh.prt”的零件文件。

（2）在菜单栏中选择“插入”→“扫描混合”命令，打开“扫描混合”操控板。

（3）单击操控板中的“实体”按钮，如图 6-1 所示。

（4）单击“基准”工具栏中的“草绘”按钮，打开“草绘”对话框，选取 FRONT 基准平面作为草绘平面，单击“草绘”按钮进入草绘环境。

（5）在草绘环境中，单击“草绘器工具”工具栏中的“3 点 / 相切端”按钮，绘制图 6-2 所示的扫描轨迹，单击“草绘器工具”工具栏中的“完成”按钮退出草绘环境。

图 6–1 “扫描混合”操控板

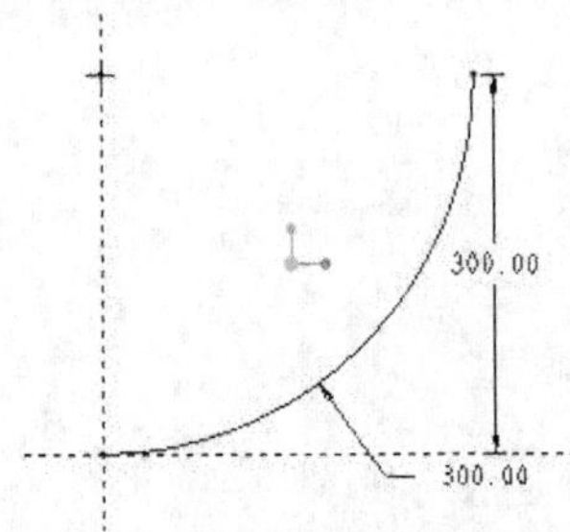

图 6–2 绘制扫描轨迹

（6）系统返回“扫描混合”操控板后处于不可编辑状态，此时可单击操控板中的“继续”按钮，即可变为可编辑状态。

（7）单击操控板中的“参照”按钮，在打开的“参照”下滑面板中单击“轨迹”列表框将其激活，在绘图区选取草绘的扫描轨迹，其他选项的设置如图 6-3 所示。

在“参照”下滑面板的“剖面控制”下拉列表中包含“垂直于轨迹”“垂直于投影”和“恒定法向”3 个选项，如图 6-4 所示，各选项的含义如下。

- 垂直于轨迹。使截面平面在整个长度上保持与原点轨迹垂直，为普通（默认）扫描。
- 垂直于投影。沿投影方向看去，截面平面保持与原点轨迹垂直，Z 轴与指定方向上原点轨迹的投影相切。选择该选项必须指定方向参照。
- 恒定法向。Z 轴平行于指定方向参照向量。选择该选项必须指定方向参照。

（8）单击“截面”按钮，打开图 6-5 所示的“截面”下滑面板，点选“草绘截面”单选钮。

（9）激活“截面”列表框，消息提示区提示“选取点或顶点定位截面”，在绘图区选取扫描轨迹与坐标系相交一端的端点。

（10）设定旋转角度为“30”，单击“草绘”按钮，进入草绘环境，绘制图 6-6 所示的第一个截面。

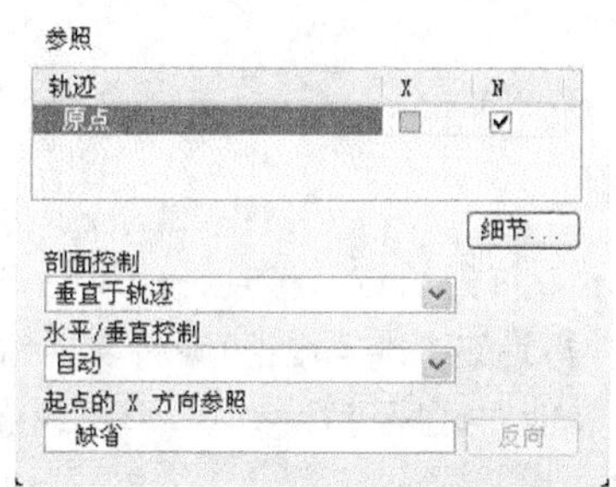

图 6-3 “参照”下滑面板设置

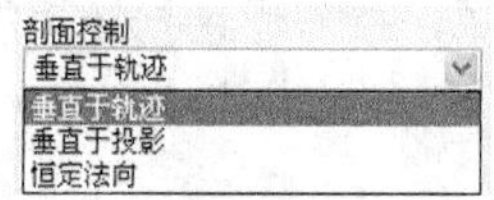

图 6-4 “剖面控制”下拉列表

（11）绘制完成后，单击“草绘器工具”工具栏中的“完成”按钮，返回“截面”下滑面板。单击“插入”按钮，选取扫描轨迹的终点绘制最后一个截面。如果需要添加更多截面，则可单击“基准”工具栏中的“点”按钮，在轨迹线上距轨迹末端为 200 处添加一个基准点 PNT0。

（12）单击操控板中的“继续”按钮，使当前截面变为可编辑状态。在“截面”下滑面板中，设置截面的旋转角度为“0”，选取基准点 PNT0，然后单击“草绘”按钮，进行第二个截面的草绘。

（13）绘制图 6-7 所示的第二个截面。

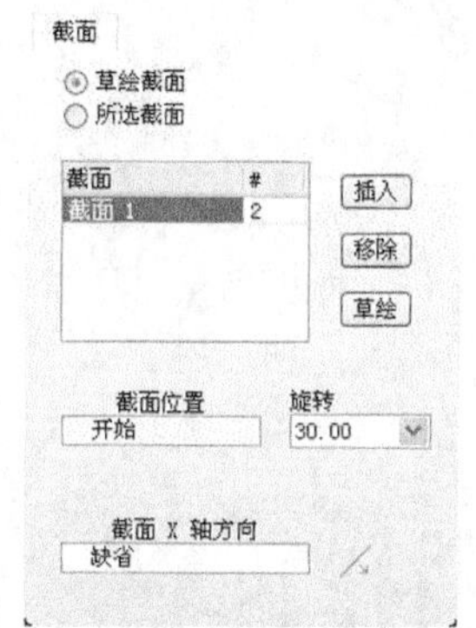

图 6-5 “截面”下滑面板

50.00

图 6-6 绘制第一个截面

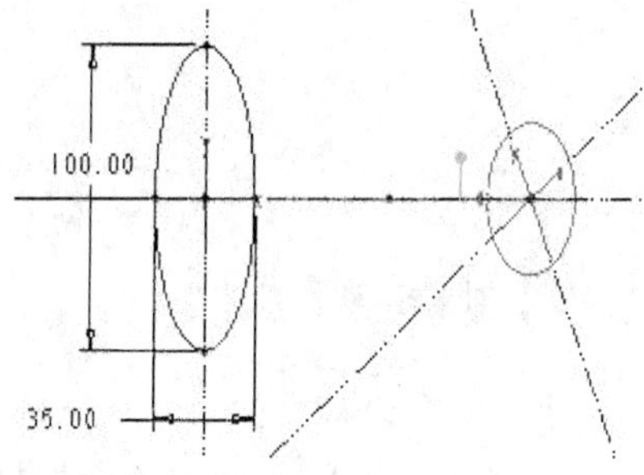

图 6-7 绘制第二个截面

（14）绘制完成后，单击“草绘器工具”工具栏中的“完成”按钮退出草绘环境。单击“截面”下滑面板中的“插入”按钮，选取扫描轨迹的另一个端点，然后单击“草绘”按钮，绘制最后一个截面。

（15）绘制图 6-8 所示的第三个截面，单击“草绘器工具”工具栏中的“完成”按钮退出草绘环境。

（16）单击“扫描混合”操控板中的“加厚草绘”按钮，设定壁厚为“5”。

（17）设置完成后，单击操控板中的“完成”按钮，完成扫描混合特征的创建，结果如图 6-9 所示。

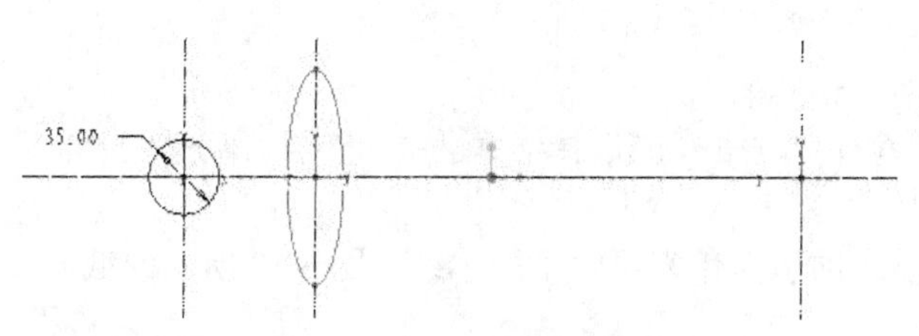

图 6-8 绘制第三个截面

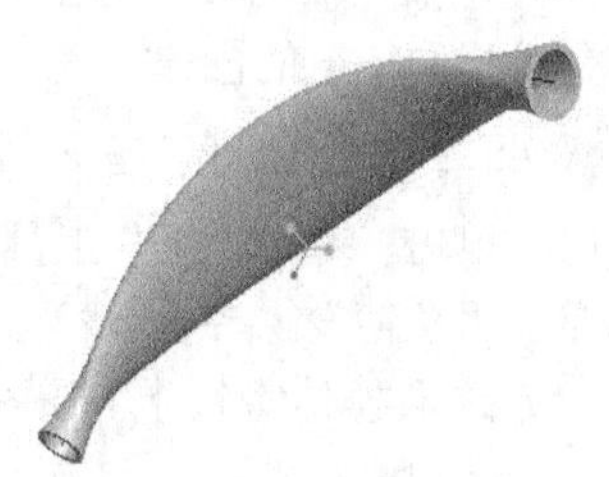

图 6-9 扫描混合特征

（18）保存文件到指定的目录并关闭当前对话框。

6.1.2 实例——台灯

本例介绍台灯的建模过程，模型如图 6-10 所示。首先通过拉伸功能绘制台灯底座，然后通过旋转功能绘制灯罩，接着通过扫描功能绘制灯杆，再通过拉伸功能和旋转功能绘制灯罩内腔和灯管，最后通过混合功能绘制底座切口，并利用圆角功能对底座进行修饰，形成最终的模型。

扫码看视频

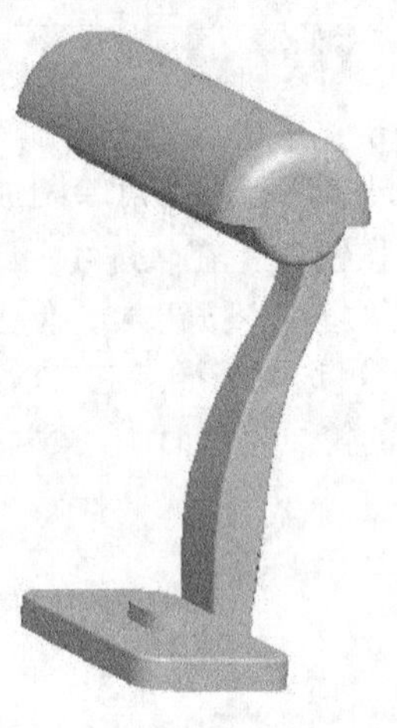

图 6–10　台灯

【创建步骤】

Step 1 新建文件

单击“文件”工具栏中的“新建”按钮或选择菜单栏中的“文件”→“新建”命令，弹出“新建”对话框。在“类型”选项组中点选“零件”单选钮，在“名称”文本框输入“taideng.prt”，取消勾选“使用缺省模板”复选框，单击“确定”按钮，弹出“新文件选项”对话框，选择“mmns_part_solid”选项，单击“确定”按钮，创建新的零件文件。

Step 2 绘制台灯底座 1

（1）单击“基础特征”工具栏上的“拉伸”按钮或选择菜单栏中的“插入”→“拉伸”命令，系统弹出拉伸操控板。

（2）选择 FRONT 面作为草绘平面，绘制图 6-11 所示的截面，单击✔按钮退出草绘器。

（3）在操控板上设置截至方式为，拉伸深度为“15”，沿 FRONT 向下拉伸。然后单击按钮，完成拉伸特征的创建。

Step 3 创建台灯底座 2

（1）单击“基础特征”工具栏上的“拉伸”按钮或选择菜单栏中的“插入”→“拉伸”命令，系统弹出“拉伸”操控板。

（2）选取拉伸特征上与 FRONT 面重合的平面作为草绘平面。绘制图 6-12 所示的截面，单击✔按钮退出草绘器。

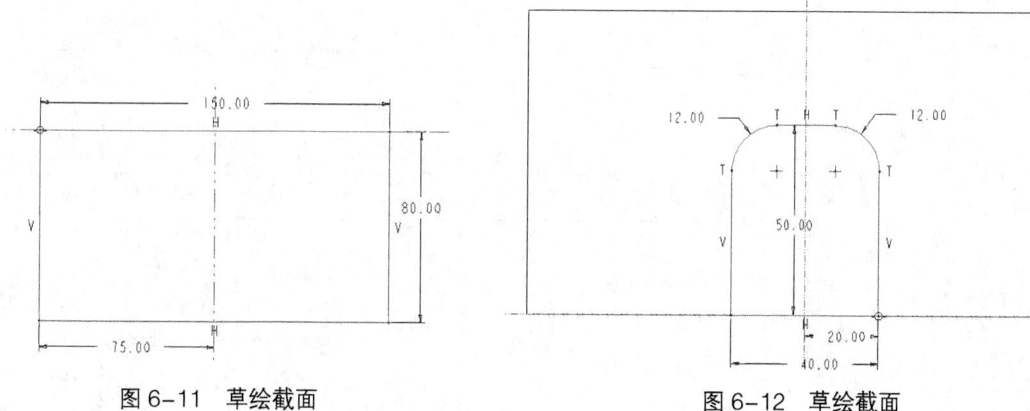

图 6-11 草绘截面

图 6-12 草绘截面

（3）在操控板中设置拉伸深度为“8”，单击✓按钮，拉伸结果如图 6-13 所示。

Step 4 绘制草图

（1）单击“基准特征”工具栏中的“草绘”按钮，在 RIGHT 面内绘制图 6-14 所示的曲线。

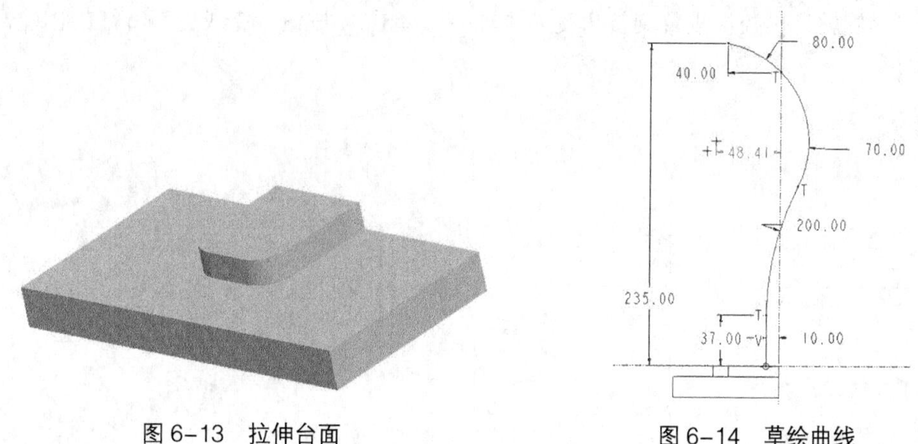

图 6-13 拉伸台面

图 6-14 草绘曲线

（2）单击“草绘器工具”工具栏上的“创建点”按钮，在图 6-15 所示的位置创建两个点，然后单击✓按钮退出草绘器。

Step 5 创建基准平面

（1）单击“基准”工具栏上的“基准平面”按钮或选择菜单栏中的“插入”→“模型基准”→“平面”命令，弹出基准平面”对话框。

（2）选取 FRONT 平面作为参照平面，设置为偏移方式，将 FRONT 面向上偏移 210 建立新的基准平面 DTM1。

Step 6 创建灯罩

（1）单击“基础特征”工具栏上的“旋转”按钮或选择菜单栏中的“插入”→“旋转”命令，打开“旋转”操控板。

（2）在基准平面 DTM1 内草绘。绘制图 6-16 所示的封闭曲线。

（3）选取上面绘制的封闭曲线，单击“草绘器工具”工具栏中的“镜像”按钮，选取水平中心线作为镜像对称轴。

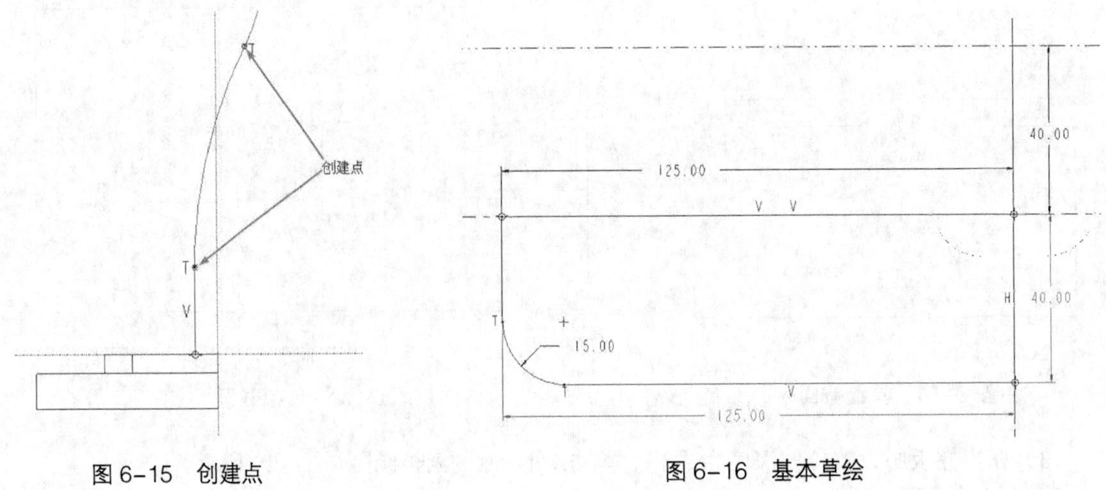

图 6–15 创建点

图 6–16 基本草绘

（4）镜像完成后，单击“草绘器工具”工具栏中的“删除段”按钮，修剪掉中间的水平线段，使之成为一个封闭的环，结果如图 6-17 所示。单击✔按钮退出草绘器。

（5）在“旋转”操控板设置旋转角度为“180”，单击☑按钮，完成旋转特征的创建，结果如图 6-18 所示。

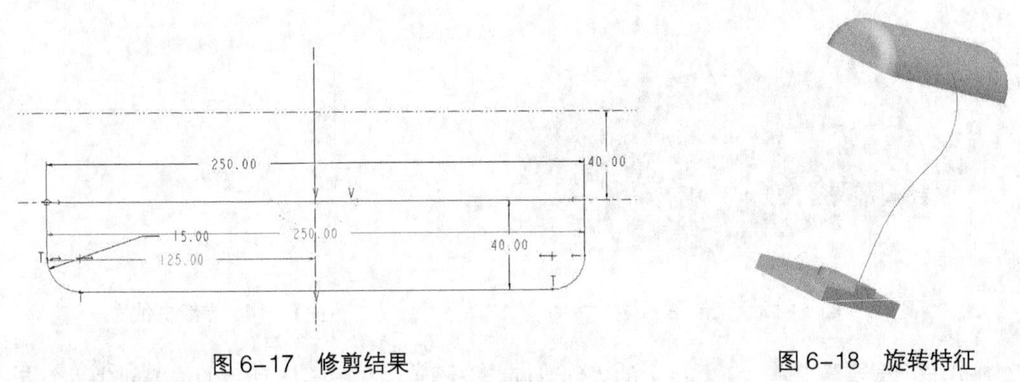

图 6–17 修剪结果

图 6–18 旋转特征

Step 7 创建灯杆

（1）选取模型树中名称为“草绘 1”的特征，然后选择菜单栏中的“插入”→“扫描混合”命令，系统进入扫描混合操控板。

（2）单击“截面”按钮，在弹出的上滑面板的“截面”选项下的收集器中单击将其激活，然后在模型中选取“草绘 1”的端点，图 6-19 所示的箭头所在位置为扫描混合的起始点。

（3）以参考轴交点为对称中心绘制图 6-20 所示的第一扫描截面，然后单击✔按钮退出草绘器。

（4）系统返回到“截面”按钮的上滑面板。单击“插入”按钮，再在模型中选取 Step 4 中的（2）创建的两点中靠下面的一点，然后单击“草绘”按钮，进入第二截面的草绘。

（5）绘制图 6-21 所示的第二扫描截面，然后单击✔按钮退出草绘器。

（6）重复上述步骤，分别选取 Step 4 中的（2）创建的两点中靠上面的一点和扫描曲线的顶点，并绘制图 6-22 所示的第三扫描截面和图 6-23 所示的第四扫描截面。单击☑按钮，完成扫描混合特征的创建，结果如图 6-24 所示。

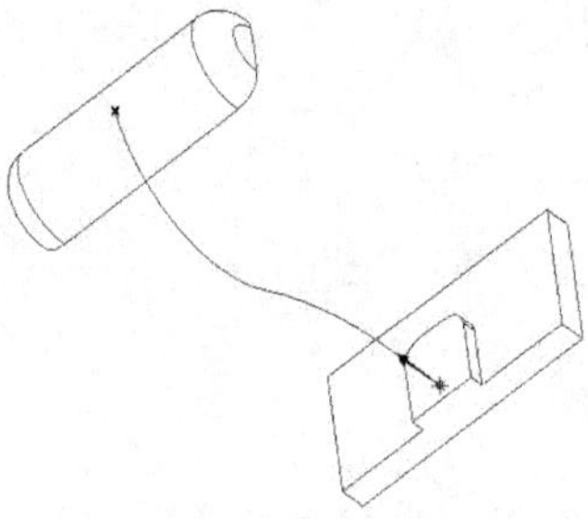

图 6-19　扫描起点

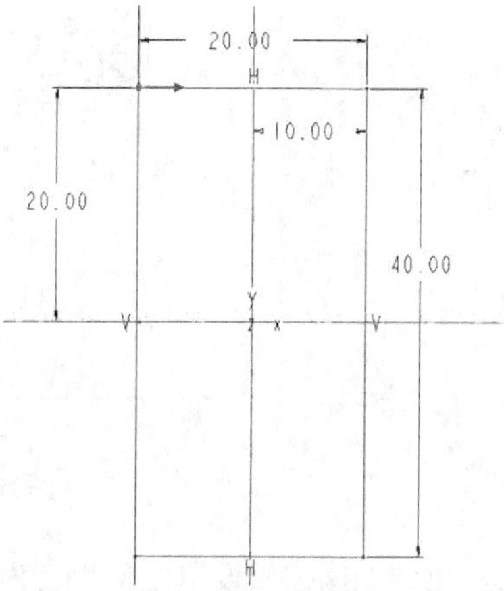

图 6-20　第一扫描截面

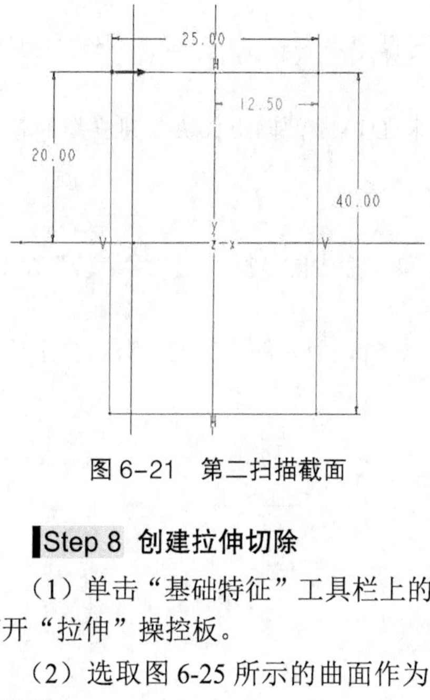

图 6-21　第二扫描截面

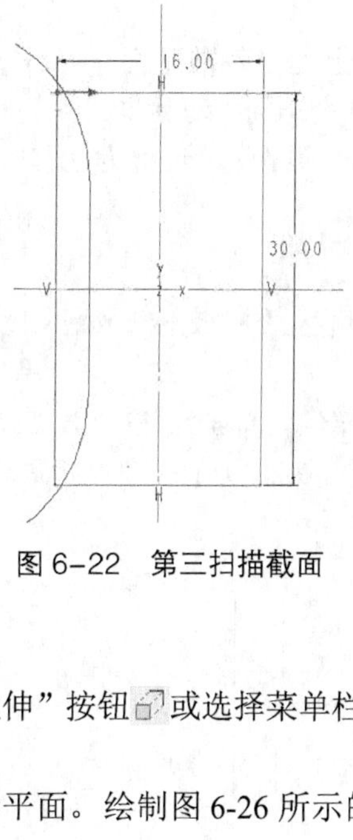

图 6-22　第三扫描截面

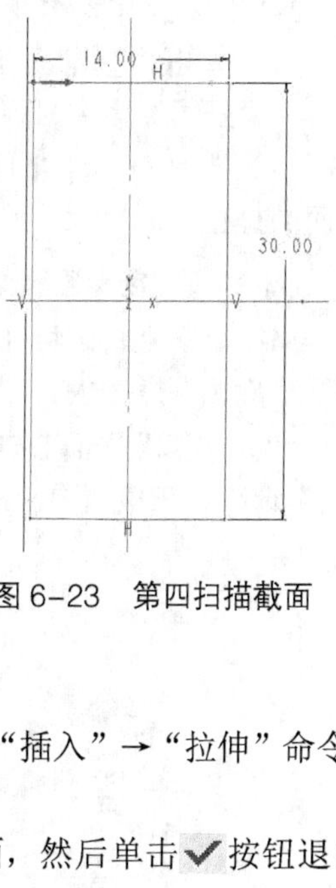

图 6-23　第四扫描截面

Step 8 创建拉伸切除

（1）单击“基础特征”工具栏上的“拉伸”按钮或选择菜单栏中的“插入”→“拉伸”命令，打开“拉伸”操控板。

（2）选取图 6-25 所示的曲面作为草绘平面。绘制图 6-26 所示的截面，然后单击✔按钮退出草绘器。

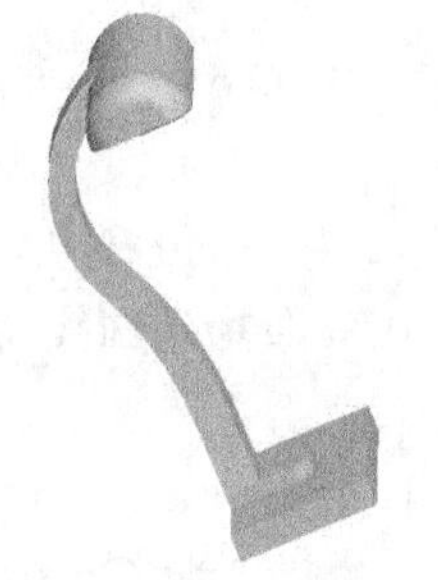

图 6-24　扫描混合特征

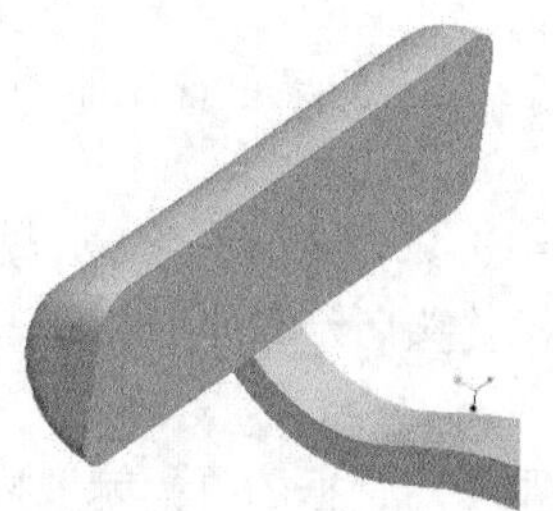

图 6-25　拉伸草绘平面

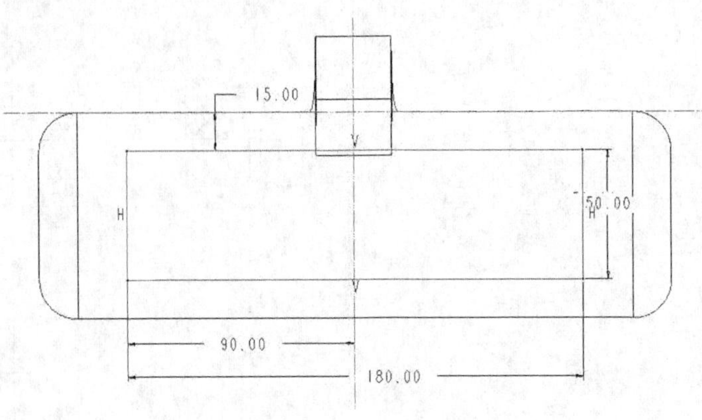

图 6-26　拉伸截面

（3）在“拉伸”操控板设置拉伸深度为“3”，单击“切除材料”按钮。单击按钮，完成拉伸剪切特征的创建。

Step 9　创建基准平面

（1）单击“基准”工具栏上的“基准平面”按钮或选择菜单栏中的“插入”→“模型基准”→“平面”命令，弹出“基准平面”对话框。

（2）选取 DTM1 平面作为参照平面，设置为偏移方式，将 DTM1 面向上偏移 3 建立新的基准平面 DTM2。

Step 10　创建灯管

（1）单击“基础特征”工具栏上的“旋转”按钮或选择菜单栏中的“插入”→“旋转”命令，打开“旋转”操控板。

（2）在基准平面 DTM2 内草绘。单击按钮，在弹出的图 6-27 所示的“类型”对话框中选取“链”选项。在模型中一次选取图 6-28 所示的圆弧和直线。

图 6-27　“类型”对话框

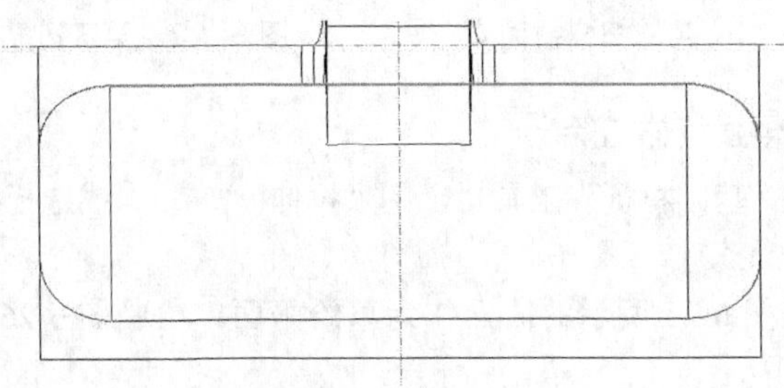

图 6-28　选取曲线

（3）弹出图 6-29 所示的菜单管理器的“选取”菜单，在该菜单中选择“下一个”命令，整个封闭的环被选取。

（4）在该菜单中选择“接受”命令。模型中出现一个指示偏移方向的箭头，如图 6-30 所示，并且对话区要求输入沿箭头所示方向的偏距。在对话区输入“10”，使所选曲线向内偏移 10 创建新的曲线。

（5）单击“类型”对话框的“关闭”按钮，结果如图 6-31 所示。

（6）单击“草绘器工具”工具栏中的“中心线”按钮，绘制一条水平中心线，并使之为上面所创建边界图元的对称轴。

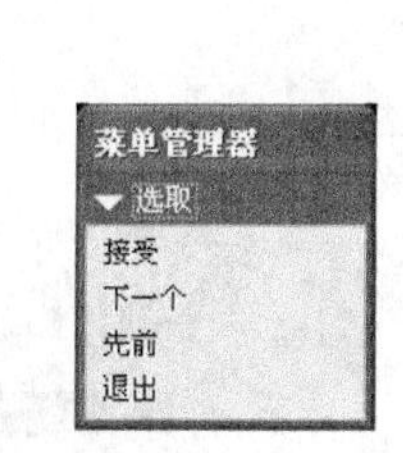

图 6-29 "选取"菜单

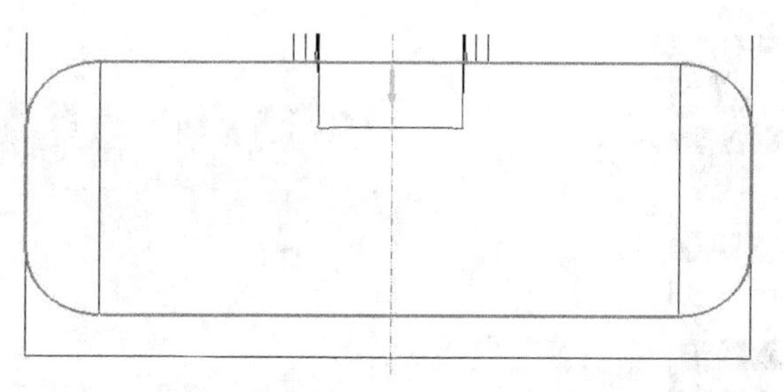

图 6-30 偏移方向

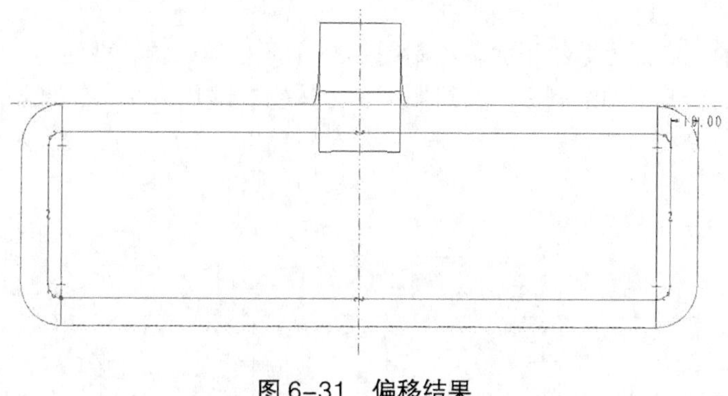

图 6-31 偏移结果

（7）单击"草绘器工具"工具栏中的"删除段"按钮，修剪掉所创建边界图元在对称轴一侧的所有曲线。

（8）单击"草绘器工具"工具栏中的"线"按钮，绘制一条水平线段，连接边界图元剩下的部分，使之成为一个封闭的环，结果如图 6-32 所示，然后单击✔按钮退出草绘器。

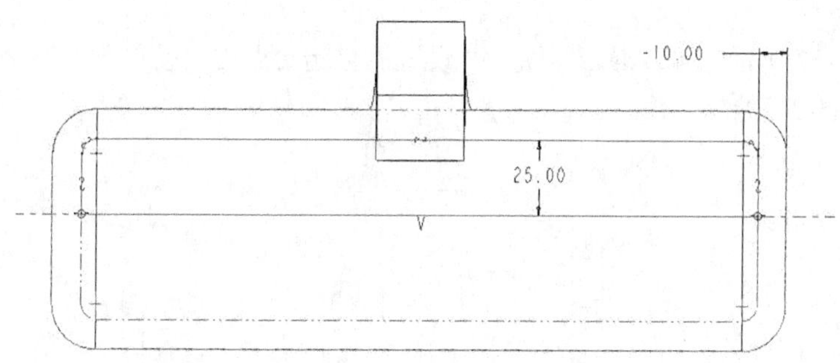

图 6-32 旋转截面

（9）在操控板中设置旋转角度为"180"。单击✔按钮，完成旋转剪切特征的创建。

Step 11 创建底座切口

（1）选择菜单栏中的"插入"→"混合"→"切口"命令，在弹出的"混合选项"菜单中依次选取"平行"→"规则截面"→"草绘截面"命令，如图 6-33 所示。

（2）选择"完成"命令退出该项设置，然后系统弹出图 6-34 所示的"切剪：混合，平行，规则截面"对话框和"属性"菜单，如图 6-35 所示。在该菜单中选择"光滑"→"完成"命令。

图 6-33 “混合选项”菜单

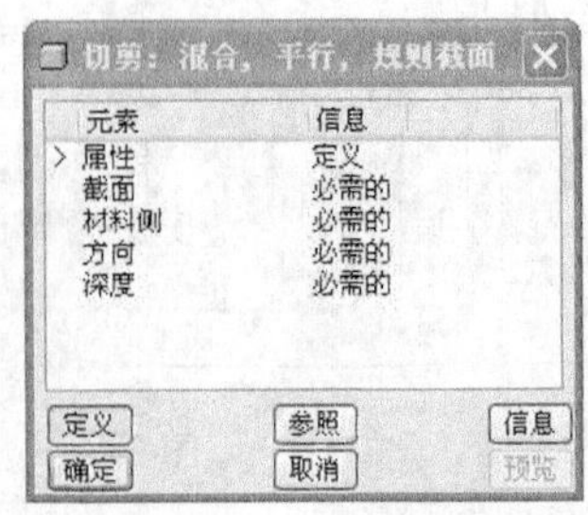

图 6-34 “切剪：混合，平行，规则截面”对话框

图 6-35 “属性”菜单

（3）选取台灯的下底面为草绘平面。绘制图 6-36 所示的第一混合截面。

（4）完成第一混合截面的绘制后，在绘图屏幕上按住右键几秒钟，在弹出的右键快捷菜单中选取“切换截面”命令。

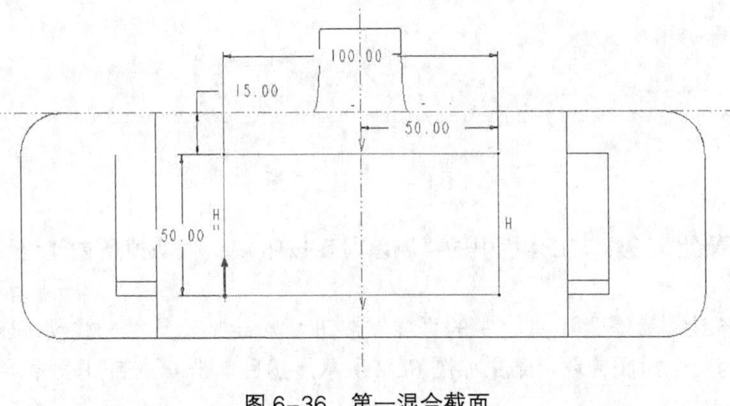

图 6-36 第一混合截面

（5）绘制图 6-37 所示的第二混合截面，并设置混合起始点的位置和方向与第一混合截面一致。然后单击✔按钮退出草绘器。

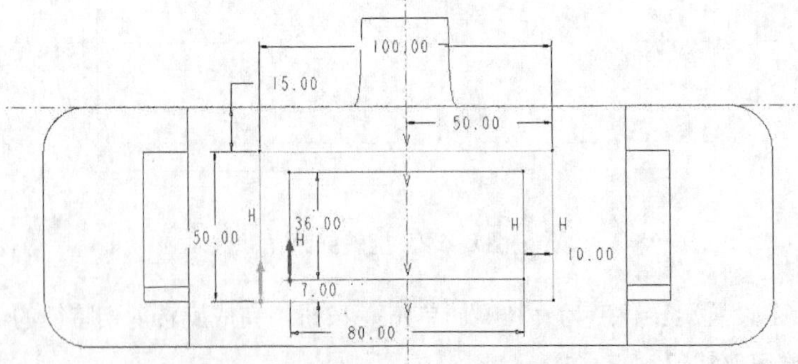

图 6-37 第二混合截面

（6）在弹出的“方向”菜单中，设置混合方向为向内，然后选取“确定”命令。

（7）在随后弹出的“深度”菜单中依次选择“盲孔”→“完成”命令，然后在对话区输入混合深度“5”。

（8）完成混合特征的各项设置后，单击“确定”按钮，混合结果如图 6-38 所示。

Step 12 倒圆角

（1）选择菜单栏中的“插入”→“倒圆角”命令或单击“工程特征”工具栏中的“倒圆角”按钮，打开“圆角”操控板。

（2）选取台灯底面的 4 个拐角的边线，圆角半径为“15”，结果如图 6-39 所示。

（3）重复“倒圆角”命令，选取扫描混合特征的 4 条边线，圆角半径为“2”。

（4）重复“倒圆角”命令，选取台灯底座的上面的边线，圆角半径为“2”，结果如图 6-40 所示。

图 6-38 混合特征

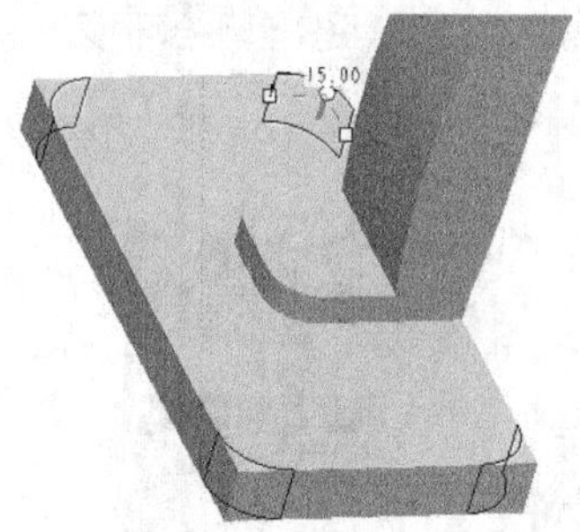

图 6-39 倒圆角 1

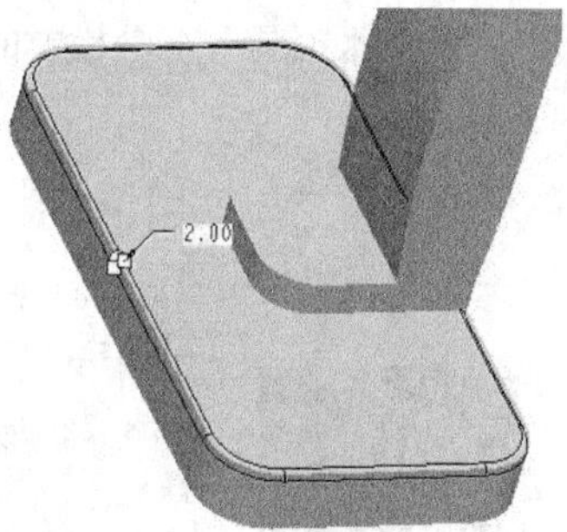

图 6-40 倒圆角 2

6.2 螺旋扫描

螺旋扫描是通过沿螺旋轨迹扫描截面创建螺旋扫描特征。轨迹由旋转曲面的轮廓（定义螺旋特征的截面原点到其旋转轴的距离）和螺距（螺圈间的距离）定义。

通过“螺旋扫描”命令可创建实体特征、薄壁特征以及其对应的剪切材料特征。下面通过实例讲解运用“螺旋扫描”命令创建实体特征——弹簧和创建剪切材料特征——螺纹的一般过程。通过“螺旋扫描”命令创建薄壁特征和其对应的剪切特征的过程与创建实体的过程基本一致，在此不再赘述。

6.2.1 创建螺旋扫描特征的操作步骤

1. 运用螺旋扫描命令创建实体特征——弹簧

（1）新建一个名称为 luoxuansm.prt 的零件文件。

（2）在菜单栏中选择“插入”→“螺旋扫描”→“伸出项”命令，打开图 6-41 所示的“伸出项：螺旋扫描”对话框和图 6-42 所示的“属性”菜单。

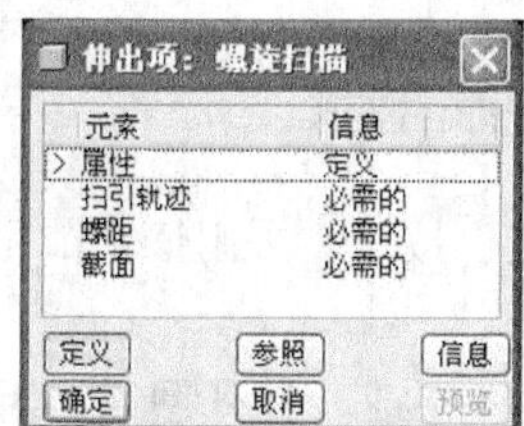

图 6-41 “伸出项：螺旋扫描”对话框

图 6-42 “属性”菜单 1

（3）在“属性”菜单中依次选择“常数”→“穿过轴”→“右手定则”→“完成”命令。所选择的命令含义如下。

- 常数。螺旋扫描的螺距为恒定值。
- 穿过轴。草绘截面围绕旋转中心扫描。
- 右手定则。扫描方向和螺旋方向的关系符合右手定则。

（4）系统打开“设置草绘平面”菜单，在打开的菜单中进行图 6-43 所示的扫描选项设置，在绘图区选取 FRONT 基准平面作为草绘平面。

（5）单击“草绘器工具”工具栏中的“样条”按钮，绘制图 6-44 所示的弹簧扫引轨迹，再单击“草绘器工具”工具栏中的“完成”按钮退出草绘环境。

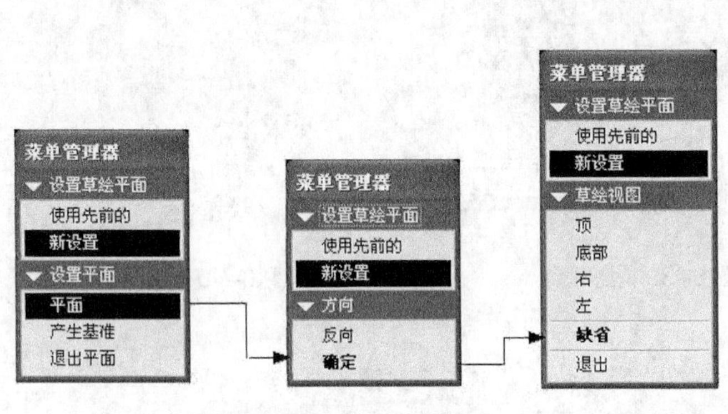

图 6-43　扫描选项设置

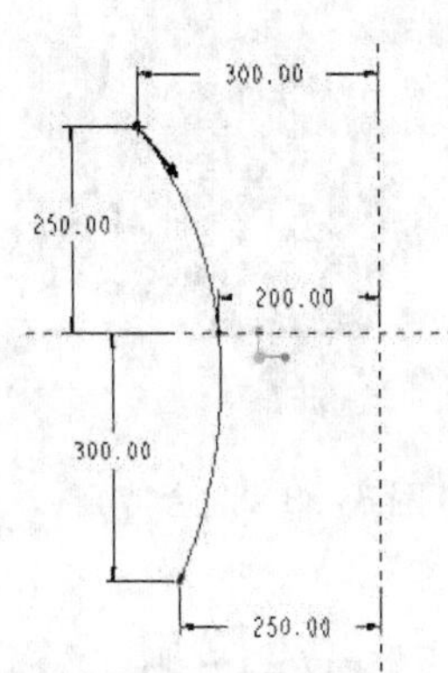

图 6-44　绘制弹簧扫引轨迹

（6）根据系统提示给定节距值为“50”。

（7）系统进入草绘环境，绘制图 6-45 所示的扫描截面，绘制完成后，单击“草绘器工具”工具栏中的“完成”按钮退出草绘环境。

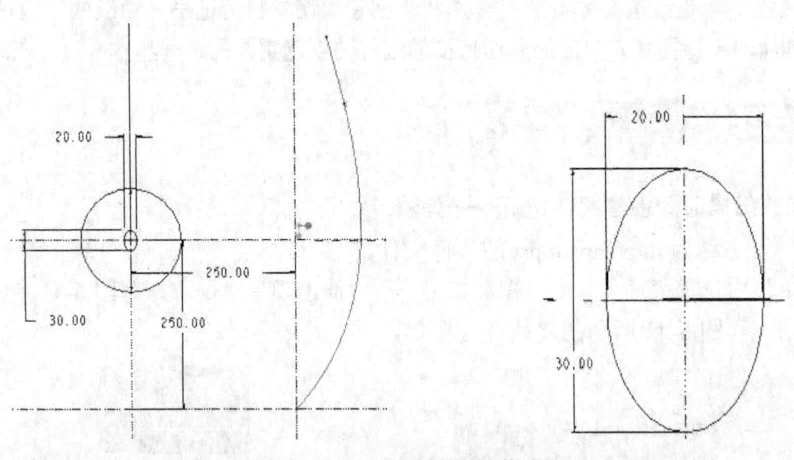

图 6-45　绘制弹簧扫描截面

（8）单击“伸出项：螺旋扫描”对话框中的“确定”按钮，采用恒定节距创建的螺旋扫描结果如图 6-46 所示。

（9）在“模型树”选项卡中右击刚创建的螺旋扫描特征，打开图 6-47 所示的右键快捷菜单，选择“编辑定义”命令，系统打开“伸出项：螺旋扫描”对话框。

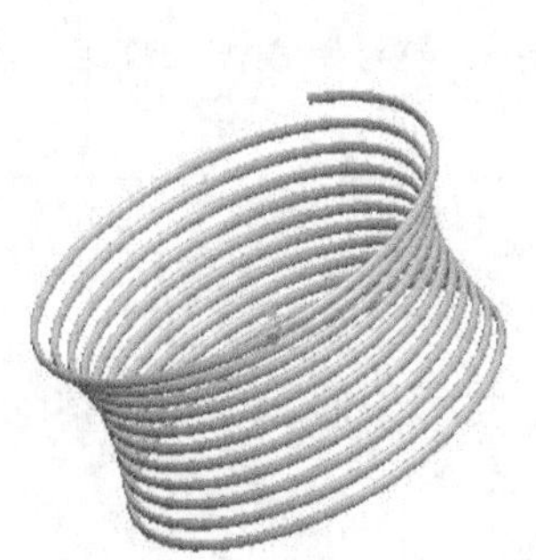

图 6-46 螺旋扫描（恒定节距）

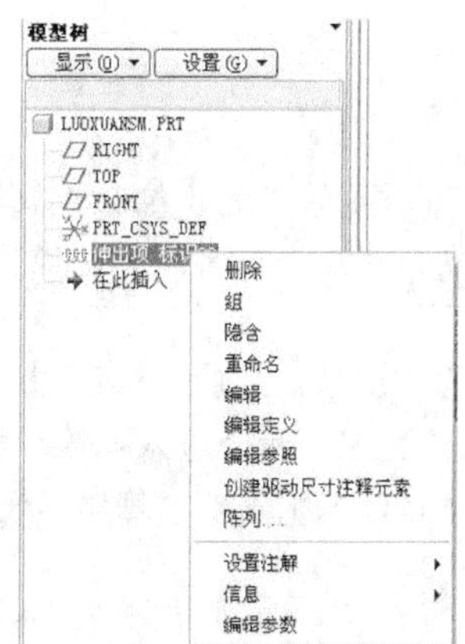

图 6-47 右键快捷菜单

（10）双击该对话框中的“属性”选项，打开“属性”菜单，按图 6-48 所示选择命令，最后选择“完成”命令。

（11）根据系统提示给定轨迹起始节距为“80”、末端节距为“30”，系统打开图 6-49 所示的“PITCH_GRAPH-Pro/ENGINEER”对话框和图 6-50 所示的“定义控制曲线”菜单。

图 6-48 “属性”菜单 2

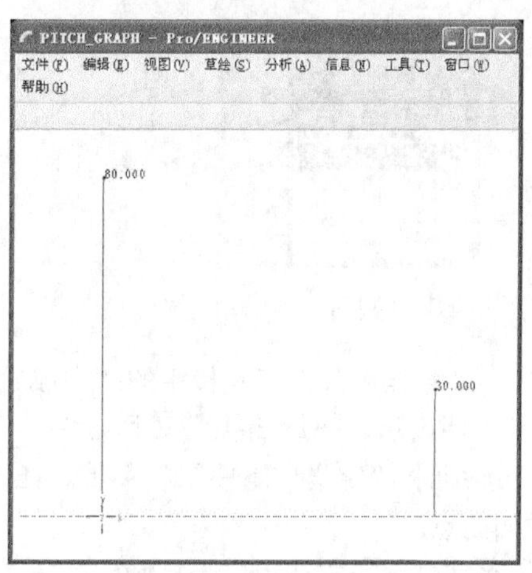

图 6-49 “PITCH_GRAPH-Pro/ENGINEER”对话框 1

（12）在“定义控制曲线”菜单中选择“完成/返回”命令，系统返回图 6-51 所示的“图形”菜单，选择该菜单中的“完成”命令，完成变节距的定义。

（13）设置完成后，系统返回到“伸出项：螺旋扫描”对话框，单击该对话框中的“预览”按钮，预览变节距螺旋扫描模型，如图 6-52 所示。

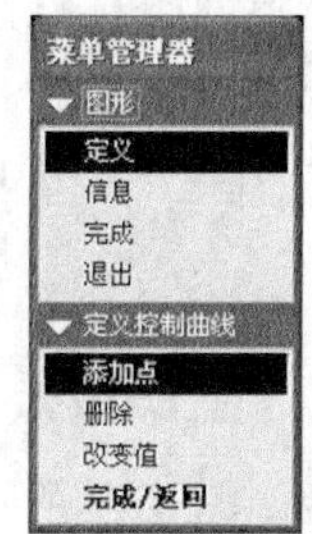

图 6-50 “定义控制曲线”菜单

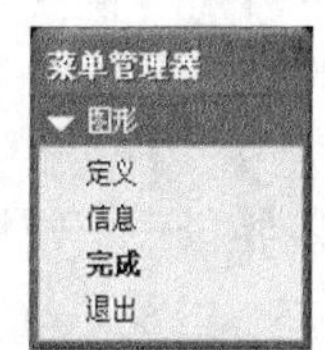

图 6-51 “图形”菜单

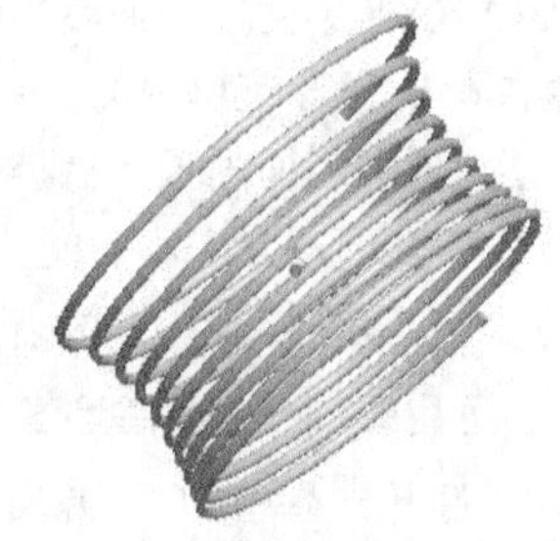

图 6-52 螺旋扫描（变节距）1

技巧荟萃

通过图 6-50 所示的“定义控制曲线”菜单中相应命令，可添加或删除螺距的控制点，也可修改各个控制点的螺距。下面就对此操作进行详细介绍。

（14）双击“伸出项：螺旋扫描”对话框中的“扫引轨迹”选项，系统打开图 6-53 所示的“截面”菜单，选择“完成”命令进入草绘环境。

（15）单击“草绘器工具”工具栏中的“点”按钮 ×，在扫引轨迹上添加一个控制点，如图 6-54 所示。

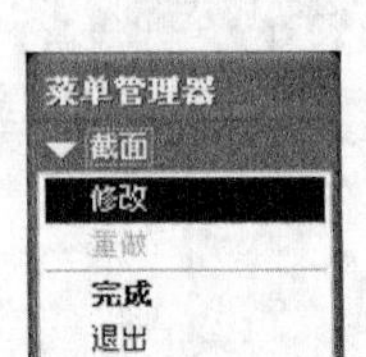

图 6-53 “截面”菜单

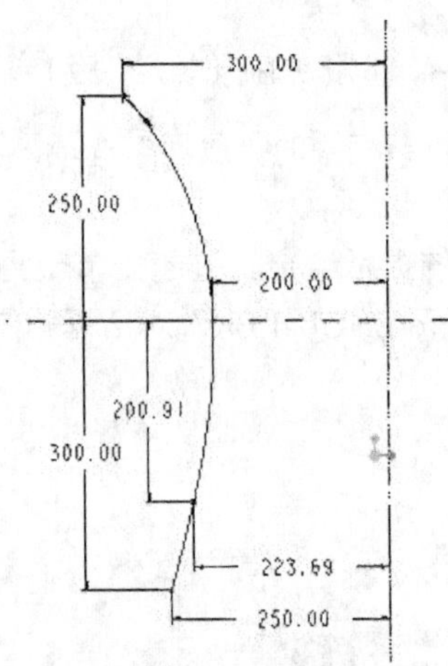

图 6-54 添加控制点

（16）单击“草绘器工具”工具栏中的“完成”按钮 ✓ 退出草绘环境。

（17）双击“伸出项：螺旋扫描”对话框中的“螺距”选项，系统打开“PITCH_GRAPH-Pro/ENGINEER”对话框和“定义控制曲线”菜单。在该菜单中选择“添加点”命令，然后在扫引轨迹上选取刚才添加的点。

（18）根据系统提示给定节距值为“20”。

（19）在“定义控制曲线”菜单中选择“改变值”命令，然后在扫引曲线上选取轨迹的末端控制点，并根据系统提示给定节距值为“50”。

（20）在扫引曲线上选取轨迹的起始控制点，根据系统提示给定节距值为“80”，在打开的“PITCH_GRAPH-Pro/ENGINEER”对话框中将显示当前扫引曲线上控制点的位置和节距值，如图 6-55 所示，该对话框中的图像会随着控制点和节距值的改变而随时更新。

（21）在“定义控制曲线”菜单中选择“完成”→“返回”命令，系统返回图 6-51 所示的“图形”菜单，选择该菜单中的“完成”命令，完成变节距的定义。

（22）单击“伸出项：螺旋扫描”对话框中的“确定”按钮，结果如图 6-56 所示，该扫描特征的螺距从下到上逐渐变小后又逐渐变大。

（23）保存文件到指定的目录并关闭当前对话框。

2. 运用螺旋扫描命令创建实体剪切材料特征——螺纹

（1）打开光盘中的“\ 源文件 \ 第 6 章 \saomiaoqk.prt”文件，原始模型如图 6-57 所示。

（2）在菜单栏中选择“插入”→“螺旋扫描”→“切口”命令，打开图 6-58 所示的“切剪：

螺旋扫描”对话框和图 6-59 所示的“属性”菜单。

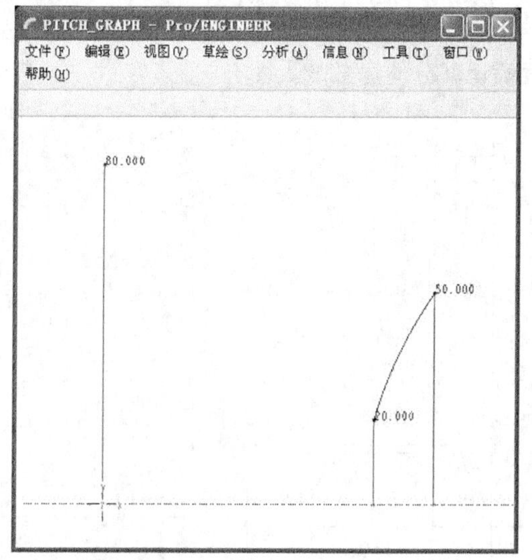

图 6-55 “PITCH_GRAPH-Pro/ENGINEER”对话框 2

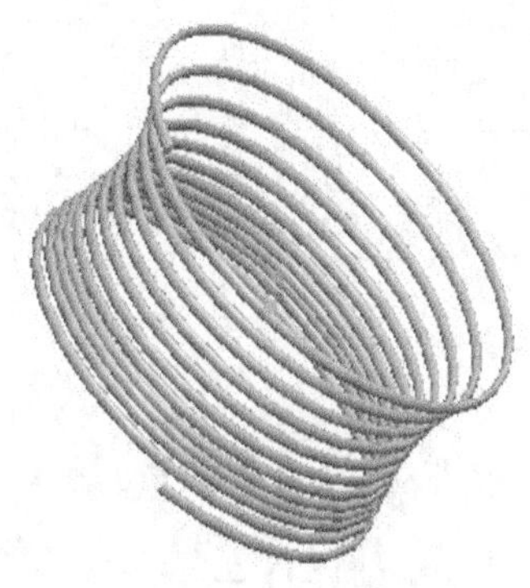

图 6-56 螺旋扫描（变节距）2

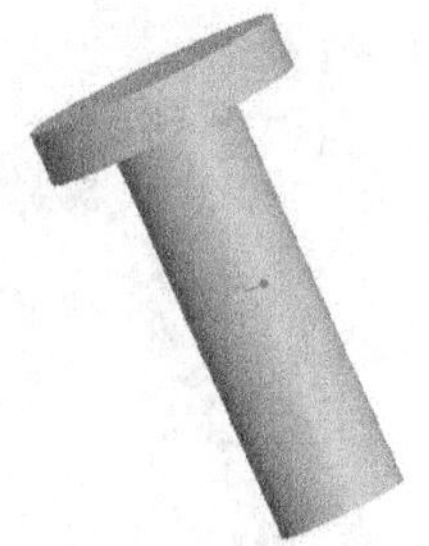

图 6-57 原始模型

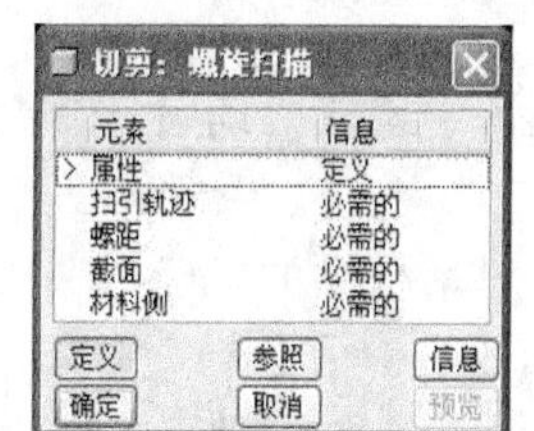

图 6-58 “切剪：螺旋扫描”对话框

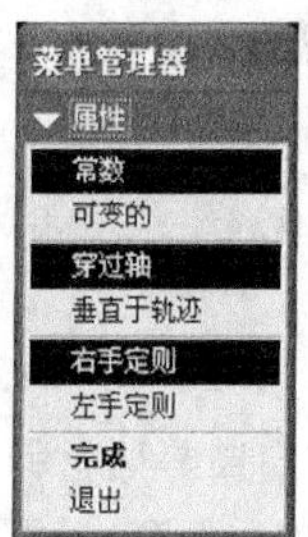

图 6-59 “属性”菜单 3

（3）在“属性”菜单中依次选择“常数”→“穿过轴”→“右手定则”→“完成”命令。

（4）在打开的图 6-60 所示的“设置草绘平面”菜单中选择“使用先前的”命令，并在绘图区选取 FRONT 基准平面作为扫引轨迹的草绘平面。

（5）设置完成后，弹出图 6-61 所示的“方向”菜单，选择“确定”命令，进入草绘环境。

图 6-60 “设置草绘平面”菜单

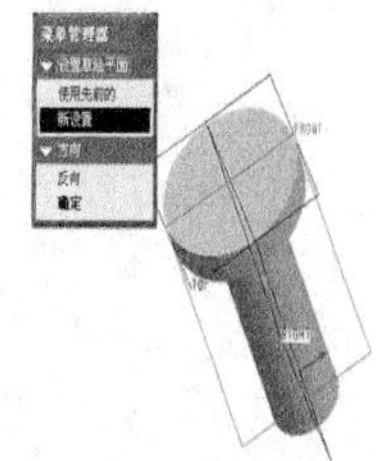

图 6-61 参照方向

（6）单击“草绘器工具”工具栏中的“中心线”按钮 ┆ 和“线”按钮 ╲，绘制一条与参考线重合的竖直中心线作为螺旋扫描的旋转中心，另外绘制一条长度为 40 的线段作为扫引轨迹线，通过该轨迹线指定所要创建的螺纹长度和螺纹切口的位置，如图 6-62 所示。

（7）单击“草绘器工具”工具栏中的“完成”按钮✓退出草绘环境。

（8）根据系统提示给定节距值为“2.5”。以两参考线的交点为起点绘制一个边长为 2.5 的等边三角形，如图 6-63 所示（其中右图为左图中虚线标识部分的局部放大图）。

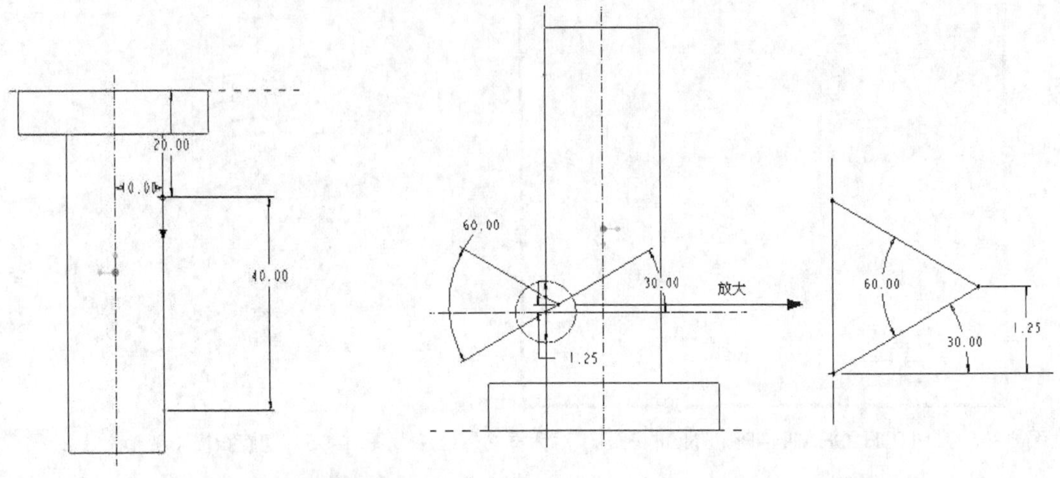

图 6-62　绘制螺纹扫引轨迹　　图 6-63　绘制螺纹扫描截面

（9）单击“草绘器工具”工具栏中的“完成”按钮✓退出草绘环境。

（10）在系统打开的“方向”菜单中选择“确定”命令（默认为正向）。

（11）单击“切剪：螺旋扫描”对话框中的“确定”按钮，完成螺旋扫描剪切材料的操作，结果如图 6-64 所示。

（12）保存文件到指定的目录并关闭当前对话框。

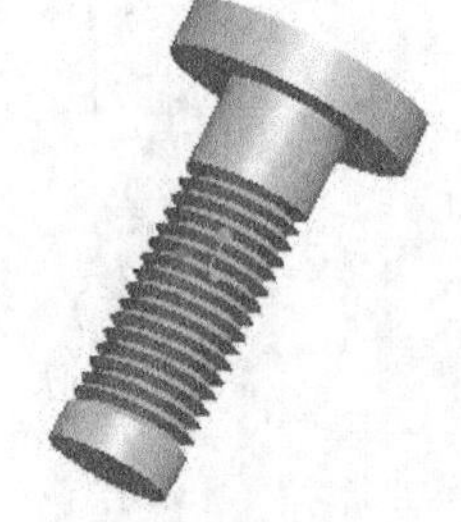

图 6-64　螺纹效果

6.2.2　实例——弹簧

本例介绍弹簧的建模过程，模型如图 6-65 所示。首先绘制相关草图和点，然后通过“螺旋扫描”功能形成最终的模型。

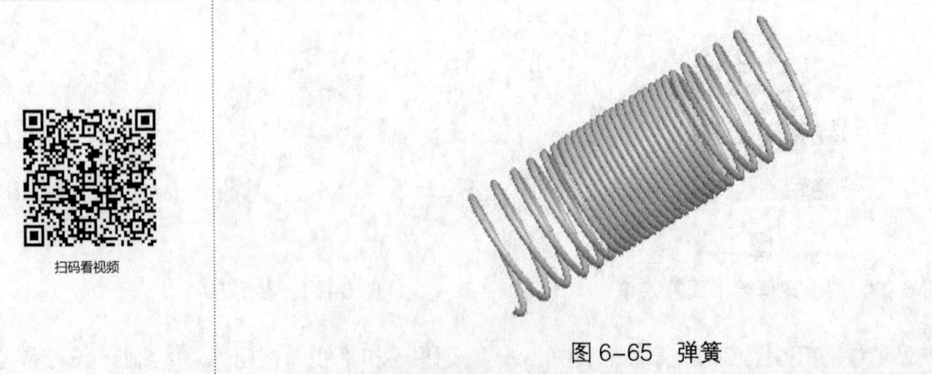

图 6-65　弹簧

【创建步骤】

Step 1　新建文件

单击“文件”工具栏中的“新建”按钮，打开“新建”对话框，在“类型”选项组中点选“零件”单选钮，在“子类型”选项组中点选“实体”单选钮，在“名称”文本框中输入“tanhuang”，其余选项接受系统默认设置，单击“确定”按钮，创建一个新的零件文件。

Step 2　创建螺旋扫描特征

（1）在菜单栏中选择“插入”→“螺旋扫描”→“伸出项”命令，系统打开“伸出项：螺旋扫描”对话框。

（2）在打开的菜单中依次选择“可变的”→“穿过轴”→“右手定则”→“完成”→“新设置”→“平面”命令，在绘图区选取 FRONT 基准平面作为草绘平面。

（3）在打开的菜单中依次选择“方向”→“确定”→“缺省”命令，定向草绘环境。绘制图 6-66 所示的螺旋扫描截面，再绘制一条与基准平面对齐的中心线作为螺旋扫描特征的旋转轴。

（4）单击“草绘器工具”工具栏中的“点”按钮，绘制图 6-67 所示的两个点。这些点将作为沿特征轨迹改变节距的分割点。

（5）如果需要，可在绘图区右击，在打开的右键快捷菜单中选择“起始点”命令，更改截面的起点。

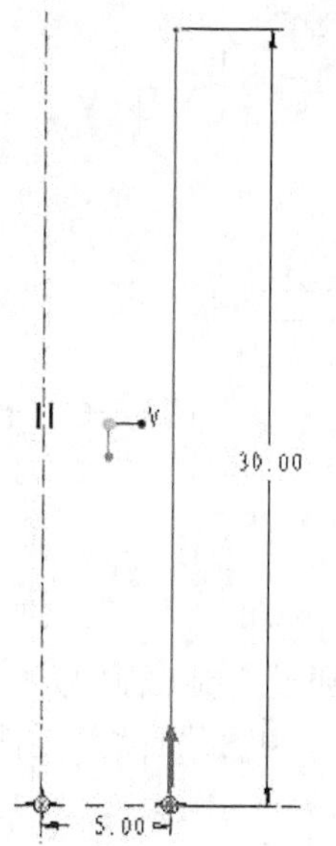

图 6-66　绘制螺旋扫描截面

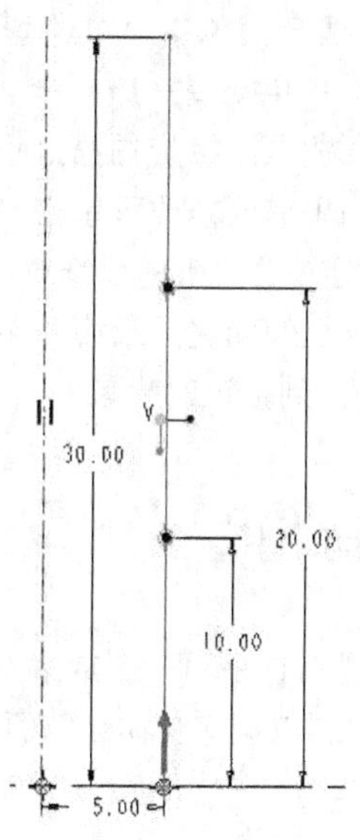

图 6-67　绘制点

（6）单击“草绘器工具”工具栏中的“完成”按钮退出草绘环境。

（7）根据系统提示给定轨迹起点和末端的节距值均为“2.5”。

（8）在打开的“图形”菜单中选择“定义”命令，在绘图区选取第一个点，在打开的“PITCH_GRAPH-Pro/ENGINEER”对话框中将显示当前扫引曲线上控制点的位置和节距值，在图形窗口中，注意显示沿轨迹的每个点的当前值（2.5）；在工作区中（不是在图形窗口中），选取重定义节距的第一个点，如图 6-68 所示。

（9）根据系统提示给定第一个点新的节距值为“0.625”。

（10）在绘图区选取第二个点，如图 6-69 所示，根据系统提示给定节距值为“0.625”。

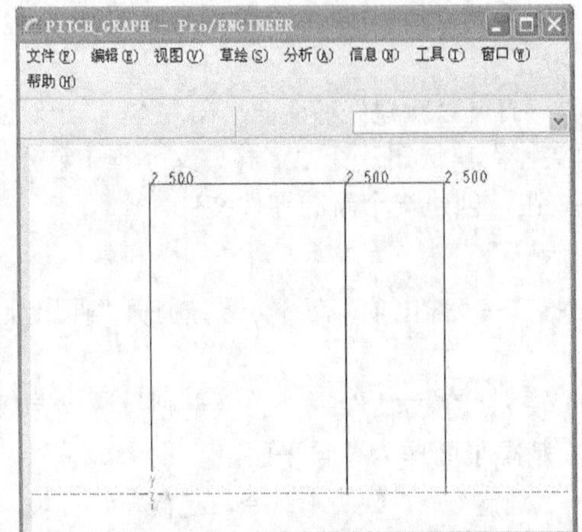

图 6-68 “PITCH_GRAPH-Pro/ENGINEER”对话框

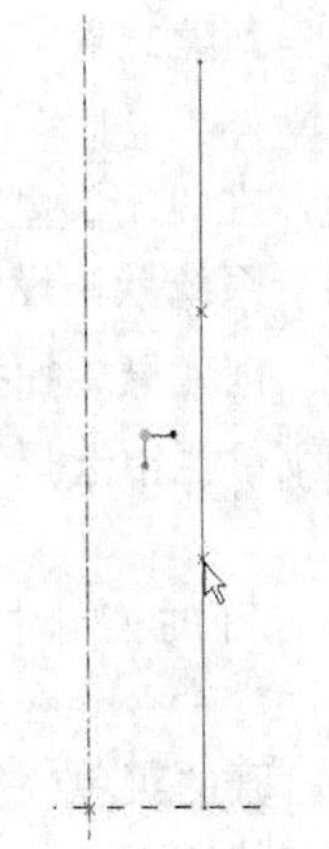

图 6-69 选取第二个点

（11）在“定义控制曲线”菜单中选择“完成”→“返回”命令，返回草绘环境。

（12）单击“草绘器工具”工具栏中的“圆心和点”按钮○，以轨迹的起点为圆心，在轨迹草绘平面的相反侧绘制图 6-70 所示的圆。

（13）绘制完成后，单击“草绘器工具”工具栏中的“完成”按钮✓退出草绘环境。

（14）单击“伸出项：螺旋扫描”对话框中的“预览”按钮预览特征，如果需要修改可单击“伸出项：螺旋扫描”对话框中的“定义”按钮进行修改，完成后单击“确定”按钮，结束特征的创建，最终效果如图 6-65 所示。

（15）保存文件到指定的目录并关闭当前对话框。

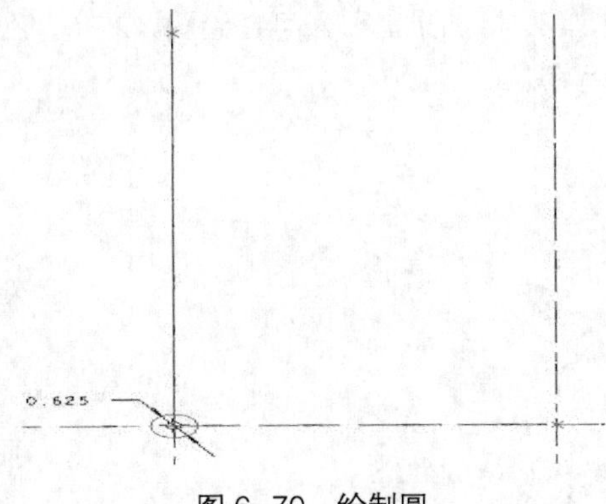

图 6-70 绘制圆

6.3 可变截面扫描

可变截面扫描特征是沿一个或多个选定轨迹扫描截面时，通过控制截面的方向、旋转角度和几何来添加或移除材料以创建实体或曲面特征。在扫描过程中可使用可变截面或恒定截面创建扫描。

1. 可变截面

将草绘图元约束到其他轨迹（中心平面或现有几何），或使用由“trajpar”参数设置的截面关系来使草绘可变。草绘所约束到的参照可改变截面形状。另外，以控制曲线或关系式（使用 trajpar）定义标注形式也能使草绘可变。草绘在轨迹点处再生，并相应更新其形状。

2. 恒定截面

在沿轨迹扫描的过程中，草绘的形状不变，仅截面所在框架的方向发生变化。

6.3.1 创建可变截面扫描的操作步骤

（1）新建一个名称为 bianjiemiansm.prt 的零件文件。

（2）单击“基准”工具栏中的“草绘”按钮，弹出“草绘”对话框，在绘图区选取 FRONT 基准平面作为草绘平面，单击“确定”按钮，进入草绘环境。

（3）单击“草绘器工具”工具栏中的“样条”按钮，绘制图 6-71 所示的曲线，然后再单击“草绘器工具”工具栏中的“完成”按钮退出草绘环境。

（4）单击“基准”工具栏中的“平面”按钮，打开“基准平面”对话框。新建基准平面 DTM1，选取 FRONT 基准平面作为参照平面，设置为“偏移”方式，偏距为“100”。

（5）单击“基准”工具栏中的“草绘”按钮，在 DTM1 基准平面中绘制第二条曲线，如图 6-72 所示，然后单击“草绘器工具”工具栏中的“完成”按钮退出草绘环境。

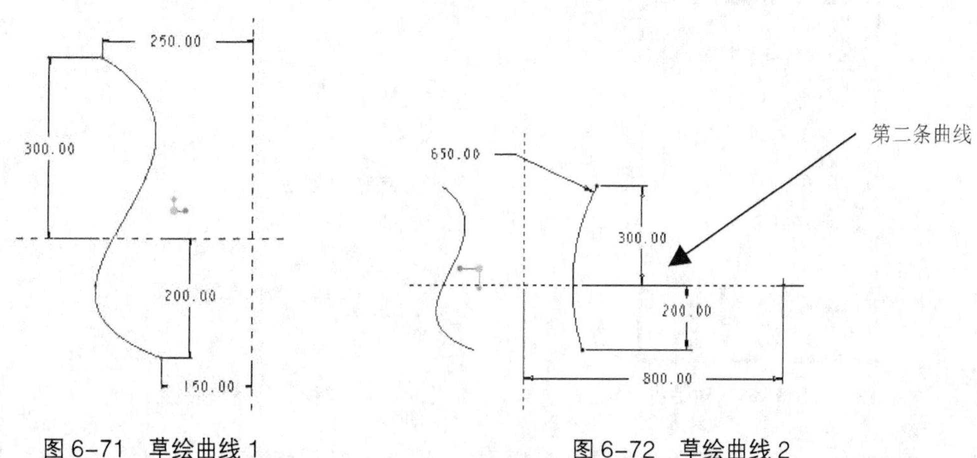

图 6-71　草绘曲线 1　　图 6-72　草绘曲线 2

（6）单击“基准”工具栏中的“草绘”按钮，在 RIGHT 基准平面中绘制图 6-73 所示的第三条曲线，然后单击“草绘器工具”工具栏中的“完成”按钮退出草绘环境。

（7）在菜单栏中选择“插入”→“可变截面扫描”命令，或单击“基础特征”工具栏中的“可变截面扫描”按钮，进入创建可变截面扫描模型界面。

（8）单击“可变截面扫描”操控板中的“实体”按钮，创建实体模型。再单击“参照”按钮，打开图 6-74 所示的“参照”下滑面板。

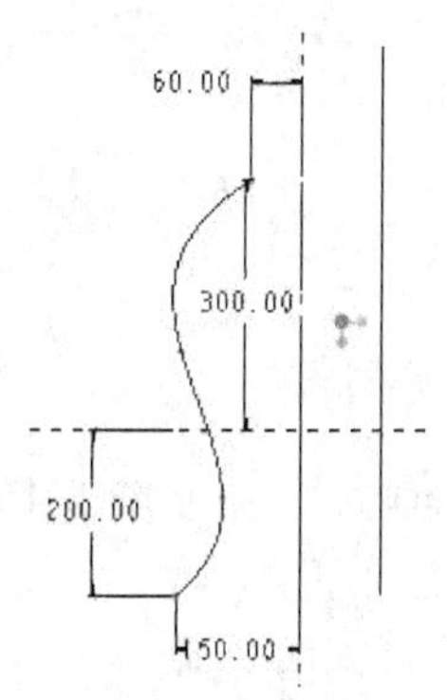

图 6-73　草绘曲线 3

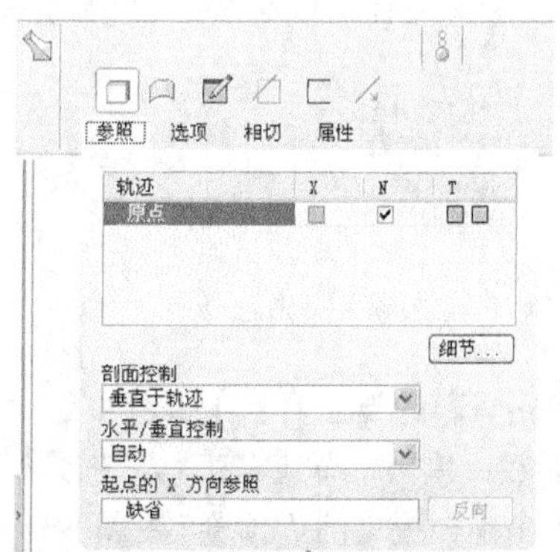

图 6-74　“参照”下滑面板 1

（9）单击“轨迹”选项下的列表框，按住 <Ctrl> 键依次选取草绘曲线 1、2、3。也可以不使用 <Ctrl> 键，选取草绘曲线 1 后，单击列表框下的“细节”按钮，打开图 6-75 所示的“链”对话框，单击“添加”按钮选取草绘曲线 2，采用同样的方式添加曲线 3，选取完成后，3 条曲线将高亮显示。

（10）在“轨迹”选项下的列表框中，勾选与“链 2”选项对应的“X”列复选框，设置“链 2”为 X 轨迹。同样勾选“原点”选项对应的“N”列复选框，设置原点轨迹为曲面形状控制轨迹。然后在“剖面控制”下拉列表中选择“垂直于轨迹”选项，设置如图 6-76 所示（“垂直于轨迹”表示所创建模型的所有截面均垂直于原点轨迹）。

（11）单击操控板中的“选项”按钮，打开图 6-77 所示的“选项”下滑面板，点选“可变截面”单选钮。

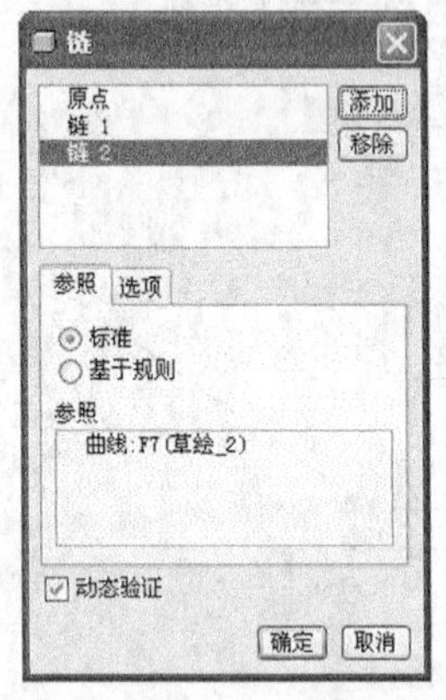

图 6–75 “链”对话框

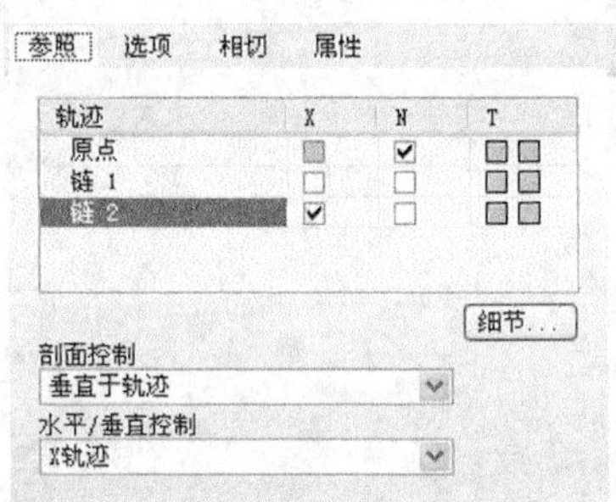

图 6–76 “参照”下滑面板 2

（12）单击操控板中的“创建或编辑扫描剖面”按钮，进入草绘环境绘制扫描截面。在所显示的点中，每条曲线上都有一个以小“×”的方式显示的点，如图 6-78 所示的 *A*、*B*、*C* 3 个点，所绘制的扫描截面必须通过该点。

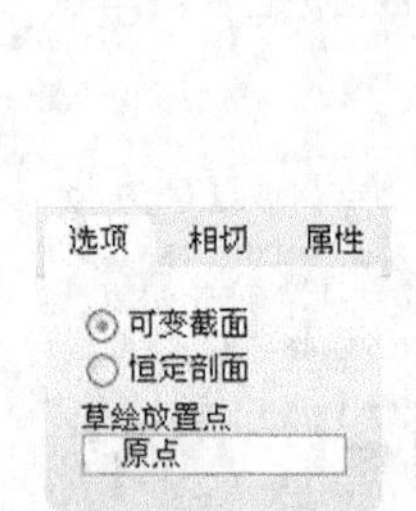

图 6–77 “选项”下滑面板

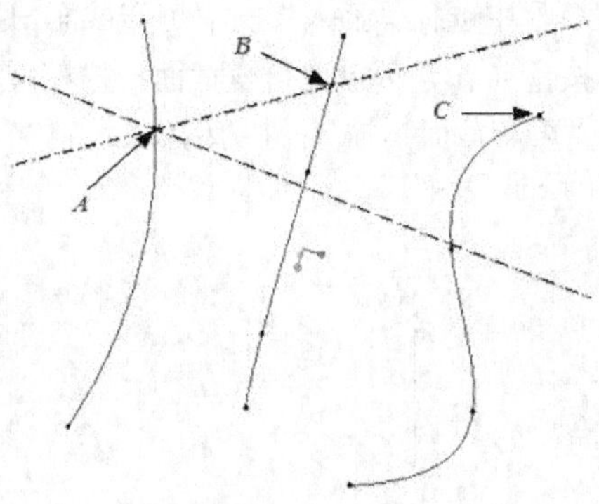

图 6–78 截面控制点

（13）单击“草绘器工具”工具栏中的“3 点绘圆”按钮，绘制过图 6-79 所示通过 *A*、*B*、*C* 3 个点的圆，然后单击“草绘器工具”工具栏中的“完成”按钮退出草绘环境。

（14）单击操控板中的“预览”按钮预览可变截面扫描特征，如图 6-80 所示。

（15）单击操控板中的“继续”按钮退出预览，再单击操控板中的“参照”按钮，在“参照”下滑面板“剖面控制”下拉列表中选择“垂直于投影”选项，激活“方向参照”列表框，并选取 RIGHT 基准平面，则所创建模型的所有截面均垂直于原点轨迹在 RIGHT 基准平面上的投影，“参照”下滑面板设置如图 6-81 所示。

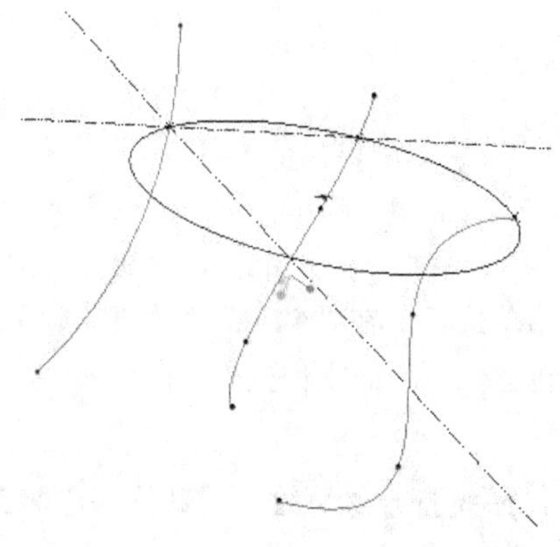

图 6-79　绘制圆

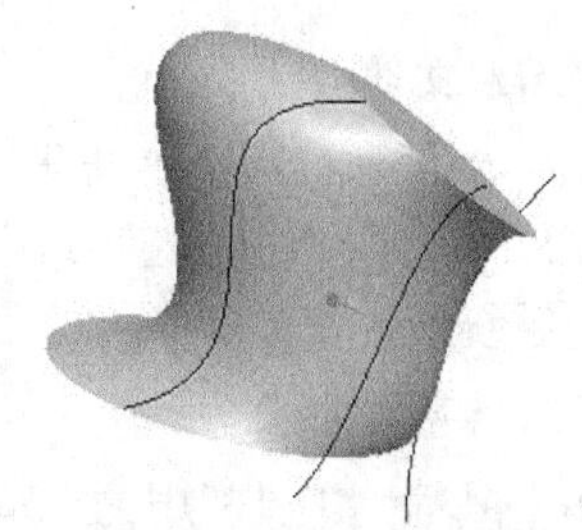

图 6-80　可变截面扫描（垂直于轨迹）

（16）设置完成后，单击操控板中的“完成”按钮，完成可变截面扫描特征的创建，结果如图 6-82 所示。

（17）保存文件到指定的目录并关闭当前对话框。

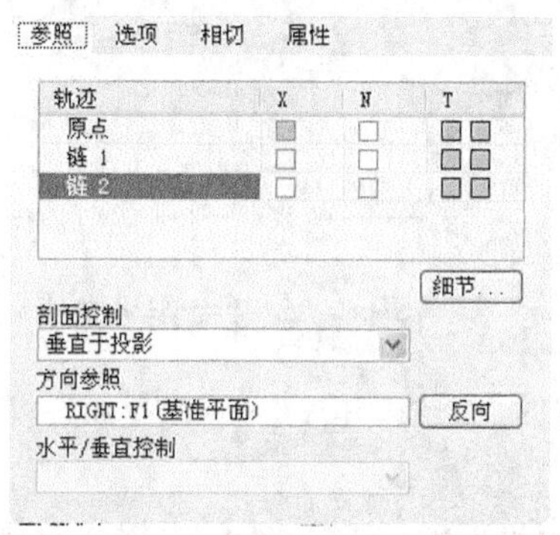

图 6-81　“参照”下滑面板 3

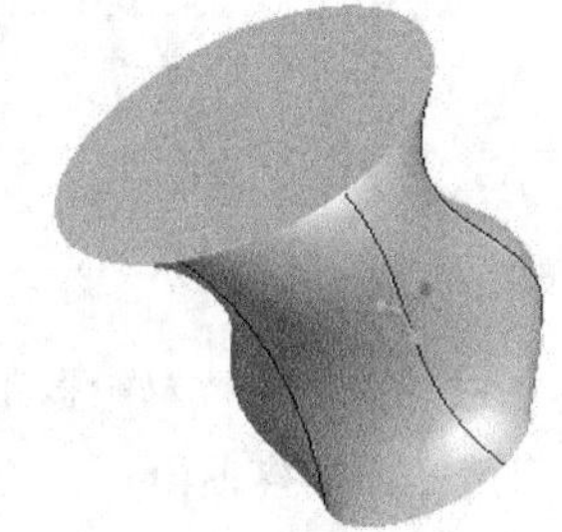

图 6-82　可变截面扫描（垂直于投影）

6.3.2　实例——鼠标

本例介绍鼠标的建模过程，模型如图 6-83 所示。首先草绘基准曲线，然后通过“可变截面扫描”功能绘制扫描曲面，接着通过“拉伸”功能绘制鼠标基体，最后通过“倒圆角”功能对基体进行修饰，形成最终的模型。

扫码看视频

图 6-83　鼠标

【创建步骤】

Step 1 新建文件

单击“文件”工具栏中的“新建”按钮，打开“新建”对话框，在“类型”选项组中点选“零件”单选钮，在“子类型”选项组中点选“实体”单选钮，在“名称”文本框中输入“shubiao”，其余选项接受系统默认设置，单击“确定”按钮，创建一个新的零件文件。

Step 2 草绘基准曲线

（1）单击“基准”工具栏中的“草绘”按钮，系统打开“草绘”对话框。选取 FRONT 基准平面作为草绘平面，单击“确定”按钮，进入草绘环境。

（2）单击“草绘器工具”工具栏中的“点”按钮，绘制图 6-84 所示的点并修改其尺寸值。单击“草绘器工具”工具栏中的“样条”按钮，通过刚刚绘制的 3 个点绘制图 6-85 所示的样条曲线。

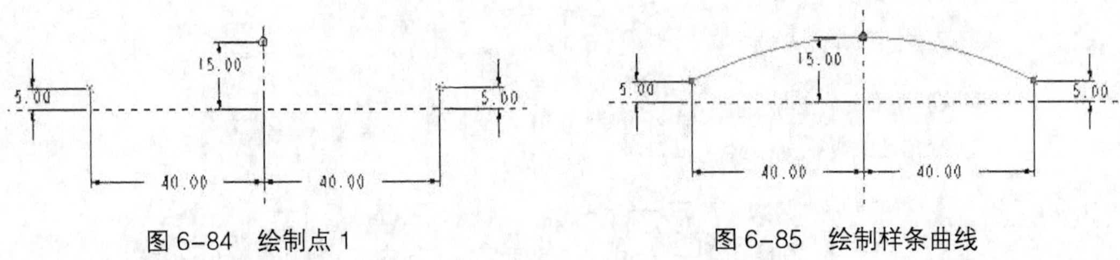

图 6–84　绘制点 1　　图 6–85　绘制样条曲线

（3）绘制完成后，单击“草绘器工具”工具栏中的“完成”按钮退出草绘环境。

Step 3 可变截面扫描曲面

（1）单击“基础特征”工具栏中的“可变截面扫描”按钮，在“可变截面扫描”操控板中单击“创建或编辑扫描截面”按钮，进入草绘环境。

（2）单击“草绘器工具”工具栏中的“点”按钮，绘制图 6-86 所示的 5 个点并修改其尺寸值。再单击“草绘器工具”工具栏中的“样条”按钮，通过图 6-86 所示的 5 个点绘制样条曲线。

（3）单击“草绘器工具”工具栏中的“完成”按钮退出草绘环境。

（4）选取前面创建的第一条曲线，轨迹的起点通过箭头标记原始轨迹，箭头位置如图 6-87 所示。如果需要反转方向，可单击方向箭头或右击，在打开的右键快捷菜单中选择“反转链方向”命令。

（5）单击“可变截面扫描”操控板中的“完成”按钮，完成可变截面扫描特征的创建。

Step 4 拉伸基体

（1）单击“基础特征”工具栏中的“拉伸”按钮，在打开的“拉伸”操控板中依次单击“放置”→“定义”按钮，打开“草绘”对话框。选取 TOP 基准平面作为草绘平面，其余选项接受系统默认设置，单击“草绘”按钮，进入草绘环境。

（2）单击“草绘器工具”工具栏中的“线”按钮、“3 点 / 相切端”按钮和“中心线”按钮，绘制图 6-88 所示的拉伸草图。

（3）单击“草绘器工具”工具栏中的“完成”按钮退出草绘环境。

（4）在“拉伸”操控板中设置拉伸方式为（到选定的），选取图 6-89 所示旋转体的外表面，拉伸到选定的点、曲线、平面或曲面。

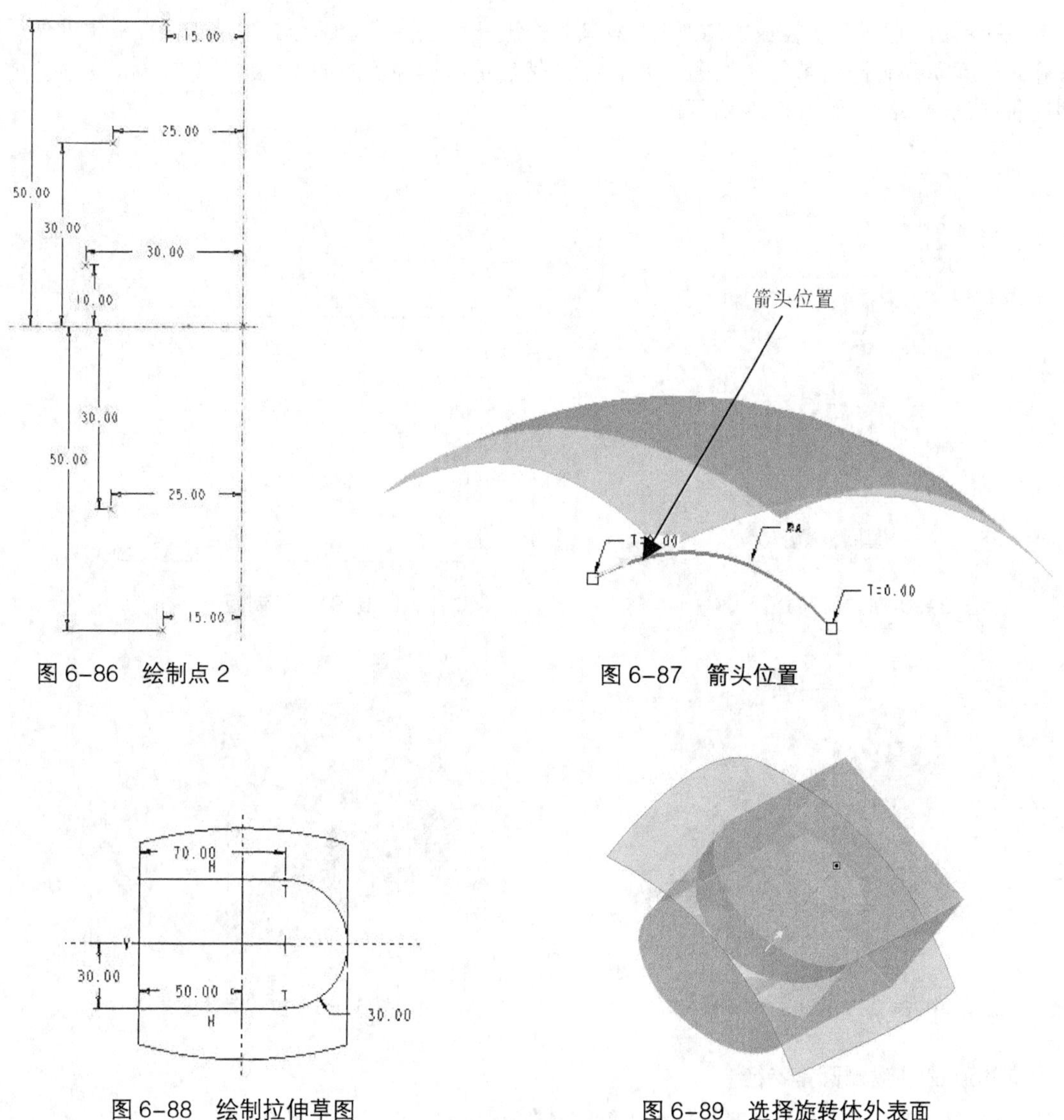

图 6-86　绘制点 2

图 6-87　箭头位置

图 6-88　绘制拉伸草图

图 6-89　选择旋转体外表面

（5）单击操控板中的“预览”按钮☑👓预览模型。

（6）单击操控板中的“完成”按钮✔，完成拉伸特征的创建。

Step 5　拉伸切除实体

（1）右击“模型树”选项卡中的“Var Sect Sweep 1”选项，在打开的右键快捷菜单中选择“隐藏”命令，如图 6-90 所示。

（2）单击“基础特征”工具栏中的“拉伸”按钮，在打开的“拉伸”操控板中依次单击“放置”→“定义”按钮，打开“草绘”对话框，单击“使用先前的”按钮，进入草绘环境。

（3）单击“草绘器工具”工具栏中的“矩形”按钮□，绘制大于前面拉伸截面的矩形，如图 6-91 所示。

（4）单击“草绘器工具”工具栏中的“完成”按钮✔退出草绘环境。

（5）在“拉伸”操控板中设置拉伸方式为![盲孔图标]（盲孔），在其后的文本框中给定拉伸深度值为“15”。

（6）单击“拉伸”操控板中的“去除材料”按钮![去除材料图标]，去除多余部分。再单击操控板中的“预览”按钮![预览图标]预览拉伸除料特征，如图 6-92 所示。然后单击操控板中的“完成”按钮![完成图标]，完成拉伸除料特征的创建，结果如图 6-93 所示。

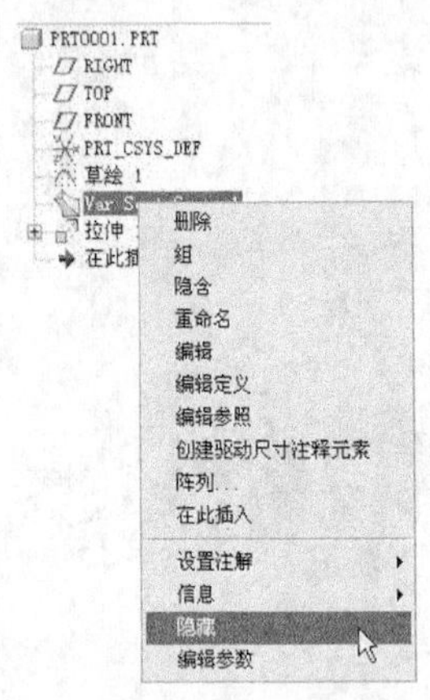

图 6-90　选择“隐藏”命令

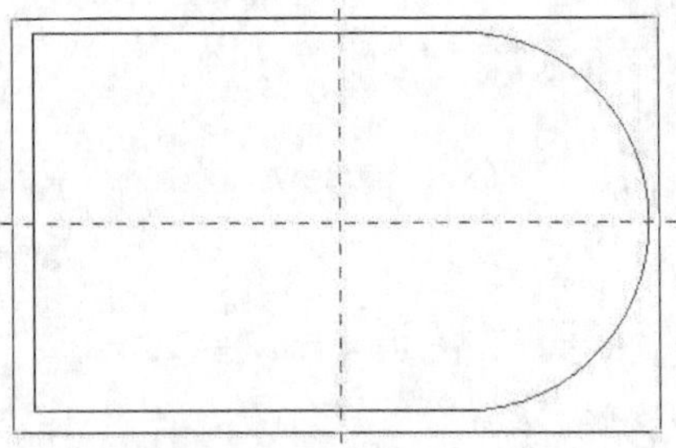

图 6-91　绘制矩形

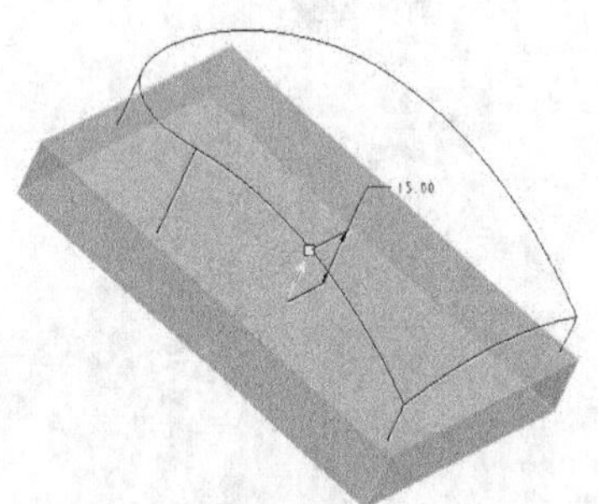

图 6-92　预览拉伸除料特征

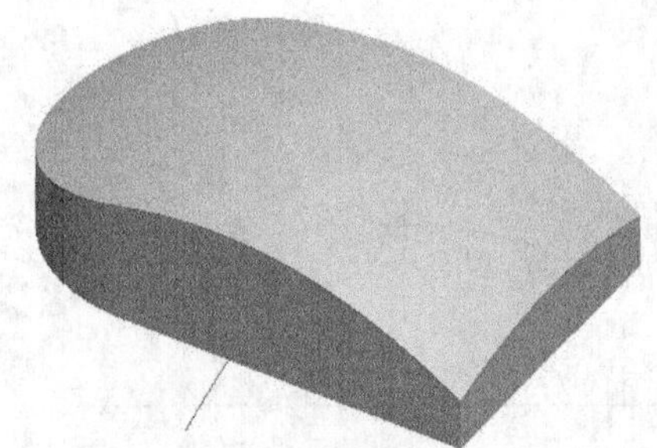

图 6-93　拉伸除料效果

Step 6　创建倒圆角特征

（1）单击“工程特征”工具栏中的“倒圆角”按钮![倒圆角图标]，打开“倒圆角”操控板。按住 <Ctrl> 键，选取图 6-94 所示的倒角边，给定圆角半径为“2”，进行倒圆角。

（2）单击“倒圆角”操控板中的“预览”按钮![预览图标]预览模型。再单击操控板中的“完成”按钮![完成图标]，完成倒圆角特征的创建，结果如图 6-95 所示。

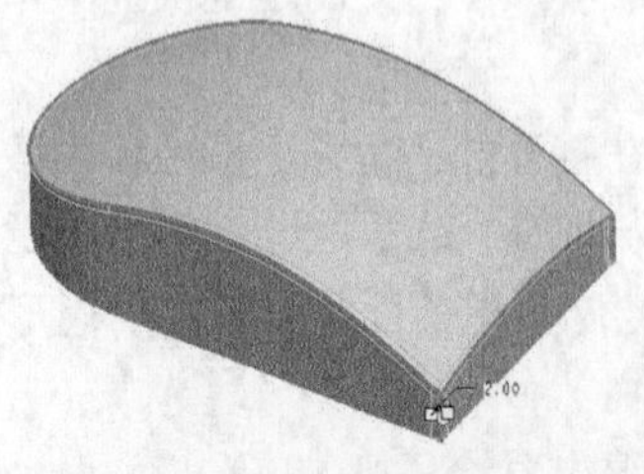

图 6-94　选取边

图 6-95　倒圆角效果

（3）保存文件到指定的目录并关闭当前对话框。

6.4 综合实例——钻头

本例钻头的建模过程，模型如图 6-96 所示。首先创建钻头体，出屑槽和刃口需要分两段进行扫描切除，每一段进行两个相同的扫描操作，通过拉伸创建钻杆，通过旋转切除创建钻头尖，其次创建倒圆角，出屑槽的过渡段通过扫描生成，最后创建钻头部分。

扫码看视频

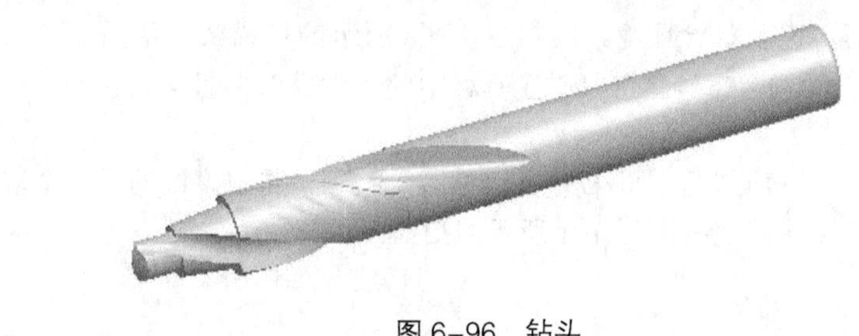

图 6-96　钻头

【创建步骤】

Step 1 新建文件

单击“文件”工具栏中的“新建”按钮，打开“新建”对话框，在“类型”选项组中点选“零件”单选钮，在“子类型”选项组中点选“实体”单选钮，在“名称”文本框中输入“zuantou”，取消勾选“使用缺省模板”复选框，单击“确定”按钮，在打开的“新文件选项”对话框中选择“mmns_part_solid”选项，单击“确定”按钮，创建一个新的零件文件。

Step 2 拉伸钻头体

（1）单击“基础特征”工具栏中的“拉伸”按钮，在打开的“拉伸”操控板中依次单击“放置”→“定义”按钮，打开“草绘”对话框。选取 FRONT 基准平面作为草绘平面，其余选项接受系统默认设置，单击“草绘”按钮，进入草绘环境。

（2）单击“草绘器工具”工具栏中的“圆心和点”按钮，绘制图 6-97 所示的圆并修改其尺寸值。单击“草绘器工具”工具栏中的“完成”按钮退出草绘环境。

（3）在“拉伸”操控板中设置拉伸方式为（盲孔），在其后的文本框中给定拉伸深度值为“12”。单击操控板中的“预览”按钮预览拉伸特征，如图 6-98 所示。单击操控板中的“完成”按钮，完成拉伸特征 1 的创建。

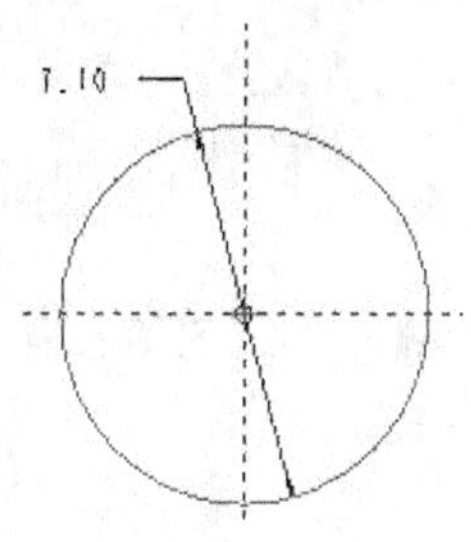

图 6-97　绘制圆 1

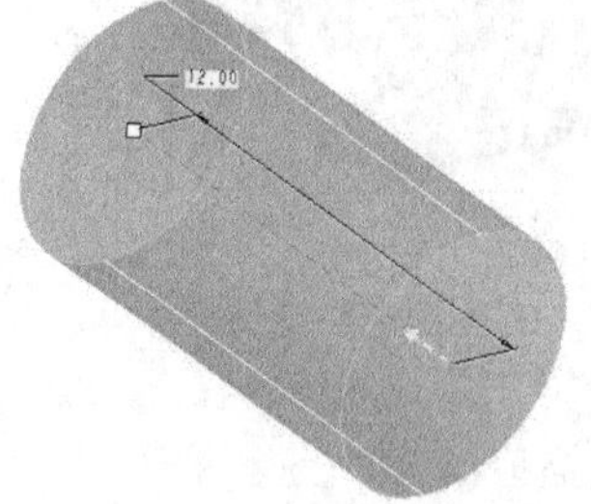

图 6-98　预览拉伸特征 1

Step 3 扫描切除出屑槽

（1）单击“基准”工具栏中的“草绘”按钮，系统打开“草绘”对话框，选取 TOP 基准平面作为草绘平面，其余选项接受系统默认设置，单击“草绘”按钮，进入草绘环境。

（2）单击“草绘器工具”工具栏中的“线”按钮，绘制图 6-99 所示的直线 1，作为扫描混合的轨迹。

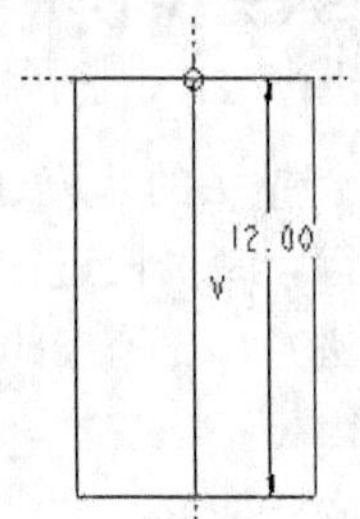

图 6-99 绘制直线 1

（3）在菜单栏中选择“插入”→“扫描混合”命令，系统打开“扫描混合”操控板。单击操控板中的“参照”按钮，打开“参照”下滑面板，选取刚刚绘制的直线。再单击操控板中的“截面”按钮，打开“截面”下滑面板，选取直线的一个端点，然后单击该下滑面板中的“草绘”按钮，进入草绘环境。绘制图 6-100 所示的扫描截面草图 1，绘制完成后，单击“草绘器工具”工具栏中的“完成”按钮退出草绘环境。

（4）单击“截面”下滑面板中的“插入”按钮，选取直线的另一个端点，然后单击该下滑面板中的“草绘”按钮，绘制图 6-101 所示的扫描截面草图 2。

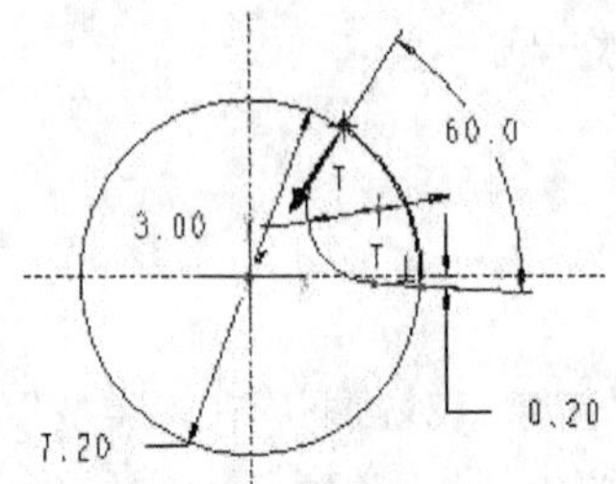

图 6-100 绘制扫描截面草图 1

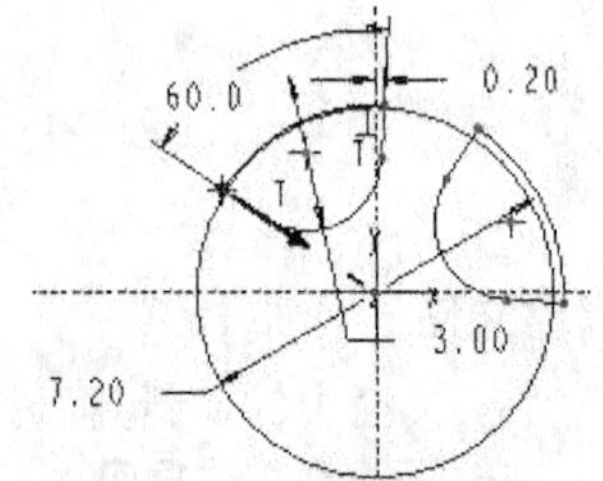

图 6-101 绘制扫描截面草图 2

（5）绘制完成后，单击“草绘器工具”工具栏中的“完成”按钮退出草绘环境。

（6）单击操控板中的“去除材料”按钮，去除多余部分。然后单击操控板中的“选项”按钮，在打开的“选项”下滑面板中勾选“设置周长控制”复选框，使模型以周长形式显示。设置完成后单击操控板中的“完成”按钮，完成混合扫描特征 1 的创建，如图 6-102 所示。

（7）采用同样的方法在圆柱体的另一侧进行相同的扫描混合，生成的混合扫描特征 2 如图 6-103 所示。

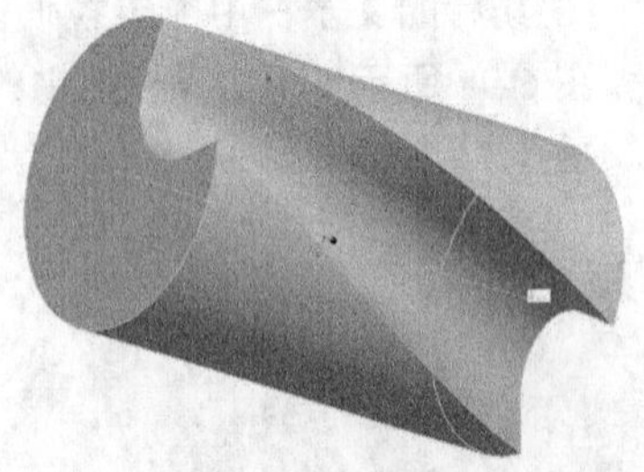

图 6-102 混合扫描特征 1

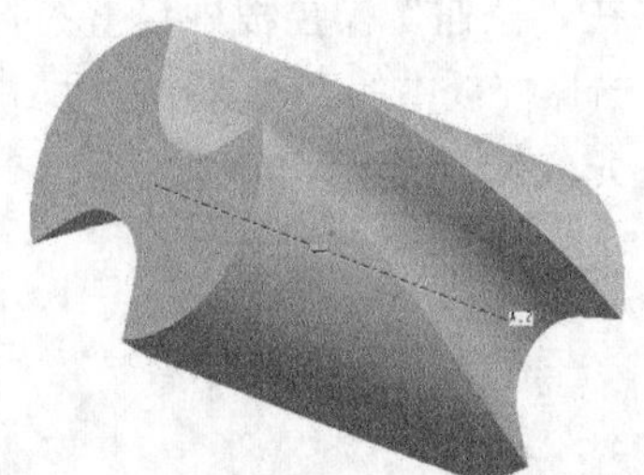

图 6-103 混合扫描特征 2

Step 4 扫描刃口

（1）单击“基准”工具栏中的“草绘”按钮，系统打开“草绘”对话框，选取 TOP 基准平面作为草绘平面，其余选项接受系统默认设置，单击“草绘”按钮，进入草绘环境，绘制图 6-104 所示的直线 2。

（2）在菜单栏中选择“插入”→“扫描混合”命令，在打开的“扫描混合”操控板中单击“参照”按钮，打开“参照”下滑面板，选取刚刚绘制的直线。再单击操控板中的“截面”按钮，打开“截面”下滑面板，选取直线的一个端点，然后单击该下滑面板中的“草绘”按钮，绘制图 6-105 所示的扫描截面草图，绘制完成后，单击“草绘器工具”工具栏中的“完成”按钮✓退出草绘环境。

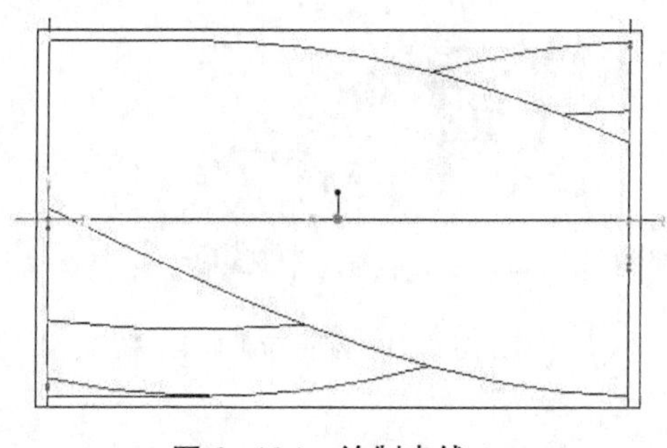

图 6-104　绘制直线 2

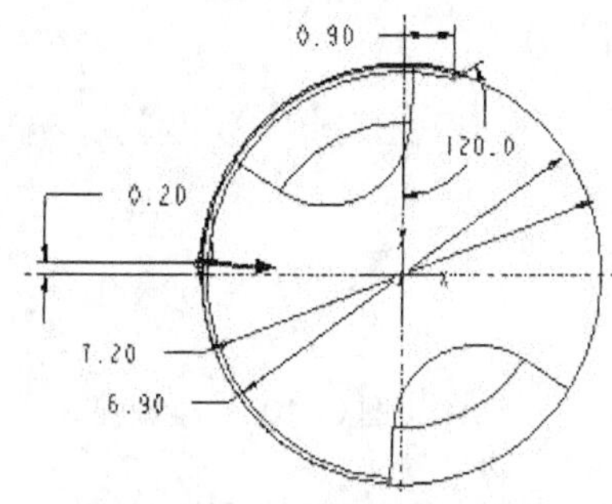

图 6-105　绘制扫描截面草图 3

（3）单击“截面”下滑面板中的“插入”按钮，选取直线的另一个端点，然后单击该下滑面板中的“草绘”按钮，绘制图 6-106 所示的扫描截面草图，单击“草绘器工具”工具栏中的“完成”按钮✓退出草绘环境。

（4）单击操控板中的“去除材料”按钮，去除多余部分。单击操控板中的“选项”按钮，在打开的“选项”下滑面板中勾选“设置周长控制”复选框，使模型以周长形式显示。设置完成后单击操控板中的“完成”按钮✓，完成混合扫描特征 3 的创建，如图 6-107 所示。

（5）采用同样的方法在圆柱体的另一侧进行相同的扫描混合，生成的混合扫描特征 4 如图 6-108 所示。

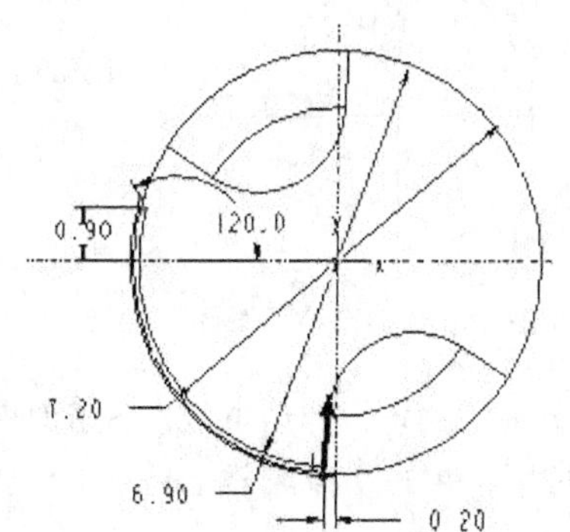

图 6-106　绘制扫描截面草图 4

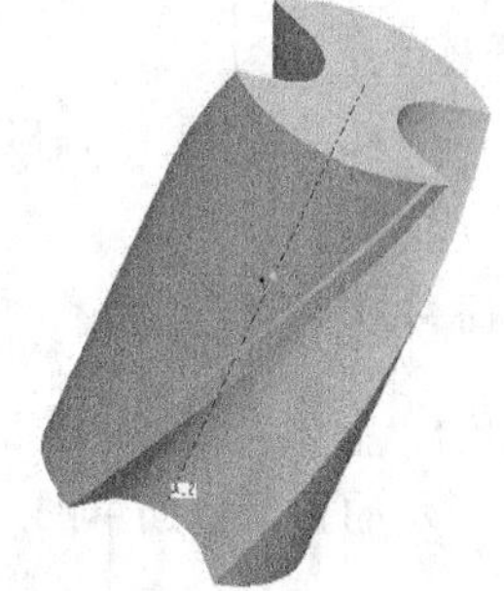

图 6-107　混合扫描特征 3

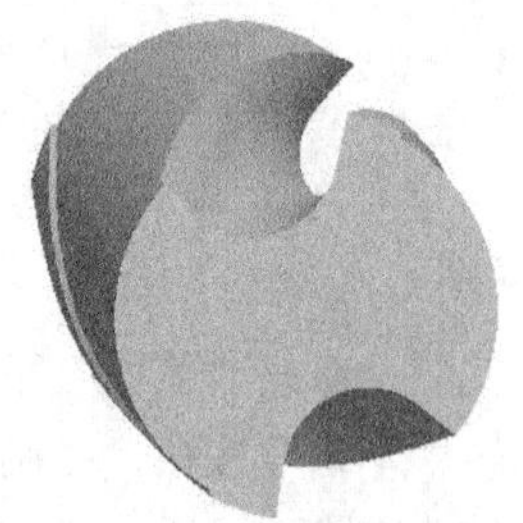

图 6-108　混合扫描特征 4

Step 5　拉伸钻头体

（1）单击“基础特征”工具栏中的“拉伸”按钮，在打开的“拉伸”操控板中依次单击“放置”→“定义”按钮，打开“草绘”对话框，选取 FRONT 基准平面作为草绘平面，其余选项接受系统默认设置，单击“草绘”按钮，进入草绘环境。

（2）单击“草绘器工具”工具栏中的“圆心和点”按钮○，绘制图6-109所示的圆并修改其尺寸值。绘制完成后，单击“草绘器工具”工具栏中的“完成”按钮✓退出草绘环境。

（3）在操控板中设置拉伸方式为⊥（盲孔），在其后的文本框中给定拉伸深度值为“12”。单击操控板中的“预览”按钮☑👓预览拉伸特征2，如图6-110所示。再单击操控板中的“完成”按钮✓，完成拉伸特征2的创建。

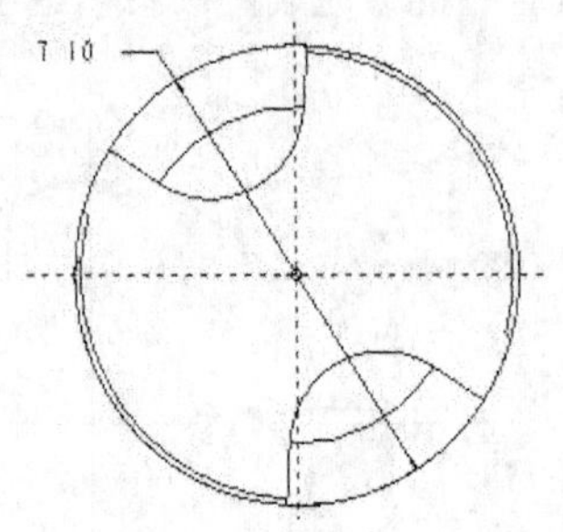

图6-109 绘制圆2

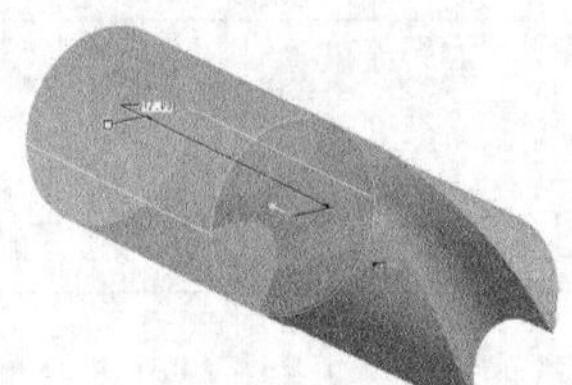

图6-110 预览拉伸特征2

Step 6 扫描第二段出屑槽

（1）单击“基准”工具栏中的“草绘”按钮，系统打开“草绘”对话框，选取TOP基准平面作为草绘平面，其余选项接受系统默认设置，单击“草绘”按钮，进入草绘环境。绘制图6-111所示的直线3。

（2）在菜单栏中选择“插入”→“扫描混合”命令，系统打开“扫描混合”操控板。单击操控板中的“参照”按钮，选取刚刚绘制的直线。再单击操控板中的“截面”按钮，打开“截面”下滑面板，选取直线的一个端点，然后单击该下滑面板中的“草绘”按钮，绘制图6-112所示的扫描截面草图。绘制完成后，单击“草绘器工具”工具栏中的“完成”按钮✓退出草绘环境。

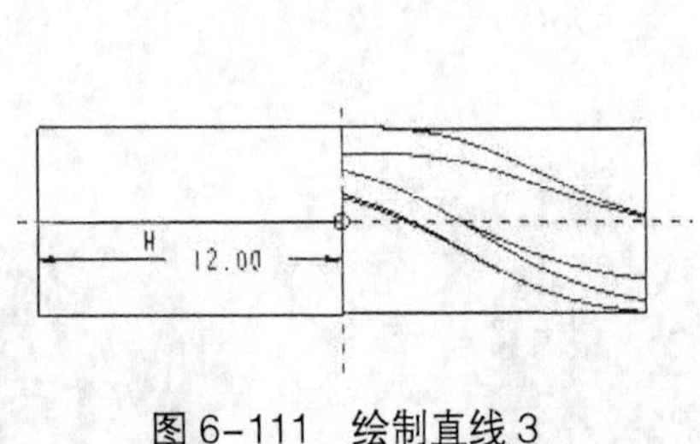

图6-111 绘制直线3

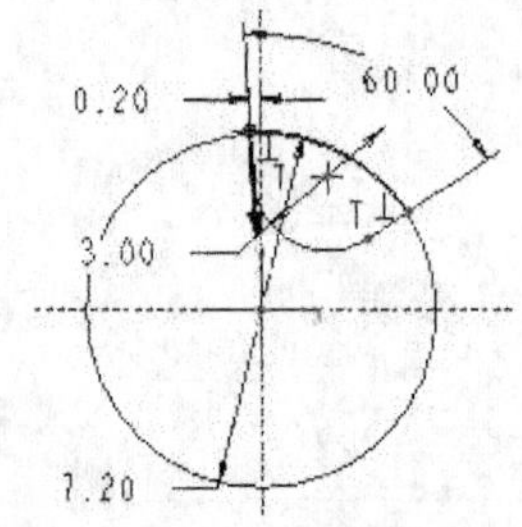

图6-112 绘制扫描截面草图5

（3）单击“截面”下滑面板中的“插入”按钮，选取直线的另一个端点，然后单击该下滑面板中的“草绘”按钮，绘制图6-113所示的扫描截面草图，绘制完成后，单击“草绘器工具”工具栏中的“完成”按钮✓退出草绘环境。

（4）单击操控板中的“去除材料”按钮，去除多余部分。再单击操控板中的“选项”按钮，在打开的“选项”下滑面板中勾选“设置周长控制”复选框，使模型以周长形式显示。然后单击操控板中的“完成”按钮✓，完成混合扫描特征5的创建，如图6-114所示。

（5）采用同样的方法在圆柱体的另一侧进行相同的扫描混合，生成的混合扫描特征6如图6-115所示。

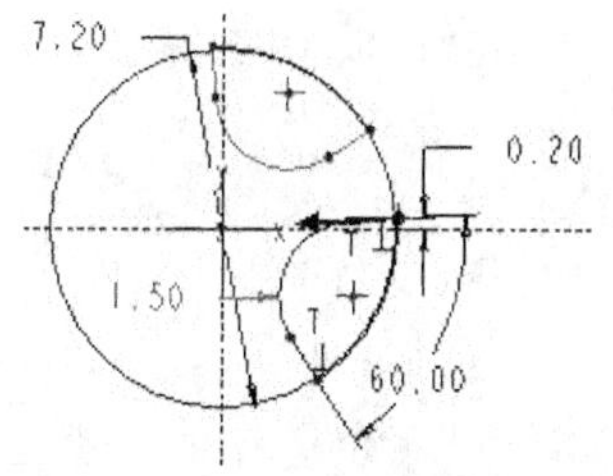

图 6-113　绘制扫描截面草图 6

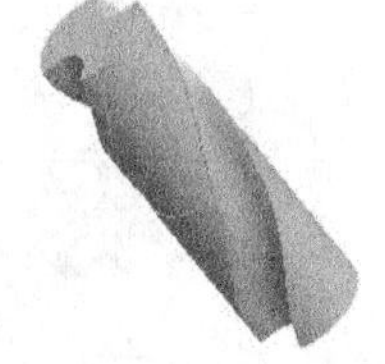

图 6-114　混合扫描特征 5

图 6-115　混合扫描特征 6

Step 7 扫描第二段刃口

采用与绘制“扫描第二段出屑槽”相同的方法，选取 TOP 基准平面作为草绘平面，绘制图 6-116 ～图 6-118 所示的草图。最终生成的混合扫描特征 7 如图 6-119 所示。

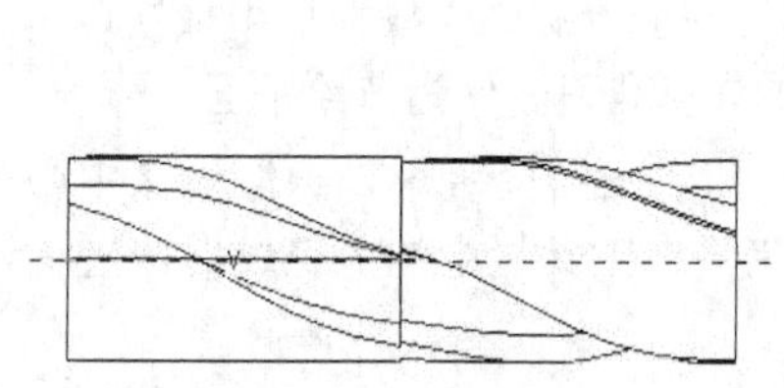

图 6-116　绘制直线 4

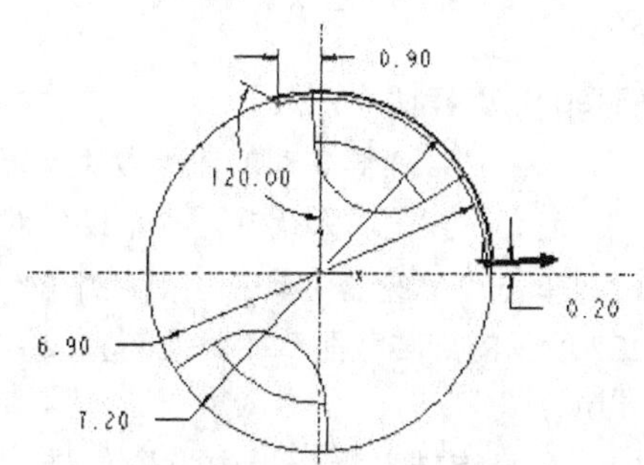

图 6-117　绘制扫描截面草图 7

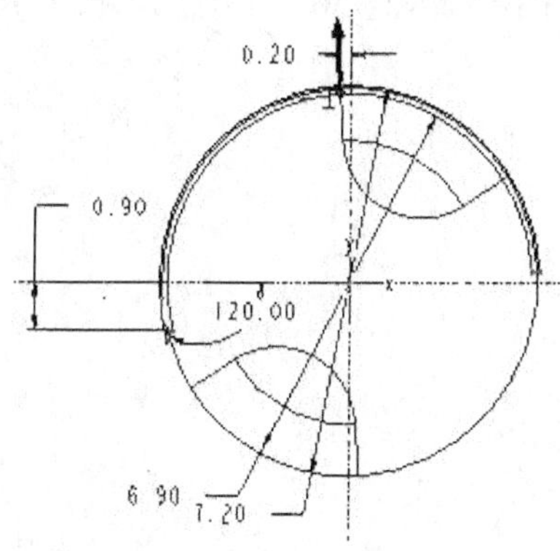

图 6-118　绘制扫描截面草图 8

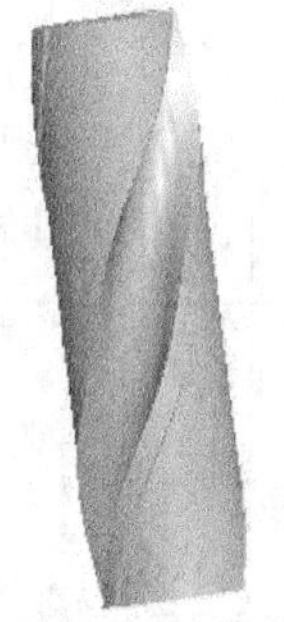

图 6-119　混合扫描特征 7

Step 8 拉伸钻杆

（1）单击“基础特征”工具栏中的“拉伸”按钮，在打开的“拉伸”操控板中依次单击“放置”→“定义”按钮，打开“草绘”对话框，选取图 6-120 所示的面作为草绘平面，其余选项接受系统默认设置，单击“草绘”按钮，进入草绘环境。

（2）单击“草绘器工具”工具栏中的“圆心和点”按钮，绘制直径为 7.1 的圆。绘制完成后，单击“草绘器工具”工具栏中的“完成”按钮退出草绘环境。

（3）在操控板中设置拉伸方式为（盲孔），在其后的文本框中给定拉伸深度值为“40”。单击操控板中的“预览”按钮☑👓预览拉伸特征 3，如图 6-121 所示。单击操控板中的“完成”按钮✔，完成拉伸特征 3 的创建。

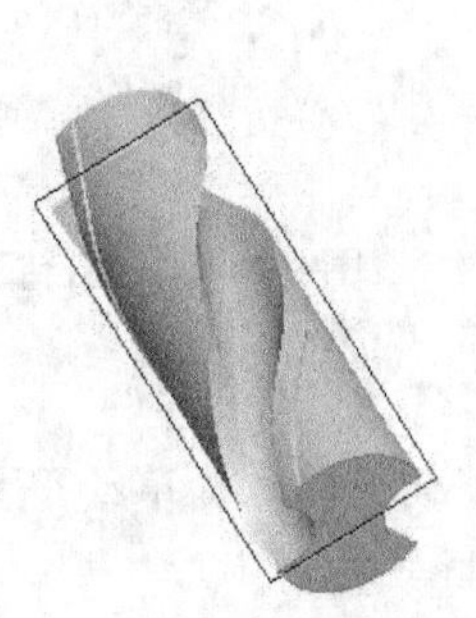

图 6-120　选取草绘平面

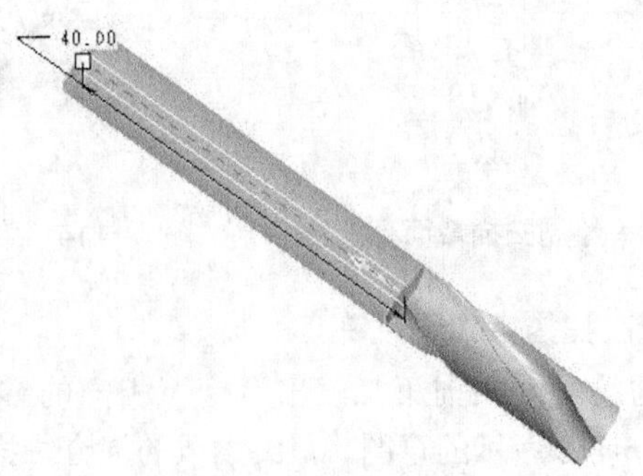

图 6-121　预览拉伸特征 3

Step 9　旋转切除钻头

（1）单击“基础特征”工具栏中的“旋转”按钮，在打开的“旋转”操控板中依次单击“放置”→“定义”按钮，系统打开“草绘”对话框，选取 RIGHT 基准平面作为草绘平面。

（2）单击“草绘器工具”工具栏中的“中心线”按钮和“线”按钮，绘制一条中心线和图 6-122 所示的旋转截面草图。绘制完成后，单击“草绘器工具”工具栏中的“完成”按钮✔退出草绘环境。

（3）在“旋转”操控板中设置旋转方式为（指定），在其后的文本框中给定旋转角度为“360”。

（4）单击“旋转”操控板中的“切减材料”按钮，去除多余部分。再单击操控板中的“预览”按钮☑👓预览旋转特征 1，如图 6-123 所示。然后单击操控板中的“完成”按钮✔，完成旋转特征 1 的创建。

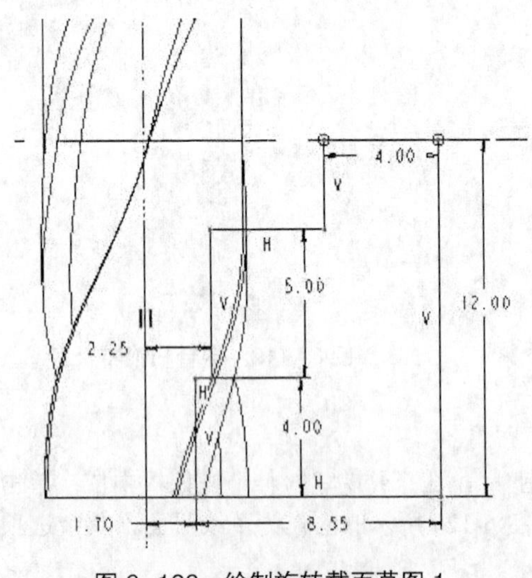

图 6-122　绘制旋转截面草图 1

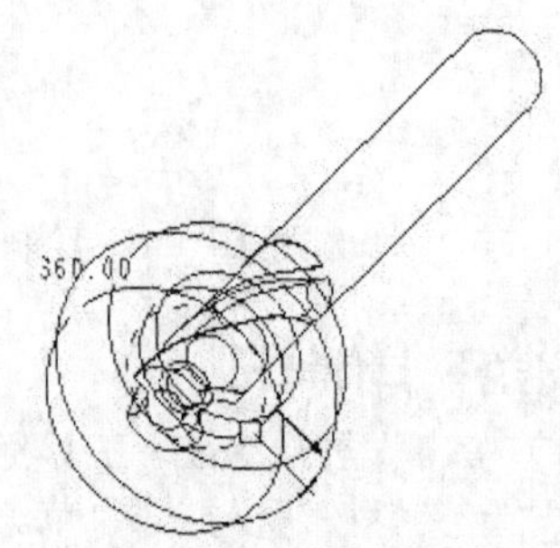

图 6-123　预览旋转特征 1

Step 10　创建钻头的拔模面

（1）单击“工程特征”工具栏中的“拔模”按钮，打开“拔模”操控板。

（2）单击操控板中的“参照”按钮，激活“拔模曲面”列表框，选取图 6-124（a）所示的拔模曲面；激活“拔模枢轴”列表框，选取图 6-124（b）所示的拔模曲面；激活“拖动方向”列表框，选取图 6-124（c）所示的拔模曲面。在操控板中给定拔模角度为“6”。

（3）单击“反向”按钮，调整拔模方向。然后单击操控板中的“完成”按钮，完成拔模特征的创建，如图 6-125 所示。

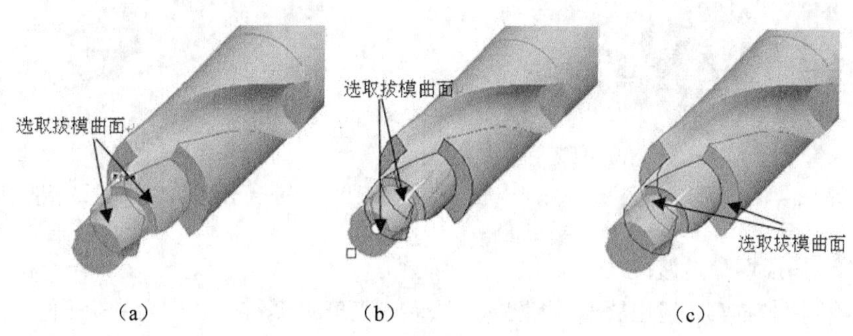

图 6-124　选取拔模曲面

Step 11　旋转切除钻尖

（1）单击“基础特征”工具栏中的“旋转”按钮，在打开的“旋转”操控板中依次单击“放置”→“定义”按钮，系统打开“草绘”对话框，选取 TOP 基准平面作为草绘平面。

（2）单击“草绘器工具”工具栏中的“中心线”按钮和“线”按钮，绘制一条中心线和图 6-126 所示的旋转截面草图。绘制完成后，单击“草绘器工具”工具栏中的“完成”按钮退出草绘环境。

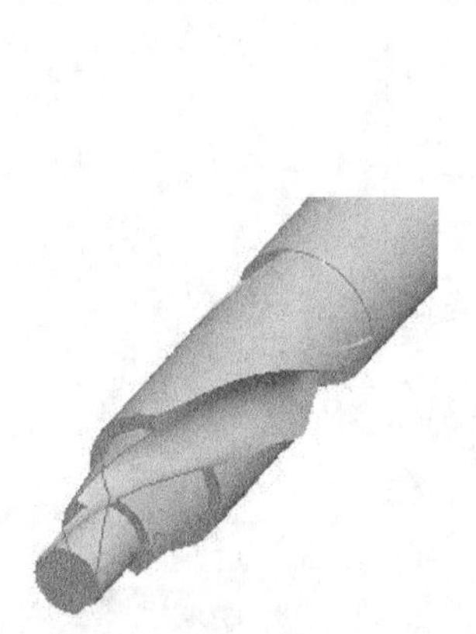

图 6-125　拔模特征

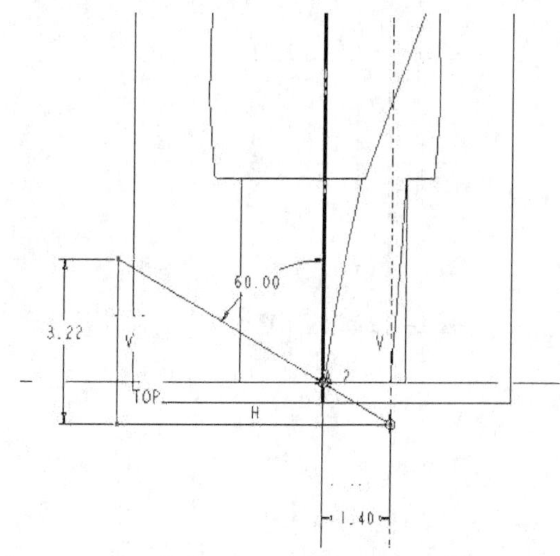

图 6-126　绘制旋转截面草图 2

（3）在“旋转”操控板中设置旋转方式为（指定），并在其后的文本框中给定旋转角度为“360”。

（4）单击“旋转”操控板中的“切减材料”按钮，去除多余部分。再单击操控板中的“预览”按钮预览特征，然后单击操控板中的“完成”按钮，完成旋转特征 2 的创建。

（5）采用同样的方法在零件的另外一侧创建相同的特征，如图 6-127 所示。

Step 12 创建倒圆角特征

单击“工程特征”工具栏中的“倒圆角”按钮，系统打开“倒圆角”操控板。选取图 6-128 所示的倒圆角边。给定圆角半径为“0.55”，单击操控板中的“完成”按钮，完成倒圆角特征的创建。

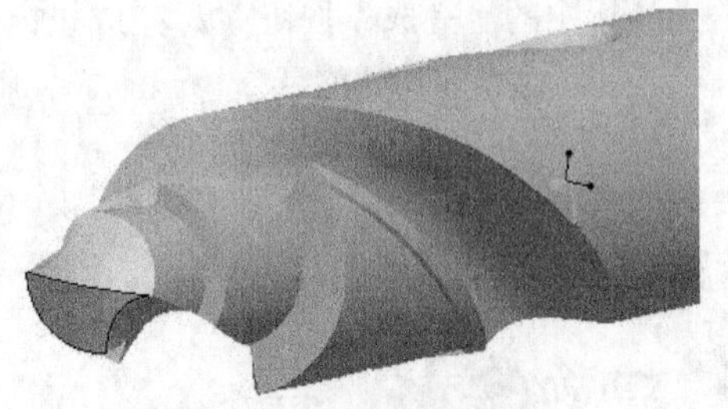

图 6-127 旋转特征

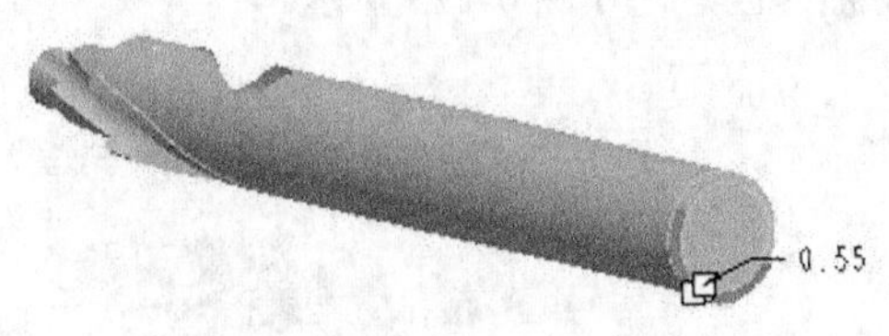

图 6-128 选取倒圆角边

Step 13 扫描切除过渡段

采用与绘制“扫描第二段出屑槽”相同的方法，选取 TOP 基准平面作为草绘平面，绘制图 6-129 ～图 6-131 所示的草图。最终生成的钻头部分如图 6-132 所示。

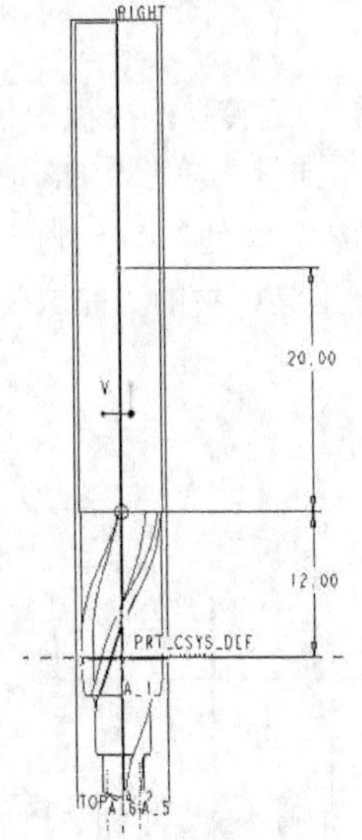

图 6-129 绘制直线 5

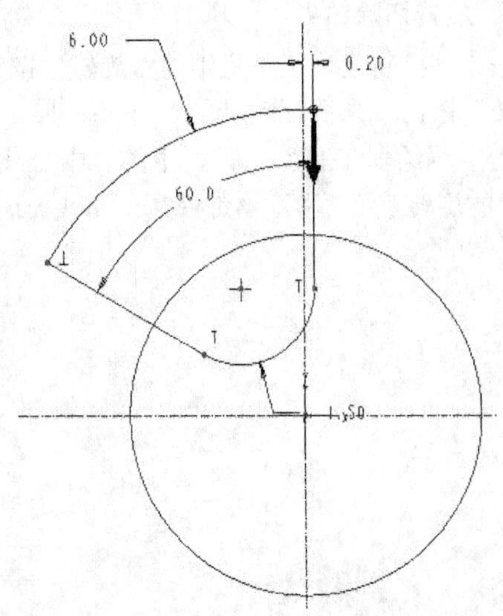

图 6-130 绘制扫描截面草图 9

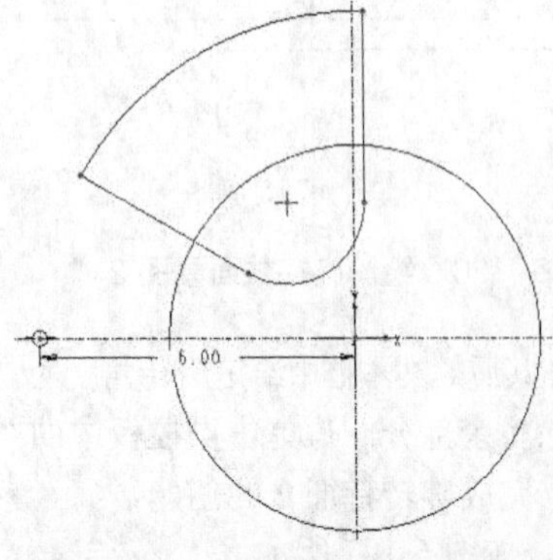

图 6-131 绘制扫描截面草图 10

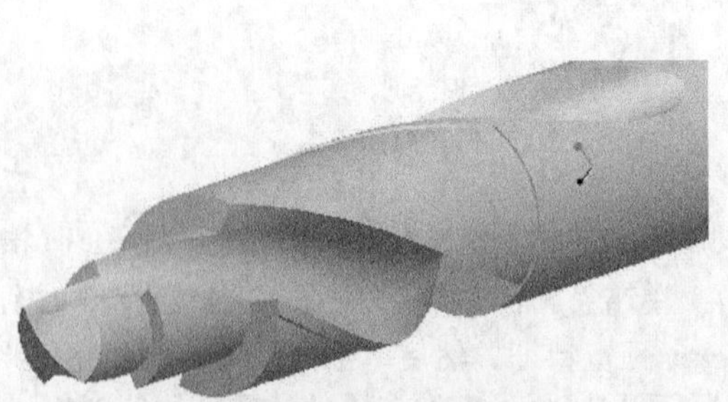

图 6-132 生成的钻头部分

7 Chapter

第 7 章 实体特征编辑

在前面的章节中我们学习了特征的创建方法，通过这些方法可以创建一些简单的零件。但直接创建的特征往往不能完全符合我们的设计意图，这时就需要通过特征编辑命令对创建的特征进行编辑，使之符合用户的要求。本章将讲解实体特征的编辑方法，希望读者通过本章的学习，能够熟练地掌握各种编辑命令及其使用方法。

学习要点

- 特征操作和删除
- 特征隐含和隐藏
- 特征阵列
- 模型缩放

7.1 特征操作

在“特征”菜单中有一组命令是专门针对特征进行操作的，可选择菜单栏中的“编辑”→“特征操作”命令，来激活“特征”菜单，如图7-1所示。

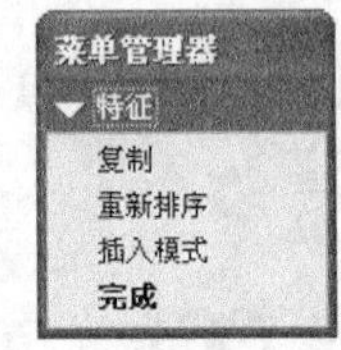

图7-1 “特征”菜单

7.1.1 复制特征

在“特征”菜单中特征的复制操作可通过“镜像”和“移动”的方式来实现，下面将通过实例具体地讲解这两种复制方式。

1. 镜像复制特征

（1）打开光盘中的“\源文件\第7章\tezhengjingxiang.prt”文件，其镜像复制原始模型如图7-2所示。

（2）在菜单栏中选择“编辑”→“特征操作”命令，在打开的“特征”菜单中选择“复制”命令，打开图7-3所示的“复制特征”菜单。

（3）在“复制特征”菜单中选择“镜像”→“选取”→“独立”命令。

（4）选择“完成”命令，打开“选取特征”菜单和“选取”对话框，在“模型树”选项卡中选择“旋转1”选项，选取平板上的旋转特征，如图7-4所示。

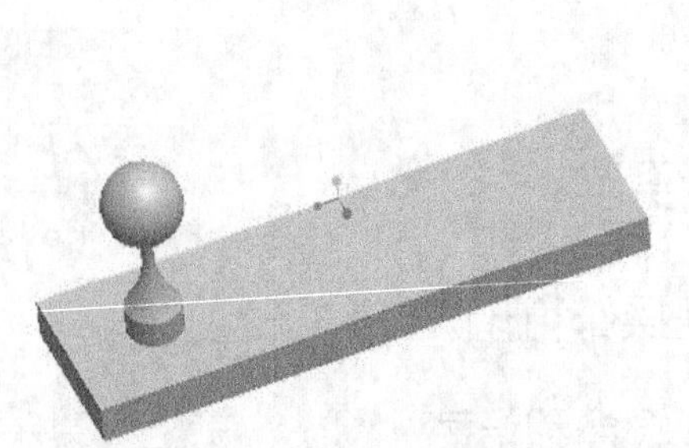

图7-2 镜像复制原始模型

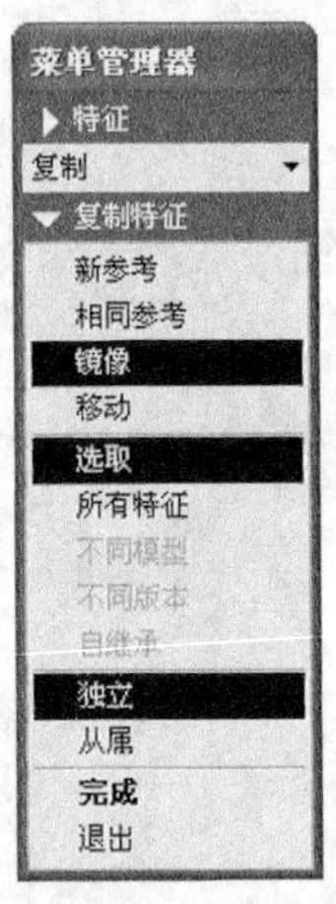

图7-3 “复制特征”菜单

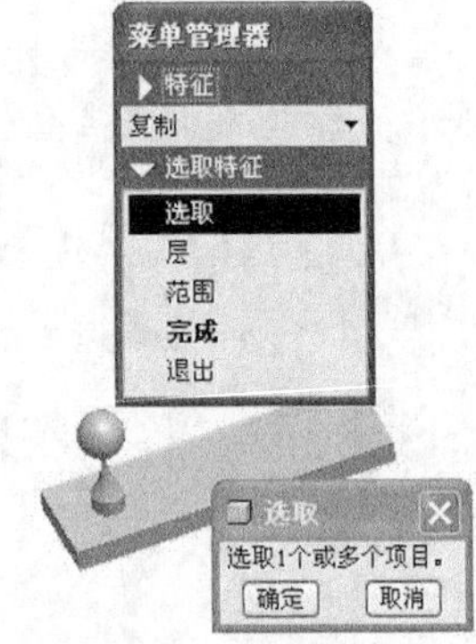

图7-4 选取特征

（5）选取完成后，单击“选取”对话框中的“确定”按钮，再单击“选取特征”菜单中的“完成”命令。

（6）在打开的图7-5所示的“设置平面”菜单中选择“平面”命令，然后在“模型树”选项卡中选择“RIGHT平面”选项，系统打开“特征”菜单，选择“完成”命令，特征镜像结果如图7-6所示。

（7）保存文件到指定的位置并关闭当前对话框。

2. 特征移动

特征的移动是指特征从一个位置复制到另外一个位置，特征移动可使特征在平面内平行移动，也可使特征绕某一轴做旋转运动。特征移动的具体操作步骤如下。

（1）打开光盘中的“\源文件\第7章\tezhengyidong.prt”文件，其移动复制原始模型如图7-7所示。

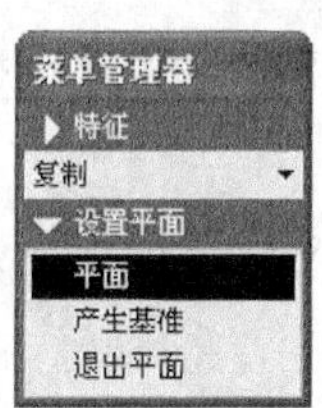

图 7-5　“设置平面”菜单

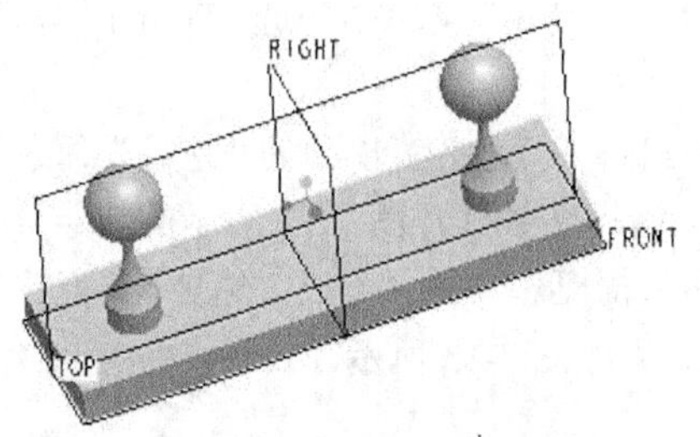

图 7-6　特征镜像结果

（2）在菜单栏中选择“编辑”→“特征操作”命令，在打开的“特征”菜单中选择“复制”命令，打开图 7-3 所示的“复制特征”菜单。

（3）在“复制特征”菜单中依次选择“移动”→“完成”命令，打开“选取特征”菜单和“选取”对话框，如图 7-8 所示，选取平板上的小圆柱。

图 7-7　移动复制原始模型

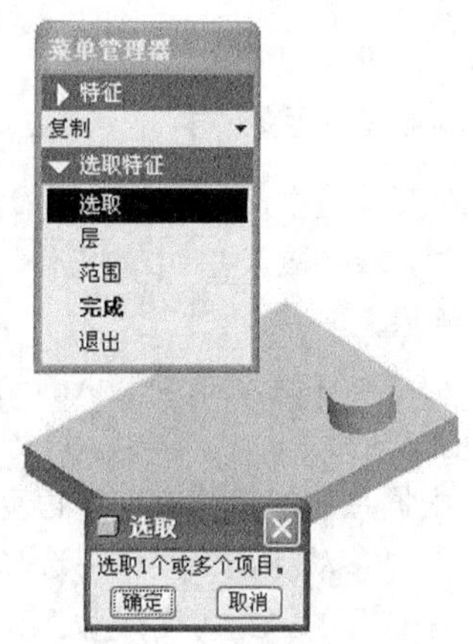

图 7-8　选取移动特征

（4）单击“复制”菜单中的“完成”命令，打开图 7-9 所示的“移动特征”菜单。

（5）在打开的菜单中依次选择“平移”→“平面”命令，在模型中选取 TOP 基准平面，然后在菜单中选择“反向”命令，将平移方向设置为背离屏幕的方向。

（6）根据系统提示给定偏移距离为“80”，按 <Enter> 键，返回到“移动特征”菜单。

（7）在菜单中选择“完成移动”命令，打开图 7-10 所示的“组可变尺寸”菜单。

图 7-9　“移动特征”菜单

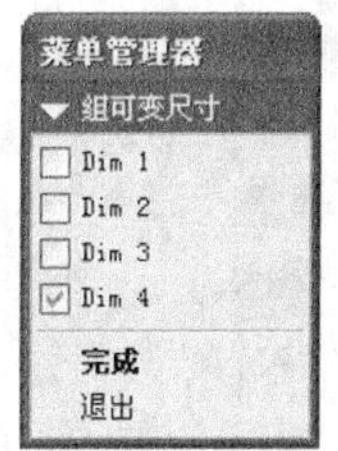

图 7-10　“组可变尺寸”菜单

（8）在“组可变尺寸”菜单中勾选“Dim 4”复选框，此时模型中将显示被移动特征的可变尺寸，如图 7-11 所示。

（9）选择“组可变尺寸”菜单中的“完成”命令，根据系统提示给定 Dim 4 的新尺寸值为“100”，然后按 <Enter> 键，系统打开图 7-12 所示的“组元素”对话框。

（10）单击该对话框中的“确定”按钮，然后在“特征”菜单中选择“完成”命令，完成特征的平移操作，结果如图 7-13 所示。

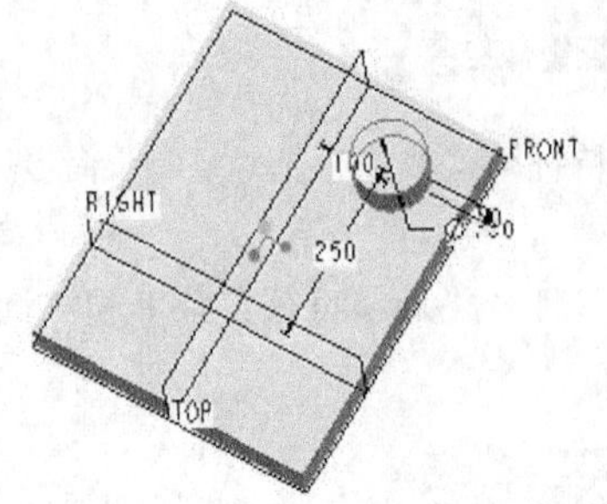

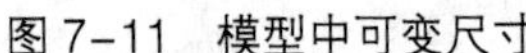

图 7-11　模型中可变尺寸

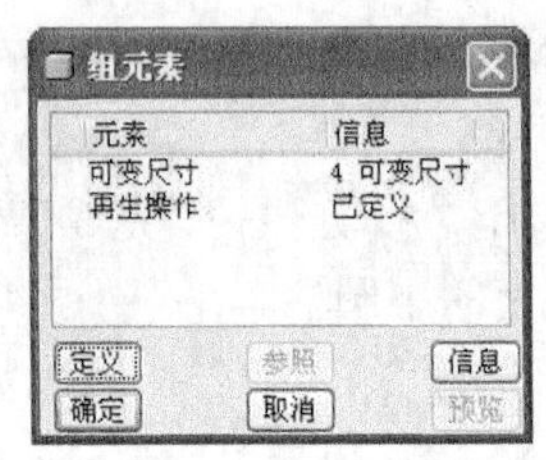

图 7-12　“组元素”对话框

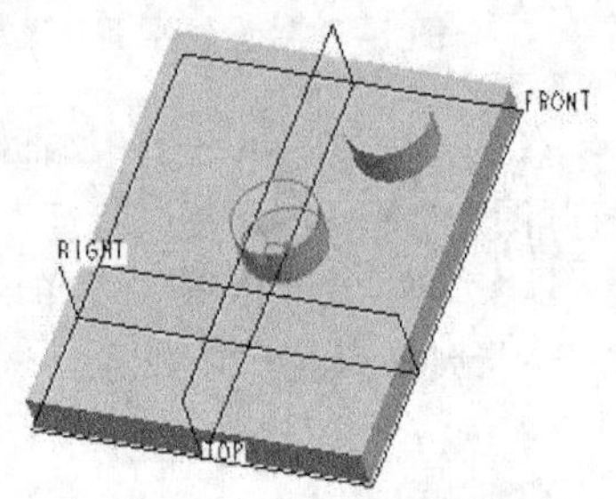

图 7-13　平移特征

（11）在菜单栏中选择“编辑”→“特征操作”命令，在打开的“特征”菜单中选择“复制”命令。重复步骤（2）～步骤（4）中的操作，在“移动特征”菜单中依次选择“旋转”→“坐标系”命令，如图 7-14 所示。

（12）在模型中选取系统默认的坐标系“PRT_CSYS_DEF”，然后在打开的菜单中依次选择“Z 轴”→“正向”命令。

（13）根据系统提示给定旋转角度为“60”，按 <Enter> 键确定。

（14）在“移动特征”菜单中选择“完成移动”命令。

（15）在打开的“组可变尺寸”菜单中勾选“Dim 2”和“Dim 4”复选框，改变模型到 RIGHT 基准平面的距离及模型宽度。

（16）根据系统提示分别给定 Dim 2 和 Dim 4 的值为“40”和“60”。

（17）单击“组元素”对话框中的“确定”按钮，然后在“特征”菜单中选择“完成”命令，完成特征的旋转操作，结果如图 7-15 所示。

（18）保存文件到指定的位置并关闭当前对话框。

图 7-14　特征选项设置

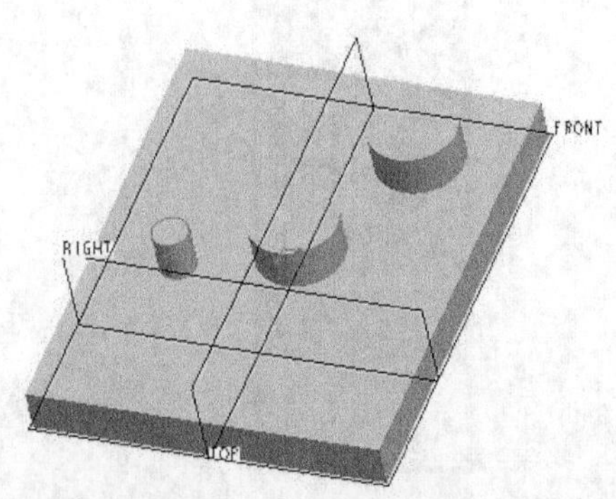

图 7-15　特征旋转

7.1.2 重新排序

特征的顺序是指特征出现在“模型树”选项卡中的序列。在排序的过程中不能将子项特征排在父项特征的前面；同时，对现有特征重新排序可更改模型的外观。重新排序的具体操作步骤如下。

（1）打开光盘中的“\ 源文件 \ 第 7 章 \chongxinpaixu.prt”文件，其原始模型如图 7-16 所示。

（2）在“模型树”选项卡中选择“设置”选项，在打开的菜单中选择“树列”命令，打开图 7-17 所示的“模型树列”对话框。

（3）在“模型树列”对话框“类型”下面的列表框中选择“特征 #”选项，单击“添加”按钮 >>，将其添加到“显示”列表框中。

（4）单击“模型树列”对话框中的“确定”按钮，则在“模型树”选项卡中显示特征的“特征 #”属性，如图 7-18 所示。

（5）在菜单栏中选择“编辑”→“特征操作”命令，在打开的“特征”菜单中选择“重新排序”命令，打开图 7-19 所示的“选取特征”菜单。

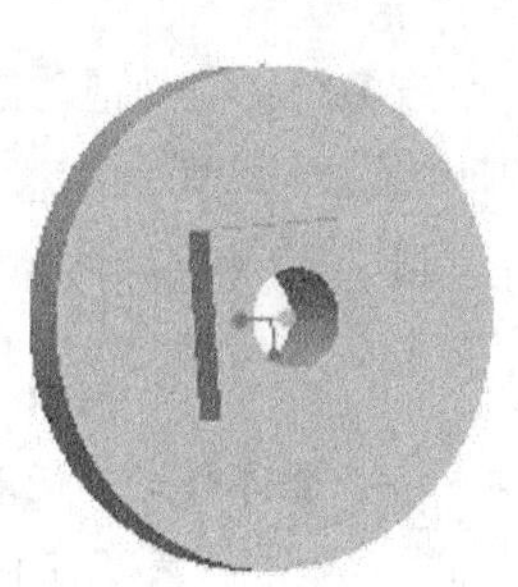

图 7-16 原始模型

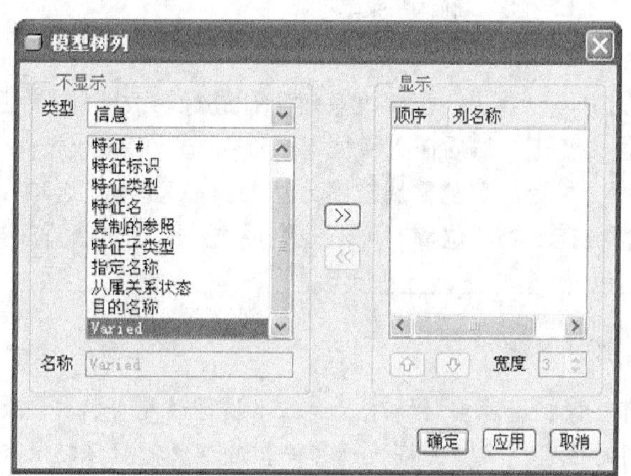

图 7-17 “模型树列”对话框

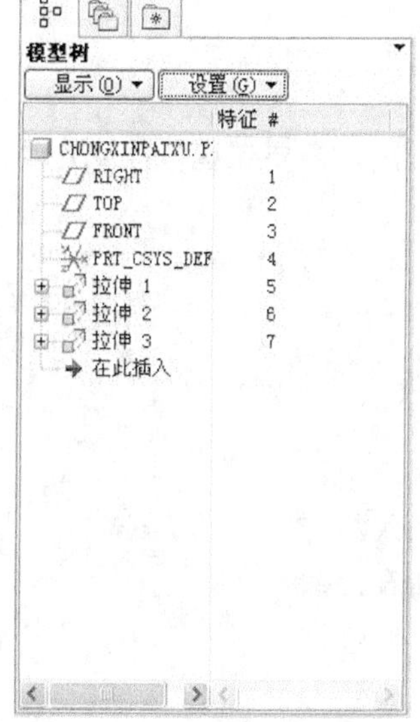

图 7-18 “模型树”选项卡

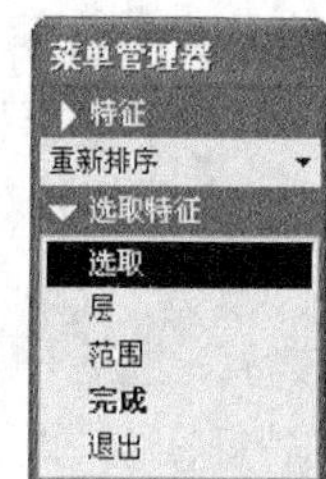

图 7-19 “选取特征”菜单

（6）在“模型树”选项卡中选择“拉伸 3”选项，然后单击“选取”对话框中的“确定”按钮完成选取，再次单击“选取特征”菜单中“完成”按钮，系统打开图 7-20 所示的“确认”菜单。

（7）根据系统提示，在“确认”菜单中选择“确认”命令，此时“拉伸 3”特征重新排序到“拉伸 2”特征的上面，结果如图 7-21 所示。

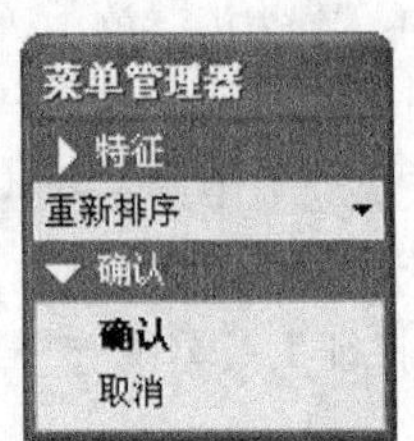

图 7-20 “确认”菜单

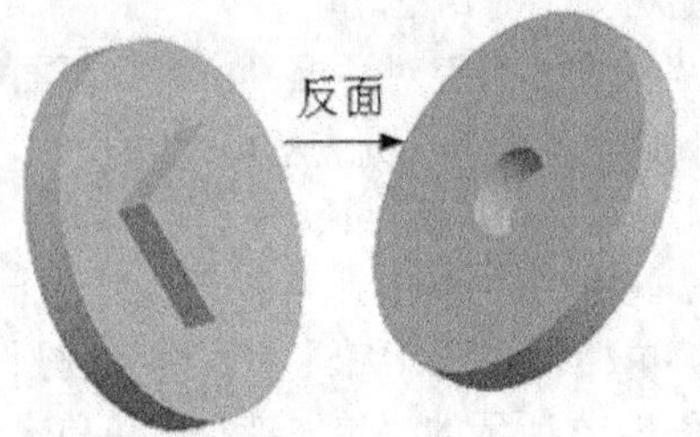

图 7-21 重新排序后的图形

从图中可以看出，虽然没有对特征进行修改或添加 / 删除，但由于重新排序，整个图形的效果发生了很大变化。然后在“特征”菜单中选择“完成”命令，重新排序完成。

还有一种更简单的重新排序方法：在“模型树”选项卡中选取一个或多个特征，拖动鼠标光标，将所选特征拖动到新位置即可。但这种方法没有重新排序提示，有时可能会引起错误。

技巧荟萃

有些特征不能重新排序，如三维注释的隐含特征。如果试图将一个子零件移动到比其父零件更高的位置，父零件将随子零件相应移动，且保持父 / 子关系。此外，如果将父零件移动到另一位置，子零件也将随父零件相应移动，以保持父 / 子关系。

7.1.3 插入特征模式

在进行零件设计的过程中，有时创建一个特征后，需要在该特征或几个特征之前先创建其他特征，这时就需要启用插入特征模式。

插入特征模式的方式如下。

（1）在菜单栏中选择“编辑”→“特征操作”命令，在打开的“特征”菜单中选择“插入模式”命令，打开“插入模式”菜单。

（2）在“插入模式”菜单中选择“激活”命令，则打开“选取”对话框，同时系统提示“选取在其后插入的特征”，然后在“模型树”选项卡中选取一个特征，则在此插入定位符就会移动到该特征之后，如图 7-22 所示。同时位于此插入定位符之后的特征在绘图区中暂时不显示。

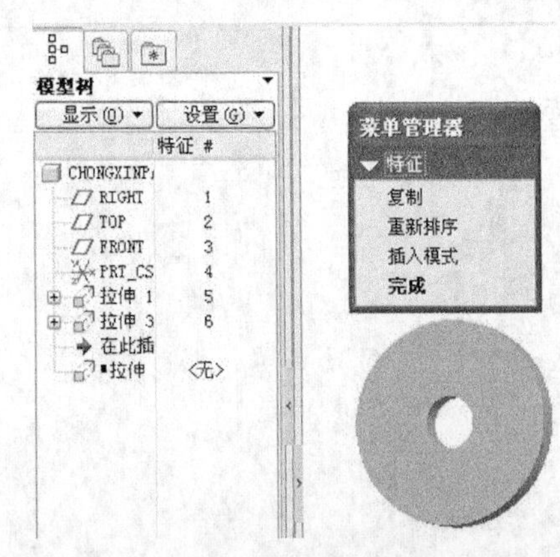

图 7-22 图形显示

（3）单击“特征”菜单中的“完成”按钮即可完成操

作，然后在此插入定位符的当前位置进行新特征的创建。创建完成后可右击，在此插入定位符并选择打开的“取消”命令，则在此插入定位符返回到缺省位置。

（4）还可在此单击插入定位符，拖动鼠标，插入定位符随指针移动，到合适位置释放鼠标。并且保持当前视图的模型方向，模型不会复位到新位置。

7.1.4 实例——方向盘

本例介绍方向盘的建模过程，模型如图 7-23 所示。首先绘制轮毂的截面曲线，为创建轮毂特征，旋转曲线。方向盘的把手通过旋转创建。轮辐的创建需要先创建其轴线，然后由扫描得到，接着创建倒圆角特征，将轮辐相关的特征组建成组，复制轮辐组得到最终的模型。

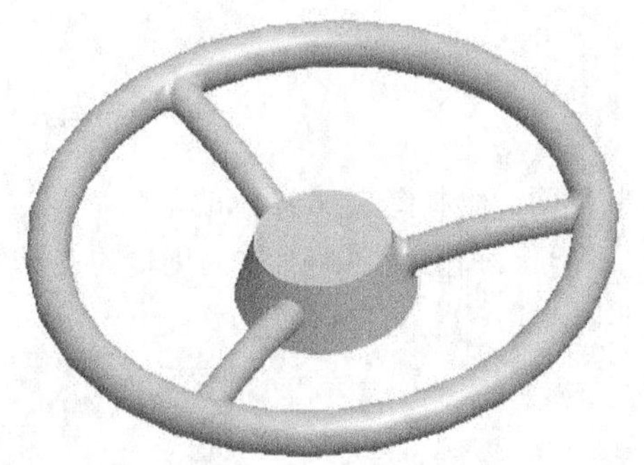

图7-23 方向盘

扫码看视频

Step 1 新建文件

单击“文件”工具栏中的“新建”按钮或选择菜单栏中的“文件”→“新建”命令，弹出“新建”对话框。在“类型”选项组中点选“零件”单选钮，在“名称”文本框输入“fangxiangpan.prt”，取消勾选“使用缺省模板”复选框，单击“确定”按钮，弹出“新文件选项”对话框，选择“mmns_part_solid”选项，单击“确定”按钮，创建新的零件文件。

Step 2 创建轮毂特征

（1）单击“基础特征”工具栏上的“旋转”按钮或选择菜单栏中的“插入”→“旋转”命令，打开旋转操控板。

（2）选择基准平面 RIGHT 作为草绘平面。绘制图 7-24 所示的草图。单击✔按钮，退出草绘环境。

（3）在操控板上设置旋转方式为（变量）。输入“360”作为旋转的变量角，如图 7-25 所示。单击按钮完成特征创建。

Step 3 创建方向盘的把手

（1）单击“基础特征”工具栏上的“旋转”按钮或选择菜单栏中的“插入”→“旋转”命令，打开“旋转”操控板。

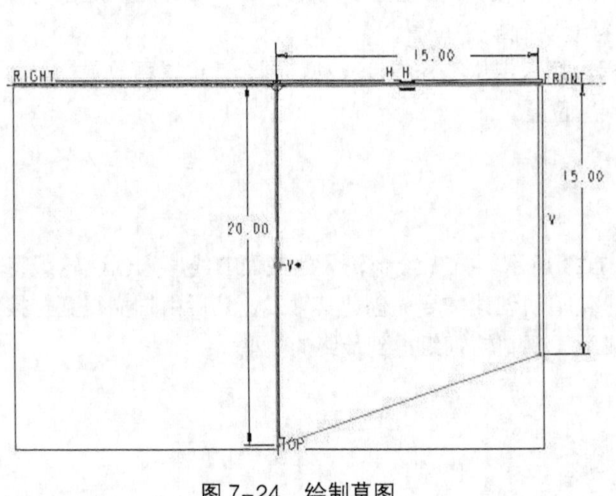

图 7-24　绘制草图

图 7-25　预览特征

（2）选择“使用先前的”作为草图绘制平面，绘制图 7-26 所示的草图。

（3）在操控板上设置旋转方式为（变量）。输入“360”作为旋转的变量角。单击按钮，完成特征创建，如图 7-27 所示。

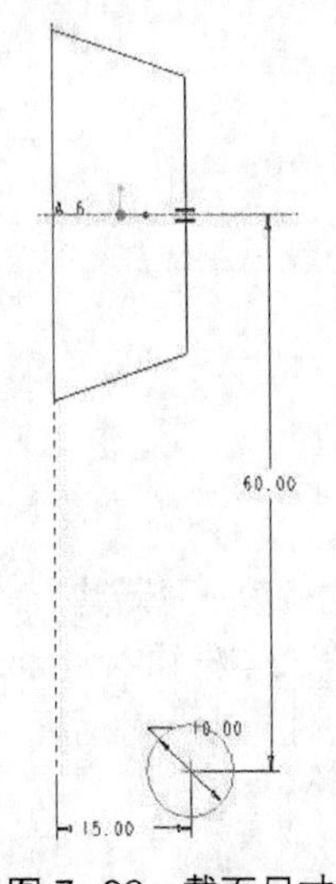

图 7-26　截面尺寸

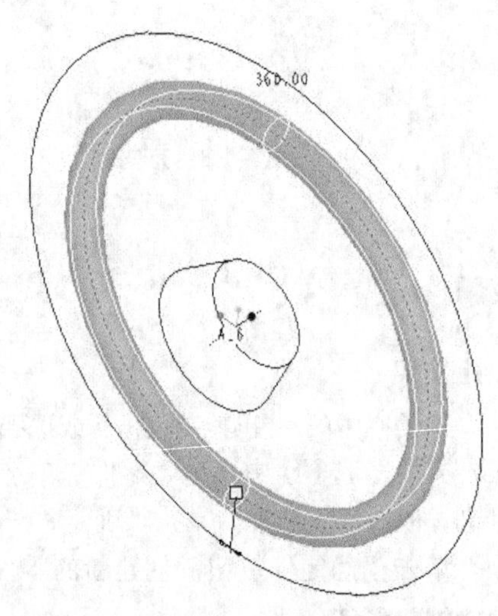

图 7-27　预览特征

Step 4 创建轮辐曲线

（1）单击“基准”工具栏中的“草绘”按钮，在基准平面 RIGHT 上草绘。草绘环境如图 7-28 所示。

（2）在草绘环境中，使用“参照”对话框指定图 7-28 所示的参照，即圆和梯形斜边。

注意

如果不小心关闭了“参照”对话框或意识到在草绘过程中后面步骤中需要它，可以选择菜单栏上的“草绘”→“参照”命令打开它。

（3）单击“草绘器工具”工具栏上的“点”按钮，创建图 7-29 所示的 3 个点。

（4）单击“草绘器工具”工具栏中的“样条曲线”按钮，创建图 7-30 所示的样条曲线图元。单击按钮，退出草绘环境。

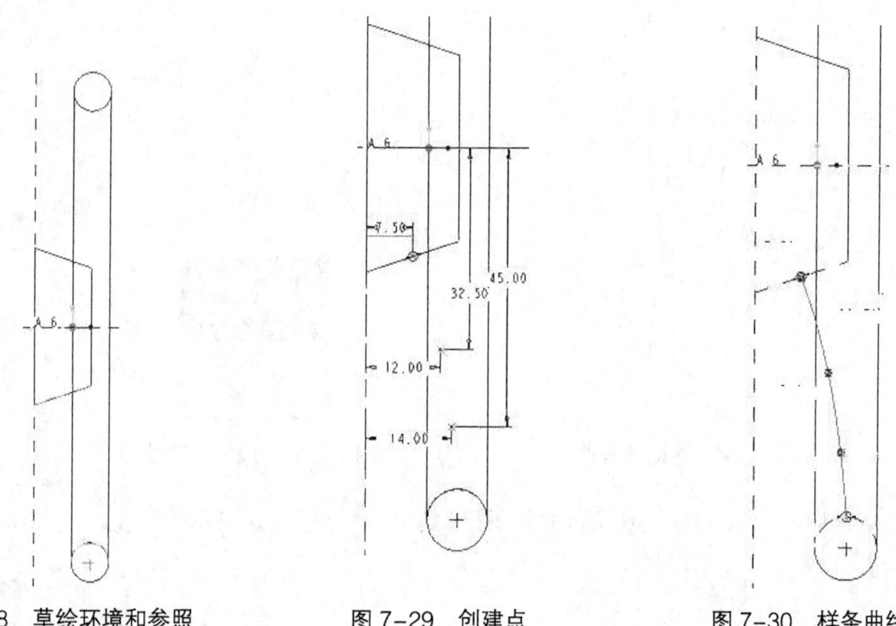

图 7–28　草绘环境和参照　　　图 7–29　创建点　　　图 7–30　样条曲线

Step 5　创建扫描辐条

（1）选择菜单栏中的“插入”→“扫描”→“伸出项”命令，显示图 7-31 所示对话框。在“扫描轨迹”菜单中选择“选取轨迹”命令，如图 7-32 所示。

（2）选择 Step 4 中的（4）创建的样条曲线。在“选取”菜单中选择“完成”命令，如图 7-33 所示。

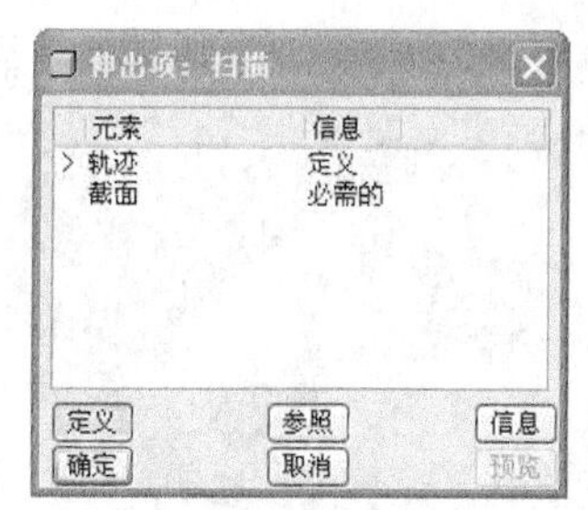

图 7–31　“伸出项：扫描”对话框

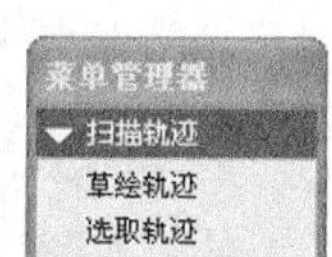

图 7–32　“扫描轨迹”菜单

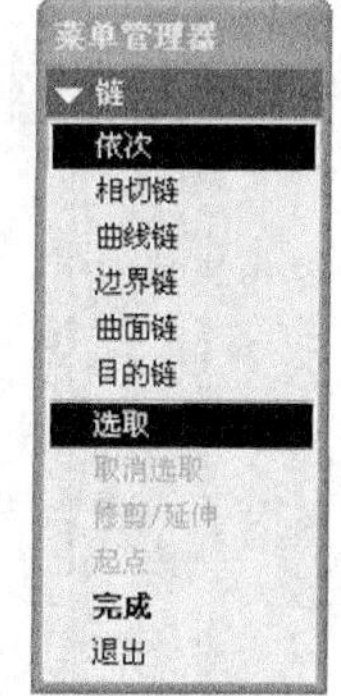

图 7–33　“选取”菜单

注意

在选择“完成”命令后 Pro / ENGINEER 将显示箭头以表示扫描起始点。起始点定义扫描截面草绘的位置。“链”菜单上的“起始点”选项用于更改该位置，如图 7-34 所示。

（3）在“链”菜单上选择“完成”命令。在“属性”菜单中选择“合并端”→“完成”命令，如图 7-35 所示。

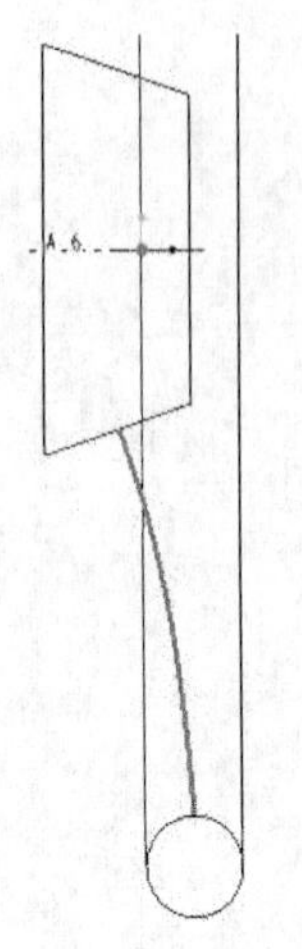

图 7-34 选取基准曲线

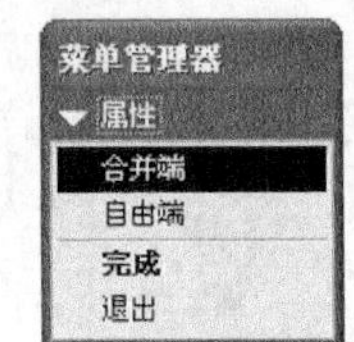

图 7-35 “属性”菜单

（4）在草绘环境中创建图 7-36 所示的圆图元。单击✔按钮，退出草绘环境。

注意

图 7-36 定义了带有与特征一致的起始点的轮毂截面。另一个选择是令起始点与轮特征一致。两个位置都可以用于该特征。

（5）在“特征定义”对话框中单击“确定”按钮，如图 7-37 所示。

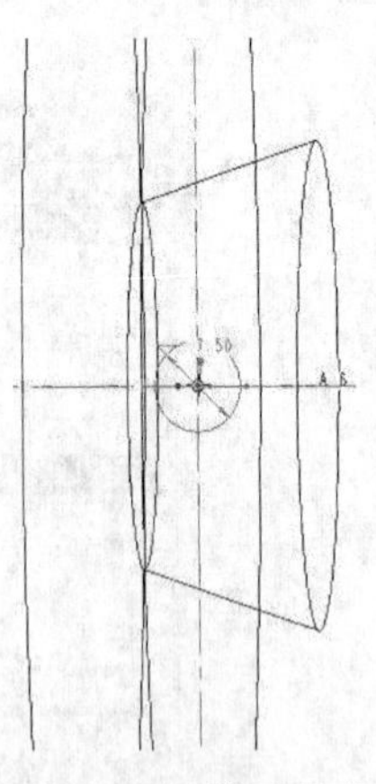

图 7-36 截面尺寸

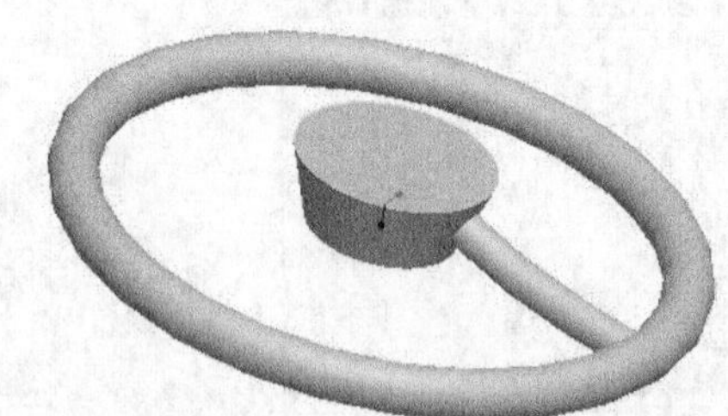

图 7-37 生成特征

Step 6 创建圆角特征

（1）选择菜单栏中的“插入”→“倒圆角”命令或单击“工程特征”工具栏中的“倒圆角”按钮，打开“倒圆角”操控板。

（2）在扫描特征辐条的端面选择两条边，如图 7-38 所示。

（3）输入“2.5”作为圆角的半径，单击✓按钮。

Step 7 创建轮辐特征组

（1）在模型树上选择基准曲线特征、扫描的伸出项特征和圆角特征，选择菜单栏中的“编辑”→“组”命令。

（2）在模型树上观察特征的更改，如图 7-39 所示。

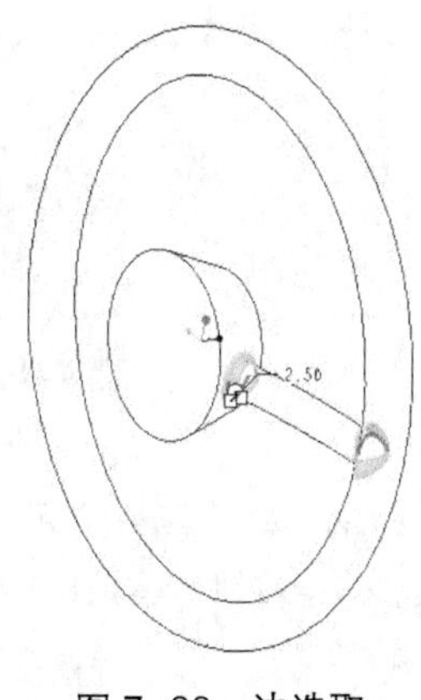

图 7-38　边选取

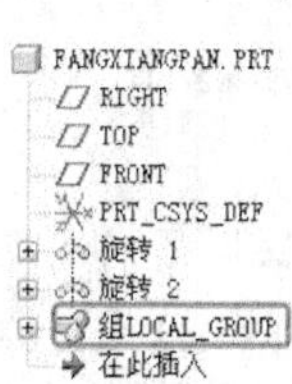

图 7-39　组

Step 8 复制辐条组

（1）选择菜单栏中的“编辑”→“特征操作”命令，选择“复制”命令，如图 7-40 所示。

（2）在“复制特征”菜单中选择“移动”→“从属”→“完成”命令，如图 7-41 所示。

（3）在模型树或工作区选择要复制的特征组，然后选择“完成”命令，如图 7-42 所示。

（4）在“移动特征”菜单中选择“旋转”命令。

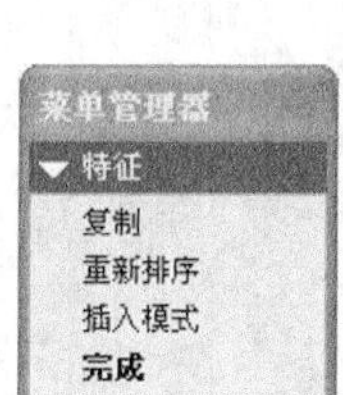

图 7-40　“特征”菜单

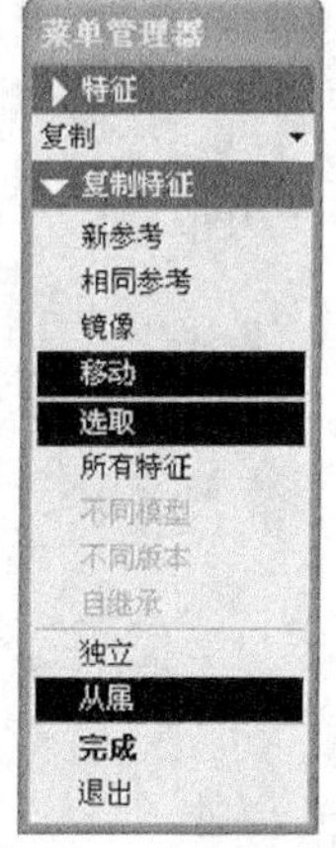

图 7-41　设置属性

图 7-42　设置参照

（5）选择“曲线 / 边 / 轴”命令，如图 7-43 所示，然后选择图 7-44 所示的中心轴。

（6）如果需要，反转“旋转方向”箭头，如图 7-45 所示。选择“确定”命令，接受图 7-44 所示的旋转方向。

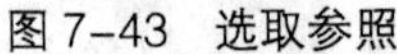
图 7-43　选取参照

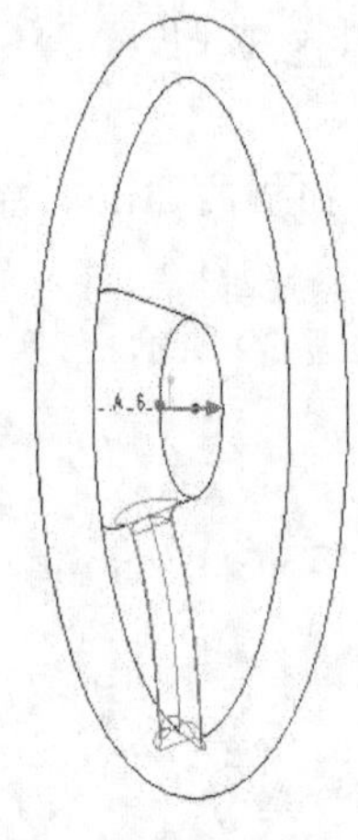
图 7-44　旋转方向

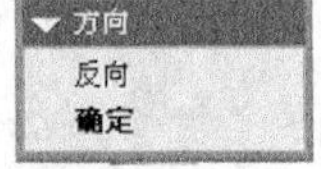

图 7-45　正向

（7）在消息输入窗口中输入“120”作为组旋转的角度值，如图 7-46 所示。

（8）在“移动特征”菜单中选择“完成移动”命令完成旋转过程，如图 7-47 所示。

图 7-46　输入旋转角度

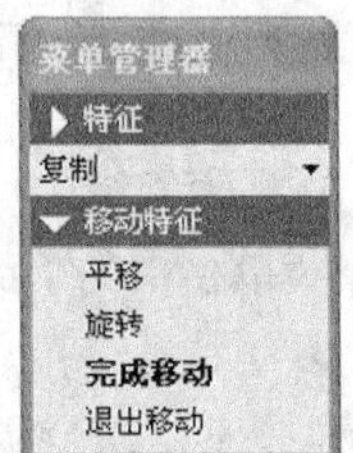

图 7-47　复制的特征

（9）在“组可变尺寸”菜单中选择“完成”命令，如图 7-48 所示。

（10）在“特征定义”对话框中单击“确定”按钮，复制出第二个辐条，如图 7-49 所示。

（11）重复“特征复制”命令，创建第三个辐条，即完成建模，如图 7-23 所示。

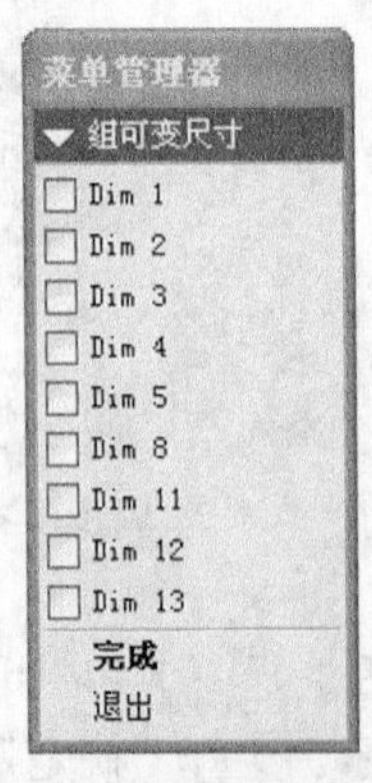

图 7-48　确定尺寸

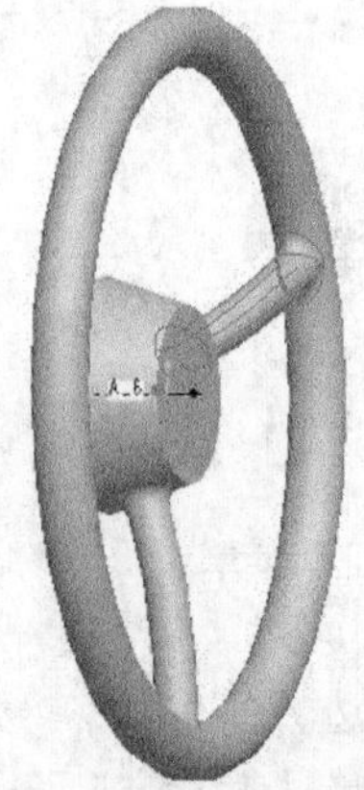
图 7-49　完成复制

7.2 删除特征

特征的“删除”命令是将已创建的特征在“模型树”选项卡和绘图区中删除。删除特征的操作步骤如下。

（1）打开光盘中的“\ 源文件 \ 第 7 章 \moxingcaozuo.prt”文件，其原始模型如图 7-50 所示。

（2）如果要删除该模型中的“镜像 1”特征，可在“模型树”选项卡中选择“镜像 1”选项，右击，打开图 7-51 所示的右键快捷菜单。

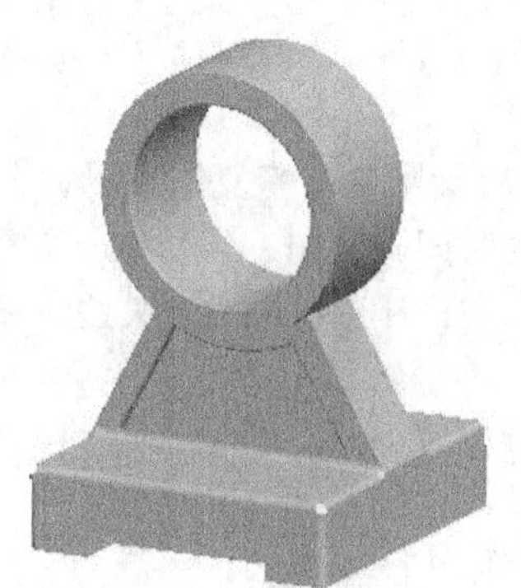

图 7–50　原始模型

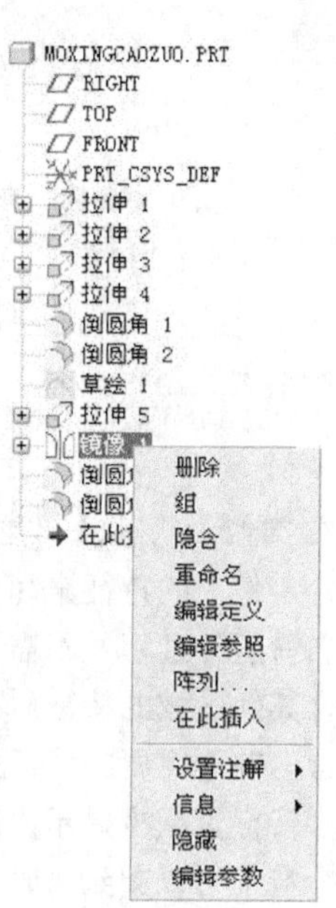

图 7–51　右键快捷菜单

（3）在右键快捷菜单中选择“删除”命令，如果所选特征没有子特征，则会打开图 7-52 所示的“删除”对话框，同时该特征在“模型树”选项卡和绘图区加亮显示，单击“确定”按钮即可删除该特征。

（4）若选取的特征存在子特征，如本例选取“镜像 1”特征，则在选取“删除”命令后打开图 7-53 所示的“删除”对话框，同时该特征及所有子特征都将在“模型树”选项卡和绘图区加亮显示，如图 7-54 所示。

（5）单击“确定”按钮即可删除该特征及所有子特征；单击“选项”按钮，在打开的“子项处理”对话框中对子特征进行处理，如图 7-55 所示。

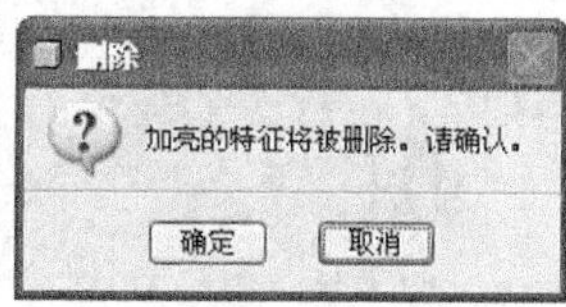

图 7–52　“删除”对话框 1

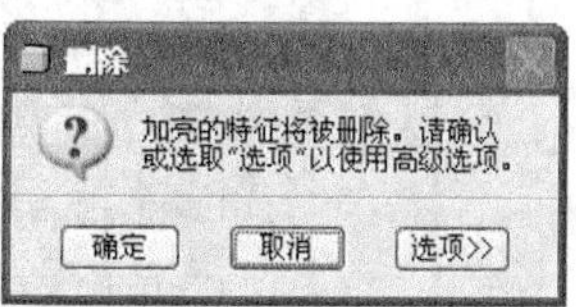

图 7–53　“删除”对话框 2

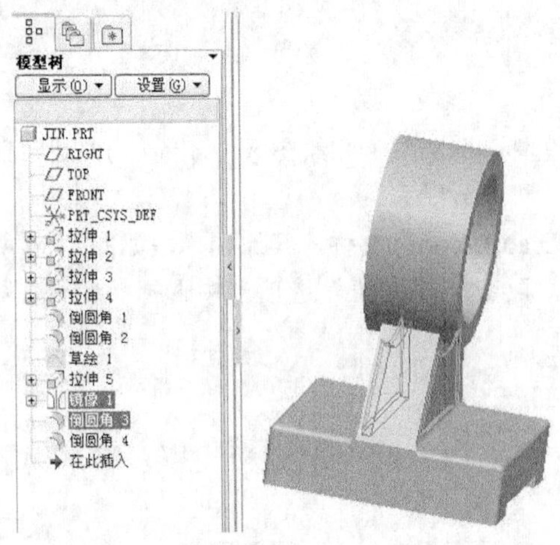

图 7–54　加亮显示所选特征

图 7–55　“子项处理”对话框

7.3 隐含特征

隐含特征类似于将其从再生中暂时删除，但可随时解除隐含（恢复）显示特征。在设计过程中，可以隐含零件上的特征来简化零件模型，并减少再生时间。例如，当处理一个复杂组件时，可以隐含一些当前组件过程并不需要其详图的特征和元件。在设计过程中隐含某些特征的作用如下。

- 隐含其他区域的特征后可更专注于当前特征。
- 隐含当前不需要的特征可减少更新、加速修改过程。
- 隐含特征可减少显示内容，从而加速显示过程。
- 隐含特征可以起到暂时删除特征，尝试不同设计迭代的作用。

创建隐含特征的操作步骤如下。

（1）打开光盘中的“\ 源文件 \ 第 7 章 \moxingcaozuo.prt”文件，如图 7-50 所示。在“模型树”选项卡中选择“拉伸 3”选项，右击，在打开的右键快捷菜单中选择“隐含”命令，打开“隐含”对话框，同时选取的特征在“模型树”选项卡和图形区加亮显示，如图 7-56 所示。

（2）单击“隐含”对话框中的“确定”按钮，隐含选取的特征，如图 7-57 所示。

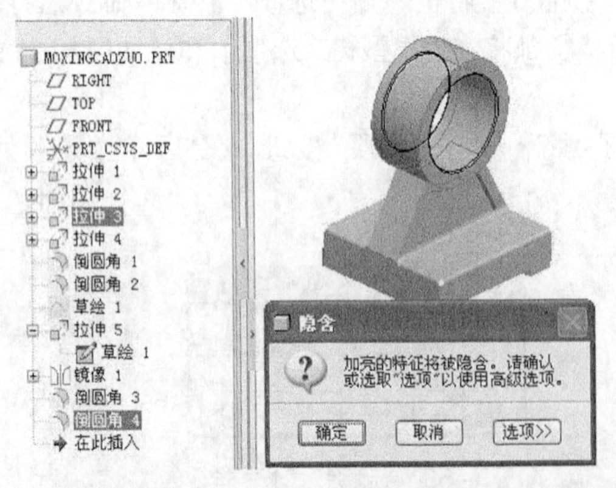

图 7–56　“隐含”对话框

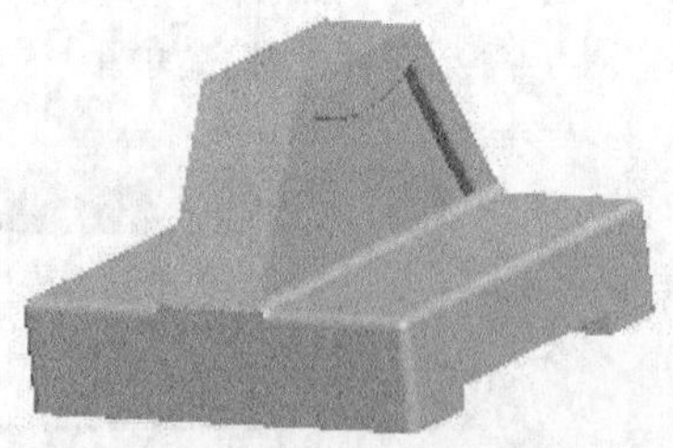

图 7–57　隐含特征

（3）一般情况下，在“模型树”选项卡中不显示被隐含的特征。如果要显示隐含的特征可在“模型树”选项卡中选择“设置”→“树过滤器”命令，打开“模型树项目”对话框，如图 7-58 所示。

（4）勾选“模型树项目”对话框“显示”选项组中的“隐含的对象”复选框，单击“确定”按钮，隐含对象将在“模型树”选项卡中列出，并带有一个项目符号，表示该特征被隐含，如图 7-59 所示。

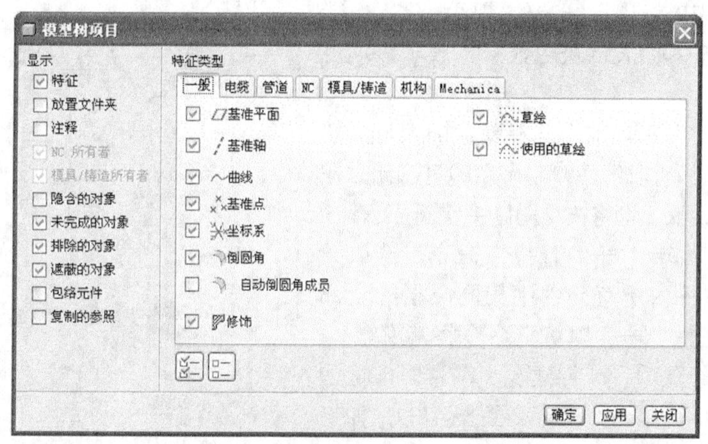

图 7-58　“模型树项目”对话框

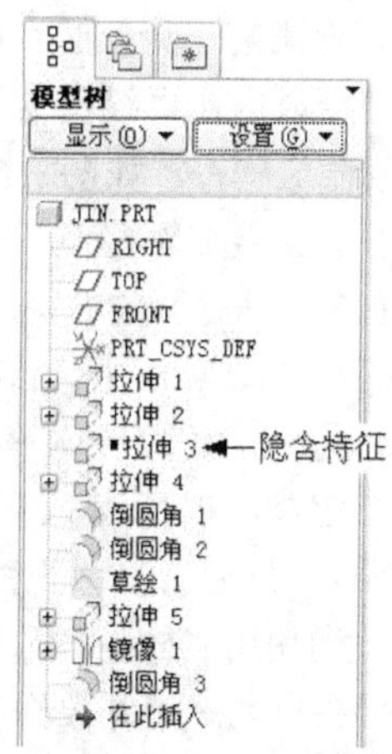

图 7-59　显示隐含特征

如果要在绘图区恢复隐含特征，可在“模型树”选项卡中选取要恢复的一个或多个隐含特征，然后在菜单栏中选择“编辑”→“恢复”→“恢复上一个集”命令，将在“模型树”选项卡中去掉隐含特征前面的项目符号，表示该特征已经取消隐含，同时绘图区也将显示该特征。

技巧荟萃

在模型中，基本特征不能隐含。如果对基本（第一个）特征不满意，可以重定义特征截面或将其删除并重新创建。

7.4 隐藏特征

Pro/ENGINEER 允许在当前 Pro/ENGINEER 进程中的任何时间即时隐藏或取消隐藏所选的模型图元。使用“隐藏”和“取消隐藏”命令，可节约宝贵的设计时间。

使用“隐藏”命令无须将图元分配到某一层中并遮蔽整个层。可隐藏和重新显示单个基准特征，如基准平面和基准轴，而无须同时隐藏或重新显示所有基准特征。下列项目类型可即时隐藏。

- 单个基准面（与同时隐藏或显示所有基准面相对）。
- 基准轴。
- 含有轴、平面和坐标系的特征。
- 分析特征（点和坐标系）。

- 基准点（整个阵列）。
- 坐标系。
- 基准曲线（整条曲线，不是单个曲线段）。
- 面组（整个面组，不是单个曲面）。
- 组件元件。

如果要隐藏某一特征，可右击“模型树”选项卡或绘图区中的某一个或多个特征，在打开的右键快捷菜单中选择“隐藏”命令即可。

隐藏某一特征时，Pro/ENGINEER 将该特征在绘图区删除，但特征仍会显示在“模型树”选项卡中，其图表以灰色显示，表示该项目处于隐藏状态，如图 7-60 所示。

如果要取消隐藏，可在“模型树”选项卡中选择隐藏的项目，然后右击，在打开的右键快捷菜单中选择“取消隐藏”命令即可，此时在“模型树”选项卡中，该特征将正常显示，也将在绘图区中重新显示。

另外，还可在菜单栏中选择“编辑”→“查找”命令，选取某一指定类型的所有项目（如某一组件内所有元件中相同类型的全部特征），然后选择“视图”→“可见性”→“隐藏”命令将其隐藏。

当使用“模型树”选项卡手动隐藏项目或创建异步项目时，这些项目会自动添加到被称为“隐藏项目”的层（如果该层已存在）。如果该层不存在，系统将自动创建一个名为“隐藏项目”的层，并将隐藏项目添加到其中。该层始终被创建在“层树”列表的顶部。

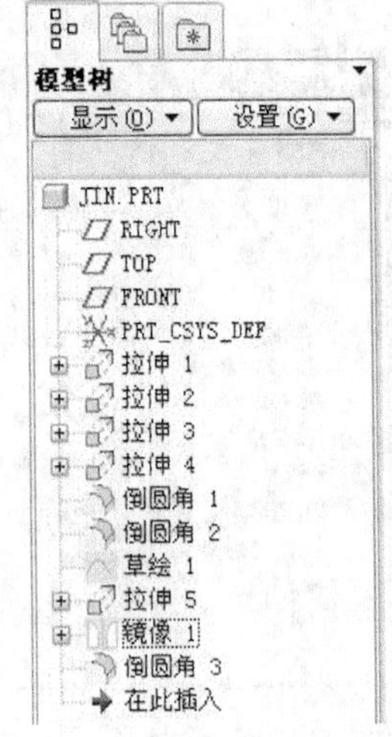

图 7-60 “模型树”选项卡

7.5 特征镜像

在前面所讲特征复制中的镜像操作只是针对特征进行镜像。在 Pro/ENGINEER 中，还提供了单独的“镜像”命令，不仅可以镜像实体上的某一特征，还可以镜像整个实体。“镜像”工具允许复制镜像平面周围的曲面、曲线、阵列和基准特征。所有的“镜像”特征均在“模型树”选项卡中用图标表示。可通过以下几种方法进行镜像。

1. 特征镜像

通常采用“所有特征”和“选定特征”两种方法镜像特征。

（1）所有特征。此方法可复制特征并创建包含模型所有特征几何的合并特征，如图 7-61 所示。应用此方法，必须在“模型树”选项卡中选取所有特征和零件节点。

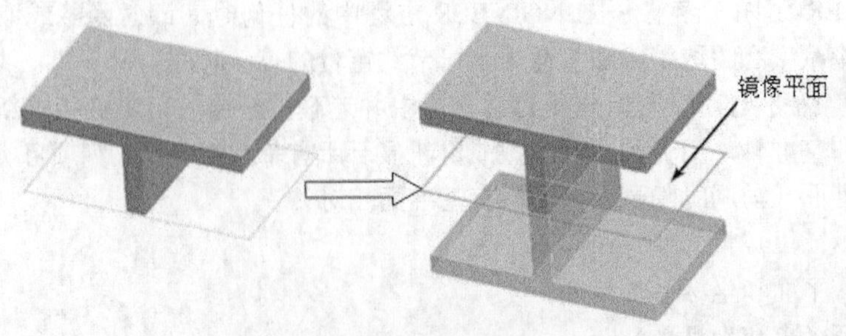

图 7-61 镜像所有特征

（2）选定特征。此方法仅复制选定的特征，如图 7-62 所示。

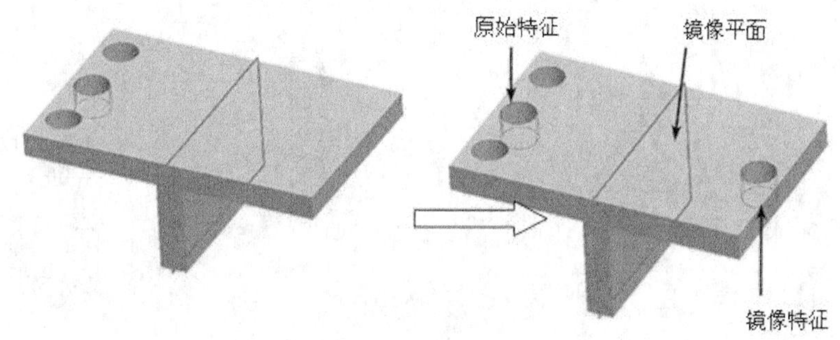

图 7–62　镜像选定特征

2．几何镜像

允许镜像诸如基准、面组和曲面等几何特征，也可在“模型树”选项卡中选取相应节点来镜像整个零件。

7.5.1　创建镜像特征的操作步骤

（1）打开光盘中的“\ 源文件 \ 第 7 章 \tezhengjingxiang1.prt”文件，如图 7-63 所示。

（2）在绘图区选取模型中的所有特征，在菜单栏中选择“编辑”→“镜像”命令，或单击“编辑特征”工具栏中的“镜像”按钮，打开“镜像”操控板。

（3）单击“基准”工具栏中的“平面”按钮，打开“基准平面”对话框。选取 FRONT 基准平面作为参照平面，并设置为偏移方式，使新创建的基准平面沿 FRONT 基准平面向下偏移“100”。

（4）单击“基准平面”对话框中的“确定”按钮，然后单击操控板中的“继续”按钮，使当前界面恢复为可编辑状态。

（5）单击操控板中的“参照”按钮，打开图 7-64 所示的“参照”下滑面板。此时的镜像平面默认为前一步创建的 DTM1 基准平面。用户也可通过“镜像平面”下拉列表，在模型中选取其他镜像平面。

（6）单击操控板中的“选项”按钮，打开图 7-65 所示的“选项”下滑面板，该下滑面板中的“复制为从属项”复选框默认为勾选状态，复制得到的特征为原特征的从属特征，当原特征改变时，复制特征也将发生改变；取消勾选此复选框时，原特征的改变对复制特征不产生影响。

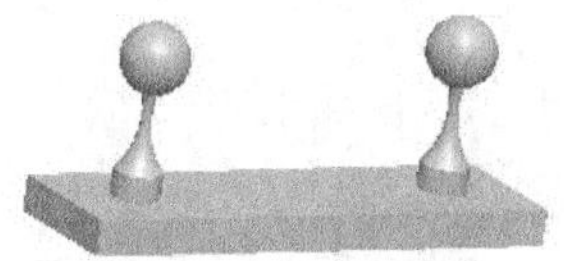

图 7–63　原始模型

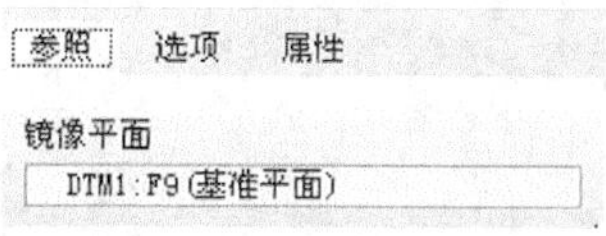

参照　选项　属性
镜像平面
DTM1:F9(基准平面)

图 7–64　“参照”下滑面板

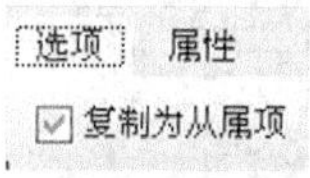

选项　属性
☑ 复制为从属项

图 7–65　“选项”下滑面板

（7）在图 7-66（a）～图 7-66（d）中，图 7-66（a）为原特征以 DTM1 基准平面为镜像平面的镜像结果；图 7-66（b）为镜像完成后，将“模型树”选项卡中名称为“旋转 1”的旋转特征的旋转角度更改为 200° 后的特征结果；图 7-66（c）为勾选“复制为从属项”复选框，完成复制后对原始特征进行编辑后的复制结果；图 7-66（d）为取消勾选“复制为从属项”复选框，完成复制后修改原特征得到的结果。

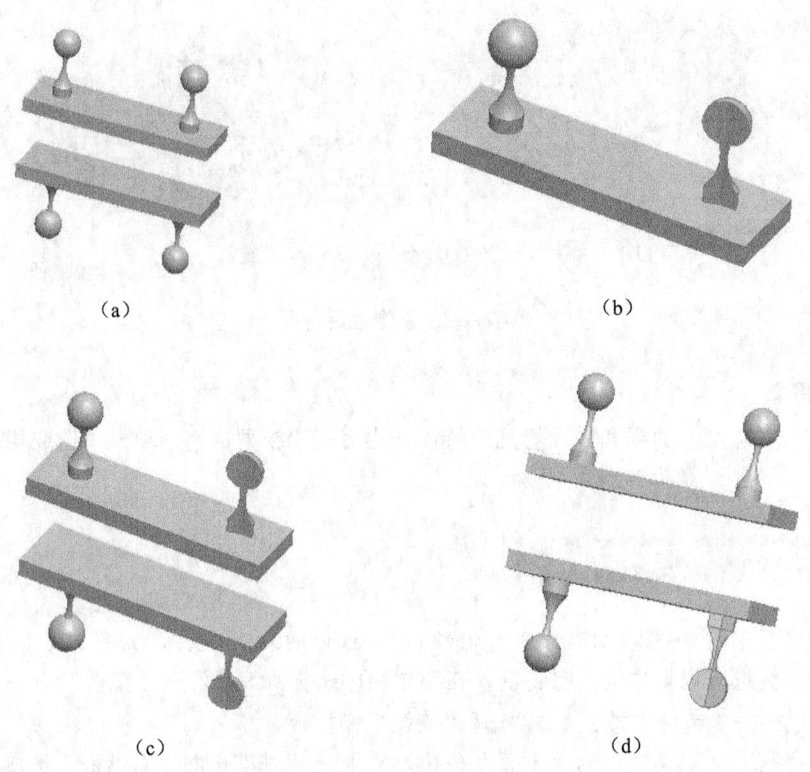

图 7-66　镜像结果对比

（8）保存文件到相应的目录并关闭当前对话框。

7.5.2　实例——板簧

本例介绍板簧的建模过程，模型如图 7-67 所示。首先通过“扫描”功能绘制一半的板簧实体，然后通过“特征镜像”功能绘制整个板簧实体，最后通过“倒圆角”功能进行修饰。

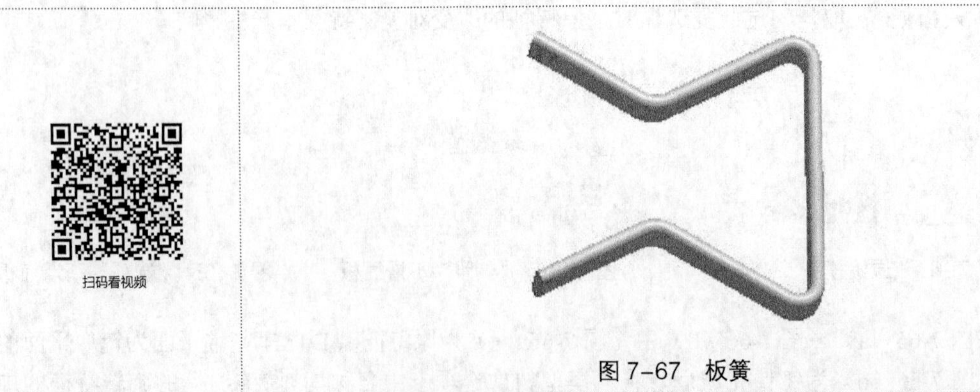

图 7-67　板簧

【创建步骤】

Step 1　新建文件

单击“文件”工具栏中的“新建”按钮，打开“新建”对话框，在“类型”选项组中点选“零件”单选钮，在“子类型”选项组中点选“实体”单选钮，在“名称”文本框输入“banhuang”，其余选项接受系统默认设置，单击“确定”按钮，创建一个新的零件文件。

Step 2　设置绘图平面

在菜单栏中选择“插入”→“扫描”→“伸出项”命令，系统打开图 7-68 所示的“伸出项：扫描”对话框，同时打开“扫描轨迹”菜单，在打开的菜单中依次选择“草绘轨迹”→“新设置”→“平面”命令，根据系统提示选取 FRONT 基准平面作为草绘平面，在打开的菜单中依次选择“新设置”→“确定”→“缺省”命令，进入草绘环境。

Step 3　草绘扫描轨迹

绘制图 7-69 所示的图形并修改其尺寸值，绘制完成后单击“草绘器工具”工具栏中的“完成”按钮退出草绘环境。

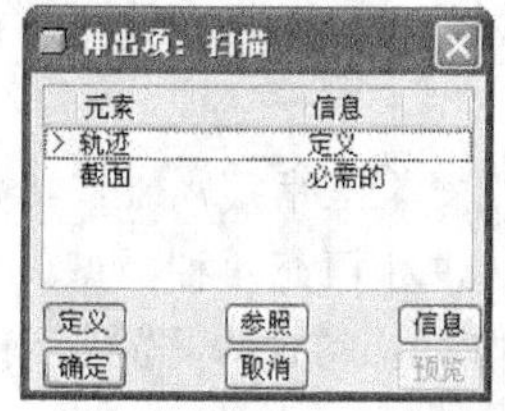

图 7-68　“伸出项：扫描”对话框

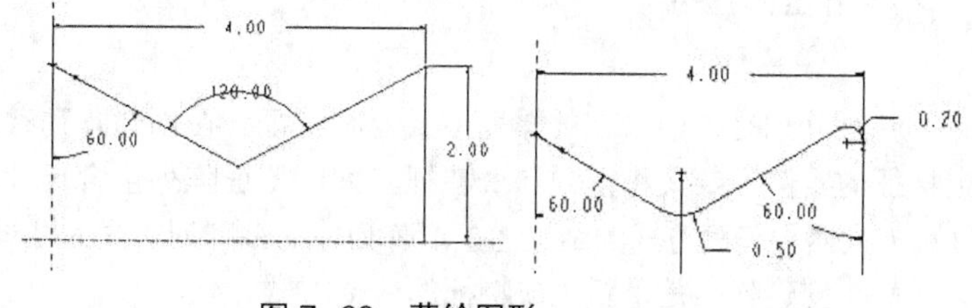

图 7-69　草绘图形

Step 4　绘制扫描截面

进入绘制扫描截面环境，绘制图 7-70 所示的截面并修改其尺寸值。

Step 5　生成实体

完成扫描截面的绘制后，单击“伸出项：扫描”对话框中的“确定”按钮，生成的扫描实体如图 7-71 所示。

图 7-70　绘制扫描截面

图 7-71　扫描实体

Step 6　镜像实体

在菜单栏中单击“编辑”→“特征操作”命令，在打开的菜单中依次选择“复制”→“镜像”→“选取”→“独立”→“完成”命令，根据系统提示选取刚刚创建的实体，选取 TOP 基准平面作为镜像平面，在打开的菜单中选择“完成”命令，完成实体的镜像，如图 7-72 所示。

Step 7 倒圆角修饰

单击“工程特征”工具栏中的“倒圆角”按钮，选择板簧的4条边，设置圆角直径为0.1，倒圆角后的实体如图7-73所示。

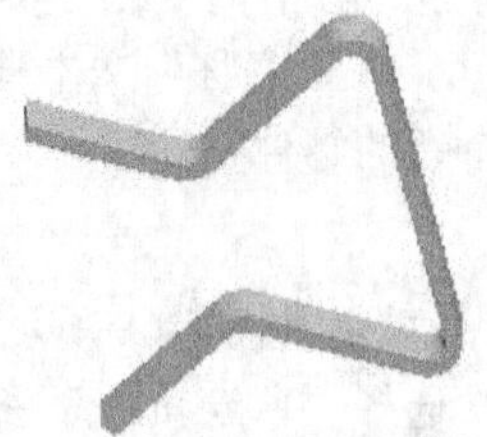

图7–72 实体镜像

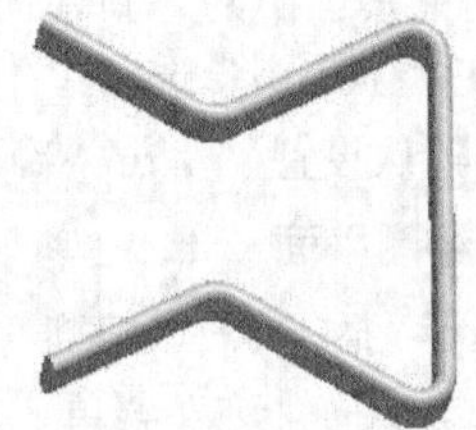

图7–73 倒圆角后的实体

Step 8 保存文件

保存文件到指定的位置并关闭当前对话框。

7.6 特征阵列

特征阵列是按照一定的排列方式复制特征。在创建阵列时，通过改变某些指定尺寸，可创建选定特征的实例，结果将得到一个特征阵列。特征阵列包含尺寸、方向、轴和填充4种类型，其中尺寸和方向两种阵列方式的结果为矩形阵列，而轴阵列方式的结果为圆形阵列。特征阵列的优点如下。

- 创建阵列是重新生成特征的快捷方式。
- 阵列由参数控制。因此，通过改变阵列参数，比如实例数、实例之间的间距和原始特征尺寸，可修改阵列。
- 修改阵列比分别修改特征更为有效。在阵列中改变原始特征尺寸时，Pro/ENGINEER将自动更新整个阵列。
- 对包含在一个阵列中的多个特征同时执行操作，比操作单独特征更为方便和高效。例如，可方便地隐含阵列或将其添加到层。

7.6.1 尺寸阵列

尺寸阵列是通过选择特征的定位尺寸进行阵列。创建尺寸阵列时，选取特征尺寸，并指定这些尺寸的增量变化以及阵列中的特征实例数。尺寸阵列可以是单向阵列（如孔的线性阵列），也可以是双向阵列（如孔的矩形阵列）。换句话说，双向阵列将实例放置在行和列中。根据所选取要更改的尺寸，阵列可以是线性的或角度的。尺寸阵列的具体操作步骤如下。

（1）打开光盘中的“\源文件\第7章\zhenliejx.prt”文件，其原始模型如图7-74所示。

（2）在“模型树”选项卡中选择“拉伸2”选项，单击“编辑特征”工具栏中的“阵列”按钮，打开“阵列”操控板，在“阵列类型”下拉列表中选择“尺寸”选项，如图7-75所示。

（3）在操控板中单击“1”后面的文本框，在模型中选取水平尺寸“-140”。

（4）在操控板中单击“2”后面的文本框，在模型中选取水平尺寸“240”。

（5）单击操控板中的“尺寸”按钮，打开“尺寸”下滑面板，如图7-76所示。

（6）单击“尺寸”下滑面板中“方向1”列表框“增量”列的尺寸“-140”，使之处于可编辑状态，然后将其修改为 50。

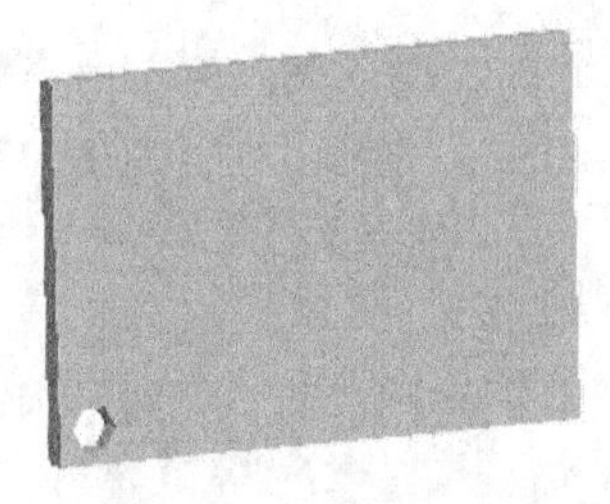

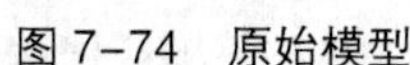

图 7-74 原始模型

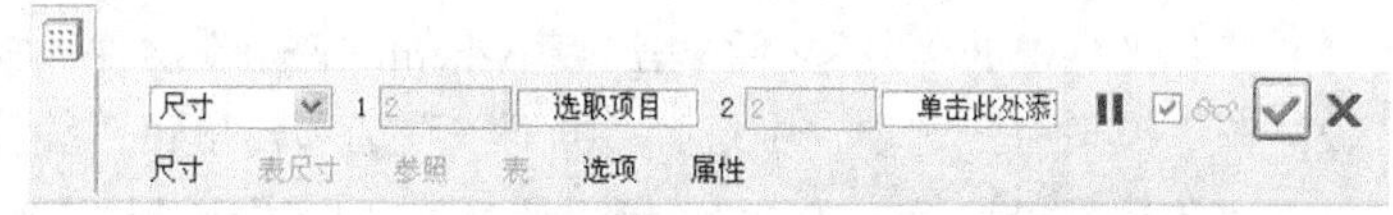

图 7-75 “阵列”操控板

（7）采用同样的方法，将第 2 方向上的尺寸值修改为“70”，此时模型预览阵列特征如图 7-77 所示。

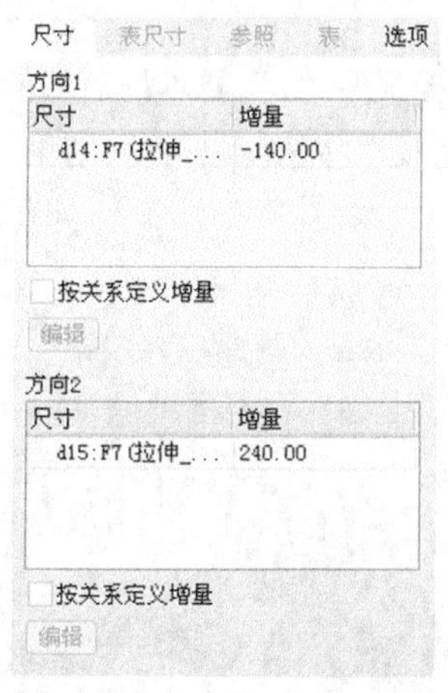

图 7-76 “尺寸”下滑面板

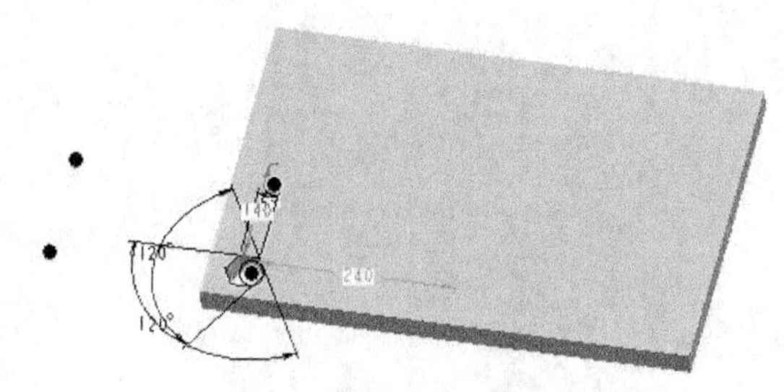

图 7-77 阵列结果预览

（8）在预览模型中可以看到阵列方向不理想，此时需要将阵列特征反向，将“尺寸”下滑面板“方向 1”和“方向 2”列表框中的尺寸值分别修改为“-50”和“-70”；然后单击操控板中的“尺寸”按钮，关闭“尺寸”下滑面板。

（9）在操控板中“1”后面的文本框中输入“7”，使矩形阵列特征为 7 列。

（10）在操控板中“2”后面的文本框中输入“8”，使矩形阵列特征为 8 行。

（11）单击操控板中的“完成”按钮☑，生成阵列特征，如图 7-78 所示。

（12）保存文件到指定的位置并关闭当前对话框。

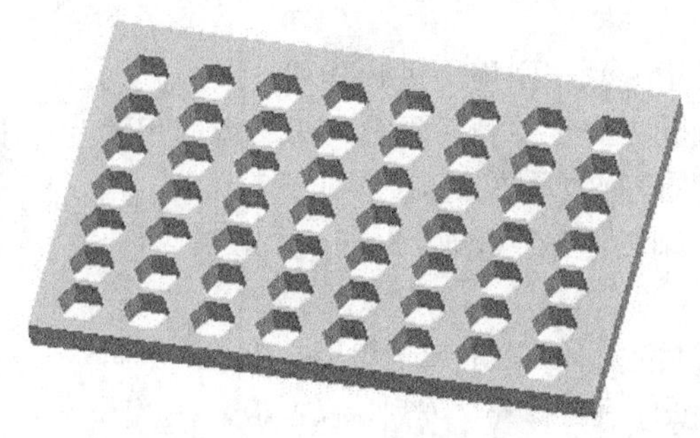

图 7-78 矩形阵列结果

7.6.2 方向阵列

方向阵列是指通过指定方向并使用拖动控制滑块设置阵列增长的方向和增量来创建自由形式的阵列，即先指定特征的阵列方向，然后再指定尺寸值和行列数的阵列方式。方向阵列可为单向或双向。方向阵列的具体操作步骤如下。

（1）打开光盘中的“\源文件\第7章\zhenliejx.prt”文件，如图7-74所示。

（2）在“模型树”选项卡中选择“拉伸2”选项，单击“编辑特征”工具栏中的“阵列”按钮，打开“阵列”操控板，在“阵列类型”下拉列表中选择“方向”选项。

（3）单击操控板中“1”后面的文本框，在模型中选取RIGHT基准平面，并给定阵列个数为3、尺寸为“200”。

（4）单击操控板中“2”后面的文本框，在模型中选取TOP基准平面，并给定阵列个数为3、尺寸为“140”。此时预览阵列特征如图7-79所示。

（5）由预览可知阵列在第二个方向上不符合要求，可单击操控板中“2”文本框后面的“方向”按钮，使阵列在第二个方向上反向。然后单击操控板中的“完成”按钮，阵列结果如图7-80所示。

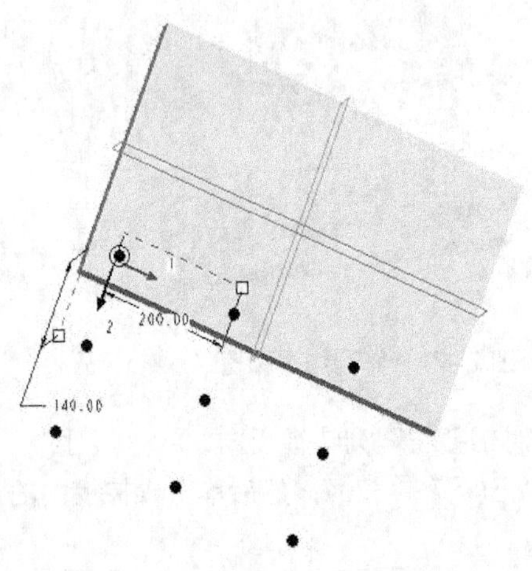

图7-79 阵列结果预览

图7-80 阵列结果

（6）保存文件到指定的位置并关闭当前对话框。

7.6.3 轴阵列

轴阵列是指特征绕旋转中心轴在圆周上进行阵列。圆周阵列第一方向的尺寸用来定义圆周方向上的角度增量，第二方向尺寸用来定义阵列径向增量。圆周阵列的具体操作步骤如下。

（1）打开光盘中的“\源文件\第7章\zhenlieyx.prt”文件，其原始模型如图7-81所示。

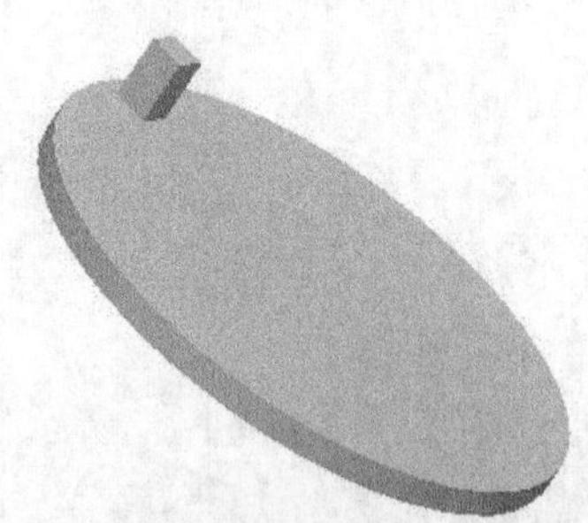

图7-81 原始模型

（2）在“模型树”选项卡中选择“拉伸2”选项，单击“编辑特征”工具栏中的“阵列”按钮，打开“阵列”操控板，在“阵列类型”下拉列表中选择“轴”选项。

（3）单击操控板中“1”后面的文本框，在模型中选取轴 A_1，并给定阵列个数为 3、尺寸为 120。

（4）单击操控板中“2”后面的文本框中输入“3”，然后按 <Enter> 键，第二个文本框变为可编辑状态后，在其中输入阵列尺寸“100”，此时预览阵列特征如图 7-82 所示。

（5）在预览模型中可看到阵列的方向，如果阵列特征反向，将操控板中“2”后面文本框中的阵列尺寸值改为负值即可。

（6）单击操控板中的“完成”按钮，阵列结果如图 7-83 所示。

（7）保存文件到指定的位置并关闭当前对话框。

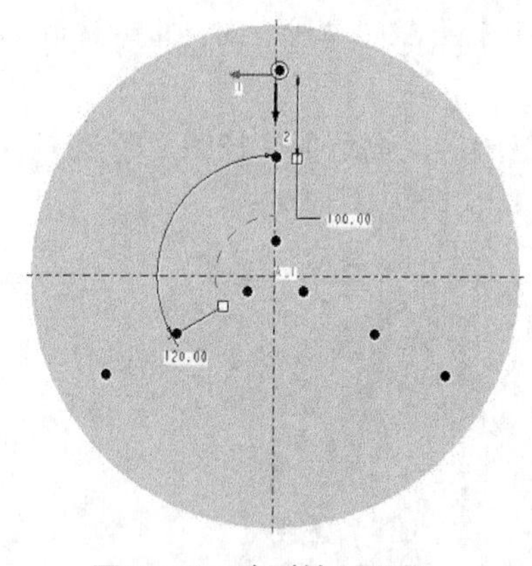

图 7-82　阵列结果预览

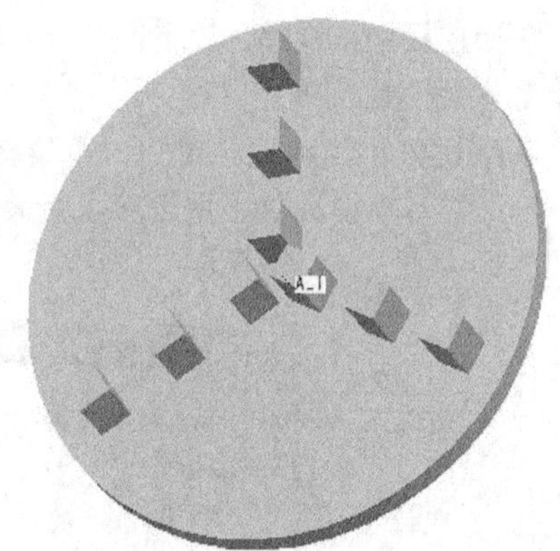

图 7-83　阵列结果

7.6.4　填充阵列

填充阵列是指根据栅格、栅格方向和成员间的间距从原点变换成员位置而创建的。草绘的区域和边界余量决定创建的成员，将创建中心位于草绘边界内的任何成员。边界余量不会改变成员的位置。填充阵列特征的具体操作步骤如下。

（1）打开光盘中的“\ 源文件 \ 第 7 章 \zhenlietch.prt”文件，其原始模型如图 7-84 所示。

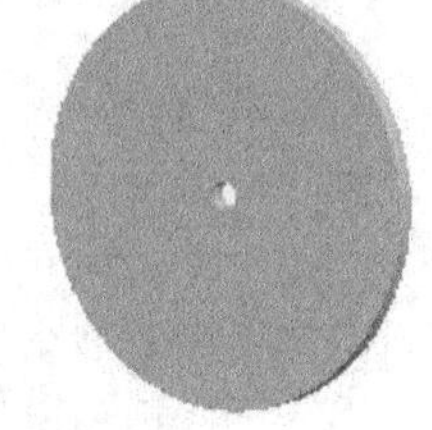

图 7-84　原始模型

（2）在“模型树”选项卡中选择“拉伸 2”选项，单击“编辑特征”工具栏中的“阵列”按钮，打开“阵列”操控板，在“阵列类型”下拉列表中选择“填充”选项，如图 7-85 所示。此时“阵列”操控板中各选项含义如下。

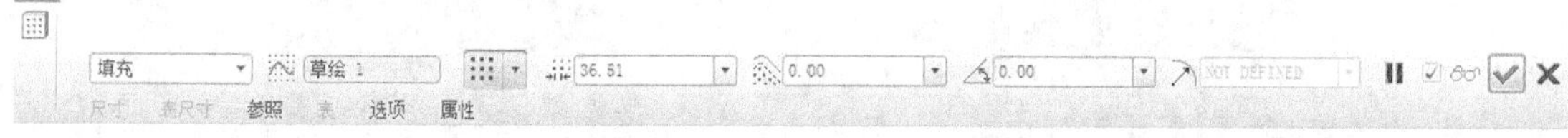

图 7-85　“阵列”操控板

- 后的文本框。用于选取或草绘填充边界线。
- 右边的下拉列表。用于设置栅格类型，默认类型为设置“方形”。

- 后的文本框。用于指定阵列成员间的间距值，可输入新值、在绘图区中拖动控制滑块，或双击与“间距”相关的值，在打开的文本框中输入新值。
- 后的文本框。用于指定阵列成员中心与草绘边界间的最小距离，可输入新值。使用负值可使中心位于草绘的外面，或在绘图区中拖动控制滑块，或双击与控制滑块相关的值，在打开的文本框中输入新值。
- 后的文本框。用于指定栅格绕原点的旋转角度，可输入新值，或在绘图区中拖动控制滑块，或双击与控制滑块相关的值，在打开的文本框中输入新值。
- 后的文本框。用于指定圆形和螺旋形栅格的径向间隔，可输入新值，或在绘图区中拖动控制滑块，或双击与控制滑块相关的值，在打开的文本框中输入新值。

（3）在操控板中依次单击“参照”→“定义”按钮，在打开的“草绘”对话框中选取“拉伸 1”的圆面作为草绘平面。

（4）系统进入草绘环境，单击“草绘器工具”工具栏中的“调色板”按钮，在打开的“草绘器调色板”对话框中选取正六边形，将其插入到图形中，如图 7-86 所示。

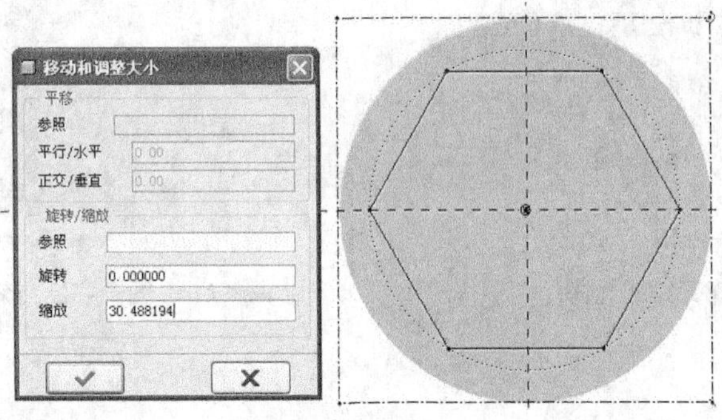

图 7-86　填充效果

（5）单击“草绘器工具”工具栏中的“完成”按钮退出草绘环境。

（6）返回到“阵列”操控板，参数设置如图 7-87 所示。

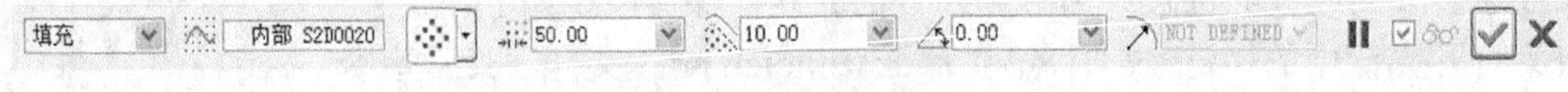

图 7-87　阵列参数设置

（7）单击“预览”按钮，预览阵列结果如图 7-88。

（8）单击预览模型中特征所在位置的黑点，使之变为圆圈，阵列结果如图 7-89 所示。

（9）保存文件到指定的位置并关闭当前对话框。

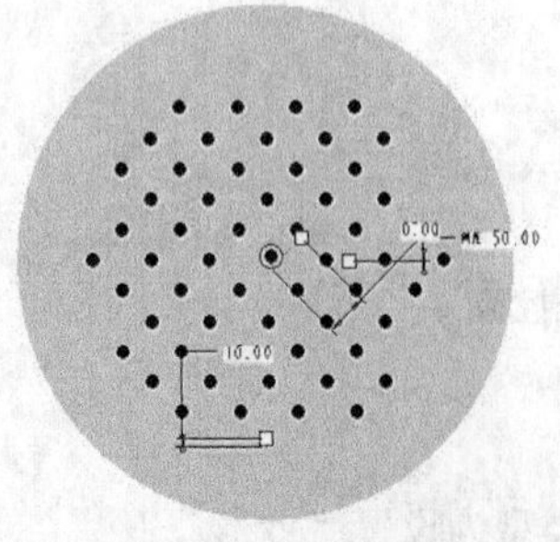

图 7-88　阵列结果预览

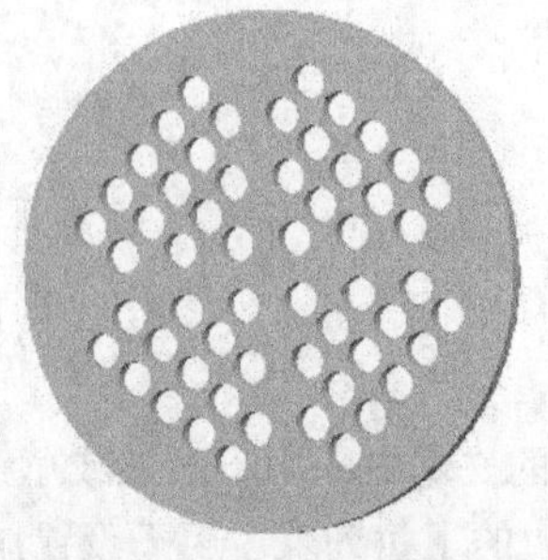

图 7-89　阵列结果

7.6.5 实例——叶轮

本例介绍叶轮的建模过程，模型如图 7-90 所示。首先通过“拉伸”功能生成叶片，然后通过“旋转”功能生成基体，再通过“孔”功能形成孔，接着通过“阵列”功能阵列叶片，最后通过“旋转”功能切除叶轮边。

扫码看视频

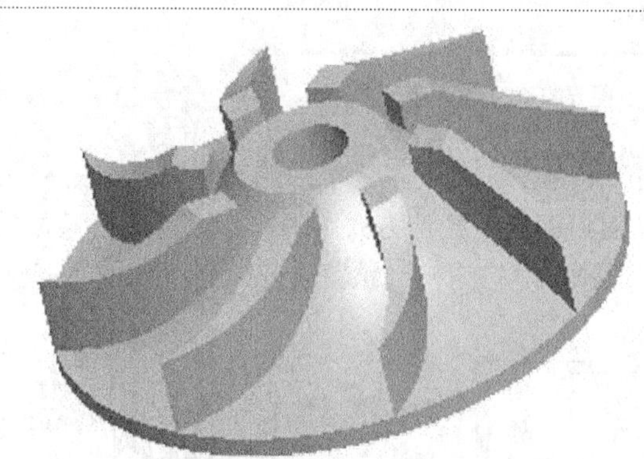

图 7-90　叶轮

【创建步骤】

Step 1 新建文件

单击“文件”工具栏中的“新建”按钮，打开“新建”对话框，在“类型”选项组中点选“零件”单选钮，在“子类型”选项组中点选“实体”单选钮，在“名称”文本框输入“yelun”，其余选项接受系统默认设置，单击“确定”按钮，创建一个新的零件文件。

Step 2 创建基准轴

基准轴是指用于创建特征的参照，如基准轴可用来放置同轴孔或径向孔。另外，基准轴还经常用来创建基准平面。孔、圆柱体和旋转特征创建后，将自动创建基准轴。在零件之外单独创建的基准轴被认为是特征，它们根据先后顺序在“模型树”选项卡中以 A_1 开始命名。

（1）单击“基准”工具栏中的“轴”按钮。

（2）按住 <Ctrl> 键，选取 TOP 基准平面和 RIGHT 基准平面作为参照定义基准轴，如图 7-91 所示。

（3）单击“基准轴”对话框中的“确定”按钮，完成基准轴的创建。

Step 3 拉伸叶片

（1）单击“基础特征”工具栏中的“拉伸”按钮，在打开的“拉伸”操控板中依次单击“放置”→“定义”按钮，选取 FRONT 基准平面作为草绘平面，单击“草绘”按钮，进入草绘环境。

（2）单击“草绘器工具”工具栏中的“点”按钮，绘制图 7-92 所示的点并修改其尺寸值。单击“草绘器工具”工具栏中的“3 点 / 相切端”按钮，利用 3 点绘制图 7-93 所示的两个圆弧。单击“草绘器工具”工具栏中的“线”按钮，绘制图 7-94 所示的拉伸截面。

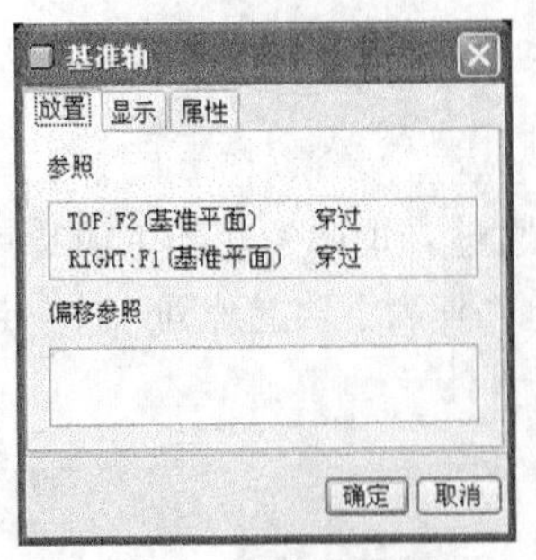

图 7-91　创建基准轴

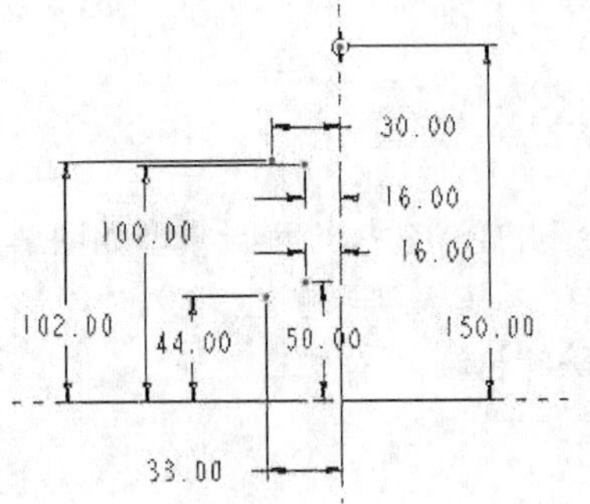

图 7-92　绘制点

（3）单击“草绘器工具”工具栏中的“完成”按钮退出草绘环境。

（4）在操控板中设置拉伸方式为（盲孔），在其后的文本框中给定拉伸深度值为“80”。单击操控板中的“预览”按钮预览拉伸模型，如图 7-95 所示。

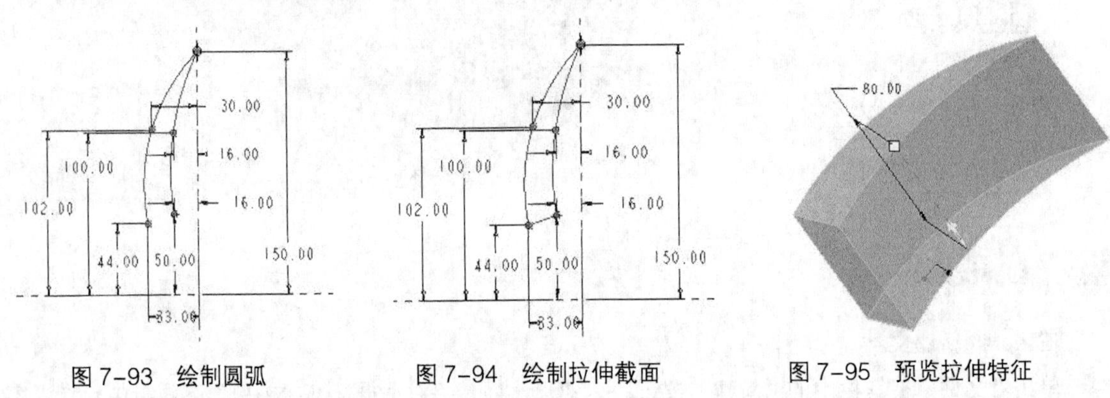

图 7-93　绘制圆弧　　图 7-94　绘制拉伸截面　　图 7-95　预览拉伸特征

（5）单击操控板中的“完成”按钮，完成拉伸特征的创建。

Step 4　旋转基体

（1）单击“基础特征”工具栏中的“旋转”按钮，在打开的“旋转”操控板中依次单击“放置”→“定义”按钮。选取 RIGHT 基准平面作为草绘平面，单击“草绘”按钮，进入草绘环境。

（2）单击“草绘器工具”工具栏中的“线”按钮和“3 点 / 相切端”按钮，绘制图 7-96 所示的旋转截面图并修改其尺寸值。

（3）在操控板中设置旋转方式为（指定），在其后的文本框中给定旋转角度值为“360”。单击操控板中的“预览”按钮预览旋转模型，如图 7-97 所示。

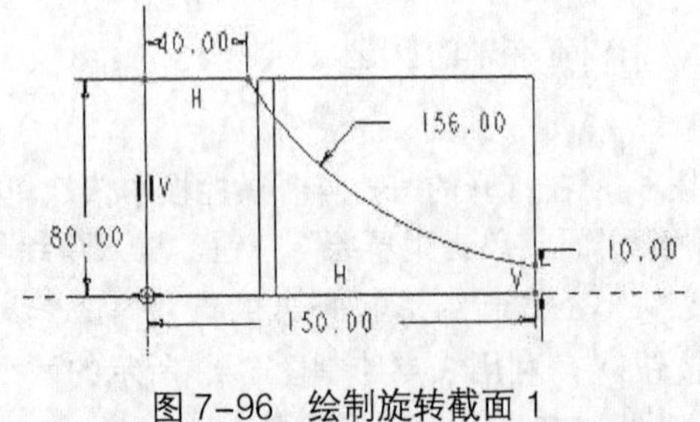

图 7-96　绘制旋转截面 1

图 7-97　预览旋转特征

（4）单击操控板中的“完成”按钮，完成旋转特征 1 的创建。

Step 5　创建中间孔

在同轴孔中，以轴为主参照，孔的放置平面为次参照。创建孔特征的具体操作步骤如下。

（1）单击“工程特征”工具栏中的“孔”按钮，打开“孔”操控板。在操控板中单击“简单孔”按钮和“矩形孔”按钮作为孔类型。

（2）给定孔的直径 40、深度为（穿透），如图 7-98 所示。

（3）在图元上选取小端面作为放置面，选取轴 A_1 作为偏移参照，设置偏移量为“0”，在“类型”下拉列表中选择“线性”选项，如图 7-99 所示。

（4）单击操控板中的“完成”按钮，完成孔特征的创建。

图 7-98　“孔”操控板

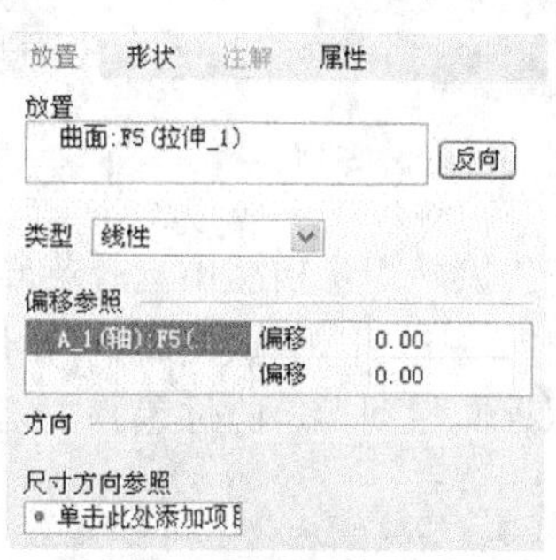

图 7-99　设置主参照

Step 6　阵列叶片

“阵列”命令可在一个或两个方向上复制特征。要进行特征的阵列，首先要有一个引导尺寸。用来定位父孔的两个线性尺寸作为引导尺寸。

（1）在“模型树”选项卡中选择前面创建的拉伸特征。

（2）单击“编辑特征”工具栏中的“阵列”按钮，打开“阵列”操控板。在“阵列类型”下拉列表中选择“轴”选项，在模型中选取轴 A_1 作为参照，在操控板中给定阵列个数为“8”、阵列尺寸为“45”，如图 7-100 所示。

图 7-100　“阵列”操控板

（3）在操控板中单击“选项”按钮，在打开的“选项”下滑面板“再生选项”下拉列表中选择“相同”选项。在使用“相同”选项时必须满足以下假定。

① 阵列一定要放置在一个平面上。

② 阵列一定不能和边线相交。

③ 阵列的实体不能相交。

在操控板“选项”下滑面板“再生选项”下拉列表中包含“相同”“可变”和“一般”3 个选项。其中“相同”选项要求的假设最多，“一般”选项不要求任何假设，但需要花费较长的时间再生。

（4）单击操控板中的“完成”按钮，完成叶片的阵列，如图 7-101 所示。

Step 7　旋转切除叶片边

（1）单击“基础特征”工具栏中的“旋转”按钮，在打开的“旋转”操控板中依次单击“放置”→“定义”按钮，系统打开“草绘”对话框，选取 TOP 基准平面作为草绘平面，单击“草绘”按钮，进入草绘环境。

（2）单击“草绘器工具”工具栏中的“线”按钮＼和“3 点 / 相切端”按钮，绘制图 7-102 所示的旋转截面。

图 7-101　叶片阵列

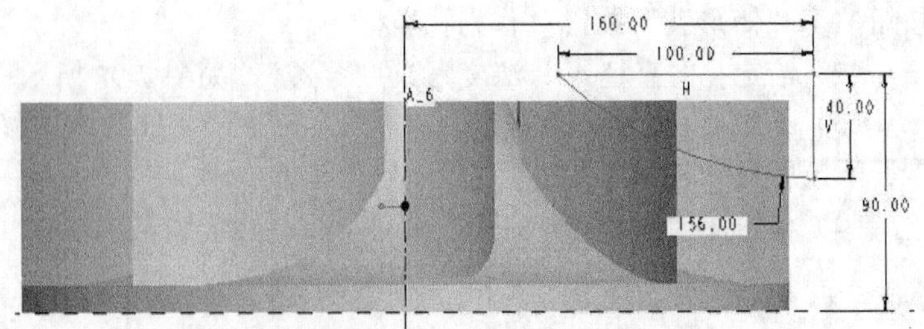

图 7-102　绘制旋转截面 2

（3）在“旋转”操控板中选择旋转方式为“变量”，设置旋转角度为“360”，然后单击操控板中的“完成”按钮，完成旋转切除叶片边的创建。

（4）保存文件到指定的位置并关闭当前对话框。

7.7 缩放模型命令

利用缩放模型命令可根据用户的需求对整个零件造型进行指定比例的缩放操作。通过缩放模型命令可将特征尺寸缩小或放大一定比例。下面结合具体实例说明特征缩放的具体操作步骤。

（1）打开光盘中的“\ 源文件 \ 第 7 章 \suofang.prt”文件，并双击该模型使之显示当前模型的尺寸为“300×50”。

（2）在菜单栏中选择“编辑”→“缩放模型”命令，根据系统提示给定缩放比例值为“2.5”，然后单击“确定”按钮或按 <Enter> 键后，系统打开图 7-103 所示的“确认”对话框。

（3）在“确认”对话框中显示了缩放操作的相关提示信息，单击“是”按钮，即可完成特征缩放操作，完成后模型尺寸处于隐藏状态。

（4）双击模型使之显示尺寸，则当前尺寸显示为“750×125”，图 7-104 所示为模型放大 2.5 倍后的效果。

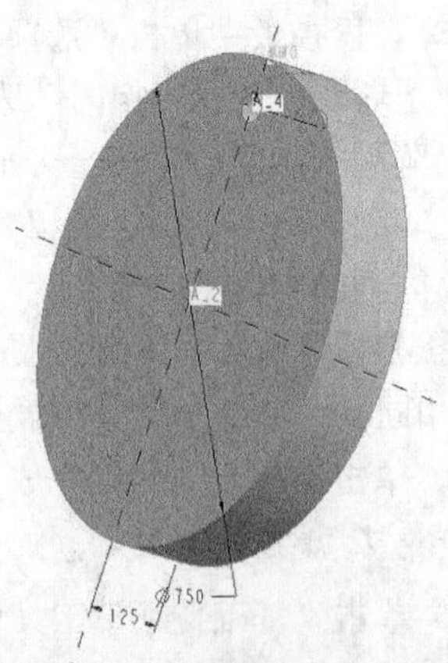

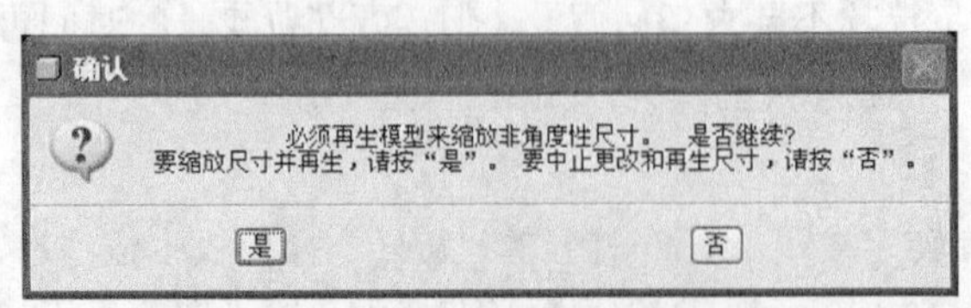

图 7-103　“确认”对话框

图 7-104　模型缩放

（5）保存文件到指定的位置并关闭当前对话框。

7.8 综合实例——锥齿轮

本例介绍锥齿轮的建模过程，模型如图 7-105 所示。创建圆锥齿轮时，首先绘制圆锥齿轮的轮廓草图并旋转生成实体，然后绘制圆锥齿轮的齿型草图，对草图进行放样切除生成实体。对生成的齿型实体进行圆周阵列，生成全部齿型实体，最后创建键槽轴孔实体。

扫码看视频

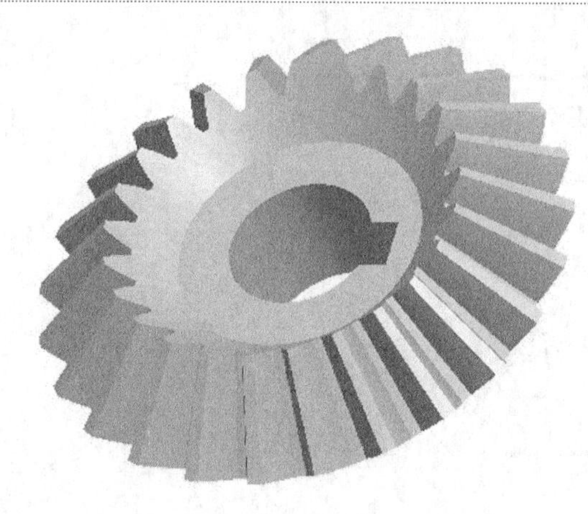

图7-105　锥齿轮

【创建步骤】

Step 1 新建文件

单击“文件”工具栏中的“新建”按钮，系统打开“新建”对话框，在“类型”选项组中点选“零件”单选钮，在“子类型”选项组中点选“实体”单选钮，在“名称”文本框输入“zhuichilun”，取消勾选“使用缺省模板”复选框，单击“确定”按钮，在打开的“新文件选项”对话框中选择“mmns_part_solid”选项，单击“确定”按钮，创建一个新的零件文件。

Step 2 旋转锥齿轮主体

（1）单击“基础特征”工具栏中的“旋转”按钮，系统打开“旋转”操控板，依次单击“放置”→“定义”按钮，系统打开图 7-106 所示的“草绘”对话框。选取 FRONT 基准平面作为草绘平面，其他选项接受系统默认设置，单击“草绘”按钮，进入草绘环境。

（2）单击“草绘器工具”工具栏中的“圆心和点”按钮，以原点为圆心绘制 3 个同心圆并标注尺寸，如图 7-107 所示。按住 <Ctrl> 键，依次选取 3 个圆，然后选择菜单栏中的“编辑”→“切换构造”命令，圆将变为虚线，如图 7-108 所示。

（3）单击“草绘器工具”工具栏中的“中心线”按钮，绘制一条过原点的竖直中心线和距竖直构造线分别为 45° 的两条构造线，如图 7-109 所示。

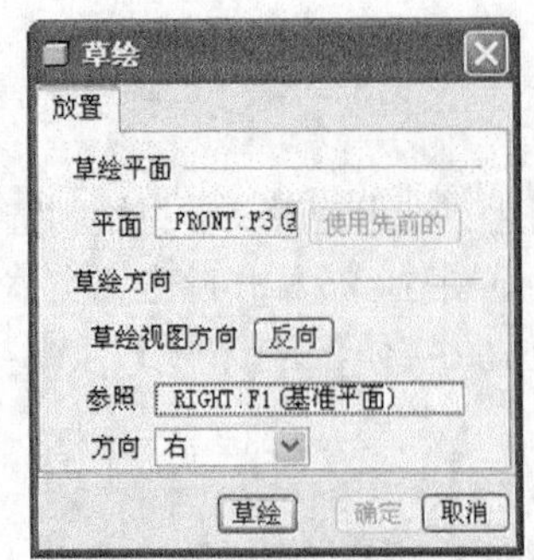

图 7-106 “草绘”对话框

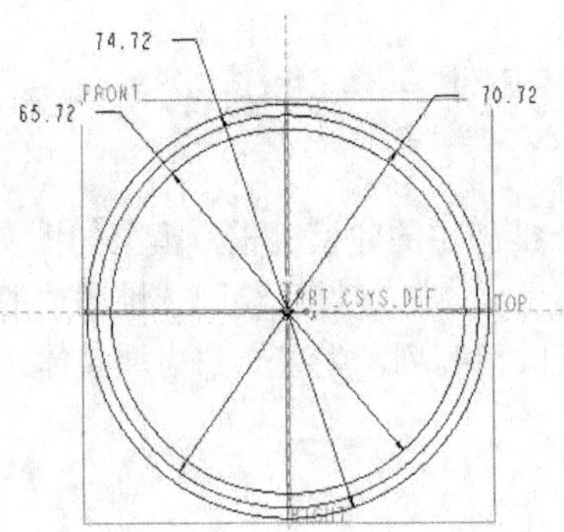

图 7-107 绘制同心圆

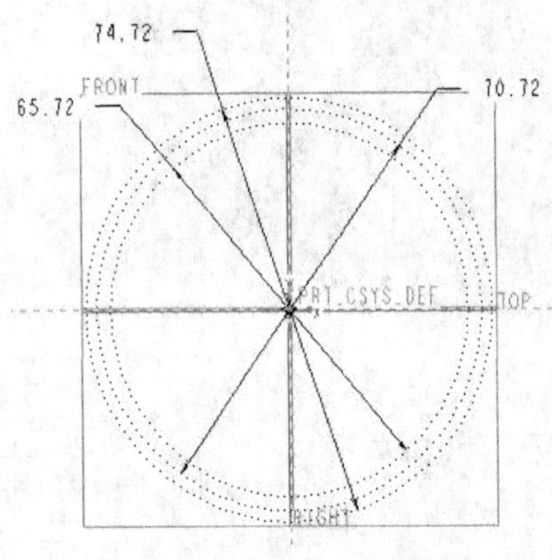

图 7-108 生成构造线

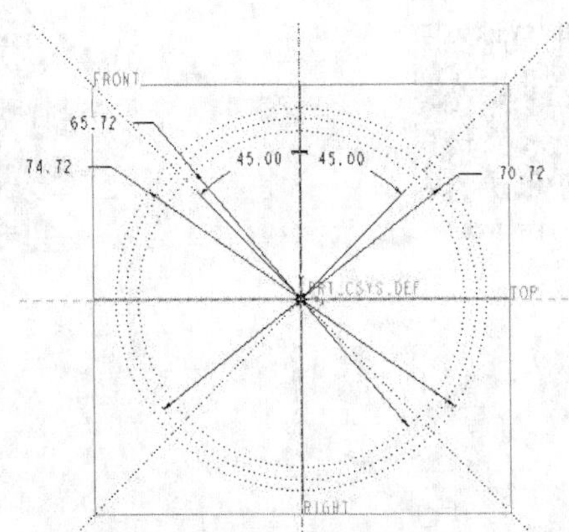

图 7-109 绘制倾斜构造线

（4）过直径为 74.72 的圆与倾斜构造线的交点绘制两条构造线，与此圆相切，结果如图 7-110 所示。

（5）单击“草绘器工具”工具栏中的“线”按钮，绘制图 7-111 所示的旋转截面。

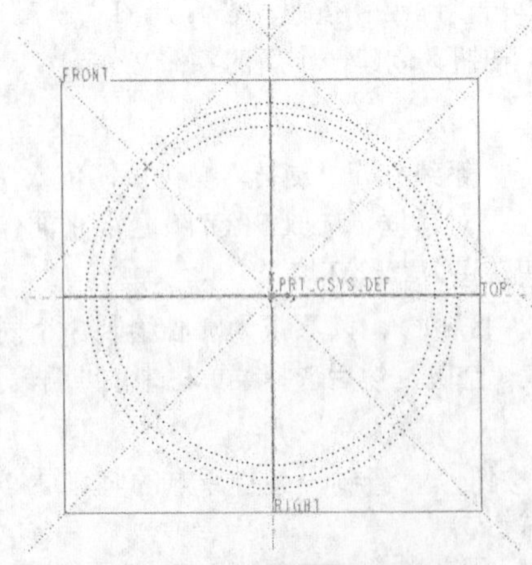

图 7-110 绘制相切构造线

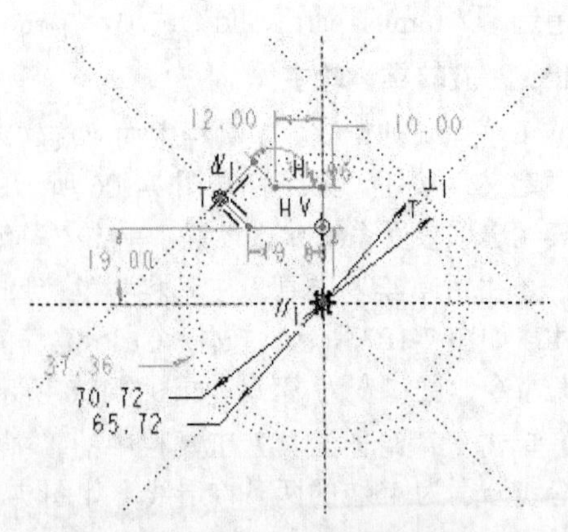

图 7-111 绘制旋转截面

（6）删除竖直构造线以外的所有构造直线。

（7）单击“草绘器工具”工具栏中的“完成”按钮✓退出草绘环境。

（8）在“旋转”操控板中，单击“实体”按钮□和“盲孔”按钮⊥，设置旋转角度为“360”，然后单击操控板中的“完成”按钮✓，完成旋转特征的创建，如图 7-112 所示。

Step 3 创建轮齿

（1）单击“基准”工具栏中的“草绘”按钮，系统打开“草绘”对话框。选取 FRONT 基准平面作为草绘平面，接受系统默认的参照平面及方向，单击“草绘”按钮，进入草绘环境。

（2）单击“草绘器工具”工具栏中的“使用”按钮□，将基体一端的边线更改为直线，并将直线延伸至图 7-113 所示的竖直中心线，单击“草绘器工具”工具栏中的“确定”按钮✓，完成轨迹线段的绘制。

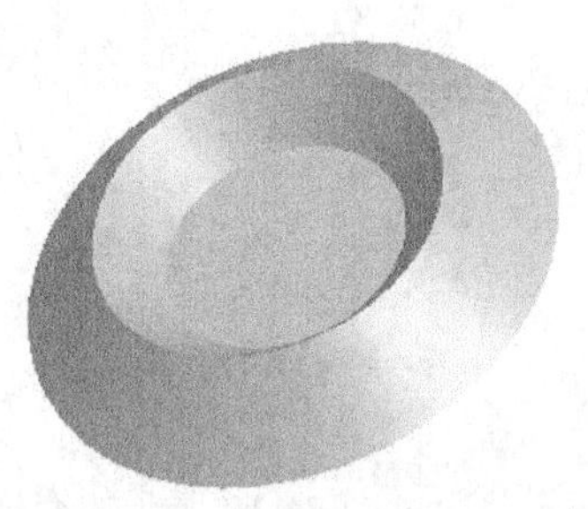

图 7-112　生成的旋转特征

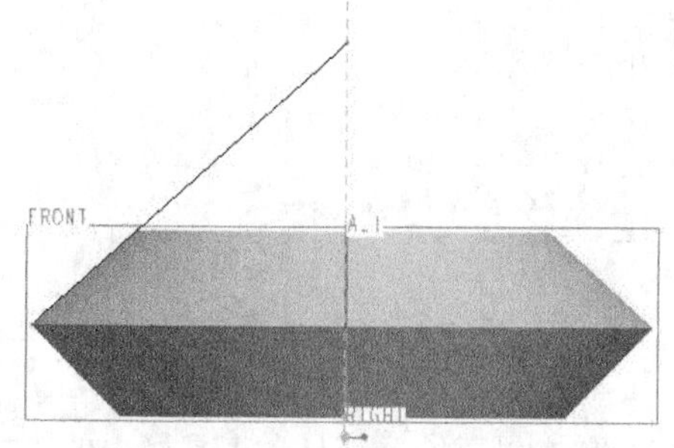

图 7-113　绘制轨迹线段

（3）在菜单栏中选择“插入”→“扫描混合”命令，打开“扫描混合”操控板。单击“参照”按钮，系统打开“参照”下滑面板，选取刚才创建的轨迹线，下滑面板如图 7-114 所示，在“剖面控制”下拉列表中选择“垂直于轨迹”选项，其他选项接受系统默认设置。

（4）单击操控板中的“截面”按钮，系统打开图 7-115 所示的“截面”下滑面板，点选“草绘截面”单选钮，在绘图区选择直线的上端点，然后单击“草绘”按钮，进入草绘环境。单击“草绘器工具”工具栏中的“点”按钮×，在坐标轴的交点处绘制点，绘制完成后，单击“草绘器工具”工具栏中的“完成”按钮✓，退出草绘环境。

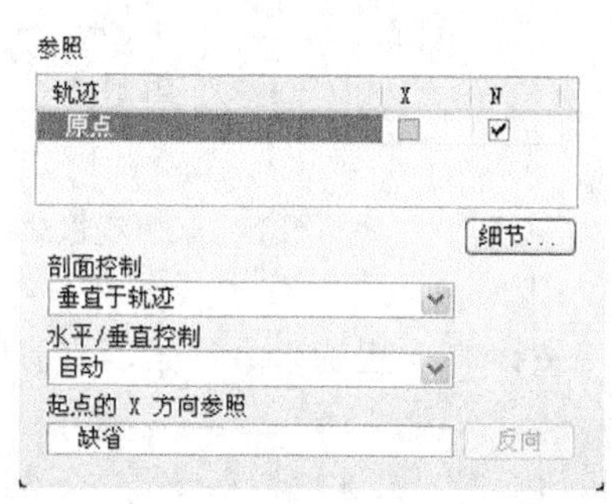

图 7-114　“参照”下滑面板

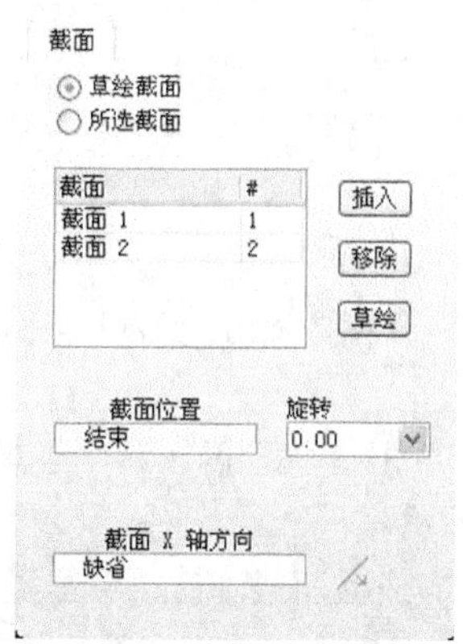

图 7-115　“截面”下滑面板

（5）单击“插入”按钮，截面位置为直线另一端的终点，旋转角度为“0”，单击“草绘”按钮，进入草绘环境。

（6）过原点绘制一条水平中心线，如图 7-116 所示的直线 1。

（7）绘制两条水平构造直线 2、直线 3，如图 7-116 所示。

（8）绘制一条倾斜的构造直线 4，如图 7-116 所示。

（9）单击“草绘器工具”工具栏中的“圆心和点”按钮○，绘制图 7-117 所示的 3 个圆，直径分别为 65.73、70.72、75.00。

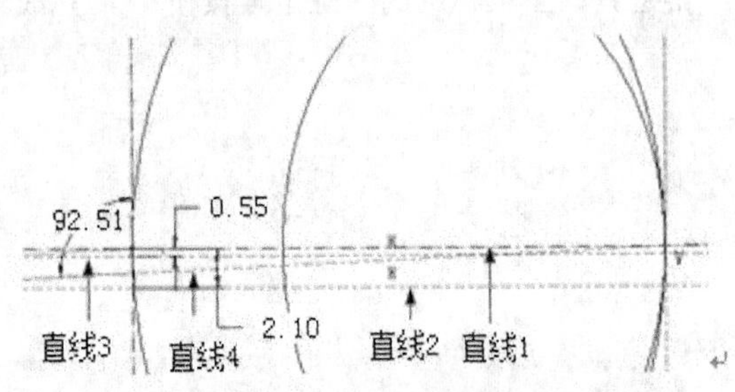

图 7-116 绘制构造线草图

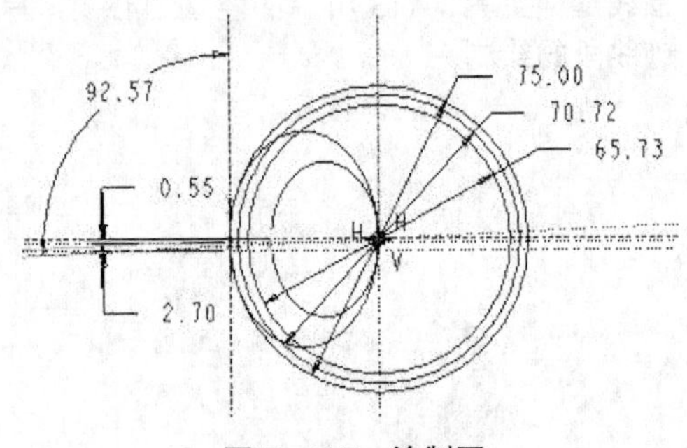

图 7-117 绘制圆

（10）单击“草绘器工具”工具栏中的“样条”按钮∿，通过图 7-118 所示的交点绘制一条样条曲线。

（11）选取刚绘制的样条曲线，单击“草绘器工具”工具栏中的“镜像”按钮，将曲线以水平中心线镜像复制，效果如图 7-119 所示。

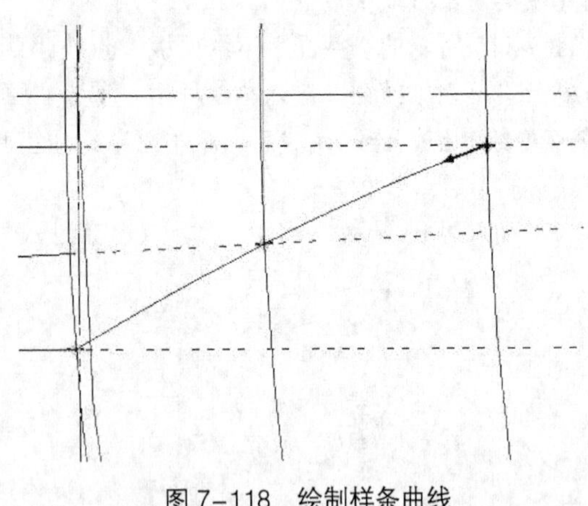

图 7-118 绘制样条曲线

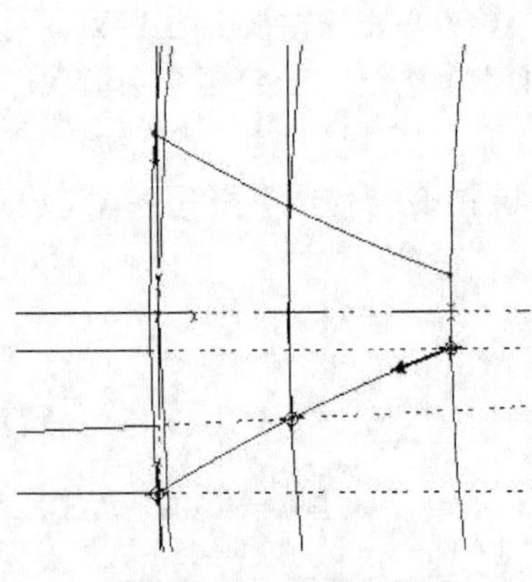

图 7-119 镜像曲线

（12）单击“草绘器工具”工具栏中的“删除段”按钮，去除多余线条，修剪后的图形如图 7-120 所示。

（13）完成截面绘制后，单击操控板中的“实体”按钮□和“去除材料”按钮，然后单击“完成”按钮，完成扫描混合特征的创建，如图 7-121 所示。至此完成了第一个轮齿的创建。

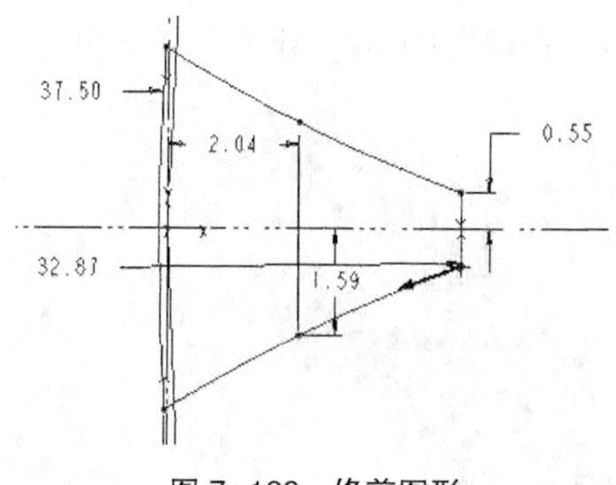

图 7-120　修剪图形

图 7-121　扫描混合后的图形

Step 4　阵列轮齿

（1）在“模型树”选项卡中选择刚创建的扫描混合特征。

（2）单击“编辑特征”工具栏中的“阵列”按钮，打开“阵列”操控板。设置阵列类型为轴，在模型中选取轴 A_1 作为参照，然后在操控板中给定阵列个数为 25，再单击“等间距角度范围”按钮，给定角度范围为 360°，如图 7-122 所示。

图 7-122　“阵列”操控板

（3）单击操控板中的“完成”按钮，完成轮齿的阵列，如图 7-123 所示。

Step 5　隐藏轨迹线

在“模型树”选项卡中选择“草绘 1”选项，右击，在打开的右键快捷菜单中选择“隐藏”命令，结果如图 7-124 所示。

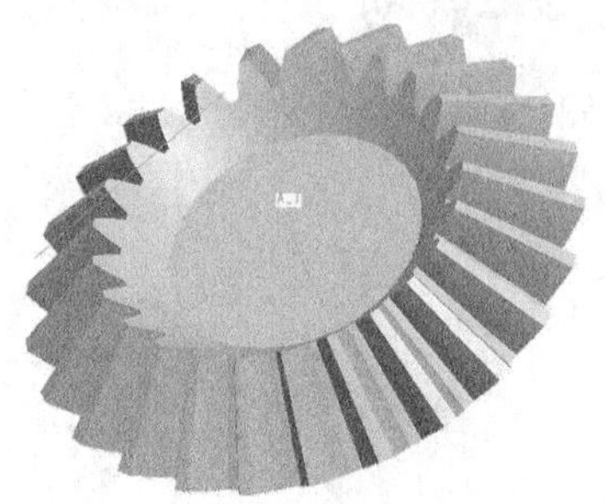

图 7-123　轮齿阵列

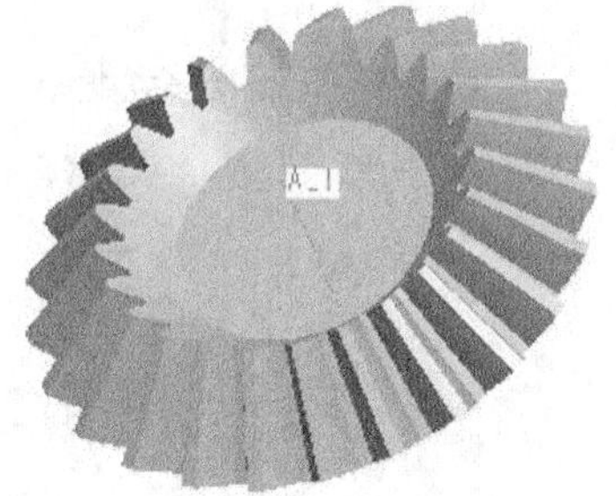

图 7-124　隐藏轨迹线效果

Step 6　拉伸、切除实体生成锥齿轮

（1）单击“基础特征”工具栏中的“拉伸”按钮，系统打开“拉伸”操控板。依次单击“放置”→“定义”按钮，系统打开“草绘”对话框，选取圆锥齿轮的底面作为草绘平面，其他选项接受系统默认设置，单击“草绘”按钮，进入草绘环境。

（2）单击“草绘器工具”工具栏中的“圆心和点”按钮，绘制图 7-125 所示的直径为 25 的圆。

（3）在“拉伸”操控板中单击“实体”按钮，设置拉伸方式为（盲孔），给定拉伸深度值为“6”，然后单击操控板中的“确定”按钮，完成拉伸特征的创建，如图7-126所示。

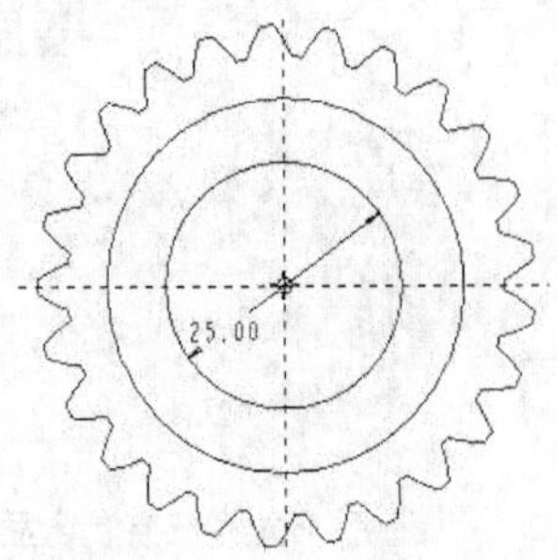

图7-125　绘制圆

图7-126　拉伸生成实体

（4）单击“基础特征”工具栏中的“拉伸”按钮，系统打开“拉伸”操控板。依次单击“放置”→“定义”按钮，系统打开“草绘”对话框。选择步骤6中的(3)创建的圆柱底面作为草绘平面，接受系统提供的默认的参照平面和方向，单击“草绘”按钮，进入草绘环境。

（5）单击“草绘器工具”工具栏中的“圆心和点”按钮和“线”按钮，绘制图7-127所示的键槽轴孔草图。

（6）在“拉伸”操控板中单击“实体”按钮，设置拉伸方式为（穿透），再单击“反向”按钮和“去除材料”按钮，最后单击“完成”按钮，完成挖孔特征的创建，如图7-128所示。

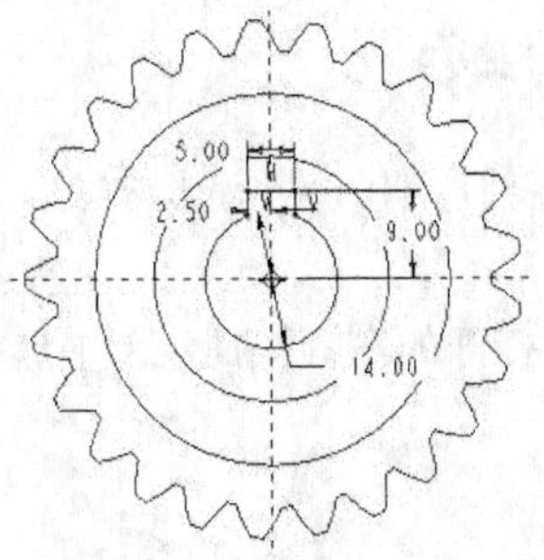

图7-127　键槽轴孔草图

图7-128　创建挖孔特征

Chapter 8

第 8 章 曲面造型

在 Pro/ENGINEER 中，曲面特征是一种非常有用的特征。尤其是在对外形复杂的零件建模时，通过实体特征创建模型往往十分困难，而采用曲面造型，则可以先创建合适的曲面面组，然后再转化为实体零件模型，这样不但操作简单而且还能创建出比较复杂、美观的零件模型。本章主要介绍简单曲面的创建、显示、编辑以及曲面转化为实体的方法。

学习要点

- 创建平整曲面
- 创建拉伸曲面和扫描曲面
- 创建边界曲面
- 曲面编辑

8.1 曲面设计概述

曲面特征主要用来创建复杂零件，曲面称之为面是因为其没有厚度。曲面与前面章节所讲解的实体特征中的薄壁特征不同，薄壁特征有一个厚度值。虽然薄壁特征厚度比较薄，但本质上与曲面不同，属于实体。在 Pro/ENGINEER 中，用户可首先使用多种方法创建单个曲面，然后对曲面进行修剪、切削等编辑操作，完成后将多个单独的曲面进行合并，最后将合并的曲面生成实体，因为只有实体才能进行加工制作。本章将按照上述顺序来介绍曲面造型的方法。

8.2 创建曲面

8.2.1 曲面的网格显示

为了能够清楚地看出曲面的形状大小，可打开曲面的网格显示功能。曲面的网格显示是指将曲面以网格形式显示。曲面网格显示的具体操作步骤如下。

（1）打开光盘中的“\ 源文件 \ 第 8 章 \wangge.prt”文件，其原始模型如图 8-1 所示。

（2）在菜单栏中选择“视图”→“模型设置”→“网格曲面”命令，系统打开图 8-2 所示的“网格”对话框。单击“选取”按钮，在模型中选取拉伸实体的上表面作为网格显示的曲面。

（3）选取曲面后，对话框中的“网格间距”文本框变为可编辑状态。在“第一方向”和“第二方向”后的文本框中分别输入“10”和“3”，然后单击“关闭”按钮，结果如图 8-3 所示。

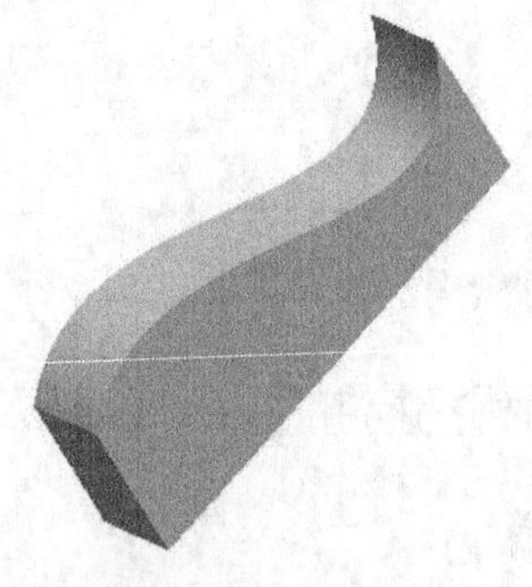

图 8-1 原始模型

图 8-2 “网格”对话框

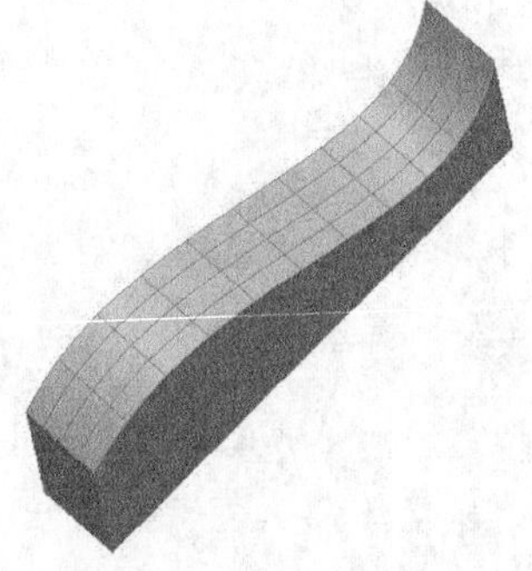

图 8-3 曲面网格显示

（4）保存文件到指定的位置并关闭当前对话框。

8.2.2 平整曲面

在 Pro/ENGINEER 中可采用填充特征创建平整曲面，平整曲面是填充特征通过其边界定义的一个二维平面特征。任何填充特征均必须包括一个平面的封闭环草绘特征。在菜单栏中选择“编辑”→“填充”命令，可创建和重定义被称为填充特征的平整曲面特征。填充特征是通过其边界定义的一种平整曲面封闭环特征，用于加厚曲面。创建平整曲面的具体操作步骤如下。

（1）新建名称为“pingzhengqm.prt”的文件。

（2）在菜单栏中选择“编辑”→“填充”命令，打开图 8-4 所示的“填充”操控板。依次单击“参照”→“定义”按钮，系统打开“草绘”对话框。选取 FRONT 基准平面作为草绘平面，其余选项接受系统默认设置，单击“草绘”按钮，进入草绘环境。绘制图 8-5 所示的草图。

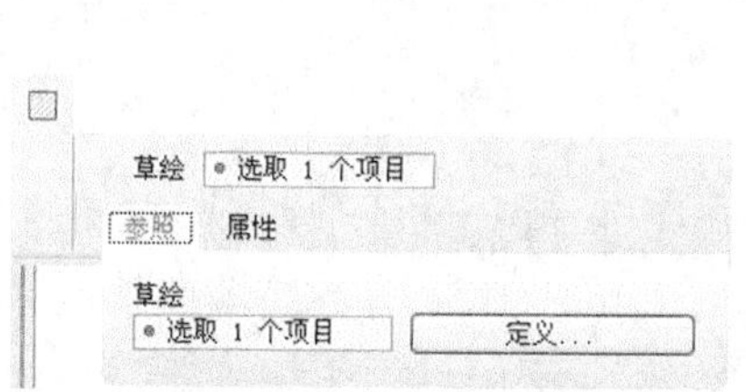

图 8-4　“填充”操控板

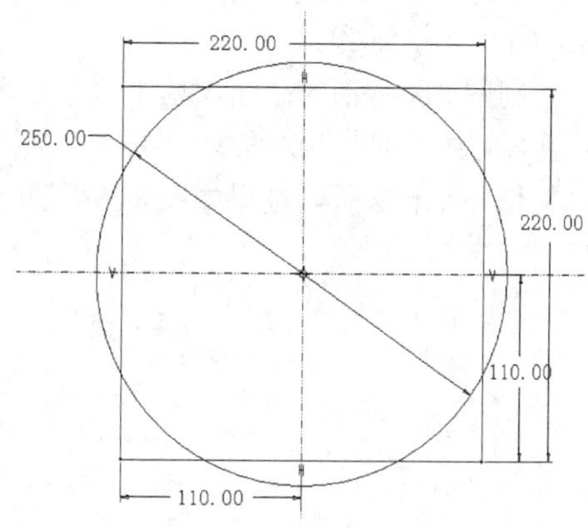

图 8-5　绘制草图

（3）单击“草绘器工具”工具栏中的“删除段”按钮，打开“删除段”操控板。修剪多余的线段，结果如图 8-6 所示。

（4）单击“草绘器工具”工具栏中的“完成”按钮退出草绘环境。

（5）单击操控板中的“完成”按钮，创建的平整曲面如图 8-7 所示。

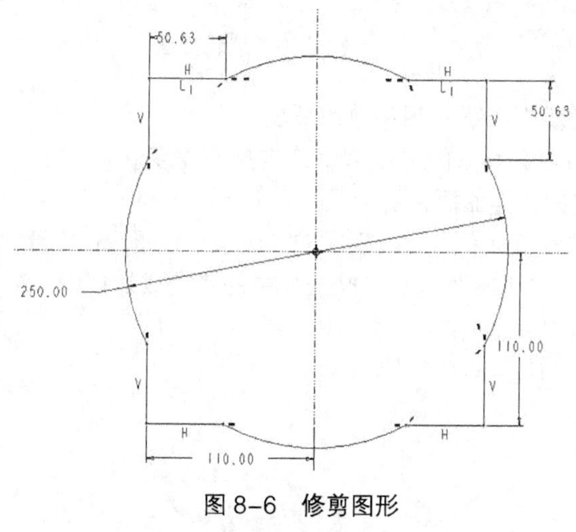

图 8-6　修剪图形

图 8-7　平整曲面

（6）保存文件到指定的位置并关闭当前对话框。

8.2.3　拉伸曲面和扫描曲面

在前面章节中学习的创建实体特征的工具也可用来创建曲面特征，只要选择“曲面”命令，即可创建相应的曲面。曲面特征的创建过程与相应实体特征的创建过程基本相同。下面分别以创建拉伸曲面、扫描曲面为例讲解通过“实体特征”命令创建曲面的一般过程。

1. 创建拉伸曲面的操作步骤

（1）新建名称为“lashenqm.prt”的文件。

（2）单击“基础特征”工具栏中的“拉伸”按钮，系统打开“拉伸”操控板。在操控板中单击“曲面”按钮，设置拉伸为曲面。再在操控板中依次单击“放置”→“定义”按钮，系统打开“草绘”对话框，选取 FRONT 基准平面作为草绘平面，其余选项接受系统默认设置，单击“草绘”按钮，进入草绘环境。

（3）绘制图 8-8 所示的截面。单击“草绘器工具”工具栏中的“中心线”按钮，绘制两条与参照线重合的中心线作为对称轴，单击“草绘器工具”工具栏中的“镜像”按钮和“删除段”按钮，镜像并修剪圆弧，结果如图 8-9 所示。

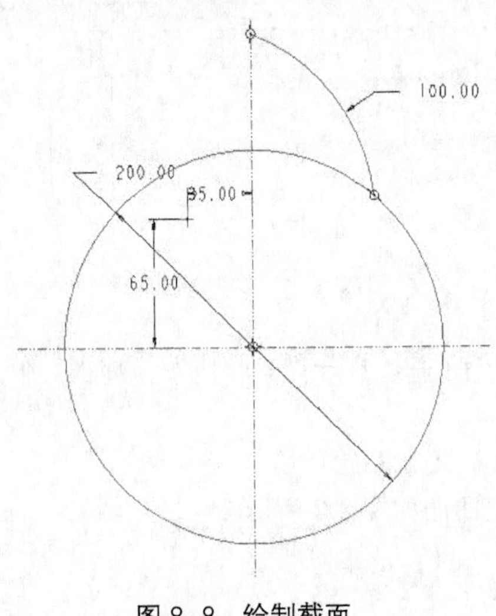

图 8-8　绘制截面

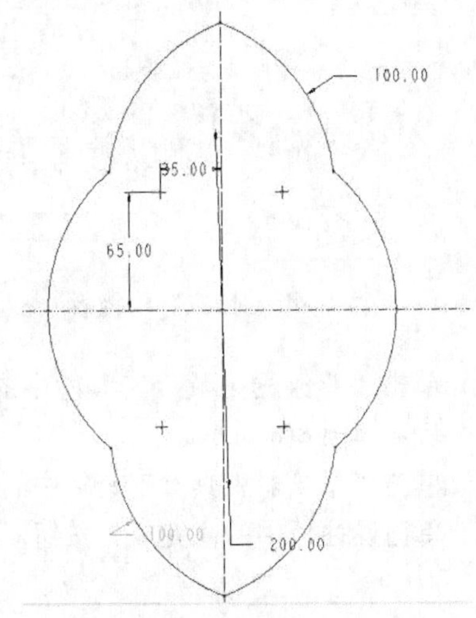

图 8-9　编辑截面

（4）单击“草绘器工具”工具栏中的“完成”按钮退出草绘环境。

（5）在操控板设置拉伸方式为（盲孔），在其后的文本框中给定拉伸深度值为“25”。单击操控板中的“预览”按钮预览模型，创建的拉伸曲面特征如图 8-10 所示。

（6）单击操控板中的“继续”按钮取消预览。单击操控板中的“选项”按钮，在打开的“选项”下滑面板中选取“封闭端”选项，创建封闭端曲面。单击操控板中的“完成”按钮，完成封闭端型拉伸曲面特征的创建，结果如图 8-11 所示。

（7）保存文件到指定的位置并关闭当前对话框。

图 8-10　拉伸曲面特征

图 8-11　拉伸曲面特征（封闭端）

2. 创建扫描曲面的操作步骤

扫描曲面可通过“扫描”命令来创建曲面特征，其过程与扫描实体基本相同。创建扫描曲面的具体操作步骤如下。

（1）新建名称为“saomiaoqm.prt”的文件。

（2）在菜单栏中选择“插入”→“扫描”→“曲面”命令，系统打开图 8-12 所示的“曲面：扫描”对话框和图 8-13 所示的“扫描轨迹”菜单。

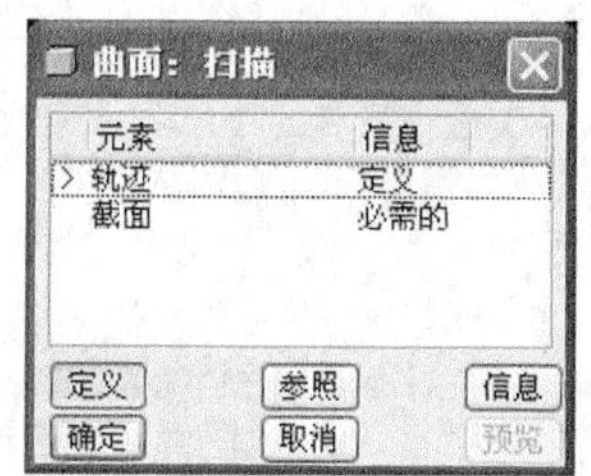

图 8-12　“曲面：扫描”对话框

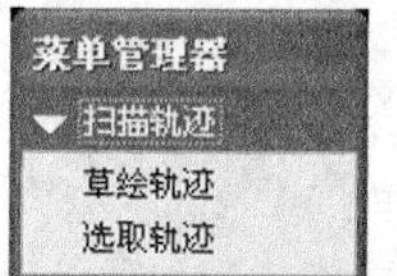

图 8-13　“扫描轨迹”菜单

（3）在打开的菜单中依次选择“草绘轨迹”→“新设置”→“平面”命令，打开“选取”对话框，如图 8-14 所示。选取 FRONT 基准平面作为草绘平面，并在图 8-15 所示的菜单中依次选择“确定”→“缺省”命令，进入草绘环境。

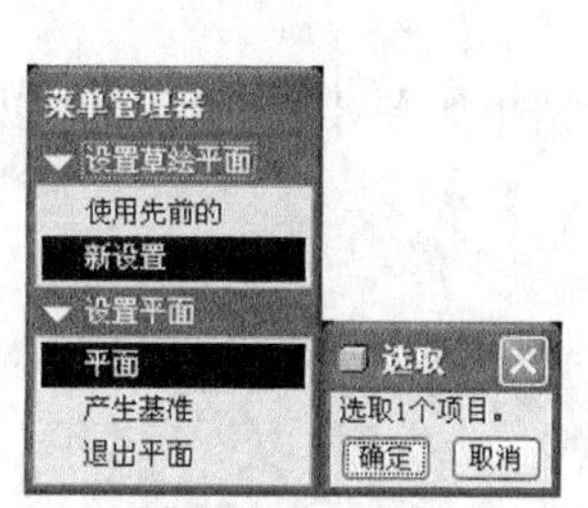

图 8-14　选取提示

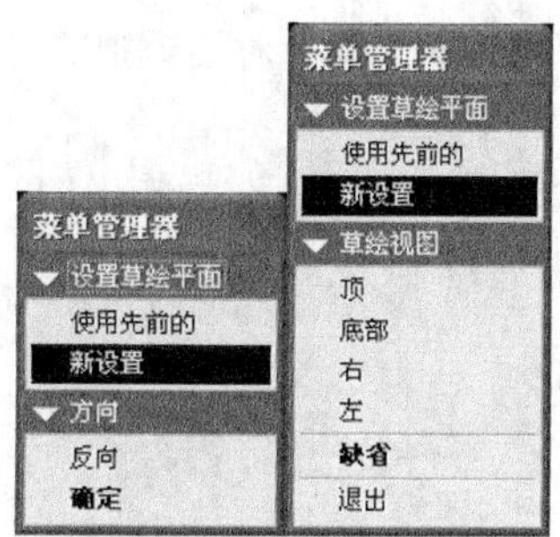

图 8-15　草绘选项设置

（4）单击“草绘器工具”工具栏中的“样条”按钮，绘制图 8-16 所示的扫描轨迹。单击“草绘器工具”工具栏中的“完成”按钮退出草绘环境，系统打开图 8-17 所示的“属性”菜单，选择“开放端”→“完成”命令。

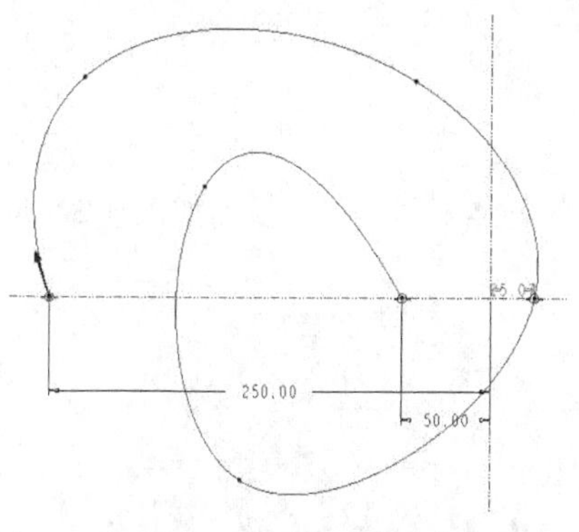

图 8-16　绘制扫描轨迹

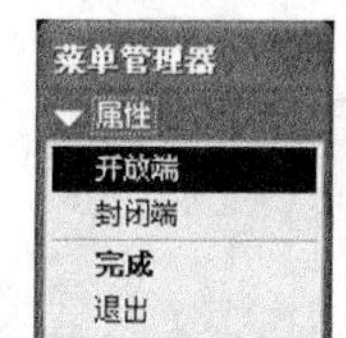

图 8-17　“属性”菜单

（5）系统进入扫描截面的草绘环境后，以系统默认参考线交点为中心绘制图 8-18 所示的草图。单击“草绘器工具”工具栏中的“删除段”按钮，修剪多余的线段，结果如图 8-19 所示。

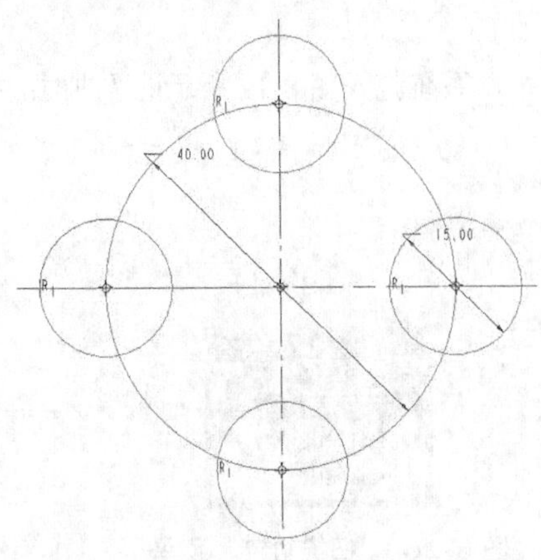

图 8-18　绘制草图

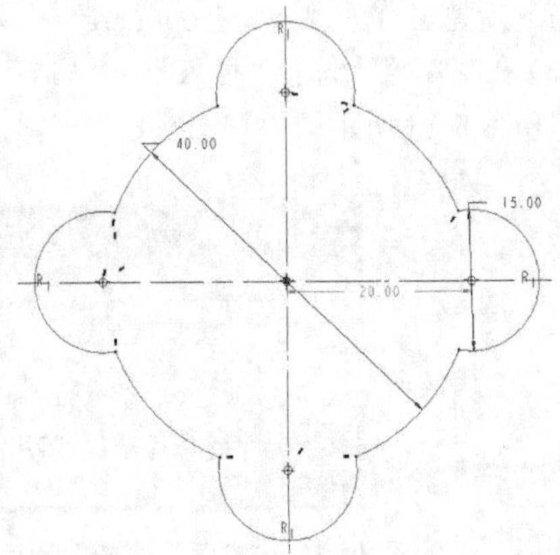

图 8-19　修剪草绘

（6）单击“草绘器工具”工具栏中的“完成”按钮✓退出草绘环境。

（7）单击“曲面：扫描”对话框中的“预览”按钮，结果如图 8-20 所示。可以看到创建的实体为空心的。

（8）双击“曲面：扫描”对话框中的“属性”选项，在系统打开的“属性”菜单中选择“封闭端”→“完成”命令。

（9）单击“曲面：扫描”对话框中的“确定”按钮，结果如图 8-21 所示。可以看到此时创建的实体为实心的。

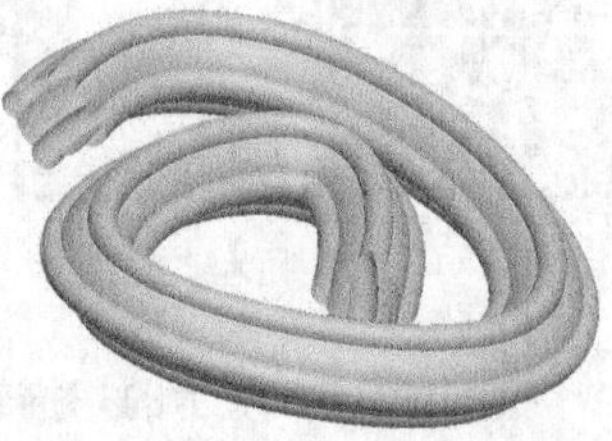

图 8-20　扫描曲面（开放终点）

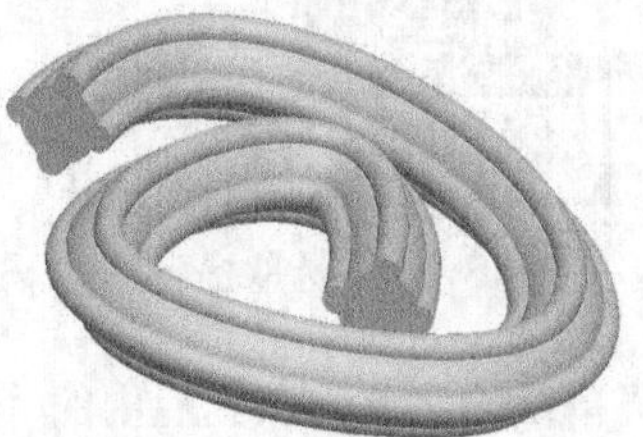

图 8-21　扫描曲面（封闭端）

（10）保存文件到指定的位置并关闭当前对话框。

8.2.4　实例——果盘

本例通过果盘的建模过程来介绍旋转曲面的具体使用方法，模型如图 8-22 所示。

扫码看视频

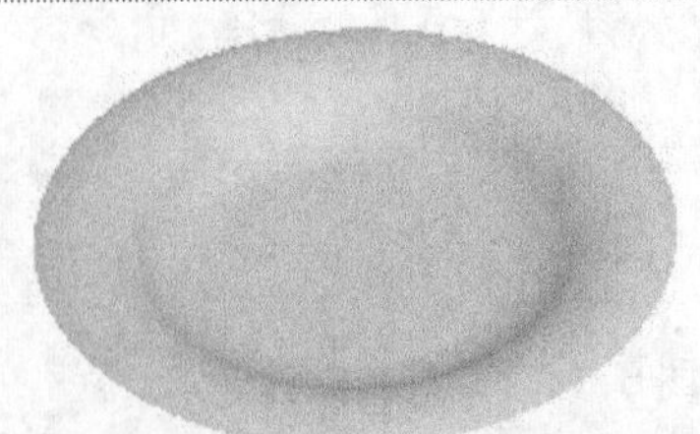

图 8-22　果盘

【创建步骤】

Step 1　新建文件

单击“文件”工具栏中的“新建”按钮，打开“新建”对话框，在“类型”选项组中点选“零件”单选钮，在“子类型”选项组中点选“实体”单选钮，在“名称”文本框中输入“guopan”，其余选项接受系统默认设置，单击“确定”按钮，创建一个新的零件文件。

Step 2　旋转曲面

（1）单击“基础特征”工具栏中的“旋转”按钮，打开“旋转”操控板。在“旋转”操控板中单击“曲面”按钮，再依次单击“放置”→“定义”按钮，选取 FRONT 基准平面作为草绘平面，单击“草绘”按钮，进入草绘环境。

（2）单击“草绘器工具”工具栏中的“线”按钮，绘制图 8-23 所示的截面。

技巧荟萃

水平直线和竖直直线应绘制得基本合适。在“目的管理器”中添加约束时，将把这些直线作为水平或竖直线对待。标记“H”和“V”的直线分别表示水平和竖直约束的直线。

（3）单击“草绘器工具”工具栏中的“3 点 / 相切端”按钮，在图 8-23 所示的草图中添加相切圆弧并修改其尺寸值，单击“草绘器工具”工具栏中的“完成”按钮退出草绘环境。

（4）在操控板中设置拉伸方式为（盲孔），在其后的文本框中给定旋转角度值为“360”，单击操控板中的“预览”按钮预览模型，如图 8-24 所示。单击操控板中的“完成”按钮，完成旋转特征的创建。

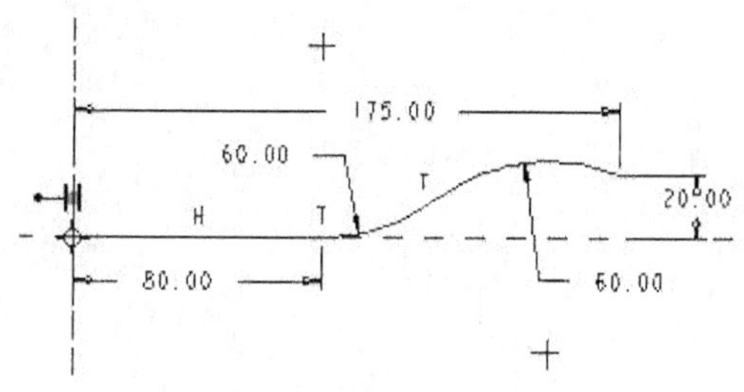

图 8-23　绘制截面

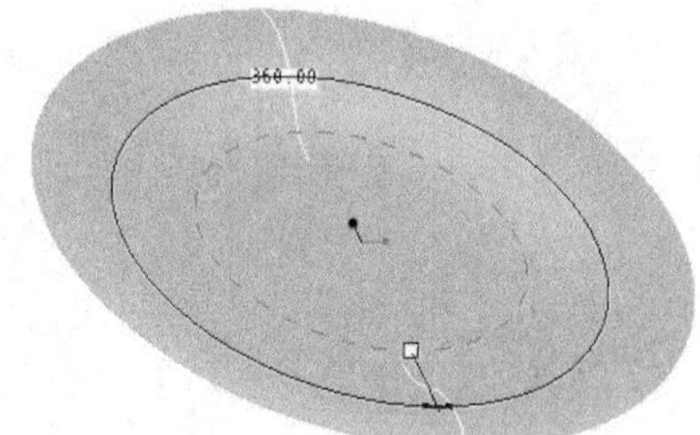

图 8-24　预览旋转特征

8.2.5　边界曲面

利用“边界混合”工具，可在参照实体（在一个或两个方向上定义曲面）之间创建边界混合特征。在每个方向上选定的第一个和最后一个图元上定义曲面的边界。添加更多参照图元（如控制点和边界条件）可使用户更完整地定义曲面形状。可选取曲线、零件边、基准点、曲线或边的端点作为参照图元。

在每个方向上，必须连续选择参照图元，可对参照图元进行重新排序。为边界混合曲面选取曲线时，Pro/ENGINEER 允许在第一和第二方向上选取曲线。此外，可选择混合曲面的附加曲线。选取参照图元的规则如下。

- 曲线、零件边、基准点、曲线或边的端点可作为参照图元使用。基准点或顶点只能出现在列表框的最前面或最后面。
- 在每个方向上，都必须按连续的顺序选择参照图元。
- 对于在两个方向上定义的混合曲面来说，其外部边界必须形成一个封闭的环。这意味着外部边界必须相交。若边界不终止于相交点，系统将自动修剪这些边界，并使用与其有关的部分。
- 如果要使用连续边或一条以上的基准曲线作为边界，可按住 <Shift> 键选取曲线链。
- 为混合而选取的曲线不能包含相同的图元数。
- 当指定曲线或边定义混合曲面形状时，系统会记住参照图元选取的顺序，并为每条链分配一个适当的号码。可通过在“参照”列表框中单击曲线集并将其拖动到所需位置来调整顺序。

1. 创建单方向边界曲面的操作步骤

（1）新建名称为“bianjieqm1.prt”的文件。

（2）单击“基础特征”工具栏中的“边界混合”按钮，系统打开“边界混合”操控板。单击“基准”工具栏中的“草绘”按钮，打开“草绘”对话框，在绘图区选取 FRONT 基准平面作为草绘平面，其余选项接受系统默认设置，单击“草绘”按钮，进入草绘环境。绘制图 8-25 所示的曲线，单击“草绘器工具”工具栏中的“完成”按钮退出草绘环境。

（3）单击“基准”工具栏中的“平面”按钮，选取 FRONT 基准平面作为参照平面，设置偏距值为“300”，单击“确定”按钮，创建基准平面 DTM1。

（4）单击“基准”工具栏中的“草绘”按钮，在打开的“草绘”对话框中选取新创建的基准平面 DTM1 作为草绘平面，单击“草绘”按钮进入草绘环境。绘制另一条反 S 形曲线，如图 8-26 所示。

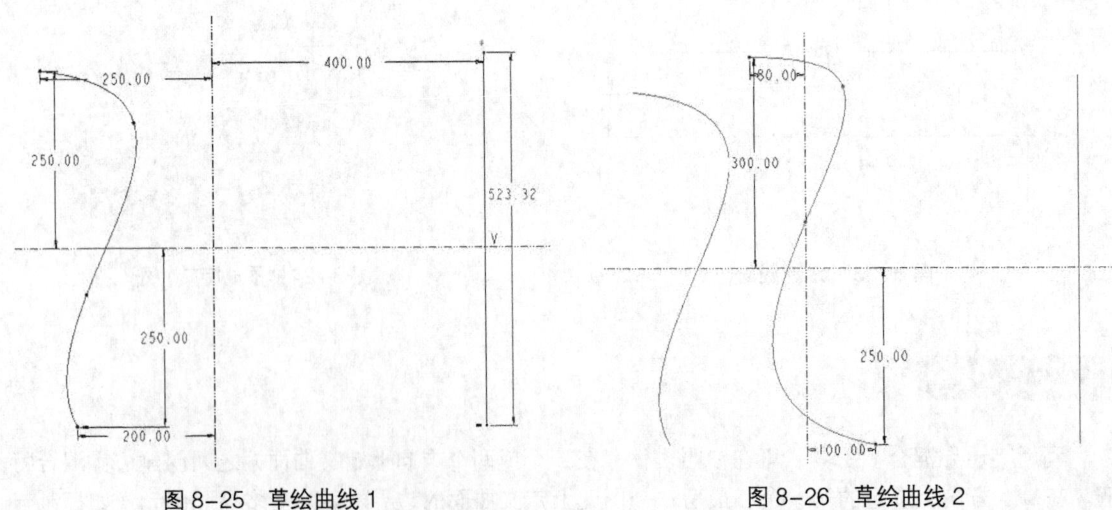

图 8-25 草绘曲线 1　　图 8-26 草绘曲线 2

（5）单击“草绘器工具”工具栏中的“完成”按钮退出草绘环境。再单击操控板中的“继续”按钮，使实体界面变为可编辑状态。按住 <Ctrl> 键从左到右依次选取图 8-26 中的 3 条曲线。

（6）单击操控板中的“预览”按钮，预览创建的边界曲面，如图 8-27 所示。

（7）在边界曲面创建过程中，曲线选取的顺序不同，曲面的形状也会各不相同。单击操控板中的“曲线”按钮，打开图 8-28 所示的“曲线”下滑面板，在“第一方向”列表框中列出了选取的曲线，选取任何一条曲线，通过右侧向上或向下的箭头调整曲线的混合顺序。

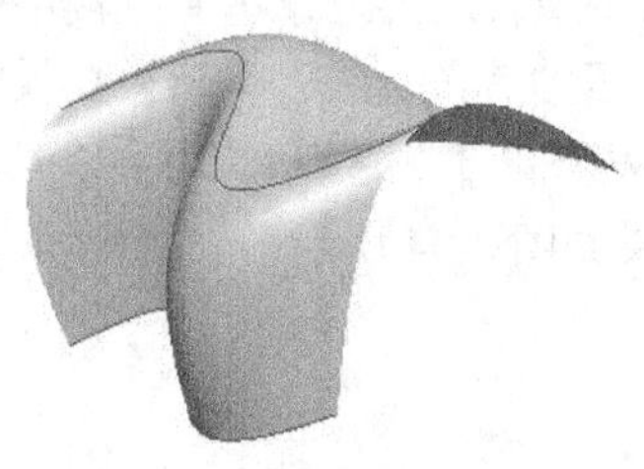
图 8-27　预览边界曲面

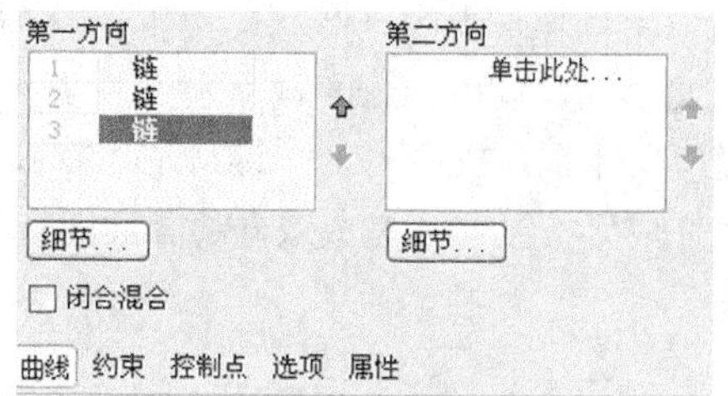

图 8-28　“曲线”下滑面板

（8）将混合顺序调整为：先混合 FRONT 基准平面内的曲线，再混合曲线 2，则创建的边界曲面如图 8-29 所示。

（9）勾选“曲面”下滑面板中的“闭合混合”复选框，混合结果如图 8-30 所示。

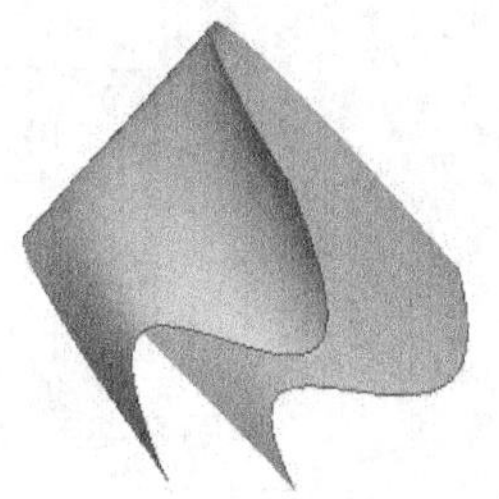
图 8-29　边界曲面

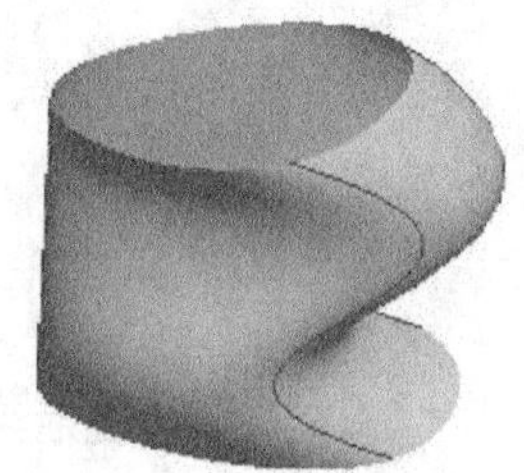
图 8-30　闭合混合曲面

（10）单击操控板中的“完成”按钮，完成边界曲面特征的创建。

（11）保存文件到指定的位置并关闭当前对话框。

2. 创建双向边界曲面的操作步骤

对于在两个方向上定义的混合曲面来说，其外部边界必须形成一个封闭的环。创建双向边界曲面时要求两个方向上的边界曲线相交。若边界未终止于相交点，Pro/ENGINEER 将自动修剪这些边界，并使用与其有关的部分。为混合而选取的曲线不能包含相同的图元数。创建双方向边界曲面的具体操作步骤如下。

（1）新建名称为“bianjieqm2.prt”的文件。

（2）单击“基础特征”工具栏中的“边界混合”按钮，打开“边界混合”操控板。

（3）单击“基准”工具栏中的“草绘”按钮，打开“草绘”对话框。选取 FRONT 基准平面作为草绘平面，其余选项接受系统默认设置，单击“草绘”按钮，进入草绘环境。绘制图 8-31 所示的曲线，然后单击“草绘器工具”工具栏中的“完成”按钮退出草绘环境。

（4）单击“基准”工具栏中的“草绘”按钮，打开“草绘”对话框。选取 TOP 基准平面作为草绘平面，其余选项接受系统默认设置，单击“草绘”按钮，进入草绘环境。绘制图 8-32 所示的曲线，单击“草绘器工具”工具栏中的“完成”按钮退出草绘环境。

（5）单击“基准”工具栏中的“平面”按钮，选取 TOP 基准平面作为参照平面，设置偏距值为“160”，创建基准平面 DTM1。

（6）单击“基准”工具栏中的“草绘”按钮，打开“草绘”对话框。选取新创建的基准平面 DTM1 作为草绘平面，其余选项接受系统默认设置，单击“草绘”按钮，进入草绘环境。绘制图 8-33 所示的较小的拱形曲线，然后单击“草绘器工具”工具栏中的“完成”按钮退出草绘环境。

（7）单击操控板中的“继续”按钮，使实体界面变为可编辑状态。单击操控板中的“第一方向链”文本框，按住 <Ctrl> 键从左到右依次选取图 8-31 所示的 2 条曲线。单击操控板中的“第二方向链”文本框，按住 <Ctrl> 键从左到右依次选取图 8-32 和图 8-33 中绘制的两条曲线。单击操控板的“完成”按钮，完成双向边界曲面特征的创建，结果如图 8-34 所示。

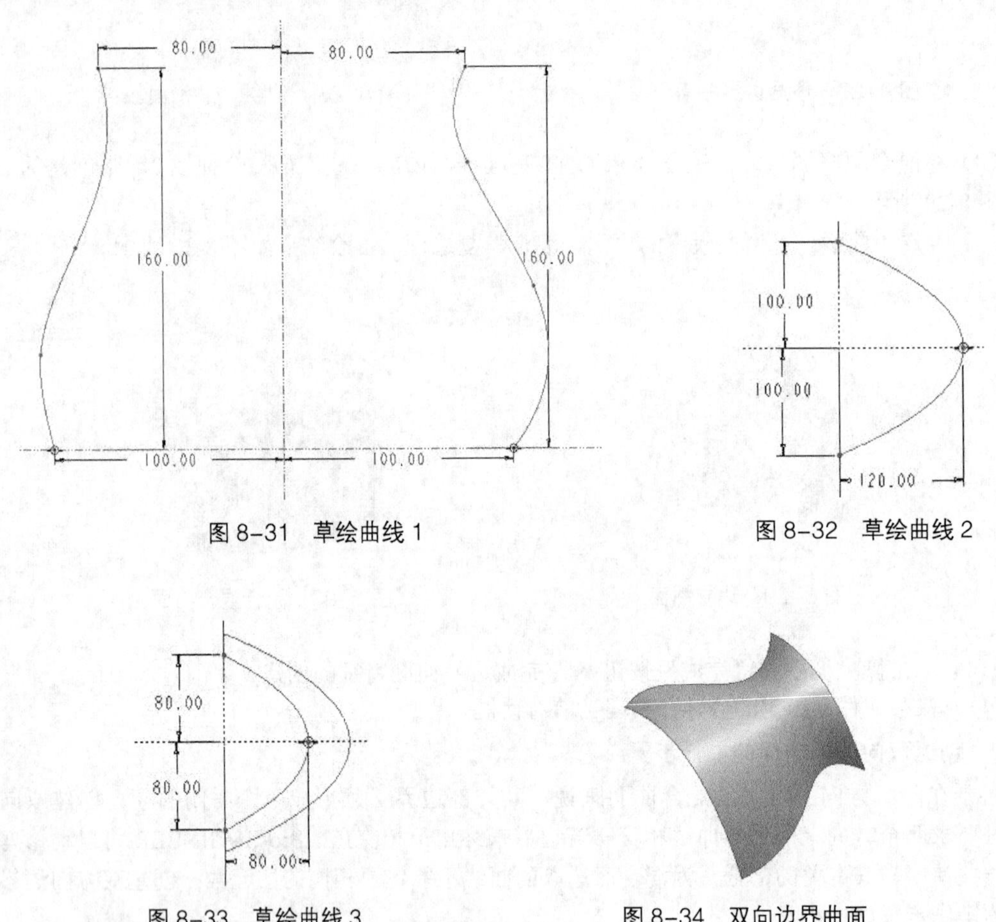

图 8-31　草绘曲线 1

图 8-32　草绘曲线 2

图 8-33　草绘曲线 3

图 8-34　双向边界曲面

（8）保存文件到指定的位置并关闭当前对话框。

8.2.6　实例——凸轮

本例介绍凸轮的建模过程，模型如图 8-35 所示。首先利用从动件的位移数据来创建图形特征和数据文件，然后利用图形特征关系创建可变截面扫描曲面，从而得到凸轮的轮廓线，最后利用拉伸命令创建中心孔和键槽。

扫码看视频

图 8–35　凸轮

【创建步骤】

Step 1 创建新文件

单击“文件”工具栏中的“新建”按钮或选择菜单栏中的“文件”→“新建”命令，弹出“新建”对话框。在“类型”选项组中点选“零件”单选钮，在“名称”文本框输入“tulun.prt”，取消勾选“使用缺省模板”复选框，单击“确定”按钮，弹出“新文件选项”对话框，选择“mmns_part_solid”选项，单击“确定”按钮，创建新的零件文件。

Step 2 创建图形特征

（1）选择主菜单中的“插入”→“模型基准”→“图形”命令，在消息输入窗口中，输入图形的名称“tulun1”，单击按钮，进入图形创建环境。

（2）选择菜单栏中的“草绘”→“坐标系”命令，在绘图区中创建一个坐标系，然后单击“草绘器工具”工具栏中的“中心线”按钮，绘制过坐标系原点的两条坐标轴。

（3）单击“草绘器工具”工具栏中的“样条曲线”按钮，绘制图 8-36 所示的样条曲线，除了首尾点的坐标如图所示之外，其他点的坐标可以任意绘制，将由数据文件控制。

Step 3 生成数据文件

双击样条曲线，系统出现图 8-37 所示的操控板，单击操控板中的“文件”按钮，在图 8-38 所示的下滑面板中选中“笛卡尔”单选按钮，并选择草绘图中刚刚创建的坐标系，单击按钮，修改文件名称为“tulun1.pts”，单击按钮，完成数据文件的创建。

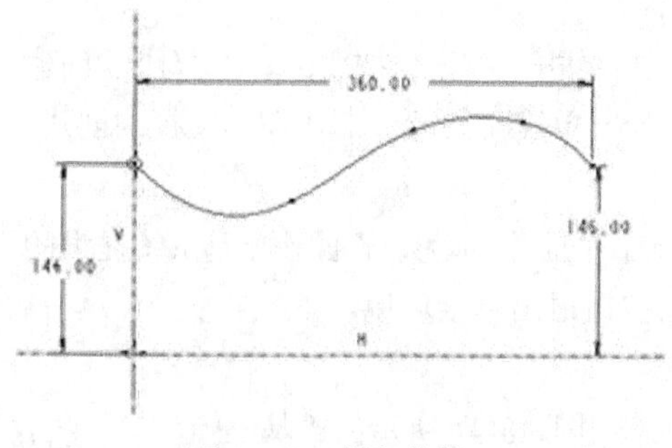

图 8–36　样条曲线

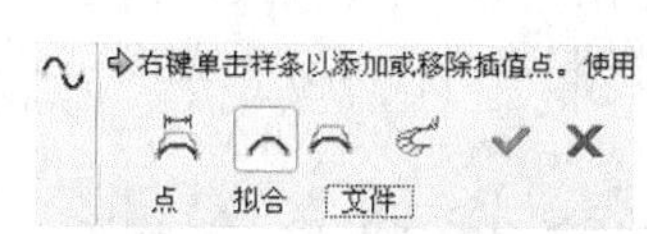

图 8–37　数据文件操控板

图 8–38　下滑面板

Step 4 修改数据文件

用记事本打开刚才创建的数据文件 tulun1，按图 8-39 所示修改上面的数据，选择菜单中的“文件”→“保存”命令，退出记事本。

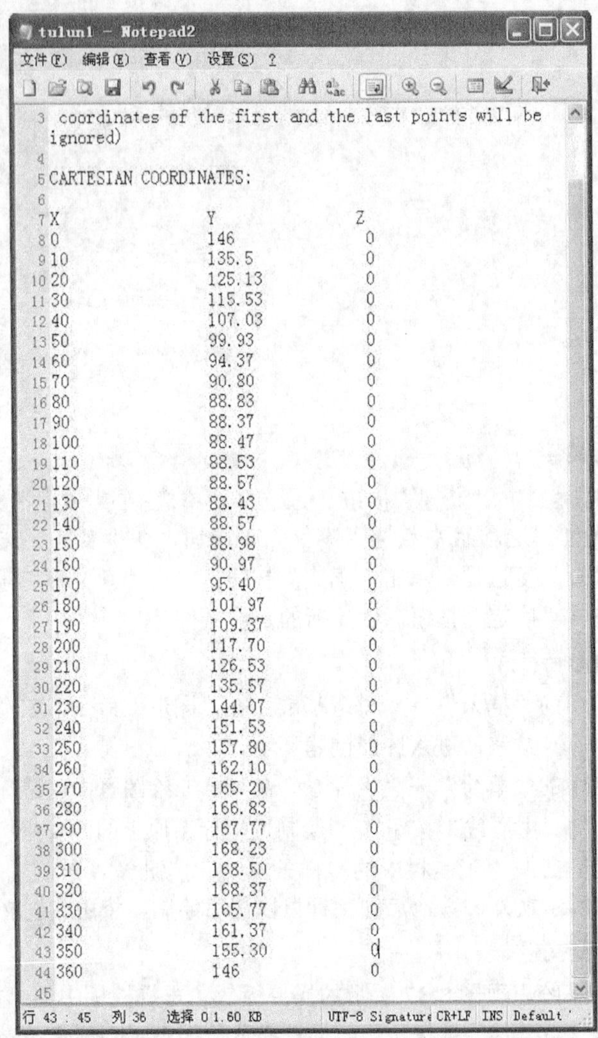

```
coordinates of the first and the last points will be
ignored)

CARTESIAN COORDINATES:

X        Y        Z
0        146      0
10       135.5    0
20       125.13   0
30       115.53   0
40       107.03   0
50       99.93    0
60       94.37    0
70       90.80    0
80       88.83    0
90       88.37    0
100      88.47    0
110      88.53    0
120      88.57    0
130      88.43    0
140      88.57    0
150      88.98    0
160      90.97    0
170      95.40    0
180      101.97   0
190      109.37   0
200      117.70   0
210      126.53   0
220      135.57   0
230      144.07   0
240      151.53   0
250      157.80   0
260      162.10   0
270      165.20   0
280      166.83   0
290      167.77   0
300      168.23   0
310      168.50   0
320      168.37   0
330      165.77   0
340      161.37   0
350      155.30   0
360      146      0
```

图 8-39 修改数据文件

Step 5 利用数据文件生成样条曲线

双击样条曲线，在出现的操控板中选择“文件”菜单项，单击“打开”按钮，选择刚才创建的数据文件，在消息输入窗口选择“是”，完成样条曲线的创建。单击图标，退出图形特征的创建。

Step 6 创建基准曲线

单击“基准”工具栏中的“草绘”按钮，选择 FRONT 平面作为草绘平面，接受系统提供的参照系，进入草绘环境。绘制图 8-40 所示的草图，单击按钮退出草绘环境。

Step 7 创建基准点

单击“基准特征”工具栏中的“基准点”按钮，系统弹出图 8-41 所示的“基准点”对话框，选择刚才创建的基准曲线作为参照，在参照类型下拉列表中选择“居中”，单击“确定”按钮退出基准点的创建。

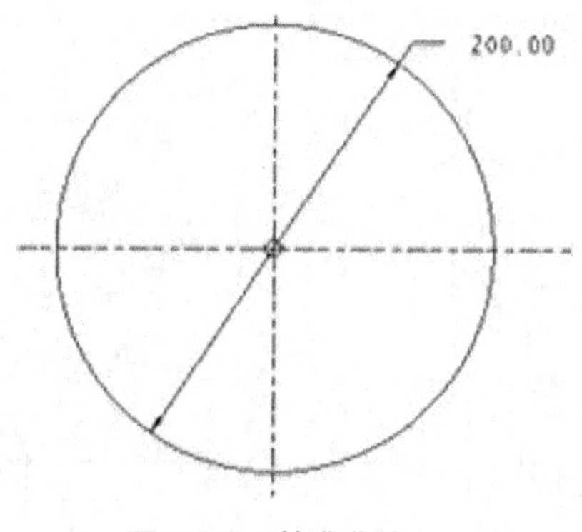

图 8-40　基准曲线

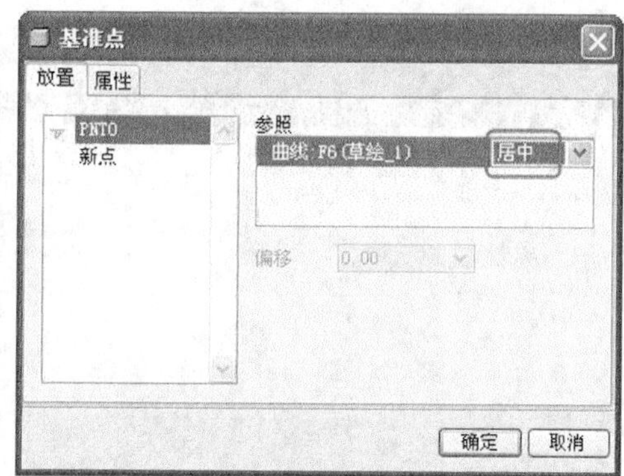

图 8-41　“基准点”对话框

Step 8　创建可变截面扫描曲面

（1）选择菜单栏中的“插入”→“可变截面扫描”命令或单击“基础特征”工具栏中的“可变截面扫描”按钮，系统打开“可变截面扫描”操控板，如图 8-42 所示。

（2）在操控板中单击“曲面”按钮。单击操控板中的“参照”菜单项，在出现的对话框中选择刚才创建的基准曲线作为轨迹线，剖面控制选择为“垂直于轨迹”。单击操控板中的“选项”按钮，选择“可变截面”单选按钮。

（3）单击操控板中的按钮，绘制图 8-43 所示的草图。

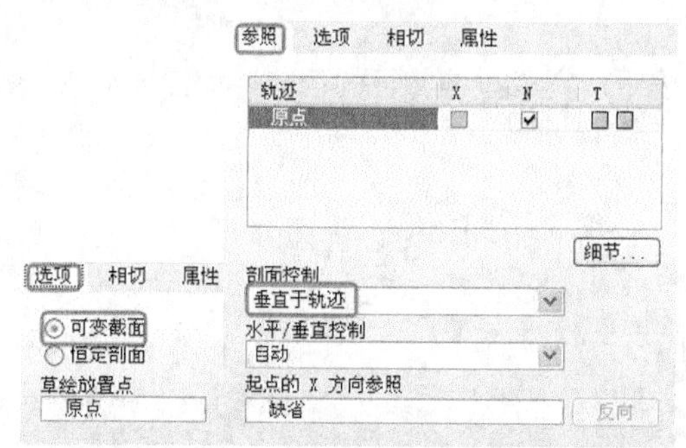

图 8-42　“可变截面扫描”操控板

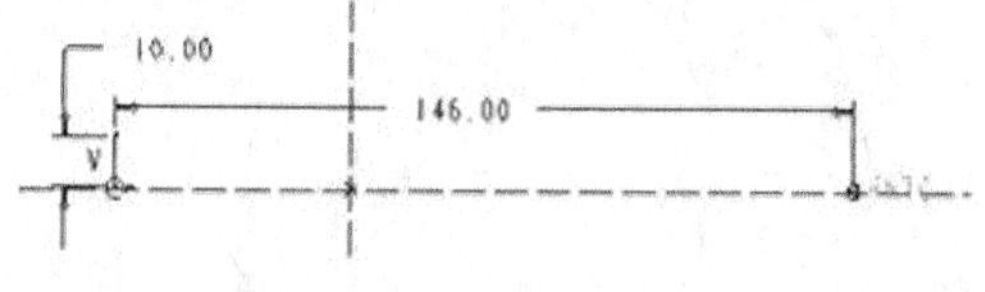

图 8-43　扫描截面草图

Step 9　定义关系

选择菜单栏中的“工具”→“关系”命令，在弹出的“关系”对话框中编辑输入关系式，如图 8-44（a）所示，此时上面所绘扫描截面草图中的具体尺寸转换为图 8-44（b）所示的参考尺寸，根据所示参照尺寸编辑关系式。单击✔按钮，退出扫描曲面创建。

注意

在“关系”对话框中，输入的并不一定是本例中的尺寸代码 sd6，应该根据实际情况选择输入。

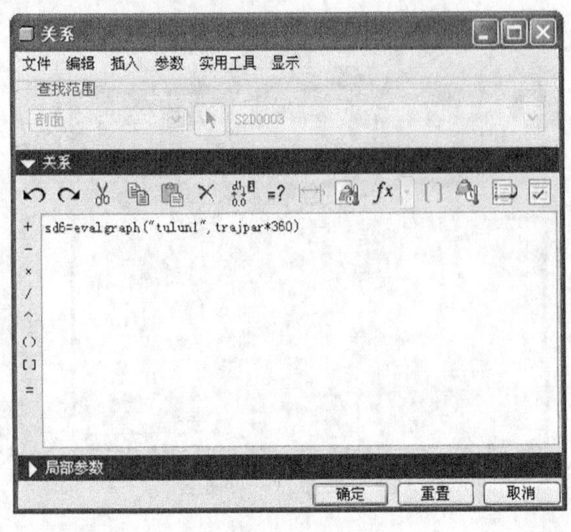

a

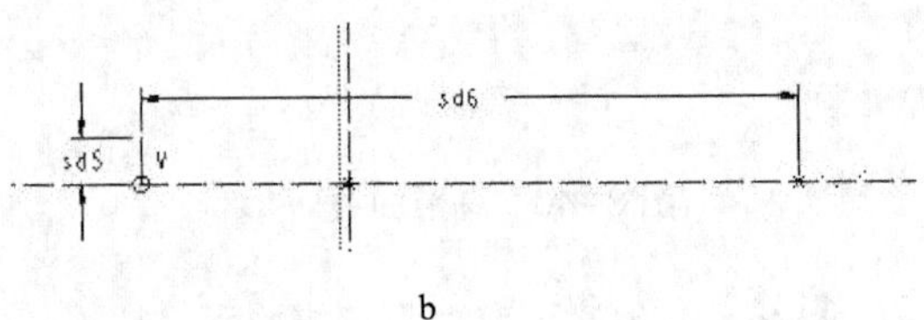

b

图 8-44 关系的建立

Step 10 创建拉伸特征

（1）单击“基础特征”工具栏中的“拉伸”按钮或选择菜单栏中的“插入”→“拉伸”命令，打开“拉伸”操控板。

（2）选择草绘平面为 FRONT 平面，在系统提供的参照系的基础上增加刚才创建的扫描曲面作为参照，进入草绘环境。在“草绘器工具”工具栏中选择“通过边创建图元”按钮，选择前面的扫描截面曲线，完成图 8-45 所示的草绘。

（3）在操控板中输入拉伸深度为“30”，单击按钮，完成拉伸特征的创建，如图 8-46 所示。

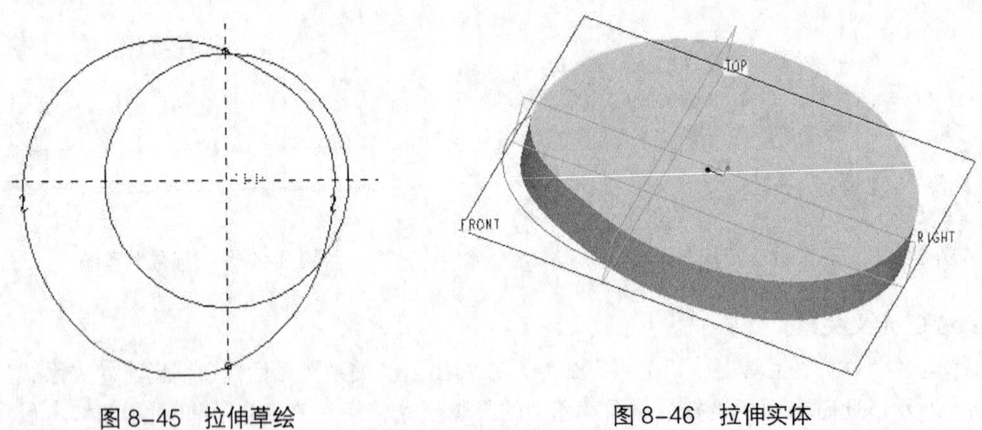

图 8-45 拉伸草绘　　图 8-46 拉伸实体

Step 11 创建剪切特征

（1）单击“基础特征”工具栏中的“拉伸”按钮或选择菜单栏中的“插入”→“拉伸”命令，打开“拉伸”操控板，选择拉伸为实体。

（2）选择草绘平面为 FRONT 平面，接受系统提供的缺省参照系，开始草绘。草绘图如图 8-47 所示，单击✔按钮，退出草绘环境。

（3）在操控板中选择拉伸类型为（穿透），选择“去除材料”按钮，单击按钮，完成剪切特征的创建。最终结果如图 8-35 所示。

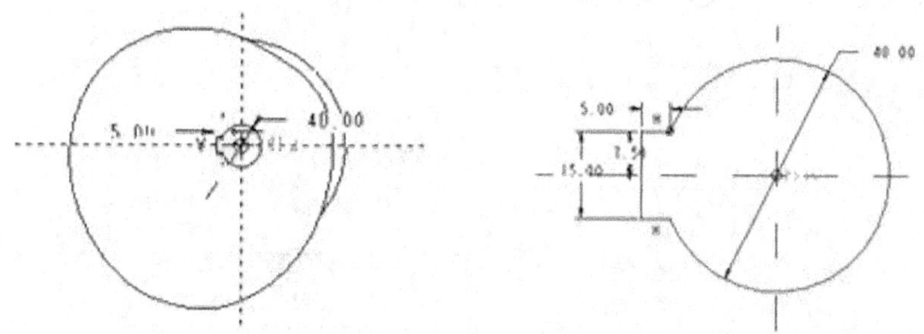

图 8–47　剪切草绘图

8.3 曲面编辑

前面讲述的曲面的创建方法可创建一些简单曲面，下面将学习曲面的编辑方法，包括对曲面进行偏移、复制、修剪等操作，还可将多个曲面合并成面组，最后将曲面面组实体化，通过曲面来创建实体模型。

8.3.1 偏移曲面

使用“偏移”工具，通过将一个曲面或一条曲线偏移恒定的距离或可变距离来创建一个新的特征。然后，可使用偏移曲面构建几何或创建阵列几何，也可使用偏移曲线构建一组可在以后用来构建曲面的曲线。“偏移”工具中提供了各种选项，如将拔模添加到偏移曲面、在曲面内偏移曲线等。偏移曲面的具体操作步骤如下。

（1）打开光盘中的“\ 源文件 \ 第 8 章 \qumianbj.prt”文件，如图 8-48 所示。由于本例下次还会被调用，所以将编辑后的文件另存为一个新的文件，在菜单栏中选择“文件”→“保存副本”命令，更改当前文件名称为“qumianbj1.prt”，单击“确定”按钮保存文件。

（2）将鼠标光标移至图形的上部面组，面组的部分边线会加亮显示，单击并上下移动鼠标光标，直到面组所有边线都加亮显示，然后再次单击，即可选取整个曲面面组，如图 8-49 所示。

图 8–48　原始模型

图 8–49　选取面组

（3）在菜单栏中选择“编辑”→“偏移”命令，系统打开“曲面偏移”操控板，如图 8-50 所示。

（4）在操控板中设置偏移类型为“标准偏移”，单击操控板中的“选项”按钮，在打开的“选项”下滑面板的下拉列表中选择“垂直于曲面”选项并勾选“创建侧曲面”复选框，激活“特殊处理”列表框，选取模型上表面的矩形平面，表示将矩形的上表面排除使之不在偏移的面组之内。

（5）在操控板的“距离”文本框中输入偏移值“100”。

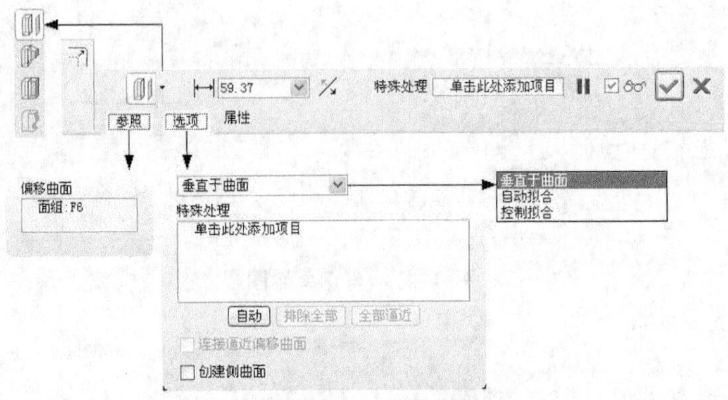

图 8-50 “曲面偏移”操控板

（6）除了被排除的曲面外，其他曲面均向外偏移“100”，曲面各个部分保持原来的形状，曲面偏移预览结果如图 8-51 所示。右击，在打开的右键快捷菜单中选择“从列表中拾取”命令，如图 8-52 所示。

（7）在打开的“从列表中拾取”对话框中选取曲面的下表面（曲面：F6）作为排除的曲面，如图 8-53 所示，然后单击“确定”按钮关闭该对话框。

图 8-51 曲面偏移预览结果

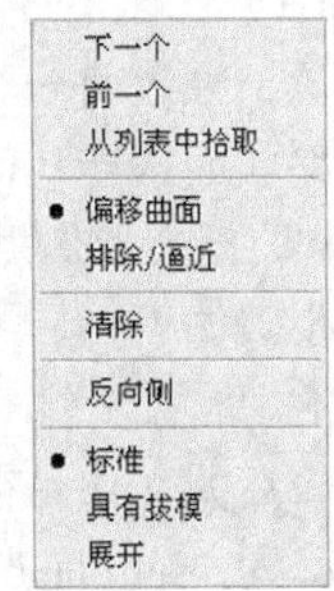

图 8-52 右键快捷菜单

（8）单击操控板中的“选项”按钮，在打开的“选项”下滑面板中取消勾选“创建侧曲面”复选框。

（9）单击操控板中的“完成”按钮，完成曲面偏移特征的创建，结果如图 8-54 所示。

（10）保存文件到指定的位置并关闭当前对话框。

图 8-53 “从列表中拾取”对话框

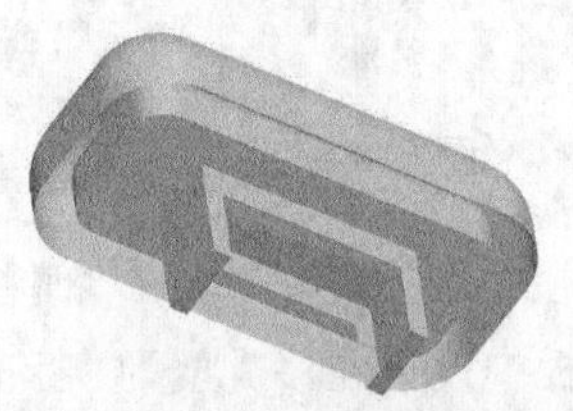

图 8-54 偏移曲面

8.3.2 复制曲面

复制和粘贴几何（如面组和链）时，会生成实体特征。粘贴复制几何时，将打开与几何类型相关的用户界面，如果已经复制了面组，则将打开面组的操控板。

在“复制曲面”模式中，可在选定曲面上直接创建面组。生成的面组含有与父项曲面形状和大小相同的曲面。复制曲面的具体操作步骤如下。

（1）打开图 8-48 所示的“qumianbj.prt”文件，在菜单栏中选择“文件”→“保存副本”命令，更改当前文件名称为“qumianbj2.prt”，单击“确定”按钮保存文件。

（2）采用同样的方法选取图 8-49 所示的面组。

（3）完成面组选取后，在菜单栏中选择“编辑”→“复制”命令，即可将选取的面组复制到剪贴板中。也可按 <Ctrl>+<C> 键复制曲面。

（4）在菜单栏中选择“编辑”→“选择性粘贴”命令，即可打开图 8-55 所示的“选择性粘贴”操控板。

（5）单击操控板中的“变换”按钮，打开“变换”下滑面板，在“复制方式”下拉列表中选择“移动”选项，并在其后的文本框中输入移动距离为“500”，然后激活“方向参照”列表框，选取 TOP 基准平面作为参照平面，如图 8-56 所示。

（6）设置完成后再次单击“变换”按钮关闭下滑面板。单击“选项”按钮，打开“选项”下滑面板，勾选“隐藏原始几何”复选框。

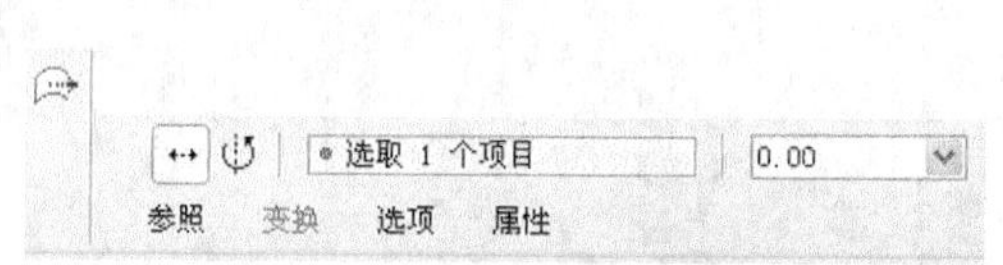

图 8-55　“选择性粘贴”操控板

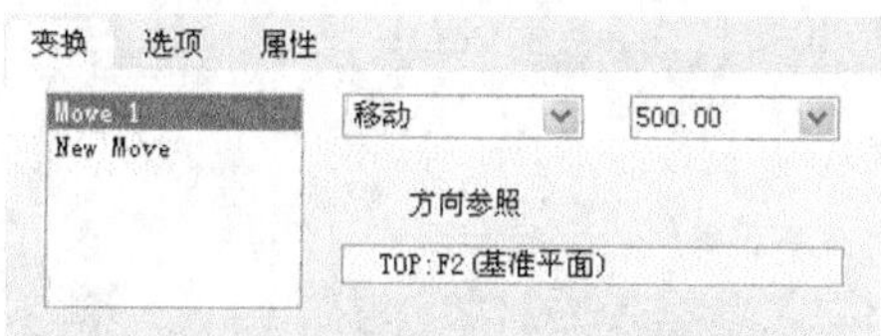

图 8-56　“变换”下滑面板 1

（7）图形预览结果如图 8-57 所示，单击操控板中的“继续”按钮 ▶ 取消预览。

（8）单击操控板中的“变换”按钮，打开“变换”下滑面板，在“复制方式”下拉列表中选择“旋转”选项或单击操控板中的 按钮，并在其后的文本框中输入旋转角度为“100”，激活“方向参照”列表框，选取基准坐标系的 X 轴为旋转参照，如图 8-58 所示。

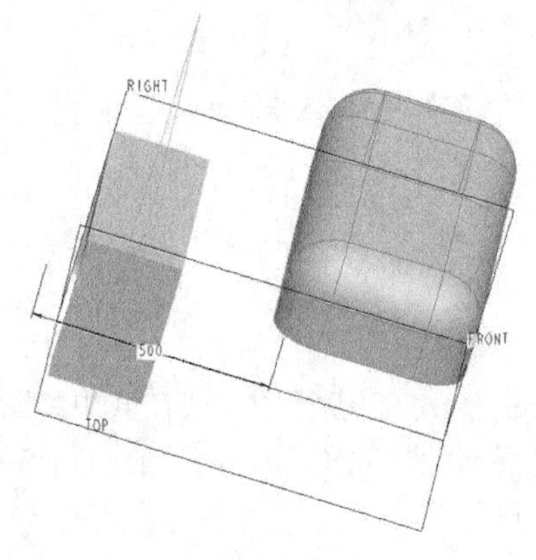

图 8-57　复制曲面（移动）

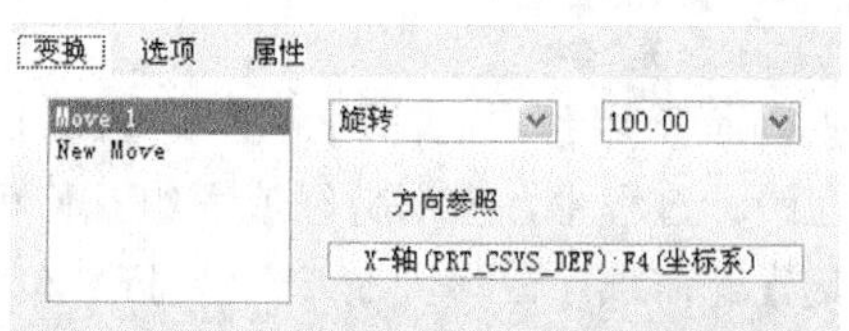

图 8-58　“变换”下滑面板 2

（9）单击操控板中的“选项”按钮，在系统打开的“选项”下滑面板中取消勾选“隐藏原始几何”复选框。

（10）单击操控板中的“完成”按钮，完成曲面复制特征的创建，如图 8-59 所示。

（11）保存文件到指定的位置并关闭当前对话框。

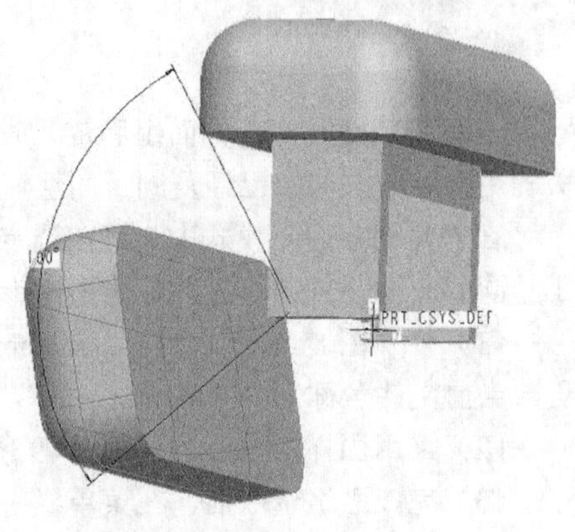

图 8-59　复制曲面（旋转）

8.3.3　镜像曲面

使用此工具将简单零件镜像到较为复杂的设计中可节省绘制时间。除了零件几何，“镜像”工具允许复制镜像平面周围的曲面。镜像曲面的具体操作步骤如下。

（1）打开图 8-48 所示的“qumianbj.prt”文件，在菜单栏中选择“文件”→“保存副本”命令，更改当前文件名称为“qumianbj3.prt”，单击“确定”按钮保存文件。

（2）采用同样的方法选取图 8-49 所示的面组。

（3）在菜单栏中选择“编辑”→“镜像”命令，系统打开“镜像”操控板，如图 8-60 所示。

（4）激活操控板中“镜像平面”后的列表框或单击“参照”按钮，在打开的“参照”下滑面板中激活“镜像平面”列表框，选取 FRONT 基准平面作为镜像平面。

（5）单击操控板中的“完成”按钮，完成曲面的镜像，如图 8-61 所示。

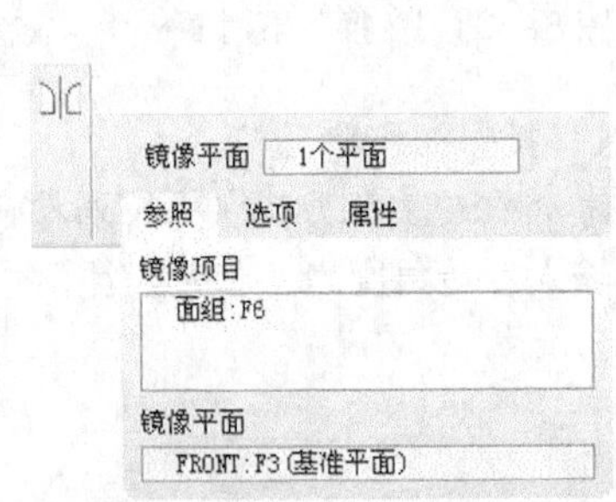

图 8-60　“镜像”操控板

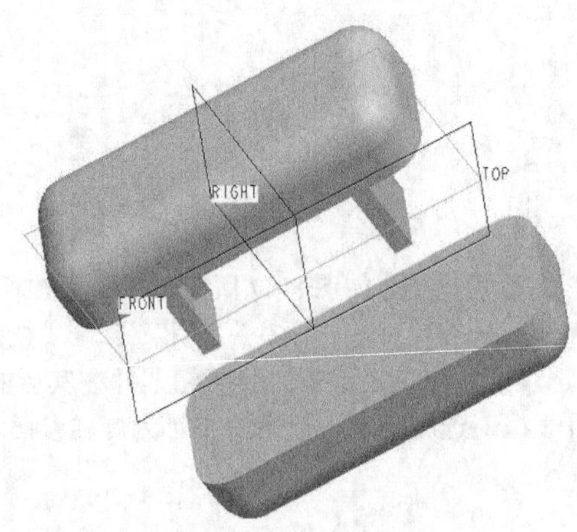

图 8-61　镜像曲面

（6）保存文件到指定的位置并关闭当前对话框。

8.3.4　加厚曲面

加厚特征使用预定的曲面特征或面组几何将薄材料部分添加到设计中，或在其中移除薄材料部分。在设计过程中，曲面特征或面组几何可提供很大的灵活性，并允许对该几何进行转换，以更好地满足设计需求。设计“加厚”特征时必须先执行以下操作。

- 选取一个开放或闭合的面组作为参照。

- 确定使用参照几何的方法（添加或移除薄材料部分）。
- 定义加厚特征几何的厚度方向。

要进入“加厚”工具，必须先选取一个曲面特征或面组。进入“加厚”工具前，只能选取有效的几何。如果选取的特征满足“加厚”特征条件之一，即被放置到“面组”列表框中。当该工具处于活动状态时，可选取新的曲面或面组参照。“面组”列表框一次只能接受一个有效的曲面或面组参照。

指定实体化特征的有效曲面或面组后，在绘图区预览生成的几何。在绘图区或操控板中，可通过使用右键快捷菜单来修改加厚特征的属性。还可使用方向箭头直接控制材料方向。预览几何会自动更新，以反映所做的任何修改。

通常，“加厚”特征被用来创建复杂的薄几何，如果可能，使用常规的实体特征创建这些几何将更为困难。曲面加厚的具体操作步骤如下。

（1）打开光盘中的“\ 源文件 \ 第 8 章 \qmyanshen.prt”文件，在菜单栏中选择“文件”→“保存副本”命令，更改文件名称为“qmjiahou.prt”，单击“确定”按钮保存文件。

（2）选取曲面特征中经旋转和延伸操作所形成的曲面。

（3）在菜单栏中选择“编辑”→“加厚”命令，系统打开“加厚”操控板，如图 8-62 所示。

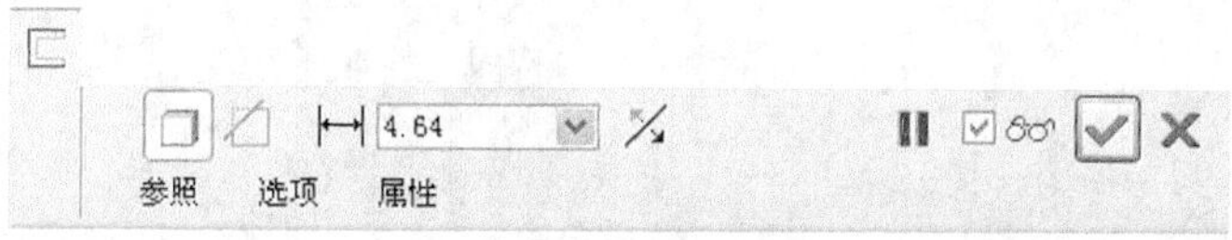

图 8-62　“加厚”操控板

（4）单击操控板中的“选项”按钮，系统打开“选项”下滑面板，单击“排除曲面”列表框将其激活，选取图 8-63 所示延伸特征的部分环作为排除曲面。

（5）单击操控板中的“选项”按钮关闭下滑面板，并给定加厚尺寸值为“10”。

（6）单击操控板中的“完成”按钮✓，完成曲面加厚特征的创建，结果如图 8-64 所示。

（7）保存文件到指定的位置并关闭当前对话框。

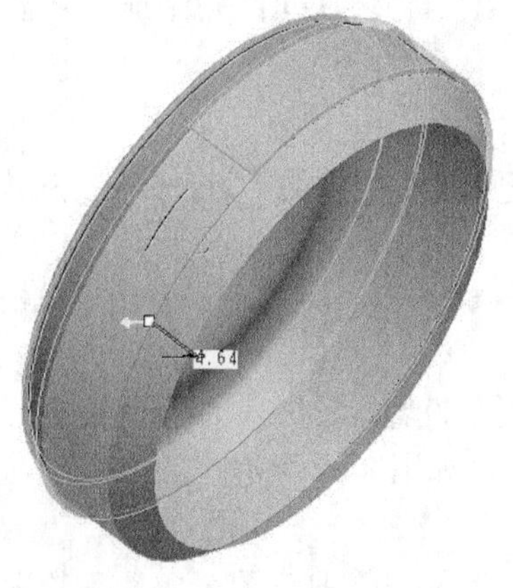

图 8-63　选取排除曲面

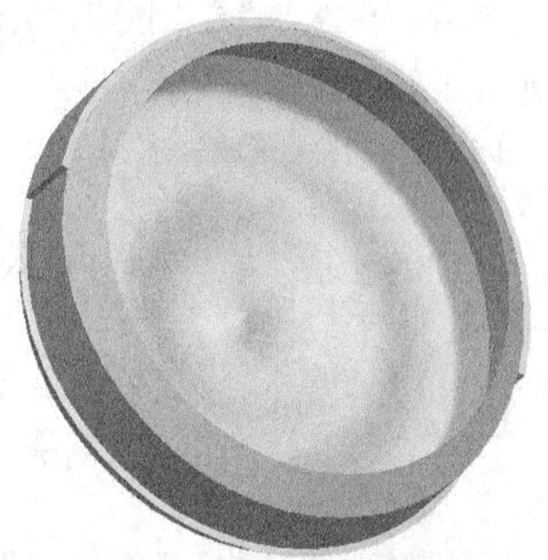

图 8-64　加厚曲面

8.3.5 实例——水瓶

本例介绍水瓶的建模过程，模型如图 8-65 所示。首先绘制旋转用的曲线，旋转曲线来创建水瓶曲面。建立的水瓶体是曲面，通过加厚操作产生一定的厚度。瓶口需要旋转得到，瓶口的螺纹通过扫描而成，最后创建倒圆角特征，形成最终的零件模型。

扫码看视频

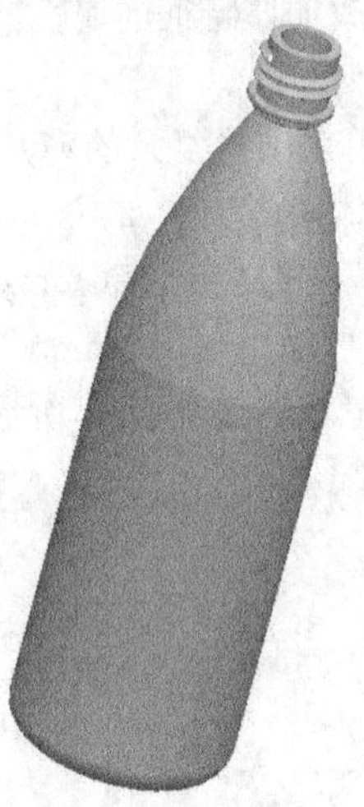

图 8-65　水瓶

【创建步骤】

Step 1　新建模型

单击"文件"工具栏中的"新建"按钮或选择菜单栏中的"文件"→"新建"命令，弹出"新建"对话框。在"类型"选项组中点选"零件"单选钮，在"名称"文本框输入"shuiping.prt"，取消勾选"使用缺省模板"复选框，单击"确定"按钮，弹出"新文件选项"对话框，选择"mmns_part_solid"选项，单击"确定"按钮，创建新的零件文件。

Step 2　旋转水瓶体

（1）单击"基础特征"工具栏中的"旋转"按钮或选择菜单栏中的"插入"→"旋转"命令，打开"旋转"操控板。

（2）在工作区上选择基准平面 FRONT 作为草绘平面，绘制图 8-66 所示的草图。单击✔按钮退出草绘环境。

（3）在操控板上单击"曲面特征"按钮，在操控板上设置旋转方式为（变量）。在操控板上输入"360"作为旋转的变量角。单击按钮，完成特征如图 8-67 所示。

Step 3　加厚水瓶体

（1）选择旋转实体。选择菜单栏中的"编辑"→"加厚"命令，打开图 8-68 所示的操控板。

（2）在操控板上输入"0.1"作为加厚的厚度值，如图 8-68 所示。单击按钮完成特征，如图 8-69 所示。

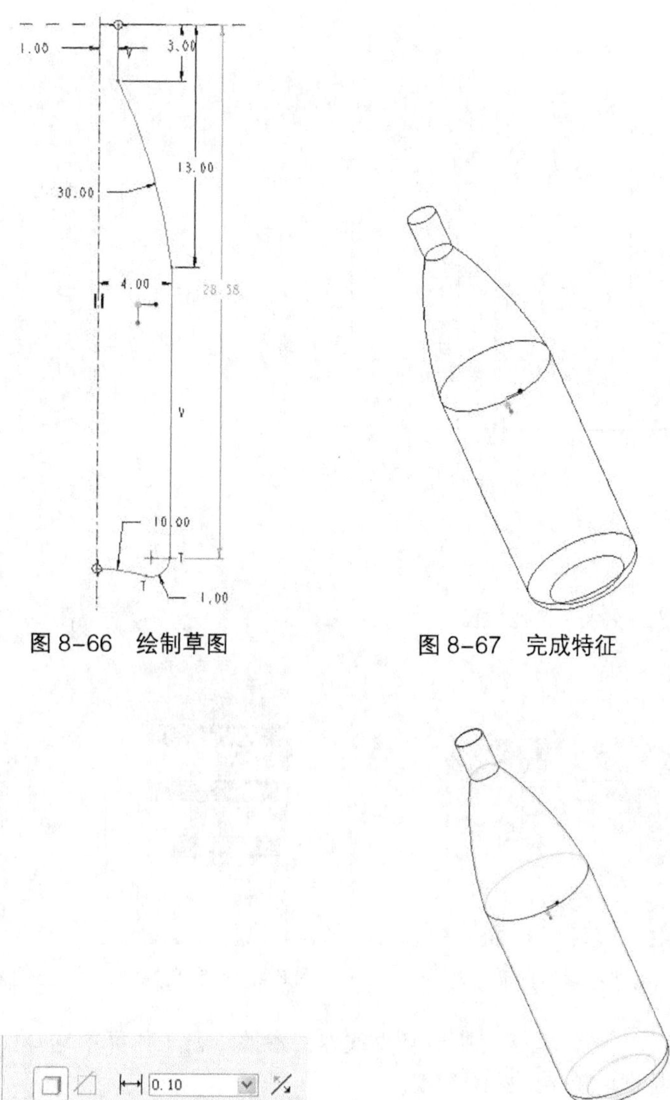

图 8-66　绘制草图

图 8-67　完成特征

图 8-68　设置厚度

图 8-69　完成特征

Step 4　旋转瓶口

（1）单击“基础特征”工具栏中的“旋转”按钮或选择菜单栏中的“插入”→“旋转”命令，打开“旋转”操控板。

（2）在绘图平面上绘制草图。单击“草绘器工具”工具栏中的“线”按钮，绘制图 8-70 所示的截面图。

（3）以“360”作为旋转的变量角进行旋转，单击按钮，完成旋转操作，如图 8-71 所示。

Step 5　扫描瓶口螺纹

（1）选择菜单栏中的“插入”→“螺旋扫描”→“伸出”命令。打开“伸出项：螺旋扫描”对话框，如图 8-72 所示，同时出现图 8-73 所示的菜单管理器。

（2）选择“常数”→“穿过轴”→“右手定则”→“完成”选项作为螺纹属性。

（3）选择“使用先前的”作为草绘平面，如图 8-74 所示，然后选择“确定”。

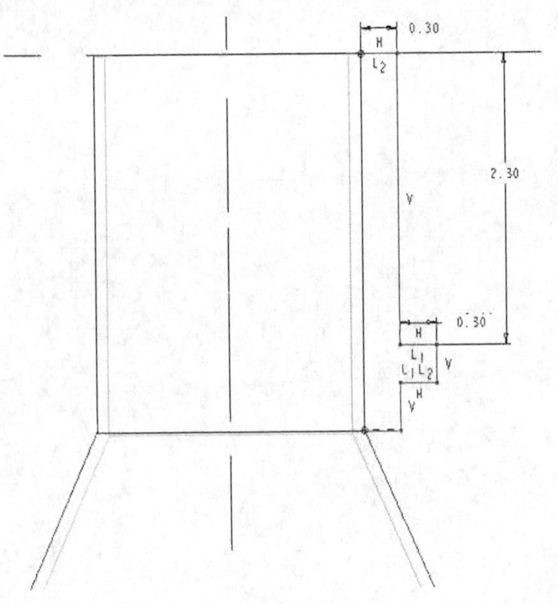

图 8-70　特征的草绘截面

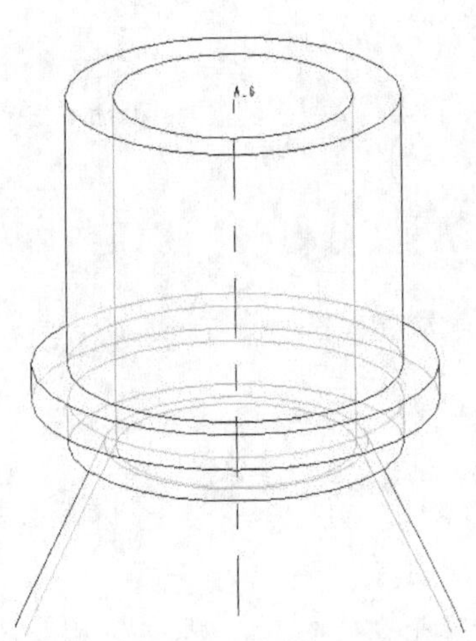

图 8-71　完成特征

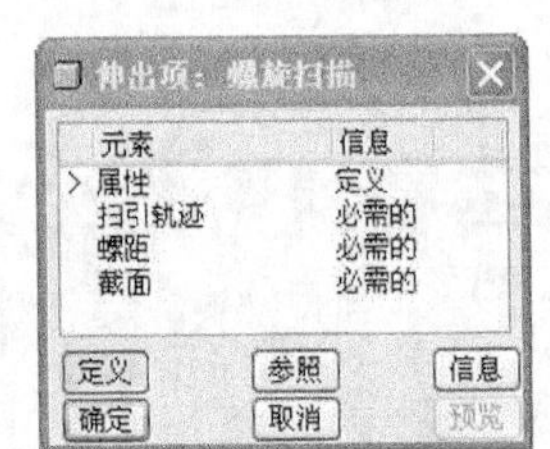

图 8-72　“伸出项：螺旋扫描”对话框

图 8-73　定义属性

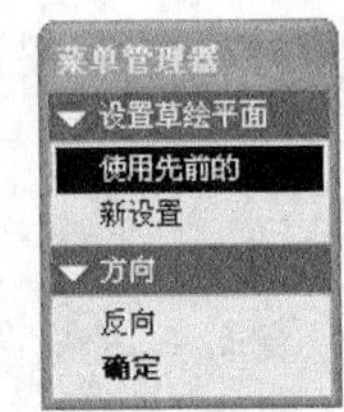

图 8-74　设置参照

（4）使用“参照”对话框指定瓶口竖直线作为参照。在工作区中选择图 8-75 所示的竖直线，然后在“参照”对话框中单击“关闭”按钮。

（5）通过创建图 8-76 所示的截面定义扫描路径（包括中心线）。绘制图 8-76 所示的一条直线图元作为螺旋特征的轨迹路径。单击✔按钮，退出草绘环境。

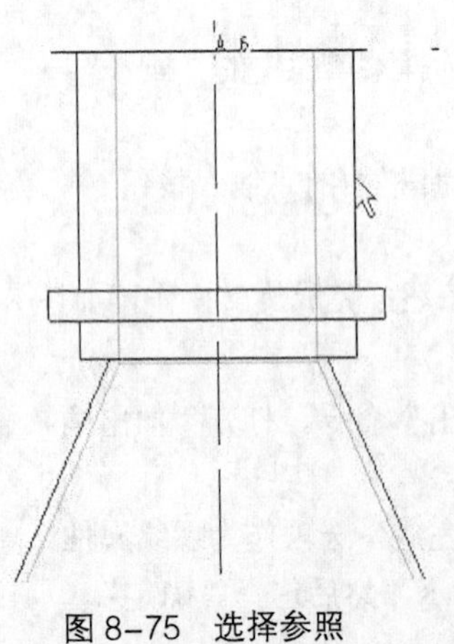

图 8-75　选择参照

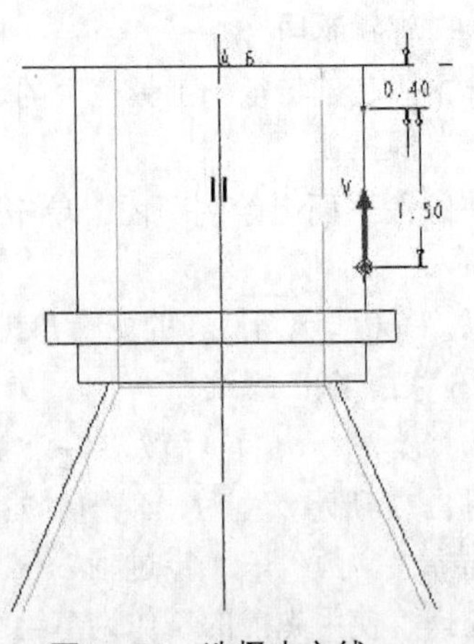

图 8-76　选择中心线

（6）输入“0.50”作为螺纹节距值。

（7）绘制定义切减材料特征的截面。在草绘环境中绘制图 8-77 所示的草图。单击✔按钮，退出草绘环境。

（8）预览特征，然后在特征定义对话框中单击“确定”按钮，如图 8-78 所示。

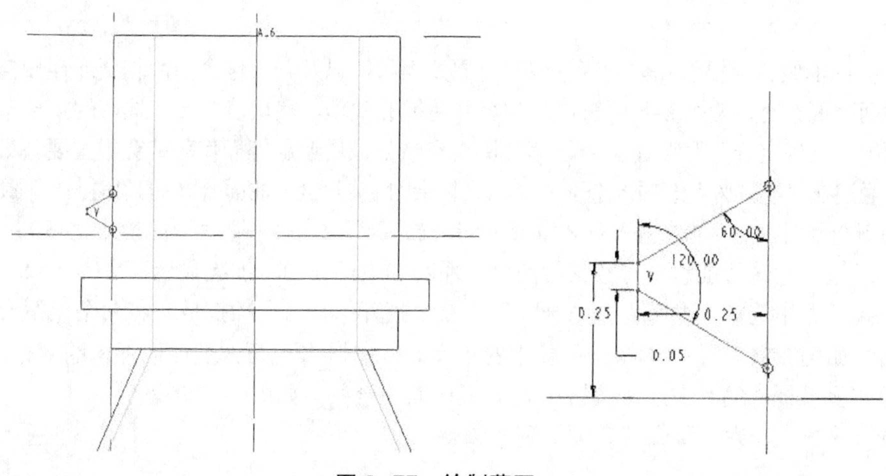

图 8–77　绘制草图

Step 6 创建倒圆角特征

（1）选择菜单栏中的“插入”→“倒圆角”命令或单击“工程特征”工具栏中的“倒圆角”按钮。

（2）在旋转特征的圆柱面选择 4 条边，如图 8-79 所示。

图 8–78　生成特征

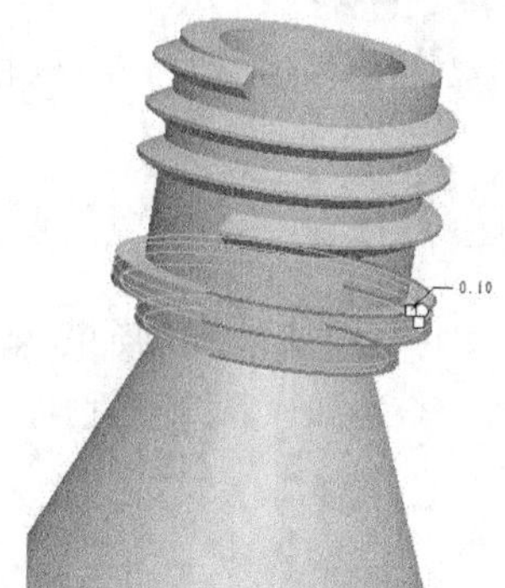

图 8–79　选择倒角边

（3）输入“0.1”作为圆角的半径，单击按钮，结果如图 8-65 所示。

8.3.6 合并曲面

可使用“合并”工具通过相交或连接合并两个面组。生成的面组是一个单独的面组，与两个原始面组一致。如果删除合并特征，原始面组仍保留。合并面组的方法包含以下两种。

- 使用相交创建一个由两个相交面组修剪部分所组成的面组。
- 如果一个面组的边位于另一个面组的曲面上，则使用连接。

技巧荟萃

在“组件”模式中，只可合并组件级面组。如果要生成元件级合并特征，必须先激活元件，然后在该元件中合并面组。

一个合并的面组包含提供几何的两个或多个原始面组，以及一个包含曲面相交或连接信息的合并特征。合并两个面组时，两个参照面组均成为合并特征的父项。默认情况下，选取的第一个面组将成为主参照面组，它确定合并面组 ID。对于诸如隐含和恢复或层遮蔽等操作可能会很重要。如果隐含主参照面组（通过在“模型树”选项卡选取），则合并面组也被隐含。曲面合并的具体操作步骤如下。

（1）打开光盘中的“\ 源文件 \ 第 8 章 \qmshitihua.prt”文件，其原始模型如图 8-80 所示。

（2）同时选取旋转特征和填充特征的两个曲面，选取的曲面将加亮显示。

（3）在菜单栏中选择“编辑”→“合并”命令，打开“合并”操控板。将两个模型合并后保留曲面的箭头，如图 8-81 所示。单击操控板中的“反向”按钮，可改变曲面保留的部分。

（4）单击操控板中的“完成”按钮，完成曲面的合并，如图 8-82 所示。

（5）保存文件到指定的位置并关闭当前对话框。

图 8-80　原始模型

图 8-81　保留曲面选取

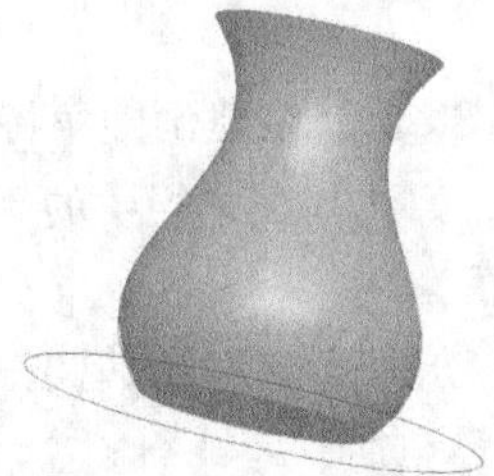

图 8-82　合并曲面

8.3.7　实例——椅子

本例介绍椅子的建模过程，模型如图 8-83 所示。首先绘制椅子轮廓线，然后创建边界混合曲面作为椅子边界，接着合并和加厚椅子边界，再旋转生成椅子腿，最后创建倒圆角特征，形成最终的零件模型。

扫码看视频

图 8-83　椅子

【创建步骤】

Step 1 新建文件

单击“文件”工具栏中的“新建”按钮，打开“新建”对话框，在“类型”选项组中点选“零件”单选钮，在“子类型”选项组中点选“实体”单选钮，在“名称”文本框中输入“yizi”，其余选项接受系统默认设置，单击“确定”按钮，创建一个新的零件文件。

Step 2 创建基准平面

单击“基准”工具栏中的“平面”按钮，系统打开“基准平面”对话框。选取 TOP 基准平面作为参照平面，设置约束类型为“偏移”，并给定偏移值为“25”，如图 8-84 所示的第一个基准平面；再以 TOP 基准平面为参照，分别偏移 28 和 29 创建第二和第三个基准平面。

Step 3 草绘椅子轮廓线

（1）单击“基准”工具栏中的“草绘”按钮，系统打开“草绘”对话框，选取基准平面 DTM1 作为草绘平面。单击“草绘”按钮，进入草绘环境。单击“草绘器工具”工具栏中的“圆心和端点”按钮和“3 点 / 相切端”按钮，绘制图 8-85 所示的草图并修改其尺寸值。单击“草绘器工具”工具栏中的“完成”按钮退出草绘环境。

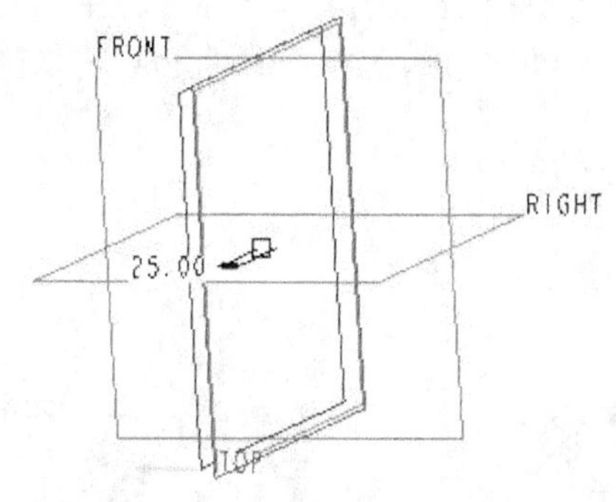

图 8-84　创建基准平面

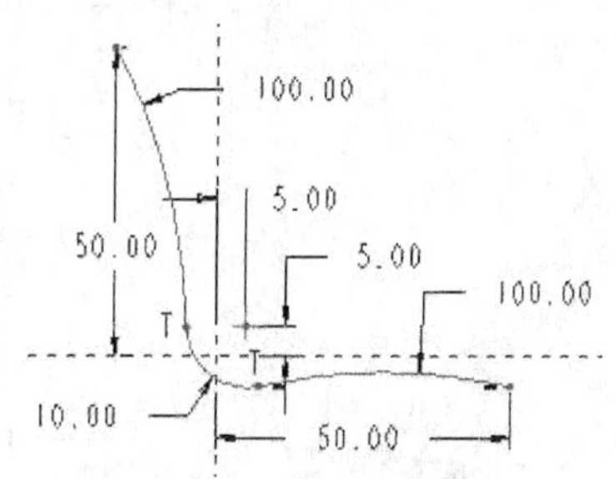

图 8-85　绘制草图 1

（2）单击“基准”工具栏中的“草绘”按钮，打开“草绘”对话框，选取 DTM2 基准平面作为草绘平面，单击“草绘”按钮，进入草绘环境。单击“草绘器工具”工具栏中的“圆心和端点”按钮和“3 点 / 相切端”按钮，绘制图 8-86 所示的草图并修改其尺寸值，单击“草绘器工具”工具栏中的“完成”按钮退出草绘环境。

（3）单击“基准”工具栏中的“草绘”按钮，打开“草绘”对话框，选取 DTM3 基准平面作为草绘平面，单击“草绘”按钮，进入草绘环境。单击“草绘器工具”工具栏中的“使用”按钮，弹出“类型”对话框。在图形区中选择绘制的草图 1 和草图 2，单击“关闭”按钮，关闭对话框。再单击“草绘器工具”工具栏中的“直线”按钮，绘制图 8-87 所示的直线，单击“草绘器工具”工具栏中的“完成”按钮退出草绘环境。

（4）镜向椅子轮廓线。单击“草绘器工具”工具栏中的“依次”按钮，框选绘制的 3 个草图。单击“草绘器工具”工具栏中的“镜像”按钮，选取 TOP 基准平面作为镜像参照平面，镜像结果如图 8-88 所示。

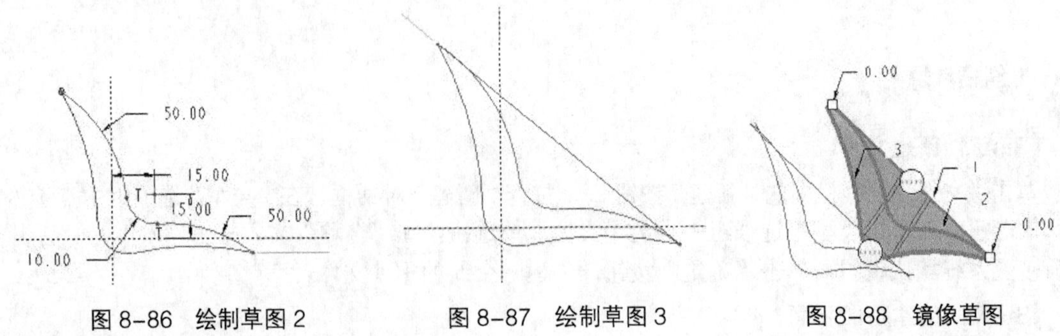

图 8-86 绘制草图 2　　图 8-87 绘制草图 3　　图 8-88 镜像草图

Step 4 创建边界混合曲面作为椅子边界

（1）单击“基础特征”工具栏中的“边界混合”按钮，系统打开“边界混合”操控板。单击“第一方向”列表框将其激活，按住 <Ctrl> 键，选取图 8-88 所示的 3 条基准曲线。单击操控板中的“完成”按钮，完成边界混合曲面 1 特征的创建。

（2）采用同样的方法选取图 8-89 和图 8-90 所示的基准曲线，创建边界混合曲面 2、混合曲面 3 特征。

Step 5 合并椅子边界

按住 <Ctrl> 键，选取图 8-91 所示边界混合曲面 1、混合曲面 2，单击“编辑特征”工具栏中的“合并”按钮，单击操控板中的“完成”按钮。按住 <Ctrl> 键，选取图 8-92 所示的合并 1 和边界混合曲面 3，单击“编辑特征”工具栏中的“合并”按钮，再单击操控板中的“完成”按钮，完成椅子边界的合并。

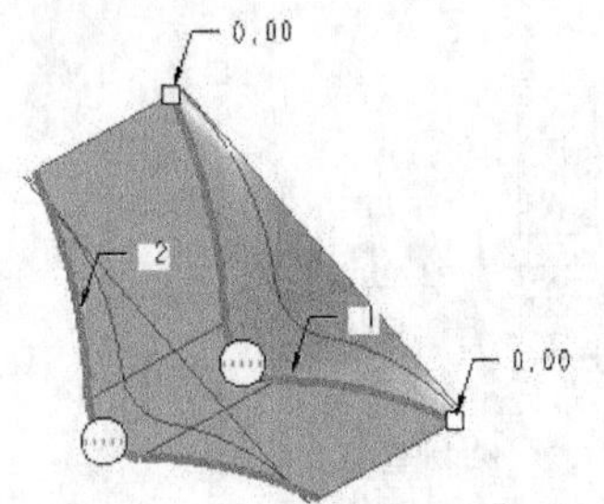

图 8-89 选取基准曲线 1

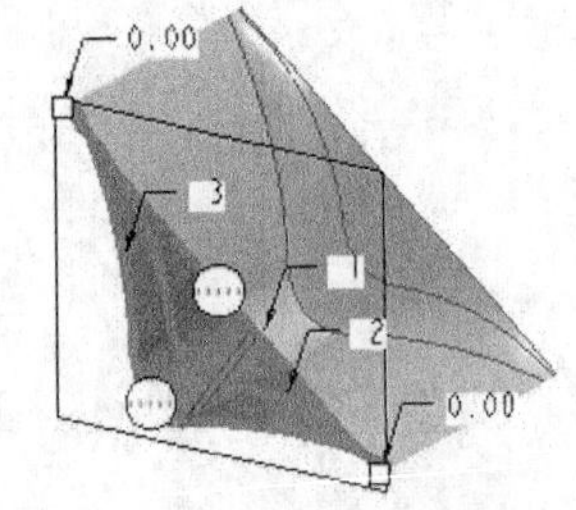

图 8-90 选取基准曲线 2

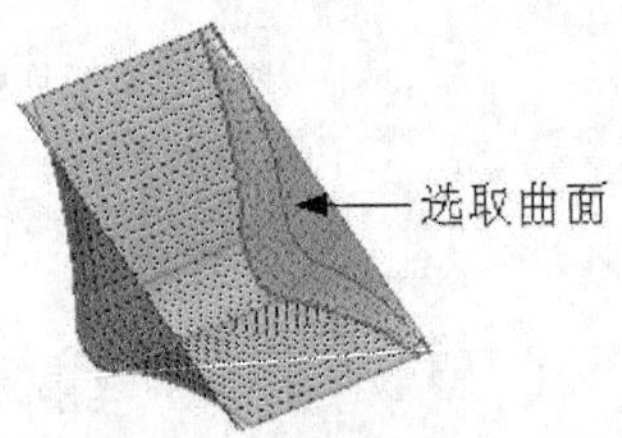

图 8-91 选取曲面 1

Step 6 加厚椅子边界

选取图 8-93 所示的曲面合并 2，在菜单栏中选择“编辑”→“加厚”命令，打开“加厚”操控板。在操控板中给定薄板实体特征的厚度值为“1”，再单击操控板中的“完成”按钮，完成加厚特征的创建。

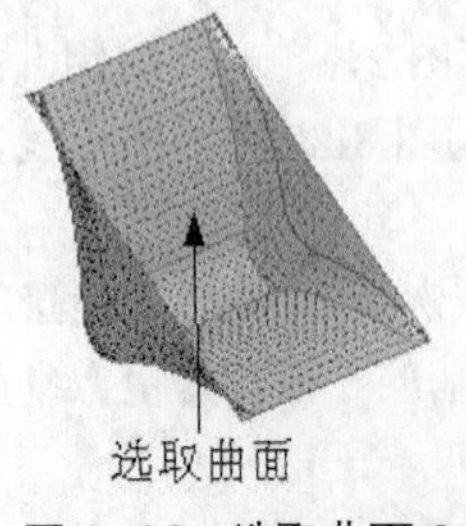

图 8-92 选取曲面 2

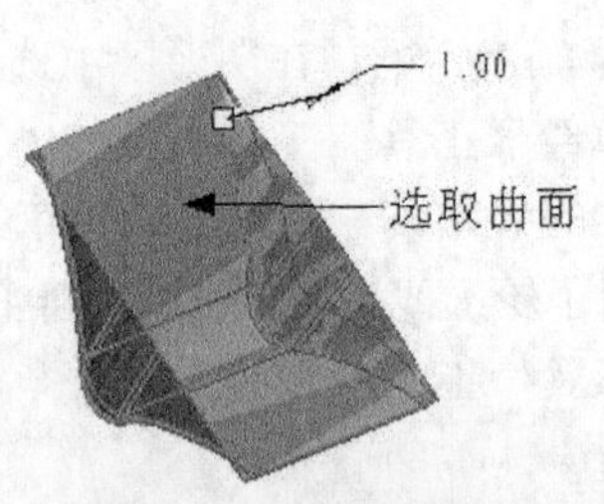

图 8-93 选取曲面 3

Step 7 旋转形成椅子腿

（1）单击“基础特征”工具栏中的“旋转”按钮，在打开的“旋转”操控板中依次单击“放置”→“定义”按钮。选取 TOP 基准平面作为草绘平面，单击“草绘”按钮，进入草绘环境。

（2）绘制图 8-94 所示的草图并修改其尺寸值，单击“草绘器工具”工具栏中的“完成”按钮退出草绘环境。在操控板中设置旋转方式为（指定），并在其后的文本框中输入旋转角度为“360”，单击操控板中的“完成”按钮，完成的旋转特征如图 8-95 所示。

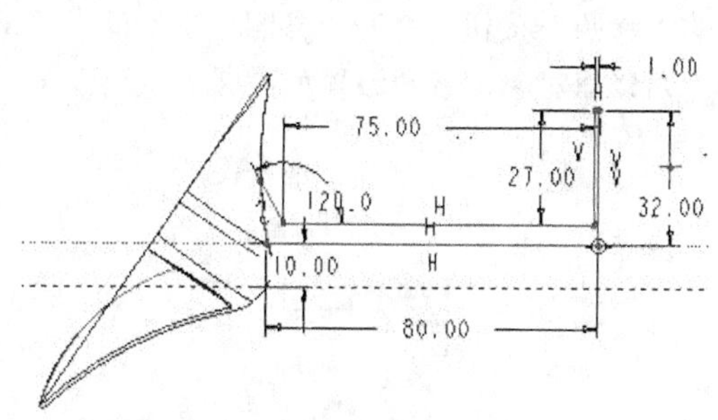

图 8-94 绘制草图 4

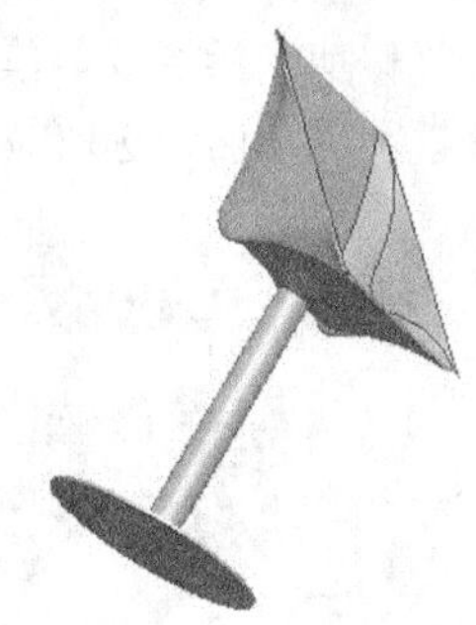

图 8-95 创建旋转特征

Step 8 创建倒圆角特征

（1）单击“工程特征”工具栏中的“倒圆角”按钮，打开“倒圆角”操控板。选取图 8-96 所示的旋转特征底面上的圆环边，给定圆角半径值为“10”。单击操控板中的“完成”按钮，完成倒圆角特征的创建。

（2）采用同样的方法选取图 8-97 所示的旋转特征顶面上的圆环边，给定圆角半径值为“15”，创建倒圆角特征。

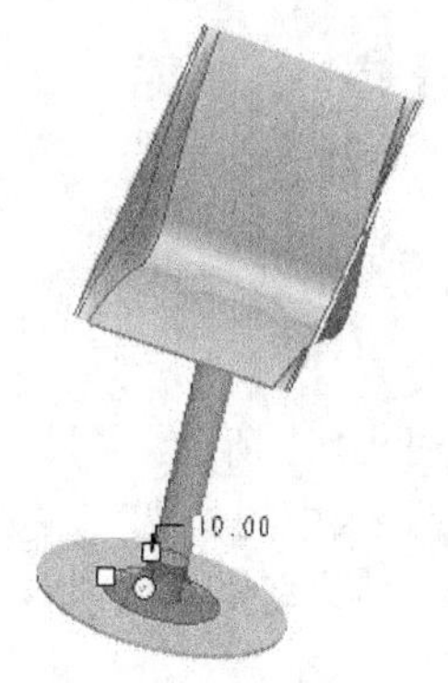

图 8-96 选取倒圆角边 1

图 8-97 选取倒圆角边 2

（3）保存文件到指定的位置并关闭当前对话框。

8.3.8 修剪曲面

可使用“修剪”工具来剪切或分割面组或曲线。使用“修剪”工具从面组或曲线中移除材料，以创建特定形状或分割材料。可通过以下方式修剪面组。

- 在与其他面组或基准平面相交处进行修剪。

- 使用面组上的基准曲线修剪。

要修剪面组或曲线，首先要选取修剪的面组或曲线，激活“修剪”工具，然后指定修剪对象。可在创建或重定义期间指定和更改修剪对象。在修剪过程中，可指定被修剪曲面或曲线中要保留的部分。另外，在使用其他面组修剪面组时，可使用“薄修剪”选项。“薄修剪”选项允许指定修剪厚度尺寸及控制曲面拟合要求。创建修剪曲面的具体操作步骤如下。

（1）打开光盘中的“\ 源文件 \ 第 8 章 \qmxiujian.prt”文件，其原始模型如图 8-98 所示。

（2）在“模型树”选项卡中选择“Boundary Blend1”选项，在菜单栏中选择“编辑”→“修剪”命令，打开“修剪”操控板。单击操控板中的“参照”按钮，打开“参照”下滑面板，单击“修剪对象”列表框将其激活，选取拉伸圆筒曲面作为修剪对象，参数设置如图 8-99 所示。

图 8-98　原始模型

参照　选项　属性
修剪的面组
面组:F8　交换
修剪对象
面组:F9　细节...

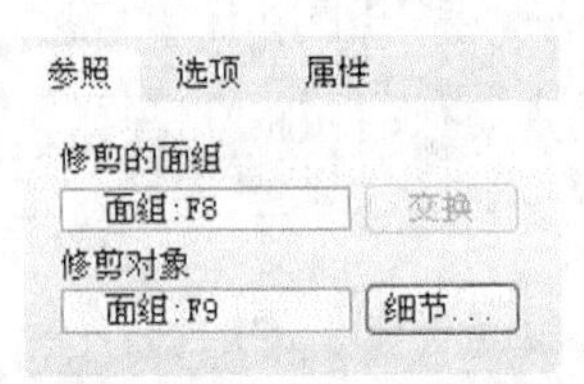

图 8-99　参数设置

（3）此时在模型中出现一个指示修剪方向的箭头，如图 8-100（a）所示。箭头向外，表示圆筒以外的曲面保留。单击操控板中的“反向”按钮，改变修剪的方向。再次单击该按钮则指示箭头变为双向，表示以修剪曲面为基准面向两侧修剪，但该功能只有在选取“选项”下滑面板中的“薄修剪”选项后可用，如图 8-100（b）所示。本例中设置为保留圆筒外侧方式。

（a）单向修剪

（b）双向修剪

图 8-100　修剪方向

（4）单击操控板中的“预览”按钮预览模型，如图 8-101 所示。

（5）单击操控板中的“继续”按钮取消预览。单击操控板中的“选项”按钮，打开图 8-102 所示的“选项”下滑面板，取消勾选“保留修剪曲面”复选框（为系统默认选项），预览结果如图 8-103 所示。

图 8-101　曲面修剪（保留修剪曲面）

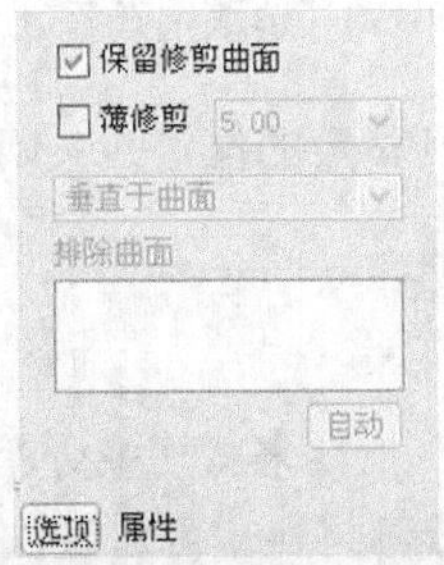

图 8-102　“选项”下滑面板 1

(6) 单击操控板中的“继续”按钮▶取消预览。单击操控板中的“选项”按钮，打开“选项”下滑面板，勾选“薄修剪”复选框，并在其后的文本框中输入壁厚值“6”，激活“排除曲面”列表框，选取拉伸曲面的右半圆，被选取的曲面会加亮显示，“选项”下滑面板设置如图 8-104 所示。双击操控板中的“反向”按钮使修剪方向变为双向，当前模型状态如图 8-105 所示。

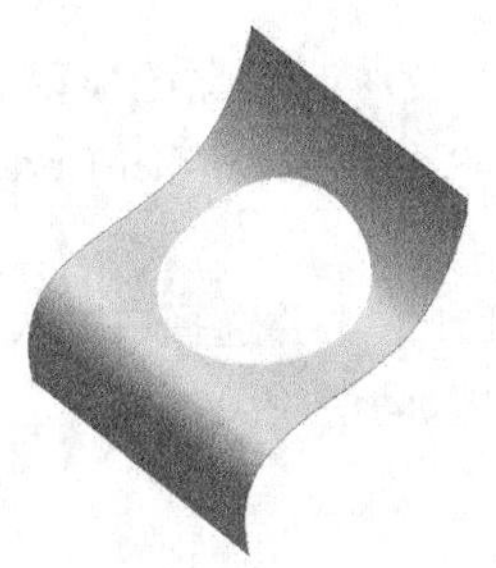
图 8-103　曲面修剪（不保留修剪曲面）

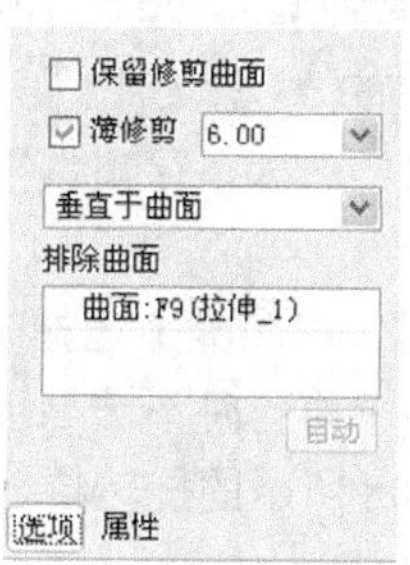

图 8-104　“选项”下滑面板 2

(7) 单击操控板中的“完成”按钮，完成曲面的修剪，如图 8-106 所示。

(8) 保存文件到指定的位置并关闭当前对话框。

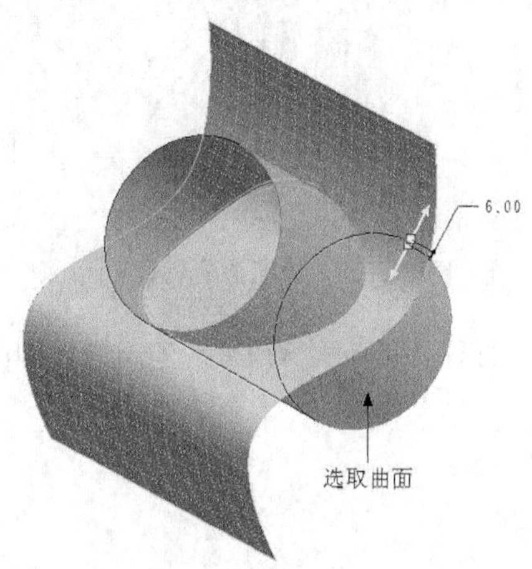

图 8-105　选取排除曲面

图 8-106　薄修剪

8.3.9 延伸曲面

要激活“延伸”工具，必须先选取要延伸的边界边链，在菜单栏中选择“编辑”→“延伸”命令，在打开的“延伸”操控板中可将面组延伸到指定距离或延伸至一个平面。

使用沿曲面创建延伸特征时，可选取下面任意一个选项确定如何完成延伸。

(1) 相同（默认）。创建相同类型的延伸作为原始曲面（如平面、圆柱、圆锥或样条曲面）。通过其选定边界边链延伸原始曲面。

(2) 相切。创建延伸作为与原始曲面相切的直纹曲面。

(3) 逼近。创建延伸作为原始曲面的边界边与延伸边之间的边界混合。当将曲面延伸至不在同一条直边上的顶点时，使用此方法操作将很简单。延伸面组时，需要考虑到以下情况。

① 可表明是要沿延伸曲面还是沿选定基准平面测量延伸距离。

② 可将测量点添加到选定边，从而更改沿边界边的不同点处的延伸距离。

③ 延伸距离可输入正值或负值。输入负值会导致曲面被修剪。

曲面延伸包含沿原始曲面延伸曲面和将曲面延伸到参照平面两种类型。下面以实例分别讲述两种曲面延伸类型的具体操作步骤。

1. 沿原始曲面延伸曲面的操作步骤

（1）打开光盘中的“\ 源文件 \ 第 8 章 \qmyanshen.prt”文件，其原始模型如图 8-107 所示。在菜单栏中选择“文件”→“保存副本”命令，更改文件名称为“qmyanshen1.prt”，单击“确定”按钮保存文件。

（2）在“模型树”选项卡中选择“曲面标识 80”选项，右击并选择右键快捷菜单中的“隐藏”命令，该特征在模型中将暂时不被显示，当前模型显示如图 8-108 所示。

（3）选取图 8-108 所示的旋转特征的下边界线。

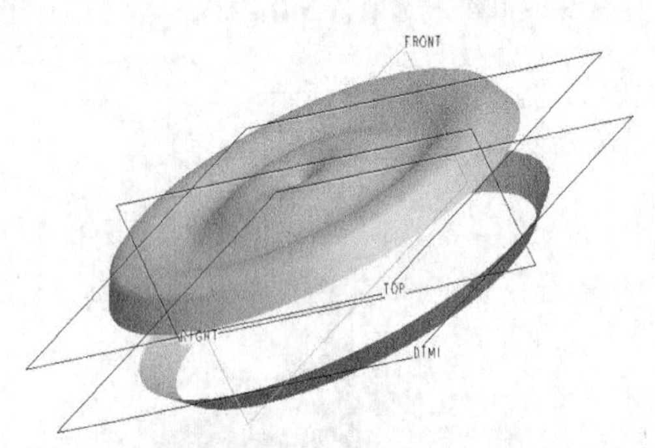

图 8-107 原始模型

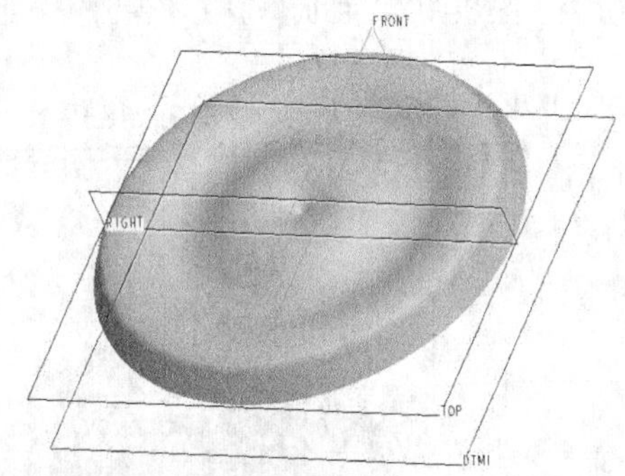

图 8-108 隐藏混合特征

（4）在菜单栏中选择“编辑”→“延伸”命令，打开“延伸”操控板，如图 8-109 所示。

图 8-109 “延伸”操控板

（5）单击操控板中的“沿原始曲面延伸曲面”按钮，再单击“量度”按钮，系统打开图 8-110 所示的“量度”下滑面板。

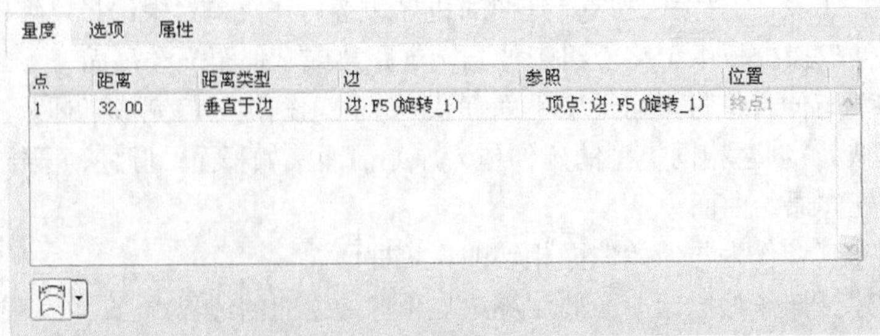

图 8-110 “量度”下滑面板

（6）在“量度”下滑面板“距离”列下的文本框中输入延伸距离为“50”，设置测量曲面延伸距离方式为“测量参照曲面中的延伸距离”，使测量方式为与延伸曲面平行。

（7）设置完成后再次单击“量度”按钮关闭下滑面板。单击操控板中的“预览”按钮预览特征，如图 8-111 所示。

（8）重新设置测量参照曲面中延伸距离的方式为“测量选定平面中的延伸距离”，激活其后面的列表框，选取基准平面 DTM1 作为参照平面。单击操控板中的“预览”按钮，预览效果如图 8-112 所示。

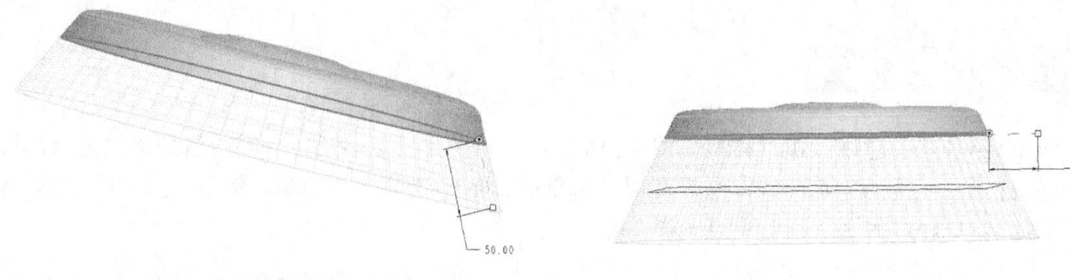

图 8–111　预览效果 1　　　　图 8–112　预览效果 2

（9）不同测量方式得到的效果不同，图 8-113（a）所示为沿延伸曲面测量延伸距离，图 8-113（b）所示为在参照平面中测量延伸距离。

（10）保存文件到指定的位置并关闭当前对话框。

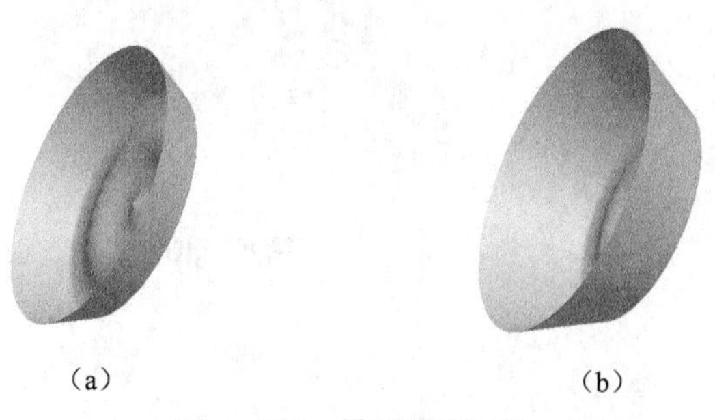

图 8–113　模型结果对比

2. 将曲面延伸到参照平面的操作步骤

这种方式是在与指定平面垂直的方向延伸边界边链至指定平面。

（1）打开图 8-107 所示的“qmyanshen.prt”文件，在菜单栏中选择“文件”→“保存副本”命令，更改文件名称为“qmyanshen2.prt”，单击“确定”按钮保存文件。

（2）选取旋转特征的下边界线，在菜单栏中选择“编辑”→“延伸”命令，单击操控板中的“将曲面延伸到参照平面”按钮。

（3）单击操控板中的“参照”按钮，打开“参照”下滑面板，在“参照平面”列表框中单击将其激活，选取基准平面 DTM1 作为参照平面，如图 8-114 所示。

（4）单击操控板中的“完成”按钮，完成曲面延伸特征的创建，结果如图 8-115 所示。

（5）保存文件到指定的位置并关闭当前对话框。

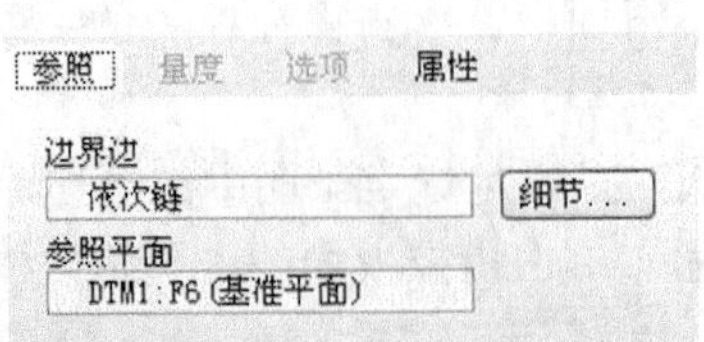

图 8-114 “参照”下滑面板

图 8-115 延伸曲面

8.3.10 实例——灯罩

本例介绍灯罩的建模过程，模型如图 8-116 所示。从图中可以看出，灯罩的造型比较复杂，可以先绘制灯罩的一片的轮廓曲线，之后利用可变剖面扫描创建第一片的基本轮廓，然后进行修剪，再阵列合并。最后实体化生成完整的灯罩。

扫码看视频

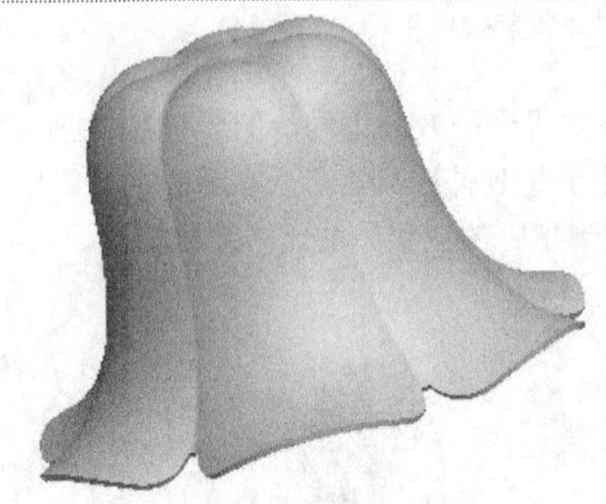

图 8-116 灯罩

【创建步骤】

Step 1 新建文件

单击“文件”工具栏中的“新建”按钮或选择菜单栏中的“文件”→“新建”命令，弹出“新建”对话框。在“类型”选项组中点选“零件”单选钮，在“名称”文本框输入“dengzhao.prt”，取消勾选“使用缺省模板”复选框，单击“确定”按钮，弹出“新文件选项”对话框，选择“mmns_part_solid”选项，单击“确定”按钮，创建新的零件文件。

Step 2 创建基准轴

（1）单击“基准”工具栏中的“基准轴”按钮，或选择菜单栏中的“插入”→“模型基准”→“轴”命令，系统弹出“基准轴”对话框，如图 8-117 所示。

（2）按住 <Ctrl> 键，在绘图区点选 FRONT 基准平面和 RIGHT 基准平面作为参照，然后单击“确定”按钮，完成基准轴的创建，结果如图 8-118 所示。

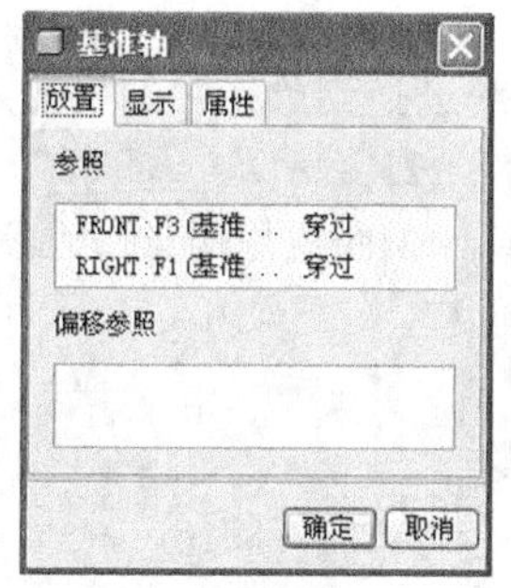

图 8-117 “基准轴”对话框

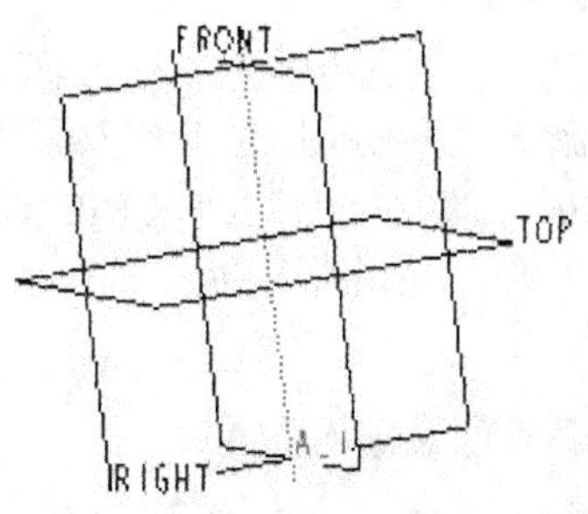

图 8-118 创建的基准轴 A_1

Step 3 绘制草图

（1）单击“基准”工具栏中的“草绘”按钮，弹出“草绘”对话框，选择 FRONT 基准平面为草绘平面，RIGHT 基准平面为参照平面，方向向“右”，如图 8-119 所示。单击“草绘”按钮，进入草绘环境。

（2）利用样条曲线，绘制图 8-120 所示的曲线，然后单击✔按钮，退出草绘环境。

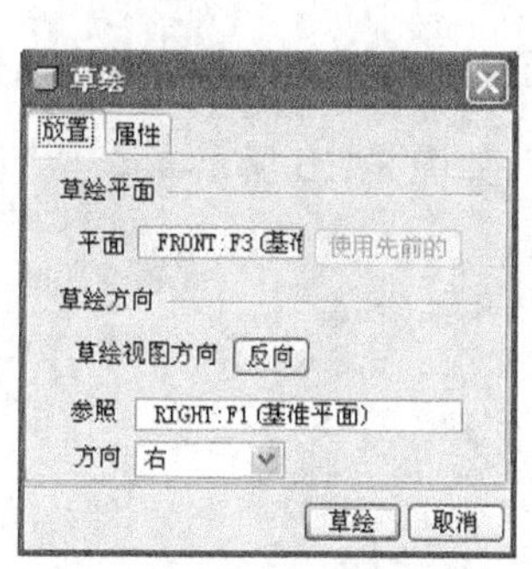

图 8-119 草绘视图设置

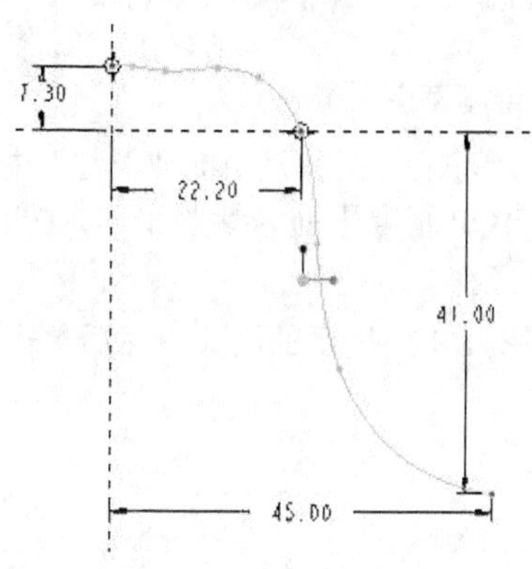

图 8-120 草绘的曲线

（3）单击“基准”工具栏中的“草绘”按钮，弹出“草绘”对话框，选择 RIGHT 基准平面为草绘平面，TOP 基准平面为参照平面，方向选择“顶”，如图 8-121 所示。单击“草绘”按钮，进入草绘环境。

（4）绘制图 8-122 所示的圆弧，然后单击✔按钮，退出草绘。

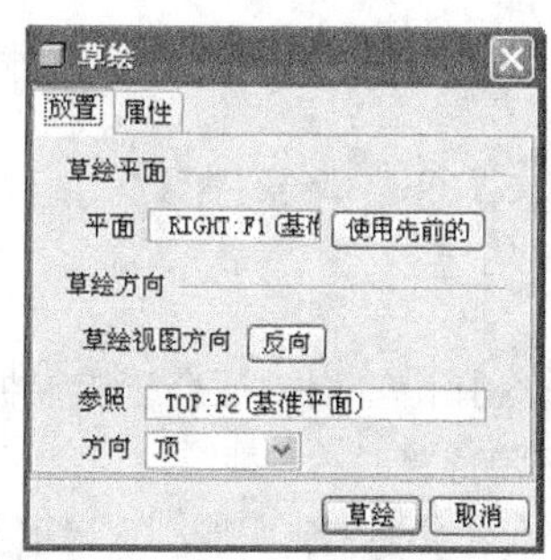

图 8-121 草绘视图设置

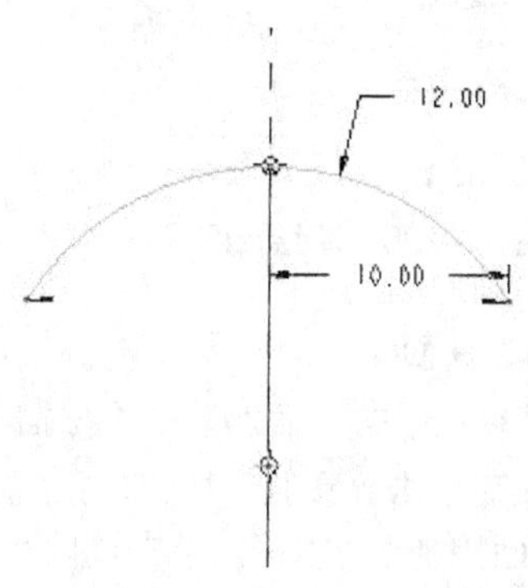

图 8-122 草绘的圆弧

Step 4 创建基准平面

（1）单击“基准”工具栏中的“基准平面”按钮，或选择菜单栏中的“插入”→“模型基准”→“平面”命令，系统弹出“基准平面”对话框，如图 8-123 所示。

（2）按住 <Ctrl> 键，在绘图区点选 RIGHT 基准平面和草绘 1 曲线的端点作为参照，如图 8-124 所示，然后单击“确定”按钮，完成基准平面“DTM1”的创建。

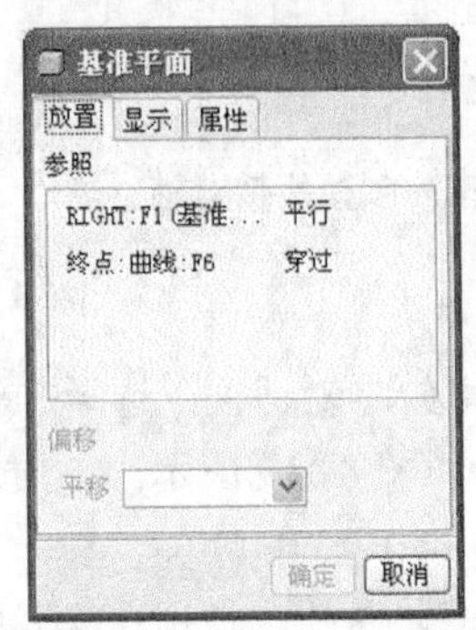

图 8-123 “基准平面”对话框

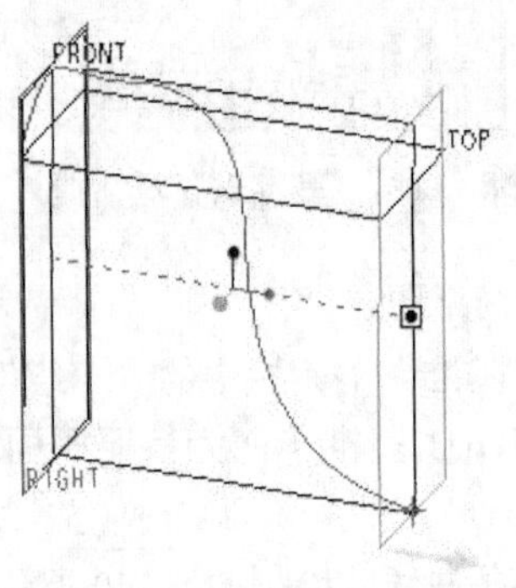

图 8-124 新基准平面的参照

Step 5 绘制草图

（1）单击“基准”工具栏中的“草绘”按钮，弹出“草绘”对话框，选择 DTM1 基准平面为草绘平面，TOP 基准平面为参照平面，方向选择“顶”，如图 8-125 所示。单击“草绘”按钮，进入草绘环境。

（2）绘制图 8-126 所示的圆弧，然后单击✔按钮，退出草绘环境。

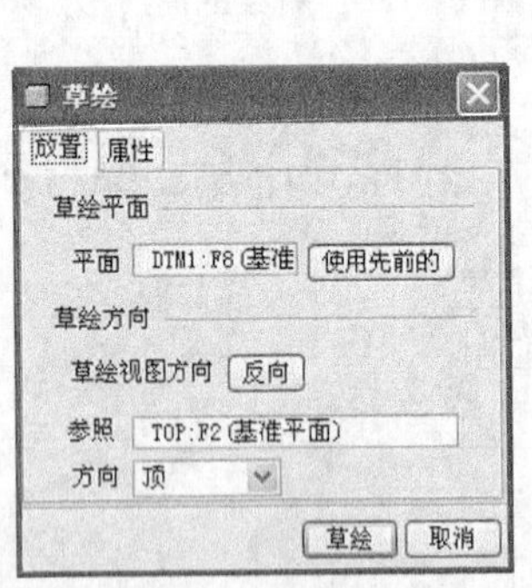

图 8-125 草绘视图设置

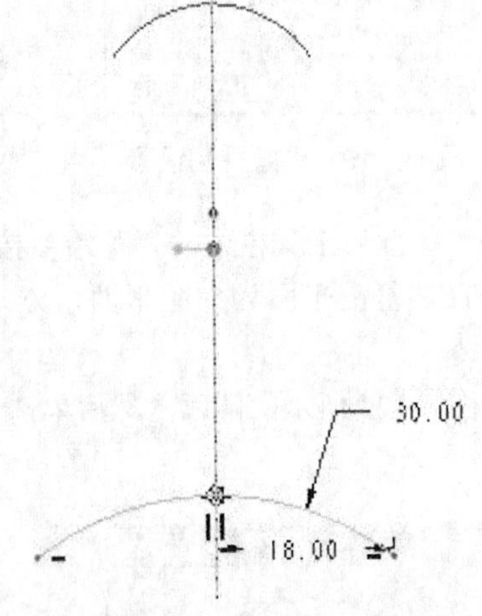

图 8-126 草绘的曲线

Step 6 创建曲面

（1）选择菜单栏中的“插入”→“扫描混合”命令，系统弹出“扫描混合”操控板，单击“曲面”按钮，然后单击“参照”按钮，系统弹出“参照”下滑面板。

（2）在“剖面控制”文本框内单击选取“垂直于轨迹”，在“水平 / 垂直控制”文本框内选取“自动”，如图 8-127 所示。

（3）在绘图区单击选取草绘 1 创建的曲线作为扫引线，如图 8-128 所示。

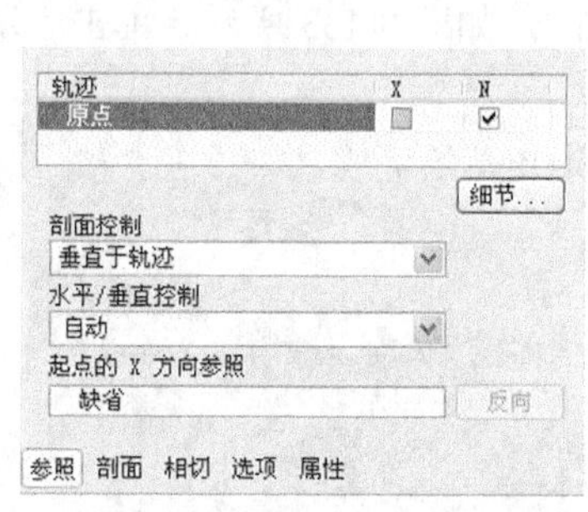

图 8-127　“参照”下滑面板

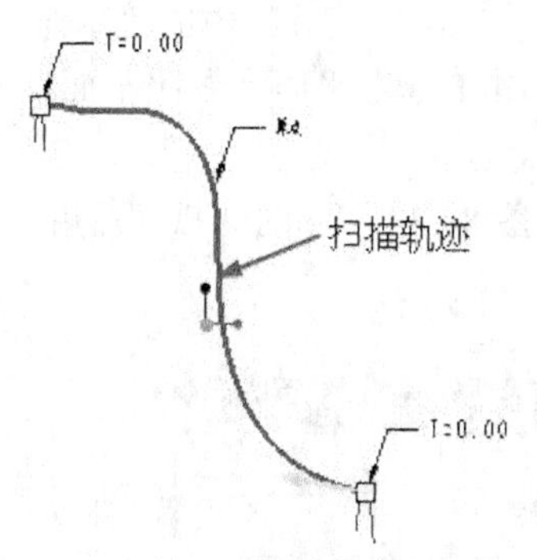

图 8-128　选取扫引线

（4）在“扫描混合”操控板上单击“截面”按钮，系统弹出“截面”下滑面板，选取“所选截面”单选项，如图 8-129 所示。

（5）在绘图区单击选取图 8-130 所示的圆弧作为第一个扫描混合截面。

（6）在图 8-129 所示的“截面”下滑面板内单击“插入”按钮，在“截面”列表框内显示“截面 2”。在绘图区单击选取图 8-131 所示的圆弧作为第二个扫描混合截面。单击☑按钮，结果如图 8-132 所示。

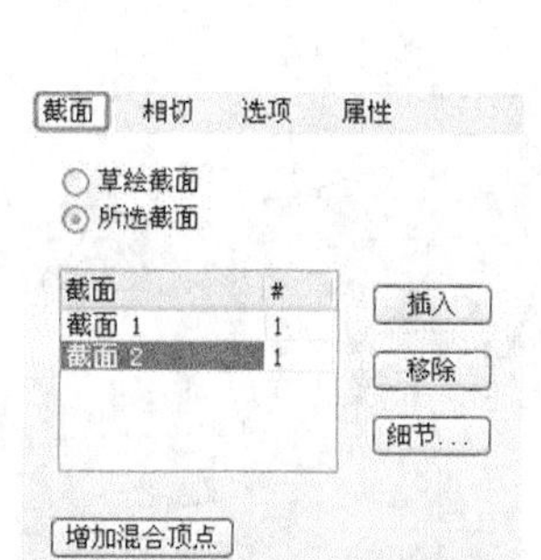

图 8-129　“截面”下滑面板

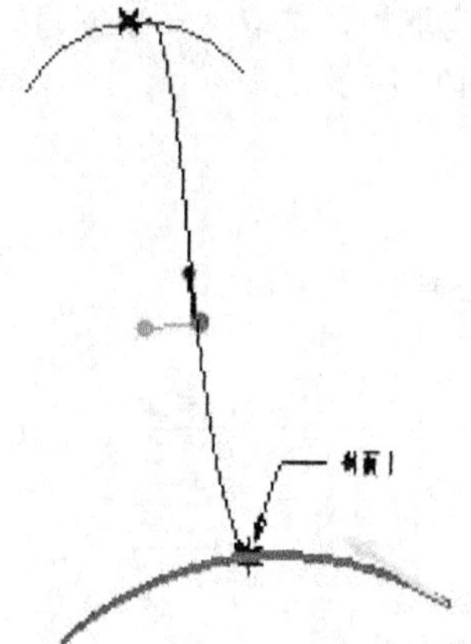

图 8-130　选取第一个截面

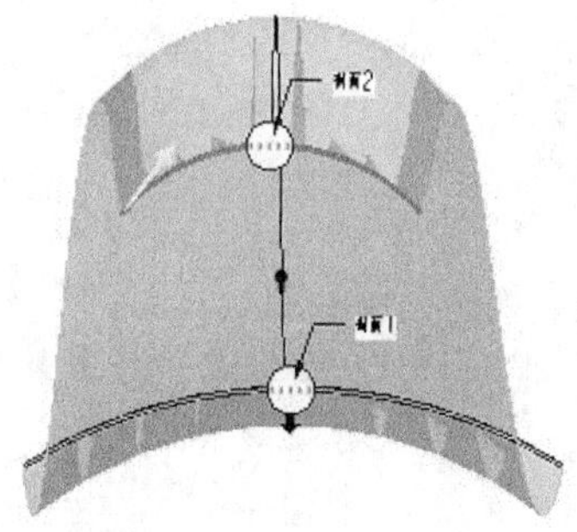

图 8-131　选取第二个截面

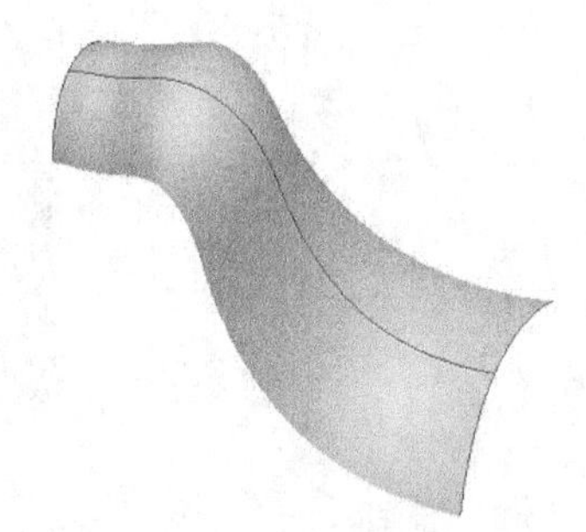

图 8-132　完成的可变剖面扫描特征

Step 7 绘制草图

（1）单击“基准”工具栏中的“草绘”按钮，弹出“草绘”对话框，选择 TOP 基准平面为草绘平面，RIGHT 基准平面为参照平面，方向选择“右”，如图 8-133 所示。单击“草绘”按钮，进入草绘环境。

（2）绘制图 8-134 所示的圆弧，然后单击✔按钮，退出草绘环境。

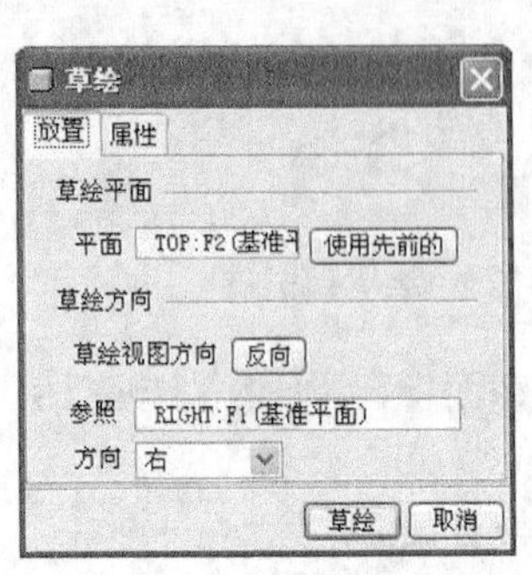

图 8-133　草绘视图设置

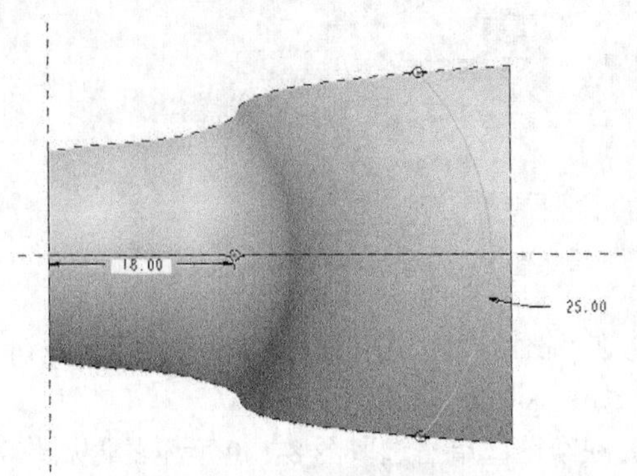

图 8-134　草绘的曲线

（3）选择菜单栏中的“编辑”→“投影”命令，系统弹出“投影”曲线操控面板。单击“参照”按钮，弹出“参照”下滑面板，如图 8-135 所示。单击“草绘”选取框，选取刚刚创建的草绘。然后单击“曲面”选取框，选取上一步创建的扫描混合曲面，如图 8-136 所示。单击☑按钮。创建的投影曲线如图 8-137 所示。

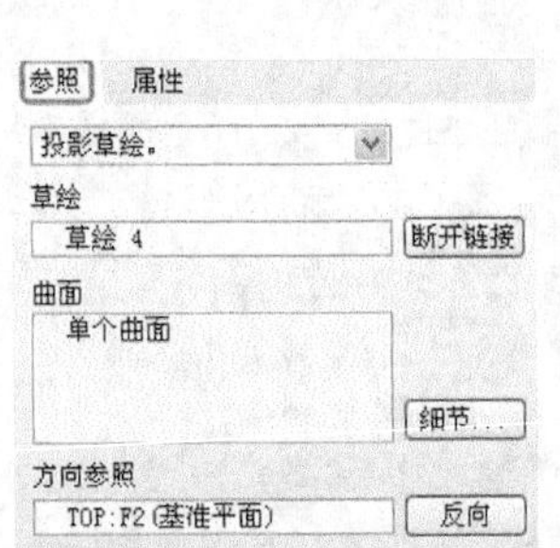

图 8-135　投影曲线参照设置

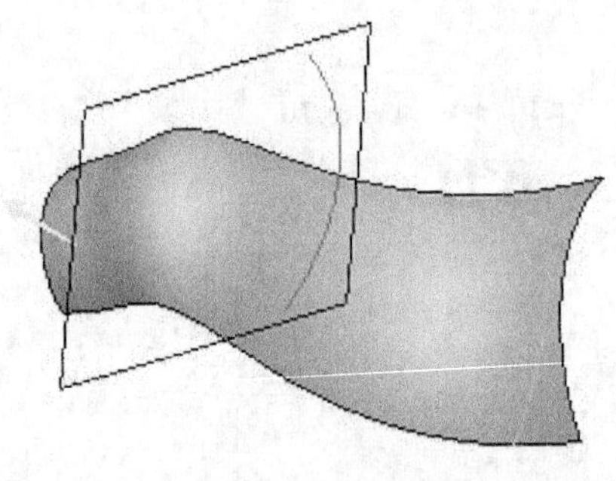

图 8-136　投影曲线选取

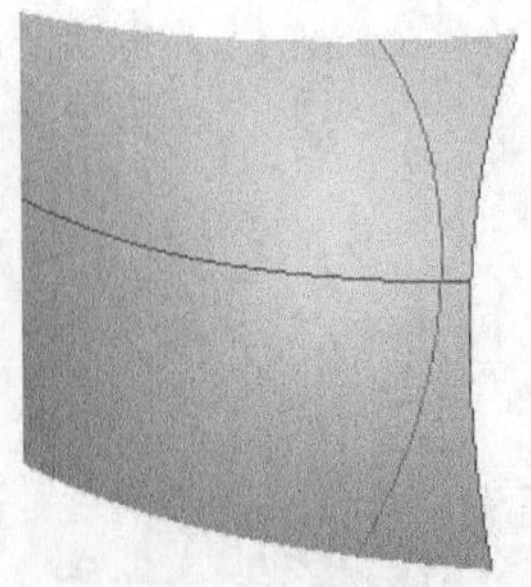

图 8-137　创建的投影曲线

Step 8 修剪曲面

（1）选中创建的扫描混合曲面，如图 8-138 所示。选择“编辑”→“修剪”命令，系统弹出“修剪”操控面板。单击“参照”按钮，单击“修剪对象”选取框，选取刚刚创建的投影曲线。如图 8-139 所示。

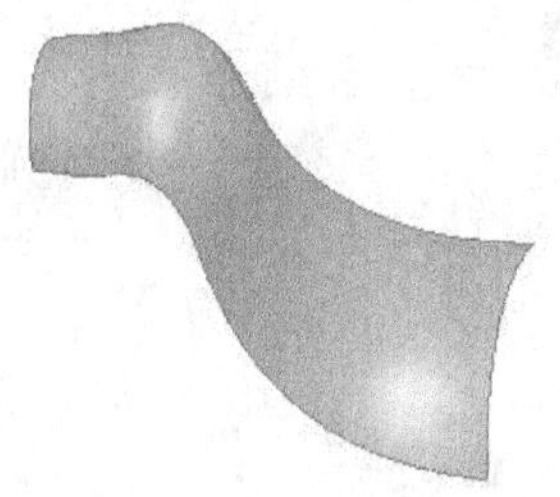

图 8-138　曲面选取

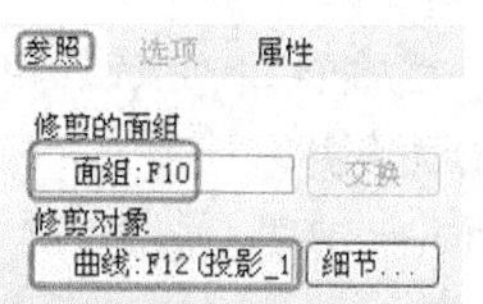

图 8-139　曲面修剪设置

（2）单击“改变要保留的曲面侧”按钮，得到图 8-140 所示的图形，单击操控面板的按钮。结果如图 8-141 所示。

Step 9 阵列曲面

（1）按住 <Ctrl> 键选中最后创建的 4 个特征，右击，从弹出的右键菜单中选取组。如图 8-142 所示。

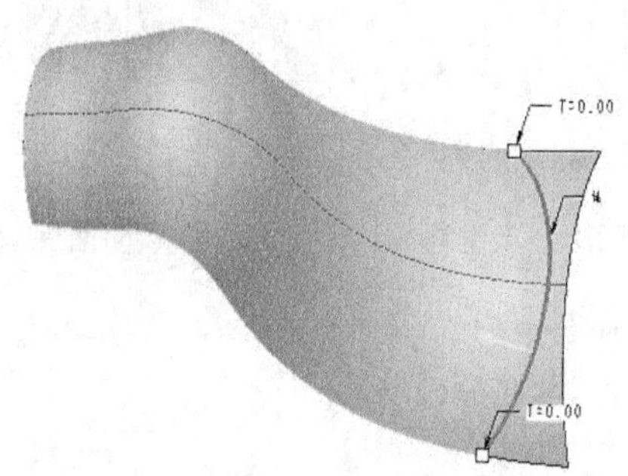

图 8-140　曲面保留侧

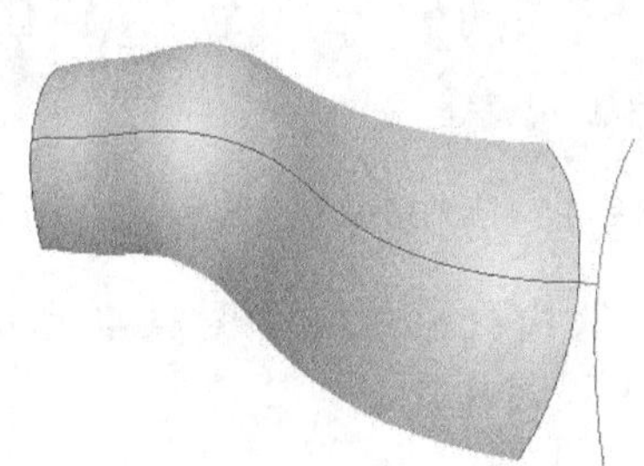

图 8-141　修剪结果

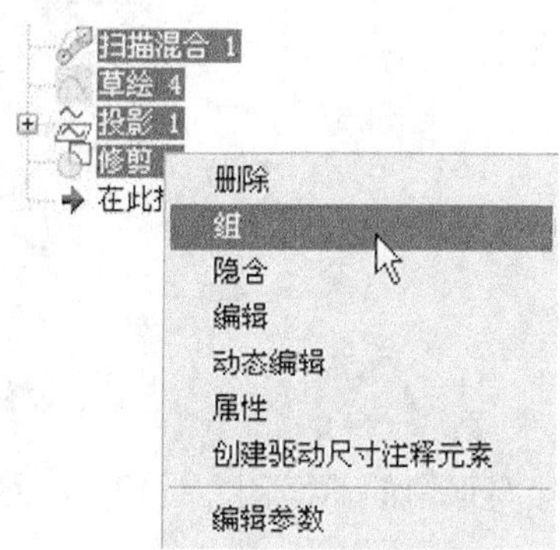

图 8-142　创建组特征

（2）选中刚刚创建的组特征，如图 8-143 所示。选择菜单栏中的“编辑”→“阵列”命令，打开“阵列”操控板。

图 8-143　阵列设置

（3）在操控板中选择阵列方式为“轴”，选择轴 A-1 为阵列参照轴。输入阵列个数为“6”，旋转角度为“60”。然后单击按钮，结果如图 8-144 所示。

Step 10　曲面合并

（1）按住 <Ctrl> 键选中图 8-145 所示两个曲面，选择菜单栏中的“编辑”→“合并”命令，打开“合并”操控板。

（2）单击操控面板的两个“改变要保留的曲面侧”按钮，得到图 8-146 所示的形状，然后单击按钮，结果如图 8-147 所示。

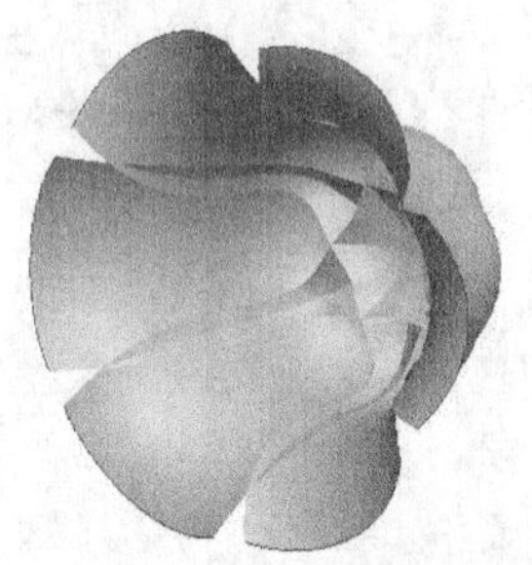

图 8-144　阵列结果

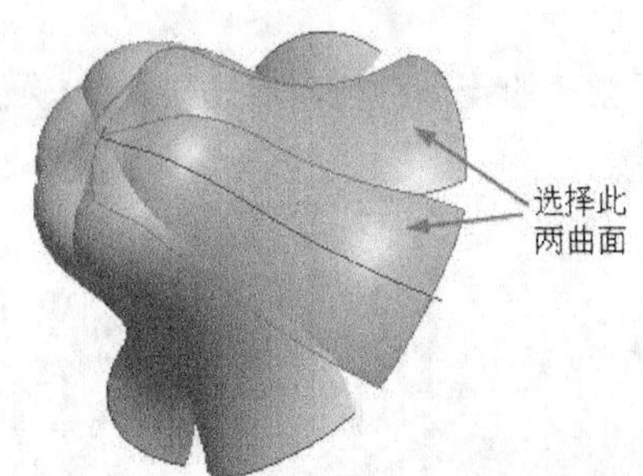

图 8-145　曲面选取

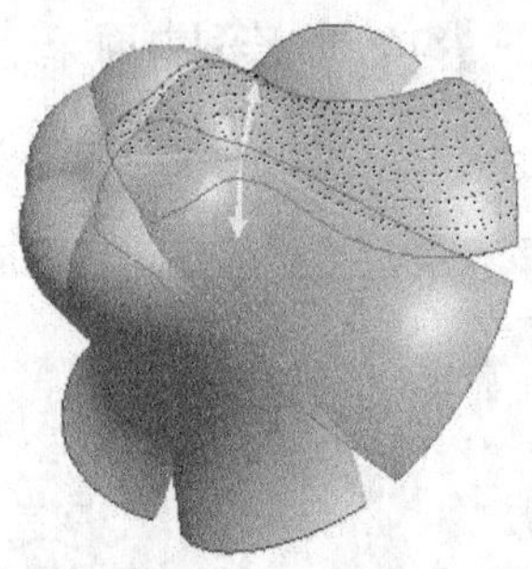

图 8-146　曲面保留侧

（3）按住 <Ctrl> 键选中图 8-148 所示两个曲面，选择菜单栏中的“编辑”→“合并”命令，打开“合并”操控板。

图 8-147　曲面合并结果

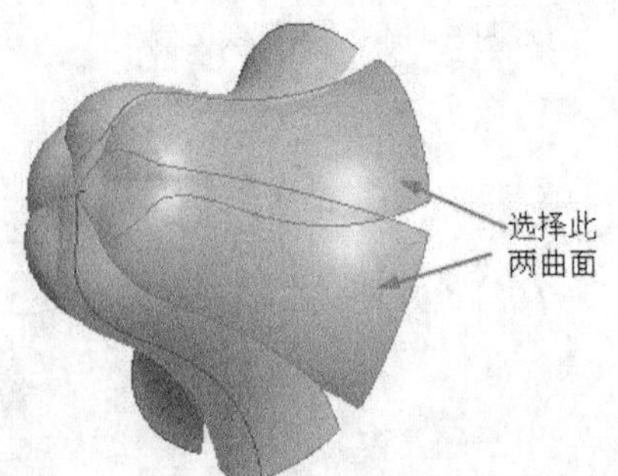

图 8-148　曲面选取

（4）单击操控板的两个“改变要保留的曲面侧”按钮，然后单击按钮，结果如图 8-149 所示。

（5）以相同的方法将所有的曲面进行合并，得到一个曲面，结果如图 8-150 所示。

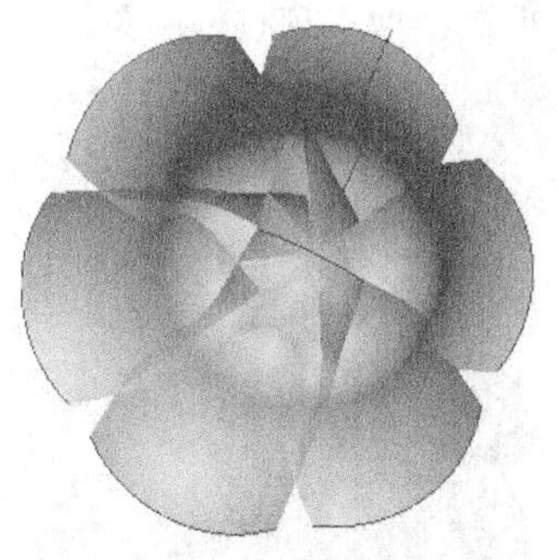
图 8-149　曲面合并结果

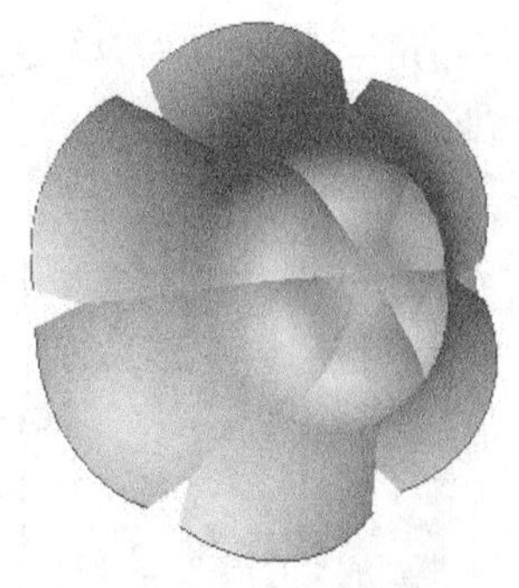
图 8-150　曲面合并结果

Step 11　创建倒圆角

（1）选择菜单栏中的“插入”→“倒圆角”命令或单击“工程特征”工具栏中的“倒圆角”按钮。

（2）按住 <Ctrl> 键，选取图 8-151 所示的棱。输入倒圆角半径为“2”，然后单击按钮。结果如图 8-152 所示。

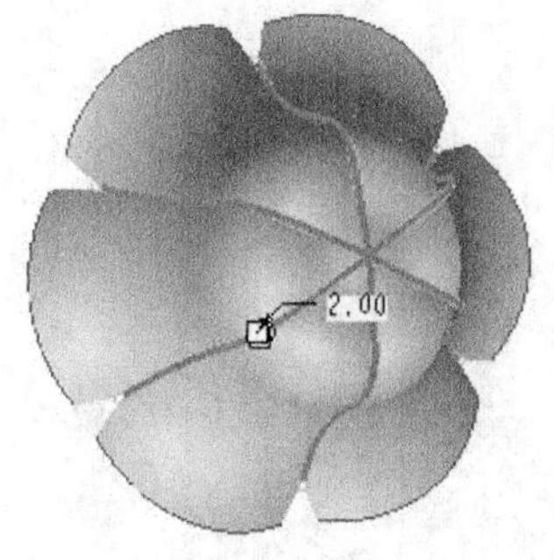

图 8-151　选取要倒圆角的棱

图 8-152　倒圆角结果

（3）选择菜单栏中的“插入”→“高级”→“顶点倒圆角”命令。弹出“曲面裁剪：顶点倒圆角”对话框，如图 8-153 所示。

（4）选取最先创建的扫描混合曲面为要裁剪的曲面，然后按住 <Ctrl> 键依次点选图 8-154 所示的两个顶点为要倒圆角的顶点。单击“确定”按钮。

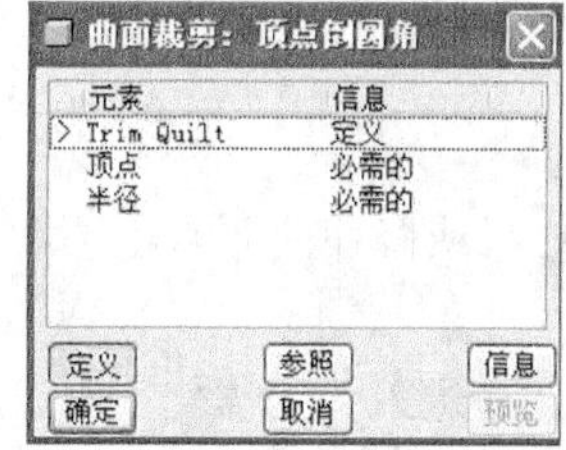

图 8-153　“曲面裁剪：顶点倒圆角”对话框

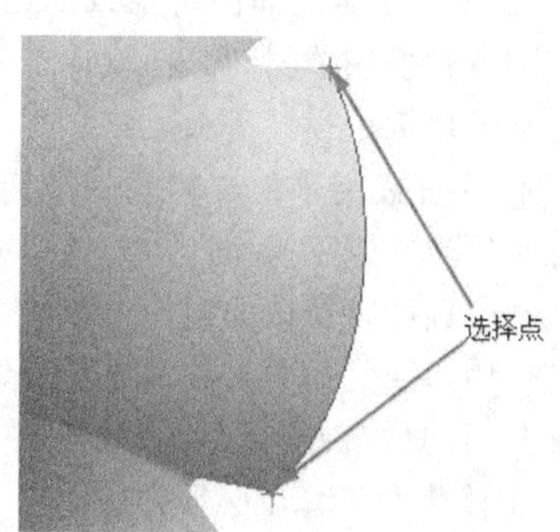

图 8-154　顶点选取

（5）输入倒圆角半径为“6”。单击☑按钮，单击“曲面裁剪：顶点倒圆角”对话框的“确定”按钮，如图 8-155 所示。顶点倒圆角结果如图 8-156 所示。

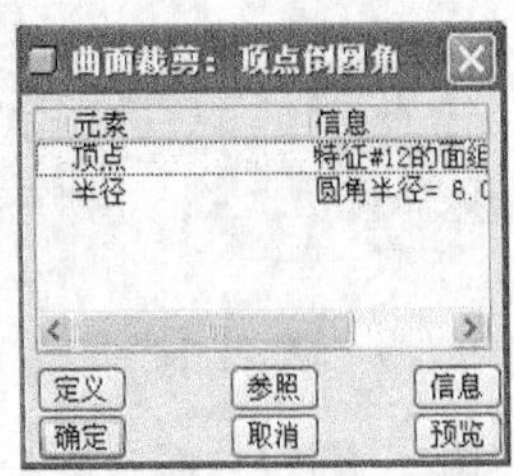

图 8-155 “曲面裁剪：顶点倒圆角”对话框

图 8-156 顶点倒圆角结果

（6）在模型树中，选中刚才创建的曲面裁剪特征，选择菜单栏中的“编辑”→“阵列”，阵列方式为其默认的“参照”。然后单击☑按钮，结果如图 8-157 所示。

Step 12 曲面加厚

（1）选中整个曲面，然后选择菜单栏中的“编辑”→“加厚”命令，打开“加厚”操控板。

（2）在操控板中输入加厚厚度为“1”，加厚方向如图 8-158 所示。然后单击☑按钮，创建的灯罩如图 8-116 所示。

图 8-157 顶点倒圆角阵列结果

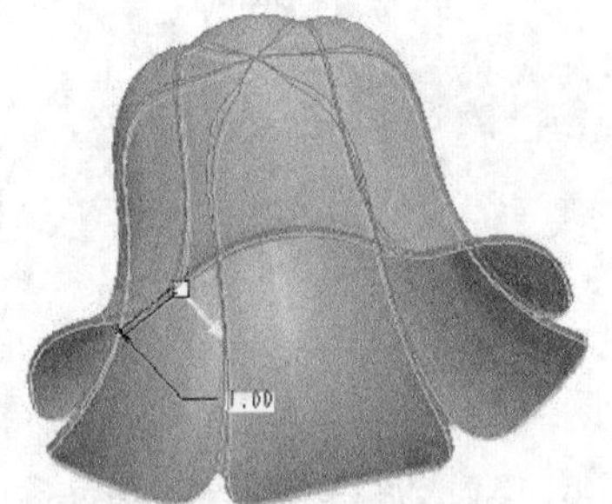

图 8-158 加厚方向

8.3.11 实体化曲面

实体化特征使用预定的曲面特征或面组几何将其转换为实体几何。在设计中，可使用实体化特征添加、移除或替换实体材料。在设计过程中，面组几何可提供更大的灵活性，而实体化特征允许对几何进行转换以满足设计需求。

通常实体化特征被用来创建复杂的几何，使用常规的实体特征创建这些几何会更为困难。设计实体化特征必须执行以下操作。

- 选取一个曲面特征或面组作为参照。
- 确定使用参照几何的方法（添加实体材料、移除实体材料或修补曲面）。
- 定义几何的材料方向。

要进入“实体化”工具，必须先选取一个曲面特征或面组。在进入“实体化”工具前，只能选取有效的几何。当选取的曲面特征或面组满足其条件时，将被自动放置到相应列表框中。当该工具处于活动状态时，可选取新的参照。参照收集器一次只接受一个有效的曲面特征或面组参照。

为实体化特征指定有效的曲面特征或面组后，生成的几何则会在绘图区显示其预览效果。在绘图区或操控板中，可通过直接使用右键快捷菜单来修改实体化特征的属性。还可使用方向箭头直接控制材料方向。预览几何会自动更新，以反映所做的任何修改。将所有曲面合并成一个封闭的面组后，才可以对其进行实体化操作。对曲面进行实体化操作的步骤如下。

（1）打开光盘中的“\ 源文件 \ 第 8 章 \qmshitihua.prt”文件，其原始模型如图 8-159 所示。

（2）通过合并操作将方形平面与下面的平面合并成一个整体，使之组成一个封闭的曲面“合并 2”。

（3）在“模型树”选项卡中选择“合并 2”选项，在菜单栏中选择“编辑”→“实体化”命令，打开“实体化”操控板。

（4）单击操控板中的“完成”按钮✔，完成曲面的实体化操作，结果如图 8-160 所示。图 8-161 所示为沿 RIGHT 基准平面所做的剖面效果，在该图中可以看出，整个封闭曲面内部都形成了实体状态。

（5）保存文件到指定的位置并关闭当前对话框。

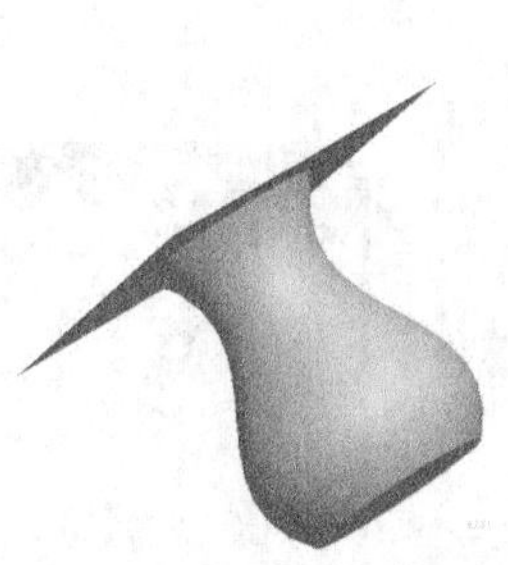

图 8-159　原始模型

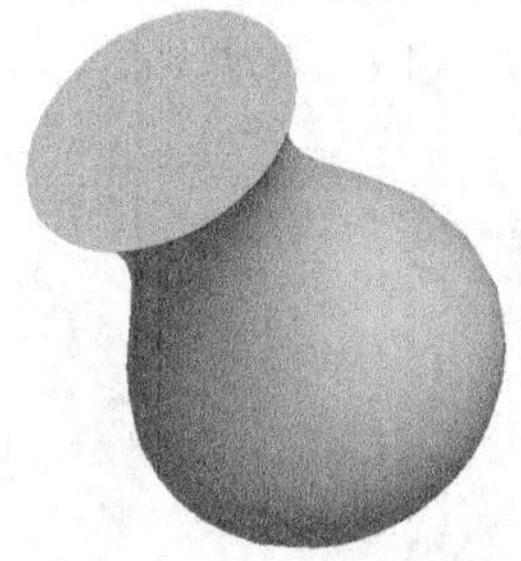

图 8-160　实体化曲面

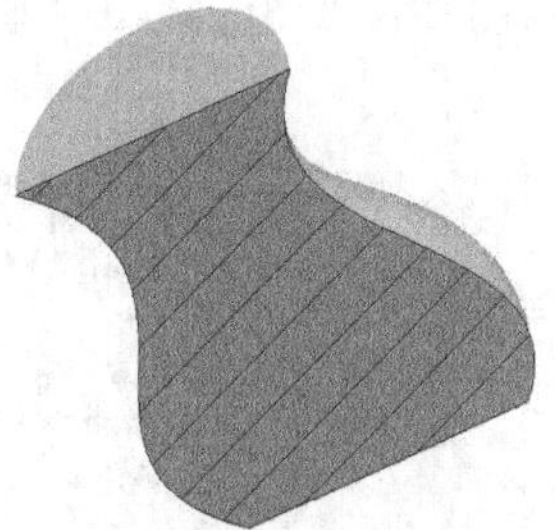

图 8-161　模型剖面显示

8.3.12　实例——吊钩

本例介绍吊钩的建模过程，模型如图 8-162 所示。首先使用扫描特征创建吊钩的钩体部分，再通过边界混合特征创建曲面并合并其他曲面，实体化得到钩头部分，然后使用扫描特征创建钩柄部分。钩柄与其他零件的连接通过连接螺纹实现，在连接螺纹上创建固定用的螺纹。

扫码看视频

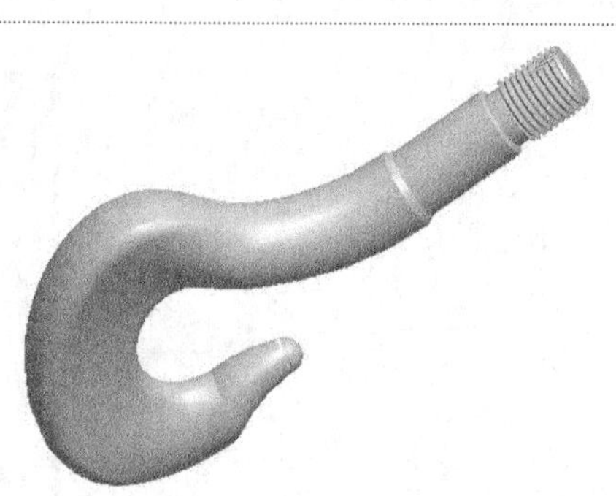

图 8-162　吊钩

【创建步骤】

Step 1 新建文件

单击“文件”工具栏中的“新建”按钮，打开“新建”对话框，在“类型”选项组中点选“零件”单选钮，在“子类型”选项组中点选“实体”单选钮，在“名称”文本框中输入“diaogou1”，其余选项接受系统默认设置，单击“确定”按钮，创建一个新的零件文件。

Step 2 创建基准轴

单击“基准”工具栏中的“轴”按钮，系统打开“基准轴”对话框。按住 <Ctrl> 键，选取参照定义基准轴，设置如图 8-163 所示。单击“确定”按钮，关闭“基准轴”对话框。

Step 3 创建基准平面 1

单击“基准”工具栏中的“平面”按钮，系统打开“基准平面”对话框。选取 FRONT 基准平面作为参照平面，如图 8-164 所示，按住 <Ctrl> 键，选取刚刚创建的基准轴作为第二参照，给定旋转角度值为“45”。单击“确定”按钮，关闭“基准平面”对话框。

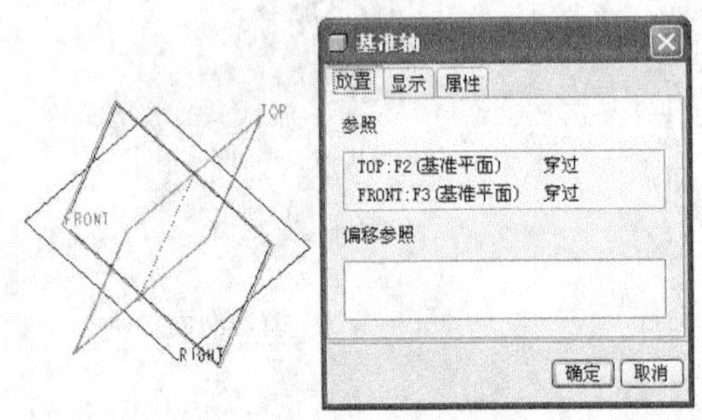

图 8-163 创建基准轴

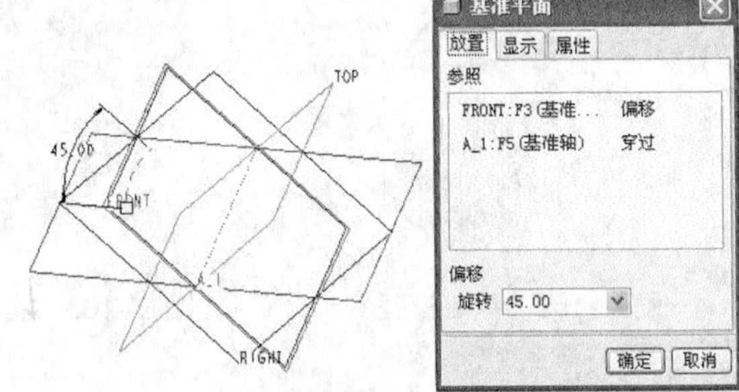

图 8-164 创建基准平面

Step 4 创建基准平面 2

单击“基准”工具栏中的“平面”按钮，系统打开“基准平面”对话框。选取 FRONT 基准平面作为参照平面，按住 <Ctrl> 键，选取刚刚创建的基准轴作为另一参照，给定旋转角度值为“15”，如图 8-165 所示，单击“确定”按钮。

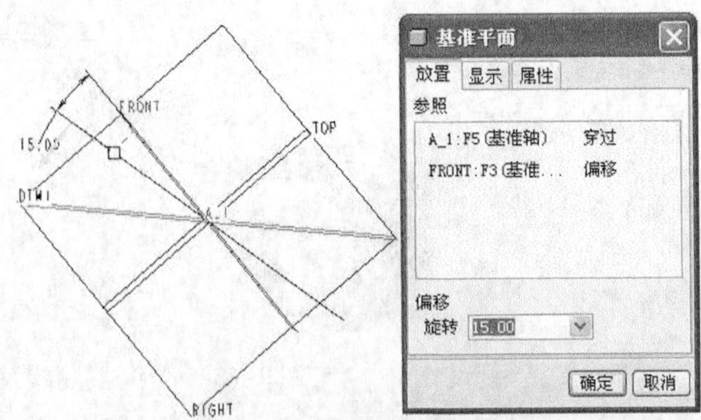

图 8-165 旋转基准平面

Step 5 创建曲线

（1）单击“基准”工具栏中的“草绘”按钮，系统打开“草绘”对话框，选取DTM1基准平面作为草绘平面，其余选项接受系统默认设置，单击“草绘”按钮，进入草绘环境。单击“草绘器工具”工具栏中的“圆心和端点”按钮和“3点/相切端”按钮，绘制4个同心的圆弧，如图8-166所示。

（2）单击“基准”工具栏中的“草绘”按钮，系统打开“草绘”对话框，选取FRONT基准平面作为草绘平面，其余选项接受系统默认设置，单击“草绘”按钮，进入草绘环境。单击“草绘器工具”工具栏中的“3点/相切端”按钮和“线”按钮，绘制图8-167所示的曲线。

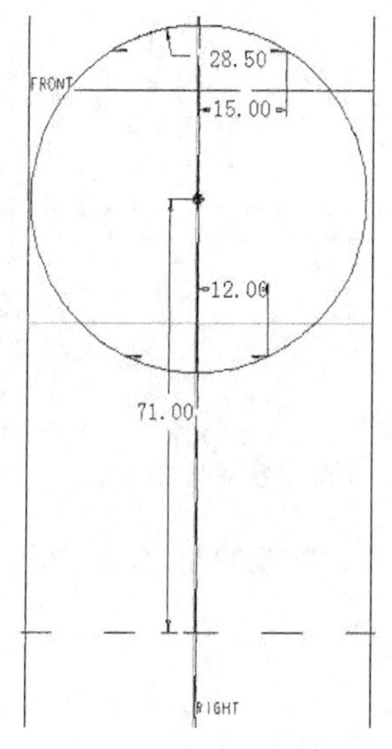

图8-166 绘制同心圆弧

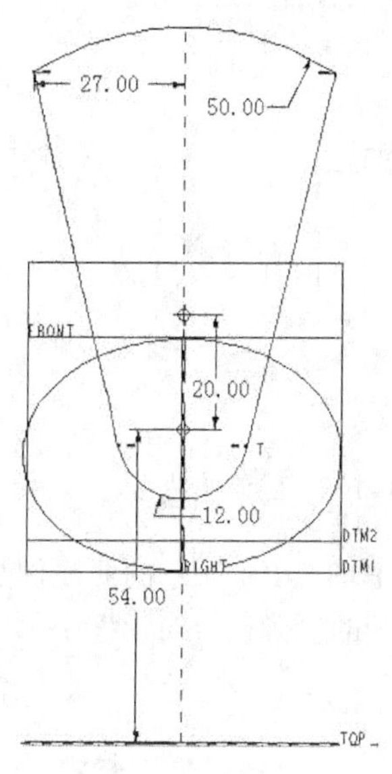

图8-167 绘制曲线1

（3）单击“基准”工具栏中的“草绘”按钮，系统打开“草绘”对话框，选取TOP基准平面作为草绘平面，其余选项接受系统默认设置，单击“草绘”按钮，进入草绘环境。绘制图8-168所示的曲线。

（4）单击“基准”工具栏中的“草绘”按钮，系统打开“草绘”对话框，选取DTM2基准平面作为草绘平面，其余选项接受系统默认设置，单击“草绘”按钮，进入草绘环境。绘制图8-169所示的曲线。

Step 6 创建扫描基体特征

（1）在菜单栏中选择“插入”→“混合”→“伸出项”命令；在弹出的“混合选项”菜单中选择“一般”→“规则截面”→“选取截面”→“完成”命令；在弹出的“属性”菜单中选择“光滑”→“完成”命令；在“曲线草绘器”菜单中选择“选取环”命令。在绘图区选取截面，然后在打开的“选出曲线”菜单中选择“完成/返回”命令。

（2）在“曲线草绘器”菜单中选择“起点”命令，在绘图区选取图8-170所示的点作为起始点。然后在“曲线草绘器”菜单中选择“完成”命令。

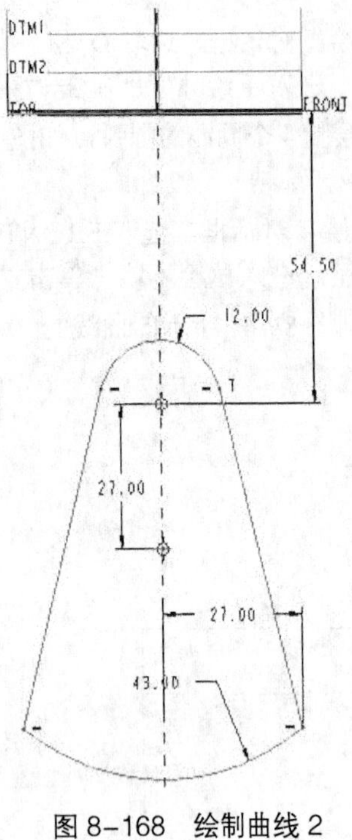

图 8–168　绘制曲线 2

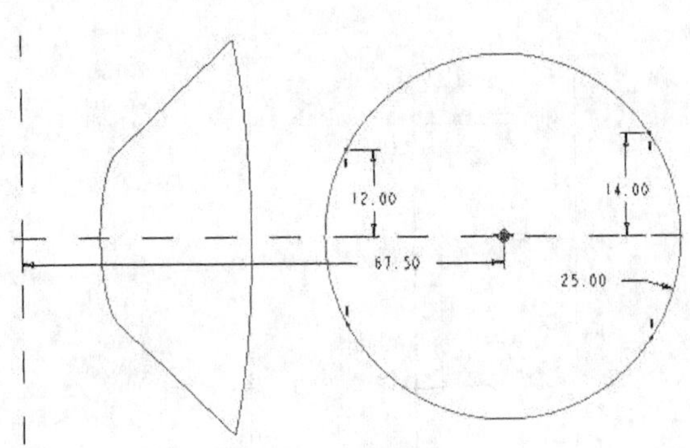

图 8–169　绘制曲线 3

（3）选取图 8-171 所示的曲线作为截面曲线，选取图中点作为曲线的起始点。选取第二个截面之后，在打开的“确认”对话框中单击“是”按钮。

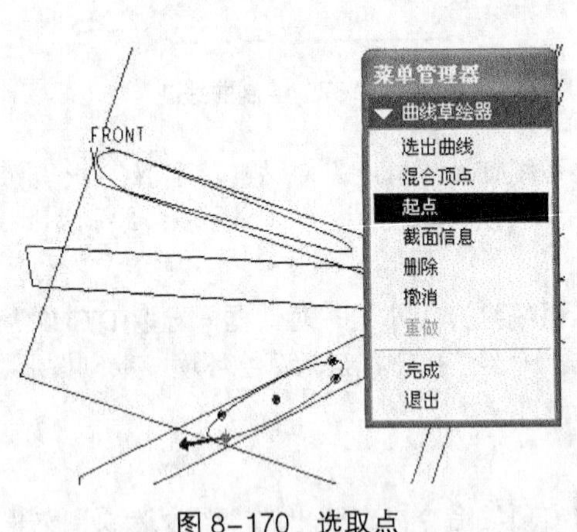

图 8–170　选取点

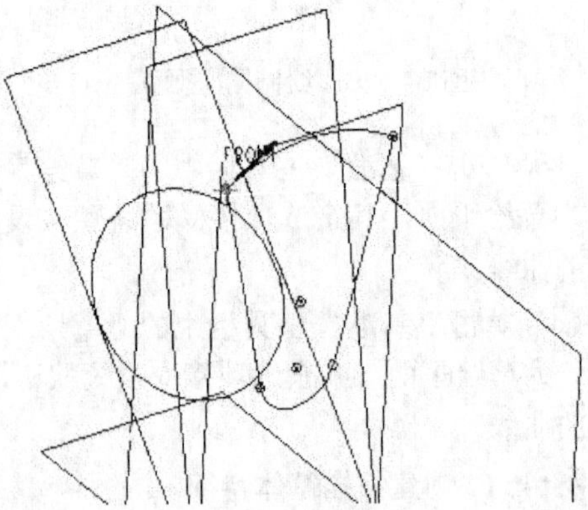

图 8–171　选取曲线 1

（4）选取图 8-172 所示的曲线作为截面曲线，选取图中点作为曲线的起始点，完成第三个截面的选取，在打开的“确认”对话框中单击“是”按钮。

（5）选取图 8-173 所示的曲线作为截面曲线，选取图中点作为曲线的起始点，完成第四个截面的选取。在打开的“确认”对话框中单击“是”按钮，完成扫描基体特征的创建，如图 8-174 所示。

Step 7 创建倒圆角特征

单击“工程特征”工具栏中的“倒圆角”按钮，弹出“倒圆角”操控板。按住 <Ctrl> 键，选取图 8-175 所示混合伸出特征的两条边，在操控板中给定圆角半径值为“12”。然后单击操控板中的“完成”按钮，生成的倒圆角特征如图 8-176 所示。

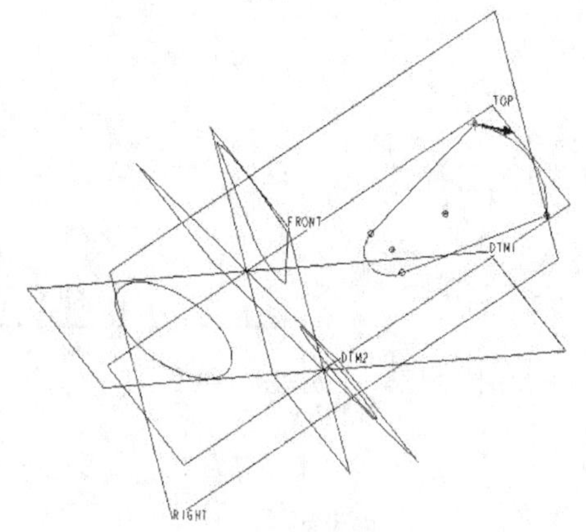

图 8-172　选取曲线和点 1

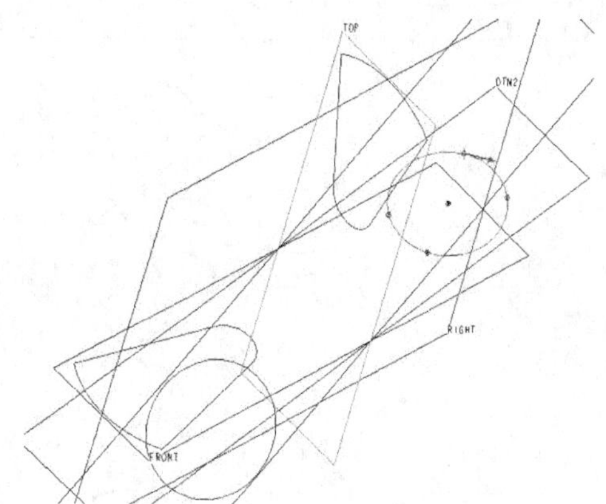

图 8-173　选取曲线和点 2

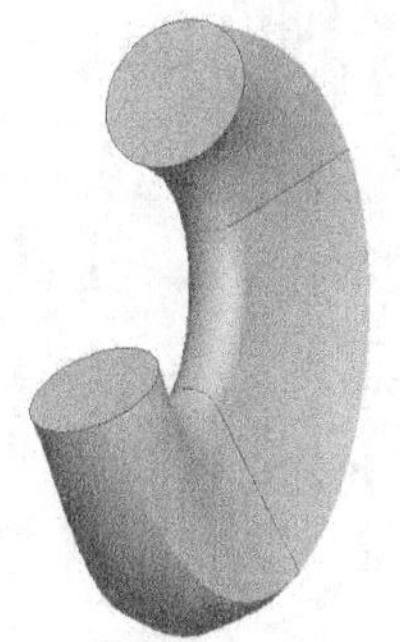
图 8-174　创建扫描基体特征

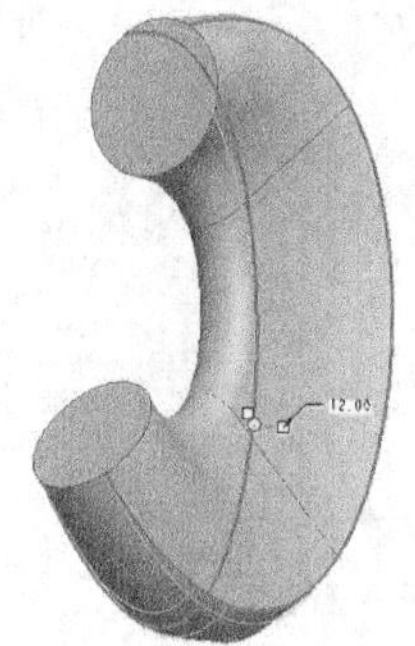
图 8-175　选取边 1

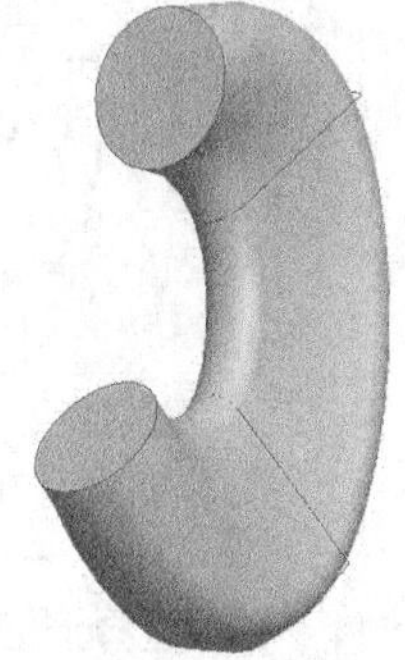
图 8-176　创建倒圆角特征

Step 8　创建曲线

单击“基准”工具栏中的“草绘”按钮，系统打开“草绘”对话框，选取 RIGHT 基准平面作为草绘平面，其余选项接受系统默认设置，单击“草绘”按钮，进入草绘环境。单击“草绘器工具”工具栏中的“3 点 / 相切端”按钮，绘制图 8-177 所示的曲线。

Step 9　创建基准平面

单击“基准”工具栏中的“平面”按钮，打开“基准平面”对话框。选取 DTM2 基准平面作为参照平面，设置偏移类型为“偏移”，给定偏移值为“50”，如图 8-178 所示，然后单击“确定”按钮，完成基准平面的创建。

Step 10　创建曲线特征

单击“基准”工具栏中的“草绘”按钮，系统打开“草绘”对话框，选取 DTM2 基准平面作为草绘平面，其余选项接受系统默认设置，单击“草绘”按钮，进入草绘环境。单击“草绘器工具”工具栏中的“圆心和点”按钮，绘制图 8-179 所示的圆。单击“草绘器工具”工具栏中的“完成”按钮，完成曲线特征的创建。采用同样的方法在基准平面 DTM3 上绘制图 8-180 所示的圆。

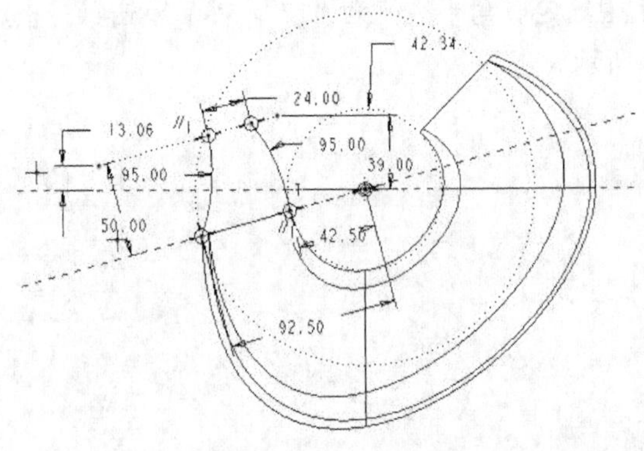

图 8-177　绘制曲线 4

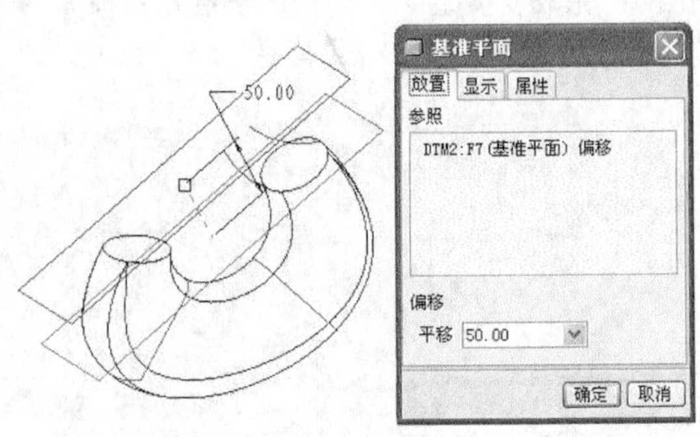

图 8-178　创建基准平面

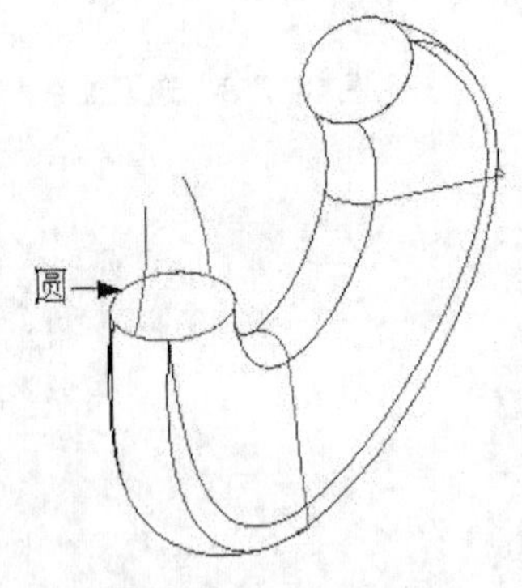

图 8-179　绘制圆 1

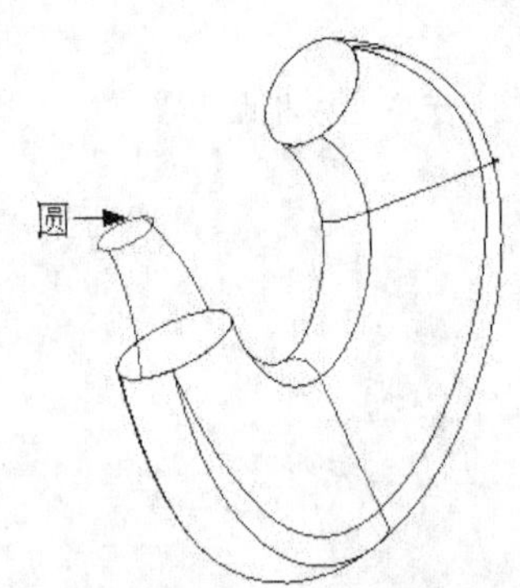

图 8-180　绘制圆 2

Step 11　创建边界混合特征

单击“基础特征”工具栏中的“边界混合”按钮，系统打开“边界混合”操控板。首先创建一个曲面，然后按住 <Ctrl> 键，选取图 8-181 所示的曲线作为第一方向上的基准曲线。继续按住 <Ctrl> 键，选取图 8-182 所示的曲线作为第二方向上的曲线。单击操控板中“完成”按钮，完成边界混合特征的创建。

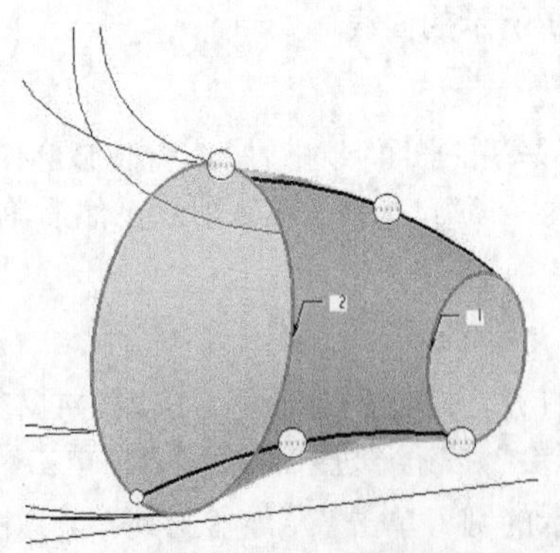

图 8-181　选取曲线 2

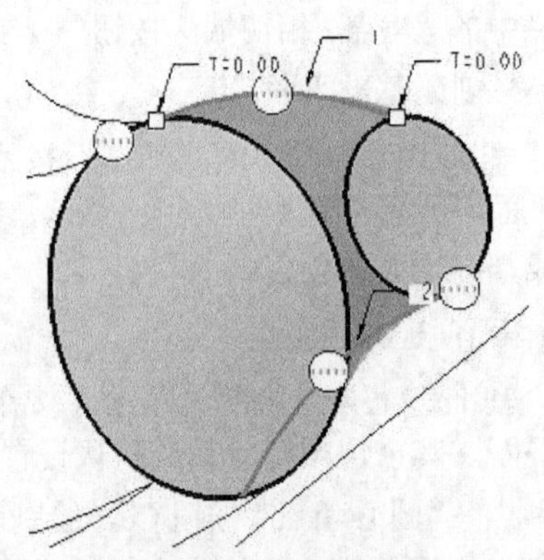

图 8-182　选取曲线 3

Step 12 创建填充特征

在菜单栏中选择“编辑”→“填充”命令，选取上一步边界混合特征中创建的大圆截面作为填充面，单击“完成”按钮，完成边界混合特征第一个端面的填充。采用同样的方法填充边界混合特征的另一个端面。

Step 13 创建合并特征

（1）按住 <Ctrl> 键，选取图 8-183 所示的圆形填充截面和边界混合曲面 1，单击“编辑特征”工具栏中的“合并”按钮，生成合并 1。

（2）按住 <Ctrl> 键，选取图 8-184 所示小圆形填充截面和合并 1，单击“编辑特征”工具栏中的“合并”按钮，生成合并曲面 2，如图 8-185 所示。在绘图区选取曲面合并 2，然后在菜单栏中选择“编辑”→“实体化”命令，合并的曲面如图 8-186 所示。

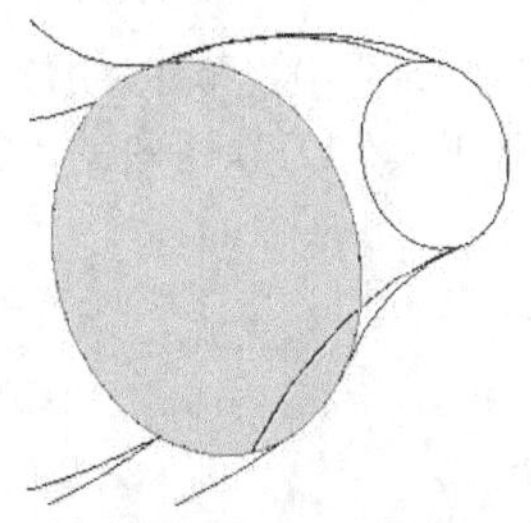
图 8-183　选取面 1

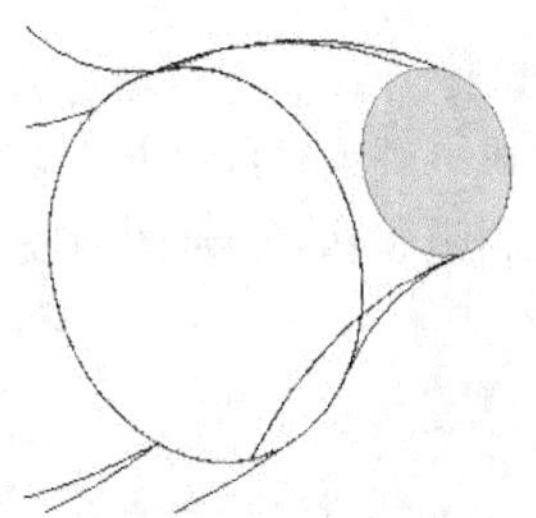
图 8-184　选取面 2

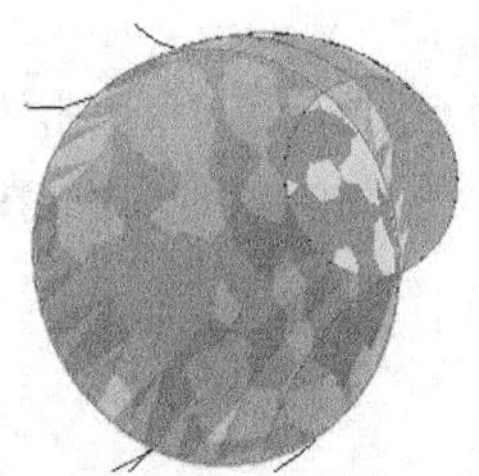
图 8-185　合并曲面 1

Step 14 创建旋转特征

（1）单击“基础特征”工具栏中的“旋转”按钮，系统打开“旋转”操控板。在“旋转”操控板中依次单击“放置”→“定义”按钮，弹出“草绘”对话框。选取 RIGHT 基准平面作为草绘平面，单击“草绘”按钮，进入草绘环境。单击“草绘器工具”工具栏中的“圆心和端点”按钮，绘制圆弧。单击“草绘器工具”工具栏中的“线”按钮和“中心线”按钮绘制线，如图 8-187 所示。

（2）单击“草绘器工具”工具栏中的“完成”按钮退出草绘环境。在操控板中给定旋转角度为 360°，预览旋转效果如图 8-188 所示，然后单击操控板中的“完成”按钮，完成旋转特征的创建。

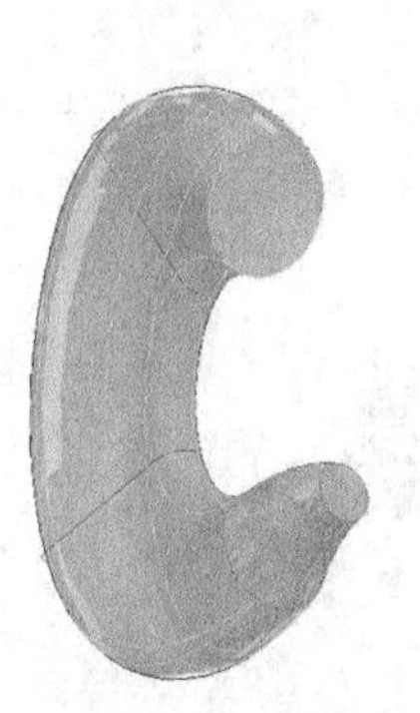
图 8-186　合并曲面 2

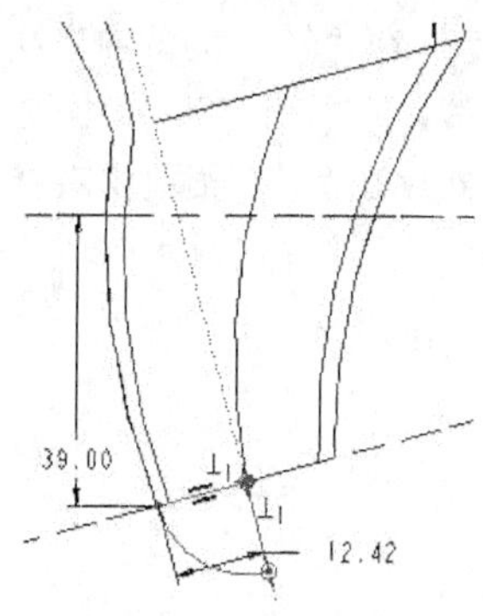

图 8-187　绘制草图

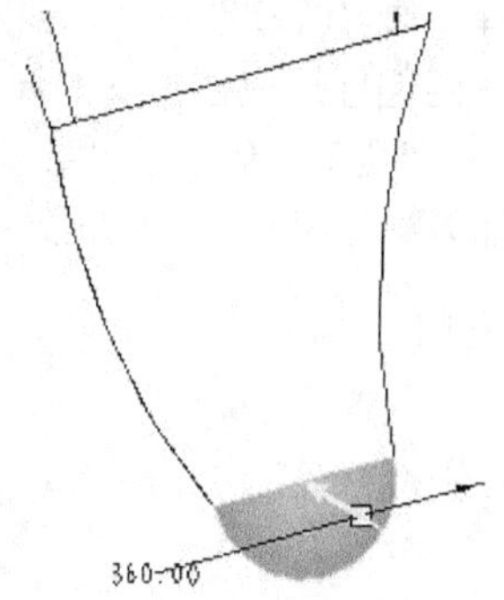

图 8-188　预览旋转特征 1

Step 15 创建倒圆角特征

单击“工程特征”工具栏中的“倒圆角”按钮，在旋转特征的底面选取一条边进行倒圆角，如图 8-189 所示。给定圆角半径为“15”，单击操控板中的“完成”按钮，完成倒圆角特征的创建。

采用同样的方法创建图 8-190 所示的倒圆角特征。

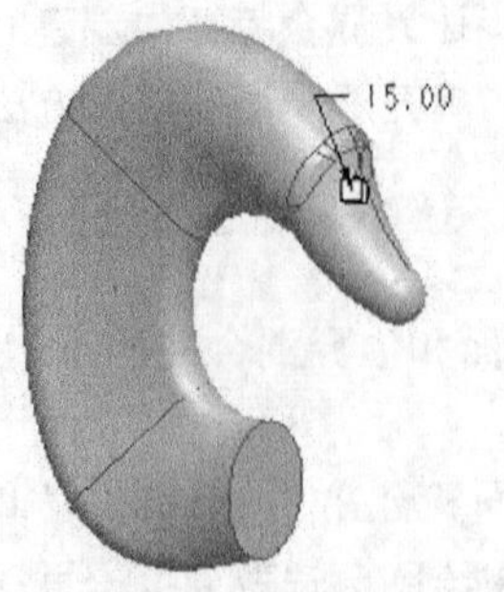

图 8-189　选取倒圆角边

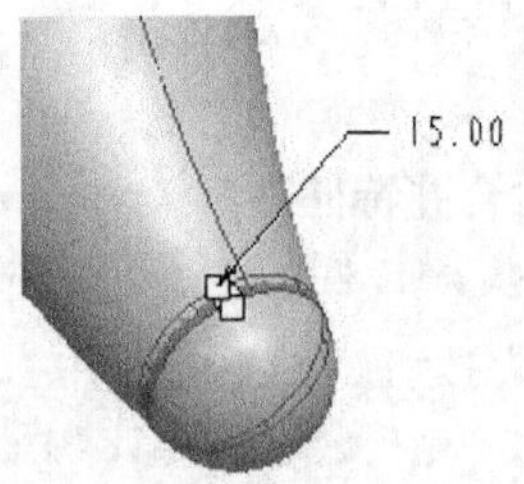

图 8-190　倒圆角特征 1

Step 16　创建曲线

单击“基准”工具栏中的“草绘”按钮，在系统打开的“草绘”对话框中选取 RIGHT 基准平面作为草绘平面，单击“草绘”按钮，进入草绘环境。单击“草绘器工具”工具栏中的“3 点 / 相切端”按钮和“线”按钮，绘制图 8-191 所示的曲线。

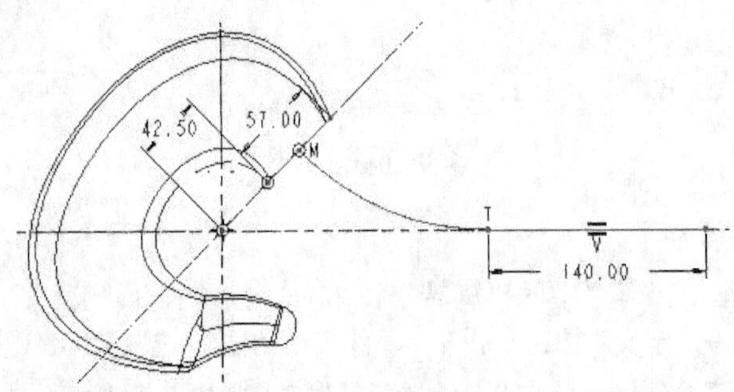

图 8-191　绘制曲线 5

Step 17　创建扫描特征

（1）在菜单栏中选择“插入”→“扫描”→“伸出项”命令，在打开的“扫描轨迹”菜单中选择“选取轨迹”命令，如图 8-192 所示。在“链”菜单中依次选择“依次”→“选取”命令，然后在绘图区选取图 8-193 所示的基准曲线，在打开的菜单中依次选择“选取”→“完成”→“起点”→“接受”命令，如图 8-194 所示。然后在“链”菜单中选择“完成”命令，系统进入草绘环境，截面效果如图 8-195 所示。

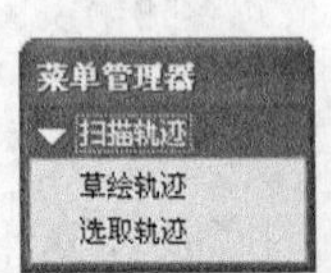

图 8-192　“扫描轨迹”菜单

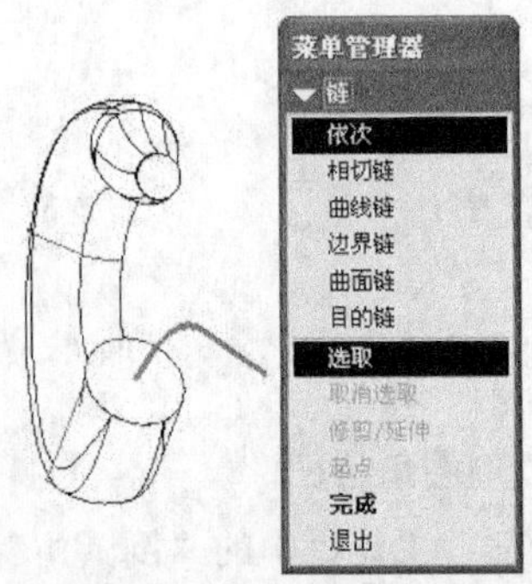

图 8-193　选取曲线 4

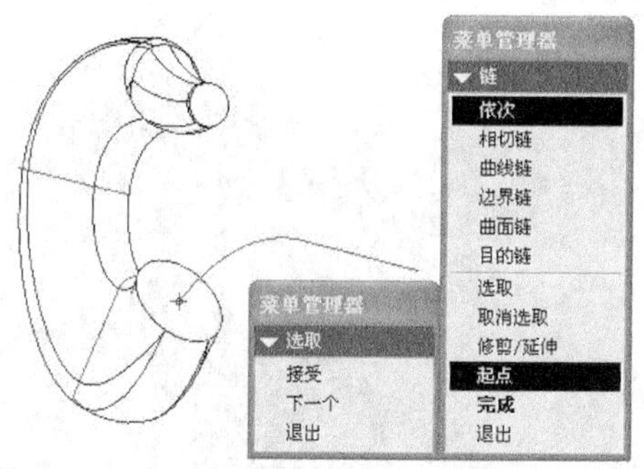

图 8-194　扫描选项设置

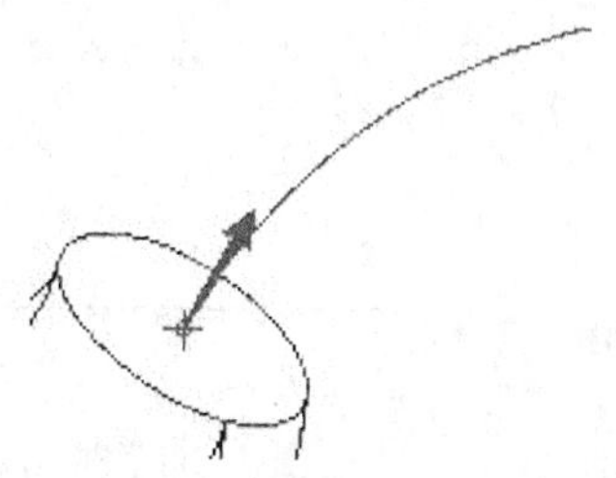

图 8-195　截面效果

（2）绘制图 8-196 所示的圆。单击“草绘器工具”工具栏中的“完成”按钮✓退出草绘环境，最终生成的扫描特征如图 8-197 所示。

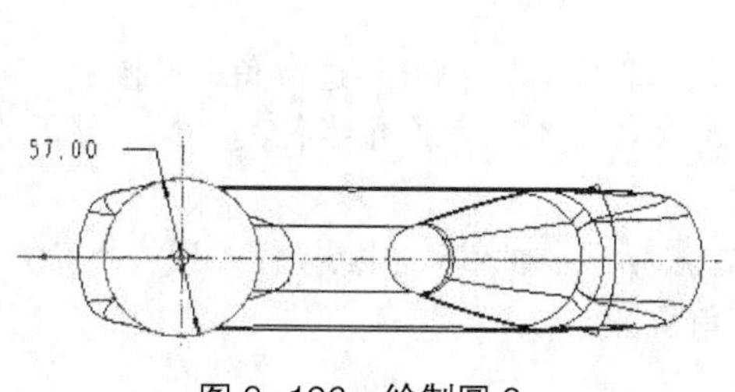

图 8-196　绘制圆 3

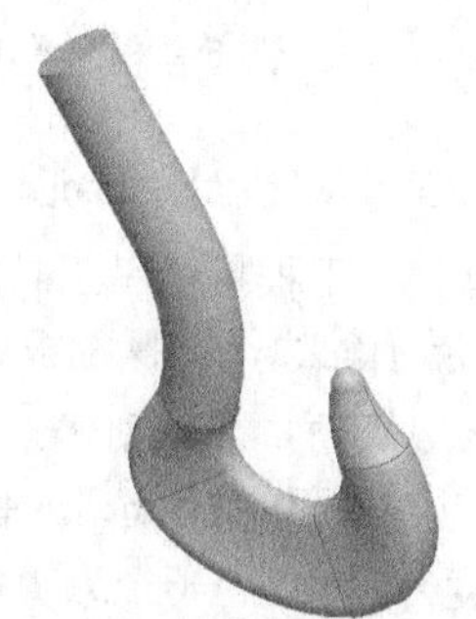

图 8-197　创建扫描特征

Step 18　创建倒圆角特征

在扫描特征底面的一条边上创建半径为 100 的倒圆角特征，如图 8-198 所示。

Step 19　创建钩柄连接槽

单击“基础特征”工具栏中的“旋转”按钮，系统打开“旋转”操控板。在“旋转”操控板中依次单击“放置”→“定义”按钮，弹出“草绘”对话框。选取 RIGHT 基准平面作为草绘平面，单击“草绘”按钮，进入草绘环境。单击“草绘器工具”工具栏中的“线”按钮＼，绘制图 8-199 所示的截面，修改草图尺寸，如图 8-200 所示。在操控板中设置旋转角度为“360”，然后单击“完成”按钮✓，生成的钩柄连接槽如图 8-201 所示。

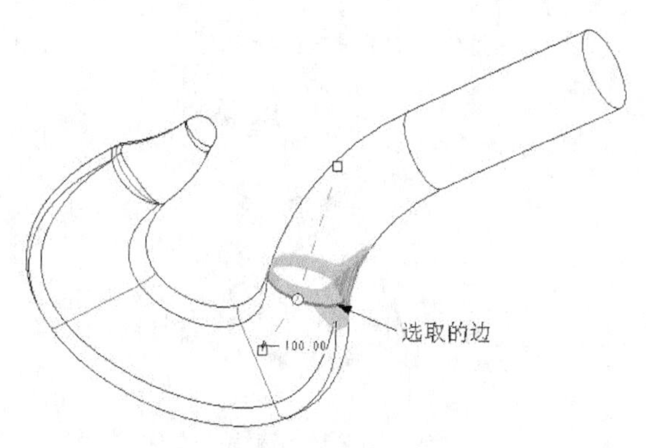

图 8-198　倒圆角特征 2

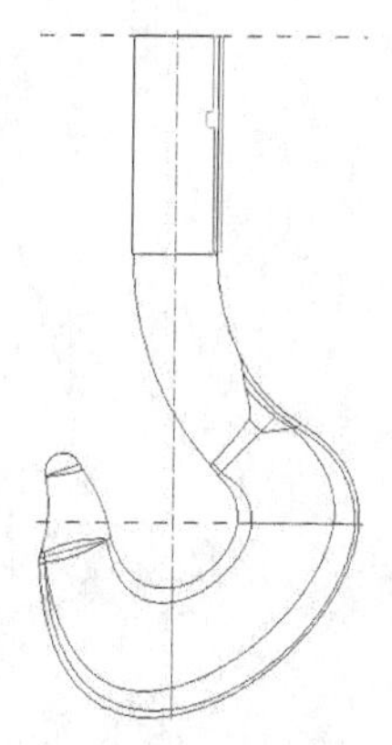

图 8-199　绘制截面 1

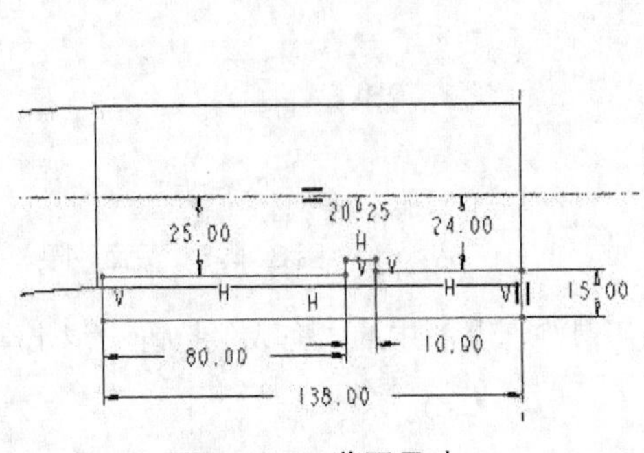

图 8-200 草图尺寸

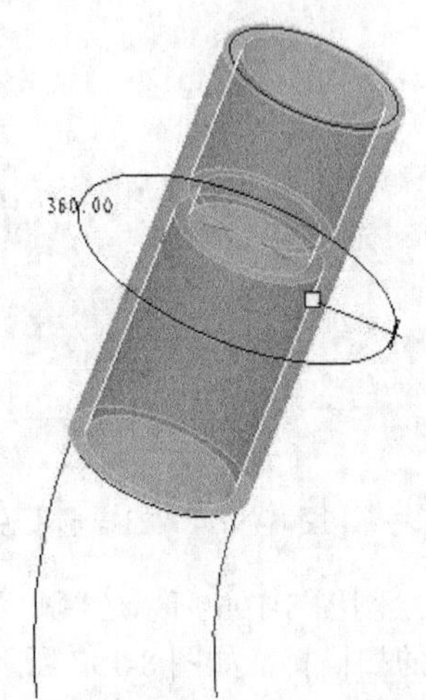

图 8-201 创建钩柄连接槽

Step 20 创建边倒角特征

（1）单击“工程特征”工具栏中的“边倒角”按钮，打开“边倒角”操控板。选取图 8-202 和图 8-203 所示的边，在操控板中设置倒角方式为“45×D”、圆角半径为“2”，然后单击“完成”按钮完成边倒角特征的创建。

（2）采用同样的方法选取图 8-204 和图 8-205 所示的曲线，在操控板中设置倒角方式为“角度×D”、角度为“60”、半径为“3”，创建边倒角特征。

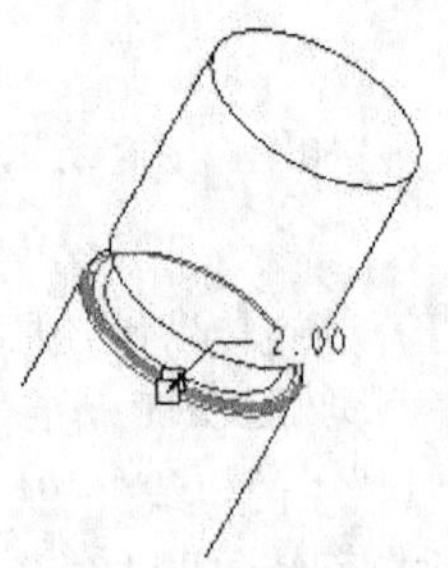

图 8-202 选取边 2

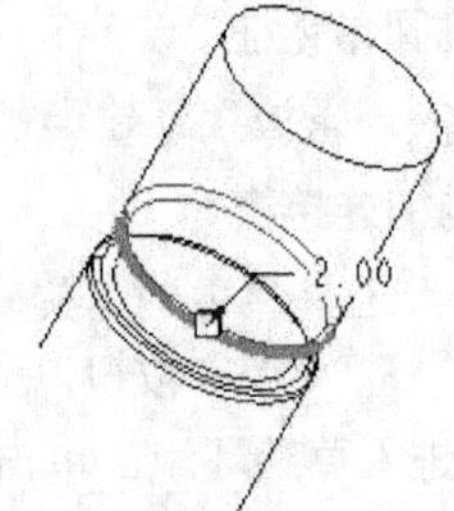

图 8-203 选取边 3

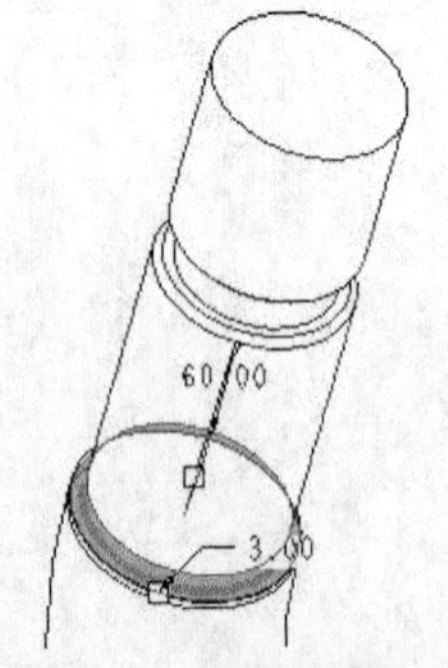

图 8-204 选取曲线 5

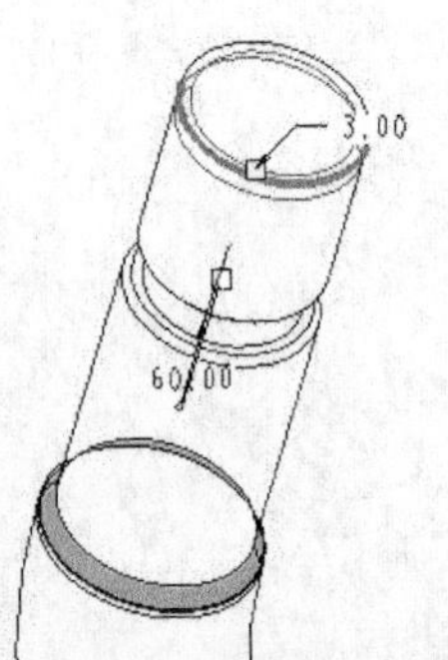

图 8-205 选取曲线 6

Step 21　创建螺旋扫描特征

（1）在菜单栏中选择"插入"→"螺旋扫描"→"切口"命令，系统打开"螺旋扫描"对话框和"属性"菜单。在打开的菜单中依次选择"常数"→"穿过轴"→"右手定则"→"完成"→"新设置"→"平面"命令，如图 8-206 所示。在绘图区选取 RIGHT 基准平面作为草绘平面。

（2）在打开的菜单中依次选择"确定"→"缺省"命令，进入草绘环境，如图 8-207 所示，绘制图 8-208 所示的螺旋扫描特征的轨迹线，单击"草绘器工具"工具栏中的"完成"按钮✓，退出草绘环境。根据系统提示给定节距值为"4.8"。

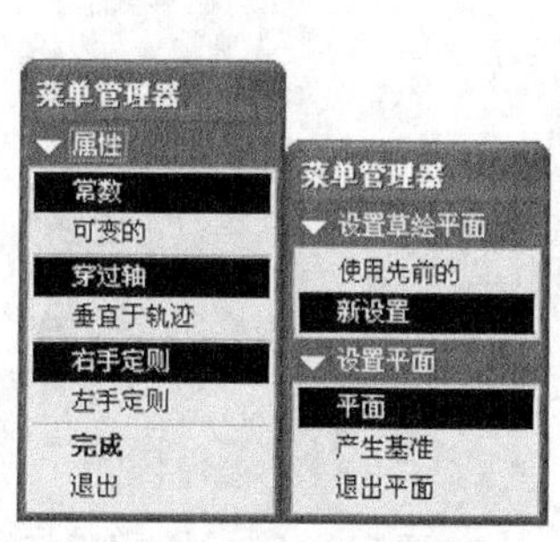

图 8-206　螺旋扫描选项设置 1

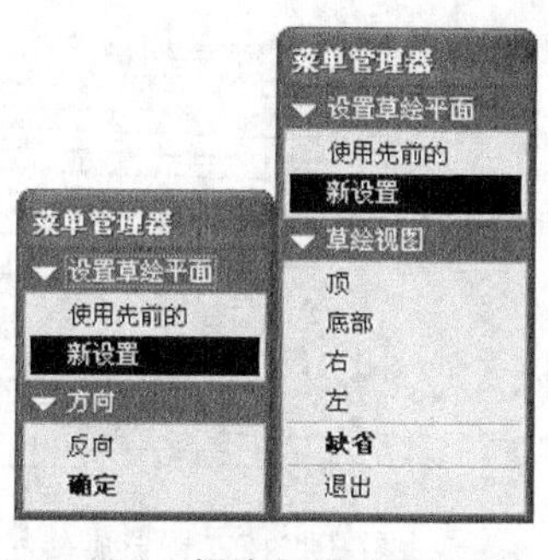

图 8-207　螺旋扫描选项设置 2

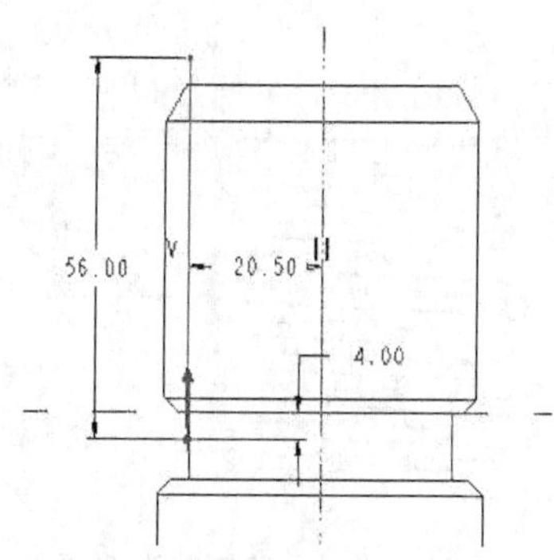

图 8-208　绘制轨迹线 1

（3）单击"草绘器工具"工具栏中的"线"按钮＼，绘制图 8-209 所示的截面。单击"草绘器工具"工具栏中的"完成"按钮✓退出草绘环境。在"方向"菜单中选择"确定"命令，退出草绘环境。再单击"剪切：螺旋扫描"对话框中的"预览"按钮，观察螺旋扫描特征，最终生成的螺旋扫描特征如图 8-210 所示。

技巧荟萃

当对话框中的多个元素已经被定义后，就可以通过"定义"按钮进行修改。

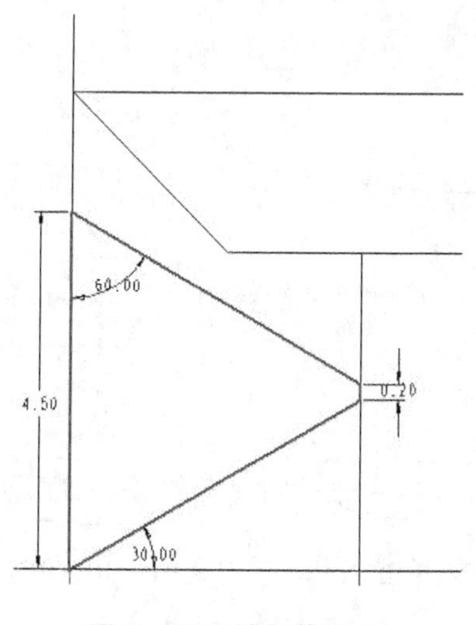

图 8-209　绘制截面 2

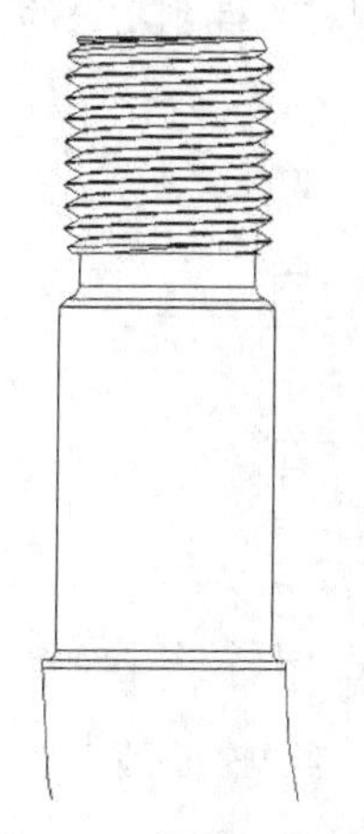

图 8-210　螺旋扫描特征

Step 22 创建旋转特征

单击“基础特征”工具栏中的“旋转”按钮，系统打开“旋转”操控板。在“旋转”操控板中依次单击“放置”→“定义”按钮，选取 RIGHT 基准平面作为草绘平面，单击“草绘器工具”工具栏中的“线”按钮，绘制图 8-211 所示的截面。在操控板中设置旋转角度为“360”，单击“预览”按钮预览旋转效果，如图 8-212 所示。单击操控板中的“完成”按钮，结果如图 8-213 所示。

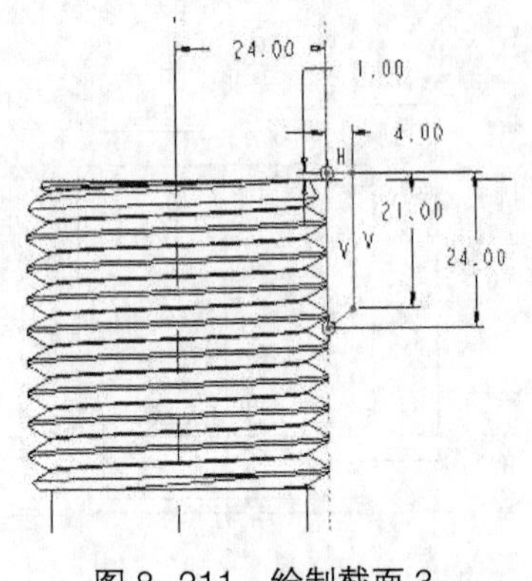

图 8-211 绘制截面 3

图 8-212 预览旋转特征 2

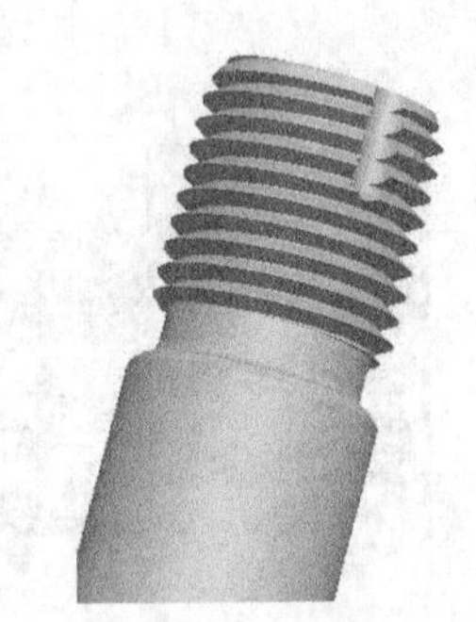
图 8-213 创建旋转特征

Step 23 创建钩头固定螺纹特征

（1）在菜单栏中选择“插入”→“螺旋扫描”→“切口”命令，系统打开“螺旋扫描”对话框和“属性”菜单，在打开的菜单中选择“常数”→“穿过轴”→“右手定则”→“完成”→“新设置”→“平面”命令，选取 RIGHT 基准平面作为草绘平面。

（2）在打开的菜单中选择“确定”→“缺省”命令，进入草绘环境，绘制图 8-214 所示的轨迹线，绘制完成后，单击“草绘器工具”工具栏中的“完成”按钮退出草绘环境。根据系统提示给定节距值为“1.05”。

（3）单击“草绘器工具”工具栏中的“线”按钮，绘制图 8-215 所示的截面。单击“草绘器工具”工具栏中的“完成”按钮退出草绘环境。在“方向”菜单中选择“确定”命令退出草绘环境，然后单击“剪切：螺旋扫描”对话框中的“预览”按钮，观察螺旋扫描特征，最终生成的螺旋扫描特征如图 8-216 所示。

（4）保存文件到指定的位置并关闭当前对话框。

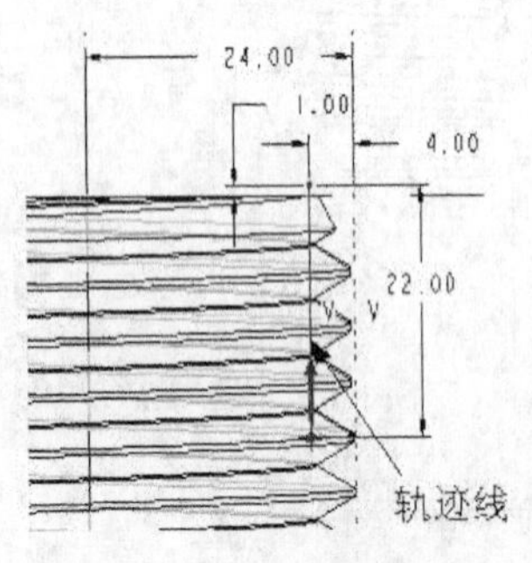

图 8-214 绘制轨迹线 2

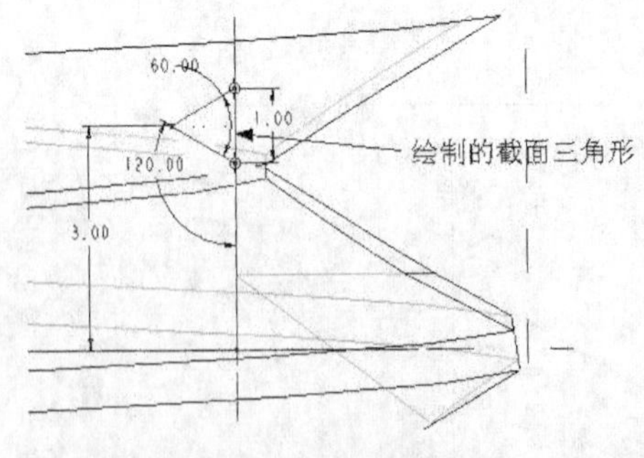

图 8-215 绘制截面 3

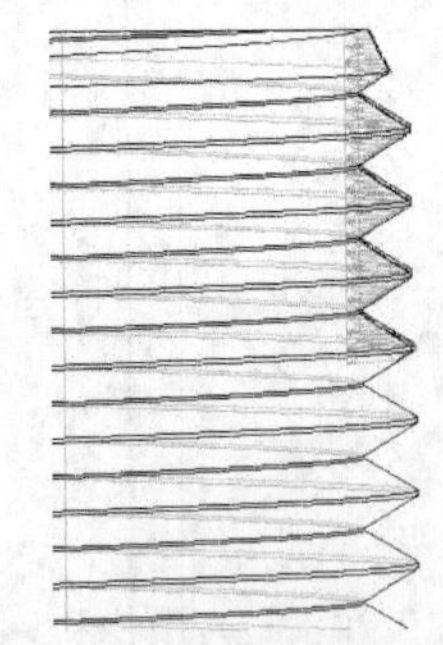
图 8-216 创建螺旋扫描特征

8.4 综合实例——苹果

本例介绍苹果的建模过程，模型如图 8-217 所示。首先绘制苹果的主体草图轮廓，然后扫描生成苹果的主体轮廓，再利用混合扫描创建苹果把，最后通过变截面扫描和镜像命令生成苹果叶子。

扫码看视频

图 8-217　苹果

8.4.1 苹果主体

【创建步骤】

Step 1 新建文件

选择菜单栏中的“文件”→“新建”命令，或者单击工具栏中的“新建”按钮，在弹出的“新建文件”对话框中先单击“零件”按钮，再单击“确定”按钮，创建一个新的零件文件。

Step 2 绘制扫描轨迹

在“基准”工具栏单击草绘按钮，选取 TOP 面作为草绘面，RIGHT 面作为参考，参考方向“右”。绘制草图如图 8-218 所示。

Step 3 绘制变截面扫描曲面

在“基准”工具栏单击“变截面扫描”按钮，选取刚绘制的圆为扫描轨迹，并单击“草绘”按钮，绘制扫描截面，如图 8-219 所示。

Step 4 采用方程控制

选择菜单栏中的“工具”→“关系”命令，系统弹出关系对话框，如图 8-220 所示。选取“sd#=40”的尺寸作为可变尺寸，并输入方程为“sd12=2*sin(trajpar*360*5)+40”（其中 sd12 是系统尺寸标记，数字可能会有变化），单击确定后，系统生成扫描曲面，如图 8-221 所示。

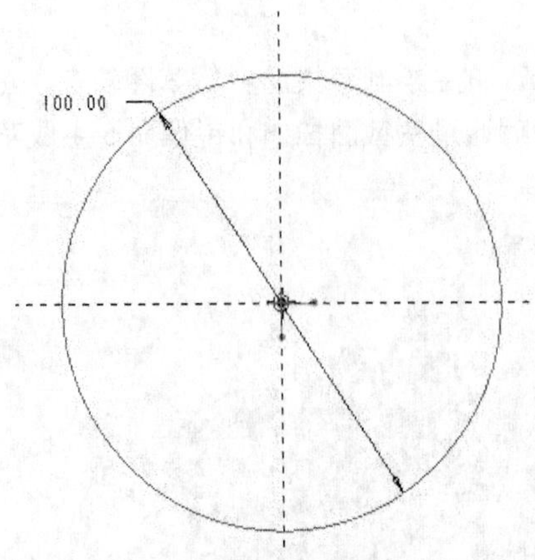

图 8-218 绘制扫描轨迹

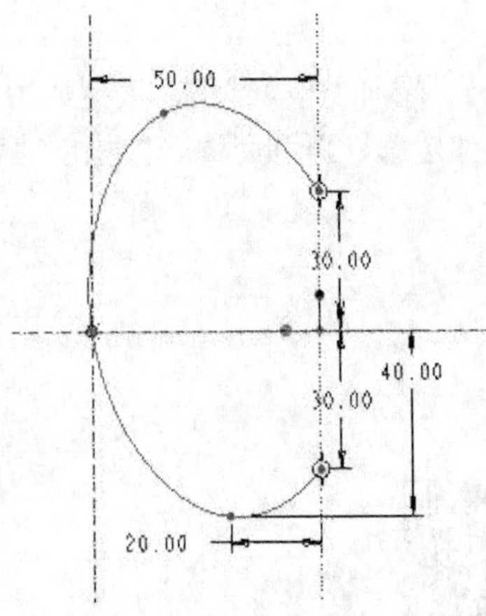

图 8-219 绘制扫描截面

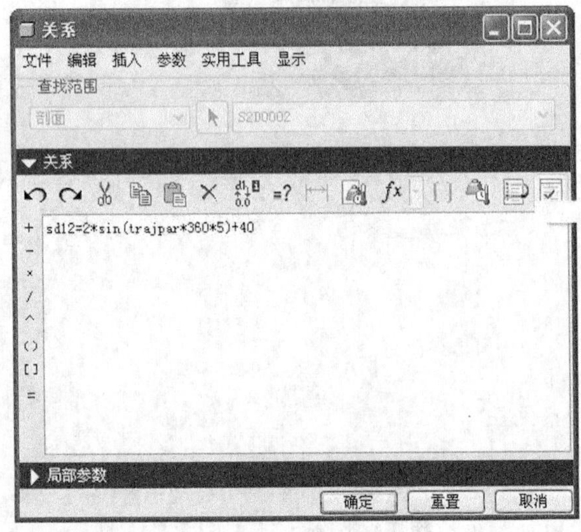

图 8-220 输入方程控制

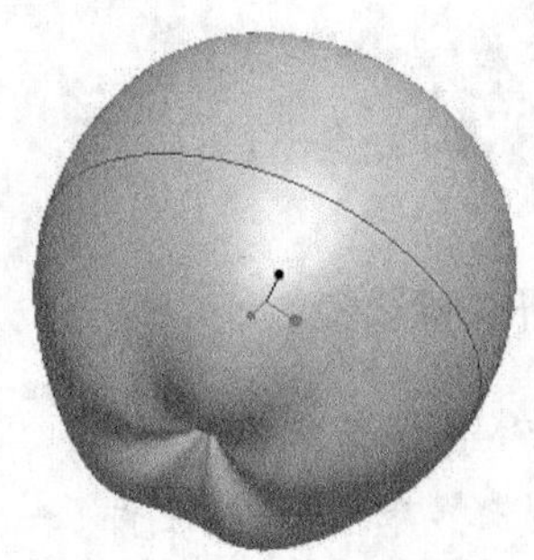

图 8-221 方程控制扫描结果

8.4.2 苹果把

【创建步骤】

Step 1 绘制扫描混合轨迹

在“基准”工具栏单击“草绘”按钮，选取 RIGHT 面作为草绘面，TOP 面作为参考面，参考方向选择“顶”。绘制草图，如图 8-222 所示。

Step 2 绘制扫描混合曲面

选择菜单栏中的“插入”→“扫描混合”命令，选取刚绘制的草绘为扫描混合轨迹线，并在起始段绘制 D=1 的圆，终点绘制 D=5 的圆，结果如图 8-223 所示。

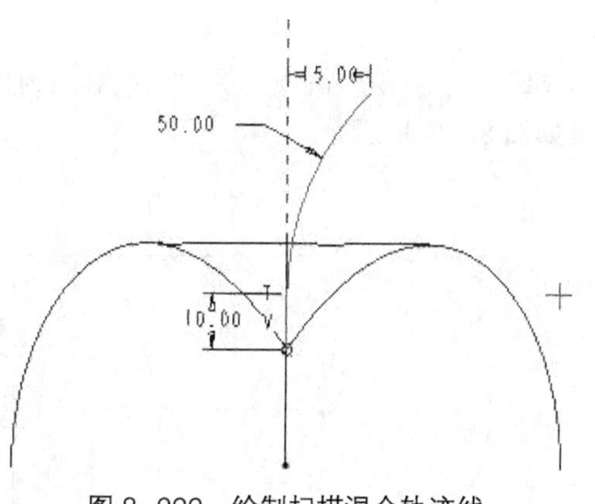

图 8-222　绘制扫描混合轨迹线

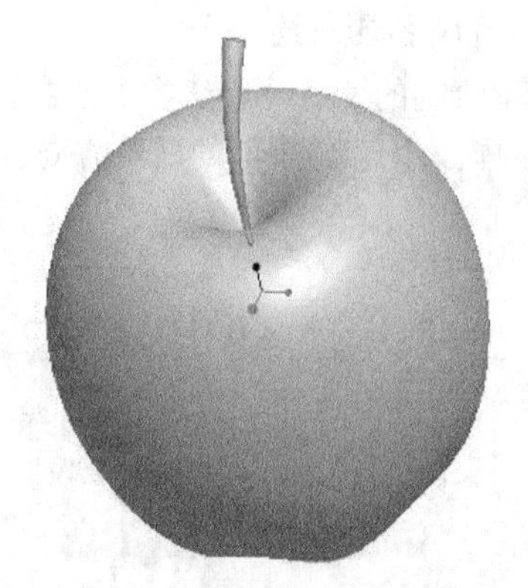

图 8-223　扫描混合曲面

8.4.3　苹果叶子

【创建步骤】

Step 1　绘制叶子轨迹线

在“基准”工具栏单击“草绘”按钮，选取 FRONT 面作为草绘面，TOP 面作为参考面，参考方向选择“顶”。绘制草图，如图 8-224 所示。

Step 2　绘制扫描曲面

在“基准”工具栏单击“变截面扫描”按钮，选取刚绘制的曲线为扫描轨迹，并单击“草绘”按钮，绘制扫描截面，如图 8-225 所示。单击确定，结果如图 8-226 所示。

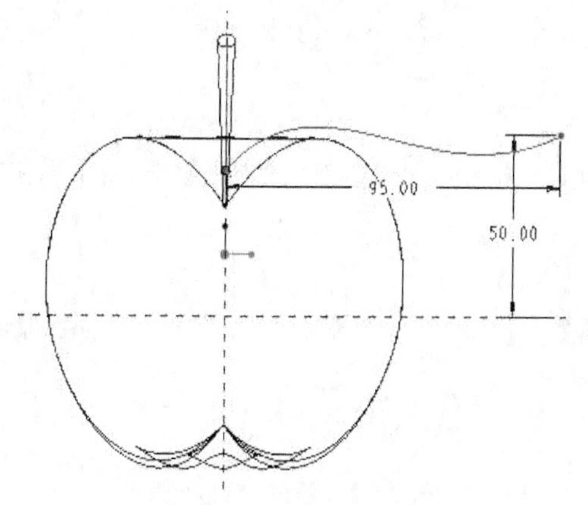

图 8-224　绘制扫描轨迹线

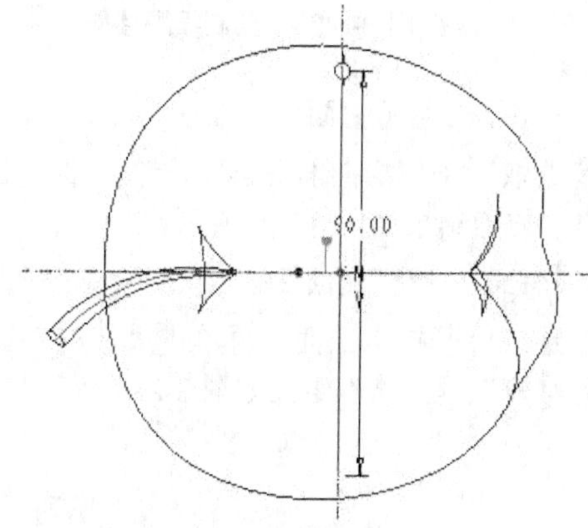

图 8-225　扫描截面

Step 3　绘制投影草绘

在“基准”工具栏单击“草绘”按钮，选取 TOP 面作为草绘面，RIGHT 面作为参考面，参考方向选择“右”。绘制草图，如图 8-227 所示。

Step 4　绘制投影草绘 2

在“基准”工具栏单击“草绘”按钮，选取 TOP 面作为草绘面，RIGHT 面作为参考面，参考方向选择“右”。绘制草图，如图 8-228 所示。

Step 5 投影草绘

将刚绘制的两条草绘选中，选择主菜单“编辑”→“投影”命令，选取扫描曲面为投影曲面，投影方向默认为草绘平面的法向方向。投影结果如图 8-229 所示。

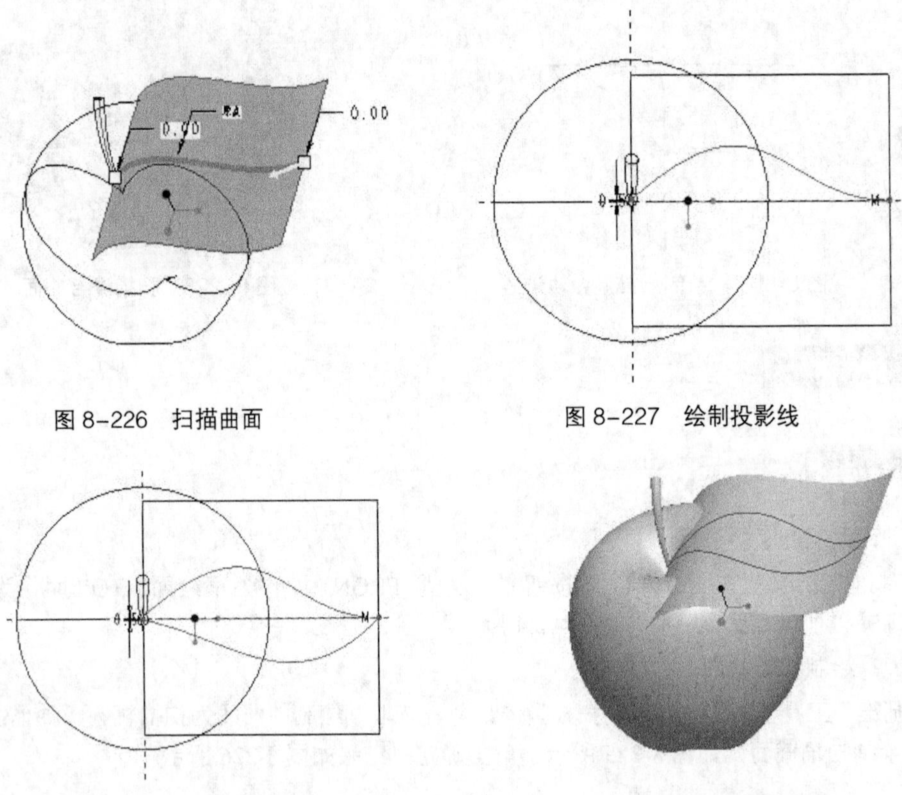

图 8-226 扫描曲面

图 8-227 绘制投影线

图 8-228 绘制投影线 2

图 8-229 投影草绘

Step 6 修剪曲面

选取叶子扫描曲面，再单击“基准”工具栏“修剪”按钮，选取刚绘制的投影线作为修剪工具，修剪结果如图 8-230 所示。

Step 7 修剪曲面 2

选取叶子扫描曲面，再单击“基准”工具栏“修剪”按钮，选取刚绘制的另外一条投影线作为修剪工具，修剪结果如图 8-231 所示。

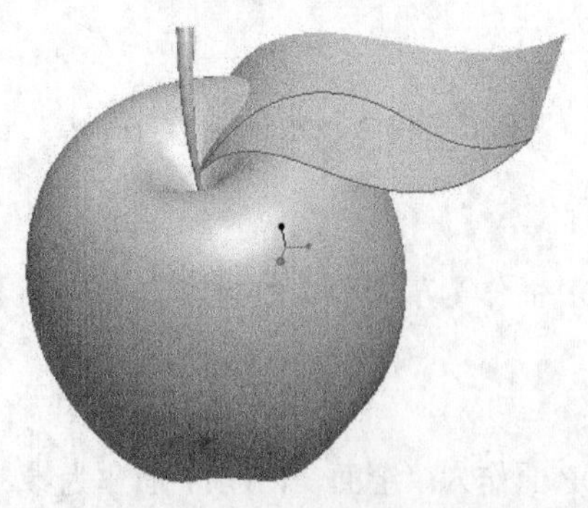

图 8-230 修剪曲面

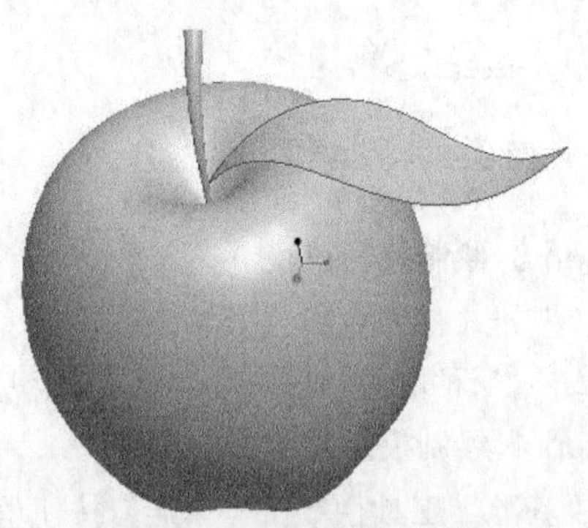

图 8-231 修剪另一侧曲面

Step 8　镜像曲面

单击选取过滤器中“几何”选项，再选取刚修剪的曲面几何，然后单击“基准”工具栏“镜像”按钮，选取 RIGHT 面作为镜像平面，镜像结果如图 8-232 所示。

Step 9　隐藏曲线

单击工具栏“图层”按钮，系统弹出图层树，选中图层树中的“03___PRT_ALL_CURVES”层，并单击右键，在弹出的右键快捷菜单中选择“隐藏”命令，即可将所有的曲线隐藏。如图 8-233 所示。

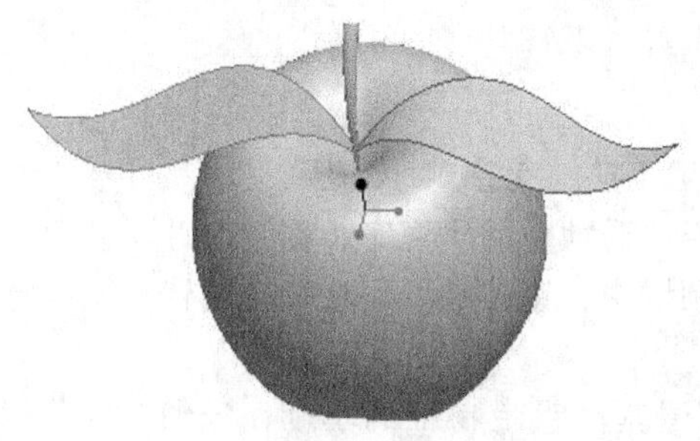

图 8-232　镜像曲面

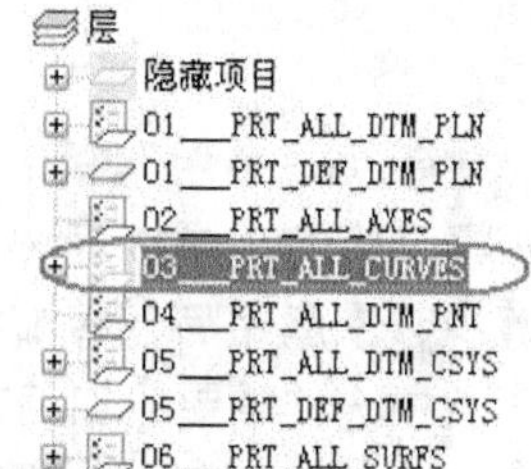

图 8-233　隐藏曲线层

**注意**

在输入方程“sd12=2*sin(trajpar*360*5)+40”时，方程左边是要被控制的尺寸标记，方程右边是带有变量的函数关系式，trajpar 是系统默认变量，trajpar 在 0~1 之间变化，因此，sin(trajpar*360*5) 就在 -1~1 之间变化，并且是周期性变化，周期为 5 次。40 是初相，如果没有 40，当 trajpar=0 时，sd12=0，则导致图形急剧的变化，产生失败。

在绘制图 8-232 所示的镜像曲面时，选取的过滤器为“几何”，并选取曲面几何，则镜像的是曲面几何，如果选取的是曲面特征，则镜像的是特征，此处由于特征是由多个特征组成，如果镜像的话必须将多个特征创建成组才能镜像，否则容易产生失败。

Chapter 9

第 9 章 钣金设计

钣金是金属薄板的一种综合加工工艺，包括剪、冲压、折弯、成形、焊接、拼接等。钣金技术已经广泛地应用于汽车、家电、计算机、家庭用品、装饰材料等相关领域中，钣金加工已经成为现代工业中一种重要的加工方法。

在钣金设计中，壁类结构是创建其他钣金特征的基础，任何复杂的特征都是从创建第一壁开始的。但是要想设计出复杂的钣金件，仅仅掌握钣金件的基本成型是不够的，还需要掌握高级成型模式。在第一壁的基础上继续创建其他钣金壁特征，以完成整个零件的创建。

学习要点

- 基本钣金特征
- 高级钣金特征
- 后继钣金壁特征
- 钣金操作

9.1 基本钣金特征

在钣金设计中，需要先创建第一壁，然后在第一壁的基础上创建后继的钣金壁和其他特征。第一壁主要通过拉伸、平整、旋转和混合等方法创建。其对应工具栏中的按钮和功能菜单如图 9-1 和图 9-2 所示。在后面小节中将对基本钣金壁的创建方法进行详细讲解。

图 9–1　创建基本钣金壁的工具条

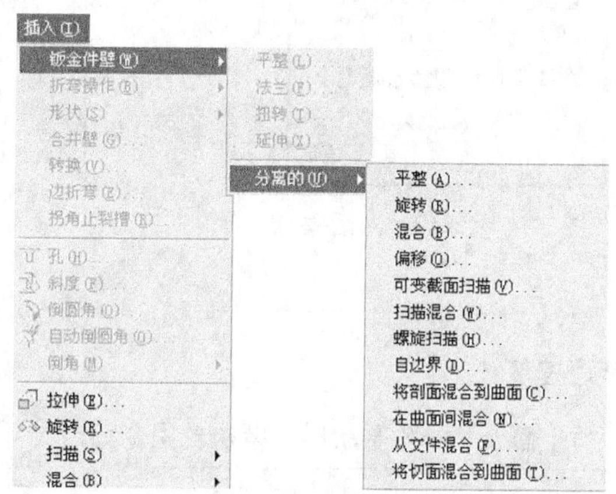

图 9–2　创建基本钣金壁的菜单

9.1.1 分离的平整壁特征

平整壁是钣金件中平面 / 平滑 / 展平的部分。它可以是主要壁（设计中的第一个壁），也可以是从属于主要壁的次要壁。平整壁可采用任何平整形状。创建分离的平整壁特征示意图如图 9-3 所示。

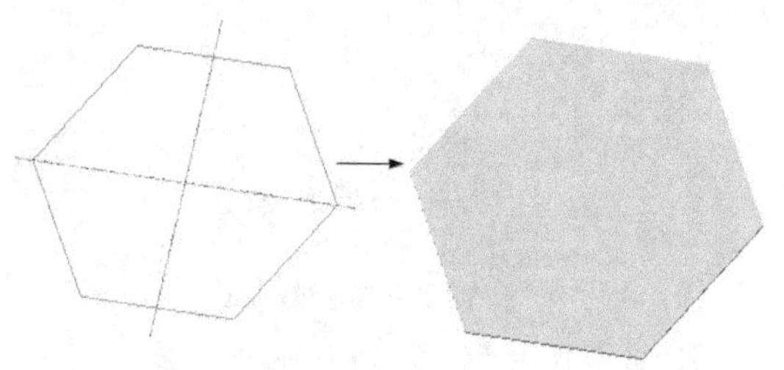

图 9–3　创建分离的平整壁特征示意图

1. 创建分离的平整壁的操作步骤

（1）在菜单栏中选择“文件”→“新建”命令，或单击“文件”工具栏中的“新建”按钮，系统打开“新建”对话框，在“类型”选项组中点选“零件”单选钮，在“子类型”选项组中点选“钣金件”单选钮，在“名称”文本框中输入“pingzhengbi”，取消勾选“使用缺省模板”复选框，单击“确定”按钮，在打开的“新文件选项”对话框中选择“mmns-part-sheetmetal”选项，单击“确定”按钮，创建一个新的钣金件文件。

（2）在菜单栏中选择“插入”→“钣金件壁”→“分离的”→“平整”命令，或单击“钣金件”工具栏中的“创建分离的平整壁”按钮，系统打开“分离的平整壁”操控板，依次单击“参照”→“定义”按钮，系统打开图 9-4 所示的“草绘”对话框。

（3）选取 FRONT 基准平面作为草绘平面，其他选项接受系统默认设置，单击“草绘”按钮，进入草绘环境。

（4）绘制图 9-5 所示的草图。单击“草绘器工具”工具栏中的“完成”按钮✓，退出草绘环境。

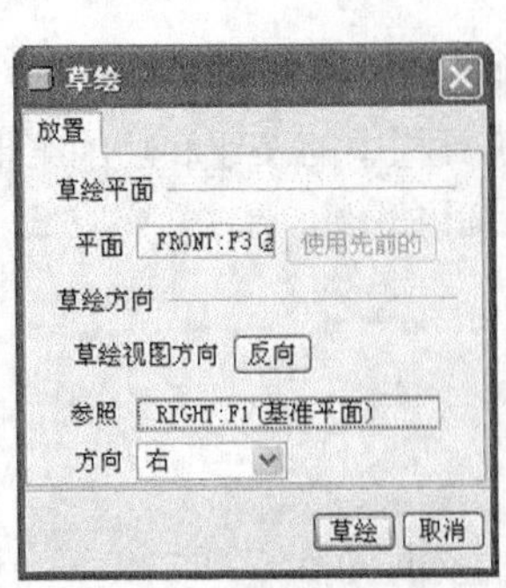

图 9-4 “草绘”对话框

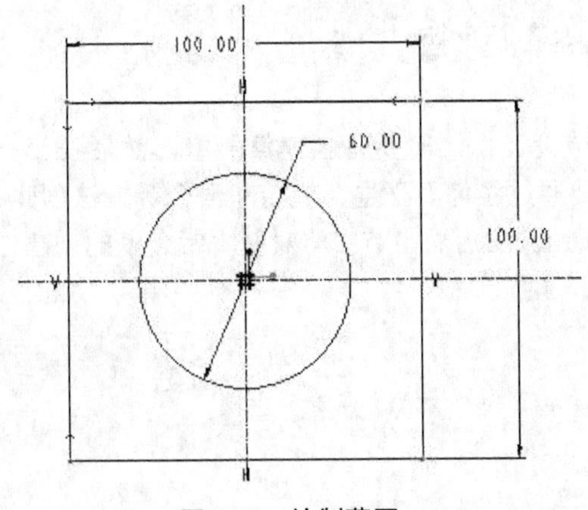

图 9-5 绘制草图

技巧荟萃

分离的平整壁特征的草绘图形必须是闭合的。

（5）在操控板中给定钣金厚度值为“1”，如图 9-6 所示。然后单击“反向”按钮，调整增厚方向，再单击操控板中的“完成”按钮，结果如图 9-7 所示。

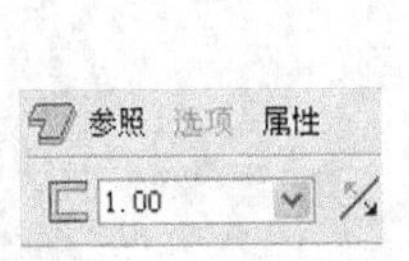

图 9-6 参数设置

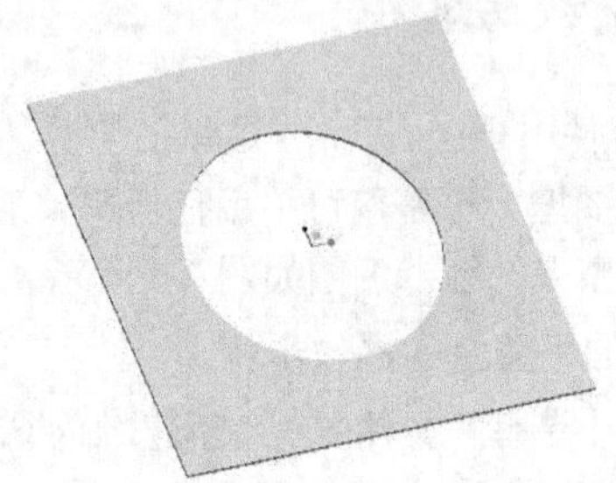

图 9-7 分离的平整壁特征

（6）保存文件到指定的位置并关闭当前对话框。

2. 命令选项介绍

在菜单栏中选择“插入”→“钣金件壁”→“分离的”→“平整”命令，或单击“钣金件”工具栏中的“创建分离的平整壁”按钮，系统打开图 9-8 所示的“创建分离的平整壁”操控板。

图 9-8 “创建分离的平整壁”操控板

“分离的平整壁”操控板中各按钮功能如下。

- 钣金厚度。用于设置钣金厚度。

- 反向。用于设置钣金厚度的增长方向。
- 暂停。暂时中止使用当前的特征工具，以访问其他可用工具。
- 预览。用于预览模型。若预览时出错，表明特征的构建有误，需要重定义。
- 完成。用于确认当前特征的创建或重定义。
- 取消。用于取消特征的创建或重定义。
- 参照。用于确定绘图平面和参考平面。
- 属性。用于显示特征的名称和信息。

9.1.2 旋转壁特征

旋转壁是由特征截面绕旋转中心线旋转而成的一类特征，适合于构造回转体零件特征。创建旋转壁特征的示意图如图 9-9 所示。

1. 创建旋转壁特征的操作步骤

（1）在菜单栏中选择“文件”→“新建”命令，或单击“文件”工具栏中的“新建”按钮，系统打开“新建”对话框，在“类型”选项组中点选“零件”单选钮，在“子类型”选项组中点选“钣金件”单选钮，在“名称”文本框中输入“xuanzhuanbi”，取消勾选“使用缺省模板”复选框，单击“确定”按钮，在打开的“新文件选项”对话框中选择“mmns-part-sheetmetal”选项，单击“确定”按钮，创建一个新的钣金件文件。

（2）在菜单栏中选择“插入”→“钣金件壁”→“分离的”→“旋转”命令，或单击“钣金件”工具栏中的“创建旋转壁”按钮，系统打开图 9-10 所示的“第一壁：旋转”对话框和图 9-11 所示的“属性”菜单。选择“单侧”→“完成”命令，系统打开“设置草绘平面”菜单，在绘图区选取 FRONT 基准平面作为草绘平面，接受系统默认的视图方向，单击“确定”按钮，接受系统默认的参照方向。在“草绘视图”菜单中选择“缺省”命令，如图 9-12 所示，进入草绘环境。

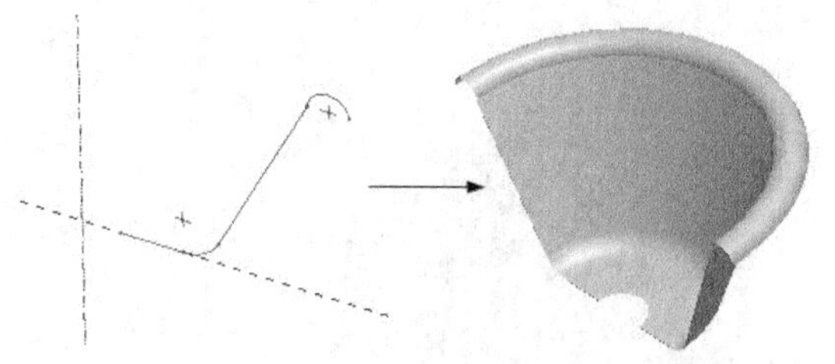

图 9-9 创建旋转壁特征示意图

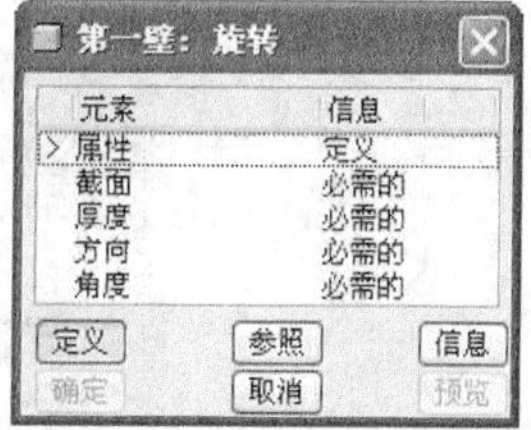

图 9-10 “第一壁：旋转”对话框

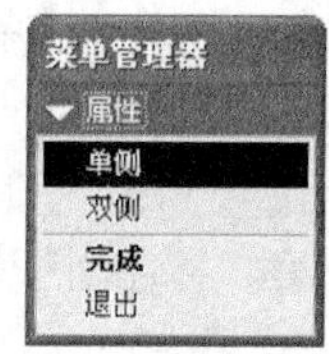

图 9-11 “属性”菜单

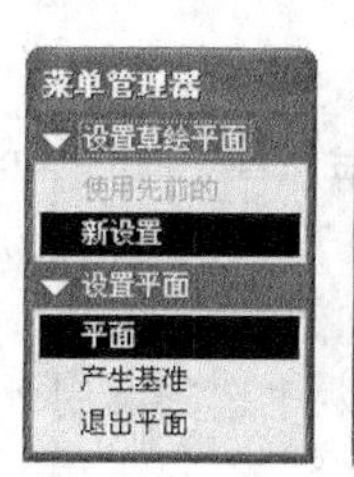

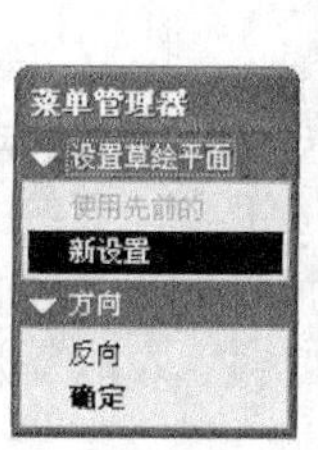

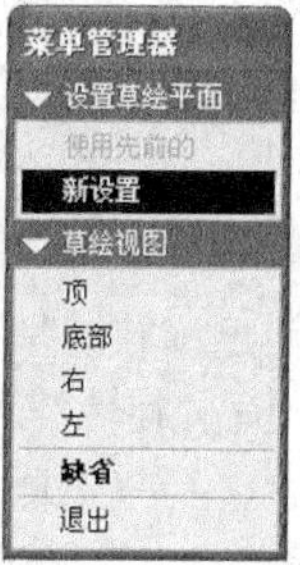

图 9-12 草绘视图设置

（3）单击“草绘器工具”工具栏中的“中心线”按钮，绘制一条中心线作为旋转轴，再绘制图9-13所示的截面并修改尺寸，然后单击“草绘器工具”工具栏中的“完成”按钮，退出草绘环境。

技巧荟萃

一定要绘制一条中心线作为旋转特征的旋转轴。

（4）系统打开图9-14所示的“方向”菜单，选择“反向”命令，其作用与拉伸特征中的“反向”按钮相似，可改变钣金增厚的方向，如图9-15所示。然后给定钣金厚度值为“1”。

图9–13　绘制旋转特征截面　　图9–14　“方向”菜单　　图9–15　钣金加厚方向

（5）系统打开图9-16所示的“REV TO”菜单，依次选择“270”→“完成”命令，然后单击“第一壁：旋转”对话框中的“确定”按钮，完成旋转壁特征的创建，如图9-17所示。

（6）保存文件到指定的位置并关闭当前对话框。

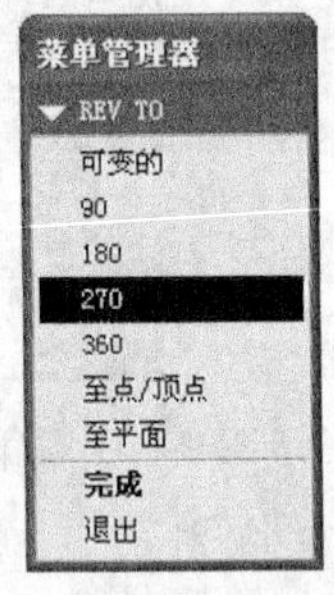

图9–16　“REV TO”菜单

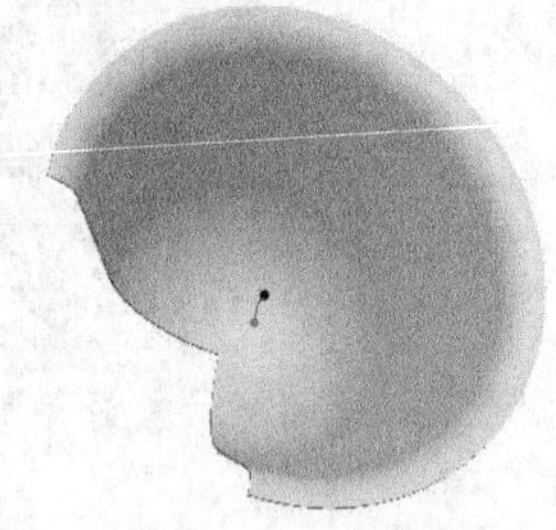

图9–17　旋转壁特征

2. 命令选项介绍

（1）在菜单栏中选择“插入”→“钣金件壁”→“分离的”→“旋转”命令，或单击“钣金件”工具栏中的“创建旋转壁”按钮，系统打开“第一壁：旋转”对话框。

（2）“第一壁：旋转”对话框中各选项的含义如下。

- 属性。包括“单侧”和“双侧”两个选项，用于设置生成的三维实体相对于草绘截面的旋转方向。
- 截面。用于定义草绘平面，进入草绘环境绘制截面。

- 厚度。用于定义钣金加厚时的材料增长方向。
- 方向。用于定义所选特征的旋转角度方向。
- 角度。用于定义特征的旋转角度。

9.2 高级钣金特征

本节主要介绍创建可变截面扫描特征、扫描混合特征以及自边界特征的方法。

9.2.1 可变截面扫描特征

“可变截面扫描”命令用于创建一个可变化的截面，此截面将沿轨迹线和轮廓线进行扫描操作。截面的形状大小将随着轨迹线和轮廓线的变化而变化。当给定的截面较少，而轨迹线的尺寸很明确，且轨迹线较多的场合，较适合使用可变截面扫描。可将现有的基准线作为轨迹线或轮廓线，也可在构建特征时绘制轨迹线或轮廓线。创建可变截面扫描特征的示意图如图 9-18 所示。

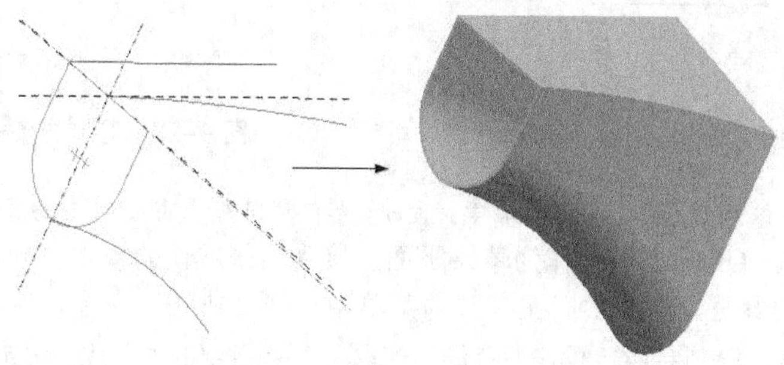

图 9–18　创建可变截面扫描特征的示意图

1. 创建可变截面扫描的操作步骤

（1）在菜单栏中选择“文件”→“新建”命令，或单击“文件”工具栏中的“新建”按钮，系统打开“新建”对话框，在“类型”选项组中点选“零件”单选钮，在“子类型”选项组中点选“钣金件”单选钮，在“名称”文本框中输入“saomiao”，取消勾选“使用缺省模板”复选框，单击“确定”按钮，在打开的“新文件选项”对话框中选择“mmns-part-sheetmetal”选项，单击“确定”按钮，创建一个新的钣金件文件。

（2）在菜单栏中选择“插入”→“钣金件壁”→“分离的”→“可变截面扫描”命令，系统打开“扫描选项”菜单，选择“垂直于原始轨迹”→“完成”命令，系统打开图 9-19 所示的“第一壁：可变截面扫描”对话框和图 9-20 所示的“可变截面扫描”菜单。

（3）在打开的菜单中选择“草绘轨迹”命令，系统打开“设置草绘平面”菜单，在绘图区选取 FRONT 基准平面作为草绘平面，接受系统默认的视图方向，选择“确定”命令，接受系统默认的参照方向，选择“缺省”命令，进入草绘环境。

（4）绘制图 9-21 所示的线段，绘制完成后单击“草绘器工具”工具栏中的“完成”按钮✓，退出草绘环境。

（5）系统返回到“可变截面扫描”菜单，选择“草绘轨迹”命令，打开“设置草绘平面”菜单，在绘图区选取 FRONT 基准平面作为草绘平面，接受系统默认的视图方向，再选择“确定”命令，接受系统默认的参照方向，然后在打开的菜单中选择“缺省”命令，进入草绘环境。绘制图 9-22 所示的样条曲线，绘制完成后单击“草绘器工具”工具栏中的“完成”按钮，退出草绘环境。

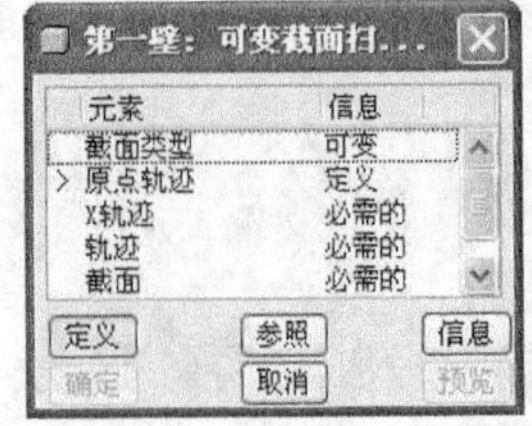

图 9-19 “第一壁：可变截面扫描”对话框

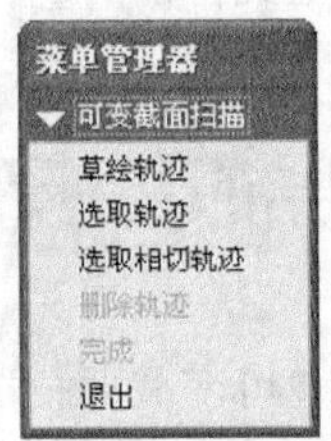

图 9-20 “可变截面扫描”菜单

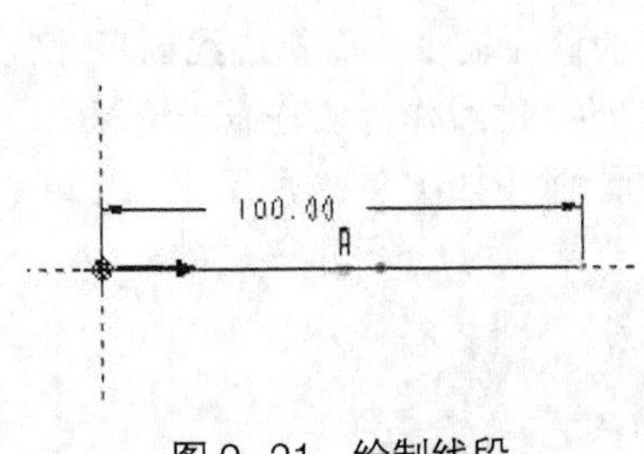

图 9-21 绘制线段

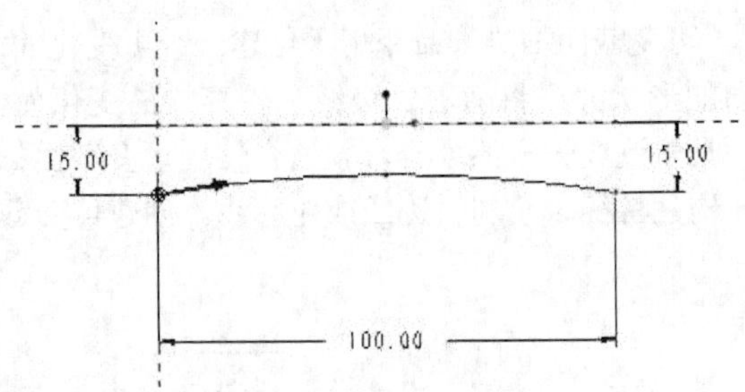

图 9-22 绘制样条曲线 1

（6）系统返回到“可变截面扫描”菜单，选择“草绘轨迹”命令，系统打开“设置草绘平面”菜单，在绘图区选取 TOP 基准平面作为草绘平面，接受系统默认的视图方向，再选择“确定”命令，接受系统默认的参照方向，然后在打开的菜单中选择“缺省”命令，进入草绘环境。绘制图 9-23 所示的样条曲线，绘制完成后单击“草绘器工具”工具栏中的“完成”按钮，退出草绘环境。

（7）系统返回到“可变截面扫描”菜单，选择“完成”命令，进入草绘环境。绘制图 9-24 所示的椭圆，注意椭圆的长轴和短轴分别落在两条轨迹线上，然后单击“草绘器工具”工具栏中的“完成”按钮，退出草绘环境。

（8）根据系统提示给定钣金厚度值为“1”，然后单击“第一壁：可变截面扫描”对话框中的“确定”按钮，完成可变截面扫描特征的创建，如图 9-25 所示。

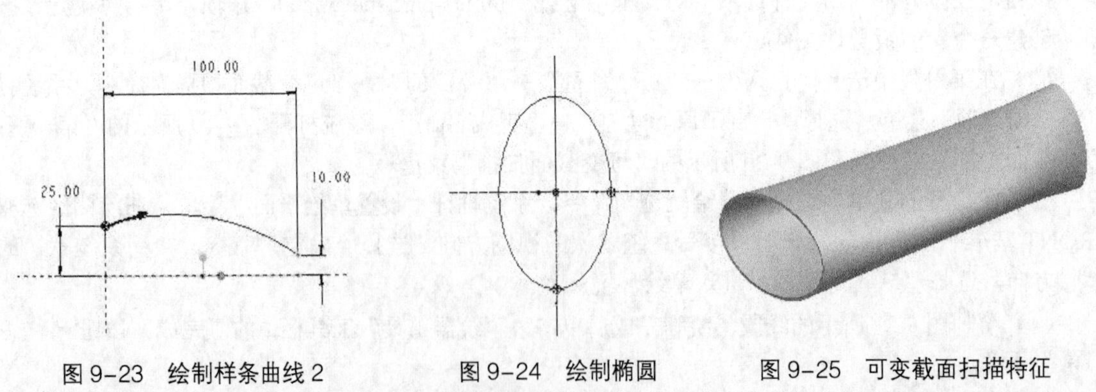

图 9-23 绘制样条曲线 2　　图 9-24 绘制椭圆　　图 9-25 可变截面扫描特征

（9）保存文件到指定的位置并关闭当前对话框。

2. 命令选项介绍

在菜单栏中选择“插入”→“钣金件壁”→“分离的”→“可变截面扫描”命令，系统打开图 9-26 所示的“扫描选项”菜单。

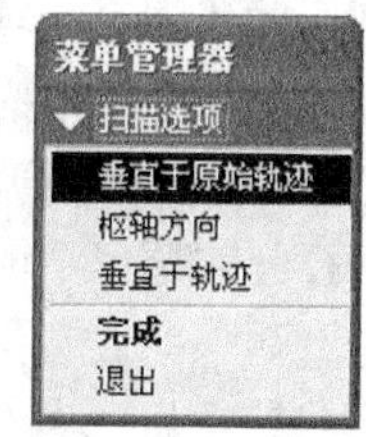

图 9-26 “扫描选项”菜单

（1）“扫描选项”菜单中包含“垂直于原始轨迹”“枢轴方向”和“垂直于轨迹”3 个选项。

- 垂直于原始轨迹。用于截面平面在整个轨迹长度上保持与轨迹的原点垂直。可指定截面方向和旋转。对于这种方法，必须选取轨迹的原点和 *X* 轨迹。*X* 轨迹定义截面的水平向量。截面原点（十字叉丝）总是位于原始轨迹上，而 *X* 轴指向 *X* 轨迹。
- 枢轴方向。沿枢轴方向观察，截面平面保持与原始轨迹垂直。截面的向上方向保持与枢轴方向平行。截面 *Y* 轴总是垂直于选定方向。通过将枢轴方向的原始轨迹向一个垂直于枢轴方向的平面投影，来确定截面法向的轨迹。对于这种方法，必须选择“原点轨迹”命令，并定义枢轴方向。
- 垂直于轨迹。必须选取两个轨迹，来决定该截面的位置和方向。原始轨迹决定沿该特征长度的截面原点。在沿该特征长度上，该截面平面保持与法向轨迹垂直。对于这种方法，必须选取原点轨迹和与截面垂直的轨迹。

（2）“第一壁：可变截面扫描”对话框。在“扫描选项”菜单中选择“垂直于原始轨迹”→“完成”命令，系统打开“第一壁：可变截面扫描”对话框。

“第一壁：可变截面扫描”对话框中各选项含义如下。

- 原点轨迹。此轨迹线为首先指定的轨迹线，该线确定了截面原点位置并限定截面原点扫描轨迹，可由多条线段组成，但这些线段必须是相切的。
- *X* 轨迹。此轨迹线用于确定截面 *X* 轴方向并限定截面 *X* 轴的扫描轨迹。当选取“*X* 轨迹”命令时即可指定该属性，原始轨迹线不可以指定为 *X* 轨迹线。
- 轨迹。选取曲线链作为轨迹线。需要注意：若截面控制为“垂直于轨迹”方式，则原点轨迹线内各段必须相切，若为“垂直于投影”方式，则原点轨迹线的投影线必须相切，而原点轨迹线内各段不必一定相切；辅助轨迹线端点可落在原点轨迹线上，但不可与原点轨迹线相交；所有轨迹必须能与扫描截面相交，若各轨迹长度不一致，则系统按最短原则确定扫描起点和终点。
- 截面。用于绘制扫描截面。
- 厚度。用于定义钣金厚度。

9.2.2 扫描混合特征

“扫描混合”命令可使用一条轨迹线与几个剖面来创建一个实体特征，创建的特征同时具有扫描与混合的效果。创建扫描混合特征的示意图如图 9-27 所示。

1. 创建扫描混合特征的操作步骤

（1）在菜单栏中选择“文件”→“新建”命令，或单击“文件”工具栏中的“新建”按钮，系统打开“新建”对话框，在“类型”选项组中点选“零件”单选钮，在“子类型”选项组中点选“钣金件”单选钮，在“名称”文本框中输入“saomiaohunhe”，取消勾选“使用缺省模板”复选框，单击“确定”按钮，在打开的“新文件选项”对话框中选择“mmns-part-sheetmetal”选项，单击“确定”按钮，创建一个新的钣金件文件。

（2）在菜单栏中选择“插入”→“钣金件壁”→“分离的”→“扫描混合”命令，系统打开图9-28所示的“混合选项”菜单。依次选择“草绘截面”→“垂直于原始轨迹”→“完成”命令，系统打开“第一壁：扫描混合”对话框和“扫描轨迹”菜单。

（3）在打开的菜单中选择“草绘轨迹”命令，在绘图区选取FRONT基准平面作为草绘平面，然后在打开的菜单中依次选择“确定”→“缺省”命令，进入草绘环境。

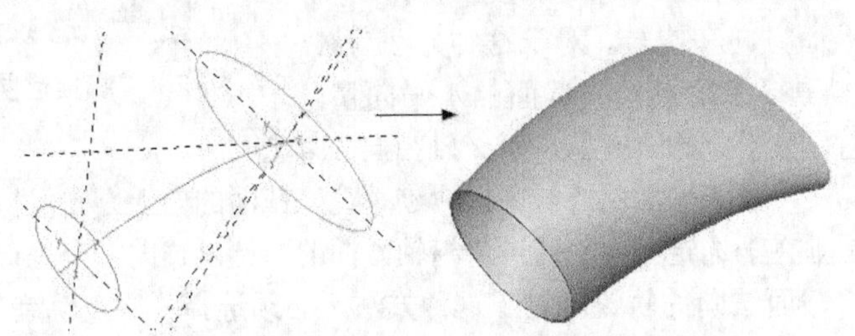

图 9-27　创建扫描混合特征的示意图

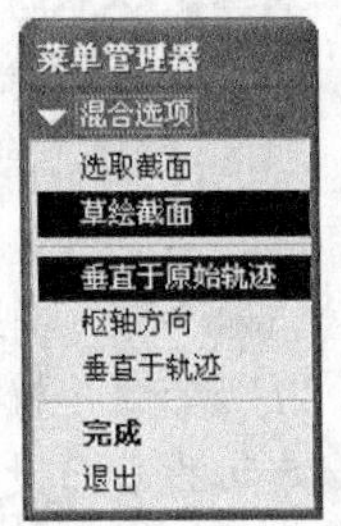

图 9-28　“混合选项”菜单

（4）绘制图9-29所示的曲线。单击“草绘器工具”工具栏中的“完成”按钮✓，在打开的“确认选择”菜单中选择“接受”命令，接受图9-30所示的草绘剖面点。

技巧荟萃

完成原始轨迹的绘制后，根据系统提示选取开放链的两端点和闭合链起点放置截面。在闭合链中用户必须选取至少一个点放置截面以结合起点截面生成特征。系统将高亮显示开放链两端点或闭合链起点，再将中间的可选基准点和顶点依次加亮显示，然后在“确认选取”菜单中选择“接受”命令，指定当前加亮点放置截面，或选择“下一项”或“上一项”命令切换至上一个或下一个可选点。

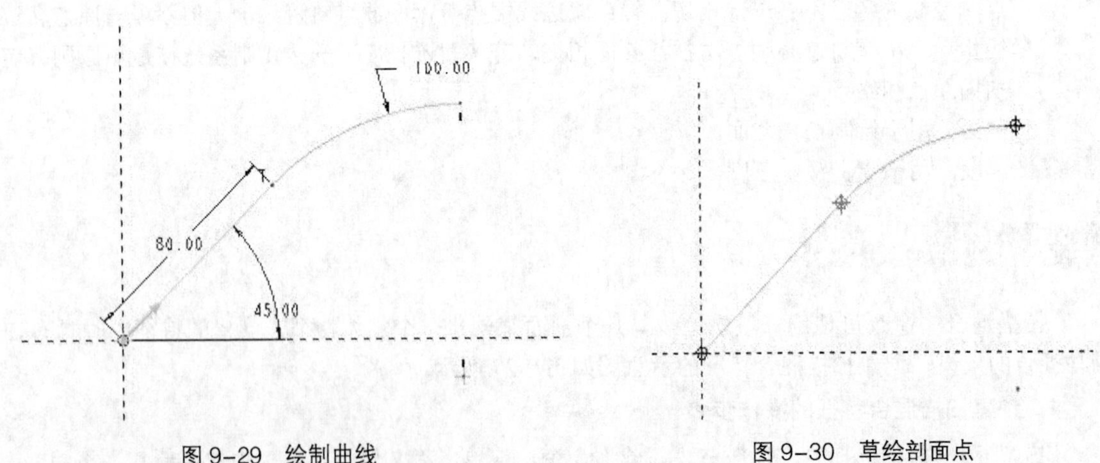

图 9-29　绘制曲线　　　图 9-30　草绘剖面点

（5）根据系统提示给定截面的旋转角度为“0”，如图9-31所示。单击“接受值”按钮，进入草绘环境。

（6）绘制图9-32所示的截面，绘制完成后单击“草绘器工具”工具栏中的“完成”按钮✓，退出草绘环境。

（7）采用同样的方法给定截面旋转角度值为“0”，绘制图 9-33 所示的截面和图 9-34 所示的直径为 16 的圆。

（8）单击“草绘器工具”工具栏中的“分割”按钮，将圆分割为 4 段圆弧。然后单击“草绘器工具”工具栏中的“完成”按钮，退出草绘环境。

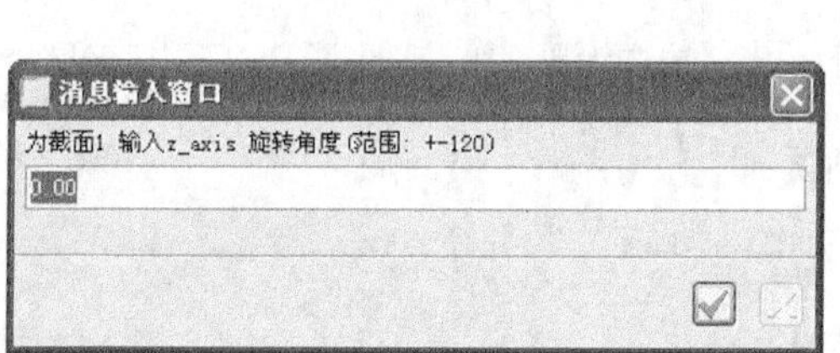

图 9–31 设置旋转角度

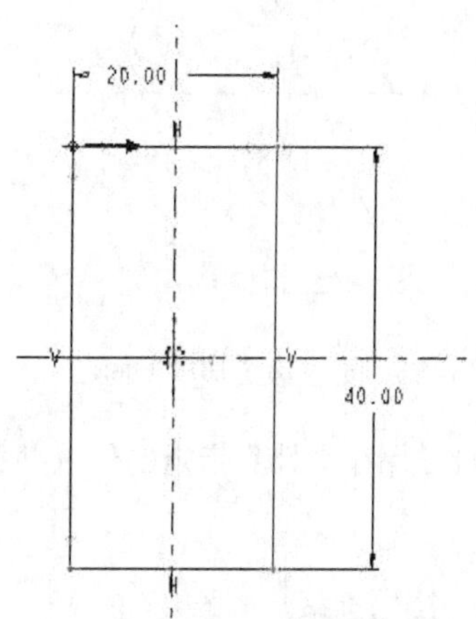

图 9–32 绘制截面 1

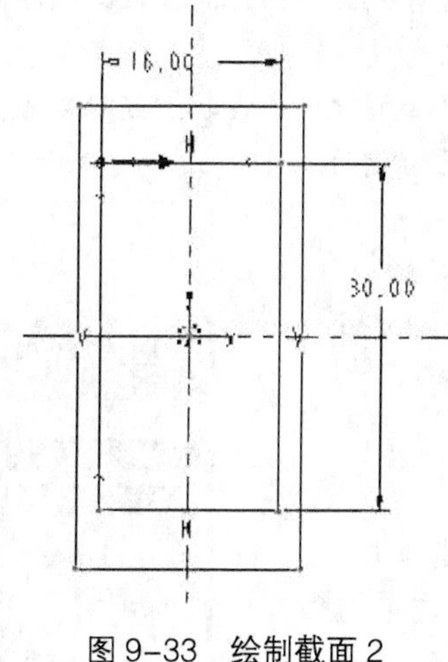

图 9–33 绘制截面 2

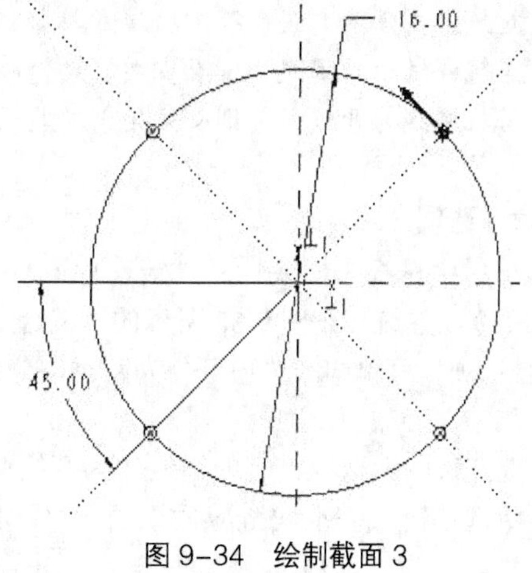

图 9–34 绘制截面 3

技巧荟萃

默认情况下，此截面的起始点方向与上两个截面不同，可通过选取要作为起始点的点，然后右击，在打开的右键快捷菜单中选择“起点”命令，来设置起始点的位置和方向，设置结果如图 9-35 所示。

（9）在打开的“方向”菜单中选择“反向”命令，更改钣金的加厚方向，如图 9-36 所示。

（10）根据系统提示给定钣金厚度值为“1”，然后单击“第一壁：扫描混合”对话框中的“确定”按钮，完成扫描混合特征的创建，如图 9-37 所示。

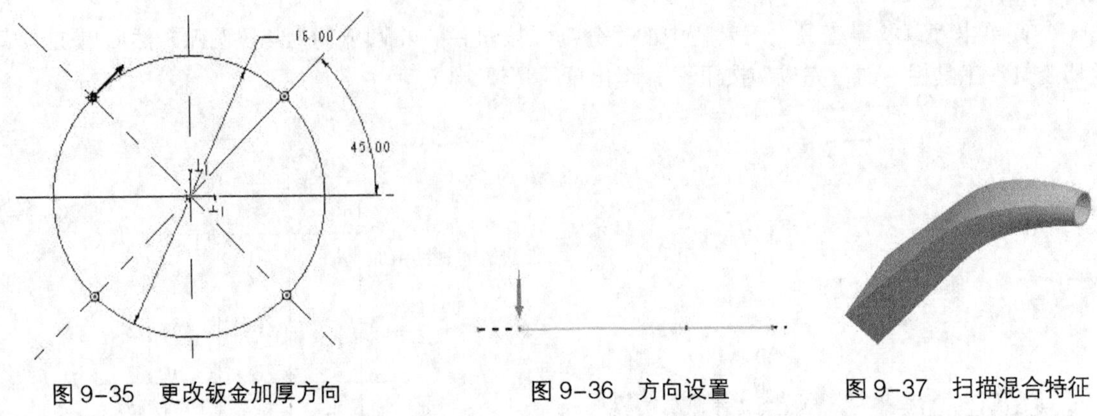

图 9-35　更改钣金加厚方向　　图 9-36　方向设置　　图 9-37　扫描混合特征

（11）保存文件到指定的位置并关闭当前对话框。

技巧荟萃

创建扫描混合特征时必须遵循以下规则。

- 所有截面与轨迹线必须相交。
- 创建扫描混合特征时也要遵循混合特征的规则，即所有截面中图元的段数必须相同。
- 起始点要合理定义，否则将造成特征扭曲或根本无法生成。
- 若轨迹线为封闭线，则至少要有两个截面，而且其中必须有一个在轨迹线的起点上。
- 若轨迹线为开放式，则必须定义首尾两个端点不相反的截面。

2. 命令选项介绍

在菜单栏中选择“插入”→“钣金件壁”→“分离的”→“扫描混合”命令，系统打开图 9-38 所示的“混合选项”菜单。

“混合选项”菜单中的选项可分为两类，分别介绍如下。

（1）扫描混合截面。

- 选取截面。选取已有的边线作为草绘截面。使用该选项时，所选边链或基准线链应位于同一平面内，若截面定位采用“枢轴方向”方式，则实体链所在平面应与轴心方向平行，选取的第一个截面应与原点轨迹线起点相对应（轨迹线无需一定在截面上）。
- 草绘截面。用于绘制草绘截面。

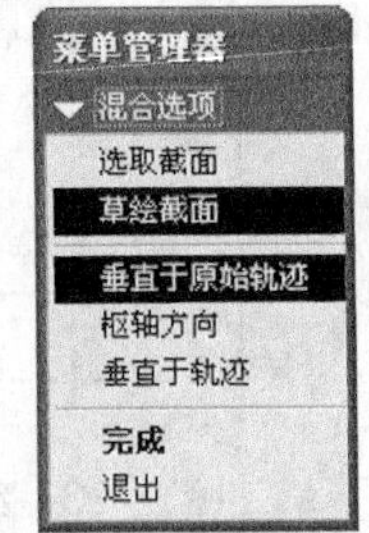

图 9-38　“混合选项”菜单

（2）扫描混合类型。扫描混合钣金特征有垂直于原始轨迹、枢轴方向和垂直于轨迹 3 种不同的类型，且各截面必须与轨迹线相交。

- 垂直于原始轨迹。使截面垂直于原始轨迹线上该截面放置点的切矢量，即确定 Z 轴。
- 枢轴方向。使截面垂直于原始轨迹线，并沿指定方向扫描。
- 垂直于轨迹。初始截面垂直于法向轨迹上与截面相交处的切矢量。

9.2.3 自边界特征

自边界特征是利用边界线来创建钣金件的。当曲面的形状比较复杂时，可以利用边界线来创建钣金件。因此，在创建自边界特征时需要先绘制边界线。创建自边界特征的示意图如图 9-39 所示。

1. 创建自边界特征的操作步骤

（1）在菜单栏中选择“文件”→“新建”命令，或单击“文件”工具栏中的“新建”按钮，系统打开“新建”对话框，在“类型”选项组中点选“零件”单选钮，在“子类型”选项组中点选“钣金件”单选钮，在“名称”文本框中输入“bianjie”，取消勾选“使用缺省模板”复选框，单击“确定”按钮，在打开的“新文件选项”对话框中选择“mmns-part-sheetmetal”选项，单击“确定”按钮，创建一个新的钣金件文件。

（2）绘制图 9-40 所示的曲线。

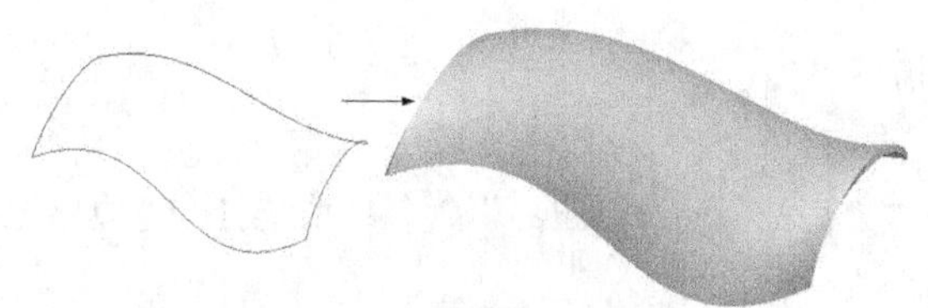

图 9-39 创建自边界特征的示意图

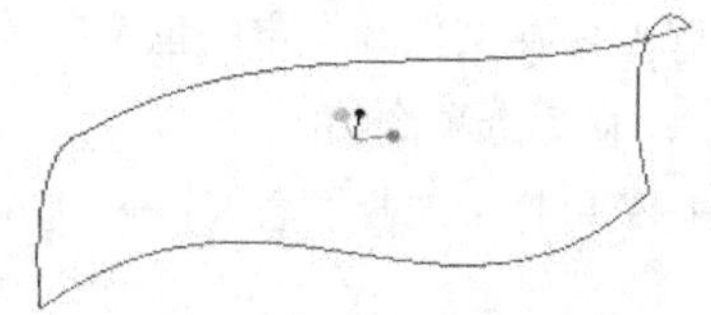

图 9-40 绘制曲线

（3）在菜单栏中选择“插入”→“钣金件壁”→“分离的”→“自边界”命令，系统打开图 9-41 所示的“边界选项”菜单，选择“混合曲面”→“完成”命令，系统打开图 9-42 所示的“第一壁：混合”对话框和图 9-43 所示的“曲线选项”菜单。

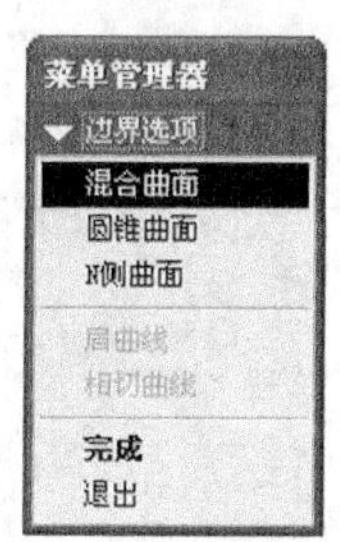

图 9-41 “边界选项”菜单

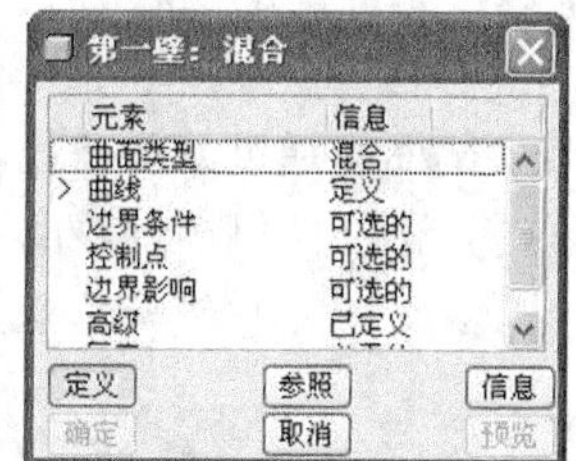

图 9-42 “第一壁：混合”对话框

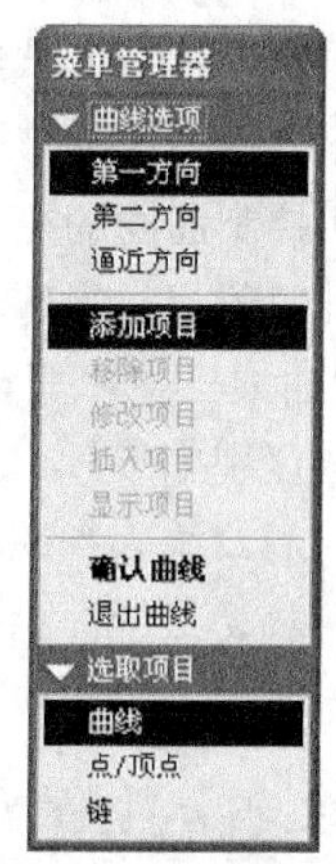

图 9-43 “曲线选项”菜单

（4）在打开的菜单中依次选择“第一方向”→“添加项目”→“曲线”命令，如图 9-43 所示。按住 <Ctrl> 键，在绘图区选取图 9-44 所示第一方向上的两条曲线作为混合的第一方向边界。然后在“曲线选项”菜单中依次选择“第二方向”→“添加项目”→“曲线”命令，按住 <Ctrl> 键，在绘图区选取图 9-44 所示第二方向上的两条曲线作为混合的第二方向边界。单击“曲线选项”菜单中的“确认曲线”命令，完成边界定义。

（5）根据系统提示给定钣金厚度值为“2”，然后单击“第一壁：混合”对话框中的“确定”按钮，完成自边界特征的创建，如图 9-45 所示。

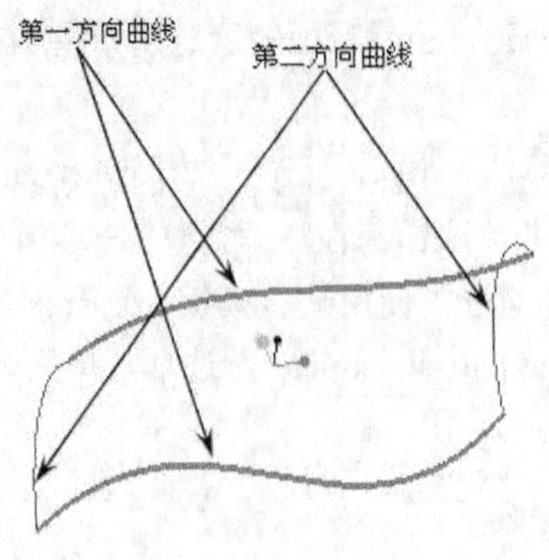

图 9-44 选取曲线

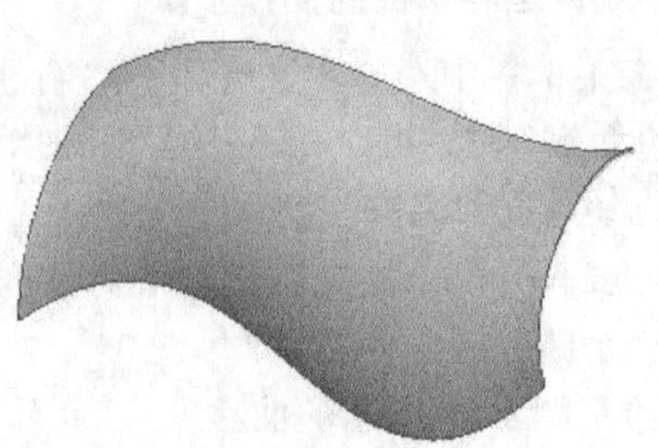

图 9-45 生成的自边界特征

（6）保存文件到指定的位置并关闭当前对话框。

2. 命令选项介绍

在菜单栏中选择“插入”→“钣金件壁”→“分离的”→“自边界”命令，系统打开“边界选项”菜单。

“边界选项”菜单中各选项可分为两类，分别介绍如下。

（1）自边界特征的类型。

- 混合曲面。通过定义一个或两个方向上的边界曲线，生成混合曲面特征。
- 圆锥曲面。通过选取边界线及控制线来创建截面为二次方的平滑曲面，即曲面的每一个截面都为二次曲线。
- N 侧曲面。通过至少 5 条边界线创建多边形（至少 5 边形）的曲面，并且所选的边界线必须形成一个封闭的循环，才能形成封闭的多边形。

（2）控制曲面的控制线。选择“边界选项”菜单中的“混合曲面”选项。此时的“边界选项”菜单，如图 9-46 所示。

图 9-46 “边界选项”菜单

“肩曲线”或“相切曲线”为控制线控制曲面的两种方式。这两种方式的区别如下。

- 肩曲线。当控制线为肩曲线时，剖面将通过此肩曲线，该线可视为二次方曲线的马鞍线。
- 相切曲线。当控制线为切曲线时，剖面两侧渐开线的交点通过此曲线。

9.3 后继钣金壁特征

在创建钣金零件的过程中，创建完第一壁后，还需要在第一壁的基础上继续创建其他的钣金壁特征，以完成整个零件的创建。后继壁主要包括平整壁、法兰壁、扭转壁和延伸壁 4 种类型。本节将介绍常用的平整壁和法兰壁特征。

9.3.1　平整壁特征

平整壁只能附着在已有钣金壁的直线边上，壁的长度可以等于、大于或小于所附着壁的长度。

1．创建平整壁特征的操作步骤

（1）在菜单栏中选择“文件”→“新建”命令，或单击“文件”工具栏中的“新建”按钮，系统打开“新建”对话框，在“类型”选项组中点选“零件”单选钮，在“子类型”选项组中点选“钣金件”单选钮，在“名称”文本框中输入“pingzhengbi1”，取消勾选“使用缺省模板”复选框，单击“确定”按钮，在系统打开的“新文件选项”对话框中选择“mmns-part-sheetmetal”选项，单击“确定”按钮，创建一个新的钣金件文件。

（2）根据前面讲过的方法，创建图 9-47 所示的钣金件零件。

（3）在菜单栏中选择“插入”→“钣金件壁”→“平整”命令，或单击“钣金件”工具栏中的“创建平整壁”按钮，在系统打开的“创建平整壁”操控板中单击“位置”按钮，然后选取图 9-48 所示的边作为平整壁的附着边。

图 9–47　钣金件零件

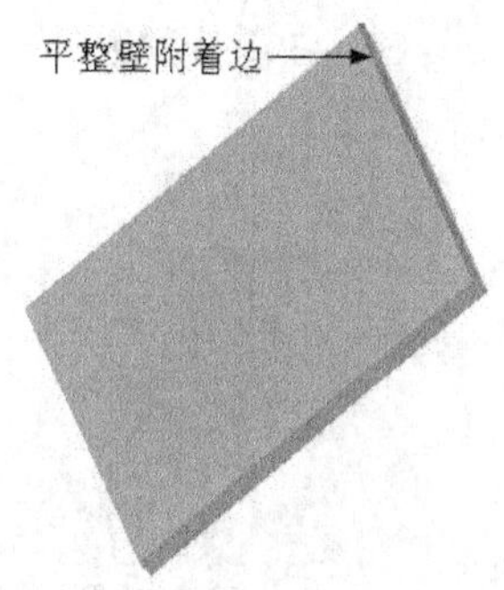

图 9–48　选取平整壁的附着边 1

（4）在操控板中设置平整壁的形状为梯形，给定折弯角度为“60”，圆角半径为“2”，此时操控板中的参数设置如图 9-49 所示，预览特征如图 9-50 所示。

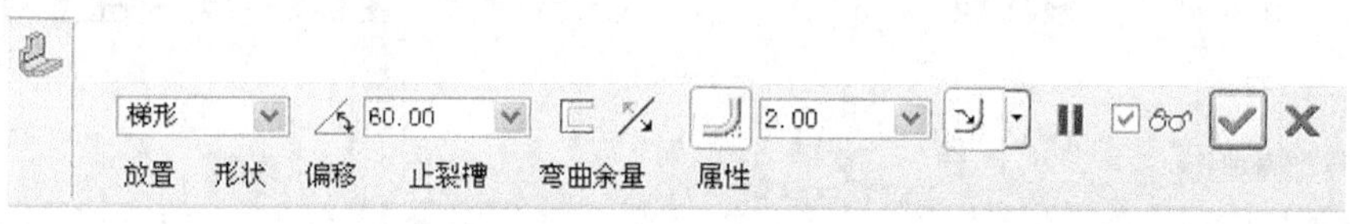

图 9–49　参数设置

（5）单击操控板中的“形状”按钮，系统打开“形状”下滑面板，修改梯形尺寸，如图 9-51 所示。预览特征如图 9-52 所示。

（6）单击操控板中的“止裂槽”按钮，系统打开“止裂槽”下滑面板，勾选“单独定义每侧”复选框，点选“侧 1”单选钮，在“类型”下拉列表中选择“矩形”选项，接受默认的止裂槽尺寸，如图 9-53 所示。点选“侧 2”单选钮，在“类型”下拉列表中选择“长圆形”选项，接受默认的止裂槽尺寸，如图 9-54 所示。预览特征如图 9-55 所示。

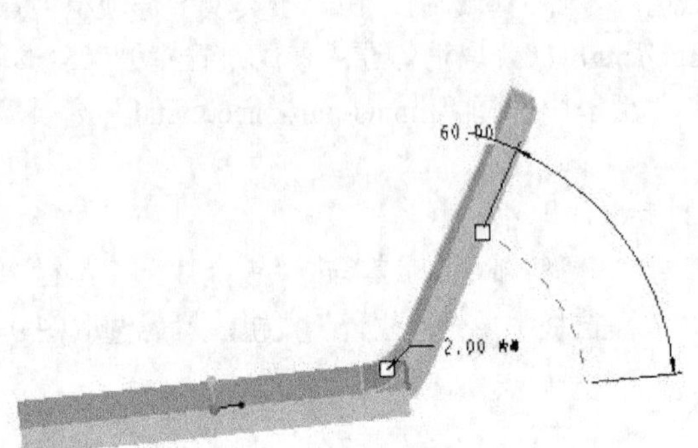

图 9-50　预览特征 1

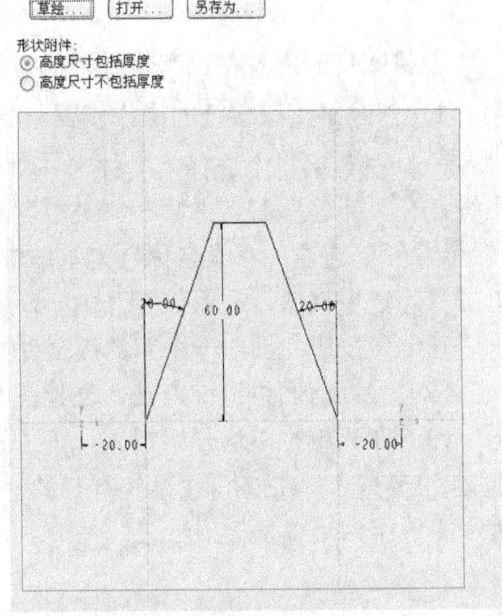

图 9-51　梯形的尺寸设置

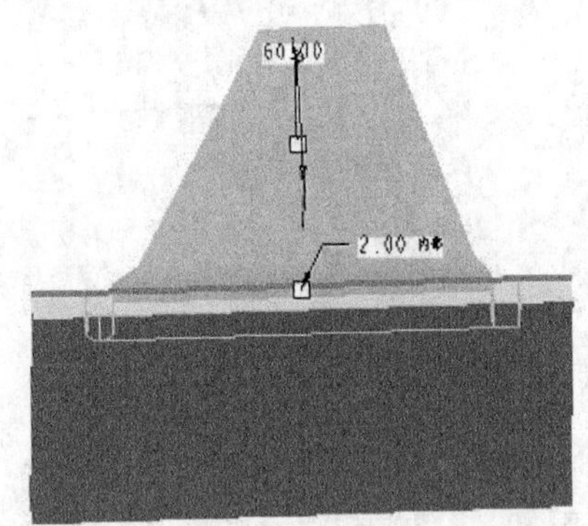

图 9-52　预览特征 2

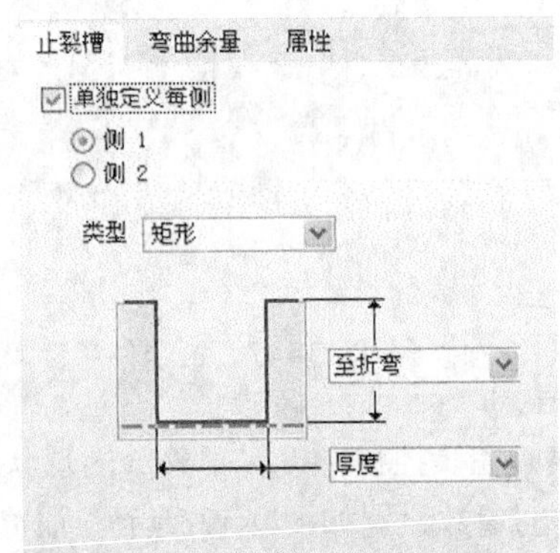

图 9-53　第一侧止裂槽

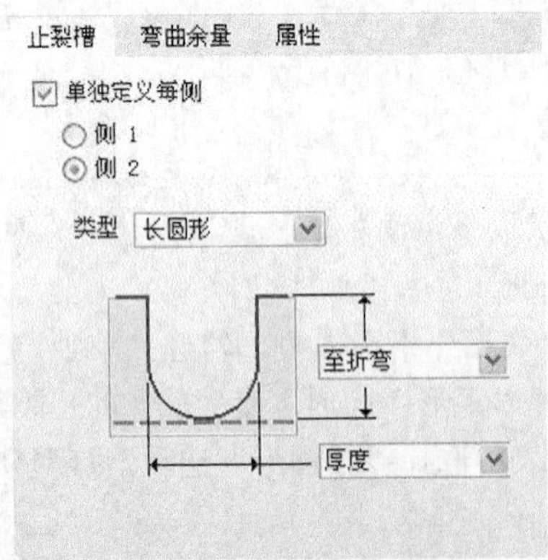

图 9-54　第二侧止裂槽

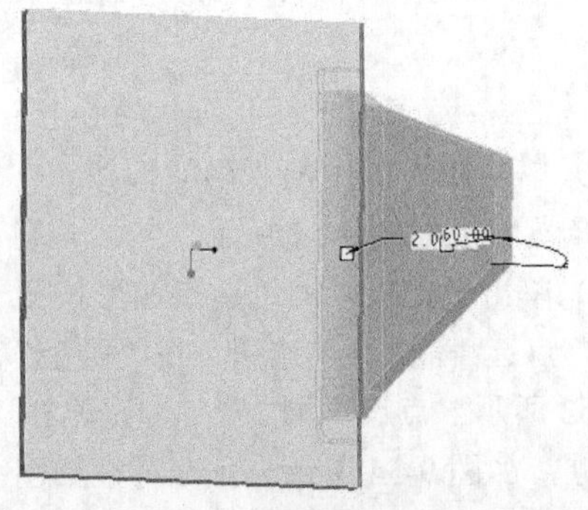

图 9-55　预览特征 3

（7）单击操控板中的“完成”按钮✓，完成平整壁特征的创建，如图9-56所示。

（8）在菜单栏中选择“插入”→“钣金件壁”→“平整”命令，或单击“钣金件”工具栏中的“创建平整壁”按钮，在系统打开的“创建平整壁”操控板中单击“位置”按钮，然后选取图9-57所示的边作为平整壁的附着边。

图9-56 创建的平整壁1

图9-57 选取平整壁的附着边2

（9）在操控板中设置平整壁的形状为用户定义，给定角度为“90”，然后依次单击“形状”→“草绘”按钮，打开“草绘”对话框，接受系统默认的视图方向，如图9-58所示。单击“草绘”按钮，进入草绘环境。

（10）绘制图9-59所示的图形。单击“草绘器工具”工具栏中的“完成”按钮✓，退出草绘环境。

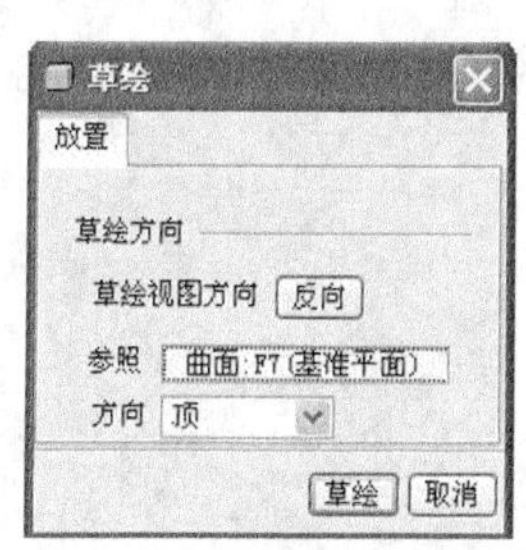

图9-58 “草绘”对话框

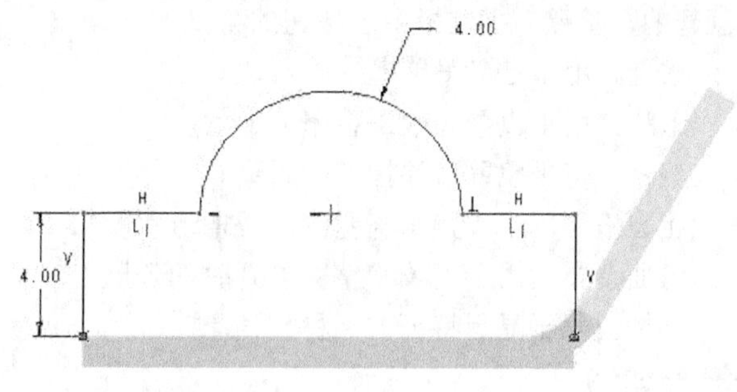

图9-59 绘制图形

（11）单击操控板中的“预览”按钮，预览特征如图9-60所示，单击“完成”按钮✓，完成平整壁特征的创建，如图9-61所示。

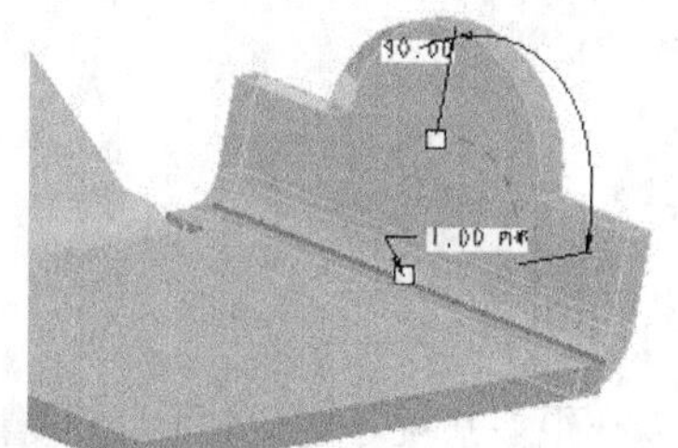

图9-60 预览特征4

图9-61 创建的平整壁2

（12）保存文件到合适的位置并关闭当前对话框。

2. 命令选项介绍

在菜单栏中选择“插入”→“钣金件壁”→“平整”命令，或单击“钣金件”工具栏中的“创建平整壁”按钮，系统打开图 9-62 所示的“创建平整壁”操控板。

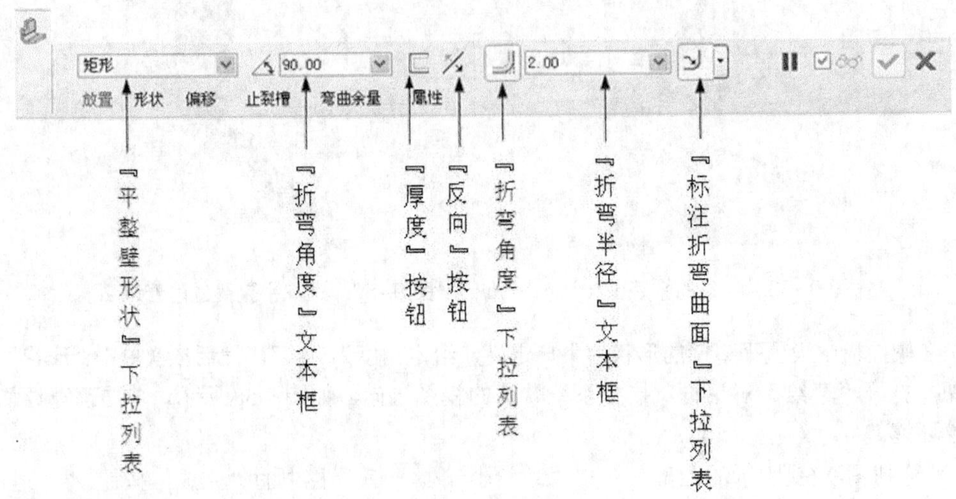

图 9–62 “创建平整壁”操控板

“创建的平整壁”操控板中各按钮的含义如下。

- 放置。用于定义平整壁的附着边。
- 形状。用于设置修改平整壁的形状。
- 偏移。将平整壁偏移指定的距离。
- 止裂槽。用于设置平整壁的止裂槽形状及尺寸。
- 弯曲余量。用于设置平整壁展开时的长度。
- 属性。用于显示特征的名称和信息。

3. 命令扩展

（1）“创建平整壁”操控板的“平整壁形状”下拉列表中包含“矩形”“梯形”“L”“T”和“用户定义”5 个选项，所形成的平整壁形状如图 9-63 所示。

（2）在“创建平整壁”操控板中单击“偏移”按钮，系统打开“偏移”下滑面板，“类型”下拉列表中包含“拉伸止裂槽”“扯裂止裂槽”“矩形止裂槽”“长圆形止裂槽”和“无止裂槽”5 个选项，各选项的含义如下。

- 拉伸止裂槽。在壁连接点处拉伸用于折弯止裂槽的材料。
- 扯裂止裂槽。割裂各连接点处的现有材料。
- 矩形止裂槽。在每个连接点处添加一个矩形止裂槽。
- 长圆形止裂槽。在每个连接点处添加一个长圆形止裂槽。
- 无止裂槽。在连接点处不添加止裂槽。

止裂槽有助于控制钣金件材料并防止发生变形，所以在很多情况下需要添加止裂槽，5 种止裂槽的形状如图 9-64 所示。

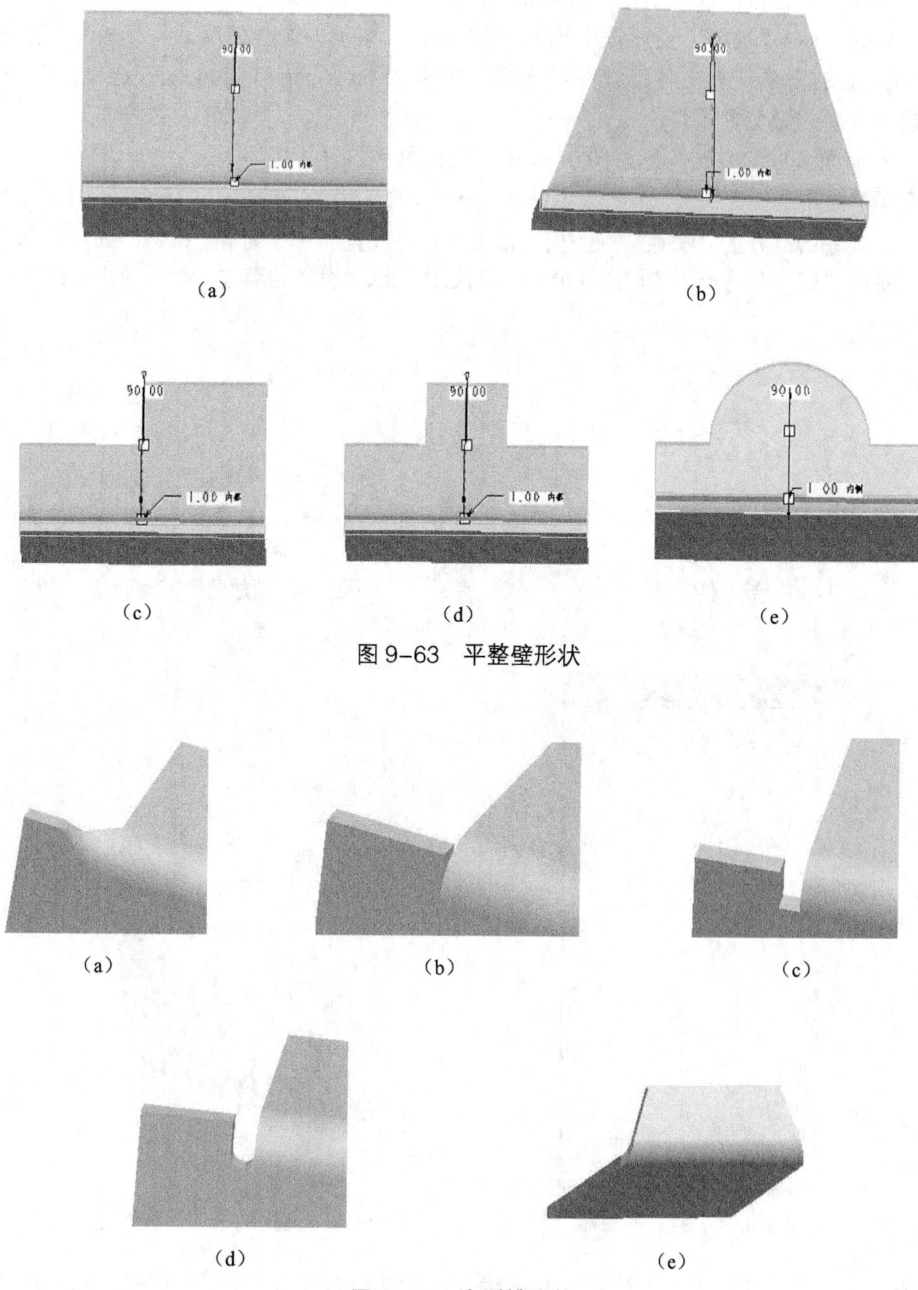

图 9-63　平整壁形状

图 9-64　止裂槽形状

9.3.2　法兰壁特征

法兰壁为折叠的钣金边，只能附着在已有钣金壁的边线上，可为直线也可为曲线，且具有拉伸和扫描的功能。

1. 创建法兰壁特征的操作步骤

（1）在菜单栏中选择“文件”→“新建”命令，或单击“文件”工具栏中的“新建”按钮 ，系统打开“新建”对话框，在“类型”选项组中点选“零件”单选钮，在“子类型”选项组中点选“钣金件”单选钮，在“名称”文本框中输入“falanbi”，取消勾选“使用缺省模板”复选框，单击“确定”按钮，在打开的“新文件选项”对话框中选择“mmns-part-sheetmetal”选项，单击“确定”按钮，创建一个新的钣金件零件。

（2）根据前面讲过的方法，创建图 9-65 所示的钣金件零件。

（3）在菜单栏中选择“插入”→“钣金件壁”→“法兰”命令，或单击“钣金件”工具栏中的“法兰”按钮，在系统打开的“法兰”操控板中依次单击“放置”→“细节”按钮，如图 9-66 所示。打开图 9-67 所示的“链”对话框，选取图 9-68 所示的边作为法兰壁的附着边，然后单击“确定”按钮。

图 9-65　钣金件零件

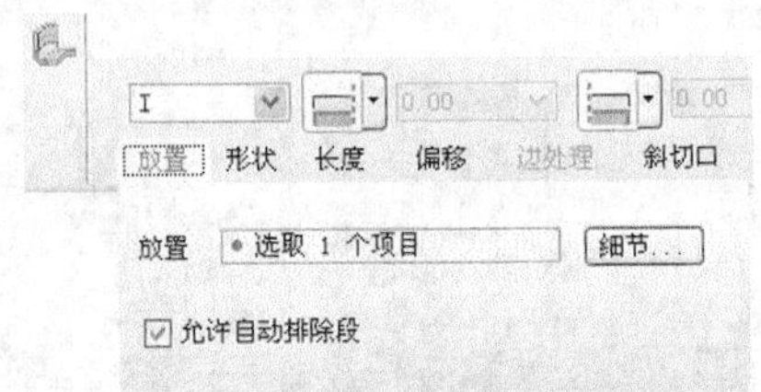

图 9-66　“放置”下滑面板

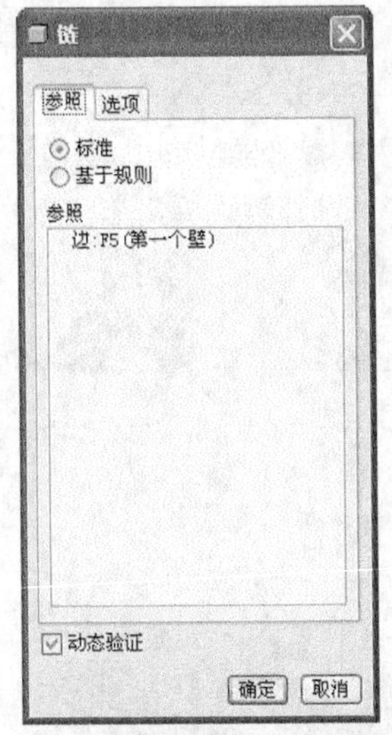

图 9-67　“链”对话框

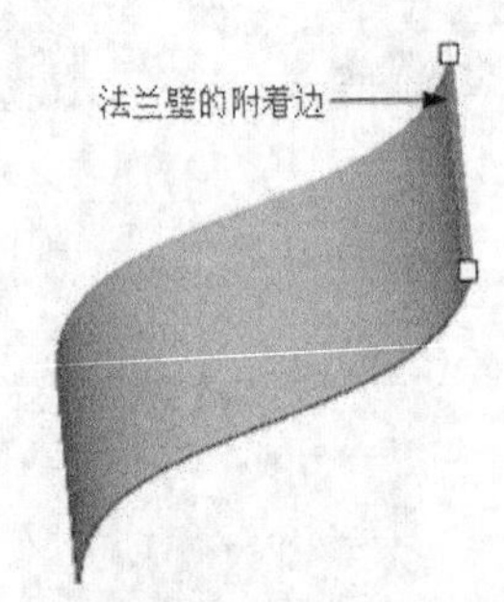

图 9-68　选取法兰壁的附着边 1

（4）在“法兰”操控板中设置法兰壁的形状为鸭形，然后单击“形状”按钮，修改法兰壁尺寸，如图 9-69 所示。

（5）在操控板中设置法兰壁第一端端点和第二端端点的位置均为“以指定值修剪”，长度值均为“8”，然后单击“完成”按钮，结果如图 9-70 所示。

（6）在菜单栏中选择“插入”→“钣金件壁”→“法兰”命令，或单击“钣金件”工具栏中的“法兰”按钮，在系统打开的“法兰”操控板中依次单击“位置”→“细节”按钮，系统打开“链”对话框，选取图 9-71 所示的边作为法兰壁的附着边，然后单击“确定”按钮。

（7）在操控板中设置法兰壁的形状为用户定义，然后单击“形状”按钮，再单击“草绘”按钮，系统打开“草绘”对话框，接受系统默认的视图方向，如图 9-72 所示。单击“草绘”按钮，进入草绘环境。

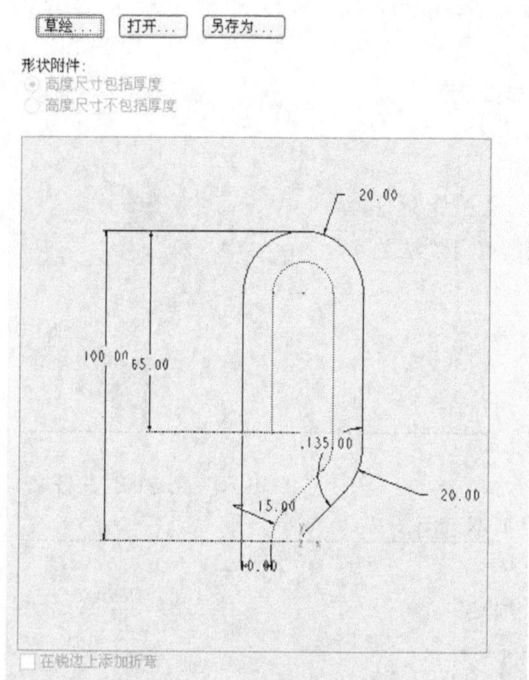

图 9-69　修改法兰壁尺寸

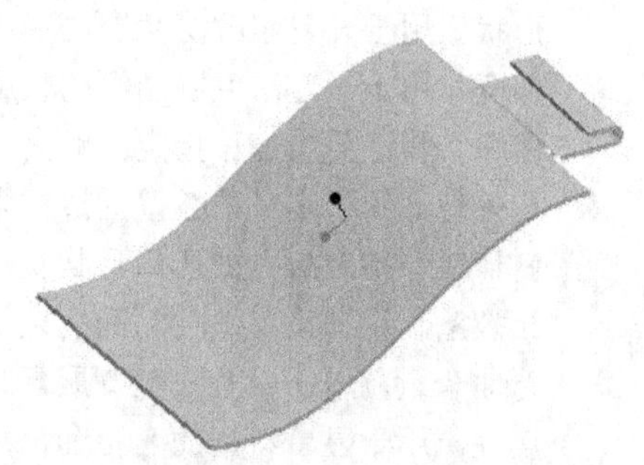

图 9-70　创建的法兰壁 1

（8）绘制图 9-73 所示的图形。单击“草绘器工具”工具栏中的“完成”按钮✓，退出草绘环境。

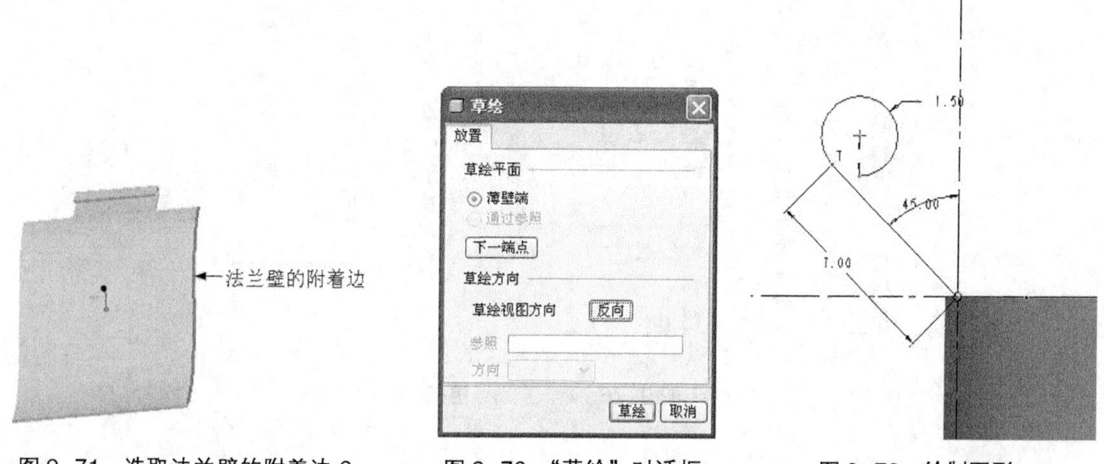

图 9-71　选取法兰壁的附着边 2　　图 9-72　“草绘”对话框　　图 9-73　绘制图形

（9）在操控板中给定内侧折弯半径值，参数设置如图 9-74 所示。单击“完成”按钮✓，创建的法兰壁特征如图 9-75 所示。

（10）保存文件到指定的位置并关闭当前对话框。

图 9-74 参数设置

2. 命令选项介绍

在菜单栏中选择“插入”→“钣金件壁”→“法兰”命令，或单击“钣金件”工具栏中的“法兰”按钮，系统打开“法兰”操控板，如图 9-76 所示。

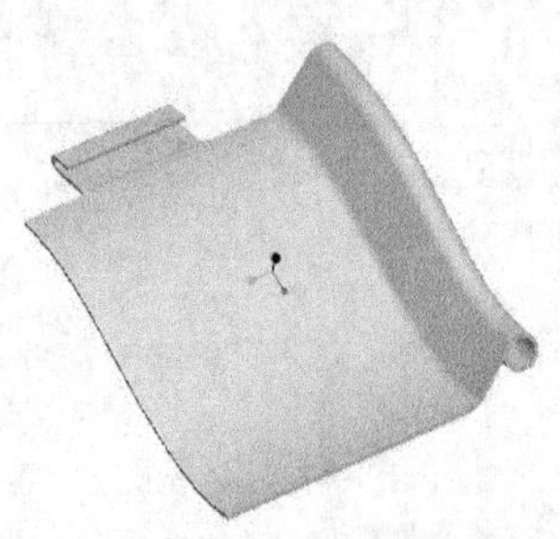

图 9-75 创建的法兰壁 2

“法兰”操控板中各选项的含义如下。

- 放置。用于定义法兰壁的附着边。
- 形状。用于设置修改法兰壁的形状。
- 长度。用于设定法兰壁两侧的长度。
- 偏移。将法兰壁偏移指定的距离。
- 边处理。用于定义法兰壁的边，多数情况下不可用。
- 斜切口。指定折弯处切口形状及尺寸。
- 止裂槽。用于设置法兰壁的止裂槽形状及尺寸。
- 弯曲余量。用于设置法兰壁展开时的长度。
- 属性。用于显示特征的名称和信息。

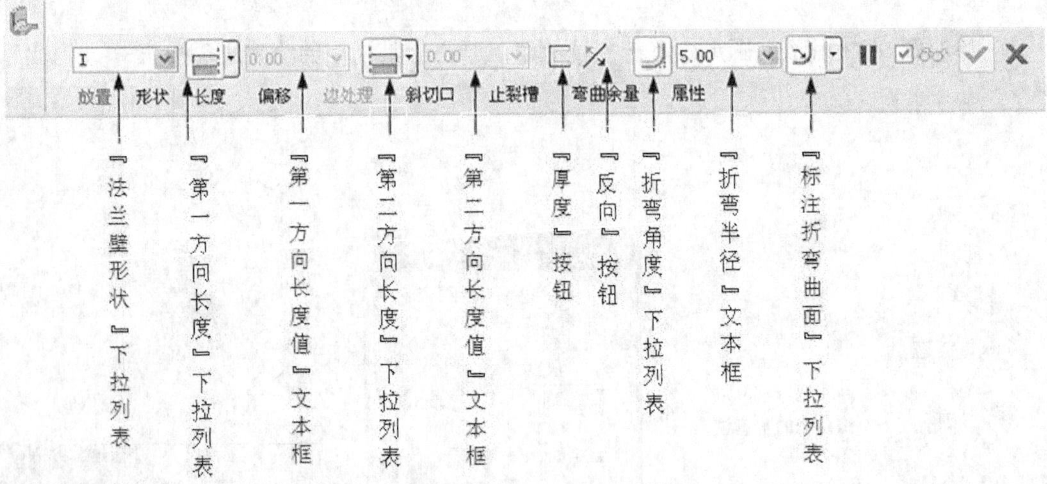

图 9-76 “法兰”操控板

9.3.3 实例——U 型槽

本例介绍 U 型槽的建模过程，模型如图 9-77 所示。通过对 U 型槽的设计，希望读者熟练掌握钣金的边线法兰等钣金工具的使用方法，尤其是在曲面边线上生成边线法兰。

扫码看视频

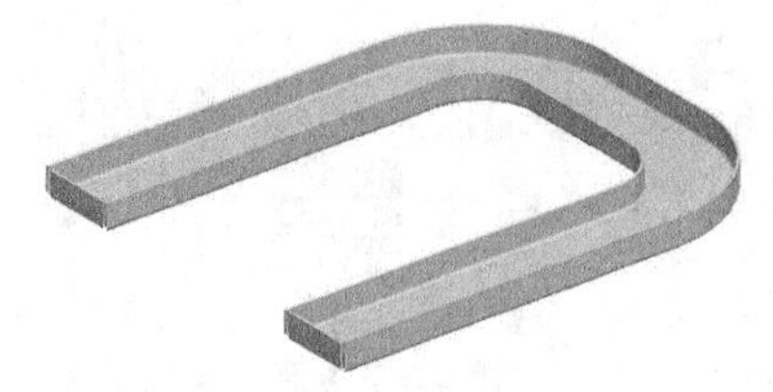

图 9-77　U 型槽

【创建步骤】

Step 1 创建分离的平整壁

（1）单击“文件”工具栏中的“新建”按钮，或选择菜单栏中的“文件”→“新建”命令，弹出图 9-78 所示的“新建”对话框，在“类型”选项组中点选“零件”单选钮，在“子类型”选项组中点选“钣金件”单选钮，在“名称”文本框中输入文件名 U-XING-CAO，取消对“使用缺省模板”复选框的勾选，单击“确定”按钮，在弹出的“新文件选项”对话框中选择“mmns-part-solid”选项，如图 9-79 所示，单击“确定”按钮，创建一个新的钣金零件文件。

（2）单击“钣金件”工具栏中的“分离的平整壁”按钮，或选择菜单栏中的“插入”→“钣金件壁”→“分离的”→“平整”命令，在弹出的操控板中依次单击“参照”→“定义”按钮，弹出“草绘”对话框，如图 9-80 所示，选择 FRONT 基准平面作为草绘平面，RIGHT 基准平面作为参照平面，方向“右”，单击“草绘”按钮，进入草绘界面。

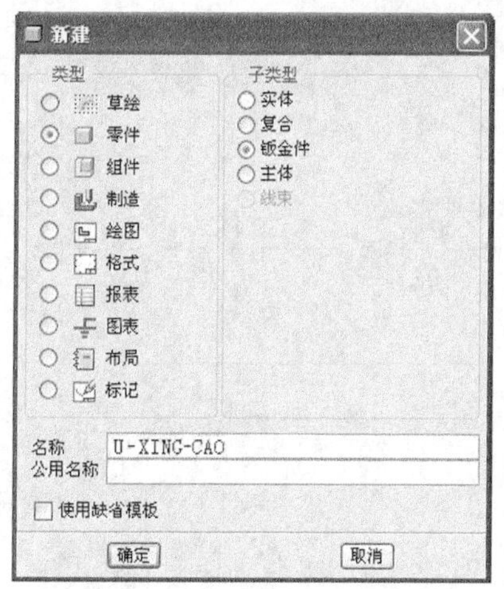

图 9-78　“新建”对话框

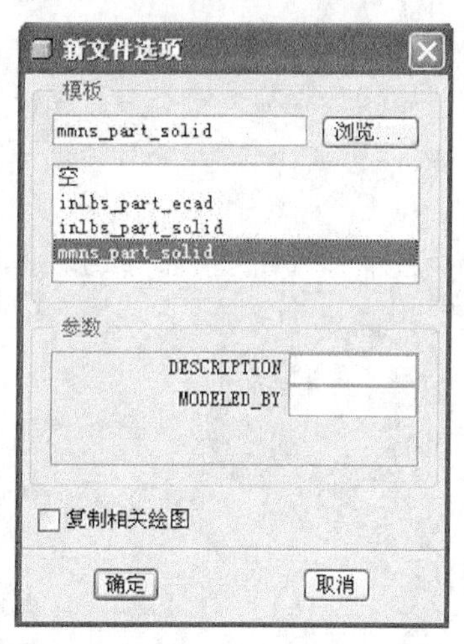

图 9-79　“新文件选项”对话框

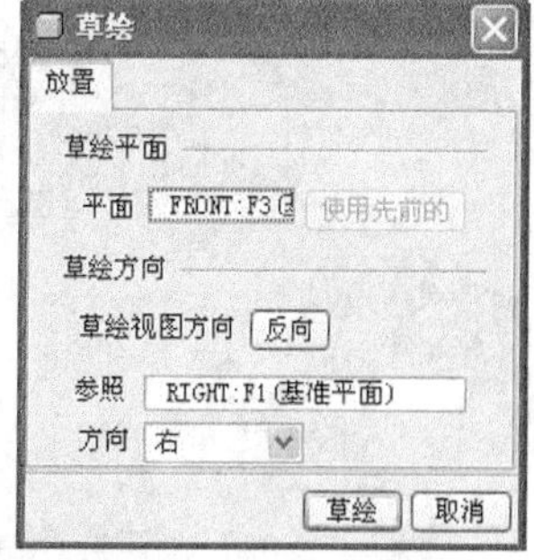

图 9-80　“草绘”对话框

（3）绘制图 9-81 所示的平整壁草图，然后单击“草绘器工具”工具栏中的“完成”按钮，在操控板中输入钣金厚度为“1”，单击“确定”按钮，生成的平整壁如图 9-82 所示。

Step 2 创建法兰壁

（1）单击“钣金件”工具栏中的“法兰”按钮，或选择菜单栏中的“插入”→“钣金件壁”→“法兰”命令，在弹出的“法兰”操控板中依次单击“放置”→“细节”按钮，弹出“链”对话框；按住 <Ctrl> 键选择图 9-83 所示的边作为法兰壁的附着边，再单击“确定”按钮。

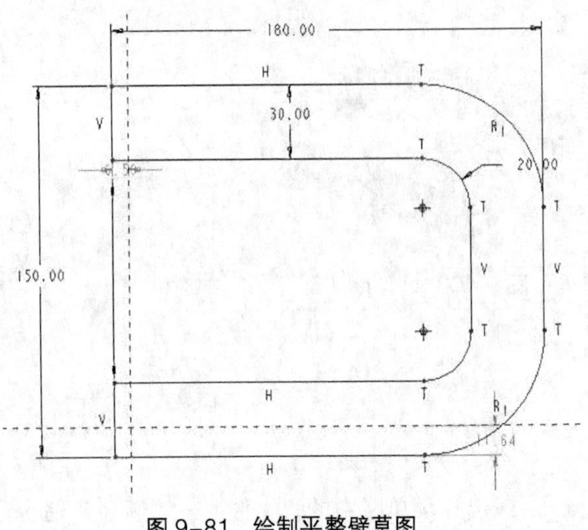

图 9-81　绘制平整壁草图

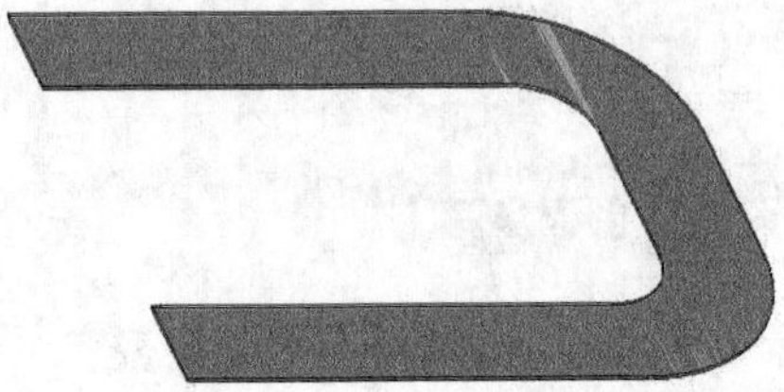

图 9-82　创建分离的平整壁

（2）在操控板中选择法兰壁形状为“I”，然后单击“形状”按钮，在弹出的“形状”下滑面板中设置法兰壁形状，如图 9-84 所示；接着在操控板中设置内侧折弯半径为“1”，设置完成后的操控板如图 9-85 所示，单击“确定”按钮，生成的外法兰壁如图 9-86 所示。

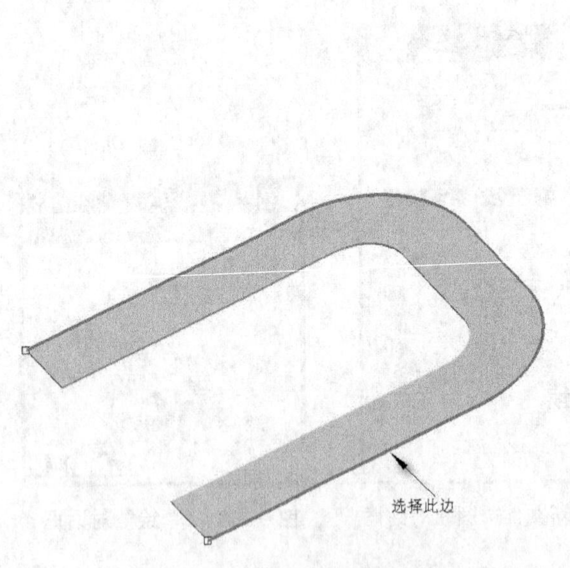

图 9-83　选择法兰壁附着边 1

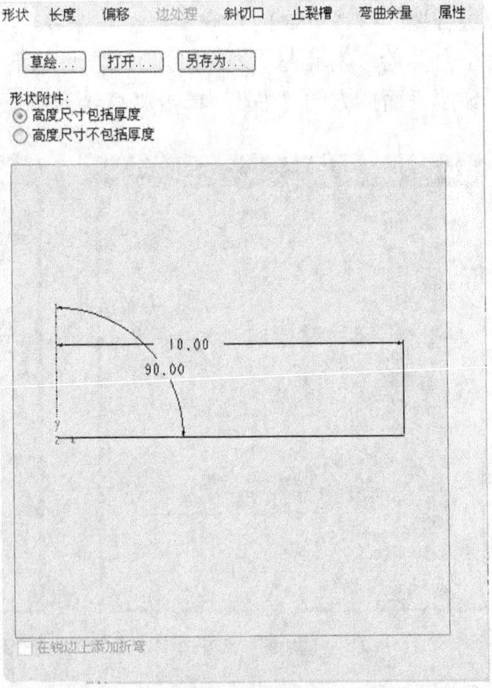

图 9-84　“形状”下滑面板

图 9-85　法兰壁参数设置

（3）单击“钣金件”工具栏中的“法兰”按钮，或选择菜单栏中的“插入”→“钣金件壁”→“法兰”命令，在弹出的“法兰”操控板中依次单击“放置”→“细节”按钮，弹出“链”对话框；按住 <Ctrl> 键选择图 9-87 所示的边作为法兰壁的附着边，单击操控板中的“确定”按钮，完成法兰壁特征的创建。

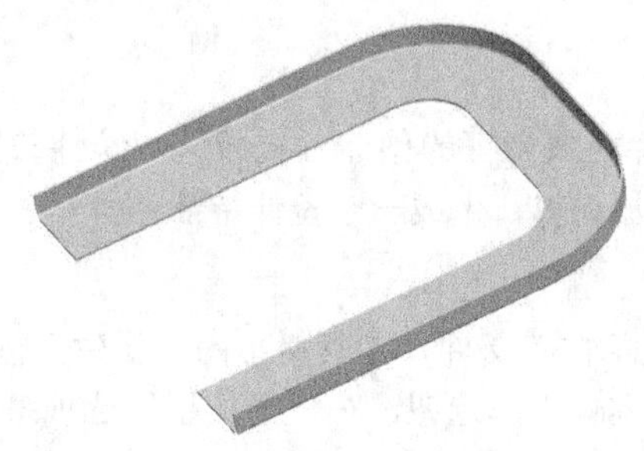

图 9-86 创建外法兰壁

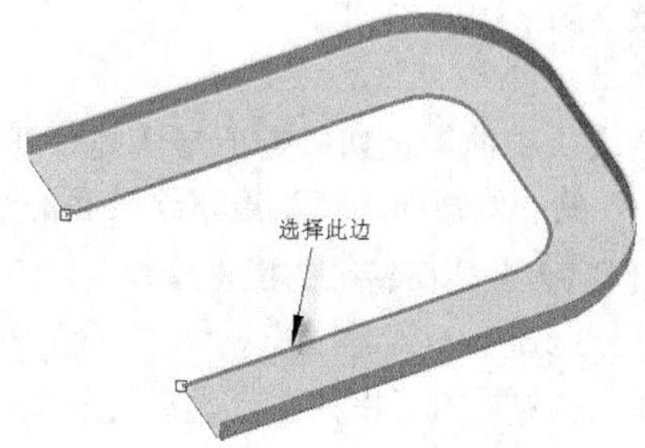

图 9-87 选择法兰壁附着边 2

Step 3 创建平整壁

（1）单击“钣金件”工具栏中的“平整壁”按钮，或选择菜单栏中的“插入”→“钣金件壁”→“平整”命令，在弹出的“平整壁”操控板中单击“放置”按钮，然后选择图 9-88 所示的边作为平整壁的附着边。

（2）在操控板中选择平整壁的形状为“矩形”，单击“形状”按钮，在弹出的“形状”下滑面板中设置平整壁的形状，然后在操控板中设置角度为“90”、内侧折弯半径为“1”，创建的平整壁如图 9-89 所示。

（3）利用同样的方法创建另外一侧的平整壁，结果如图 9-90 所示。

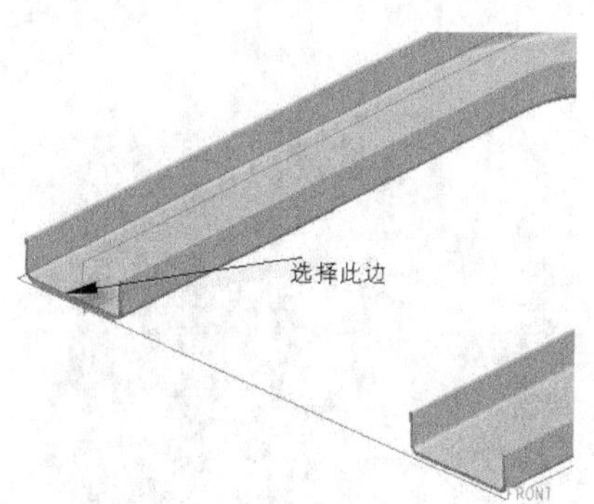

图 9-88 选择平整壁附着边

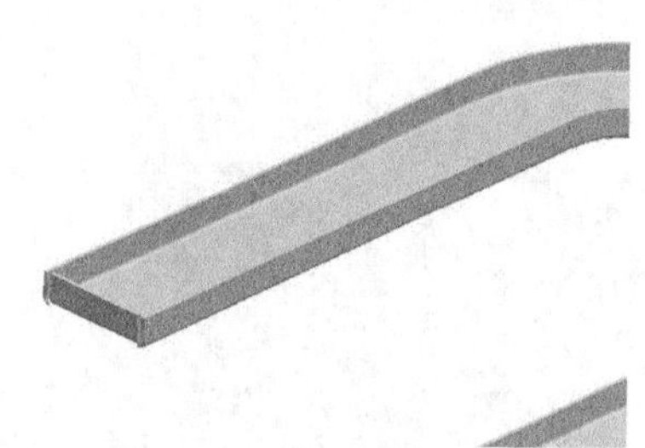

图 9-89 创建平整壁

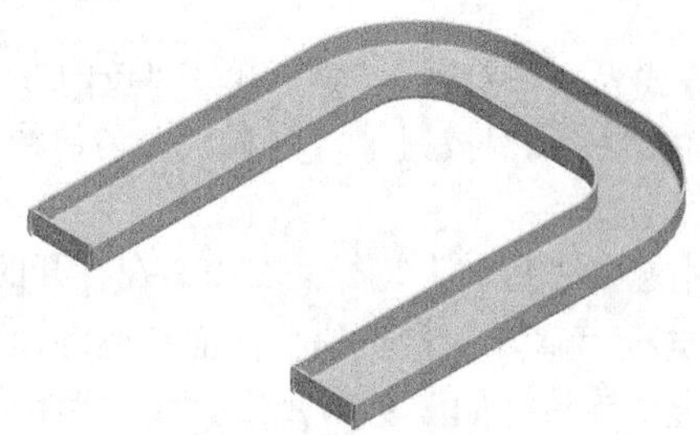

图 9-90 创建另一侧平整壁

9.4 钣金操作

本节主要介绍创建钣金切口特征、合并壁以及转换特征的方法。

9.4.1 钣金切口特征

钣金模块中的钣金切口特征与实体模块中拉伸去除材料特征的创建过程相似，拉伸的实质是绘制钣金件的二维截面，然后沿草绘截面的法线方向增加材料，生成一个拉伸特征。

1. 创建钣金切口特征的操作步骤

（1）在菜单栏中选择“文件”→“新建”命令，或单击“文件”工具栏中的“新建”按钮，系统打开“新建”对话框，在“类型”选项组中点选“零件”单选钮，在“子类型”选项组中点选“钣金件”单选钮，在“名称”文本框中输入“banjinqiekou”，取消勾选“使用缺省模板”复选框，单击“确定”按钮，在系统打开的“新文件选项”对话框中选择“mmns-part-sheetmetal”选项，单击“确定”按钮，创建一个新的钣金件文件。

（2）根据前面讲解的方法，创建图 9-91 所示的钣金件零件。

（3）在菜单栏中选择“插入”→“拉伸”命令，或单击“钣金件”工具栏中的“拉伸”按钮，在打开的“拉伸”操控板中单击“去除材料”按钮，再单击“移除与曲面垂直的材料”按钮，设置材料移除的方向为“移除垂直于驱动曲面的材料”，然后依次单击“放置”→“定义”按钮，系统打开“草绘”对话框。

（4）在绘图区选取 FRONT 基准平面作为草绘平面，RIGHT 基准平面作为参照平面，方向“底”，单击“草绘”按钮，进入草绘环境。绘制图 9-92 所示的截面，绘制完成后单击“草绘器工具”工具栏中的“完成”按钮，退出草绘环境。

图 9–91　钣金件零件

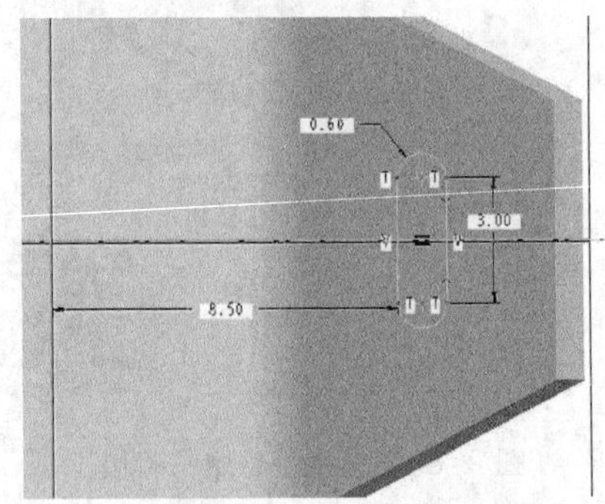

图 9–92　绘制截面

（5）在操控板中设置拉伸方式为（穿透），然后单击“反向”按钮，调整去除材料的方向，如图 9-93 所示。单击操控板中的“完成”按钮，完成钣金切口特征的创建，如图 9-94 所示，切口形状剖视图如图 9-95 所示。

（6）在“模型树”选项卡中选择“拉伸”特征并右击，在打开的右键快捷菜单中选择“编辑定义”命令，设置材料移除的方向为“移除垂直于偏移曲面和驱动曲面的材料”，单击操控板中的“完成”按钮，创建的钣金切口特征如图 9-96 所示，切口形状剖视图如图 9-97 所示。

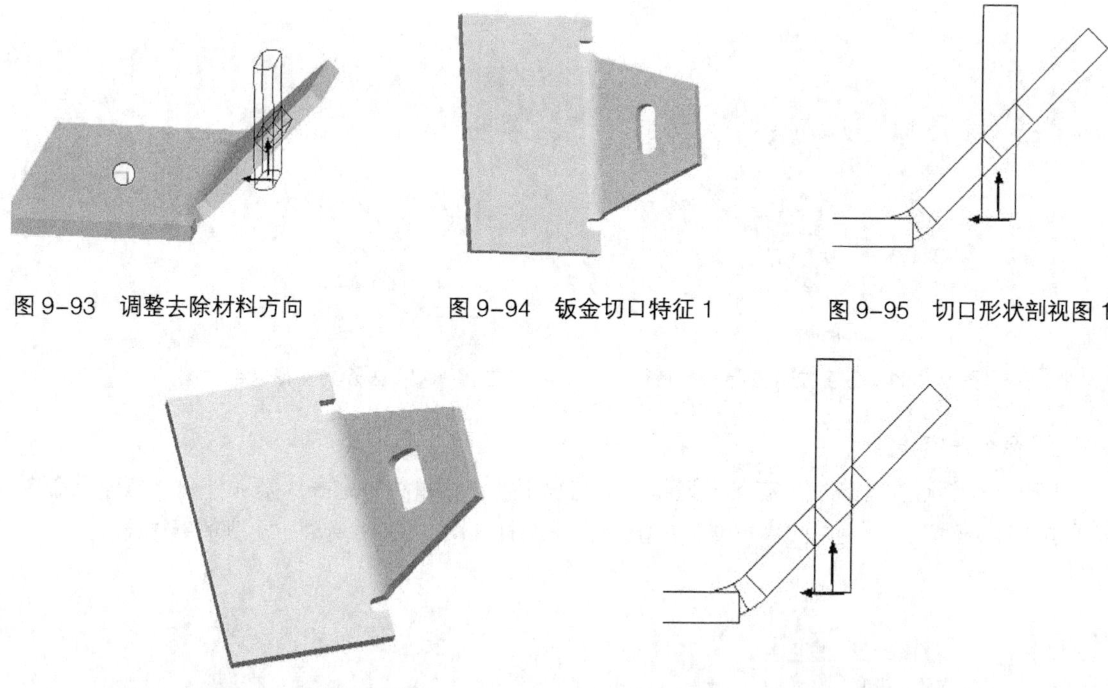

图 9-93　调整去除材料方向　　图 9-94　钣金切口特征 1　　图 9-95　切口形状剖视图 1

图 9-96　钣金切口特征 2　　图 9-97　切口形状剖视图 2

（7）在“模型树”选项卡中选择“拉伸”特征并右击，在打开的右键快捷菜单中选择“编辑定义”命令，设置材料移除的方向为“移除垂直于偏移曲面的材料”，然后单击操控板中的“完成”按钮，创建的钣金切口特征如图 9-98 所示，切口形状剖视图如图 9-99 所示。

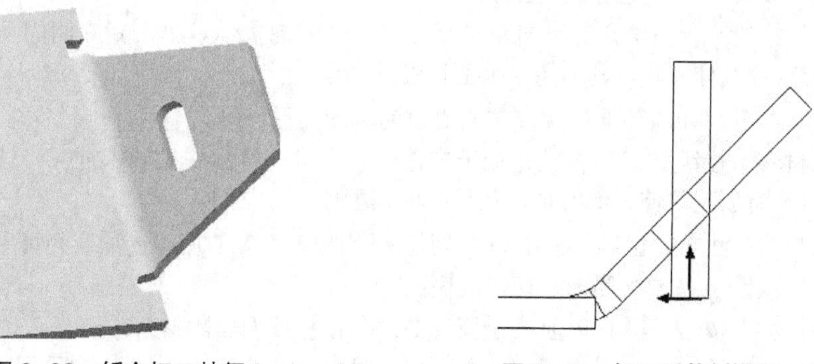

图 9-98　钣金切口特征 3　　图 9-99　切口形状剖视图 3

（8）在“模型树”选项卡中选择“拉伸”特征并右击，在打开的右键快捷菜单中选择“编辑定义”命令，单击“移除与曲面法向的材料”按钮，将按钮关闭。操控板设置如图 9-100 所示，单击操控板中的“完成”按钮，创建的钣金拉伸去除材料特征如图 9-101 所示，去除材料形状剖视图如图 9-102 所示。注意，此时创建的已经不是钣金切口特征，而是普通的拉伸去除材料特征。

图 9-100　操控板设置

图 9-101　钣金拉伸去除材料特征

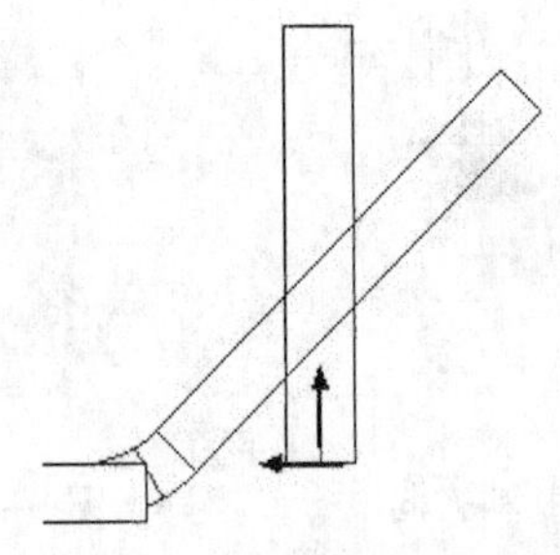
图 9-102　去除材料形状剖视图

2. 命令选项介绍

打开一个钣金文件或在已有第一壁特征的情况下，在菜单栏中选择“插入”→“拉伸”命令，或单击“钣金件”工具栏中的“拉伸”按钮，系统打开图 9-103 所示的“拉伸”操控板。

图 9-103　“拉伸”操控板

“拉伸”操控板中各选项的功能如下。

- “实体”按钮。创建钣金切口特征。
- “曲面”按钮。创建拉伸曲面特征。
- “盲孔”按钮。按给定深度自草绘平面沿一个方向拉伸。单击其右侧的功能延伸按钮，可选择其他拉伸方式，其作用在前面已经介绍过。
- “反向”按钮。将拉伸的深度方向更改为草图的另一侧。
- “去除材料”按钮。当该按钮处于未选中状态时，将添加拉伸特征；当该按钮处于选中状态时，将创建拉伸去除特征，从已有的模型中去除材料。
- “移除与曲面法向的材料”按钮。创建钣金切口，SMT 切口选项变为可用。
- “反向”按钮。定义要创建切口的侧面。
- “移除材料”按钮。同时垂直于驱动曲面和偏移曲面去除材料。
- “移除材料”按钮。垂直于驱动曲面去除材料。系统默认选择此选项。
- “移除材料”按钮。垂直于偏移曲面去除材料。
- “暂停”按钮。暂时中止使用当前的特征工具，以访问其他可用的工具。
- “预览”按钮。预览模型。若预览时出错，表明特征的构建有误，需要重定义。
- “确定”按钮。确认当前特征的创建或重定义。
- “无效”按钮。取消特征的创建或重定义。
- 放置。确定绘图的平面和参考平面。
- 选项。单击此按钮，可以更加灵活地定义拉伸高度。
- 属性。用于显示打开特征的名称、信息。

9.4.2　合并壁特征

1．创建合并壁特征的操作步骤

（1）在菜单栏中选择“文件”→“新建”命令，或单击“文件”工具栏中的“新建”按钮，系统打开“新建”对话框，在“类型”选项组中点选“零件”单选钮，在“子类型”选项组中点选“钣金件”单选钮，在“名称”文本框中输入“hebingbi”，取消勾选“使用缺省模板”复选框，单击“确定”按钮，在打开的“新文件选项”对话框中选择“mmns-part-sheetmetal”选项，单击“确定”按钮，创建一个新的钣金件。

（2）根据前面讲过的方法，创建图 9-104 所示的钣金件零件。

（3）在菜单栏中选择“插入”→“拉伸”命令，或单击“钣金件”工具栏中的“拉伸”按钮，在系统打开的“拉伸”操控板中依次单击“放置”→“定义”按钮，系统打开“草绘”对话框，在绘图区选取 FRONT 基准平面作为草绘平面，RIGHT 基准平面作为参照平面，方向“右”，单击“草绘”按钮，进入草绘环境。

（4）绘制图 9-105 所示的截面。单击“草绘器工具”工具栏中的“完成”按钮，退出草绘环境。

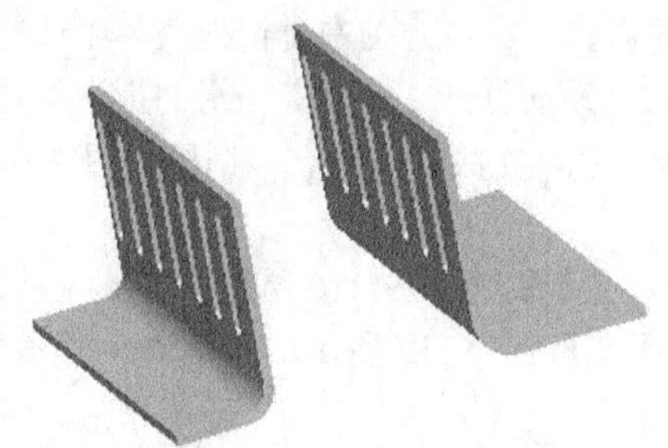

图 9-104　钣金件零件

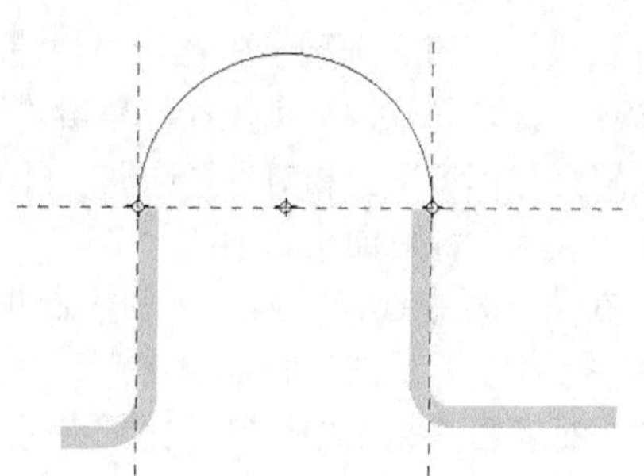

图 9-105　绘制截面

（5）在操控板中设置拉伸方式为（到选定的），然后选取图 9-106 所示的平面作为参照平面，单击操控板中的“完成”按钮，创建的拉伸特征如图 9-107 所示。

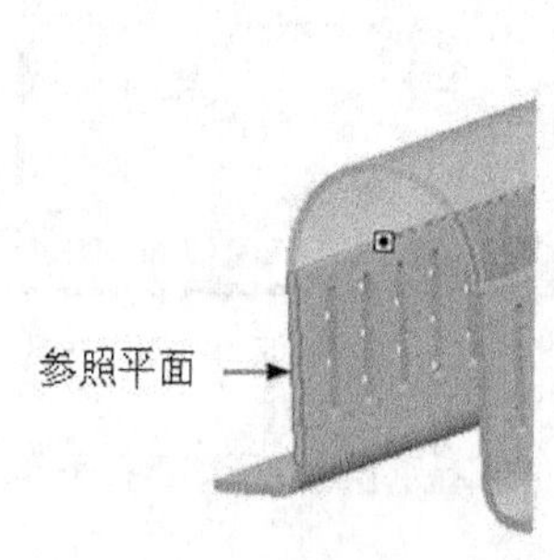

图 9-106　选取参照平面

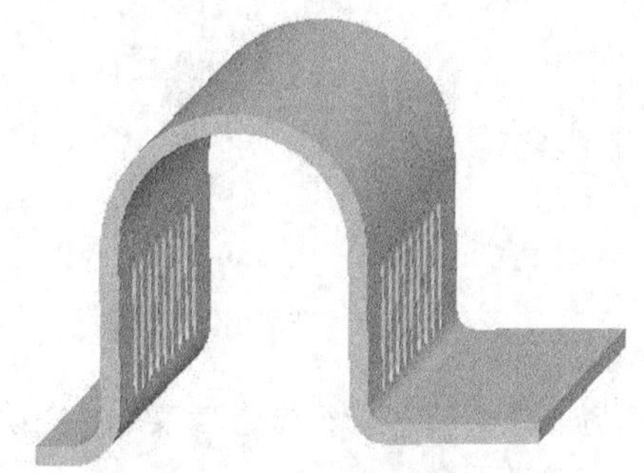

图 9-107　创建的拉伸特征

（6）此时 3 块钣金壁是各自独立的，若要进行后面的操作（如展开），需要将 3 块钣金壁合并为一块，此时在默认的背景颜色下可以看到，3 块钣金壁的绿色面分别如图 9-108 所示，即 3 块钣金壁的绿色面是不连续的。而要合并钣金壁的驱动面必须是连续的，所以要先进行“交换侧”操作。

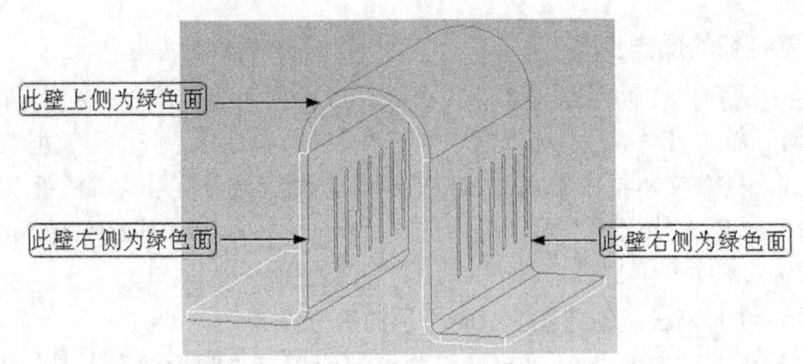

图 9-108 钣金壁的驱动面

技巧荟萃

在白色背景下，打开后看不出绿色面与白色面。

（7）在“模型树”选项卡中选择“拉伸 2”选项并右击，在打开的右键快捷菜单中选择“编辑定义”命令，打开“拉伸”操控板。单击“选项”按钮，系统打开“选项”下滑面板，勾选“将驱动曲面设置为与草绘平面相对”复选框，再单击操控板中的“完成”按钮，结果如图 9-109 所示。此时 3 块钣金壁的绿色面是连续的。

（8）在菜单栏中选择“插入”→“合并壁”命令，系统打开图 9-110 所示的“壁选项：合并”对话框和图 9-111 所示的“特征参考”菜单。在绘图区选取图 9-112 所示的平面作为基参照平面，然后在“特征参考”菜单中选择“完成参考”命令。

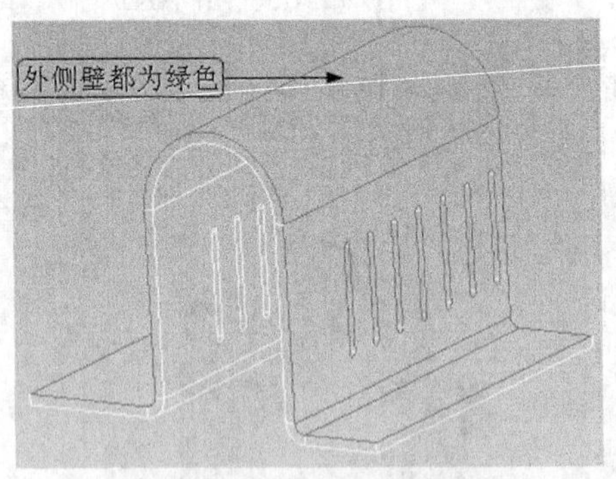

图 9-109 驱动侧设置结果

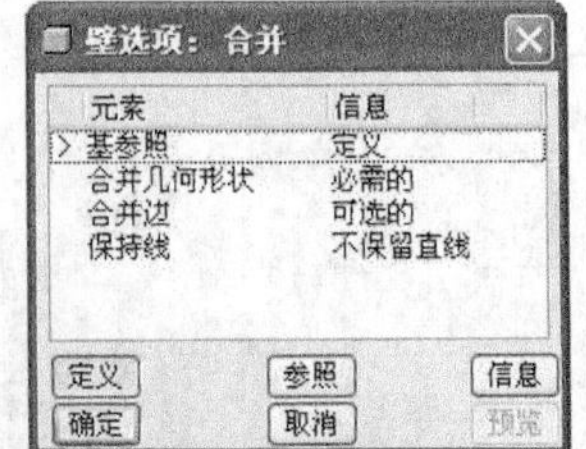

图 9-110 “壁选项：合并”对话框

（9）系统再次打开“特征参考”菜单，在绘图区选取图 9-113 所示的曲面为要合并的曲面，然后选择“完成参考”命令。

（10）单击“壁选项：合并”对话框中的“确定”按钮，完成合并壁的创建，如图 9-114 所示。

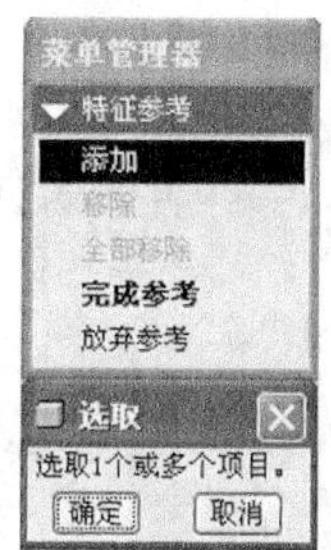

图 9-111　“特征参考”菜单

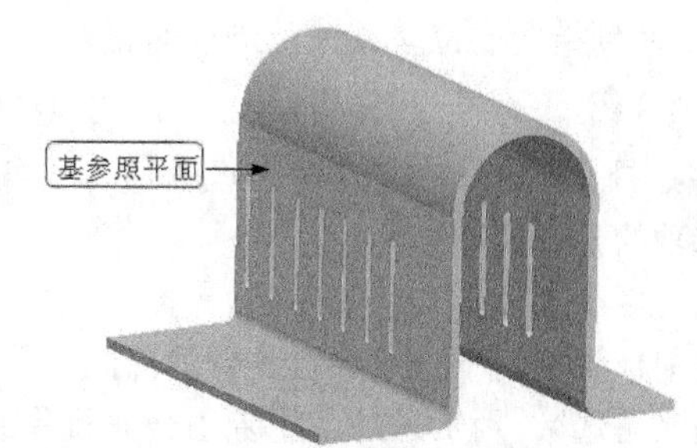

图 9-112　选取基参照平面 1

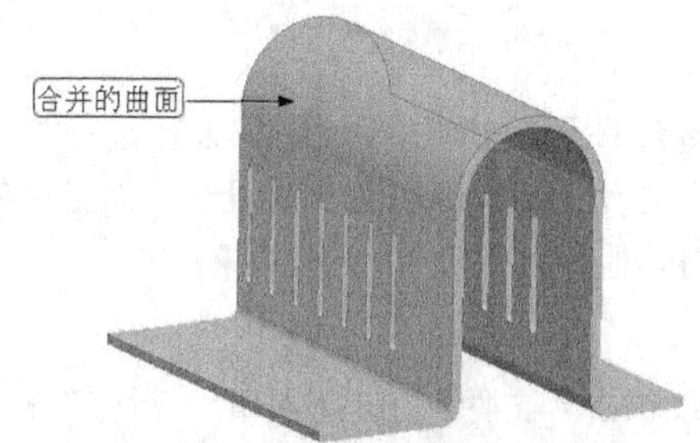

图 9-113　选取合并的曲面 1

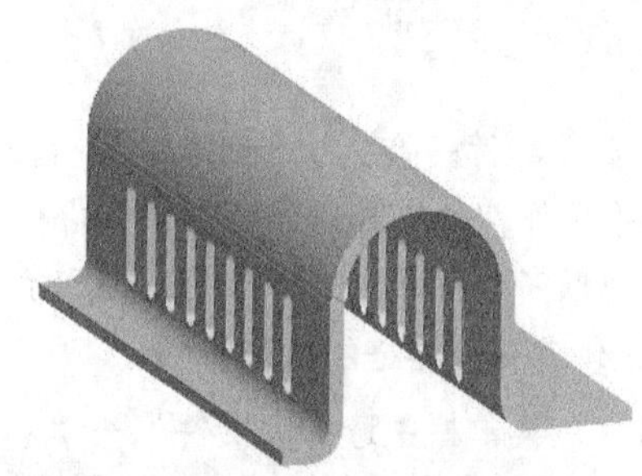

图 9-114　创建完成的合并壁 1

（11）采用同样的方法合并另外两个钣金壁。选取图 9-115 所示的曲面作为基参照平面，选取图 9-116 所示的曲面作为要合并的曲面，合并完成后如图 9-117 所示。此时钣金零件就可以展开了，展开结果如图 9-118 所示。展开方法将在后面介绍。

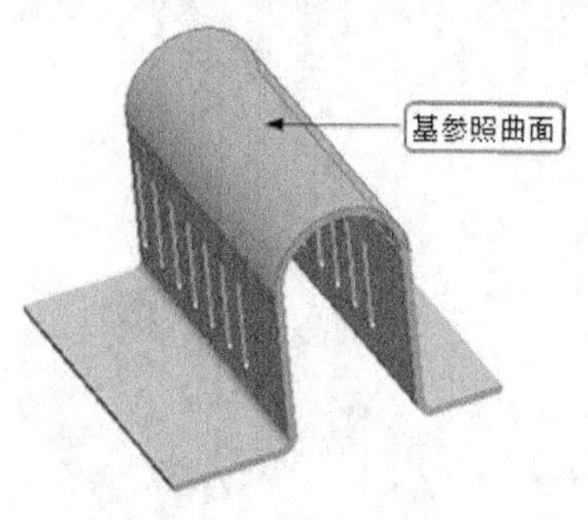

图 9-115　选取基参照曲面 2

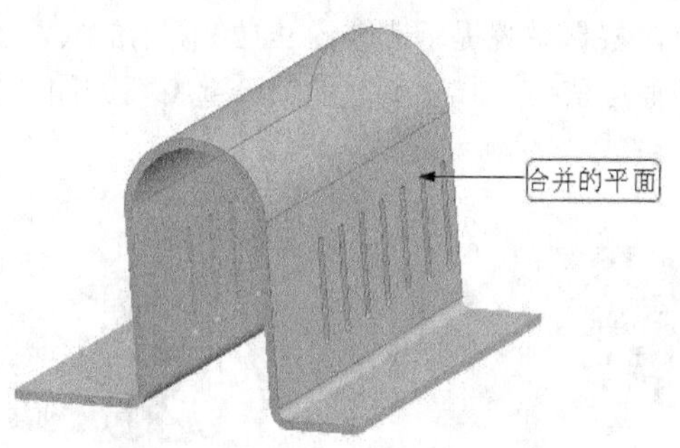

图 9-116　选取合并的曲面 2

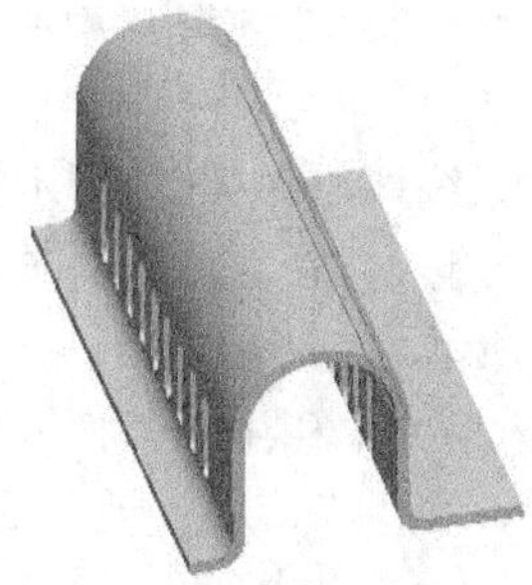

图 9-117　创建完成的合并壁 2

图 9-118　钣金件展开结果

（12）保存文件到指定的位置并关闭当前对话框。

2. 命令选项介绍

在菜单栏中选择“插入”→“合并壁”命令，系统打开“壁选项：合并”对话框，如图 9-110 所示。其中各选项的含义如下。

- 基参照。用于选取基础壁的曲面。
- 合并几何形状。用于选取要合并壁的曲面。
- 合并边（可选）。用于增加或删除由合并删除的边。
- 保持线（可选）。用于控制曲面接头上合并边的可见性。

9.4.3 转换特征

将实体零件转换为钣金件后，可用钣金行业特征修改现有的实体设计。在设计过程中，可将这种转换用作快捷方式，为实现钣金件设计意图，用户可反复使用现有的实体设计，而且可在一次转换中包括多种特征。将零件转换为钣金件后，它将与其他任何钣金件一样。

1. 创建转换特征的操作步骤

（1）在菜单栏中选择“文件”→“新建”命令，或单击“文件”工具栏中的“新建”按钮，系统打开“新建”对话框，在“类型”选项组中点选“零件”单选钮，在“子类型”选项组中点选“钣金件”单选钮，在“名称”文本框中输入“zhuanhuan”，取消勾选“使用缺省模板”复选框，单击“确定”按钮，在打开的“新文件选项”对话框中选择“mmns-part-sheetmetal”选项，单击“确定”按钮，创建一个新的零件文件。

（2）根据前面讲过的方法，创建图 9-119 所示的钣金件零件。

（3）在菜单栏中选择“应用程序”→“钣金件”命令，系统打开“钣金件转换”菜单，选择“壳”命令，根据系统提示选取图 9-120 所示的底面作为要删除的面，然后选择“完成参考”命令，给定钣金厚度值为“3”，创建的第一壁特征如图 9-121 所示。

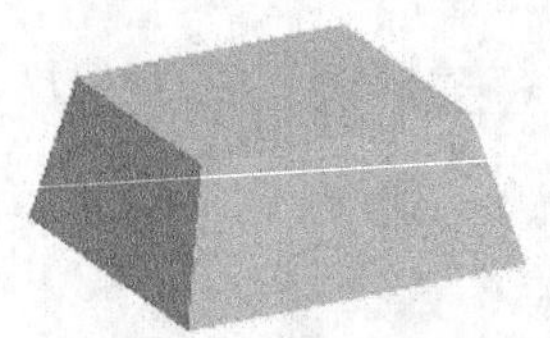
图 9-119 钣金件零件

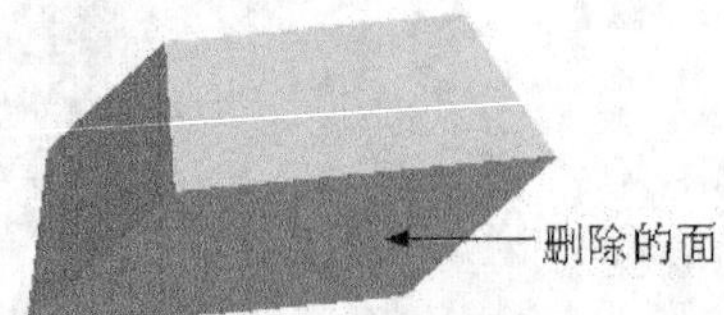

图 9-120 选取删除的面

图 9-121 创建的第一壁特征

（4）在菜单栏中选择“插入”→“转换”命令，或单击“钣金件”工具栏中的“转换”按钮，系统打开图 9-122 所示的“钣金件转换”对话框。

（5）在对话框中选择“边缝”选项，再单击“定义”按钮，系统打开图 9-123 所示的“割裂工件”菜单，选取图 9-124 所示的 4 条棱边，然后选择菜单中的“完成集合”命令，再单击“钣金件转换”对话框中的“确定”按钮，完成转换特征的创建，如图 9-125 所示。

（6）单击“钣金件”工具栏中的“展平”按钮，或选择菜单栏中的“插入”→“折弯操作”→“展平”命令，弹出图 9-126 所示的“展平选项”菜单；单击“常规”→“完成”命令，系统弹出图 9-127 所示的“规则类型”对话框。

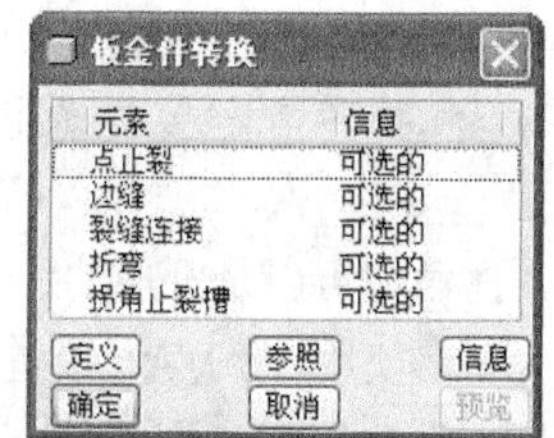

图 9-122　“钣金件转换”对话框

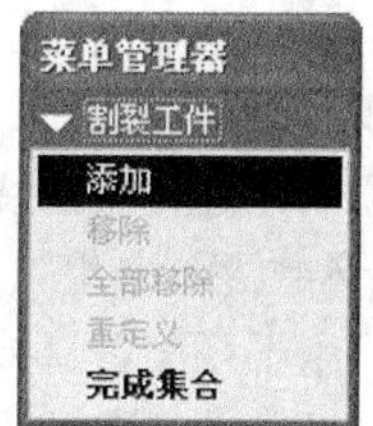

图 9-123　“割裂工件”菜单

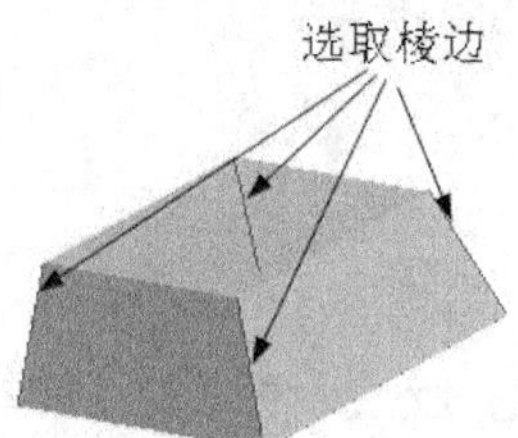

图 9-124　选取棱边

图 9-125　创建的转换特征

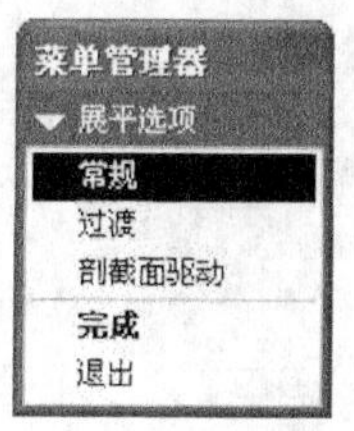

图 9-126　“展平选项”菜单

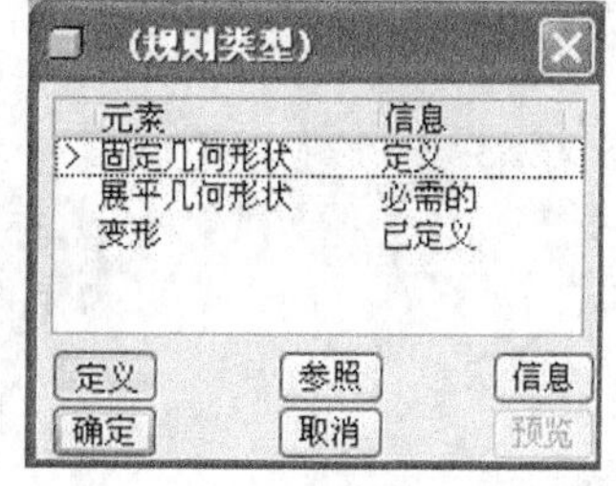

图 9-127　“规则类型”对话框

（7）在绘图区选择平面为展开时的固定平面；在“展平选取”菜单中依次单击“展开全部”→“完成”命令，如图 9-128 所示，然后单击“规则类型”对话框中的“确定”按钮，展开结果如图 9-129 所示。

图 9-128　“展平选取”菜单

图 9-129　零件展开结果

2. 命令选项介绍

在菜单栏中选择“插入”→“转换”命令，或单击“钣金件”工具栏中的“转换”按钮，系统打开“钣金件转换”对话框。

“钣金件转换”对话框中各选项的含义如下。

- 点止裂。用于将基准点放置在选定的或异步创建的边上。基准点相当于点止裂，可定义将现有边分成两个独立边的断点，这些边可部分割裂和折弯；定义裂缝连接的端点；在折弯及裂缝的顶点处定义点止裂。
- 边缝。用于沿边形成裂缝，这样便能展平钣金件。拐角边可以是开放的边、盲边或重叠的边。
- 裂缝连接。用于平面、直线裂缝连接裂缝。裂缝连接使用点到点连接进行草绘，就需要用户定义裂缝端点。裂缝端点可以是基准点或顶点，并且必须在裂缝的末端处或零件的边界上。裂缝连接不能与现有的边共线。
- 折弯。用于将锐边转换为折弯。默认情况下，将折弯的内侧半径设置为钣金件厚度。当指定一个边为裂缝时，所有非相切的相交边都将转换为折弯。
- 拐角止裂槽。用于将止裂槽放置在选定的拐角上。

9.4.4 实例——六角盒

本例介绍六角盒的建模过程，模型如图 9-130 所示。通过六角盒的设计，读者可以练习从实体转换到钣金零件的设计方法，掌握切口、凸缘、展开等钣金工具的使用方法。在进行零件设计时，可以先生成实体零件，然后生成抽壳特征，在需要的地方选择边线进行切口操作，最后添加凸缘特征。

扫码看视频

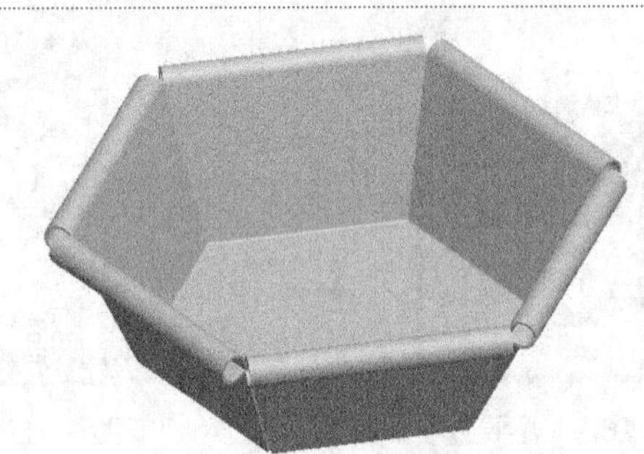

图 9-130　六角盒

Step 1 创建六边形拉伸特征

（1）单击“文件”工具栏中的“新建”按钮，或选择菜单栏中的“文件”→“新建”命令，弹出图 9-131 所示的“新建”对话框，在“类型”选项组中点选“零件”单选钮，在“子类型”选项组中点选“实体”单选钮，在“名称”文本框中输入文件名 LIU-JIAO-HE，取消对“使用缺省模板”复选框的勾选，单击“确定”按钮，在弹出的“新文件选项”对话框中选择“mmns-part-solid”选项，如图 9-132 所示，单击“确定”按钮，创建一个新的零件文件。

（2）单击“基础特征”工具栏中的“拉伸”按钮，在绘图区上方弹出“拉伸”操控板。

（3）单击操控板中的“放置”按钮，弹出“放置”下滑面板，如图 9-133 所示，再单击“定义”按钮，弹出“草绘”对话框；如图 9-134 所示，选择 FRONT 基准平面作为草绘平面，其他选项接受系统默认设置，单击“草绘”按钮，进入草绘界面。

（4）单击“草绘器工具”工具栏中的“线”按钮和“中心线”按钮，绘制图 9-135 所示的草图。

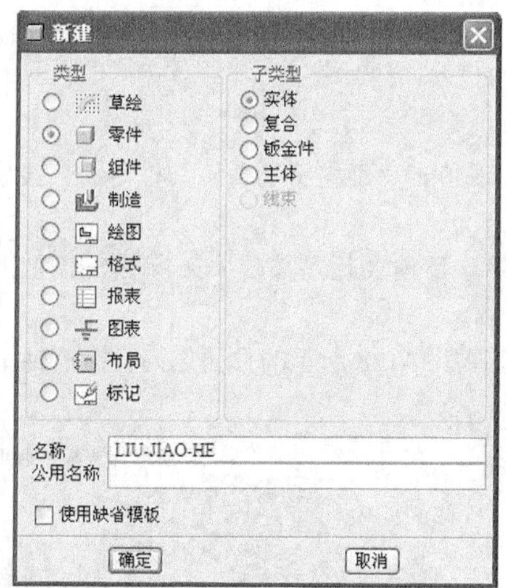

图 9–131　“新建”对话框

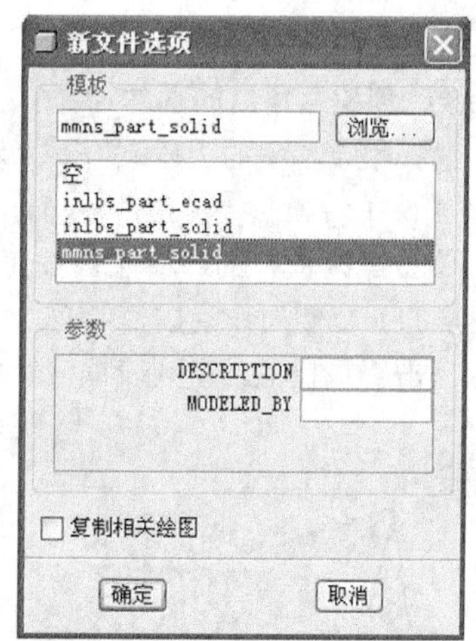

图 9–132　“新文件选项”对话框

图 9–133　“放置”下滑面板

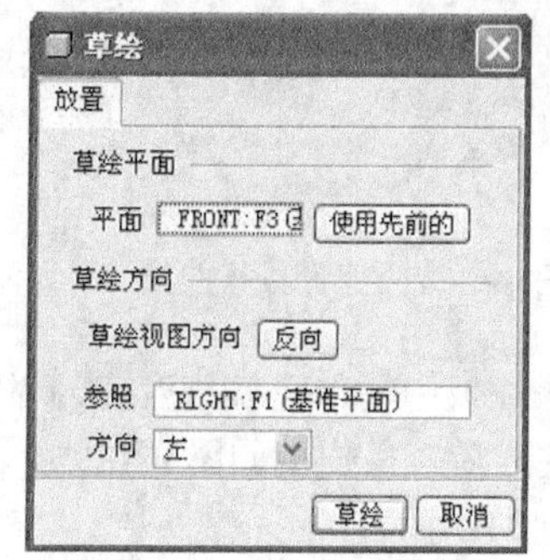

图 9–134　“草绘”对话框

（5）为六边形中相对的边添加“平行”约束，相邻的任意 4 条边添加“相等”约束。添加约束的具体操作步骤在前面的实例中已经介绍过，在此不再赘述。

（6）单击“草绘器工具”工具栏中的“修改”按钮，设置角度为“120”、长度为“150”，如图 9-136 所示；然后单击“草绘器工具”工具栏中的“完成”按钮，完成草图的绘制。另外，也可通过双击草图中尺寸值的方法修改尺寸。

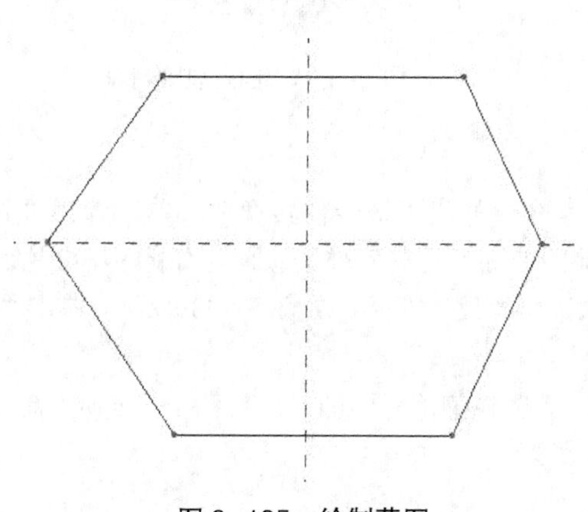

图 9–135　绘制草图

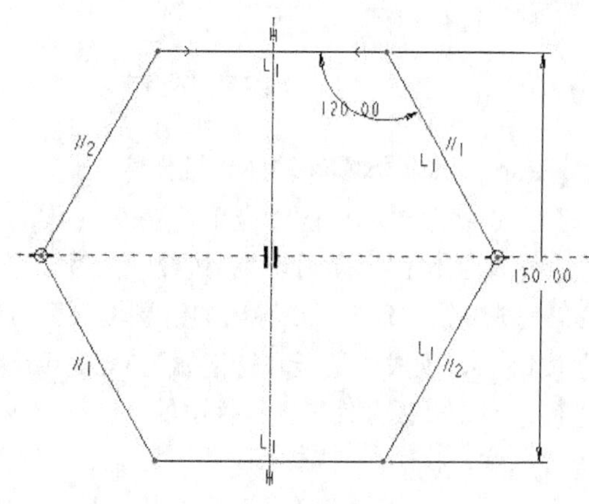

图 9–136　修改草图尺寸

（7）在“拉伸”操控板中单击“实体”按钮，选择拉伸方式为（指定深度拉伸），输入拉伸深度值为“50”，然后单击“确定”按钮，生成六边形实体。

Step 2 创建六角盒的基本轮廓

（1）选择菜单栏中的“插入”→“斜度”命令，或单击“工程特征”工具栏中的“拔模”按钮，在绘图区上方弹出“拔模”操控板。

（2）单击操控板中的“参照”按钮，弹出“参照”下滑面板，按住 <Ctrl> 键在模型上选择拉伸后六边形的 6 个侧面作为拔模曲面，如图 9-137 所示。

（3）单击“拔模枢轴”列表框，然后在模型中选择图 9-138 所示的顶面作为拔模枢轴平面。

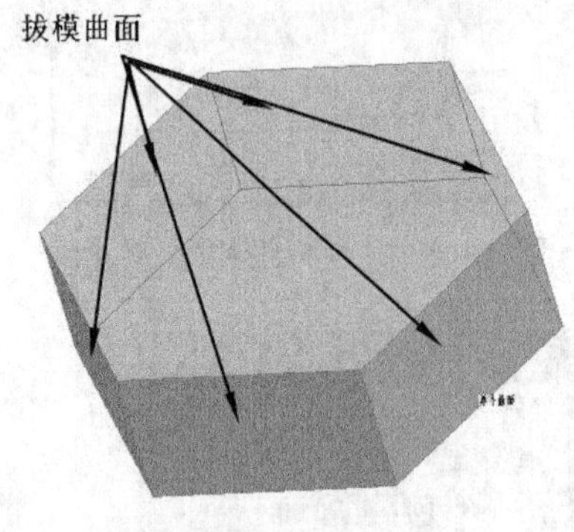

图 9-137 选择拔模曲面

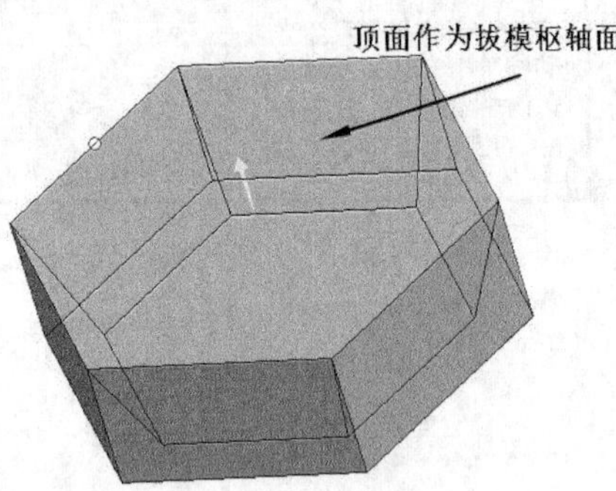

图 9-138 选择拔模枢轴平面

（4）在操控板中输入拔模角度值为“20”，可以单击该文本框后的“反向”按钮，改变拔模方向，设置完成后，操控板如图 9-139 所示；单击操控板中的“确定”按钮，完成拔模特征的创建，如图 9-140 所示。

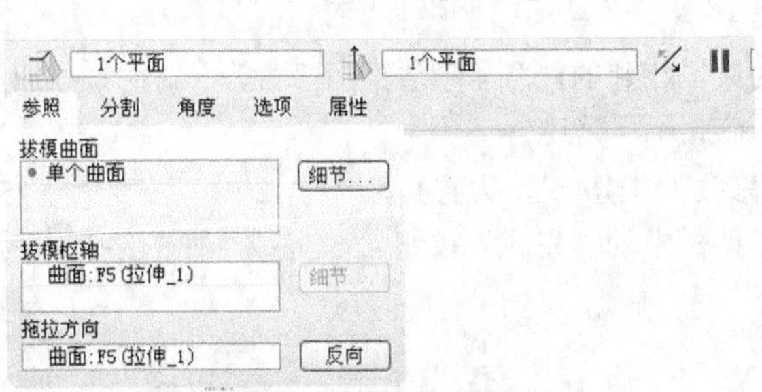

图 9-139 “参照”下滑面板

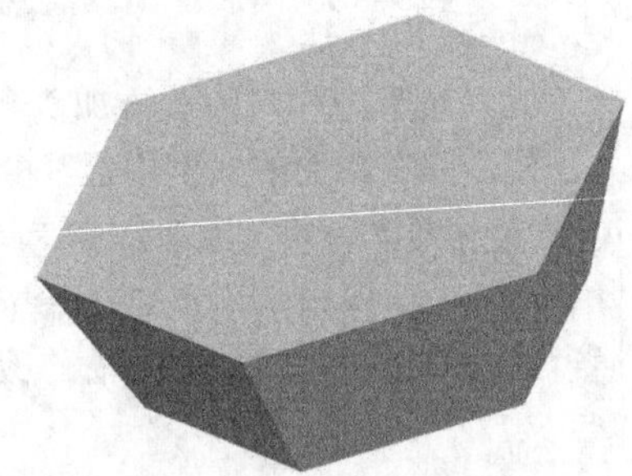

图 9-140 创建拔模特征

Step 3 将实体零件转换为钣金件

（1）选择菜单栏中的“应用程序”→“钣金件”命令，弹出“钣金件转换”菜单，选择“壳”命令，如图 9-141 所示；此时系统要求选择一个要删除的曲面，选择实体的顶面，如图 9-142 所示；单击“完成参照”命令，在弹出的消息输入窗口中输入钣金厚度为“1”，如图 9-143 所示，单击“确定”按钮，生成的钣金壳特征如图 9-144 所示。

（2）单击“钣金件”工具栏中的“转换”按钮，或选择菜单栏中的“插入”→“转换”命令，弹出“钣金件转换”对话框。

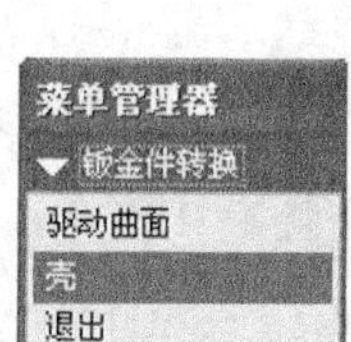

图 9-141　将实体转换为钣金特征

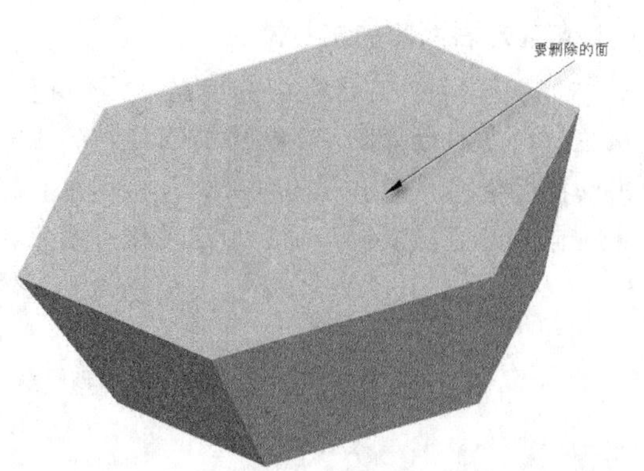

图 9-142　选择要删除的面

图 9-143　消息输入窗口

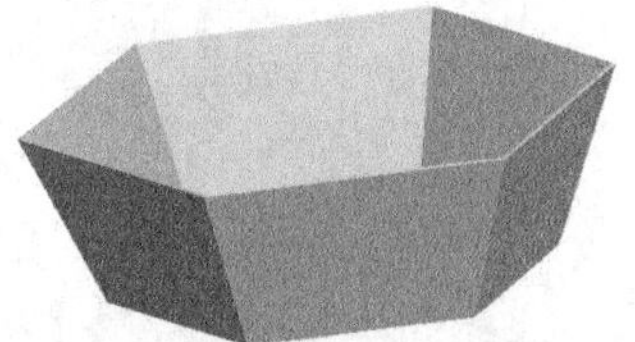

图 9-144　创建钣金壳特征

（3）选择“边缝”选项，如图 9-145 所示，然后单击“定义”按钮，弹出“裂缝工件”菜单，如图 9-146 所示；选择图 9-147 所示的 6 条棱边，然后选择“完成集合”命令，再单击“钣金件转换”对话框中的“确定”按钮，完成转换特征的创建，其中一条边的边缝效果如图 9-148 所示。

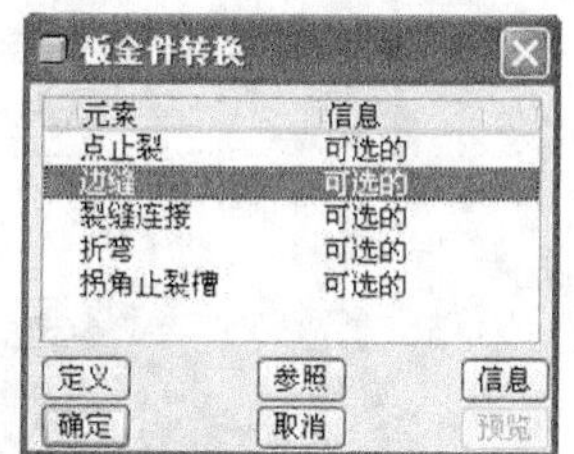

图 9-145　“钣金件转换”对话框

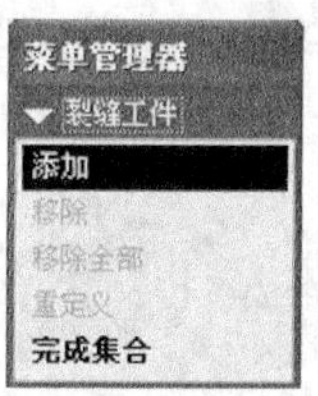

图 9-146　“裂缝工件”菜单

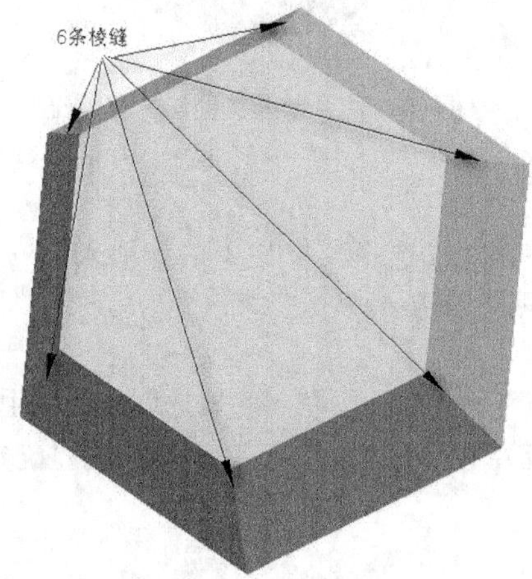

图 9-147　选择棱边

图 9-148　边缝效果

Step 4 创建左右两侧的法兰壁

（1）单击“钣金件”工具栏中的“法兰”按钮，或选择菜单栏中的“插入”→“钣金件壁”→“法兰”命令，选择图 9-149 所示的边为法兰壁的附着边，设置其形状为“C”，如图 9-150 所示，单击操控板中的“确定”按钮，生成的法兰壁特征如图 9-151 所示。

（2）采用同样的方法创建其余 5 个法兰壁，结果如图 9-152 所示。

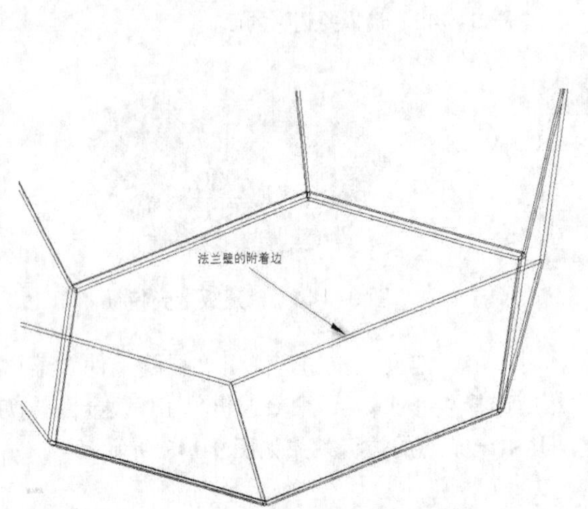

图 9-149 选择法兰壁附着边

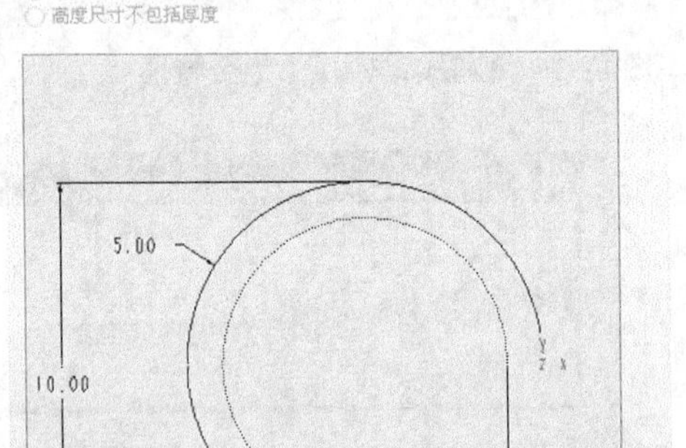

图 9-150 法兰壁尺寸设置

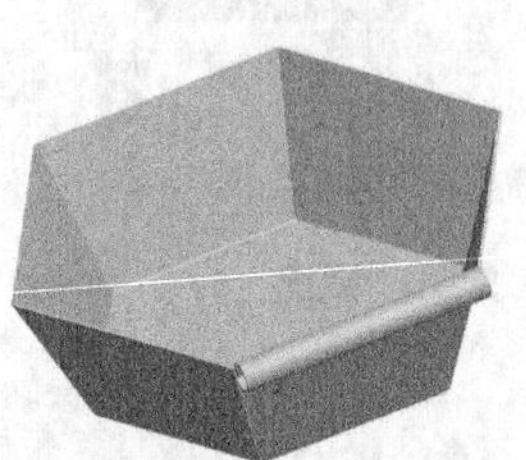

图 9-151 创建法兰壁特征

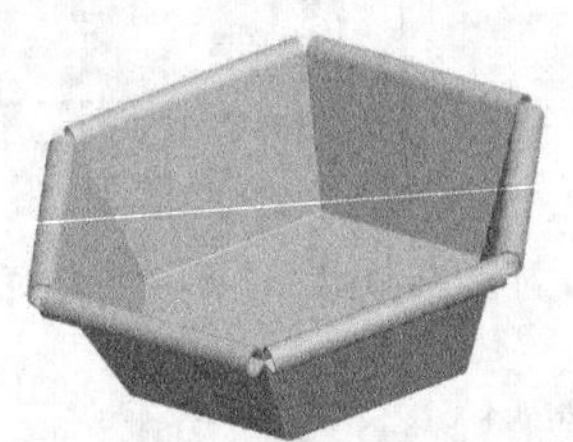

图 9-152 创建其他法兰壁特征

Step 5 创建展开特征

（1）单击“钣金件”工具栏中的“展平”按钮，或选择菜单栏中的“插入”→“折弯操作”→“展平”命令，弹出图 9-153 所示的“展平选项”菜单；单击“常规”→“完成”命令，系统弹出图 9-154 所示的“规则类型”对话框。

（2）在绘图区选择图 9-155 所示的平面为展开时的固定平面；在“展平选取”菜单中依次单击“展开全部”→“完成”命令，如图 9-156 所示，然后单击“规则类型”对话框中的“确定”按钮，生成的展开特征如图 9-157 所示。

图 9-153　“展平选项”菜单

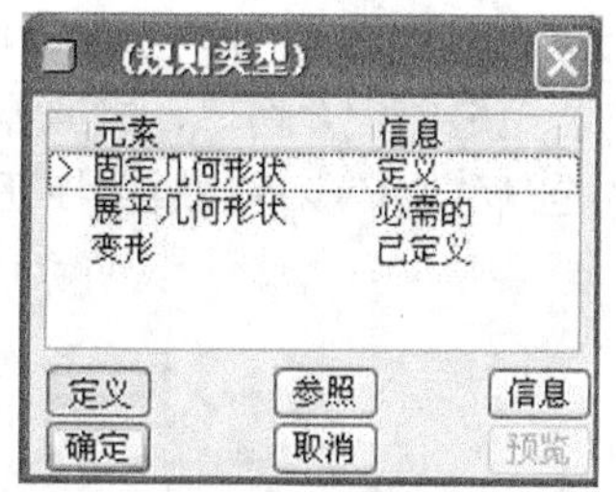

图 9-154　“规则类型”对话框

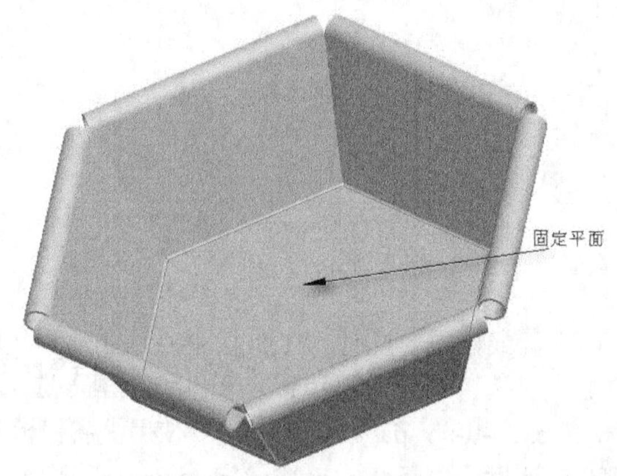

图 9-155　选择固定平面

图 9-156　“展平选取”菜单

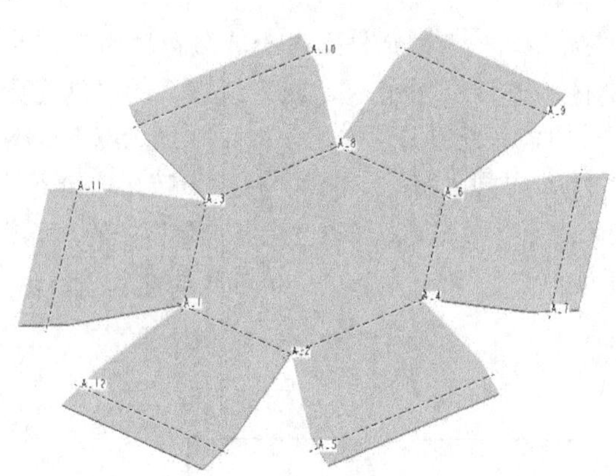

图 9-157　创建展开特征

9.5 综合实例——抽屉支架

在前面的小节中我们介绍了钣金设计中常用的命令。本节将利用前面讲过的命令，设计一个复杂的钣金零件，以帮助用户更好地掌握钣金设计命令的使用方法。用户也可以结合自己的学习情况，利用前面讲过的钣金命令设计一些日常生活和工业生产中常见的钣金零件。

本例介绍抽屉支架的建模过程，模型如图 9-158 所示。零件看似简单，但在创建过程中需要用到很多钣金命令，如平整壁、钣金切口、成形等，模型的创建过程中也存在很多技巧，特别是末端的成形特征，用到的是一种比较少用的成形特征的创建方法。

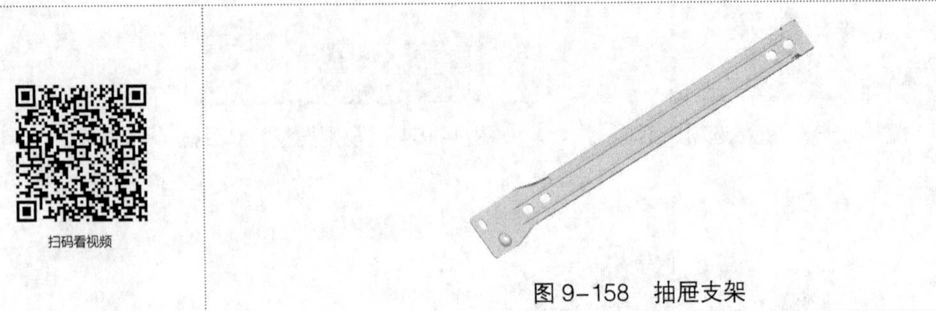

扫码看视频

图 9-158　抽屉支架

【创建步骤】

Step 1　新建文件

在菜单栏中选择“文件”→“新建”命令，或单击“文件”工具栏中的“新建”按钮，系统打开“新建”对话框，在“类型”选项组中点选“零件”单选钮，在“子类型”选项组中点选“钣金件”单选钮，在“名称”文本框中输入“chou-ti-zhi-jia”，取消勾选“使用缺省模板”复选框，单击“确定”按钮，在打开的“新文件选项”对话框中选择“mmns-part-sheetmetal”选项，单击“确定”按钮，创建一个新的钣金件文件。

Step 2　创建主体

（1）在菜单栏中选择“插入”→“钣金件壁”→“分离的”→“平整”命令，或单击“钣金件”工具栏中的“创建分离的平整壁”按钮，在系统打开的“创建分离的平整壁”操控板中依次单击“参照”→“定义”按钮，系统打开“草绘”对话框，选取 FRONT 基准平面作为草绘平面，RIGHT 基准平面作为参照平面，方向“右”，单击“草绘”按钮，进入草绘环境。

（2）绘制图 9-159 所示的截面。单击“草绘器工具”工具栏中的“完成”按钮，退出草绘环境。在操控板中给定钣金厚度值为“0.7”，然后单击“完成”按钮，创建的主体如图 9-160 所示。

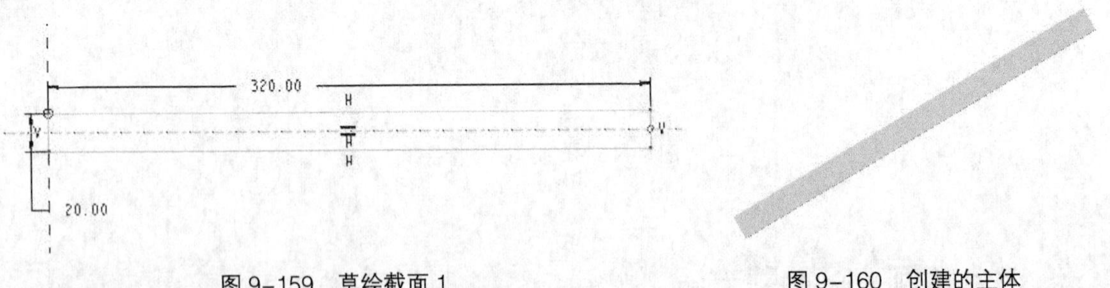

图 9-159　草绘截面 1

图 9-160　创建的主体

Step 3　创建两侧折弯主体

（1）在菜单栏中选择“插入”→“钣金件壁”→“平整”命令，或单击“钣金件”工具栏中的“创建平整壁”按钮，在系统打开的“创建平整壁”操控板中单击“放置”按钮，然后选取图 9-161 所示的边作为平整壁的附着边。

（2）在操控板中设置平整壁的形状为“用户定义”，给定角度值为“180”，然后依次单击“形状”→“草绘”按钮，系统打开“草绘”对话框，接受系统提供的默认设置，单击“草绘”按钮，进入草绘环境。绘制图 9-162 所示的图形，绘制完成后单击“草绘器工具”工具栏中的“完成”按钮✓，返回到“创建平整壁”操控板，单击“在连接边上添加折弯”按钮，取消折弯半径设置，其他参数设置如图 9-163 所示。单击操控板中的“完成”按钮✓，创建的平整壁如图 9-164 所示。

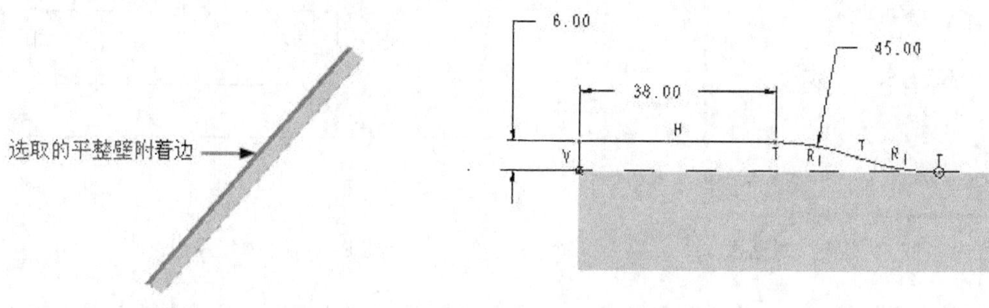

图 9-161　选取平整壁的附着边 1　　　　图 9-162　草绘图形 1

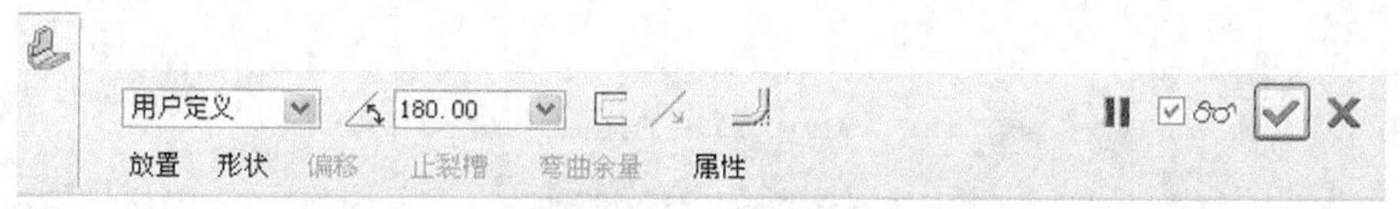

图 9-163　参数设置 1

（3）在菜单栏中选择“插入”→“钣金件壁”→“法兰”命令，或单击“钣金件”工具栏中的“法兰”按钮，在系统打开的操控板中依次单击“放置”→“细节”按钮，系统打开图 9-165 所示的“链”对话框。选取图 9-166 所示的边作为法兰壁的附着边，然后单击“确定”按钮。

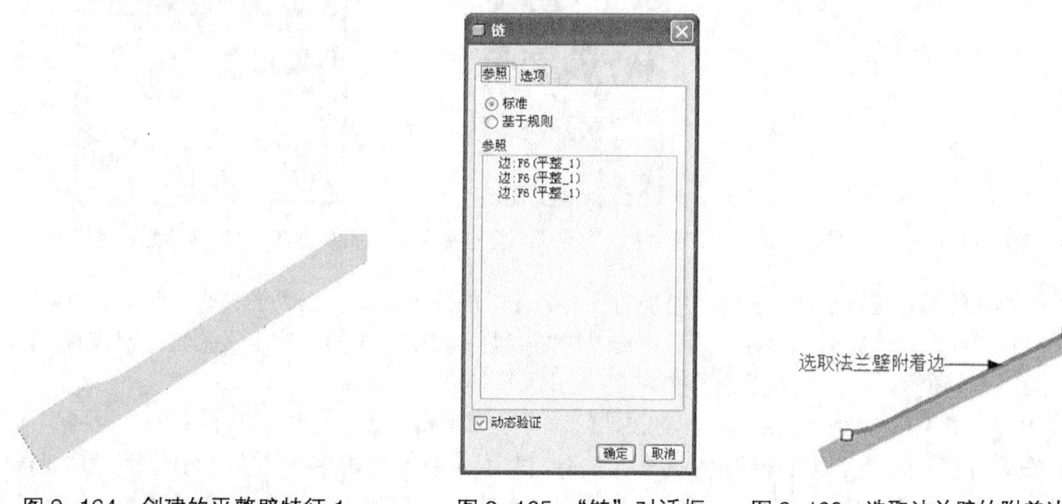

图 9-164　创建的平整壁特征 1　　图 9-165　“链”对话框　　图 9-166　选取法兰壁的附着边 1

（4）在操控板中设置法兰壁的形状为用户定义，然后依次单击“形状”→“草绘”按钮，系统打开图 9-167 所示的“草绘”对话框，接受系统提供的默认设置。单击“草绘”按钮，进入草绘环境。

（5）绘制图 9-168 所示的图形。单击“草绘器工具”工具栏中的“完成”按钮✓，退出草绘环境。

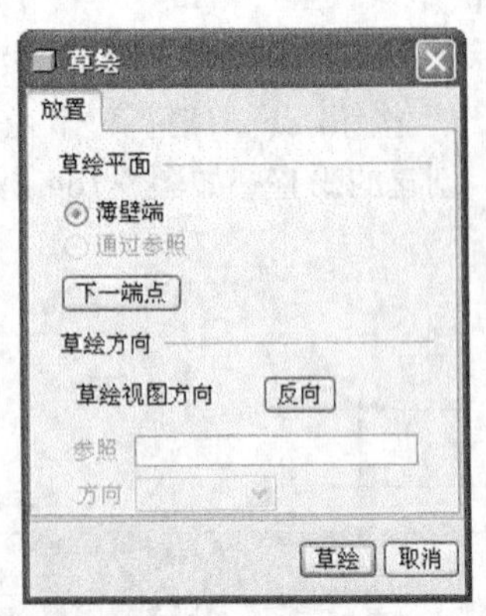

图 9-167　“草绘”对话框 1

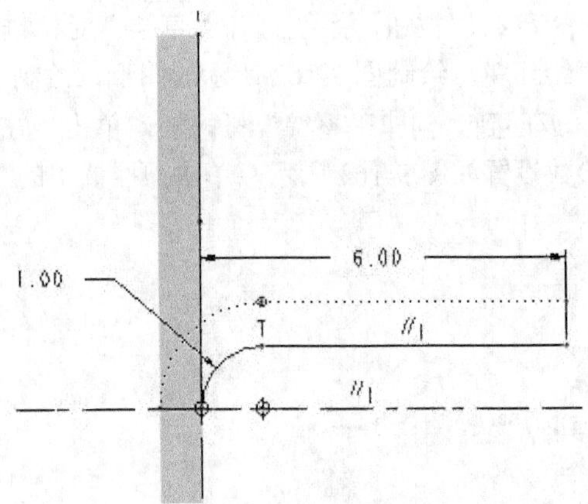

图 9-168　草绘图形 2

（6）单击操控板中的“在连接边上添加折弯”按钮，取消折弯半径设置，其他选项设置如图 9-169 所示。单击操控板中的“完成”按钮，创建的法兰壁特征如图 9-170 所示。

图 9-169　参数设置 2

（7）在菜单栏中选择“插入”→“折弯操作”→“展平”命令，或单击“钣金件”工具栏中的“展平”按钮，在系统打开的“展平选项”菜单中依次选择“常规”→“完成”命令，如图 9-171 所示，系统打开“规则类型”对话框，如图 9-172 所示。

图 9-170　创建的法兰壁特征 1

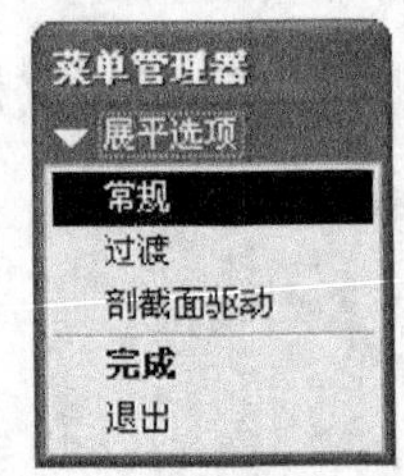

图 9-171　“展平选项”菜单

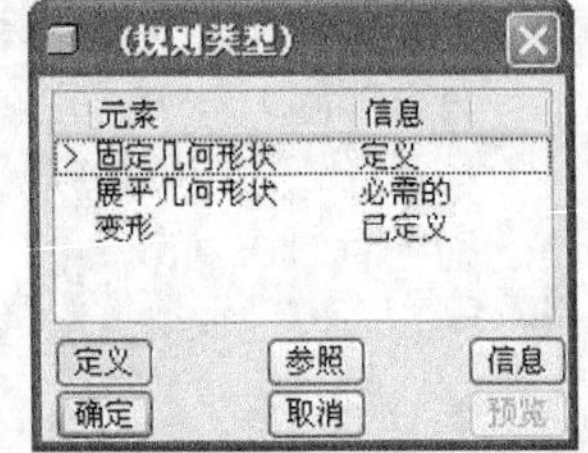

图 9-172　“规则类型”对话框

（8）在绘图区选取图 9-173 所示的平面作为展开时的固定平面。在“展平选项”菜单中依次选择“展开全部”→“完成”命令，然后单击“规则类型”对话框中的“确定”按钮，创建的展开特征如图 9-174 所示。

（9）在菜单栏中选择“插入”→“拉伸”命令，或单击“钣金件”工具栏中的“拉伸”按钮，在系统打开的“拉伸”操控板中单击“去除材料”按钮，再单击“移除与曲面垂直的材料”按钮，然后依次单击“放置”→“定义”按钮，系统打开“草绘”对话框，选取图 9-175 所示的平面作为草绘平面，其他选项设置如图 9-176 所示。单击“草绘”按钮，进入草绘环境。

（10）绘制图 9-176 所示的图形。单击“草绘器工具”工具栏中的“完成”按钮，退出草绘环境。

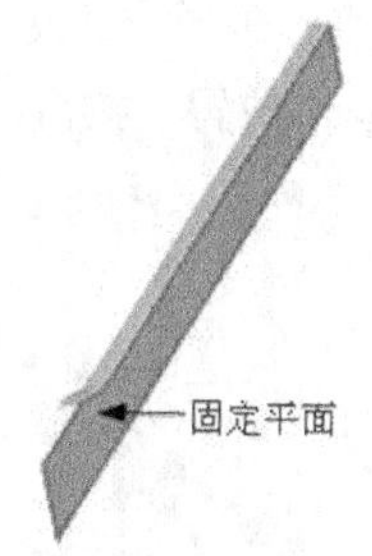
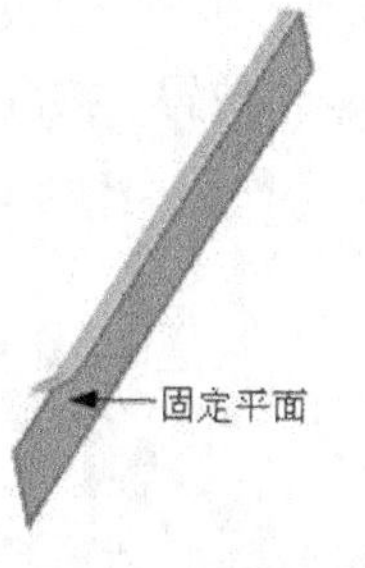

图 9-173　选取固定平面 1

图 9-174　创建的展开特征 1

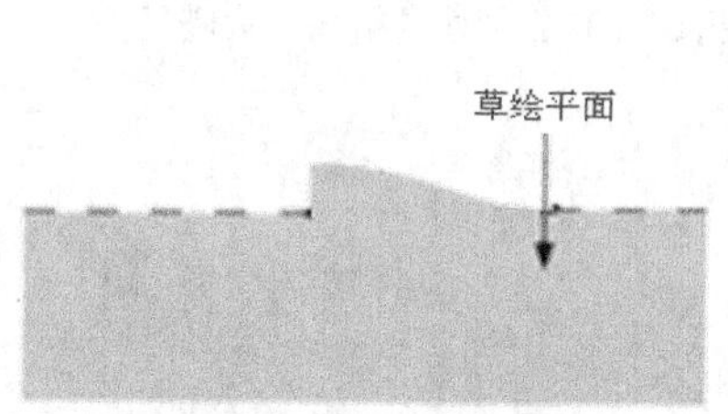

图 9-175　选取草绘平面

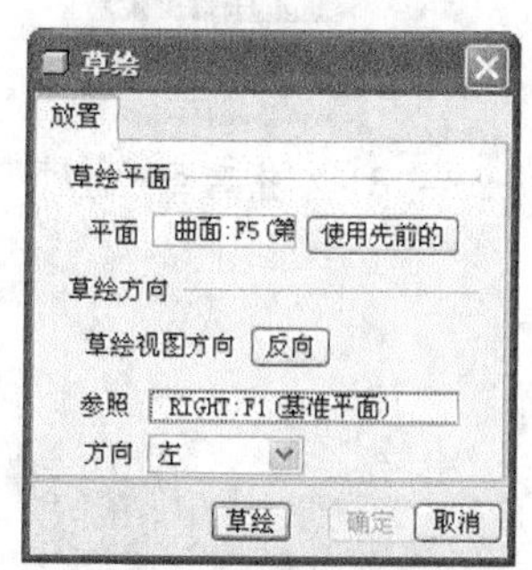

图 9-176　“草绘”对话框 2

（11）在操控板中设置拉伸方式为（穿透），单击“反向”按钮，调整去除材料方向，如图 9-177 所示，单击操控板中的“完成”按钮，创建的拉伸切除特征如图 9-178 所示。

图 9-177　去除材料方向 1

图 9-178　创建的拉伸切除特征 1

（12）在菜单栏中选择“插入”→“折弯操作”→“折弯回去”命令，或单击“钣金件”工具栏中的“折弯回去”按钮，系统打开图 9-179 所示的“折弯回去”对话框。

（13）在绘图区选取图 9-180 所示的平面作为折弯回去的固定平面，在打开的“折弯回去选取”菜单中选择“折弯回去全部”→“完成”命令，如图 9-181 所示，然后单击“折弯回去”对话框中的“确定”按钮，创建的折弯回去特征如图 9-182 所示。在图 9-183 所示的图形中可以看出原来的直角已变为了曲线过渡。

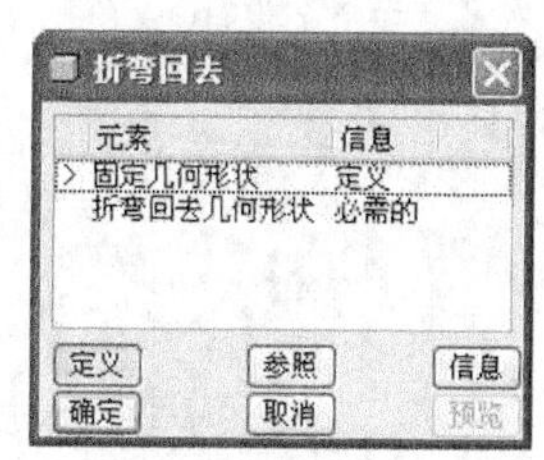

图 9-179　“折弯回去”对话框

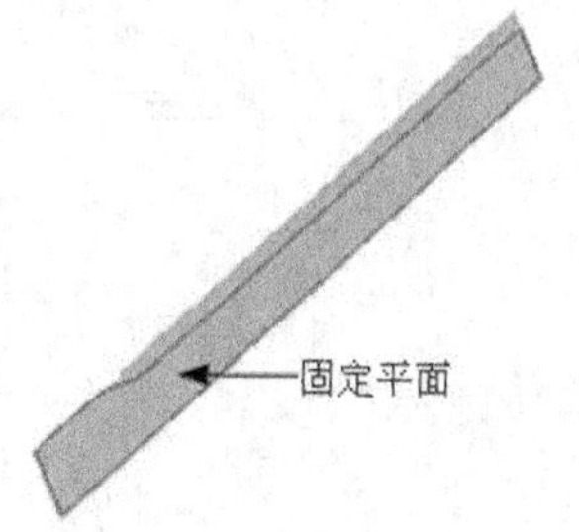

图 9-180　选取固定平面 2

（14）在菜单栏中选择“插入”→“钣金件壁”→“平整”命令，或单击“钣金件”工具栏中的“创建平整壁”按钮，在系统打开的“创建平整壁”操控板中单击“放置”按钮，然后选取图 9-184 所示的边作为平整壁的附着边。

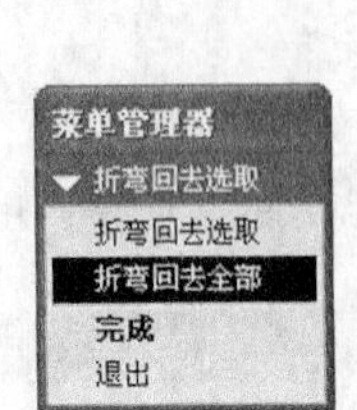

图 9-181 “折弯回去选项”菜单

图 9-182 创建的折弯回去特征 1

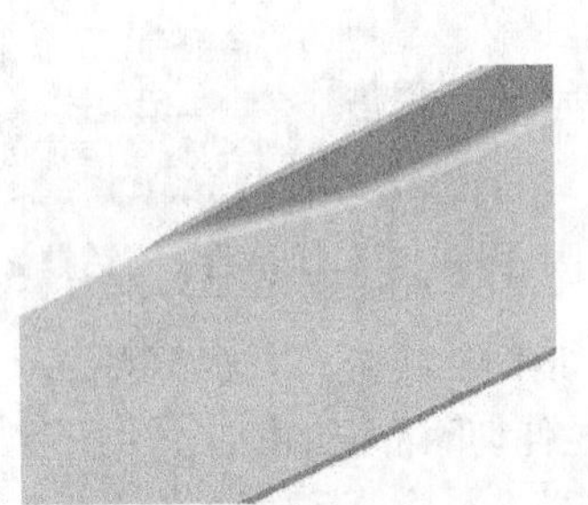

图 9-183 折弯回去结果

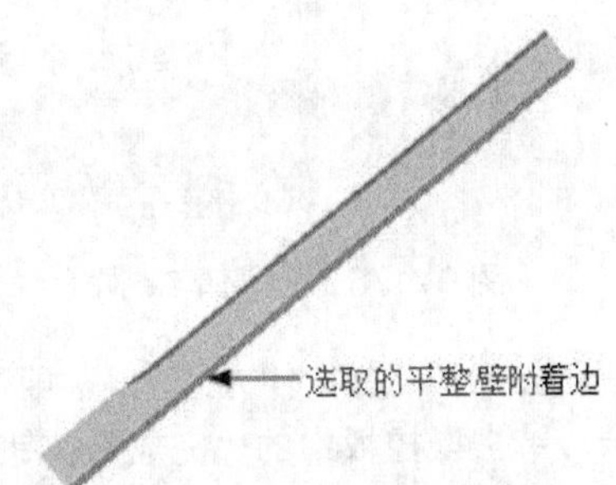

图 9-184 选取平整壁的附着边 2

（15）在操控板中设置平整壁的形状为“用户定义”，给定角度值为“180”，然后依次单击“形状”→“草绘”按钮，系统打开“草绘”对话框，接受系统提供的默认设置，单击“草绘”按钮，进入草绘环境。绘制图 9-185 所示的图形，绘制完成后单击“草绘器工具”工具栏中的“完成”按钮✓。返回到“创建平整壁”操控板，单击“在连接边上添加折弯”按钮，取消折弯半径设置，单击操控板中的“完成”按钮，创建的平整壁特征如图 9-186 所示。

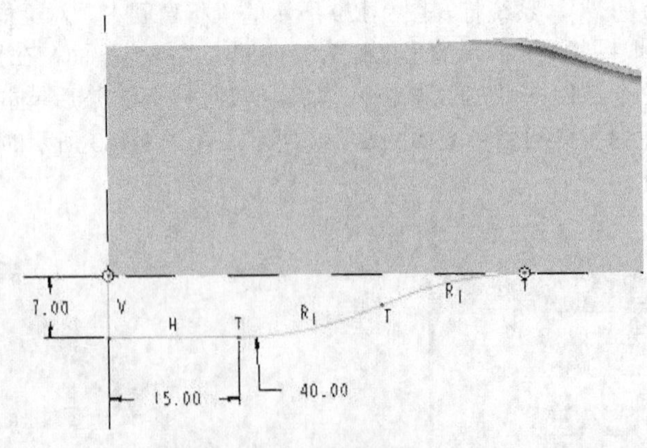

图 9-185 草绘图形 3

（16）在菜单栏中选择“插入”→“钣金件壁”→“法兰”命令，或单击“钣金件”工具栏中的“法兰”按钮，选取图 9-187 所示的边作为法兰壁的附着边。

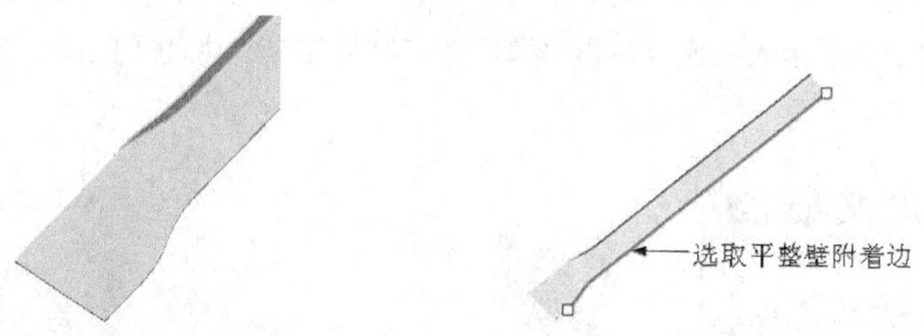

图 9-186　创建的平整壁特征 2　　　　图 9-187　选取法兰壁的附着边 2

（17）在操控板中设置法兰壁的形状为“用户定义”，绘制图 9-188 所示的图形，绘制完成后单击“草绘器工具”工具栏中的“完成”按钮，退出草绘环境。单击操控板中的“在连接边上添加折弯”按钮，取消折弯半径设置。再单击操控板中的“完成”按钮，创建的法兰壁特征如图 9-189 所示。

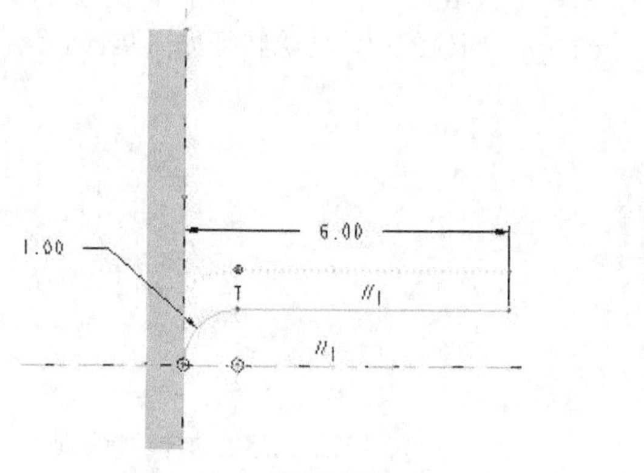

图 9-188　草绘图形 4

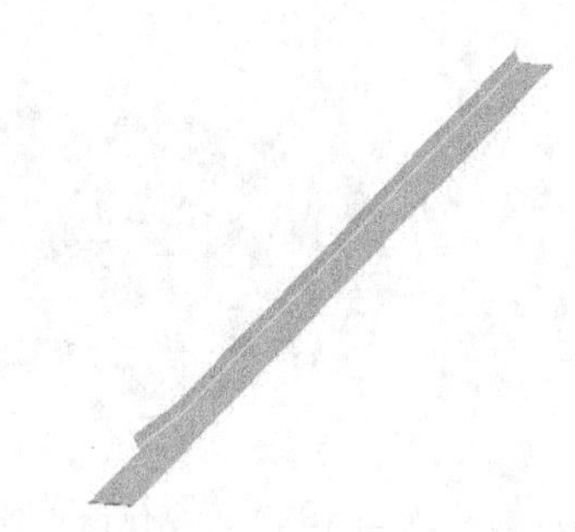

图 9-189　创建的法兰壁特征 2

（18）在菜单栏中选择“插入”→“折弯操作”→“展平”命令，或单击“钣金件”工具栏中的“展平”按钮，系统打开“折弯回去”对话框。选取图 9-190 所示的平面作为固定平面，在打开的“折弯回去选取”菜单中选择“折弯回去选取”→“完成”命令，根据系统提示选取刚刚创建的法兰壁折弯拐角部分为折弯部分，将零件完全展开，创建的展开特征如图 9-191 所示。

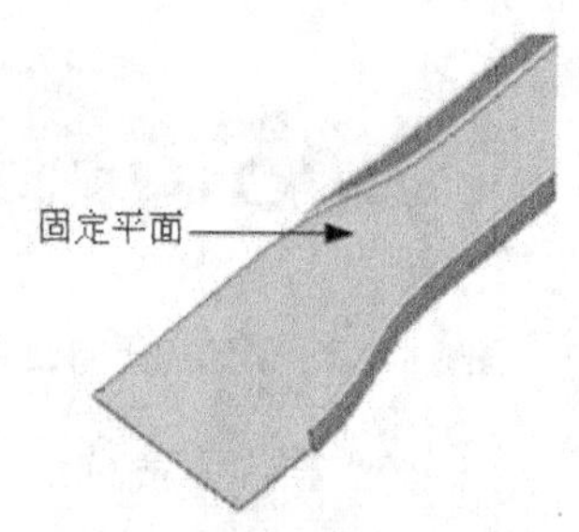

图 9-190　选取固定平面 3

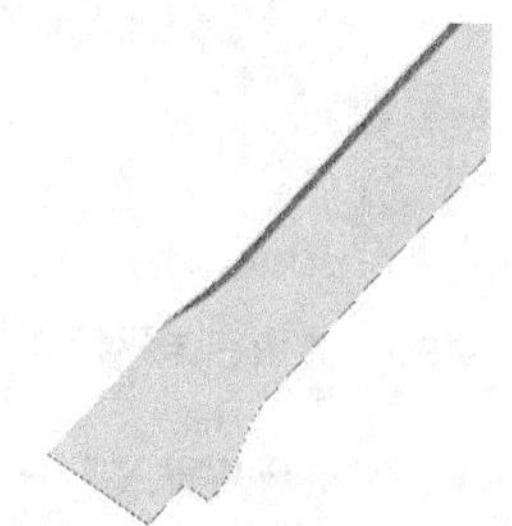

图 9-191　创建的展开特征 2

（19）在菜单栏中选择“插入”→“拉伸”命令，或单击“钣金件”工具栏中的“拉伸”按钮，在打开的“拉伸”操控板中单击“去除材料”按钮，再单击“移除与曲面垂直的材料”按钮，然后依次单击“放置”→“定义”按钮，系统打开“草绘”对话框。选取图 9-192 所示的平面作为草绘平面，其他选项设置如图 9-192 所示，单击“草绘”按钮，进入草绘环境。

（20）绘制图 9-193 所示的截面。单击“草绘器工具”工具栏中的“完成”按钮，退出草绘环境。

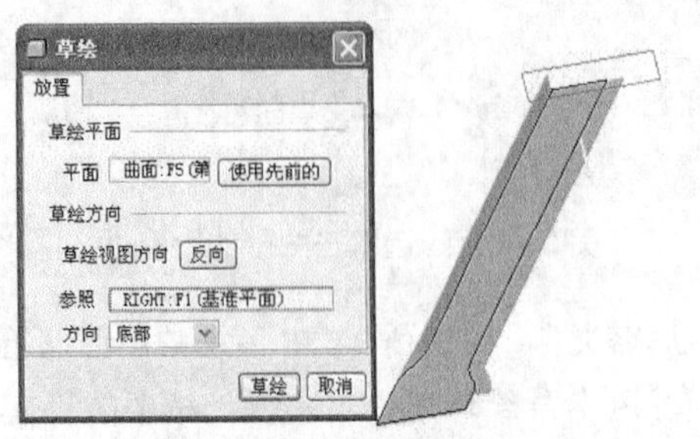

图 9-192　草绘视图设置

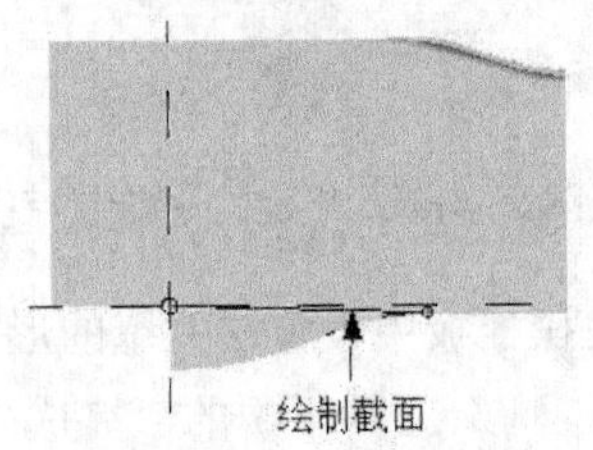

图 9-193　草绘截面 2

（21）在操控板中设置拉伸方式为（穿透），单击“反向”按钮，调整去除材料的方向，如图 9-194 所示，单击操控板中的“完成”按钮，创建的拉伸切除特征如图 9-195 所示。

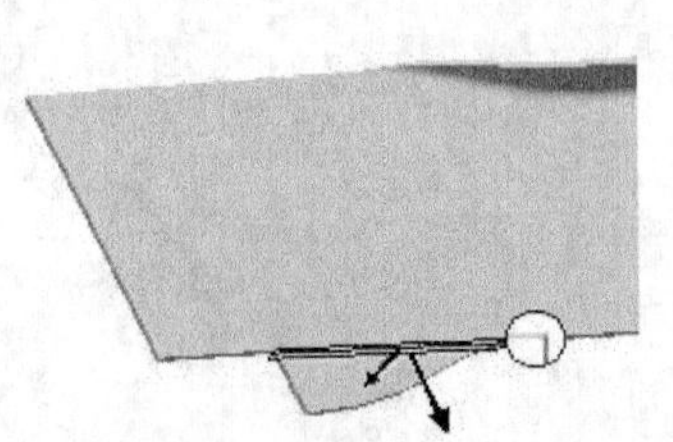

图 9-194　去除材料方向 2

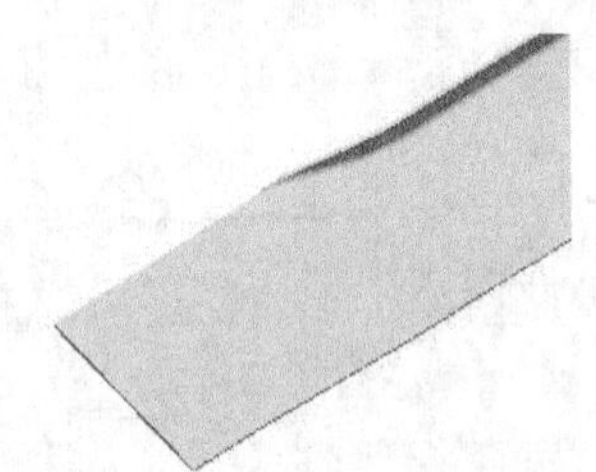

图 9-195　创建的拉伸切除特征 2

（22）在菜单栏中选择“插入”→“折弯操作”→“折弯回去”命令，或单击“钣金件”工具栏中的“折弯回去”按钮，选取图 9-196 所示的平面作为折弯回去的固定平面，创建的折弯回去特征如图 9-197 所示。

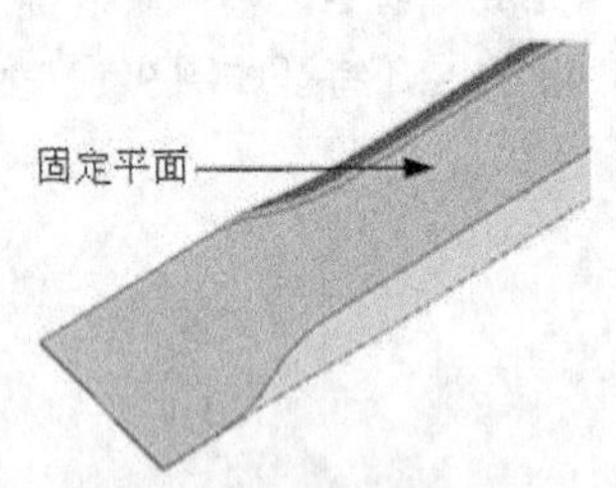

图 9-196　选取固定平面 4

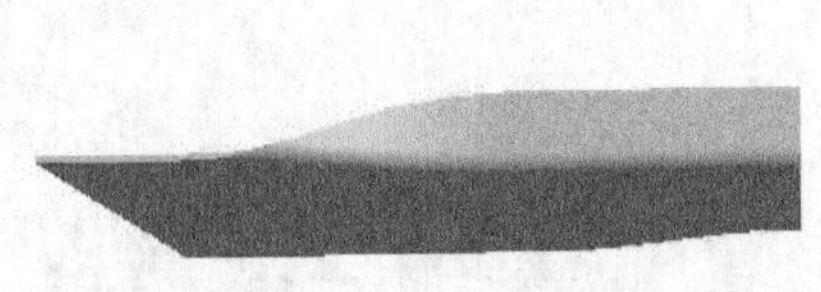

图 9-197　创建的折弯回去特征 2

（23）在菜单栏中选择“插入”→“钣金件壁”→“法兰”命令，或单击“钣金件”工具栏中的“法兰”按钮，选取图 9-198 所示的边作为法兰壁的附着边。

（24）在操控板中设置法兰壁的形状为“用户定义”，绘制图 9-199 所示的图形。单击“草绘器工具”工具栏中的“完成”按钮，退出草绘环境。单击操控板中的“在连接边上添加折弯”按钮，取消折弯半径设置。单击操控板中的“完成”按钮，创建的法兰壁特征如图 9-200 所示。

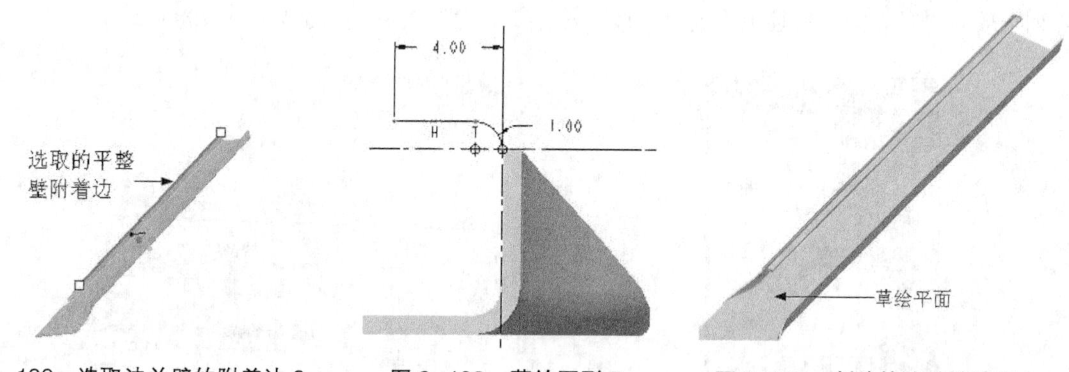

图 9-198　选取法兰壁的附着边 3　　图 9-199　草绘图形 5　　图 9-200　创建的法兰壁特征 3

Step 4 创建孔

（1）在菜单栏中选择“插入”→“拉伸”命令，或单击“钣金件”工具栏中的“拉伸”按钮，在系统打开的“拉伸”操控板中单击“去除材料”按钮，再单击“移除与曲面垂直的材料”按钮，然后依次单击“放置”→“定义”按钮，系统打开“草绘”对话框。选取图 9-200 所示的平面作为草绘平面，单击“草绘”按钮，进入草绘环境。

（2）绘制图 9-201 所示的截面。单击“草绘器工具”工具栏中的“完成”按钮，退出草绘环境。在操控板中设置拉伸方式为（穿透），然后单击“完成”按钮，创建的拉伸切除特征如图 9-202 所示。

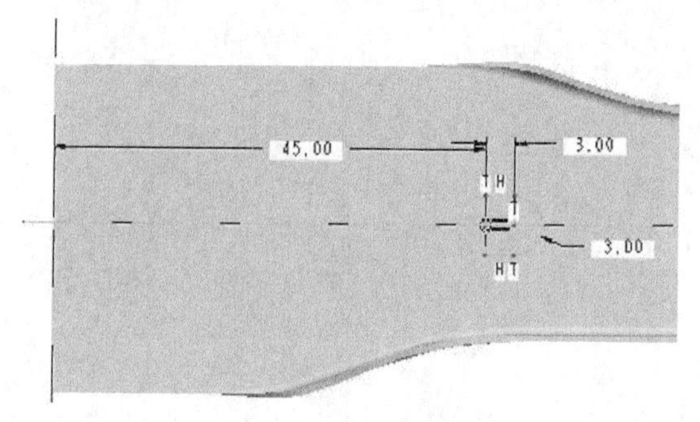

图 9-201　草绘截面 3

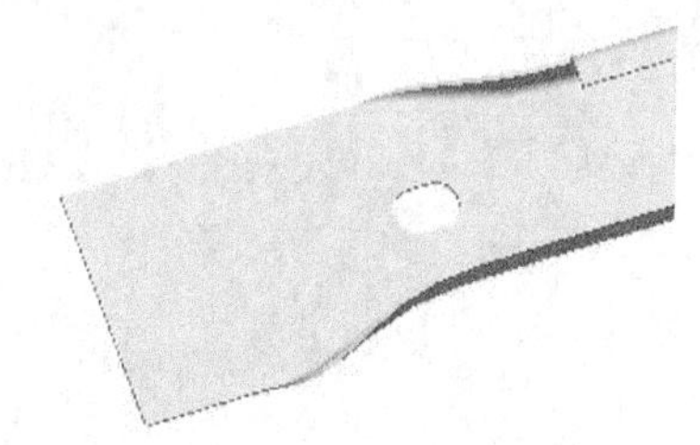

图 9-202　创建的拉伸切除特征 3

（3）在“模型树”选项卡中选取刚刚创建的拉伸特征，然后在菜单栏中选择“编辑”→“复制”命令，或单击“编辑”工具栏中的“复制”按钮，然后在菜单栏中选择“编辑”→“选择性粘贴”命令，或单击“编辑”工具栏中的“选择性粘贴”按钮，系统打开“选择性粘贴”对话框。

（4）勾选“选择性粘贴”对话框中的“对副本应用移动 / 旋转变换”选项，如图 9-203 所示，单击“确定”按钮。选取 RIGHT 基准平面作为移动参照平面，给定移动值为“15”，预览效果如图 9-204 所示。然后单击操控板中的“完成”按钮，结果如图 9-205 所示。

（5）按住 <Ctrl> 键，在“模型树”选项卡中选取最后创建的两个特征，右击，在打开的右键快捷菜单中选择“组”命令，如图 9-206 所示。

（6）在“模型树”选项卡中选取刚刚创建的组特征，然后在菜单栏中选择“编辑”→“阵列”命令，打开“阵列”操控板，设置阵列方式为尺寸，然后单击“尺寸”按钮，系统打开“尺寸”下滑面板。在绘图区选取尺寸“45”，给定增量值为“230”，如图 9-207 所示。然后在操控板中给定阵列个数为“2”，单击操控板中的“完成”按钮，创建的阵列特征如图 9-208 所示。

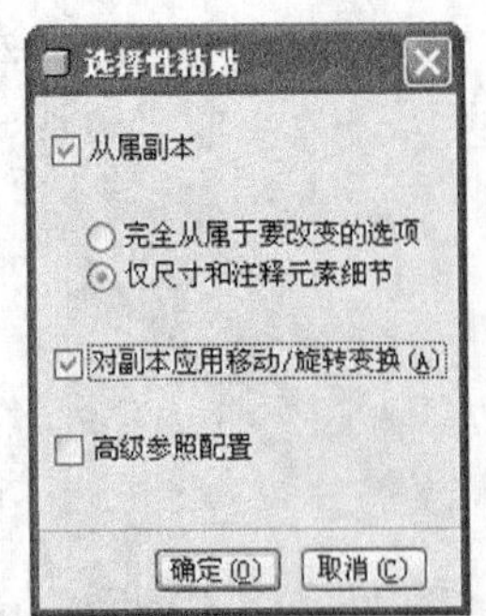

图 9-203 “选择性粘贴”对话框

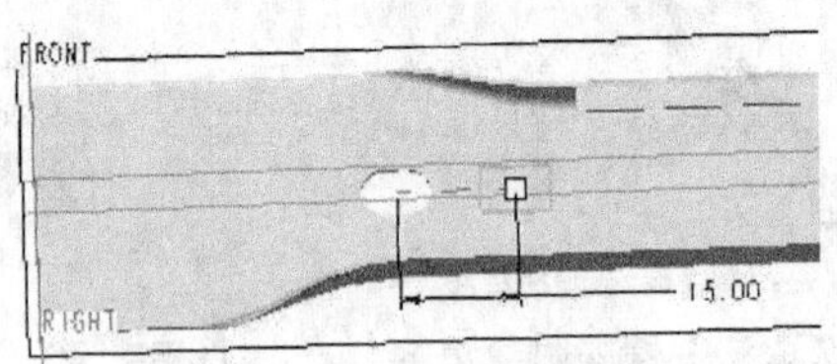

图 9-204 复制特征预览

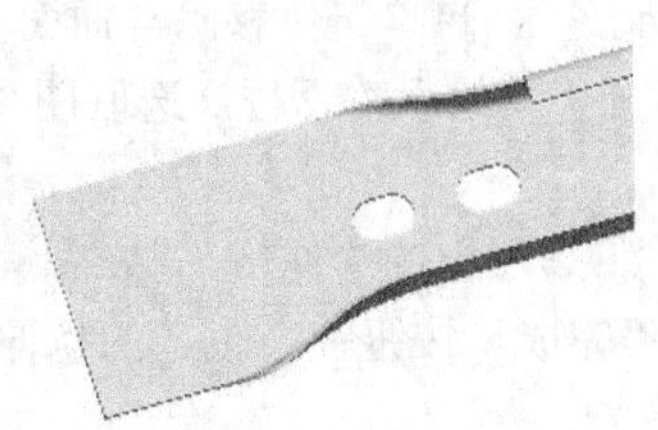

图 9-205 特征复制结果

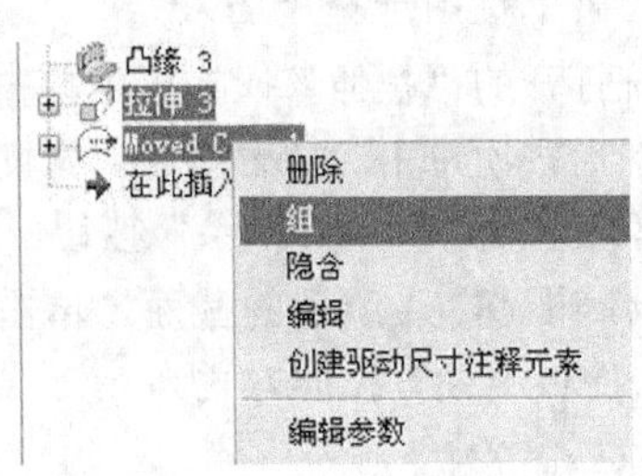

图 9-206 创建组

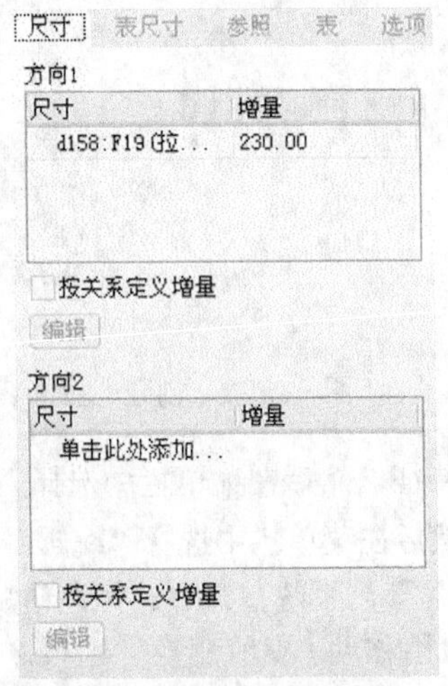

图 9-207 阵列尺寸设置

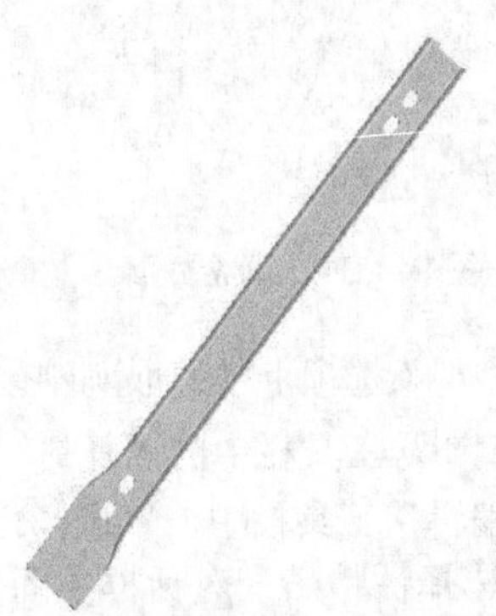

图 9-208 创建的阵列特征

（7）在菜单栏中选择“插入”→“拉伸”命令，或单击“钣金件”工具栏中的“拉伸”按钮，在系统打开的“拉伸”操控板中单击“去除材料”按钮，再单击“移除与曲面垂直的材料”按钮，然后依次单击“放置”→“定义”命令，系统打开“草绘”对话框，选取图 9-200 所示的平面作为草绘平面，单击“草绘”按钮，进入草绘环境。绘制图 9-209 所示的截面。在操控板中设置拉伸方式为（穿透），然后单击“完成”按钮，创建的拉伸切除特征如图 9-210 所示。

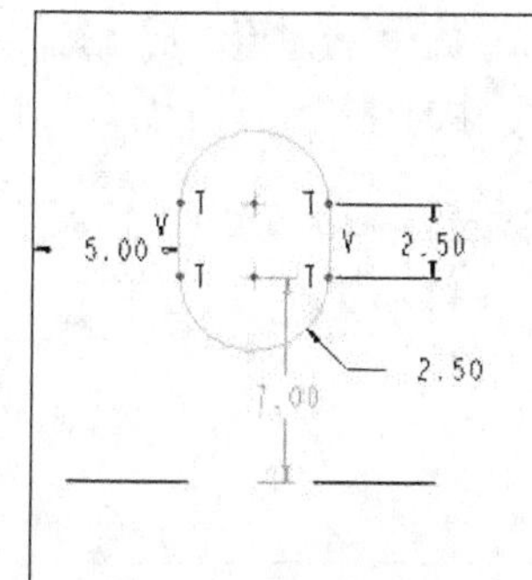

图 9-209　草绘截面 4

图 9-210　创建的拉伸切除特征 4

Step 5 创建凹槽特征

（1）在菜单栏中选择“插入”→“形状”→“凹模”命令，或单击“钣金件”工具栏中的“凹模”按钮，在系统打开的“选项”菜单中选择“参照”→“完成”命令，如图 9-211 所示。系统打开“打开”对话框，选择“\ 源文件 \ 第 9 章 \chou-ti-zhi-jia-mo-1.prt”选项，单击“打开”按钮。系统打开“chou-ti-zhi-jia-mo-1- 印贴”窗口和“模板”对话框，如图 9-212 所示。

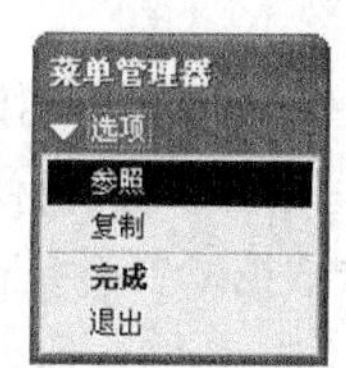

图 9-211　“选项”菜单

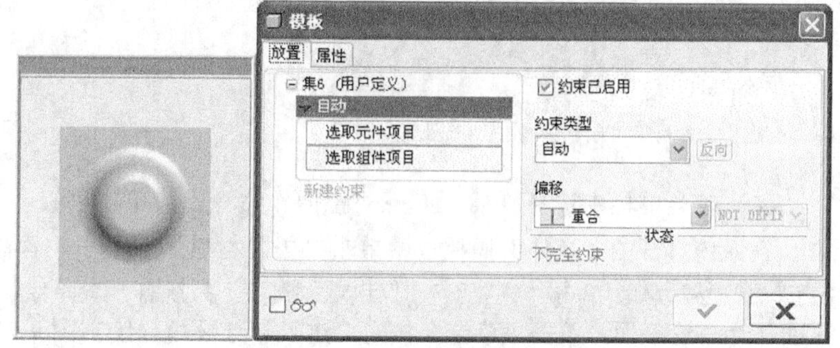

图 9-212　成形特征模型

（2）勾选“模板”对话框中的“预览”复选框，然后在“约束类型”下拉列表中选择“对齐”选项，在“偏移”下拉列表中选择“重合”选项，然后依次选择“chou-ti-zhi-jia-mo-1”元件的平面 1 和零件的平面 2，如图 9-213 所示，使这两个面相匹配。通过单击“约束类型”下拉列表右侧的“反向”按钮，调整两个零件的匹配方向。

（3）单击“模板”对话框“放置”选项卡中的“新建约束”按钮，在“约束类型”下拉列表中选择“配对”选项，在“偏移”下拉列表中选择“偏移”选项，然后给定偏距值为“15”，再依次选取“chou-ti-zhi-jia-mo-1”元件的 TOP 基准平面和零件的 RIGHT 基准平面。

（4）单击“放置”选项卡中的“新建约束”按钮，在“约束类型”下拉列表中选择“配对”选项，在“偏移”下拉列表中选择“偏移”选项，给定偏距值为“-10”，然后依次选取“chou-ti-zhi-jia-mo-1”元件的 RIGHT 基准平面和零件的 TOP 基准平面。此时在“模板”对话框右下侧的“状态”栏中显示“完全约束”，如图 9-214 所示。单击“完成”按钮，关闭“模板”对话框。

（5）根据“印贴”窗口中的提示信息选取“chou-ti-zhi-jia-mo-1”元件的平面 1 作为边界平面，平面 2 作为种子曲面，如图 9-215 所示，然后单击“确定”按钮，完成成形特征的创建，如图 9-216 所示。

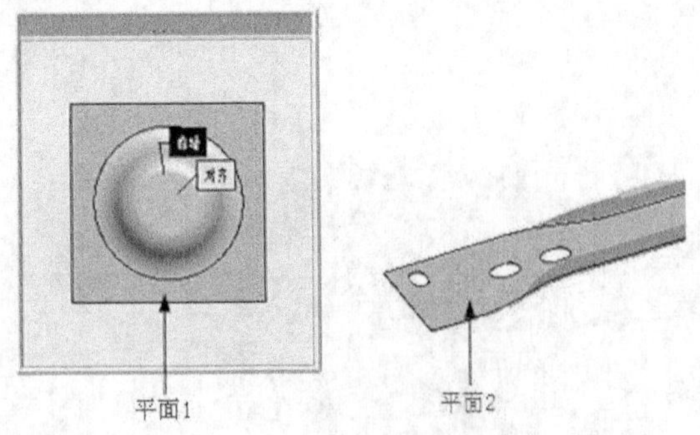

图 9-213　选取约束平面 1

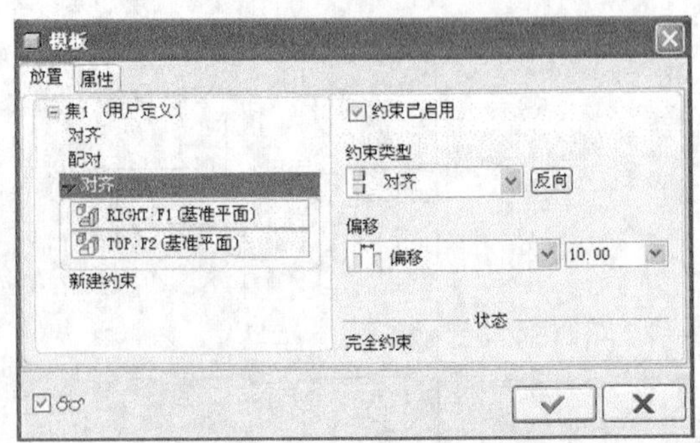

图 9-214　完成约束

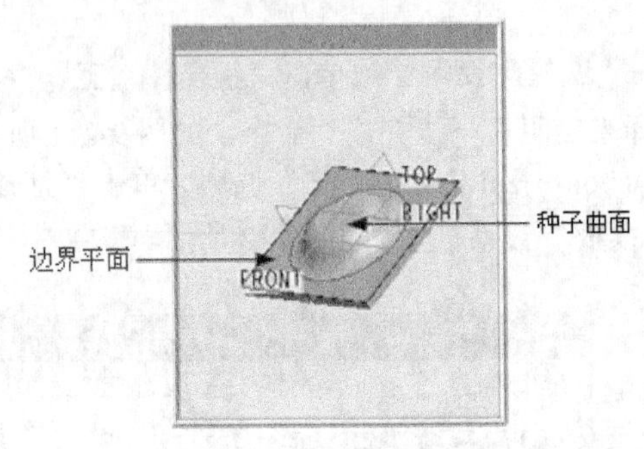

图 9-215　选取面 1

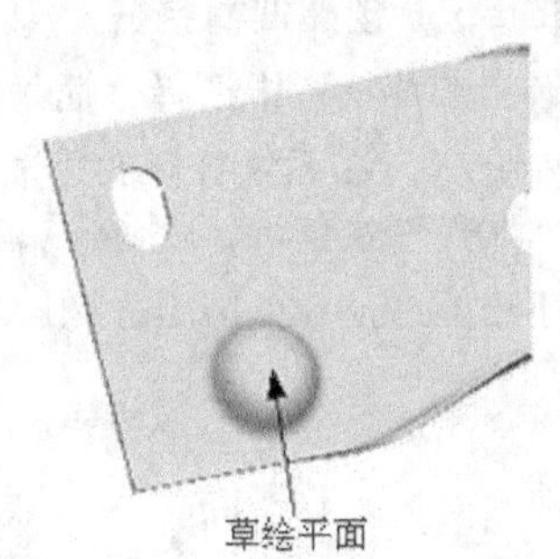

图 9-216　创建的成形特征 1

（6）在菜单栏中选择“插入”→“拉伸”命令，或单击“钣金件”工具栏中的“拉伸”按钮，在系统打开的“拉伸”操控板中单击“去除材料”按钮，再单击“移除与曲面垂直的材料”按钮，然后依次单击“放置”→“定义”按钮，系统打开“草绘”对话框，选取图 9-216 所示的平面作为草绘平面，单击“草绘”按钮，进入草绘环境。绘制图 9-217 所示的截面。在操控板中设置拉伸方式为（穿透），单击“完成”按钮，创建的拉伸切除特征如图 9-218 所示。

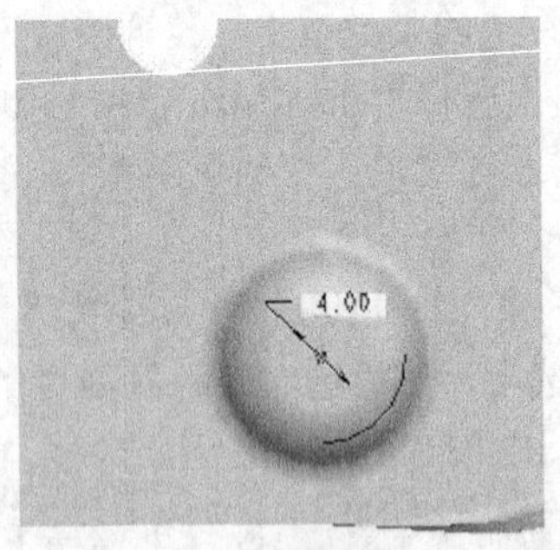

图 9-217　草绘截面 5

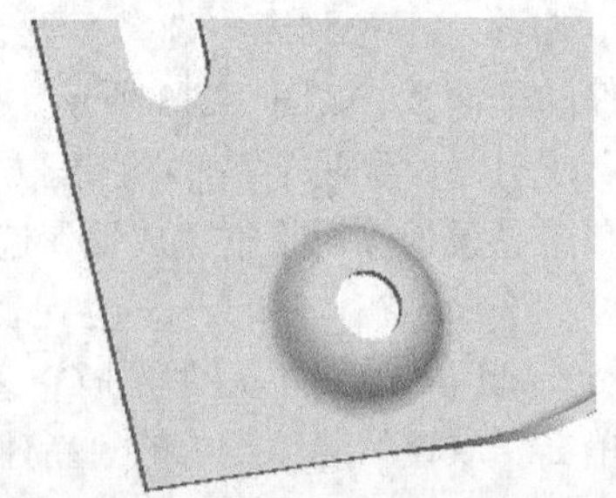

图 9-218　创建的拉伸切除特征 5

（7）在菜单栏中选择“插入”→“形状”→“凹模”命令，或单击“钣金件”工具栏中的“凹模”按钮，在系统打开的“选项”菜单中选择“参照”→“完成”命令，系统打开“打开”对话框，选择“\源文件\第 9 章\chou-ti-zhi-jia-mo-2.prt”选项，单击“打开”按钮，打开“chou-ti-zhi-jia-mo-9-印贴”窗口和“模板”对话框，成形特征模型如图 9-219 所示。

（8）勾选“模板”对话框中的“预览”复选框，然后在“约束类型”下拉列表中选择“配对”选项，在“偏移”下拉列表中选择“重合”选项，然后选取“chou-ti-zhi-jia-mo-2”的平面 1 和零件的平面 2，如图 9-220 所示，使这两个面相匹配。通过单击“约束类型”下拉列表右侧的“反向”按钮，调整两个零件的匹配方向。

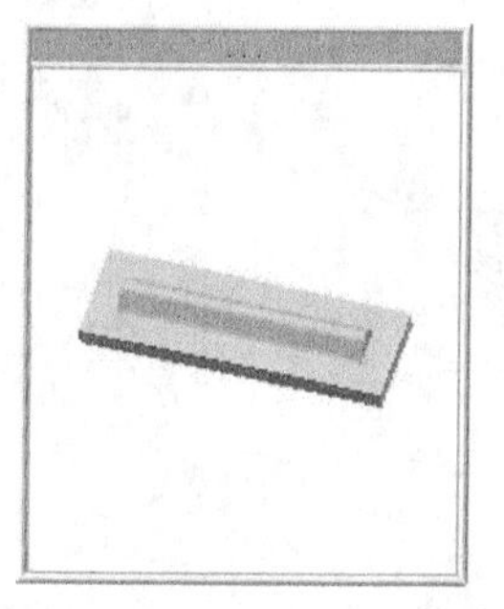

图 9-219　成形特征模型

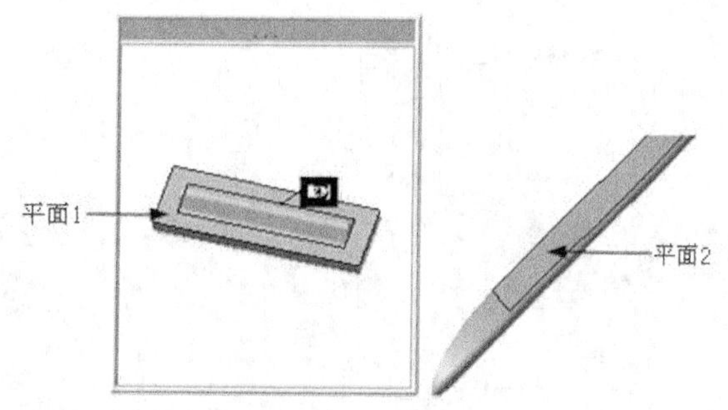

图 9-220　选取约束平面 2

（9）单击“模板”对话框“放置”选项卡中的“新建约束”按钮，在右侧的“约束类型”下拉列表中选择“对齐”选项，在“偏移”下拉列表中选择“偏移”选项，给定偏距值为“300”，然后选取“chou-ti-zhi-jia-mo-2”元件的 RIGHT 基准平面和零件的 RIGHT 基准平面。

（10）单击“放置”下滑面板中的“新建约束”按钮，在右侧的“约束类型”下拉列表中选择“配对”选项，在“偏移”下拉列表中选择“偏移”选项，给定偏距值为“10”，然后选取“chou-ti-zhi-jia-mo-2”元件的 FRONT 基准平面和零件的 FRONT 基准平面。此时，“模板”对话框右下侧的“状态”栏中显示“完全约束”，单击“完成”按钮 ✓ ，关闭“模板”对话框。

（11）根据“印贴”窗口中的提示选取“chou-ti-zhi-jia-mo-1”元件的平面 1 作为边界平面，平面 2 作为种子曲面，如图 9-221 所示，然后单击“确定”按钮，完成成形特征的创建，如图 9-222 所示。

（12）在“模型树”选项卡中选取刚刚创建的成形特征，然后在菜单栏中选择“编辑”→“镜像”命令，系统打开“镜像”操控板。选取 TOP 基准平面作为镜像参照平面，然后单击操控板中的“完成”按钮 ✓，镜像结果如图 9-223 所示。

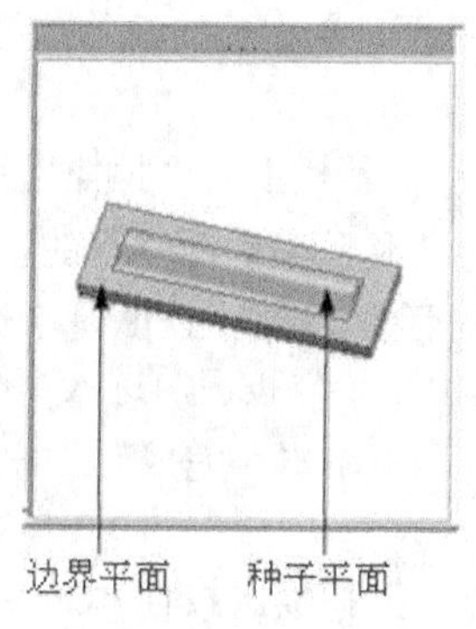

图 9-221　选取面 2

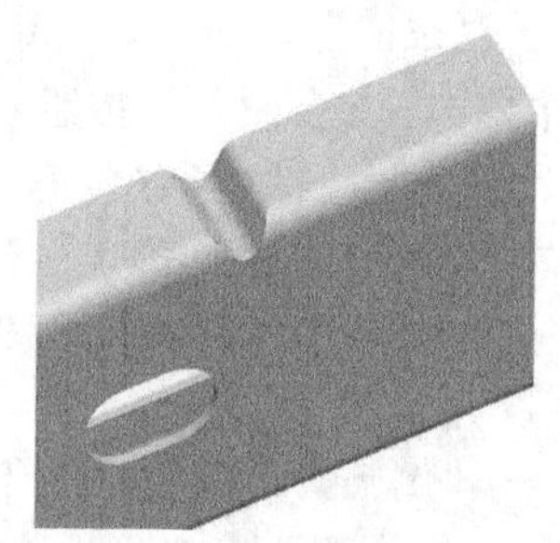

图 9-222　创建的成形特征 2

图 9-223　镜像结果 1

（13）采用相同的方法，创建模板为“chou-ti-zhi-jia-mo-3”的成形特征，如图 9-224 所示。模板与零件的 3 个约束如下。

① 模板的平面 1 和零件的平面 2 为配对和重合约束。

② 模板的 RIGHT 基准平面与零件的 RIGHT 基准平面为对齐和偏距，偏距值为 180。

③ 模板的 TOP 基准平面与零件的 TOP 基准平面为配对和偏距，偏距值为 6，约束预览如图 9-225 所示。

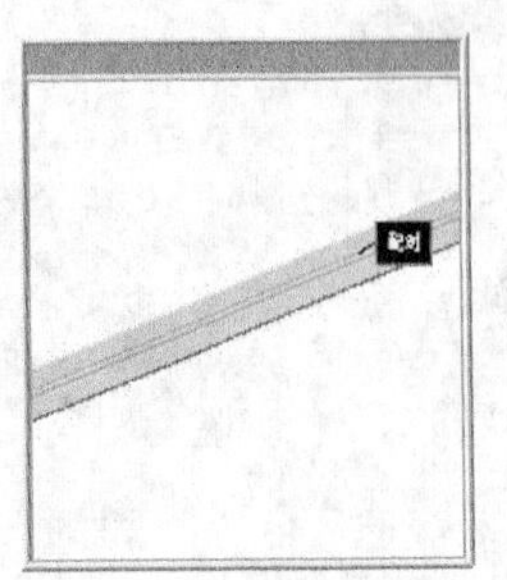

图 9–224　成形特征模板

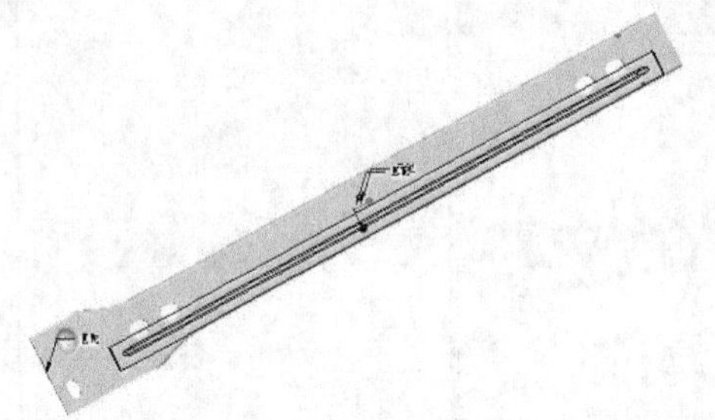

图 9–225　约束预览

（14）选取图 9-226 所示模板的边界平面和种子曲面，然后单击“确定”按钮，完成成形特征的创建，如图 9-227 所示。

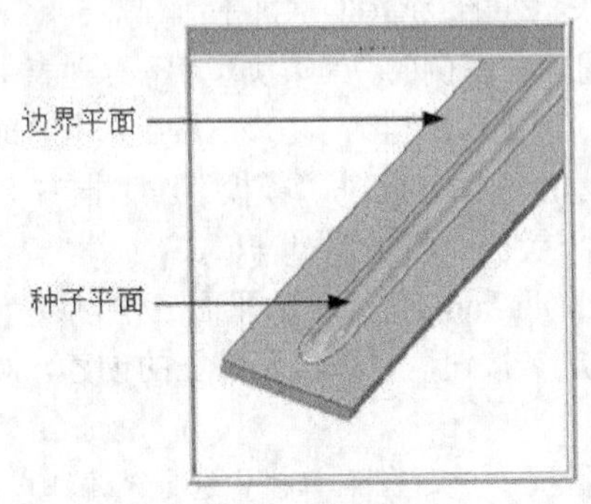

图 9–226　选取面 3

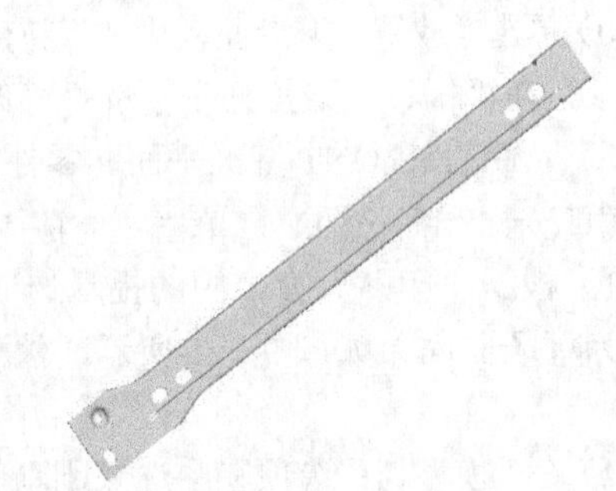

图 9–227　创建的成形特征 3

（15）在“模型树”选项卡中选取刚刚创建的成形特征，然后在菜单栏中选择“编辑”→“镜像”命令，系统打开“镜像”操控板，选取 TOP 基准平面作为镜像参照平面，单击操控板的“完成”按钮，镜像结果如图 9-228 所示。

（16）在菜单栏中选择“插入”→“拉伸”命令，或单击“钣金件”工具栏中的“拉伸”按钮，在系统打开的“拉伸”操控板中单击“去除材料”按钮，再单击“移除与曲面垂直的材料”按钮，然后依次单击“放置”→“定义”按钮，系统打开“草绘”对话框。选取 TOP 基准平面作为草绘平面，RIGHT 基准平面作为参照平面，方向选择“右”，单击“草绘”按钮，进入草绘环境。绘制图 9-229 所示的截面。在操控板中设置拉伸方式为（对称），再单击“完成”按钮，创建的拉伸切除特征如图 9-230 所示。

（17）在菜单栏中选择“插入”→“倒圆角”命令，打开“倒圆角”操控板。按住 <Ctrl> 键，选取图 9-231 所示的两条棱边，在操控板中给定圆角半径为“5”，单击“完成”按钮，完成抽屉支架的创建，如图 9-232 所示。

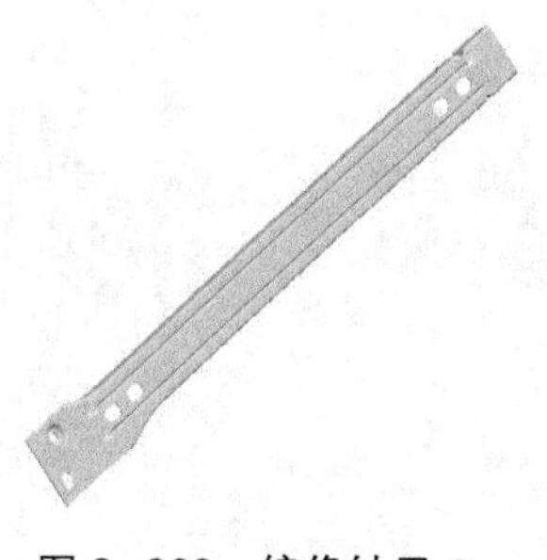

图 9-228 镜像结果 2

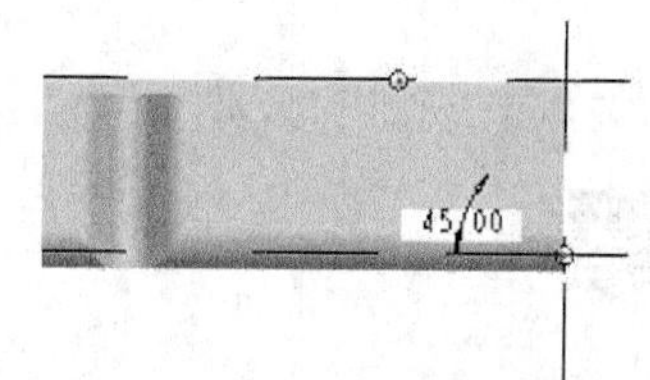

图 9-229 草绘截面 6

图 9-230 创建的拉伸切除特征 6

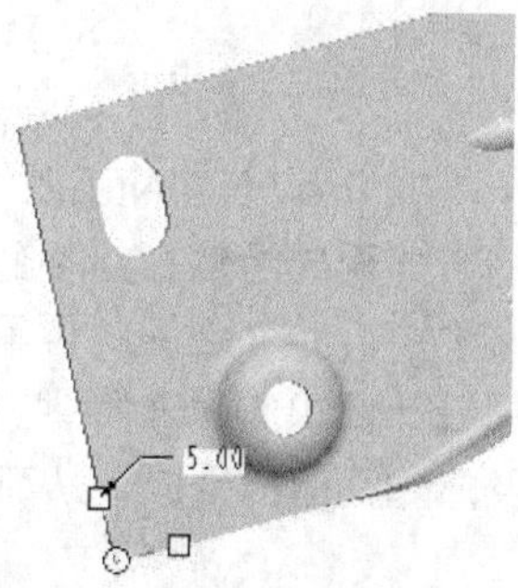

图 9-231 选取倒圆角棱边

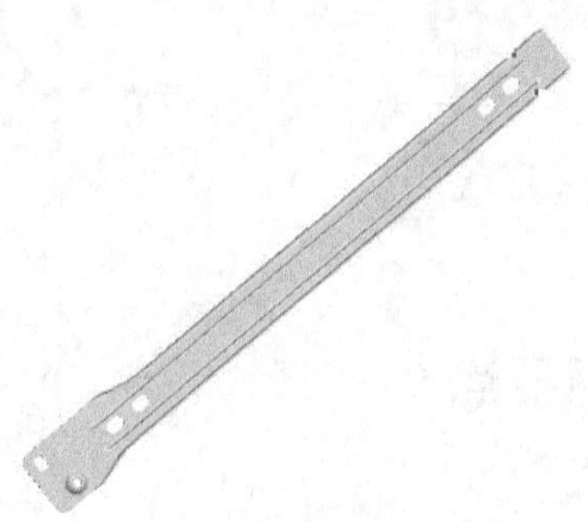

图 9-232 抽屉支架

Chapter 10

第 10 章 装配体设计

在 Pro/ENGINEER Wildfire 中，设计的单个零件需要通过装配的方式形成组件，组件通过一定的约束方式将多个零件合并到一个文件中。元件之间的位置关系可以进行设定和修改，从而满足用户的设计要求。本章将讲解装配零件的过程、元件之间的约束关系以及爆炸视图的生成，从而更清晰地表现出各元件之间的位置关系。

学习要点

- 零件装配
- 约束类型
- 生成爆炸图

10.1 装配基础

10.1.1 装配环境

零件装配功能是 Pro/ENGINEER 中非常重要的功能之一。下面对装配环境进行简单介绍，有助于读者了解整个环境，装配环境的用户界面如图 10-1 所示。

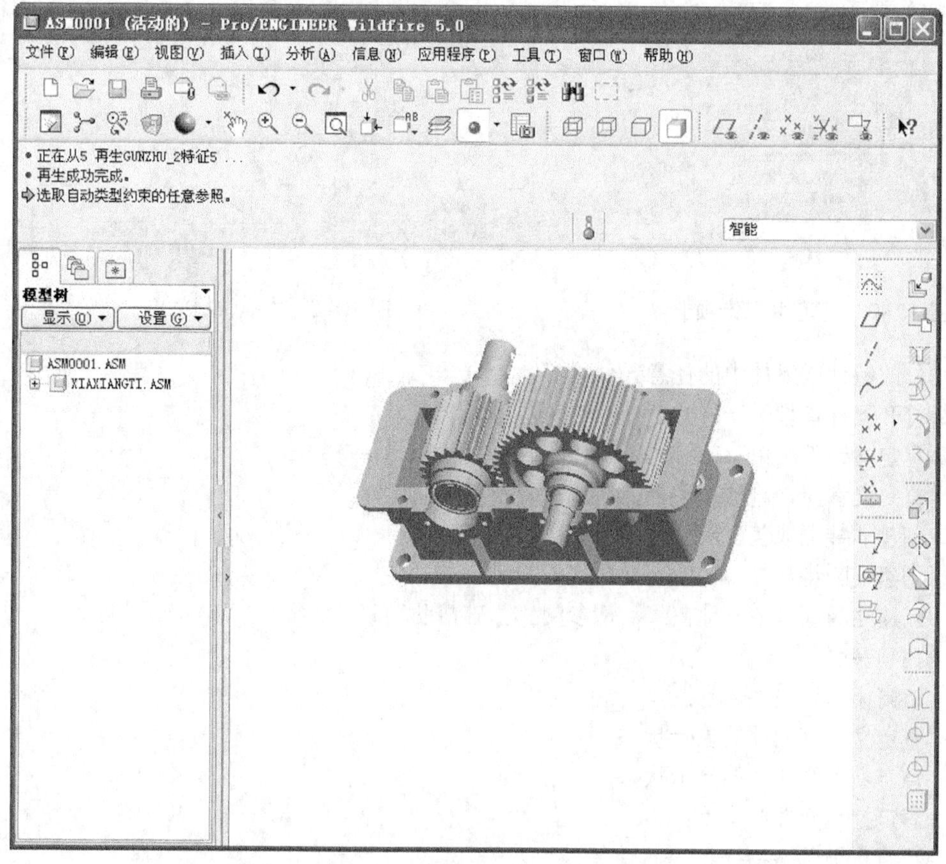

图 10-1 装配环境的用户界面

整个环境的布局和零件设计时的布局基本一致。不同的是在“基准”工具栏中增加了以下两个按钮。

- 装配。该按钮的功能是打开已有的元件并将其添加到当前的装配体中。
- 创建。该按钮的功能是在当前装配环境下新建元件并将其添加到当前的装配体中。

10.1.2 组件模型树

如图 10-2 所示，在“模型树”选项卡中，组件以图形化分层表示。模型树中的节点表示构成组件的子组件、零件和特征，图标或符号提供其他信息。可双击元件名称以放大或缩小树显示。

“模型树”选项卡可作为一个选择工具，在各种元件和特征操作中迅速标识并选取对象。另外，系统定义信息栏可用于显示“模型树”中有关元件和特征的信息。当顶级组件处于活动状态时，可通过右击“模型树”选项卡中的选项，在打开的图 10-3 所示的右键快捷菜单中对组件进行如下操作。

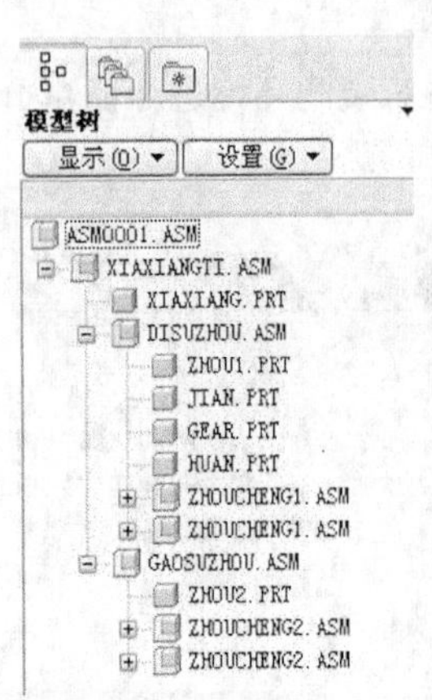

图 10-2 “模型树”选项卡

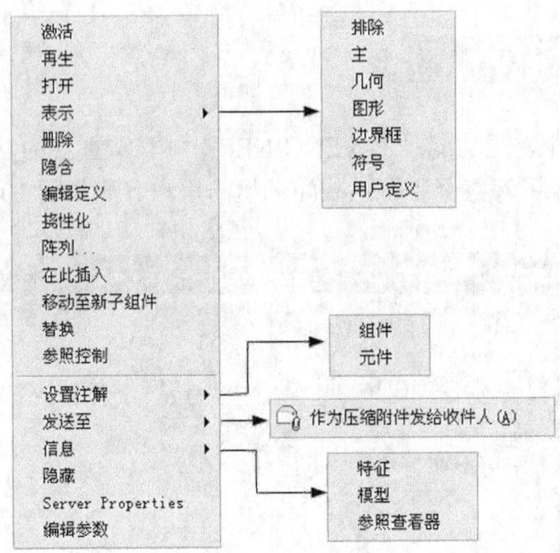

图 10-3 右键快捷菜单

- 修改组件或组件中的任意元件。
- 打开元件模型。
- 重定义元件约束。
- 重定义参照，删除、隐含、恢复、替换和阵列元件。
- 创建、装配或包含新元件。
- 创建装配特征。
- 创建注释（有关其他信息，请参阅“基础帮助”）。
- 控制参照。
- 访问模型和元件信息。
- 重定义所有元件的显示状态。
- 重定义单个元件的显示状态。
- 固定打包元件的位置。
- 更新收缩包络特征。

技巧荟萃

只有当系统中不存在其他活动操作时，才可在“模型树”选项卡中调用操作，且当子模型处于活动状态时，在没有活动模型的项目上只能进行编辑、隐藏/取消隐藏及查看信息等操作。

10.2 创建装配图

如果要创建一个装配体模型，首先要创建一个装配体模型文件。在菜单栏中选择“文件”→“新建”命令，或单击“文件”工具栏中的“新建”按钮，打开图 10-4 所示的“新建”

对话框。在“类型”选项组中点选“组件”单选钮，在“子类型”选项组中点选“设计”单按钮，在“名称”文本框中输入“example1”，单击“确定”按钮，进入装配环境。

此时在绘图区有 3 个默认的基准平面，如图 10-5 所示。这 3 个基准平面相互垂直，是默认的装配基准平面，用来作为放置零件时的基准，尤其是第一个零件。

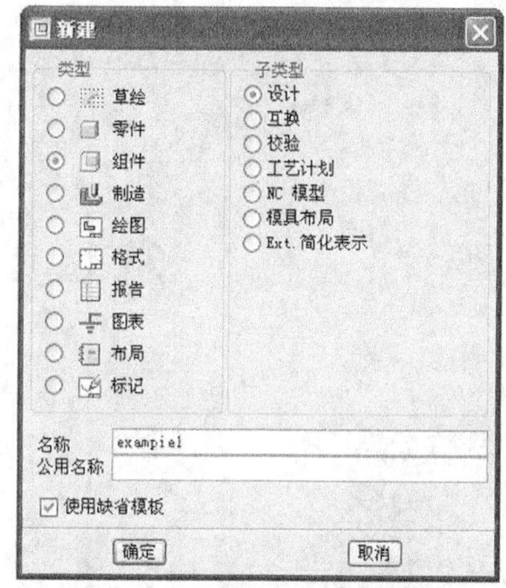

图 10-4　“新建”对话框

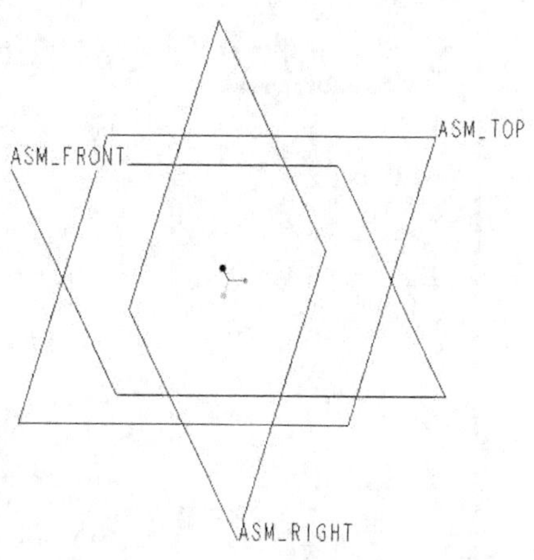

图 10-5　默认的基准平面

10.3 零件装配的操作步骤

（1）按照 10.2 节中介绍的方法新建一个组件类型的文件，文件名称为“lianzhouqi.asm”。进入装配环境后，在菜单栏中选择“插入”→“元件”→“装配”命令，或单击“工程特征”工具栏中的“装配”按钮，系统打开图 10-6 所示的“打开”对话框。

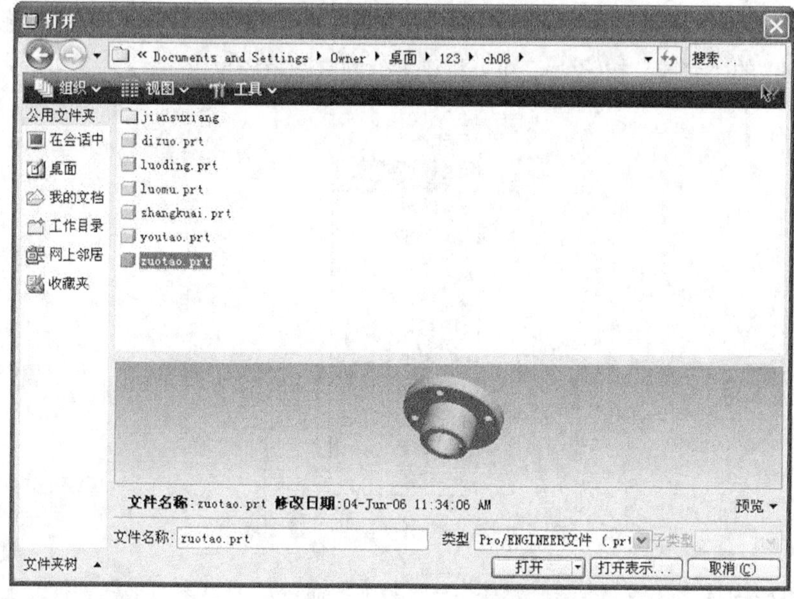

图 10-6　“打开”对话框

（2）打开光盘中的“\ 源文件 \ 第 10 章 \lianzhouqi\zuotao.prt”文件，单击“打开”按钮，将元件添加到当前装配模型，如图 10-7 所示。

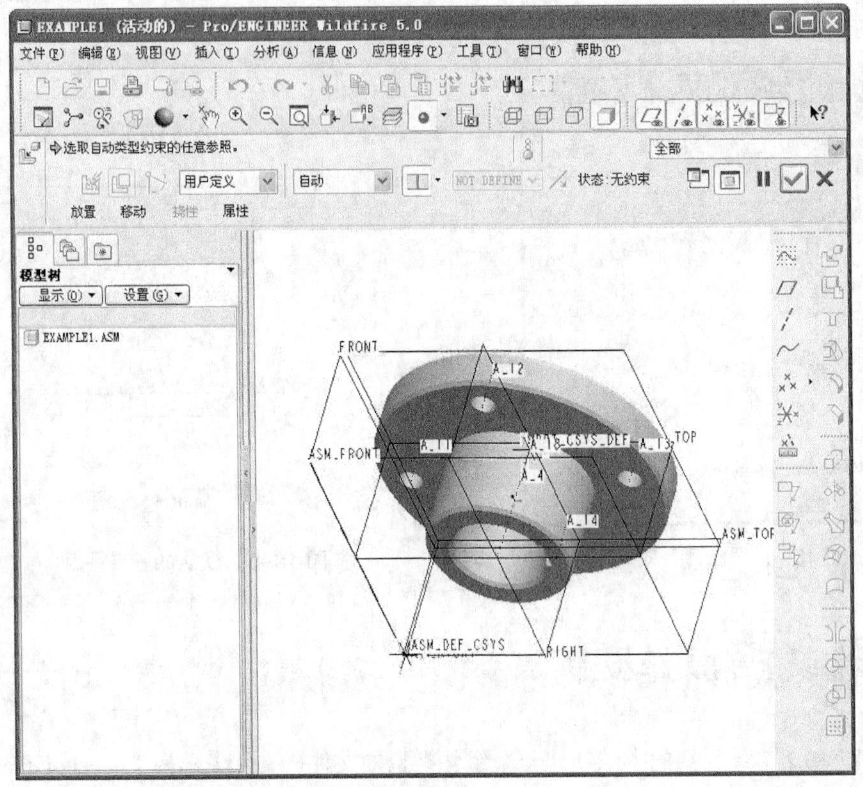

图 10-7　插入第一个零件

（3）从图中可以看出，选取的零件模型已经出现在绘图区，同时在绘图区上方打开“元件放置”操控板。在“约束类型”下拉列表中选择“缺省”（具体含义在下一节中讲述）选项，如图 10-8 所示，然后单击操控板中的“完成”按钮，即可将该零件固定在缺省位置。

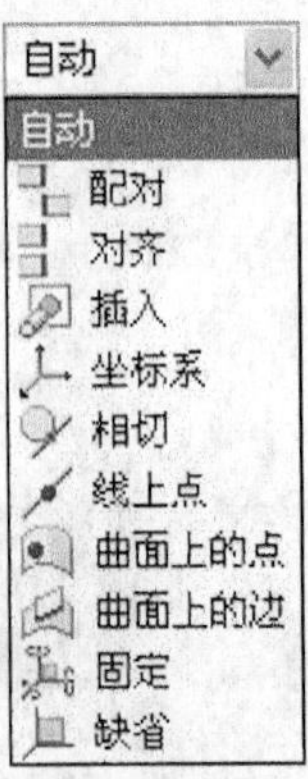

图 10-8　“约束类型”下拉列表

（4）在菜单栏中选择“插入”→“元件”→“装配”命令，或单击“工程特征”工具栏中的“装配”按钮，系统打开“打开”对话框，打开光盘中的“\ 源文件 \ 第 10 章 \lianzhouqi\youtao.prt”

文件，结果如图 10-9 所示。新添加的零件将处于加亮显示状态，表示该零件还处于未固定状态。

图 10-9　添加第二个零件

（5）单击操控板中的“放置”按钮，系统打开图 10-10 所示的“放置”下滑面板，该下滑面板的左侧为约束管理器，右侧为约束类型和状态显示。

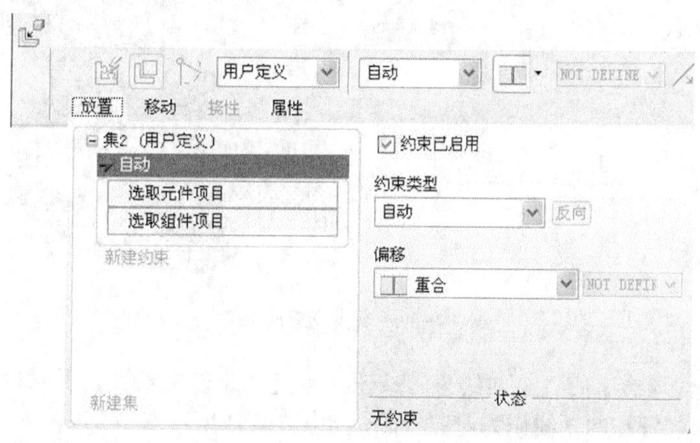

图 10–10　“放置”下滑面板

（6）在“约束类型”下拉列表中选择“匹配”选项，然后选择组件和元件上的匹配平面，系统即可根据约束类型将零件移动到相应位置，如图 10-11 所示。

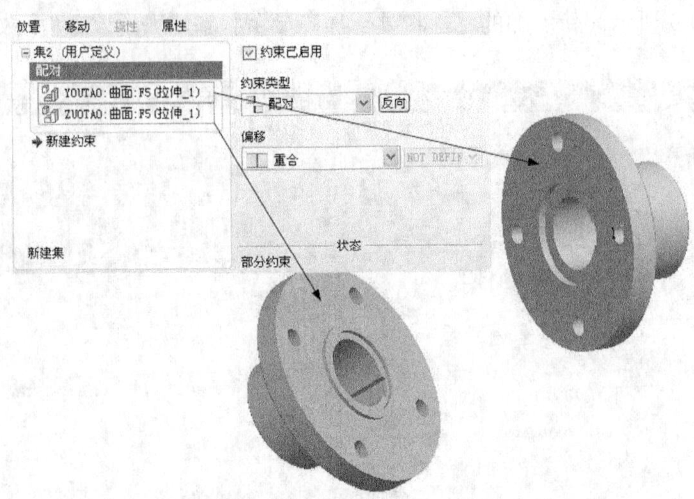

图 10-11　选取匹配平面

（7）单击约束管理器中的“新建约束”按钮，创建一个新约束，在“约束类型”下拉列表中选择“对齐”选项。然后单击“基准显示”工具栏中的“轴显示”按钮，打开基准轴显示开关，选取两个零件的旋转中心线作为对齐的参照，则新添加的零件就会移动到相应的位置，如图 10-12 所示。

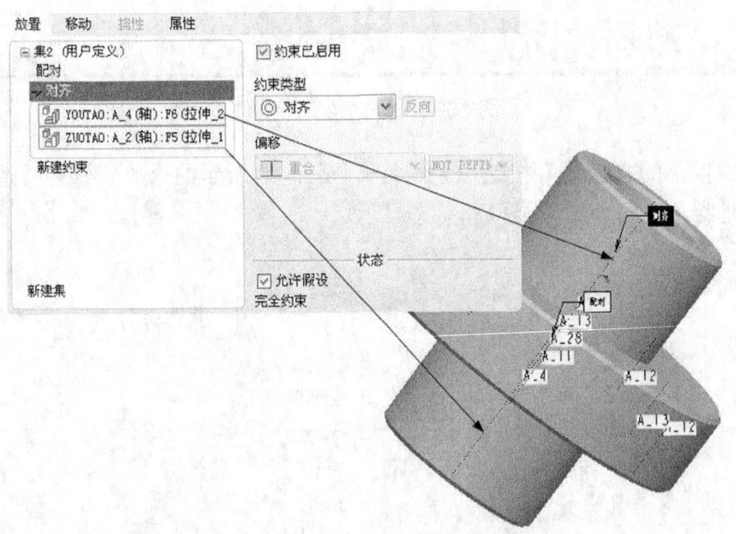

图 10-12　选取对齐轴线 1

（8）单击约束管理器中的“新建约束”按钮，创建一个新的约束，并将约束类型修改为“对齐”，然后选取两个螺钉孔的轴线作为对齐参照，如图 10-13 所示。

（9）单击操控板中的“完成”按钮，将该零件按照当前设置的约束固定在当前位置。

（10）在菜单栏中选择“插入”→“元件”→“装配”命令，或单击“工程特征”工具栏中的“装配”按钮，系统打开“打开”对话框，打开光盘中的“\ 源文件 \ 第 10 章 \lianzhouqi\luoding.prt”文件，在“约束类型”下拉列表中依次选择“配对”和“对齐”选项，将其固定到合适的位置，如图 10-14 所示。

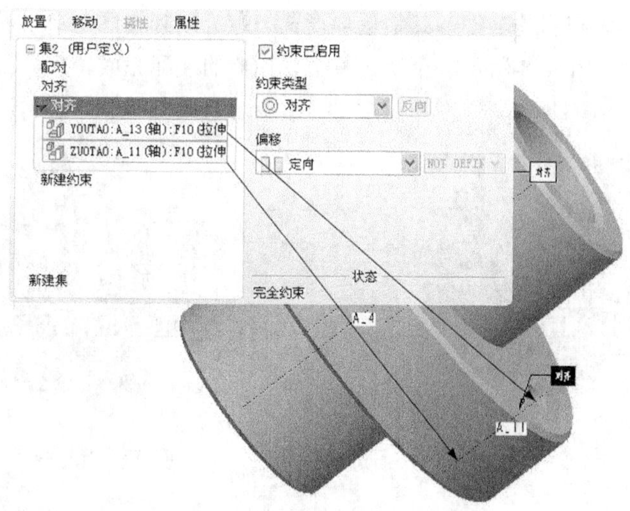

图 10-13　选取对齐轴线 2

（11）在菜单栏中选择“插入”→“元件”→“装配”命令，或单击“工程特征”工具栏中的“装配”按钮，系统打开“打开”对话框，打开光盘中的“\ 源文件 \ 第 10 章 \lianzhouqi\luomu.prt”文件，在“约束类型”下拉列表中依次选择“配对”和“对齐”选项，将其固定到合适的位置，如图 10-15 所示。

图 10-14　添加螺钉

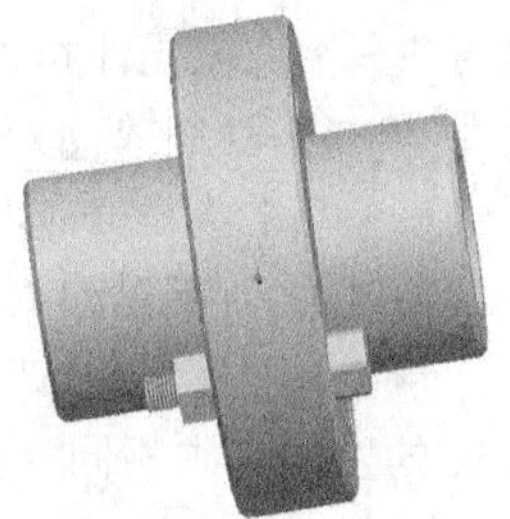

图 10-15　添加螺母

（12）在“模型树”选项卡中选择“luoding.prt”选项，然后单击“编辑特征”工具栏中的“阵列”按钮，打开“阵列”操控板，在“阵列类型”下拉列表中选择“轴”选项，然后在模型中选取两个轴承套的中心线作为阵列基准轴，其他选项设置如图 10-16 所示。

（13）单击操控板中的“完成”按钮，阵列后的图形如图 10-17 所示。

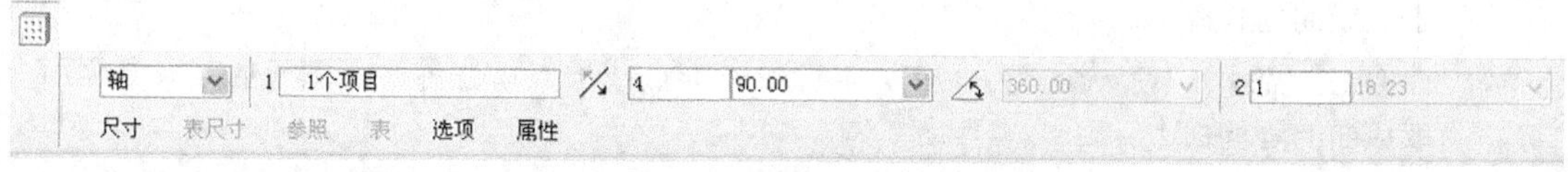

图 10-16　参数设置

（14）在“模型树”选项卡中选择“luomu.prt”选项，然后单击“编辑特征”工具栏中的“阵列”按钮，打开“阵列”操控板，在“阵列类型”下拉列表中选择“轴”选项，然后在模型中选取两个轴承套的中心线作为阵列基准轴，其他选项设置与螺钉阵列相同。单击操控板中的“完成”按钮☑，阵列后的图形如图 10-18 所示。至此，整个联轴器的装配完成。

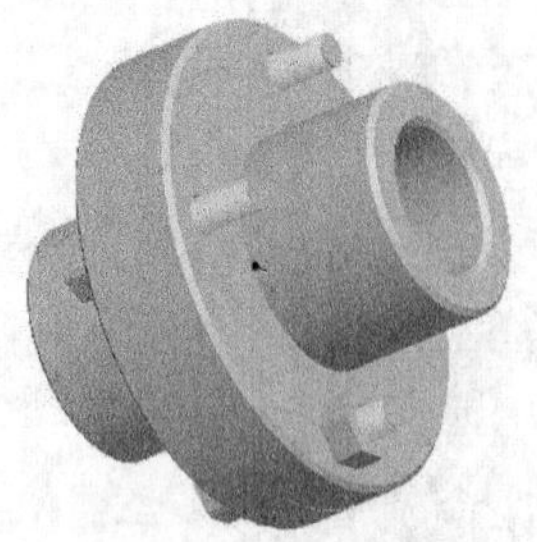

图 10-17　螺钉阵列

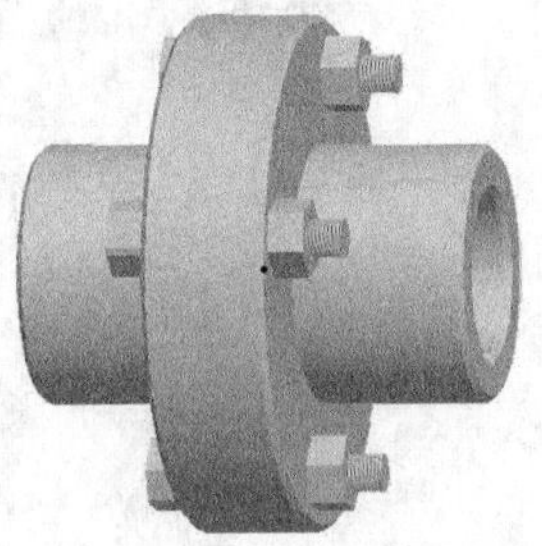

图 10-18　螺母阵列

10.4 装配约束

前面简单介绍了零件的装配过程，在这个过程中零件之间相对位置的确定需要配合关系，这个关系就称之为装配约束。为了能够控制和确定元件之间的相对位置，往往需要设置多种约束条件。在 Pro/ENGINEER 的“约束类型”下拉列表中包含 10 种约束类型，如图 10-19 所示。各约束类型的具体含义如下。

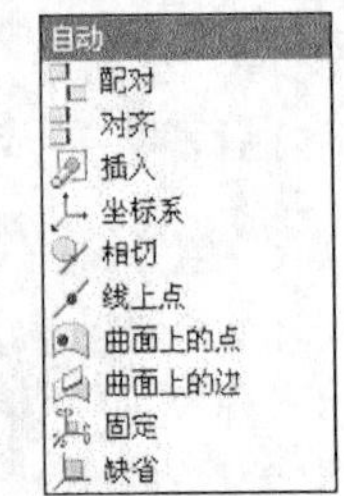

图 10-19　约束类型

（1）自动。由系统通过猜测来设置适当的约束类型，如配对、对齐等。使用过程中用户只需选取元件和相应的组建参考即可。

- 配对。使两个参照“面对面”，法向方向相互平行并且方向相反，约束参照的类型必须相同（如平面对平面、旋转对旋转、点对点、轴对轴）。配对的类型分为定向、偏距和重合 3 种。
- 对齐。使两个参照“对齐”，法向方向相互平行并且方向相同，约束参照的类型必须相同（如平面对平面、旋转对旋转、点对点、轴对轴）。
- 插入。将一个旋转曲面插入另一旋转曲面中，且使它们各自的轴同轴。当轴选取无效或不方便时可使用此约束。
- 坐标系。通过两个元件上的某一个坐标系相互重合从而完成约束，包括原点和各坐标轴分别重合。
- 相切。使不同元件上的两个参考呈相切的状态。
- 线上点。使一个元件的参照点落于另一个图元参照线上，可以是在该线上，也可以位于该线的延长线上。
- 曲面上的点。使一个元件上作为参照的基准点或顶点落在另一个图元的某一参照面上，或该面的延伸面上。
- 曲面上的边。使一个元件上作为参照的边落在另一个图元的某一参照面上，或该面的延伸面上。
- 固定。在目前位置直接固定元件的相互位置，使之达到完全约束的状态。
- 缺省。使两个元件的缺省坐标系相互重合并固定相互位置，使之达到完全约束的状态。

（2）放置约束指定了一对参照的相对位置。放置约束时应该遵守以下原则。

- 配对和对齐约束参照的类型必须相同（如平面对平面、旋转对旋转、点对点、轴对轴）。
- 为配对和对齐约束输入偏距值时，系统显示偏移方向。若选取相反方向，可输入一个负值或在绘图区拖动控制柄。
- 一次添加一个约束。不能使用一个单一的对齐约束选项，将一个零件上两个不同的孔与另一个零件上两个不同的孔对齐，必须定义两个单独的对齐约束。
- 放置约束集用来完全定义放置和方向。例如，将一对曲面约束为配对，另一对约束为插入，还有一对约束为对齐。
- 旋转曲面是指通过旋转一个截面，或拉伸圆弧 / 圆而形成的曲面。可在放置约束中使用的曲面仅限于平面、圆柱面、圆锥面、环面和球面。
- “相同曲面”（same-surface）是指包括一个曲面和通过人工边连接的所有曲面的曲面集，如通过拉伸或旋转创建圆柱曲面是由两个通过两条人工边连接的曲面构成的。圆柱面、圆锥面、球面和环面均为可用的曲面。

下面通过简单的实例来介绍常用约束类型的使用方法。

10.4.1　配对约束

使用配对约束可定位两个选定参照，使其彼此配对。一个配对约束可将两个选定的参照配对为重合、定向或偏移。

如果要使用配对约束，可在“放置”下滑面板的“约束类型”下拉列表中选择“配对”选项，这时单击“偏移”下拉列表，可看到该下拉列表中包含“重合”“定向”和“偏移”3 个选项，如图 10-20 所示。

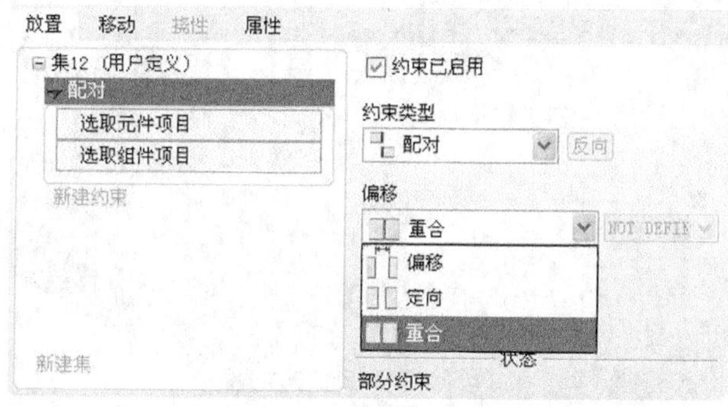

图 10-20　“偏移”下拉列表

1. 重合

（1）在“偏移”下拉列表中选择“重合”选项，激活左侧约束管理器中的“选取元件项目”选项，并单击新添加元件上用于配对的参照面，如图 10-21 所示。

（2）激活左侧约束管理器中的“选取组件项目”选项，并单击组件上用于配对的参照面，这时新插入的元件就会移动到约束设定的位置，如图 10-22 所示。

（3）如果需要修改参照面，可右击要修改的参照面，在打开的右键快捷菜单中选择“删除”命令，将原参照面删除，然后重新选取参照面。

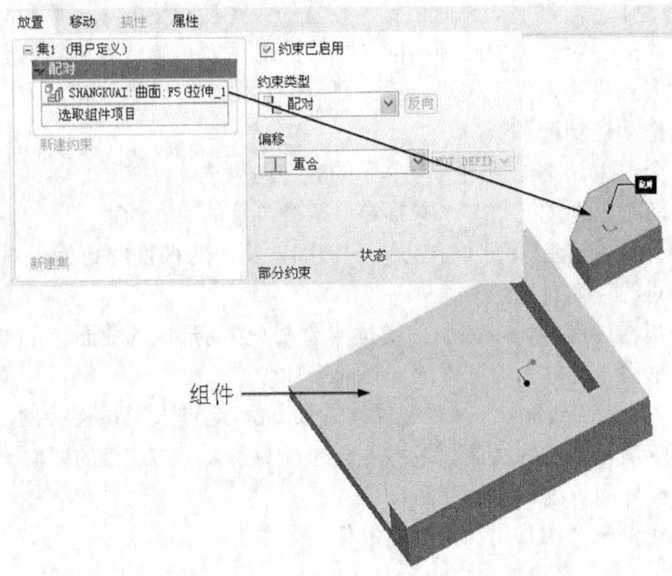

图 10-21　选取元件上的配对参照面

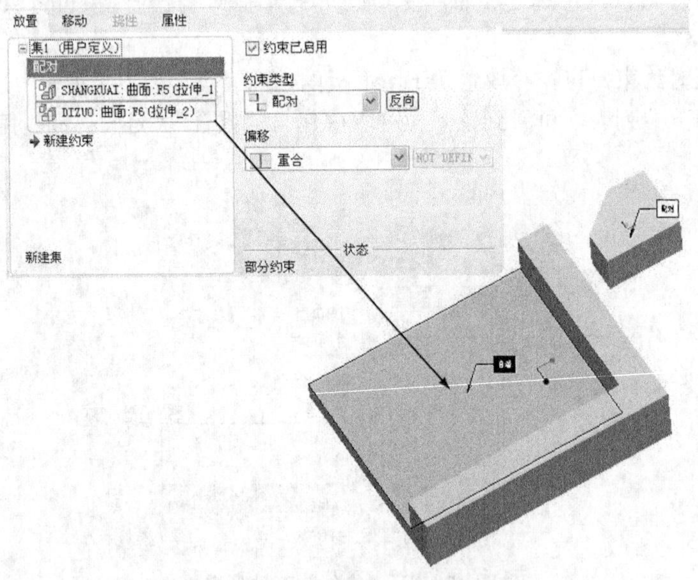

图 10-22　选取组件上的配对参照面

2. 定向

在“放置”下滑面板的“约束类型”下拉列表中选择“配对”选项，并在“偏移”下拉列表中选择“定向”选项，然后激活左侧约束管理器中的“选取元件项目”选项，并单击新添加元件上用于配对的参照面，再次激活左侧约束管理器中的“选取组件项目”选项，并单击组件上用于配对的参照面，这时新插入的元件就会移动到约束设定的位置，如图 10-23 所示。

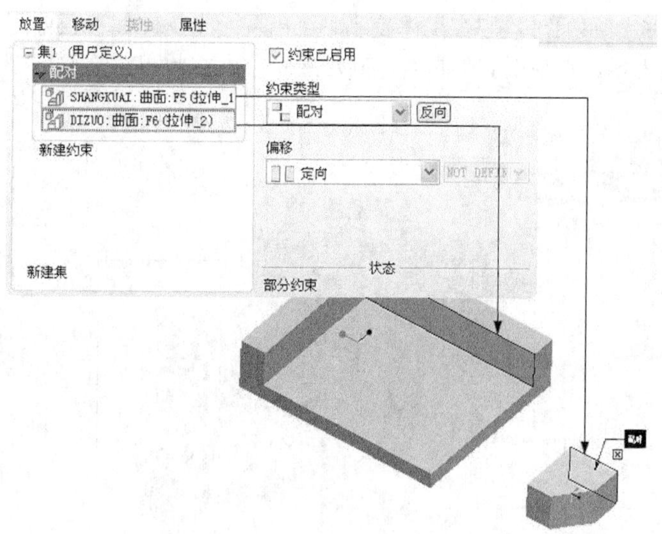

图 10-23　定向类型的配对约束

3．偏移

（1）在“放置”下滑面板的“约束类型”下拉列表中选择“配对”选项，在“偏移”下拉列表中选择“偏移”选项，然后激活左侧约束管理器中的“选取元件项目”选项，并单击新添加元件上用于配对的参照面，再次激活左侧约束管理器中的“选取组件项目”选项，并单击组件上用于配对的参照面，在偏移值文本框中输入“150”，这时新插入的元件就会移动到约束设定的位置，如图 10-24 所示。

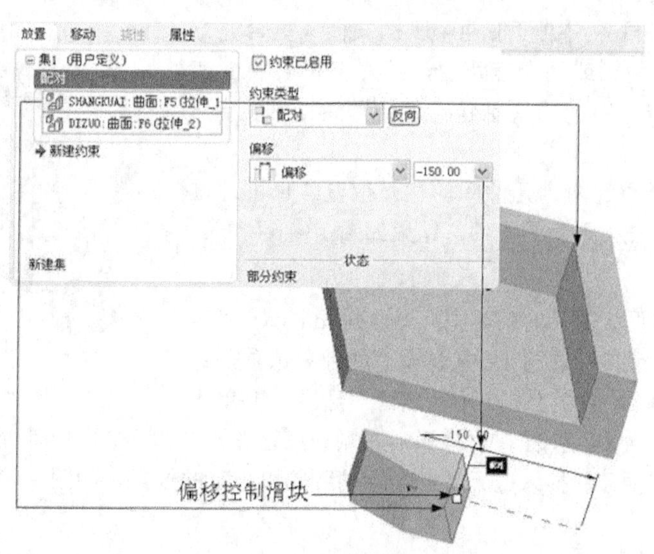

图 10-24　偏移形式的配对约束

（2）偏移约束可使两个平面平行并相对，偏移值决定两个平面之间的距离。使用偏移约束拖动控制滑块来更改偏移距离，也可单击偏移值文本框，在该文本框中编辑偏移值，如果需要反向则输入负值，图 10-25 所示为修改偏移值为“-150”后的效果。

（3）在使用配对约束时，如果为基准平面或曲面进行配对，则其法向箭头彼此相对。如果基准平面或曲面以一个偏移值相配对，则在组件参照中会出现一个指向偏移正方向的箭头。如果元件在配对时重合或偏移值为零，那说明它们重合，其法线正方向彼此相对。

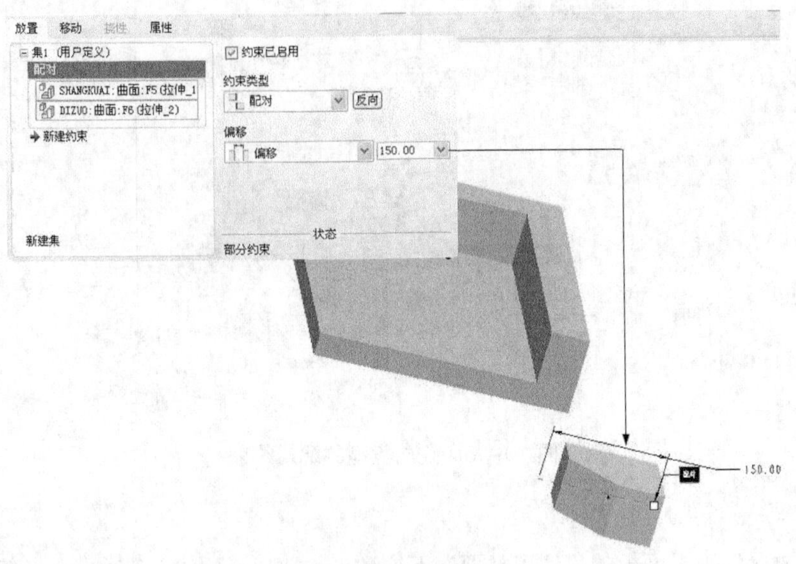

图 10-25　修改偏移值

10.4.2　对齐约束

使用对齐约束可以对齐两个选定的参照使其方向相同。对齐约束可将两个选定的参照对齐为重合、定向或偏移。对齐约束可使两个平面共面（重合并方向相同）、两条轴线同轴或两个点重合，可对齐旋转曲面或边。与配对约束一样，对齐约束也包含偏距、定向和重合 3 种类型。

在 10.4.1 节中介绍的两个元件间的相互位置，也可通过对齐约束来定义，首先插入新的元件，结果如图 10-26 所示。

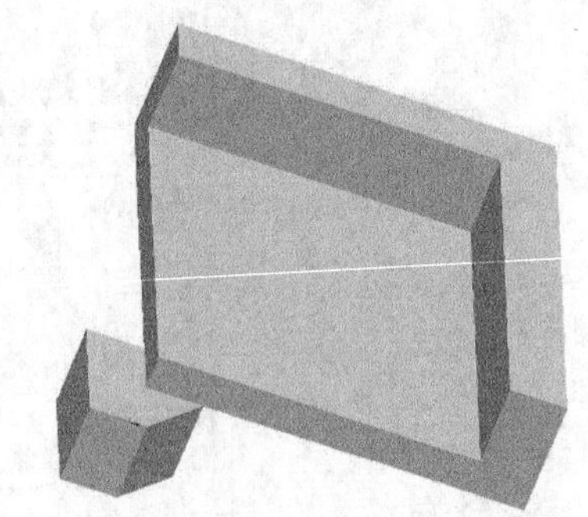

图 10-26　插入元件

1. 重合

在“放置”下滑面板的“约束类型”下拉列表中选择“对齐”选项，并在“偏移”下拉列表中选择“重合”选项，然后激活左侧约束管理器中的“选取元件项目”选项，并单击新添加元件上用于配对的参照面，再次激活左侧约束管理器中的“选取组件项目”选项，并单击组件上用于配对的参照面，新插入的元件就会移动到约束设定的位置，如图 10-27 所示。

2. 偏移

在“放置”下滑面板的“约束类型”下拉列表中选择“对齐”选项，并在“偏移”下拉列表中选择“偏距”选项，然后激活左侧约束管理器中的“选取元件项目”选项，并单击新添加元件上用于配对的参照面，再次激活左侧约束管理器中的“选取组件项目”选项，并单击组件上用于配对的参照面，新插入的元件就会移动到约束设定的位置，如图 10-28 所示。

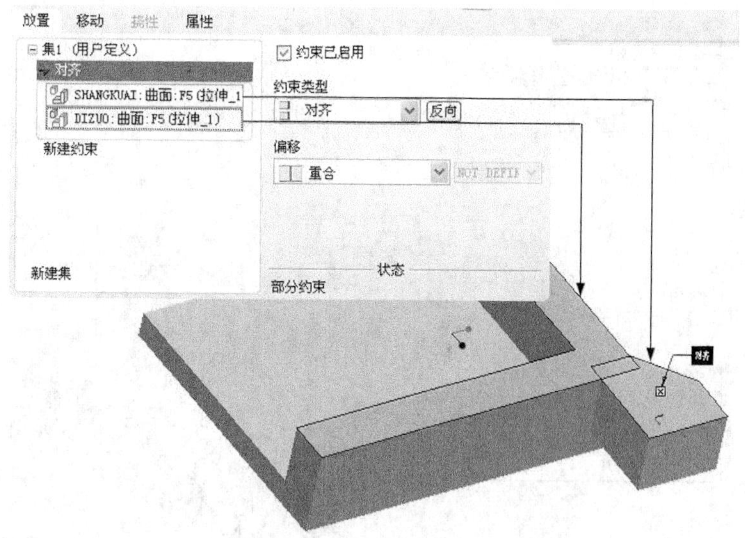

图 10-27　重合类型的对齐约束

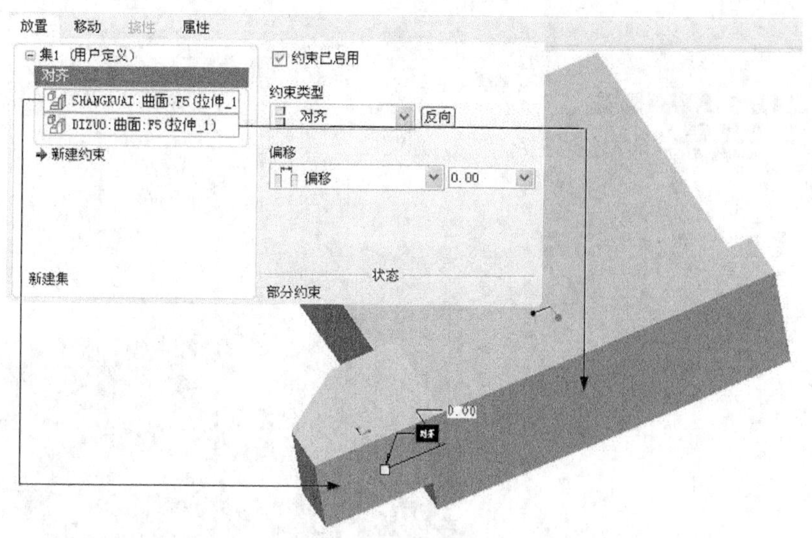

图 10-28　偏移类型的对齐约束

偏移值决定两个参照之间的距离，使用偏移句柄改变偏移值或通过偏移值文本框编辑距离并设定偏移值为“150”，如图 10-29 所示。

3. 定向

在“放置”下滑面板的“约束类型”下拉列表中选择“对齐”选项，并在“偏移”下拉列表中选择“定向”选项，然后选取用于配对的参照面，如图 10-30 所示。

在对齐约束中，如果两个基准平面要进行定向配对，则其法向箭头彼此相对，此时它们就能以不固定的值进行偏移。只要它们的方向箭头彼此相对，就可将它们定位在任何位置。定向对齐方式与上述方式相同，只是它们的方向箭头相同。使用配对定向或对齐定向时，必须指定附加约束，以便严格定位元件。

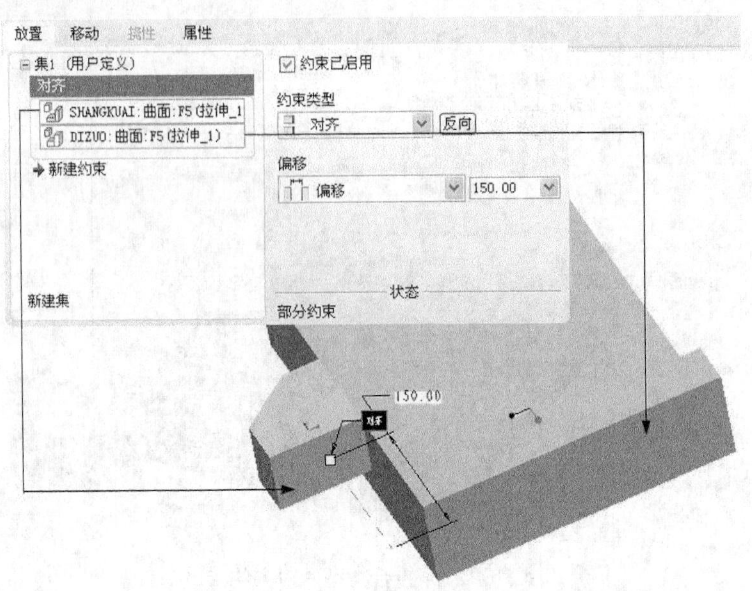

图 10-29 设置偏移值

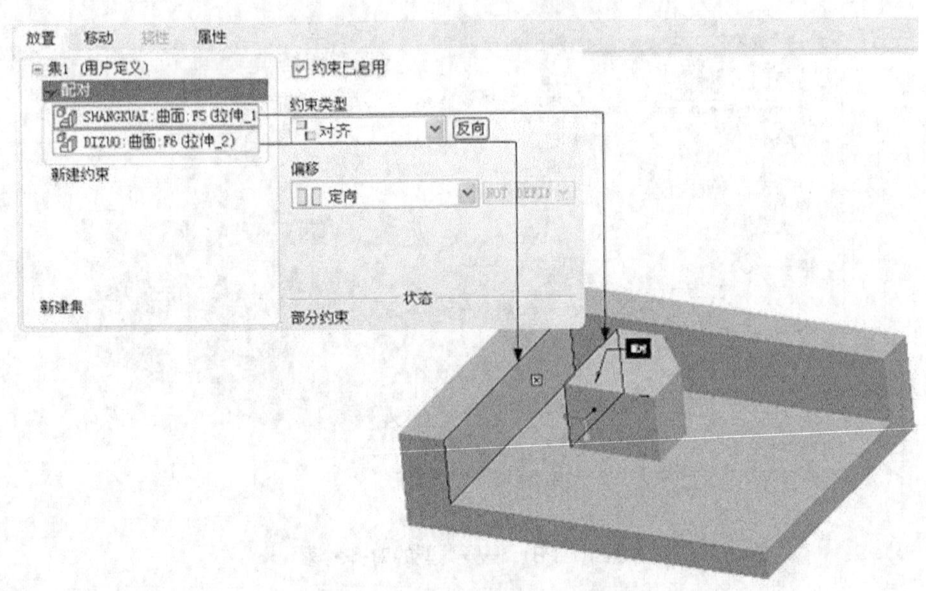

图 10-30 定向类型的对齐约束

也可对齐两个基准点、顶点或曲线端点。两个零件上选取的项目必须是同一类型的，即如果在一个零件上选取一个点，则必须在另一零件上也选取一个点。

10.4.3 插入约束

使用插入约束可将一个旋转曲面插入到另一旋转曲面中，且使它们同轴。当轴选取无效或不方便时可使用此约束。

在“放置”下滑面板的“约束类型”下拉列表中选择“插入”选项，然后激活左侧约束管理器中的“选取元件项目”选项，并单击新添加元件上用于配对的参照面，再次激活左侧约束管理器中的“选取组件项目”选项，并单击组件上用于配对的参照面，新插入的元件将会移动到约束设定的位置，如图 10-31 所示。

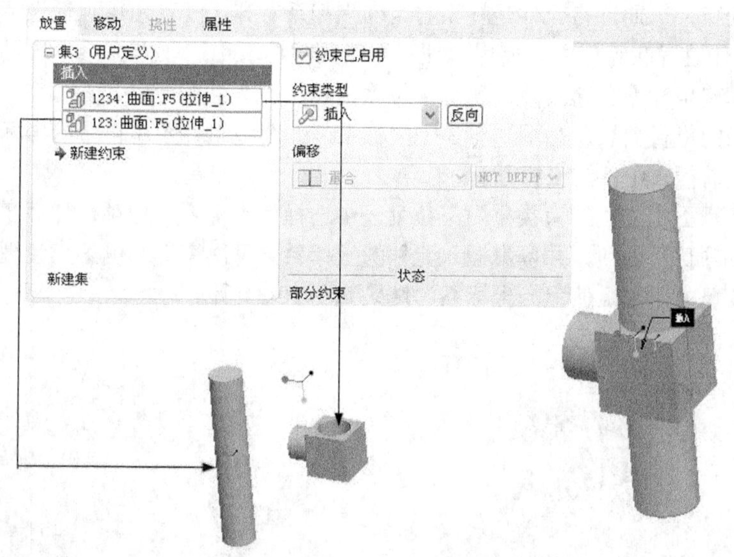

图 10-31　插入约束

10.4.4　相切约束

使用相切约束控制两个曲面在切点的接触，该约束的功能与配对约束功能相似，因为该约束是配对曲面，而不是对齐曲面。使用该约束的一个典型应用实例为轴承滚珠与轴承内外套之间的接触点。

在“放置”下滑面板的“约束类型”下拉列表中选择“相切”选项，然后激活左侧约束管理器中的“选取元件项目”选项，并单击滚珠的表面，再次激活左侧约束管理器“选取组件项目”选项，并单击轴承内套上用于配对的参照面，则滚珠就会自动移动到相应的位置，如图 10-32 所示。

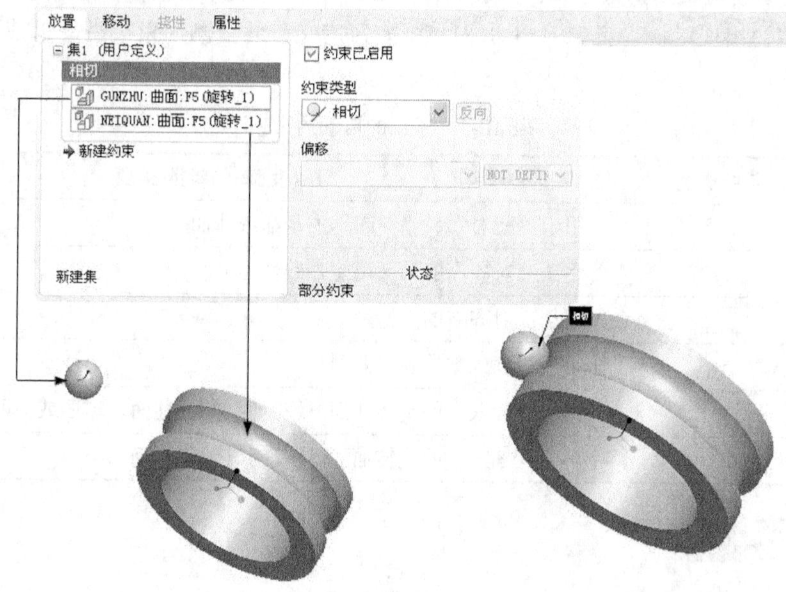

图 10-32　相切约束

10.4.5 坐标系约束

使用坐标系约束，可通过将元件坐标系与组件坐标系对齐（既可使用组件坐标系又可使用元件坐标系），将该元件放置在组件中。使用“搜索”工具根据名称选取坐标系，从组件和元件中选取坐标系，或即时创建坐标系。通过对齐所选坐标系的相应轴来装配元件。图 10-33 所示为进行约束之前两个元件之间的位置关系，在图中有 3 个坐标系，一个是组件系统自带的坐标系，一个是元件坐标系，一个是先前插入组件的坐标系。

在“放置”下滑面板的“约束类型”下拉列表中选择“坐标系”选项，然后激活左侧约束管理器中的“选取元件项目”选项，并单击插入元件的坐标系，再次激活左侧约束管理器中的“选取组件项目”选项，并单击原来组件上的坐标系，结果如图 10-34 所示。

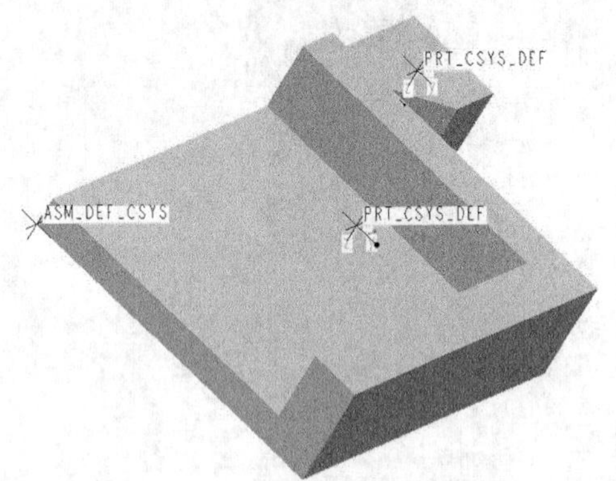

图 10–33 未约束前的图形关系

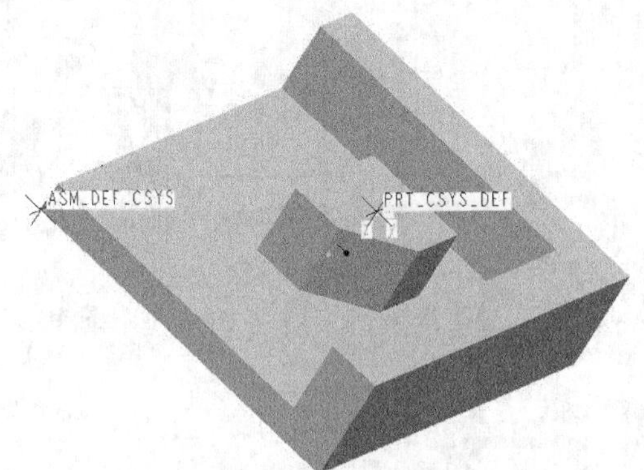

图 10–34 坐标系约束结果

10.4.6 自动约束

使用自动约束时，用户只需要通过鼠标选取元件和组件上的参照，系统将会自动给出适当的约束。此方式为系统默认的约束方式。一般情况下，自动约束方式只适用于比较简单的装配，对于复杂的装配常常会出现错误。表 10-1 所示为系统如何定义最佳猜测约束类型，以使选定的参照与另一个参照配对。

表 10-1 系统的自动约束

用户选取的参照类型	系统配对的参照类型
平面 / 曲面	用于“配对”或“对齐”的平面或曲面
轴	用于“对齐”的轴（可能是线性边）
坐标系	用于“对齐”的坐标系
旋转曲面	用于“插入”的旋转曲面
圆柱	用于“插入”的旋转曲面，“相切”的圆柱面、球面或平面
圆锥面	用于“插入”的旋转曲面，“配对”的圆锥面

10.4.7 其他约束

前面小节中介绍的约束方式是比较常用的，还有几种不常用的约束类型，这里简单介绍一下。

1. 直线上的点约束

使用直线上的点约束可以控制边、轴或基准曲线与点之间的接触。如图 10-35 所示，控制了直线上的点与边对齐。

2. 曲面上的点约束

使用曲面上的点约束控制曲面与点之间的接触。如图 10-36 所示，系统将曲面约束到三角形的一个基准点上。可用零件或组件的基准点、曲面特征、基准平面或零件的实体曲面作为参照。

3. 曲面上的边约束

使用曲面上的边约束可控制曲面与平面边界间的接触。如图 10-37 所示，系统将一条线性边约束至一个平面。可用基准平面、平面零件或组件的曲面特征，或任何平面零件的实体曲面。

4. 缺省约束

使用缺省约束可将元件的缺省坐标系与组件的缺省坐标系对齐。系统将放置原始组件中的元件，如图 10-38 所示。

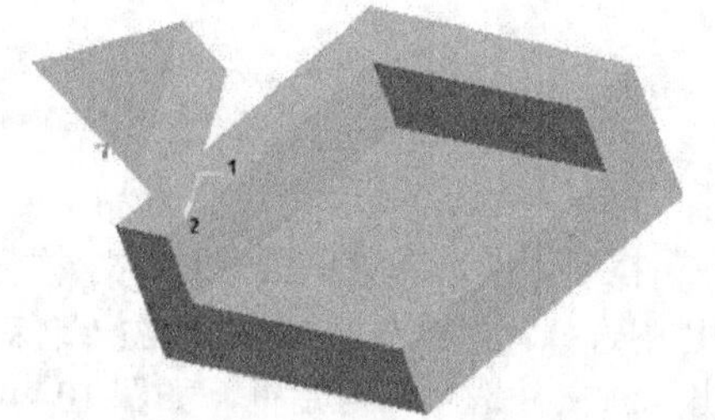

图 10-35 直线上的点约束

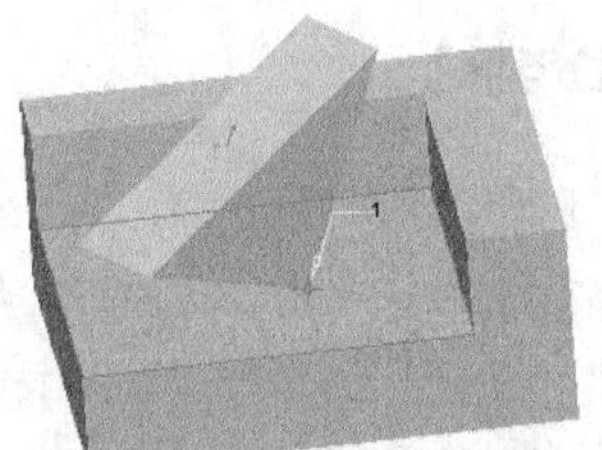

图 10-36 曲面上的点约束

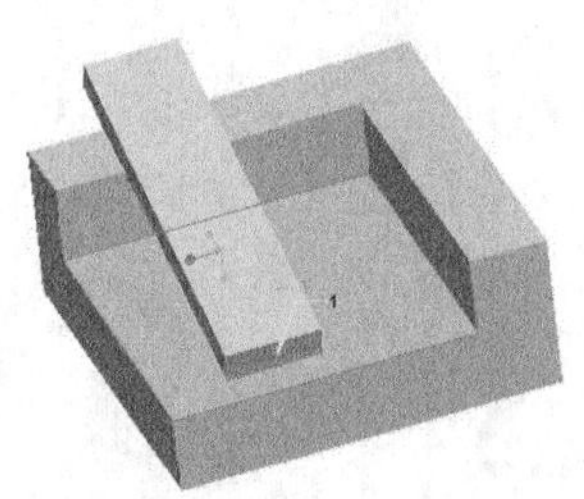

图 10-37 曲面上的边约束

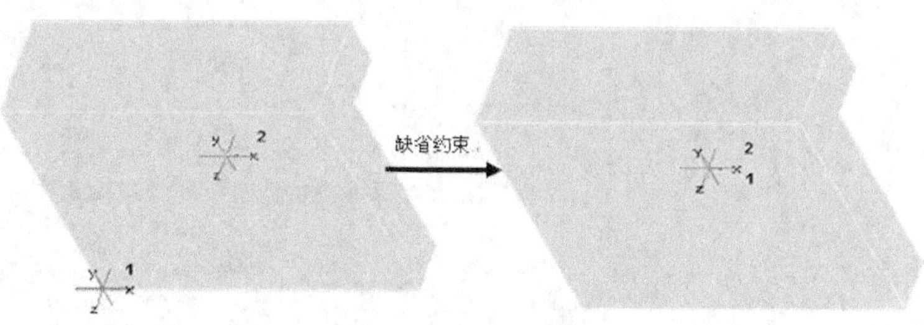

图 10-38 缺省约束

当在元件装配过程中勾选“允许假设”复选框时（缺省情况），系统会自动做出约束定向假设。如要将螺栓完全约束至板上的孔时，只需要一个对齐约束和一个配对约束。在孔和螺栓的轴之间定义了对齐（Align）约束，并在螺栓底面和板的顶面之间定义配对约束后，系统将假设第三个约束。该约束控制轴的旋转，这样即可完全约束该元件。

在取消勾选“允许假设”复选框后，必须要定义第三个约束，才会将元件视为完全约束。可将螺栓保持封装状态，也可创建另一个约束，明确约束螺栓旋转的自由度。

当“允许假设”复选框被禁用时，可使用“移动”下滑面板中的选项将元件从先前假定的位置移出，元件将保持在新位置。当再次勾选“允许假设”复选框时，元件会自动回到假设位置。

10.4.8 实例——齿轮组件装配体

本例绘制齿轮组件装配体，模型如图 10-39 所示。齿轮通过键与轴进行连接，顺序是先装配键，再装配齿轮，装配过程中注意配合关系。

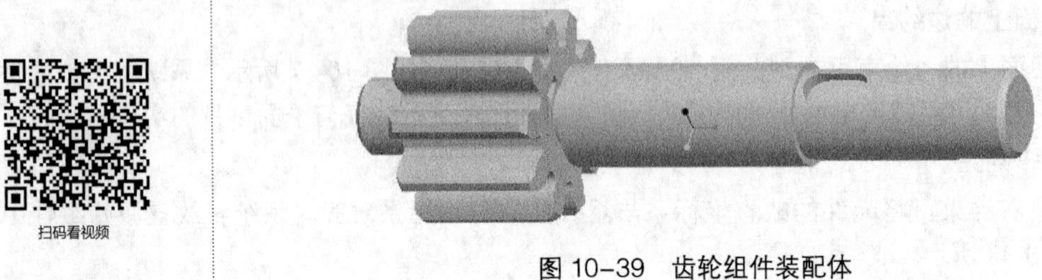

图 10-39 齿轮组件装配体

【创建步骤】

Step 1 调入轴零件

（1）新建文件。单击“文件”工具栏中的“新建”按钮或选择菜单栏中的“文件”→“新建”命令，弹出“新建”对话框，在对话框的“类型”栏中选择“组件”选项，在“名称”文本框内输入“shaft_gear.asm”，单击“确定”按钮，弹出“新文件选项”对话框，如图 10-40 所示，选择“mmns_asm_design”，单击“确定”按钮，进入草绘界面。

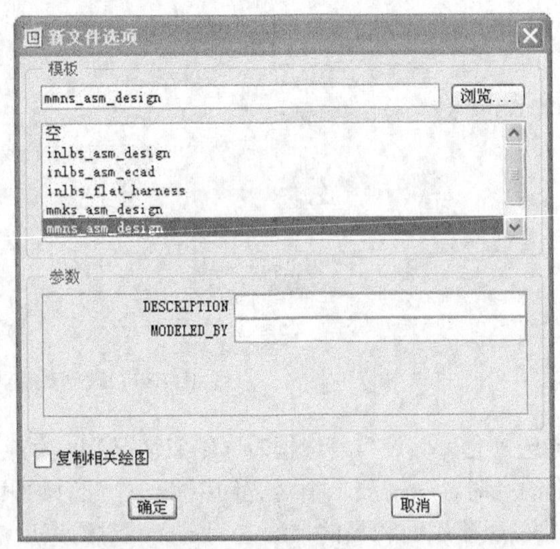

图 10-40 “新文件选项”对话框

（2）安装轴。

① 单击“工程特征”工具栏中的“将元件添加到组件”按钮，在弹出窗口中选择“shaft.prt”，将其调入，弹出图 10-41 所示“元件放置”操控板。

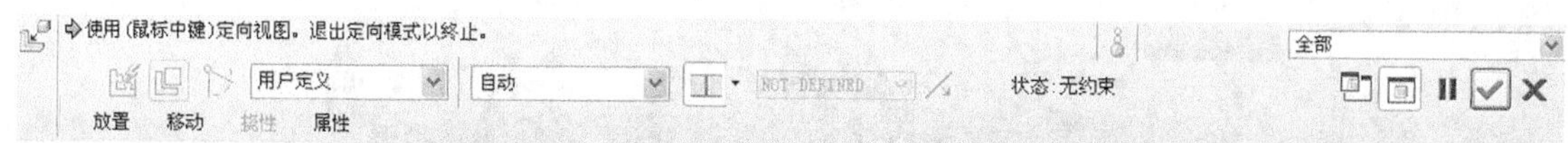

图 10-41　“元件放置”操控板

② 单击“放置”按钮，弹出“放置”下滑面板，如图 10-42 所示。选择“约束类型”为“坐标系”，然后分别选择元件的坐标系和组件的坐标系，完成全部的约束。单击“确定”按钮，完成轴零件的调入。

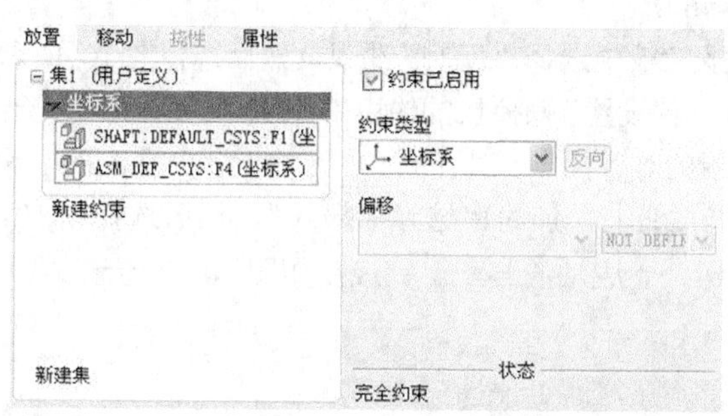

图 10-42　“放置”下滑面板

Step 2　调入键零件

（1）单击“工程特征”工具栏中的“将元件添加到组件”按钮，在弹出窗口中选择“key.prt”，将其调入，如图 10-43 所示。

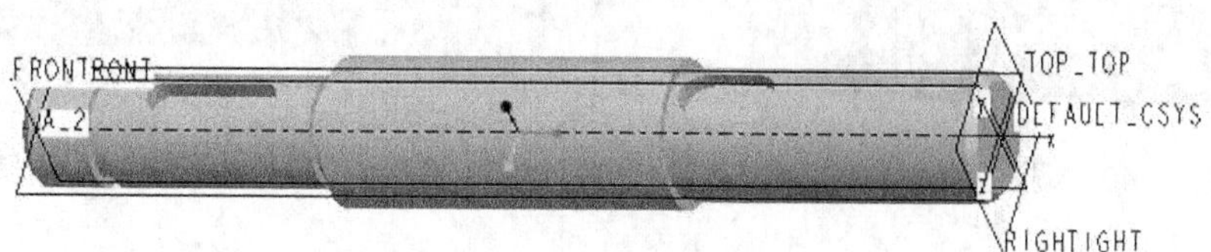

图 10-43　调入轴

（2）在“元件放置”操控板中选择“配对”约束，约束中“偏移”设置为“重合”。

（3）选择图 10-44 所示的配对面 1、配对面 2 分别作为组件和元件的配对面；单击图 10-42 所示的“新建约束”按钮，创建新的约束类型，将约束类型修改为“插入”，系统自动默认偏移类型为“重合”，

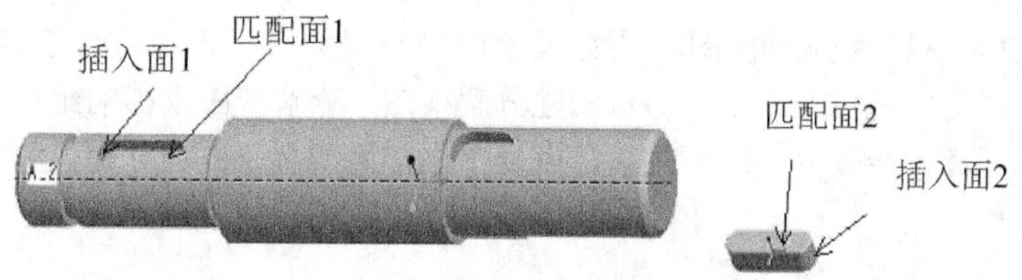

图 10-44　调入键零件

（4）单击“新建约束”按钮，然后选择图 10-44 所示的插入面 1 和插入面 2。单击“确定”按钮，完成键与轴的装配，如图 10-45 所示。

图 10-45　轴键装配

Step 3 调入直齿轮零件

（1）单击“工程特征”工具栏中的“将元件添加到组件”按钮，在弹出的窗口中选择“gear_2.prt”，将其调入，如图 10-46 所示。

（2）在“元件设置”操控板中选择“配对”约束，然后选择图 10-46 所示的配对面 1、配对面 2，再单击“新建约束”按钮,“元件设置”操控板的约束中“偏移”设置为“重合”，增加约束选择“对齐”。

（3）选择图 10-46 所示的对齐面 1、对齐面 2,“元件设置”操控板中约束中“偏移”设置为“重合”，再单击“新建约束”按钮，增加约束选择“插入”，然后选择图 10-46 所示的插入面 1、插入面 2，单击“确定”按钮，完成轴的装配。完成后如图 10-47 所示。

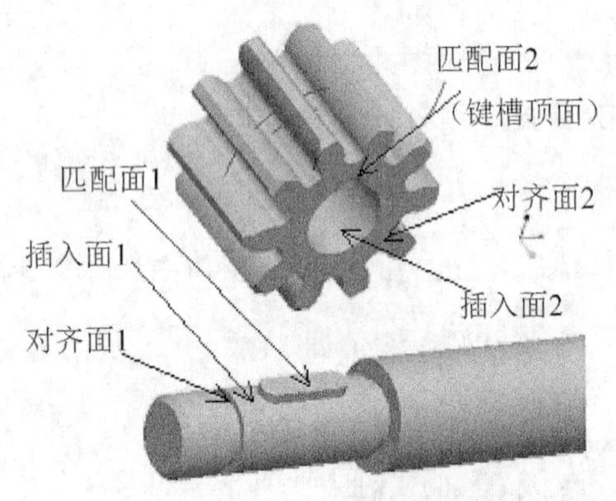

图 10-46　调入直齿轮

图 10-47　轴、齿轮组件装配

10.5 爆炸视图

10.5.1 关于爆炸视图

组件的爆炸视图也称为分解视图，是将模型中的每个元件分开表示。在菜单栏中选择“视图”→“分解”→“分解视图”命令，即可创建分解视图。分解视图仅影响组件外观，设计意图及装配元件间的实际距离不会改变。即可创建分解视图来定义所有元件的分解位置。对于每个分解视图，可执行下列操作。

- 打开和关闭元件的分解视图。
- 更改元件的位置。
- 创建偏移线。

可为每个组件定义多个分解视图，然后可随时使用任意一个已保存的视图，还可以为组件的每个视图设置一个分解状态。每个元件都具有一个由放置约束确定的缺省分解位置。缺省情况下，分解视图的参照元件是父组件（顶层组件或子组件）。

使用分解视图时，必须遵守以下规则。

- 如果在更高级的组件范围内分解子组件，则子组件中的元件不会自动分解，可为每个子组件指定要使用的分解状态。
- 关闭分解视图时，将保留与元件分解位置有关的信息。打开分解视图后，元件将返回其上一分解位置。
- 所有组件均具有一个缺省分解视图，该视图是使用元件放置规范创建的。
- 在分解视图中多次出现的同一组件在高级组件中可以具有不同的特性。

10.5.2　创建爆炸视图

（1）打开本章 10.3 节中创建的组件文件“lianzhouqi.asm”，如图 10-48 所示。

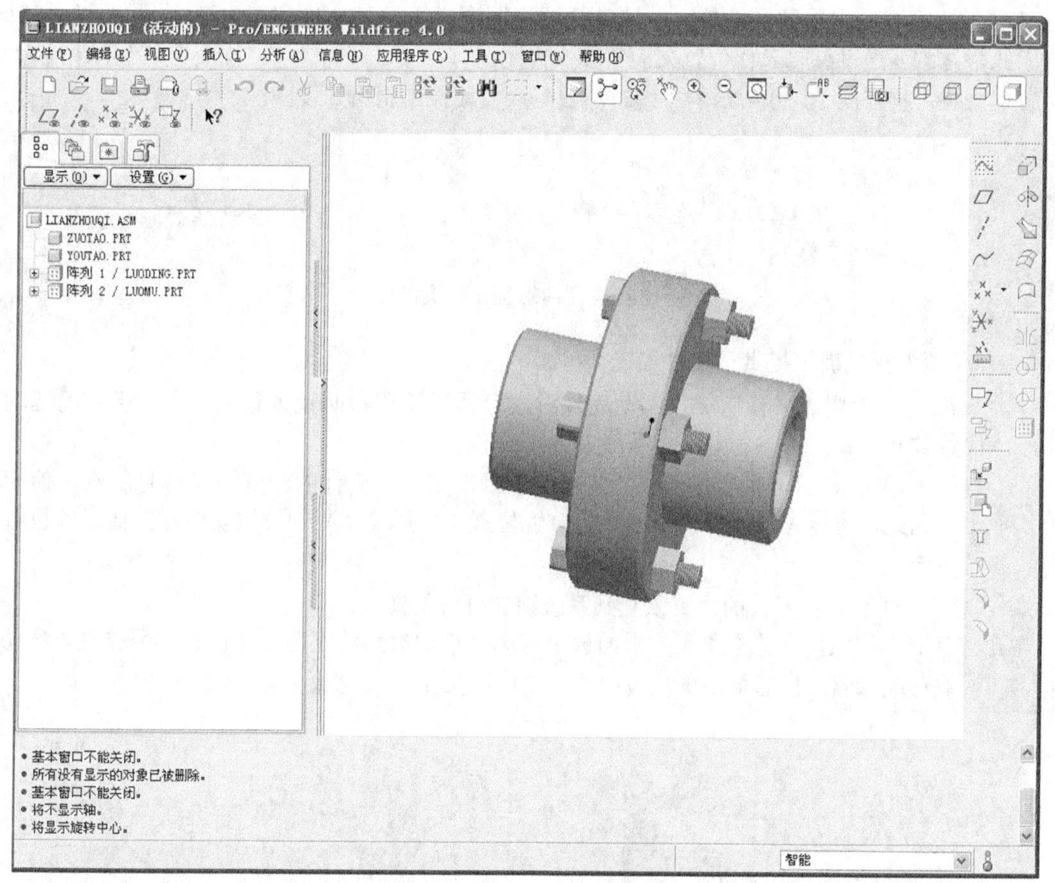

图 10-48　打开装配图

（2）在菜单栏中选择“视图”→“分解”→“分解视图”命令，系统就会根据使用的约束产生一个缺省的分解视图，如图 10-49 所示。

图 10-49　缺省的分解视图

10.5.3　编辑爆炸视图

缺省分解视图的生成非常简单，但缺省分解视图通常无法贴切地表现出各个元件间的相对位置，因此常常需要通过编辑元件位置来调整爆炸视图。可在菜单栏中选择“视图”→“分解”→“编辑位置”命令，打开图 10-50 所示的“编辑位置”操控板，编辑爆炸视图。

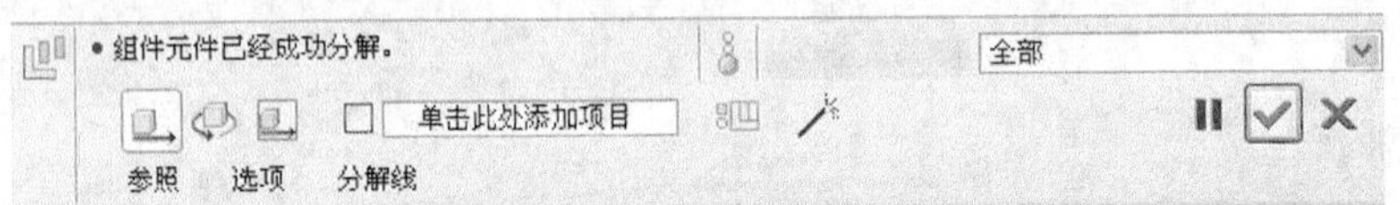

图 10-50　“编辑位置”操控板

“编辑位置”操控板中提供了 3 种编辑类型。

- 平移。使用“平移”类型移动元件时，可通过平移参照设置移动方向，平移的运动参照包含 6 类。
- 旋转。在多个元件具有相同的分解位置时，某一个元件的分解方式可复制到其他元件上。因此，可以先处理好一个元件的分解位置，然后使用复制位置功能对其他元件位置进行设定。
- 视图平面。将元件的位置恢复到系统缺省分解的情况。

单击“参照”按钮，在“参照”下滑面板中勾选“移动参照”复选框，在绘图区选取要移动的螺钉，再选取移动参照，然后单击操控板中的“完成”按钮，结果如图 10-51 所示。

图 10-51　移动参照结果

10.5.4 保存爆炸视图

创建爆炸视图后，如果想在下一次打开文件时还可以看到相同的爆炸视图，需要对生成的爆炸视图进行保存。

（1）在菜单栏中选择“视图”→“视图管理器”命令，或单击“视图”工具栏中的“视图管理器”按钮，系统打开“视图管理器”对话框，单击“分解”选项卡，如图 10-52 所示。

（2）单击该对话框中的“新建”按钮，因为前面对缺省爆炸视图的位置进行了调整，所以系统打开图 10-53 所示的“已修改的状态保存”对话框，提示用户是否保存修改的状态。

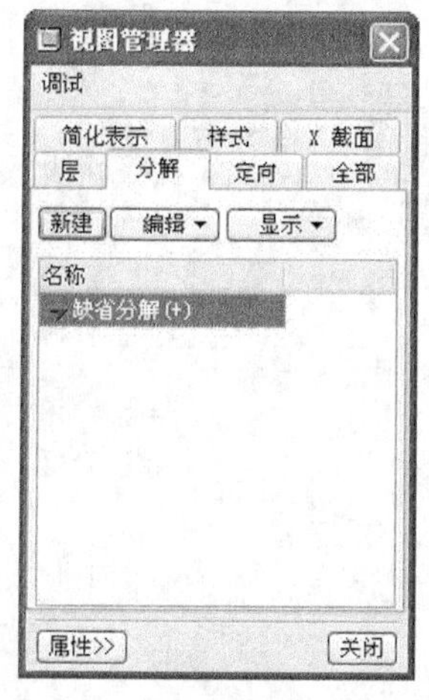

图 10-52 “视图管理器”对话框

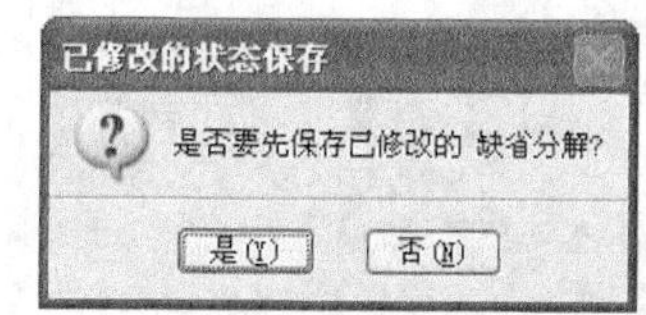

图 10-53 “已修改的状态保存”对话框

（3）单击该对话框中的“是”按钮，系统打开图 10-54 所示的“保存显示元素”对话框，如果在“分解”下拉列表中选择“缺省分解”选项，并单击“确定”按钮，系统打开图 10-55 所示的“更新缺省状态”对话框。如果在“分解”下拉列表中选择其他选项，则直接返回“视图管理器”对话框。

（4）在“视图管理器”对话框中输入爆炸视图的名称，缺省的名称是“Exp000#”，其中，“#”是按顺序编列的数字。单击“关闭”按钮，即可完成爆炸视图的保存。

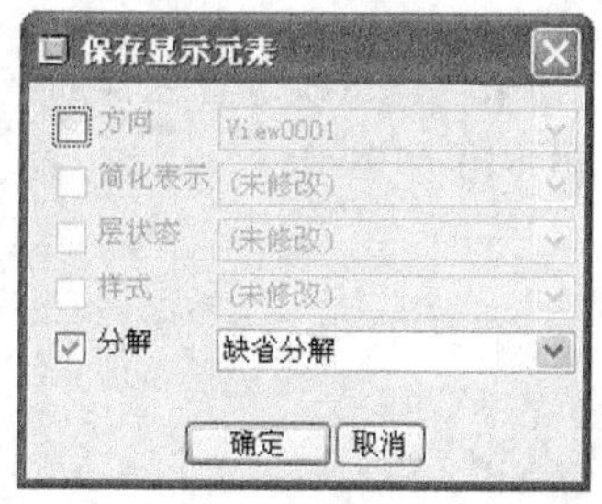

图 10-54 “保存显示元素”对话框

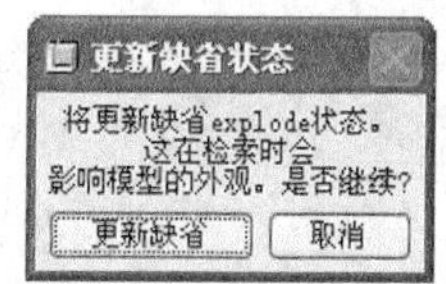

图 10-55 “更新缺省状态”对话框

10.5.5 删除爆炸视图

可将生成的爆炸视图恢复到没有分解的装配状态。要将视图返回到其以前未分解的状态，可在菜单栏中选择“视图”→“分解”→“取消分解视图”命令。

10.6 综合实例——齿轮泵装配

本例绘制齿轮泵装配体，模型如图 10-56 所示。装配过程的总体思路同实际装配过程基本相同，以基座为中心，首先装配前盖，并用销和螺钉进行定位和连接。然后装配齿轮轴以及齿轮组件，最后装配后盖。

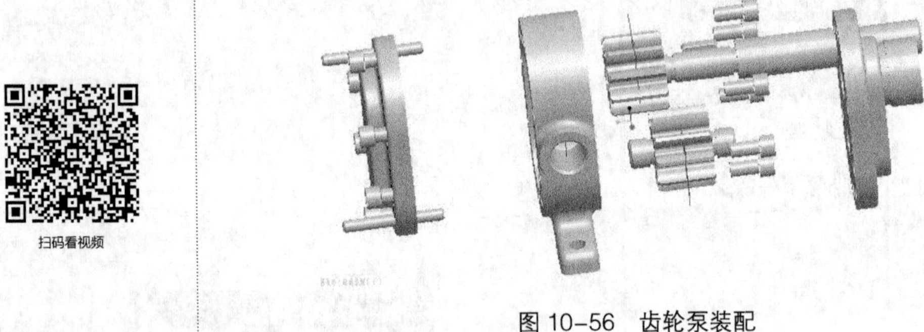

图 10-56 齿轮泵装配

10.6.1 调入机座零件

Step 1 单击“文件”工具栏中的“新建”按钮或选择菜单栏中的“文件”→“新建”命令，弹出“新建”对话框，在对话框的“类型”栏中选择“组件”选项，在“名称”文本框内输入“pump.asm”，单击“确定”按钮，弹出“新文件选项”对话框，选择“mmns_asm_design”，单击“确定”按钮，进入草绘界面。

Step 2 单击“工程特征”工具栏中的“将元件添加到组件”按钮，在弹出窗口中选择“base_pump.prt”，将其调入。

Step 3 在“元件放置”操控板中选择“坐标系”约束，再依次选择元件的坐标系和组件的坐标系，单击“确定”按钮，完成机座的调入装配，如图 10-57 所示。

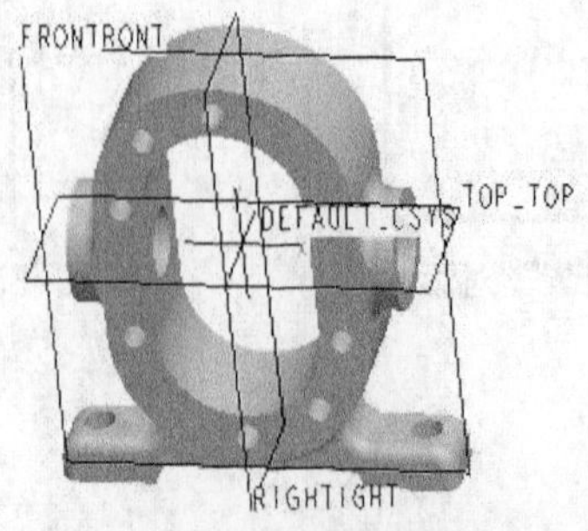

图 10-57 调入机座零件

10.6.2　调入齿轮泵前盖零件

【创建步骤】

Step 1 单击“工程特征”工具栏中的“将元件添加到组件”按钮，在弹出的窗口中选择“front_cover_pump.prt”，将其调入，如图 10-58 所示。

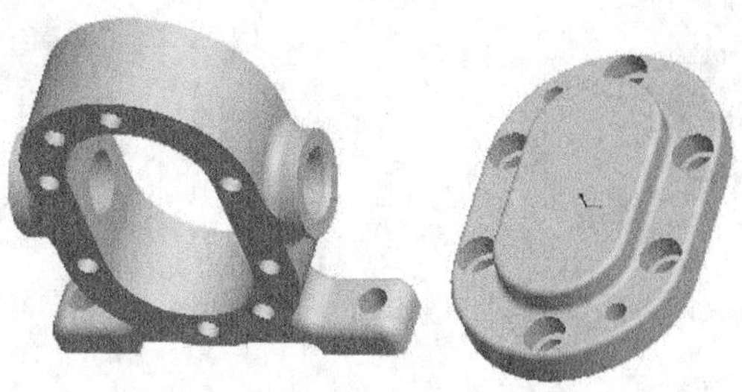

图 10-58　调入齿轮泵前盖零件

Step 2 在“元件放置”操控板中选择“配对”约束，然后选择图 10-59 所示的匹配面 1、匹配面 2。“偏移”设置为“重合”，再单击“新建约束”按钮，增加约束选择“对齐”，然后选择图 10-59 所示的定位销的轴线 A_56、A_38，再单击“新建约束”按钮，增加约束选择“对齐”。

Step 3 选择图 10-59 所示的另两个定位销的轴线 A_57、A_39，单击“确定”按钮，完成前盖的装配。装配好的前盖如图 10-60 所示。

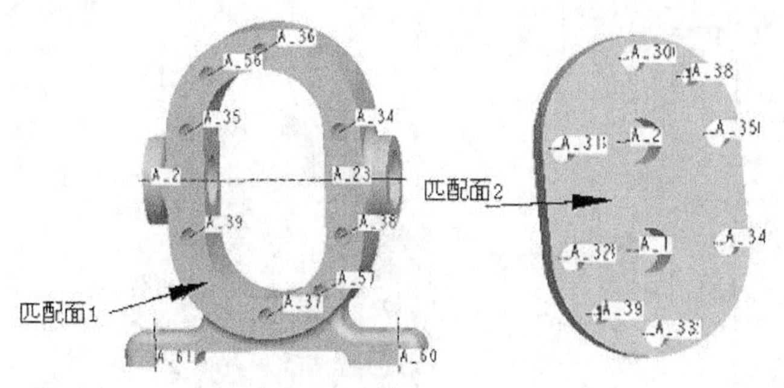

图 10-59　装配配对面

图 10-60　齿轮泵体前盖装配

10.6.3　调入销进行定位

【创建步骤】

Step 1 装配销

（1）单击“工程特征”工具栏中的“将元件添加到组件”按钮，在弹出窗口中选择“pin.prt”，将其调入，如图 10-61 所示。

（2）在“元件放置”操控板中选择“对齐”约束，然后选择图 10-61 所示的匹配面 1、匹配面 2，在“偏移”设置约束中的“偏移”设置为“重合”，再单击“新建约束”按钮，选择“插入”约束，然后选择图 10-61 所示的插入面 1、插入面 2，单击“确定”按钮，完成一个销的装配，如图 10-62 所示。

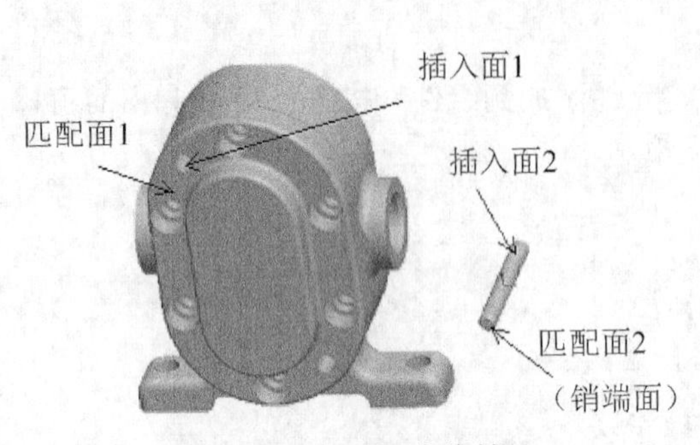

图 10-61　调入定位销

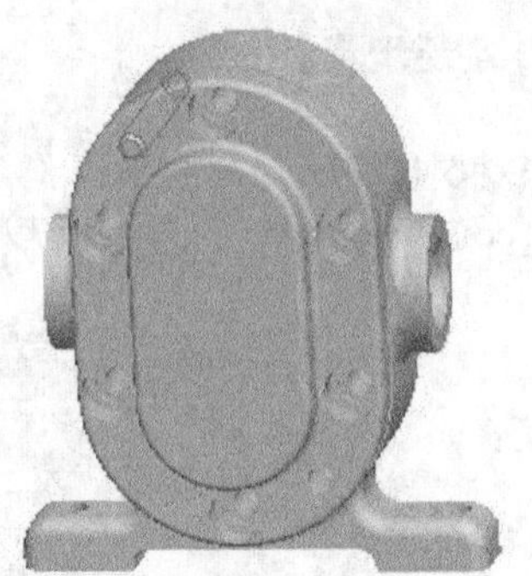
图 10-62　装配一个定位销

Step 2　利用重复命令装配另一个销

（1）选择刚刚装配的销，选择菜单栏中的“编辑”→“重复”命令。

（2）弹出图 10-63 所示的“重复元件”对话框，在“可变组件参照”选项中单击“插入”参照，单击下面的“添加”按钮，再选择下面定位销孔的表面，单击“确认”按钮，完成另一个销的装配。完成后的结果如图 10-64 所示。

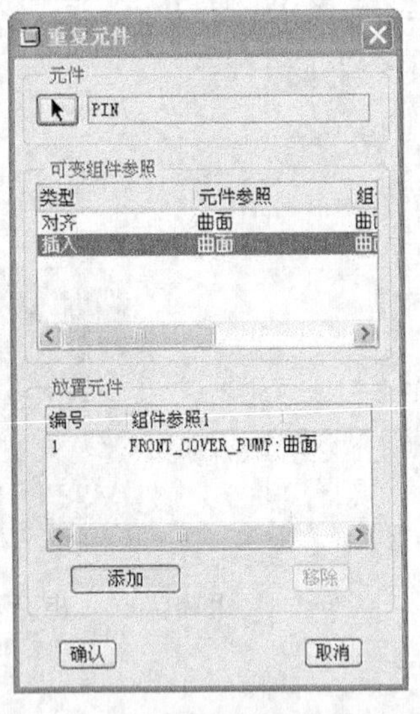

图 10-63　“重复元件”对话框

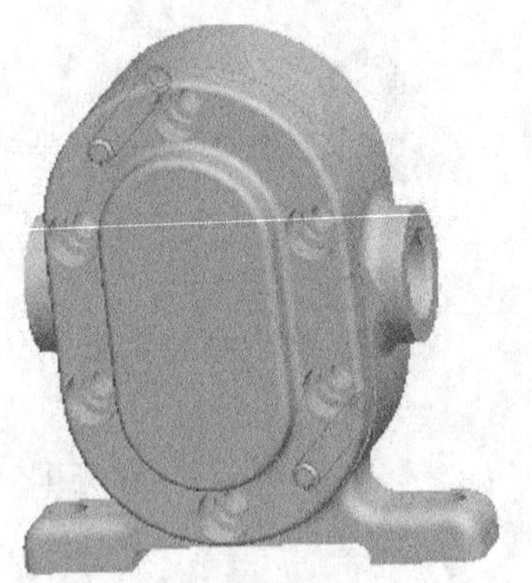
图 10-64　完成定位销装配

10.6.4　调入螺钉进行连接

【创建步骤】

Step 1　单击“工程特征”工具栏中的“将元件添加到组件”按钮，在弹出的窗口中选择

“screw.prt”，将其调入，如图 10-65 所示。

Step 2 在“元件放置”操控板中选择“配对”约束，然后选择图 10-65 所示的匹配面 1、匹配面 2，在约束设置中的“偏移”设置为“重合”，再单击“新建约束”按钮，选择“插入”约束，然后选择图 10-65 所示的插入面 1、插入面 2，单击“确定”按钮☑，完成一个螺钉的装配，如图 10-66 所示。

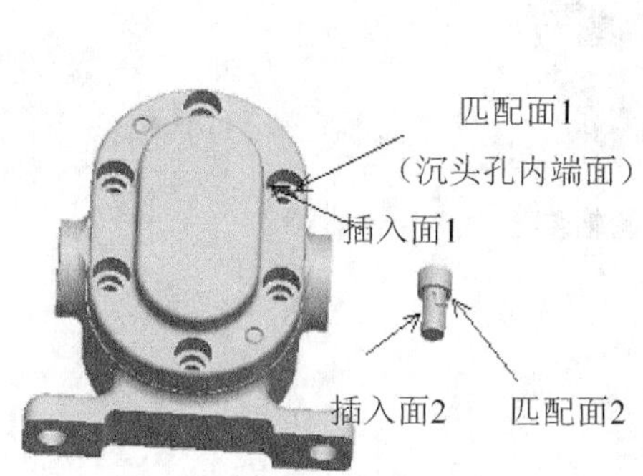

图 10-65　调入螺钉

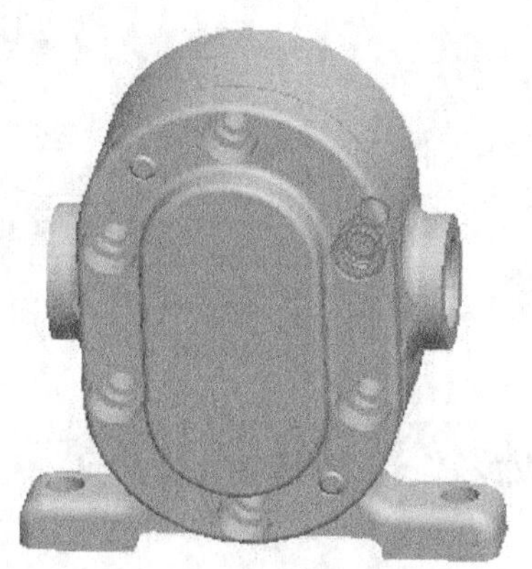

图 10-66　装配一个连接螺钉

Step 3 与重复装配销命令方法相同。在图 10-63 所示的“重复元件”对话框中的“可变组件参照”选项中单击“插入”参照，单击下面的“添加”按钮，再依次选择其余沉头孔内圆表面，单击“确认”按钮，完成其余 5 个螺钉的装配，如图 10-67 所示。

10.6.5　调入齿轮轴

【创建步骤】

Step 1 单击“工程特征”工具栏中的“将元件添加到组件”按钮，在弹出的窗口中选择“gear_1.prt”，将其调入。

Step 2 在“元件放置”操控板中约束选择“配对”，然后选择图 10-68 所示的匹配面 1、匹配面 2，在“偏移”中输入“0.1”，再单击“新建约束”按钮，增加约束选择“插入”，然后选择图 10-68 所示的插入面 1、插入面 2，单击“确定”按钮☑。完成齿轮轴的装配，如图 10-69 所示。

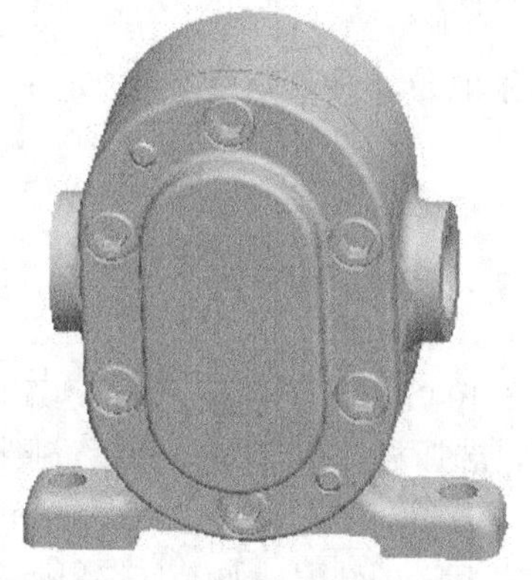

图 10-67　完成螺钉装配

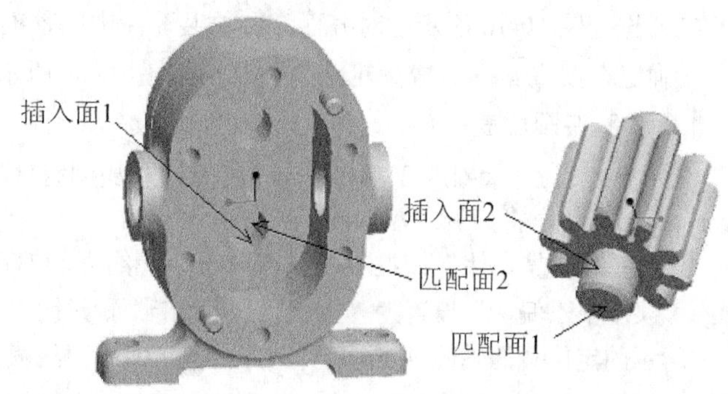

图 10-68　调入齿轮轴

图 10-69　齿轮轴装配

10.6.6　调入齿轮组件和后盖

【创建步骤】

Step 1　装配齿轮组件

（1）单击“工程特征”工具栏中的“将元件添加到组件”按钮，在弹出的窗口中选择“shaft_gear.prt”，将其调入。在“元件放置”操控板中选择“配对”约束，然后选择图 10-70 所示的匹配面 1、匹配面 2，在“偏移”中输入“0.1”，单击“新建约束”按钮，选择“插入”约束。接着选择图 10-70 所示的插入面 1、插入面 2，单击“新建约束”按钮，增加约束选择“对齐”选项。

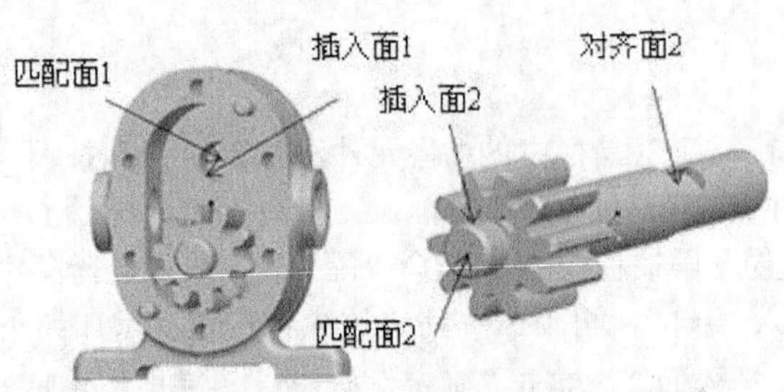

图 10-70　调入轴和齿轮组件

（2）选择图 10-70 所示的对齐面 2 和总装配图中的基准面 ASM_TOP，“偏移”设置为“定向”，单击“确定”按钮，完成齿轮轴的装配，如图 10-71 所示。

Step 2　装配后盖

（1）单击“工程特征”工具栏中的“将元件添加到组件”按钮，在弹出的窗口中选择“back_cover_pump.prt”，将其调入，如图 10-72 所示。

（2）在“放置元件”操控板中选择“配对”约束，然后选择图 10-73 所示的匹配面 1、匹配面 2。约束菜单中“偏移”设置为“重合”，再单击“新建约束”按钮，选择“对齐”约束，然后选择图 10-73 所示的定位孔的轴线 A_56、A_37，再单击“新建约束”按钮，选择“对齐”约束，然后选择图 10-73 所示的定位孔的轴线 A_57、A_36。单击“确定”按钮，完成后盖的装配，如图 10-74 所示。

图 10-71　齿轮与轴组件装配

图 10-72　调入齿轮泵后盖

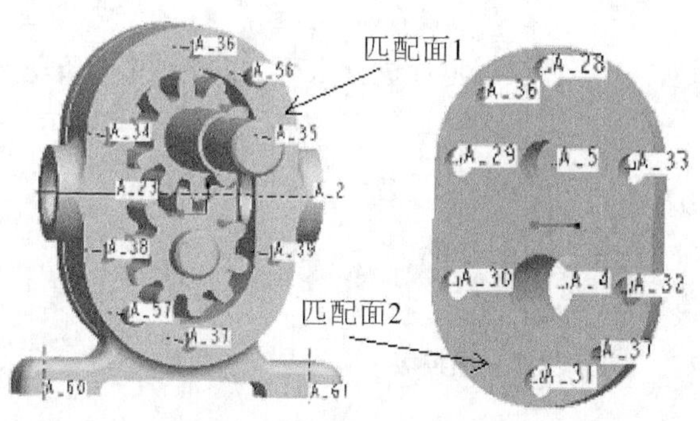

图 10-73　后盖装配匹配面

图 10-74　齿轮泵后盖装配

Step 3 调入螺钉进行连接

与螺钉装配同样方法，用 6 个螺钉固定后盖，完成后的结果如图 10-75 所示。

图 10-75　螺钉连接

10.6.7　制作爆炸图

**【创建步骤】**

Step 1 选择菜单栏中的“视图”→“分解”→“分解视图”命令，得到图 10-76 所示的爆炸图。

图 10-76　初始爆炸图

Step 2 选择菜单栏中的“视图”→“分解”→“编辑位置”命令，弹出“分解位置”操控板，如图 10-77 所示。

Step 3 选择任意零件的水平方向的边，再选择任意零件进行水平方向的平移，单击“确定”按钮☑，完成的爆炸图如图 10-78 所示。

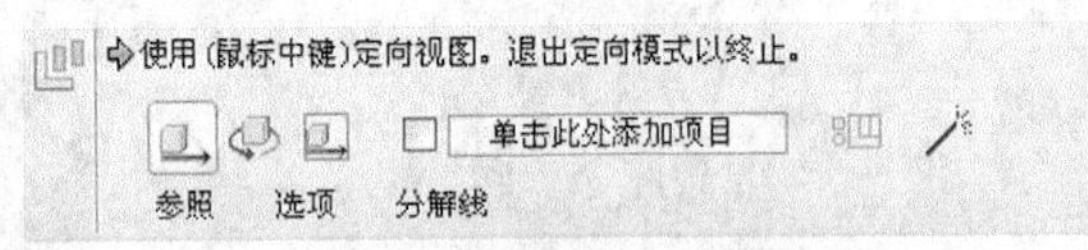

图 10-77　“分解位置”操控板

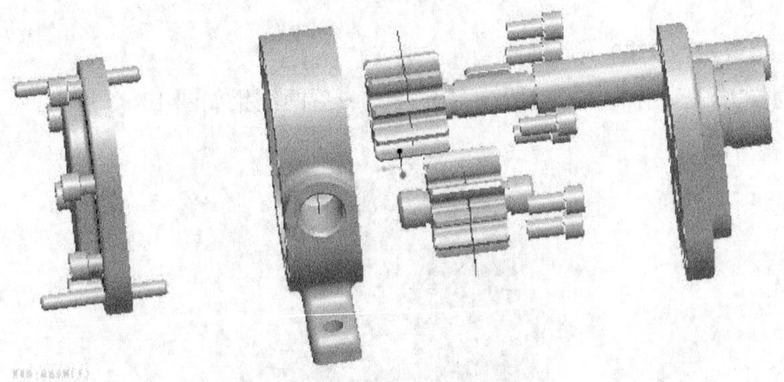

图 10-78　完成爆炸图

11 Chapter

第 11 章 工程图绘制

Pro/ENGINEER 作为优秀的三维工业设计软件，拥有强大的生成工程图的能力。它允许直接从 Pro/ENGINEER 实体模型产品按 ANSI/ISO/JIS/DIN 标准生成工程图，并且能自动标注尺寸、添加注释、使用层来管理不同类型的内容、支持多文档等，可以对工程图添加或修改文本和符号形式的信息，还可以自定义工程图的格式，进行多种形式的个性化设置。

学习要点

- 绘制工程图
- 绘制视图
- 调整视图
- 工程图标注
- 创建注释文本

11.1 建立工程图

在创建工程图之前要新建一个工程图文件。

（1）单击“文件”工具栏中的“打开”按钮或选择菜单栏中的“文件”→“打开”命令，打开光盘中的“\ 源文件 \ 第 11 章 \zhijia.prt”文件，如图 11-1 所示。

（2）选择菜单栏中的“文件”→“新建”命令或者单击“文件”工具栏中的“新建”按钮打开“新建”对话框，然后在该对话框中的“类型”选项组中点选“绘图”单选钮，并在名称文本框输入新建文件的名称“gongchengtu1”，如图 11-2 所示。

（3）单击该对话框中“确定”按钮，系统弹出图 11-3 所示的“新建绘图”对话框，在该对话框中的“缺省模型”栏中自动指定了当前处于活动的模型。用户也可以单击其后的“浏览”按钮选择其他的模型。然后在“指定模板”栏选择“空”，并在图纸“标准大小”栏选择“A4”选项。

图 11-1　零件模型

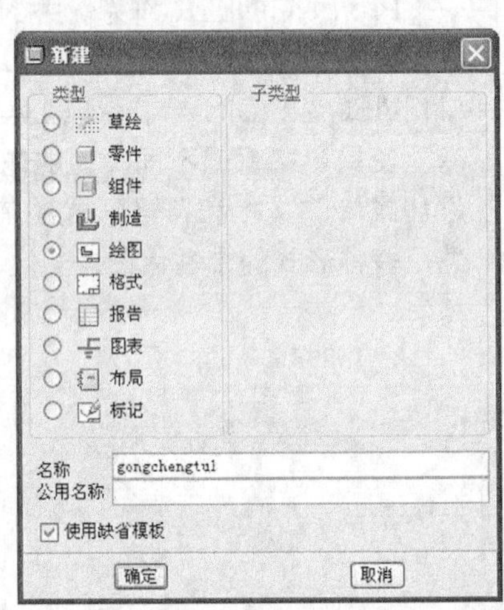

图 11-2　“新建”对话框

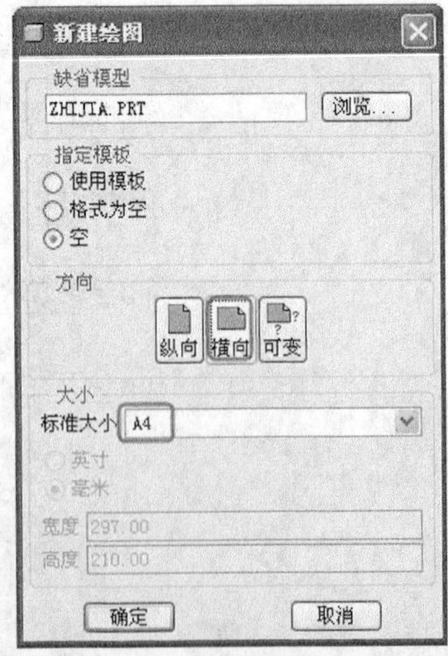

图 11-3　“新建绘图”对话框

（4）单击“确定”按钮可以启动绘图设计模块，其界面如图 11-4 所示。在该界面顶部显示当前绘图文件。

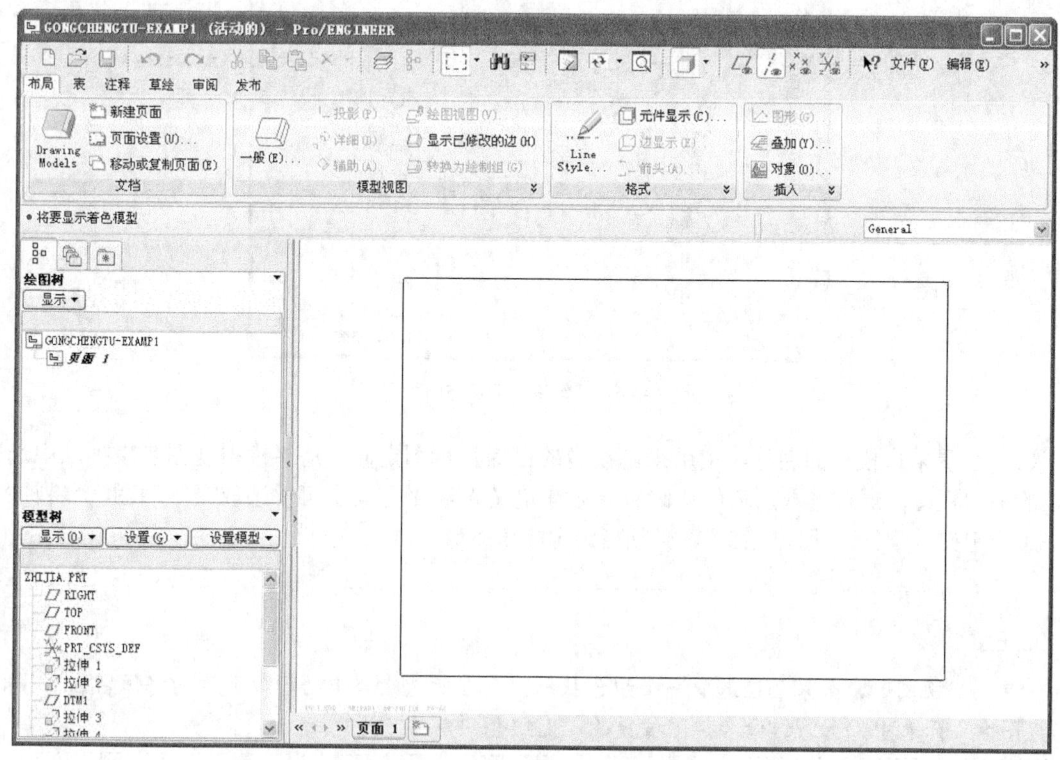

图 11-4 “绘图”模式界面

11.2 建立视图

插入视图就是指定视图类型和特定类型可能具有的属性，然后在页面上为该视图选择位置，并放置视图，再为其设置所需方向。Pro/ENGINEER 中所使用的基本视图类型包括：一般视图、投影视图、辅助视图和详细视图。

11.2.1 一般视图的建立

选择功能选项卡中的“布局”→“模型视图”→“一般”选项。系统提示，要求用户选择视图的放置中心，在图纸范围内要放置一般视图的位置单击。一般视图将显示所选组合状态指定的方向，并且打开“绘图视图”对话框，如图 11-5 所示。

“视图类型”选项组包括用于定义视图类型和方向的选项。

- 视图名。修改视图名称。
- 类型。更改视图类型。
- 视图方向。更改当前方向。

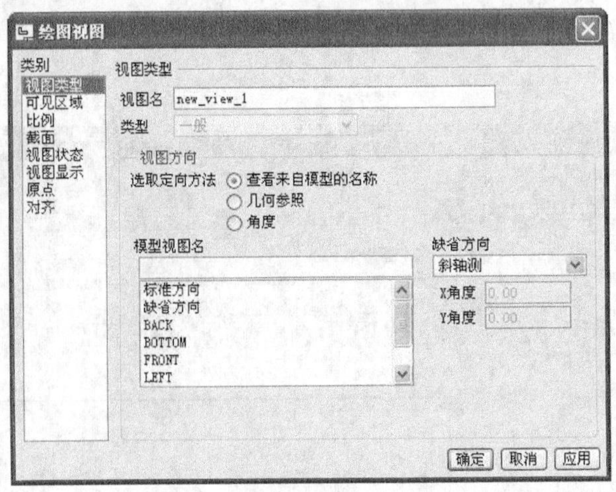

图 11-5 “绘图视图”对话框

（1）查看来自模型的名称。使用来自模型的已保存视图定向。从“模型视图名”列表中选取相应的模型视图。通过选取所需的“缺省”方向定义 X 和 Y 方向。可以选取“等轴图”“斜轴图”或“用户定义”。对于“用户定义”，必须指定定制角度值。

注意

在创建视图时，如果已经选取一个组合状态，则在所选组合中的已命名方向将保留在“模型视图名”列表中。如果该命名视图被更改，则组合状态将不再列出。

（2）几何参照。使用来自绘图中预览模型的几何参照进行定向。选取方向以定向来自于当前所定义参照旁边列表中的参照。此列表提供几个选项，包括“前”“后面”“顶”和“底部”，如图 11-6 所示。在绘图中预览的模型上选取所需参照。模型根据定义的方向和选取的参照重新定位。从方向列表中选取其他方向可改变此方向。

注意

要将视图恢复为其原始方向，可单击“缺省方向”按钮。

（3）角度。使用选定参照的角度或定制角度定向。图 11-7 所示的“参照角度”列表框列出了用于定向视图的参照。缺省情况下，将新参照添加到列表中并加亮显示。针对表中加亮的参照，在“角度值”文本框中键入参照的角度值，从“旋转参照”框中选取如下所需的选项。

- 法向。绕通过视图原点并法向于绘图页面的轴旋转模型。
- 垂直。绕通过视图原点并垂直于绘图页面的轴旋转模型。
- 水平。绕通过视图原点并与绘图页面保持水平的轴旋转模型。
- 边 / 轴。绕通过视图原点并根据与绘图页面所成指定角度的轴旋转模型。在预览的绘图视图上选取适当的边或轴参照。选定参照被加亮，并在“参照角度”表中列出。

要创建附加参照，单击并重复角度定向过程。

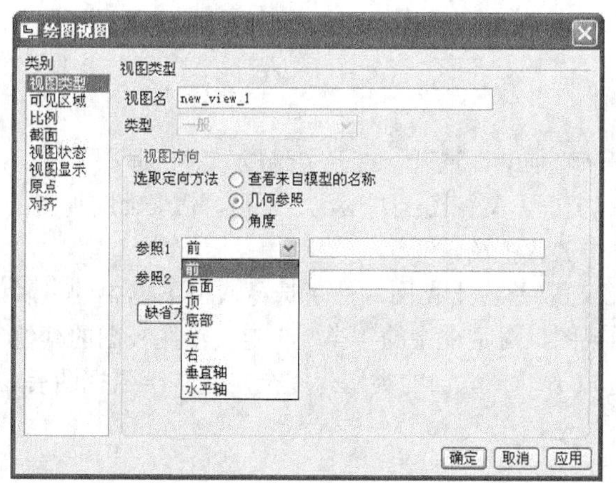

图 11-6　几何参照

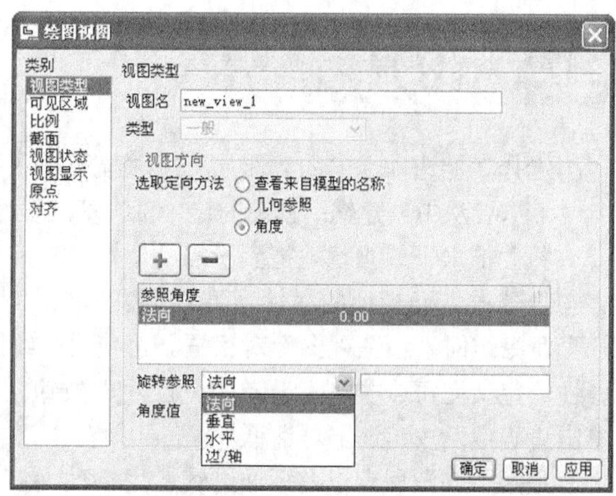

图 11-7　角度类型下的“绘图视图”对话框

11.2.2　投影视图的建立

选择功能选项卡中的“布局”→“模型视图”→“投影”选项，然后选取要在投影中显示的父视图，系统提示选取绘制视图的中心点，这时父视图上方就会出现一个矩形框来代表投影。

将此框水平或垂直地拖到所需的位置，单击放置视图。

如果要修改投影的属性，选取该投影图并右击，弹出图 11-8 所示的快捷菜单。

选择快捷菜单上的“属性”命令即可弹出图 11-9 所示的“绘图视图”对话框，从中可以修改投影视图的属性。修改完成后要继续定义绘图视图的其他属性，可单击“应用”按钮，然后选取适当的类别。如果已完全定义绘图视图，可单击“确定”按钮。

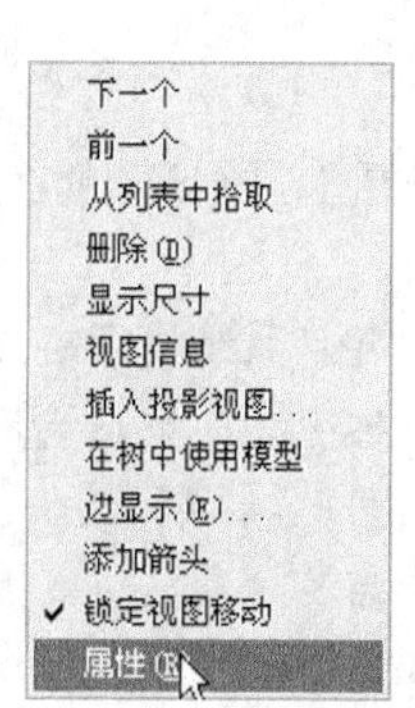

图 11-8　右键快捷菜单

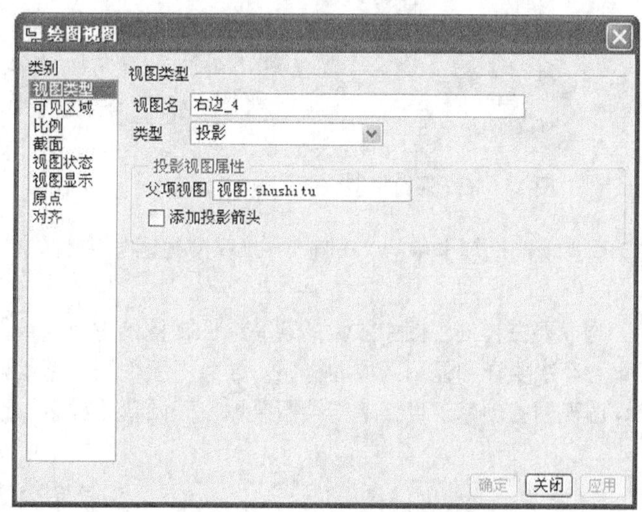

图 11-9　“绘图视图”对话框

也可通过选取并右击父视图，然后在快捷菜单中选择“插入投影视图”命令来创建投影视图。

11.2.3 辅助视图的建立

选择功能选项卡中的“布局”→“模型视图”→“辅助”选项，打开“选取”对话框。

选取要从中创建辅助视图的边、轴、基准平面或曲面。父视图上方出现一个框，代表辅助视图。将此框水平或垂直地拖到所需的位置，然后单击放置视图。

要修改辅助视图的属性，可双击投影视图，或选取并右击视图，然后选择快捷菜单中的“属性”命令访问“绘图视图”对话框。可使用“绘图视图”对话框中的“类别”定义绘图视图的其他属性。定义完每个类别后，单击“应用”按钮，选取下一个适当的类别。完全定义了绘图视图后，单击“确定”按钮退出对话框。

最后将该图保存以备后面继续应用。

11.2.4 详细视图的建立

详细视图是指在另一个视图中放大显示的模型中的一小部分视图。父视图中包括一个参照注释和边界作为详细视图设置的一部分。将详图视图放置在绘图页上后，即可以使用“绘图视图”对话框修改视图，包括其样条边界。

例如，绘制螺纹时，为了更清楚地表示螺纹结构经常需要详细视图。

（1）打开随书光盘文件“\源文件\第 11 章 \luoding.prt”文件，模型如图 11-10 所示。

（2）建立一个新的工程图文件“xiangxishitu”，并通过上面小节讲述的建立一般视图的方法建立一个一般视图，结果如图 11-11 所示。

图 11-10 螺钉模型

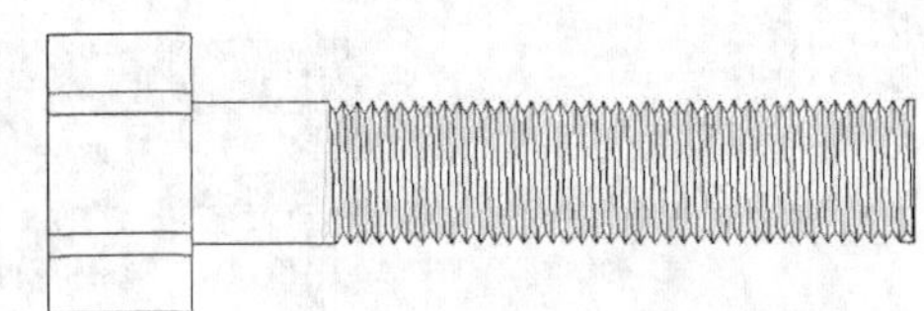

图 11-11 螺钉主视图

（3）选择功能选项卡中的“布局”→“模型视图”→“详细”选项，打开图 11-12 所示的“选取”对话框。

（4）选取要在详细视图中放大的现有绘图视图的中点。绘图项目加亮，并且系统提示绕点草绘样条。草绘环绕要详细显示区域的样条。注意不要使用“草绘器工具”工具栏启动样条草绘，否则将退出详图视图的创建。直接单击绘图区域，开始草绘样条。绘制完成后如图 11-13 所示。

图 11-12 “选取”对话框

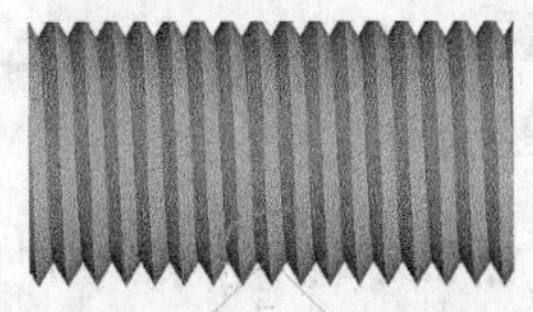

图 11-13 选取要建立的详细视图的中心

不必担心能否草绘出完美形状，因为样条会自动更正。可以在“绘图视图”对话框的“视图类型”类别中定义草绘的形状。从“父项视图上的边界类型”框中选取所需的选项，具体如下。

- 圆。在父视图中为详细视图绘制圆。
- 椭圆。在父视图中为详细视图绘制椭圆与样条紧密配合，并提示在椭圆上选取一个视图注释的连接点。
- 水平 / 垂直椭圆。绘制具有水平或垂直主轴的椭圆，并提示在椭圆上选取一个视图注释的连接点。
- 样条。在父视图上显示详细视图的实际样条边界，并提示在样条上选取一个视图注释的连接点。
- ASME94 圆。在父视图中将符合 ASME 标准的圆显示为带有箭头和详细视图名称的圆弧。

（5）草绘完成后单击鼠标中键确认草绘。样条显示为一个圆和一个详图视图名称的注释，如图 11-14 所示。

（6）在绘图上选取要放置详图视图的位置，将显示样条范围内的父视图区域，并标注上详图视图的名称和缩放比例，如图 11-15 所示。

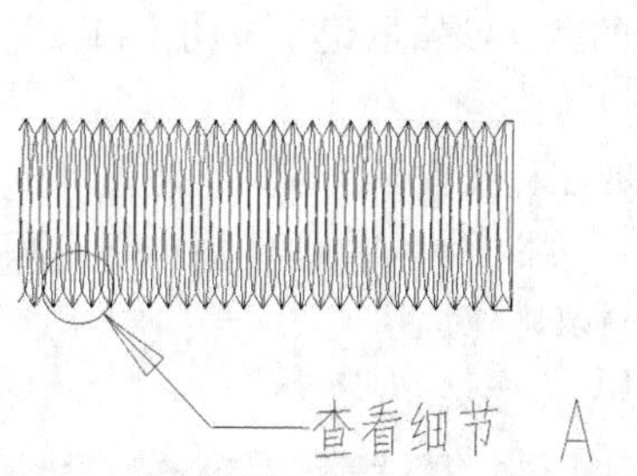

图 11–14　显示详细视图范围和名称

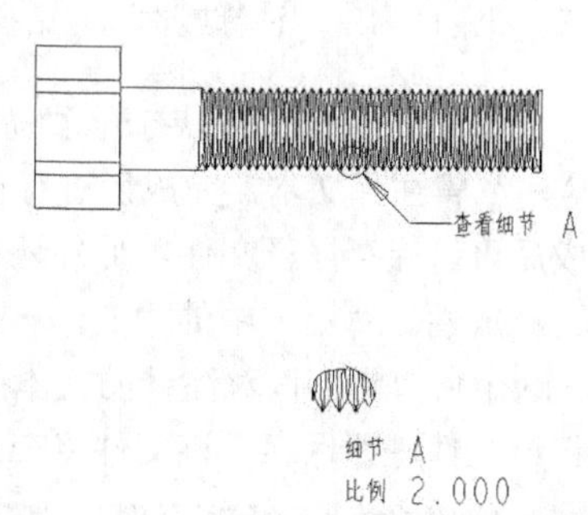

图 11–15　创建详细视图

（7）双击该视图，打开图 11-16 所示的“绘图视图”对话框，在“类别”列表框中选择“比例”选项，修改比例数值为“5”，单击“确定”按钮，即可更改详细视图的比例，如图 11-17 所示。

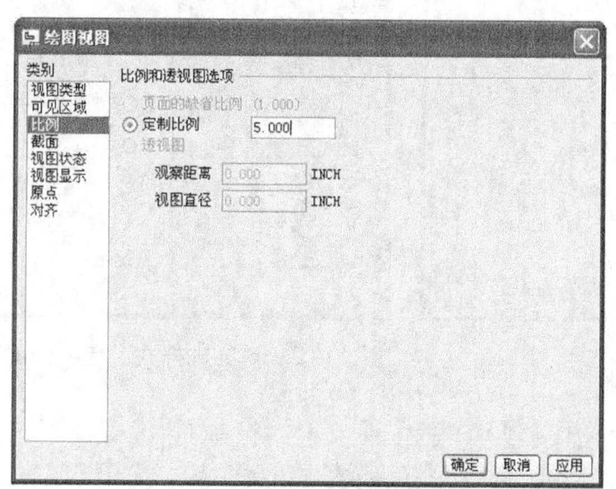

图 11–16　修改比例

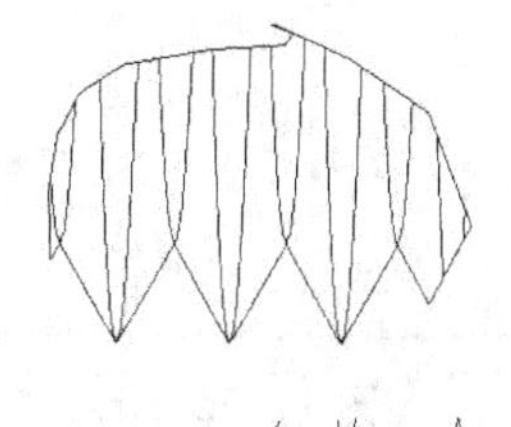

图 11–17　修改比例

如果双击整个标签，可以打开“注释属性”对话框，如图 11-18 所示。

在该对话框中的“文本”选项卡中可以对注释内容进行编辑，如果要插入文本符号可以单击右侧的“文本符号”按钮打开图 11-19 所示的“文本符号”对话框，在该对话框中有各种常用的符号。

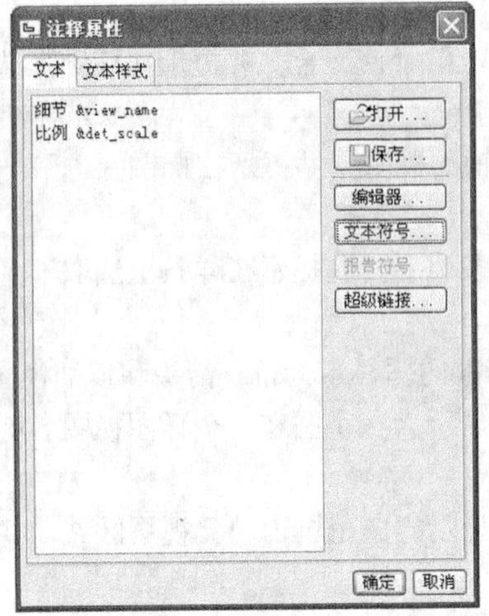

图 11-18 “注释属性”对话框

图 11-19 “文本符号”对话框

如果单击“编辑器”按钮可以打开系统安装时选定的默认编辑器记事本的窗口，如图 11-20 所示，可以在这里编辑注释文本，完成后进行保存退出。

编辑完成后可以保存注释文件，另外还可以创建新的注释文件。

单击“注释属性”对话框中的“文本样式”选项卡，可以打开图 11-21 所示的“文本样式”选项卡窗口。在这个窗口中可以对注释的文本的样式进行修改。

完成后将该文件进行保存，该文件将在后面继续应用。

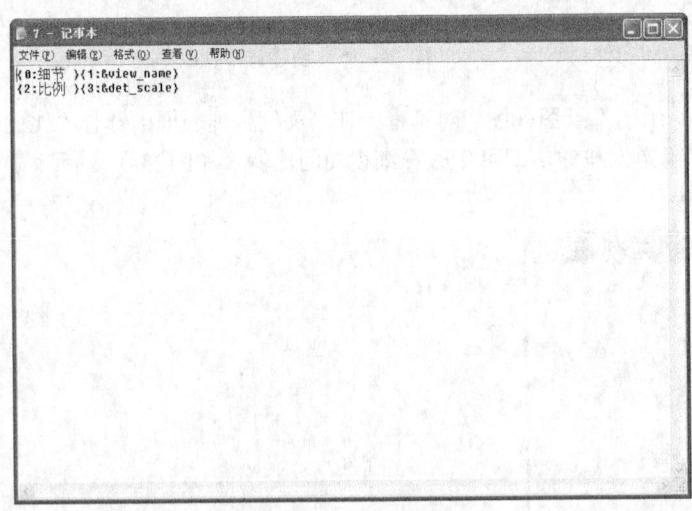

图 11-20 记事本窗口

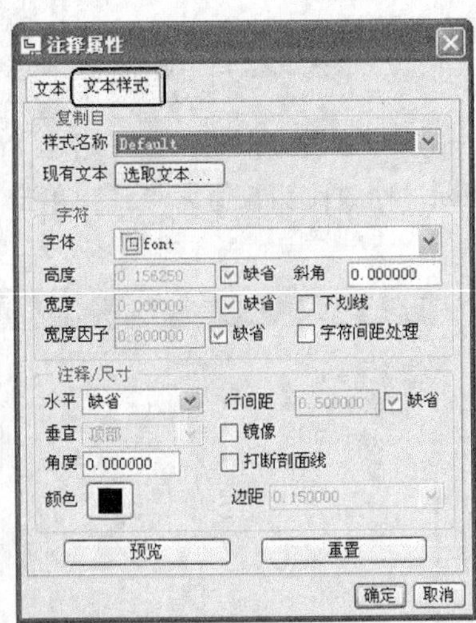

图 11-21 “文本样式”选项卡窗口

11.2.5 实例——创建支座视图

本例要创建图 11-22 所示的支座视图。首先创建支座的主、左、俯以及轴测视图，然后创建左视图的全部视图，最后创建半剖视图。

扫码看视频

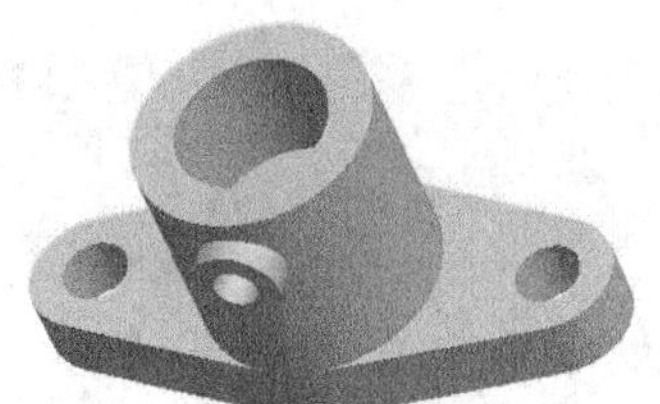

图 11-22　支座视图

【创建步骤】

Step 1　打开文件

单击“文件”工具栏中的“打开”按钮或选择菜单栏中的“文件”→“打开”命令，打开“文件打开”对话框，打开“zhizuo”文件，如图 11-22 所示。

Step 2　新建工程图

（1）选择菜单栏中的“文件”→“新建”命令，或单击“文件”工具栏中的“新建”按钮，系统弹出图 11-23 所示“新建”对话框，在“类型”选项组点选“绘图”单选钮，在名称输入栏输入文件名“zhizuo”，取消勾选“使用默认模板”选项，单击“确定”按钮，系统弹出“新建绘图”对话框，如图 11-24 所示。

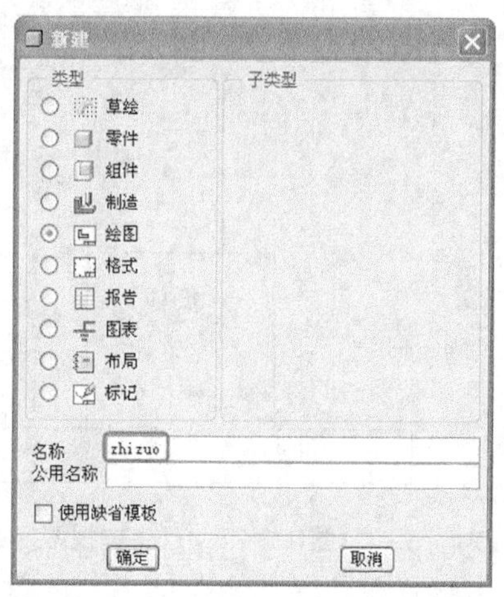

图 11-23　“新建”对话框

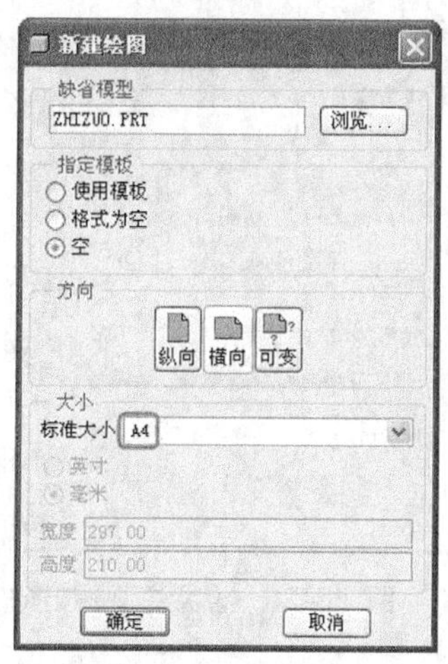

图 11-24　“新建绘图”对话框

（2）在“新建绘图”对话框中，“缺省模型”栏自动选定当前打开模型“zhizuo.prt”（也可以单击“浏览”按钮选择需要的模型），设置“指定模板”为“空”，在图纸“标准大小”栏选择“A4”，单击“确定”按钮，进入工程图主操作窗口，如图 11-25 所示。

（3）设置“视图类型”“可见区域”“比例”“截面”“视图状态”“视图显示”“原点”和“对齐”类别中的各选项，如果不设置则使用默认设置值。

Step 3　创建主视图

在功能选项卡中选择“布局”→“模型视图”→“一般”选项。在页面上选取一个位置作为新视图的放置中心，模型将以 3D 形式显示在工程图中，随即弹出“绘图视图”对话框提示选择视图方向，在“模型视图名”栏选择“FRONT”方向，如图 11-26 所示。单击“确定”按钮，结果如图 11-27 所示。

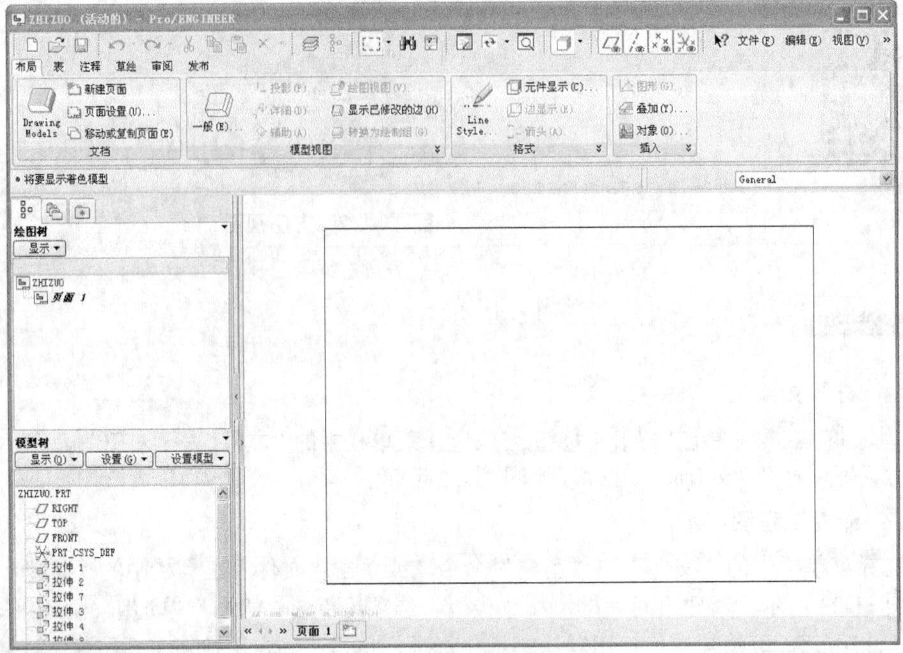

图 11-25　工程图主操作窗口

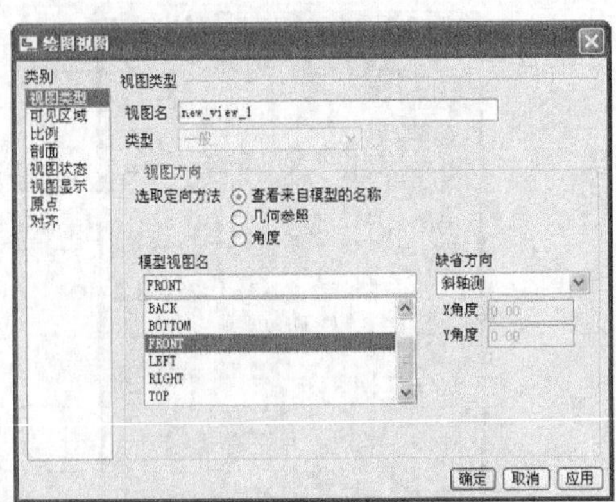

图 11-26　设置主视图方向

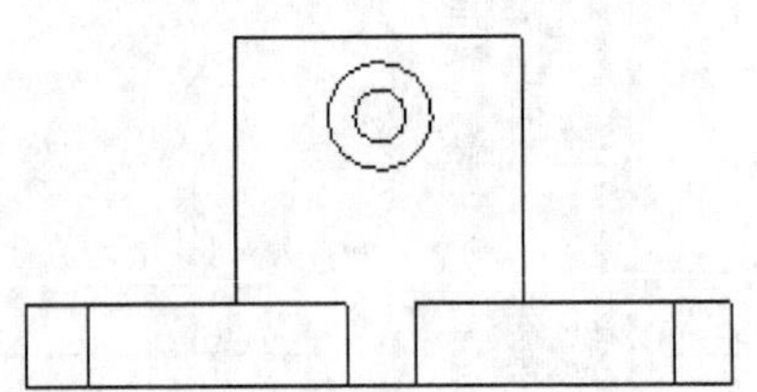

图 11-27　产生主视图

Step 4　创建左视图

在功能选项卡中选择“布局”→“模型视图”→“投影”选项，系统提示选择绘图视图的放置中心点，在主视图的右侧选择左视图的放置中心点，左视图随即显示在工程图中，如图 11-28 所示。

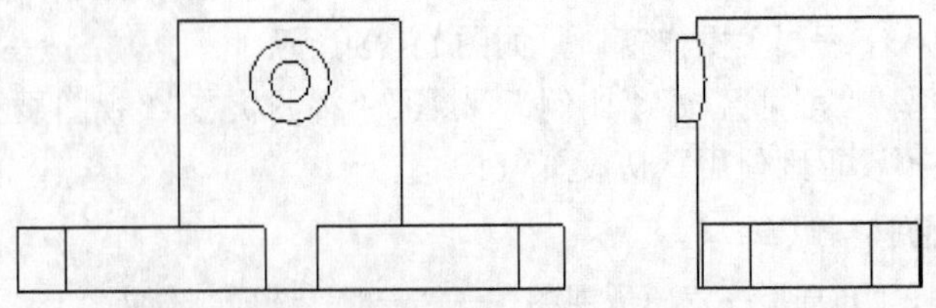

图 11-28　产生左视图

Step 5 创建俯视图

在功能选项卡中选择“布局”→“模型视图”→“投影”选项，系统提示选择绘图视图的放置中心点，在主视图的下部选择俯视图的放置中心点，俯视图随即显示在工程图中，如图 11-29 所示。

Step 6 创建轴测视图

在功能选项卡中选择“布局”→“模型视图”→“一般”选项。在页面上选取一个位置作为新视图的放置中心，系统弹出“绘图视图”对话框，在“模型视图名”栏不选择任何项，单击“确定”按钮，结果如图 11-30 所示。

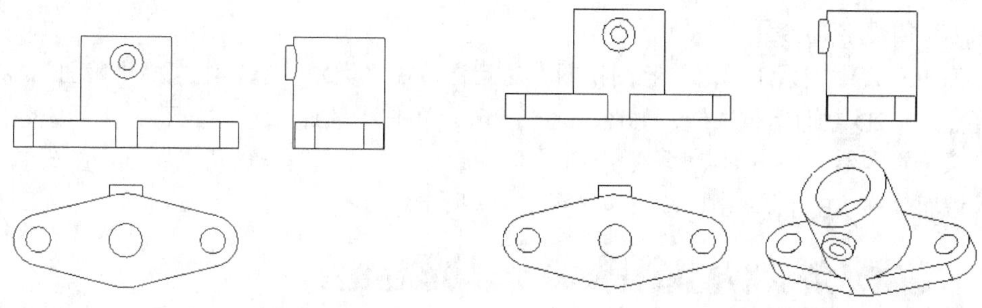

图 11-29　产生俯视图　　　　图 11-30　产生轴侧视图

Step 7 创建全剖视图

（1）双击主视图，系统弹出“绘图视图”对话框，在“类别”选项组选择“剖面”，在“剖面选项”栏选择“2D 截面”，如图 11-31 所示。单击“增加剖面”按钮 +，系统弹出剖截面菜单管理器，如图 11-32 所示。

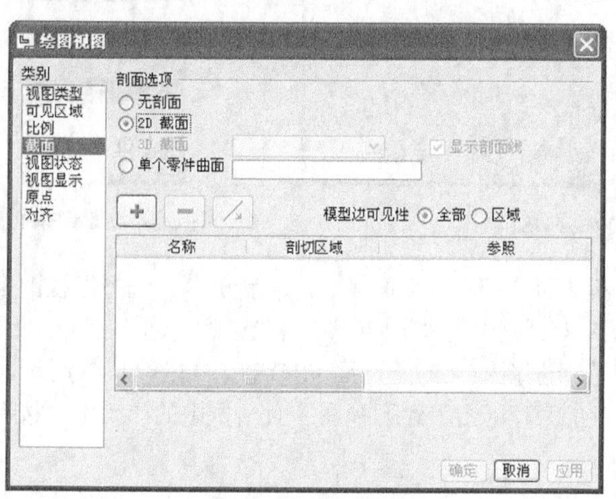

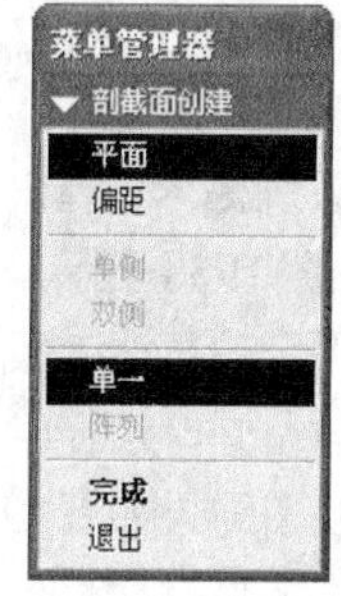

图 11-31　设置剖面选项　　　　图 11-32　设置剖截面形式

（2）选择剖截面菜单管理器中的“平面”→“单一”→“完成”命令，在消息窗口中输入截面名称“A”，单击✓按钮，如图 11-33 所示。系统提示选择剖截面平面或基准面，打开基准面显示，刷新屏幕，选择俯视图上的基准面“FRONT”。单击“绘图视图”对话框中的“确定”按钮，刷新屏幕，结果如图 11-34 所示。

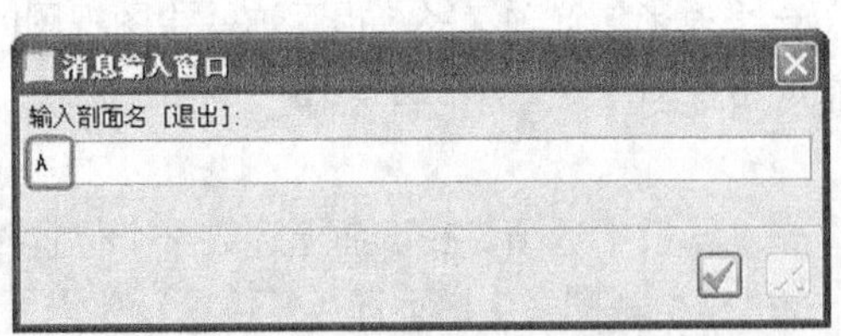

图 11-33　输入截面名

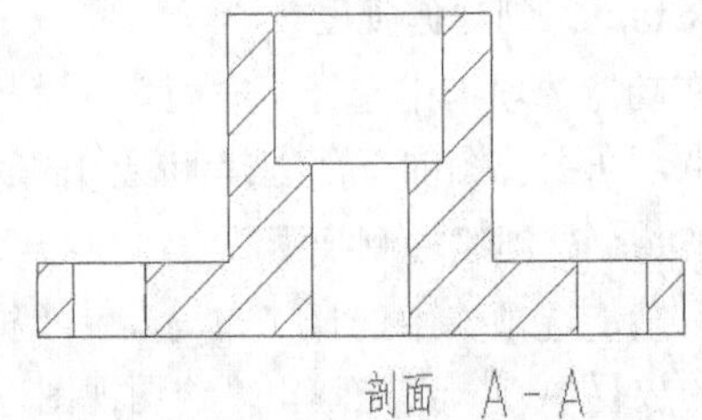

图 11-34　产生全剖视图

Step 8 创建半剖视图

（1）双击左视图，系统弹出“绘图视图”对话框，在“类别”选项组选择“截面”，在“剖面选项”栏点选“2D 截面”单选钮，如图 11-35 所示。单击“增加剖面”按钮 ，系统弹出“剖截面创建”菜单管理器，如图 11-36 所示，选择“平面”→“单一”→“完成”命令，在消息输入窗口中输入截面名称“B”，单击按钮，如图 11-37 所示。

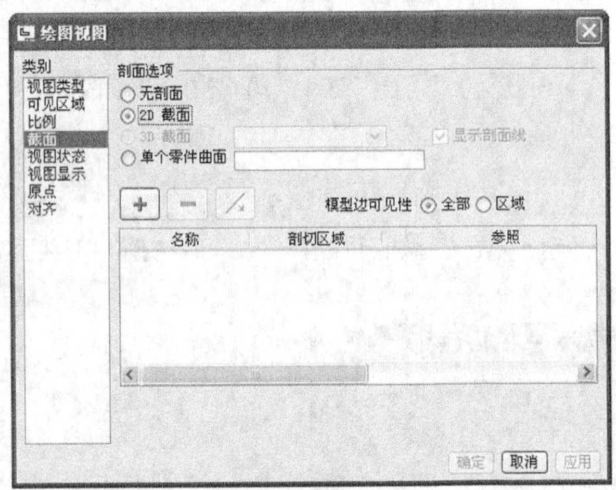

图 11-35　设置剖面选项

图 11-36　设置剖截面形式

（2）系统提示选择剖截面平面或基准面，打开基准面显示，刷新屏幕，选择主视图上的基准面 RIGHT，如图 11-38 所示。在“绘图视图”对话框中的“剖切区域”栏选择“一半”选项，如图 11-39 所示。系统提示选择半截面参照平面，选择左视图上的基准面 FRONT，如图 11-40 所示。单击半截面参考平面左侧，选择半截面剖切侧为左侧。单击“绘图视图”对话框中的“确定”按钮，刷新屏幕，半剖视图结果如图 11-41 所示。

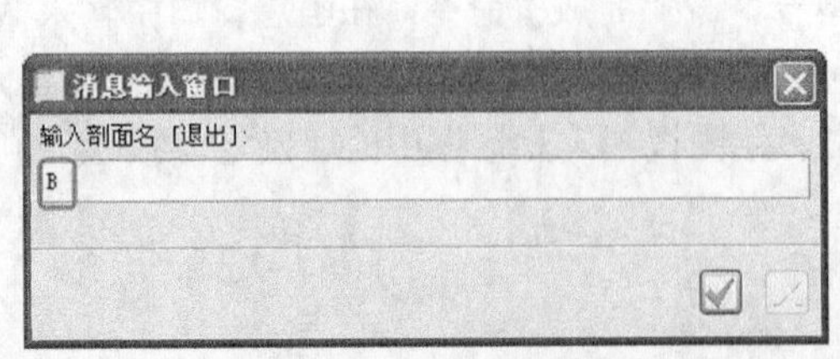

图 11-37　输入截面名

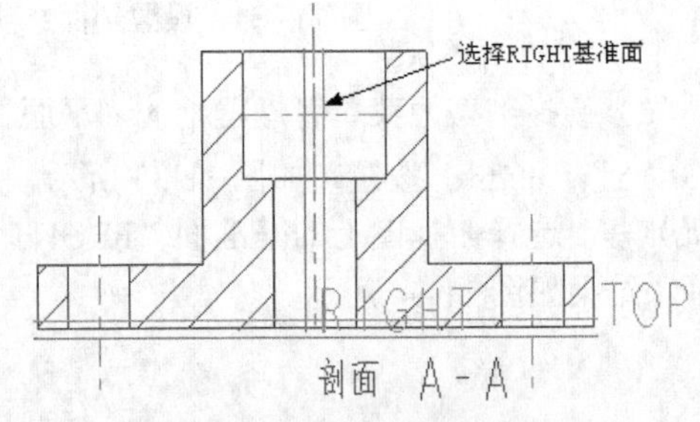

图 11-38　选择基准面

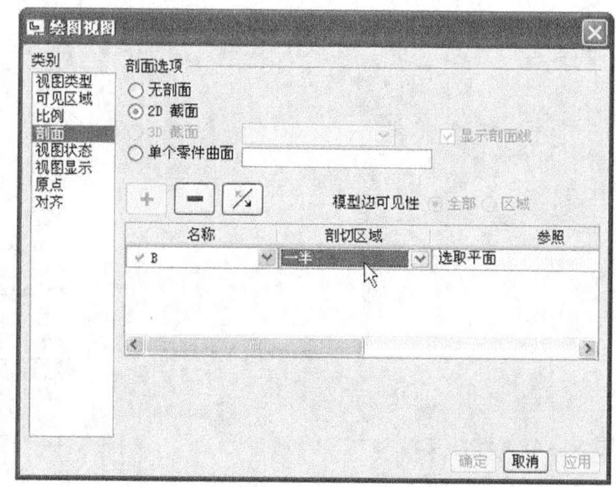

图 11-39　设置剖切区域

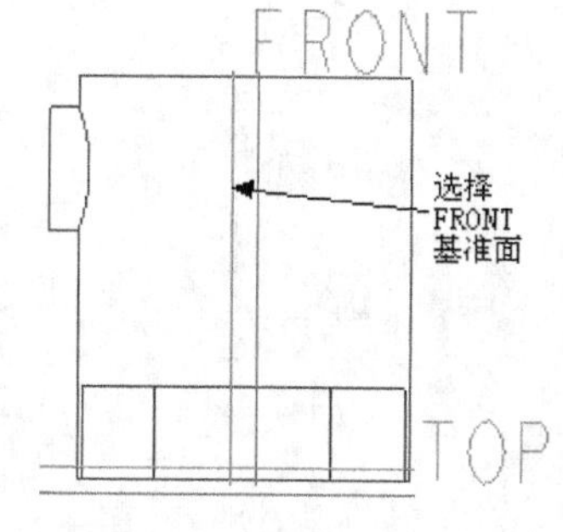

图 11-40　选择半截面参照平面

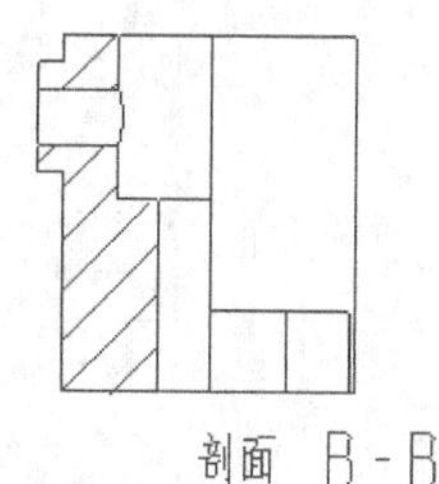

图 11-41　产生半剖视图

11.3 调整视图

一般视图、投影视图、辅助视图和详细视图在创建完成后并不是一成不变的，为了后面尺寸标注和文本注释的方便以及各个视图在整个图纸上的布局，常常需要对创建完成的各个视图进行调整编辑，例如移动、拭除和删除等操作。本小结将讲述视图的调整方法。

11.3.1 移动视图

为防止意外移动视图，缺省情况下是将它们锁定在适当位置。要在绘图上自由地移动视图，必须解锁视图。

（1）首先打开光盘中的“\ 源文件 \ 第 11 章 \gongcheng1.drw”文件，如图 11-42 所示。

（2）选取并右击任一视图，然后在弹出的右键快捷菜单中选择“锁定视图移动”命令即可解除试图的锁定，如图 11-43 所示。这样，绘图中的所有视图（包括选定视图）将被解锁，解锁后可以通过选取并拖动视图水平或垂直地移动视图。

（3）选取视图，该视图轮廓加亮。然后通过拐角拖动句柄或中心点将该视图拖动到新位置。当拖动模式激活时，光标变为十字形。

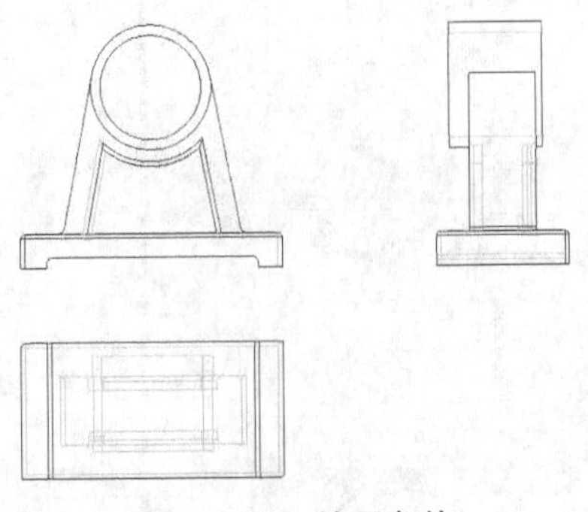

图 11-42 绘图文件

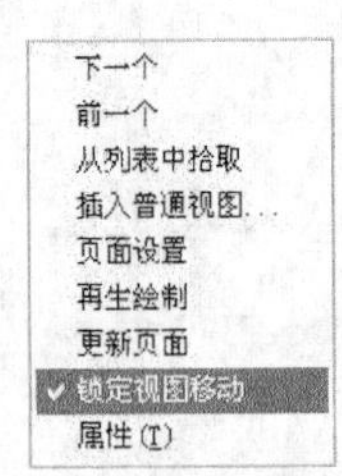

图 11-43 右键快捷菜单

（4）当视图被锁定时，可通过使用“编辑”→“移动特殊”命令编辑视图的确切 *X-Y* 位置来移动视图。首先选取一个视图，该视图轮廓加亮显示，如图 11-44 所示。

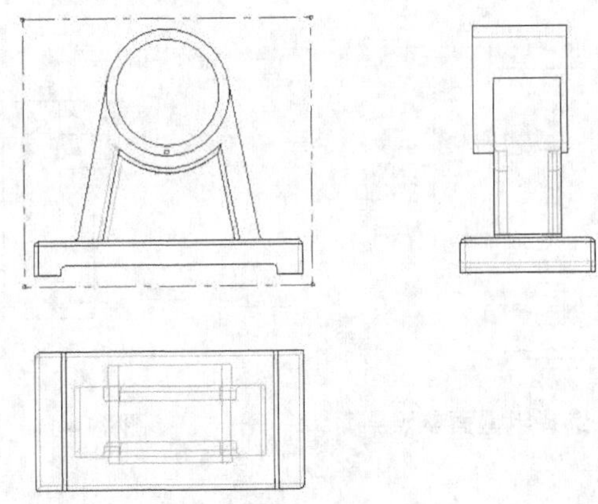

图 11-44 选取视图

（5）图中在虚线框的中间和四个顶点都有一个小圆圈，这几个圆圈是用来控制视图位置的。然后选择“编辑”→“移动特殊”命令，即可弹出图 11-45 所示的“选取”对话框。要求从选定的视图项目中选定一点（5 个控制点），特殊移动的操作就相对这一点来执行。

在要移动的选定项目上，单击一点作为移动原点，则可以弹出“移动特殊”对话框，如图 11-46 所示。

在该对话框中提供了 4 种移动方式，分别如下。

图 11-45 “选取”对话框

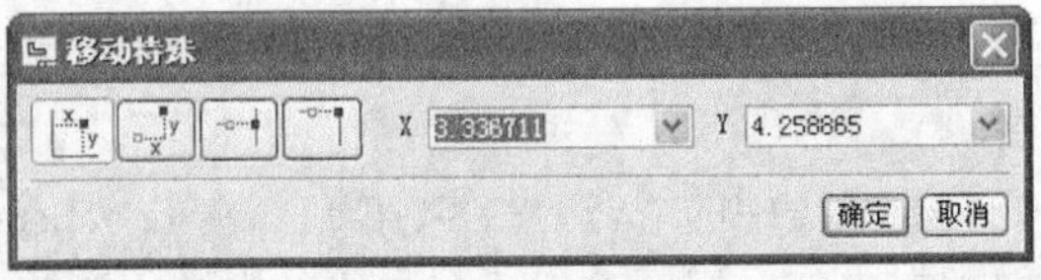

图 11-46 “移动特殊”对话框

- 方式。这种方式是以绝对坐标的方式将当前点移动到输入的坐标位置。
- 方式。这种方式是以增量式来移动视图，输入移动坐标值视图就会相对于当前位置移动。

- 方式。将当前点移动到捕捉到的对象图元的参考点上面。
- 方式。将当前点移动到捕捉的图元的角点上。

在图 11-46 的窗口中直接输入“4”和“6”，单击“确定”按钮结束。则当前图形就会移动，结果如图 11-47 所示。由图中可以看出视图的相对位置发生了变化。

如果移动某一投影视图相应的父视图，则投影视图也会移动以保持对齐。即使模型改变，投影视图间的这种对齐和父 / 子关系仍保持不变。可将一般和详细视图移动到任何新位置，因为它们不是其他视图的投影。

如果无意中移动了视图，在移动过程中可按 <Esc> 键使视图快速恢复到原始位置。

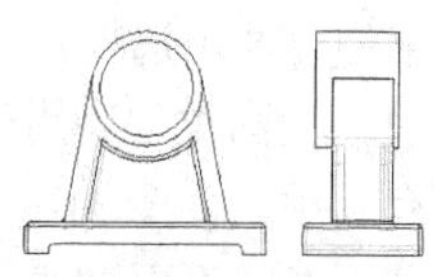

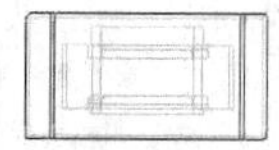

图 11–47　移动结果

如果要将某一视图移动到其他页面。则选取要移动到另一页面的视图，然后选择“编辑”→“移动或复制页面”命令，系统会提示输入目标页编号。输入编号，然后按 <Enter> 键。视图被移动到目标页上的相同坐标处。

11.3.2 删除视图

如果要删除某一视图则需要选取要删除的视图，该视图加亮显示，如图 11-48 所示。

然后右击并从快捷菜单中选择“删除”命令，或选择“编辑”→“删除”命令。此视图被删除，如图 11-49 所示。

注意

如果选取的视图具有投影子视图，则投影子视图会与该视图一起被删除。可使用撤消命令撤消删除。

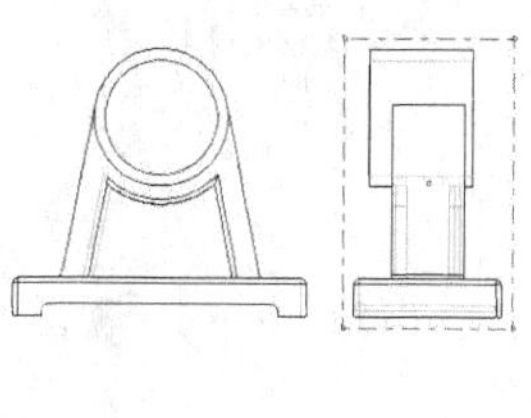

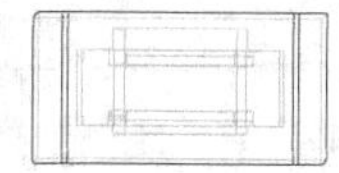

图 11–48　选取删除视图

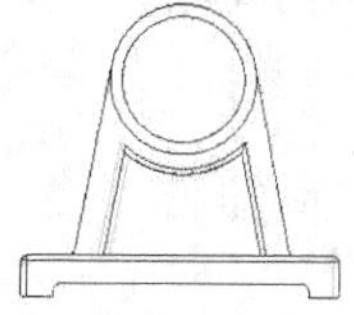

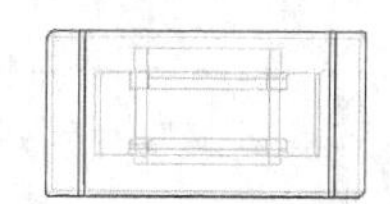

图 11–49　删除结果

11.3.3 修改视图

在设计工程图的过程中，可以对不符合设计意图或设计规范要求的地方进行视图修改，以使其符合要求。

双击要修改的视图，可以打开图 11-50 所示的“绘图视图”对话框。在该对话框中的“类别”

列表框中有 8 个选项。

（1）视图类型。用于修改视图的类型。选择该选项后可以修改视图的名称和视图的类型，类型主要有几种，如图 11-51 所示。对应不同的类型，其下面的选项也不相同，常用的几种前面已经讲述过，这里就不再赘述。

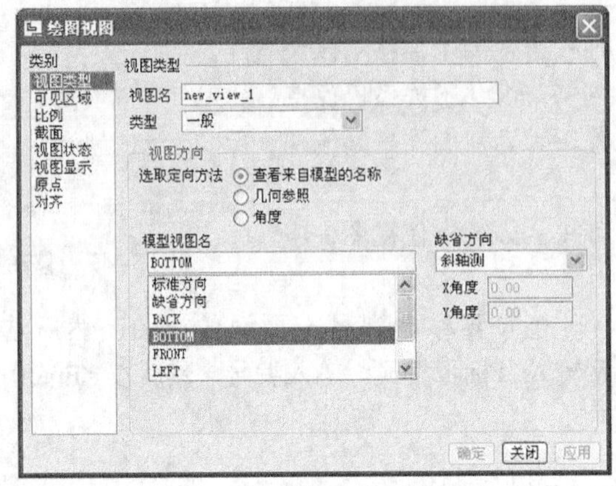

图 11-50 “绘图视图”对话框

图 11-51 不同的类型

（2）可见区域。选取该类别后，“绘图视图”对话框界面转换为图 11-52 所示。在该窗口的“视图可见性”下拉列表框中可以修改视图的可见性区域，如“全视图”“半视图”“局部视图”和“破断视图”。

（3）比例。用于修改视图的比例，主要针对设有比例的视图，如详细视图，界面如图 11-53 所示。在该对话框中可以选择页面的缺省比例，也可以定制比例，定制比例时直接输入比例值即可。在该对话框中还可以设置透视图的观察距离和视图的直径。

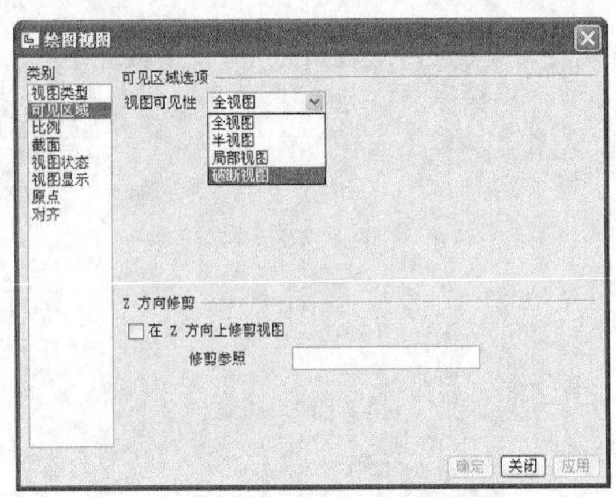

图 11-52 “可见区域”类别对话框

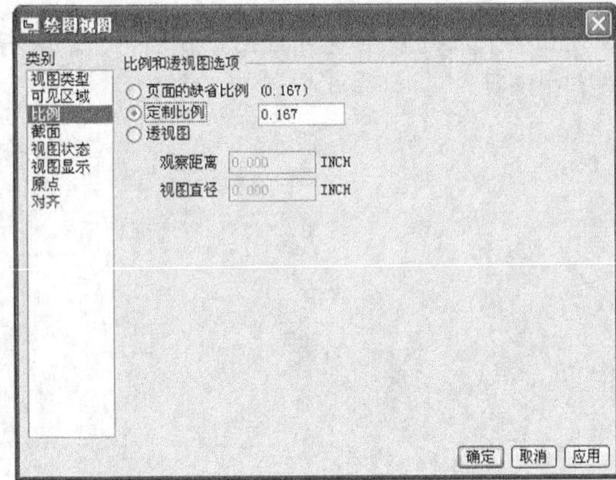

图 11-53 “比例”类别对话框

（4）截面。用于修改视图的剖截面，界面如图 11-54 所示。在其中可以添加 2D 和 3D 截面，还可以添加单个零件曲面。

（5）视图状态。用于修改视图的处理状态或者简化表示，如图 11-55 所示。

（6）视图显示。用于修改视图显示的选项和颜色配置，如图 11-56 所示，可以从“显示样式”下拉列表中选择显示的线型。在“相切边显示样式”下拉列表中可以选择相切边的处理方式。

（7）原点。用于修改视图的原点位置。

（8）对齐。用于修改视图的对齐情况。

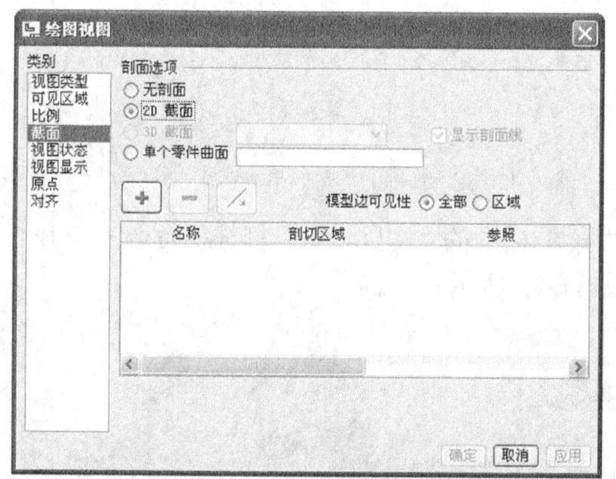

图 11–54　“截面”类别对话框

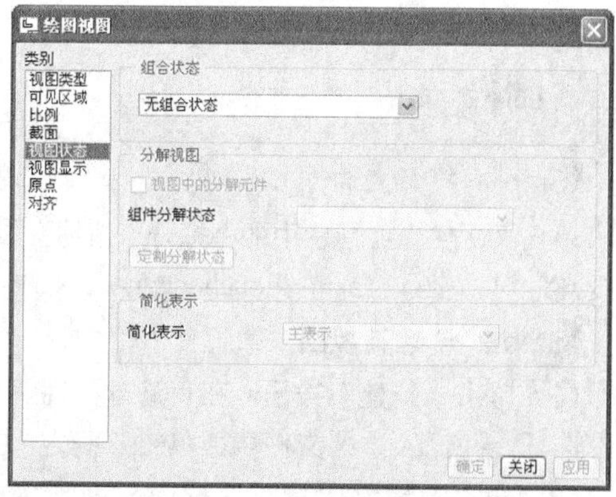

图 11–55　“视图状态”类别对话框

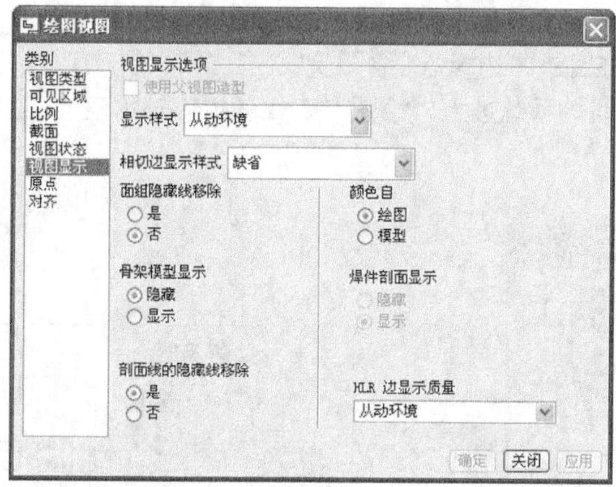

图 11–56　“视图显示”类别对话框

11.3.4　实例——创建轴承座视图

本例介绍轴承座视图的创建，如图 11-57 所示。首先创建轴承座三视图，然后创建主视图的局部视图，再创建左视图的全部视图，最后创建轴测视图。

扫码看视频

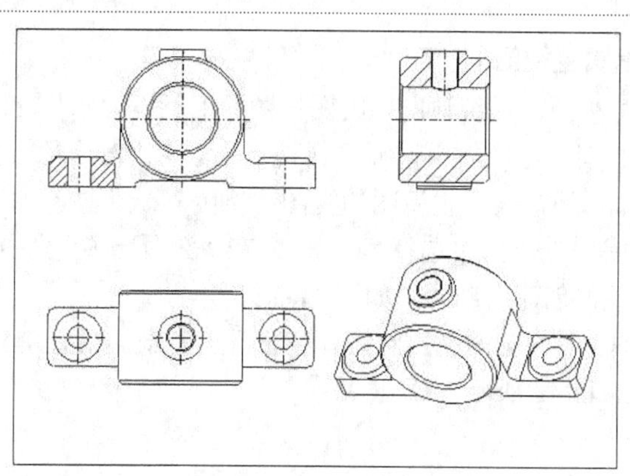

图 11–57　轴承座视图

【创建步骤】

Step 1 打开文件

单击“文件”工具栏中的“打开”按钮或选择菜单栏中的“文件”→“打开”命令，打开“文件打开”对话框，打开“zhouchengzuo”文件，如图 11-58 所示。

Step 2 创建三视图

（1）单击“新建”按钮，在“新建”对话框中选择“绘图”选项，并输入绘图文件名，单击“确定”按钮。

（2）在“新建绘图”对话框中，以轴承座为“默认模型”，单击“浏览”按钮在目录中选择轴承座文件名。

（3）在“指定模板”栏中选择“使用模板”，并在“模板”栏中单击“浏览”按钮，在目录中选择 A4 绘图模板。

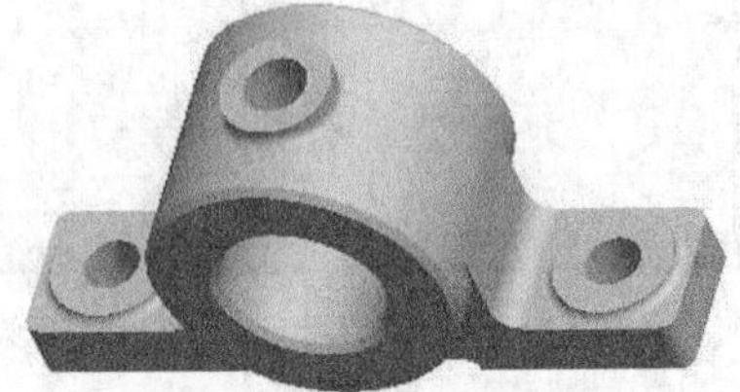

图 11-58　轴承座零件图

（4）单击“确定”按钮，系统进入“绘图”工作环境，轴承座的三视图显示在绘图边线框内，如图 11-59 所示。

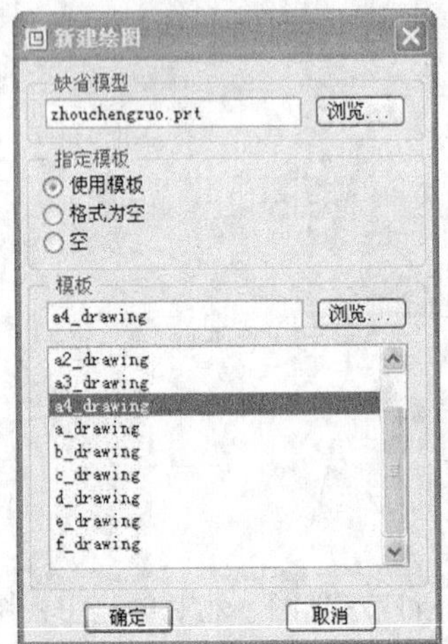

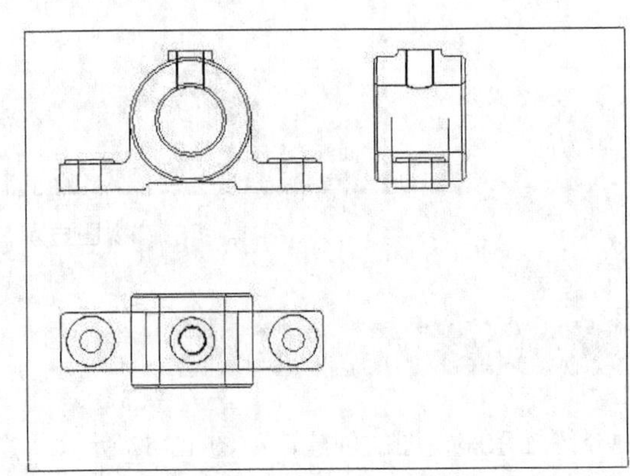

图 11-59　轴承座三视图

Step 3 编辑主视图

（1）双击主视图，系统弹出“绘图视图”对话框，如图 11-60 所示。

（2）在“类别”选项组中选择“比例”，与其相对应的设置选项如图 11-61 所示。选中“页面的缺省比例”单选钮，表示主视图的视图比例为默认。

（3）在“类别”选项组中选择“截面”，在“剖面选项”栏中点选“2D 截面”单选钮，并单击“增加剖面”按钮，创建新剖面，如图 11-62 所示。

（4）系统弹出“剖截面创建”菜单管理器，为剖面设置剖截面。选择“平面”→“单一”→“完成”命令，如图 11-63 所示。

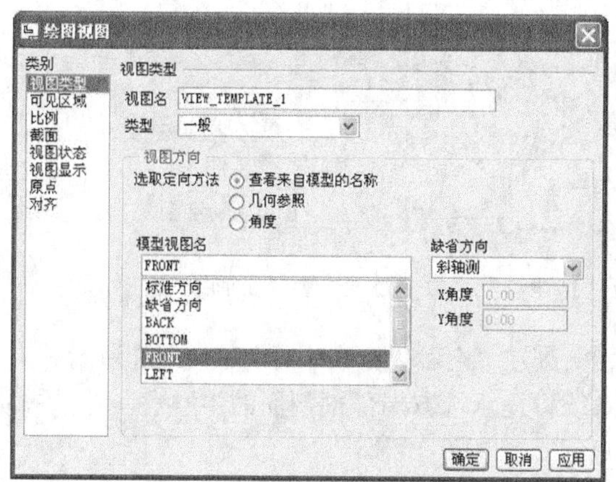

图 11-60　主视图“绘图视图”对话框

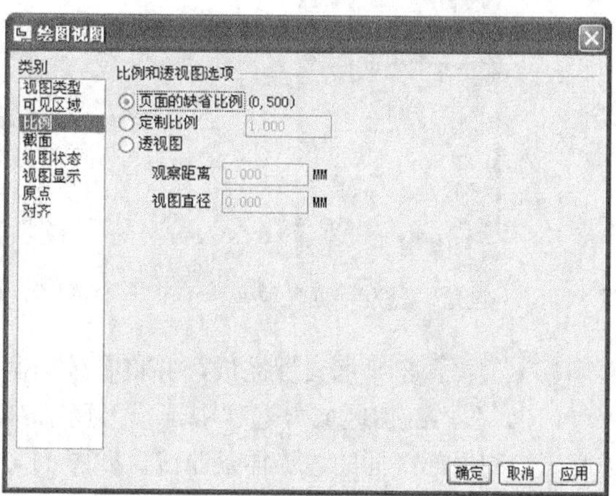

图 11-61　“比例”设置选项

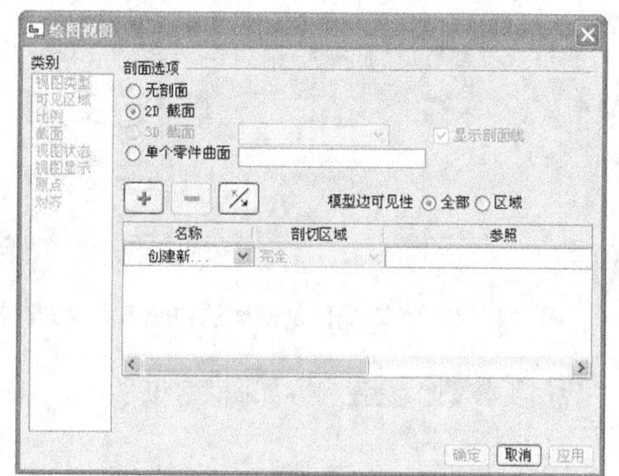

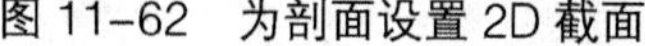
图 11-62　为剖面设置 2D 截面

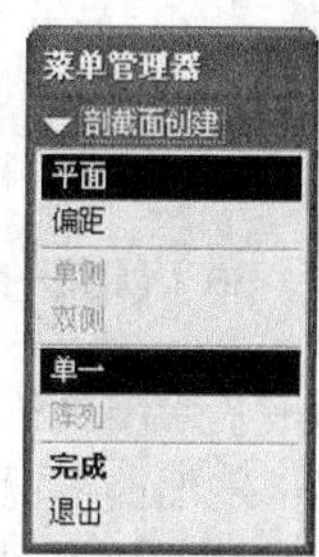

图 11-63　“剖截面创建”菜单管理器

（5）系统给出提示，输入剖截面的名称，如图 11-64 所示。

（6）系统弹出“设置平面”菜单管理器，如图 11-65 所示，选择“产生基准”。

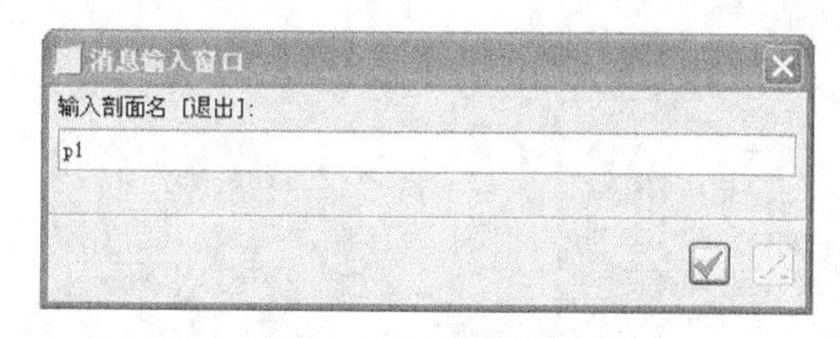

图 11-64　输入创建的剖面名称

图 11-65　“设置平面”菜单管理器

（7）系统弹出设置“基准平面”的菜单，选择“穿过”，如图 11-66 所示。系统给出提示选择轴线、边、曲线等。

（8）在主视图中选择第一个孔特征轴线，然后在“基准平面”菜单中选择“穿过”，之后选择第二个孔特征轴线，如图 11-67 所示。

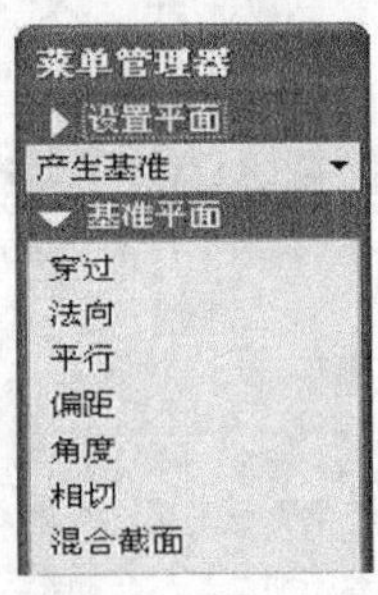

图 11-66　设置“基准平面”菜单

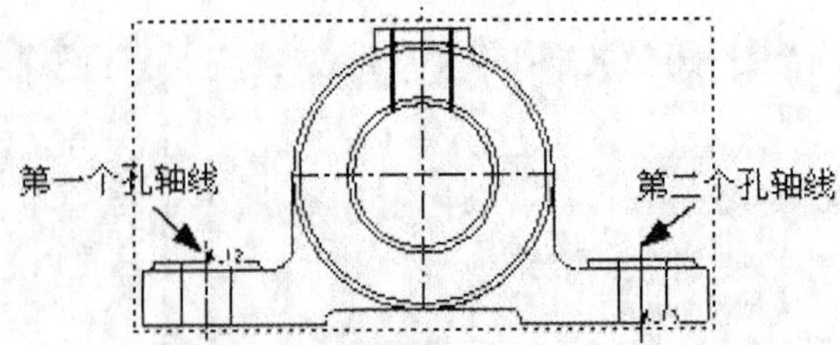

图 11-67　选取基准平面穿过两个孔特征轴线

（9）这样，剖截面设置完成，并将有效剖截面 P1 列在“名称”列表中，如图 11-68 所示。

（10）在“剖切区域”选项中选择“局部”，系统将提示选取局部剖剖面的中心点，并且围绕中心点绘制局部剖面的边界样条曲线，如图 11-69 所示。

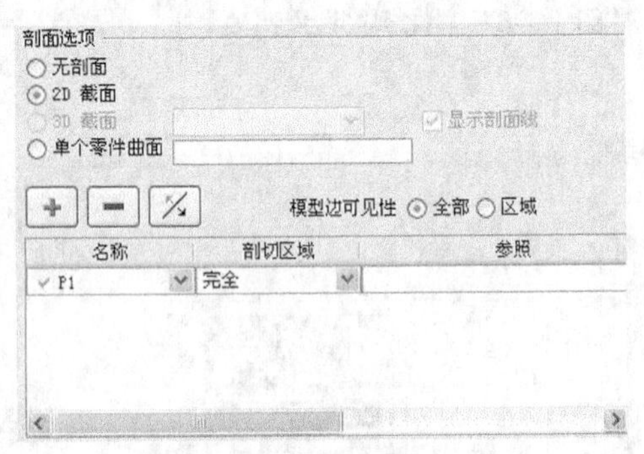

图 11-68　创建出有效截面

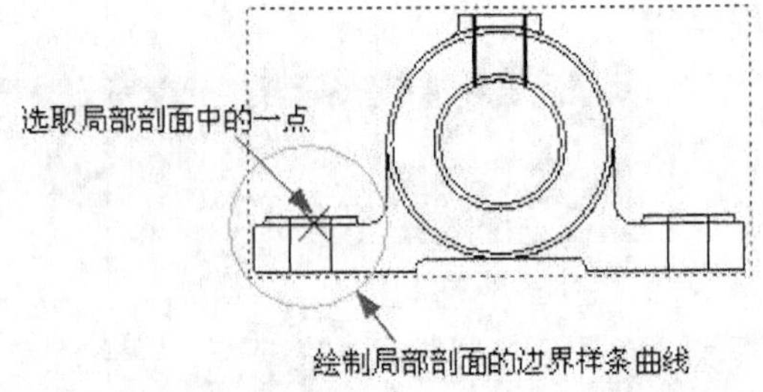

图 11-69　选取局部剖剖面的中心点和绘制边界样条曲线

（11）单击“绘图视图”对话框中的“应用”按钮，设置内容如图 11-70 所示。

（12）局部剖面的主视图如图 11-71 所示。

（13）选择注释图中的注释，选择功能选项卡中的“注释”→“删除”选项，删除注释，如图 11-72 所示。

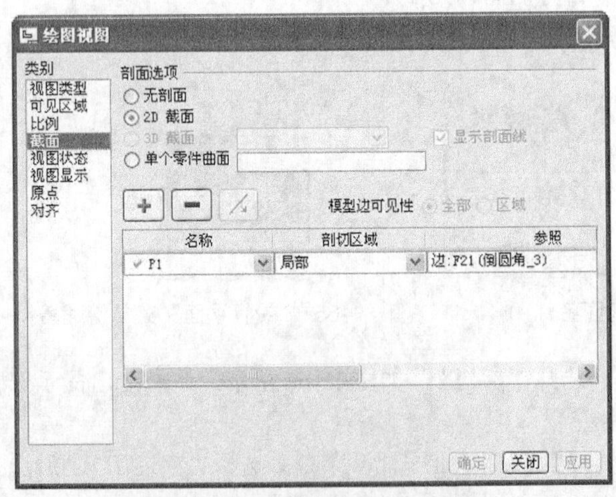

图 11-70　设置局部剖面的选项内容

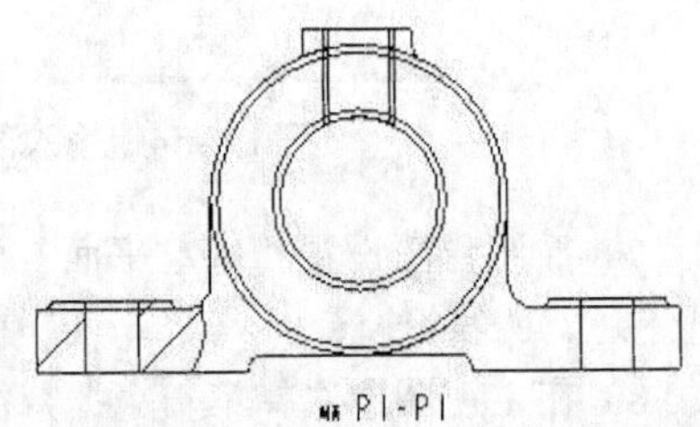

图 11-71　带有局部剖面的主视图

（14）选择功能选项卡中的“草绘”→“插入”→“直线”选项，系统弹出“捕捉参照”对话框，在主视图中选取具有孔特征的边线，如图 11-73 所示。

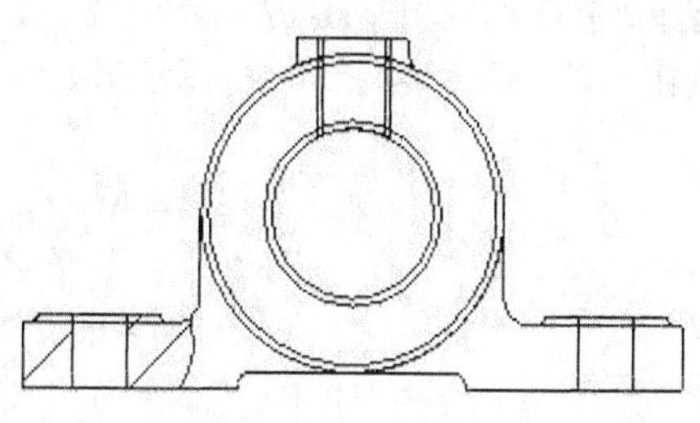

图 11–72　删除注释

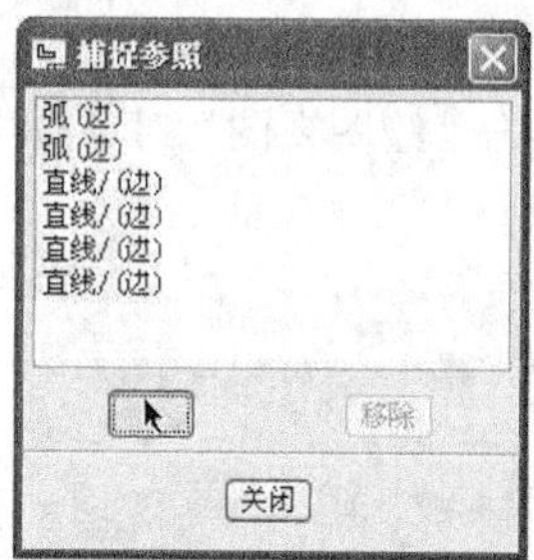

图 11–73　为草绘中心线选取“捕捉参照”

注意

选取捕捉参照的目的是在绘制孔特征中心线时，系统可以自动捕捉孔特征的中心点。

（15）分别为孔特征绘制中心线，如图 11-74 所示。

（16）选择功能选项卡中的“草绘”→“格式”→“Line Style”选项，系统弹出“线造型”菜单管理器，选择“修改直线”命令。选取视图中所有的中心线，单击“选取”菜单中的“确定”按钮。将中心线修改为点划线。

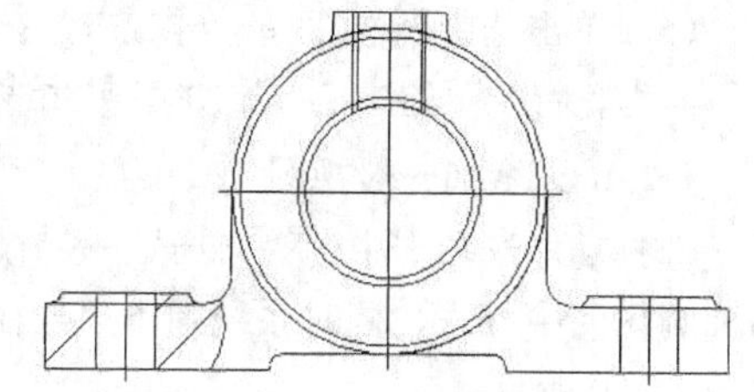

图 11–74　为孔特征绘制中心线

（17）系统弹出“修改线造型”对话框，在“线型”属性中选择“控制线_L_L”，如图 11-75 所示。

（18）单击“应用”按钮，视图中的中心线变为点划线，如图 11-76 所示。

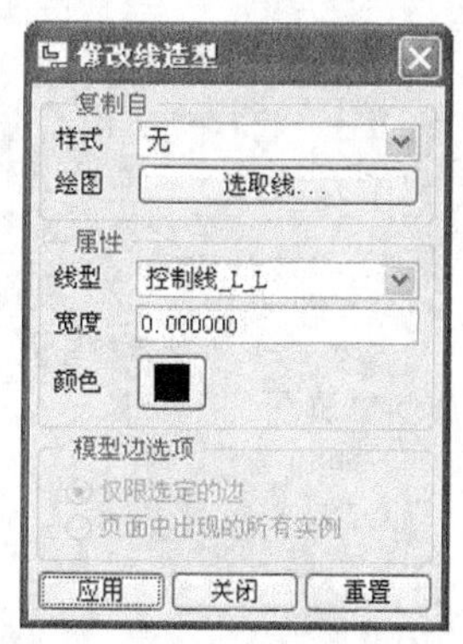

图 11–75　修改中心线线型

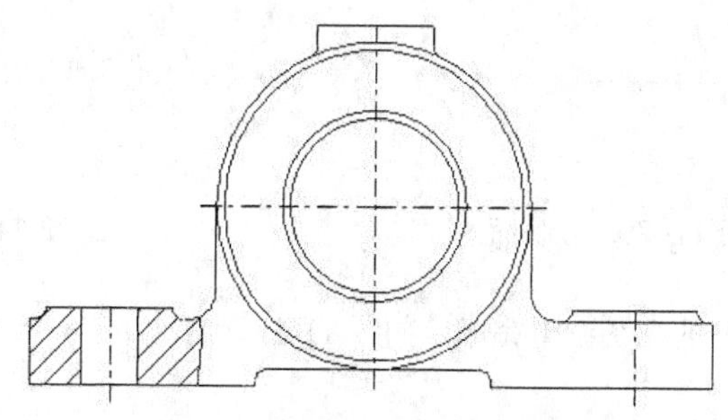

图 11–76　编辑完成的主视图

Step 4　编辑左视图

（1）双击左视图，打开“绘图视图”对话框，在“类别”选项组中选择“截面”，点选“2D 截面”单选钮，并单击“增加剖面”按钮，以新建一个剖面 P2。

（2）在“剖截面创建”的菜单管理器中选择“平面”→“单一”→“完成”命令。输入剖截面名称 P2。在“剖截面创建”菜单管理器中选择“平面，在视图中选择 RIGHT 基准平面作为剖截面。

（3）在“剖面选项”栏中，“剖切区域”中选择“完全”，如图 11-77 所示。

（4）单击“绘图视图”对话框中的“应用”按钮，并关闭对话框。剖视图显示如图 11-78 所示。

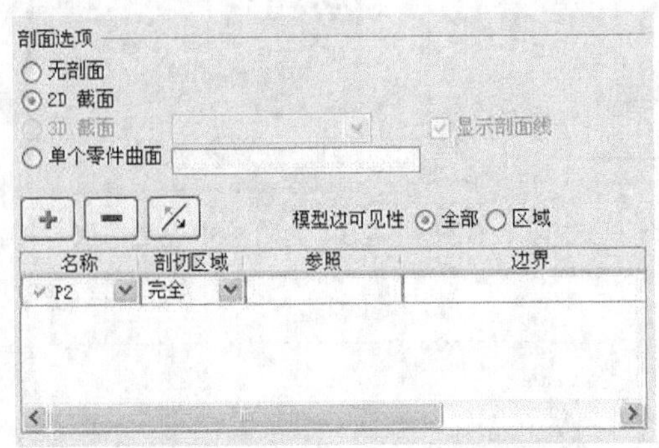

图 11–77 左视图“剖面”选项设置

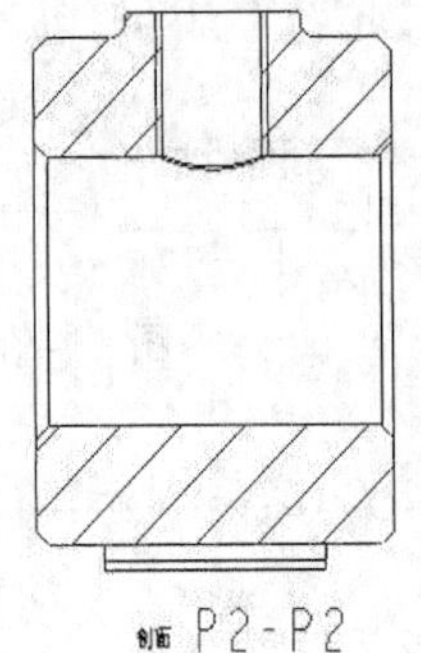

图 11–78 左视图的全剖视图

（5）单击选中剖面注释，再右击，在右键快捷菜单中选择“删除”命令即可去掉左视图下面的注释。为孔特征草绘中心线，并将实线线型转换为点划线。最后得到图 11-79 所示的左视图。

Step 5 增加一般视图

选择功能选项卡中的“布局”→“模型视图”→“一般”选项，在绘图区合适位置选取一点作为轴测图的中心点，同时系统弹出“绘图视图”对话框，单击“应用”按钮，完成轴测图的生成。如图 11-80 所示。

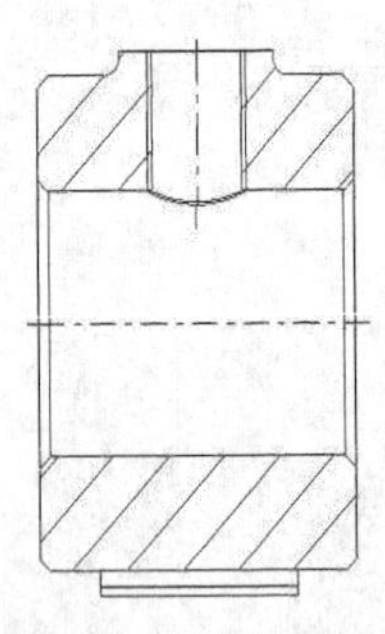

图 11–79 左视图

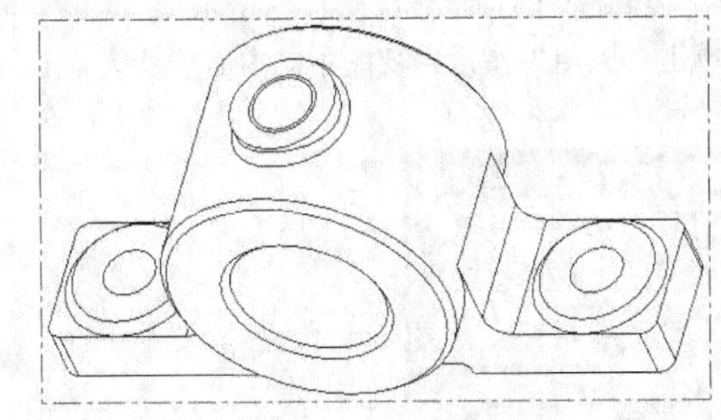

图 11–80 轴承座斜轴测图

轴承座的视图编辑完成，如图 11-57 所示。

11.4 工程图标注

创建完视图后，需要对工程图进行尺寸标注。尺寸标注是工程图设计中的重要环节，它关系到零件的加工、检验和实用等环节。只有合理的尺寸标注才能帮助设计者更好地表达设计意图。

11.4.1　创建尺寸

驱动尺寸是通过现有的基线为参照来定义的尺寸。通过手动方式可以创建驱动尺寸。如果要创建驱动尺寸，可以选择功能选项卡中的“注释”→“插入”→“尺寸 - 新参照”选项。打开“依附类型”菜单管理器，在菜单管理器中可以选择依附的类型，包括“图元上”“在曲线上”“中点”及“中心”等类型，如图 11-81 所示。

从“依附类型”菜单管理器中选择一个依附类型选项后，系统要求添加新参照，用鼠标选择两个参照以后，在合适的位置单击鼠标中键即可放置新参照尺寸，如图 11-82 所示。

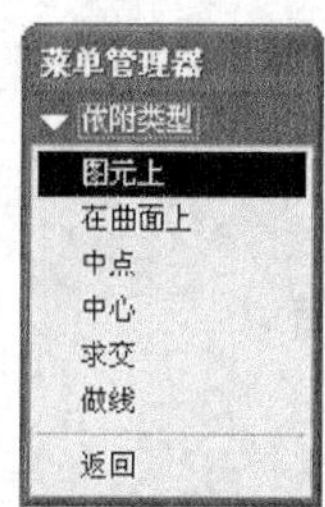

图 11-81　驱动尺寸依附类型

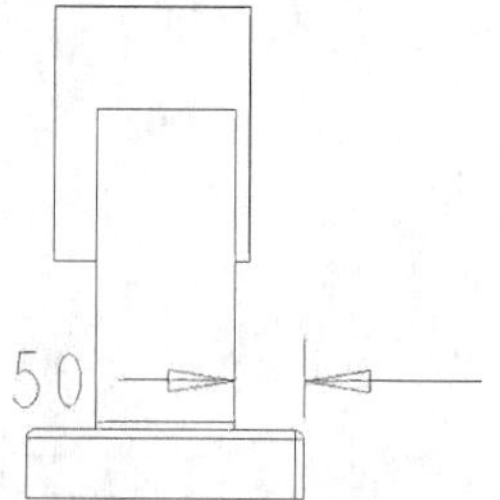

图 11-82　选取尺寸参照

11.4.2　创建参照尺寸

参照尺寸和驱动尺寸一样，也是根据参照定义的尺寸，不同之处在于参照尺寸不显示公差。用户可以通过括号或者在尺寸值后面添加 REF 来表示参照尺寸。通过手动方式可以创建参照尺寸。如果要创建驱动尺寸，可以选择功能选项卡中的“注释”→“插入”→“参照尺寸 - 新参照”选项。

这时可以打开“依附类型”菜单管理器，在菜单管理器中可以选择依附的类型，包括“图元上”“中点”及“中心”等类型，如图 11-83 所示。

从“依附类型”菜单管理器中选择一个依附类型选项后，系统要求添加新参照，用鼠标选择两个参照以后，在合适的位置单击鼠标中键即可放置新参照尺寸，如图 11-84 所示。

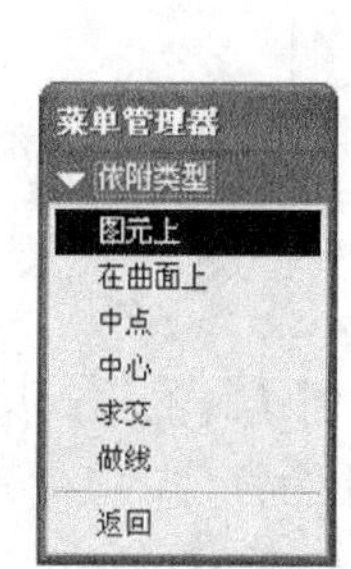

图 11-83　参照尺寸依附类型

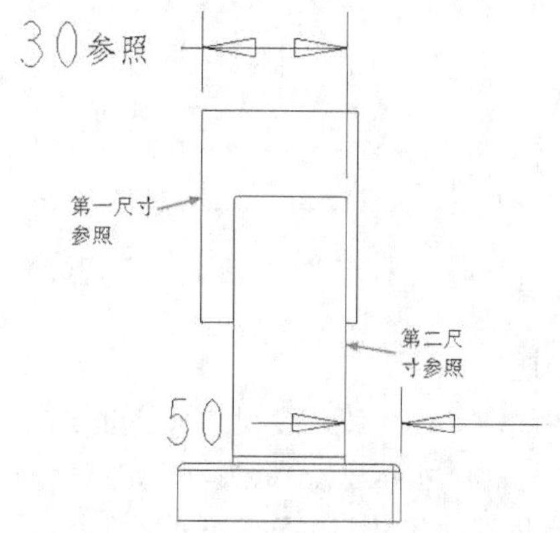

图 11-84　创建参照尺寸

11.4.3 尺寸的编辑

尺寸创建完成后，可能位置安排不合理或者尺寸相互重叠，这就需要对尺寸进行编辑修改。通过编辑修改可以使视图更加美观、合理。可整理绘图尺寸的放置以符合工业标准，并且使模型细节更易读取。

1. 移动尺寸

（1）打开随书光盘文件"\源文件\第 11 章\yagai.drw"文件，如果 10-85 所示。

（2）选取要移动的尺寸，光标变为四角箭头形状，如图 11-86 所示。

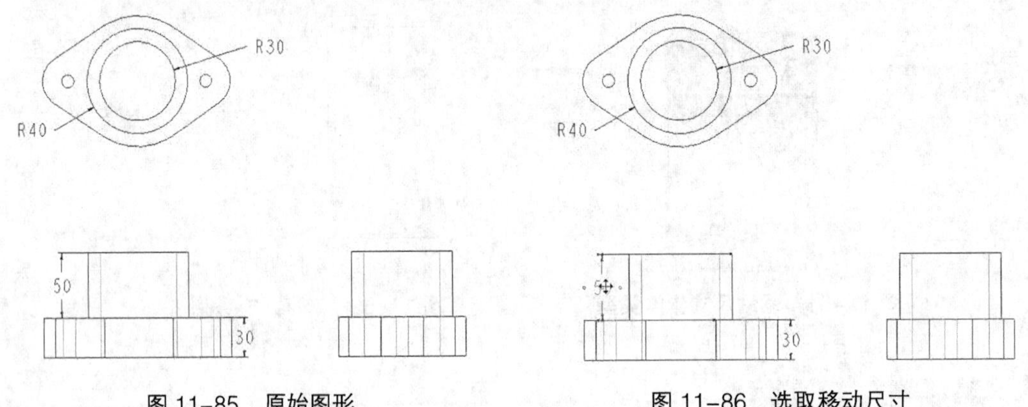

图 11-85　原始图形　　　　图 11-86　选取移动尺寸

（3）按住左键将尺寸拖动到所需位置并释放鼠标，尺寸便移动到新的位置，如图 11-87 所示。可使用 <Ctrl> 键选取多个尺寸，这时，移动选定尺寸中的一个，所有的尺寸都会随之移动。

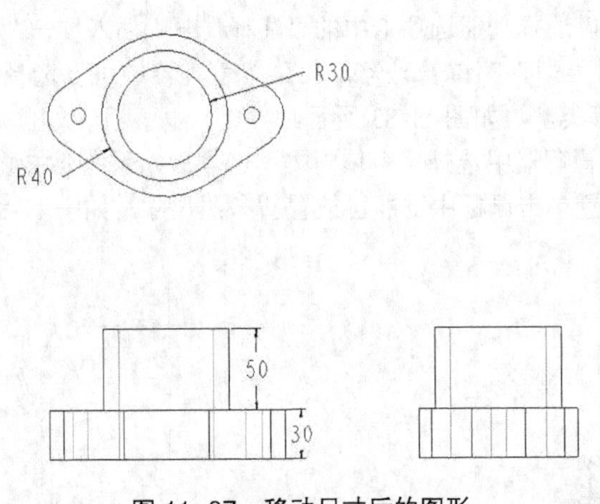

图 11-87　移动尺寸后的图形

2. 对齐尺寸

可通过对齐线性、径向和角度尺寸来整理绘图显示。选定尺寸与所选择的第一尺寸对齐（假设它们共享一条平行的尺寸界线）。无法与选定尺寸对齐的任何尺寸都不会移动。

首先选取要将其他尺寸与之对齐的尺寸，该尺寸会加亮显示。按 <Ctrl> 键并选取要对齐的剩余尺寸。可单独选取附加尺寸或使用区域选取，还可以选取未标注尺寸的对象，但是，对齐只适用于选定尺寸，选定尺寸加亮。然后右击并从快捷菜单中选择“对齐尺寸”命令，则尺寸与第一个选定尺寸对齐，如图 11-88 所示。

注意

每个尺寸可独立地移动到一个新位置。如果其中一个尺寸被移动，则已对齐的尺寸不会保持其对齐状态。

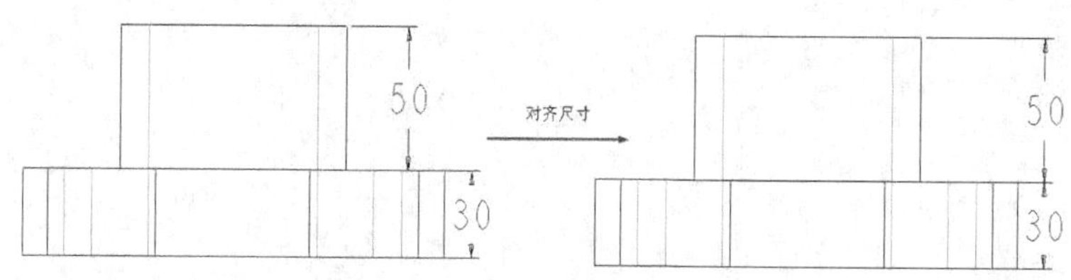

图 11-88　尺寸对齐

3. 修改尺寸线样式

选择功能选项卡中的“注释”→“格式”→“箭头样式”选项，打开图 6-89 所示的“箭头样式”菜单管理器。

在菜单管理器中选择一种样式，如“实心点”样式，然后选择待修改的尺寸线箭头，然后单击“选取”对话框中的“确定”按钮，则视图中的箭头就会改变样式，如图 6-90 所示。

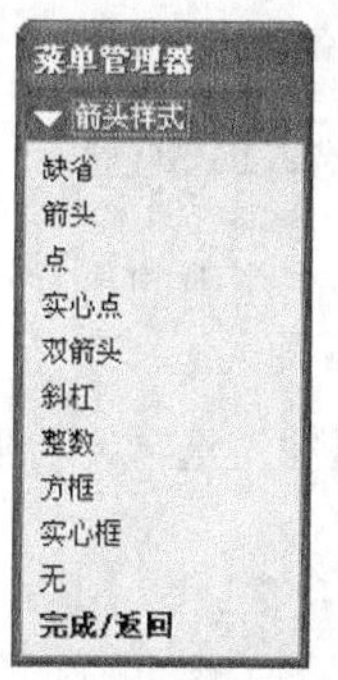

图 11-89 “箭头样式”菜单管理器

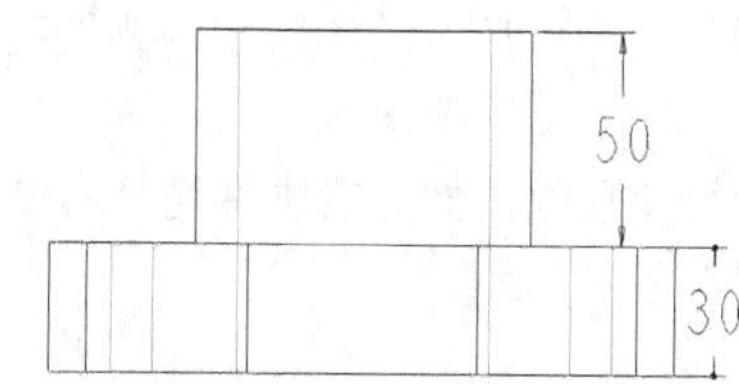

图 11-90　修改箭头样式

4. 删除尺寸

如果要删除某一尺寸可以直接用鼠标光标选取该尺寸，该尺寸加亮显示，然后右击并从弹出的快捷菜单中选择“删除”命令。

11.4.4　显示尺寸公差

下面利用支架零件图作为范例来讲解尺寸公差的显示方法。

（1）选择菜单栏中的“文件”→“打开”命令，在光盘相应位置选择“zhijia.prt”文件，打开支架零件图。然后选择菜单栏中的“工具”→“环境”命令，打开图 11-91 所示的“环境”对话框。

（2）在该对话框中选择“尺寸公差”复选框，然后再单击“确定”按钮就可以设定公差的显示模式。然后选择零件的模型树中的“拉伸 3”，右击并从弹出的快捷菜单中选择“编辑”命令，如图 11-92 所示。

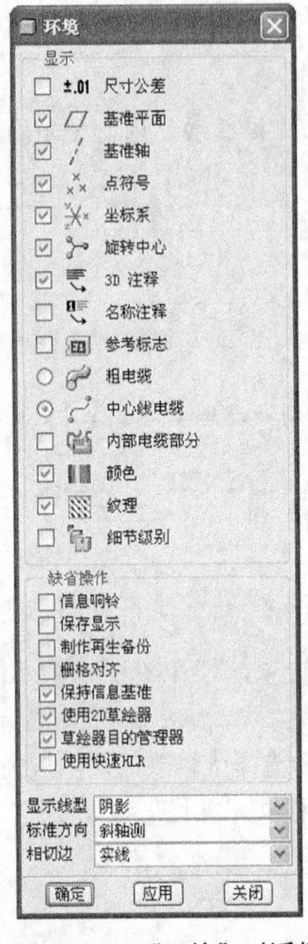

图 11-91 “环境”对话框

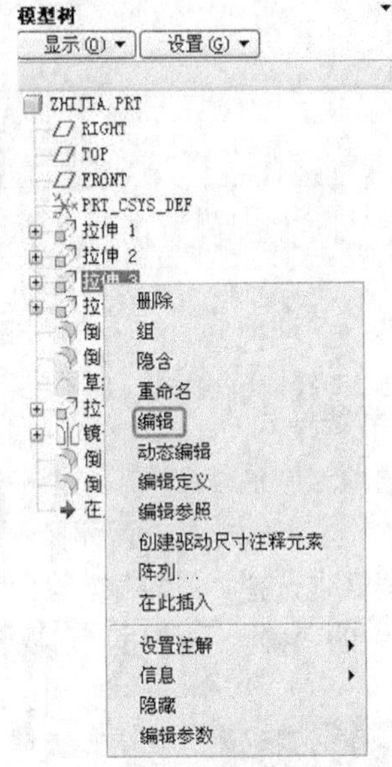

图 11-92 选取编辑特征

（3）选择“编辑”命令以后，绘图区零件视图变为图 11-93 所示，在图中的尺寸已经显示了尺寸公差。

（4）选择图中的公差尺寸，然后右击并选择右键快捷菜单中的“属性”选项，可以打开“尺寸属性”对话框，如图 11-94 所示。

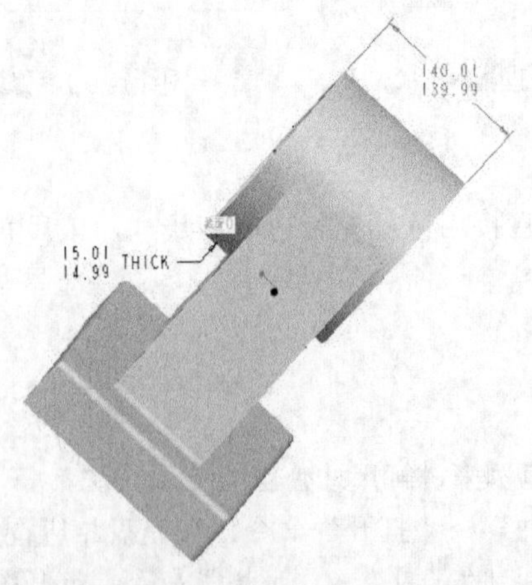

图 11-93 显示尺寸公差

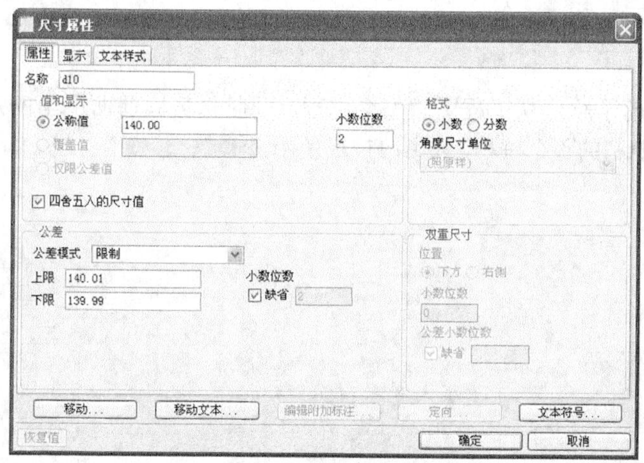

图 11-94　“尺寸属性”对话框

（5）在“尺寸属性”对话框中可以修改公差模式和公差值。单击“公差模式”下拉列表框，从图 11-95 所示的下拉列表中选择“加 - 减”模式，则“尺寸属性”窗口变为图 11-96 所示。

象征
限制
加-减
+-对称
(照原样)

图 11-95　“公差模式”下拉列表

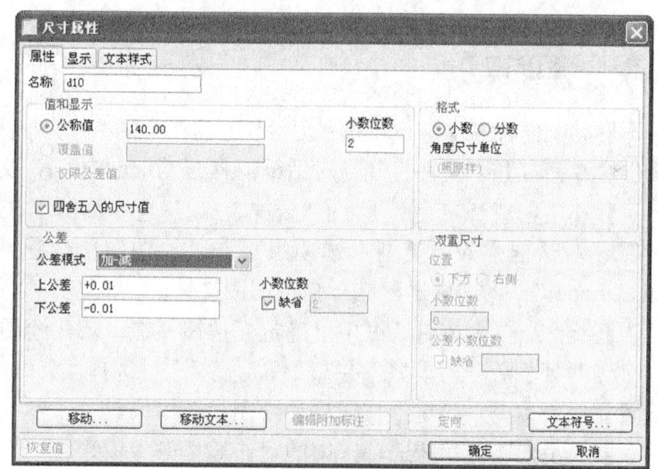

图 11-96　“尺寸属性”窗口（1）

（6）在“上公差”和“下公差”的文本框中可以修改公差值，完成以后单击“确定”按钮，则视图变为图 11-97 所示。

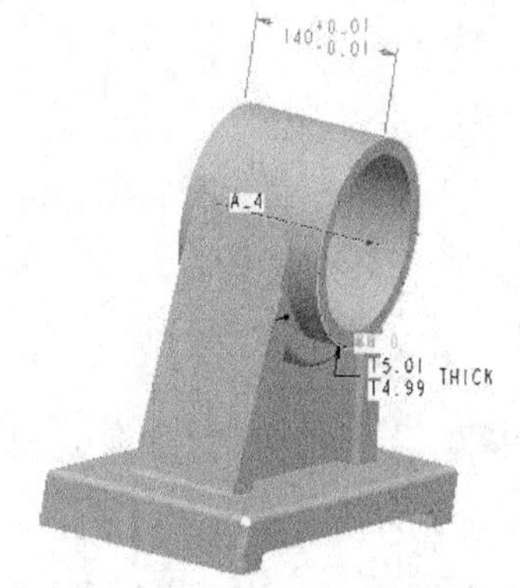

图 11-97　修改公差值后的图形

11.4.5 实例——联轴器

为了让读者更好地了解建立工程图的整个过程，同时也巩固前面所学的知识，本节将以联轴器为例来讲述工程图绘制的整个过程，如图 11-98 所示。

扫码看视频

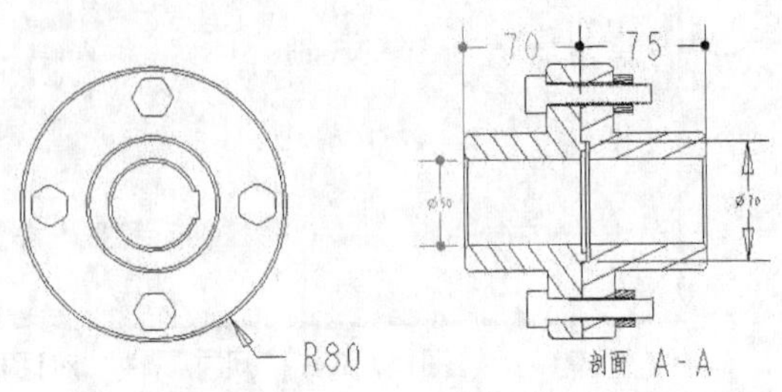

图 11-98 完成工程图

【创建步骤】

Step 1 打开文件。单击“文件”工具栏中的“打开”按钮或选择菜单栏中的“文件”→“打开”命令，打开“文件打开”对话框，打开“lianzhouqi”文件，如图 11-99 所示。

Step 2 选择“文件”→“新建”命令或者单击“新建”按钮打开“新建”对话框，然后在该对话框中的“类型”选项组点选“绘图”单选钮，并在名称文本框输入新建文件的名称“lianzhouqi”，为联轴器建立一个工程图文件。

Step 3 单击该对话框中“确定”按钮，在“新建绘图”对话框中的“缺省模型”栏中自动指定了当前处于活动的模型。并在“指定模板”栏选择“空”，在图纸“标准大小”栏选择“A4”选项。设置完成后单击“确定”按钮启动绘图设计模块。

Step 4 选择功能选项卡中的“布局”→“模型视图”→“一般”选项。选择视图适当位置作为放置中心，打开“绘图视图”对话框。

Step 5 从该窗口的“模型视图名”下拉列表框中选择“FRONT”。然后单击“确定”按钮，生成的一般视图，如图 11-100 所示。

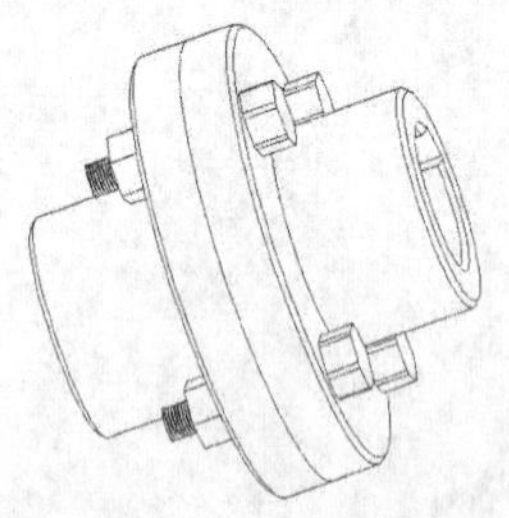

图 11-99 联轴器模型

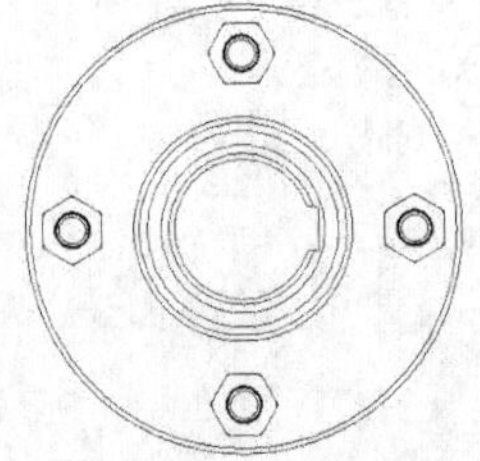

图 11-100 生成的一般视图

Step 6 选择功能选项卡中的“布局”→“模型视图”→“投影”选项，然后选取要在投影中显示的父视图，同时出现一个代表投影的矩形框。在适当位置单击放置视图，结果如图 11-101 所示。

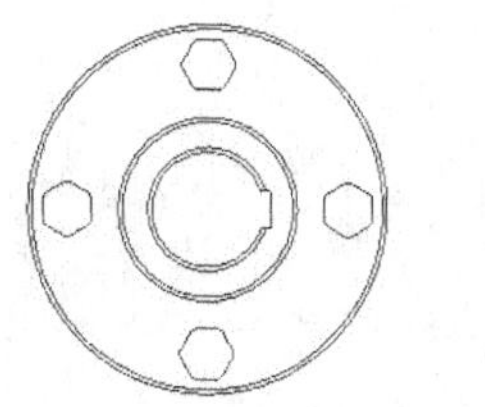
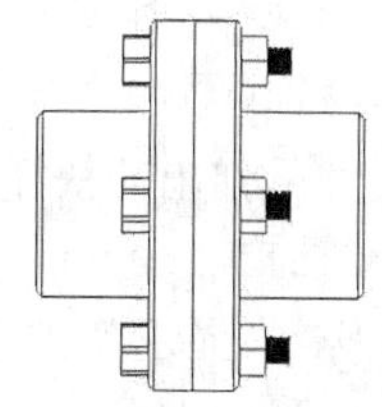

图 11-101 产生左视图

Step 7 双击左视图，并从弹出的“绘图视图”对话框中选择“截面”选项，如图 11-102 所示。

Step 8 在该对话框中点选“2D 截面”单选钮，并单击 + 按钮新建一个剖面，取名为 A，并选择“ASM_RIGHT”面作为基准，则可以产生图 11-103 所示的剖面。

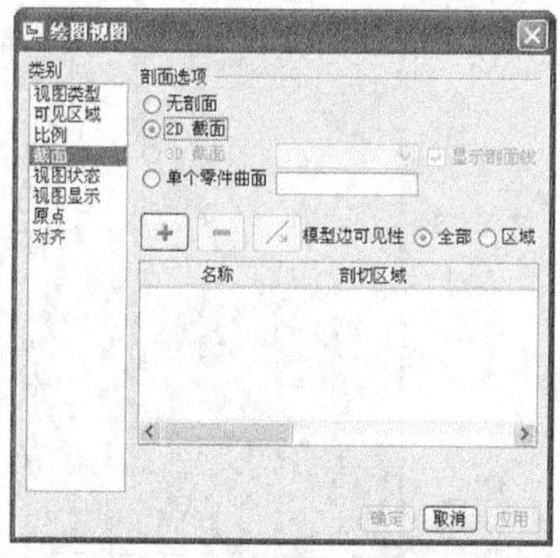

图 11-102 “绘图视图”对话框

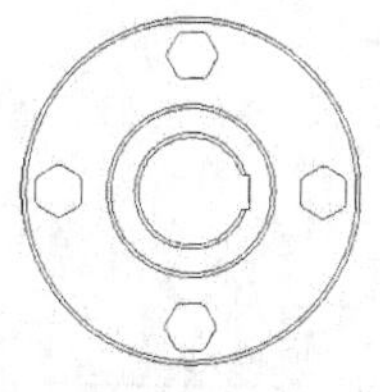
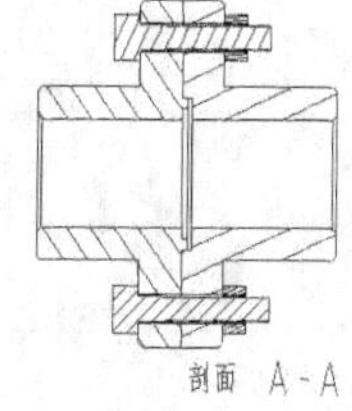

图 11-103 产生剖面

Step 9 在图 11-103 中的剖面线上双击可以弹出图 11-104 所示的“修改剖面线”菜单管理器，通过单击其中的“下一个”选项将选中剖面转移到螺钉位置，然后选择“排除”即可去掉螺钉上的剖面线，用相同方法去掉另一螺钉上的剖面线，结果如图 11-105 所示。

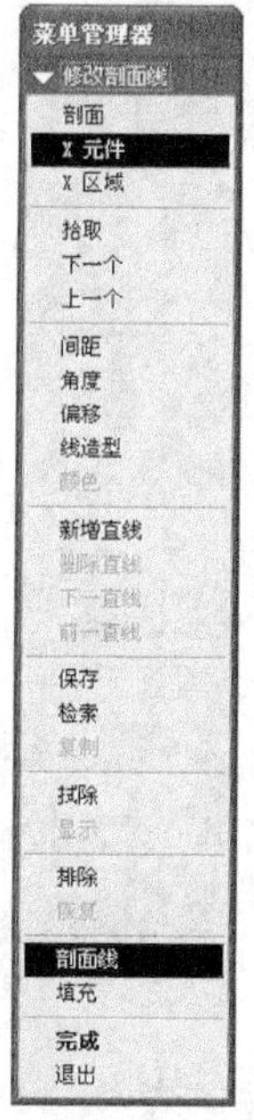

图 11-104 “修改剖面线”菜单管理器

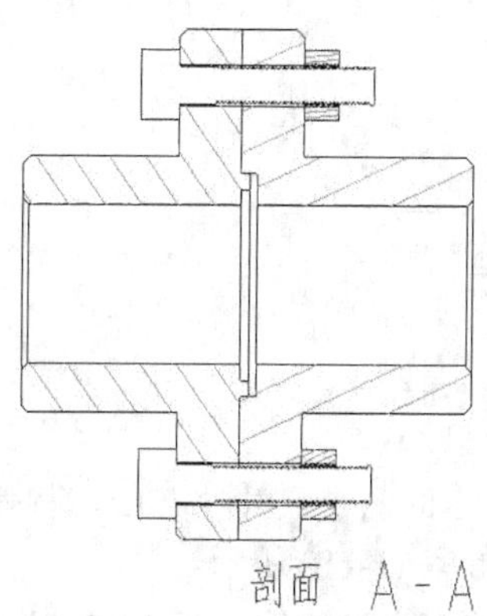

图 11-105 去除剖面线

Step 10 在功能选项卡中选择“注释”→“插入”→“尺寸 - 新参照”选项，在图 11-106 中添加“70”尺寸线。

Step 11 右击该尺寸线并从弹出的快捷菜单中选择“属性”选项打开“尺寸属性”对话框。

Step 12 在该窗口中单击“显示”选项卡，然后单击“文本符号”按钮打开“文本符号”窗口，从中选择“Φ”并插入到尺寸文本最前面，如图 11-107 所示。

Step 13 单击“确定”按钮关闭“尺寸属性”窗口，则图形中的尺寸变为图 11-108 所示。

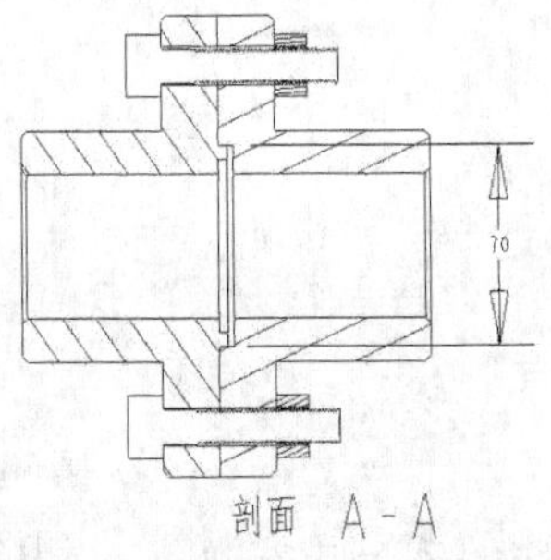

图 11–106 添加尺寸

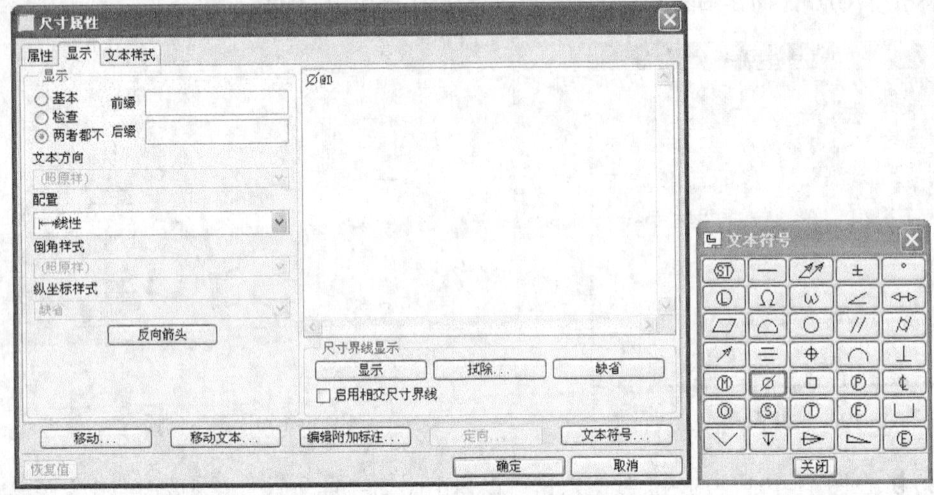

图 11–107 插入文本符号

Step 14 通过上述方法添加左视图中的其他尺寸，并通过前面讲述的方法将箭头形式改为实心圆点，结果如图 11-109 所示。

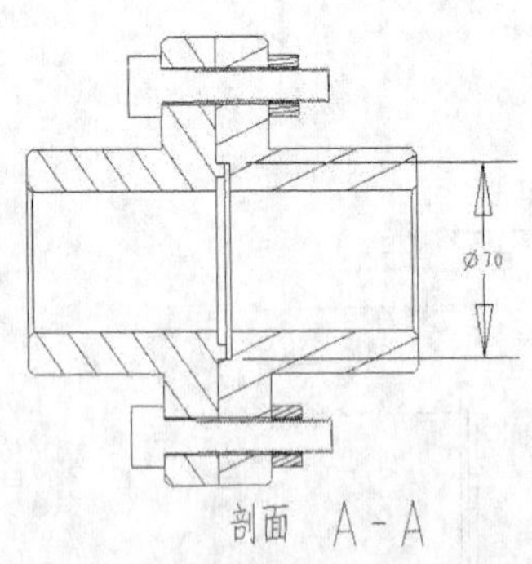

图 11–108 添加文本符号

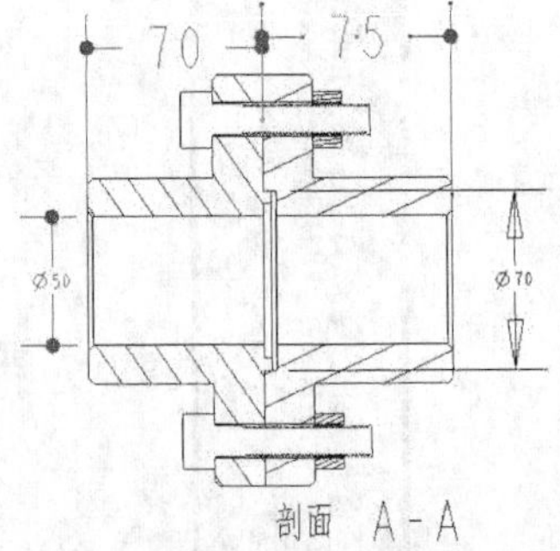

图 11–109 添加其他尺寸

Step 15 选择上方的两个尺寸并右击，从弹出的快捷菜单中选择“对齐尺寸”命令，则所选中的尺寸就会对齐，如图 11-110 所示。

Step 16 同样方法添加主视图中尺寸“R80”，至此，整个工程图绘制完成，结果如图 11-98 所示。

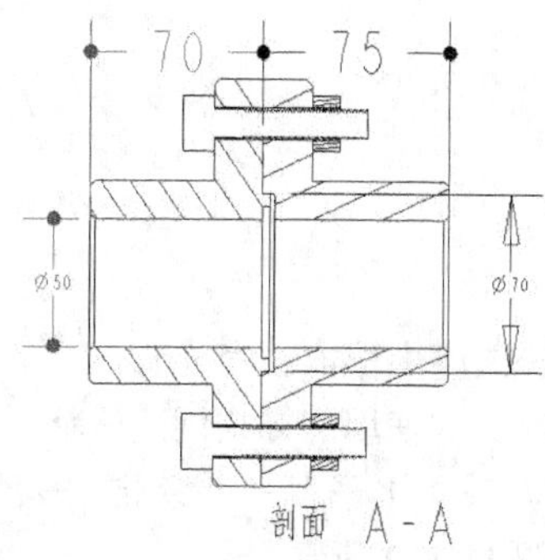

图 11-110　对齐尺寸

11.5 创建注释文本

文本注释可以和尺寸组合在一起，用引线（或不用引线）连接到模型的一条边或几条边上，或"自由"定位。创建第一个注释后，系统使用先前指定的属性要求来创建后面的注释。

11.5.1 注释标注

（1）选择功能选项卡中的"注释"→"插入"→"注释"选项，打开图 11-111 所示的"注释类型"菜单管理器。

"注释类型"菜单中的命令分为 6 类，含义如下。

① 设置箭头的形式。

- 无引线。没有箭头，绕过任何引线设置选项，并且只提示给出页面上的注释文本和位置。
- 带引线。引线连接到指定点，提示给出连接样式、箭头样式。
- ISO 引线。ISO 样式引线，带标准箭头。
- 在项目上。直接注释到选定图元上。
- 偏移。创建一个连接到尺寸、别的注释和几何公差的注释。绕过任何引线设置选项并且只提示给出偏移文本的注释文本和尺寸。

② 设置文本输入方式。

- 输入。从键盘输入文本。
- 文件。打开文件输入。

③ 设置文本放置方式。

- 水平。文字水平放置。
- 垂直。文字垂直放置。
- 角度。文字按任意角度放置。

④ 设置箭头与图元的关系。

- 标准。使用默认引线类型。
- 法向引线。使引线垂直于图元，在这种情况下，注释只能有一条引线。
- 切向引线。使引线与图元相切，在这种情况下，注释只能有一条引线。

⑤ 设置文本对齐方式。

- 左。文本左对齐。
- 居中。文本居中对齐。
- 右。文本右对齐。
- 缺省。文本以默认方式对齐。

⑥ 设置文本样式。

- 样式库。定义新样式或从样式库中选取一个样式。
- 当前样式。使用当前样式或上次使用的样式创建注释。

（2）选择“带引线”→“输入”→“水平”→“标准”→“缺省”→“进行注解”菜单命令，打开“依附类型”菜单管理器，如图 11-112 所示。

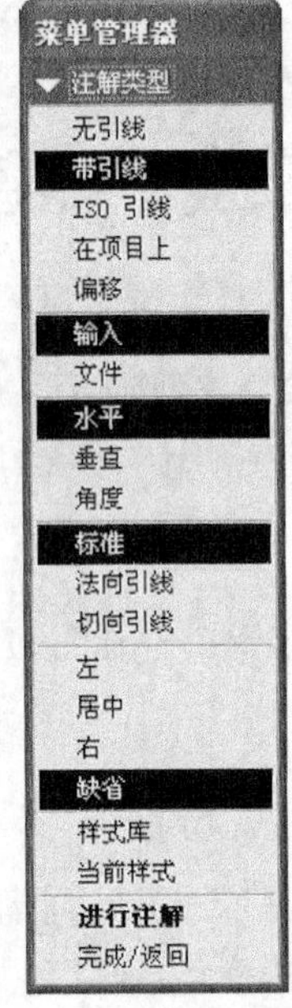

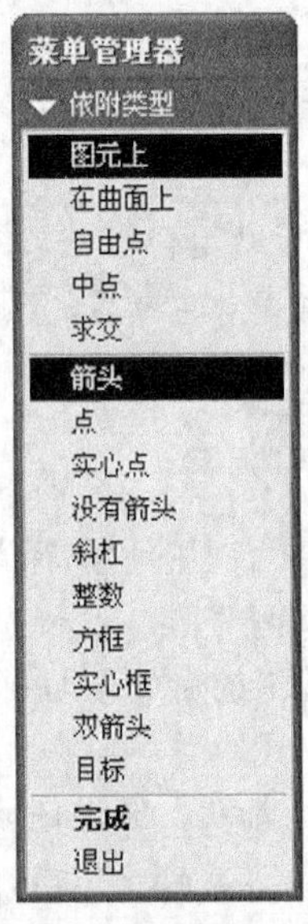

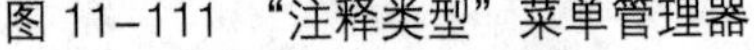

图 11-111 “注释类型”菜单管理器　　　　图 11-112 “依附类型”菜单管理器

（3）在“依附类型”菜单管理器中，选择“图元上”→“箭头”命令，在绘图界面中单击放置注释位置处，在提示输入栏输入注释文本“2×M3.5”，如图 11-113 所示。输入完毕后单击✓按钮，结束注释的输入，如图 11-114 所示。

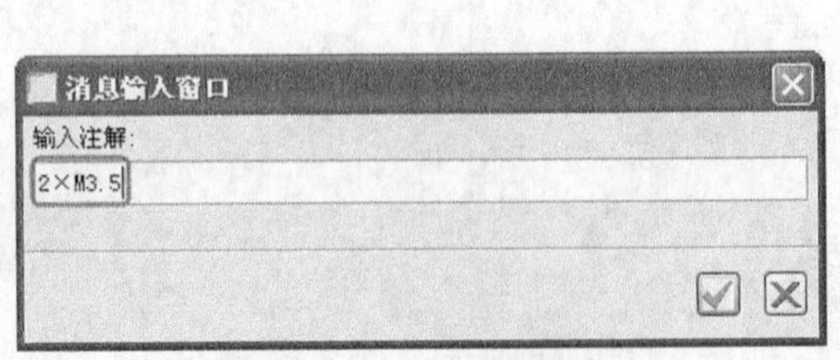

图 11-113 输入注释

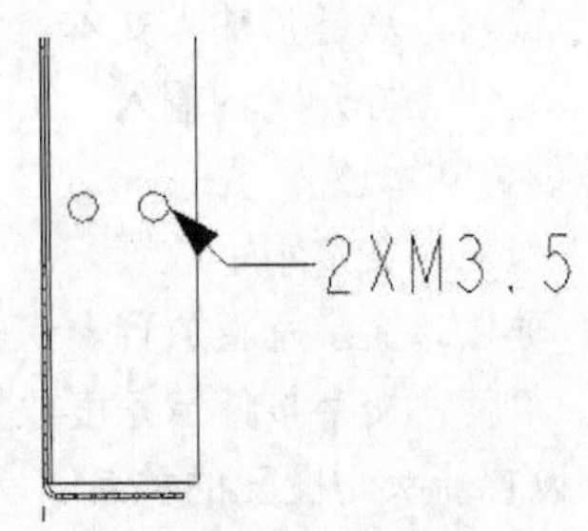

图 11-114 创建的注释

对于键盘无法输入的符号，可以在打开的“文本符号”对话框中选取，如图 11-115 所示。

图 11–115 “文本符号”对话框

11.5.2 注释编辑

与尺寸的编辑操作一样，也可对注释文本的内容、字型、字高等属性进行修改。

用鼠标单击需要编辑的注释，然后选择“编辑”→“属性”命令，或在选择的注释上右击，在打开的右键快捷菜单中选择“属性”，打开图 11-116 所示的“注解属性”对话框。

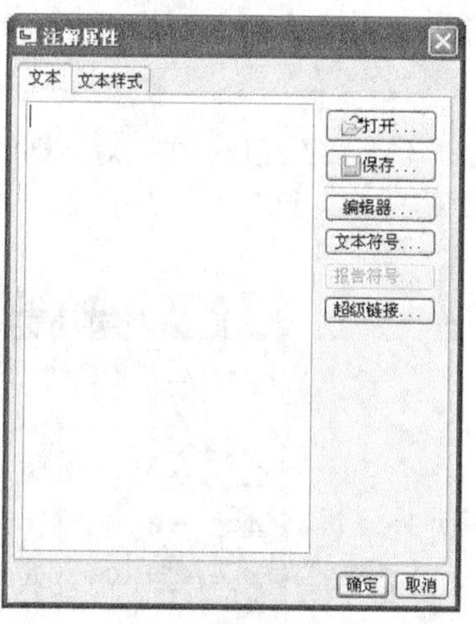

图 11–116 “注解属性”对话框

“注解属性”对话框各选项卡功能如下。

- “文本”选项卡用于修改注释文本的内容。
- “文本样式”选项卡用于修改文本的字型、字高、字的粗细等属性，其各区域功能同“尺寸属性”对话框中的“文本样式”选项卡功能一样。

11.5.3 几何公差的标注

几何公差用来标注产品工程图中的直线度、平面度、圆度、圆柱度、线轮廓度、面轮廓度、倾斜度、垂直度、平行度、位置度、同轴度、对称度、圆跳动度和全跳动等。

（1）选择功能选项卡中的“注释”→“插入”→“几何公差”选项，打开“几何公差”对话框，如图 11-117 所示。

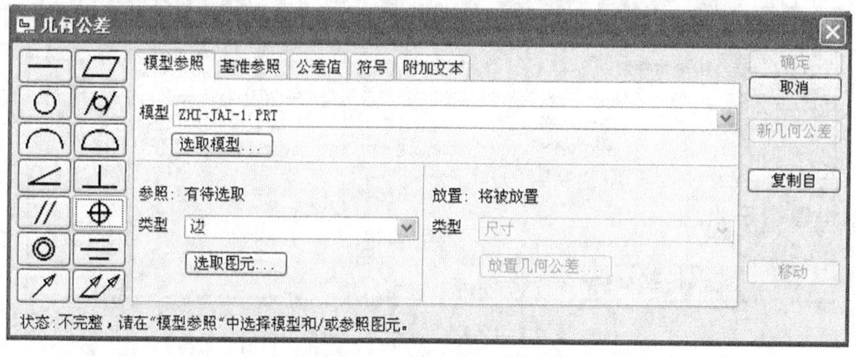

图 11–117 “几何公差”对话框

（2）在“几何公差”对话框的左边选择几何公差的类型。在“模型参照”选项卡中定义参考模型、参考图素的选取方式及几何公差的放置方式。在“基准参照”选项卡中定义参考基准，用户可在“首要”“第二”和“第三”选项卡中分别定义第一、第二、第三基准。在“公差值”编辑框中输入复合公差的数值，如图 11-118 所示。

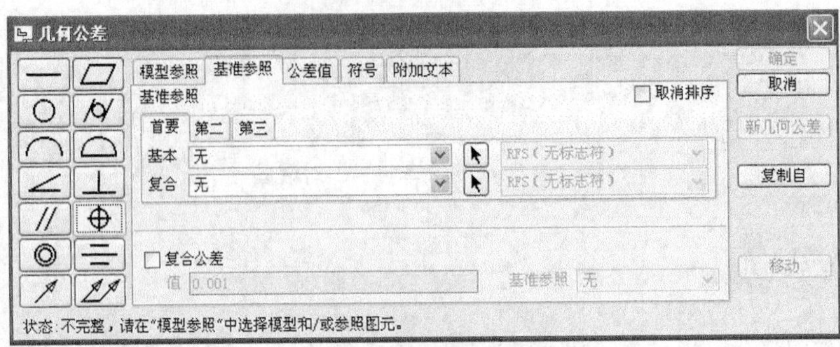

图 11–118 “基准参照”选项卡

（3）在“几何公差”对话框的“公差值”选项卡中输入几何公差的公差值，同时指定材料状态，如图 11-119 所示。

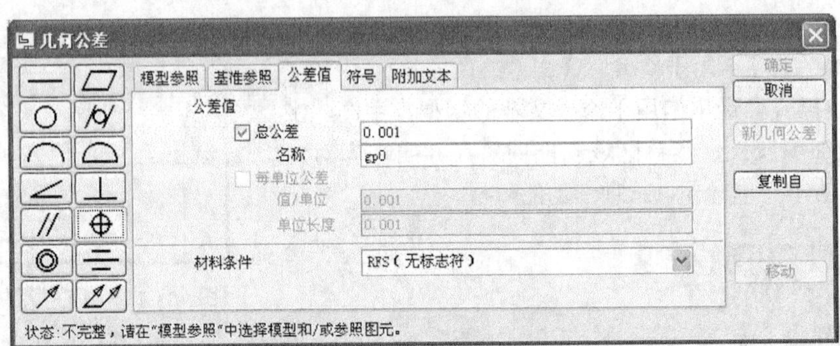

图 11–119 “公差值”选项卡

（4）在“几何公差”对话框的“符号”选项卡中指定其他的符号，如图 11-120 所示。

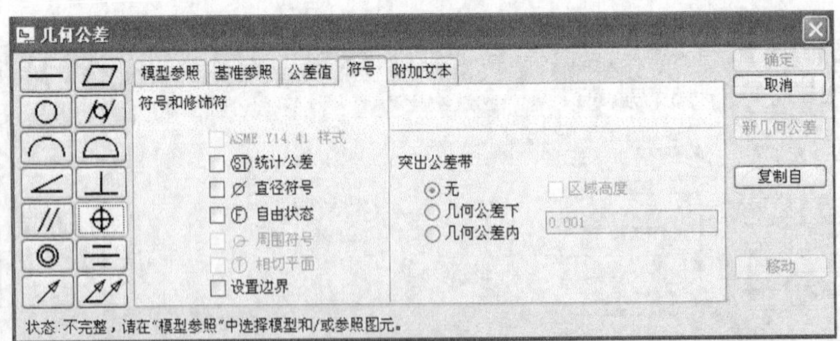

图 11–120 “符号”选项卡

（5）在“几何公差”对话框的“附加文本”选项卡中可以添加文本说明，如图 11-121 所示。

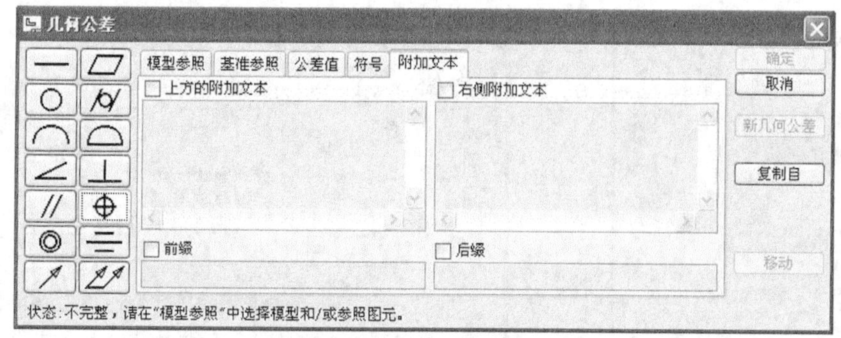

图 11-121　“附加文本”选项卡

设置结束后，单击“几何公差”对话框中的“确定”按钮，即可完成几何公差的标注。

11.6 综合实例——轴工程图

低速轴属于阶梯轴，实体模型如图 11-122 所示。首先生成其主视图，再生成两个投影视图，并将两个投影视图转成剖视图，然后对各个视图进行尺寸标注和几何公差标注，再填写技术要求，最后填写标题栏，从而完成阶梯轴零件图的绘制。

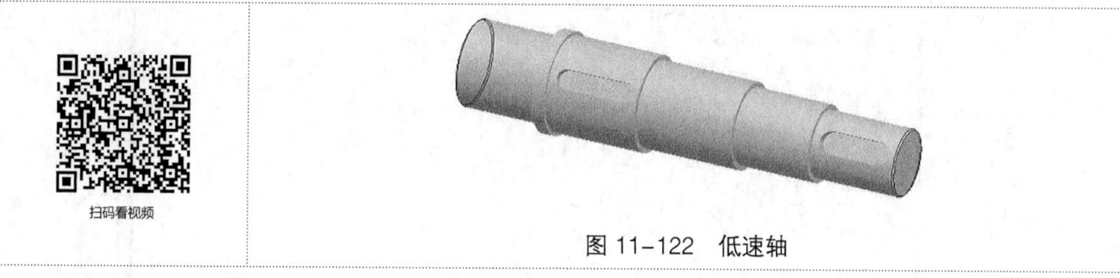

图 11-122　低速轴

【创建步骤】

Step 1 新建文件

（1）单击“新建”按钮，在“新建”对话框中的“类型”选项组中点选“绘图”单选钮，在“名称”文本框中输入零件图名称“zhou”，单击“确定”按钮，弹出“新建绘图”对话框，单击“默认模型”下的浏览...按钮，弹出“打开”对话框，选取所附光盘中的“zhou.prt”阶梯轴造型文件作为默认模型，单击“打开”按钮回到“新建绘图”对话框。

（2）在“指定模板”选项下选择“格式为空”单选钮，再单击“模板”下的浏览...按钮，弹出“打开”对话框，选取所附光盘中的“format_13A4.frm”图形格式文件作为工程制图的模板。这时的“新建绘图”对话框如图 11-123 所示，单击“确定”按钮进入工程图模式。

Step 2 主视图

选择功能选项卡中的“布局”→“模型视图”→“一般”选项，在图纸上单击选取视图的放置中心后，系统弹出图 11-124 所示的“绘图视图”对话框。选择模型视图名为“FRONT”，角度为 90，单击“确定”按钮，生成轴的主视图，结果如图 11-125 所示。

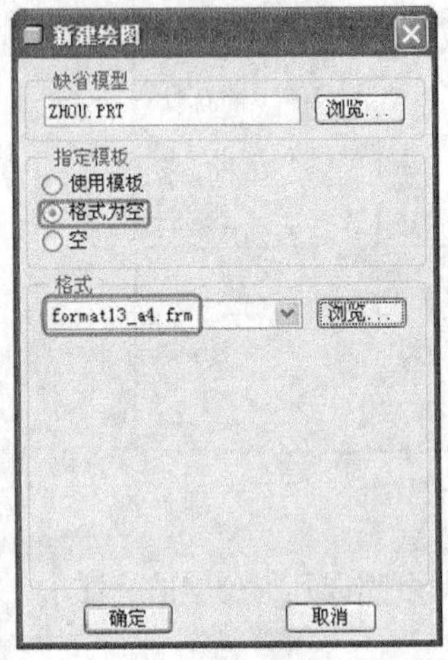

图 11-123 “新建绘图”对话框

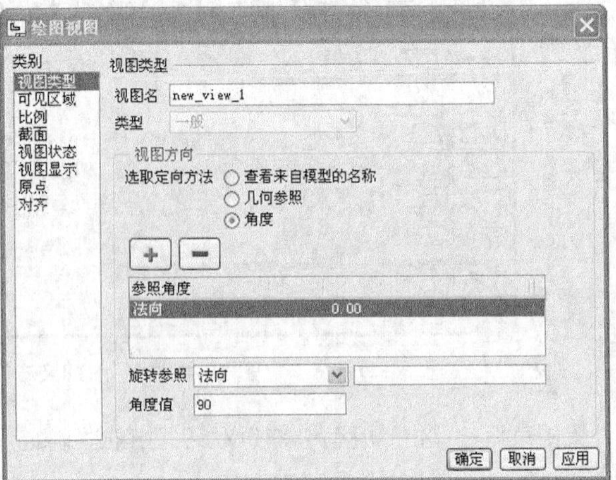

图 11-124 “绘图视图”对话框

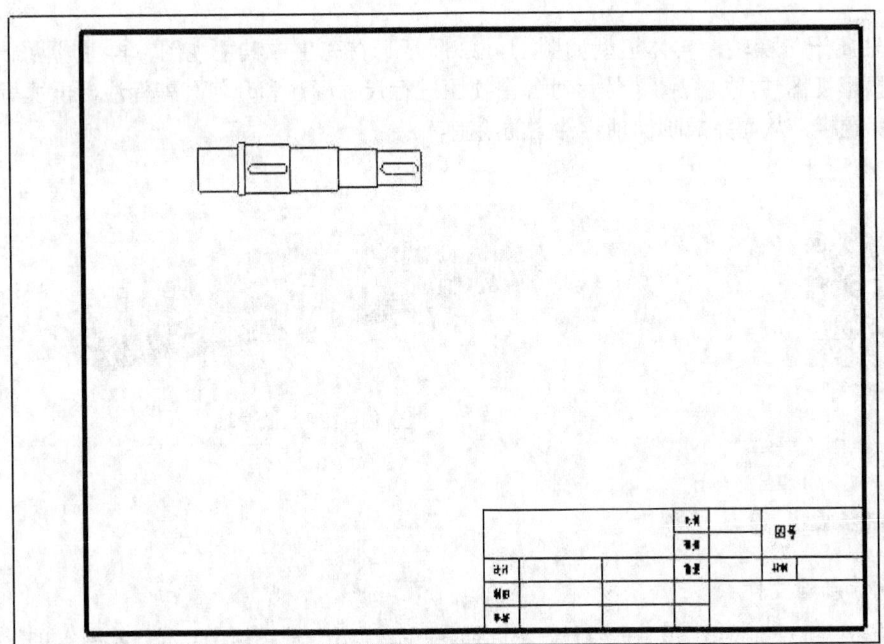

图 11-125 生成阶梯轴主视图

Step 3 投影视图

（1）单击刚生成的主视图，选择功能选项卡中的“布局”→“模型视图”→“投影”选项，在主视图右侧单击插入投影视图。

（2）双击这个投影视图，弹出“绘图视图”对话框，在其中的“类别”选项组中选择“截面”选项，再在“剖面选项”栏中点选“2D 截面”单选钮，然后单击 + 按钮，弹出菜单管理器，选择“完成”，在名称下拉列表中输入“A”，再次弹出菜单管理器要求为剖面选择基准平面，如图 11-126 所示。在主视图上单击“DTM3”基准面，再单击图 11-127 所示“箭头显示”下的矩形框后，单击主视图，然后单击“绘图视图”中的“确定”按钮生成图 11-128 所示的剖视图。

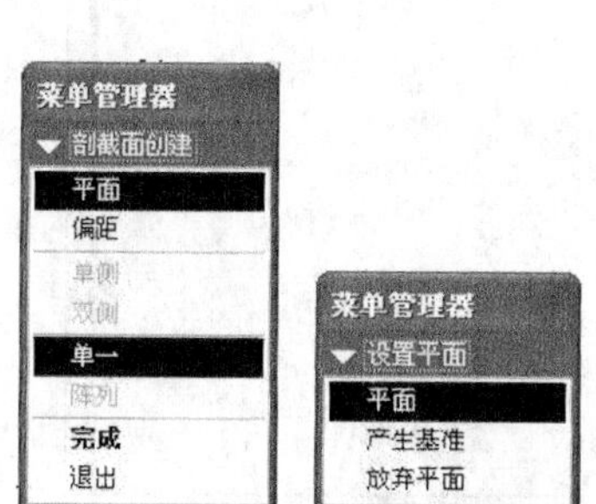

图 11-126　选择投影基准面

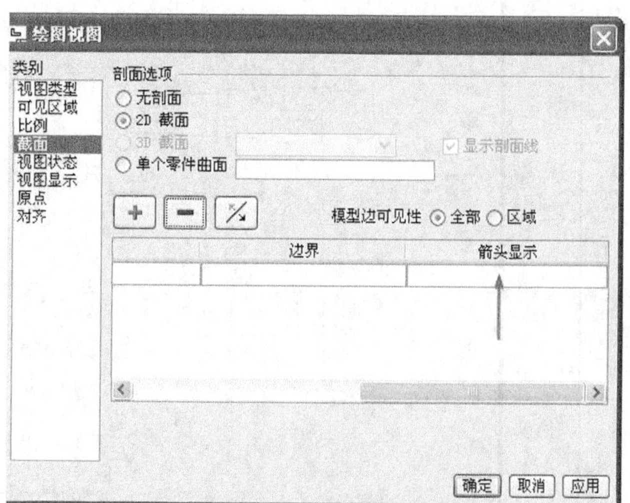

图 11-127　选择箭头显示的视图

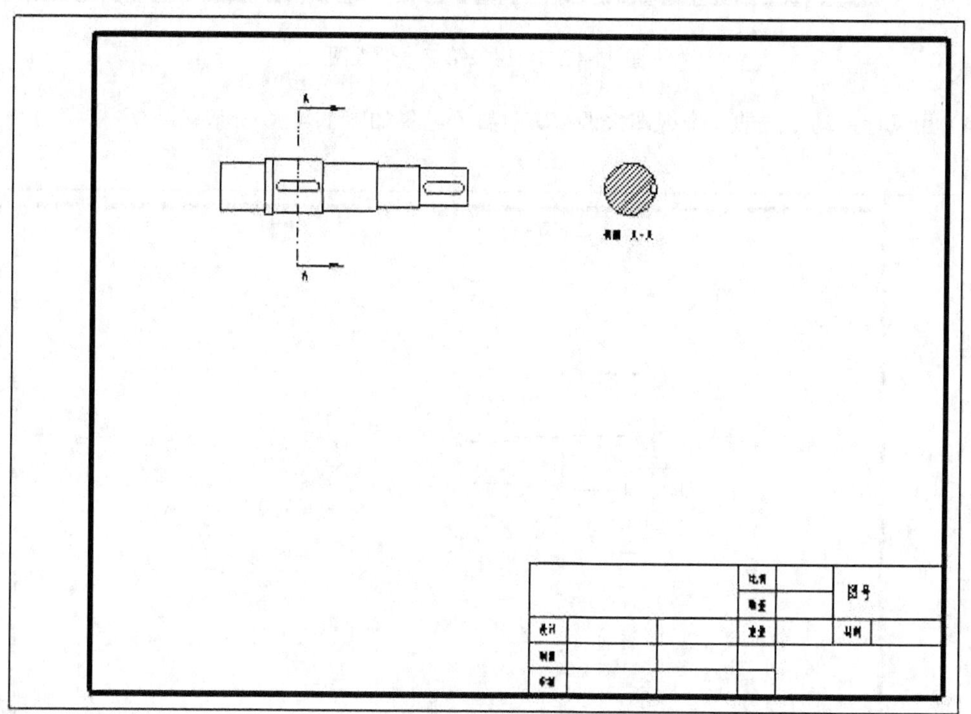

图 11-128　生成第一个剖视图

（3）用与上一步相同的方法生成第二个剖视图，所不同的是单击“箭头显示”下的矩形框后，在主视图上单击“DTM4”基准面作为箭头放置的地方。生成的第二个剖视图如图 11-129 所示。

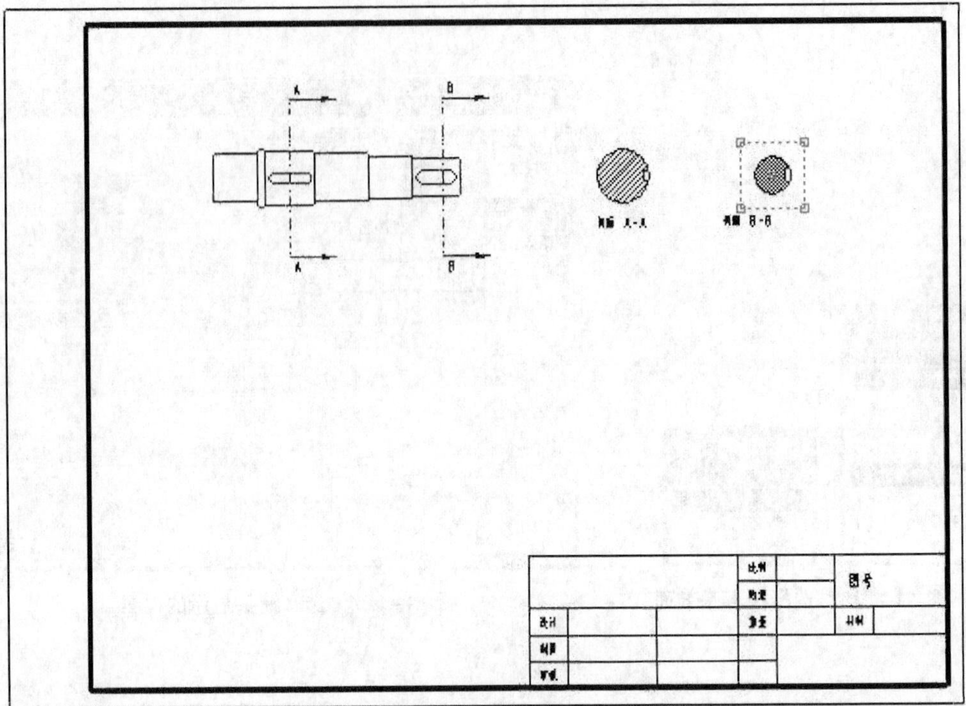

图 11-129　生成第二个剖视图

（4）用鼠标拖动生成的 3 个视图来调整其位置，结果如图 11-130 所示。

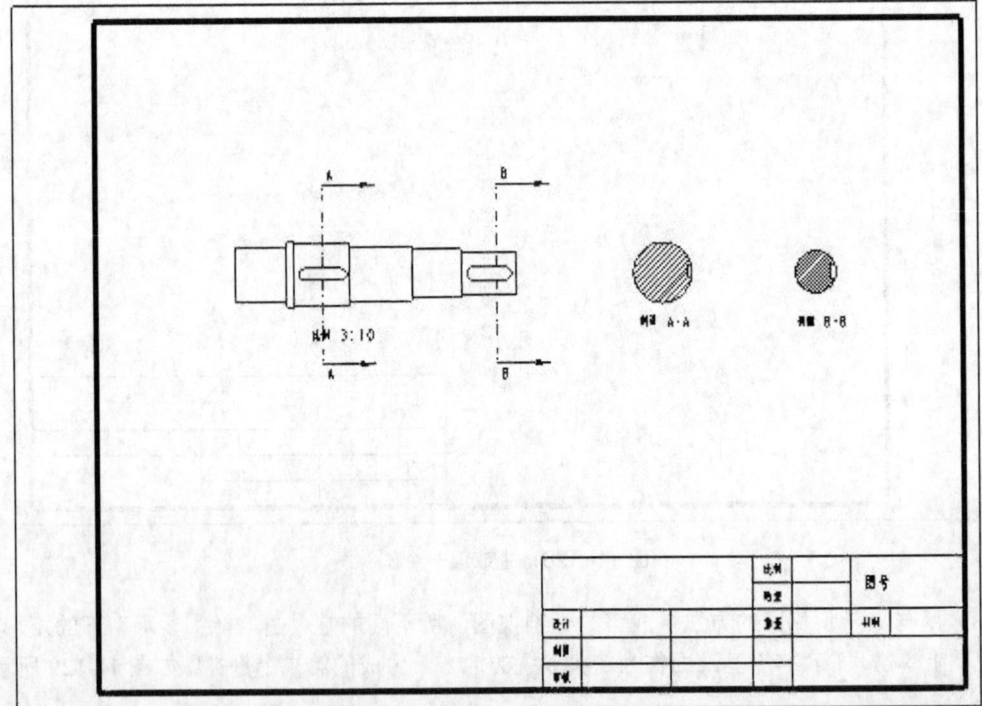

图 11-130　调整视图位置

Step 4 标注视图

（1）选择功能选项卡中的“注释”→“插入”→“尺寸 - 新参照”选项，然后利用“依附类型”菜单管理器进行尺寸标注，单击鼠标中键确认。最终的尺寸标注结果如图 11-131 和图 11-132 所示。再将剖视图的剖面线删除。

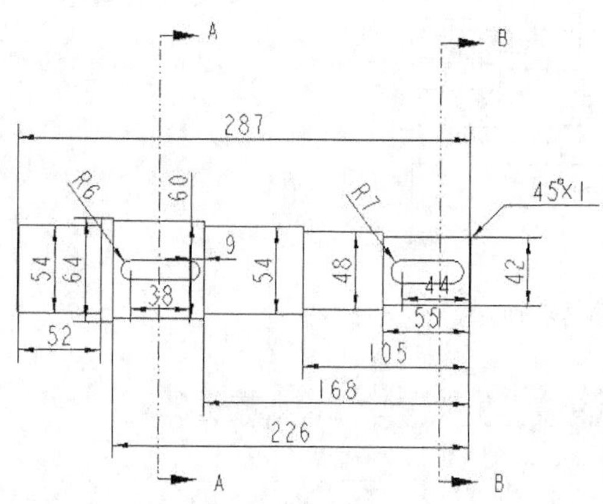

图 11–131 主视图的标注

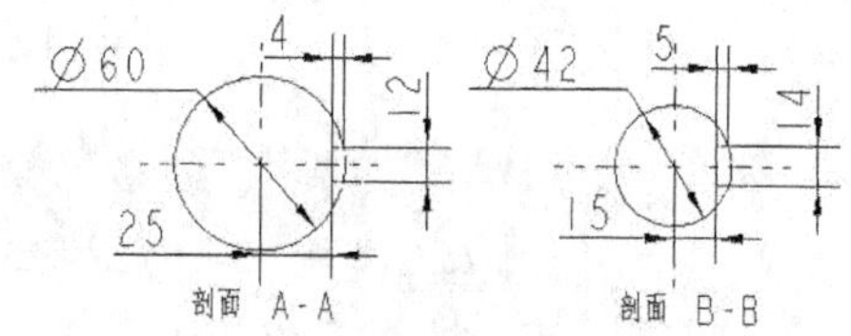

图 11–132 剖视图的标注

（2）选择功能选项卡中的“注释”→“插入”→“Model Datum Axis”选项，弹出“轴”对话框，如图 11-133 所示，输入名称为“A”，选择类型为 -A- ，然后单击“定义”按钮，弹出“基准轴”菜单管理器，如图 11-134 所示，选择“过柱面”，再单击主视图上的一个柱面，得到图 11-135 所示的基准轴（如果长度不合适，可以拖动调整）。

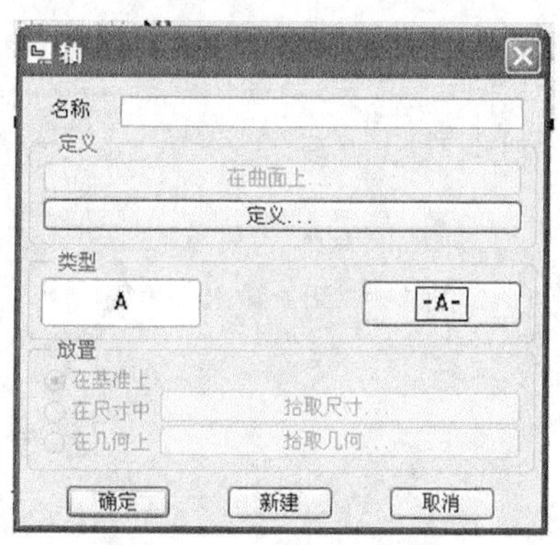

图 11–133 “轴”对话框

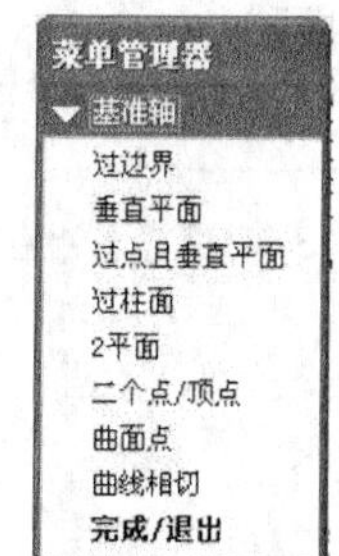

图 11–134 “基准轴”菜单管理器

（3）选择功能选项卡中的“注释”→“插入”→“几何公差”选项，弹出图 11-136 所示的“几何公差”对话框。单击“垂直度”按钮 ⊥ ，再单击“基准参照”选项卡，在“基本”下拉列表中选择“AA”，如图 11-137 所示；单击“公差值”选项卡，将“总公差”设置为“0.02”，如图 11-138 所示；单击“模型参照”选项卡，单击 选取图元... 按钮，选择图 11-135 中的基准轴 AA，再在“类型”下拉列表中选择“带引线”选项，如图 11-139 所示，然后单击主视图中要标注垂直度的尺寸界线，再单击鼠标中键放置位置，最后单击“确定”按钮，完成垂直度的标注，结果如图 11-140 所示。

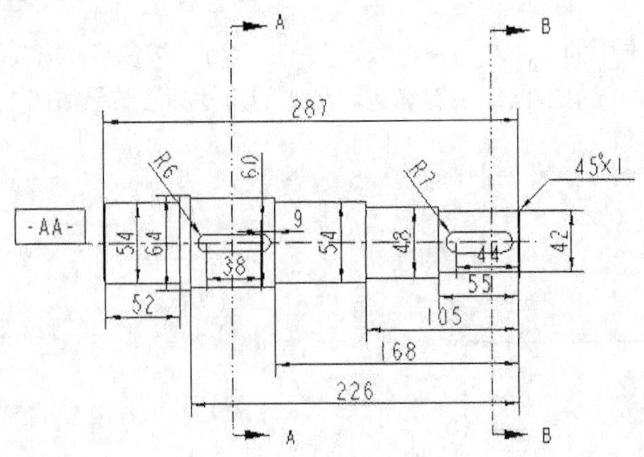

图 11-135　创建基准轴 AA

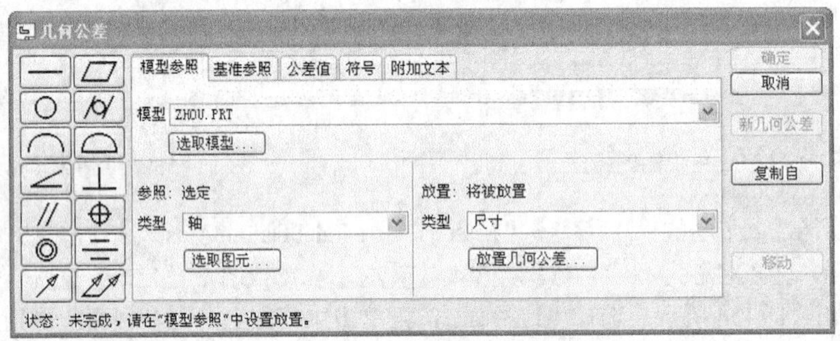

图 11-136　"几何公差"对话框

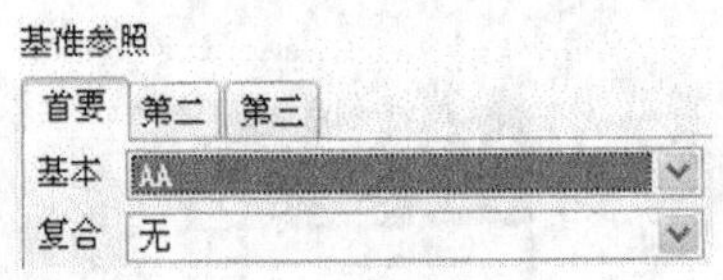

图 11-137　选择基准参照

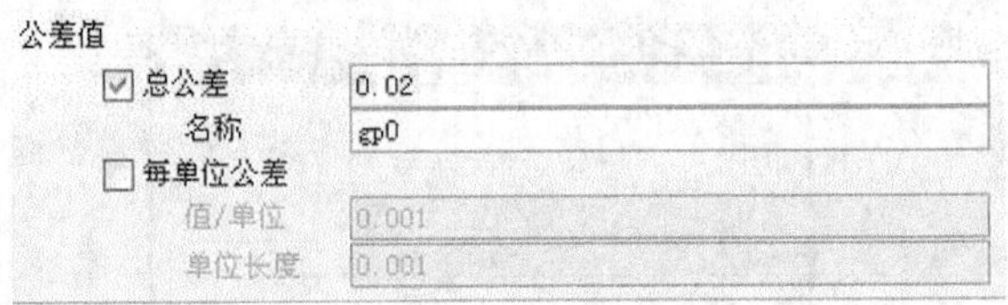

图 11-138　输入公差值

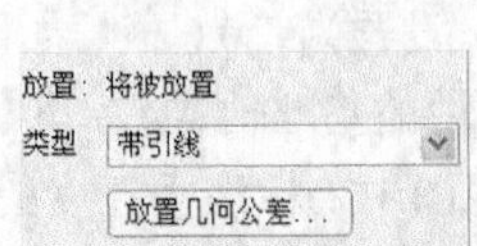

图 11-139　放置公差

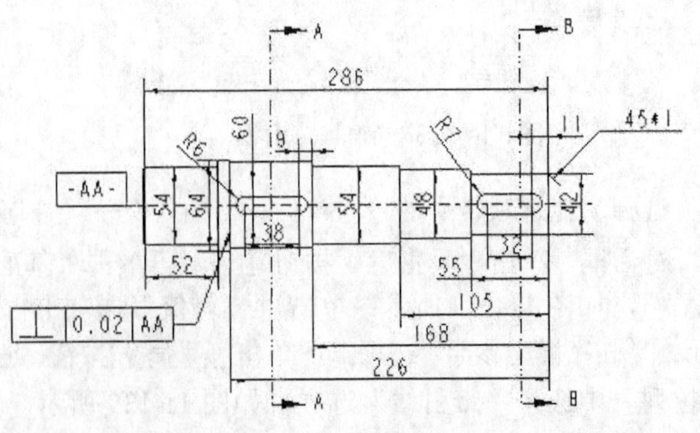

图 11-140　标注垂直度公差

（4）选择功能选项卡中的“注释”→“插入”→“几何公差”选项，弹出“几何公差”对话框。单击“圆柱度”按钮，用类似的方法标注圆柱度公差，结果如图 11-141 所示。

（5）选择功能选项卡中的“注释”→“插入”→“粗糙度”选项，弹出“符号”对话框，选择“检索”命令，在“打开”对话框里选择“machined”，打开后选择“standard1.sym”。在“实例依附”菜单管理器中选择“图元”选项，如图 11-142 所示。单击图 11-143 所示图元，单击“确定”按钮，输入表面粗糙度的值“1.6”，如图 11-144 所示。单击按钮，完成表面粗糙度符号的添加，结果如图 11-145 所示。

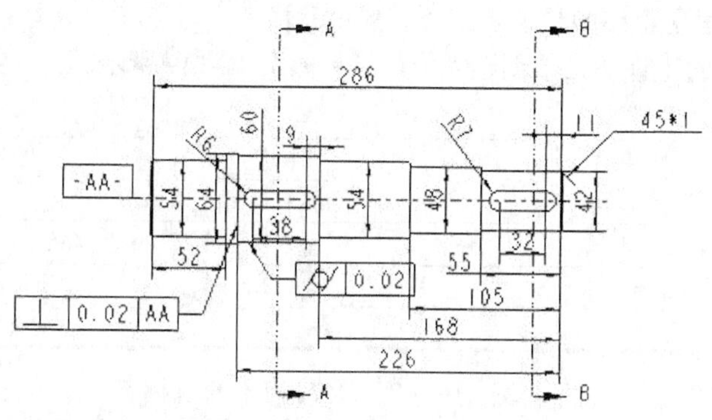

图 11-141　标注圆柱度公差

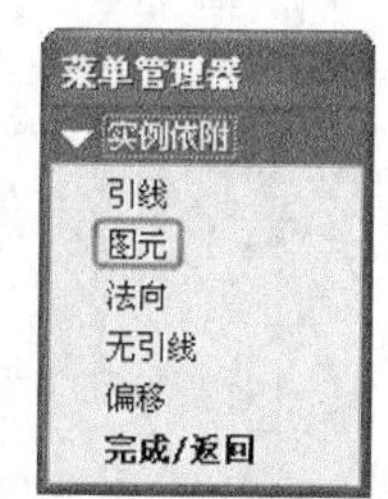

图 11-142　“实例依附”菜单管理器

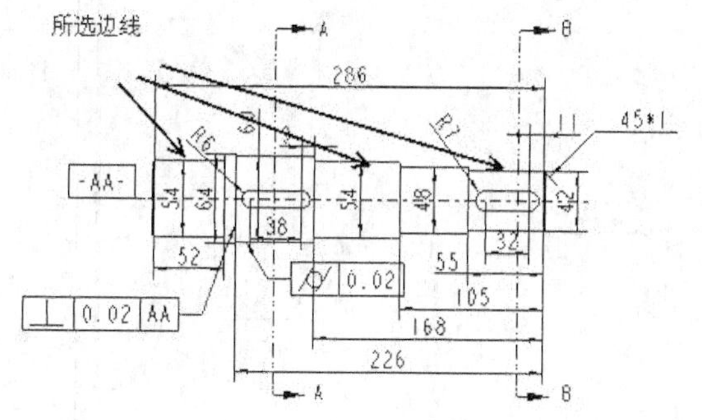

图 11-143　选择图元

图 11-144　表面粗糙度设置

（6）同样的方法，在低速轴的剖视图上标注表面粗糙度。结果如图 11-146 所示。

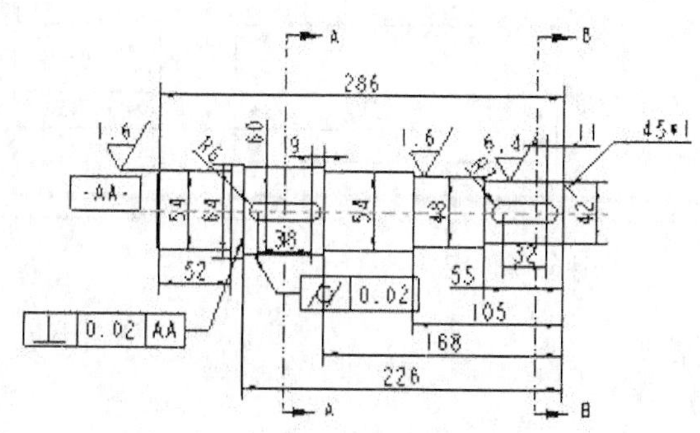

图 11-145　标注主视图表面粗糙度

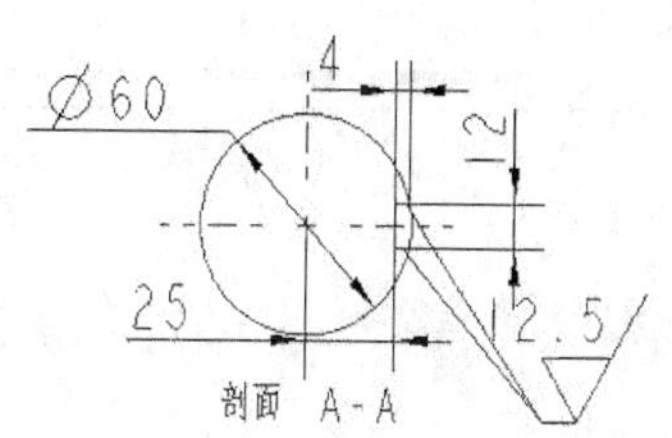

图 11-146　标注剖视图表面粗糙度

Step 5 插入注释

（1）选择功能选项卡中的“注释”→“插入”→“注释”选项，系统弹出“注释类型”菜单，从该菜单中选择“无方向”→“输入”→“水平”→“标准”→“缺省”选项，再单击“进行注解”。在需要添加注释的地方单击，输入注释文本后单击☑按钮，插入文本（使用 <Enter> 键可以换行），结果如图 11-147 所示，最后选择“注释类型”对话框中的“完成 / 返回”选项。双击插入的注释内容，可以在弹出的“注释属性”对话框中更改内容或属性。

（2）在标题栏中双击要填写内容的单元格，弹出“注释属性”对话框，在其中输入要填写的内容，单击“确定”按钮确认，同样的方法填写整个标题栏，直到所有的单元格都填写完毕。填写好的表格如图 11-148 所示。到此为止，阶梯轴的零件图全部创建完成，结果如图 11-149 所示。

技术要求
1．未注圆角半径R0．5。
2．调制处理至HRC50-55。

图 11-147　添加技术要求

轴			比例	0.3	图号10-1	
			数量	1		
设计			重量		材料	45钢
制图						
审核						

图 11-148　阶梯轴零件标题栏

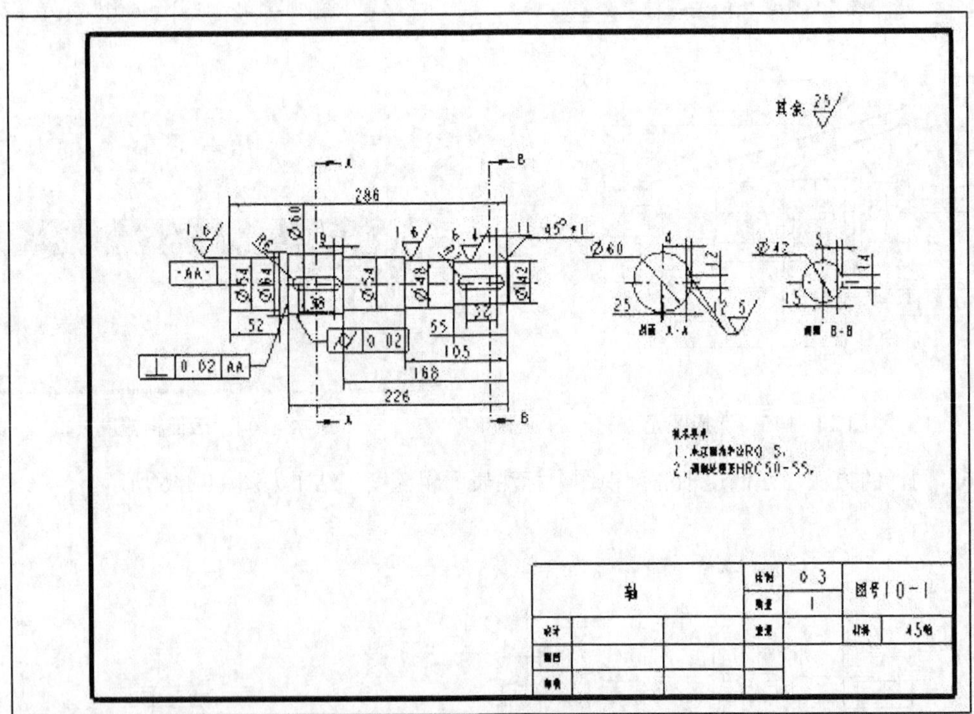

图 11-149　低速轴零件图

12 Chapter

第 12 章 变速箱设计

本章以一个典型的机械装置——变速箱的整体设计过程为例，深入地讲解了应用 Pro/ENGINEER Wildfire 5.0 进行机械工程设计的整体思路和具体实施方法。

通过对本章的学习，读者可以掌握利用 Pro/ENGINEER Wildfire 5.0 进行机械工程设计的实施方法，建立机械设计的整体思维和工程概念。

学习要点

- 变速箱主要零件设计
- 变速箱组件装配
- 变速箱总装配

12.1 变速箱主要零件设计

本节将讲述变速箱的几个典型零件设计建模过程，对前面所学知识进行综合运用。

12.1.1 变速箱端盖设计

本例介绍变速箱端盖的建模过程，模型如图 12-1 所示。变速箱端盖的创建比较简单，主要运用前面介绍过的创建基本特征的方法进行创建。变速箱端盖的主体结构是通过旋转工具来生成的，首先草绘端盖的截面特征，通过旋转创建出实体，然后创建螺钉孔。

扫码看视频

图 12-1 变速箱端盖

【创建步骤】

Step 1 创建新文件

选择菜单栏中的“文件”→“新建”命令，弹出“新建”对话框，在“类型”选项组中点选“零件”单选钮，在“子类型”选项组中点选“实体”单选钮，在“名称”文本框中输入文件名“duangai.prt”，单击“确定”按钮，即可新建一个零件文件。

Step 2 创建旋转特征

单击“基础特征”工具栏中的“旋转”按钮，在弹出的操控板中依次单击“放置”→“定义”按钮，选择 FRONT 基准平面作为草绘平面，接受系统提供的默认参照，单击“草绘”按钮，进入草绘界面；绘制图 12-2 所示的端盖截面草图，在“旋转”操控板中设置旋转角度为“360”，单击操控板中的“确定”按钮，生成的旋转特征如图 12-3 所示。

Step 3 创建螺钉孔特征

单击“工程特征”工具栏中的“孔”按钮，弹出“孔”操控板；设置孔的形状为“通孔”，放置位置选择变速箱盖的大端面，放置参照如图 12-4 所示，修改孔半径为“10”，单击操控板中的“确定”按钮，完成螺钉孔特征的创建。

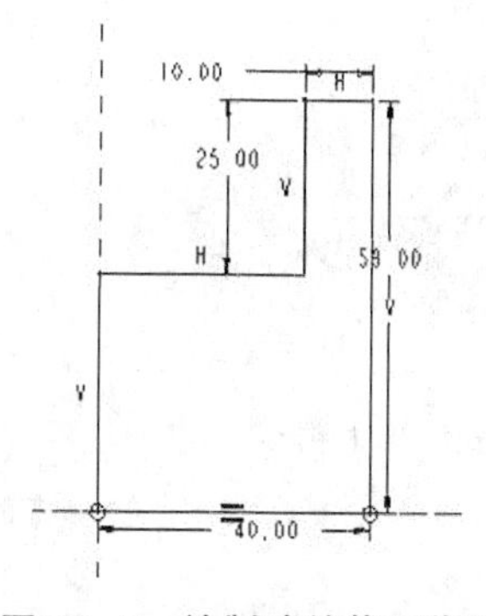

图 12-2　绘制端盖截面草图

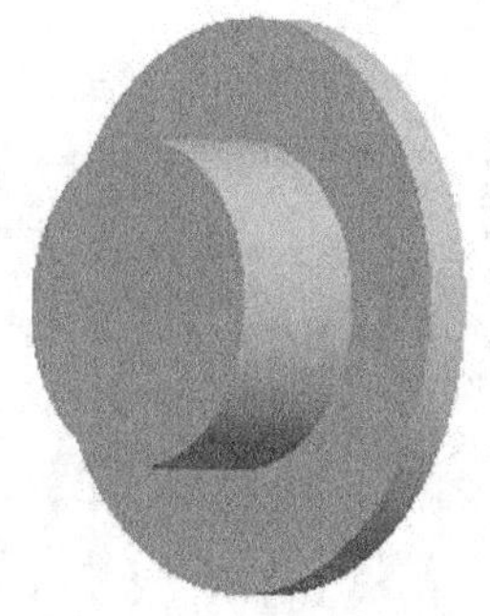
图 12-3　创建旋转特征

Step 4 阵列孔特征

右击模型树中刚刚创建的孔特征，在弹出的快捷菜单中选择“阵列”命令，选择 A_2 轴作为参照，设置阵列个数为“6”，旋转的角度为“60”，完成阵列特征的创建。

Step 5 创建轴孔特征

采用与创建螺钉孔相同的方法创建轴孔，设置孔直径为“40”，放置参数设置如图 12-5 所示，最终生成的端盖实体如图 12-6 所示。

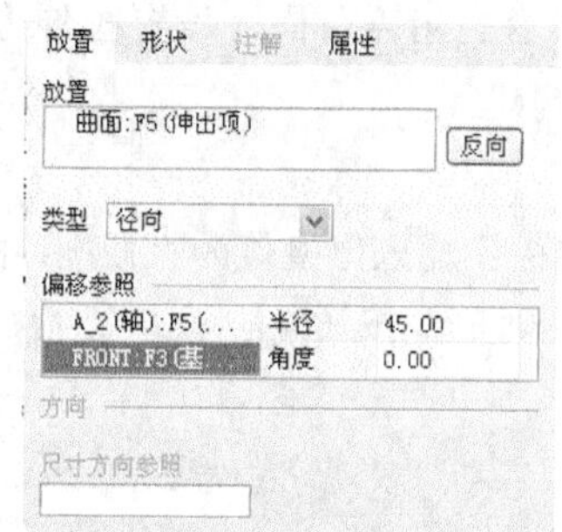

图 12-4　螺钉孔选项设置

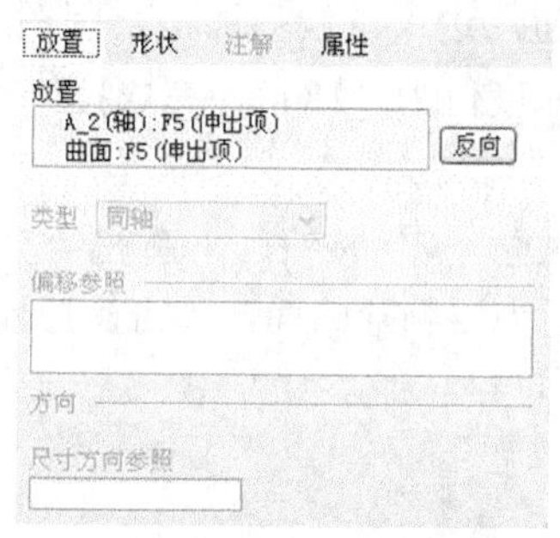

图 12-5　轴孔选项设置

图 12-6　端盖实体

技巧荟萃

在变速箱中有两个形状相同、尺寸不同的端盖，另一个端盖的绘制方法在此不再赘述，具体的尺寸、形状读者可参照本书配套光盘中的实例。另外，在变速箱中还有两个通盖，创建方法也比较简单，在此就不做具体介绍了，读者也可参照配套光盘进行学习。

12.1.2　变速箱上箱盖设计

本例介绍变速箱上箱盖的建模过程，模型如图 12-7 所示。变速箱上箱盖的形状较为复杂，但创建方法并不复杂，使用的都是前面介绍过的基本创建方法。初学者可能会因为结构的复杂而觉得迷惑，下面我们将详细介绍创建步骤。首先通过拉伸形成箱盖实体，然后利用“壳”命令抽壳，并增加边沿特征；接着创建齿轮轴孔及轴孔支撑特征，并镜像这些特征得到箱盖的另一侧；然后创建通气窗、筋、圆角等辅助特征；最后创建螺纹孔。

扫码看视频

图 12-7　变速箱上箱盖

【创建步骤】

Step 1 创建新文件

选择菜单栏中的“文件”→“新建”命令，弹出“新建”对话框，在“类型”选项组中点选“零件”单选钮，在“子类型”选项组中点选“实体”单选钮，在“名称”文本框中输入文件名“shangbox”，单击“确定”按钮，新建一个零件文件。

Step 2 创建拉伸特征

单击“基础特征”工具栏中的“拉伸”按钮，弹出“拉伸”操控板；依次单击“放置”→“定义”按钮，弹出“草绘”对话框；选择 FRONT 基准平面作为草绘平面，接受系统提供的默认参照系和方向，单击“草绘”按钮，进入草绘界面；绘制图 12-8 所示的箱盖草图，设置拉伸方式为“对称拉伸”，输入拉伸深度值为“184”，完成拉伸特征的创建。

Step 3 创建螺钉壳特征

单击“基础特征”工具栏中的“壳”按钮，弹出“壳”操控板；输入厚度值为“12”，根据系统提示，选择拉伸实体的底面为要删除的面，单击操控板中的“确定”按钮，完成壳特征的创建，生成的实体如图 12-9 所示。

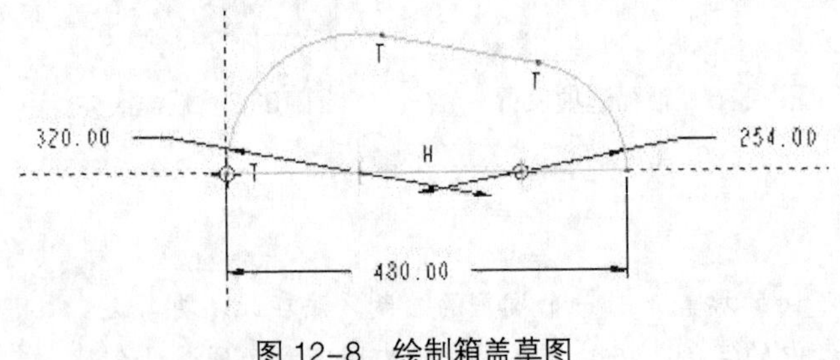

图 12-8　绘制箱盖草图

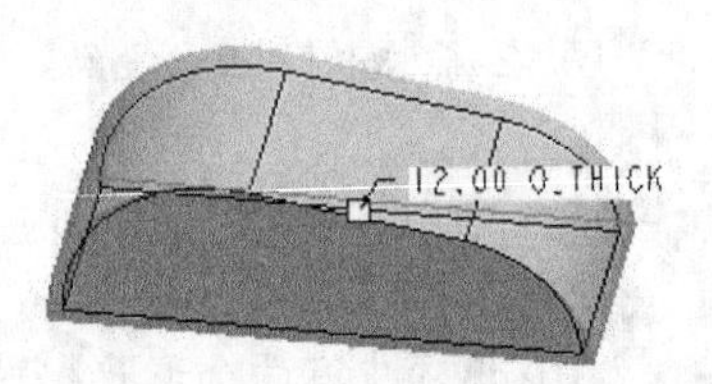

图 12-9　创建壳特征

Step 4 创建凸台特征

单击“基础特征”工具栏中的“拉伸”按钮，弹出“拉伸”操控板；依次单击“放置”→“定义”按钮，弹出“草绘”对话框；选择壳体外表面作为草绘平面，接受系统提供的默认参照，单击“草绘”按钮，进入草绘界面；绘制图 12-10 所示的两个半圆，半径分别为“70”和“59”，圆心与壳体的两个圆弧的圆心重合，设置拉伸方式为（指定深度拉伸），输入拉伸深度为“38”，完成凸台实体的创建。

Step 5 创建轴孔特征

单击“基础特征”工具栏中的“拉伸”按钮，弹出“拉伸”操控板；依次单击“放置”→“定义”按钮，弹出“草绘”对话框；选择刚刚创建的拉伸平面作为草绘平面，接受系统提供的默认草绘参照系，单击“草绘”按钮，进入草绘界面；绘制两个与上一步创建的拉伸半圆同心的圆，尺寸如图 12-11 所示；设置拉伸方式为⊥⊥（指定到面拉伸），选择下一平面作为壳体的内表面，单击“去除材料”按钮，并修改合适的去除材料方向，单击操控板中的“确定”按钮，完成轴孔特征的创建。

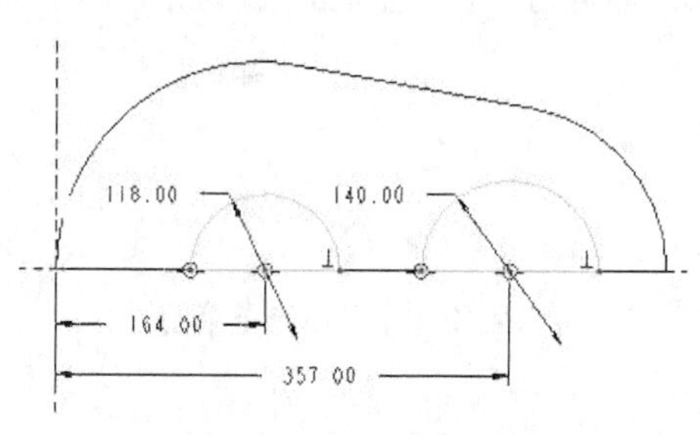

图 12-10　绘制凸台特征草图

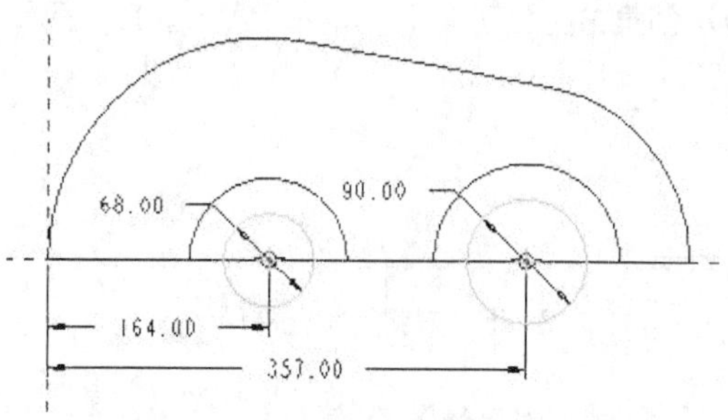

图 12-11　绘制轴孔特征草绘

Step 6 创建边沿实体特征

单击“基础特征”工具栏中的“拉伸”按钮，弹出“拉伸”操控板；依次单击“放置”→“定义”按钮，弹出“草绘”对话框；选择壳体外表面作为草绘平面，接受系统提供的默认参照系，单击“草绘”按钮，进入草绘界面；绘制完高为 10、长为 50 的边沿后退出草绘界面；在操控板中设置拉伸方式为⊥⊥（指定到面拉伸），选择壳体的另一个表面作为拉伸终止平面，单击操控板中的“确定”按钮，生成的边沿实体特征如图 12-12 所示。

Step 7 创建轴孔支撑特征

单击“基础特征”工具栏中的“拉伸”按钮，弹出“拉伸”操控板；依次单击“放置”→“定义”按钮，弹出“草绘”对话框；选择壳体外表面作为草绘平面，接受系统提供的默认参照系，单击“草绘”按钮，进入草绘界面；绘制图 12-13 所示的轴孔支撑特征草图，由于此截面同之前所创建的拉伸特征有很多重合的地方，因此在绘制过程中最好使用“草绘器工具”工具栏中的“使用”按钮，复制重合的边；并单击“草绘器工具”工具栏中的“删除段”按钮，裁剪掉多余的边，完成草绘；在操控板中设置拉伸深度为“30”，单击“确定”按钮，完成拉伸特征的创建。

图 12-12　创建边沿实体特征

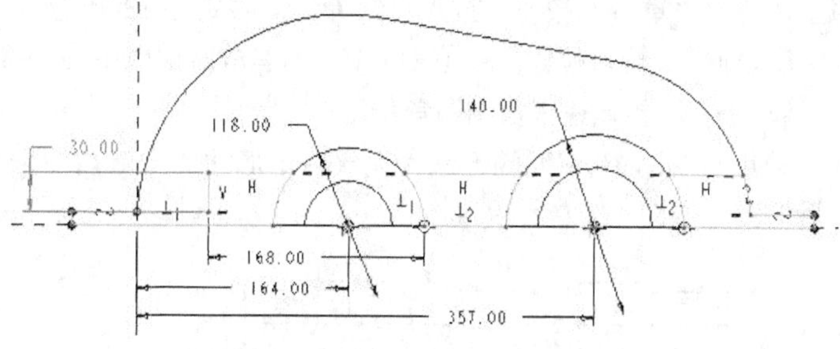

图 12-13　轴孔支撑特征草图

Step 8 特征镜像

选择 Step 4、Step 5、Step 7 中创建的拉伸特征，然后单击“编辑特征”工具栏中的“镜像”按钮，选择 FRONT 基准平面作为镜像平面，完成镜像特征的创建，效果如图 12-14 所示。

图 12-14　特征镜像

Step 9 创建筋特征

单击“工程特征”工具栏中的“轮廓筋”按钮，弹出“轮廓筋”操控板；依次单击“参照”→“定义”按钮，弹出“草绘”对话框；选择 FRONT 基准平面作为草绘平面，接受系统提供的默认参照系，单击“草绘”按钮，进入草绘界面；绘制图 12-15 所示的右侧筋特征草图，设置厚度值为“12”，完成右侧筋特征的创建。采用同样的方法创建左侧的筋特征，草图尺寸如图 12-16 所示，设置厚度值为“12”，生成的实体如图 12-17 所示。

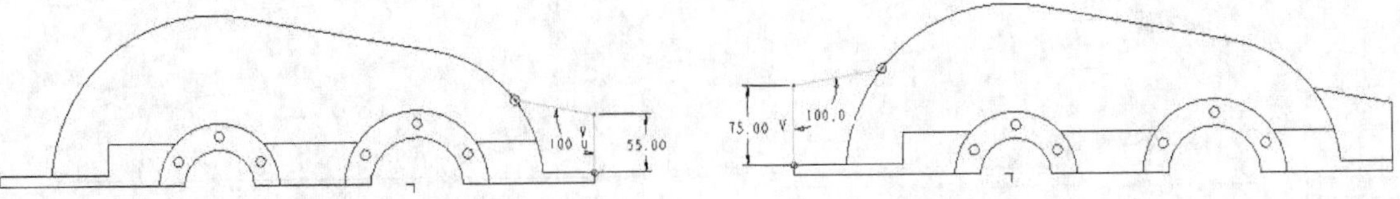

图 12-15 右侧筋特征草图

图 12-16 左侧筋特征草图

Step 10 创建倒圆角特征

单击“工程特征”工具栏中的“倒圆角”按钮，弹出“倒圆角”操控板；选择刚刚创建的筋特征的棱边，如图 12-18 所示，输入倒圆角半径值“30”，单击操控板中的“确定”按钮，完成倒圆角特征的创建。

图 12-17 创建筋特征

图 12-18 创建倒圆角特征 1

Step 11 创建通气窗

单击“基础特征”工具栏中的“拉伸”按钮，弹出“拉伸”操控板；依次单击“放置”→“定义”按钮，弹出“草绘”对话框；选择壳体上表面作为草绘平面，选择此草绘平面的 4 条边作为参照系，单击“草绘”按钮，进入草绘界面；绘制图 12-19 所示的矩形，然后设置拉伸方式为（指定深度拉伸），输入拉伸深度值为“10”，单击操控板中的“确定”按钮，完成特征的创建。

Step 12 创建通气窗倒圆角特征

采用与 Step 10 相同的方法为通气窗矩形的 4 个直角边倒圆角，设置倒圆角半径为“5”，倒圆角后的图形如图 12-20 所示。

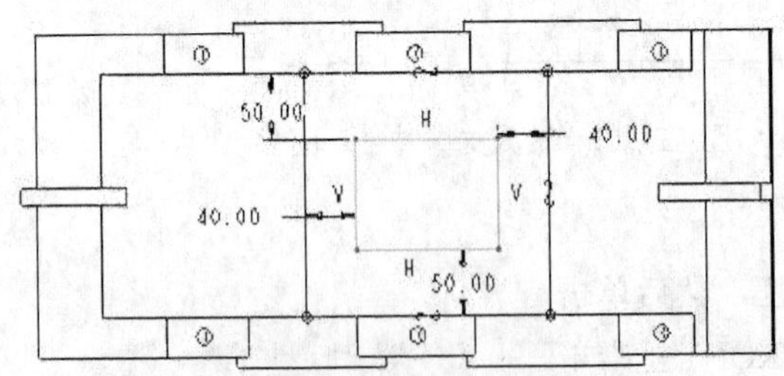

图 12-19 绘制通气窗草图

图 12-20 创建倒圆角特征 2

Step 13 创建通气孔特征

单击“基础特征”工具栏中的“拉伸”按钮，弹出“拉伸”操控板；依次单击“放置”→“定义”按钮，弹出“草绘”对话框；选择刚刚创建的凸台平面作为草绘平面，选择凸台的 4 条边作为参照系，单击“草绘”按钮，进入草绘界面；在此图的草绘中，由于创建的形状与的凸台相似，因此使用“偏移”工具，单击此按钮后弹出“偏移类型”对话框，点选“环（L）”单选钮，然后根据系统提示选择要偏移的边，设置偏移值为“-15”，完成草图的绘制，如图 12-21 所示；然后在操控板中设置拉伸方式为（完全贯穿拉伸），单击“去除材料”按钮，选择合适的去除材料方向，完成通气孔特征的创建。

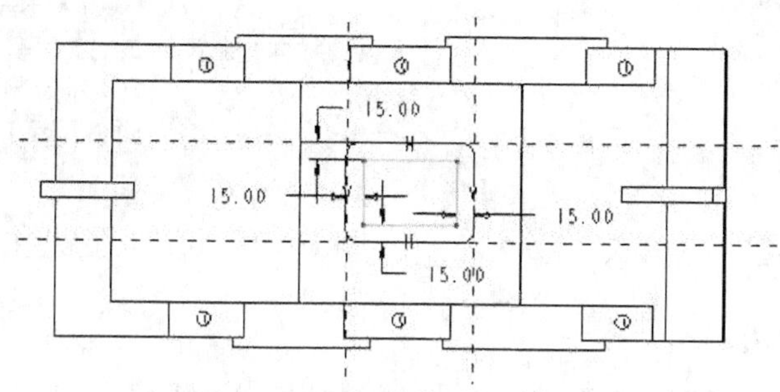

图 12-21 绘制通气孔草图

Step 14 创建螺柱孔特征

单击“工程特征”工具栏中的“孔”按钮，弹出“孔”操控板；单击“放置”按钮，弹出下滑面板，选择图 12-22 所示的放置平面，其偏移参照设置如图 12-23 所示；选择孔类型为“通孔”，设置直径为“12”，最后单击“确定”按钮，完成孔特征的创建。

图 12-22 孔放置的平面

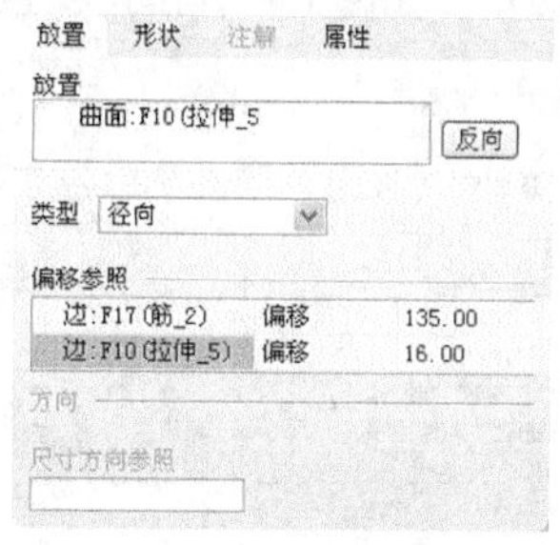

图 12-23 孔放置参照

Step 15 阵列孔特征

在模型树中右击刚刚创建的孔特征，在弹出的快捷菜单中选择“阵列”命令，在弹出的操控板中设置阵列方式为尺寸，单击“尺寸”按钮；在弹出的“尺寸”下滑面板的“方向 1”列表框中添加上面创建的孔特征的位置尺寸“135”，修改增量尺寸值为“170”；在“方向 2”列表框中添加上面创建的孔特征的位置尺寸“135”，修改增量尺寸值为“363”，如图 12-24 所示，单击操控板中的“确定”按钮，完成螺柱孔特征的阵列。

Step 16 创建通气窗安装螺钉孔

在通气窗的凸台上创建孔特征，设置孔直径为“10”，距离凸台的外边分别为“30”和“7.5”，如图 12-25 所示；右击模型树中刚刚创建的孔特征，在弹出的快捷菜单中选择“阵列”命令，弹出“阵列”操控板，设置阵列方式为尺寸，然后单击操控板中的“尺寸”按钮，在弹出的“尺寸”下滑面板中选择方向 1 上的尺寸，设置增量尺寸值为“50”，再选择方向 2 上的尺寸，设置增量尺寸值为“69”，完成螺钉孔特征的阵列。

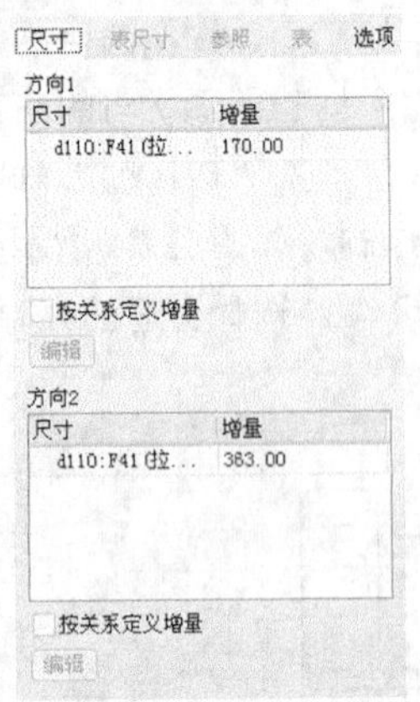

图 12-24 “尺寸”下滑面板

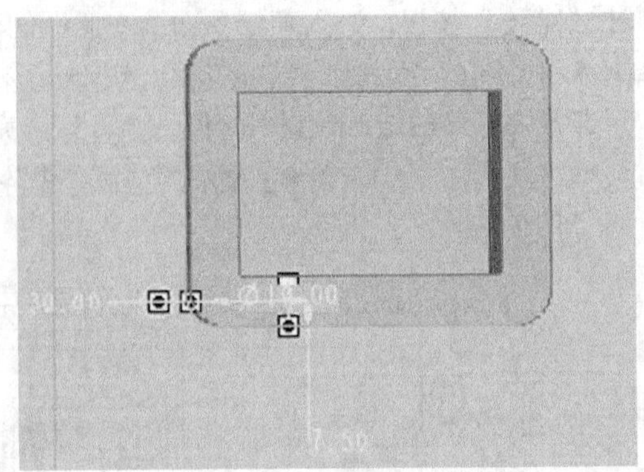

图 12-25 设置孔的放置位置

Step 17 创建基准轴

单击“基准”工具栏中的“基准轴”按钮 ，弹出“基准轴”对话框；选择轴孔的内表面作为放置参照，设置参照类型为穿过，单击“确定”按钮，完成基准轴的创建。采用同样的方法创建另一个轴孔的基准轴。

Step 18 创建孔特征

采用与前面创建的孔特征相似的方法，创建轴承端盖安装面的螺钉孔，放置参数设置如图 12-26 所示，设置孔的直径为“10”，深度为“30”；然后阵列刚刚生成的螺钉孔特征，将阵列角度修改为“60”，生成的实体如图 12-27 所示。采用相同的方法创建另一个轴承端盖安装面上的螺钉孔。

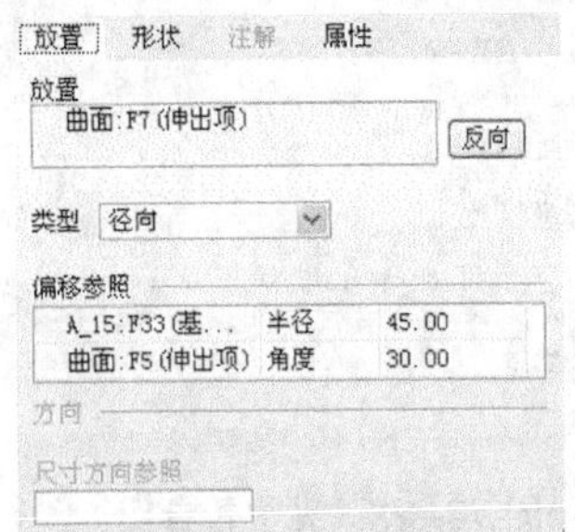

图 12-26 螺钉孔的放置参数设置

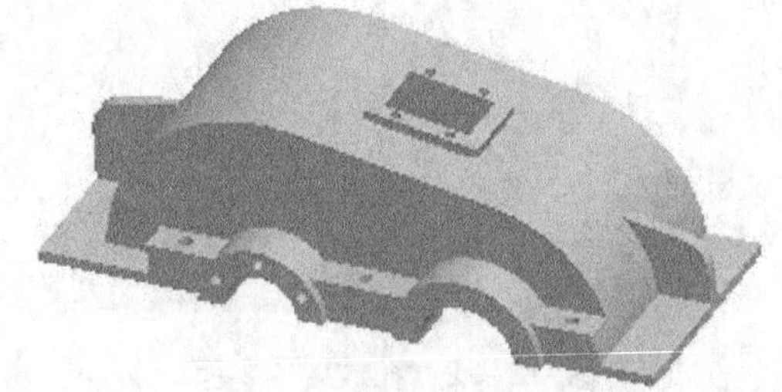

图 12-27 螺钉孔阵列

Step 19 创建倒圆角特征

单击“工程特征”工具栏中的“倒圆角”按钮 ，在弹出的操控板中设置倒圆角半径值为“30”，选择图 12-28 所示的倒圆角边，创建倒圆角特征；接着修改圆角半径为“10”，倒圆角边选择如图 12-29 所示。

图 12-28 选择倒圆角边 1

图 12-29 选择倒圆角边 2

Step 20　镜像螺钉孔特征

选择边沿实体特征上的 3 个阵列特征，单击“编辑特征”工具栏中的“镜像”按钮，选择 FRONT 基准平面作为镜像平面，完成镜像特征的创建。

Step 21　创建筋上的孔特征

使用拉伸工具创建孔特征，选择 FRONT 基准平面为草绘平面，设置孔直径为“25”，圆心与筋的圆角圆心重合，绘制图 12-30 所示的孔草图；在操控板中单击“去除材料”按钮，设置拉伸方式为“对称拉伸”，单击“确定”按钮，完成孔特征的创建，最终生成的变速箱上箱盖如图 12-31 所示。

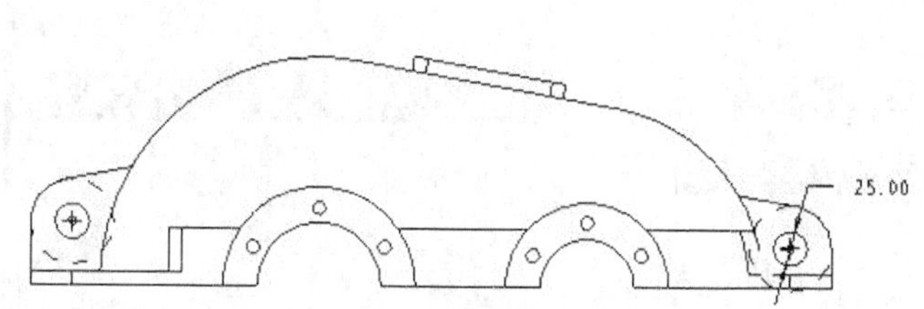

图 12-30　绘制筋上孔特征草图

图 12-31　变速箱上箱盖

12.1.3　变速箱箱体设计

本例介绍变速箱箱体的建模过程，模型如图 12-32 所示。在创建比较复杂的零件之前，需要对零件的结构进行分析，根据零件的结构特点来初步规划零件的创建方法与步骤。本例要创建的箱体结构具有两个特点：一是左右对称，二是 3 个轴承凸台结构相似，因此只需创建箱体一侧的主要特征，再通过修改尺寸、复制和镜像工具即可快速而高效地创建实体模型。

同创建箱盖的过程相似，首先创建箱体的主体结构，然后在箱体上添加轴孔结构，通过镜像复制的方法生成两侧的轴孔，然后添加箱体的上下边沿特征，最后完成筋、圆角、连接孔等一些辅助特征的创建，生成实体。

扫码看视频

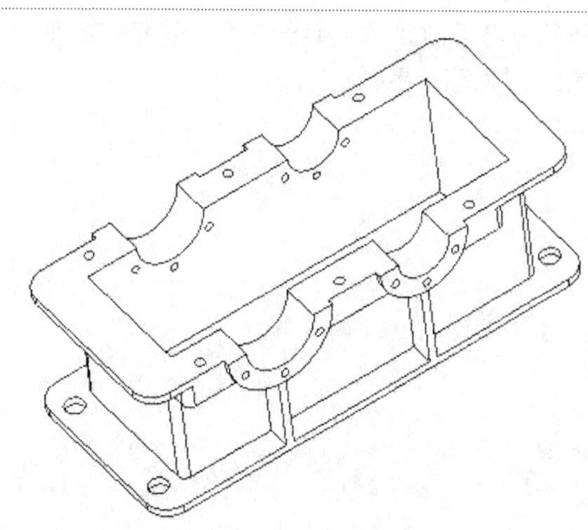

图 12-32　变速箱箱体

【创建步骤】

Step 1 创建箱体壳

（1）选择菜单栏中的“文件”→“设置工作目录”命令，弹出“选取工作目录”对话框，在列表框中搜寻正确的目录，如图 12-33 所示，单击“确定”按钮，系统将文件保存到当前的工作目录中。

（2）选择菜单栏中的“文件”→“新建”命令，系统弹出图 12-34 所示的“新建”对话框；在“名称”文本框中输入文件名“box-down”，取消对“使用缺省模版”复选框的勾选，单击“确定”按钮，在弹出的“新文件选项”对话框中选择“mmns_part_solid”选项，单击“确定”按钮，创建一个新的零件文件。

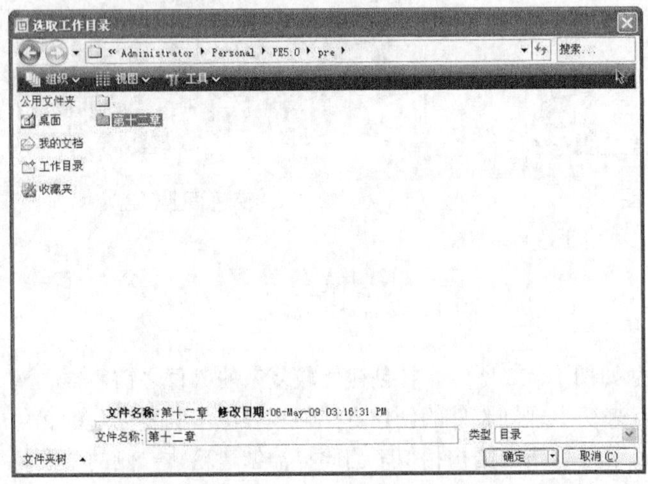

图 12-33 “选取工作目录”对话框

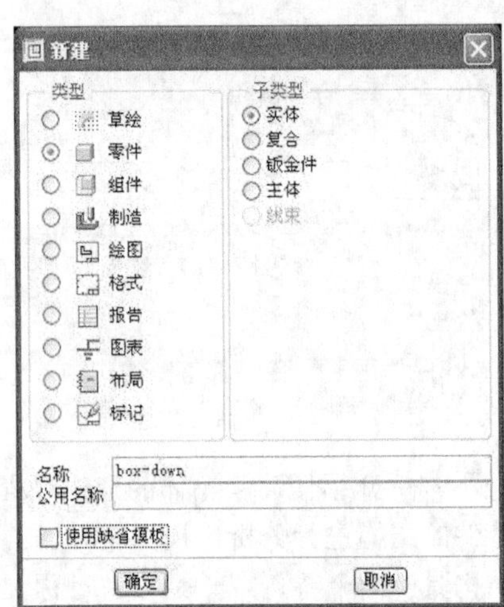

图 12-34 “新建”对话框

（3）选择菜单栏中的“插入”→“拉伸”命令，或单击“基础特征”工具栏中的“拉伸”按钮，系统弹出“拉伸”操控板；单击操控板中的“加厚”按钮，设置拉伸深度值为“170”、厚度值为“12”，如图 12-35 所示；依次单击“放置”→“定义”按钮，弹出“草绘”对话框，如图 12-36 所示，选择基准平面 TOP 作为草绘平面，选择基准平面 RIGHT 作为参照平面，方向“右”，单击“草绘”按钮，进入草绘界面。

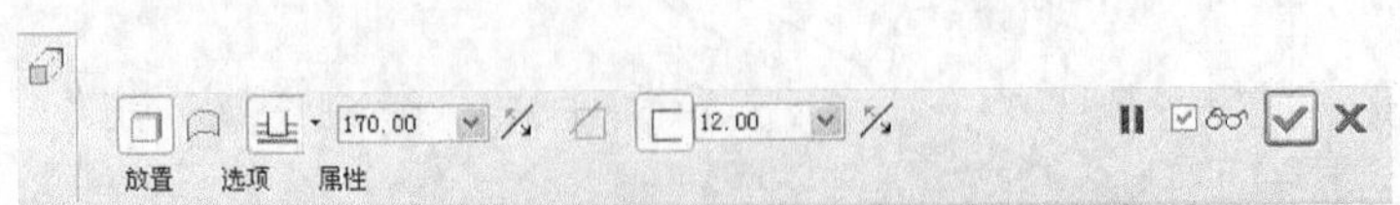

图 12-35 “拉伸”操控板

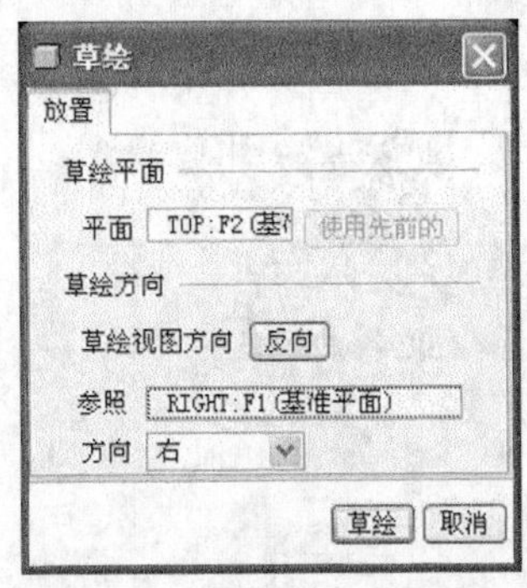

图 12-36 “草绘”对话框

（4）单击“草绘器工具”工具栏中的“中心线”按钮，绘制一条与基准平面 RIGHT 重合的中心线，作为要绘制的矩形的对称线；单击“草绘器工具”工具栏中的“矩形”按钮，绘制一个 480×184 的矩形，如图 12-37 所示；单击“草绘器工具”工具栏中的“完成”按钮，再单击操控板中的“确定”按钮，生成的箱体壳如图 12-38 所示。

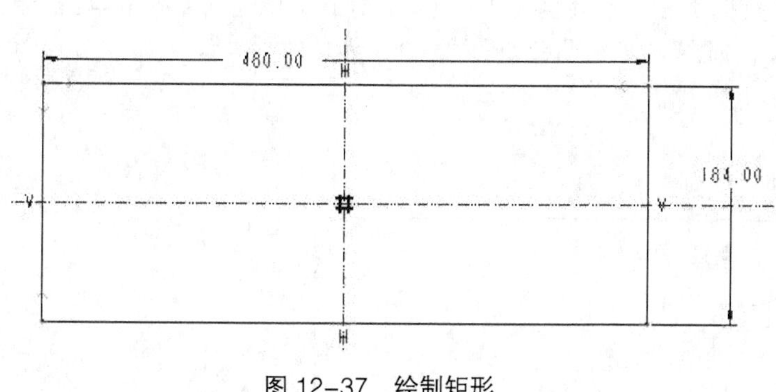

图 12-37　绘制矩形

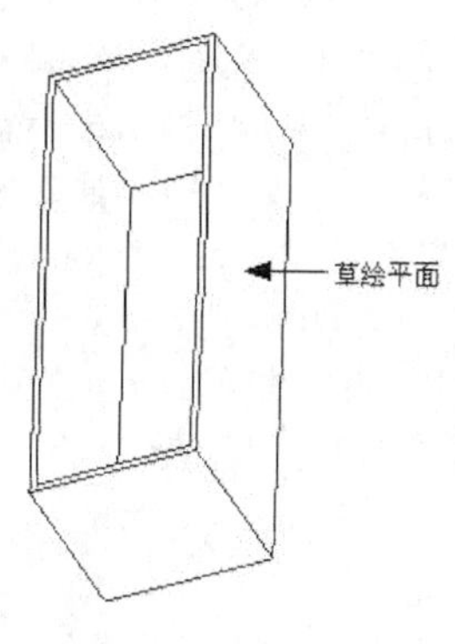

图 12-38　创建箱体壳

Step 2　创建轴承凸台

（1）选择菜单栏中的“插入”→“拉伸”命令，或单击“基础特征”工具栏中的“拉伸”按钮，弹出“拉伸”操控板；设置拉伸深度值为“38”，依次单击“放置”→“定义”按钮，弹出“草绘”对话框；选择图 12-38 中箭头所指平面作为草绘平面，选择箱体底面作为参照平面，方向“底部”，单击“草绘”按钮，进入草绘界面。

（2）绘制直径为 140 的半圆，圆心到壳体一端面的距离为 123，如图 12-39 所示，单击“草绘器工具”工具栏中的“完成”按钮，再单击操控板中的“确定”按钮，生成的拉伸特征如图 12-40 所示。

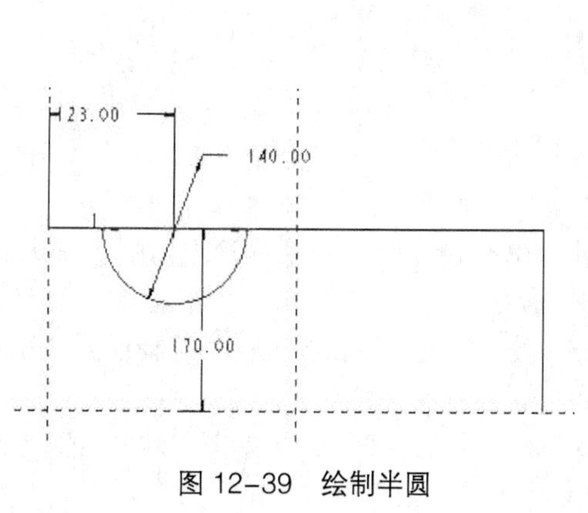

图 12-39　绘制半圆

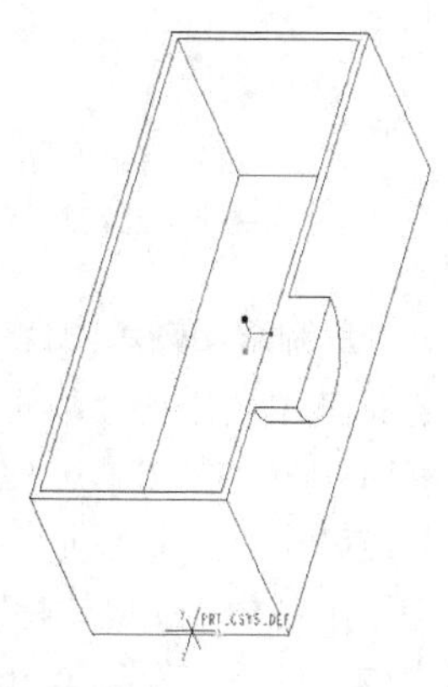

图 12-40　创建拉伸特征

技巧荟萃

首先单击要标注尺寸的圆弧线两次，然后在放置尺寸值的位置单击放置尺寸即可。

（3）选择菜单栏中的“插入”→“拉伸”命令，或单击“基础特征”工具栏中的“拉伸”按钮，系统弹出“拉伸”操控板；单击操控板中的“去除材料”按钮，输入拉伸深度值为“80”；单击“放置”→“定义”按钮，系统弹出“草绘”对话框；选择基准平面 RIGHT 作为草绘平面，基准平面 TOP 作为参照平面，方向为“顶”，单击“草绘”按钮，进入草绘界面。

（4）绘制直径为 90 的圆，如图 12-41 所示，单击“草绘器工具”工具栏中的“完成”按钮，退出草绘界面；单击操控板中的“反向”按钮调整拉伸方向，使拉伸切除方向如图 12-42 所示，然后单击操控板中的“确定”按钮，生成的轴承凸台如图 12-43 所示。

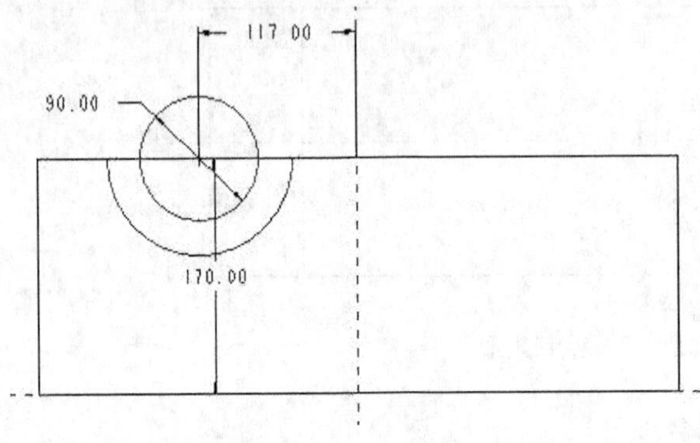

图 12-41　绘制圆

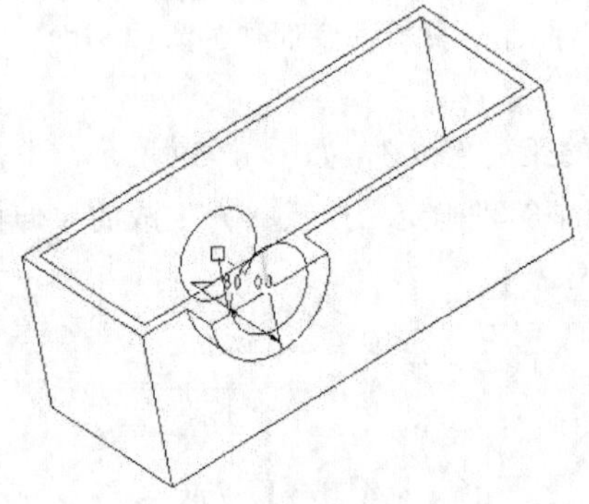

图 12-42　设置拉伸切除方向

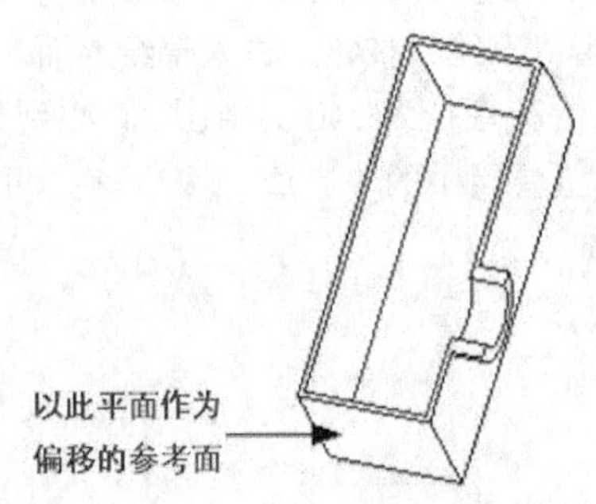

图 12-43　创建轴承凸台

Step 3　复制滚动轴承凸台

（1）选择菜单栏中的“编辑”→“特征操作”命令，在弹出的菜单管理器中，依次单击“复制”→“移动”→“选取”→“独立”→“完成”命令。

（2）系统弹出“选取特征”菜单，按住 <Ctrl> 键，根据提示在模型树中选择前面创建的拉伸 2 和拉伸 3 特征作为复制的原始特征，设置完成后单击“完成”命令。

（3）在弹出的下一级菜单中依次单击“平移”→“平面”命令，选择图 12-43 中箭头所指平面作为偏移参考面，继续单击菜单管理器下一级菜单中的“反向”→“确定”命令。

（4）在弹出的消息输入窗口中输入偏移距离为“193”，如图 12-44 所示，然后单击“确定”按钮。

（5）系统返回到“移动特征”菜单，单击“完成移动”命令，系统弹出“组可变尺寸”菜单，勾选“Dim 2”和“Dim 6”复选框，如图 12-45 所示，然后单击“完成”命令。

（6）在弹出的消息输入窗口中依次输入复制凸台的外径值为“118”、内径值为“68”，并单击“确定”按钮。

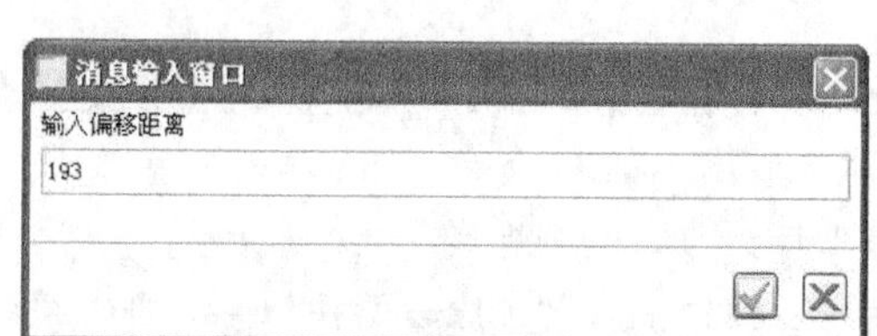

图 12-44　消息输入窗口

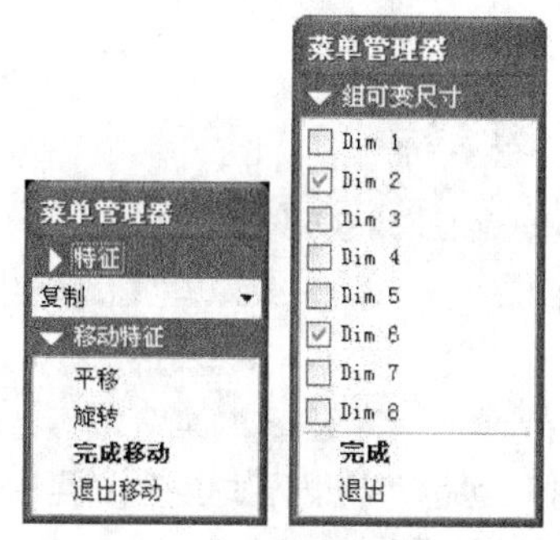

图 12-45　设置参考尺寸

（7）系统弹出“组元素”对话框，如图 12-46 所示，单击“确定”按钮，在弹出的“复制”菜单中单击“完成”命令，组 COPIED_GROUP 创建完成。

Step 4　创建顶唇特征

（1）选择菜单栏中的“插入”→“拉伸”命令，或单击“基础特征”工具栏中的“拉伸”按钮，弹出“拉伸”操控板；设置拉伸深度值为“30”，然后依次单击“放置”→“定义”按钮，弹出“草绘”对话框；选择图 12-47 中箭头所指的平面作为草绘平面，再选择箱体底面作为参照平面，方向为“底部”，单击“草绘”按钮，进入草绘界面。

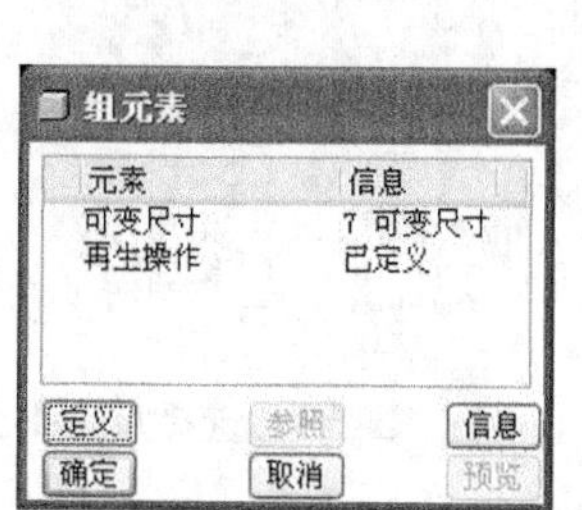

图 12-46　“组元素”对话框

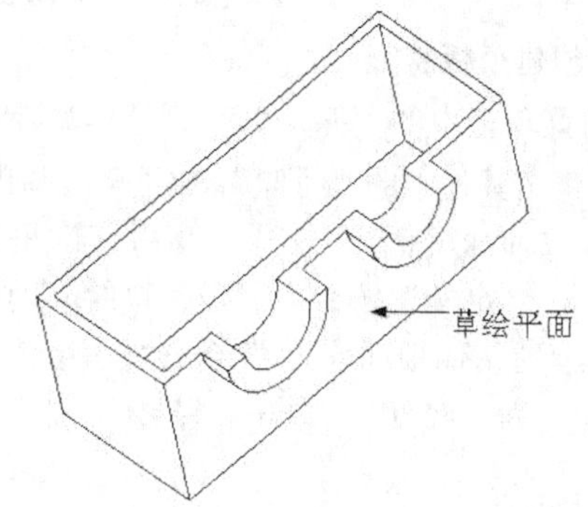

图 12-47　选择草绘平面

（2）绘制顶唇截面草图，如图 12-48 所示，尺寸分别为“50”和“40”，单击“草绘器工具”工具栏中的“完成”按钮，再单击操控板中的“确定”按钮，生成的顶唇特征如图 12-49 所示。

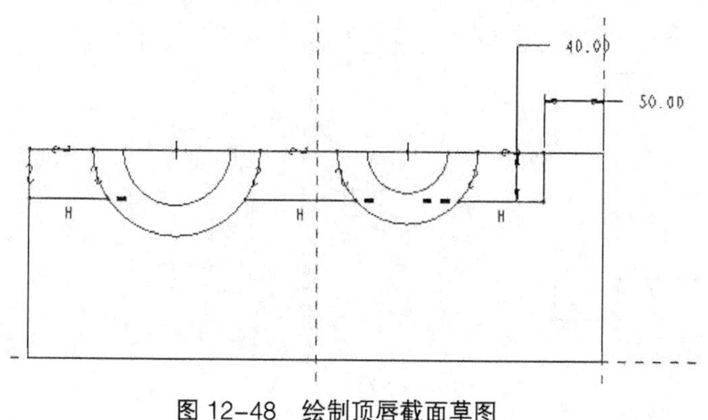

图 12-48　绘制顶唇截面草图

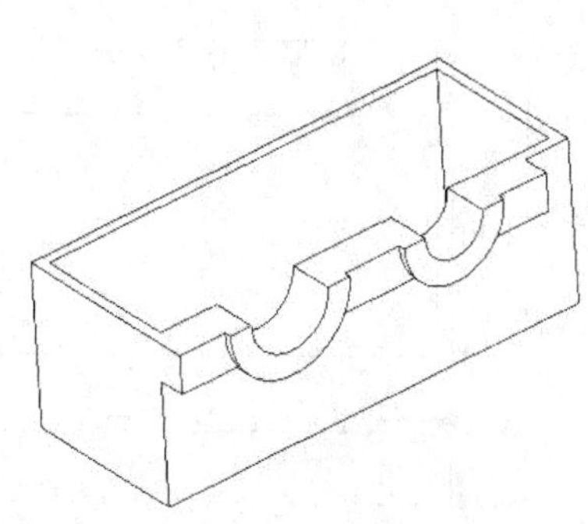

图 12-49　创建顶唇特征

技巧荟萃

草绘过程与技巧如下。

（1）单击“草绘器工具”工具栏中的“使用”按钮，即通过转换已存在边缘来创建上端曲线。

（2）单击“草绘器工具”工具栏中的“线”按钮，绘制直线。

（3）通过“草绘器工具”工具栏中的“拐角”按钮和“删除段”按钮，即可得到图12-48所示的草图。

Step 5 镜像另一侧特征

（1）选择菜单栏中的“编辑”→“特征操作”命令，在弹出的菜单管理器中依次单击“复制”→“镜像”→“选取”→“从属”→“完成”命令，系统弹出“选取特征”菜单；根据提示在模型树中选择“拉伸2”“拉伸3”“组COPIED_GROUP”和“拉伸6”特征，作为复制的原始特征，然后单击“完成”命令。

（2）在菜单管理器的下一级菜单中单击“平面”命令，系统弹出“特征”菜单，根据提示选择基准平面RIGHT作为镜像平面，单击“完成”命令，完成另一侧特征的创建。

Step 6 创建顶板特征

（1）选择菜单栏中的“插入”→“拉伸”命令，或单击“基础特征”工具栏中的“拉伸”按钮，弹出“拉伸”操控板；输入拉伸深度值为“10”，然后依次单击操控板中的“放置”→“定义”按钮，弹出“草绘”对话框；选择图12-50所示的箱体顶面作为草绘平面，箱体侧面作为参照平面，方向为“底部”，单击“草绘”按钮，进入草绘界面。

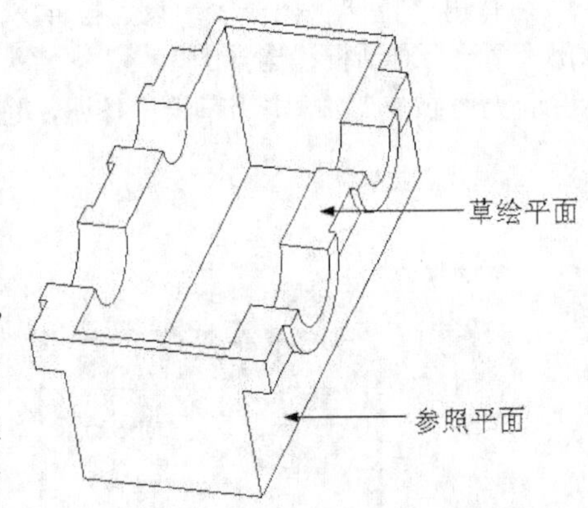

图12-50　选择草绘平面和参照平面

（2）绘制图12-51所示的顶板截面草图，单击“草绘器工具”工具栏中的“完成”按钮，退出草绘界面；再单击操控板中的“反向”按钮，使材料拉伸方向指向箱体底部，然后单击操控板中的“确定”按钮，完成顶板特征的创建，效果如图12-52所示。

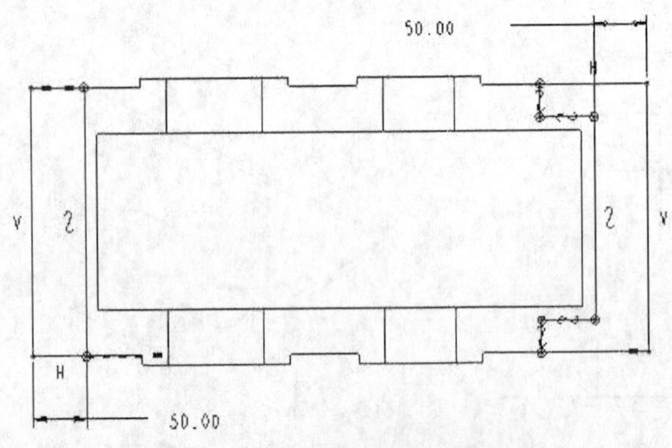

图12-51　绘制顶板截面草图

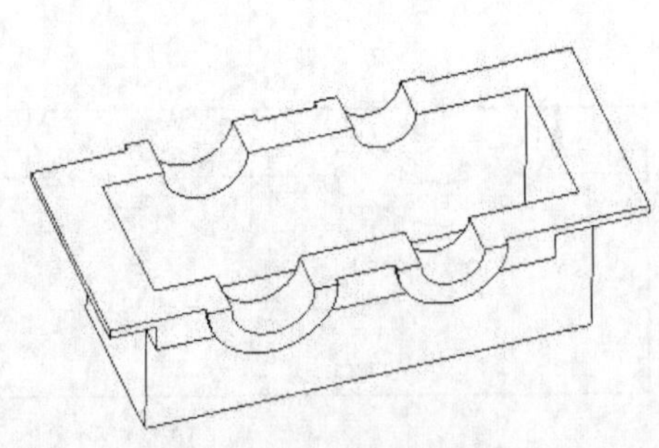

图12-52　创建顶板特征

Step 7 创建底板特征

（1）选择菜单栏中的“插入”→“拉伸”命令，或单击“基础特征”工具栏中的“拉伸”按钮，弹出“拉伸”操控板；输入拉伸深度值为“20”，然后依次单击操控板中的“放置”→“定义”按钮，系统弹出“草绘”对话框；选择基准平面 TOP 作为草绘平面，基准平面 RIGHT 作为参照平面，方向为“底部”，单击“草绘”按钮，进入草绘界面。

（2）绘制图 12-53 所示的底板截面草图，单击“草绘器工具”工具栏中的“完成”按钮，退出草绘界面；再单击操控板中的“反向”按钮，使材料拉伸方向背离箱体底面，单击操控板中的“确定”按钮，完成底板特征的创建，效果如图 12-54 所示。

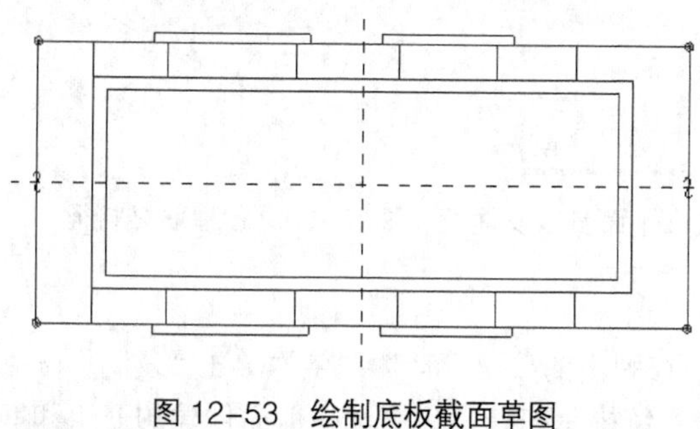

图 12-53　绘制底板截面草图

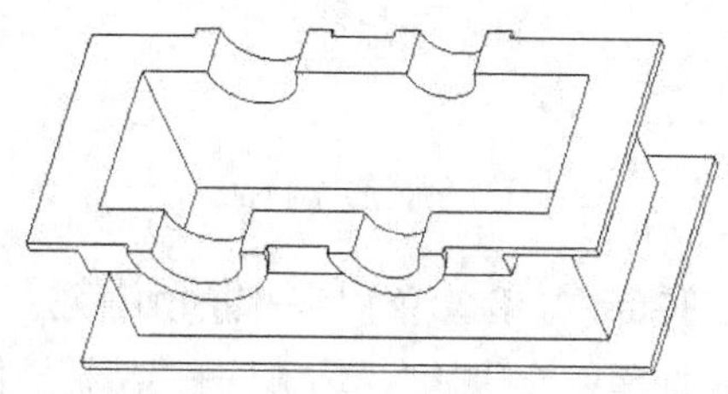

图 12-54　创建底板特征

Step 8 创建加强筋特征

（1）选择菜单栏中的“插入”→“模型基准”→“平面”命令，或单击“基准”工具栏中的“基准平面”按钮，弹出“基准平面”对话框，通过凸台轴线和平面的转角来创建基准平面；选择基准平面 RIGHT 作为参照面，设置平移值为“117”，如图 12-55 所示，单击“确定”按钮，完成基准平面 DTM1 的创建。

（2）选择菜单栏中的“插入”→“筋”→“轮廓筋”命令，或单击“工程特征”工具栏中的“轮廓筋”按钮，弹出“轮廓筋”操控板；依次单击操控板中的“放置”→“定义”按钮，弹出“草绘”对话框；选择基准平面 DTM1 作为草绘平面，基准平面 TOP 作为参照平面，方向为“顶”，单击“草绘”按钮，进入草绘界面。

（3）绘制图 12-56 所示的直线，单击“草绘器工具”工具栏中的“完成”按钮，退出草绘界面；在“轮廓筋”操控板中输入筋的厚度为“10”，再依次单击操控板中的“参照”→“反向”按钮，调整拉伸方向，设置完成后，单击操控板中的“确定”按钮，完成筋 1 特征的创建，效果如图 21-57 所示。

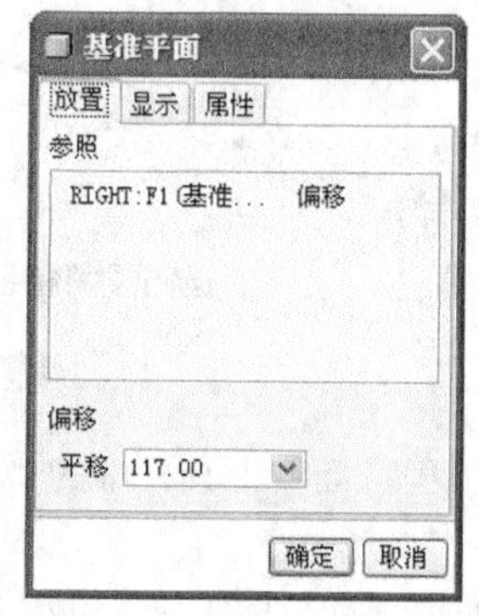

图 12-55　“基准平面”对话框

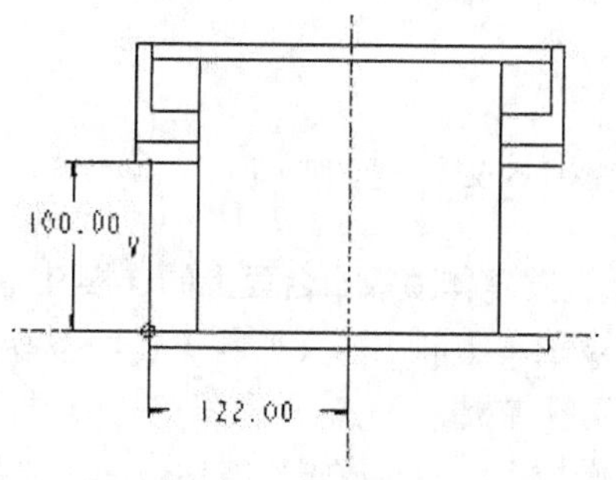

图 12-56　绘制直线

（4）在筋 1 特征的同侧创建另一个轴承凸台的加强筋，通过凸台的轴线创建与基准平面 RIGHT 平行的基准平面 DTM2，参数设置如图 12-58 所示；再选择基准平面 DTM2 作为草绘平面，具体创建过程与 Step 8 中的（1）至 Step 8 中的（3）类似，创建的筋 2 特征如图 12-59 所示。

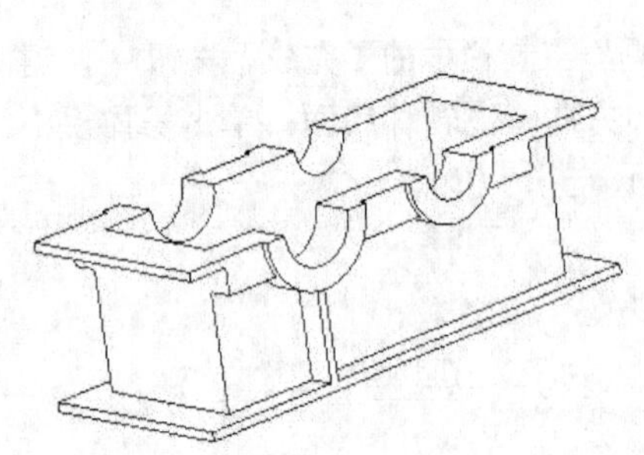
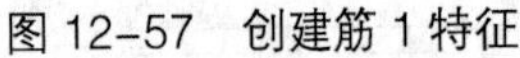

图 12–57　创建筋 1 特征

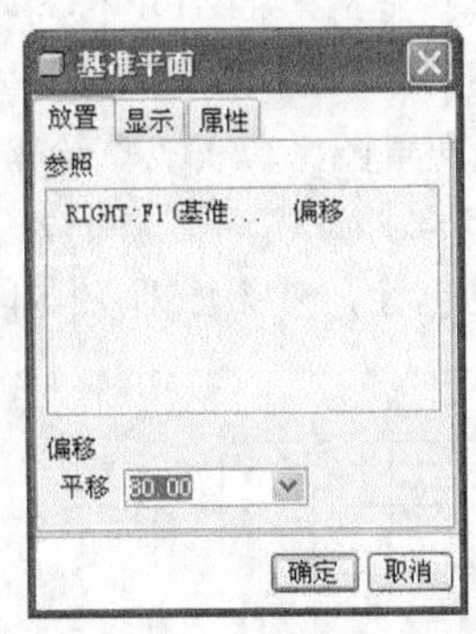

图 12–58　基准平面参数设置

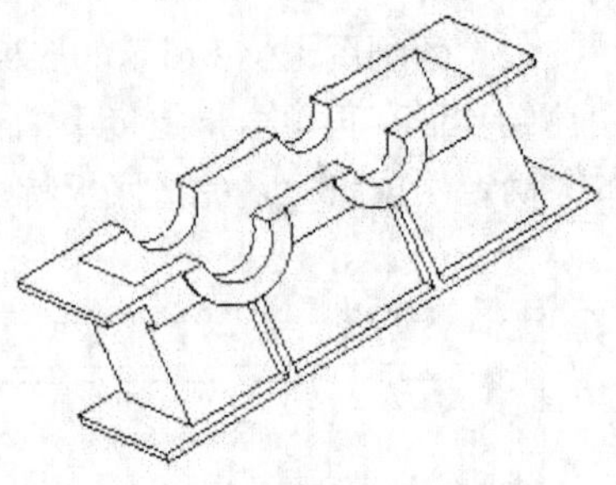

图 12–59　创建筋 2 特征

Step 9 镜像箱体另一侧的加强筋

选择菜单栏中的“编辑”→“特征操作”命令，在弹出的菜单管理器中依次单击“复制”→“镜像”→“选取”→“从属”→“完成”命令，根据系统提示在模型树中选择前面创建的筋 1 和筋 2 特征作为复制的原始特征，然后单击“选取特征”菜单中的“完成”命令，系统弹出“设置平面”菜单；选择基准平面 FRONT，单击“特征”菜单中的“完成”命令，完成另一侧加强筋特征的创建。

Step 10 创建倒圆角特征

（1）选择菜单栏中的“插入”→“倒圆角”命令，或单击“工程特征”工具栏中的“倒圆角”按钮，弹出“倒圆角”操控板；输入圆角半径为“30”，选择图 12-60 中标识所指的棱边 1，然后单击操控板中的“确定”按钮。

（2）重复上步操作，依次对图 12-50 中的棱边 2、棱边 3、棱边 4 进行倒圆角，圆角半径分别为“10”“10”和“30”，完成倒圆角特征的创建，效果如图 12-61 所示。

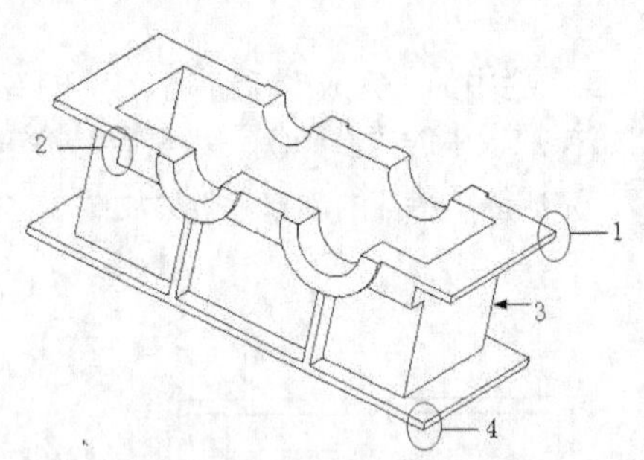

图 12–60　选择倒圆角边

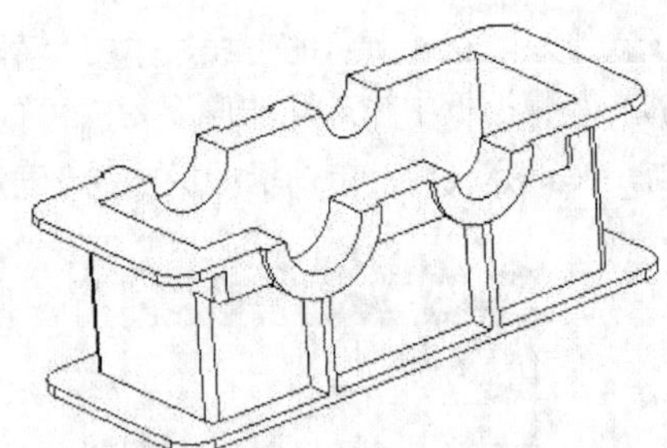

图 12–61　创建倒圆角特征

Step 11 创建箱体顶板凸台面上的连接孔特征

（1）选择菜单栏中的“插入”→“孔”命令，或单击“工程特征”工具栏中的“孔”按钮，系统弹出“孔”操控板。

（2）单击操控板中的“放置”按钮，弹出“放置”下滑面板，选择图 12-62 所示的面放置孔。

（3）设置放置类型为“线性”，单击“偏移参照”列表框，按住 <Ctrl> 键选择箱体的一个内壁面和一条外侧边缘，在“偏移参照”列表框中修改尺寸值，如图 12-63 所示。

（4）在“孔”操控板中输入孔的直径值为 16，设置孔生成方式为 （到指定面），如图 12-64 所示，单击操控板中的“确定”按钮，生成的连接孔特征如图 12-65 所示。

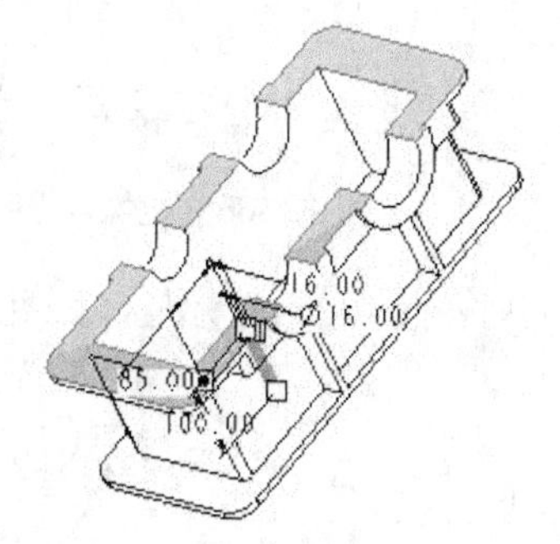

图 12-62　选择放置面

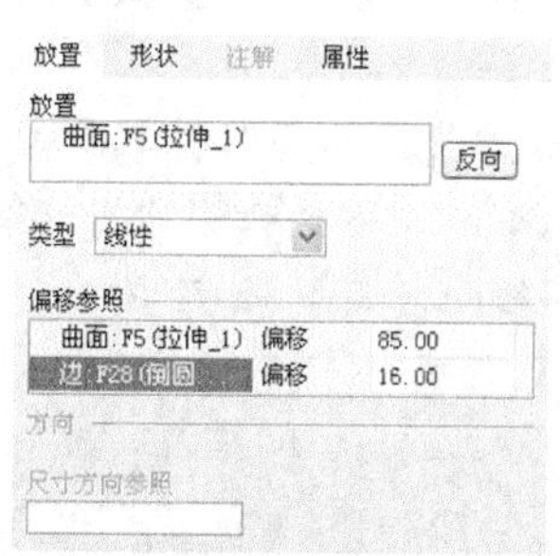

图 12-63　连接孔放置参数设置 1

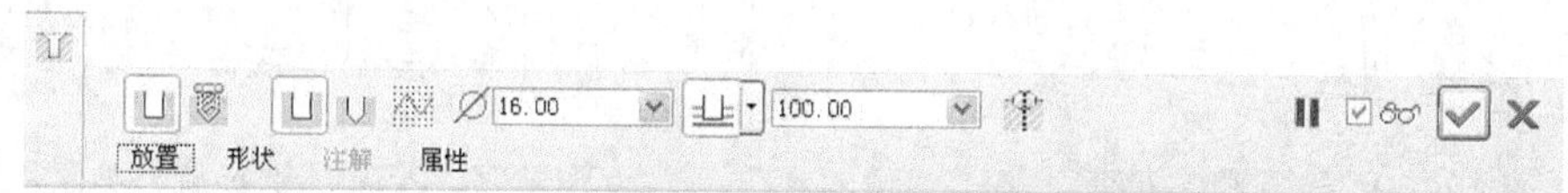

图 12-64　“孔”操控板

Step 12　阵列连接孔特征 1

在模型树中选择上一步创建的连接孔特征，选择菜单栏中的“编辑”→“阵列”命令，或单击“编辑特征”工具栏中的“阵列”按钮，系统弹出“阵列”操控板；单击“尺寸”按钮，在弹出的“尺寸”下滑面板设置尺寸增量为“363”，单击“确定”按钮，完成连接孔的阵列，效果如图 12-66 所示。

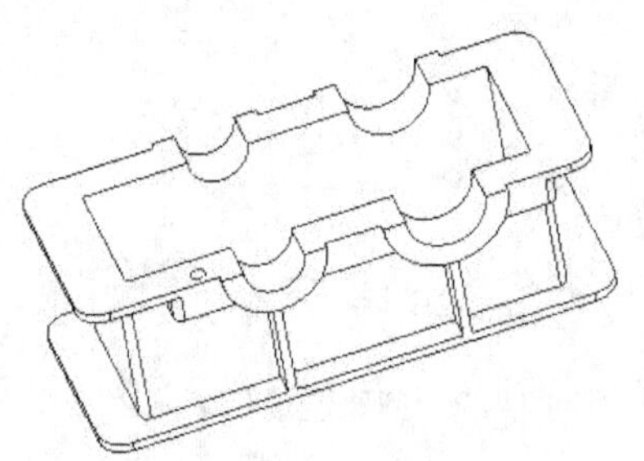

图 12-65　创建连接孔特征 1

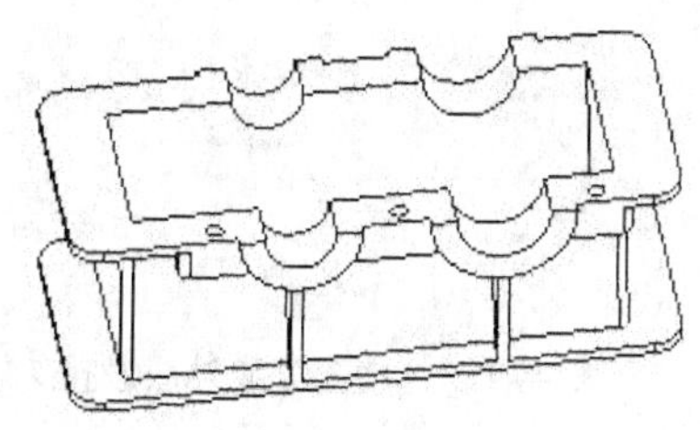

图 12-66　阵列连接孔特征 1

Step 13　镜像连接孔特征

在模型树中选择创建的连接孔特征，选择菜单栏中的“编辑”→“镜像”命令，系统弹出“镜像”操控板，如图 12-67 所示，选择基准平面 FRONT 作为镜像平面，单击操控板中的“确定”按钮，生成镜像特征，效果如图 12-68 所示。

图 12-67　“镜像”操控板

Step 14 创建轴孔端面上的连接孔特征

（1）选择菜单栏中的“插入”→“孔”命令，或单击“工程特征”工具栏中的“孔”按钮，系统弹出“孔”操控板；单击“放置”按钮，弹出“放置”下滑面板，单击“放置”列表框，选择图12-69所示的面作为孔放置面。

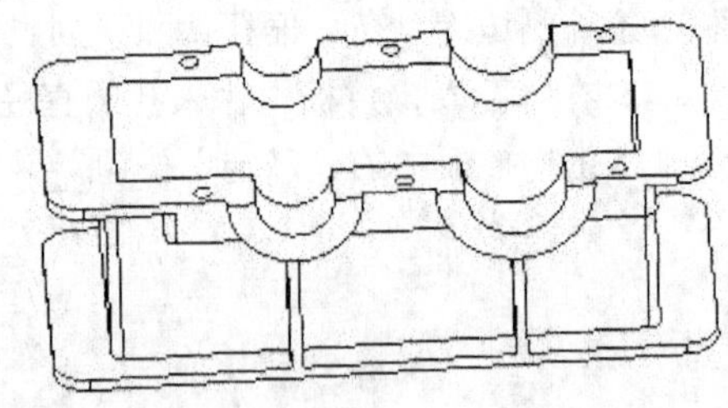

图12-68 镜像连接孔特征

（2）设置放置类型为“线性”，单击“偏移参照”列表框，按住< Ctrl >键选择箱体的一条边和基准平面DTM1作为偏移参照，如图12-70所示，在“偏移参照”列表框中修改尺寸值，如图12-71所示。

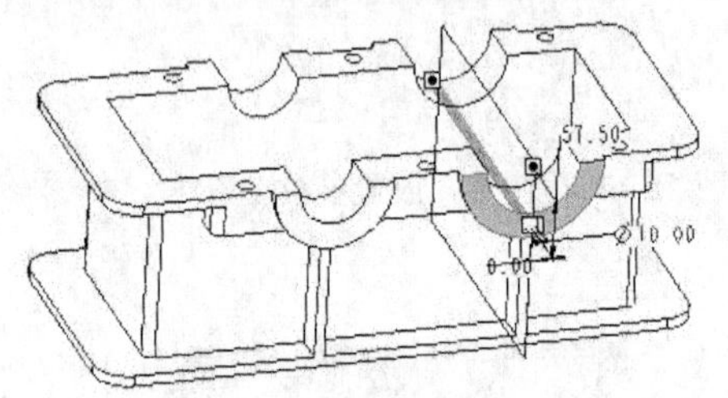

图12-69 选择孔放置面

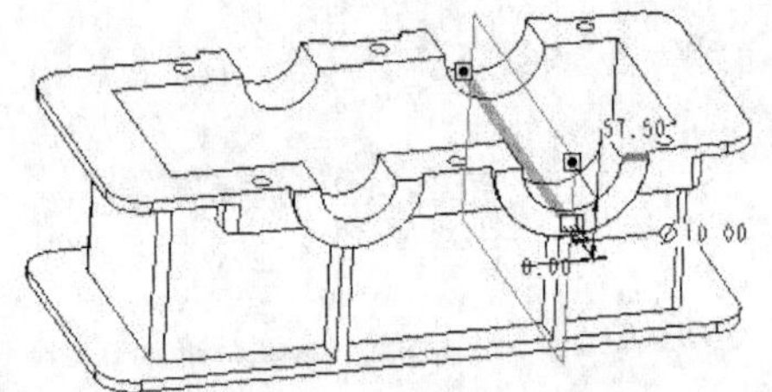

图12-70 选择偏移参照

（3）在“孔”操控板中输入孔的直径为“10”，设置拉伸方式为（完全贯穿拉伸），单击“确定”按钮，完成连接孔特征2的创建，如图12-72所示。

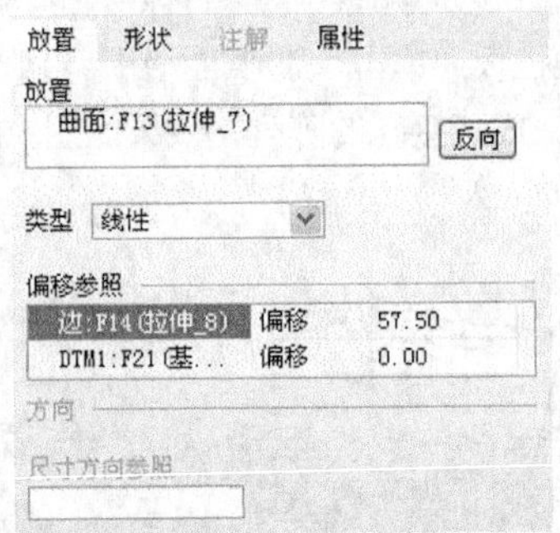

图12-71 连接孔放置参数设置2

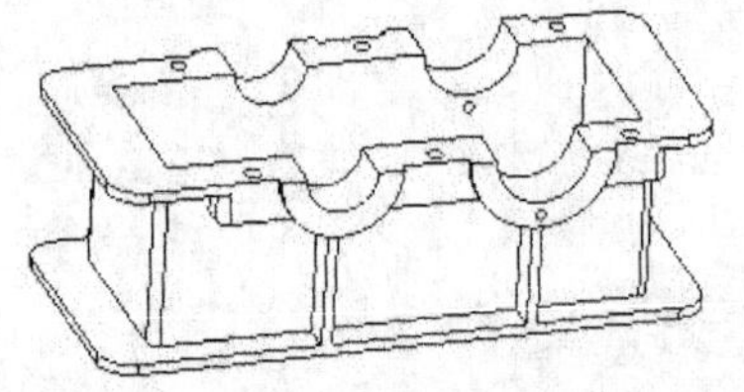

图12-72 创建连接孔特征2

Step 15 阵列连接孔特征2

在模型树中选择上一步创建的连接孔特征2，选择菜单栏中的“编辑”→“阵列”命令，或单击“编辑特征”工具栏中的“阵列”按钮，系统弹出“阵列”操控板；设置阵列方式为轴，阵列角度为“60”，如图12-73所示，单击“确定”按钮，完成连接孔特征2的阵列，效果如图12-74所示。

图12-73 “阵列”操控板

Step 16 创建另一个轴孔端面上的连接孔特征

采用同样的方法，完成另外一个轴孔端面上连接孔特征的创建，效果如图 12-75 所示。

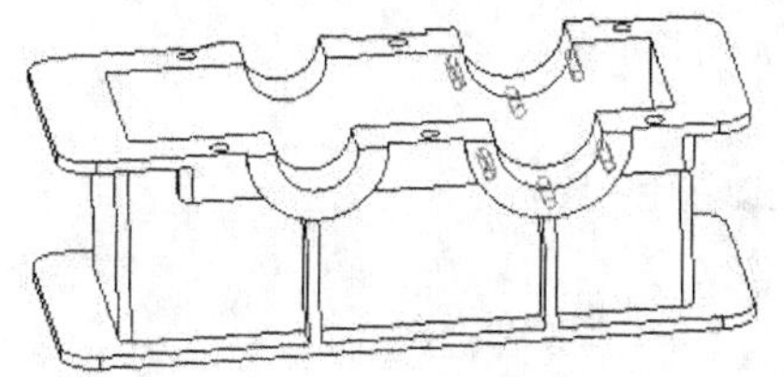

图 12-74　阵列连接孔特征 2

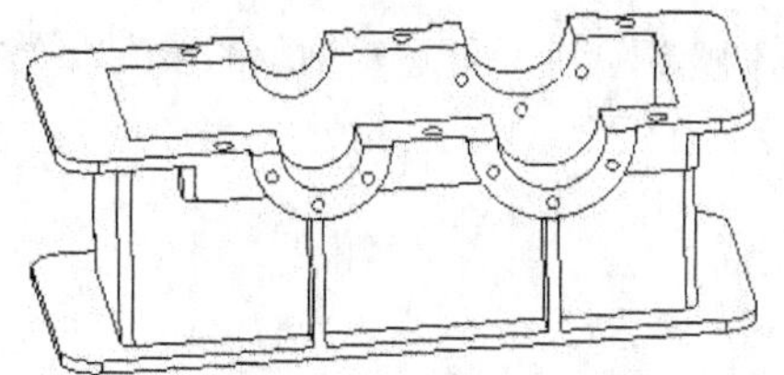

图 12-75　创建另一个轴孔端面上的连接孔特征

Step 17 创建下箱体底板上的固定孔

（1）选择菜单栏中的“插入”→“拉伸”命令，或单击“基础特征”工具栏中的“拉伸”按钮，系统弹出“拉伸”操控板；单击操控板中的“去除材料”按钮，设置拉伸方式为（完全贯穿拉伸）。

（2）依次单击操控板中的“放置”→“定义”按钮，系统弹出“草绘”对话框；选择箱体的上底面作为草绘平面，基准平面 RIGHT 作为参照平面，方向为“顶”，单击“草绘”按钮，进入草绘界面。

（3）单击“草绘器工具”工具栏中的“圆心和点”按钮，绘制 4 个圆并标注尺寸，如图 12-76 所示，单击“草绘器工具”工具栏中的“完成”按钮，退出草绘界面。

（4）单击操控板中的“确定”按钮，完成固定孔的创建，最终生成的变速箱箱体如图 12-77 所示。

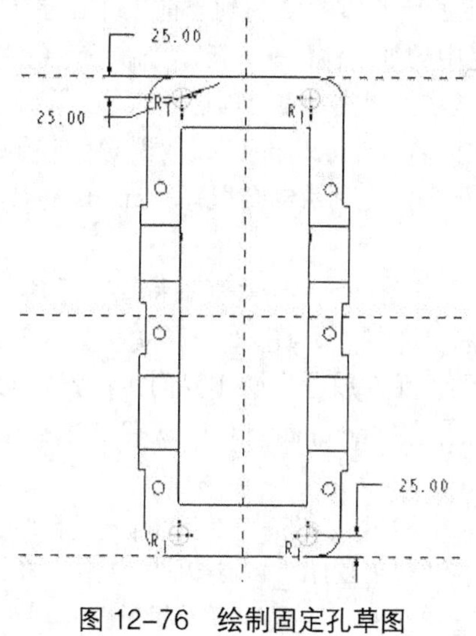

图 12-76　绘制固定孔草图

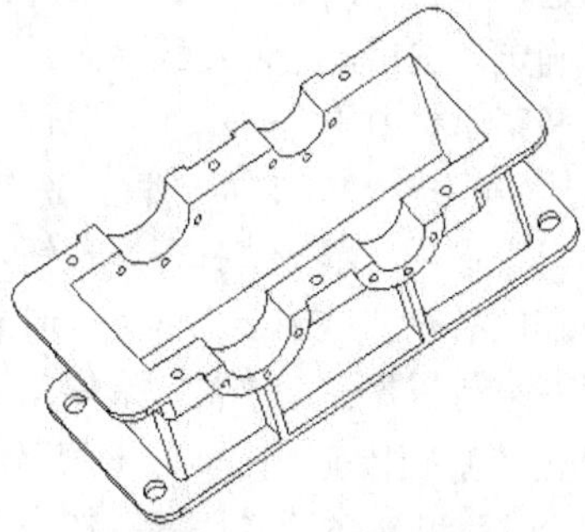

图 12-77　变速箱箱体

12.2 变速箱组件装配

本节将讲述轴承零件建模与装配过程，以及变速箱低速轴的装配。

12.2.1 变速箱低速轴轴承的装配

本例介绍变速箱低速轴轴承的装配，模型如图 12-78 所示。

扫码看视频

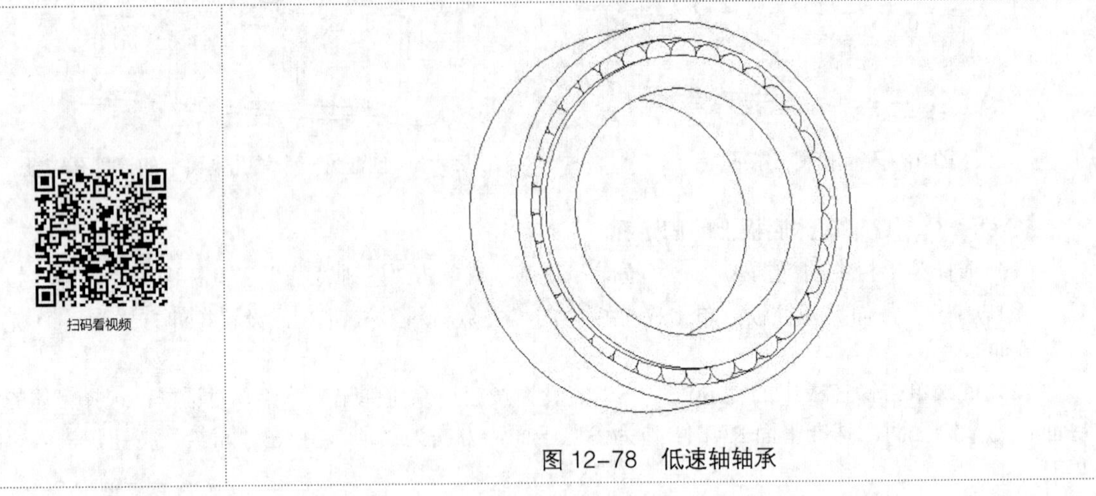

图 12-78 低速轴轴承

【创建步骤】

Step 1 装配滚子

（1）首先将光盘“\源文件\第 12 章\Pr6”目录下的所有零件复制到当前工作目录下（注：本章后面几个实例中也均需该步操作），然后选择菜单栏中的“文件”→“新建”命令，系统弹出“新建”对话框，在“类型”选项组中点选“组件”单选钮，在“子类型”选项组中点选“设计”单选钮，接受系统提供的默认设置，在“名称”文本框中输入文件名“zhoucheng1”，取消对“使用缺省模版”复选框的勾选，单击“确定”按钮，在弹出的“新文件选项”对话框中选择“mmns_part_solid”选项，单击“确定”按钮，进入装配界面。

（2）选择菜单栏中的“插入”→“元件”→“装配”命令，或单击“基础特征”工具栏中的“装配”按钮，弹出“打开”对话框；选择“neiquan.prt”文件，弹出“选取实例”对话框；选择“NEIQUAN_1”选项，单击“打开”按钮，系统转换到“元件放置”操作界面；设置装配方式为缺省，表示将在缺省位置装配零件 neiquan1.prt，即系统通过将 neiquan1.prt 的缺省坐标系与组件的缺省坐标系对齐来放置零件，放置效果如图 12-79 所示。

（3）单击“基础特征”工具栏中的“装配”按钮，弹出“打开”对话框；选择“gunzhu.prt”文件，弹出图 12-80 所示的“选取实例”对话框；选择“GUNZHU_1”选项，单击“打开”按钮，转换到“元件放置”操作界面；单击“放置”按钮，在弹出的“放置”下滑面板的“约束类型”下拉列表中依次选择“相切”与“配对”选项进行装配，如图 12-81 所示，在这两种约束类型下需要选择的特征表面如图 12-82 所示，装配效果如图 12-83 所示。

（4）选择菜单栏中的“编辑”→“元件操作”命令，系统弹出“元件”菜单；单击“复制”命令，然后选择“ASM_DEF_ CSYS”坐标系，再选择要复制的滚子零件，单击鼠标中键即可完成选择。

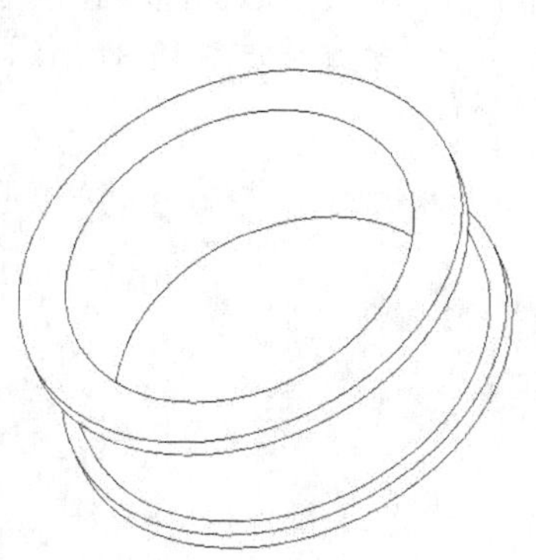

图 12-79　零件放置效果

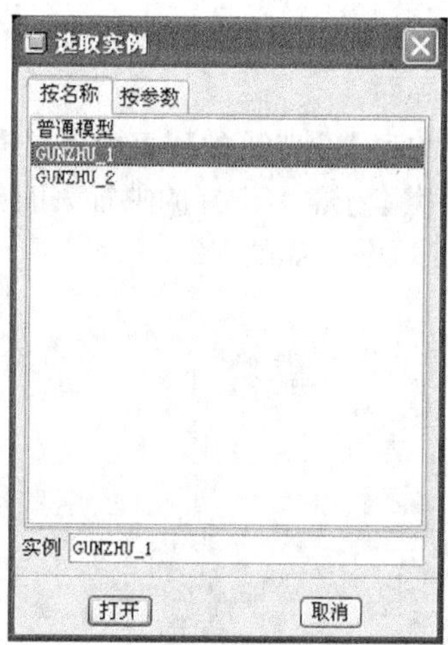

图 12-80 “选取实例”对话框

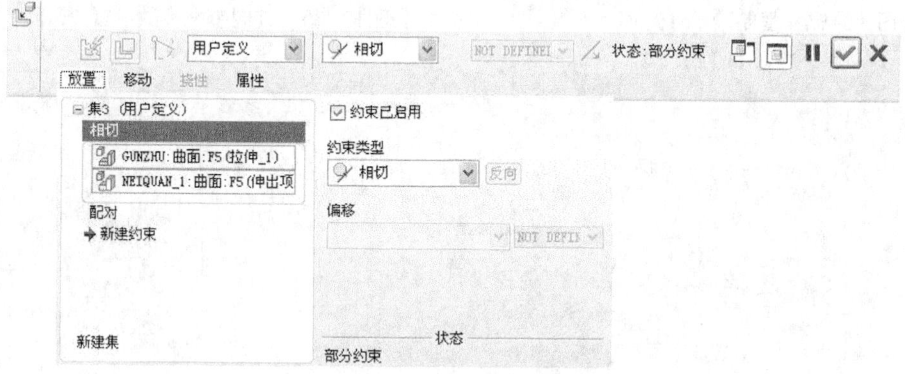

图 12-81　滚子装配参数设置

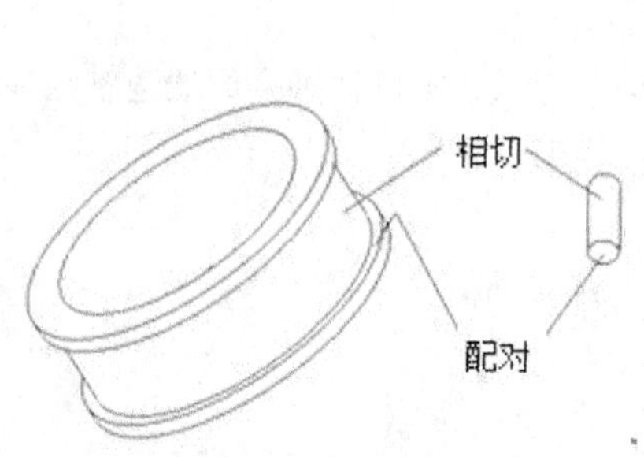

图 12-82　添加滚子约束

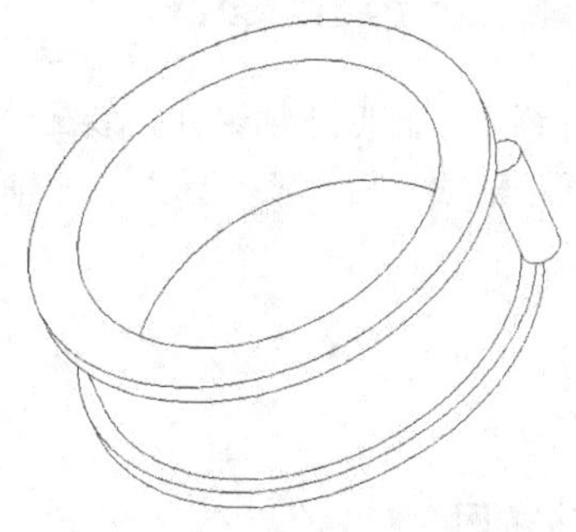

图 12-83　装配滚子

（5）在弹出的菜单管理器中单击“旋转”→“Y 轴”命令，输入旋转角度为“10”，单击鼠标中键完成旋转；然后单击“完成移动”命令，在弹出的消息输入窗口中输入复制零件的个数为“36”（包括原始零件），单击鼠标中键，最后单击菜单中的“完成”命令，复制滚子后的效果如图 12-84 所示。

Step 2 装配外圈

（1）单击“基础特征”工具栏中的“装配”按钮，系统弹出“打开”对话框；选择“waiquan.

prt”文件，弹出“选取实例”对话框，选择“WAIQUAN_1”选项，单击“打开”按钮，转换到“元件放置”操作界面。

（2）在“约束类型”下拉列表中依次选择“插入”与“对齐”选项进行装配，如图 12-85 所示，在这两种约束类型下需要选择的特征表面如图 12-86 所示，装配效果如图 12-87 所示。然后保存装配的组件 zhoucheng1.asm。

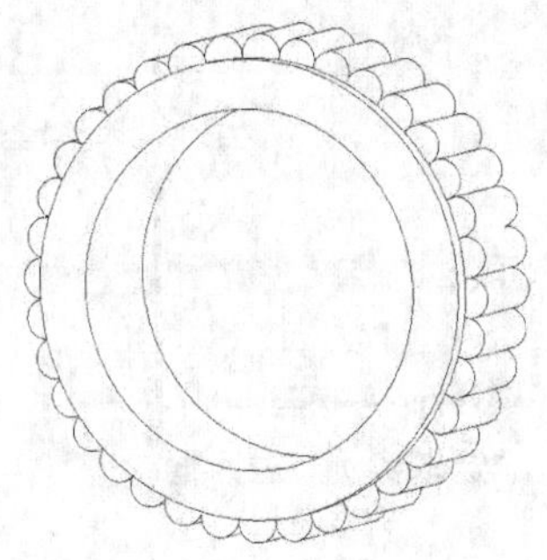
图 12-84　复制滚子

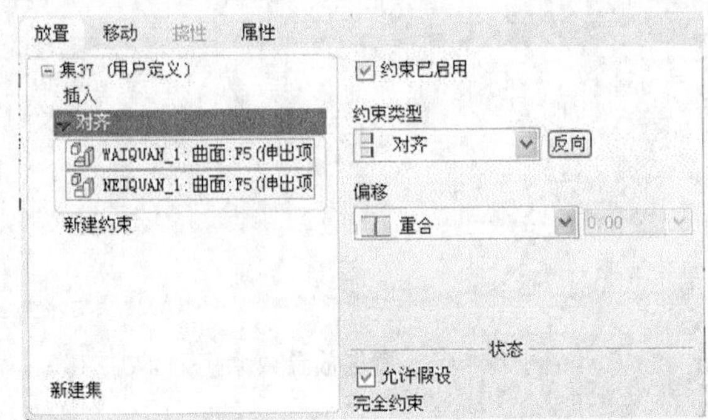

图 12-85　外圈装配参数设置

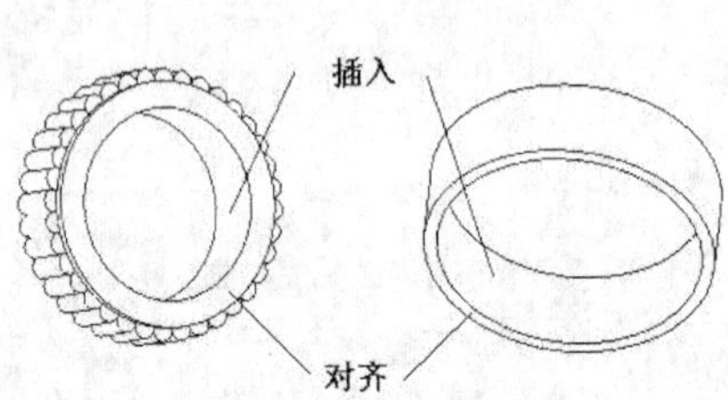

图 12-86　添加外圈约束

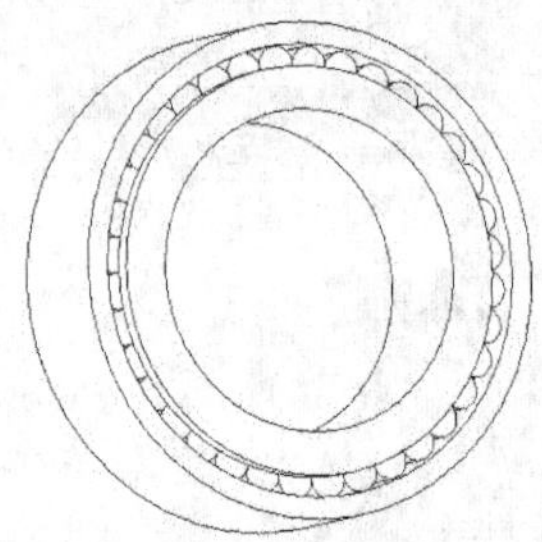
图 12-87　装配外圈

12.2.2　变速箱低速轴装配

本例介绍变速箱低速轴组件的装配，模型如图 12-88 所示。本例详细介绍低速轴组件的装配方法。导入低速轴轴承后，依次导入低速轴、键和齿轮，并进行装配。

扫码看视频

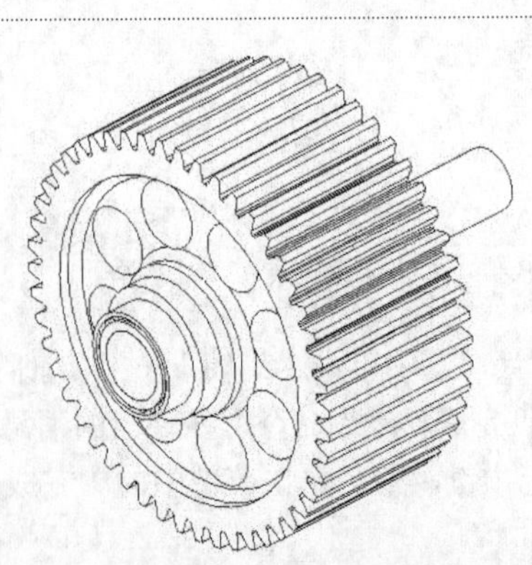
图 12-88　低速轴组件

【创建步骤】

Step 1 导入低速轴轴承

（1）选择菜单栏中的“文件”→“新建”命令，弹出“新建”对话框，在“类型”选项组中点选“组件”单选钮，在“子类型”选项组中点选“设计”单选钮，接受系统提供的默认设置，在“名称”文本框中输入文件名“disuzhou”，取消对“使用缺省模版”复选框的勾选，单击“确定”按钮，在弹出的“新文件选项”对话框中选择“mmns_part_solid”选项，进入装配界面。

（2）单击“基础特征”工具栏中的“装配”按钮，弹出“打开”对话框，选择“zhoucheng1.asm”文件，单击“打开”按钮，调入低速轴轴承。

Step 2 低速轴装配

（1）选择菜单栏中的“插入”→“元件”→“装配”命令，或单击“基础特征”工具栏中的“装配”按钮，系统弹出“打开”对话框，选择“zhou1.prt”文件，单击“打开”按钮，转换到“元件放置”操作界面；单击“放置”按钮，弹出“放置”下滑面板，设置约束类型为缺省，表示将在缺省位置装配零件 zhou1.prt，即系统将通过 zhou1.prt 的缺省坐标系与组件的缺省坐标系对齐来放置零件，放置效果如图 12-89 所示。

（2）单击“基础特征”工具栏中的“装配”按钮，系统弹出“打开”对话框，选择“jian.prt”文件，单击“打开”按钮，调入键。

（3）在“约束类型”下拉列表中依次选择“插入”“插入”和“配对”选项进行装配，如图 12-90 所示，在这 3 种约束类型下需要选择的特征表面如图 12-91 所示，装配效果如图 12-92 所示。

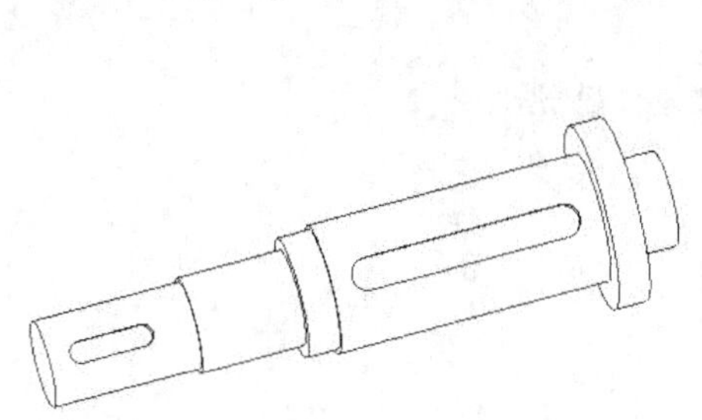

图 12-89 调入低速轴

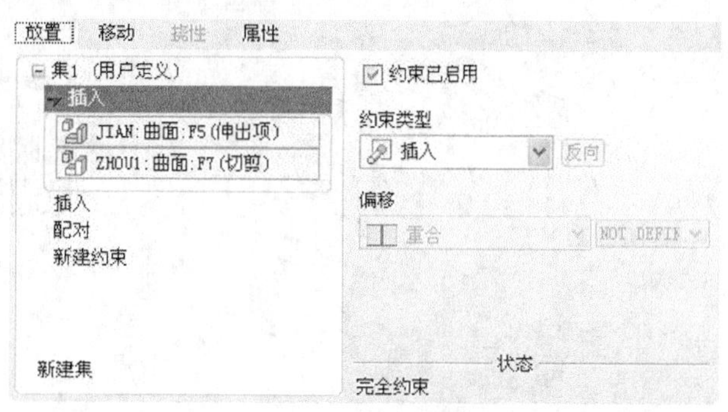

图 12-90 键放置参数设置

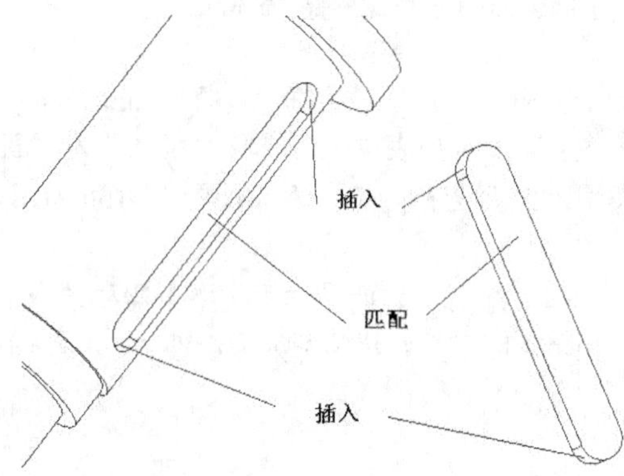

图 12-91 添加约束 1

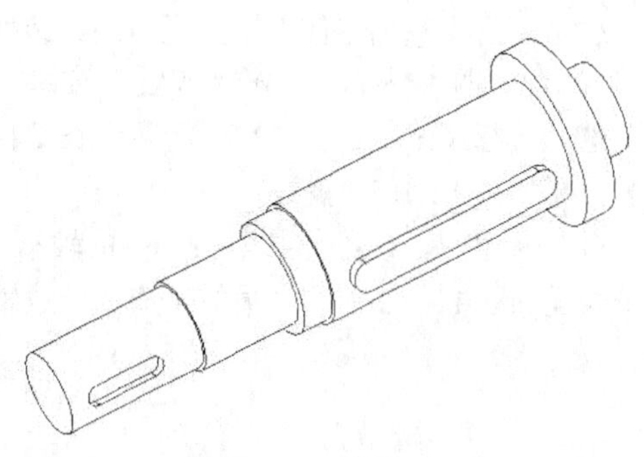

图 12-92 装配键

（4）单击“基础特征”工具栏中的“装配”按钮，系统弹出“打开”对话框，选择“gear.prt”文件，单击“打开”按钮，调入齿轮。

（5）单击“放置”按钮，在“约束类型”下拉列表中依次选择“插入”和“配对”选项进行装配，如图 12-93 所示，在这两种约束类型下需要选择的特征表面如图 12-94 所示，装配效果如图 12-95 所示。

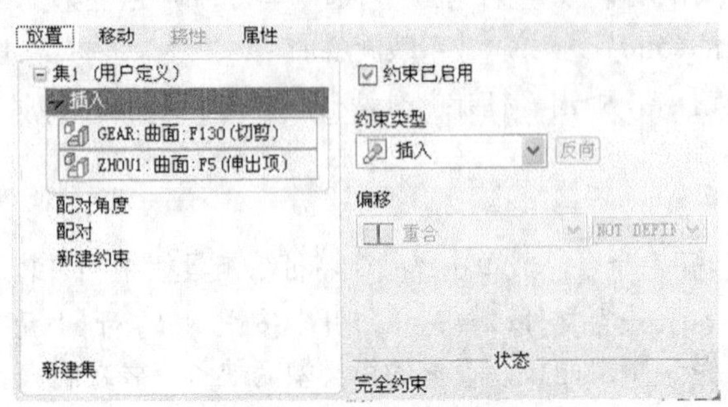

图 12–93　齿轮放置参数设置

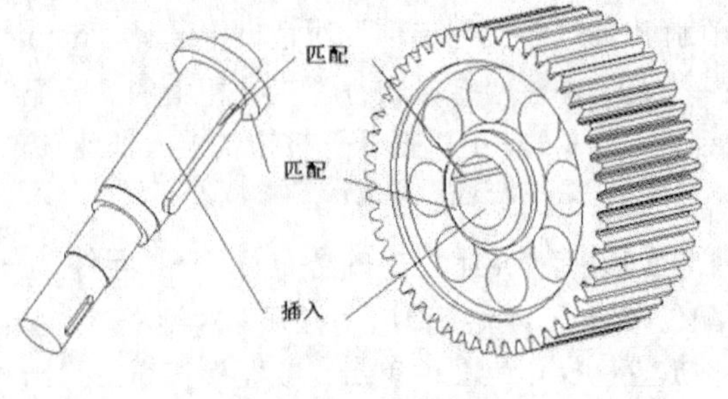

图 12–94　添加约束 2

（6）单击“基础特征”工具栏中的“装配”按钮，弹出“打开”对话框，选择“huan.prt”文件，单击“打开”按钮，调入定位环；单击“放置”按钮，在“约束类型”下拉列表中依次选择“插入”和“配对”选项进行装配，如图 12-96 所示，在这两种约束类型下需要选择的特征表面如图 12-97 所示，装配效果如图 12-98 所示。

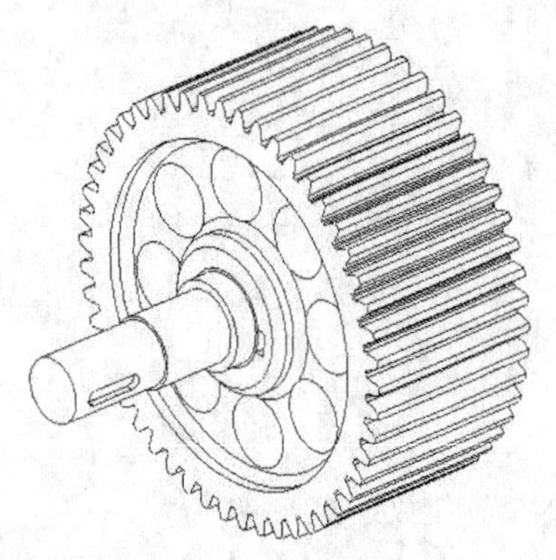

图 12–95　装配齿轮

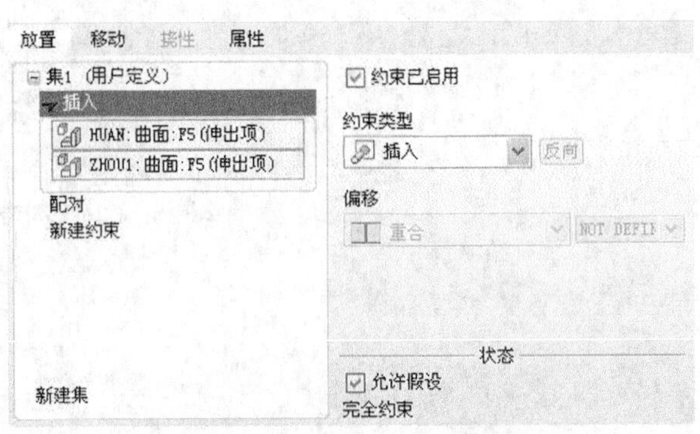

图 12–96　定位环放置参数设置

（7）单击“基础特征”工具栏中的“装配”按钮，弹出“打开”对话框，选择“zhoucheng1.asm”选项，调入轴承；单击“放置”按钮，在“约束类型”下拉列表中依次选择“插入”和“配对”选项进行装配，如图 12-99 所示，在这两种约束类型下需要选择的特征表面如图 12-100 所示，装配效果如图 12-101 所示。

（8）重复上一步操作装配另一侧的轴承，在“插入”和“配对”这两种约束类型下需要选取的特征表面如图 12-102 所示，最终生成的低速轴组件如图 12-103 所示，并将装配好的组件 disuzhou.asm 保存。

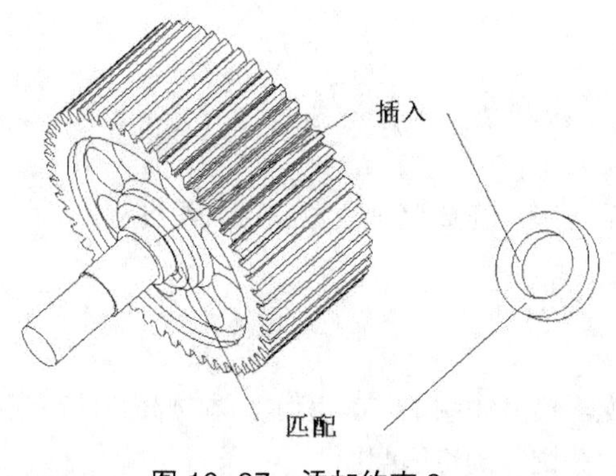

图 12-97　添加约束 3

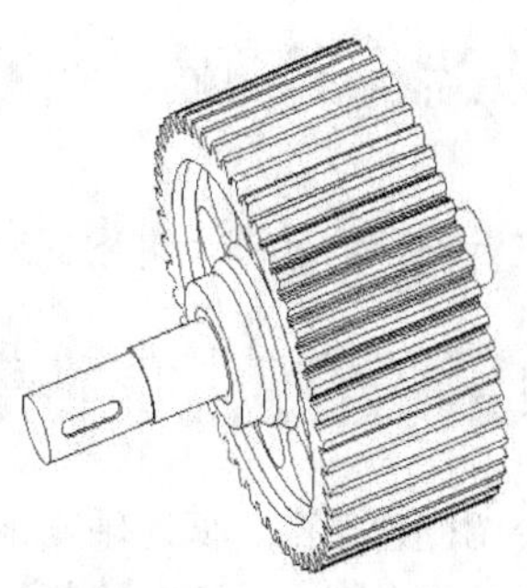

图 12-98　装配定位环

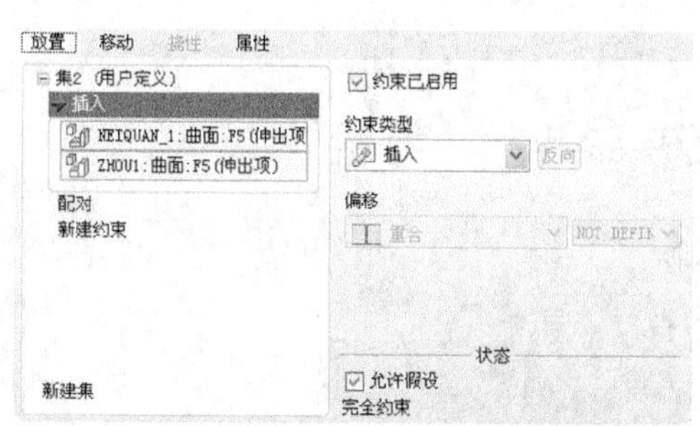

图 12-99　轴承放置参数设置

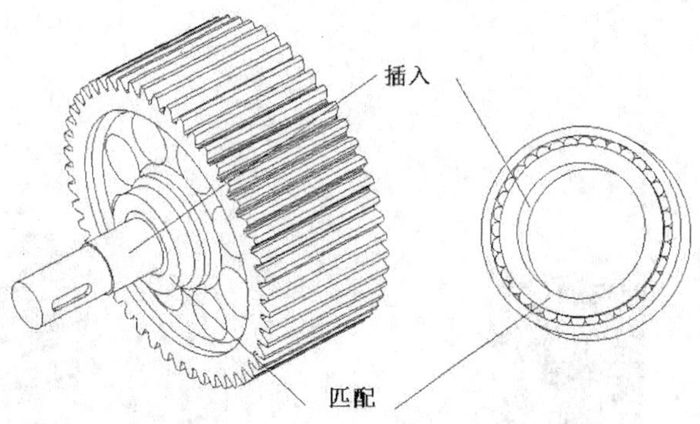

图 12-100　添加约束 4

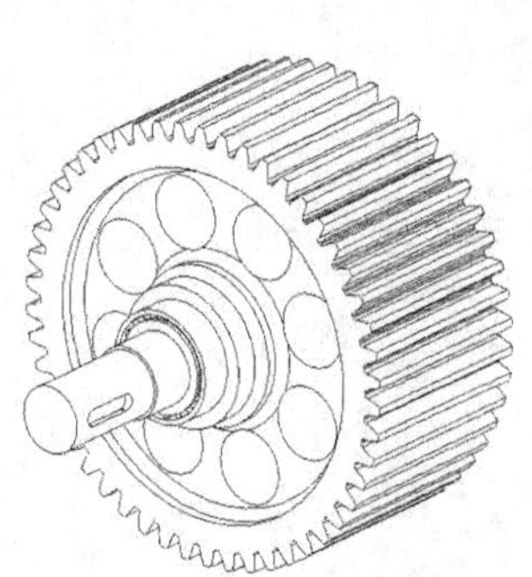

图 12-101　装配轴承

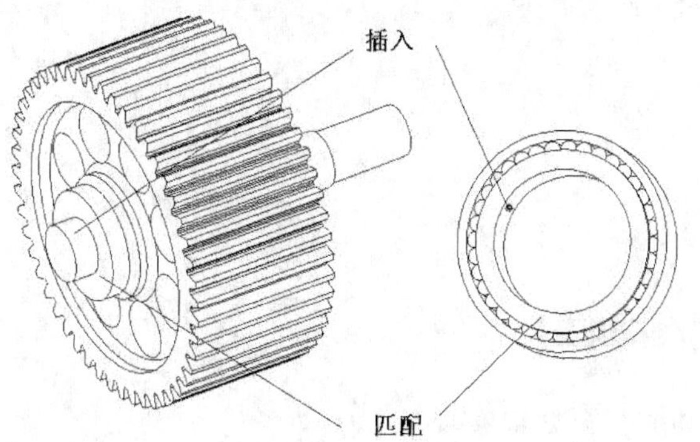

图 12-102　添加约束 5

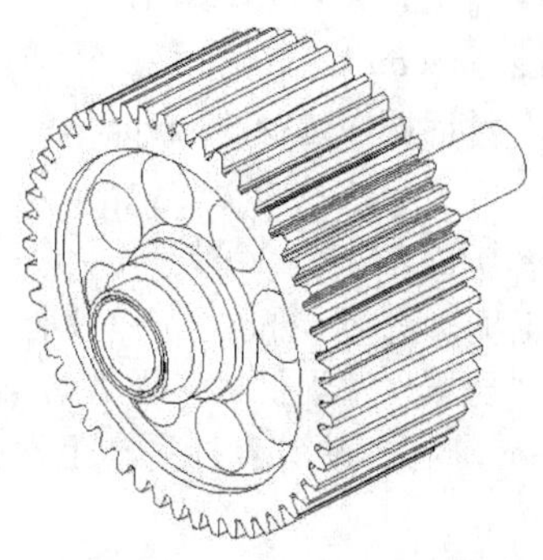

图 12-103　低速轴组件

12.3 变速箱总装配

本节在上一节的基础上讲述变速箱总体装配环节，完成整个变速箱的装配过程。

12.3.1 变速箱高、低速轴与下箱体的装配

本例介绍变速箱高、低速轴与下箱体的装配，模型如图 12-104 所示。本例介绍的高速轴和箱体的装配方法，与上例中低速轴的装配方法相同，关键是确定匹配面。

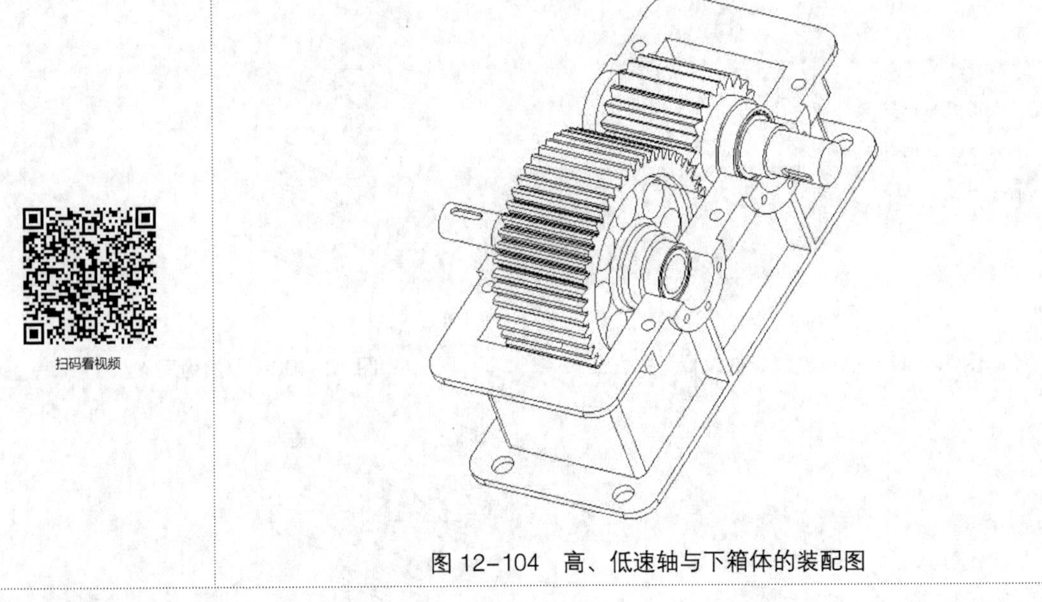

图 12-104 高、低速轴与下箱体的装配图

【创建步骤】

Step 1 高速轴装配

（1）选择菜单栏中的“文件”→“新建”命令，系统弹出“新建”对话框，在“类型”选项组中点选“组件”单选钮，在“子类型”选项组中点选“设计”单选钮，接受系统提供的默认设置，在“名称”文本框中输入文件名“gaosuzhou”，取消对“使用缺省模版”复选框的勾选，单击“确定”按钮，在弹出的“新文件选项”对话框中选择“mmns_part_solid”选项，单击“确定”按钮进入装配界面。

（2）选择菜单栏中的“插入”→“元件”→“装配”命令，或单击“基础特征”工具栏中的“装配”按钮，系统弹出“打开”对话框，选择“zhou2.prt”文件，单击“打开”按钮，调入高速轴。

（3）单击“放置”按钮，弹出“放置”下滑面板，设置约束类型为缺省，表示将在缺省位置装配零件 zhou2.prt，即系统通过将 zhou2.prt 的缺省坐标系与组件的缺省坐标系对齐来放置零件，如图 12-105 所示。

（4）单击“基础特征”工具栏中的“装配”按钮，弹出“打开”对话框，选择“zhoucheng2.

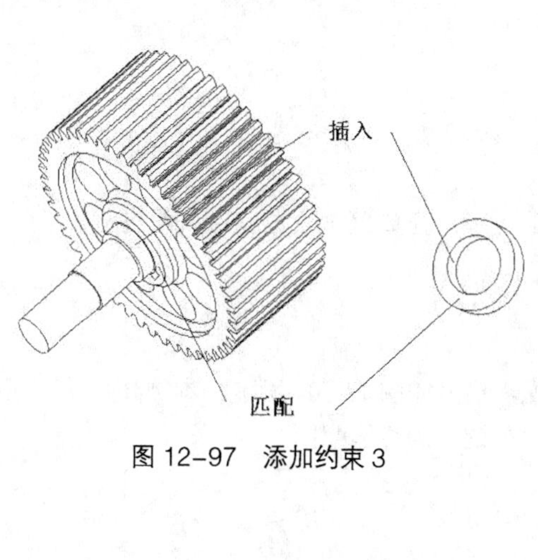

图 12-97　添加约束 3

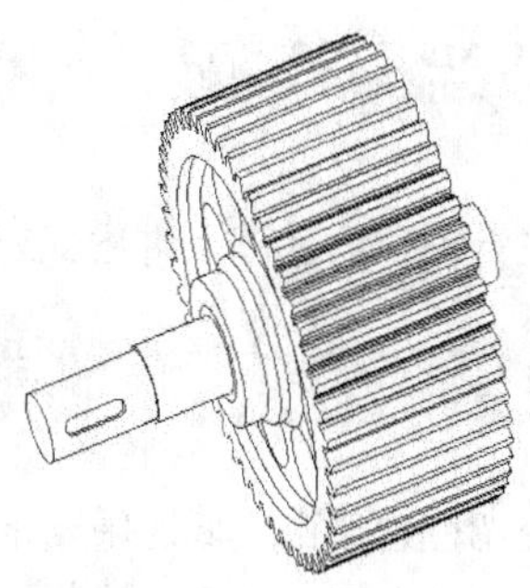

图 12-98　装配定位环

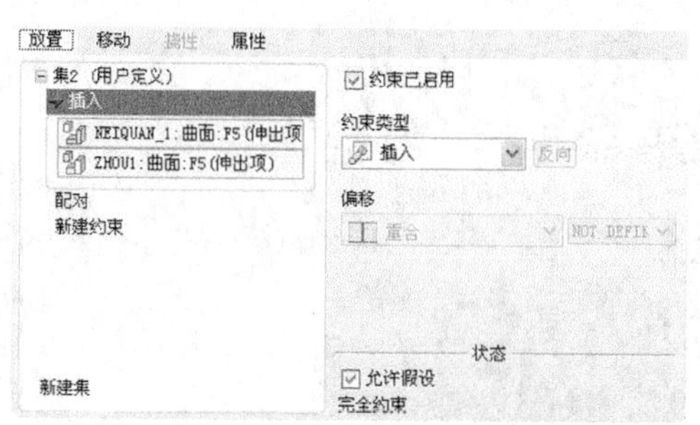

图 12-99　轴承放置参数设置

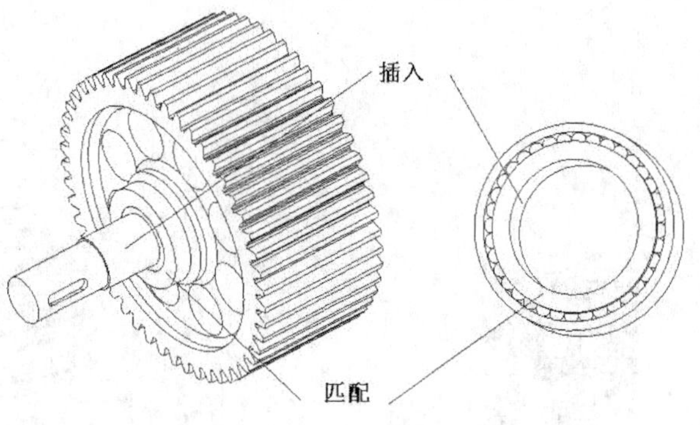

图 12-100　添加约束 4

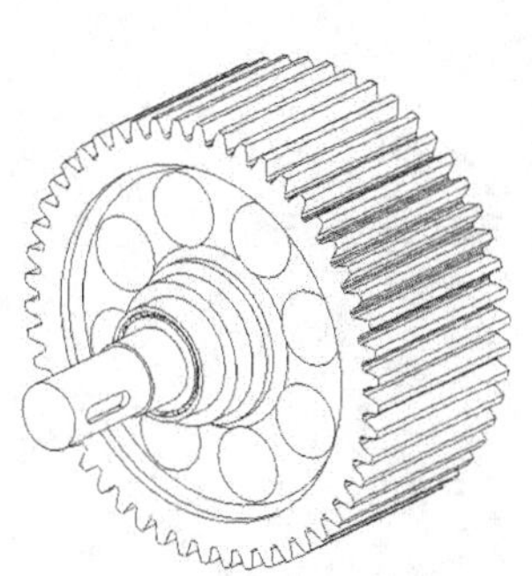

图 12-101　装配轴承

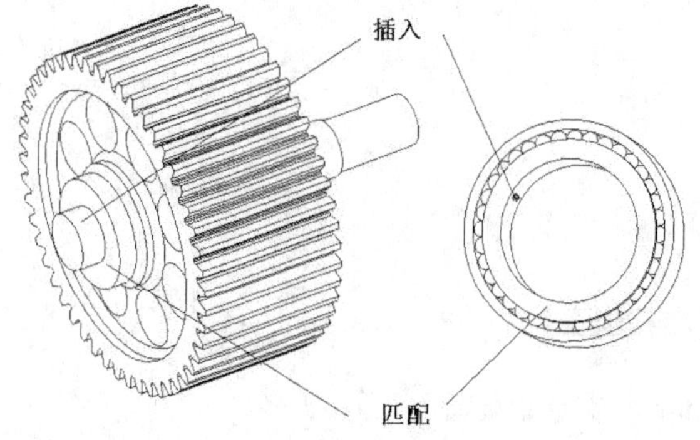

图 12-102　添加约束 5

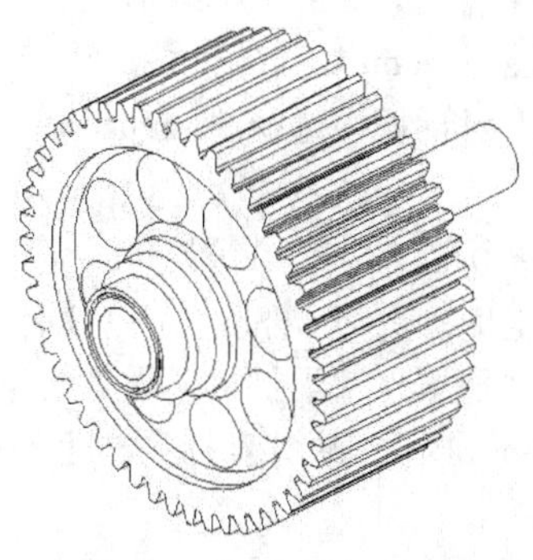

图 12-103　低速轴组件

12.3 变速箱总装配

本节在上一节的基础上讲述变速箱总体装配环节，完成整个变速箱的装配过程。

12.3.1 变速箱高、低速轴与下箱体的装配

本例介绍变速箱高、低速轴与下箱体的装配，模型如图 12-104 所示。本例介绍的高速轴和箱体的装配方法，与上例中低速轴的装配方法相同，关键是确定匹配面。

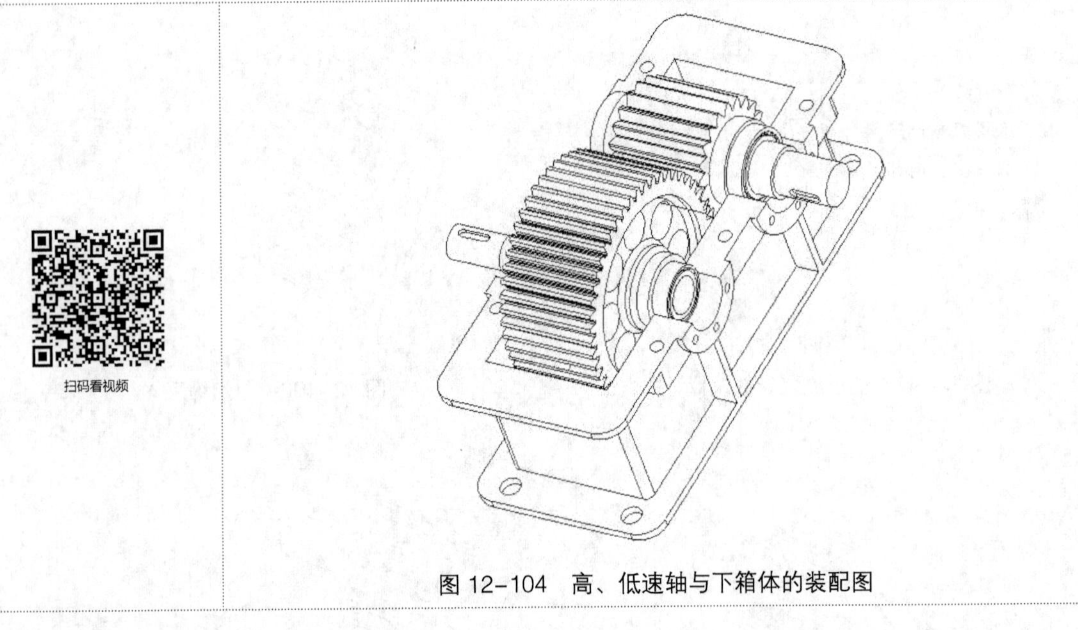

图 12–104 高、低速轴与下箱体的装配图

【创建步骤】

Step 1 高速轴装配

（1）选择菜单栏中的“文件”→“新建”命令，系统弹出“新建”对话框，在“类型”选项组中点选“组件”单选钮，在“子类型”选项组中点选“设计”单选钮，接受系统提供的默认设置，在“名称”文本框中输入文件名“gaosuzhou”，取消对“使用缺省模版”复选框的勾选，单击“确定”按钮，在弹出的“新文件选项”对话框中选择“mmns_part_solid”选项，单击“确定”按钮进入装配界面。

（2）选择菜单栏中的“插入”→“元件”→“装配”命令，或单击“基础特征”工具栏中的“装配”按钮，系统弹出“打开”对话框，选择“zhou2.prt”文件，单击“打开”按钮，调入高速轴。

（3）单击“放置”按钮，弹出“放置”下滑面板，设置约束类型为缺省，表示将在缺省位置装配零件 zhou2.prt，即系统通过将 zhou2.prt 的缺省坐标系与组件的缺省坐标系对齐来放置零件，如图 12-105 所示。

（4）单击“基础特征”工具栏中的“装配”按钮，弹出“打开”对话框，选择“zhoucheng2.

asm”文件，单击“打开”按钮，调入轴承；单击“放置”按钮，弹出“放置”下滑面板，在“约束类型”下拉列表中依次选择“插入”和“配对”选项进行装配，在这两种约束类型下需要选择的特征表面如图 12-106 所示，装配效果如图 12-107 所示。

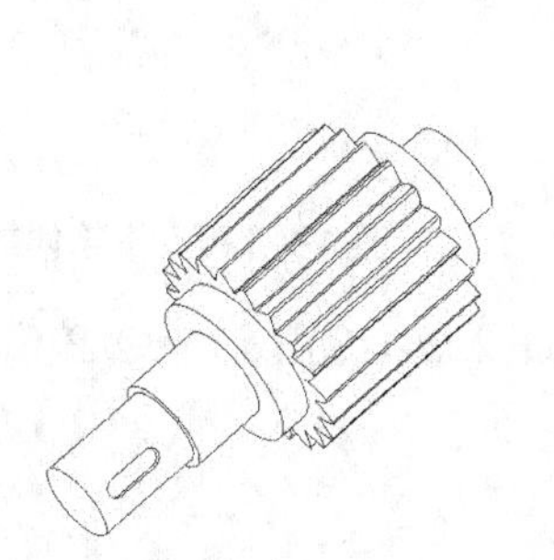

图 12−105　高速轴零件放置效果

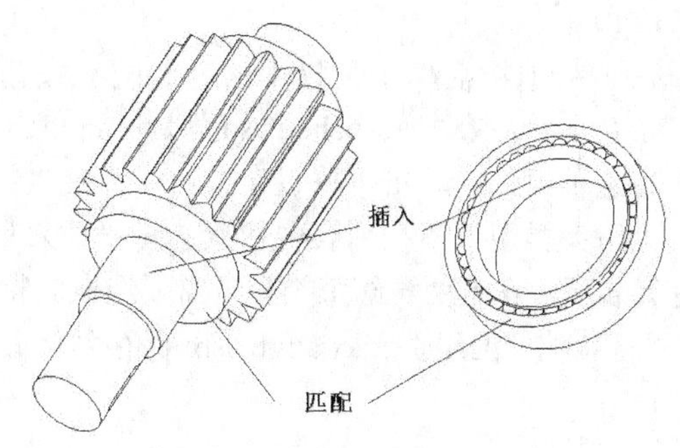

图 12−106　添加约束 1

（5）重复上一步的操作装配另一侧轴承，在“插入”和“配对”这两种约束类型下需要选择的特征表面如图 12-108 所示，装配效果如图 12-109 所示，并将装配好的组件 gaosuzhou.asm 保存到合适的位置。

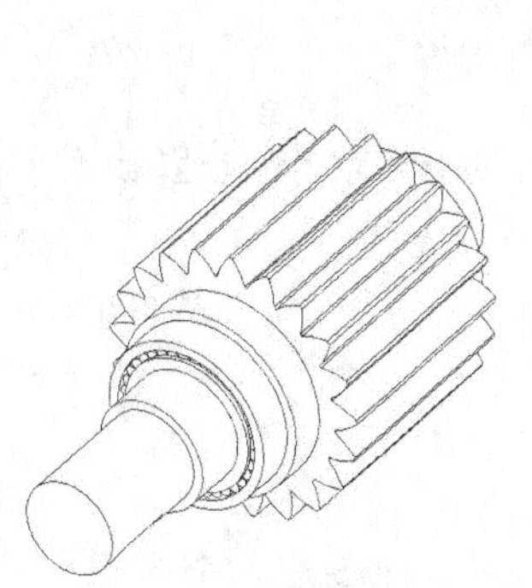

图 12−107　装配轴承 1

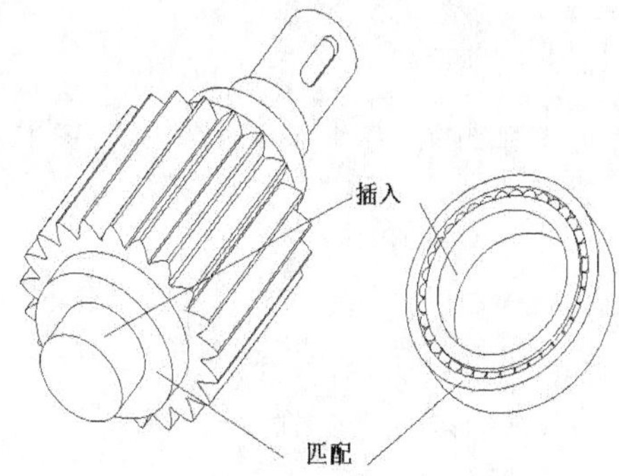

图 12−108　添加约束 2

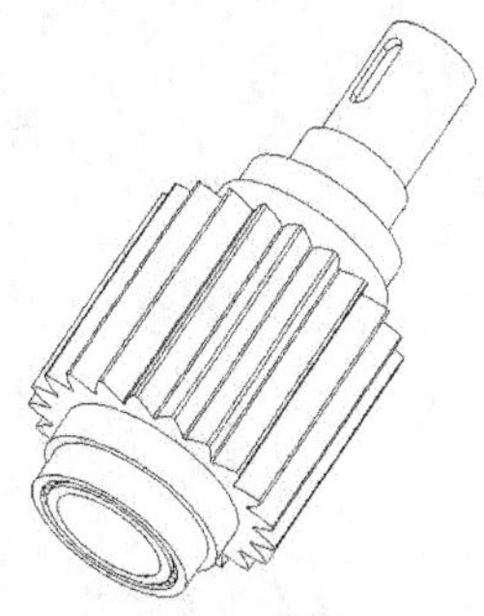

图 12−109　装配轴承 2

Step 2　下箱体与高、低速轴装配

（1）选择菜单栏中的“文件”→“新建”命令，系统弹出“新建”对话框，在“类型”选项组中点选“组件”单选钮，在“子类型”选项组中点选“设计”单选钮，接受系统提供的默认设置，在“名称”文本框中输入文件名“xiaxiangti”，取消对“使用缺省模版”复选框的勾选，单击“确定”按钮，在弹出的“新文件选项”对话框中选择“mmns_part_solid”选项，单击“确定”按钮进入装配界面。

（2）选择菜单栏中的“插入”→“元件”→“装配”命令，或单击“基础特征”工具栏中的“装配”按钮，系统弹出“打开”对话框，选择“xiabox.prt”文件，单击“打开”按钮，调入下箱体。

（3）单击“放置”按钮，弹出“放置”下滑面板，设置约束类型为缺省，表示将在缺省位置装配零件 xiabox.prt，即系统通过将 xiabox.prt 的缺省坐标系与组件的缺省坐标系对齐来放置零件，放置效果如图 12-110 所示。

（4）单击“基础特征”工具栏中的“装配”按钮，弹出“打开”对话框，选择“disuzhou.

asm”文件，单击“打开”按钮，转换到“元件放置”操作界面；单击“放置”按钮，弹出“放置”下滑面板，在“约束类型”下拉列表中依次选择“插入”和“配对”选项进行装配，在这两种约束类型下需要选择的特征表面如图 12-111 所示，装配效果如图 12-112 所示。

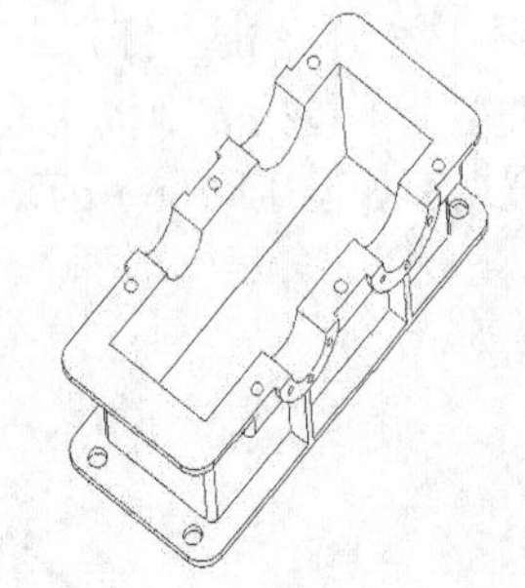
图 12-110　下箱体放置效果

（5）单击“基础特征”工具栏中的“装配”按钮，弹出“打开”对话框，选择“gaosuzhou.asm”选项，单击“打开”按钮，调入高速轴组件；单击“放置”按钮，弹出“放置”下滑面板，在“约束类型”下拉列表中依次选择“插入”和“配对”选项进行装配，在这两种约束类型下需要选取的特征表面如图 12-113 所示，装配效果如图 12-114 所示，并将装配好的组件 xiaxiangti.asm 保存到合适位置。

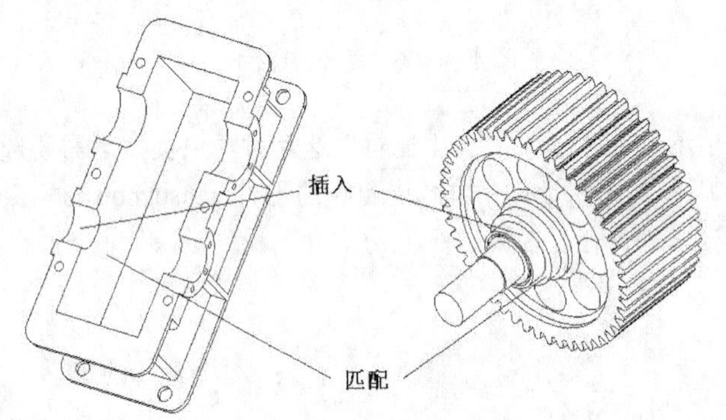

图 12-111　添加约束 3

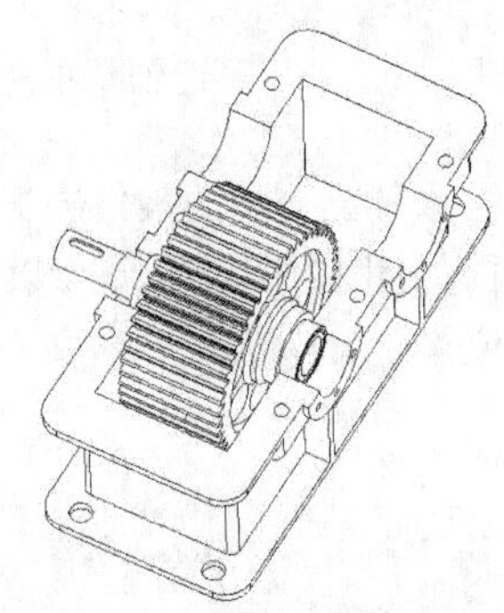
图 12-112　装配下箱体和低速轴组件

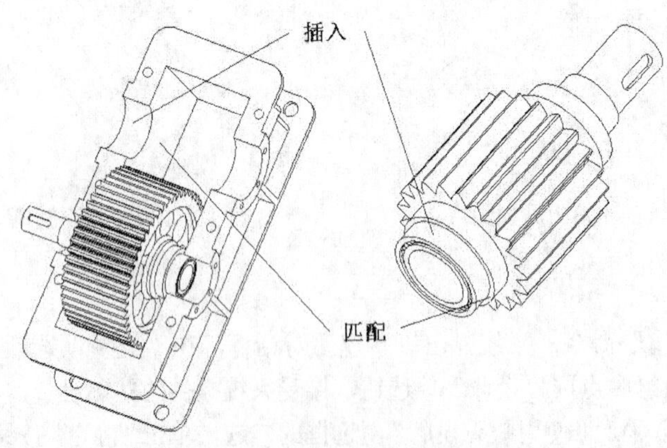

图 12-113　添加约束 4

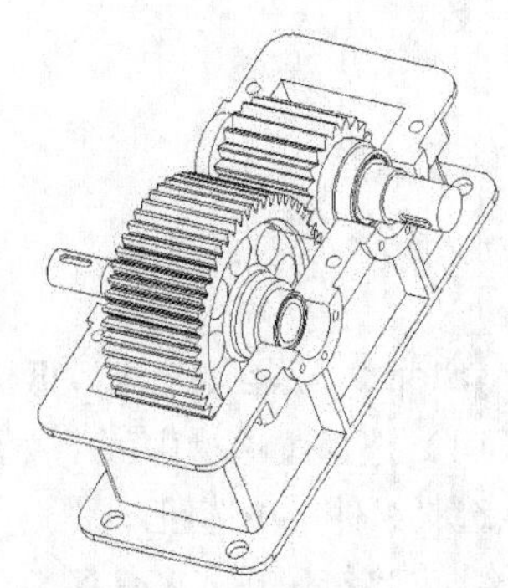
图 12-114　装配高速轴组件

12.3.2　变速箱下箱体箱盖的装配

本例介绍变速箱的下箱体和箱盖的装配，模型如图 12-115 所示。本例主要是在下箱体装配组件的基础上安装箱盖。

扫码看视频

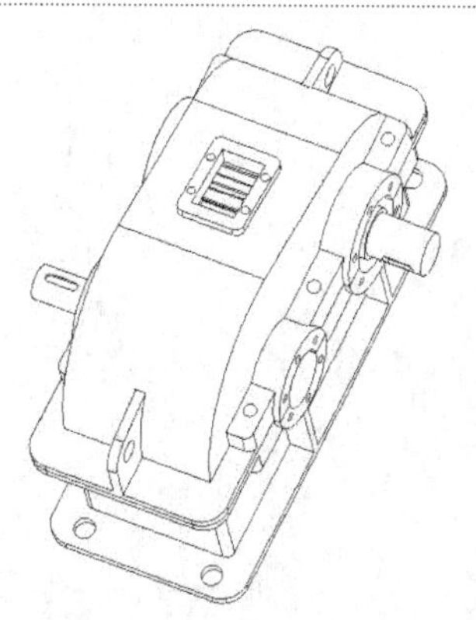

图 12-115　下箱体箱盖的装配图

【创建步骤】

Step 1　新建文件

首先将光盘源文件相关目录下的所有零件复制到当前工作目录下，然后选择菜单栏中的“文件”→“新建”命令，系统弹出“新建”对话框，在“类型”选项组中点选“组件”单选钮，在“子类型”选项组中点选“设计”单选钮，接受系统提供的默认设置，在“名称”文本框中输入文件名“xiangti”，取消对“使用缺省模版”复选框的勾选，单击“确定”按钮，在弹出的“新文件选项”对话框中选择“mmns_part_solid”选项，单击“确定”按钮进入装配界面。

Step 2　进行装配

（1）选择菜单栏中的“插入”→“元件”→“装配”命令，或单击“基础特征”工具栏中的“装配”按钮，系统弹出“打开”对话框，选择“xiaxiangti.asm”文件，单击“打开”按钮，调入下箱体装配组件。

（2）单击“放置”按钮，弹出“放置”下滑面板，设置约束类型为缺省。

（3）单击“基础特征”工具栏中的“装配”按钮，弹出“打开”对话框，选择“shangbox.prt”选项，单击“打开”按钮，调入箱盖；单击“放置”按钮，弹出“放置”下滑面板，在“约束类型”下拉列表中依次选择“配对”“对齐”和“插入”选项进行装配，如图 12-116 所示，在这两种约束类型下需要选择的特征表面如图 12-117 所示，装配效果如图 12-118 所示，并将装配好的组件 xiangti.asm 保存到合适的位置。

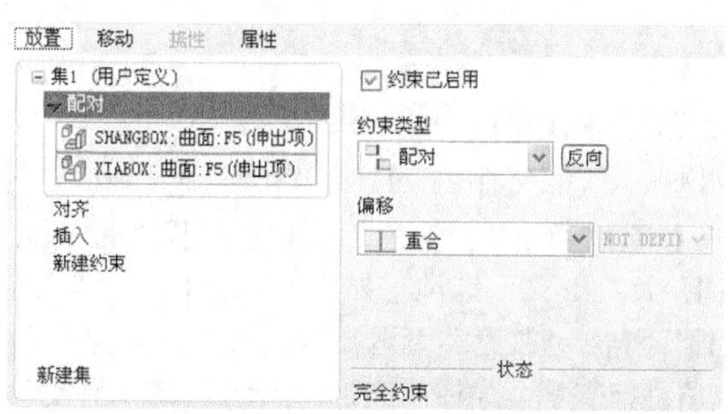

图 12-116　设置约束类型

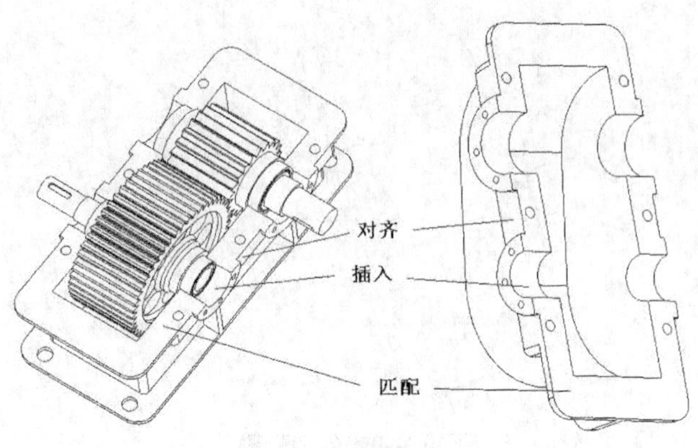

图 12-117　添加约束

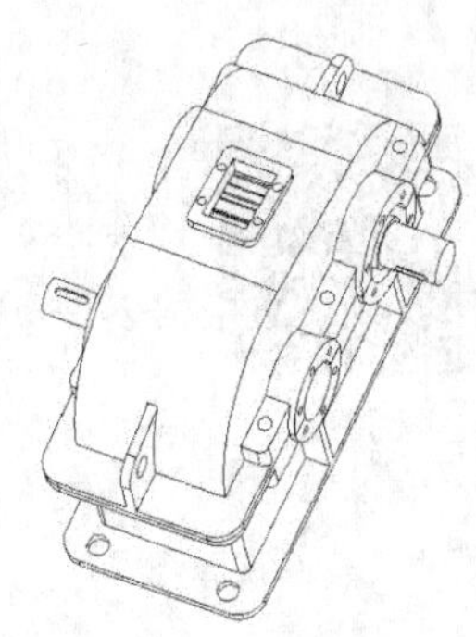

图 12-118　装配效果

12.3.3　变速箱其他零件的装配

本例介绍变速箱其他零件的装配，模型如图 12-119 所示。本例介绍端盖与顶盖的装配，与前面实例中的装配方法相同，首先确定好匹配约束，然后使用螺钉连接，完成单个的连接后，再使用阵列的方法，完成其余连接。

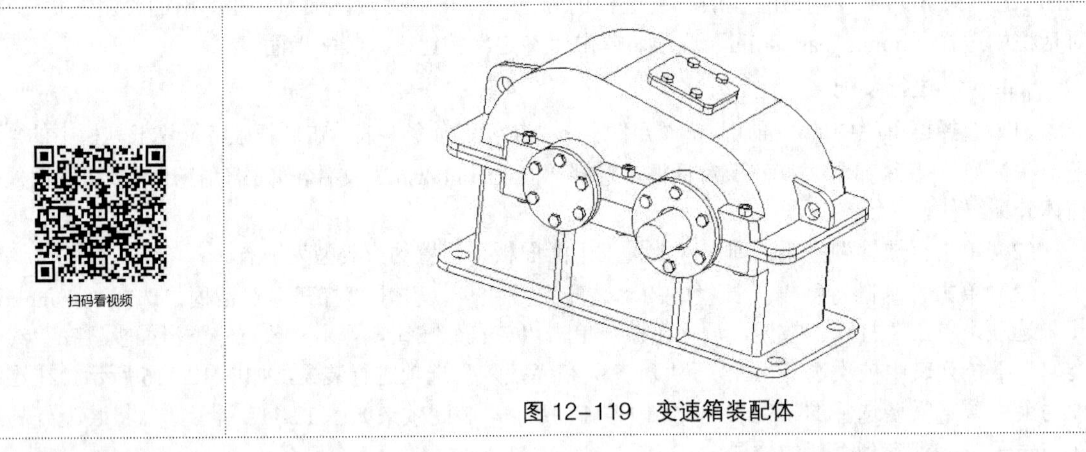

扫码看视频

图 12-119　变速箱装配体

【创建步骤】

Step 1　端盖装配与上下箱体的连接

（1）打开随书所附光盘中的“\源文件\第 12 章\Pr6\xiangti.asm”文件，然后单击“基础特征”工具栏中的“装配”按钮，系统弹出“打开”对话框；选择“duangai.prt”选项，系统弹出“选取实例”对话框，选择“DUANGAI_12”选项，如图 12-120 所示，单击“打开”按钮，调入端盖。

（2）单击“放置”按钮，弹出“放置”下滑面板，在“约束类型”下拉列表中依次选择“插入”“配对”和“插入”选项进行装配，如图 12-121 所示，在这两种约束类型下需要选择的特征表面如图 12-122 所示，装配效果如图 12-123 所示。

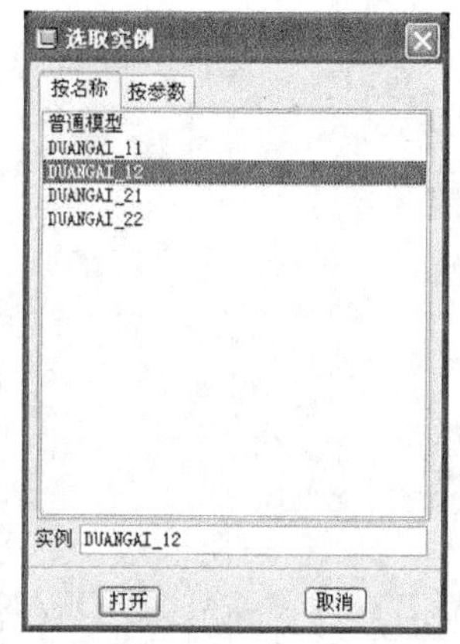

图 12-120 “选取实例”对话框

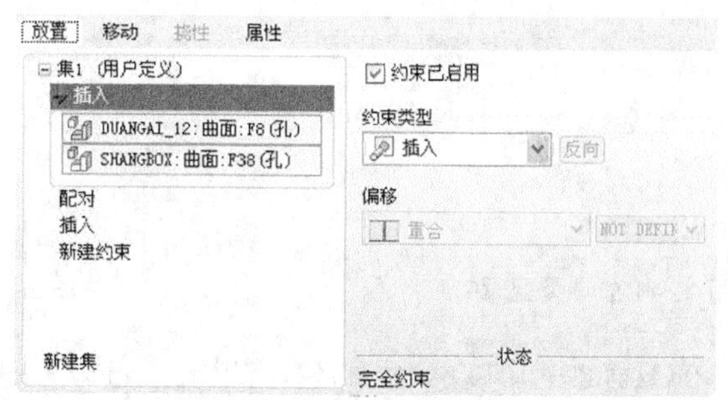

图 12-121 端盖放置参数设置

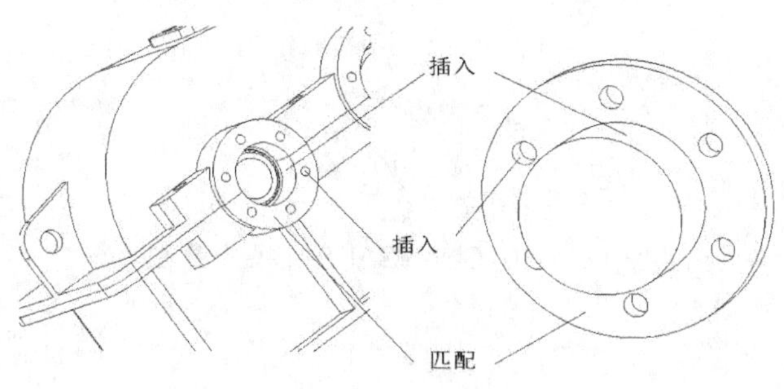

图 12-122 添加约束 1

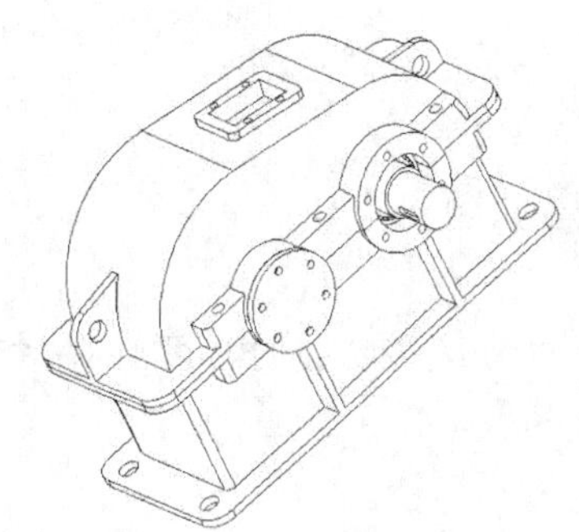

图 12-123 装配端盖

（3）单击“基础特征”工具栏中的”装配”按钮，弹出“打开”对话框；选择“\源文件\第12章\Pr6\bolt.prt”文件，系统弹出“选取实例”对话框；选择“M10X35_GB5786”选项，单击“打开”按钮，调入螺钉；单击“放置”按钮，弹出“放置”下滑面板，在“约束类型”下拉列表中依次选择“配对”和“插入”选项进行装配，如图 12-124 所示，在这两种约束类型下需要选择的特征表面如图 12-125 所示，装配效果如图 12-126 所示。

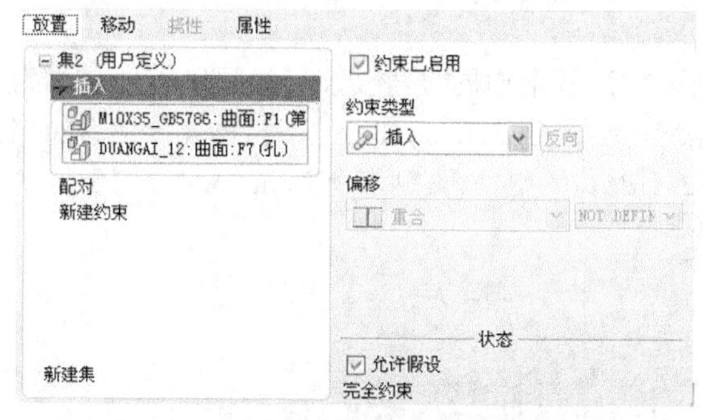

图 12-124 螺钉放置参数设置

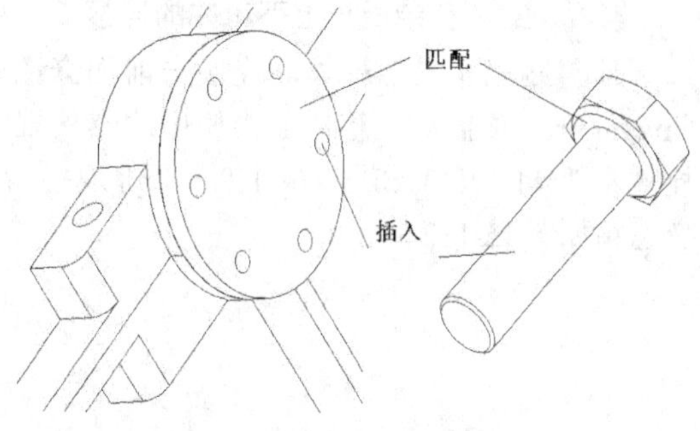

图 12-125 添加约束 2

（4）在模型树中选择零件 M10X35_GB5786.PRT 并右击，在弹出的快捷菜单中选择“阵列”命令，或选择零件 M10X35_GB5786.PRT 后，单击“基础特征”工具栏中的“阵列”按钮，弹出“阵列”操控板；接受系统默认设置，如图 12-127 所示，然后单击操控板中的“确定”按钮，阵列效果如图 12-128 所示。

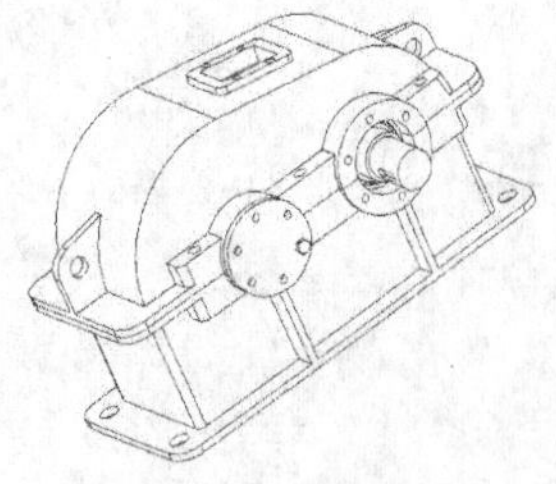

图 12-126　装配螺钉

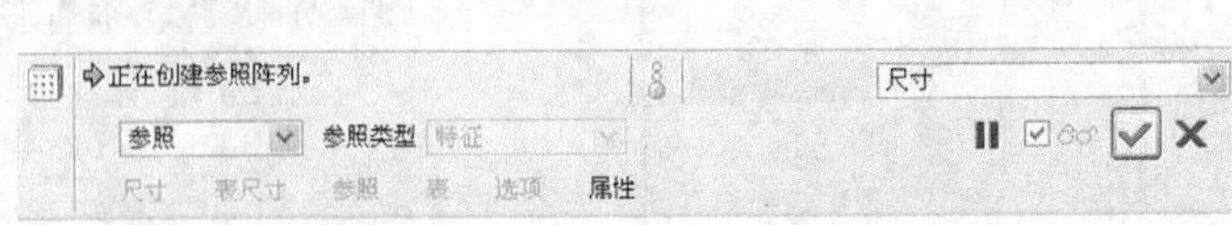

图 12-127　“阵列”操控板

（5）重复前面步骤（1）～步骤（4）的操作，完成端盖 DUANGAI_21、DUANGAI_11、DUANGAI_22 和螺钉的装配，装配效果如图 12-129 ～图 12-131 所示。

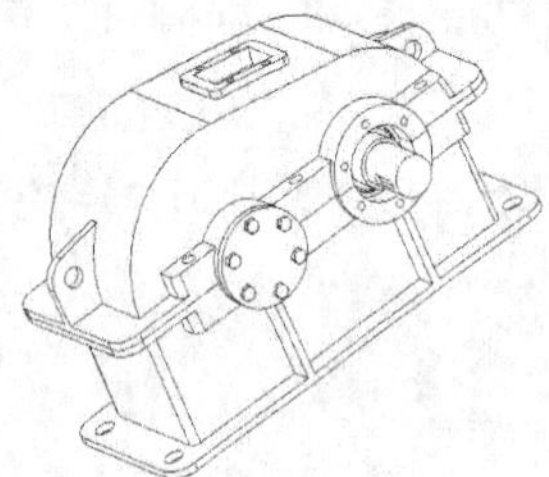

图 12-128　阵列效果

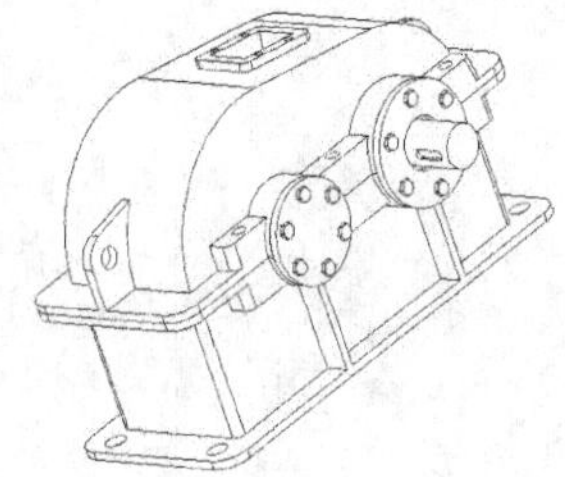

图 12-129　DUANGAI_21 装配效果图

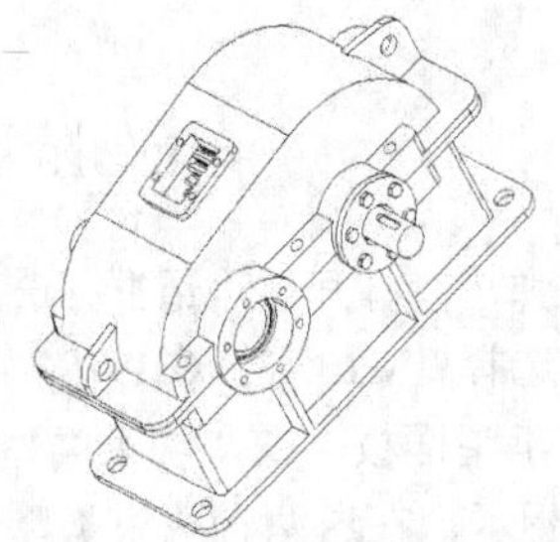

图 12-130　DUANGAI_11 装配效果图

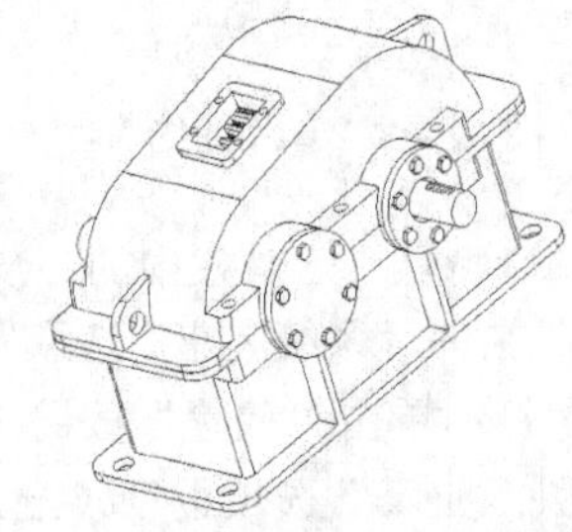

图 12-131　DUANGAI_22 装配效果图

Step 2 顶盖装配与上下箱体的连接

顶盖装配和上下箱体的连接与前面介绍的装配方法基本相同，需要装配的顶盖零件名称为 dinggai.prt，顶盖与上箱体连接使用的螺栓规格为 M10X20_GB5786.PRT，上下箱体连接使用的螺栓规格为 M12X90_GB5786.PRT，螺母规格为 M12_GB6170.PRT（文件名称为 nut.prt）。装配好的变速箱如图 12-132 所示。

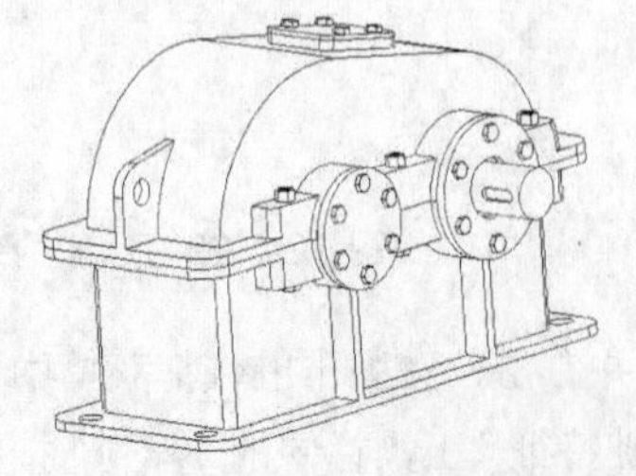

图 12-132　变速箱